U0213038

图书在版编目(CIP)数据

昆仑植物志. 第 2 卷 / 吴玉虎主编；吴玉虎, 卢生莲编；
杨永昌等编著.—重庆：重庆出版社, 2015.8
　ISBN 978-7-229-10360-6

　Ⅰ. ①昆…　Ⅱ. ①吴…②卢…③杨…　Ⅲ. ①喀喇昆
仑山—植物志②昆仑山—植物志　Ⅳ. ①Q948.5

　中国版本图书馆 CIP 数据核字(2015)第 202866 号

昆仑植物志 第二卷
KUNLUN ZHIWUZHI DI'ERJUAN
吴玉虎　主编

出 版 人：罗小卫
责任编辑：叶麟伟　傅乐孟
责任校对：夏　宇
装帧设计：重庆出版集团艺术设计有限公司·吴庆渝

重庆出版集团
重庆出版社 出版

重庆市南岸区南滨路 162 号 1 幢　邮政编码：400061　http://www.cqph.com
重庆出版集团艺术设计有限公司制版
自贡兴华印务有限公司印刷
重庆出版集团图书发行有限公司发行
E-MAIL:fxchu@cqph.com　邮购电话：023-61520646
全国新华书店经销

开本：787 mm×1 092 mm　1/16　印张：52.5　插页：18　字数：1 118 千
2015 年 8 月第 1 版　2015 年 8 月第 1 次印刷
ISBN 978-7-229-10360-6
定价：210.00 元

如有印装质量问题, 请向本集团图书发行有限公司调换：023-61520678

国家科学技术学术著作出版基金资助出版

重庆出版集团
科学学术著作出版基金资助

昆仑植物志
FLORA KUNLUNICA

第二卷

吴玉虎 主编

国家自然科学基金资助项目

№ 30970181

重庆出版集团 重庆出版社

·重庆·

▲ 瓦松 *Orostachys fimbriatus* (Turcz.) Berger

▲ 大花红景天 *Rhodiola crenulata* （Hook. f. et Thoms.） H. Ohba

▲ 异齿红景天 *Rhodiola heterodonta* （Hook. f. et Thoms.） A. Bor.

▲ 唐古特红景天 *Rhodiola algida* （Ledeb.） Fisch. et Mey. var. *tangutica* （Maxim.） S. H. Fu

▲ 糖茶藨子 *Ribes himalense* Royle ex Decne.

本书彩色图版之照片均由吴玉虎拍摄。

▲狭瓣虎耳草 *Saxifraga pseudohirculus* Engl.

▲零余虎耳草 *Saxifraga cernua* Linn.

▲山地虎耳草 *Saxifraga sinomontana* J. T. Pan et Gorna

▲红虎耳草 *Saxifraga sanguinea* Franch.

▲ 窄叶鲜卑花 *Sibiraea angustata*（Rehd.）Hand.-Mazz.

▲ 窄叶鲜卑花 *Sibiraea angustata*（Rehd.）Hand.-Mazz.

▲ 裸茎金腰 *Chrysosplenium nudicaule* Bunge

▲ 高山绣线菊 *Spiraea alpina* Pall.

▲ 单花金腰 *Chrysosplenium uniflorum* Maxim.

▲ 匍匐栒子 *Cotoneaster adpressus* Bois

▲陕甘花楸 *Sorbus koehneana* Schneid.

▲二裂委陵菜 *Potentilla bifurca* Linn.

▲金露梅 *Potentilla fruticosa* Linn.

▲银露梅 *Potentilla glabra* Lodd.

▲峨眉蔷薇 *Rosa omeiensis* Rolfe

▲毛果悬钩子 *Rubus ptilocarpus* Yü et Lu

▲花叶海棠 *Malus transitoria*（Batal.）Schneid.

▲西北沼委陵菜 *Comarum salesovianum*（Steph.）Asch. et Gr.

▲伏毛山莓草 *Sibbaldia adpressa* Bunge

▲四蕊山莓草 *Sibbaldia tetrandra* Bunge

▲隐瓣山莓草 *Sibbaldia procumbens* Linn. var. *aphanopetala*（Hand.-Mazz.）Yü et Li

▲托叶樱桃 *Cerasus stipulacea*（Maxim.）Yü et Li

▲高山黄华 *Thermopsis alpina*（Pall.）Ledeb.

▲披针叶黄华 *Thermopsis lanceolata* R. Br.

▲牛枝子 *Lespedeza potaninii* Vass.

▲青藏扁蓿豆 *Melilotoides archiducis-nicolai*
（Sirj.）Yakovl.

▲白花草木犀 *Melilotus albus* Desr.

▲天蓝苜蓿 *Medicago lupulina* Linn.

▲黄香草木犀 *Melilotus officinalis*（Linn.）Desr.

▲荒漠锦鸡儿 *Caragana roborovskyi* Kom.

▲甘蒙锦鸡儿 *Caragana opulens* Kom.

▲青海锦鸡儿 *Caragana chinghaiensis* Liou f.

▲唐古特黄耆 *Astragalus tanguticus* Batalin

▲云南黄耆 *Astragalus yunnanensis* Franch.

▲线苞黄耆 *Astragalus peterae* Tsai et Yu

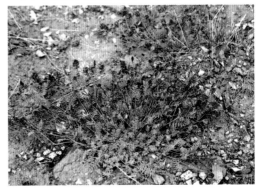

▲密花黄耆 *Astragalus densiflorus* Kar. et Kir.

▲黄白花黄耆 *Astragalus dependens* Bunge var. *flavescens* Y. C. Ho

▲长毛荚黄耆 *Astragalus monophyllus* Bunge ex Maxim.

▲劲直黄耆 *Astragalus strictus* R. Grah. ex Benth.

▲布尔卡黄耆 *Astragalus burchan-buddaicus* N. Ulziykh.

▲白花劲直黄耆 *Astragalus strictus* R. Grah. ex Benth. f. *albiflorus* Y. H. Wu

▲刺叶柄棘豆 *Oxytropis aciphylla* Ledeb.

▲胶黄耆状棘豆 *Oxytropis tragacanthoides* Fisch.

▲红花岩黄耆 *Hedysarum multijugum* Maxim.

▲黑萼棘豆 *Oxytropis melanocalyx* Bunge

▲唐古特岩黄耆 *Hedysarum tanguticum* B. Fedtsch.

▲ 白毛棘豆 *Oxsytropis ochrantha* Turcz. var. *albopilosa* P. C. Li

▲ 黄花棘豆 *Oxytropis ochrocephala* Bunge

▲ 兴海棘豆 *Oxytropis xinghaiensis* Y. H. Wu

▲ 玛沁棘豆 *Oxytropis maqinensis* Y. H. Wu

▲ 甘肃棘豆 *Oxytropis kansuensis* Bunge

▲ 宽苞棘豆 *Oxytropis latibracteata* Jurtz.

▲ 甘草 *Glycyrrhiza uralensis* Fisch.

▲ 密花棘豆 *Oxytropis imbricata* Kom.

▲ 镰形棘豆 *Oxytropis falcata* Bunge

▲ 高山豆 *Tibetia himalaica* (Baker) H. P. Tsui

▲ 藏豆 *Stracheya tibetica* Benth.

▲ 大花野豌豆 *Vicia bungei* Ohwi

▲ 歪头菜 *Vicia unijuga* A. Br.

▲ 鼠掌老鹳草 *Geranium sibiricum* Linn.

▲ 救荒野豌豆 *Vicia sativa* Linn.

▲ 草地老鹳草 *Geranium pratense* Linn.

▲熏倒牛 *Biebersteinia heterostemon* Maxim.

▲牻牛儿苗 *Erodium stephanianum* Willd.

▲红砂 *Reaumuria soongarica*（Pall.）Maxim.

▲五柱红砂 *Reaumuria kaschgarica* Rupr.

▲亚麻 *Linum usitatissimum* Linn.

▲宿根亚麻 *Linum perenne* Linn.

▲霸王 *Zygophyllum xanthoxylon*（Bunge）Maxim.

▲白刺 *Nitraria tangutorum* Bobr.

▲蝎虎霸王 *Zygophyllum mucronatum* Maxim.

▲多裂骆驼蓬 *Peganum multisectum*（Maxim.）Bobr.

▲泽漆 *Euphorbia helioscopia* Linn.

▲ 西伯利亚远志 *Polygala sibirica* Linn.

▲ 青藏大戟 *Euphorbia altotibetica* O. Pauls.

▲ 八宝茶 *Euonymus przewalskii* Maxim.

▲ 突脉金丝桃 *Hypericum przewalskii* Maxim.

▲ 紫花卫矛 *Euonymus porphyreus* Loes.

▲ 野葵 *Malva verticillata* Linn.

▲甘蒙柽柳 *Tamarix austromongolica* Nakai

▲青海柽柳 *Tamarix austromongolica* Nakai subsp. *qinghaiensis* Y. H. Wu

▲具鳞水柏枝 *Myricaria squamosa* Desv.

▲双花堇菜 *Viola biflora* Linn.

▲圆叶小堇菜 *Viola rockiana* W. Beck.

▲狼毒 *Stellera chamaejasme* Linn.

▲裂叶堇菜 *Viola dissecta* Ledeb.

▲沙枣 *Elaeagnus angustifolia* Linn.

▲唐古特瑞香 *Daphne tangutica* Maxim.

▲中国沙棘 *Hippophae rhamnoides* Linn. subsp. *sinensis* Rousi

▲西藏沙棘 *Hippophae thibetana* Schlecht.

▲迷果芹 *Sphallerocarpus gracilis*（Bess. ex Trevir.）
K.-Pol.

▲柳兰 *Chamaenerion angustifolium*（Linn.）Scop.

▲杉叶藻 *Hippuris vulgaris* Linn.

▲红毛五加 *Acanthopanax giraldii* Harms

▲青藏棱子芹 *Pleurospermum pulszkyi* Kanitz

▲垫状棱子芹 *Pleurospermum hedinii* Diels

▲葛缕子 *Carum carvi* Linn.

▲矮泽芹 *Chamaesium paradoxum* Wolff

▲马尔康柴胡 *Bupleurum malconense* Shan et Y. Li

▲羊齿囊瓣芹 *Pternopetalum filicinum*（Franch.）Hand.-Mazz.

▲羌活 *Notopterygium incisum* Ting ex H. T. Chang

▲宽叶羌活 *Notopterygium forbesii* H. Boiss.

▲长茎藁本 *Ligusticum thomsonii* C. B. Clarke

▲裂叶独活 *Heracleum millefolium* Diels

▲青海当归 *Angelica nitida* Wolff

FLORA KUNLUNICA

Tomus 2

Editor in Chief : Wu Yuhu

The Project Supported by the National Natural Science Foundation of
China, the National Fund for Academic Publication in Science and Technology, and the
Chongqing Publishing Group Fund for Academic Publication in Science

CHONGQING PUBLISHING GROUP · CHONGQING PUBLISHING HOUSE

Chongqing, China 400061

内 容 提 要

　　《昆仑植物志》是我国第一部系统记载喀喇昆仑山-昆仑山地区植物的大型专著。全书分为 4 卷，共收录喀喇昆仑山-昆仑山地区迄今所知的维管束植物 2 600 余种（包括种下类型）。本卷收录被子植物门双子叶植物纲离瓣花亚纲景天科至伞形科植物共 25 科 124 属 609 种 7 亚种 47 变种 12 变型。书中除在各属种名下列出其主要相关文献、形态特征、产地分布和生境外，还特别列出附带详细地点的凭证标本号以供查阅。另含属种检索表若干，墨线图版 89 个，彩色图版 20 个；书末附有新分类群特征集要（包括昆仑山及其毗邻地区 22 新种 2 新亚种 8 新变种 6 新变型）、植物中名索引和拉丁名索引，以及喀喇昆仑山-昆仑山地区范围图和山文水系图。

　　本书可供植物学，以及自然地理、生态环境、生物多样性、农林牧、中医药、植物资源保护与开发利用等相关领域的科研、教学、生产工作者和大中专院校师生参考。

《昆仑植物志》编辑委员会

EDITORIAL COMMITTEE

Editor in Chief: Wu Yuhu

Vice Editors in Chief: An Zhengxi, Wu Zhenlan

Members of Editorial Committee:

Wang Yujin, Fang Ruizheng, Feng Ying, Lu Shenglian, Lu Xuefeng, An Zhengxi, Yang Yongping, Yang Yongchang, Wu Yuhu, Wu Zhenlan, Zhang Yaojia, Shen Guanmian, Chen Shilong, Wu Sugong, Zhou Lihua, Zhou Guiling, Mei Lijuan, Yan Ping, Lian Yongshan

Redactors: Wu Yuhu, Lu Shenglian

Authors:

Yang Yongchang (*Northwest Plateau Institute of Biology, Chinese Academy of Sciences*)

Wu Yuhu (*Key Laboratory of Adaptation and Evolution of Plateau Biota, Northwest Plateau Institute of Biology, Chinese Academy of Sciences*)

Wang Yujin, Zhang Yaojia (*Lanzhou University*)

Li Zhonghu (*Northwest University*)

Yan Ping, Xu Wenbin, Zhai Wei (*Shihezi University*)

Wang Guoping (*Xinjiang Institute of Traditional Chinese Medicine and Ethnodrug*)

Zhang Mingli (*Institute of Botany, Chinese Academy of Sciences*)

Lian Yongshan (*Northwest Normal University*)

Zhang Dejun (*Qinghai University*)

Feng Ying (*Xinjiang Institute of Ecology and Geography, Chinese Academy of Sciences*)

序

喀喇昆仑山、昆仑山从帕米尔高原隆起，横贯东西 2 500 余千米，草原和荒漠，茫茫苍苍，雪峰高耸，冰川纵横，巍峨神奇。从远古开始，昆仑山就成为中华各民族共同向往的圣地，在中华民族的文化史上具有"万山之祖"的显赫地位。中国古老的地理著作《山海经》、《禹贡》和《水经注》对它都不止一次地提到，其中记述大多与一些神话传说联系在一起。汉代以降，许多边塞诗吟咏的内容均涉及这一区域，然而直到近代，国内外的一些探险考察队进入这一地区，这一地区地理、生物的概貌才逐渐被揭开。

刘慎谔是第一个到喀喇昆仑山和昆仑山考察的中国植物学家。他于 1932 年（民国二十一年）初，由叶城入昆仑山区，在西藏西北部考察，8 月抵克什米尔的列城，采集标本 2 500 余号（《刘慎谔文集》，科学出版社 1985 年版）。此后，随着 20 世纪 50 年代的新疆考察，1973 年开始的青藏高原综合考察，中国植物学者才对这一地区的植物进行了较详细的调查和采集。1975 年我由格尔木出发，经西大滩，翻过海拔 4 700 余米的昆仑山山口，在五道梁、风火山、沱沱河地区进行了路线考察，亲身感受到在这一地区考察的艰辛。这里植物种类虽然较少，但有其特殊性。植物区系中许多中亚高山成分和旱生成分，与塔吉克斯坦、巴基斯坦、阿富汗等邻近国家，以及兴都库什山、帕米尔高原的植物区系都有联系，而与我国其他区域的植物有很大不同。

我很高兴看到《昆仑植物志》由诸多同行编著完成并即将出版。这部著作凝集了中国科学院西北高原生物研究所等单位研究植物分类的同行们的心血，是他们在工作条件和生活条件相对困难的情况下，继完成《青海植物志》之后又一部同心协力完成的力作，难能可贵。《昆仑植物志》的出版，必将促进对这一地区植物的更深入研究，也将为野生植物资源的开发和生态环境的保护提供重要的科学依据。

《中国植物志》已出版了，但《中国植物志》并不能完全替代地方植物志，尤其是一些边远和自然环境特殊地区的植物志。地方植物志针对植物的地区信息，如植物形态上有无变异、有何特殊用途，以及分布地点等的记载更为详尽。这些内容可补全国植物志的不足，也更便于应用。

青海长云暗雪山，孤城遥望玉门关。

黄沙百战穿金甲，不破楼兰终不还。

唐代王昌龄《从军行》（七首之四）概括描绘了当地的风光，展现了保卫边疆的决心。如今，时代不同了，但保卫和建设国家的精神是永远的。

是为序。

九十四岁衰翁

2010 年 3 月 8 日于昆明

前　言

　　《昆仑植物志》终于就要付梓出版了。这使我倍感欣慰，也使我终于放下了近10多年来一直悬着的心。此时，我也才真正体会到了编书不比著书易。我真诚地感谢所有参加编撰的同人以及为此书提供过帮助和关心的人。

　　被喻为地球第三极的青藏高原，以其独有的海拔高度，会聚了亚洲许多巨大的山系而成为亚洲主要河流的发源地，是一个独特的自然地理单元。这里由昔日的特提斯大洋不断隆升、崛起，最后演变成今天地球上最高、最大和最具特色的高原。它不仅改变了亚洲和全球的地理面貌，同时也一举改变了亚洲乃至北半球的大气环流以及气候与生态等系统的格局，更因此而成为全球生物多样性的独特区和重点保护区、大型珍稀动物种群的集中分布区、中国气候变化的预警区和亚洲季风的启动区，以及全球变化的敏感区和典型生态系统的脆弱区，成为地球科学的最大之谜。但是，这里同时又被认为是一个全球环境变化研究的天然实验室和解开地球科学之谜的金钥匙，因而亦成为20世纪80年代以来地球系统科学的一个热点和知识创新的生长点，并进而成为当今国际学术界强烈竞争的重要地区。喀喇昆仑山和昆仑山地区更是作为"关键地区"而置身其中。

　　由国家自然科学基金委员会和中国科学院共同支持的"喀喇昆仑山-昆仑山地区综合科学考察研究"项目自1987年开始野外工作，至1991年该项目结束，历时5个年头。其中参加由武素功研究员任组长的生物组植物专业考察的先后有吴玉虎、夏榆、费勇、大场秀章（H. Ohba）等。野外考察每年从5月中下旬开始至10月上旬结束。考察结束后，由于种种原因（主要是联合资深植物学家和组织编研队伍以及筹集编研经费等），虽历经专业组成员的千辛万苦，资料和标本收获累累，并且都非常珍贵，但却一直未能有一部全面反映本次植物区系考察的专著问世，所采标本也一直被尘封而未作系

1

统研究，从而使得本次综合考察，特别是植物区系考察留下了最大的遗憾。

有关自然地理单元，特别是独特的自然地理单元的植物志书的编撰和出版越来越受到国内外学界同人的欢迎和重视。昆仑山位于青藏高原的西北部，它西起帕米尔高原的东缘，东止于四川西部，绵延约 2 500 千米。它横卧于我国西部，和喀喇昆仑山一起，构成青藏高原西北隅及其北部边缘的高原、高山区。昆仑山脉以其巍峨高峻的山势而闻名于世，素有"亚洲脊柱"之称。这里是高原上极端干旱的地区，却又是大陆性高山冰川集中发育的地方和生物多样性的独特区域。其自然地理单元包括昆盖山、东帕米尔高原、喀喇昆仑山、昆仑山及其东延部分巴颜喀拉山和阿尼玛卿山等。区内有阿尔金山、可可西里和江河源等 3 个国家级自然保护区。这里分布着独特而典型的高寒类型植被和我国最大的野生动物群，但却是自然科学基础研究的相对薄弱区。就植物学研究来说，昆仑山地区地处青藏高原植物区系和中亚植物区系的地理交接地带，植物区系独特。它同时与吉尔吉斯斯坦、塔吉克斯坦、阿富汗、巴基斯坦、克什米尔和印度等多个国家和地区接壤，是多国交界的薄弱研究区，甚至有些地区此前还是野外考察的空白区；在国内，它跨越新疆、西藏、青海、四川、甘肃等西部省区和少数民族地区，地理位置十分重要，国际影响广泛，其重要性不言而喻。

作为我国和世界植物区系研究的薄弱区和部分空白区，对昆仑山地区的（多次）考察，由于涉及的地区偏远，范围广袤，交通不便，进入和开展工作都异常艰难，一般的业务部门和小型考察队都难以到达。所以，中国科学院昆仑山综合科学考察队所采集的植物标本，在世界范围内大多都非常珍贵。而这些珍贵的标本，在此前的近 20 年间竟未发挥应有的作用。不仅相邻各国的植物志书未能涉及这些来之不易的考察成果，就是我国的相关植物志书也未及利用这些标本，以致一些国内外的植物学家在中国科学院青藏高原生物标本馆查阅标本时，对该馆昆仑山地区的标本都表现出了极大的兴趣，包括其中的一些新分类群的标本，同时也对这些标本的未被系统研究而备觉惋惜。

正如我们所熟知的那样，任何植物志书的编写，其最艰巨、最危险的工作和最费时、费力、费钱的工作都在于野外考察。作为一项国家自然科学基金和中国科学院资助的重大项目，当其花费了国家巨额经费的野外考察工作结束，随后的工作就应该是系统地整理和研究所获得的第一手资料。而编研该地区的植物志书正是其中最重要的内容之一。所以，无论是就我国或是世界植物学研究而论，作为以西部独特自然地理单元存在的昆仑山地区的植物学专著 ——《昆仑植物志》是迟早要编著的。这项工作，现在不做，将来还是要做。我们不做，外国人，特别是相邻的别国就可能去做。那时，就有可能出现 100 多年以前任由外国人代替我们研究昆仑山地区的植物区系的情况，并且是利用我们的考察成果去发表他们的论文或新的分类群，类似的工作日本人近 20 年来一直在积极地进行着。不仅如此，我们还认为，包括《昆仑植物志》编研在内的该地区植物区系地理的研究，不仅对了解昆仑山地区乃至整个青藏高原的生物区系起源与发展及其地质历史等都具有积极作用，而且还涉及该地区植物区系分区的重要性以及国际影响和世界植物科学发展的需要。所以，为着消除国家青藏高原喀喇昆仑山-昆仑山科学考察的遗憾和完善国家重大基金项目的后续工作，以喀喇昆仑山和昆仑山地区这一独特地理单元为范围，编撰一部系统的《昆仑植物志》就尤显重要。

　　编撰《昆仑植物志》的想法由来已久。我国植物学界的先驱刘慎谔先生曾于1932年就考察过喀喇昆仑山地区的植物。作为第一个在本区进行植物考察的中国人，他早在20世纪50年代就提出要编撰《昆仑植物志》，并先后同中国科学院西北高原生物研究所的研究员郭本兆和周立华两位先生进行过交流。刘老真诚地希望有着地缘优势，并以动物、植物区系分类学起家和发展起来的该所植物研究室能够承担起组织这项工作的责任。但是，由于当时和后来很长一段时间，针对该地区植物区系研究所进行的野外考察不多，所涉及的范围太小，掌握的标本和资料有限等原因，直到刘慎谔先生去世，此事一直都未能提上议事日程。进入20世纪80年代，有我所（中国科学院西北高原生物研究所）参加的喀喇昆仑山和昆仑山地区大型综合科学考察完成以后，周立华和新疆农业大学的安峥皙教授又多次提出过编撰《昆仑植物志》的建议。不过，又由于经费和植物分类学人才短缺，以及跨省区、跨部门协作问题等原因而未能如愿。后来，在1993年2月和1998年初我们又同青海省农业资源区划办公室主任苟新京和副主任赵念农联合筹划过此事，两次希望《昆仑植物志》的编撰能在青海省农业资源区划办公室获得立项资助。为此，当时已经退休多年的安峥皙教授还专程从乌鲁木齐乘火车硬座来到西宁。但是，最终又因编研经费未能及时到位而只能中途作罢。再后来（2003年），我们又试图以"抢救曾经为我所的起家和发展创造过辉煌的植物区系分类学科"和"培养新人并为我所奉献专著类成果"的目的申请"所长基金"，然而，又终因该项目既无法列入所里的"重点学科"而又非考核所认为的"尖端创新类"项目而再一次落空。尽管如此，曾经为中国科学院西北高原生物研究所的创立和发展作出过不灭贡献的几位老先生却一直未能忘怀此事并仍在不断地积极努力。在当时，可以说，《昆仑植物志》虽尚未编写，却呼声已高，并已成为我国几代植物学家所梦寐以求之愿。

　　在争取《昆仑植物志》编研立项的过程中，最早提出编研《昆仑植物志》的刘慎谔教授已经作古；数次积极筹划编研《昆仑植物志》的周立华和安峥皙等业已退休多年；曾带队进行昆仑山植物区系考察并曾启动过《昆仑植物志》英文版编撰工作的武素功研究员也已退休；而已经答应承担虎耳草科编撰任务的潘锦堂研究员又于2005年底突然去世。还有，曾参加昆仑山植物野外考察工作的年轻植物学家费勇先生在后来的野外考察工作中已不幸以身殉职。这些都给《昆仑植物志》的编研带来不小的损失。失去潘锦堂研究员这样一位资深专家，不仅对《昆仑植物志》的编写来说是一大损失，而且原本可以由其通过编研《昆仑植物志》来对我国年轻一代虎耳草科研究人才进行培养和对其丰富的学识进行抢救的计划也都成为了泡影。必须看到，由于《昆仑植物志》编委会所会聚的和所依靠的都是年事已高的老一辈科学家（这正是由植物志书编研应该以资深植物分类学家为主的研究工作的特点决定的），无论是从编撰《昆仑植物志》本身或是从培养传统基础学科人才的角度出发，对他们丰富学识的抢救都已经到了刻不容缓的地步——包括我所在内的我国植物学经典分类人才队伍日渐萎缩，许多标本馆（当然也包括中国科学院青藏高原生物标本馆在内）的大量馆藏标本（这是植物学研究创新的基础和国家生物学研究的战略资源）未能定名，许多在研的相关课题所采集的凭证标本苦于无人鉴定，而青藏高原区研究薄弱甚至不乏空白区的现状更是呼唤大量经典分类人才。这甚至使得周俊和洪德元两位院士于 2008 年末先后在《科学时报》上提出"直面传统学科危机"，并疾呼"不要等到'羊'去'牢'空"！

中华人民共和国成立以来到 20 世纪末，我国科学家曾对青藏高原进行过 3 次大型的综合性科学考察，每次都有植物区系学科人员参加，并有相应的植物分类学专著问世。例如：20 世纪 70 年代对西藏暨喜马拉雅山地区的科学考察后，有了 5 卷本的《西藏植物志》问世；80 年代初对横断山地区的科学考察之后，又有了上、下两册的《横断山地区维管植物》的出版；80 年代后期到 90 年代初，对喀喇昆仑山和昆仑山地区的科学考察是青藏高原综合科学考察的第三阶段。

如今，就国家层面来说，围绕昆仑山和喀喇昆仑山地区的大型综合科学考察工作已经结束，多次植物区系考察中所获得的植物标本也应该可以覆盖整个昆仑山和喀喇昆仑山地区。仅就中国科学院青藏高原生物标本馆的馆藏而言，除了有吴玉虎曾参加过的喀喇昆仑山-昆仑山地区综合科学考察队于 1987～1991 年采集的约 5 000 号近 1 万份标本外，还有 1974 年潘锦堂带领的由刘尚武、张盍曾等组成的中国科学院西北高原生物研究所新疆-西藏考察队采集的 1 450 号标本和 1986 年由黄荣福参加的中、德两国乔戈里峰考察队采集的 500 余号标本，以及刘海源等于 1986 年在昆仑山北坡和阿尔金山地区及塔里木盆地南缘所采集的约 500 号标本。更为重要的是，中国科学院西北高原生物研究所青藏高原生物标本馆自建馆 40 多年以来，收藏有昆仑山地区特别是东昆仑山地区的植物标本不下数万份。此外，还有中国科学院昆明植物研究所、北京植物研究所和新疆生态与地理研究所，以及新疆农业大学、石河子大学、兰州大学、西北师范大学等标本馆（室）所收藏的该地区 1 万余份植物标本。所采集和保藏的这些标本，都是国家和地方以及中国科学院历年来多次专项、综合和重大自然科学基金支持的研究项目所产生的宝贵财富。作为科学依据，这些标本已经足以支持和保证《昆仑植物志》编撰研究的需要。

　　无疑，《昆仑植物志》的编研出版可在填补研究地区空白的同时为国家的高原生物学培养传统学科的研究人才，其后续的补点考察还为独具高原特色的中国科学院青藏高原生物标本馆增加了数千份本区珍贵的植物标本。此外，这类"空白区"和"薄弱区"植物标本的继续收集、保藏，还将对青藏高原生物学及其相关学科的理论研究和学科发展等产生积极的后发效应。这也是我们积极投入《昆仑植物志》的编研并希望得到支持的重要原因。

　　为了不辜负老一辈植物学家寄予的厚望，我于2003年初开始担当起编撰和出版《昆仑植物志》的组织、协调，以及筹划、申请编撰和出版经费的工作。尽管困难重重，但好在有众多德高望重的老前辈和年轻一辈学人的支持、帮助和鼓励，我始终锲而不舍。经几位不计得失也愿意为编研《昆仑植物志》出力的老专家的真诚建议，也出于对参加《昆仑植物志》编研的资深老专家的学识和经验抢救的紧迫感以及时代赋予我们的责任感，我们在初时未能得到任何经费支持的情况下，提前启动了《昆仑植物志》的编研工作。

　　令人感动的是，在国内科技界因"一刀切"的简单管理和考评方式而助长浮躁、急功近利之风且负面报道时有出现的情况下，在我国植物区系地理研究和植物系统分类研究等传统学科的发展跌入最低谷的时期，在我国植物区系分类人才遭遇断档危机的情况下，在当时还未能获得任何专项经费支持的困难情况下，本书的编研得到了相关专家的热切响应。有这样一批老科学家，他们本已退休，原本可以心安理得地安享晚年，但是，他们不为名利，不计报酬，只是想发挥自己的余热，为我国的植物分类学研究多作一些贡献，为后人的研究工作多留下一些可供参考的基础性研究成果，哪怕其中尚有不尽如人意之处。甚至有些老先生还说，只要有人组织，哪怕没有任何报酬我们也愿意干，因为《昆仑植物志》确实值得一做。还有一些年轻的科研人员，在自身工作时间紧、任务重、压力大，并且明知科技创新体制下植物区系分类研究等传统学科已经不再时髦的情况下，不计分文报酬和研究经费，在百忙中挤出各自的工作时间，牺牲业余时间，自筹经费外出查阅标本，以自己的实际行动支持这一工作并亲自加入到《昆仑植物志》的编研中来，认真地鉴定标本、认真地查阅资料、认真地撰写文稿。还有一些老先生，虽然自己未能参加《昆仑植物志》的编研，但却想方设法多方支持这项工作，如中国科学院新疆生态与地理研究所原党委副书记潘伯荣教授曾答应《昆仑植物志》可以通过扫描复制引用《新疆植物志》中的图版；中国科学院西北高原生物研究所已经退休的阎翠兰、王颖等先生答应为《昆仑植物志》的绘图提供他们往年积累下来的所有植物图版底稿或是可以通过扫描引用他们在《中国植物志》、《青海植物志》和《青海经济植物志》等书中的图版。这是我们在感受植物系统分类学和植物区系地理学等传统学科被边缘化的悲哀以及传统学科研究后继乏人的悲哀之时所能享受到的莫大欣慰和鼓舞。没有这样一批老科学家和这样一些年轻科学工作者的奉献精神、积极参与及其严谨的学风和一丝不苟的工作态度，以及对我国植物学科研发展的责任心，《昆仑植物志》的编撰工作就不可能在无任何经费支持的情况下启动，更不可能现在完成。这些都是值得我们倍加珍惜、好好学习并加以弘扬的。在这里，我谨对他们表示深深的敬意和诚挚的感谢。

由于《昆仑植物志》涉及的地域较广，所需鉴定的标本量大，编研人员较多，到多个标本馆查阅标本和资料的出差较多，需要补点考察的地区条件艰苦且耗费较大等，要完成本书近 3 000 种植物的编研，不仅工作量浩大，所需经费亦较高。因此，我们于2003 年开始撰写申请报告，曾向多方提出申请，希望能够得到经费资助。虽然我们认为这项工作符合《国家中长期科学和技术发展规划纲要（2006～2020 年）》中关于加强对基础研究的支持精神，但前数年的申请都未能如愿。在此后的几年中，我们在提前启动项目的同时，一边继续完善我们的基金申请报告，一边还从 2004 年开始，先后对巴颜喀拉山南坡、沱沱河下游流域、阿尼玛卿山南部和东北部以及布尔汗布达山等标本欠缺的地区有重点地进行了补点考察，共采集标本 8 000 余号。经过多次申请并几经采纳历年专家评委关于申请书的建议，数易其稿，最终申请到了国家自然科学基金的资助。所以，我不但要感谢历年来国家自然科学基金的评委们对我本人的信任、鼓励、帮助和支持，而且还要感谢他们对本项目研究所提出的宝贵意见和建议。

还有必要特别指出的是，在植物系统分类学等传统学科发展艰辛的时期，不仅研究经费有限，而且出版经费更是没有着落，致使《昆仑植物志》在编撰之时还担心完稿后能否及时出版。而在这时，经青海人民出版社科技出版部原主任、编审陈孝全先生协助联系，我们很欣喜地申请到了"重庆出版集团科学学术著作出版基金"的资助，最终使得本书有机会和广大读者见面。在此，我们愿代表所有希望看到本书出版以及希望使用本书的各界人士并以我们自己的名义向相关支持者表示诚挚的感谢和深深的敬意。同时，我们还要感谢在百忙中抽出时间为本书作序和为本书出版基金的申请积极撰写推荐信的中国科学院院士吴征镒研究员、郑度研究员和洪德元研究员，以及中国科学院植物研究所所长马克平研究员；感谢本项目每一位参与者所作出的积极贡献；感谢徐文婷博士欣然应邀为本书精心绘制了地图。

另外，在《昆仑植物志》的编著过程中，除了各科作者和绘图者外，曾先后参加过标本整理、登记、文献查证、计算机录入、审核、校对、编著指导、文献提供和补点考察等工作的还有陈春花、吴瑞华、侯玉花、杨安粒、周静、黄荣福、方梅存、阳忠新、严海燕、祁海花、李小红、田宇、吴蕊洁、杨明、薛延芳、杜兰香、韩玉、熊淑惠、郑林、韩秀娟、杨应销、李炜祯、马文贤、蒋春香、郭柯、周浙昆、常朝阳、李小娟、蔡联炳等，在此也一并致谢。总之，我要感谢所有关心本套志书的编研、出版以及为之提供过帮助和为之做过有益工作的人们。

对于本套志书中难免出现的疏漏和不足之处，恳请读者不吝指正。

2009 年 10 月

于中国科学院西北高原生物研究所

编 写 说 明

1.《昆仑植物志》分为 4 卷，共收录我国昆仑山和喀喇昆仑山地区截至目前所知的野生和重要的露天栽培维管束植物 87 科，仅有栽培种而无野生种的科不收录。其中，第一卷收录蕨类植物、裸子植物和被子植物杨柳科至十字花科，第二卷收录被子植物景天科至伞形科，第三卷收录被子植物杜鹃花科至菊科，第四卷收录被子植物香蒲科至兰科。

2.《昆仑植物志》所收录植物种类的分布范围涉及县级行政区域的有新疆的乌恰、喀什、疏附、疏勒、英吉沙、莎车、阿克陶、塔什库尔干、叶城、皮山、墨玉、和田、策勒、于田、民丰、且末、若羌等县（自治县），西藏的日土、改则（北纬 34°以北）、尼玛（北纬 34°以北）、双湖、班戈（北纬 34°以北）等县（区），青海的茫崖、格尔木、都兰、兴海、治多（通天河以北的可可西里地区）、曲麻莱、称多、玛多、玛沁、达日、甘德、久治、班玛等县（区），四川的石渠县（北纬 33°以北的巴颜喀拉山南坡）和甘肃的阿克塞（阿尔金山尾部）、玛曲（阿尼玛卿山的尾部）等县（自治县）。以行政区划名称标示的植物地理分布结果，使得一些分布于山前荒漠地带的种类亦进入收录范围。

3. 本书的系统，在蕨类植物按照秦仁昌（1978 年）的系统；在裸子植物，按照郑万钧在《中国植物志》第七卷（1978 年）的系统；在被子植物，按照恩格勒（Engler）的《植物分科纲要》（*Syllabus der Pflanzenfamilien*）第 11 版（1936 年）的系统稍作变动，即将单子叶植物排在双子叶植物之后。

4. 所收录植物的科、属、种均列出中文名称和拉丁文名称，并给予形态特征描述；属和种（包括种下等级）均列出其主要文献、检索表；种和种下等级均列出各自的县级产地，凭证标本的采集者、采集号，以及精确到乡镇以下的采集地点，包括海拔高度范围在内的生境和国内外分布区；存疑种并有讨论；重要类群附有墨线图或图版，部分种类附有彩图。

5. 书后附有所有收入正文的植物科、属、种的中名索引和拉丁名索引。本卷还同时附有昆仑山及其毗邻地区新分类群的特征集要。

6. 本卷收录被子植物门双子叶植物纲离瓣花亚纲景天科至伞形科，共 25 科 124 属 609 种 7 亚种 47 变种 12 变型。有黑白图版 89 个，彩色图版 20 个，地图 2 幅。

7.《昆仑植物志》各卷的编撰除编写规格要求统一之外，采取植物科属（包括文字和图版）作者分工负责制。

8. 按照中国科学院青藏高原生物标本馆（QTPMB）的惯例，凡馆藏有本所（中国科学院西北高原生物研究所）人员参加的联合考察队所采集的植物标本，在采集签上通常将考察队中本所队员的姓名列于考察队名称之后。因此，本套志书中，由中国科学院青藏高原生物标本馆馆藏标本所标记的"青藏队吴玉虎"的所有号标本均指由"喀喇昆仑山-昆仑山综合科学考察队"中以武素功为组长的植物组采集，组员有吴玉虎、夏榆、费勇、大场秀章（H. Ohba）等。所采集的标本，除青藏高原生物标本馆馆藏外，同号标本还同时收藏于中国科学院昆明植物研究所标本馆（KUN）、中国科学院植物研究所（PE）和日本东京都大学博物馆植物研究室（TI）。所采集标本的标签，1987 年采用中文标记，采集人：中国科学院青藏高原综合科学考察队武素功、吴玉虎、夏榆；1988 年采用英文标记为 Expedition to Karakorum and Kunlun Mountain of China, Participants：S. G. Wu, H. Ohba, Y. H. Wu, Y. Fei；1989 年采用英文标记为 Expedition to Karakorum and Kunlun Mountain of China, Participants：S. G. Wu, Y. H. Wu, Y. Fei。另外，还有"可可西里队黄荣福（黄荣福 K.）"、"中德考察队黄荣福（黄荣福 C. G.）"等。"青藏队藏北分队郎楷永"等亦如此。

9. 本书引用了他书部分图版，请尚未取得联系的相关作者主动联系我们，以便致谢。

编 写 分 工

TABULA AUCTORUM

目　录

喀喇昆仑山-昆仑山地区范围图

喀喇昆仑山-昆仑山山文水系图

昆仑植物志第二卷系统目录

被子植物门 ANGIOSPERMAE
双子叶植物纲 DICOTYLEDONEAE
离瓣花亚纲 ARCHICHLAMYDEAE（2）

二十九　景天科 CRASSULACEAE

三十 虎耳草科 SAXIFRAGACEAE

三十二　豆科 LEGUMINOSAE

Ⅰ. 蝶形花亚科 Papilionoideae Giseke

（一）槐族 Trib. **Sophoreae** Spreng.

（二）野决明族 Trib. **Thermopsideae** Yakovl.

（六）紫穗槐族 Trib. **Amorpheae** Boriss.

（七）刺槐族 Trib. **Robinieae**（Benth.）Hutch.

（八）山羊豆族 Trib. **Galegeae**（Br.）Torrey et Gray

1. 鱼鳔槐亚族 Subtrib. **Coluteinae** Benth. et Hook. f.

2. 黄耆亚族 Subtrib. Astragalinae（Adans.）Benth. et Hook. f.

组 3. 袋果黄耆组 Sect. Trichostylus (Baker) Taub.

组 5. 棘豆组 Sect. Oxytropis C．W．Chang

三十三　牻牛儿苗科 GERANIACEAE

三十四　亚麻科 LINACEAE

三十五 蒺藜科 ZYGOPHYLLACEAE

三十六 远志科 POLYGALACEAE

三十七　大戟科 EUPHORBIACEAE

三十八　水马齿科 CALLITRICHACEAE

三十九　卫矛科 CELASTRACEAE

四十　凤仙花科 BALSAMINACEAE

四十五　董菜科 VIOLACEAE

四十六　瑞香科 THYMELAEACEAE

四十七　胡颓子科 ELAEAGNACEAE

四十八　柳叶菜科 ONAGRACEAE

四十九　小二仙草科 HALORAGIDACEAE

五十　杉叶藻科 HIPPURIDACEAE

五十一　锁阳科 CYNOMORIACEAE

五十二　五加科 ARALIACEAE

五十三　伞形科 UMBELLIFERAE

被子植物门 ANGIOSPERMAE

双子叶植物纲 DICOTYLEDONEAE

离瓣花亚纲 ARCHICHLAMYDEAE（2）

二十九　景天科 CRASSULACEAE

草本或半灌木，通常无毛，有时被乳突，稀被毛。茎、叶通常肉质。叶为单叶，稀复叶，互生、对生或轮生，通常无柄，无托叶。聚伞花序伞房状、圆锥状，稀排列成间断穗状，或单花。花两性、单性或杂性，辐射对称；花5基数或其倍数，少有3、4或6数；花萼分离自基部，少有在基部以上合生，宿存；花瓣分离，或多少合生；雄蕊1或2轮，与萼片或花瓣同数或为其2倍，分离，或与花瓣基部多少合生，花丝丝状或钻状，少有变宽的，花药基生，极少有背着，内向开裂；心皮常与萼片或花瓣同数，分离或基部合生，常在基部外侧有腺状鳞片1枚，花柱钻形，柱头头状或不显著，胚珠倒生，两层珠被，胚珠沿腹线排成2行，多数，稀少数或1个。蓇葖果的果皮有膜质或草质两种；种子小，长椭圆形或条形，种皮光滑或常有皱纹或微乳头状突起，或有沟槽，胚乳不发达或阙如。

有34属1 500种以上，分布于非洲、亚洲、欧洲和美洲，以我国西南部、非洲南部及墨西哥种类较多。我国有10属242种，昆仑地区产4属38种1亚种1变种。

分 属 检 索 表

1. 花两性；心皮离生，基部具柄或呈柄状。
　　2. 叶有基生叶和茎生叶2种，基生叶莲座状，茎生叶互生；花瓣基部合生；通常为一或二年生植物 ·················· **1. 瓦松属 Orostachys**（DC.）Fisch.
　　2. 叶有茎生叶，无莲座状，多对生或轮生；花瓣离生；多年生植物 ················· ·· **2. 八宝属 Hylotelephium** H. Ohba

1

1. 花两性、单性和杂性；心皮无柄，常基部合生，稀离生。
　　3. 基生叶不存在；一年生植物，稀多年生，无根颈和褐色鳞片；花两性 …………
　　…………………………………………………………… **3. 景天属 Sedum** Linn.
　　3. 基生叶存在；多年生植物，具根颈和褐色鳞片；花单性、两性或杂性 …………
　　…………………………………………………………… **4. 红景天属 Rhodiola** Linn.

1. 瓦松属 Orostachys (DC.) Fisch.

Fisch. Cat. Hort. Gorenk. 99. 1808.

　　两年生草本，稀多年生。第 1 年呈莲座状，莲座叶通常有软骨质先端，稀为柔软的渐尖头或钝头，叶形常为圆卵形或匙形；第 2 年自莲座中央长出不分枝的花茎，有茎生叶。花几无梗或有梗，多花，密集成聚伞圆锥花序或聚伞花序伞房状或总状，外表呈狭金字塔形至圆柱形；花 5 基数；萼片基部合生，常较花瓣为短；花瓣黄色、绿色、白色、浅红色或红色，基部稍合生，直立；雄蕊 1 轮或 2 轮，5 或 10 枚，如为 1 轮，则与花瓣互生，如为 2 轮，则外轮的对瓣；鳞片小，方形或长方形，先端截形；子房上位，心皮有柄，直立，花柱细；胚珠多数，侧膜胎座。蓇葖分离，先端有喙；种子多数。

　　13 种，分布于中国、朝鲜、日本、蒙古、俄罗斯至中亚地区各国。我国有 10 种，昆仑地区产 3 种。

分 种 检 索 表

1. 莲座叶先端软骨质附属物有流苏状齿；心皮上下两端渐窄 ……………………………
　………………………………………………… **1. 瓦松 O. fimbriatus**（Turcz.）Berger
1. 莲座叶先端软骨质附属物全缘；心皮基部圆形或阔圆形。
　　2. 花序总状或穗状，花有短柄或近无柄；花大，长约 7 mm；鳞片较小；茎生叶多
　　　少疏离；花瓣黄绿色（有时淡红色）……………………………………………………
　　………………………………………… **2. 黄花瓦松 O. spinosus**（Linn.）C. A. Mey.
　　2. 花序总状或圆锥式总状，花梗长 2～4 mm；花小，长约 5 mm；鳞片较大，扁正
　　　方形，长约 0.5 mm；茎生叶多，紧密；花瓣淡红色或白色
　　………………………………………………… **3. 小苞瓦松 O. thyrsiflorus** Fisch.

1. 瓦 松

Orostachys fimbriatus（Turcz.）Berger in Engle et Prantl. Nat. Pflanzenfan. 2. Aufl. 18a：464. 1930；中国高等植物图鉴 2：77. 图 1883. 1972；中国植物志 34 (1)：42. 图版 13：13～19. 1984；青海植物志 2：1. 1999；青藏高原维管植物及其生

态地理分布 353. 2008. —— *Cotyledon fimbriata* Turcz. in Cat. Pl. Baic.-Dahur. No. 469. 1838.

两年生肉质草本，高 7～30 cm。第 1 年多为莲座叶丛，第 2 年生花茎后死亡。花茎直立，无毛，常单一，有时有分枝。基生叶莲座状，近长圆形或近匙形，先端略增长，呈半圆形的白色软骨质，顶端边缘有齿，中央有短刺；茎生叶互生，条形或狭披针形，长 2～3 cm，宽 3～4 mm，全缘，先端渐狭或软骨短尖，无柄。花序为简单圆锥状总状花序，密集，有简单分枝，长可达 20 cm；苞片长圆形或卵状长圆形，长约 5 mm，先端具短尖；花梗长 2～5 mm；萼片 5 枚，卵状长圆形，长约 2 mm，先端渐尖，肉质，有时有紫色斑点；花瓣 5 枚，淡红色，长圆状椭圆形或披针状长椭圆形，长约 5 mm，宽约 1.2 mm，先端渐尖，具 3 脉，基部微合生；雄蕊 10 枚，略等长于花瓣，花药紫色；鳞片 5 枚，近方形，高约 0.3 mm，先端平截。蓇葖果 5 枚，狭椭圆形，长约 4 mm，两端渐窄，喙细，长约 1 mm，具短柄；种子多数，细小。　花果期 8～9 月。

产青海：都兰（脱土山，郭本兆等 11794）。生于海拔 3 200 m 左右的沟谷山地干山坡岩隙。

分布于我国的青海、甘肃、宁夏、陕西、河北、内蒙古、辽宁、黑龙江、河南、湖北、江苏、安徽、浙江等省区；朝鲜，日本，蒙古，俄罗斯也有。

2. 黄花瓦松　图版 1：1～5

Orostachys spinosus (Linn.) C. A. Mey. in Ledeb. Reise 496. 1830；中国植物志 34（1）：44. 图版 13：20～26. 1984；西藏植物志 2：439. 1985；新疆植物志 2（2）：231. 图版 65：1～5. 1995；青藏高原维管植物及其生态地理分布 354. 2008. —— *Cotyledon spinos* Linn. Sp. Pl. 429. 1753.

两年生肉质草本，高 5～15 cm。主根垂直向下，有时有分枝。第 1 年有莲座叶丛，直径 1.5～2.0 cm，灰土绿色，莲座叶短匙形或长圆形，长约 5 mm，尖端有灰白色软骨质附属物，全缘，中央有短尖头，向内变狭，最内层为线状长圆形，长 1.5～2.0 cm，先端急尖，急尖处为软骨质并具短尖头；次年生花茎，花茎叶多少疏离，披针形或线状长圆形，长 5～8 mm，先端急尖，有软骨质尖头。花序总状或穗状，长 2～8 cm，呈圆柱状，多花密集；苞片卵状长圆形或三角状披针形，长 4～5 mm，比花短，先端渐尖并成软骨质刺；花梗短或无，长约 2 mm 或更短；萼片 5 枚，卵状长圆形或卵状披针形，长约 3 mm，先端渐尖，花序下部的萼片先端成软骨质刺，上部无；花瓣 5 枚，淡黄色或淡红色，卵状披针形，长约 7 mm，基部略合生，先端渐尖；鳞片正方形，长约 0.7 mm；雄蕊 10 枚，与花近等长。蓇葖果 5 枚，椭圆状披针形，长 5～6 mm，直立，先端渐尖，有喙，喙长约 15 mm，基部突缩成柄；种子长圆形，小。　花果期 8～9 月。

产新疆：乌恰（县城东 20 km，刘海源 220）、塔什库尔干（麻扎至卡拉其古，青藏队吴玉虎 4966）、叶城（麻扎达坂，黄荣福 C. G. 86-049；阿克拉达坂，青藏队吴玉虎 871443）。生于海拔 2 000～4 100 m 的河滩砾石地、干旱山坡。

分布于我国的新疆、甘肃、西藏、内蒙古、辽宁、吉林、黑龙江等省区；俄罗斯，哈萨克斯坦，吉尔吉斯斯坦，塔吉克斯坦，蒙古也有。

3. 小苞瓦松 图版 1：6～10

Orostachys thyrsiflorus Fisch. in Cat. Hort. Gorenk. 33. 1808；中国植物志 34 (1)：46. 1984；西藏植物志 2：439. 1985；新疆植物志 2 (2)：231. 图版 65：6～10. 1995；青藏高原维管植物及其生态地理分布 354. 2008.

两年生肉质草本，高 10～15 cm。主根较肥厚，常向一侧弯曲。第 1 年呈莲座叶丛，直径 2～3 cm，绿色，莲座叶外侧近圆形，向内长圆状匙形，长约 1.5 cm，先端圆形，有窄或较窄的软骨质边缘，全缘，中央生短刺，最内层狭长圆状披针形，先端急尖，有软骨质短刺；第 2 年生花茎，花茎叶多数，密集，三角状披针形或狭长圆形，长约 5 mm，先端急尖或渐尖，有软骨质尖头。花序总状或简单锥状，长 6～7 cm，分枝处的苞片膜质而小，卵状长圆形，长 3～5 mm，较花短，先端急尖，有软骨质尖头；花梗长 1～4 (5) mm；花萼 5 枚，近三角形，长约 2 mm，先端急尖；花瓣 5 枚，白色或浅红色，近长圆形，长 4～5 mm，先端渐尖，基部合生；雄蕊 10 枚，近等长于花瓣，花药紫红色；鳞片扁正方形，长约 0.5 mm，先端微凹；子房狭卵状披针形，长 4～5 mm，先端渐尖成花柱，基部近圆形，具短柄，花柱长 1.0～1.5 mm。 花期 7～8 月。

产新疆：阿克陶（阿克塔什，青藏队吴玉虎 87259）、塔什库尔干（中巴公路 43 km 处，高生所西藏队 3103）、叶城（柯克亚乡，青藏队吴玉虎 87969）。生于海拔 2 400～3 300 m 的河滩砾石地、山前倾斜平原、山坡荒漠化草原。

分布于我国的新疆、甘肃、西藏；俄罗斯，哈萨克斯坦，吉尔吉斯斯坦，塔吉克斯坦，蒙古也有。

2. 八宝属 Hylotelephium H. Ohba

H. Ohba in Mag. Tokyo 90：46. 1977.

多年生草本。根状茎短，肉质或近木质，先端不被鳞片。老茎脱落或宿存，宿存仅有的基部木质，新枝顶生或侧生。叶互生、对生或 3～5 枚轮生，扁平，基部无距，无毛。花序顶生，稀侧生，复伞房状、伞房圆锥状、伞形伞房状，其小花序聚伞状，花密生，有苞片和花梗；花两性，5 基数，稀 4 基数，更少为单性；萼片 5 枚，基部多少合生，基部不具距，常较花瓣短；花瓣 5 枚，离生，先端通常不具短尖，白色、粉红色、

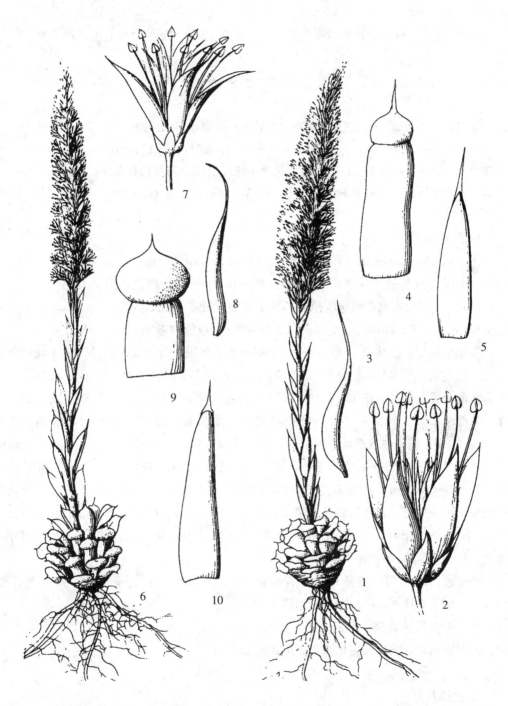

图版 1　黄花瓦松 **Orostachys spinosus** （Linn.） C. A. Mey. 1. 植株；2. 花；3. 心皮；4. 莲座状叶；5. 茎上叶。小苞瓦松 **O. thyrsiflorus** Fisch. 6. 植株；7. 花；8. 心皮；9. 莲座状叶；10. 茎上叶。

（引自《新疆植物志》，张荣生绘）

紫色，或淡黄色、绿黄色；雄蕊 10 枚，对瓣雄蕊着生在花瓣近基部，较花瓣长或短；鳞片长圆形，先端圆或微缺；心皮直立，分离，基部狭，有柄。果实为蓇葖果，常 5 数；种子小，多数。

约 30 种，分布于欧亚大陆及北美洲。我国有 15 种 2 变种，昆仑地区产 2 种。

分 种 检 索 表

1. 茎倾斜，高不及 20 cm；花序为伞形聚伞花序；叶宽卵形或近圆形，对生 ……………
………………………………………… **1. 圆叶八宝 H. ewersii** (Ledeb.) H. Ohba
1. 茎直立，高 30 cm 以上；花序为聚伞状伞房花序组成的间断穗状花序；叶狭椭圆形
或长圆状披针形，3～4 枚轮生 …………… **2. 狭穗八宝 H. angustum** (Maxim.) H. Ohba

1. 圆叶八宝

Hylotelephium ewersii (Ledeb.) H. Ohba in Bot. Mag. Tokyo 90：50. f. 2d. 1977；中国植物志 34 (1)：50. 图版 14：11～15. 1984；新疆植物志 2 (2)：233. 图版 66：1～3. 1955；青藏高原维管植物及其生态地理分布 353. 2008. —— *Sedum ewersii* Ledeb. Ic. Pl. Fl. Ross. 1：14. pl. 58. 1829；西藏植物志 2：430. 1985.

多年生草本。根状茎木质，分枝，倾斜或水平伸展，节间长，直径 1～2 mm，节处生根，根丝状。茎多数（数枚），多弧曲向上，近基部分枝，高 5～15 cm，无毛。叶对生，宽卵形或近圆形，长 1～2 cm，质薄（可能肉质脱水后而成），先端钝或急尖，全缘，基部渐窄，无柄，常显褐色脉纹和斑点。伞形聚伞花序，花多数，密生，直径 1.5～2.0 cm；苞片在下部者近椭圆形，向上为宽长圆形，较叶小，花下苞片小，近膜质；花梗细，长约 1 mm；萼片 5 枚，披针形，长约 2 mm，分离；花瓣 5 枚，卵状披针形，长 3.5～4.0 mm，先端急尖或渐尖，基部略窄；雄蕊 10 枚，对瓣雄蕊着生于花瓣的基部，比花瓣短，花药黑紫色；鳞片长圆形，长约 0.6 mm。蓇葖果狭椭圆形，直立，长 3～4 mm，基部狭，具短柄，先端渐狭，有约 1.5 mm 的短喙；种子多数，长圆形，褐色，长约 0.5 mm。 花果期 7～8 月。

产新疆：阿克陶（奥依塔克，青藏队 4828）、叶城（柯克亚乡，青藏队吴玉虎 87875）。生于海拔 2 800 m 左右的沟谷山地。

分布于我国的新疆、西藏；巴基斯坦，蒙古，俄罗斯，哈萨克斯坦，吉尔吉斯斯坦，塔吉克斯坦，阿富汗，帕米尔高原山地也有。

2. 狭穗八宝

Hylotelephium angustum (Maxim.) H. Ohba in Bot. Mag. Tokyo 90：48. 1977；中国植物志 34 (1)：53. 1984；青海植物志 2：2. 1999；青藏高原维管植物及其生态地理分布 353. 2008. —— *Sedum angustum* Maxim. in Bull. Acad. Sci. St. -Pétersb. 29：

138. 1883.

多年生草本，高 40～80 cm，无毛。根状茎短，多细根。茎直立，不分枝，常带紫色。叶 3～4 枚轮生，狭椭圆形或长圆状披针形，长 3～4 cm，宽 1～2 cm，质薄，先端钝，边缘有疏锯齿，基部楔形，无柄或有短柄。花序顶生或腋生，由聚伞状伞房花序组成间断的穗状，长 10～23 cm，宽 2～3（4）cm，有 4～6 处明显的间断，花序分枝长 1～6 cm，多花；花梗长 2～3 mm；萼片 5 枚，基部近分离，三角形或宽披针形，长约 1 mm，肉质；花瓣 5 枚，淡红色，长圆形或长椭圆形，长 3.0～3.5 mm，两端渐狭，顶钝，分离；雄蕊 10 枚，略长于花瓣，对瓣者生于花瓣基部；鳞片 5 枚，长方形，长约 0.6 mm，先端微凹；心皮 5 个，离生，子房上位。蓇葖果直立，长方形，长约 3.5 mm，两端渐狭，基部有柄，先端有短喙。　花果期 7～8 月。

产青海：班玛（马柯河林场，王为义等 27681）。生于海拔 3 000～3 800 m 的河谷地带。

分布于我国的青海、甘肃、四川、云南、山西、湖北等省。模式标本采自青海大通河流域。

3. 景天属 Sedum Linn.

Linn. Sp. Pl. 430. 1753.

一年生或多年生草本，通常肉质或草质，少有茎基部呈木质。茎直立，稍散或外倾，有时丛生或呈藓状，无毛或被毛。叶各式，互生，对生或轮生，全缘或有齿，少有线形的，有时基部有距。花序聚伞状或伞房状，腋生或顶生；花白色、黄色、红色、紫色，常为两性，稀退化为单性，常为不等的 5 基数（5 基数为萼片 5，花瓣 5，雄蕊 5，心皮 5；不等 5 基数为有的器官多于 5），少有 4～9 基数；花萼有时基部有距；花瓣分离或基部合生；雄蕊通常为花瓣数的 2 倍，对瓣雄蕊贴生在花瓣基部或稍上处；鳞片全缘或有微缺；心皮分离或在基部合生，基部宽阔，无柄，花柱短，通常胎座不明显，极少数胎座肥大而呈镰刀形或新月形，更少数珠柄细长。果为蓇葖果；种子多数或少数，表面长有小瘤状突起。

470 种左右。主要分布在北半球，一部分在南半球的非洲和拉丁美洲；我国西南地区种类繁多，在西半球以墨西哥种类丰富。我国有 124 种 1 亚种 14 变种 1 变型；昆仑地区产 12 种，均分布于昆仑山东部。

分 种 检 索 表

1. 子房内胎座不明显，珠柄与种体间无附属物。
　2. 叶狭细，先端渐尖或近尖；萼片先端尖；雄蕊 10。

3. 多年生植物，有不育茎；叶和萼片边缘有腺毛状缘毛 ……………………
………………………………………… **1. 道孚景天 S. glaebosum** Fröd.

3. 一或两年生植物，无不育茎；萼片常较花瓣长；叶和萼片边缘无缘毛 ………
………………………………………… **2. 甘南景天 S. ulricae** Fröd.

2. 叶较宽，先端钝；萼片先端钝；雄蕊 5～10。

4. 萼片有距；花序近蝎尾状聚伞花序 ………… **5. 阔叶景天 S. roborowskii** Maxim.

4. 萼片无距。

5. 植株矮小，高不超过 3 cm，绿色；雄蕊 5 ……… **3. 小景天 S. fischeri** Hamet

5. 植株较高，高 4～10 cm，常带紫色；雄蕊 10 ……………………
………………………………………… **4. 青海景天 S. tsinghaicum** K. T. Fu

1. 胎座膨大或珠柄长，珠柄与种体间有附属物。

6. 珠柄长或珠柄与种体间有附属物。

7. 萼片无距；花瓣绿黄色 ………………… **11. 绿瓣景天 S. prasinopetalum** Fröd.

7. 萼片有距；花瓣黄色；种子有长珠柄 ………… **12. 甘肃景天 S. perrotii** Hamet

6. 胎座明显膨大。

8. 萼片基部有距；心皮基部明显合生；花瓣近离生，长约 5 mm ……………
………………………………………… **10. 尖叶景天 S. fedtschenkoi** Hamet

8. 萼片基部无距。

9. 主根小，呈极细的圆锥形；叶片先端尖；鳞片短，匙形，长 0.3～0.4 mm
………………………………………… **6. 隐匿景天 S. celatum** Fröd.

9. 无主根或主根很短，根通常为纤维状须根；叶片先端钝；鳞片通常超过
0.5 mm。

10. 雄蕊 1 轮，5 枚；鳞片长超过 0.8 mm ……………………………
………………………………………… **7. 高原景天 S. przewalskii** Maxim.

10. 雄蕊 2 轮，10 枚；鳞片长 0.5～0.8 mm。

11. 花梗明显，长 3～4 mm；花萼无斑点；花瓣钝，先端无小尖头；鳞
片长约 0.7 mm ………………… **8. 牧山景天 S. pratoalpinum** Fröd.

11. 花梗短，长 1～3 mm；花萼有的有黑褐色斑点；花瓣先端有小尖
头；鳞片长 0.5～0.6 mm ………… **9. 寒地景天 S. pagetodes** Fröd.

1. 道孚景天

Sedum glaebosum Fröd. in Acta Hort. Gothob. 15：16. pl. 2：4. f. 75～82. 1942；
植物分类学报 12：56. 1974；中国植物志 34 (1)：90. 图版 25：1～8. 1984；青海植物
志 2：13. 1999；青藏高原维管植物及其生态地理分布 362. 2008.

多年生草本，具根状茎。不育茎生长密集，高 5～7 mm，花茎高出不育茎，直立，
稀分枝，高 3～4 cm。叶密集，不育茎的叶聚集成球形、莲座状，花茎的叶互生，下部

的近卵形、狭椭圆形，上部的（花茎上的）披针形至狭披针形，长 2～6 mm，先端渐尖，边缘具缘毛，基部有钝或微裂的距。花序含少数花，密集，花为不等的 5 基数，近无梗；萼片狭卵状披针形或卵状长圆形，长约 5 mm，基部有宽距，先端刺状渐尖，缘有刺状缘毛；花瓣黄色，近长圆形或狭披针形，长 6～7 mm，基部渐窄，呈宽爪状，先端渐尖，具突尖头；雄蕊 10 枚，对瓣雄蕊着生于距瓣基 1 mm 处，长约 3 mm，对萼雄蕊长约 5 mm；鳞片近方形，长约 0.5 mm，顶端斜平截，有钝齿；心皮直立，长圆形，长 3～4 mm，基部联合，先端渐窄，形成 2 mm 的花柱，含多数胚珠，约 10 数枚。花期 8～9 月。

产青海：称多（歇武乡争托，苟新京等 83‑430；尕朵乡，采集人和采集号不详）。生于海拔 4 000～4 500 m 的干旱山坡、河边和山坡灌丛的石缝中。

分布于我国的青海、西藏、四川。

2. 甘南景天

Sedum ulricae Fröd. in Bull. Mus. Hist. Nat. Parisll. 1：442. 1959；植物分类学报 12：59. 1974；中国植物志 34（1）：96. 图版 22：29～28. 1984；青海植物志 2：13. 1999；青藏高原维管植物及其生态地理分布 365. 2008.

一年生草本，无毛。根纤维状。花茎直立，铺散，高 2～4 cm，由基部分枝。叶长圆形，长 4～6 mm，基部有短距，先端略急尖或有小尖头。花序为伞房状聚伞花序，有少数花，最多至 5 花，苞片叶状但较大，花梗长 1～5 mm；花为 5 基数或不等的 5 基数，花为淡黄色；萼片长圆形或倒披针状长圆形，有的呈狭椭圆形，长 2.5～3.0（～5.0）mm，基部有钝形短距，先端渐尖，或有小尖头；花瓣披针形或近长圆形，长 3.0～3.5 mm，先端兜状，微钝；雄蕊 5～10 枚，长约 2 mm，如有对瓣雄蕊，则着生于离瓣基约 0.6 mm 处，长约 1 mm；鳞片线形，长 1.0～1.2 mm，先端呈圆头；心皮直立，椭圆状长圆形，长约 2.2 mm，基部微合生，先端急狭成短花柱，内有胚珠 6～8 枚，胚珠狭长圆形，胎座不显。种子宽长圆形，长约 1 mm，表面有沟槽和小乳头状突起。 花果期 8～9 月。

产青海：兴海（黄青河畔，吴玉虎 42721）、玛沁（大武乡德勒龙，采集人和采集号不详）、曲麻莱（东风乡江荣寺，刘尚武等 868）。生于海拔 3 700～4 700 m 的阳坡石缝、古丘石隙、沟谷山地阴坡高寒灌丛草甸岩缝、山坡石崖，稀生于峡谷灌丛草甸。

分布于我国的青海、甘肃。

本种另一类型，其特点为分枝处常生有不定根；花萼卵状披针形，长（3.0）4.0～4.5 mm，基部无距，先端有小尖头；花瓣狭椭圆形，长约 4 mm，先端有小尖头；对瓣雄蕊在离花瓣基部约 1 mm 处着生，长约 1.5 mm，对萼雄蕊长约 2.5（3.0）mm；鳞片长圆形，长 0.7～0.8 mm，先端平截并显浅齿或波状；心皮直立，有胚珠 6～8 枚。果实和种子不成熟，未见。

3. 小景天

Sedum fischeri Hamet in Journ. Russe. Bot. 1914. 1. 1914；中国植物志 34 (1)：98. 1984；青海植物志 2：14. 1999；青藏高原维管植物及其生态地理分布 361. 2008.

一年生或二年生草本。根状茎很短，须根多数。叶长圆形或宽长圆形，有时近卵形，长 3～6 mm，宽 1～2 mm，基部有钝圆距，先端钝。聚伞花序，含花 3～5 朵；苞片叶状；花为 5 基数，有短柄；萼片 5 枚，卵状长圆形或长圆形，长 3～4 mm，宽 1.0～1.5 mm，基部无距，先端钝；花瓣 5 枚，披针形或近长圆形，长约 3.5 mm，先端钝，无小尖头，基部离生；雄蕊 5 枚，长约 3.5 mm；鳞片线形，长约 1 mm；心皮狭椭圆形，基部微合生，先端突缩成花柱，花柱长 0.7～0.8 mm，含胚珠 8～10 枚。蓇葖果短，长圆形，长约 4 mm，含种子少数；种子长圆形，长约 1 mm，表面有肋和细乳头状突起。 花期 7～8 月，果期 9 月。

产青海：兴海（河卡山，何廷农 219）、曲麻莱（东风乡白市滩，刘尚武等 792）。生于海拔 4 000～4 600 m 的山顶岩石缝隙、山顶裸露地、沟谷高寒沼泽草甸。

分布于我国的青海、西藏。

4. 青海景天　图版 2：1～6

Sedum tsinghaicum K. T. Fu in Bull. Bot. Lab. North-East. Forest. Inst. 6：40. f. 11～12. 1980；中国植物志 34 (1)：99. 图版 23：9～17. 1984；青海植物志 2：14. 图版 3：12～17. 1999；青藏高原维管植物及其生态地理分布 365. 2008.

一年生草本，无毛。根为细瘦圆锥形，通常下部纤维状，须根明显。花茎直立或铺散，高 3～10 cm，基部分枝，通常显暗紫红色。叶长圆形，狭卵状长圆形或倒狭卵状长圆形，长 5～8 mm，基部有钝距，先端钝。花序为伞房状聚伞花序，含花 5～14 朵；苞片叶状；花梗短，长 1～3 mm；花为不等的 5 基数，黄色；萼片长圆形或卵状长圆形，长 2～3 mm，基部无距，先端钝；花瓣卵状长圆形或近宽披针形，长 3.0～3.5 mm，基部略结合，先端钝或急尖；雄蕊 10 枚，2 轮，对瓣雄蕊着生于离花瓣基部 0.6～0.7 mm 处，长约 2 mm，对萼雄蕊长约 2.7 mm；鳞片近半圆形，长约 0.3 mm；心皮直立，不规则的长圆形，长约 3.5 mm，基部略合生，先端急缩成花柱，胚珠多集在下部，有 6～7 枚。种子长圆形，长约 1 mm，有小乳头状突起。 花果期 7～9 月。

产青海：兴海（黄青河畔，吴玉虎 42709）、玛沁（大武江让水电站，吴玉虎 18383；西哈垄河谷，采集人和采集号不详；雪山乡西沟，玛沁队 427；当洛乡，玛沁队 568；军功乡宁果公路 396 km，吴玉虎 21196）、甘德（上贡麻乡黄河边，H. B. G. 934）、久治（白玉乡，藏药队 608）。生于海拔 3 000～4 200 m 的沟谷山地阳坡草地、山坡高寒灌丛草甸石隙。

甘肃：玛曲（河曲军马场，吴玉虎 31865）。生于海拔 3 500～4 500 m 的河漫滩、阳坡石质山坡，石崖山坡草甸、沟谷山地阴坡高寒灌丛草甸。

分布于我国的青海、甘肃。模式标本采自青海玛沁。

5. 阔叶景天 图版 2：7～13

Sedum roborowskii Maxim. in Bull. Acad. Sci. St. - Pétersb. 29：154. 1883；植物分类学报 12：60. 1974；中国植物志 34（1）：101. 图版 23：18～24. 1984；青海植物志 2：14. 1999；青藏高原维管植物及其生态地理分布 363. 2008.

二年生草本，无毛。根纤维状。花茎直立，高 4～15 cm，由基部分枝。叶长圆形或倒狭卵状长圆形，长 7～15 mm，基部有钝距，先端钝。花序为穗状聚伞花序或近蝎尾状聚伞花序，含多数花，花为不等的 5 基数；苞片叶状；花梗短，长 2～3 mm，萼片长圆形或卵状长圆形，长 3～4 mm，基部有钝距，先端钝；花瓣淡黄色，有的为紫色，卵状披针形，长约 4 mm；雄蕊 10 枚，2 轮，对瓣雄蕊着生于离花瓣基部约 0.7 mm 处，长约 2 mm，对萼雄蕊长约 3 mm；鳞片长圆形，长约 0.7 mm，先端近平截；心皮披针状长圆形，长约 4 mm，基部微合生，先端急狭形成 0.6～0.7 mm 的花柱，胚珠多数。蓇葖果长圆形，长约 5 mm；种子长圆形，长约 0.7 mm，有小乳头状突起。 花果期 8～9 月。

产青海：兴海（中铁林场中铁沟，吴玉虎 45542；河卡山小克久沟，采集人和采集号不详）、玛沁（西哈垄河谷，吴玉虎 21238；雪山乡冬牧场，区划三组 241）、曲麻莱（东风乡江荣寺，刘尚武等 866）、称多（采集地不详，郭本兆 375）。生于 2 500～4 200 m 的干旱阳坡山麓灌丛、河谷阶地的柏林缘或岩石缝隙。

分布于我国的青海、甘肃、宁夏、西藏。模式标本采自青海大通河岸。

6. 隐匿景天 图版 2：14～18

Sedum celatum Fröd. in Acta Hort. Gothob. T. Append. 114. pl. 64. f. 938～948. 1932；中国植物志 34（1）：111. 1984；青海植物志 2：16. 图版 3：1～5. 1999；青藏高原维管植物及其生态地理分布 361. 2008.

二年生草本，无毛。主根为细小的圆锥形，下部常有分枝。花茎直立，自基部分枝，高 3～9 cm。叶狭披针形或长圆状披针形（条形），长 4～6 mm，宽约 1 mm，基部有钝或近浅裂的距，先端渐尖。花序为伞房状的聚伞花序，含花 3～9 朵；苞片叶形，花梗长 2～6 mm；花为不等的 5 基数，萼片 5 枚，卵状披针形，长 2～3（4）mm，基部微合生，无距，先端长渐尖；花瓣 5 枚，黄色，披针形，长约 3.5 mm，微合生，先端渐尖，有长突尖头；雄蕊 10 枚，对瓣雄蕊生于瓣基约 1 mm 处，分离部分长约 2 mm，对萼雄蕊长约 3 mm；鳞片匙形，长 3～4 mm，先端钝圆；心皮半卵状长圆形，长约 3 mm，基部略合生，有长的花柱，有胚珠 4～6 枚，胎座镰刀形。种子长圆形，褐色，

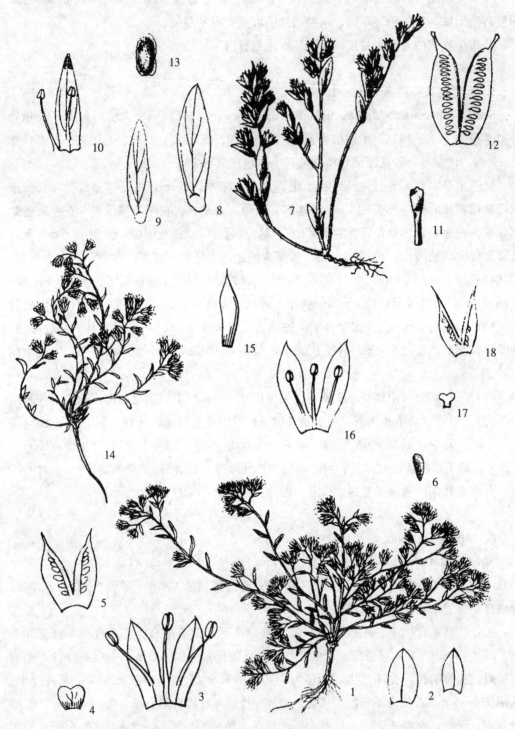

图版 2　青海景天 Sedum tsinghaicum K. T. Fu 1. 植株；2. 萼片；3. 花瓣和雄蕊；4. 鳞片；5. 心皮；6. 种子。阔叶景天 S. roborowskii Maxim. 7. 植株；8. 叶；9. 萼片；10. 花瓣和雄蕊；11. 鳞片；12. 心皮；13. 种子。 隐匿景天 S. celatum Fröd. 14. 植株；15. 萼片；16. 花瓣和雄蕊；17. 鳞片；18. 心皮。

（1～6、14～18. 王颖绘；7～13. 引自《中国植物志》，祁世章、钱存源绘）

长约 0.7 mm，有乳头状突起。 花果期 7～8 月。

产青海：兴海（大河坝乡，张盍曾 63507；大河坝乡赞毛沟，吴玉虎 46480；河卡山，王作宾 20248；青根桥，采集人和采集号不详）、达日（建设乡胡勒安玛，采集人和采集号不详）、班玛（马柯河林场，采集人和采集号不详）、称多（歇武乡，刘尚武 2459）。生于海拔 3 600～4 000 m 的沟谷山地、林下石隙、河谷阶地林缘岩石上。

四川：石渠（新荣乡雅砻江边，吴玉虎 30056）。生于海拔 3 000～4 200 m 的阳坡、山顶的石崖、岩石缝隙、河谷砾石滩、山地阴坡灌丛草甸。

分布于我国的青海、甘肃、四川。

本种发现 1 紫红花类型，其形态似本种，其花萼为狭椭圆形，长 4.0～4.5 mm；花瓣为卵状长圆形，长约 3.5 mm；雄蕊长 2.0～2.5 mm；鳞片长方形，顶钝，长约 0.5 mm。种子 4～5 粒，长圆形，长 1.0～1.1 mm。而花紫红色最为突出。产于青海玉树县的东中林场和称多县（具体地点不详），生于林中干土坡上，值得进一步研究。

7. 高原景天

Sedum przewalskii Maxim. in Bull. Acad. Sci. St. - Pétersb. 29：156. 1883；植物分类学报 12：65. 1974；中国植物志 34 (1)：111. 1984；青海植物志 2：17. 1999；青藏高原维管植物及其生态地理分布 363. 2008.

一年生草本，无毛。根纤维状。花茎直立，高 2～5 cm，基部分枝。叶长圆形。卵状长圆形，卵状披针形或近卵形，长 2～4 mm，基部有截形距，先端钝。花序聚伞状或伞房状，含 3～8 花，苞片叶状，花梗长 3～6 mm，花为 5 基数；萼片狭卵形、长圆形、卵状长圆形或狭椭圆形，长 2.0～3.0 (3.5) mm，基部无距，先端钝；花瓣黄色，卵状披针形，披针形或卵状长圆形，长 (2.5) 3.0～3.5 mm。基部略合生，先端钝；雄蕊 5 枚，长 2.2～3.5 mm；鳞片线形，长 0.8～1.2 mm；心皮狭椭圆形或倒卵状长圆形，长约 3 mm，基部离生或稍合生，先端渐缩成长约 1 mm 的花柱，下部有胎座，胚珠 3～4 枚。蓇葖果倒卵状长圆形或近倒卵形，先端突缩；种子长圆形，长 0.8～1.2 mm，有小乳头状突起。 花果期 8～9 月。

产青海：兴海（河卡乡，采集人和采集号不详）、玛多（班玛纳，吴玉虎 1148）、玛沁（大武乡德勒龙，H. B. G. 823；大武乡格曲，采集人和采集号不详；雪山乡二队冬场，采集人和采集号不详）、久治（索乎日麻乡，果洛队 319；康赛乡，吴玉虎 31697B）。生于海拔 3 200～4 300 m 的山地阳坡高寒草甸砾地石隙、河沟草甸间石上。

四川：石渠（菊母乡，吴玉虎 29828）。生于海拔 3 600～5 000 m 的高山流石坡、河谷滩地、山地半阳坡的石隙、石崖缝隙、山坡高寒草甸。

分布于我国的青海、甘肃、西藏、四川、云南。模式标本采自青海大通河沿岸。

8. 牧山景天

Sedum pratoalpinum Fröd. in Acta Hart. Gothob. 15：24. f. 145～151. 1942；植

物分类学报 12：65. 1974；中国植物志 34（1）：112. 1984；青海植物志 2：17. 1999；青藏高原维管植物及其生态地理分布 363. 2008.

二（一）年生草本，无毛。主根细圆锥形，下部常有分枝。花茎直立，高 2～4 cm，自近基部分枝。叶狭卵状披针形或长圆形，长 3～5 mm，基部有宽钝距，先端钝或近急尖。聚伞花序伞房状，含花多至 9 朵；苞片披针形或长圆形；花为不等的 5 基数；花梗明显，长（1）4～8 mm；花淡黄色；花萼披针形或长圆形，长约 3 mm，基部无距，先端钝尖；花瓣狭披针形，长 3.5～4.0 mm，基部略宽，先端钝，无小尖头；雄蕊 10 枚，2 轮，对瓣雄蕊着生于花瓣基部约 1 mm 处，长约 1.5 mm，对萼雄蕊长约 2.5 mm；鳞片线形，长约 0.7 mm；心皮直立，基部合生，先端急缩成花柱，长约 1 mm，含胚珠 3～4 枚，长圆形，胎座在下部。 花期 7 月底至 8 月初。

产青海：久治（哇尔依乡，吴玉虎 26777）、甘德（上贡麻乡，吴玉虎 25853）。生于海拔 3 500～4 000 m 的沟谷山坡高山草甸、阳坡灌丛和砾石河滩。

分布于我国的青海、四川西部地区。

9. 寒地景天

Sedum pagetodes Fröd. in Acta Hort. Gothob. 15：25. pl. 4：3. f. 152～163. 1942；植物分类学报 12：65. 1974；中国植物志 34（1）：112. 1984；青藏高原维管植物及其生态地理分布 363. 2008.

一年生或二年生草本，无毛。花茎直立，高 2～3 cm，自基部分枝。叶长圆形或卵状长圆形，长 3～4 mm，基部有钝圆距，先端钝。花序为伞房状聚伞花序，长圆形或三角状长圆形，有花 4～12 朵；苞片叶形。花为不等的 5 基数；花梗长 1～3 mm；萼片近卵形或宽披针形，长 3～4 mm，基部无距，先端钝，有的有黑褐色斑点，通常不明显；花瓣披针形，黄色，长约 4 mm，基部略合生，先端钝，有小尖头；雄蕊 10 枚，对瓣雄蕊离基部约 1 mm 处着生，长约 1 mm，对萼雄蕊长 1.5～2.0 mm；鳞片长圆形，长 0.5～0.6 mm，先端钝。蓇葖果长圆形，长 3.0～3.5 mm，先端钝圆，突缩成长约 0.5 mm 的花柱，果内含 2～3 粒种子，胎座在下部；种子长圆形，长 1.0～1.2 mm，表面有乳头状突起。 果期 9 月。

产青海：治多（岗察乡钦克山口，周立华 471）。生于海拔 4 620 m 左右的高寒地区山顶裸露地。

分布于我国的青海南部、四川西部。

10. 尖叶景天

Sedum fedtschenkoi Hamet in Journ. Russe Bot. 1914：2. 1914；植物分类学报 12：66. 1974；中国植物志 34（1）：114. 1984；青海植物志 2：17. 1999；青藏高原维管植物及其生态地理分布 361. 2008.

一年生或二年生草本。主根为小的圆锥状，下部有分枝，须根多数。花茎直立，高 4～5 cm，自基部分枝。叶线状长圆形或狭披针形，长 5～6 mm，基部有截形或圆形短距，先端微尖或钝。花序为伞房状聚伞花序或聚伞花序，含花 5～10 朵；花为不等的 5 基数；花梗明显，长 2～7 mm；萼片长圆形或狭披针形，长 2～3 mm，基部有短距，先端钝；花瓣 5 枚，淡黄色，狭披针形，长约 5 mm，先端钝，具短尖头；雄蕊 10 枚，对瓣雄蕊着生于花瓣基部 0.7～0.8 mm 处，长约 1.5 mm，对萼雄蕊长 2.5～2.7 mm；鳞片近匙形，长 0.5～0.6 mm，顶端圆形；心皮基部结合，花柱长 0.7～0.8 mm，有胚珠 5～6 枚，有肥厚胎座。种子狭椭圆形或长圆形，长 0.7～0.8 mm，表面有小乳头状突起。　花果期 8～9 月。

产青海：班玛（马柯河林场宝藏沟，王为义等 27337）。生于海拔 3 300～4 000 m 的沟谷山坡高寒草地。

分布于我国的青海、西藏、四川西部。

11. 绿瓣景天

Sedum prasinopetalum Fröd. in Acta Hort. Gothob. 15：20. pl. 5：1. f. 110～117. 1942；植物分类学报 12：69. 1974；中国植物志 34（1）：117. 1984；青海植物志 2：12. 1999；青藏高原维管植物及其生态地理分布 363. 2008.

二（一）年生草本，无毛。花茎直立或铺散，从基部分枝，高 3～8 cm。叶狭长圆形或倒披针状长圆形，压干后黄绿色，长 6～8 mm，基部有钝距，先端钝。花序为伞房状聚伞花序，含花 5～7 朵，苞片倒披针形；花为不等的 5 基数，具梗，梗长 3～5（6）mm；萼片长圆形或狭卵状长圆形，黄绿色，长 3～4 mm，基部无距，先端钝，有不明显的 3～5 脉；花瓣黄色，干后常带淡蓝色，长圆形、卵状长圆形或倒卵状长圆形，长 5～6 mm，基部几离生，先端钝，无突尖头；雄蕊 10 枚，2 轮，对瓣雄蕊着生在离基部约 1.5 mm 处，长约 3.5 mm，对萼雄蕊长约 5 mm；鳞片线形，长 0.7～1.0 mm，先端钝；心皮直立，长约 5 mm，基部宽结合，胚珠多数。种子倒卵状长圆形，长 0.7～1.0 mm，表面有小乳头状突起，基部具囊状附属物，珠柄长。　花果期 8～9 月。

产青海：久治（希门错日拉山，果洛队 476）。生于海拔 3 500～4 200 m 的山地岩石缝隙、高山砾石流的灌丛草甸。

甘肃：玛曲（河曲军马场，吴玉虎 31847B）。生于海拔 3 440 m 左右的沟谷山地高寒草甸石隙、高寒灌丛草甸。

分布于我国的青海、甘肃、四川西部。

12. 甘肃景天

Sedum perrotii Hamet in Bull. Sci. Bot. France 71：157. pl. 2. 1924；中国植物志

34（1）：119．1984；青藏高原维管植物及其生态地理分布 363．2008.

一年生草本，无毛。根短纤维状。花茎直立，高 2～6 cm，基部分枝。叶线状倒卵形或线状披针形，长 4～8 mm，有短钝距，先端近尖或微钝。花序伞房状，有花 5～15 朵，稍密集；苞片叶状；花为不等的 5 基数，花梗长 3～4 mm；萼片长圆形或线状披针形，长 2.5～4.5 mm，有短钝距，先端近尖；花瓣黄色，近狭长圆形或近倒卵状长圆形，长 4～6 mm，离生，先端钝；雄蕊 10 枚，2 轮，内轮雄蕊生于距花瓣基部 1.0～1.5 mm 处；鳞片线状匙形，长 0.5～0.7 mm，先端稍钝；心皮直立，披针形，长 4.5～5.0 mm，合生，合生部分长 0.6～1.6 mm，有胚珠 4～5 枚，具长花柱。种子卵形，长约 1.2 mm，有乳头状突起，具长珠柄。 花期 7 月，果期 8 月。

产青海：班玛。生于海拔 3 600 m 左右的沟谷山地、高寒草甸砾地、山坡高寒灌丛草甸石隙。

分布于我国的青海东南部、甘肃西南部、四川北部（松潘）。

在本区我们未采集到该种标本，描述摘自《中国植物志》。

4. 红景天属 Rhodiola Linn.

Linn. Sp. Pl. 35. 1753.

多年生草本。根颈通常发育，不分枝至多数多次分枝，分枝紧密或垫状，或分枝相互疏离成根状茎状，或不分枝先端出土并向上缓慢生长成鞭状，周围常残留枯死老花茎；新花茎自根颈顶端生出，一年生，不分枝，可孕，稀有不孕枝。叶有基生叶和茎生叶 2 种。基生叶绿色，叶状，而多数种基生叶退化成鳞片状，栗褐色，膜质；茎生叶通常互生，少数对生或轮生，无托叶，常全缘，有的边缘有齿或分裂。花序生于当年花茎顶部，通常为简单的伞房状或聚伞状花序，少数种仅生花 1 朵或为少数花，通常有苞片；花辐射对称，雌雄异株或两性花；花萼（3）4～5（6）裂；花瓣分离，与萼同数；雄蕊 2 轮，常为花瓣数的 2 倍，对瓣雄蕊贴生在花瓣下部，其余对萼，花药 2 室，底着，极少有背着的；腺状鳞片线形、长方形、方形、半圆形；心皮基部合生，与花瓣同数，子房上位。蓇葖果有种子多数。种子通常有翅。

90 种，分布于北半球高寒地带。我国有 73 种 2 亚种 7 变种，昆仑地区产 23 种 1 亚种 1 变种。

分 种 检 索 表

1. 植株有基生叶和茎生叶 2 种类型。
　2. 基生叶倒卵形或倒卵状长圆形，花 1～2 朵 ··
　·· **1. 报春红景天 R. primuloides**（Franch.）S. H. Fu

2. 基生叶条状长圆形；花多数 ············· **2. 鳞叶红景天 R. smithii**（Hamet）S. H. Fu
1. 植株仅有茎生叶，基生叶退化成鳞片状。

  3. 根颈不增粗，少有伸出地面；通常不具残存花茎，当年生花茎 1 或少数；叶互生
    或对生，叶缘有齿，稀全缘。

    4. 心皮狭卵形，基部渐狭或呈柄状；花序为伞房状聚伞花序。

      5. 心皮有短柄；鳞片方形；叶互生 ··

          ·············· **3. 宽果红景天 R. eurycarpa**（Fröd.）S. H. Fu

      5. 心皮下部渐细，不呈柄状；鳞片长方形，长 1.2～1.3 mm；叶互生或近轮

        生 ·············· **4. 大鳞红景天 R. macrolepis**（Franch.）S. H. Fu

    4. 心皮长圆形，基部粗；花序为伞房花序。

      6. 心皮长为宽的 2 倍或近 2 倍 ·····································

        ··· **5. 柴胡红景天 R. bupleuroides**（Wall. ex Hook. f. et Thoms.）S. H. Fu

      6. 心皮长为宽的 3 倍以上。

        7. 叶线形至披针形，全缘或稍有齿 ···

          ·············· **8. 狭叶红景天 R. kirilowii**（Regel）Maxim.

        7. 叶圆形、近圆形或卵状长圆形，边有齿。

          8. 花序有苞片，花 5 数；花茎多数，残留老花茎黑色 ··············

          ·············· **6. 大花红景天 R. crenulata**（Hook. f. et Thoms.）H. Ohba

          8. 花序无苞片，花 4 数；有或无残留老花茎 ··············

          ·············· **7. 异齿红景天 R. heterodonta**（Hook. f. et Thoms.）A. Bor.

  3. 根颈通常伸出地面，有密集的分枝，大多呈团块状，有的不分枝，不加粗，向上
    生长成鞭状；残留老花茎多数或少数；叶多全缘，稀有齿。

    9. 花黄色，有的花瓣先端和边缘红色。

      10. 雌雄同株，花两性 ·········· **9. 德钦红景天 R. atuntsuensis**（Praeg）S. H. Fu

      10. 雌雄异株，花单性。

        11. 花茎细，直径 0.5～1.0 mm；根颈多分枝，多枝节间较长，多松散，
          有的呈密集状。

          12. 叶长圆形或线形，全缘；花金黄色 ·····························

            ·························· **10. 喀什红景天 R. kaschgarica** A. Bor.

          12. 叶长圆形、卵状披针形或倒披针形，边缘稍有齿；通常花黄色，
            有的花瓣先端和边缘紫色 ·········· **11. 长鳞红景天 R. gelida** Schrenk

        11. 花茎较粗，直径 1.3 mm；根颈不分枝或有少数分枝。

          13. 叶线形或线状披针形，全缘；花少而疏生 ·····················

            ·················· **12. 帕米尔红景天 R. pamiro-alaica** A. Bor.

          13. 叶宽长圆形或卵状披针形，全缘或波状，花多而密集 ··············

            ·················· **13. 黄萼红景天 R. litwinowii** A. Bor.

    9. 花红色或紫红色。

14. 根颈通常不分枝，常呈鞭状，或有少数分枝，地上部分明显向上生长；花序含多花。

  15. 花序含少数花，排列稀疏；花柱短；叶片基部狭楔形 …………………
    …………………… **16. 西川红景天 R. alsia**（Fröd.）S. H. Fu

  15. 花序含花多而密集；子房渐狭成花柱，长而稍外弯；叶片基部圆形或广楔形。

    16. 叶片先端钝；菁葖果长 7～8 mm；花大 ……………………………
      ……… **14. 长鞭红景天 R. fastigiata**（Hook. f. et Thoms.）S. H. Fu

    16. 叶片先端渐尖；果长 2～3 mm；花小 ………………………………
      ……… **15. 西藏红景天 R. tibetica**（Hook. f. et Thoms.）S. H. Fu

14. 根颈分枝多，密集，不呈鞭状，通常向上生长不明显。

  17. 植株、花序、花梗、萼片全被毛 …………………………………………
      …………………… **17. 洮河红景天 R. taohoensis** S. H. Fu

  17. 植株无毛或粗糙。

    18. 根颈分枝少数，通常成小丛，老花茎少数。

      19. 叶片卵形或卵状长圆形，全缘或有圆齿 …………………………
        …………… **18. 长蕊红景天 R. staminea**（O. Pauls.）S. H. Fu

      19. 叶片线形或条形，全缘
        …………… **19. 嗜冷红景天 R. algida**（Ledeb.）Fisch. et Mey.

    18. 根颈常呈大丛，团块状，分枝多数，稀呈小丛，老花茎多数。

      20. 花中鳞片长方形或方形，长大于宽或等于宽；花较多。

        21. 鳞片长方形，稀近方形，长 1.0～1.3（1.5）mm；萼片狭三角状披针形；叶线形，先端钝 ……………………………
          ……… **20. 大红红景天 R. coccinea**（Reyle）A. Bor.

        21. 鳞片方形，长约 0.8 mm；萼片条形；叶狭披针形，先端急尖或渐尖 ……………………………………………………
          ……… **21. 圆丛红景天 R. juparensis**（Fröd.）S. H. Fu

      20. 花中鳞片扁，长明显短于宽，长不超过 0.5 mm；花稀少。

        22. 叶卵形或宽披针形，基部有短柄或似有短柄；植株无乳头状突起，花茎褐色 …………………………………………
          …… **22. 短柄红景天 R. brevipetiolata**（Fröd.）S. H. Fu

        22. 叶披针形或狭披针形，基部无柄；植株有明显的乳头状突起，花茎常显红褐色 ………………………………………
          …… **23. 粗糙红景天 R. scabrida**（Franch.）S. H. Fu

1. 报春红景天 图版 3：1～6

Rhodiola primuloides（Franch.）S. H. Fu in Acta Phytotax. Sin. Addit. 1：118.

1965. —— *Sedum primuloides* Franch. in Journ. de. Bot. 10：287. 1896.

1a. 报春红景天（原亚种）

subsp. **primuloides**

本区无分布。

1b. 工布红景天（亚种）

subsp. **kongboensis** H. Ohba in Journ. Jap. Bot. 53：330. 1978；中国植物志 34 (1)：163. 1984.

多年生草本。主根细长，下部有细长分枝，丝状须根多数；根颈短，有分枝，直径约 5 mm。花茎高 1～2 cm，淡黄绿色或稻秆黄色。基生叶明显，狭椭圆形、倒卵状长圆形或倒卵形，深绿色，长约 1 cm，宽约 3 mm，先端钝或钝圆，全缘，下部渐缩，基部加宽成鞘状；茎生叶位于花茎上部，卵状长圆形或长圆形，长 3～4 mm，宽 1～2 mm，顶部钝圆，基部楔形，质地较厚，稍有乳头状突起。花 1～3 朵，顶生，近聚伞状；苞片长圆形，长约 3.0～3.5 mm，宽约 1 mm；花梗短；花两性，粉红色；花萼近长圆形或圆披针形，长约 2.5 mm，顶端钝；花瓣卵状长圆形或椭圆形，长 5.5～6.0 mm，先端钝尖，基部变狭，全缘；雄蕊 10 枚，对瓣雄蕊着生于花瓣基部约 1.5 mm 处，长约 1.5 mm，对萼雄蕊长约 3.5 mm，较花瓣短；花药近黑色，花丝红色；鳞片近方形，长 0.5～0.7 mm，先端微凹；心皮 5 个，披针状长圆形，长约 5 mm，先端渐尖成花柱。蓇葖果不成熟。 花期 7 月，果期 8 月。

产青海：称多（县城附近，刘尚武 2247；采集地不详，郭本兆 3810）。生于海拔 3 800 m 左右的沟谷石质山坡。

分布于我国的青海、西藏。

2. 鳞叶红景天

Rhodiola smithii （Hamet）S. H. Fu in Acta Phytotax. Sin. Addit. 1：122. 1965；中国植物志 34 (1)：164. 图版 34：1～7. 1984；西藏植物志 2：417. 1985；青藏高原维管植物及其生态地理分布 359. 2008. —— *Sedum smithii* Hamet in Bot. Jahrb. 50：Beibl. 102：8. 1913. —— *Sedum sangpotibetanum* Fröd. in Kew Bull. Misc. Inf. 1937：97. 1937. —— *Rhodiola sangpo‑tibetana* （Fröd.）S. H. Fu in Acta Phytotax. Sin. Addit. 1：118. 1965.

多年生草本。根颈直立，粗，不分枝。基生叶线状披针形，长 1.5～2.5 cm；花茎高 1.7 cm，直立，细弱，不分枝，花茎的叶互生，长卵形或卵状线形，长 7～14 mm，宽 1.2～2.2 mm，钝，全缘。伞房状花序，花疏生；花两性；萼片 5 枚，披针形，长 2.5～4.0 mm，宽 1.0～1.8 mm；花瓣 5 枚，近长圆形，长 3.7～6.2 mm，宽 1.4～

2.0 mm，先端尖，外面上部呈龙骨状，全缘；雄蕊 10 枚，对瓣的长 1.5～3.2 mm，着生花瓣中部以下，对萼的长 3～6 mm；鳞片 5 枚，近正方形，长 0.5～0.6 mm，宽 0.6～0.9 mm，先端有微缺；心皮 5 个，长圆形，基部约 1 mm 合生；分离部分长 2.0～4.5 mm；花柱长 1.4～2.0 mm。蓇葖果直立，种子少数；种子近倒卵状长圆形，长约 1.3 mm，钝。 花期 7～9 月，果期 8～9 月。

产西藏：班戈、尼玛。生于海拔 3 000～4 000 m 的河滩沙砾地、砂质草地及石缝。分布于我国的西藏；印度东北部也有。

3. 宽果红景天　图版 4：1～6

Rhodiola eurycarpa (Fröd.) S. H. Fu in Acta Phytotax. Sin. Addit. 1：125. 1965；中国植物志 34 (1)：202. 图版 40：12～16. 1984；青海植物志 2：6. 图版 1：12～17. 1999；青藏高原维管植物及其生态地理分布 355. 2008. —— *Sedum eurycarpum* Fröd. in Acta Hort. Gothob. 1：24. 1924.

多年生草本。根颈近圆柱形，不分枝，细而长，直径约 5～7 mm，灰褐色，顶生三角形栗色膜质鳞片。花茎 1～3 枝，无残留老花茎和不育枝，高 20～25 cm，直径 2～3 mm，呈稻秆黄色。叶线状倒披针形或狭长圆形，长 2～3 cm，通常先端急尖，基部渐狭，边缘有疏锯齿，下部叶少而小，上部密而大。花序为顶生伞房状或伞房状聚伞花序，直径 2～4 cm，雌雄异株，花梗明显，无或稍有乳头状突起，有叶形苞片；雌花萼片 5 枚，近线形，长 2～3 mm；花瓣 5 枚，线状倒披针形，长 3.5～4.5 mm，未见雄蕊；鳞片 5 枚，长方形，长 0.5～0.6 mm，先端微缺。蓇葖果近分离，近椭圆形或宽的长圆形，长约 8 mm，直立，先端突缩成花柱，柱长近 2 mm，腹面隆起，基部渐狭，几呈柄状；种子长圆形，长约 2 mm。 果期 8 月。

产青海：久治（龙卡湖畔，果洛队 557）、班玛（马柯河林场，王为义等 27097）。生于海拔 3 000～4 000 m 的沟谷山坡林下、山坡石上。

分布于我国的青海、甘肃、陕西、四川西部。

4. 大鳞红景天

Rhodiola macrolepis (Franch.) S. H. Fu in Acta Phytotax. Sin. Addit. 1：125. 1965；中国植物志 34 (1)：204. 1984. —— *Sedum macrolepis* Franch. in Nouv. Arch. Mus. Hist. Nat. Paris 2. 8：240. 1885.

多年生草本。主根未见；根颈短粗，块状，长约 8 cm，直径约 6 cm，不分枝或有极短的分枝，不伸出地面；鳞片顶生，卵状三角形，黑栗色，先端急尖。花茎 1～3 枝，无残存老花茎，稻秆黄色，高达 50 cm，直径 4～7 mm。叶下部的互生，少而疏且小，上部的叶大而密近似轮生，长披针形，长 4～6 cm，宽约 1 mm，先端急尖，全缘或有齿，基部楔形至近圆形，无柄。花序为大型伞房形聚伞花序，花极多数，排列较紧密，宽为 6～8 cm。雌雄异株，有分枝苞片，无小苞片，苞片叶小而细；花梗长，细软；花黄色；雄花萼片 5 枚，长圆形，长约 1 mm，先端钝；花瓣倒披针形或狭椭圆状倒披针形，长 3.0～3.5 mm，先端钝或近圆形，基部渐狭；对瓣雄蕊在花瓣基部约 0.7 mm 处着生，长 2.0～2.5 mm，对萼雄蕊长 2.5～3.0 mm，花丝栗色；鳞片长圆形，长约 1.2 mm，微缺；有的有不孕雌蕊；雌株未见。 花期 7～8 月。

产青海：玛沁（西哈垄河谷，吴玉虎 5632）、久治（康赛乡，吴玉虎 26526）。生于海拔 3 600～3 700 m 的高山草甸及石质山坡灌丛。

分布于我国的青海、四川。

5. 柴胡红景天

Rhodiola bupleuroides（Wall. ex Hook. f. et Thoms.）S. H. Fu in Acta Phytotax. Sin. Addit. 1：124. 1965；中国植物志 34（1）：197. 图版 39：13～17. 1984；西藏植物志 2：423. 1985；青藏高原维管植物及其生态地理分布 354. 2008. —— *Sedum bupleuroides* Wall. Cat. no 7229. 1832, nom. nud.；Hook. f. et Thoms. in Journ. Linn. Soc. Bot. 2：98. 1858.

多年生草本，植株高约 5 cm，通常更高，可达 100 cm。根萝卜形，短而粗，直径 1.0～1.5 cm，中部以下有分枝；根颈短，不分枝，先端被卵形鳞片，暗栗色、膜质，先端钝圆。花茎 1～2 枝，无残存老花茎。叶互生，密生，质厚，卵形或圆卵形或椭圆形，长 6～7 mm，宽 4～6 mm，先端钝圆，全缘，基部圆形或稍抱茎，表面深紫色，背面绿色或紫色。伞房花序含少数花，通常为多花，雌雄异株，苞片叶状，具短花梗；花紫红色；萼片 5 枚，线形或线状长圆形，长约 2 mm，顶钝；花瓣 5 枚，狭长圆披针形或线披针形，长约 2.5 mm；雌花无雄蕊；鳞片长方形，长约 0.5 mm，先端圆或微缺；心皮 5 个，卵状长圆形，长 1.5～2.0 mm，先端稍外弯，花柱短。 花期 8～9 月。

产西藏：改则（下周口雪山北坡，青藏队藏北分队 10252）。生于海拔 4 200 m 左右的沟谷山地高寒植被带。

分布于我国的西藏、四川、云南省区；尼泊尔，印度锡金邦也有。

6. 大花红景天

Rhodiola crenulata（Hook. f. et Thoms.）H. Ohba in Journ. Jap. Bot. 51：387. 1976；中国植物志 34（1）：191. 图版 38：6～12. 1984；西藏植物志 2：422. 图 146：13～14. 1985；青藏高原维管植物及其生态地理分布 355. 2008. ——*Sedum crenulatum* Hook. f. et Thoms. in Journ. Linn. Soc. Bot. 2：96. 1858. —— *Rhodiola rotundata*（Hemsl.）S. H. Fu in Acta Phytotax. Sin. Addit. 1：122. 1965；青海植物志 2：9. 图版 2：7～11. 1999；青藏高原维管植物及其生态地理分布 358. 2008. ——*Sedum rotundatum* Hemsl. in Kew Bull. Misc. Inf. 1896：

210. 1896.

多年生草本。根颈短粗，有少数分枝，长可达 4 cm，密被暗栗棕色膜质鳞片；鳞片卵形，先端急尖或钝。花茎多数，老花茎残存，黑色，亦多数；新花茎直立、高 10～25 cm，直径约 5 mm，稻黄色和棕红色，有不孕枝；不孕枝高约 10 cm，细瘦。叶互生，花茎下部的叶无或稀少，多集中生长在顶部或上部，叶椭圆形、宽椭圆形或椭圆状长圆形，长 2～3 cm，宽 1.0～1.5 (2.0) cm，先端钝圆，全缘或有圆齿，基部楔形或圆形，无柄。花序为伞房状，顶生，长 2.0～2.5 cm，宽为 2.5～4.0 cm，密集；苞片叶状，顶端的叶和外层叶状苞片包围花序，易脱落，无小苞片；花梗明显；雌雄异株；花紫红色；雄花萼片 5 枚，披针形或狭披针形或宽线形，长约 3 mm；花瓣长圆形，长 7～8 mm，基部渐狭似爪状，先端钝，干后花瓣两侧对折；对瓣雄蕊在花瓣基部约 2 mm 处着生，长 5.0～5.5 mm；对萼雄蕊长 9.0～9.5 mm，花丝紫红色；鳞片近方形或长方形，长约 1 mm，先端微钝；有不孕心皮；雌花未见。蓇葖果 5 枚，直立，披针形，长约 1 cm，紫红色，先端渐尖，花柱短；种子少数，狭倒针形或狭梭形，长约 2.5 mm，一端明显有翅。 花果期 7～8 月。

产青海：达日（吉迈乡，赛纳纽达山，H. B. G. 1215A、1215B）、久治（索乎日麻乡扎龙尕玛山，藏药队 519、果洛队 335）、称多（巴颜喀拉山，采集人和采集号不详）。生于海拔 4 000 m 左右的沟谷山地高寒草甸砾石地、沙砾山坡草地。

四川：石渠（菊母乡，吴玉虎 29897；长沙贡玛乡，吴玉虎 29938）。生于海拔 4 000～4 600 m 的岩石石隙、流石坡的高寒草甸和灌丛草甸上限处。

分布于我国的青海、西藏、四川、云南。

7. 异齿红景天　图版 5：1～5

Rhodiola heterodonta (Hook. f. et Thoms.) A. Bor. in Kom. Fl. URSS 9：32. pl. 3. f. 3a. 1939；中国植物志 34 (1)：192. 图版 38：13～17. 1984；西藏植物志 2：422. 图 144：19. 1985；新疆植物志 2 (2)：248. 图版 70：4～8. 1995；青藏高原维管植物及其生态地理分布 356. 2008. —— *Sedum heterodontum* Hook. et Thoms. in Journ. Linn. Soc. Bot. 2：95. 1858.

多年生草本。主根分枝少，垂直或稍斜伸向下；根颈短，有分枝，长达 4 cm，直径 2～3 cm，先端和周围被栗色膜质鳞片；鳞片卵状三角形，顶钝圆或急尖。花茎直立或弧形弯曲；残留少数老花茎，常于下部或中部折断；有少数不孕枝或无；新花茎少数，多数高达 30 cm 或稍过之，直径 4～5 mm。叶互生，密生，卵状三角形、卵状披针形或披针形，长 1.5～2.0 (3.0) cm，宽 4～8 mm，黄绿色，先端急尖，基部宽，基部心形或近截形，稍抱茎。花序顶生，近头状或半圆状的伞房花序，雌雄异株；花多而紧密，宽 1.5～2.5 cm，无苞片，花梗极短；花 4 基数，黄绿色；雌花萼片线形，长 2.5～3.0 cm，先端钝或急尖，黄绿色；花瓣线形，长约 4 mm，顶钝尖；鳞片长方形，长约 1 mm，先端圆形。菁葖果长圆形，长约 5 mm，有短花柱，外弯，果内含多数种子；种子小，长圆形，长约 1 mm，褐色。雄花未见。 果期 8 月。

产新疆：塔什库尔干（明铁盖达坂，吴玉虎 5000；麻扎种羊场，吴玉虎 395；红其拉甫，吴玉虎 4895；克克吐鲁克，吴玉虎 870479）；叶城（乔戈里山峰，吴玉虎 1515）。生于海拔 4 000～4 900 m 的沟谷山地、砾石山坡草地、冰川边缘砾地、高山流石坡稀疏植被带。

分布于我国的新疆、西藏；蒙古，哈萨克斯坦，吉尔吉斯斯坦，伊朗，阿富汗，巴基斯坦也有。

我们注意到中国科学院青藏高原生物标本馆中采自塔什库尔干和叶城的一些前人鉴定为直茎红景天 R. recticaulis A. Bor. 的标本。这类标本花序有苞片，但萼片、花瓣为线形，腺体长方形，叶片长圆状披针形或长圆形，基部楔形或宽楔形，我们还是将它们全部归于异齿红景天 R. heterodonta (Hook. f. et Thoms.) A. Bor. 中。直茎红景天花序有苞片，其花萼和花瓣均椭圆形，腺体正方形；叶片椭圆形或椭圆状长圆形，基部不抱茎，这些都和异齿红景天不同，因此应将二者分开（或对直茎红景天作进一步研究）。其中此类标本涉及新疆：塔什库尔干（麻扎种羊场，青藏队吴玉虎 395；红其拉甫，青藏队吴玉虎 4895；克克吐鲁克，青藏队吴玉虎 870479）、叶城（乔戈里峰，青藏队吴玉虎 1515）等，可再研究。

8. 狭叶红景天 图版 5：6～8

Rhodiola kirilowii (Regel) Maxim. in Aced. Sci. St.‐Pétersb. 9：472. 1859；中国植物志 34 (1)：194. 图版 39：7～12. 1984；西藏植物志 2：420. 1985；新疆植物志 2 (2)：248. 图版 68：5～7. 1995；青海植物志 2：7. 1999；青藏高原维管植物及其生态地理分布 356. 2008. —— *Sedum kirilowii* Regel in Regel et Tiling Fl. Ajan 92. in adnot. no. 114. 1858.

多年生草本。根垂直向下，较细长；根颈不分枝（稀分枝），棕栗色，先端被鳞片；鳞片三角形，长约 4 mm，先端钝。花茎 1～3 枝，多达 7 枝，无残留老花茎，高 20～50 cm，直径 3～4 mm，稻秆黄色。叶互生，秆的 1/3 以下无叶，或叶少而小，渐向上叶渐密生而大，线形或线状披针形，长 (3) 4～6 cm，宽 (1) 2～4 mm，先端急尖，边缘全缘或有疏锯齿，无柄。花序伞房状，花多而密，直径 2.5～4.0 (6.0) cm，雌雄异株；苞片线形，有或无；花梗细长，果期花梗加粗；花绿黄色；雄花萼片狭披针形，长 1.5～2.5 mm，先端钝尖；花瓣长圆形，长 3.0～3.5 mm，先端渐窄；雄蕊 10 枚，对瓣雄蕊着生在花瓣基部 0.5 mm 处，长约 2 mm，对萼雄蕊长 0.5～3.0 mm，较花瓣短；鳞片近长方形，长约 1 mm，先端波状；雌花无雄蕊。菁葖果长圆形或长圆状披针形，长约 7 mm，先端渐窄，花柱短，外弯；种子线形或线状长圆形，栗色，长约 2 mm，一端有短翅。 花期 6～7 月，果期 7～8 月。

产青海：兴海（中铁林场恰登沟，吴玉虎 45120）、玛多、玛沁（大武乡德勒龙，采集人和采集号不详；军功乡黑土山，H. B. G. 223、吴玉虎 18735；西哈垄河谷，采集人和采集号不详；雪山乡，玛沁队 442）、达日（满掌乡、建设乡，采集人和采集号不详）、甘德（上贡麻乡，吴玉虎 25832）、久治（索乎日麻乡，果洛队 305；白玉乡科索沟，吴玉虎 26348；康赛乡，采集人和采集号不详；扎龙尕玛山，藏药队 470；哇尔依乡、白玉乡，采集人和采集号不详）、班玛（马柯河红军沟，王为义等 26855；灯塔乡，采集人和采集号不详；班玛城附近，吴玉虎 26606）。生于海拔 3 000～4 500 m 的沟谷山坡阔叶林缘灌丛草甸、河谷滩地、峡谷石崖下、山地石隙中、高寒草甸、高寒灌丛草甸、山地圆柏林下。

甘肃：玛曲（齐哈玛大桥附近，吴玉虎 31796）。生于海拔 3 600 m 左右的沟谷山坡高寒灌丛草甸。

分布于我国的新疆、青海、甘肃、陕西、西藏、四川、云南、山西、河北。

9. 德钦红景天

Rhodiola atuntsuensis (Praeg) S. H. Fu in Acta Phytotax. Sin. Addit. 1：120. 1969；中国植物志 34 (1)：178. 1984；青海植物志 2：8. 1999；青藏高原维管植物及其生态地理分布 354. 2008. —— *Sedum atuntsuensis* Praeg in Not. Bot. Gard. Edinb. 13：71. pl. 170. f. 2. 1921.

多年生草本。根颈直立，常呈圆柱形，上下近等粗，直径 1～2 cm，仅顶部加粗，有分枝，先端被卵状三角形鳞片；鳞片膜质，褐栗色，先端急尖。花茎多数，密集，老花茎宿存，暗棕色，与新花茎同高；新花茎直立，高 10～12 cm，直径 1.0～1.5 mm，细弱。叶互生，下部稀疏而小，中上部多而大，狭卵状长圆形或披针状长圆形，长 0.6～1.2 cm，宽 2～3 mm，先端急尖，基部楔形，全缘。花序伞房状，密生，长约 1 cm，宽 (1) 1.5～2.0 cm；两性花；苞片叶状，似正常叶，有短柄；萼片 5 枚，线状长圆形，长约 2 mm，先端钝；花瓣 5 枚，黄色，线状倒披针形或长圆状披针形，长 4.0～4.5 mm，先端钝圆；雄蕊 10 枚，对瓣雄蕊长 4～5 mm；鳞片 5 枚，近方形，长 0.6～0.7 mm，先端波状；心皮 5 个，直立。蓇葖果 5 枚，长圆形，长 5～6 mm，先端渐狭成花柱，花柱稍向外弯。　花果期 7～8 月。

产青海：久治（年保山希门错湖，藏药队 549；索乎日麻乡，果洛队 380、382）。生于海拔 4 000～4 500 m 的高山流石堆、沟谷山坡石堆、山地岩石缝隙处。

分布于我国的青海、云南。

根据文献记载，本种仅见于云南德钦。本地区所产的德钦红景天 *Rhodiola atuntsuensis* (Praeg) S. H. Fu 似为雌雄异株，不是两性花，因雌株的花无雄蕊；其次，与原描述的区别是叶片较大，鳞片较小，有待进一步的研究。

10. 喀什红景天

Rhodiola kaschgarica A. Bor. in Kom. Fl. URSS 9：39. Add. 8：476. pl. 3. f. 5a. 1939；中国植物志 34 (1)：176. 1984；新疆植物志 2 (2)：243. 1995；青藏高原维管植物及其生态地理分布 356. 2008.

多年生草本。有斜升和直立且分枝的根，根肉质，直径约 4 mm。根颈短，长 1～4 cm，直径 5～15 mm，单生或有分枝呈并生，顶部或周围有鳞片；鳞片卵状或卵状三角形，顶部较大，长约 5 mm，栗色膜质。花茎多数，老花茎宿存，棕栗色或灰棕色，多生于根颈的周围，顶生的多为新生花茎，新花茎稻秆黄色，高 3～5 (12) cm，直径不足 1 mm。叶长圆形或线形，长 3～10 mm，宽 1～2 (3) mm，先端钝，多集中于上部。花序伞房状，幼时密集，后开展，宽为 5～10 (15) mm，通常有分枝苞片；苞片较叶小，易脱落；花梗细，果时稍伸长；雌雄异株；花黄色；雄花萼片长圆形或狭长圆形，长约 2 mm，顶钝；花瓣狭披针形，长约 3 (4) mm；对瓣雄蕊在花瓣基部 0.6～0.8 mm 处着生，长 1.8～2.0 mm，对萼雄蕊长 2.5～3.0 mm；鳞片长圆形，长约 1 mm，先端圆或微波状；心皮长圆形，长约 2.7 mm。蓇葖果长圆形，长约 5.5 mm，先端有短花柱，外弯；种子狭梭形，全长约 2 mm（带翅），顶端和一边有翅。花期 7 月，果期 8 月。

产新疆：莎车（喀拉吐孜矿区，青藏队吴玉虎 87673）、阿克陶（奥依塔克，青藏队吴玉虎 4810）、叶城（柯克亚乡，青藏队吴玉虎 87883；棋盘乡，青藏队吴玉虎 4658）、皮山（垴阿巴提乡布琼，青藏队吴玉虎 1835、2414）、策勒（奴尔乡，青藏队吴玉虎 1977；奴尔巴提，青藏队吴玉虎 2478）、且末（阿羌乡昆其布拉克，青藏队吴玉虎 2601）。生于海拔 3 000～4 200 m 的河岸阶地、水边、山坡、冰缘草地、云杉林、杂木林、冰缘石缝、岩石坡和碎石坡。

分布于我国的新疆；吉尔吉斯斯坦也有。模式标本采自新疆喀什地区。

11. 长鳞红景天 图版 4：7～9

Rhodiola gelida Schrenk in Fisch et Mey. Enum. Pl. Nov. Schrenk. 1：67. 1841；中国植物志 34 (1)：172. 图版 35：1～8. 1984；新疆植物志 2 (2)：241. 图版 69：1～4. 1995.

多年生草本。根颈粗或细，粗径可达 2 cm，上部多分枝，分枝分密集和分散 2 种，密集的常形成小丛，有的其上再行第 2 次分枝而呈团块状；分散的多呈根状茎状，倾斜上升，先端被鳞片；鳞片卵状三角形，棕栗色，先端急尖或钝。老花茎多数，宿存；新花茎多数，稻秆黄色，高 3～12 cm，茎粗 0.7～1.0 mm，光滑。叶互生，多数密生，易脱落，叶片长圆形、卵形、卵状披针形，长 4～7 mm，宽 1～2 mm，质厚，先端钝，全缘，有的微有钝齿，无柄。花序伞房状，花密集，幅宽 0.8～1.3 cm，果期加大；雌雄异株，有叶状苞片；花梗短于花；花 4 或 5 基数。雄花：萼片黄色或紫色，长圆形，长约 2 mm，顶钝；花瓣黄色或先端和边缘紫红色，其余黄色，倒披针状或倒披针状长圆形，长约 4 mm，基部渐狭；对瓣雄蕊在花瓣基部约 0.8 mm 处着生，长约 2 mm，对萼雄蕊长 2.8～3.0 mm；鳞片长方形，长 1.0～1.2 mm，先端波状；有不孕心皮。雌花：萼片长圆形或披针状长圆形，长 2.0～2.2 mm；花瓣卵状长圆形或椭圆状长圆形，长 3.8～4.0 mm；鳞片长圆形，长 1.2～1.8 mm，先端波状；心皮长圆状披针形或卵状披针形，长约 3.5 mm，花柱短，稍外弯。蓇葖果长圆形或披针状长圆形，长约 7 mm，褐红色，花柱外弯。种子细倒披针形，长约 2.5 mm，周围有翅。 花期 6～7 月，果期 8～9 月。

产新疆：阿克陶（阿克塔什，青藏队吴玉虎 87242；恰尔隆乡、奥依塔克、恰克拉克铜矿，采集人和采集号不详）、塔什库尔干（红其拉甫，采集人和采集号不详）、叶城（柯克亚乡，采集人和采集号不详；库地至胜利达坂途中，采集人和采集号不详；苏克皮亚，吴玉虎 8701049；岔路口，吴玉虎 1225、1229；棋盘乡，吴玉虎 4712；麻扎达坂，黄荣福 G86 - 028）、皮山（哈巴克达坂，吴玉虎 4768）、和田（喀什塔什，青藏队吴玉虎 3012）、策勒（奴尔乡亚门，青藏队吴玉虎 1921、1938、1958）、于田（普鲁到大山口途中，采集人和采集号不详）、且末（阿羌乡昆其布拉克，采集人和采集号不详）、若羌（祁漫塔格山，青藏队吴玉虎 2181；阿尔金山保护区鸭子泉至阿其克库勒湖的垭壑，青藏队吴玉虎 2283；离茫崖 125 km 处，青藏队吴玉虎 2341；阿尔金山，刘海源 026）。生于海拔 3 000～4 700 m 的砾石山坡、冰缘石缝、裸露山脊、山坡岩缝、砾石流石滩、河边缓坡阶地、河漫滩之草甸、河边草地和云杉林。

西藏：日土（尤木错，吴玉虎 1277；上曲龙，高生所西藏队 3497）。

分布于我国的新疆、西藏；蒙古，哈萨克斯坦，吉尔吉斯斯坦，塔吉克斯坦也有。

采于西藏西部边缘的种，植株干枯后，花瓣显红色。

12. 帕米尔红景天　图版 3：7～12

Rhodiola pamiro - alaica A. Bor. in. Kom. Fl. URSS 9：40. Add. 8：477. pl. 3. f. 6a～b. 1969；中国植物志 34（1）：181. 图版 36：13～18，1984；新疆植物志 2 (2)：243.

多年生草本。根颈圆柱形，细长，通常不加粗，木质，上部具少数分枝，直径 1～2 cm，表面灰棕栗色，顶端被鳞片。老花茎多数，密集于中上部，下部残存枝痕；新花茎斜上升，高 10～15 cm，直径约 1 mm，稻秆黄色。叶互生，疏生，线形或线状披针形，长 7～15 mm，宽约 1.5 mm，先端急尖或渐尖，全缘，基部无柄。花序伞房状，花多而排列紧密，宽约 2 cm，有分枝苞片，无小苞片；苞片叶状，较叶小；花梗细，等于或较长于花；雌雄异株；花小，黄色，有时带粉红色。雄花：萼片线状披针形，长 2.5～3.5 mm，顶端钝，绿黄色；花瓣狭椭圆形或宽披针形，长 3.5～4.0 mm；对瓣雄蕊在花瓣基部 0.7～1.0 mm 处着生，长约 2 mm，对萼雄蕊长约 3 mm；鳞片长方形，长 0.7～0.8 mm，先端波状；内有不孕雌蕊。雌花未见。　花期 6 月。

产新疆：阿克陶（阿克塔什，青藏队吴玉虎 87126、87255；奥依塔克，青藏队吴玉虎 4810）、莎车（喀拉吐孜矿区，青藏队吴玉虎 87675）、叶城（柯克亚乡，青藏队吴玉虎 87818）。生于海拔 2 620～3 700 m 的砾石山坡和沟谷山坡岩石上、山地河谷林下。

分布于我国的新疆；蒙古，吉尔吉斯斯坦，塔吉克斯坦也有。

我们的标本由于花瓣较宽而与《中国植物志》有关本种的描述稍有不同。

13. 黄萼红景天　图版 3：13～16

Rhodiola litwinowii A. Bor. in Kom. Fl. URSS 9：42. pl. 3：4. Add. 8：478. 1939；中国植物志 34（1）：182. 图版 36：19～22. 1984；新疆植物志 2（2）：244. 1995。

多年生草本。主根较粗，直径 1～2 cm；根颈短，长 1～3 cm，有分枝，分枝短，紧密，少数老的花茎宿存，顶端被鳞片；鳞片卵形，砖红棕色，干膜质。新花茎直立，多数，高 8～17 cm，粗 1.5～2.0 mm，稻秆黄色，光滑。叶互生，质厚，卵状披针形或卵状长圆形，长 10～17 mm，宽（2）3～5 mm，先端急尖，基部楔形或近圆形，边全缘或微波状，无叶柄。伞房状花序，宽 1～2 cm，花稍密集；花梗较长，果期略有增长；苞片叶状，较叶小，易脱落；花黄色，雌雄异株。雄花：萼片线形或线状披针形，长约 3 mm，先端钝；花瓣狭长圆形或狭椭圆形，长 4～5 mm，先端钝；对瓣雄蕊着生在花瓣基部 0.7～1.0 mm 处，长 2.5～3.5 mm，对萼雄蕊长 2.5～5.0 mm，短于花瓣；鳞片长方形，长 0.7～0.8 mm，先端波状或微凹。雌花：花萼线状披针形，长约 2 mm；花瓣披针状长圆形，长 4.0～4.5 mm。蓇葖果长圆形，长 4.0～4.5 mm，栗褐色；直立，先端突缩外弯，形成宿存细花柱。不成熟种子线形，长 2.0～2.2 mm。　果期 8 月。

产西藏：日土（多玛曲，青藏队 76 - 9058）。生于海拔 5 300 m 的山坡湿润石缝。

分布于我国的新疆、西藏；蒙古，哈萨克斯坦，吉尔吉斯斯坦，塔吉克斯坦也有。

14. 长鞭红景天　图版 3：17～22

Rhodiola fastigiata（Hook. f. et Thoms.）S. H. Fu in Acta Phytotax. Sin. Addit. 1：122. 1965；中国植物志 34（1）：181. 图版 36：7～12. 1984；西藏植物志 2：420. 1985；青藏高原维管植物及其生态地理分布 355. 2008. —— *Sedum fastigiatum* Hook. f. et Thoms. in Journ. Linn. Soc. Bot. 2：98. 1858.

多年生草本。根颈长，圆柱形，直径 1.0～1.5 cm，上下粗细近一致，顶端不分枝或少分枝，先端被鳞片；鳞片三角形，栗褐色膜质；无或有少数残留老的花茎。新花茎 4～10 枝，高 15～30 cm，直径约 2 mm，稻秆黄色，有时有 2～3 枝细瘦和较矮的不孕

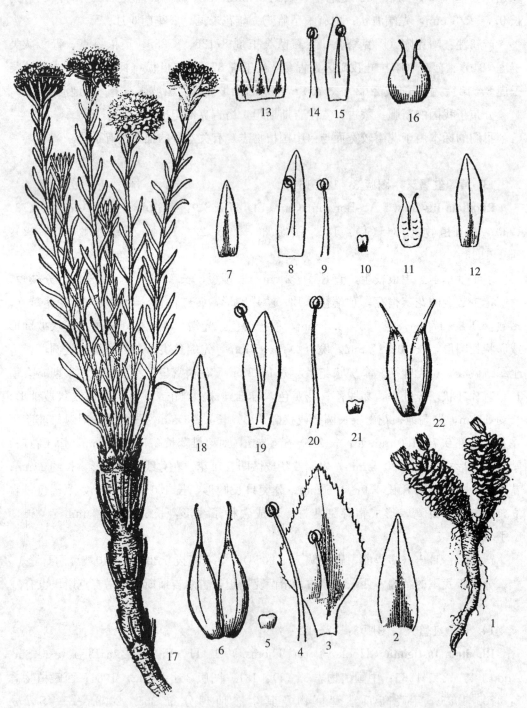

图版 3　报春红景天 Rhodiola primuloides（Franch.）S. H. Fu　1. 植株；2. 萼片；3～4. 花瓣及雄蕊；
5. 鳞片；6. 心皮。帕米尔红景天 **R. pamiro-alaica** A. Bor. 7. 萼片；8～9. 花瓣及雄蕊；10. 鳞片；
11. 心皮；12. 叶。黄萼红景天 **R. litwinowii** A. Bor. 13. 萼片；14～15. 花瓣及雄蕊；16. 心皮。
长鞭红景天 **R. fastigiata**（Hook. f. et Thoms.）S. H. Fu 17. 植株；18. 萼片；19～20. 花瓣及雄蕊；
21. 鳞片；22. 心皮。（引自《中国植物志》，蔡淑琴绘）

茎。叶互生，线状长圆形，密生，长 1.0～1.5 cm，宽 0.5～2.0 mm，先端渐狭，基部无柄，全缘，表面无或微有乳头状突起。花序伞房状，花密生，长 1.0～2.5 cm，宽 2～3 cm，分枝处被苞片，具长的花梗，雌雄异株；花红色。雌花：萼片线形或狭三角形，长约 2 mm 或稍长；花瓣线形或线状披针形，长 3～5 mm，先端钝；雌花中无雄蕊；鳞片横长方形，长约 0.5 mm，先端微缺。蓇葖果长圆形，长约 1 cm，直立，花柱长，稍向外弯。雄花未见。 果期 7～8 月。

产青海：班玛（马柯河林场，王为义等 27505）。生于 3 000～4 000 m 的河滩草地、沟谷山坡草地。

四川：石渠（长沙贡玛乡，吴玉虎 29547）。生于海拔 4 200 m 左右的沟谷山坡草地。

分布于我国的青海、西藏、四川、云南；不丹，尼泊尔，克什米尔地区也有。

15. 西藏红景天

Rhodiola tibetica（Hook. f. et Thoms.）S. H. Fu in Acta Phytotax. Sin. Addit. 1：121. 1965；中国植物志 34（1）：178. 图版 35：17～23. 1984；西藏植物志 2：419. 1985；青藏高原维管植物及其生态地理分布 360. 2008. —— *Sedum tibetica* Hook. f. et Thoms. in Journ. Linn. Soc. Bot. 2：96. 1858.

多年生草本。主根倾斜向下，少分枝，直径 1.0～2.5 cm，在顶端加粗；根颈短或长，紧密或疏散分枝或无；分枝长 1～4 cm，先端被鳞片；鳞片卵状三角形，栗色，干膜质，先端急尖或钝。花茎长 10～18 cm，直径约 1 mm；老花茎残存，棕色，分布在根颈分枝的周围；新花茎稻秆黄色，有的带紫红色，表面微被乳头状突起。叶互生，狭长圆状披针形或长圆形，长 7～10 mm，宽 1.5～2.0 mm，质厚，先端渐尖或急尖，全缘或稍有波状齿，基部稍狭或近圆形，无柄，有乳头状突起。花序伞房状，有的聚伞状，花紧密，幅宽 1.5～2.5 cm；雌雄异株，花紫色或红色。雌花：萼片披针状长圆形或披针形，长 1.0～1.3（1.8）mm；花瓣卵状长圆形，长约 3 mm，先端钝；雄蕊缺；鳞片近方形，长 0.6～0.7 mm，先端微凹；心皮长圆状披针形或披针形，长 3～4 mm，直立，花柱稍短，先端稍外弯。雄花未见。种子狭长圆形，长约 1.5 mm，先端有翅。果期 8～9 月。

产青海：玛沁（军功乡，吴玉虎 20691、21153、26744、26958；大武乡格曲，采集人和采集号不详；西哈垄河谷，吴玉虎 5698；县城附近，玛沁队 025）、达日（莫坝乡，吴玉虎 27095）、久治（哇尔依乡黄河边，果洛队 216；白玉乡，采集人和采集号不详）、曲麻莱（巴干乡德曲沟，采集人和采集号不详）、称多（县城附近，郭本兆 437；扎朵乡，采集人和采集号不详）。生于海拔 3 500～4 200 m 的沟谷山坡草地、河谷阶地高山草甸、高寒灌丛、山地石崖和岩石缝隙、干旱阳山坡。

四川：石渠（红旗乡，吴玉虎 29427）。生于海拔 4 100 m 左右的沟谷山坡石隙、河谷山坡草地。

分布于我国的青海、西藏、四川；阿富汗，巴基斯坦，印度也有。

16. 西川红景天

Rhodiola alsia (Fröd.) S. H. Fu in Acta phytotax. Sin. Addit. 1：121. 1965；中国植物志 34（1）：185. 图版 39：1~6. 1984. —— *Sedum alsium* Fröd. in Acta Hort. Gothob. 15：8. pl. 3：1~2. f. 39~52. 1942.

多年生草本。主根未见；根颈不加粗，有分枝，直立或斜上升，在地上伸长，表皮灰棕色或灰栗棕色，长 8~15 cm，直径 8~15 mm，残存老花茎着生于根颈周围，越向根颈顶端越密；新花茎少数，直立，高 13~20 cm，直径 1.5~2.5 mm，被乳头状突起。叶狭披针状长圆形，长 1.0~1.3 cm，宽 2.5~4.0 mm，先端急尖或渐尖，全缘或微波状，基部楔形，上半部有乳头状突起，花后易脱落。花序为聚伞状，宽 1.5~2.5 cm，花疏生，红色，雌雄异株；苞片叶状，较叶略小；花梗明显，被乳头状突起。雄花：萼片长圆形或长圆状披针形，长 2.0~2.3 mm，先端钝；花瓣披针状长圆形或长圆形，长 3.0~3.5 mm，先端钝；对瓣雄蕊在花瓣基部约 0.5 mm 处着生，长约 1.5 mm；对萼雄蕊长 2.0~2.5 mm；鳞片近半圆形，长约 0.5 mm；内有不孕雌花。雌花：萼片三角状长圆形，长 1.5~2.0 mm；花瓣宽长圆形，长 3.0~3.2 mm；无雄蕊；鳞片近方形，长 0.7~1.0 mm，先端波状；心皮披针形，长约 3 mm，先端渐狭，花柱短。蓇葖果长 5~6 mm，外倾；种子小，长约 1.5 mm，先端有翅。 花果期 7~8 月。

产青海：玛沁（军功乡至牧场途中，采集人和采集号不详；西哈垄河谷，采集人和采集号不详；雪山乡东斜沟，H. B. G. 438；东倾沟乡，区划三组 165）、久治（索乎日麻乡，果洛队 291）、称多（毛滹营，刘尚武 2365）。生于海拔 3 500~4 500 m 的山地石质山坡、山顶碎石带和岩石缝隙处。

分布于我国的青海、四川。

我们的标本花较小，与原描述略有不同。

17. 洮河红景天

Rhodiola taohoensis S. H. Fu in Acta Phytotax. Sin. Addit. 1：121. 1965；中国植物志 34（1）：185. 1994；青海植物志 2：4. 图版 1：1~6. 1999；青藏高原维管植物及其生态地理分布 359. 2008.

多年生草本。根为短粗萝卜形，下部有粗大的分枝，少数伸长垂直向下；根颈加粗且向上生长，有分枝，分枝长 1~3 cm，直径 1.0~1.5 cm，上部或顶部被鳞片；鳞片卵状三角形，长 2~3 mm，栗色，膜质，先端钝或钝圆，有残存少或多数老花茎。花茎高 8~25 cm，稻秆黄色，直径 1.5~2.0 mm，直立，被短柔毛。叶互生，下部通常稀而少，中上部密而较大，长圆形或狭长倒披针形，长 7~12 mm，宽 1.5~3.0 mm，先端钝或钝尖，全缘，基部楔形或渐狭而成柄，被稀少短毛，通常上部叶较明显。花序为聚伞状伞房花序，宽 1.5～3.0 cm，分枝与花梗明显，被短柔毛，有苞片，下面苞片大小和形状与叶相同，向顶端渐小；花萼 5 枚，近披针形，长 1.2～2.0 mm，被毛。雄花：花瓣 5 枚，线状长圆形，长约 3 mm；对瓣雄蕊在花瓣基部约 1 mm 处着生，长约 1 mm，对萼雄蕊长约 2 mm，短于花瓣；鳞片长圆形，长约 0.7 mm。雌花：萼片狭三角形或长圆状三角形，长 2.0～2.5 mm；花瓣狭三角形，长约 3 mm，基部最宽；鳞片同雄花，无雄蕊。蓇葖果长圆形或三角状长圆形，花柱短粗，柱头较大，果顶部外弯；种子线状长圆形，长约 2 mm，棕栗色，周围有翅。　花果期 6～9 月。

产青海：都兰（查查香卡，杜庆 158；香日德托勒山，采集人和采集号不详）、兴海（中铁林场恰登沟，吴玉虎 45105；黄青河畔，吴玉虎 42657、42671；中铁乡附近，吴玉虎 45415；河卡乡羊曲台，吴珍兰 024）、玛多（扎陵湖，采集人和采集号不详）、玛沁（军功乡塔浪沟，采集人和采集号不详；西哈垄河谷，吴玉虎 5652）。生于海拔 2 500～4 300 m 的沟谷山地阴坡高寒灌丛草甸石隙、山顶岩缝、台地的草坡、岩石缝隙、山地林缘石隙。

分布于我国的青海、甘肃。

本种在青海省玛沁县、玛多县及称多县的部分标本中有一些变异：

（1）在青海省玛沁县西哈垄河谷，即阿尼玛卿山南坡，干旱石质山坡石隙处采得 1 株标本，其花茎紫色；花序为伞房状聚伞花序；苞片小，略有不同，待今后标本多时进行研究。

（2）在青海省玛多县扎陵湖边岩石缝处采得 1 株标本，其叶线状长圆形，长约 3 cm；伞房花序大，长宽均为 4 cm 左右，与上述描述不同。

18. 长蕊红景天（拟）

Rhodiola staminea (O. Pauls.) S. H. Fu in Fl. Reipubul. Popul. Sin. 34 (1)：220. 1984；西藏植物志 2：428. 1985；青藏高原维管植物及其生态地理分布 359. 2008. —— *Sedum stamineum* O. Pauls. in Sven Hedin South. Tib. 6 (3)：74. pl. 7. f. 3. text. f. 5, 6. 1922.

多年生草本。主根细瘦萝卜形，垂直向下，下部极少数分枝，表皮污栗棕色带灰色；根颈有少数分枝，加粗，长 2～4 cm，先端和周围被鳞片；鳞片卵状披针形，栗色，膜质，先端钝。花茎直立或倾斜，老花茎残存，栗色或灰黑色；新花茎稻秆黄色，约 10 枝，高达 10 cm，直径约 2 mm，无不孕花茎。叶互生，卵状长圆形，长 5～8 mm，宽（2）3～4 mm，先端圆形或钝，边缘全缘或有浅圆齿，基部圆形或宽楔形，疏生，易脱落，中下部叶稀或无。花序为伞状伞房花序，宽 2.5～3.0 cm，多而密，外有苞片，较叶小，易脱落；花梗短或无；雌雄异株；花粉色或淡浅紫红色。雄花：萼片狭长圆形，长约 2 mm，先端钝圆，紫红色；花瓣长圆形，长约 4 mm 或稍长，先端钝圆；雄蕊 10 枚，对瓣雄蕊在花瓣基部 0.3～0.5 mm 处着生，长约 2.5 mm，对萼雄蕊长 3.5～4.5 mm，花丝淡粉红色；鳞片近方形或长圆形，长 0.5～0.7 mm，先端波状；内有不孕雌蕊 5 枚。雌花：花朵较大，萼片长 2.5～3.0 mm；花瓣长约 5 mm；心皮卵状长圆形，长约 5 mm，先端渐狭成短花柱，先端反曲。蓇葖果卵状长圆形，长约 7 mm，深紫色，有宿存外弯的短花柱；种子长圆形，长约 3 mm，周围有翅。 花期 7 月，果期 8～9 月。

产西藏：日土（拉龙山，高生所西藏队 3577；尼亚格祖，青藏队 9152、青藏队 76－9149；班公湖西段，高生所西藏队 3655；麦卡，高生所西藏队 3641；多玛区曲则热都、上曲龙、热拜舍拉山，采集人和采集号不详）。生于海拔 4 300～5 600 m 的河漫滩、宽谷湖岸、石质山坡、高山碎石带的沼泽草甸、石缝及温泉流水沟处。

新疆：于田（普鲁火山区、乌鲁克库勒湖，吴玉虎，采集号不详）。生于海拔 4 500 m 左右的沟谷砾石山坡、山地石缝。

分布于我国的新疆、西藏。

19. 嗜冷红景天

Rhodiola algida (Ledeb.) Fisch. et Mey. Enum. Pl. Nov. 1：70. 1841. —— *Sedum algidum* Ledeb. Fl. Alt. 2：194. 1830.

19a. 嗜冷红景天（原变种）

var. **algida**

本区无分布。

19b. 唐古特红景天（变种）　　图版 4：10～14

var. **tangutica** (Maxim.) S. H. Fu in Bull. Bot. Lab. Northeast Forest. Inst. 6：75. 1980；中国植物志 34 (1)：185. 1984；青海植物志 2：9. 图版 2：12～16. 1999；青藏高原维管植物及其生态地理分布 354. 2008. —— *Sedum algidum* Ledeb. var. *tanguticum* Maxim. in Bull. Acad. Sci. St. - Pétersb. 2：126. 1883.

多年生草本。主根垂直向下，直径 1～2 cm，黑栗色，下部少分枝；根颈通常有少或多数分枝，分枝长 1～4 (6) cm，直径 1～2 cm，稀有二级分枝；先端被鳞片，鳞片宽卵形，先端钝，栗褐色，干膜质。老花茎少数，棕栗色；新花茎直立或斜向上，少数，稻秆黄色，高 (4) 6～12 (20) cm，直径 1～2 cm。叶线形至条形，密生，长 4～8 mm，宽约 1 mm，先端急尖，全缘，无柄。花序伞房状，花紧密排列，宽 1.0～1.5 cm，果期可达 3.5 cm；雌雄异株；苞片叶状，向上渐小；花梗细，较明显，略短于花，果期加粗加长；花淡紫红色。雄花：萼片长圆形或狭披针形，长 2～3 mm，宽不到 1 mm，深紫红色，先端钝尖；花瓣狭长圆形或狭倒披针形，长约 4 mm，先端钝；对

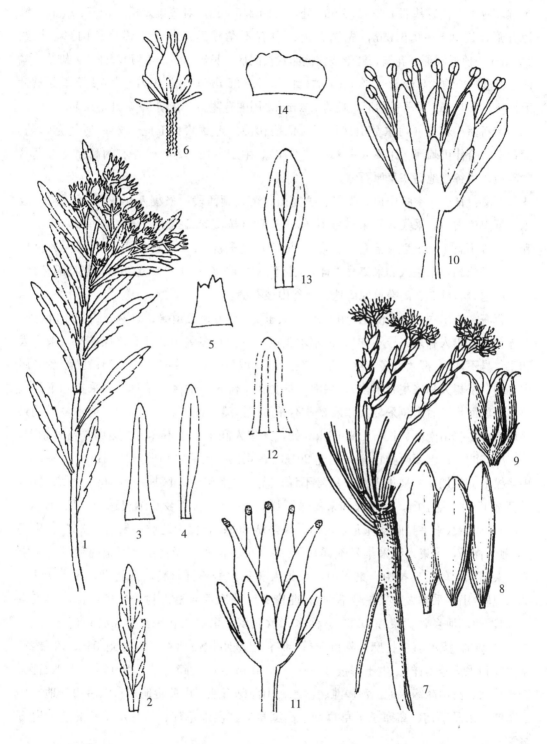

图版 4 宽果红景天 Rhodiola eurycarpa（Fröd.）S. H. Fu 1. 植株一部分；2. 叶；3. 萼片；4. 花瓣；5. 鳞片；6. 幼果。长鳞红景天 **R. gelida** Schrenk 7. 植株；8. 叶；9. 蓇葖果。唐古特红景天 **R. algida**（Ledeb.）Fisch. et Mey. var. **tangutica**（Maxim.）S. H. Fu 10. 雄花；11. 雌花；12. 萼片；13. 花瓣；14. 鳞片。（1~6，10~14.潘锦堂绘；7~9.引自《新疆植物志》，张荣生绘）

瓣雄蕊着生于花瓣基部 1.3～1.5 mm 处，长约 2.5 mm，对萼雄蕊长 4.5～5.0 mm；鳞片方形，长 0.5～0.6 mm，先端有齿；内有不孕雌蕊。雌花：萼片长圆形，长约 2.5 mm，顶近圆形；花瓣长圆形或狭倒卵状长圆形，长约 4.5 mm，顶部钝；无雄蕊；鳞片近方形，长约 0.5 mm；心皮长圆状披针形，长约 5 mm；花柱短，近直立。蓇葖果披针形，长达 1.1 cm；种子长圆形，长约 1.5 mm，周围有翅。 花期 6～7 月，果期 8～9 月。

产新疆：若羌（阿尔金山保护区：拉慕祁漫，青藏队吴玉虎 4124；阿其克库勒、鲸鱼湖、哈什可赖河，采集人和采集号不详）。生于海拔 4 200 m 左右的高原宽谷湖盆沙砾地、河谷阶地高寒草原石隙。

西藏：日土（空喀山口、麦卡、拉龙山、斑公湖西段，采集人和采集号不详）；改则（下岗口雪山，采集人和采集号不详）；双湖（拉支岗日雪山、马益尔雪山，采集人和采集号不详）；班戈（昆仑山西部，青藏队吴玉虎 2210；碧雪山，青藏队吴玉虎 2216；鲸鱼湖，采集人和采集号不详）。生于海拔 4 200～4 600 m 的沟谷山坡砾石草地、河谷阶地岩石缝隙、高寒草原砾地、河谷山坡石缝。

青海：格尔木（西大滩昆仑山北坡，吴玉虎 36797；五道梁、青藏公路 920 km 处、纳赤台，采集人和采集号不详）、格尔木辖区（各拉丹冬雪山、开心岭煤矿沟，采集人和采集号不详）、都兰（诺木洪布尔汗布达山北坡三岔口，吴玉虎 36276；巴隆乡爱屋多日沟，采集人和采集号不详）、兴海（鄂拉山、温泉乡曲隆，采集人和采集号不详）、玛多（黑河乡、后山，采集人和采集号不详；斗错滩，H. B. G. 1434；清水乡活勒果该垭口、步青山南面、长石山南 50 km 处，采集人和采集号不详；扎陵湖畔错日尕则，39048、39054；巴颜喀拉山，吴玉虎 29168）、玛沁（大武乡格曲，H. B. G. 579；雪山乡松卡、拉加乡，采集人和采集号不详；优云乡黄河边，区划一组 169；尼卓玛山，马柄奇 1169；兔子山，采集人和采集号不详）、达日（吉迈乡赛纳纽达山，H. B. G. 1262）、久治（索乎日麻乡扎龙尕玛山，果洛队 363；年保山北坡，果洛队 386）、班玛（马柯河林场，采集人和采集号不详）；治多（可可西里：天台山、西金乌兰湖、巍雪峰、太阳湖、乌兰乌拉山、桌子山，采集人和采集号不详；勒斜武担湖，黄荣福 K-835；马兰山，采集人和采集号不详）、曲麻莱（曲麻河乡措池村岩羊山西面，吴玉虎 38864；曲麻河乡，黄荣福 1083）、称多（歇武乡，采集人和采集号不详；清水河乡，郭本兆 113；清水河乡扎麻，陈世龙等 561；巴颜喀拉山南坡，陈世龙 538；珍秦乡，采集人和采集号不详）。生于海拔 3 500～5 300 m 的高山碎石带、冰斗、冰缘砾石区、碎石草甸、高山冰缘湿地、河漫滩、沙滩、山前砾石地、山麓阶地、高山溪边沙地、高山草甸、沼泽草甸、高寒杂类草草甸、高寒草原、沙地草甸、沙棘水柏枝灌丛、岩石缝隙。

四川：石渠（菊母乡，吴玉虎 29833；长沙贡玛乡，吴玉虎，采集号不详）。生于海拔 4 200～4 600 m 的沟谷山坡草地、山地石隙、高寒草甸砾石缝。

分布于我国的新疆、青海、甘肃、宁夏、西藏、四川。

20. 大红红景天

Rhodiola coccinea (Reyle) A. Bor. in Kom. Fl. URSS 9：41. 1939；新疆植物志 2 (2)：242. 1995；青藏高原维管植物及其生态地理分布 355. 2008. —— *Rhodiola quadrifida* (Pall.) Fisch. et Mey. Enum. Pl. Nov. Schrenk 1：69. 1841；中国植物志 34 (1)：174. 图版 35：9～15. 1984, p. pl. reg. non. incl.；西藏植物志 2：419. 图 144：20～25. 1985；青海植物志 2：11. 1999；青藏高原维管植物及其生态地理分布 357. 2008. —— *Sedum quadrifidum* Pall. Reise Ⅲ Anh.：730, pl. p. f. 1A. 1776.

多年生草本。主根粗壮，垂直向下，少分枝，直径可达 2 cm；根颈多分枝，横向加粗，直径可达 10 cm，通常 4～5 cm，先端被鳞片；鳞片三角状卵形，黑栗色膜质，先端急尖。花茎直立，外围密集着生多数老花茎，栗色或黑栗色，新花茎高（3）5～12 cm，直径约 1 mm，稻秆黄色。叶互生，线形，长 5～8 mm，先端急尖，全缘，无柄。伞房花序含少数花，宽幅约 1.5 cm；雌雄异株；苞片叶状，早落；花梗短于花或与花等长；花紫红色，4～5 数。雄花：萼片披针形或狭三角形，长约 2 mm，先端急尖，紫色；花瓣倒卵状披针形或倒卵状长圆形，长（2.5）3.8～4.0 mm，紫红色；对瓣雄蕊在花瓣基部 0.5 mm 处着生，长约 1.5 mm，对萼雄蕊长 1.5～2.0 mm，比花瓣稍短；鳞片长方形，长 1.0～1.3 mm，顶圆形。雌花：萼片披针形，长 1.5～2.0 mm；花瓣倒卵长圆形，长 2.8～3.0 mm；鳞片长方形，长 1.0～1.3 mm，顶微凹或圆形；心皮卵形，紫红色，长 3.0～3.5 mm，花柱细，外弯。蓇葖果卵状或宽线形，棕色，长约 2 mm，先端有反折的短喙。 花果期 6～9 月。

产新疆：阿克陶（阿克塔什，吴玉虎 870150）；塔什库尔干（麻扎种羊场萨拉勒克，吴玉虎 327、360；卡拉其古，吴玉虎 5086）；叶城（阿格勒达坂，吴玉虎 871464；乔戈里冰川西坡，采集人和采集号不详）。生于海拔 3 600～4 200 m 的沟谷山坡石隙、沙砾山谷、高寒草甸砾石地。

西藏：日土（多玛区、芒错至拉竹龙，采集人和采集号不详；尼亚格祖，采集人和采集号不详）；班戈（色哇区至巴尔则、念不那、色哇区岗日贡玛冰川，采集人和采集号不详）、双湖（拉支岗日雪山，青藏队郎楷永；马河山至拉支岗日途中，采集人和采集号不详）。生于海拔 3 000～5 700 m 的沟谷山地高寒草甸、河漫滩沙砾地、山坡高寒灌丛、山地石隙、高寒沼泽草甸、高山流石坡、高山冰缘湿地。

青海：格尔木（西大滩至五道梁、各拉丹冬冰川，采集人和采集号不详；唐古拉山乡岗加曲巴，吴玉虎 16999）；兴海（河卡山，郭本兆 6401；青根桥，采集人和采集号不详）、玛多（鄂陵湖乡，吴玉虎 1154；花石峡，采集人和采集号不详）、玛沁（石峡煤矿，吴玉虎 27022；雪山乡、那木棱吉山，采集人和采集号不详；大武乡尕浪沟，玛沁队 287）、久治（索乎日麻乡扎龙尕玛山，采集人和采集号不详）、称多（清水河乡扎麻，陈世龙等 564；清水河乡巴颜喀拉山口，陈世龙等 538；称文乡长江边，刘尚武

2335；扎朵乡，郭本兆 386）、曲麻莱（达钦垅山垭口，陈世龙等 840）。生于海拔 3 700～5 400 m 的山坡砾地、山顶砾石堆、宽谷沙砾地、冰水溪边、河漫滩、石崖、岩石缝隙、高山砾石带、冰碛石滩等处的高山草甸、沼泽草甸和裸露处、高山冰缘湿地。

分布于我国的新疆、青海、甘肃、西藏、四川；巴基斯坦，印度，尼泊尔，俄罗斯西伯利亚，中亚地区各国，蒙古也有。

21. 圆丛红景天

Rhodiola juparensis (Fröd.) S. H. Fu in Acta Phytotax. Sin. Addit. 1：120. 1965；中国植物志 34（1）：175. 1984. —— *Sedum juparense* Fröd. in Journ. Wash. Acad. Sci. 25：123. 1935.

多年生草本。主根伸长，长可达 40 cm 或更长，少分枝；根颈短粗，分枝极多数，密集丛生呈垫状，每丛直径通常为 7～10 cm，顶端被鳞片；鳞片宽卵形或卵状长圆形，栗色，膜质，先端钝圆。花茎极多数，老花茎宿存，多而密集，通常高 4～6 cm，直径不到 1 mm，灰棕色至栗棕色，海拔越高，色泽越深，到海拔 5 000 m 左右呈黑栗色，高不达 3 cm，粗约 1 mm；新花茎稻秆黄色，高 3～6 cm，直径不到 1 mm，有时有不孕花茎。叶互生，下部叶无或稀少，中上部较多或密集于上部，叶线状披针形，长 5～8 mm，先端急尖，少数或偶尔有短芒，全缘，有软骨质边缘。花序顶生，有花 1～4 朵；分枝苞片叶状，小苞线形；花梗短；雌雄异株；花紫红色。雄花：萼片条形或披针形，长约 2 mm，先端钝；花瓣 5 枚，椭圆形或卵状椭圆形，长 2.5～3.5 mm；雄蕊 10 枚，对瓣雄蕊着生在花瓣基部约 0.5 mm 处，长约 1.5 mm，对萼雄蕊长 1.8～2.0 mm，花丝紫红色；鳞片 5 枚，长方形，长约 1 mm，宽约 0.8 mm。雌花：心皮 5 个，直立，长圆形，长约 3 mm，花柱极短。蓇葖果狭卵状长圆形，长 3.0～3.5 mm，向外斜展，暗紫色或黑紫色；种子少数，长圆形，长约 1.8 mm，先端有翅。 花果期（5）6～7（8）月。

该种产于青海、甘肃，但我们采到的标本，其花紫红色，非黄色，与该种不同。

产青海：格尔木（唐古拉山乡雀莫错、岗加曲巴、姜根曲，采集人和采集号不详；各拉丹冬，黄荣福 K-021）、都兰（诺木洪乡布尔汗布达山北坡三岔口，吴玉虎 36510、36525、36636）、兴海（温泉乡姜路岭，吴玉虎 8797）、治多（可可西里：乌兰乌拉湖、岗齐曲，采集人和采集号不详；苟鲁错，可可西里考察队 K-648）、曲麻莱（龙甲山垭口，陈世龙等 818）、玛多（清水乡阿尼玛卿山，采集人和采集号不详）、玛沁（西哈垄河谷，采集人和采集号不详；阿尼玛卿山南面，黄荣福 C. G. 81-136；阿尼玛卿山北面，吴玉虎 29123）、久治（索乎日麻乡扎龙尼玛山，采集人和采集号不详）。生于海拔 3 500～5 200 m 的潮湿滩地、荒漠砾石地、干旱山坡、冰川侧碛顶部、石崖岩隙、高山岩屑坡、开阔缓丘和高寒草原处。

分布于我国的青海、甘肃。模式标本采自青海居布日山。

22. 短柄红景天

Rhodiola brevipetiolata (Fröd.) S. H. Fu in Acta Phytotax. Sin. Addit. 1：120. 1965；中国植物志 34 (1)：177. 1984. —— *Sedum brevipetiolata* Fröd. in Acta Hort. Gothob. 15：4. pl. 2：1, 2. f. 9~22. 1944.

多年生草本。主根倾斜向下，直径 1~2 cm，表皮黑栗色；根颈部分加粗，长 1.5~3.0 cm，分枝短，密集，残留多数老花茎，先端被鳞片；鳞片卵形，栗色干膜质。新花茎顶生，弧曲向上，高 2~15 cm，直径约 1 mm，稻秆黄色，茎上部被乳头突起或不明显。叶卵形至宽披针形，长 5~10 mm，先端急尖或渐尖，全缘，基部圆形或楔形，下延呈模糊或明显叶柄。简单花序顶生，单花或有花 2~3 朵，有叶状苞片，花梗短，苞片与花梗有的被乳头状突起，雌雄异株，花紫红色。雌花：花萼卵状三角形，长约 1.5 mm 或稍长，先端钝圆；花瓣椭圆形或倒卵形，长 2.2~2.5 mm，基部狭窄；无雄蕊；鳞片扁方形，长约0.5 mm，宽约 1 mm，或方形，长宽均约 0.7 mm；心皮近长圆形，长约 2.5 mm，先端外倾，花柱极短。雄花未见。 花期 7~8 月。

产青海：玛沁（雪山乡附近，玛沁队 422；大武乡格曲，玛沁队 555）；久治（白玉乡、哇尔依乡，采集人和采集号不详）、达日（建设乡胡安玛，H. B. G. 1112）、称多（扎朵乡，采集人和采集号不详）。生于海拔 3 600~4 500 m 的岩石缝隙、高山草甸或灌丛、高原河谷阶地。

分布于我国的青海、四川。

23. 粗糙红景天

Rhodiola scabrida (Franch.) S. H. Fu in Acta Phytotax. Sin. Addit. 1：120. 1965；中国植物志 34 (1)：175. 1984；青藏高原维管植物及其生态地理分布 358. 2008. —— *Sedum scabridum* Franch. in Journ. de. Bot. 10：286. 1896.

多年生草本。主根垂直向下，细长萝卜形，少分枝；根颈粗而短，直径 3~4 cm，高 2~3 cm，分枝短；顶端被鳞片；鳞片卵状三角形，棕栗色，膜质。宿存老花茎多数，黑栗色；新花茎细，高 3~6 cm，直径不及 1 mm，直立，密被乳头状突起。叶互生，披针形或狭披针形，长 4~7 mm，宽超过 1 mm，先端渐尖或长渐尖，全缘，基部楔形或圆楔形，有乳头状突起，尤以边缘多而明显，叶常密集于花茎的中上部。花序含少数花，1~5 朵，呈简单的聚伞花序，花序宽达 1 cm，幼时花序下的叶和分枝苞片包被花序，后脱落，花梗极短，有乳头状突起；雌雄异株；花 5 数，深紫红色。雌花：萼片线状长圆形，长 1.0~1.3 mm，宽不足 0.5 mm，先端钝尖；花瓣披针状长圆形，长 2.0~2.4 mm，宽约 1 mm，急尖；鳞片扁方形，长约 0.3 mm，宽约 1 mm；心皮披针状长圆形，长约 3 mm，花柱短，外反；雄花：花丝着生在花瓣基部 0.2~0.3 mm 处，长约 1 mm，对萼雄蕊长 1.5 mm；含不孕雌蕊。果实未见。 花期 6~7 月，8 月后果实

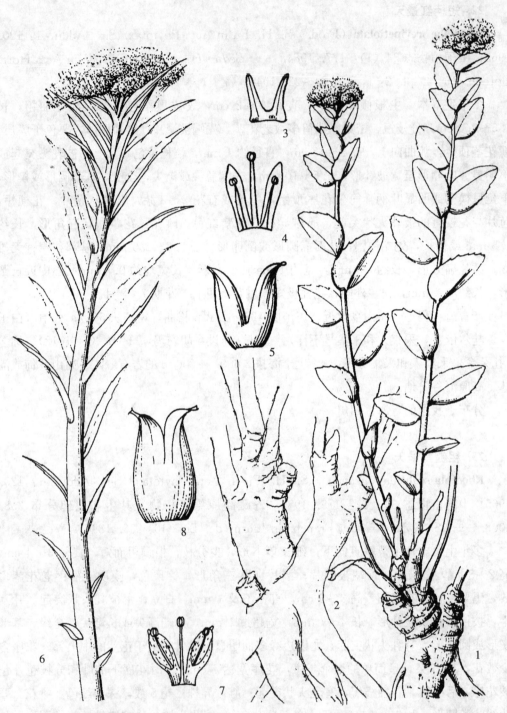

图版 5　异齿红景天 **Rhodiola heterodonta**（Hook. f. et Thoms.）A. Bor. 1. 植株；2. 根；3. 萼片；
4. 花瓣及雄蕊；5. 心皮。狭叶红景天 **R. kirilowii**（Regel）Maxim. 6. 花茎上部；7. 雄花花瓣及雄蕊；
8. 心皮。（引自《新疆植物志》，张荣生绘）

脱落。

产西藏：改则（扎吉玉湖，高生所西藏队 4356）。生于海拔 4 900 m 左右的山沟阴湿处草地。

青海：格尔木（唐古拉山乡岗加曲巴，吴玉虎 1999）、玛沁（当洛乡黄河沿，区划一组 066；军功乡塔浪沟，区划二组 005；县城郊，采集人和采集号不详）、甘德（青珍乡，吴玉虎 25718）、久治（门堂乡黄河沿、县城郊，采集人和采集号不详）。生于海拔 3 500～5 300 m 的高山流石坡稀疏植被带、高山冰缘湿地、河漫滩、山坡砾石地、山顶岩石缝隙、高山草甸砾地。

分布于我国的青海、西藏、四川西部、云南西北部。

我们的标本中还有一些尚需进一步研究的类型。

一是关于西藏改则县高生所西藏队 4356 号标本。该标本需要进一步采集。标本属四裂红景天组四裂红景天系，它有明显直立的主根；根颈有疏散或紧密的分枝，使其明显地横向加粗，稍露出地面而不延长，具多数残存的老花茎；花小。依现有标本描述如下。

多年生草本。主根直伸或倾斜向下，细瘦，直径 0.4～0.6 cm；根颈短，全长 3～5 cm，有明显分枝，分枝短，具多数残存的老花茎，先端被鳞片；鳞片栗色或棕栗色，卵形，先端急尖或渐尖；新花茎少数，高 4～6 cm，直径约 1 mm，淡紫色，光滑。叶互生，肉质，在中上部密生，椭圆形、椭圆状长圆形或卵形，长 4～10 mm，宽 2.0～4.0 mm，稍显淡紫红色，先端钝，边缘全缘或浅圆齿，基部宽楔行或圆形，无柄。花顶生，少数，有花 1～2 朵，不组成明显的花序；苞片叶状或较叶稍大；花梗短，长约 1.5 mm，弯曲；花干后黄色，4 基数（因其处于初花期或花期，尚不能确定是否为两性花或雌雄异株）；花萼长圆形，长 2.0～2.5 mm，先端钝；花瓣近匙形或狭倒披针形，长 3.0～3.5 mm，先端近圆形，基部渐狭；对瓣雄蕊在花瓣基部约 1 mm 处着生，长 2.0～2.5 mm，对萼雄蕊长约 4 mm，等于或略长于花瓣；鳞片长圆形，长 1.3～1.5 mm，先端凹；内有不孕雌蕊 4 枚，花柱短。　花期 9 月初。

相关分析：

（1）估计本类型为雌雄异株，因标本系 9 月份采集，其雌蕊很小，加之标本仅 1 张，不好确定。

（2）本类型接近帕里红景天 Rhodiola phariense (H. Ohba) S. H. Fu。因帕里红景天根颈圆柱形、直立，花序复聚伞状，系两性花，花瓣淡红色，花 5 基数而二者不同。

二是关于柱花红景天。在《新疆植物志》中，记载有产于乌恰县的一种植物柱花红景天 Rhodiola semenovii (Regel et Hard) A. Bor.，由于其模式标本采自新疆阿拉套地区（即北疆地区，且海拔 1 800 m），而我们未见标本，故未收录。

三十　虎耳草科 SAXIFRAGACEAE

　　草本（通常为多年生），灌木，小乔木或藤本。单叶或复叶，互生或对生，通常无托叶。通常花序为聚伞状、圆锥状或总状花序，稀单花；花两性，稀单性，下位或多少上位，稀周位，通常为双被，稀单被；花被片4～5基数，稀6～10基数，覆瓦状、镊合状或旋转状排列；萼片有时花瓣状；花冠辐射对称，稀两侧对称，花瓣通常离生；雄蕊（4～）5～10枚，或多数，通常外轮对瓣，或为单轮，如与花瓣同数，则与之互生，花丝离生，花药2室，有时具退化雄蕊；心皮2个，稀3～5（～10）个，通常多少合生；子房上位、半下位至下位，多室而具中轴胎座，或1室且具侧膜胎座，稀具顶生胎座，胚珠具厚珠心或薄珠心，有时为过渡型，通常多数，2至多列，稀1枚，具1～2层珠被，孢原通常为单细胞；花柱离生或多少合生。蒴果，浆果，小蓇葖果或核果；种子具丰富胚乳，稀无胚乳；胚乳为细胞型，稀核型；胚小。导管在木本植物中，通常具梯状穿孔板，而在草本植物中则通常具单穿孔板。

　　模式属：虎耳草属 *Saxifraga* Tourn. ex Linn.

　　约含80属1 200余种，分布极广，几遍全球，主产温带。我国有28属，约500种；昆仑地区产5属49种2变种1变型。

分 属 检 索 表

1. 灌木、亚灌木、木质藤本，稀乔木。
　　2. 叶互生或簇生；雄蕊4～5；子房1室；浆果 ·············· **1. 茶藨子属 Ribes** Linn.
　　2. 叶对生；雄蕊20～40；子房（3～）4（～5）室；蒴果 ·············
　　　　·· **2. 山梅花属 Philadelphus** Linn.
1. 草本。
　　3. 花单生于茎顶；雄蕊5，与花瓣互生；退化雄蕊5，宽展呈片状，先端常分裂或具齿，与花瓣对生 ·············· **3. 梅花草属 Parnassia** Linn.
　　3. 圆锥花序、聚伞花序，稀单花；雄蕊（8～）10或4～8（～10）；无退化雄蕊。
　　　　4. 花辐射对称，稀两侧对称；杯托内壁完全与子房下部愈合；花瓣（4～）5，具痂体或无痂体；雄蕊（8～）10；子房通常2室，具中轴胎座，有时1室而具边缘胎座 ·············· **4. 虎耳草属 Saxifraga** Tourn. ex Linn.
　　　　4. 花辐射对称；杯托内壁通常多少与子房下部愈合；无花瓣；雄蕊4～8（～10）；子房1室，具侧膜胎座 ·············· **5. 金腰属 Chrysosplenium** Linn.

1. 茶藨子属 Ribes Linn.

Linn. Sp. Pl. 200. 1753. et Gen. Pl. 94. no. 247. 1754.

落叶，稀常绿或半常绿灌木；枝平滑无刺或有刺，皮剥落或不剥落；芽具数片干膜质或草质鳞片。叶具柄，单叶互生，稀丛生，常 3~5（~7）掌状分裂，稀不分裂，在芽中折叠，稀席卷，无托叶。花两性或单性而雌雄异株，5 数，稀 4 数；总状花序，有时花数朵组成伞房花序或几无总梗的伞形花序，或花数朵簇生，稀单生；苞片卵形、近圆形、椭圆形、长圆形、披针形，稀舌形或线形；萼筒辐状、碟形、盆形、杯形、钟形、圆筒形或管形，下部与子房合生，上部直接转变为萼片；萼片 5（4）枚，常呈花瓣状，直立、开展或反折，多数与花瓣同色；花瓣 5（4）枚，小，与萼片互生，有时退化为鳞片状，稀缺花瓣；雄蕊 5（4）枚，与萼片对生，与花瓣互生，着生于萼片的基部或稍下方，花丝分离，花药 2 室；花柱通常先端 2 浅裂或深裂至中部或中部以下，稀不分裂；子房下位，极稀半下位，具短柄，光滑或具柔毛，有时具腺毛或小刺，1 室具 2 个侧膜胎座，含多数胚珠，胚珠具 2 层珠被。果实为多汁的浆果，顶端具宿存花萼，成熟时从果梗脱落；种子多数，具胚乳，有小圆筒状的胚，内种皮坚硬，外部有胶质外种皮。

选模式种：红茶藨子 R. rubrum Linn.

有 160 余种，主要分布于北半球温带和较寒冷地区，少数种类延伸到亚热带和热带山地，直至南美洲的南端。非洲仅于西北部的阿特拉斯山区有 2 种，大洋洲无分布。我国有 59 种 30 变种，主产西南部、西北部至东北部；昆仑地区产 7 种。

分 种 检 索 表

1. 花两性；苞片短小，卵圆形或近圆形，极稀舌形、长圆形或披针形。
  2. 枝具刺 ⋯⋯⋯⋯⋯⋯⋯⋯⋯⋯⋯⋯⋯ **1. 长刺茶藨子 R. alpestre** Wall. ex Decne.
  2. 枝无刺。
    3. 萼片边缘无睫毛；叶下面、花萼、子房和果实被黄色腺体 ⋯⋯⋯⋯⋯⋯⋯⋯
    ⋯⋯⋯⋯⋯⋯⋯⋯⋯⋯⋯⋯⋯ **2. 黑茶藨子 R. nigrum** Linn.
    3. 萼片边缘具睫毛；叶下面、花萼、子房和果实无腺体，稀微具腺毛。
      4. 叶两面无毛，稀仅于下面脉腋间稍具柔毛；雄蕊着生在低于花瓣处，花柱长于雄蕊 ⋯⋯⋯⋯⋯⋯⋯⋯⋯⋯ **3. 天山茶藨子 R. meyeri** Maxim.
      4. 叶两面多少被毛；雄蕊着生在与花瓣同一水平上，花柱与雄蕊近等长。
        5. 叶片背面疏生白柔毛且下部具极少腺毛和瘤突；托杯和萼片两面无毛 ⋯
        ⋯⋯⋯⋯⋯⋯⋯⋯⋯⋯⋯ **4. 糖茶藨子 R. himalense** Royle ex Decne.

5. 叶片背面被茸毛且下部沿脉具腺毛；托杯外面和萼片背面疏生白刚毛 ……
…………………………………… **5. 青藏茶藨子 R. qingzangense** J. T. Pan
1. 花单性，雌雄异株；苞片狭长，舌形、长圆形、椭圆形、披针形或线形。
6. 叶的顶生裂片与侧生裂片近等长，先端常钝圆 …… **6. 东方茶藨子 R. orientale** Desf.
6. 叶的顶生裂片长于侧生裂片，先端急尖、渐尖或尾尖 ……………………
…………………………………… **7. 青海茶藨子 R. pseudofasciculatum** Hao

1. 长刺茶藨子 图版 6：1~4

Ribes alpestre Wall. ex Decne. in Jacq. Voy. Inde 4（Bot.）：64. tab. 75. 1844；西藏植物志 2：535. 1985；中国植物志 35（1）：290. 图版 64：3~6. 1995；青海植物志 2：53. 图版 10：1~4. 1999；Fl. China 8：449~450. 2001；青藏高原维管植物及其生态地理分布 375. 2008.

落叶灌木，高 1~3 m。老枝灰黑色，无毛，皮呈条状或片状剥落，小枝灰黑色至灰棕色，幼时被细柔毛，在叶下部的节上着生 3 枚粗壮刺，刺长 1~2 cm，节间常疏生细小针刺或腺毛；芽卵圆形，小，具数枚干膜质鳞片。叶宽卵圆形，长 1.5~3.0 cm，宽 2~4 cm，不育枝上的叶更宽大，基部近截形至心形，两面被细柔毛，沿叶脉毛较密，老时近无毛，3~5 裂，裂片先端钝，顶生裂片稍长于侧生裂片或几等长，边缘具缺刻状粗钝锯齿或重锯齿；叶柄长 2.0~3.5 cm，被细柔毛或疏生腺毛。花两性，2~3朵组成短总状花序或花单生于叶腋；花序轴短，长 5~7 mm，具腺毛；花梗长 5~8 mm，无毛或具疏腺毛；苞片常成对着生于花梗的节上，宽卵圆形或卵状三角形，长 2~3 mm，宽几与长相似，先端急尖或稍钝圆，边缘有稀疏腺毛，具 3 脉；花萼绿褐色或红褐色，外面具柔毛，常混生稀疏腺毛，稀近无毛；萼筒钟形，长 5~6 mm，宽几与长相似；萼片长圆形或舌形，长 5~7 mm，宽 2~3 mm，先端钝圆，花期向外反折，果期常直立；花瓣椭圆形或长圆形，稀倒卵圆形，长 2.5~3.5 mm，宽 1.5~2.0 mm，先端钝或急尖，色较浅，带白色；花托内部无毛；雄蕊长 4~5 mm，伸出花瓣之上，花丝白色，花药卵圆形，先端常具 1 个杯状蜜腺；子房无柔毛，具腺毛；花柱棒状，长于雄蕊，无毛，约分裂至中部。果实近球形或椭圆形，长 12~15 mm，直径 10~12 mm，紫红色，无柔毛，具腺毛，味酸。 花期 4~6 月，果期 6~9 月。

产青海：兴海（中铁乡天葬台沟，吴玉虎 45392）、玛沁（军功乡，玛沁队 199）、班玛（马柯河林场，王为义等 26860、26919、27040、27225、27382、27622、27670、吴玉虎 26133、26154；亚尔堂乡王柔，吴玉虎 26222、26243）。生于海拔 2 800~3 900 m 的阳坡疏林下灌丛、沟谷林缘、河谷草地或河岸边、山地阴坡高寒灌丛。

分布于我国的青海、甘肃、陕西、西藏东南部、四川西部、云南西北部至西南部、山西；克什米尔地区；尼泊尔，不丹，印度，阿富汗也有。

2. 黑茶藨子 图版 6：5~7

Ribes nigrum Linn. Sp. Pl. 201. 1753；DC. Prodr. 3：481. 1828；中国植物志

35（1）：321～322．图版 68：1～3．1995；新疆植物志 2（2）：264～265．1995；Fl. China 8：451～452．2001.

落叶直立灌木，高 1～2 m。小枝暗灰色或灰褐色，无毛，皮通常不裂，幼枝褐色或棕褐色，具疏密不等的短柔毛，被黄色腺体，无刺；芽长卵圆形或椭圆形，长（3）4～7 mm，宽 2～4 mm，先端急尖，具数枚黄褐色或棕色鳞片，被短柔毛和黄色腺体。叶近圆形，长 4～9 cm，宽 4.5～11.0 cm，基部心形，上面暗绿色，幼时微具短柔毛，老时脱落，下面被短柔毛和黄色腺体，掌状 3～5 浅裂，裂片宽三角形，先端急尖，顶生裂片稍长于侧生裂片，边缘具不规则粗锐锯齿；叶柄长 1～4 cm，具短柔毛，偶尔疏生腺体，有时基部具少数羽状毛。花两性，开花时直径 5～7 mm；总状花序长 3～5（8）cm，下垂或呈弧形，具花 4～12 朵；花序轴和花梗具短柔毛，或混生稀疏黄色腺体；花梗长 2～5 mm；苞片小，披针形或卵圆形，长 1～2 mm，先端急尖，具短柔毛；花萼浅黄绿色或浅粉红色，具短柔毛和黄色腺体；萼筒近钟形，长 1.5～2.5 mm，宽 2～4 mm；萼片舌形，长 3～4 mm，宽 1.5～2.0 mm，先端钝圆，开展或反折；花瓣卵圆形或卵状椭圆形，长 2～3 mm，宽 1.0～1.5 mm，先端钝圆；雄蕊与花瓣近等长，花药卵圆形，具蜜腺；子房疏生短柔毛和腺体；花柱稍短于雄蕊，先端 2 浅裂，稀几不裂。果实近圆形，直径 8～10（14）mm，熟时黑色，疏生腺体。 花期 5～6 月，果期 7～8 月。

产新疆：塔什库尔干。生于海拔 3 200 m 左右的沟谷林缘灌丛。

分布于我国的新疆、内蒙古、黑龙江；欧洲，俄罗斯，蒙古，朝鲜北部也有。

我们未见标本。在《新疆植物志》中记载塔什库尔干有此种，抄录于此。

3. 天山茶藨子

Ribes meyeri Maxim. in Bull. Acad. Sci. St. - Pétersb. 19：260（in Mél. Biol. Acad. Sci. St.-Pétersb. 9：232. 1873，p. p.）. 1874，p. p.；中国植物志 35（1）：306～307. 图版 66：7～9. 1995；新疆植物志 2（2）：265～266. 1995；Fl. China 8：455～456. 2001；青藏高原维管植物及其生态地理分布 376. 2008.

落叶灌木，高 1～2 m。小枝灰棕色或浅褐色，皮呈长条状剥离，嫩枝带黄色或浅红色，无毛或稍具短柔毛，稀混生少数短腺毛，无刺；芽小，卵圆形或长圆形，长 2.5～4.5 mm，宽 1.0～2.5 mm，先端急尖，具数枚褐色鳞片，外面无毛或微具短柔毛。叶近圆形，长 3～7 cm，宽几与长相似，基部浅心形，稀截形，两面无毛，稀于下面脉腋间稍有短柔毛，掌状，5 稀 3 浅裂，裂片三角形或卵状三角形，先端急尖或稍钝，顶生裂片比侧生裂片稍长或近等长，边缘具粗锯齿；叶柄长 2.5～4.0 cm，无毛，近基部具疏腺毛。花两性，开花时直径 3.5～5.0（6.0）mm；总状花序长 3～5（6）cm，下垂，具花 7～17 朵，花朵排列紧密；花序轴和花梗具短柔毛或几无毛；花梗长 1.0～2.5 mm；苞片卵圆形，长 1～2 mm，宽几与长相等，先端急尖或微钝，微具短柔毛；

花萼紫红色或浅褐色且具紫红色斑点和条纹，外面无毛；萼筒钟状短圆筒形，长 2～3 mm，宽 2.5～3.5 mm；萼片匙形或倒卵圆形，长 2.5～3.5 mm，宽 2～3 mm，先端钝圆，边缘具睫毛，花后直立；花瓣狭楔形或近线形，长 1.0～1.5 mm，先端钝圆，微有睫毛或无毛，下面无突出体；雄蕊稍长于花瓣，着生在低于花瓣处，花丝丝状，花药卵圆形，白色；子房无毛；花柱长于雄蕊，先端 2 裂。果实圆形，直径 7～8 mm，紫黑色，具光泽，无毛，多汁而味酸。 花期 5～6 月，果期 7～8 月。

产新疆：阿克陶（阿克塔什，青藏队吴玉虎 194）、塔什库尔干（卡拉其古，西植所新疆队 926；麻扎种羊场，青藏队吴玉虎 033）、叶城（苏克皮亚，青藏队吴玉虎 1008）。生于海拔 1 400～3 900 m 的山坡疏林内、沟边云杉林下或阴坡路边灌丛。

分布于我国的新疆；俄罗斯西伯利亚，中亚地区各国也有。

4. 糖茶藨子

Ribes himalense Royle ex Decne. in Jacq. Voy. Inde 4 (Bot.)：66. tab. 77. 1844 "himalayense"；中国植物志 35 (2)：303～305. 1995；青海植物志 2：56. 1999；Fl. China 8：454～455. 2001；青藏高原维管植物及其生态地理分布 376. 2008.

落叶小灌木，高 1～2 m。枝粗壮，小枝黑紫色或暗紫色，皮呈长条状或长片状剥落，嫩枝紫红色或褐红色，无毛，无刺；芽小，卵圆形或长圆形，长 3～5 mm，宽 1.0～2.5 mm，先端急尖，具数枚紫褐色鳞片，外面无毛或仅鳞片边缘具短柔毛。叶卵圆形或近圆形，长 5～10 cm，宽 6～11 cm，基部心形，上面无柔毛，常贴生腺毛，下面无毛，稀微具柔毛，或混生少数腺毛，掌状 3～5 裂，裂片卵状三角形，先端急尖至短渐尖，顶生裂片比侧生裂片稍长大，边缘具粗锐重锯齿或杂以单锯齿；叶柄长 3～5 cm，稀与叶片近等长，红色，无柔毛或有少许短柔毛，近基部有少数褐色长腺毛。花两性，开花时直径 4～6 mm；总状花序长 5～10 cm，具花 8～20 余朵，花朵排列较密集；花序轴和花梗具短柔毛，或杂以稀疏短腺毛；花梗长 1.5～3.0 mm；苞片卵圆形，稀长圆形，长 1～2 mm，宽 0.8～1.5 mm，位于花序下部的苞片近披针形，先端稍钝，微具短柔毛；花萼绿色带紫红色晕或紫红色，外面无毛；萼筒钟形，长 1.5～2.0 mm，宽 2.5～3.5 mm；萼片倒卵状匙形或近圆形，长 2.0～3.5 mm，宽 2～3 mm，先端钝圆，边缘具睫毛，直立；花瓣近匙形或扇形，长 1.0～1.7 mm，宽 1.0～1.4 mm，先端钝圆或平截，边缘微有睫毛，红色或绿色带浅紫红色；雄蕊几与花瓣等长，着生在与花瓣同一水平上，花丝丝状，花药圆形，白色；子房无毛；花柱约与雄蕊等长，先端 2 浅裂。果实球形，直径 6～7 mm，红色或熟后转变成紫黑色，无毛。 花期 4～6 月，果期 7～8 月。

产青海：兴海（中铁林场恰登沟，吴玉虎 45091；大河坝乡赞毛沟，吴玉虎 47219；河卡乡，何廷农 089）、玛沁（尕柯河岸，玛沁队 136；大武镇，王为义等 26625、26627）、久治（龙卡湖，藏药队 778、果洛队 626）、班玛（马柯河林场，郭本兆 515，王为义 26862、27605）。生于海拔 1 200～4 000 m 的山谷山地阴坡灌丛、河边灌丛及针叶林下和林缘、沟谷山地阔叶林缘灌丛。

分布于我国的青海、西藏、四川、云南西北部、湖北；克什米尔地区，尼泊尔，印度，不丹也有。

5. 青藏茶藨子

Ribes qingzangense J. T. Pan in Acta Biol. Plat. Sin. 12：1. 1994；青海植物志 2：55. 1999；青藏高原维管植物及其生态地理分布 377. 2008.

灌木，高 1.5～2.0 m。极多分枝，小枝黑褐色，当年生者疏生伏贴柔毛。叶片轮廓心形，长 3.0～4.4 cm，宽 3.4～5.5 cm，3 裂或不明显 5 裂，裂片先端急尖，边缘具不规则锯齿和睫毛，并混生腺毛，背面被茸毛且下部沿脉具腺毛；叶柄具伏贴柔毛并混生腺毛。总状花序长 1.4～3.0 cm，具 6～9 花；花序轴和花梗被伏贴柔毛；托杯筒状，长 1.4～1.6 mm，外面疏生白刚毛；萼片近阔卵形，长约 2 mm，宽 2.0～2.3 mm，先端近截形而具睫毛，背面疏生白刚毛；花瓣淡紫色，匙形，长 1.0～1.2 mm，宽约 5 mm，边缘中上部具睫毛；雄蕊长 1.4～1.6 mm，花药黄色，花丝钻形；花柱长 3.0～3.2 mm，先端稍 2 裂，稍高出花药。幼果黄绿色，球形，直径 3.5～4.8 mm，无毛。花果期 5～9 月。

产青海：班玛（多贡麻乡，吴玉虎 25976；亚尔堂乡王柔，吴玉虎 26290、26299、26314；马柯河林场，王为义等 27063、27085、27316、27605、27658）。生于海拔 2 600～3 700 m 的沟谷林下、河谷阶地、山地林缘灌丛。

分布于我国的青海、西藏。

6. 东方茶藨子　图版 6：8～11

Ribes orientale Desf. Hist. Arb. 2：88. 1809；西藏植物志 2：536. 1985；中国植物志 35（1）：336～337. 图版 70：1～4. 1995；青海植物志 2：56. 图版 10：12～14. 1999；Fl. China 8：462. 2001；青藏高原维管植物及其生态地理分布 377. 2008.

落叶低矮灌木，高 0.5～2.0 m。枝粗壮，小枝灰色或灰褐色，皮纵裂，嫩枝红褐色，被短柔毛和黏质短腺毛或腺体，无刺；芽卵圆形至长圆形，长 5～6 mm，先端稍尖或微钝。具数枚红褐色鳞片，外面被短柔毛。叶近圆形或肾状圆形，长 1～3（4）cm，宽几与长相等，基部截形至浅心形，两面除被短柔毛外，还具黏质腺体和短腺毛，掌状 3～5 浅裂，裂片先端钝圆，稀微尖，顶生裂片与侧生裂片近等长，边缘具不整齐的粗钝单锯齿或重锯齿；叶柄长 1～2（3）cm，被短柔毛和短腺毛，或具黏质腺体。花单性，雌雄异株，稀杂性，组成总状花序；雄花序直立，长 2～5 cm，具花 15～30 朵；雌花序稍短，长 2～3 cm，具花 5～15 朵；果序长达 4 cm；花序轴和花梗被短柔毛和短腺毛；花梗长 2～4 mm；苞片披针形或椭圆形，长 5～9 mm，宽 1～2 mm，先端急尖或

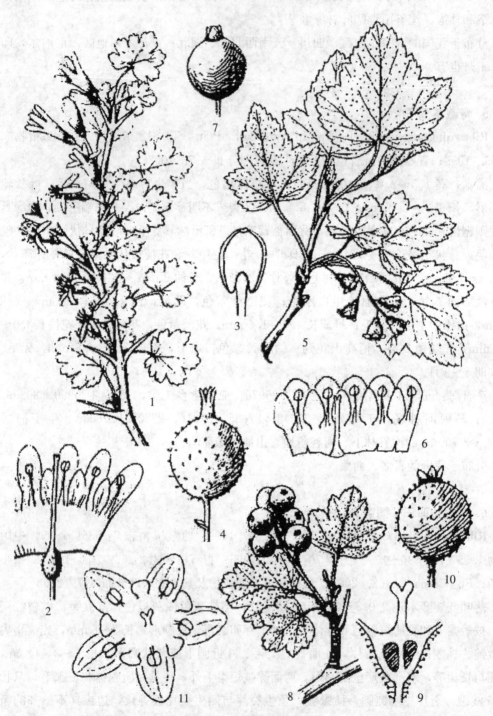

图版 6 长刺茶藨子**Ribes alpestre** Wall. ex Decne. 1. 花枝；2. 花内面；3. 雌蕊；4. 果实。黑茶藨子 **R. nigrum** Linn. 5. 花枝；6. 花内面；7. 果实。东方茶藨子 **R. orientale** Desf. 8. 果枝；9. 雄花纵剖面；10. 果实；11. 雄花内面。（引自《中国植物志》，吴彰桦绘）

微钝，被短柔毛和短腺毛，具单脉；花萼紫红色或紫褐色，外面具短柔毛和短腺毛，萼筒近碟形或辐状，长 1～2 mm，宽大于长；萼片卵圆形或近舌形，长 2.0～2.5 mm，宽 1.2～2.0 mm，先端钝，直立，常具不明显 3 脉；花瓣近扇形或近匙形，长 0.5～1 mm，宽 0.5～1.2 mm，先端近截形或钝圆，多少具柔毛；雄蕊稍长于花瓣，花丝几与花药等长，花药近圆形；雌花的雄蕊退化，长 0.3～0.4 mm，花粉不育；子房卵圆形，被短柔毛和短腺毛，雄花的子房败育；花柱先端 2 裂。果实球形，直径 7～9 mm，红色至紫红色，具短柔毛和短腺毛。 花期 4～5 月，果期 7～8 月。

产青海：兴海（中铁林场恰登沟，吴玉虎 45091、45099、45136）、玛沁（雪山乡，黄荣福 043；尕柯河岸，玛沁队 137）。生于海拔 3 200～3 800 m 的阴坡灌丛、沟谷山地阔叶林缘灌丛。

分布于我国的青海、西藏、四川、云南西北部；欧洲东南部，西亚，中亚地区各国，克什米尔地区，尼泊尔，不丹，印度也有。

7. 青海茶藨子

Ribes pseudofasciculatum Hao in Fedde Repert. Sp. Nov. 40：213. 1936；中国植物志 35 (1)：340～341. 1995；Fl. China 8：463. 2001；青藏高原维管植物及其生态地理分布 377. 2008.

落叶小灌木，高 0.5～1.5 cm。枝平滑，小枝灰色或灰褐色，皮条状或片状剥离，嫩枝灰褐色，具短柔毛；芽长卵圆形，长 4～6 mm，先端急尖，具数枚褐色或棕色鳞片，外面被细短柔毛。叶厚，宽卵圆形，长 1.5～2.0 cm，宽几与长相似，基部心形，稀近截形，上面绿色，叶脉深陷，下面色较浅，叶脉显著凸起，两面均被短柔毛，常无腺体，掌状 5 裂，裂片先端急尖，顶生裂片长三角状卵圆形，长于侧生裂片，边缘具重锯齿；叶柄长达 1 cm，具短柔毛，常混生短腺毛，基部不膨大。花单性，雌雄异株，组成短缩总状花序；雄花序长 1～2 cm，具花 3～7 朵；雌花序甚短，有花 2～5 朵，稀单生；花序轴和花梗具短柔毛和短腺毛；花梗长 2～3 mm；苞片长圆形或倒卵状长圆形，长于花梗，先端钝圆，稀稍尖，被短柔毛或混生短腺毛，具单脉；花萼紫红色，外面被短柔毛；萼筒盆形，长 1～2 mm，宽大于长；萼片长圆形或卵圆形，长 1.5～2.5 mm，先端钝圆，稀稍尖，向外反折或开展；花瓣小，匙形或扇形，先端钝圆；雄蕊几与花瓣等长，花药宽卵圆形；雌花中雄蕊极短小，花药败育；子房光滑无毛，雄花无子房；花柱稍长于雄蕊或与雄蕊近等长，先端 2 裂。果实球形，直径 5～6 mm，具光泽，黑色或红黑色，无毛；种子多数，长圆形。 花期 6～8 月，果期 8～10 月。

产青海：都兰（柴达木，青甘调查队 793；香日德乡，青甘队 1246）、兴海（中铁林场恰登沟，吴玉虎 45351、45357；大河坝乡，吴玉虎 42516、42518、42520、42554；大河坝乡赞毛沟，吴玉虎 46461、47197、47207；中铁林场途中，吴玉虎 43176、43188；赛宗寺后山，吴玉虎 46351；中铁乡附近，吴玉虎 42984、42985；中铁乡至中铁林场途中，吴玉虎 43188；河卡山，何廷农 428、468，王作宾 20282）、曲麻莱（东风乡，刘尚武等 837）、玛沁（军功乡，吴玉虎 26963；大武镇，H. B. G. 646）、久治（希门错湖畔，果洛队 466；龙卡山北岸，藏药队 734；索乎日麻乡，藏药队 574；龙卡湖畔，果洛队 562）、班玛（马柯河林场，王为义等 26731、26787、26952、27282、27631、27635、27637）。生于海拔 3 000～4 600 m 的石质坡地、山沟路边、河谷巨石间灌丛、山坡云杉林下和高山灌丛、沟谷山地阴坡林缘高寒灌丛、山麓阔叶林缘灌丛。

分布于我国的青海、西藏、四川。

2. 山梅花属 Philadelphus Linn.

Linn. Sp. Pl. 470. 1753. et Gen. Pl. ed. 5：211. no. 540. 1754.

直立灌木，稀攀缘，少具刺；小枝对生，树皮常脱落。叶对生，全缘或具齿，离基 3 或 5 出脉；托叶缺；芽常具鳞片或无鳞片包裹。总状花序，常下部分枝呈聚伞状或圆锥状排列，稀单花；花白色，芳香，筒陀螺状或钟状，贴生于子房上；萼裂片 4（～5）枚；花瓣 4（～5）枚，旋转覆瓦状排列；雄蕊 13～90 枚，花丝扁平，分离，稀基部联合，花药卵形或长圆形，稀球形；子房下位或半下位，4（～5）室，胚珠多枚，悬垂，中轴胎座；花柱（3～）4（～5）枚，合生，稀部分或全部离生，柱头槌形、棒形、匙形或桨形。蒴果 4（～5）枚，瓣裂，外果皮纸质，内果皮木栓质；种子极多，种皮前端冠以白色流苏，末端延伸成尾或渐尖，胚小，陷入胚乳中。

模式种：西洋山梅花 Philadelphus coronarius Linn.

70 多种，产于北温带，尤以东亚较多，欧洲仅 1 种，北美洲延至墨西哥。我国有 22 种 17 变种，昆仑地区产 1 种。

1. 山梅花

Philadelphus incanus Koehne in Gartenfl. 45：562. 1896. (exclud. specirn. Henry 8823) et in Mitt. Deutsch. Dendr. Ges. 1904（13）：84. 1904, et in Sargent Pl. Wils. 1：5. 1911 et 1：145. 1912；中国植物志 35（1）：155. 图版 30：1～5. 1995；青海植物志 2：49～50. 图版 9：4～5. 1999；Fl. China 8：409. 2001；青藏高原维管植物及其生态地理分布 374. 2008.

灌木，高 1.5～3.5 m。二年生小枝灰褐色，表皮呈片状脱落，当年生小枝浅褐色或紫红色，被微柔毛或有时无毛。叶卵形或阔卵形，长 6.0～12.5 cm，宽 8～10 cm，先端急尖，基部圆形。花枝上叶较小，卵形、椭圆形至卵状披针形，长 4.0～8.5 cm，宽 3.5～6.0 cm，先端渐尖，基部阔楔形或近圆形，边缘具疏锯齿，上面被刚毛，下面密被白色长粗毛；叶脉离基出 3～5 条；叶柄长 5～10 mm。总状花序有花 5～7（～11）

朵，下部的分枝有时具叶；花序轴长 5～7 cm，疏被长柔毛或无毛；花梗长 5～10 mm，上部密被白色长柔毛；花萼外面密被紧贴糙伏毛；萼筒钟形，裂片卵形，长约 5 mm，宽约 3.5 mm，先端骤渐尖；花冠盘状，直径 2.5～3.0 cm，花瓣白色，卵形或近圆形，基部急收狭，长 13～15 mm，宽 8～13 mm；雄蕊 30～35 枚，最长的长达 10 mm；花盘无毛；花柱长约 5 mm，无毛，近先端稍分裂，柱头棒形，长约 1.5 mm，较花药小。蒴果倒卵形，长 7～9 mm，直径 4～7 mm；种子长 1.5～2.5 mm，具短尾。　花期 5～6 月，果期 7～8 月。

产青海：班玛（马柯河林场，王为义等 27067、27212）。生于海拔 1 200～1 700 m 的沟谷山地林缘灌丛。

分布于我国的青海、甘肃、陕西、河南、山西、湖北、安徽和四川；欧美各地的一些植物园有引种栽培。

3. 梅花草属 Parnassia Linn.

Linn. Sp. Pl. 273. 1753 et Gen. Pl. ed. 5：384. 1754.

多年生草本，无毛。具粗厚合轴根状茎和较多细长之根。茎不分枝，1 或几条；常在中部具 1 或 2 至数叶（苞叶），稀裸露。基生叶 2 至数枚或较多呈莲座状，具长柄，有托叶，叶片全缘；茎生叶（苞叶）无柄，常半抱茎。花单生茎顶；萼筒离生或下半部与子房合生，裂片 5 枚，覆瓦状排列；花瓣 5 枚，覆瓦状排列，白色或淡黄色，稀淡绿色，边缘全边流苏状或啮蚀状，下部流苏状或啮蚀状和全缘；雄蕊 5 枚，与萼片对生，周位花或近下位花；退化雄蕊 5 枚，与花瓣对生，形状多样，呈柱状：顶端不裂或分裂；呈扁平状：顶端 3～5（～7）浅至中裂，稀深裂或 5～7 齿；呈分枝状：2～3（～5）或 7～13（～23）枝，顶端带腺体；雌蕊 1 枚，子房 3～4 室；胚珠多数，具薄珠心，柱头联合。蒴果有时带棱，上位或半下位，室背开裂，有 3～4 裂瓣；种子多数，沿整个腹缝线着生，倒卵球形或长圆体，平滑，褐色；胚乳很薄或阙如。

模式种：*Parnassia palustris* Linn.

70 余种，分布于北温带高山地区；亚洲东南部和中部较为集中，其次为北美洲，极少数分布到欧洲。我国约 60 种，昆仑地区产 10 种。

分 种 检 索 表

1. 药隔延伸至药室之上，钻形 ………… **1. 短柱梅花草 P. brevistyla**（Brieg.）Hand.-Mazz.
1. 药隔不向上延伸。

2. 退化雄蕊先端 3～5 浅裂，基部与花瓣爪部及托杯合生 ……………………
………………………………………… **2. 青海梅花草 P. qinghaiensis** J. T. Pan

2. 退化雄蕊先端 3 裂，基部与花瓣爪部及托杯不合生。

  3. 茎无叶。

    4. 花瓣淡黄色，顶端常浅 2 裂或微凹；退化雄蕊扁平 3 裂，近等长 …………
………………………………………… **3. 黄花梅花草 P. lutea** Batalin

    4. 花瓣白色，顶端通常钝圆；退化雄蕊扁平 3 裂，中间裂片高出两侧裂片 …
………………………………………… **4. 白花梅花草 P. scaposa** Mattf.

  3. 茎下部具叶 1 枚。

    5. 裂片不等长，中间裂片高出两侧裂片 ………… **5. 新疆梅花草 P. laxmanni** Pall.

    5. 裂片近等长。

      6. 退化雄蕊的裂片指状，长 1.1～5.2 mm ……………………………
………………………………………… **6. 细叉梅花草 P. oreophila** Hance

      6. 退化雄蕊的裂片短柱状、圆齿状至齿状，长 0.2～0.6 mm。

        7. 萼片具 5 脉；花瓣卵状长椭圆形至长椭圆形，约具 9 脉（包括支脉）
………………………………………… **7. 类三脉梅花草 P. pusilla** Wall. ex Arn.

        7. 萼片具 3 脉；花瓣匙状倒披针形，或狭卵形至长椭圆形，具 3 脉。

          8. 基生叶近心形；花瓣匙状倒披针形；裂片短柱状，长约 0.6 mm
………………………………………… **8. 藏北梅花草 P. filchneri** Ulbr.

          8. 基生叶椭圆形、卵形、阔卵形至狭卵形；花瓣狭卵形至长椭圆形；
裂片圆齿状，长约 0.2 mm。

            9. 花瓣白色，叶柄较短，长 8～15 mm，偶有达 4 cm …………
………………………………………… **9. 三脉梅花草 P. trinervis** Drude

            9. 花瓣绿色；叶柄较长，长 (1～) 5～25 mm ……………………
………………………………………… **10. 绿花梅花草 P. viridiflora** Batalin

1. 短柱梅花草　图版 7：1～5

Parnassia brevistyla（Brieg.）Hand.-Mazz. Symb. Sin. 7（2）：434. 1931. et in Oesterr. Bot. Zeitschr. 90：130. 135. 1941；西藏植物志 2：525. 图版 170. 图 20～24. 1985；中国植物志 35（1）：46～47. 图版 4；1～6. 1995；青海植物志 2：43. 图版 8：1～5. 1999；Fl. China 8：382. 2001；青藏高原维管植物及其生态地理分布 371. 2008. —— *P. delavayi* Franch. var. *brevistyla* Brieg. in Fedde Repert. Sp. Nov. Beih. 12：400. 1922.

多年生草本，高 11～23 cm。根状茎圆柱形、块状等形状多样，其上有褐色膜质鳞片，其下长出多数较发达的纤维状根。基生叶 2～4 枚，具长柄；叶片卵状心形或卵形，长 1.8～2.5 cm，宽 1.5～3.5 cm，先端急尖，基部弯缺甚深呈深心形，全缘，上面深绿色，下面淡绿色，有 5～7 (～9) 条脉；叶柄长 3～9 cm，扁平，向基部逐渐加宽；托叶膜质，大部贴生于叶柄，边有流苏状毛，早落。茎 2～4 条，近中部或偏上有 1 茎生叶，茎生叶与基生叶同形，通常较小，其基部常有铁锈色的附属物，有时结合成小片状，无柄半抱茎。花单生于茎顶，直径 1.8～3.0 (～5.0) cm；萼筒浅，萼片长圆形、卵形或倒卵形，长 4～6 mm，宽 3～4 mm，先端圆，全缘，中脉明显，在基部和内面常有紫褐色小点；花瓣白色，宽倒卵形或长圆倒卵形，长 1.0～1.5 (2.5) cm，宽 5～10 mm，先端圆，基部渐窄成楔形，具长 1.8～4.0 mm 的爪，上部 2/3 的边缘呈浅而不规则的啮蚀状，1/3 之下部具短的流苏状毛，有 5～7 条紫红色脉，并布满紫红色小斑点；雄蕊 5 枚，花丝长约 5 mm，向基部逐渐加宽达1.2 mm (常有 1 种短花丝，长仅 1.2 mm)；花药椭圆形，长约 2 mm，顶生，药隔联合并伸长成匕首状，长度不等，先端渐尖；退化雄蕊 5 枚，长 2.5～4.0 mm，具长约 2 mm、宽约 1.5 mm 的柄，头部宽约 4.5 mm，先端浅 3 裂，裂片深度为头部长度的 1/4～1/3，为全长的 1/6 或更短，披针形或长圆形，先端渐尖或截形，偶有呈盘状或头状，中间裂片短而窄，为两侧裂片宽度的 1/3，两侧裂片先端常出现 2 裂，全长为花丝长度的 1/2；子房卵球形，花柱短，不伸出退化雄蕊之外，偶有伸出者，柱头 3 裂，裂片短。蒴果倒卵球形，各角略加厚；种子多数，长圆形，褐色，有光泽。 花期 7～8 月，果期 9 月开始。

产青海：班玛（马柯河林场，郭本兆 489、王为义等 27299）。生于海拔 3 200 m 左右的沟谷山地林缘。

分布于我国的青海、甘肃、陕西南部、西藏东北部、四川西部和北部、云南西北部、河南、湖北、湖南。

2. 青海梅花草 图版 7：6～9

Parnassia qinghaiensis J. T. Pan in Novon 6 (2)：188. 1996；青海植物志 2：44. 图版 8：6～9. 1999；Fl. China 8：376. 2001；青藏高原维管植物及其生态地理分布 373. 2008.

多年生草本，高约 2 cm。茎无毛，下部具 1 叶。基生叶心状肾形，长 4～6 mm，宽 5～8 mm，先端钝，基部心形，具褐色斑点，无毛；叶柄长 0.8～1.0 cm，边缘疏生褐色柔毛；茎生叶具短柄。花单生于茎顶；托杯长约 2 mm，无毛；萼片近卵形，长 3.0～3.3 mm，宽 2.0～2.5 mm，先端钝，5～6 脉于先端会合，具褐色斑点，无毛；花瓣黄绿色，具黄褐色斑点，近倒卵形，长 4.3～5.0 mm，宽 3.0～3.5 mm，先端微缺，边缘啮蚀状，基部截形或具耳，约 8 脉，具长 0.6～1.0 mm 的爪，爪与托杯及退化雄蕊下部合生；雄蕊长约 4.3 mm，花丝基部与托杯合生；退化雄蕊匙形，长2.0～2.2 mm，宽 0.8～1.0 mm，先端具 3～5 浅裂，裂片齿状；子房半下位，长约 2.5 mm，花柱长约 1.5 mm，3 浅裂。 花果期 6～9 月。

产青海：达日（满掌乡，H. B. G. 1199）。生于海拔 4 000～4 250 m 的沟谷山坡高山草甸。

分布于我国的青海。

3. 黄花梅花草

Parnassia lutea Batalin in Acta Hort. Petrop. 14：320. 1895；中国植物志 35 (1)：24～25. 1995；青海植物志 2：44～46. 1999；Fl. China 8：374～375. 2001；青藏高原维管植物及其生态地理分布 372. 2008.

多年生草本，高 13～20 cm。根状茎粗短，常呈块状，其上部有褐色膜质鳞片，向下生出多数细长纤维状根。基生叶 2～4 枚，具长柄；叶片卵形或长圆状卵形，长 8～13 (～25) mm，宽 5～9 (～15) mm，先端圆，基部下延或微近心形，全缘，上面深绿色，叶脉微下陷，下面粉绿色，有 3 (～5) 条脉，明显突起；叶柄长 1.2～2.5 (～4) cm，扁平，下半部膜质，上半部叶质，有 3 条淡褐色凸起的条纹；托叶膜质。花葶 1～3 (～7) 条，直立；花单生于茎顶，直径 1.8～2.3 cm；萼筒短陀螺状，萼片披针形，长约 7 mm，宽 2～5 mm，先端稍尖或略钝，全缘，有 3 条脉，偶 5 条脉，为花瓣长度的 1/3～1/2；花瓣上面深黄色，下面色淡，倒卵形，长 12～14 mm，宽 5～8 mm，先端圆，并有浅 2 裂，基部有长爪，爪长约 4 mm，宽约 1.5 mm，有 5 条脉，脉弯曲而有分枝，花瓣比萼片长 1.5～2.0 倍；雄蕊 5 枚，花丝长约 4 mm，扁平，向基部逐渐加宽，花药黄色，长圆形，长约 1.5 mm，顶生，侧裂，全长为花瓣的 1/3～1/2；退化雄蕊 5 枚，长约 3.5 mm，顶端 3 浅裂，裂片线形，长约 1.2 mm，先端圆，略加厚，全长比花丝稍短；子房半下位，长卵球形；花柱极短，柱头 3 裂，裂片长圆形，几与花柱近等长，开展。蒴果卵球形，3 裂；种子多数，褐色，沿整个缝线着生。

花期 7～8 月，果期 8 月开始。

产青海：称多（县城，刘尚武 2415；歇武寺，杨永昌 711）。生于海拔 3 500～4 100 m 的山坡高山草甸、高山灌丛或岩石下。

分布于我国的青海东北部、甘肃、西藏。

4. 白花梅花草

Parnassia scaposa Mattf. in Notizbl. Bot. Gart. Berlin. 11：306. 1931；中国植物志 35 (1)：25. 1995；Fl. China 8：375. 2001.

多年生草本，高 10～20 cm，直立。根状茎长圆形，其上有褐色膜质鳞片，其下生出多数细长纤维状根。基生叶 4～5 枚，具柄；叶片椭圆形或倒卵形，长 1.2～2.5 cm，宽 8～13 mm，先端圆，基部下延，上面褐绿色，叶脉下陷，下面淡绿色，有 5 条凸起的叶脉；叶柄长 5～14 (～20) mm，扁平，两侧呈白色膜质；托叶膜质。花葶通常 1 条，不分枝；花单生于茎顶，直径 1.8～2.5 cm；萼筒短陀螺状，萼片卵状披针形，长约 8 mm，宽约 2.5 mm，先端钝，有 3 条明显脉，边缘薄而全缘，为花瓣长度的 1/2；

花瓣白色，倒卵形，长约 1.4 cm，宽 7～8 mm，先端圆或微凹，基部楔形，有短爪，爪长约 2.5 mm，宽约 2 mm；雄蕊 5 枚，长 5～6 mm，花丝长约 4 mm，扁平，向基部逐渐加宽，花药椭圆形，长约 1.5 mm，顶生，侧裂；退化雄蕊 5 枚，扁平，全长约 3.5 mm，柄长约 2.8 mm，宽约 1 mm，头部顶端 3 浅裂，中间裂片带状，长约 0.6 mm，顶端截形，稍加厚，高出两侧裂片；子房半下位，卵球形；花柱极短，柱头 3 裂，顶端扁，胚珠多数，褐色，沿整个缝线着生。 花期 8 月。

产青海：曲麻莱（巴干乡，刘尚武 911）、称多（新民乡，王德泉 7605；歇武寺，采集人不详 711）。生于海拔 4 100～4 300 m 的高山草甸、沟谷山地灌丛。

分布于我国的青海、西藏、四川。

5. 新疆梅花草

Parnassia laxmanni Pall. in Roem. et Schult Syst. Veg. 4：696. 1820；中国植物志 35（2）：42～44. 图版 3：5～7. 1995；新疆植物志 2（2）：260～261. 1995；Fl. China 8：381. 2001；青藏高原维管植物及其生态地理分布 372. 2008.

多年生草本，高约 25 cm。根状茎短粗，长圆形或块状，顶端有残存的褐色鳞片，周围有粗细不等的纤维状根。基生叶（2～）4 枚，具柄；叶片卵形或长卵形，长 1.8～2.5 cm，宽 8～15 mm，先端钝，基部截形、微心形或下延连于叶柄，全缘，上面深绿色，下面淡绿色，有明显的 3～5 条脉；叶柄长 1.4～1.8 cm，扁平，两侧膜质；托叶膜质，白色，大部贴生于叶柄，边有褐色流苏状毛，早落。茎 2～3（～4）条，不分枝，近基部具 1 茎生叶，与基生叶相似，但稍小，无柄半抱茎。花单生于茎顶，直径约 2 cm；萼筒管钟状，萼片披针形，长约 3.5 mm，宽约 1.5 mm，先端钝，全缘，有明显 3 条脉；花瓣白色，倒卵形，稀匙形，长 8～13 mm，宽 5～6 mm，先端钝或圆，向基部渐窄成长约 1.5 mm 之爪，边全缘，有明显带褐色 5 条脉；雄蕊 5 枚，长约 4.2 mm，花丝扁平，长约 3 mm，向基部加宽（尚有 1 种短花丝雄蕊，花药成熟亦迟），花药长圆形，长约 1.2 mm，顶生；退化雄蕊 5 枚，长约 2.7 mm，具长约 0.8 mm、宽约 0.7 mm 之柄，头部长约 1.9 mm，宽约 1 mm，先端 3 浅裂，裂片棒状并行，为长度的 1/4，中间裂片高出两侧裂片约 0.6 mm，先端平或圆，全长为雄蕊长度的 1/2 或稍过之；子房半下位，长圆形或卵状梨形；花柱极短，柱头 3 裂，裂片长圆形，果期开展。蒴果被褐色小点；种子多数，褐色，有光泽，沿整个缝线着生。 花期 7～8 月，果期 9 月。

产新疆：塔什库尔干（麻扎种羊场，青藏队吴玉虎 4939）、叶城（阿格勒达坂北一线天，李勃生等 11368）、墨玉（喀拉喀什，李勃生等 11261）、于田（普鲁，青藏队吴玉虎 3693）、策勒（奴尔乡亚门，青藏队吴玉虎 1940、2468、2487；奴尔乡，郭柯等 12140）、且末（阿羌乡昆其布拉克，青藏队吴玉虎 2465）。生于海拔 3 050～4 200 m 的高山草甸、河谷草甸、山坡湿草地。

分布于我国的新疆；俄罗斯西伯利亚，哈萨克斯坦，蒙古也有。

6. 细叉梅花草 图版 7：10～13

Parnassia oreophila Hance in Journ. Bot. 16：106. 1878；中国植物志 35（1）：36～37. 图版 2：11～12. 1995；青海植物志 2：44. 图版 8：10～13. 1999；新疆植物志 2（2）：260. 1995；Fl. China 8：321. 2001；青藏高原维管植物及其生态地理分布 372. 2008.

多年生小草本，高 17～30 cm。根状茎粗壮，形状不定，常呈长圆形或块状，其上有残存的褐色鳞片，周围长出丛密细长的根。基生叶 2～8 枚，具柄；叶片卵状长圆形或三角状卵形，长 2.0～3.5 cm，宽 1.0～1.8 cm，先端圆，有时带短尖头，基部常截形或微心形，有时下延于叶柄，全缘，上面深绿色，下面色淡，有 3～5 条明显凸起的脉；叶柄长 2～5（～10）cm，扁平，两侧均为窄膜质；托叶膜质，边有疏生褐色流苏状毛，早落。茎（1～）2～9 条或更多，在中部或中部以下具 1 叶（苞叶），茎生叶卵状长圆形，长 2.5～4.5 cm，宽 1.0～2.5 cm，先端急尖，在基部常有数条锈褐色的附属物，较早脱落，无柄半抱茎。花单生于茎顶，直径 2～3 cm；萼筒钟状，萼片披针形，长 6～7 mm，宽约 2 mm，先端钝，全缘，具明显 3 条脉；花瓣白色，宽匙形或倒卵长圆形，长 1.0～1.5 cm，宽 6～8 mm，先端圆，基部渐窄成长约 2 mm 之爪，有 5 条紫褐色之脉；雄蕊 5 枚，长约 6.5 mm，向基部逐渐加宽，花药长圆形，长约 1.5 mm，顶生；退化雄蕊 5 枚，全长约 5 mm，与花丝近等长，具长 1.0～1.5 mm、宽约 1.5 mm 之柄，头部长约 4 mm，宽约 1.8 mm，先端 3 深裂达 2/3，稀稍超过中裂，裂片长可达 3.2 mm，先端平；子房半下位，长卵球形；花柱短，长约 1 mm，柱头 3 裂，裂片长圆形，长约 1 mm，花后开展。蒴果长卵球形，直径 5～7 mm；种子多数，沿整个缝线着生，褐色，有光泽。 花期 7～8 月，果期 9 月。

产新疆：塔什库尔干（采集地不详，高生所西藏队 3125）、莎车（喀拉吐孜，青藏队吴玉虎等 87677）、阿克陶（阿克塔什，青藏队吴玉虎 114）、叶城（柯克亚乡，青藏队吴玉虎等 906、1100，采集人不详 787）、皮山（三十里营房，青藏队吴玉虎等 1177）、且末（昆其布拉克，青藏队吴玉虎 2120、2645）。生于 2 800～4 000 m 的高寒河谷草甸、山坡沙砾质湿润草地、林间草地。

青海：兴海（中铁林场恰登沟，吴玉虎 45035、45181；中铁乡附近，吴玉虎 42939；河卡山，郭本兆等 6262、王作宾 20319、吴珍兰 170）、玛沁（大武镇，王为义等 26636、H. B. G. 604；雪山乡，玛沁队 443）。生于 3 200～3 800 m 的河谷滩地、山谷阔叶林缘草甸、山地高寒草甸、沟谷山间潮湿处、沟谷山地阴坡高寒灌丛草甸。

分布于我国的新疆、青海、甘肃、宁夏、陕西、四川、山西、河北等地。

7. 类三脉梅花草

Parnassia pusilla Wall.（Cat. 34 n. 1245. 1829 nom. nud.）ex Arn. in Comp.

Bot. Mag. 2：315. 1837；西藏植物志 2：251. 1985；中国植物志 35（1）：35～36. 1995；青海植物志 2：46. 1999；Fl. China 8：324～325. 2001；青藏高原维管植物及其生态地理分布 373. 2008.

矮小草本，高 8～10 cm，柔弱。根状茎块状，其下生出多数丝状根，其上有褐色膜质鳞片。基生叶 2～4 枚，具柄；叶片肾形或卵状心形，长 4～7 mm，宽 3～5 mm，先端钝圆，基部心形，边全缘，有 1 圈窄膜，上面褐绿色，下面淡绿色，有紫褐色小斑点，具（3～）5 条明显脉；叶柄长 7～9 mm，扁平，向基部逐渐加宽，两侧为窄膜质；托叶膜质，带白色，被淡褐色斑点，边有极疏褐色流苏状毛，早落。茎通常 1 条，不分枝，近中部或偏上有 1 茎生叶（苞叶），与基生叶同形，稍小，无柄半抱茎。花单生于茎顶，直径约 0.8 mm；萼筒陀螺状，萼片长圆形，长约 1.5 mm，宽约 1.2 mm，先端圆，边全缘，有 1 圈窄膜，中脉明显，为花瓣长度的 1/2，其基部常有 1～2 条锈褐色的附属物；花瓣白色，倒卵形，长 5～6 mm，宽约 3.5 mm，先端圆，基部楔形下延成长约 0.1 mm 之爪，边缘除爪部外下半部具短而疏的流苏状毛，毛向上逐渐变短而更疏，中部以上啮蚀状或呈波状，中脉明显，具淡褐色小斑点；雄蕊 5 枚，花丝扁，长约 1.7 mm，向基部逐渐加宽，花药近球形，长约 0.3 mm，顶生；退化雄蕊 5 枚，全长约 1.5 mm，具短柄，先端 3 裂，裂片披针形，长 0.3～0.4 mm，为雄蕊长度的 1/2；子房卵球形，花柱短，柱头 3 裂。 花期 7～8 月。

产青海：兴海（大河坝乡，吴玉虎 42595）、称多（毛窟营，刘尚武 2401）。生于海拔 4 100～4 300 m 的高山草甸或灌丛。

分布于我国的青海、西藏南部。喜马拉雅山区（印度北部至不丹）也有。

8. 藏北梅花草

Parnassia filchneri Ulbr. in Fedde Repert. Sp. Nov. 2：65. 1906；中国植物志 35（1）：29～30.1995；青海植物志 2：46. 1999；Fl. China 8：376～377. 2001；青藏高原维管植物及其生态地理分布 372. 2008.

植株高约 4 cm。根状茎块状，其下具略带白色的丝状根。基生叶长圆形，长 8～9 mm，宽 4～5 mm，具 3 条脉，基部逐渐变窄成柄，柄长约 10 mm；茎生叶单一，近无柄，基部抱茎，长约 10 mm。花小，长约 7 mm；花萼漏斗状筒形，长 6～7 mm，深裂；萼筒长约 3 mm，裂片窄卵形，长约 3.5 mm，先端钝；花瓣黄色，匙形或匙状披针形，长 5～6 mm，宽约 2.5 mm，先端钝；退化雄蕊长约 2.5 mm，宽匙形，先端 3 裂，裂片截形而短；花药长 3～4 mm，花丝丝状，药室长约 0.5 mm，广椭圆形。果实未见。

产青海：玛多（黑海乡红土坡煤矿，吴玉虎等 853）。生于海拔 4 260 m 左右的高寒山地阴坡草甸。

分布于我国的青海。模式标本采自青海玛多。

9. 三脉梅花草 图版 7：14～18

Parnassia trinervis Drude in Linnaea 39：322. 1875；Hand. - Mazz. Symb. Sin. 7 (2)：432. 1931；中国植物志 35 (1)：40～41. 1995；青海植物志 2：47. 图版 8：14～18. 1999；Fl. China 8：380. 2001；青藏高原维管植物及其生态地理分布 373. 2008.

多年生草本，高 7～20 (～30) cm。根状茎块状、圆锥状或呈不规则形状，其上有褐色膜质鳞片，周围长出发达的纤维状根。基生叶 4～9 枚，具柄；叶片长圆形、长圆状披针形或卵状长圆形，长 8～15 mm，宽 5～12 mm，先端急尖，基部微心形、截形或下延而连于叶柄，上面深绿色，下面淡绿色，有凸起的 3～5 条弧形脉；叶柄长 8～15 mm，稀达 4 cm，扁平，两边为窄膜质，有褐色条纹；托叶膜质。茎 (1～) 2～4 (～8) 条，近基部具单个茎生叶，茎生叶与基生叶同形，但较小，偶有甚小者，无柄半抱茎。花单生于茎顶，直径约 1 cm；萼筒管漏斗状，萼片披针形或长圆披针形，长约 4 mm，宽约 1.5 mm，先端钝，全缘，外面有明显 3 条脉；花瓣白色，倒披针形，长约 7.8 mm，宽约 2 mm，先端圆，基部楔形下延成长约 1.5 mm 的爪，边全缘，有明显 3 条脉；雄蕊 5 枚，长约 2.9 mm，花丝长短不等，长者约 2 mm，短者约 1.5 mm，花药较大，椭圆形，顶生；退化雄蕊 5 枚，长约 2.5 mm，具长约 1 mm、宽约 0.7 mm 之柄，头部宽约 1.3 mm，先端 1/3 浅裂，裂片短棒状，先端截形；子房长圆形，半下位；花柱极短，长约 0.5 mm，柱头 3 裂，裂片直立，花后反折。蒴果 3 裂；种子多数，褐色，有光泽。　花期 7～8 月，果期 9 月。

产新疆：和田（喀什塔什，青藏队吴玉虎 4046）、若羌（阿尔金山保护区库木库勒湖东，青藏队吴玉虎 2315）。生于海拔 3 400～4 200 m 的河谷草甸、高原湖边草甸。

青海：兴海（温泉乡，采集人不详 631036）、治多（采集地不详，苟新京 84092）、玛沁（雪山乡，玛沁队 366；石峡煤矿，吴玉虎 26998；军功乡，吴玉虎 4647）、达日（德昂乡，陈桂琛等 1643）、久治（白玉乡，藏药队 640；哇尔依乡，吴玉虎 26775；康赛乡，吴玉虎 26570、26613；索乎日麻乡，吴玉虎 26465）。生于海拔 3 100～4 500 m 的山谷潮湿地、高寒沼泽草甸、宽谷河滩草甸。

甘肃：玛曲（大水军牧场，陈桂琛等 1151）。生于海拔 3 600 m 左右的高寒沼泽草甸。

分布于我国的新疆、青海、甘肃、陕西、西藏、四川、云南。

10. 绿花梅花草

Parnassia viridiflora Batalin in Acta Hort. Petrop. 12：168. 1892；中国植物志 35 (1)：25. 1995；新疆植物志 2 (2)：260. 1995；Fl. China 8：380～381. 2001. —— *P. trinervis* Drude var. *viridiflora* (Batalin) Hand. - Mazz. Symb. Sin. 7 (2)：432. 1931；青海植物志 2：47. 1999；青藏高原维管植物及其生态地理分布

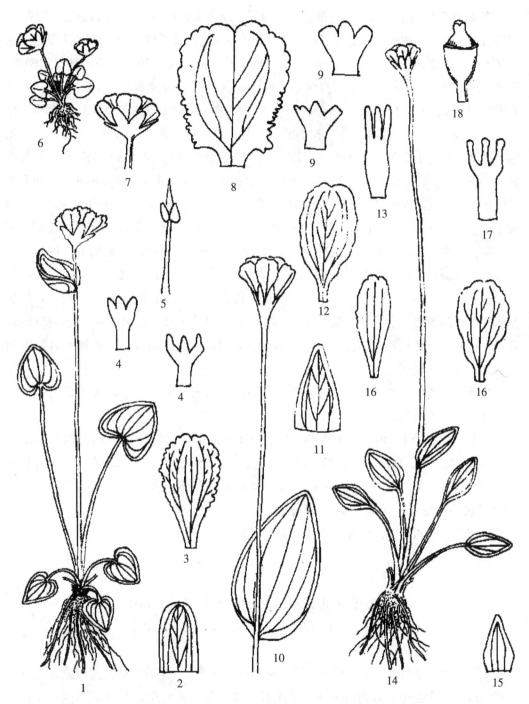

图版 7　短柱梅花草 **Parnassia brevistyla**（Brieg.）Hand.-Mazz. 1. 植株；2. 萼片；3. 花瓣；4. 退化雄蕊；5. 雄蕊。青海梅花草 **P. qinghaiensis** J. T. Pan　6. 植株；7. 花；8. 花瓣；9. 退化雄蕊。细叉梅花草 **P. oreophila** Hance 10. 花茎；11. 萼片；12. 花瓣；13. 退化雄蕊。三脉梅花草 **P. trinervis** Drude 14. 植株；15. 萼片；16. 花瓣；17. 退化雄蕊；18. 雌蕊。（潘锦堂绘）

373. 2008.

多年生草本，高 7～14 cm。根状茎稍增厚，球形或长圆形，其上有褐色膜质鳞片，周围有发达的纤维状根。基生叶（1～）2～4（～5）枚，具长柄；叶片卵状椭圆形或三角状卵形，稀卵状心形，长 1.0～2.5 cm，宽 6～15 mm，先端钝或微尖，基部宽楔形、近截形或下延连于叶柄，上面深绿色，下面淡绿色，具 5～7 条弧形凸起的叶脉，两面有或无紫色小点；叶柄长（1.0～）1.5～2.5 cm，扁平，向基部逐渐加宽，呈膜质；托叶膜质。茎 1，偶 2，近基部具 1 茎生叶（苞叶），茎生叶与基生叶同形，但明显小，无柄半抱茎。花单生于茎顶，直径 13～18 mm；萼筒管陀螺状，萼片卵状披针形或长圆披针形，长 3.5～5.0 mm，宽 1.5～1.8 mm，先端钝，全缘，外面有明显的 3 条脉和不明显的小褐点；花瓣绿色，长圆披针形或窄长圆形，长 7～8 mm，宽 2.0～2.5 mm，先端圆，稀急尖，基部下延成长 1.5～2.0 mm 之爪，边全缘，具 5 条紫色脉，偶有紫色小点；雄蕊 5 枚，长约 4.5 mm，花丝长约 3.5 mm，扁平，向基部逐渐加宽，花药椭圆形，长约 1 mm，顶生，纵裂；退化雄蕊 5 枚，长约 2.5 mm，具长约 1 mm、宽约 0.8 mm 之柄，头部长、宽各 1.5 mm，先端 3 浅裂，裂片长度为头部长度的 1/5，先端截形；子房椭圆形，半下位；花柱短，长约 5 mm，柱头 3 裂，花后反折。蒴果椭圆形，有时外被紫色小点；种子多数，褐色，有光泽，沿整个缝线着生。　花期 8 月，果期 9 月。

产新疆：策勒（奴尔乡，青藏队吴玉虎 1970）。生于海拔 3 200 m 左右的沟谷山坡草甸、山地高寒灌丛。

青海：兴海（河卡山，郭本兆等 6299、王作宾 20215、何廷农 197；俄拉山垭口，H. B. G. 1382）、玛沁（大武镇，H. B. G. 702；雪山乡，H. B. G. 399）、甘德（上贡麻乡，H. B. G. 927）、久治（希门错湖畔，果洛队 442）。生于海拔 3 600～4 100 m 的高山草甸、灌丛、草甸或山坡等处。

分布于我国的新疆、青海、甘肃、陕西、四川、云南。

4. 虎耳草属 Saxifraga Tourn. ex Linn.

Linn. Sp. Pl. 398. 1753, et Gen. Pl. ed. 5：189. 1754.

多年生稀一年生或二年生草本。茎通常丛生，或单一。单叶全部基生或兼茎生，有柄或无柄，叶片全缘、具齿或分裂；茎生叶通常互生，稀对生。花通常两性，有时单性，辐射对称，稀两侧对称，黄色、白色、红色或紫红色，多组成聚伞花序，有时单生，具苞片；花托杯状（内壁完全与子房下部愈合），或扁平；萼片 5 枚；花瓣 5 枚，通常全缘，脉显著，具痂体或无痂体；雄蕊 10 枚，花丝棒状或钻形；心皮 2 个，通常下部合生，有时近离生；子房近上位至半下位，通常 2 室，具中轴胎座，有时 1 室而具边缘胎座，胚珠多数；蜜腺隐藏在子房基部或花盘周围。通常为蒴果，稀菁葖果；种子多数。

模式种：*Saxifraga granulata* Linn.

400 余种，分布于北极、北温带和南美洲，主要生于高山地区。我国有 200 多种，昆仑地区产 27 种 1 变种 1 变型。

分 种 检 索 表

1. 叶片腹面具窝孔。
  2. 花茎无叶；萼片于花期开展，无毛；花瓣黄色，具 2 痂体 ……………………………………………………………………………… **1. 矮生虎耳草 S. nana** Engl.
  2. 具茎生叶；萼片在花期直立，多少具缘毛；花瓣紫色或白色，无痂体。
    3. 主轴之叶对生，茎生叶倒卵形；花瓣紫色 … **2. 挪威虎耳草 S. oppositifolia** Linn.
    3. 主轴之叶互生，茎生叶线状长圆形；花瓣白色 …………………………………………………………………… **3. 垫状虎耳草 S. pulvinaria** H. Smith
1. 叶片不具窝孔。
  4. 小垫状植物，叶片先端具膜质流苏 ………… **4. 治多虎耳草 S. zhidoensis** J. T. Pan
  4. 非垫状植物；叶片先端无膜质流苏。
    5. 叶片 3～7（～9）浅裂，或边缘有锯齿、圆齿状锯齿，或兼全缘。
      6. 具鳞茎或珠芽；茎具叶数枚，叶片通常肾形，3～7（～9）浅裂；萼片在花期直立，边缘具腺毛。
        7. 茎基具芽，叶腋和苞腋具珠芽 …………… **5. 零余虎耳草 S. cernua** Linn.
        7. 具鳞茎，无珠芽 ………………… **6. 球茎虎耳草 S. sibirica** Linn.
      6. 无珠芽或具珠芽；叶均基生，叶片非肾形，边缘有锯齿、圆齿状锯齿，或兼全缘；萼片在花期开展或反曲，通常无毛，稀具柔毛。
        8. 叶片边缘有锯齿或全缘；萼片在花期开展；花瓣狭卵形，宽小于 1.8 mm …………………………………… **7. 叉枝虎耳草 S. divaricata** Engl. et Irmsch.
        8. 叶片边缘具圆齿状锯齿；萼片在花期反曲，或开展至反曲；花瓣卵形，宽大于 1.8 mm。
          9. 花葶疏生卷曲柔毛；聚伞花序圆锥状或总状，具 7～25 花；花瓣白色 …………………………………… **8. 黑虎耳草 S. atrata** Engl.
          9. 花葶密被卷曲腺柔毛；聚伞花序伞房状，具 2～17 花，稀单花；花瓣白色，基部具 2 黄色斑点 ……… **9. 黑蕊虎耳草 S. melanocentra** Franch.
    5. 叶片全缘。
      10. 鞭匐枝出自茎基部叶腋。
        11. 腺毛具球形腺头。

12. 花瓣短于或略长于萼片 ……………………………………………
　　………………… **10. 小果虎耳草 S. microgyna** Engl. et Irmsch.

12. 花瓣明显长于萼片 ………… **11. 大花虎耳草 S. stenophylla** Royle

11. 腺毛具棒状腺头；萼片花期直立 ……………………………………
　　………………… **12. 棒腺虎耳草 S. consanguinea** W. W. Smith

10. 无鞭匐枝。

13. 茎和叶腋的毛较短，不卷曲；叶片肉质。

14. 基生叶密集成莲座状。

15. 基生叶全缘，叶腋和苞腋具珠芽 …………………………………
　　…………………………… **13. 芽虎耳草 S. gemmigera** Engl.

15. 基生叶具缘毛，叶腋和苞腋无珠芽。

16. 萼片先端具软骨质短尖头；花瓣黄色，腹面无斑点，基部
　　无爪 …………………… **14. 班玛虎耳草 S. banmaensis** J. T. Pan

16. 萼片先端无软骨质短尖头；花瓣腹面具斑点，基部具爪。

17. 茎被柔毛；萼片边缘无毛，3～5 脉于先端不会合至会
　　合；花瓣具橙色斑点 ………………………………………
　　………………… **15. 爪瓣虎耳草 S. unguiculata** Engl.

17. 茎被腺毛；5～7 脉于先端会合成 1 疣点；花瓣具紫红
　　色斑点

18. 萼片 3 脉；花瓣披针形，基部圆形 ………………
　　………………… **16. 红虎耳草 S. sanguinea** Franch.

18. 萼片 3～7 脉，花瓣卵形至近卵形，基部平截状圆
　　形 ……… **17. 西南虎耳草 S. signata** Engl. et Irmsch.

14. 基生叶不密集成莲座状。

19. 茎具叶 ………… **18. 冰雪虎耳草 S. glacialis** H. Smith

19. 茎无叶，花葶状。

20. 花单生于茎顶；萼片边缘具腺睫毛 …………………
　　………… **19. 金星虎耳草 S. stella-aurea** Hook. f. et Thoms.

20. 聚伞花序具 2～5 花，或单花；萼片边缘无毛 …………
　　………………… **20. 光缘虎耳草 S. nanella** Engl. et Irmsch.

13. 茎和叶腋具褐色卷曲长柔毛；叶片通常非肉质。

21. 花瓣长椭圆形、披针形、线形至剑形，长为宽的 3 倍或 3 倍以上
　　………………………… **21. 狭瓣虎耳草 S. pseudohirculus** Engl.

21. 花瓣通常为卵形、倒卵形、狭倒卵形至椭圆形，长不及宽的 3 倍。

22. 基生叶基部心形；最上部茎生叶边缘具卷曲长腺毛并杂有短腺
　　毛 ………………………… **22. 优越虎耳草 S. egregia** Engl.

22. 基生叶基部非心形；最上部茎生叶边缘通常具卷曲柔毛，不杂

有短腺毛，稀无毛。

    23. 子房具明显花盘；花瓣背面紫色，腹面黄色。

        24. 萼片在花期由直立变开展至反曲 ·······················

            ···················· **23. 唐古特虎耳草 S. tangutica** Engl.

        24. 萼片在花期反曲。

            25. 聚伞花序伞房状，具 2～6 花 ·····················

                24. 青藏虎耳草 S. przewalskii Engl.

            25. 花单生于茎顶 ··· **25. 西藏虎耳草 S. tibetica** A. Los.

    23. 子房无明显花盘；花瓣两面黄色。

        26. 萼片边缘无毛或被腺毛 ·····················

            ···················· **26. 小虎耳草 S. parva** Hemsl.

        26. 萼片边缘被卷曲长柔毛。

            27. 萼片在花期反曲 ·····················

            ···················· **27. 山羊臭虎耳草 S. hirculus** Linn.

            27. 萼片在花期由直立变开展 ·····················

        ··· **28. 山地虎耳草 S. sinomontana** J. T. Pan et Gorna

1. 矮生虎耳草　图版 8：1～5

Saxifraga nana Engl. in Bull. Acad. Sci. St.-Pétersb. 29：118. 1883；中国植物志 34（2）：223～224. 图版 58：7～11. 1992；青海植物志 2：23. 图版 4：1～6. 1999；Fl. China 8：349. 2001；青藏高原维管植物及其生态地理分布 387. 2008.

多年生草本，高 1.0～1.5 cm。小主轴极多分枝，叠结成坐垫状。花茎无叶，花葶状，长 5～6 mm，被短腺毛，小主轴之叶密集成莲座状，肉质，近匙状长圆形，长 3.9～4.0 mm，宽 0.9～1.0 mm，先端增厚且向外稍反折，具 1 不明显的窝孔，无毛，单脉。花单生于茎顶；萼片在花期反曲，稍肉质，近椭圆形至卵形，长 1.4～1.5 mm，宽约 1 mm，先端钝圆，无毛，3 脉于先端会合成 1 疣点；花瓣白色，椭圆形，长约 2.5 mm，宽约 1.4 mm，先端钝，基部狭缩成长约 0.4 mm 之爪，3 脉，侧脉旁具 2 不明显之痂体；雄蕊长约 2.8 mm，花丝钻形；子房近上位，卵球形，长约 1.2 mm，花柱直，长约 0.7 mm。　花期 7～8 月。

产新疆：塔什库尔干（红其拉甫，青藏队吴玉虎 4900）。生于海拔 4 600 m 左右的高山冰雪带石隙、高山流石坡稀疏植被带。

青海：玛沁（雪山乡，H. B. G. 450）。生于海拔 3 900～4 600 m 的高山冰斗、高山碎石隙、山地高寒草甸裸地岩缝。

分布于我国的新疆、青海、甘肃、四川。

2. 挪威虎耳草　图版 8：6～11

Saxifraga oppositifolia Linn. Sp. Pl. 402. 1753；中国植物志 34（2）：219. 图版

57：33～38. 1992；新疆植物志 2（2）：256～257. 1995；Fl. China 8：348. 2001；青藏高原维管植物及其生态地理分布 388. 2008.

2a. 挪威虎耳草（原变型）

f. oppositifolia

多年生草本，高约 6 cm。小主轴多分枝。花茎疏被褐色柔毛。小主轴之叶交互对生，覆瓦状排列，密集成莲座状，叶腋具芽，稍肉质，近倒卵形，长 3.5～4.0 mm，宽1.6～2.3 mm，先端钝，具 1 分泌钙质的窝孔，两面无毛，边缘具柔毛；茎生叶对生，较疏，稍肉质，近倒卵形，长 4.2～4.5 mm，宽 2.6～2.9 mm，先端钝，具 1 分泌钙质的窝孔，两面无毛，边缘具柔毛。花单生于茎顶；花梗长约 3 mm，疏生褐色柔毛；萼片在花期直立，革质，卵形至椭圆状卵形，长 4.9～5.0 mm，宽 2.9～3.0 mm，先端钝，两面无毛，边缘具柔毛，6～7 脉于先端半会合至会合；花瓣紫色，狭倒卵状匙形，长约 12 mm，宽 5.0～5.1 mm，先端微凹，基部渐狭成长约 3.5 mm 的爪，约具 7 脉；雄蕊长约 7 mm，花丝钻形；花盘不明显；子房近椭圆球形，长约 2.7 mm，花柱长约6.5 mm。　花期 7～8 月。

产新疆：阿克陶（恰克拉克铜矿，青藏队吴玉虎 870623；阿克塔什，青藏队吴玉虎870166；恰尔隆乡，青藏队吴玉虎 4644、5010）、叶城（柯克亚乡，青藏队吴玉虎870888）、和田（喀什塔什乡，青藏队吴玉虎 2551）、策勒（奴尔乡，青藏队吴玉虎1918、2464B、3025）。生于海拔 3 900～5 600 m 的高山石隙、高山流石坡稀疏植被带。

分布于我国的新疆、西藏西部；蒙古，俄罗斯，欧洲，克什米尔地区和北美均有。

2b. 白花挪威虎耳草（变型）

f. albiflora Y. H. Wu in Acta Bot. Boreal.-Occ. Sin. 27（1）：173～174. 2007；青藏高原维管植物及其生态地理分布 388. 2008.

本变型与原变型的主要区别在于：花冠白色。

产新疆：策勒（奴尔乡，青藏队吴玉虎 2464A；奴尔乡亚门，Liujq-fjj-0181-140）、和田（喀什塔什乡，Liujq-fjj-0183-142、Liujq-fjj-0184-143）。生于海拔3 650～4 200 m 的高山流石坡稀疏植被带、山地石隙、砾石质山坡草甸。

分布于我国的新疆昆仑山地区。

3. 垫状虎耳草　图版 8：12～17

Saxifraga pulvinaria H. Smith in Bull. Brit. Mus. Bot. 2（4）：105. f. 4 m～o.1958；中国植物志 34（2）：220～222. 图版 58：1～6. 1992；新疆植物志 2（2）：257.1995；Fl. China 8：348. 2001；青藏高原维管植物及其生态地理分布 390. 2008.

多年生草本，高 4.5～6.0 cm。小主轴极多分枝，叠结成坐垫状。花茎长 1.4～

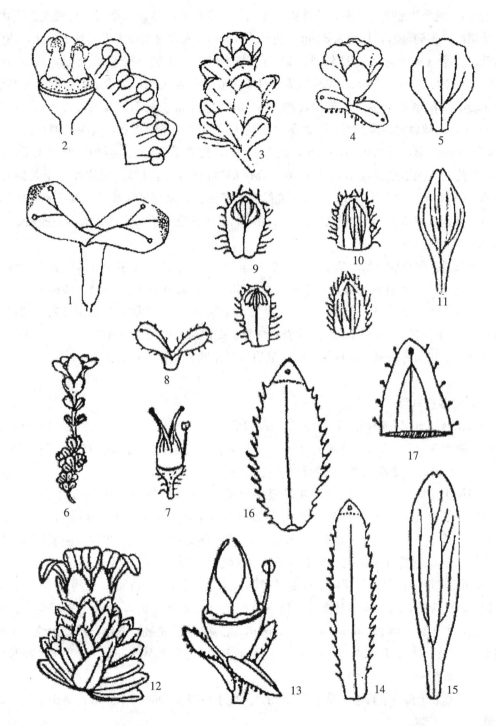

图版 8 矮生虎耳草 **Saxifraga nana** Engl. 1. 叶；2. 花剖开；3. 花枝；4. 花；5. 花瓣。挪威虎耳草 **S. oppositifolia** Linn. 6. 植株 1 枝；7. 花梗、雄蕊和雌蕊；8. 小主轴之叶；9. 茎生叶；10. 萼片；11.花瓣。垫状虎耳草 **S. pulvinaria** H. Smith 12. 植株 1 枝；13. 苞片、托杯、雄蕊、花盘和雌蕊；14. 茎生叶；15. 花瓣；16. 莲座叶；17. 萼片。(潘锦堂绘)

1.9 mm，埋藏于莲座叶丛中，不外露，无毛。小主轴之叶覆瓦状排列，密集成莲座状，肉质肥厚，狭椭圆形，长约 3.3 mm，宽约 1.4 mm，先端急尖而无毛，具 1 窝孔，两面无毛，边缘（先端除外）具软骨质睫毛；茎生叶 3～4 枚，线状长圆形，长 3.5～4.0 mm，宽 0.8～1.0 mm，先端急尖，具 1 窝孔，两面无毛，边缘（除先端外）具软骨质睫毛。花单生于茎顶；花梗长约 0.3 mm；苞片近长圆形，长约 2.8 mm，宽约 0.9 mm，先端急尖，两面无毛，边缘具腺睫毛；萼片在花期直立，肉质肥厚，近三角状卵形至阔卵形，长 2.0～1.6 mm，宽 1.4 mm，先端无毛且急尖或钝，两面无毛，边缘具腺睫毛（先端除外），3 脉于先端会合；花瓣白色，倒卵形、倒披针形至长圆形，长 3.5～5.3 mm，宽 1.5～2.1 mm，先端微凹或钝圆，基部渐狭成爪，具 5～6 脉，无痂体；雄蕊长约 2.2 mm，花丝钻形；花盘环状；子房近下位，长约 2 mm，花柱长 1～5 mm。 花期 6～7 月。

产新疆：阿克陶（恰尔隆乡，青藏队吴玉虎 4643）、塔什库尔干（卡拉其古，青藏队吴玉虎 5083；麻扎种羊场，高生所西藏队 3240、青藏队吴玉虎 397）、和田（喀什塔什乡，青藏队吴玉虎 1931、2015）、策勒（奴尔乡亚门，青藏队吴玉虎 1923、2463、2502）。生于海拔 3 900～5 200 m 的岩石缝隙、高山流石坡稀疏植被带。

分布于我国的新疆、西藏、云南；尼泊尔，印度，克什米尔地区也有。

4. 治多虎耳草　图版 9：1～3

Saxifraga zhidoensis J. T. Pan in Acta Phytotax. Sin. 16 (2)：32. f. 14. 1978；中国植物志 34 (2)：230. 图版 9：30～32. 1992；青海植物志 2：24. 1999；Fl. China 8：325. 2001；青藏高原维管植物及其生态地理分布 395. 2008.

多年生草本，高 1～2 cm。小主轴极多分枝，叠结成坐垫状。花茎长约 7 mm，节间极短，长 0.7～1.0 mm，被腺毛。小主轴之叶密集成莲座状，覆瓦状排列，稍肉质，近匙形，长 3.5～3.6 mm，宽 1.1～1.2 mm，先端钝，两面无毛，先端具膜质流苏，边缘中部以下具睫毛（下部之睫毛具腺头）；茎生叶稍较疏。花单生于茎顶；花梗长约 0.7 mm，被腺毛；萼片于花期不反曲，椭圆状卵形，长约 2.5 mm，宽约 1.5 mm，先端钝，两面无毛，边缘先端具流苏，以下具睫毛（有的带腺头），5 脉于先端会合；花瓣黄色，卵形，长约 2.4 mm，宽约 1.3 mm，先端急尖或稍钝，基部具爪，边缘多少具细锯齿，3 脉；雄蕊长 2.0～2.5 mm；子房近下位，花柱长约 1 mm，柱头小；花盘环状。 花期 6～8 月。

产青海：治多（扎河乡，周立华 242A）。生于海拔 4 900～4 980 m 的高山草甸、高山流石坡碎石隙。

分布于我国的青海。

5. 零余虎耳草　图版 9：4～7

Saxifraga cernua Linn. Sp. Pl. 403. 1753；中国植物志 34 (2)：77～79. 图版

16：8～16. 1992；青海植物志 2：25. 图版 4：19～22. 1999；Fl. China 8：342. 2001；青藏高原维管植物及其生态地理分布 379. 2008. —— *S. granulijera* H. Smith in Bull. Brit. Mus. Bot. 2 (9)：259. t. 21B. 1960；西藏植物志 2：461. 1985.

多年生草本，高 6～25 cm。茎被腺柔毛，分枝或不分枝，基部具芽，叶腋部具珠芽，有时还发出鞭匐枝；鞭匐枝疏生腺柔毛。基生叶具长柄。叶片肾形，长 0.7～1.5 cm，宽 0.9～1.8 cm，通常 5～7 浅裂，裂片近阔卵形，两面和边缘均具腺毛，叶柄长 3～8 cm，被腺毛，基部扩大，具卷曲长腺毛；茎生叶亦具柄，中下部者肾形，长 0.8～2.0 cm，宽 1.0～2.4 cm，5～7 (～9) 浅裂，两面和边缘均具腺毛，叶柄长 0.3～3.4 cm，被腺毛，上部者 3 浅裂，叶柄变短。单花生于茎顶或枝端，或聚伞花序具 2～5 花；苞腋具珠芽；花梗长 0.6～3.0 cm，被腺柔毛；萼片在花期直立，椭圆形、卵形至近长圆形，长 3.0～3.7 mm，宽 1.0～2.8 mm，先端急尖或稍钝，腹面无毛，背面和边缘具腺毛，3 (～7) 脉于先端不会合、半会合至会合（同时交错存在）；花瓣白色或淡黄色，倒卵形至狭倒卵形，长 4.5～10.5 mm，宽 2.1～4.1 mm，先端微凹或钝，基部渐狭成长 1.2～1.8 mm 的爪，3～8 (～10) 脉，无痂体；雄蕊长 4.0～5.5 mm，花丝钻形；2 心皮中下部合生；子房近上位，卵球形，长 1.0～2.5 mm，花柱 2 枚，长 0.9～2.0 mm。 花果期 6～9 月。

产新疆：阿克陶（阿克塔什，青藏队吴玉虎 87142）、塔什库尔干（红其拉甫，吴玉虎 4882；麻扎种羊场，高生所西藏队 3248；县城，李勃生等 10649）、叶城（阿格勒达坂北侧，李勃生等 11438）、和田（喀什塔什，青藏队吴玉虎 2006、2549、3048）、若羌（阿尔金山保护区阿其克库勒湖东，青藏队吴玉虎 2243、2818；冰河，青藏队吴玉虎 4234）。生于海拔 4 400～4 600 m 的沟谷山地石隙、高山流石坡。

西藏：日土（甲吾山，高生所西藏队 3583；热帮乡，高生所西藏队 3539）。生于海拔 5 200～5 300 m 的沟谷山坡砾石隙、高山流石坡。

青海：格尔木（唐古拉山乡各拉丹冬，黄荣福 C. G. 89‐292）、兴海（河卡乡，何廷农 252、343）、治多（采集地不详，周立华 265；可可西里乌兰乌拉湖，黄荣福 K‐754）、称多（采集地不详，刘尚武 2367）、玛多（共和乡，吴玉虎 1008；红土坡，吴玉虎 846、1066；巴颜喀喇山，周国杰 006）、久治（索乎日麻乡，藏药队 595；希门错日拉山，果洛队 471；龙卡湖畔，果洛队 521）。生于海拔 2 200～5 550 m 的林下、林缘、高山草甸和高山碎石隙。

分布于我国的新疆、青海、宁夏、陕西、西藏北部和南部、四川、云南、山西、河北、内蒙古东部、吉林；俄罗斯，日本，朝鲜，不丹至印度，以及北半球其他高山地区和寒带均有。

6. 球茎虎耳草 图版 9：8～14

Saxifraga sibirica Linn. Sp. Pl. ed. 2. 577. 1762；西藏植物志 2：461. 1985；

中国植物志 34（2）：76～77．图版 16：1～7．1992；新疆植物志 2（2）：257．1995；Fl. China 8：341～342．2001；青藏高原维管植物及其生态地理分布 391．2008.

多年生草本，高 6.5～25.0 cm，具鳞茎。茎密被腺柔毛。基生叶具长柄，叶片肾形，长 0.7～1.8 cm，宽 1.0～2.7 cm，7～9 浅裂，裂片卵形、阔卵形至扁圆形，两面和边缘均具腺柔毛，叶柄长 1.2～4.5 cm，基部扩大，被腺柔毛；茎生叶肾形、阔卵形至扁圆形，长 0.45～1.50 cm，宽 0.5～2.0 cm，基部肾形、截形至楔形，5～9 浅裂，两面和边缘均具腺毛，叶柄长 1～9 mm。聚伞花序伞房状，长 2.3～17.0 cm，具 2～13 花，稀单花；花梗纤细，长 1.5～4.0 cm，被腺柔毛；萼片直立，披针形至长圆形，长 3～4 mm，宽 0.6～1.8 mm，先端急尖或钝，腹面无毛，背面和边缘具腺柔毛，3～5 脉于先端不会合、半会合至会合（同时交错存在）；花瓣白色，倒卵形至狭倒卵形，长 6.0～14.5 mm，宽 1.5～4.7 mm，基部渐狭成爪，3～8 脉，无痂体；雄蕊长 2.5～5.5 mm，花丝钻形；2 心皮中下部合生，长 2.6～4.9 mm；子房卵球形，长 1.8～3.0 mm，花柱 2 枚，长 0.8～2.0 mm，柱头小。花果期 5～9 月。

产新疆：塔什库尔干（麻扎种羊场，高生所西藏队 3248；卡拉其古，青藏队吴玉虎 5076、西植所新疆队 1046）。生于海拔 3 800～4 400 m 的沟谷山地阴坡草地、高寒草甸。

青海：久治（龙卡湖畔，果洛队 521）。生于海拔 3 960 m 左右的山地岩石缝隙。

分布于我国的新疆、青海、甘肃、陕西南部、西藏东部至南部、四川东北部至西部、云南西北部、山西、河北西北部至太行山区、黑龙江、湖北西部、湖南、山东；俄罗斯，蒙古，尼泊尔，印度，克什米尔地区，欧洲东部均有。

7. 叉枝虎耳草

Saxifraga divaricata Engl. et Irmsch. in Bot. Jahrb. 50（Beibl 114）：41．1914 et in Engl. Pflanzenr. 67（Ⅳ. 117）：50．1916；中国植物志 34（2）：82．1992；青海植物志 2：27．1999；Fl. China 8：286．2001；青藏高原维管植物及其生态地理分布 381．2008.

多年生草本，高 3.7～10.0 cm。叶基生；叶片卵形至长圆形，长 0.7～2.4 cm，宽 0.3～1.3 cm，先端急尖或钝，基部楔形，边缘有锯齿或全缘，无毛；叶柄长 1.7～3.0 cm，基部扩大，无毛。花葶具白色卷曲腺柔毛。聚伞花序圆锥状，具 5～14 花；花序分枝叉开，长 1～4 cm；花梗密被卷曲腺柔毛；苞片长圆形至长圆状线形，长 3.5～7.0 mm，宽 1.0～1.5 mm；萼片在花期开展，三角状卵形，长 1.0～3.8 mm，宽 0.9～2.5 mm，先端钝，无毛，具 3 至多脉，脉于先端会合；花瓣白色，卵形至椭圆形，长 2.3～3.0 mm，宽 1.0～1.7 mm，先端钝或微凹，基部狭缩成长 0.5～0.9 mm 的爪，具 3 脉；雄蕊长 1.5～4.0 mm，花药紫色，花丝钻形；心皮 2 个，紫褐色，中下部合生；花盘环状围绕子房；子房半下位，花柱长 0.5～2.0 mm。花期 7～8 月。

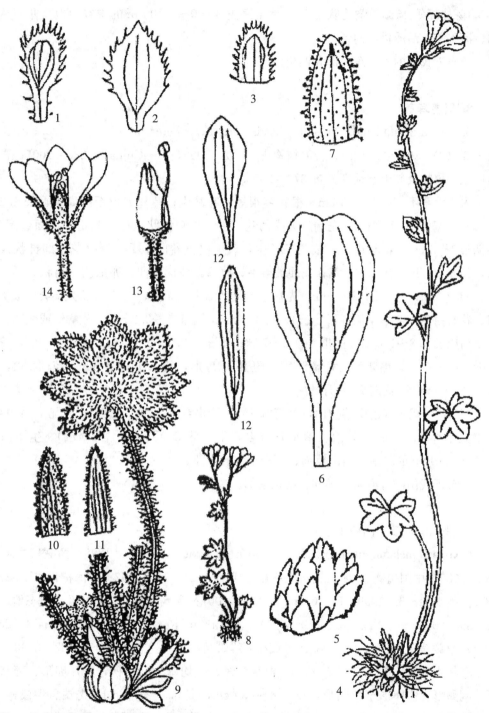

图版 9 治多虎耳草 Saxifraga zhidoensis J. T. Pan 1. 小主轴之叶；2. 花瓣；3. 萼片。零余虎耳草 **S. cernua** Linn. 4. 植株；5. 基部之芽；6. 花瓣；7. 萼片。球茎虎耳草 **S. sibirica** Linn. 8. 全株；9. 基生叶；10. 萼片背面；11. 萼片腹面；12. 花瓣；13. 雄蕊和雌蕊；14. 花。（潘锦堂、刘进军绘）

产青海：达日（德昂乡，陈桂琛等 1640）、久治（索乎日麻乡，果洛队 179、293、687，陈桂琛等 1588，藏药队 426）。生于海拔 3 400～4 100 m 的沟谷山地高寒灌丛草甸、河谷滩地沼泽化草甸。

分布于我国的青海东南部和四川西部。

8. 黑虎耳草

Saxifraga atrata Engl. in Bull. Acad. Sci. St.‑Pétersb. 29：117. 1883；中国植物志 34（2）：82～83. 1992；青海植物志 2：27. 1999；Fl. China 8：285. 2001；青藏高原维管植物及其生态地理分布 379. 2008.

多年生草本，高 7～23 cm。根状茎很短。叶基生；叶片卵形至阔卵形，长 1.2～2.5 cm，宽 0.8～1.8 cm，先端急尖或稍钝，边缘具圆齿状锯齿和睫毛，两面近无毛；叶柄长 1～2 cm。花葶单一，或数条丛生，疏生白色卷曲柔毛。聚伞花序圆锥状或总状，长 3～9 cm，具 7～25 花；花梗被柔毛；萼片在花期反曲，卵形或三角状卵形，长 2.4～3.2 mm，宽 1.5～2.0 mm，先端急尖或稍渐尖，无毛，3～7 脉于先端会合成 1 疣点；花瓣白色，卵形至椭圆形，长 2.8～4.0 mm，宽 1.8～2.2 mm，先端钝或微凹，基部狭缩成长 0.8～1.0 mm 的爪，具 5～7 脉；雄蕊长 3.0～5.9 mm，花药黑紫色，花丝钻形；心皮 2 个，黑紫色，大部合生；子房阔卵球形，长 1.0～3.4 mm，花柱 2 枚，长 1.0～2.5 mm。 花期 7～8 月。

产青海：玛多（巴颜喀拉山，刘海源 787；清水乡，刘海源 1165）、玛沁（雪山乡，采集人不详 67‑16）、久治（索乎日麻乡，果洛队 340、吴玉虎 26471）。生于海拔 3 000～5 100 m 的滩地、高山草甸、沼泽草甸或石隙。

分布于我国的青海东北部和甘肃东南部。

9. 黑蕊虎耳草 图版 10：1～5

Saxifraga melanocentra Franch. in Journ. de Bot. 10：263. 1896；西藏植物志 2：462. 1985；中国植物志 34（2）：83～84. 图版 17：11～17. 1992；青海植物志 2：27～28. 图版 5：1～5. 1999；Fl. China 8：285. 2001；青藏高原维管植物及其生态地理分布 385. 2008. —— *S. gageana* W. W. Smith in Rec. Bot. Surv. India 4：265. 1911；西藏植物志 2：462. 1985；青藏高原维管植物及其生态地理分布 382. 2008.

多年生草本，高 3.5～22.0 cm。根状茎短。叶均基生，具柄，叶片卵形、菱状卵形、阔卵形、狭卵形至长圆形，长 0.8～4.0 cm，宽 0.7～1.9 cm，先端急尖或稍钝，边缘具圆齿状锯齿和腺睫毛，或无毛，基部楔形，稀心形，两面疏生柔毛或无毛；叶柄长 0.7～3.6 cm，疏生柔毛。花葶被卷曲的腺柔毛；苞叶卵形、椭圆形至长圆形，长 5～15 mm，宽 1.1～11.0 mm，先端急尖，全缘或具齿，基部楔形，稀宽楔形，两面无毛或疏生柔毛。聚伞花序伞房状，长 1.5～8.5 cm，具 2～17 花，稀单花；萼片在花期开展或反曲，三角状卵形至狭卵形，长 2.9～6.5 mm，宽 1.2～3.0 mm，先端钝或渐尖，无毛或疏生柔毛，具 3～8 脉，脉于先端会合成 1 疣点；花瓣白色，稀红色至紫红色，基部具 2 黄色斑点，或基部红色至紫红色，阔卵形、卵形至椭圆形，长 3.0～6.1 mm，宽 2.1～5.0 mm，先端钝或微凹，基部狭缩成长 0.5～1.0 mm 的爪，3～9（～14）脉；雄蕊长 2.2～5.5 mm，花药黑色，花丝钻形；花盘环形；2 心皮黑紫色，中下部合生；子房阔卵球形，长 2.8～4.0 mm，花柱 2 枚，长 0.5～3.0 mm。 花果期 7～9 月。

产青海：格尔木（唐古拉山口，青藏冻土植物队 189）、兴海（河卡山，何廷农 234、406，王作宾 20168、20174，郭本兆 6282、6350、6398、6406）、治多（扎河乡，周立华 516）、曲麻莱（叶格乡，刘尚武等 725）、称多（采集地不详，郭本兆 415）、玛多（黄河乡，吴玉虎 1068、1096、1104；巴颜喀喇山，周国杰 007）、玛沁（尼卓玛山，玛沁队 298，H. B. G. 659、695、731；东倾沟乡，刘建全 1725）、达日（德昂乡，H. B. G. 1242）、久治（希门错日拉山，果洛队 488；索乎日麻乡，果洛队 340、473、500，藏药队 328）。生于海拔 3 000～5 300 m 的高山灌丛、高山草甸和高山碎石隙。

分布于我国的青海、甘肃、陕西、四川和云南；尼泊尔，印度也有。

10. 小果虎耳草

Saxifraga microgyna Engl. et Irmsch. in Bot. Jahrb. 48：604. 1912；中国植物志 34（2）：225. 1992；青海植物志 2：28. 1999；Fl. China 8：341. 2001；青藏高原维管植物及其生态地理分布 386. 2008.

多年生草本，高 3.5～20.0 cm。茎被腺柔毛（腺头褐色，球形）；鞭匐枝出自茎基部叶腋，丝状，被褐色腺毛，先端具芽。基生叶密集成莲座状，稍肉质，椭圆状倒卵形、狭倒卵形至长圆形，长 5.0～7.3 mm，宽 1.5～3.2 mm，先端急尖，两面和边缘均具褐色腺毛（腺头球形）；茎生叶较疏，长圆形至线形，长 5.2～11.3 mm，宽 1.5～3.0 mm，先端急尖，两面和边缘具腺毛。聚伞花序长 0.6～1.5 cm，具 3～11 花；花梗长 1.8～3.5 mm，被腺柔毛；萼片在花果期，由直立变开展，稍肉质，卵形、狭卵形至近长圆形，长 1.6～3.2 mm，宽 0.8～1.3 mm，先端急尖，腹面无毛，背面和边缘具短腺毛（腺头红褐色，球形），3～5 脉于先端不会合至半会合；花瓣黄色至淡红色，椭圆形、卵形至狭卵形，长 2.0～3.2 mm，宽 1.0～1.4 mm，先端急尖，基部无爪，或具长 0.4～1.0 mm 的爪，1～3 脉，具 2 痂体；在雄花中，雄蕊长约 1.5 mm，而雌蕊退化；在雌花中，雄蕊退化，仅长 0.4～0.5 mm；子房近下位，长 1.4～1.5 mm，花柱长约 1 mm；花盘环状。 花果期 7～9 月。

产青海：久治（索乎日麻乡，藏药队 466b）。生于海拔 4 000 m 左右的高山碎石隙。

分布于我国的青海、西藏、四川西部、云南。

11. 大花虎耳草　图版 11：1～7

Saxifraga stenophylla Royle Illustr. Bot. Himal. 227. t. 50. f. 1. 1835；中国植物志 34（2）：196～197. 图版 52：15～21. 1992；新疆植物志 2（2）：256. 1995；Fl. China 8：425～426. 2001. —— S. *flagellaris* Willd. ex Sternb. subsp. *megistantha* Hand. -Mazz. in Anz. Akad. Wiss. Wien Math. -Nat. 60：115. 1923；西藏植物志 2：504. 图 116：14～20. 1985；青藏高原维管植物及其生态地理分布 382. 2008.

多年生草本，高 5.0～17.5 cm。茎不分枝，密被腺毛（腺头黑褐色，球形）；鞭匐枝出自基生叶腋部，丝状，长 4～12 cm，多少被腺毛，先端具芽。基生叶密集成莲座状，革质，狭椭圆形至近匙形，长 7.5～13.0 mm，宽 2.0～4.5 mm，先端具长约 1.3 mm 的软骨质芒，腹面略凹陷，背面稍弓凸，边缘具软骨质刚毛状睫毛（有的具黑褐色球形腺头）；茎生叶较疏，革质，长圆形，长 5.5～11.0 mm，宽 1.5～3.0 mm，先端具长约 1.2 mm 的软骨质芒（芒端具腺头），两面多少被腺毛，边缘具软骨质腺睫毛。聚伞花序长 1.5～3.0 cm，具 2～3 花；花梗长 6～14 mm，密被腺毛；萼片在花期直立，稍肉质，卵形至披针形，长 4.0～6.2 mm，宽 1.2～2.8 mm，先端通常具短尖头，腹面通常无毛，稀具极少腺毛，背面和边缘具黑褐色腺毛，5～9 脉于先端半会合至会合；花瓣黄色，椭圆形、倒卵形至倒阔卵形，长 8～12 mm，宽 4.5～7.5 mm，8～11 脉，先端钝，无爪，无痂体；雄蕊长 4.0～5.7 mm，花丝钻形；子房近上位，椭圆球形，长 2.5～3.5 mm，花柱长约 1.5 mm。　花期 7～8 月。

产新疆：塔什库尔干（克克吐鲁克，青藏队吴玉虎 87500、高生所西藏队 3281）。生于海拔 4 500～4 700 m 的河谷滩地沼泽草甸、山地沟谷流水线。

分布于我国的新疆、西藏、四川、云南；尼泊尔，印度，克什米尔地区均有。

12. 棒腺虎耳草　图版 10：6～12

Saxifraga consanguinea W. W. Smith in Not. Bot. Gard. Edinb. 8：132. 1913；西藏植物志 2：503. 图 166：1～7. 1985；中国植物志 34（2）：226～227. 图版 58：30～36. 1992；青海植物志 2：28～29. 图版 5：6～12. 1999；Fl. China 8：340～341. 2001；青藏高原维管植物及其生态地理分布 380. 2008.

多年生草本，高 0.6～8.5 mm。茎不分枝，被腺毛（腺头紫红色，短棒状）；鞭匐枝出自茎基部叶腋，丝状，长 3～12 cm，疏具腺柔毛，先端通常具芽。基生叶密集成莲座状，稍肉质，狭椭圆形、狭倒卵形至近匙形，长 4.5～9.0 mm，宽 1.6～3.0 mm，先端具短尖头，两面无毛，边缘具腺睫毛（腺头紫红色，短棒状）；茎生叶较疏，稍肉质，长圆形、披针形至倒披针状线形，长 5～10 mm，宽 1.6～2.5 mm，先端具短尖头，两面无毛，或背面与边缘具腺毛（有时腺头掉落）。单花生于茎顶，或聚伞花序，具 2～10 花，长 0.8～2.5 cm；花序分枝长 1.8～2.3 cm，具 2～3 花；花梗长 2～6 mm，被腺毛；萼片在花期直立，肉质，阔卵形、卵形至狭卵形，长 1.8～3.8 mm，宽 1～2 mm，先端急尖或钝，腹面无毛，背面和边缘具腺毛（腺头紫红色，短棒状），3～6 脉于先端不会合至会合；花瓣红色，革质，近圆形、阔卵形、倒阔卵形至卵形，长 1.2～2.6 mm，宽 1～2 mm，先端通常钝圆，稀急尖，基部突然狭缩成长 0.2～0.8 mm 的爪，3 脉，具 2 痂体；在雄花中，雄蕊长 1.6～2.0 mm，雌蕊退化；在雌花中雄蕊退化，仅长 0.6～1.0 mm；子房半下位，长 3.0～3.5 mm，花柱长约 1 mm；花盘环状。花果期 6～9 月。

产西藏：班戈（县城后山，青藏队 10595）。生于海拔 4 700 m 左右的高原山地石砾地、高山流石坡。

青海：格尔木（唐古拉山乡各拉丹冬，黄荣福 C. G. 89－280）、玛多（黄河乡，吴玉虎 1092、1101）、玛沁（大武镇，H. B. G. 690；那穆特赛吉，玛沁队 1100）、达日（满掌乡，吴玉虎 26801；吉迈乡，H. B. G. 1303）、甘德（上贡麻乡，H. B. G. 889）、久治（年保山北坡，果洛队 384；索乎日麻乡，果洛队 171、藏药队 466A）、治多（采集地不详，苟新京 60）、曲麻莱（秋智乡，刘尚武等 775）、称多（毛洼营，刘尚武 2369）。生于海拔 3 650～5 400 m 的沟谷山地云杉林下、山坡灌丛下、高山草甸和高山碎石隙。

分布于我国的青海、西藏东部和南部、四川西部、云南西北部；尼泊尔也有。

13. 芽虎耳草

Saxifraga gemmigera Engl. in Diels，Bot. Jahrb. Syst. 29：366. 1900；Engl. et Irmsch in Engl. Pflanzenr. 67（Ⅳ. 117）：150. 1916；中国高等植物图鉴 2：133. 1972；中国植物志 34（2）：171. 图版 44：16～23. 1992；Fl. China 8：366. 2001.

13a. 芽虎耳草（原变种）

var. **gemmigera**

本区不产。

13b. 小芽虎耳草（变种）　图版 11：8～10

var. **gemmuligera**（Engl.）J. T. Pan et Gornall in Gornall et al. Novon 10：376. 2000；Fl. China 8：329. 2001. ——*Saxifraga gemmuligera* Engl. in Bot. Jahrb. 48：601. 1912 et in Engl. Pflanzenr. 67（Ⅳ. 117）：151. 1916；中国植物志 34（2）：158. 图版 40：8～10. 1992；青海植物志 2：29. 1999；青藏高原维管植物及其生态地理分布 382. 2008.

丛生草本，高 4.5～17.0 cm。茎单一或分枝，被腺毛，叶腋和苞腋具珠芽。基生叶密集成莲座状，叶片近匙形，长 3～5 mm，宽 1～2 mm，先端急尖，全缘，基部渐

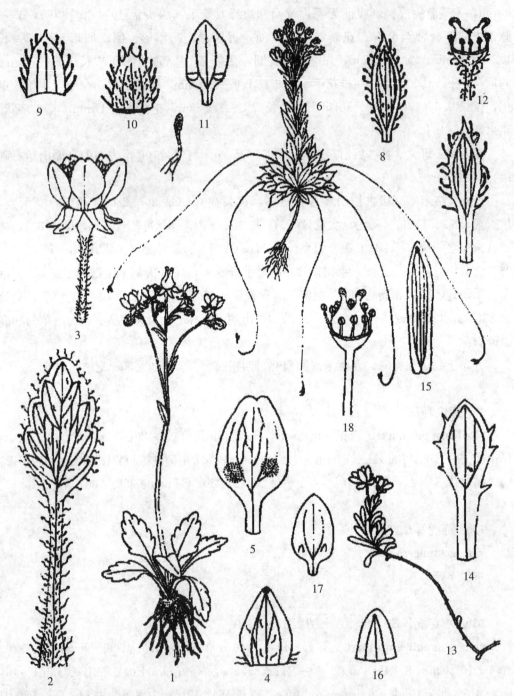

图版 **10** 黑蕊虎耳草 Saxifraga melanocentra Franch. 1. 植株；2. 基生叶；3. 花；4. 萼片；5. 花瓣。棒腺虎耳草 **S. consanguinea** W. W. Smith 6. 植株；7. 莲座叶；8. 茎生叶；9. 萼片腹面；10. 萼片背面；11. 花瓣；12. 雄蕊和雌蕊。冰雪虎耳草 **S. glacialis** H. Smith 13. 植株部分；14. 莲座叶；15. 茎生叶；16. 萼片；17. 花瓣；18. 雄蕊和雌蕊。（潘锦堂绘）

狭，两面无毛，边缘具刚毛状睫毛；茎生叶卵圆形，长 3.0～4.8 mm，宽 1.0～1.7 mm，边缘具纤毛状睫毛。花单生于茎顶；花梗被腺毛，长 1.0～1.8 cm；萼片在花期反曲，卵形，长 1.5～2.0 mm，宽 1～2 mm，先端钝，腹面和边缘无毛，背面基部具腺毛，5 脉于先端不会合；花瓣黄色，椭圆形至近卵圆形，长 4.4～4.6 mm，宽 2.9～3.0 mm，3～4 脉，一般具 2 痂体，基部狭缩成长约 0.5 mm 的爪；雄蕊长 2.5～3.5 mm，花丝钻形；子房半上位，卵球形，长约 2 mm，花柱 2 枚。 花期 6～9 月。

产青海：玛多（黄河乡，吴玉虎 1105、1109；采集地不详，吴玉虎 80150）、玛沁（尼卓玛山，H. B. G. 730）、达日（吉迈乡，H. B. G. 1254、1292）、甘德（上贡麻乡，H. B. G. 963）、久治（索乎日麻乡，藏药队 446；智青松多北面山上，果洛队 058）。生于海拔 3 500～4 250 m 的高山草甸和水边石隙。

分布于我国的青海。

14. 班玛虎耳草

Saxifraga banmaensis J. T. Pan in Acta Phytotax. Sin. 44 (4)：443～446. 2006；青藏高原维管植物及其生态地理分布 379. 2008.

二年生草本，高 10～19 cm。茎不分枝，被褐色腺毛。基生叶密集成莲座状，匙形，长 8.5～12.0 mm，宽 2.1～2.5 mm，无毛；茎生叶匙形至近倒披针形，长 7.5～8.0 mm，宽 2.0～2.1 mm，顶端钝，两面和边缘均具褐色腺毛。聚伞花序伞状，长 4.3～8.0 cm，具 22～39 花；花梗长 6～17 mm，纤弱，被褐色腺毛；萼片在花期直立，披针形，长 2.8～3.0 mm，宽约 1 mm，腹面无毛，背面和边缘多少具褐色腺毛，顶端具软骨质尖头，3 脉于先端不会合；花瓣黄色，线形，长 8.5～9.0 mm，宽 1.6～1.9 mm，先端钝圆，基部无爪，3～5 脉，具 2 痂体；雄蕊长约 2.4 mm，花丝钻形；子房近上位，阔卵球形，长约 1.3 mm，花柱 2 枚，长约 0.8 mm。 花期 6～9 月。

产青海：班玛（马柯河林场，陈世龙 03031、王为义等 27680）。生于海拔 3 500～4 250 m 的高山草甸和水边石隙。

青海特有种。

15. 爪瓣虎耳草　图版 11：11～17

Saxifraga unguiculata Engl. in Bull. Acad. Sci. St.-Pétersb. 29：115. 1883；西藏植物志 2：500. 1985，p. p.；中国植物志 34 (2)：176～178. 图版 46：5～11. 1992；青海植物志 2：32. 1999；Fl. China 8：332～333. 2001；青藏高原维管植物及其生态地理分布 394. 2008.

多年生草本，高 2.5～13.5 cm，丛生。小主轴分枝，具莲座叶丛；花茎具叶，中下部无毛，上部被褐色柔毛。莲座叶匙形至近狭倒卵形，长 0.46～1.9 cm，宽 1.5～6.8 mm，先端具短尖头，通常两面无毛，边缘多少具刚毛状睫毛；茎生叶较疏，稍肉

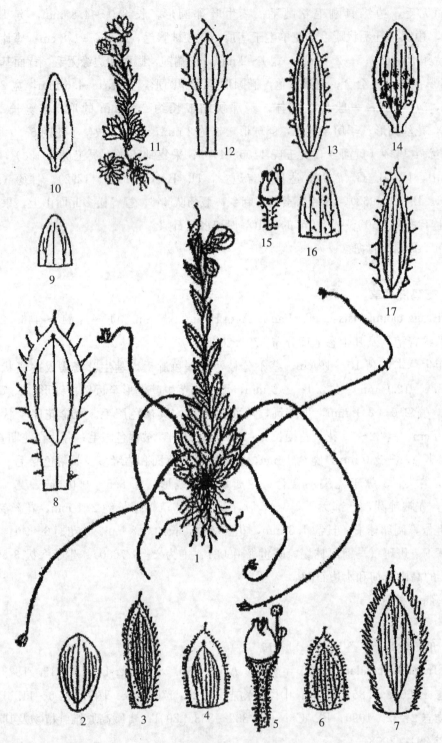

图版 **11** 大花虎耳草 Saxifraga stenophylla Royle 1. 全株；2. 花瓣；3. 茎生叶；4. 萼片腹面；5. 花梗、雄蕊和雌蕊；6. 萼片背面；7. 基生叶。小芽虎耳草 **S. gemmigera** Engl. var. **gemmuligera**（Engl.）J. T. Pan et Gornall 8. 茎生叶；9. 萼片；10. 花瓣。爪瓣虎耳草 **S. unguiculata** Engl. 11. 全株；12. 莲座叶；13. 茎上部叶；14. 花瓣；15. 花梗、雄蕊和雌蕊；16. 萼片背面；17. 茎中部叶。（潘锦堂、刘进军绘）

质，长圆形、披针形至剑形，长 4.4～8.8 mm，宽 1.0～2.3 mm，先端具短尖头，通常两面无毛，边缘具腺睫毛（有时腺头掉落），稀无毛或背面疏被腺毛。花单生于茎顶，或聚伞花序，具 2～8 花，长 2～6 cm，细弱；花梗长 0.3～2.5 cm，被褐色腺毛；萼片起初直立，后变开展至反曲，肉质，通常卵形，长 1.5～3.0 mm，宽 1.0～2.1 mm，先端钝或急尖，腹面和边缘无毛，背面被褐色腺毛，3～5 脉于先端不会合、半会合至会合；花瓣黄色，中下部具橙色斑点，狭卵形、近椭圆形、长圆形至披针形，长 4.6～7.5 mm，宽 1.8～2.9 mm，先端急尖或稍钝，基部具长 0.1 mm 的爪，3～7 脉，具不明显的 2 痂体或无痂体；雄蕊长 2.8～4.3 mm；子房近上位，阔卵球形，长 2.3～3.8 mm，花柱长 0.5～1.4 mm。　花期 7～8 月。

产青海：玛多（扎陵湖畔，吴玉虎 116）、久治（哇尔依乡，吴玉虎 26427、26635、26642、26792）。生于海拔 3 630～4 350 m 的沟谷山坡高山草甸、山地石隙。

四川：石渠（长沙贡玛乡，吴玉虎 29733）。生于海拔 4 000 m 左右的沟谷山坡高寒灌丛、山地石隙。

分布于我国的青海、甘肃南部、西藏、四川西部、云南西北部。

16. 红虎耳草　图版 12：1～6

Saxifraga sanguinea Franch. in Journ. de Bot. 8：295. 1894；西藏植物志 2：496. 图 163：8～14. 1985；中国植物志 34（2）：188. 图版 49：8～14. 1992；青海植物志 2：29～31. 图版 6：1～6. 1999；Fl. China 8：336. 2001；青藏高原维管植物及其生态地理分布 391. 2008.

草本，高 5～15 cm。茎紫红色，密被紫色腺毛。基生叶密集成莲座状，肉质，匙形至近匙形，长 0.55～1.3 cm，宽 1.5～3.0 mm，先端钝而下弯，两面无毛，边缘具软骨质刚毛状睫毛；茎生叶较疏，革质，倒披针形至线状倒披针形，长 0.35～1.1 cm，宽 2.0～2.5 mm，先端钝，两面和边缘具紫褐色腺毛。聚伞花序长 2.7～6.5 cm，具 3～23 花；花序分枝长 2.5～6.0 cm，细弱，具 1～3 花；花梗长 0.6～1.7 cm，密被紫褐色腺毛；萼片在花期由开展变反曲，卵形至披针形，长 2.5～5.7 mm，宽 1.5～2.1 mm，先端急尖或稍钝，腹面最上部、背面和边缘均具紫褐色腺毛，5～7 脉于先端会合成 1 疣点；花瓣腹面黄白色，中下部具紫红色斑点，背面红色或全部红色，披针形，长 5.0～7.3 mm，宽 2.0～2.3 mm，先端急尖，基部圆形，具长 1.3～1.8 mm 的爪，3 脉，具 2 痂体；雄蕊长约 4.5 mm，花丝钻形；子房近上位，阔卵球形至近椭球形，长约 2 mm，花柱长约 1 mm。　花期 7～8 月。

产青海：久治（白玉乡，藏药队 616）。生于海拔 3 670～3 800 m 的山地阴坡灌丛、高山草甸、沟谷山地阳坡草丛。

分布于我国的青海、西藏、四川西部、云南。

17. 西南虎耳草　图版 12：7～13

Saxifraga signata Engl. et Irmsch. in Not. Bot. Gard. Edinb. 5 (24)：143. 1912 et in Bot. Jahrb. 48：597. f. 12：A～G. 1912 et in Engl. Pflanzenr. 67 (Ⅳ. 117)：145. f. 34：A～G. 1916；西藏植物志 2：496. 图 163：1～7. 1985；中国植物志 34 (2)：188～190. 图版 49：15～21. 1992；青海植物志 2：32～33. 1999；青藏高原维管植物及其生态地理分布 391. 2008.

草本，高 7.5～20.0 cm。茎被黑褐色腺毛。基生叶密集成莲座状，肉质，匙形，长 1.55～1.6 cm，宽 2.1～3.0 mm，两面无毛，边缘具刚毛状睫毛；茎生叶较疏，长圆形，长约 1 cm，宽约 3 mm，先端急尖，两面和边缘具黑褐色腺毛。多歧聚伞花序伞房状，长 3.5～8.0 cm，具 4～24 花；花序分枝长 3～8 cm，具 2～3 花；花梗长 1.5～1.8 cm，被黑褐色腺毛；萼片在花期开展至反曲，三角状卵形至三角状狭卵形，长 4～9 mm，宽 2.0～3.5 mm，先端稍钝，腹面最上部、背面和边缘均具黑褐色腺毛，5～7 脉于先端会合；花瓣黄色，内面中下部具紫红色斑点，卵形至近卵形，长 5.8～8.7 mm，宽 2.5～4.0 mm，先端急尖，基部通常平截状圆形，具长 1.0～1.6 mm 的爪，3～7 脉，具 2 痂体；雄蕊长 4～5 mm，花丝钻形；子房近上位，阔卵球形，长约 2.1 mm，花柱长约 1.4 mm。　花果期 7～9 月。

产青海：称多（歇武寺，刘尚武 2465）、久治（县城附近，果洛队 667）。生于海拔 3 800 m 左右的阳坡岩石缝隙等处。

分布于我国的青海、西藏东部、四川西部、云南西北部。

18. 冰雪虎耳草　图版 10：13～18

Saxifraga glacialis H. Smith in Acta Hort. Gothob. 1：14. f. 4a～f. t. 9A～B. 1924；—— *S. glacialis* H. Smith var. *rubra* Anth. in Not. Bot. Gard. Edinb. 18 (86)：31. 1933；中国植物志 34 (2)：172. 图版 45：1～6. 1992；青海植物志 2：29. 图版 5：13～18. 1999；Fl. China 8：331. 2001；青藏高原维管植物及其生态地理分布 383. 2008.

多年生草本，高 2.3～7.0 cm，丛生。茎无毛，具莲座叶丛。莲座叶肉质肥厚，匙形至匙状倒披针形，长 4.5～9.0 mm，宽 1.2～2.3 mm，先端稍钝，两面无毛，边缘疏生刚毛状睫毛；莲座叶丛以上之茎生叶较疏，剑形，长 6.6 mm，宽约 1 mm，无毛，肉质。聚伞花序，具 2～6 花；花梗长 4～7 mm，纤细，无毛；萼片在花期开展，肉质肥厚，卵形，长 1.5～2.9 mm，宽 1～2 mm，无毛，3 脉于先端不会合至会合；花瓣黄色，或腹面黄色，背面紫红色，椭圆形、卵形至狭卵形，长 3.0～3.9 mm，宽 1.5～2.0 mm，先端钝或急尖，基部狭缩成长 0.5～1.0 mm 的爪，3 脉，侧脉旁具 2 痂体；雄蕊长 3.0～3.5 mm，花丝钻形；子房黑紫色，近上位，阔卵球形，长约 2.5 mm，花柱长约 2 mm。 花果期 7～9 月。

产青海：玛多（黄河乡，吴玉虎 1100）、久治（年保山，果洛队 419、539、569；龙卡湖，藏药队 698）。生于海拔 4 100～5 000 m 的高山草甸和高山碎石隙。

分布于我国的青海、四川和云南。

19. 金星虎耳草 图版 12：14～19

Saxifraga stella-aurea Hook. f. et Thoms. in Journ. Linn. Soc. Bot. 2：72. 1857；西藏植物志 2：501. 图 165：22～27. 1985；中国植物志 34 (2)：178～179. 图版 46：25～30. 1992；青海植物志 2：31. 1999；Fl. China 8：326. 2001；青藏高原维管植物及其生态地理分布 392. 2008.

多年生草本，高 1.5～8.0 cm，丛生。小主轴分枝，有时叠结成坐垫状，具莲座叶丛；茎花葶状，被黑褐色腺毛。莲座叶肉质，近匙形、近椭圆形、近长圆形至近剑形，长 2.5～5.0 mm，宽 1～2 mm，先端通常钝，稀急尖，两面通常无毛，或有时两面近先端处具褐色腺毛，边缘具褐色腺毛（有时腺头掉落）。花单生于茎顶；花梗纤细，长 0.6～4.0 cm，被黑褐色腺毛，无苞片；萼片在花期反曲，近卵形、椭圆形至阔椭圆形，长 2.1～3.3 mm，宽 1.2～2.5 mm，先端钝或急尖，通常腹面无毛，背面和边缘多少具黑褐色腺毛，3～6 脉于先端不会合至会合；花瓣黄色，中部以下具橙色斑点，椭圆形、卵形至狭卵形，长 4～7 mm，宽 2.1～3.4 mm，先端钝，基部具长 0.4～1.0 mm 的爪，3～6 脉，具不明显的 2 痂体；雄蕊长 4.1～4.3 mm，花丝钻形；子房近上位，阔卵球形至椭圆球形，长 1.7～2.0 mm，花柱长 1.2～1.3 mm。 花果期 7～10 月。

产西藏：班戈（碧云山鲸鱼湖，青藏队吴玉虎 2215、4072）。生于海拔 5 000 m 左右的平缓山坡、砾石草地。

青海：治多（可可西里：新青峰，黄荣福等 K - 287；马兰山，黄荣福等 K - 285；乌兰乌拉山，武素功等 K - 741；库赛湖南部山地，黄荣福等 K - 448；乌兰山东坡，黄荣福等 K - 370；可可西里湖南部高山，黄荣福等 K - 322）。生于海拔 4 000～5 800 m 的高山灌丛草甸、高山草甸和高山碎石隙。

分布于我国的青海、西藏、四川西部、云南；印度，不丹，尼泊尔也有。

20. 光缘虎耳草

Saxifraga nanella Engl. et Irmsch. in Bot. Jahrb. 50 (Beibl. 144)：44. 1914 et in Engl. Pflanzenr. 67 (Ⅳ. 117)：155. f. 39. 1916；西藏植物志 2：503. 图 165：28～33. 1985；中国植物志 34 (2)：175～176. 图版 45：33～39. 1992；青海植物志 2：图版 6：7～11. 1999；Fl. China 8：330～331. 2001；青藏高原维管植物及其生态地理分布 387. 2008.

多年生草本，高 1.2～4.0 cm，丛生。小主轴分枝；花茎被褐色腺毛。叶密集成莲

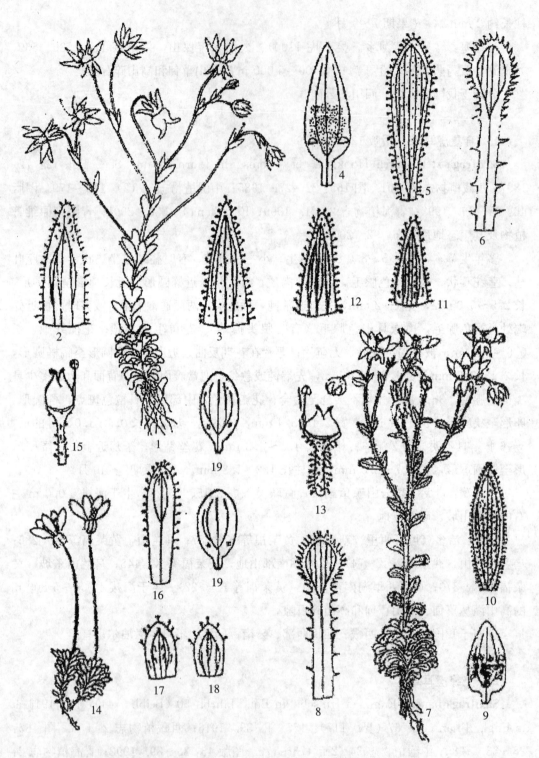

图版 **12**　红虎耳草 **Saxifraga sanguinea** Franch. 1. 植株；2. 萼片腹面；3. 萼片背面；4. 花瓣；5. 茎生叶；6. 莲座叶。西南虎耳草 **S. signata** Engl. et Irmsch. 7. 全株；8. 基生叶；9. 花瓣；10. 茎生叶；11. 萼片背面；12. 萼片腹面；13. 花梗、雄蕊和雌蕊。金星虎耳草 **S. stella-aurea** Hook. f. et Thoms. 14. 全株；15. 花梗、雄蕊和雌蕊；16. 莲座叶；17. 萼片背面；18. 萼片腹面；19. 花瓣。（潘锦堂、刘进军绘）

座状，稍肉质，近匙形至近长圆形，长 3～8 mm，宽 1.5～3.0 mm，先端钝圆且无毛，两面无毛，边缘具腺睫毛（有时腺头掉落）。花单生于茎顶，或聚伞花序，具 2～5 花；萼片在花期开展至反曲，肉质，阔卵形至卵形，长 1.5～2.5 mm，宽 1.2～2.0 mm，先端钝，腹面和边缘无毛，背面被腺毛，3～5 脉于先端半会合至会合；花瓣黄色，中下部具橙色斑点，椭圆形至卵形，长 4.1～5.0 mm，宽 2.0～2.2 mm，先端钝或急尖，基部具长 0.5～0.6 mm 的爪，5 脉，基部侧脉旁具 2 痂体或无痂体；雄蕊长约 3.5 mm，花丝钻形；子房近上位，阔卵球形，长约 3 mm，花柱长约 1 mm。 花期 7～8 月。

产新疆：若羌（阿其克库勒湖畔，青藏队吴玉虎 2245、2716、4051；喀什克勒河，青藏队吴玉虎 4143；祁漫塔格山，青藏队吴玉虎 2186、2667、3968；鲸鱼湖畔，青藏队吴玉虎 4072；鲸鱼湖东北侧山地，郑度等 12422；碧云山西北雪山北侧，青藏队吴玉虎 2215、2698，郑度 12620；木孜塔格峰东雪照壁东北 5 km，青藏队吴玉虎 2251、郭柯 12487）。生于海拔 4 700～5 100 m 的坡麓、融冻荒漠、河滩地、冰川附近碎石滩。

青海：格尔木（昆仑山北侧，黄荣福 C. G. 81 - 312；长江源头各拉丹冬，黄荣福 C. G. 89 - 289；采集地不详，武素功等 2804）、治多（可可西里：马兰山，黄荣福 K - 352；太阳湖，黄荣福 K - 905；勒斜武担湖，黄荣福 K - 898）、曲麻莱（玛多乡，刘尚武等 654；巴银热若山，黄荣福 0043a）、称多（清水河镇，苟新京 83 - 226；巴颜喀拉山南边，郭本兆 121；龙甲山垭口，陈世龙等 825）、玛多（花石峡镇，吴玉虎 28940；黄河乡，吴玉虎 1100；巴颜喀拉山北坡，吴玉虎 29117、29138，刘海源 788）、玛沁（雪山乡，H. B. G. 456、463、744）、久治（希门错湖畔东，果洛队 426）。生于海拔 3 000～5 800 m 的高山草甸、高山灌丛草甸、高山碎石隙、河谷高寒沼泽草甸。

分布于我国的青海、新疆、西藏、云南；尼泊尔也有。

21. 狭瓣虎耳草

Saxifraga pseudohirculus Engl. in Bot. Jahrb. 48：590. 1912；西藏植物志 2：490. 图 161：9～11. 1985；中国植物志 34（2）：204～205. 图版 54：22～30. 1992；青海植物志 2：33. 1999；Fl. China 8：307～308. 2001；青藏高原维管植物及其生态地理分布 389. 2008.

多年生草本，高 4.0～16.7 cm，丛生。茎下部具褐色卷曲长腺毛，并杂有短腺毛，中上部被黑褐色短腺毛。基生叶具柄，叶片披针形、倒披针形至狭长圆形，长 2～11 mm，宽 0.6～2.5 mm，先端稍钝，两面和边缘均具腺毛，叶柄长 5.5～23.0 mm，基部扩大，边缘具褐色卷曲长腺毛；茎生叶，其下部者具柄，中上部者渐变无柄，叶片近长圆形至倒披针形，长 8～35 mm，宽 1.9～3.5 mm，先端稍钝，两面和边缘均具短腺毛，叶柄长 2～12 mm，边缘具褐色卷曲长腺毛。聚伞花序，具 2～12 花，或单花生于茎顶；花梗长 5～38 mm，被黑褐色短腺毛；萼片在花期直立至开展，阔卵形、近卵形至狭卵形，长 2～4 mm，宽 1.0～2.9 mm，先端钝或急尖，腹面疏生腺毛或无毛，背面和边缘密生黑褐色腺毛，3～5（～7）脉于先端不会合；花瓣黄色，披针形、狭长圆形至剑形，长 4～11 mm，宽 1.3～3.0 mm，先端钝圆至急尖，基部具长 0.4～1.2 mm 的爪，3～5（～7）脉，具 2 痂体；雄蕊长 1.5～5.0 mm，花丝钻形；子房半下位，阔卵球形，长 2.6～4.6 mm，花柱长 1.1～2.8 mm。 花果期 7～9 月。

产青海：兴海（河卡山，王作宾 20169，何廷农 216、295，郭本兆 6317）、玛沁（大武镇，H. B. G. 518、654、854；军功乡，H. B. G. 288）、达日（德昂乡，H. B. G. 1243）、久治（希门错湖，果洛队 470；龙卡湖，果洛队 541；索乎日麻乡，果洛队 353）、班玛（马柯河林场，王为义等 27532、27558）。生于海拔 3 100～5 600 m 的沟谷山地林下、河谷山坡灌丛、高山草甸和高山碎石隙。

分布于我国的青海东部和南部、甘肃南部、陕西、西藏东部和南部及四川西部。

22. 优越虎耳草 图版 13：1～6

Saxifraga egregia Engl. in Bull. Acid. Sci. St. - Pétersb. 29：113. 1883；西藏植物志 2：476. 1985；中国植物志 34（2）：117～119. 图版 28：13～18. 1992；青海植物志 2：34. 1999；Fl. China 8：298. 2001；青藏高原维管植物及其生态地理分布 381. 2008.

多年生草本，高 9～32 cm。茎中下部疏生褐色卷曲柔毛（有时带腺头），稀无毛，上部被短腺毛（腺头黑褐色）。基生叶具长柄，叶片心形、心状卵形至狭卵形。长 1.55～3.25 cm，宽 1.2～2.0 cm，腹面近无毛，背面和边缘具褐色长柔毛（有的具腺头），叶柄长 1.9～5.0 cm，边缘具卷曲长腺毛；茎生叶（3～）7～13 枚，中下部者其叶片心状卵形至心形，长 1.1～2.6 cm，宽 0.7～2.0 cm，先端稍钝或急尖，基部心形，腹面无毛或近无毛，背面和边缘具褐色长柔毛，叶柄长 0.1～1.9 cm，具褐色卷曲长柔毛（有的具腺头），最上部者其叶片披针形至长圆形，长 0.8～1.6 cm，宽 3～7 mm，先端急尖或稍钝，基部通常楔形至近圆形，两面被褐色腺毛或无毛，边缘具褐色卷曲长腺毛并杂有短腺毛，具长 2～3 mm 的柄。多歧聚伞花序伞房状，长 1.9～8.0 cm，具 3～9 花；花序分枝长 1.0～5.3 cm，具 1～3 花；花梗长 0.4～6.0 cm，被短腺毛（腺头黑褐色）；萼片在花期反曲，卵形至阔卵形，长 2.0～3.8 mm，宽 1.2～2.0 mm，先端钝，腹面无毛，背面和边缘具腺毛，3～6 脉于先端不会合；花瓣黄色，椭圆形至卵形，长 5.3～8.0 mm，宽 2.3～3.5 mm，先端钝或稍急尖，基部楔形至圆形，具长 0.4～1.1 mm 的爪，3～6（～7）脉，具（2～）4～6（～10）痂体；雄蕊长 4～6 mm，花丝钻形；子房近上位，卵球形，长 2.5～3.8 mm，花柱 2 枚，长 1.0～1.5 mm。 花期 7～9 月。

产青海：玛沁（军功乡，H. B. G. 251）、久治（龙卡湖，藏药队 689、果洛队 581）、玛沁（江让水电站，陈世龙 3013）、班玛（马柯河林场，郭本兆 493，陈世龙 3022、3026，王为义等 26937、27237、27320、27525、27537）。生于海拔 2 800～

4 500 m 的沟谷山地林下、山地河谷灌丛、高山草甸和高山碎石隙。

分布于我国的青海东部和南部、甘肃南部、西藏东部、四川西部、云南西北部。

23. 唐古特虎耳草 图版 13：7～13

Saxifraga tangutica Engl. in Bull. Acad. Sci. St. - Pétersb. 29：114. 1883；西藏植物志 2：482. 1985；中国植物志 34（2）：201～202. 图版 54：1～6. 1992；青海植物志 2：34. 1999；Fl. China 8：316～317. 2001；青藏高原维管植物及其生态地理分布 393. 2008.

多年生草本，高 3.5～31.0 cm，丛生。茎被褐色卷曲长柔毛。基生叶具柄，叶片卵形、披针形至长圆形，长 6～33 mm，宽 3～8 mm，先端钝或急尖，两面无毛，边缘具褐色卷曲长柔毛，叶柄长 1.7～2.5 cm，边缘疏生褐色卷曲长柔毛；茎生叶，下部者具长 2.0～5.2 mm 的柄，上部者变无柄，叶片披针形、长圆形至狭长圆形，长 7～17 mm，宽 2.3～6.5 mm，腹面无毛，背面下部和边缘具褐色卷曲柔毛。多歧聚伞花序，长 1.0～7.5 cm，具（2～）8～24 花；花梗密被褐色卷曲长柔毛；萼片在花期由直立变开展至反曲，卵形、椭圆形至狭卵形，长 1.7～3.3 mm，宽 1.0～2.2 mm，先端钝，两面通常无毛，有时背面下部被褐色卷曲柔毛，边缘具褐色卷曲柔毛，3～5 脉于先端不会合；花瓣黄色，或腹面黄色而背面紫红色，卵形、椭圆形至狭卵形，长 2.5～4.5 mm，宽 1.1～2.5 mm，先端钝，基部具长 0.3～0.8 mm 的爪，3～5（～7）脉，具 2 痂体；雄蕊长 2.0～2.2 mm，花丝钻形；子房近下位，周围具环状花盘，花柱长约 1 mm。 花果期 6～10 月。

产青海：兴海（河卡乡，郭本兆 6156、6281，吴玉虎 28707）、玛多（扎陵湖乡，吴玉虎 493；黄河乡，采集人不详 80-053；花石峡镇，吴玉虎 28943；清水乡，刘海源 1172，吴玉虎等 8126、18125；野牛沟，刘海源 737；巴颜喀拉山北坡，吴玉虎 29043、29083、29124、29175；巴颜喀拉山南边，郭本兆 125）、玛沁（东倾沟乡，吴玉虎等 18337；东倾沟乡山垭口，陈世龙 3004；阿尼玛卿山，黄荣福 C. G. 81-069）、达日（满掌乡，吴玉虎 25951；德昂乡，吴玉虎 25910；吉迈乡，吴玉虎 27029）、甘德（东吉乡，吴玉虎 25757）、久治（希门错湖，果洛队 408；哇尔依乡，吴玉虎 26721）、称多（清水河乡扎麻，陈世龙等 560）。生于海拔 2 900～5 600 m 的沟谷山地林下、山地河谷高寒灌丛、高山草甸和高山碎石隙、山坡砾石地。

四川：石渠（红旗乡，吴玉虎 29421、29428；长沙贡玛乡，吴玉虎 29690）。生于海拔 4 200～4 620 m 的河谷山坡灌丛、高寒草甸、高山流石坡、河滩草甸石隙。

分布于我国的青海、甘肃南部、西藏、四川北部和西部；不丹至克什米尔地区均有。

24. 青藏虎耳草

Saxifraga przewalskii Engl. in Bull. Acad. Sci. St.-Pétersb. 29：115. 1883；西

藏植物志 2：483. 1985；中国植物志 34（2）：204. 1992；青海植物志 2：34～35. 1999；Fl. China 8：317. 2001；青藏高原维管植物及其生态地理分布 389. 2008.

多年生草本，高 4.0～11.5 cm，丛生。茎不分枝，具褐色卷曲柔毛。基生叶具柄，叶片卵形、椭圆形至长圆形，长 15～25 mm，宽 4～8 mm，腹面无毛，背面和边缘具褐色卷曲柔毛，叶柄长 1～3 cm，基部扩大，边缘具褐色卷曲柔毛；茎生叶卵形至椭圆形，长 1.5～2.0 cm，向上渐变小。聚伞花序伞房状，具 2～6 花；花梗长 5～19 mm，密被褐色卷曲柔毛；萼片在花期反曲，卵形至狭卵形，长 2.5～4.2 mm，宽 1.5～2.0 mm，先端钝，两面无毛，边缘具褐色卷曲柔毛，3～5 脉于先端不会合；花瓣腹面淡黄色且其中下部具红色斑点，背面紫红色，卵形、狭卵形至近长圆形，长 2.5～5.2 mm，宽 1.5～2.1 mm，先端钝，基部具长 0.5～1.0 mm 的爪，3～5（～7）脉，具 2 痂体；雄蕊长 2.0～3.6 mm，花丝钻形；子房半下位，周围具环状花盘，花柱长 1.0～1.5 mm。 花期 7～8 月。

产青海：兴海（河卡山，王作宾 20173、何廷农 212）、玛多（黄河乡，吴玉虎 1005）、玛沁（大武镇，玛沁队 276；军功乡，玛沁队 244；阿尼玛卿山，黄荣福 C. G. 81-102、C. G. 81-138、431）、曲麻莱（达钦垎山垭口，陈世龙 837）。生于海拔 3 700～4 250 m 的河谷山坡林下、沟谷高山草甸和高山碎石隙。

分布于我国的青海、甘肃、西藏。

25. 西藏虎耳草　图版 13：14～18

Saxifraga tibetica A. Los. in Bull. Jard. Bot. Princ. URSS 27：597. f. 1. 1928；西藏植物志 2：483. 1985；中国植物志 34（2）：202. 图版 54：10～14. 1992；青海植物志 2：35. 1999；Fl. China 8：317. 2001；青藏高原维管植物及其生态地理分布 393. 2008.

多年生草本，高（1～）2～16 cm，密丛生。茎密被褐色卷曲长柔毛。基生叶具柄，叶片椭圆形至长圆形，长 0.8～1.0 cm，宽 2.0～6.5 mm，先端钝，无毛，叶柄长 2～3 cm，基部扩大，边缘具褐色卷曲柔毛；茎生叶，下部者具柄，上部者变无柄，叶片狭卵形、披针形至长圆形，长 6～14 mm，宽 1.5～6.0 mm，无毛或边缘具褐色卷曲柔毛，叶柄长 1.0～1.3 cm。单花生于茎顶，花梗长约 5 mm，被褐色卷曲柔毛；苞片 1 枚，狭卵形、狭披针形至长圆形，长 3.5～9.0 mm，宽 1.0～3.5 mm，两面无毛，边缘具卷曲柔毛；萼片在花期反曲，近卵形至近狭卵形，长 3.2～4.1 mm，宽 1.5～2.5 mm，先端钝，两面无毛，边缘具褐色卷曲柔毛，3～5 脉于先端不会合；花瓣腹面上部黄色而下部紫红色，背面紫红色，卵形至狭卵形，长 4～5 mm，宽 1.9～2.1 mm，先端钝，基部具长 0.5～1.4 mm 的爪，3～5 脉，具 2 痂体；雄蕊长 2.0～3.5 mm，花丝钻形；子房卵球形，长约 2 mm，周围具环状花盘，花柱长约 1.5 mm。蒴果长约 4 mm。 花果期 7～9 月。

产新疆：若羌（祁漫塔格山，青藏队吴玉虎 3969；喀什克勒河，青藏队吴玉虎 4141；木孜塔格峰东雪照壁南 4 km，郭柯 12478）。生于海拔 4 700～5 010 m 的山谷侧坡、沟谷山地高寒草甸砾地、高山流石坡。

西藏：班戈（碧云山，青藏队吴玉虎 2693；鲸鱼湖畔，青藏队吴玉虎 2227、2402、2693、3084、4071）。生于海拔 5 000 m 左右的山坡草地、沟谷山地高寒草甸裸地、高山流石坡。

青海：都兰（巴隆乡昆仑山北坡，吴玉虎 36313、36328B）、治多（可可西里：库赛湖南部山地，黄荣福 K-474；五雪峰北面，黄荣福 K-395；五雪峰，武素功等 K-958；乌兰乌拉，黄荣福等 K-148、K-169、K-729、K-740、K-751；西金乌兰，黄荣福 K-801；勒斜武担湖西北部，黄荣福等 K-264；乌兰山，黄荣福 K-283；岗齐曲，黄荣福 K-669）、称多（巴颜喀拉山，陈世龙等 540、黄荣福 3674）、玛沁（东倾沟乡山垭口，陈世龙 3003；雪山乡，刘尚武 022）。生于海拔 4 300～5 600 m 的高山草甸、高寒沼泽草甸、沟谷山地石隙、高山流石坡。

分布于我国的新疆、西藏和青海西南部。

26. 小虎耳草　图版 13：19～23

Saxifraga parva Hemsl. in Journ. Linn. Soc. Bot. 30：112. 1895；西藏植物志 2：482. 1985；中国植物志 34（2）：99～100. 图版 21：27～33. 1992；青海植物志 2：35～37. 图版 6：17～21. 1999；Fl. China 8：319. 2001；青藏高原维管植物及其生态地理分布 389. 2008.

多年生草本，丛生，高 0.7～4.5 cm。茎被褐色卷曲腺柔毛，不分枝。基生叶具柄，叶片卵状椭圆形、狭卵形至长圆形，长 4.0～4.5 mm，宽 1.5～2.0 mm，先端钝，无毛，或仅边缘疏具褐色卷曲腺柔毛，叶柄长 4～9 mm，基部扩大，边缘疏生卷曲腺柔毛；茎生叶 3～10 枚，下部者具柄，叶片卵形至长圆形，长 3.5～7.0 mm，宽 1.5～2.0 mm，无毛或仅边缘疏生褐色卷曲柔毛，柄长 2.0～4.5 mm，仅基部边缘具卷曲长腺毛，上部者无柄，长圆形、披针形至线状倒披针形，长 5.2～7.8 mm，宽 1.2～2.3 mm，仅边缘具卷曲腺柔毛。花单生于茎顶；花梗被褐色卷曲腺柔毛；萼片在花期通常直立，阔椭圆形、椭圆形至近卵形，长 2.0～3.6 mm，宽 1.0～2.3 mm，先端钝，两面无毛，边缘具腺睫毛，3 脉于先端不会合；花瓣黄色，椭圆形、倒阔卵形至倒卵形，长 2.3～6.4 mm，宽 1.3～4.7 mm，先端钝圆，基部具长 0.2～1.0 mm 的爪，3～5 脉，基部侧脉旁具 2 痂体；雄蕊长 3～5 mm；子房近上位，卵球形，长 2.0～2.7 mm，花柱 2 枚，长 0.5～2.0 mm。　花期 7～8 月。

产青海：玛多（扎陵湖，吴玉虎 493；黄河乡，吴玉虎 864、1035、1099）、玛沁（大武镇，H. B. G. 800）、称多（清水河镇，苟新京 83-32；珍秦乡，吴玉虎 29212）。生于海拔 4 200～4 900 m 的高山灌丛草甸、高山沼泽化草甸和石隙。

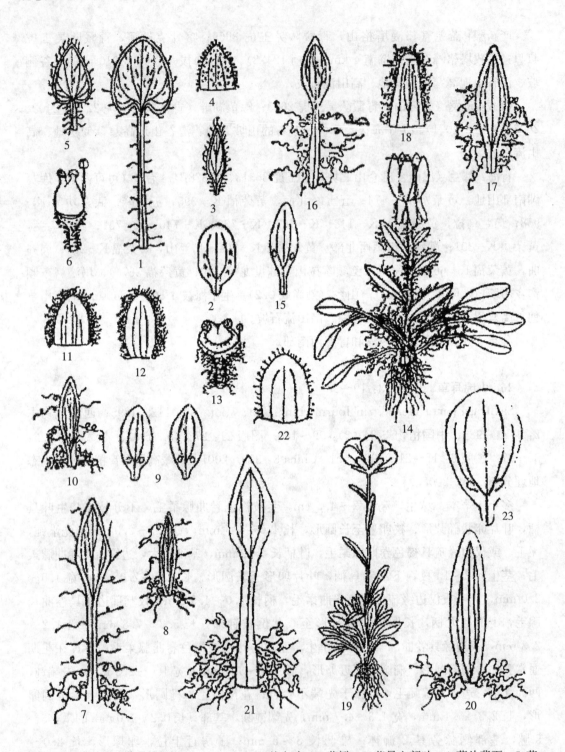

图版 13　优越虎耳草 **Saxifraga egregia** Engl. 1. 基生叶；2. 花瓣；3. 茎最上部叶；4. 萼片背面；5. 茎中部叶；6. 花梗、雄蕊和雌蕊。唐古特虎耳草 **S. tangutica** Engl. 7. 基生叶；8. 茎上部叶；9. 花瓣；10. 茎下部叶；11~12. 萼片；13. 花梗、雄蕊、雌蕊和花盘。西藏虎耳草 **S. tibetica** A. Los. 14. 全株；15. 花瓣；16. 基生叶；17. 茎下部叶；18. 萼片。小虎耳草 **S. parva** Hemsl. 19. 植株；20. 茎生叶；21. 基生叶；22. 萼片；23.花瓣。（潘锦堂、刘进军绘）

分布于我国的青海、西藏；尼泊尔，不丹也有。

27. 山羊臭虎耳草

Saxifraga hirculus Linn. Sp. Pl. 402. 1753；中国植物志 34（2）：95～96. 图版 20：25～31. 1992；新疆植物志 2（2）：255～256. 图版 71：7. 1995；Fl. China 8：315～316. 2001；青藏高原维管植物及其生态地理分布 384. 2008.

多年生草本，高 6.5～21.0 cm。茎疏被褐色卷曲柔毛，而叶腋部之毛较密。基生叶具长柄，叶片椭圆形、披针形、长圆形至线状长圆形，长 1.1～2.2 cm，宽 3～10 mm，两面无毛，边缘疏生褐色柔毛或无毛，叶柄长 1.2～2.2 cm，基部稍扩大，边缘具褐色卷曲柔毛；茎生叶向上渐变小，下部者具短柄，上部者渐变无柄，披针形至长圆形，长 0.4～2.2 cm，宽 1～6 mm，两面无毛，边缘具褐色卷曲长柔毛。单花生于茎顶，或聚伞花序，长 2.0～3.7 cm，具 2～4 花；花梗长 0.9～1.3 cm，被褐色卷曲柔毛；萼片在花期由直立变开展至反曲，椭圆形、卵形至狭卵形，长 3.0～6.1 mm，宽 1.5～3.5 mm，先端急尖或钝，腹面无毛，背面和边缘具褐色卷曲柔毛，3～11（～13）脉于先端不会合；花瓣黄色，椭圆形、倒卵形至狭卵形，长 0.79～1.03 cm，宽 2.9～6.8 mm，先端急尖或稍钝，基部具长 0.3～0.5 mm 的爪，7～11（～17）脉，具 2 痂体；雄蕊长 4.0～5.5 mm，花丝钻形；子房近上位，卵球形，长 2～5 mm，花柱 2 枚，长 1.0～1.8 mm。 花果期 6～9 月。

产新疆：塔什库尔干（红其拉甫，吴玉虎 4885、4890、4891，高生所西藏队 3194；克克吐鲁克，高生所西藏队 3283；明铁盖，青藏队吴玉虎 5051）、叶城（阿格勒达坂，黄荣福 C. G. 86 - 155）、策勒（奴尔乡，青藏队吴玉虎 2466）、若羌（喀什克勒河，青藏队吴玉虎 4142）、和田（喀什塔什，青藏队吴玉虎 2546）。生于海拔 2 100～4 600 m 的沟谷山地林下、高山草甸、高山沼泽草甸及高山碎石隙。

分布于我国的新疆、西藏、四川、云南、山西；俄罗斯，欧洲北部、东部和中部均有。

28. 山地虎耳草

Saxifraga sinomontana J. T. Pan et Gorna in Novon 10：377. 2000；Fl. China 8：315. 2001. —— *Saxifraga montana* H. Smith in Acta Hort. Gothob. 1：9. f. 2e～f. t. 6A. 1924；西藏植物志 2：480. 1985；中国植物志 34（2）：94～95. 图版 20：20～24. 1992；青海植物志 2：38. 1999；新疆植物志 2（2）：255. 1995；青藏高原维管植物及其生态地理分布 386. 2008.

多年生草本，丛生，高 4.5～35.0 cm。茎疏被褐色卷曲柔毛。基生叶发达，具柄，叶片椭圆形、长圆形至线状长圆形，长 0.5～3.4 cm，宽 1.5～5.5 mm，先端钝或急尖，无毛，叶柄长 0.7～4.5 cm 基部扩大，边缘具褐色卷曲长柔毛；茎生叶披针形至线形，长 0.9～2.5 cm，宽 1.5～5.5 mm，两面无毛或背面和边缘疏生褐色长柔毛，下部者具长 0.3～2.0 cm 之叶柄，上部者变无柄。聚伞花序，长 1.4～4.0 cm，具 2～8 花，稀单花；花梗长 0.4～1.8 cm，被褐色卷曲柔毛；萼片在花期直立，近卵形至近椭圆形，长 3.8～5.0 mm，宽 2.0～3.3 mm，先端钝圆，腹面无毛，背面有时疏生柔毛，边缘具卷曲长柔毛，5～8 脉于先端不会合；花瓣黄色，倒卵形、椭圆形、长圆形、提琴形至狭倒卵形，长 8.0～12.5 mm，宽 3.3～6.9 mm，先端钝圆或急尖，基部具 0.2～0.9 mm 的爪，5～15 脉，基部侧脉旁具 2 痂体；雄蕊长 4～6 mm，花丝钻形；子房近上位，长 3.3～5.0 mm，花柱 2 枚，长 1.1～2.5 mm。　花果期 5～10 月。

产新疆：阿克陶（恰克拉克铜矿，青藏队吴玉虎 87617）、塔什库尔干（红其拉甫达坂，青藏队吴玉虎等 87467、87500；克克吐鲁克，青藏队吴玉虎 87506；麻扎种羊场，青藏队吴玉虎 87356、87435）、叶城（阿克拉达坂，青藏队吴玉虎 1478；柯克亚乡，青藏队吴玉虎 87896）。生于海拔 3 900～4 700 m 的水边草甸、山坡高寒草甸。

西藏：日土（过巴乡，吴玉虎 384）。生于海拔 4 350 m 左右的河谷滩地高寒沼泽草甸、沟谷山坡高寒草原砾地。

青海：兴海（河卡山，张盍曾 63558；采集地不详，郭本兆 6375，何廷农 218、260，王作宾 20166、20167、20238；青根桥，王作宾 20139）、称多（毛哇山垭口，陈世龙等 573；清水河镇，刘尚武 2551、陈桂琛等 1854；歇武寺，杨永昌 701、703）、玛多（黑海乡，吴玉虎 847、864；巴颜喀拉山，周国杰 005、陈桂琛等 1951）、玛沁（石峡煤矿附近，陈世龙 3015；大武镇，H. B. G. 407、682；优云乡，玛沁队 525；昌马河乡，陈桂琛等 1731；雪山乡，玛沁队 362）、达日（吉迈乡，H. B. G. 1219、1230；德昂乡，陈桂琛等 1646）、甘德（上贡麻乡，H. B. G. 960）、久治（索乎日麻乡，藏药队 513、596；希门错湖，果洛队 411、413、468、510，藏药队 558；龙卡湖畔，果洛队 575、580；康赛乡，吴玉虎 26515、26611）、班玛（采集地不详，郭本兆 466）。生于海拔 2 700～5 300 m 的沟谷山地灌丛、高山草甸、高山沼泽化草甸和高山碎石隙。

分布于我国的新疆、青海、甘肃南部、陕西、西藏东部和南部、四川西部、云南西北部；不丹至克什米尔地区也有。

5. 金腰属 Chrysosplenium Linn.

Linn. Sp. Pl. 398. 1753 et Gen. Pl. ed. 5. 189. 1754.

多年生小草本，通常具鞭匐枝或鳞茎。单叶，互生或对生，具柄，无托叶。通常为聚伞花序，围有苞叶，稀单花；花小型，绿色、黄色、白色或带紫色；托杯内壁通常多少与子房愈合；萼片 4 枚，稀 5 枚，在芽中覆瓦状排列；无花瓣，花盘极不明显或无，或明显（4）8 裂，有时其周围具褐色乳头状突起；雄蕊 8（10）或 4 枚，花丝钻形，花药2室，侧裂，花粉粒微细，具3拟孔沟，并具华美网纹；2心皮通常中下部合生，子房近上位、半下位或近下位，1室，胚珠多数，具2侧膜胎座，花柱6枚，离生，柱头具斑点。蒴果的2果瓣近等大或明显不等大；种子多数，卵球形至椭圆球形，有时光滑无毛，有时具微乳头状突起、微柔毛或微瘤突，有时具纵肋，肋上具横纹、乳头状突起或微瘤突等。

约65种，亚、欧、非、美4洲均有分布，主产亚洲北温带。我国有35种，昆仑地区产4种1变种。

分 种 检 索 表

1. 无不育枝或鞭匐枝。
　2. 聚伞花序密集成半球形；萼片在花期直立；无花盘 …………………………………
　　………………………………………………… **1. 裸茎金腰 C. nudicaule** Bunge
　2. 聚伞花序不密集成半球形；萼片在花期开展；花盘明显，8裂 …………………
　　………………………………………… **2. 肾叶金腰 C. griffithii** Hook. f. et Thoms.
1. 具不育枝或鞭匐枝。
　4. 具鞭匐枝；几无花梗 …………………………… **3. 单花金腰 C. uniflorum** Maxim.
　4. 具不育枝；有明显花梗。
　　5. 单花腋生，或疏聚伞花序；花梗纤细，长达1.9 cm；萼片在花期开展，近扁菱
　　　形 …………………………………………… **4. 长梗金腰 C. axillare** Maxim.
　　5. 聚伞花序具7～10花；花梗较短，长不过7 mm；萼片在花期直立，扁圆形
　　　………………………………………… **5. 肉质金腰 C. carnosum** Hook. f. et Thoms.

1. 裸茎金腰　图版14：1～5

Chrysosplenium nudicaule Bunge in Ledeb. Fl. Alt. 2：114. 1830；西藏植物志2：449. 1985, excl. syn.；J. T. Pan in Acta Phytotax. Sin. 24（2）：89. 1986；中国植物志34（2）：241～243. 图版61：8～13. 1992；青海植物志2：39. 图版7：1～5. 1999；Fl. China 8：354. 2001；青藏高原维管植物及其生态地理分布367. 2008.

多年生草本，高4.5～10.0 cm。茎疏生褐色柔毛或乳头突起，通常无叶。基生叶具长柄，叶片革质，肾形，长约9 mm，宽约13 mm，边缘具（7～）11～15浅齿，齿扁圆形，长约3 mm，宽约4 mm，先端凹陷且具1疣点，通常相互叠接，两面无毛，齿间弯缺处具褐色柔毛或乳头突起；叶柄长1.0～7.5 cm，下部疏生褐色柔毛。聚伞花序密集成半球形，长约1.1 cm；苞叶革质，阔卵形至扇形，长3.0～6.8 mm，宽2.8～8.1 mm，具3～9浅齿，齿扁圆形，先端通常具1疣点，多少叠接，腹面具极少褐色柔毛，背面无毛，齿间弯缺处具褐色柔毛，柄长1～3 mm，疏生褐色柔毛；托杯外面疏生褐色柔毛；萼片在花期直立，相互多少叠接，扁圆形，长1.8～2.0 mm，宽3.0～

3.5 mm，先端钝圆，弯缺处具褐色柔毛和乳头突起；雄蕊 8 枚，长约 1.1 mm；2 心皮近等大，子房半下位，花柱长 0.6～0.8 mm，斜上升。蒴果先端凹缺，长约 3.4 mm，2 果瓣近等大，喙长约 0.7 mm；种子黑褐色，卵球形，长 1.3～1.6 mm，光滑无毛，有光泽。 花果期 6～8 月。

产青海：格尔木（唐古拉山乡，吴玉虎 17131）、久治（索乎日麻乡，果洛队 158）。生于海拔 4 600 m 左右的沟谷山地岩石缝隙、半阴坡石缝。

分布于我国的新疆、青海、甘肃、西藏东部和云南西北部；尼泊尔，印度东北部，缅甸，不丹，俄罗斯，蒙古也有。

2. 肾叶金腰

Chrysosplenium griffithii Hook. f. et Thoms. in Journ. Linn. Soc. Bot. 2：74. 1857；西藏植物志 2：448. 1985；中国植物志 34（2）：247. 1992.

2a. 肾叶金腰（原变种）

var. griffithii

本区无分布。

2b. 居间金腰（变种）

var. intermedium（Hara）J. T. Pan in Acta Phytotax. Sin. 34（2）：249. 1992；中国植物志 34（2）：249. 1992；青海植物志 2：39. 1999；Fl. China 8：356. 2001；青藏高原维管植物及其生态地理分布 367. 2008.

多年生草本，高 8.5～32.7 cm，丛生。茎不分枝，无毛。无基生叶，或仅具 1 枚，叶片肾形，长 0.7～3.0 cm，宽 1.2～4.6 cm，7～19 浅裂（裂片多数不相叠接，近阔卵形，长 2.0～8.5 mm，宽 3～6 mm），叶柄长 7.3～8.7 cm，疏生褐色柔毛和乳头突起；茎生叶互生，叶片肾形，长 2.3～5.0 cm，宽 3.2～6.5 cm，11～15 浅裂，裂片近椭圆形至近卵形，长 0.6～1.5 cm，宽 0.6～1.1 cm，先端通常微凹且具 1 疣点，稀具 3 圆齿，两面无毛，但裂片间弯缺处有时具褐色柔毛和乳头突起，叶柄长 3～5 cm；叶腋具褐色乳头突起和柔毛。聚伞花序长 3.8～10.0 cm，具多花（较疏离）；苞片肾形、扇形、阔卵形至近圆形，长 0.3～3.0 cm，宽 0.36～4.30 cm，3～12 浅裂（裂片近卵形至近椭圆形，长 0.2～1.3 cm，宽 0.2～1.1 cm，裂片间弯缺处有时具褐色柔毛和乳头突起），柄长 0.8～1.5 cm，苞腋具褐色乳头突起和柔毛；花梗长 0.25～1.10 cm，被褐色乳头突起和柔毛；花黄色，直径 4.2～4.6 mm；萼片在花期开展，近圆形至菱状阔卵形，长 1.3～2.6 mm，宽 1.5～3.0 mm，先端钝圆，通常全缘，稀具不规则齿；雄蕊 8 枚，花丝长 0.3～0.5 mm；子房半下位，花柱长约 0.4 mm；花盘 8 裂。蒴果长约 3 mm，先端近平截而微凹，喙长约 0.4 mm，2 果瓣近等大，近水平状叉开；种子黑褐色，卵球形，长 0.7～1.0 mm，无毛，有光泽。　花果期 5～9 月。

产青海：久治（龙卡湖畔，藏药队 765）、班玛（马柯河林场，王为义等 27524）。生于海拔 2 500～4 800 m 的河谷山坡林下、沟谷林缘、高山草甸和高山碎石隙。

分布于我国的青海、西藏、四川、云南；不丹，尼泊尔也有。

3. 单花金腰　图版 14：6～9

Chrysosplenium uniflorum Maxim. in Bull. Acad. Sci. St. - Pétersb. 27：472. 1881；西藏植物志 2：449. 1985；J. T. Pan in Acta Phytotax. Sin. 24（2）：90. 1986；中国植物志 34（2）：244～246. 图版 62：7～11. 1992；青海植物志 2：40. 图版 7：10～13. 1999；Fl. China 8：355. 2001；青藏高原维管植物及其生态地理分布 368. 2008.

多年生草本，高（2.0～）6.5～15.0 cm。具 1 地下鳞茎；鞭匐枝出自叶腋，丝状，无毛。茎无毛，其节间有时极度短缩，但有时也伸长至 4～9 mm。叶互生，下部者为鳞片状，全缘，中上部者具柄，叶片肾形，长 0.8～1.3 cm，宽 0.9～1.7 cm。具 7～11 圆齿，齿先端微凹且具 1 疣点，齿间弯缺处具褐色乳头突起，基部多少心形，两面无毛，但与苞叶和萼片均具褐色单宁质斑纹；叶柄长 1.0～1.9 cm，叶腋部具褐色乳头突起。单花生于茎顶，或聚伞花序，具 2～3 花；苞叶卵形至圆状心形，长 0.3～1.3 cm，宽 0.25～1.30 cm，边缘具 5～11 圆齿，基部圆形至心形，两面无毛，苞腋部具褐色乳头突起；几无花梗；萼片直立，阔卵形至近倒阔卵形，长 2～3 mm，宽 2.2～3.0 mm，先端钝或微凹，无毛，但在萼片间弯缺处具褐色乳头突起；雄蕊 8 枚，花丝长 1.0～1.6 mm；雌蕊长 2.6～4.1 mm，子房半下位，花柱长 0.9～1.1 mm，斜上；花盘不明显。蒴果长约 3 mm，先端微凹，喙长约 1 mm；种子黑褐色，卵球形，长约 1 mm。无毛，有光泽。　花果期 7～8 月。

产青海：兴海（河卡山，王作宾 20177）、玛多（黄河乡，吴玉虎 1138）、玛沁（大武镇，H. B. G. 838；雪山乡，H. B. G. 381，玛沁队 439）、久治（龙卡湖，藏药队 693、759；采集地不详，果洛队 523；索乎日麻乡，藏药队 481）、称多（扎朵镇，苟新京 83-126）。生于海拔 2 400～4 700 m 的河谷山地林下、高山草甸或石隙。

分布于我国的青海、甘肃、陕西、西藏东部、四川西部、云南西北部；尼泊尔也有。

4. 长梗金腰　图版 14：10～13

Chrysosplenium axillare Maxim. in Bull. Acad. Sci. St. - Pétersb. 23：341. 1877. et in ibid. 27：468. 473. 1881；中国植物志 34（2）：250～252. 图版 64：1～4. 1992；青海植物志 2：39～40. 图版 7：6～9. 1999；Fl. China 8：356～357. 2001；青藏高原维管植物及其生态地理分布 366. 2008.

多年生草本，高 18～30 cm。不育枝发达，出自叶腋。花茎无毛。无基生叶；茎生叶数枚，互生，中上部者具柄，叶片阔卵形至卵形，长 0.9～2.9 cm，宽 1.0～1.7 cm，边缘具 12 圆齿，基部圆状宽楔形，无毛，叶柄长 0.4～1.9 cm，无毛，下部者较小，鳞片状，无柄。单花腋生，或疏聚伞花序；苞叶卵形至阔卵形，长 0.28～1.50 cm，宽 0.12～1.20 cm，边缘具 10～12 圆齿（齿先端具 1 褐色疣点），基部宽楔形至圆形，无毛，柄长 1～7 mm；花梗长 6～19 mm，纤细，无毛；花绿色，直径 7.2 mm；萼片在花期开展，近扁菱形，长 1.9～2.8 mm，宽 2.8～3.3 mm，先端钝或微凹，且具 1 褐色疣点，无毛；雄蕊长约 12 mm；子房半下位，花柱长 0.5～0.9 mm；花盘明显 8 裂。蒴果先端微凹，2 果瓣近等大，肿胀，喙长约 0.7 mm；种子黑棕色，近卵球形，长约 1.6 mm，光滑无毛，有光泽。　花果期 7～9 月。

产青海：久治（门堂乡，果洛队 111、藏药队 299；索乎日麻乡，果洛队 158、藏药队 478）、班玛（马柯河林场，王为义等 27527）、称多（歇武寺，刘尚武 2486）。生于海拔 2 800～4 500 m 的林下、灌丛间或石隙。

分布于我国的新疆、青海东南部、甘肃南部、陕西；俄罗斯，中亚地区各国也有。

5. 肉质金腰

Chrysosplenium carnosum Hook. f. et Thoms. in Journ. Soc. 2：73. 1857；西藏植物志 2：449. 图 152：7～11. 1985；中国植物志 34（2）：252～253. 图版 64：5～9. 1992；Fl. China 8：357. 2001；青藏高原维管植物及其生态地理分布 366. 2008.

多年生草本，高 9～10 cm。不育枝出自叶腋。茎无毛，但叶腋具褐色乳头突起。无基生叶；茎生叶互生，下部者鳞片状，长约 5.2 mm，宽约 2 mm，上部者近匙形至倒阔卵形，长约 8 mm，宽约 7.9 mm，边缘具 7 圆齿（齿先端具褐色疣点），两面无毛，基部宽楔形，渐狭成长约 3 mm 之柄。聚伞花序，长 3～5 cm，具 7～10 花，松散；花序分枝多少具褐色乳头突起；苞叶阔卵形，长 0.7～1.2 cm，宽 0.6～1.0 cm，边缘具 5～9 圆齿（齿先端具 1 褐色疣点），两面无毛，基部宽楔形，柄长 1.2～2.2 mm，苞腋多少具褐色乳头突起；花梗长不过 7 mm；花黄绿色；萼片在花期直立，扁圆形，长约 1.2 mm，宽 1.9～2.2 mm，先端截状钝圆，无毛；雄蕊 8 枚，长约 0.8 mm；子房半下位，花柱长约 0.5 mm；花盘 8 裂（不甚明显）。蒴果长 3～4 mm，先端近平截而微凹，2 果瓣近等大，水平状叉开，喙较短；种子红棕色，卵球形，长 0.9～1.0 mm，光滑无毛，有光泽。　花果期 7～8 月。

产青海：称多（歇武寺，刘尚武 2486）。生于海拔 4 400～4 700 m 的沟谷山地高山灌丛草甸、高山石隙。

四川：石渠（菊母乡，吴玉虎 29901）。生于海拔 4 620 m 左右的沟谷山地高寒草甸、高山流石坡稀疏植被带。

分布于我国的青海、西藏东部和四川西部；缅甸北部，不丹，尼泊尔，印度北部也有。

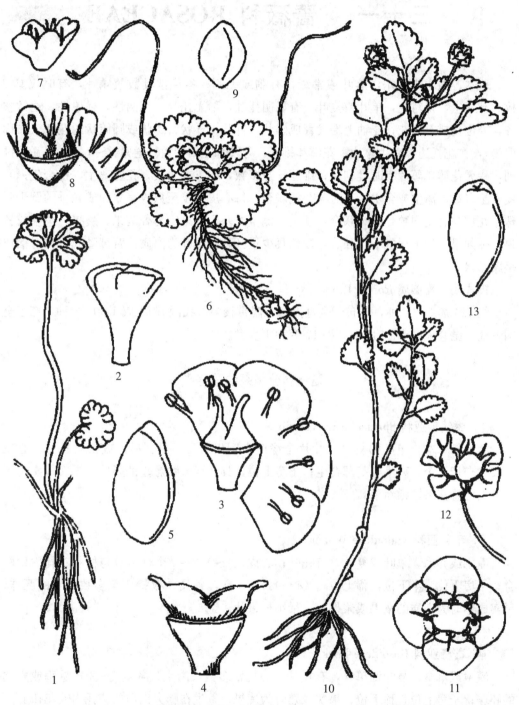

图版 **14** 裸茎金腰 **Chrysosplenium nudicaule** Bunge 1. 植株；2. 花；3. 花剖面；4. 果；5. 种子。单花金腰 **C. uniflorum** Maxim. 6. 植株；7. 花；8. 花剖面；9. 种子。长梗金腰 **C. axillare** Maxim. 10. 植株；11. 花；12. 果；13. 种子。（潘锦堂绘）

三十一　薔薇科 ROSACEAE

草本、灌木或乔木，落叶或常绿，有刺或无刺。冬芽常具数枚鳞片，有时仅具2枚。叶互生，稀对生，单叶或复叶，有显明托叶，稀无托叶。花两性，稀单性，通常整齐，周位花或上位花；花轴上端发育成碟状、钟状、杯状、罈状或圆筒状的花托（亦称萼筒），在花托边缘着生萼片、花瓣和雄蕊；萼片和花瓣同数。通常4～5枚，覆瓦状排列，稀无花瓣，萼片有时具副萼；雄蕊5至多数，稀1或2枚，花丝离生，稀合生；心皮1至多数，离生或合生，有时与花托联合，每心皮有1至数枚直立的或悬垂的倒生胚珠；花柱与心皮同数，有时联合，顶生、侧生或基生。果实为蓇葖果、瘦果、梨果或核果，稀蒴果；种子通常不含胚乳，极稀具少量胚乳；子叶为肉质，背部隆起，稀对褶或呈席卷状。

模式属：蔷薇属 *Rosa* Linn.

约124属3 300种，分布于全世界，北温带较多。我国有51属1 000余种，产于全国各地；昆仑地区产24属108种17变种1变型。

蔷薇科分类系统总览

I. 绣线菊亚科 Spiraeoideae Agardh

灌木稀草本。单叶稀复叶，叶片全缘或有锯齿。常不具托叶，或稀具托叶；心皮1～5（～12）个，离生或基部合生；子房上位，具2至多数悬垂的胚珠；果实成熟时多为开裂的蓇葖果，稀蒴果。

II. 苹果亚科 Maloideae Weber

灌木或乔木。单叶或复叶，有托叶；心皮（1～）2～5个，多数与杯状花托内壁联合；子房下位，半下位，稀上位，（1～）2～5室，各具2枚稀1至多数直立的胚珠；果实成熟时为肉质的梨果或浆果状，稀小核果状。

III. 蔷薇亚科 Rosoideae Focke

灌木或草本。复叶稀单叶，有托叶；心皮常多数，离生，各具1～2枚悬垂或直立的胚珠；子房上位，稀下位；果实成熟时为瘦果，着生在膨大肉质的花托内或花托上。

IV. 李亚科 Prunoideae Focke

乔木或灌木。单叶，有托叶；心皮1个，稀2～5个；子房上位，1室，内含2枚悬垂的胚珠；果实为核果，成熟时肉质，多不裂开或极稀裂开。

分亚科、分属检索表

1. 果实为开裂的蓇葖果，心皮 1～5；托叶有或无。（Ⅰ. **绣线菊亚科 Spiraeoideae** Agardh）

  2. 花序伞形、伞形总状、伞房状或圆锥状；心皮离生；叶边缘常有锯齿或裂片，稀全缘 ………………………………………………… **1. 绣线菊属 Spiraea** Linn.

  2. 花序穗状圆锥形；心皮基部合生；叶边全缘 ……… **2. 鲜卑花属 Sibiraea** Maxim.

1. 果实不开裂；全有托叶。

  3. 子房下位、半下位，稀上位；心皮（1）2～5，多数与杯状花托内壁联合；梨果或浆果状，稀小核果状。（Ⅱ. **苹果亚科 Maloideae** Weber）

    4. 心皮成熟时变为坚硬骨质，果实内含 1～5 小核。

      5. 叶边全缘；枝条无刺；心皮 2～5，全部或大部分与萼筒合生；成熟时为小梨果状 …………………………………………… **3. 栒子属 Cotoneaster** B. Ehrhart

      5. 叶边缘有锯齿或裂片；枝条常有刺；心皮 1～5，各有成熟胚珠 1 枚 ……… ………………………………………………… **4. 山楂属 Crataegus** Linn.

    4. 心皮成熟时变为革质或纸质；梨果 1～5 室，各室有 1 或多枚种子。

      6. 复伞房花序或圆锥花序，有多花；单叶和复叶均凋落；心皮 2～5，全部或一部分与萼筒合生，子房下位或半下位，果期萼片宿存或脱落 …………… ………………………………………………… **5. 花楸属 Sorbus** Linn.

      6. 伞形或总状花序，有时花单生。

        7. 各心皮含种子 3 至多数；花柱离生；果期萼片宿存；叶边全缘；花单生 ………………………………………………… **6. 榅桲属 Cydonia** Mill.

        7. 各心皮含种子 1～2。

          8. 花柱离生；果实常有多数石细胞 ……………… **7. 梨属 Pyrus** Linn.

          8. 花柱基部合生；果实多无石细胞 ……… **8. 苹果属 Malus** Mill.

  3. 子房上位，少数下位。

    9. 心皮常多数；瘦果；萼宿存；常具复叶，极稀单叶。（Ⅲ. **蔷薇亚科 Rosoideae** Focke）

      10. 瘦果或小核果，着生在扁平或隆起的花托上。

        11. 小核果相互聚合成聚合果；心皮各含胚珠 2 枚；茎常有刺，稀无刺 … ………………………………………………… **9. 悬钩子属 Rubus** Linn.

        11. 瘦果相互分离；心皮各有胚珠 1 枚。

          12. 花柱顶生或近顶生，在果期延长，常有钩刺或羽状毛。

            13. 花柱在果实上宿存。

14. 花柱上部有关节，成熟时于关节处脱落，宿存部分顶端弯曲 ··· **10. 路边青属 Geum** Linn.

14. 花柱直立，上部无关节，不脱落；基生叶羽状复叶；花两性，黄色，花柱不延长或稍延长 ···································· **11. 羽叶花属 Acomastylis** Greene

13. 花柱凋落；基生叶羽状复叶；雌蕊多数；雄蕊宿存 ············ ··· **12. 无尾果属 Coluria** R. Br.

12. 花柱侧生或基生或近顶生，在果期不延长或稍延长。

15. 花托在成熟时干燥；草本或灌木；叶基生或茎生，小叶 3 至多数。

16. 雄蕊雌蕊均多数；有复萼；基生叶为掌状复叶或羽状复叶。

17. 花瓣黄色或白色，先端钝圆或微缺，比萼片长或近等长 ······················· **13. 委陵菜属 Potentilla** Linn.

17. 花瓣紫色或白色，先端渐尖，比萼片短 ·················· ··· **14. 沼委陵菜属 Comarum** Linn.

16. 雄蕊 4～5；雌蕊 4～20。

18. 雄蕊与花柱互生；雌蕊 5～20；基生叶微掌状复叶或羽状复叶；有复萼 ············· **15. 山莓草属 Sibbaldia** Linn.

18. 雄蕊与花柱对生；雌蕊 4～10；小叶三裂，深细裂至重复细裂；无复萼 ········· **16. 地蔷薇属 Chamaerhodos** Bunge

15. 花托在成熟时膨大或变为肉质；草本；叶基生，小叶 3，稀 5；花白色；复萼裂片比萼小 ················· **17. 草莓属 Fragaria** Linn.

10. 瘦果生在杯状或坛状花托里面。

19. 雌蕊多数；花托成熟时肉质而有光泽；羽状复叶；灌木；枝常有刺 ··· ··· **18. 蔷薇属 Rosa** Linn.

19. 雄蕊 1～4；花托成熟时干燥坚硬。

20. 花瓣黄色；花萼下有钩刺；雄蕊 5～15 ················ ··· **19. 龙牙草属 Agrimonia** Linn.

20. 花瓣无；羽状复叶；萼片覆瓦状排列；无复萼；雄蕊 4～15；花柱顶生；花两性；稀部分单性雌雄同株，常呈穗状或头状花序 ··· **20. 地榆属 Sanguisorba** Linn.

9. 心皮常为 1，少数 2 或 5；核果；萼常脱落；单叶。（Ⅳ. 李亚科 Prunoideae Focke）

21. 幼叶多为席卷式，少数为对折式；果实有沟，外面被毛或被蜡粉。

22. 侧芽 3，两侧为花芽，具顶芽；花 1～2，常无柄；子房和果实常被短柔毛，极稀无毛；核常有孔穴，极稀光滑；叶片为对折式；花先叶开 ···························· **21. 桃属 Amygdalus** Linn.

　　22. 侧芽单生，顶芽缺；核常光滑或具不明显孔穴。
　　　　23. 子房与核果常被柔毛；花常无柄或有短柄，花先叶开 ⋯⋯⋯⋯⋯
　　　　　　⋯⋯⋯⋯⋯⋯⋯⋯⋯⋯⋯⋯⋯⋯⋯⋯⋯⋯ **22. 杏属 Armeniaca** Mill.
　　　　23. 子房与核果均光滑无毛，常被蜡粉；花常有柄；花叶同开 ⋯⋯⋯
　　　　　　⋯⋯⋯⋯⋯⋯⋯⋯⋯⋯⋯⋯⋯⋯⋯⋯⋯⋯⋯ **23. 李属 Prunus** Linn.
　　21. 幼叶常为对折式；果实无沟，不被蜡粉；枝有顶芽；花单生或数朵着生在
　　　　短总状或伞房状花序上，花基部有明显苞片；子房光滑；核平滑，有沟，
　　　　稀有孔穴 ⋯⋯⋯⋯⋯⋯⋯⋯⋯⋯⋯⋯⋯⋯⋯⋯⋯ **24. 樱属 Cerasus** Mill.

1. 绣线菊属 Spiraea Linn.

Linn. Sp. Pl. 489. 1753, p. p. et Gen. Pl. ed. 5. 216. no. 554. 1754, p. p.

　　落叶灌木。冬芽小，具 2～8 个外露的鳞片。单叶互生，边缘有锯齿或缺刻，有时分裂，稀全缘，羽状叶脉，或基部有 3～5 出脉，通常具短叶柄，无托叶。花两性，稀杂性，花序为伞形、伞形总状、伞房或圆锥花序；萼筒钟状；萼片 5 枚，通常稍短于萼筒；花瓣 5 枚，常圆形，较萼片长；雄蕊 15～60 枚，着生在花盘和萼片之间；心皮 5（3～8）个，离生。蓇葖果，常沿腹缝线开裂，内具数粒细小种子；种子线形至长圆形，种皮膜质，胚乳少或无。

　　有 100 余种，分布在北半球温带至亚热带山区。我国有 50 余种，昆仑地区产 6 种 1 变种。

　　多数种类耐寒，具美丽的花朵和细致的叶片，是庭园中常见栽培的观赏灌木。

分 种 检 索 表

1. 花序为复伞房花序，被短柔毛；叶片边缘有缺刻或重锯齿 ⋯⋯⋯⋯⋯⋯⋯⋯⋯
　　⋯⋯⋯⋯⋯⋯⋯⋯⋯⋯⋯⋯⋯⋯ **1. 南川绣线菊 S. rosthornii** Pritz.
1. 花序为伞形或伞形总状，常无毛；叶全缘。
　　2. 花序无总梗或具短总梗；小枝幼时被短柔毛。
　　　　3. 叶片两面均光滑无毛；花序具 3～15 朵花，花瓣白色 ⋯⋯⋯⋯⋯⋯⋯⋯
　　　　　　⋯⋯⋯⋯⋯⋯⋯⋯⋯⋯⋯⋯⋯⋯⋯⋯ **2. 高山绣线菊 S. alpina** Pall.
　　　　3. 叶片两面均被柔毛；花序具 15～30 朵花，花瓣粉红色至紫红色 ⋯⋯⋯⋯
　　　　　　⋯⋯⋯⋯⋯⋯⋯⋯⋯⋯⋯⋯⋯⋯ **6. 西藏绣线菊 S. tibetica** Yu et Lu
　　2. 花序具较长总梗；小枝幼时无毛。
　　　　4. 冬芽卵形，具数枚褐色鳞片。
　　　　　　5. 小枝近圆形；叶椭圆形至披针形，先端具 2～5 个锯齿 ⋯⋯⋯⋯⋯⋯⋯⋯
　　　　　　　　⋯⋯⋯⋯⋯⋯⋯⋯⋯⋯⋯⋯⋯ **4. 欧亚绣线菊 S. media** Schmidt

　　5. 小枝幼时有棱角；叶卵形或倒卵披针形，先端有 3 至数个钝锯齿 …………
………………………………………………………… **3. 细枝绣线菊 S. myrtilloides** Rehd.
　　4. 冬芽长卵形，外被 2 枚棕褐色鳞片；小叶长圆形或椭圆形 ……………………
………………………………………………………… **5. 蒙古绣线菊 S. mongolica** Maxim.

1. 南川绣线菊　图版 15：1～2

Spiraea rosthornii Pritz. in Engler Bot. Jahrb. 29：383. 1900；中国高等植物图鉴 2：175. 图 2079. 1972；中国植物志 36：29. 1974；青海植物志 2：63. 图版 12：1～2. 1999；Fl. China 9：58. 2003；青藏高原维管植物及其生态地理分布 456. 2008.

　　灌木，高达 2 m。枝条开张，幼时具短柔毛，黄褐色，以后脱落，老时灰褐色；冬芽长卵形，先端渐尖，与叶柄等长或稍长于叶柄，无毛，有 2 枚外露鳞片。叶片卵状长圆形至卵状披针形，长 2.5～5.0（8.0）cm，宽 1～2（3）cm，先端急尖或短渐尖，基部圆形至近截形，边缘有缺刻和重锯齿，上面绿色，被稀疏短柔毛，下面带灰绿色，具短柔毛，沿叶脉较多；叶柄长 5～6 mm，被柔毛。复伞房花序生在侧枝先端，被短柔毛，有多数花朵；花梗长 5～7 mm；苞片卵状披针形至线状披针形，先端急尖，基部楔形，有少数锯齿，两面被短柔毛；花直径约 6 mm；萼筒钟状，内外两面有短柔毛；萼片三角形，先端急尖，内面稍被短柔毛；花瓣卵形至近圆形，先端钝，长 2～3 mm，宽几与长相等，白色；雄蕊 20 枚，长于花瓣；花盘圆环形，有 10 个肥厚裂片，裂片先端有时微凹；子房被短柔毛，花柱短于雄蕊。蓇葖果开张，被短柔毛，花柱顶生，倾斜开展，宿存萼片反折。　花期 5～6 月，果期 8～9 月。

　　产青海：班玛、久治。生于海拔 1 000～3 500 m 的山溪沟边或山坡杂木丛林内。

　　分布于我国的青海、甘肃、陕西、四川、云南、河南、安徽。

2. 高山绣线菊　图版 15：3

Spiraea alpina Pall. Fl. Ross. 1：35. t. 20. 1784；Pojark. in Fl. URSS 9：298. t. 17：6. 1939；中国高等植物图鉴 2：179. 图 2088. 1972；中国植物志 36：49. 图版 6：8～11. 1974；西藏植物志 2：549. 图 177：1～4. 1985；新疆植物志 2（2）：274. 图版 73：5～7. 1995；青海植物志 2：64. 1999；Fl. China 9：67. 2003；青藏高原维管植物及其生态地理分布 453. 2008.

　　灌木，高 50～120 cm。枝条直立或开张，小枝有明显棱角，幼时红褐色，被短柔毛，老时灰褐色，无毛；冬芽小，卵形，通常无毛，有数枚外露鳞片。叶片多数簇生，线状披针形至长圆倒卵形，长 7～16 mm，宽 2～4 mm，先端急尖或钝圆，基部楔形，全缘，两面无毛，下面灰绿色，具粉霜，叶脉不显著；叶柄甚短或几无柄。伞形总状花序具短总梗，有花 3～15 朵；花梗长 5～8 mm，无毛；苞片小，线形；花直径 5～7 mm；萼筒钟状，外面无毛，内面具短柔毛；萼片三角形，先端急尖，内面被短柔毛；花瓣倒卵形或近圆形，先端钝圆或微凹，长与宽各约 2～3 mm，白色；雄蕊 20 枚，几与花瓣等长或稍短于花瓣；花盘显著，圆环形，具 10 个发达的裂片；子房外被短柔毛，花柱短于雄蕊。蓇葖果开张，无毛或仅沿腹缝线具稀疏短柔毛，花柱近顶生，开展，常具直立或半开张萼片。 花期 6～7 月，果期 8～9 月。

产新疆：塔什库尔干（卡拉其古，西植所新疆队 925、安峥哲 Tash 329；库克西鲁格，帕考队 5180；土拉，帕考队 5520；明铁盖，帕考队 5481、马森 3861）。生于海拔 3 500～3 800 m 的山坡、灌丛、草甸及河滩。

青海：兴海（赛宗寺后山，吴玉虎 46352；河卡乡阿米瓦阳山，何廷农 430；河卡山，郭本兆 6227）、玛多（花石峡乡，吴玉虎 751）、玛沁（大武乡江让，王为义 26619、H. B. G. 645；江让水电站，植被地理组 432；雪山乡浪日，H. B. G. 417；雪山乡，黄荣福 C. G. 81-44；采集地不详，玛沁队 54；当项尼亚嘎玛沟，区划一组 129；野马滩，吴玉虎 1377；石头山煤矿，吴玉虎 27010、27013；黑土山，吴玉虎 18573、18601、25689）、久治（龙卡湖，藏药队 763；索乎日麻乡直保河，果洛队 183；康赛乡，吴玉虎 26549）、班玛（马柯河林场红军沟，王为义 26849；马柯河林场可培苗圃，王为义 27115；马柯河林场烧柴沟，王为义 27594；亚尔堂乡王柔，王为义 26741；莫巴乡，吴玉虎 26320）。生于海拔 2 800～4 300 m 的沟谷山坡高寒灌丛、宽谷滩地高寒灌丛草甸、河滩高寒灌丛。

四川：石渠（长沙贡玛乡，吴玉虎 29666、29716）。生于海拔 4 000 m 左右的河滩、石隙及灌丛。

分布于我国的新疆、青海、甘肃、陕西、西藏、四川；蒙古、俄罗斯西伯利亚也有。

A. Pojarkova 发表的天山绣线菊 S. *tianschanica* Pojark.（in Fl. URSS 9：490. 1939）与高山绣线菊极为近似，惟叶片稍宽（2～6 mm），侧枝较短（长 5～7 cm），着花小枝数目较少（1～5），是其异点。产中亚，分布到中国西部。

3. 细枝绣线菊 图版 15：4～5

Spiraea myrtilloides Rehd. in Sarg. Pl. Wils. 1：440. 1913；中国植物志 36：50. 1974；西藏植物志 2：551. 1985；青海植物志 2：65. 图版 12：5～6. 1999；Fl. China 9：67. 2003. 青藏高原维管植物及其生态地理分布 456. 2008.

灌木，高 2～3 m。枝条直立或开张，嫩时有棱角，暗红褐色，近无毛，老时暗褐色或暗灰褐色；冬芽卵形，先端急尖，无毛或近于无毛，具数枚褐色鳞片。叶片卵形至倒卵状长圆形，长 6～15 mm，宽 4～7 mm，先端钝圆，基部楔形，全缘，稀先端有 3 至数个钝锯齿，下面浅绿色，具稀疏短柔毛或无毛，有不显明的羽状脉，基部 3 脉较显明；叶柄长 1～2 mm，无毛或近无毛。伞形总状花序具花 7～20 朵；花梗长 3～6 mm，无毛或具稀疏短柔毛；苞片线形或披针形，无毛；花直径 5～6 mm；花萼外面无毛或近无毛，内面具短柔毛；萼筒钟状；萼片三角形，先端急尖；花瓣近圆形，先端钝圆，长与宽各 2～3 mm，白色；雄蕊 20 枚，与花瓣等长；花盘圆环形，具 10 个裂片；子房微具短柔毛，花柱短于雄蕊。蓇葖果直立开张，仅沿腹缝有短柔毛或无毛，花柱顶生，倾斜开展，宿存萼片直立或开张。　花期 6～7 月，果期 8～9 月。

产青海：班玛（马柯河林场可培苗圃，王为义 27106）、玛沁（黑土山，吴玉虎 5751）。生于海拔 3 200～3 800 m 的河滩及灌丛。

分布于我国的青海、西藏、四川、云南、湖北。

本种近似于高山绣线菊 S. *alpina* Pall.，后者叶片较窄，多呈线状披针形，先端急尖，稀钝圆，全缘，下面灰绿色，具粉霜，花序总梗很短或近于无梗。可以相区别。

4. 欧亚绣线菊

Spiraea media Schmidt Oesterr. Baumz. 1：53. t. 54. 1792；Kom. Fl. Kamtsch. 2：232. 1929；中国树木分类学 487. 1937；东北木本植物图志 286. 图版 101：198. 1955；中国高等植物图鉴 2：180. 图 2090. 1972；中国植物志 36：52. 图版 6：1～7. 1974；新疆植物志 2（2）：274. 图版 73：4. 1995. Fl. China 9：66. 2003.

直立灌木，高 0.5～2.0 m。小枝细，近圆柱形，灰褐色，嫩时带红褐色，无毛或近无毛；冬芽卵形，先端急尖，棕褐色，有数枚覆瓦状鳞片，长 1～2 mm。叶片椭圆形至披针形，长 1.0～2.5 cm，宽 0.5～1.5 cm，先端急尖，稀钝圆，基部楔形，全缘或先端有 2～5 锯齿，两面无毛或下面脉腋间微被短柔毛，有羽状脉；叶柄长 1～2 mm，无毛。伞形总状花序无毛，常具 9～15 朵花；花梗长 1.0～1.5 cm，无毛；苞片披针形，无毛；花直径 0.7～1.0 cm；萼筒宽钟状，外面无毛，内面被短柔毛；萼片卵状三角形，先端急尖或钝圆，外面无毛或微被短柔毛，内面疏生短柔毛；花瓣近圆形，先端钝，长与宽各为 3.0～4.5 mm，白色；雄蕊约 45 枚，长于花瓣；花盘呈波状圆环形或具不规则的裂片；子房具短柔毛，花柱短于雄蕊。蓇葖果较直立开张，外被短柔毛，花柱顶生，倾斜开展，具反折宿存萼片。　花期 5～6 月，果期 6～8 月。

产新疆：塔什库尔干（库克西鲁格，帕考队 5211）。生于海拔 3 500 m 左右的沟谷山坡灌丛。

分布于我国的新疆、内蒙古、辽宁、吉林、黑龙江；朝鲜，蒙古，俄罗斯西伯利亚，亚洲中部，欧洲东南部也有。

5. 蒙古绣线菊

Spiraea mongolica Maxim. in Bull. Acad. Sci. St.-Pétersb. 27：467. 1881（Mél. Biol. 11：216. 1881）；中国高等植物图鉴 2：182. 图 2094. 1972；中国植物志 36：56. 图版 7：13～18. 1974；西藏植物志 2：551. 图版 177：5～10. 1985；青海植物志 2：64. 1999；Fl. China 9：69. 2003；青藏高原维管植物及其生态地理分布 455. 2008.

5a. 蒙古绣线菊（原变种）

var. **mongolica**

灌木，高达 3 m。小枝细瘦，有棱角，幼时无毛。红褐色，老时灰褐色；冬芽长卵形，先端长渐尖，较叶柄稍长，外被 2 枚棕褐色鳞片，无毛。叶片长圆形或椭圆形，长 8～20 mm，宽 3.5～7.0 mm，先端钝圆或微尖，基部楔形，全缘，稀先端有少数锯齿，上面无毛，下面色较浅，无毛稀具短柔毛，有羽状脉；叶柄极短，长 1～2 mm，无毛。伞形总状花序具总梗，有花 8～15 朵；花梗长 5～10 mm，无毛；苞片线形，无毛；花直径 5～7 mm；萼筒近钟状，外面无毛，内面有短柔毛；萼片三角形，先端急尖，内面具短柔毛；花瓣近圆形，先端钝，稀微凹，长与宽各为 2～4 mm，白色；雄蕊 18～25 枚，几与花瓣等长；花盘具有 10 个圆形裂片，排列成环形；子房具短柔毛，花柱短于雄蕊。蓇葖果直立开张，沿腹缝线稍有短柔毛或无毛，花柱位于背部先端，倾斜开张，具直立或反折萼片。 花期 5～7 月，果期 7～8 月。

产青海：久治（龙卡湖畔，果洛队 570、藏药队 737）、班玛（马柯河林场，王为义 7646、26864；马柯河林场宝藏沟，王为义 27189；灯塔乡加不足沟，王为义 27427、27465；亚尔堂乡王柔，王为义 26727、26790，吴玉虎 26127；班前乡照山，王为义 26903；马柯河林场红军沟，王为义 26851、26864、26951；马柯河林场烧柴沟，王为义 27527）、曲麻莱（东风乡江让，刘尚武和黄荣福 844）、称多（尕朵乡，苟新京和刘有义 83 - 310；歇武乡，苟新京和刘有义 83 - 475；称文乡，刘尚武 2326）。生于海拔 2 300～4 000 m 的沟谷山坡灌丛、河谷山地林缘、山坡灌丛、林下。

分布于我国的青海、甘肃、陕西、西藏、四川、山西、河北、内蒙古、河南。

5b. 毛枝蒙古绣线菊（变种）

var. **tomentulosa** Yu in Acta Phytotax. Sin. 8：216. 1963；中国植物志 36：58. 1974；西藏植物志 2：552. 1985；青海植物志 2：65. 1999；Fl. China 9：69. 2003；青藏高原维管植物及其生态地理分布 456. 2008.

本变种与原变种的异点在于其小枝、叶柄及冬芽多少密被短茸毛。

产青海：班玛（马柯河林场可培苗圃，王为义 27004）。生于海拔 3 200～3 800 m 的河谷山地林缘灌丛。

分布于我国的新疆、青海、甘肃、宁夏、内蒙古。

6. 西藏绣线菊

Spiraea tibetica Yu et Lu in Acta Phytotax. Sin. 18（4）：491. 1980；西藏植物志 2：550. 图 177：19～21. 1985；青海植物志 2：64. 1999；Fl. China 9：67. 2003；青藏高原维管植物及其生态地理分布 456. 2008.

　　灌木，高约 1 m。小枝圆柱形或稍有棱角，幼时具柔毛，老时毛脱落，红褐色至灰褐色；冬芽短小，卵形，具柔毛，有数枚外露鳞片。叶多数簇生，长圆状倒卵形或狭椭圆状披针形，长 5～10 mm，宽 2～4 mm，先端稍钝或急尖，基部楔形，全缘，两面均有柔毛或后脱落无毛；叶柄很短。伞形总状花序具短总花梗或近无总花梗，花多达 30 枚；花梗长 2～6 mm，无毛；苞片线形，被柔毛；花直径 5～7 mm；花萼无毛，萼片三角形或三角状卵形，先端钝圆或急尖；花瓣近圆形，先端钝圆或急尖，长约 3 mm，粉红色至紫红色；雄蕊 15～20 枚，几与花瓣等长；花盘圆环形，具 10 裂片；子房无毛。蓇葖果开张，无毛，花柱近顶生，具直立宿存萼片。　果期 7～9 月。

　　产青海：称多（歇武乡，刘有义 83－342）、玛沁（大武乡野马滩，植被地理组 377）、班玛（班前乡照山，王为义等 26896）。生于海拔 3 400～4 100 m 的河谷山坡、沟谷山地林缘灌丛。

　　甘肃：玛曲（欧拉乡，吴玉虎 31978）。生于海拔 3 300 m 左右的沟谷山地高寒草甸灌丛。

　　四川：石渠（长沙贡玛乡，吴玉虎 29666；新荣乡雅垄江边，吴玉虎 29983）。生于海拔 4 000 m 左右的河岸岩隙及灌丛。

　　分布于我国的青海、甘肃、西藏、四川。

2. 鲜卑花属 Sibiraea Maxim.

Maxim. in Acta Hort. Petrop. 6：213. 1879.

　　落叶灌木。冬芽有 2～4 枚互生外露的鳞片。单叶，互生，全缘，叶柄短或近于无柄，不具托叶。杂性花，雌雄异株，花序为顶生穗状圆锥花序，花梗短；萼筒钟状；萼片直立；花瓣 5 枚，白色，长于萼片；雄花具雄蕊 20～25 枚，雄蕊较花瓣长；雌花有退化的雄蕊，雄蕊较花瓣短；心皮 5 个，基部合生。蓇葖果，长椭圆形，直立，沿腹缝线及背缝线顶端开裂；种子 2 粒，有少量胚乳。

　　模式种：鲜卑花 Spiraea laevigata Linn. ＝ Sibiraea laevigata（Linn.）Maxim.

　　4 种，分布于欧洲、俄罗斯西伯利亚至我国西部。我国产 3 种，昆仑地区产 2 种。

分 种 检 索 表

1. 总花梗、花梗及叶片均无毛 ····················· **1. 鲜卑花 S. laevigata**（Linn.）Maxim.
1. 总花梗与花梗被短柔毛，叶片仅在幼时边缘被柔毛，老时近于无毛 ·················
·································· **2. 窄叶鲜卑花 S. angustata**（Rehd.）Hand.-Mazz.

1. 鲜卑花

Sibiraea laevigata（Linn.）Maxim. in Acta Hort. Petrop. 6：215. 1879；中国植物志 36：68. 图版 9：6～8. 1974；西藏植物志 2：553. 1985；青海植物志 2：67. 1999；Fl. China 9：73. 2003；青藏高原维管植物及其生态地理分布 448. 2008. —— *Spiraea laevigata* Linn. Mant. Pl. 2：244. 1771.

灌木，高约 1.5 m。小枝粗壮，圆柱形，光滑无毛，幼时紫红色，老时黑褐色；冬芽卵形，先端急尖，外被紫褐色鳞片。叶在当年生枝条多互生，在老枝上丛生，叶片线状披针形、宽披针形或长圆倒披针形，长 4.0～6.5 cm，宽 1.0～2.3 cm，先端急尖或突尖，稀钝圆，基部渐狭，全缘，上下两面无毛，有明显中脉及 4～5 对侧脉；叶柄不显，无托叶。顶生穗状圆锥花序，长 5～8 cm，直径 4～6 cm，花梗长约 3 mm，总花梗与花梗不具毛；苞片披针形，长约 3 mm；花直径约 5 mm；萼筒浅钟状；萼片三角卵形，先端急尖，全缘，内外两面均不具毛；花瓣倒卵形，先端钝圆，基部下延成宽楔形，两面无毛，白色；雄花具雄蕊 20～25 枚，着生在萼筒边缘，花丝细长，药囊黄色，约与花瓣等长或稍长；雌花具退化雄蕊，花丝极短；花盘环状，肥厚，具 10 个裂片；雄花具 3～5 枚退化雌蕊；雌花具雌蕊 5 枚，花柱稍偏斜，柱头肥厚，子房光滑无毛。蓇葖果 5 枚，并立，长 3～4 mm，具直立稀开展的宿存萼片，果梗长 5～8 mm。 花期 7 月，果期 8～9 月。

产青海：兴海（大河坝乡赞毛沟，吴玉虎 47193、47199、47208；中铁林场恰登沟，吴玉虎 44912、44923；赛宗寺后山，吴玉虎 46373）、玛沁（大武乡，王为义 26618）、久治（哇赛乡，吴玉虎 26678B）、班玛（马柯河林场，吴玉虎 25997）。生于海拔 2 500～3 720 m 的沟谷山坡林缘灌丛、高山草甸、河谷山地阴坡灌丛。

分布于我国的青海、甘肃（岷县、西固）、西藏（索县）；俄罗斯西伯利亚南部也有。

2. 窄叶鲜卑花 图版 15：6～9

Sibiraea angustata（Rehd.）Hand.-Mazz. Symb. Sin. 7：454. 1933；Hao in Bull. Chin. Bot. Soc. 2：31. 1936；中国高等植物图鉴 2：186. 图 2101. 1972；中国植物志 36：70. 图版 9：1～5. 1974；西藏植物志 2：553. 1985；青海植物志 2：67. 图版 11：5～8. 1999；Fl. China 9：74. 2003；青藏高原维管植物及其生态地理分布 448. 2008.

灌木，高 2.0～2.5 m。小枝圆柱形，微有棱角，幼时微被短柔毛，暗紫色，老时光滑无毛，黑紫色；冬芽卵形至三角卵形，先端急尖或钝圆，微被短柔毛，有 2～4 枚外露鳞片。叶在当年生枝条上互生，在老枝上通常丛生，叶片窄披针形、倒披针形，稀长椭圆形，长 2～8 cm，宽 1.5～2.5 cm，先端急尖或突尖，稀渐尖，基部下延成楔形，

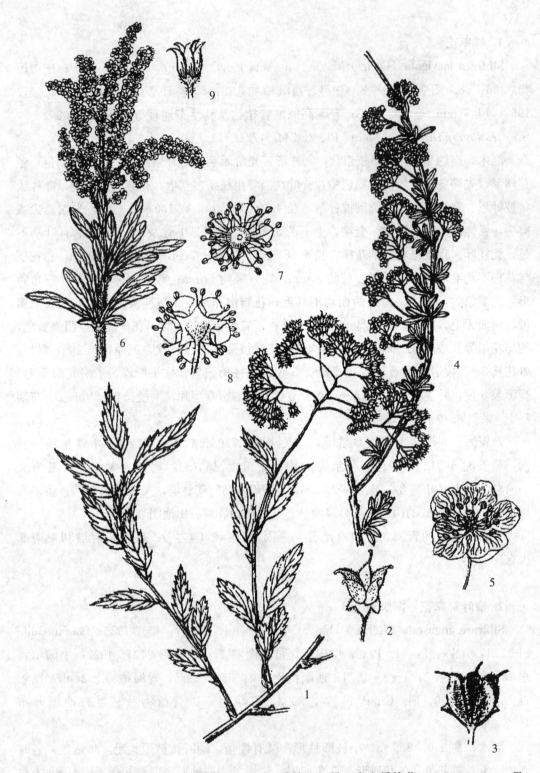

图版 15　南川绣线菊 **Spiraea rosthornii** Pritz. 1. 果枝；2. 果。高山绣线菊 **S. alpina** Pall. 3. 果。
细枝绣线菊 **S. myrtilloides** Rehd. 4.花枝；5.花。窄叶鲜卑花 **Sibiraea angustata**（Rehd.）Hand.–Mazz.
6. 花枝；7. 花正面；8. 花背面；9.果。（王颖绘）

全缘，上下两面均不具毛，仅在幼时边缘具柔毛，老时近于无毛，下面中脉明显，侧脉斜出；叶柄很短，不具托叶。顶生穗状圆锥花序，长 5～8 cm，直径 4～6 cm。花梗长 3～5 mm，总花梗和花梗均密被短柔毛；苞片披针形，先端渐尖，全缘，内外两面均被柔毛；花直径约 8 mm；萼筒浅钟状，外被柔毛；萼片宽三角形，先端急尖，全缘，内外两面均被稀疏柔毛；花瓣宽倒卵形，先端钝圆，基部下延成楔形，白色；雄花具雄蕊 20～25 枚，着生在萼筒边缘，花丝细长，药囊黄色，约与花瓣等长或稍长；雌花具退化雄蕊，花丝极短；花盘环状，肥厚，具 10 个裂片；雄花具 3～5 枚退化雌蕊，四周密被白色柔毛；雌花具雌蕊 5 枚，花柱稍偏斜，柱头肥厚，子房光滑无毛。蓇葖果直立，长约 4 mm，具宿存直立萼片，果梗长 3～5 mm，具柔毛。 花期 6 月，果期 8～9 月。

产青海：玛沁（江让水电站，植被地理组 434、473，H. B. G. 647；采集地不详，吴玉虎 1434；雪山乡，黄荣福 C. G. 81‑40；军功乡，吴玉虎 21163、21210、26950、26972；军功乡西哈垄河谷，H. B. G. 241；军功乡黑土山，H. B. G. 228，吴玉虎 18740、18778；尕柯河岸，玛沁队 126；阿尼玛卿山，吴玉虎 5585；大武乡，王为义 26618、26631）、久治（索乎日麻乡，藏药队 365、果洛队 200；扎石山，果洛队 10；哇赛乡，吴玉虎 26678）、班玛（采集地不详，吴玉虎 25997、26001 ；多贡麻乡，吴玉虎 25958；莫巴乡，吴玉虎 36321；马柯河林场，吴玉虎 26164）、玛多（班多赛草塘，陈实 54）、曲麻莱（东风乡，刘尚武 861）、称多（尕朵乡，苟新京和刘有义 83‑327；县城郊区，吴玉虎 29410）。生于海拔 3 300～4 100 m 的山坡、草甸、河漫滩、林下及灌丛。

甘肃：玛曲（齐哈玛大桥，吴玉虎 31778A；欧拉乡，吴玉虎 31939）。生于海拔 3 500 m 左右的高山灌丛。

四川：石渠（新荣乡雅垄江边，吴玉虎 30008；长沙贡玛乡，吴玉虎 29756）。生于海拔 4 000 m 左右的沟谷山地石隙、河谷山坡高寒灌丛。

分布于我国的青海、甘肃、西藏、四川、云南。

3. 枸子属 Cotoneaster B. Ehrhart

B. Ehrhart，Oecon，Pflanzenhist. 10：170. 1761.

落叶、常绿或半常绿灌木，有时为小乔木状。冬芽小型，具数个覆瓦状鳞片。叶互生，有时呈 2 列状，柄短，全缘；托叶细小，脱落很早。花单生，2～3 朵或多朵排列成聚伞花序，腋生或着生在短枝顶端；萼筒钟状、筒状或陀螺状，有短萼片 5 枚；花瓣，白色、粉红色或红色，直立或开张，在花芽中覆瓦状排列；雄蕊常 20 枚，稀 5～25 枚 ；花柱 2～5 枚，离生，心皮背面与萼筒联合，腹面分离，每心皮具 2 枚胚珠；子房下位或半下位。果实小型梨果状，红色、褐红色至紫黑色，先端有宿存萼片，内含

1~5 枚小核；小核骨质，常具 1 种子；种子扁平，子叶平凸。

有 90 余种，分布在亚洲（日本除外）、欧洲和北非的温带地区。主要产地在中国西部和西南部，共 50 余种；昆仑地区产 13 种 1 变种。

分 种 检 索 表

1. 花单生或稀疏的聚伞花序，花常在 20 朵以下。
  2. 花瓣白色，开花时平铺展开；果红色。
    3. 叶下无毛或稍具柔毛。
      4. 叶片下面无毛；花梗和萼筒均无毛 ················· **1. 水栒子 C. multiflorus** Bunge
      4. 叶片下面有短柔毛；花梗和萼筒外面有稀疏柔毛 ·················
          ················· **2. 毛叶水栒子 C. submultiflorus** Popov
    3. 叶下被茸毛或柔毛。
      5. 叶上面无毛，下面常有柔毛；萼筒外无毛；果卵形；小核 1 ·················
          ················· **3. 钝叶栒子 C. hebephyllus** Diels
      5. 叶下面具白色茸毛，上面无毛或具疏柔毛；萼筒外被茸毛；果实卵形或椭圆形；小核 1~2 ········· **4. 准噶尔栒子 C. soongoricus** (Regel et Herd.) Popov
  2. 花瓣粉红色，开花时直立；果红色或黑色。
    6. 叶下无毛或具稀疏柔毛。
      7. 叶椭圆形至卵状披针形；花常 2~11（13）朵；果红色，果椭圆形；小核 2
          ················· **5. 尖叶栒子 C. acuminatus** Lindl.
      7. 叶椭圆形至长圆卵形；花 2~5 朵；果黑色，椭圆形或倒卵形；小核 2~3
          ················· **6. 灰栒子 C. acutifolius** Turcz.
    6. 叶下密被茸毛或短柔毛；果红色，稀黑色。
      8. 叶卵圆形至卵形；叶上具稀疏柔毛；果红色；小核 2 ·················
          ················· **7. 西北栒子 C. zabelii** Schneid.
      8. 叶幼时具茸毛，老时无毛；果黑色。
        9. 叶卵状椭圆形至宽卵形；下面具白色茸毛；果球形；小核 2~3 ·········
          ················· **9. 黑果栒子 C. melanocarpus** Lodd.
        9. 叶卵形、椭圆形至狭椭圆形；下面被灰白色平贴茸毛；果卵形；小核 1~2
          ················· **8. 细枝栒子 C. tenuipes** Rehd. et Wils.
1. 花单生，稀 2~3（7）朵簇生；小叶多小型。
  10. 叶下无毛或具极稀疏柔毛。
    11. 平铺矮生灌木；花 1~2 朵。
      12. 茎平铺，不规则分枝；叶宽卵形或椭圆形，叶边波状起伏；果大（直径 5~7 mm）；小核 2 ················· **10. 匍匐栒子 C. adpressus** Bois

12. 茎水平散开，呈规则的两列分枝；叶近圆形或宽椭圆形；叶边平，无波
  　状起伏；果直径 4～6 mm；小核 3，稀 2 ………………………………………
  　…………………………………………… **11. 平枝枸子 C. horizontalis** Dcne.

  11. 直立灌木；花 2～4 朵；叶片幼时两面被短柔毛；果被稀疏柔毛 …………
  　………………………………………… **12. 散生枸子 C. divaricatus** Rehd. et Wils.

10. 叶近圆形或宽椭圆形，叶下面密被茸毛；花常单生；果倒卵形，红色；小核 2～3
  　………………………………………… **13. 红花枸子 C. rubens** W. W. Smith

1. 水枸子　图版 16：1～3

Cotoneaster multiflorus Bunge in Ledeb. Fl. Alt. 2：220. 1830；中国树木分类学 438. 图 334. 1937；东北木本植物图志 293. 图版 103：205. 1955；Klotz in Wiss. Zeits. Univ. Halle 6：965. 1957；中国高等植物图鉴 2：191. 图 2112. 1972；中国植物志 36：131. 1974；西藏植物志 2：562. 图 179：5～7. 1985；新疆植物志 2（2）：277. 1995；青海植物志 2：70. 图版 13：4～6. 1999；Fl. China 9：94. 2003；青藏高原维管植物及其生态地理分布 405. 2008. —— *C. reflexa* Carr. in Rev. Hort. 1870：520. 1871.

落叶灌木，高达 4 m。枝条细瘦，常呈弓形弯曲；小枝圆柱形，红褐色或棕褐色，无毛，幼时带紫色，具短柔毛，不久脱落。叶片卵形或宽卵形，长 2～4 cm，宽 1.5～3.0 cm，先端急尖或钝圆，基部宽楔形或圆形，上面无毛，下面幼时稍有茸毛，后渐脱落；叶柄长 3～8 mm，幼时有柔毛，以后脱落；托叶线形，疏生柔毛，脱落。花多数，约 5～21 朵，成疏松的聚伞花序，总花梗和花梗无毛，稀微具柔毛；花梗长 4～6 mm；苞片线形，无毛或微具柔毛；花直径 1.0～1.2 cm；萼筒钟状，内外两面均无毛；萼片三角形，先端急尖，通常除先端边缘外，内外两面均无毛；花瓣平展，近圆形，直径 4～5 mm，先端钝圆或微缺，基部有短爪，内面基部有白色细柔毛；雄蕊约 20 枚，稍短于花瓣；花柱通常 2 枚，离生，比雄蕊短；子房先端有柔毛。果实近球形或倒卵形，直径约 8 mm，红色，有 1 个由 2 心皮合生而成的小核。　花期 5～6 月，果期 8～9 月。

产青海：兴海（河卡乡羊曲，何廷农 99）、玛沁（江让水电站，吴玉虎 6018）、班玛（马柯河林场可培苗圃，王为义 27001、27015；马柯河林场格尔赛沟，王为义 27222；灯塔乡加不足沟，王为义 27483）。生于海拔 3 100～3 700 m 的河边、山坡砾石地。

分布于我国的新疆、青海、甘肃、陕西、西藏、四川、云南、山西、河北、内蒙古、河南、辽宁、黑龙江；俄罗斯西伯利亚和北高加索地区，亚洲中部和西部也有。

2. 毛叶水枸子

Cotoneaster submultiflorus Popov in Bull. Soc. Nat. Moscou n. sér 44：126. 1935；中国高等植物图鉴 2：192. 图 2113. 1972；中国植物志 36：132. 1974；西藏植

物志 2：562. 1985；青海植物志 2：71. 1999；Fl. China 9：94. 2003；青藏高原维管植物及其生态地理分布 406. 2008.

落叶直立灌木，高 2～4 m。小枝细，圆柱形，棕褐色或灰褐色，幼时密被柔毛，逐渐脱落以后无毛。叶片卵形、菱状卵形至椭圆形，长 2～4 cm，宽 1.2～2.0 cm，先端急尖或钝圆，基部宽楔形，全缘，上面无毛或幼时微具柔毛，下面具短柔毛，无白霜；叶柄长 4～7 mm，微具柔毛，托叶披针形，有柔毛，多数脱落。花多数，成聚伞花序，总花梗和花梗具长柔毛；花梗长 4～6 mm；苞片线形，有柔毛；花直径 8～10 mm；萼筒钟状，外面被柔毛，内面无毛；萼片三角形，先端急尖，外面被柔毛，内面无毛；花瓣平展，卵形或近圆形，长 3～5 mm，先端钝圆或稀微缺，白色；雄蕊 15～20 枚，短于花瓣，花柱 2 枚，离生，稍短于雄蕊；子房先端有短柔毛。果实近球形，直径 6～7 mm，亮红色，有由 2 心皮合生的 1 小核。　花期 5～6 月，果期 9 月。

产青海：兴海（大河坝乡赞毛沟，吴玉虎 46429）、玛沁（拉加乡，玛沁队 217）。生于海拔 3 100～3 720 m 的河谷山坡灌丛、沟谷山地林缘。

分布于我国的新疆、青海、甘肃、宁夏、陕西、西藏、山西、内蒙古；亚洲中部也有。

3. 钝叶栒子

Cotoneaster hebephyllus Diels in Not. Bot. Gard. Edinb. 5：273. 1912；中国高等植物图鉴 2：192. 图 2114. 1972；中国植物志 36：133. 1974；西藏植物志 2：566. 1985；青海植物志 2：70. 1999；Fl. China 9：93. 2003；青藏高原维管植物及其生态地理分布 404. 2008.

落叶灌木，高 1.5～3.0 m，有时呈小乔木状。枝条开展，小枝细瘦，暗红褐色，幼时被柔毛，不久即脱落。叶片稍厚，近革质，椭圆形至广卵形，长 2.5～3.5 cm，宽 1.2～2.0 cm，先端多数钝圆或微凹，具小凸尖，基部宽楔形至圆形，上面常无毛，下面有白霜，具长柔毛或茸毛状毛；叶柄长 5～7 mm，疏生长柔毛；托叶细小，线状披针形，微具柔毛，至果期脱落。花 5～15 朵，成聚伞花序，总花梗和花梗稍具柔毛；花梗长 2～5 mm；花直径 7～8 mm；萼筒钟状，外面无毛，有时在近基部稍有柔毛，内面无毛；萼片宽三角形，先端急尖，外面无毛，内面无毛或仅先端微具柔毛；花瓣平展，近圆形，直径 3～4 mm，先端钝圆，基部有极短爪，内面近基部处疏生细柔毛，白色；雄蕊 20 枚，稍短于花瓣，花药紫色；花柱 2 枚，离生，比雄蕊稍短；子房顶部密生柔毛。果实卵形，有时长圆形，直径 6～8 mm，暗红色，常 2 核联合为一体。　花期 5～6 月。果期 8～9 月。

产青海：班玛（马柯河林场河岸，王为义 27641、27644）。生于海拔 3 200～3 800 m 的河谷山坡林缘、沟谷山地高寒灌丛。

分布于我国的青海、甘肃、西藏东南部、四川、云南。

本种叶形和花序近似于水栒子 *C. multiflourus* Bgune，惟叶片近革质，下面被毛；叶柄花梗均具柔毛，易于区别。

4. 准噶尔栒子

Cotoneaster soongoricus（Regel et Herd.）Popov in Bull. Soc. Nat. Moscou n. sér. 44：128. 1935；中国高等植物图鉴 2：193. 图 2116. 1972；中国植物志 36：135. 1974；新疆植物志 2（2）：278. 1995；Fl. China 9：92. 2003；青藏高原维管植物及其生态地理分布 406. 2008.

落叶灌木，高达 1.0～2.5 m。枝条开张，稀直升；小枝细瘦，圆柱形，灰褐色，嫩时密被灰色茸毛，成长时逐渐脱落无毛。叶片广椭圆形、近圆形或卵形，长 1.5～5.0 cm，宽 1～2 cm，先端常钝圆而有小突尖，有时微凹，基部圆形或宽楔形，上面无毛或具稀疏柔毛，叶脉常下陷，下面被白色茸毛，叶脉稍微凸起；叶柄长 2～5 mm，具茸毛。花 3～12 朵，成聚伞花序，总花梗和花梗被白色茸毛；花梗长 2～3 mm；花直径 8～9 mm；萼筒钟状，外被茸毛，内面无毛；萼片宽三角形。先端急尖，外面有茸毛，内面近无毛或无毛；花瓣平展，卵形至近圆形，先端钝圆，稀微凹，基部有短爪，内面近基部微具带白色细柔毛，白色；雄蕊 18～20 枚，稍短于花瓣，花药黄色；花柱 2 枚，离生，稍短于雄蕊；子房顶部密生白色柔毛。果实卵形至椭圆形，长 7～10 mm，红色，具 1～2 小核。 花期 5～6 月，果期 9～10 月。

产新疆：乌恰（吉根乡斯木哈纳，青藏队吴玉虎 87041）、皮山（喀尔塔什，青藏队吴玉虎 3612）。生于海拔 2 800～3 200 m 的林缘或山坡砾石地。

分布于我国的新疆、甘肃、宁夏、西藏、四川、内蒙古。

5. 尖叶栒子

Cotoneaster acuminatus Lindl. in Trans. Linn. Soc. 13：101. t. 9. 1822；中国高等植物图鉴 2：194. 图 2117. 1972；中国植物志 36：138. 1974；西藏植物志 2：564. 1985；青海植物志 2：71. 1999；Fl. China 9：98. 2003；青藏高原维管植物及其生态地理分布 402. 2008.

落叶直立灌木，高 2～3 m。枝条开张，小枝圆柱形，灰褐色至棕褐色，幼时密被带黄色糙伏毛，老时无毛。叶片椭圆卵形至卵状披针形，长 3.0～6.5 cm，宽 2～3 cm，先端渐尖，稀急尖，基部宽楔形，全缘，两面被柔毛，下面毛较密；叶柄长 3～5 mm，有柔毛；托叶披针形，至果期尚宿存。花 1～5 朵，通常 2～3 朵，成聚伞花序，总花梗和花梗被带黄色柔毛；苞片披针形，边缘有柔毛；花梗长 3～5 mm；花直径 6～8 mm；萼筒钟状，外面微具柔毛，内面无毛；萼片三角形，先端急尖，外面微具柔毛，内面仅先端和边缘有柔毛；花瓣直立，卵形至倒卵形，长约 4 mm，先端钝圆，基部具爪，粉红色；雄蕊 20 枚，比花瓣短；花柱 2 枚，离生，稍短于雄蕊；子房先端有柔毛。果实椭圆形，长 8～10 mm，直径 7～8 mm，红色，内具 2 小核。　花期 5～6 月，果期 9～10 月。

产青海：班玛（马柯河林场，王为义 27641；马柯河林场宝藏沟，王为义 27302、27331、27336；马柯河林场可培苗圃，王为义 27308）。生于海拔 3 200～3 800 m 的沟谷山坡林缘灌丛、河谷灌丛。

分布于我国的青海、西藏、四川、云南；尼泊尔，不丹，印度北部也有。

本种的叶片常为椭圆卵形，两面被柔毛，果实红色，椭圆形，与北方常见的灰栒子 *C. acutifolius* Turcz. 很相似，但后者的果实为黑色，叶片多急尖而少渐尖，可以区别。

6. 灰栒子　图版 16：4～6

Cotoneaster acutifolius Turcz. in Bull. Soc. Nat. Moscou 5：190. 1832；中国树木分类学 439. 图 335. 1937；中国高等植物图鉴 2：196. 图 2121. 1972；中国植物志 36：144. 图版 20：6～9. 1974；西藏植物志 2：564. 图 79：8～10. 1985；青海植物志 2：72. 图版 13：7～9. 1999；Fl. China 9：99. 2003；青藏高原维管植物及其生态地理分布 402. 2008.

6a. 灰栒子（原变种）

var. acutifolius

落叶灌木，高 2～4 m。枝条开张，小枝细瘦，圆柱形，棕褐色或红褐色，幼时被长柔毛。叶片椭圆卵形至长圆卵形，长 2.5～5.0 cm，宽 1.2～2.0 cm，先端急尖，稀渐尖，基部宽楔形，全缘，幼时两面均被长柔毛，下面较密，老时逐渐脱落，最后常近无毛；叶柄长 2～5 mm，具短柔毛；托叶线状披针形，脱落。花 2～5 朵，成聚伞花序，总花梗和花梗被长柔毛；苞片线状披针形，微具柔毛；花梗长 3～5 mm；花直径 7～8 mm；萼筒钟状或短筒状，外面被短柔毛，内面无毛；萼片三角形，先端急尖或稍钝，外面具短柔毛，内面先端微具柔毛；花瓣直立，宽倒卵形或长圆形，长约 4 mm，宽约 3 mm，先端钝圆，白色外带红晕；雄蕊 10～15 枚，比花瓣短；花柱通常 2 枚，离生，短于雄蕊，子房先端密被短柔毛。果实椭圆形稀倒卵形，直径 7～8 mm，黑色，内有小核 2～3 个。　花期 5～6 月，果期 9～10 月。

产青海：班玛（马柯河林场可培苗圃，王为义 27038）。生于海拔 3 200～3 700 m 的山坡、山麓、山沟及丛林。

分布于我国的青海、甘肃、陕西、西藏、山西、河北、河南、内蒙古、湖北；蒙古也有。

本种的叶片形状和毛茸极似尖叶栒子 *C. acuminatus* Lindl.，后者果实红色，叶片下面柔毛较多而可以相区别。

6b. 密毛灰栒子（变种）

var. **villosulus** Rehd. et Wils. in Sarg. Pl. Wils. 1：158. 1912；中国植物志 36：145. 1974；西藏植物志 2：565. 1985；青海植物志 2：72. 1999；Fl. China 9：100. 2003；青藏高原维管植物及其生态地理分布 402. 2008.

本种与原变种的区别在于：叶片较大，下面密被长柔毛；花萼外面密被长柔毛；果实疏生短柔毛。

产青海：班玛。生于海拔 3 200～3 700 m 的沟谷山地林下及林缘灌丛。

分布于我国的青海、甘肃、陕西、西藏、河北、湖北。

7. 西北栒子

Cotoneaster zabelii Schneid. Illustr. Handb. Laubh. 1：479. f. 420 f～h. 422 i～k. 1906，et in Fedde Repert. Sp. Nov. 3：220. 1906；中国高等植物图鉴 2：197. 图 2124. 1972；中国植物志 36：149. 图版 23：9～12. 1974；青海植物志 2：73. 1999；Fl. China 9：95. 2003；青藏高原维管植物及其生态地理分布 407. 2008.

落叶灌木，高达 2 m。枝条细瘦开张，小枝圆柱形，深红褐色，幼时密被带黄色柔毛，老时无毛。叶片椭圆形至卵形，长 1.2～3.0 cm，宽 1～2 cm，先端多数钝圆，稀微缺，基部圆形或宽楔形，全缘，上面具稀疏柔毛，下面密被带黄色或带灰色茸毛；叶柄长 1～3 mm，被茸毛；托叶披针形，有毛，在果期多数脱落。花 3～13 朵，成下垂聚伞花序；总花梗和花梗被柔毛；花梗长 2～4 mm；萼筒钟状，外面被柔毛；萼片三角形，先端稍钝或具短尖头，外面具柔毛，内面几无毛或仅沿边缘有少数柔毛；花瓣直立，倒卵形或近圆形，直径 2～3 mm，先端钝圆，浅红色；雄蕊 18～20 枚，较花瓣短；花柱 2 枚，离生，短于雄蕊，子房先端具柔毛。果实倒卵形至卵球形，直径 7～8 mm，鲜红色，常具 2 小核。　花期 5～6 月，果期 8～9 月。

产青海：兴海（河卡乡羊曲伪香，何廷农 86）。生于海拔 3 500 m 左右的河谷或流水旁。

分布于我国的青海、甘肃、宁夏、陕西、山西、河北、河南、湖北、湖南、山东。

8. 细枝栒子　图版 16：7～8

Cotoneaster tenuipes Rehd. et Wils. in Sarg. Pl. Wils. 1：171. 1912；中国植物志 36：150. 1974；西藏植物志 2：566. 图 180：5～8. 1985；青海植物志 2：73. 图版 13：10～11. 1999；Fl. China 9：95. 2003；青藏高原维管植物及其生态地理分布 406. 2008.

落叶灌木，高 1～2 m。小枝细瘦，圆柱形，褐红色，幼时具灰黄色平贴柔毛，不久即脱落，一年生枝无毛。叶片卵形、椭圆卵形至狭椭圆卵形，长 1.5～2.5（3.5）cm，宽 1.2～2.0 cm，先端急尖或稍钝。基部宽楔形，全缘，上面幼时具稀疏柔毛，老时近无毛，叶脉微下陷，下面被灰白色平贴茸毛，叶脉稍凸起；叶柄长 3～5 mm，具柔毛；托叶披针形，微具柔毛，脱落或部分宿存。花 2～4 朵，成聚伞花序，总花梗和花梗密生平贴柔毛；苞片线状披针形，微具柔毛；花梗细弱，长 1～3 mm；花直径约 7 mm；萼筒钟状，外面密被平贴柔毛，内面无毛；萼片卵状三角形，先端急尖，外面密生柔毛，内面除边缘外均无毛；花瓣直立，卵形或近圆形，长 3～4 mm，宽约与长相等，先端钝圆，基部有爪，白色有红晕；雄蕊约 15 枚，比花瓣短；花柱 2 枚，离生，短于雄蕊；子房先端微具柔毛。果实卵形，直径 5～6 mm，长 8～9 mm，紫黑色，有 1～2 小核。　花期 5 月，果期 9～10 月。

产青海：班玛（灯塔乡加不足沟，王为义 27371、27420、27483；马柯河林场烧柴沟，王为义 27543；马柯河林场可培苗圃，王为义 27013、27092、27107、27388、27482）。生于海拔 3 200～3 800 m 的林间或多石山地。

分布于我国的青海、甘肃、西藏、四川、云南。

本种和灰栒子 C. *acutifolius* Turcz. 的区别为：叶片较小，长 1.5～2.5（3.5）cm，下面有灰白色茸毛；果实卵形，具 1～2 小核。灰栒子的叶片较大，长 2.5～5.0 cm，两面均被长柔毛；果实椭圆形或倒卵形，具 2～3 小核。又，本种与西北栒子 C. *zabelii* Schneid. 比较，后者花序上的花朵较多（3～13 枚）；果实倒卵形，鲜红色，2 小核，易于辨别。

9. 黑果栒子

Cotoneaster melanocarpus Lodd. Bot. Cab. 16：t. 1531. 1828；东北木本植物图志 292. 图版 103：204. 1955；中国高等植物图鉴 2：198. 图 2126. 1972；中国植物志 36：156. 1974；新疆植物志 2（2）：279. 图版 74：10～12. 1995；Fl. China 9：98. 2003.

落叶灌木，高 1～2 m。枝条开展，小枝圆柱形，褐色或紫褐色，幼时具短柔毛，不久脱落无毛。叶片卵状椭圆形至宽卵形，长 2.0～4.5 cm，宽 1～3 cm，先端钝或微尖，有时微缺，基部圆形或宽楔形，全缘，上面幼时微具短柔毛，老时无毛，下面被白色茸毛；叶柄长 2～5 mm，有茸毛；托叶披针形，具毛，部分宿存。花 3～15 朵，成聚伞花序；总花梗和花梗具柔毛，下垂；花梗长 3～7（9）mm；苞片线形，有柔毛；花直径约 7 mm；萼筒钟状，内外两面无毛；萼片三角形，先端钝，外面无毛，内面仅沿边缘微具柔毛；花瓣直立，近圆形，长与宽各 3～4 mm，粉红色；雄蕊 20 枚，短于花瓣；花柱 2～3 枚，离生，比花瓣短，子房先端具柔毛。果实近球形，直径 6～7 mm，蓝黑色，有蜡粉，内具 2～3 小核。　花期 5～6 月，果期 8～9 月。

产新疆：塔什库尔干（明铁盖，帕考队 5486）。生于海拔 3 800～3 900 m 的沟谷山坡灌丛。

分布于我国的新疆、甘肃、河北、内蒙古、吉林、黑龙江；蒙古北部，俄罗斯西伯利亚，亚洲西部至欧洲东部也有。

10. 匍匐栒子　图版 16：9～11

Cotoneaster adpressus Bois in Vilm. et Bois Frutic. Vilm. 116. f. 1904，et in Fedde Repert. Sp. Nov. 3：226. 1906；中国高等植物图鉴 2：201. 图 2131. 1972；中国植物志 36：170. 图版 22：1～3. 1974；西藏植物志 2：570. 图 181：11～13. 1985；青海植物志 2：69. 图版 13：1～3. 1999；青藏高原维管植物及其生态地理分布 402. 2008.

落叶匍匐灌木。茎不规则分枝，平铺地上；小枝细瘦，圆柱形，幼嫩时具糙伏毛，逐渐脱落，红褐色至暗灰色。叶片宽卵形或倒卵形，稀椭圆形，长 5～15 mm，宽 4～10 mm，先端钝圆或稍急尖，基部楔形，边缘全缘而呈波状，上面无毛，下面具稀疏短柔毛或无毛；叶柄长 1～2 mm，无毛；托叶钻形，成长时脱落。花 1～2 朵，几无梗，直径 7～8 mm；萼筒钟状，外具稀疏短柔毛，内面无毛；萼片卵状三角形，先端急尖，外面有稀疏短柔毛，内面常无毛；花瓣直立，倒卵形，长约 4.5 mm，宽几与长相等，先端微凹或钝圆，粉红色；雄蕊约 10～15 枚，短于花瓣；花柱 2 枚，离生，比雄蕊短；子房顶部有短柔毛。果实近球形，直径 6～7 mm，鲜红色，无毛，通常有 2 小核，稀 3 小核。　花期 5～6 月，果期 8～9 月。

产新疆：叶城（依力克其牧场，黄荣福 C. G. 86 - 114）。生于海拔 3 800 m 左右的沟谷山地阳坡岩隙。

青海：兴海（中铁林场恰登沟，吴玉虎 45199；中铁乡附近，吴玉虎 42868）、称多（歇武乡，刘有义 83 - 372，称文乡长江边，刘尚武 2314）、玛沁（尕柯河岸，玛沁队 140；西哈垄河谷，吴玉虎 5674）、久治（门堂乡，藏药队 280；哇赛乡，吴玉虎 26771；哇赛乡黄河边，果洛队 204；白玉乡，吴玉虎 26420、26640）、班玛（马柯河林场红军沟，王为义 26922；班前乡照山，王为义 26902；马柯河林场宝藏沟，王为义 27230；马柯河林场可培苗圃，王为义 27086；军功乡龙穆沟，吴玉虎 25687；江日堂乡，吴玉虎 26074；军功乡，吴玉虎 21168）。生于海拔 3 200～4000 m 的山坡岩隙、山地草甸、山坡灌丛、沟谷山地阳坡石隙。

四川：石渠（真达乡，陈世龙 623）。生于海拔 3 500 m 左右的沟谷山坡灌丛。

分布于我国的新疆、青海、甘肃、陕西、西藏、四川、云南、贵州、湖北；印度，缅甸，尼泊尔也有。

本种与平枝栒子 C. horizontalis Dcne. 的主要区别在于：后者茎水平展开，呈规则的 2 列分枝；叶片近圆形或宽椭圆形，稀倒卵形，边缘不呈波状；果实直径 4～6 mm，有 3 小核。

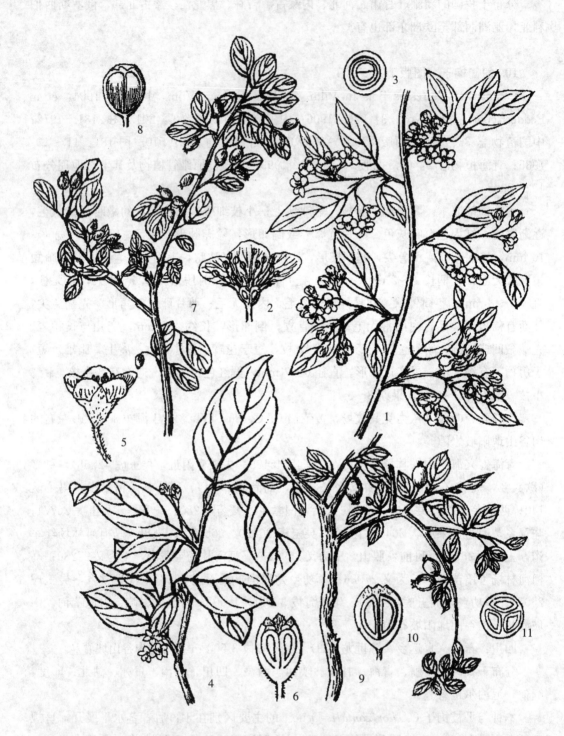

图版 16　水枸子 **Cotoneaster multiflorus** Bunge 1. 花枝；2. 花纵剖面；3. 果横剖面。灰枸子 **C. acutifolius** Turcz. 4. 花枝；5. 花；6. 果纵剖面。细枝枸子 **C. tenuipes** Rehd. et Wils. 7. 花枝；8. 果纵剖面。匍匐枸子 **C. adpressus** Bois 9. 果枝；10. 果纵剖面；11. 果横剖面。（王颖绘）

11. 平枝栒子

Cotoneaster horizontalis Dcne. in Fl. Serr. 22：168. 1877；中国树木分类学 438. 1937；中国高等植物图鉴 2：201. 图 2132. 1972；中国植物志 36：172. 1974；青海植物志 2：70. 1999；Fl. China 9：105. 2003；青藏高原维管植物及其生态地理分布 404. 2008.

落叶或半常绿匍匐灌木，高不超过 0.5 m。枝条水平开张，呈整齐 2 列状；小枝圆柱形，幼时外被糙伏毛，老时脱落，黑褐色。叶片近圆形或宽椭圆形，稀倒卵形，长 5～14 mm，宽 4～9 mm，先端多数急尖，基部楔形，全缘，上面无毛，下面有稀疏平贴柔毛；叶柄长 1～3 mm，被柔毛；托叶钻形，早落。花 1～2 朵，近无梗，直径 5～7 mm；萼筒钟状，外面有稀疏短柔毛，内面无毛；萼片三角形，先端急尖，外面微具短柔毛，内面边缘有柔毛；花瓣直立，倒卵形，先端钝圆，长约 4 mm，宽约 3 mm，粉红色；雄蕊约 12 枚，短于花瓣；花柱常为 3 枚，有时为 2 枚，离生，短于雄蕊；子房顶端有柔毛。果实近球形，直径 4～6 mm，鲜红色，常具 3 小核，稀 2 小核。 花期 5～6 月，果期 9～10 月。

产青海：曲麻莱（通天河畔，刘海源 886）、玛沁（西哈垄河谷，吴玉虎 5647、21214，军功乡，吴玉虎 20682、20701、21155；军功乡红土山，吴玉虎 18428）、久治（白玉乡，吴玉虎 26380）、班玛（江日堂乡，吴玉虎 26039、26094）。生于海拔 3 400～3 600 m 的沟谷山坡、河边石隙和草甸。

甘肃：玛曲（河曲军马场，吴玉虎 31864）。生于海拔 3 400 m 的石隙及草甸。

分布于我国的青海、甘肃、陕西、四川、云南、贵州、湖北、湖南；尼泊尔也有。

12. 散生栒子

Cotoneaster divaricatus Rehd. et Wils. in Sarg. Pl. Wils. 1：157. 1912；中国高等植物图鉴 2：202. 图 2133. 1972；中国植物志 36：173. 1974；西藏植物志 2：572. 1985；青海植物志 2：69. 1999；Fl. China 9：105. 2003；青藏高原维管植物及其生态地理分布 403. 2008.

落叶直立灌木，高 1～2 m。分枝稀疏开展，枝条细瘦开张；小枝圆柱形，暗红褐色或暗灰褐色，幼嫩时具糙伏毛，成长时脱落，老时无毛。叶片椭圆形或宽椭圆形，稀倒卵形，长 7～20 mm，宽 5～10 mm，先端急尖，稀稍钝，基部宽楔形，全缘，幼时上下两面有短柔毛，老时上面脱落近于无毛；叶柄长 1～2 mm，具短柔毛；托叶线状披针形，早落。花 2～4 朵，直径 5～6 mm，花梗长 1～2 mm；萼筒钟状，外面有稀疏短柔毛，内面无毛；萼片三角形，先端急尖，外面有短柔毛，内面仅先端具少数柔毛；花瓣直立，卵形或长圆形，先端钝圆，长约 4 mm，宽约 3 mm，粉红色；雄蕊 10～15 枚，比花瓣短；花柱 2 枚，离生，短于雄蕊；子房顶端有短柔毛。果实椭圆形，直径 5～

7 mm，红色，有稀疏毛，具 1～3 核，通常有 2 小核。 花期 4～6 月，果期 9～10 月。

产甘肃：玛曲（军马场，吴玉虎 31864）。生于海拔 3 400 m 的沟谷山地石隙及草甸。

分布于我国的青海、甘肃、陕西、西藏、四川、云南、湖北、江西。

本种的近似种为平枝枸子 *C. horizontalis* Dcne.，但后者为匍匐灌木，不直立；叶形稍小，花多单生；果实近球形，多具 3 小核。可以相区别。

13. 红花枸子

Cotoneaster rubens W. W. Smith in Not. Bot. Gard. Edinb. 10：24. 1917；Hand. -Mazz. Symb. Sin. 7：457. 1933；中国植物志 36：178. 图版 23：5～8. 1974；西藏植物志 2：573. 图 180：1～4. 1985；Fl. China 9：104. 2003；青藏高原维管植物及其生态地理分布 406. 2008.

直立或匍匐落叶至半常绿灌木，高 0.5～2.0 m，常具不规则分枝。小枝粗壮，圆柱形，灰黑色，幼嫩时具糙伏毛，老时无毛。叶片近圆形或宽椭圆形，长 1.0～2.3 cm，宽 0.8～1.8 cm，先端钝圆而常具小突尖，基部圆形，全缘，上面无毛，叶脉下陷，下面密被黄色茸毛，叶脉凸起；叶柄粗壮而短，长 1～2 mm，具柔毛；托叶早落。花多数单生，直径 8～9 mm，具短梗；萼筒钟状，外面具稀柔毛，内面无毛；萼片三角形，先端稍钝，外面有柔毛，内面仅沿边缘处有柔毛；花瓣直立，圆形至宽倒卵形，直径 4～5 mm，先端钝，深红色；雄蕊约 20 枚，比花瓣短；花柱 2 枚离生，稍短于雄蕊；子房顶端具柔毛。果实倒卵形，直径 8～9 mm，红色，具 2 或 3 小核。 花期 6～7 月，果期 9～10 月。

产青海：曲麻莱（通天河畔，刘海源 900）。生于海拔 3 500 m 左右的沟谷山地林缘。

分布于我国的青海、西藏东南部、云南西北部；缅甸，不丹也有。

4. 山楂属 Crataegus Linn.

Linn. Sp. Pl. 475. 1753，p. p.；

Can. Pl. ed. 213. no. 547. 1754，p. p.

落叶稀半常绿灌木或小乔木，通常具刺，很少无刺；冬芽卵形或近圆形。单叶互生，有锯齿，深裂或浅裂，稀不裂，有叶柄与托叶。伞房花序或伞形花序，极少单生；萼筒钟状，萼片和花瓣各 5 枚，白色，极少数粉红色；雄蕊 5～25 枚；心皮 1～5 个，大部分与花托合生，仅先端和腹面分离，子房下位至半下位，每室具 2 胚珠，其中 1 个常不发育。梨果，先端有宿存萼片；心皮熟时为骨质，呈小核状，各具 1 种子。种子直立，扁，子叶平凸。

分布于北半球，北美种类很多，有人描写在 1 000 种以上。我国约有 17 种，昆仑地区产 1 种。

1. 阿尔泰山楂　图版 25：1～3

Crataegus altaica (Loud.) Lange　Rev. Sp. Gen. Crataeg. 42. 1897. excl. var. *villosa*；中国高等植物图鉴 2：206. 图 2142. 1972；中国植物志 36：202. 图版 26：5～8. 1974；新疆植物志 2（2）：284. 图版 75：10～13. 1995；Fl. China 9：117. 2003.

中型乔木，高 3～6 m。通常无刺，稀有少量粗壮枝刺，刺长 2～4 cm；小枝粗壮，圆柱形，微屈曲，无毛，光亮，紫褐色或红褐色，老时灰褐色，散生浅色长圆形皮孔，有光泽；冬芽近圆形，先端钝圆、无毛，有光泽，红褐色。叶片宽卵形或三角卵形，长 5～9 cm，宽 4～7 cm，先端急尖，稀钝圆，基部截形或宽楔形，稀近心形，通常有 2～4 对裂片，基部 1 对分裂较深，裂片卵形或宽卵形，先端急尖，边缘有不规则尖锐疏锯齿，上面具稀疏短柔毛，下面脉腋有髯毛，叶脉显著，侧脉多数达于裂片顶端，少数在分裂处；叶柄长 2.5～4.0 cm，无毛；托叶大，草质，镰刀形或心形，边缘有腺齿。复伞房花序，直径 3～4 cm，多花密集；总花梗和花梗均光滑无毛，花梗长 5～7 mm；苞片膜质，披针形，边缘有腺齿；花直径 1.2～1.5 cm；萼筒钟状，外面无毛；萼片三角卵形或三角披针形，长 2～4 mm，比萼筒短，先端尾状渐尖，全缘，两面均无毛；花瓣近圆形，直径约 5 mm，白色；雄蕊 20 枚，比花瓣稍短；花柱 4～5 枚，柱头头状，子房上部有稀疏柔毛。果实球形，直径 8～10 mm，金黄色。果肉粉质；萼片宿存，反折；小核 4～5 个，内面两侧有凹痕。　花期 5～6 月，果期 8～9 月。

产新疆：喀什（公园，王兵 92 - 2342）。生于海拔 450～1 900 m 的山坡、林下或河沟旁。

新疆普遍栽培；俄罗斯伏尔加河下游、西伯利亚等地也有。

5. 花楸属 Sorbus Linn.

Linn. Sp. Pl. 477. 1753.

落叶乔木或灌木；冬芽大型，具多数覆瓦状鳞片。叶互生，有托叶，单叶或奇数羽状复叶，在芽中为对折状，稀席卷状。花两性，多数排列成顶生复伞房花序；萼片和花瓣各 5 枚；雄蕊 15～25 枚；心皮 2～5 个，部分离生或全部合生；子房半下位或下位，2～5 室，每室具 2 枚胚珠。果实为 2～5 室小型梨果，子房壁为软骨质，各室具 1～2 粒种子。

有 80 余种，分布在北半球，亚洲、欧洲、北美洲均有。我国有 50 余种，昆仑地区产 3 种。

分 种 检 索 表

1. 小叶 9～17；冬芽被白色柔毛；花梗、叶柄和小叶下面无毛；果红色 …………………
…………………………………………………………… **1. 天山花楸 S. tianschanica** Rupr.
1. 小叶 15～25 (31)；冬芽鳞片边缘被锈褐色柔毛或无毛。
　2. 果粉红色；小叶 15～19，形状宽大；总花梗和花梗被锈褐色柔毛；萼腹面微被锈
　　褐色毛 ……………………………………………………… **2. 西南花楸 S. rehderiana** Koehne
　2. 果白色；小叶 15 (17)～25 (31)，形状较短且窄；总花梗和花梗被稀疏白毛 …
…………………………………………………………… **3. 陕甘花楸 S. koehneana** Schneid.

1. 天山花楸　图版 17：1～3

Sorbus tianschanica Rupr. in Mém. Acad. Sci. St. -Pétersb. sér. 7. 14：46. 1869；中国植物志 36：316. 1974；新疆植物志 2 (2)：285. 图版 76：1～4. 1995；青海植物志 2：77. 1999；Fl. China 9：152. 2003；青藏高原维管植物及其生态地理分布 453. 2008.

灌木或小乔木，高达 5 m。小枝粗壮，圆柱形，褐色或灰褐色，有皮孔，嫩枝红褐色，微具短柔毛；冬芽大，长卵形，先端渐尖，有数枚褐色鳞片，外被白色柔毛。奇数羽状复叶，连叶柄长 14～17 cm，叶柄长 1.5～3.3 cm；小叶片 (4) 6～7 对，间隔 1.5～2.0 cm，顶端和基部的稍小，卵状披针形，长 5～7 cm，宽 1.2～2.0 cm，先端渐尖，基部偏斜圆形或宽楔形，边缘大部分有锐锯齿，仅基部全缘，两面无毛，下面色较浅，叶轴微具窄翅，上面有沟，无毛；托叶线状披针形，膜质，早落。复伞房花序大型，有多数花朵，排列疏松，无毛；花梗长 4～8 mm；花直径 15～18 (20) mm；萼筒钟状，内外两面均无毛；萼片三角形，先端钝，稀急尖，外面无毛，内面有白色柔毛；花瓣卵形或椭圆形，长 6～9 mm，宽 5～7 mm，先端钝圆，白色，内面微具白色柔毛；雄蕊 15～20 枚，通常 20 枚，长约为花瓣之半或更短；花柱 3～5 枚，通常 5 枚，稍短于雄蕊或几乎等长，基部密被白色茸毛。果实球形，直径 10～12 mm，鲜红色，先端具宿存闭合萼片。　花期 5～6 月，果期 9～10 月。

产新疆：莎车（艾比湖西，中科院新疆综考队 9901）、阿克陶（奥依塔克，买买提江 83043，杨昌友 750890，阎平和刘青广 4585）、叶城（苏克皮亚，青藏队吴玉虎 8701028；棋盘乡，青藏队吴玉虎 4693、5122）。生于海拔 3 100～3 900 m 的河谷山地林缘灌丛、山坡疏林。

青海：兴海（河卡乡羊曲伪香，何廷农 084）。生于海拔 3 200 m 左右的山坡、林缘。

分布于我国的新疆、青海、甘肃；土耳其，阿富汗也有。

本种最显著的特点在于：花朵大型，比较大的红色果实；嫩枝和冬芽密被柔毛，但叶片和花序完全无毛；小叶片经常 6 对，少数为 4 或 7 对，叶边有向上紧贴的短锯齿，易与本属其他种类区别。

2. 西南花楸　图版 17：4～7

Sorbus rehderiana Koehne in Sarg. Pl. Wils. 1：464. 1913；中国植物志 36：334. 图版 46：5～8. 1974；西藏植物志 2：584. 图 184：5～8. 1985；青海植物志 2：77. 图版 14：5～8. 1999；Fl. China 9：157. 2003；青藏高原维管植物及其生态地理分布 451. 2008.

灌木或小乔木，高 3～8 m。小枝粗壮，圆柱形，暗灰褐色或暗红褐色，具皮孔，无毛；冬芽长卵形，先端渐尖，外被数枚暗红褐色鳞片，无毛或鳞片边缘有锈褐色柔毛；奇数羽状复叶连叶柄共长 10～15 cm，叶柄长 1.0～2.5 cm；小叶片 7～9（10）对，间隔 1.0～1.5 cm，基部的小叶片稍小，长圆形至长圆披针形，长 2.5～5.0 cm，宽 1.0～1.5 cm，先端通常急尖或钝圆，基部偏斜圆形或宽楔形，边缘自近基部 1/3 以上有细锐锯齿，齿尖内弯，每侧锯齿 10～20 个，其余部分全缘，幼时上下两面均被稀疏柔毛，成长时脱落或仅下面沿中脉残留少许柔毛；叶轴无毛或有少数柔毛，上面具浅沟；托叶近草质，披针形，花后脱落；复伞房花序具密集的花朵，总花梗和花梗上均有稀疏的锈褐色柔毛，成长时逐渐脱落，至果实成熟时几无毛；花梗极短，长约 1～2 mm；萼筒钟状，内外两面均无毛；萼片三角形，先端钝圆，外面无毛，内面微具锈褐色柔毛；花瓣宽卵形或椭圆卵形，长 3～4（5）mm，宽 2.5～3.5 mm，先端钝圆，白色，无毛；雄蕊 20 枚，稍短于花瓣；花柱 5 枚，稀 4 枚，几与雄蕊等长或稍长，基部微具柔毛。果实卵形，直径 6～8 mm，粉红色至深红色，先端有宿存闭合萼片。　花期 6 月，果期 9 月。

产青海：玛沁（尕柯河电站，吴玉虎 5979、5996）、班玛（马柯河林场烧柴沟，王为义 27594；马柯河林场格尔寨沟，王为义 27204；马柯河林场宝藏沟，王为义 27262）。生于海拔 3 300～3 800 m 的河谷山地林中。

分布于我国的青海、西藏、四川、云南；缅甸北部也有。

3. 陕甘花楸

Sorbus koehneana Schneid. in Bull. Herb. Boiss. sér. 2. 6：316. 1906, et Illustr. Handb. Laubh. 1：681. f. 374. 1906；中国高等植物图鉴 2：229. 图 2187. 1972；中国植物志 36：338. 1974；青海植物志 2：77. 1999；Fl. China 9：157. 2003；青藏高原维管植物及其生态地理分布 450. 2008.

灌木或小乔木，高达 4 m。小枝圆柱形，暗灰色或黑灰色，具少数不明显皮孔，无毛；冬芽长卵形，先端急尖或稍钝，外被数枚红褐色鳞片，无毛或仅先端有褐色柔毛。

图版 **17** 天山花楸 **Sorbus tianschanica** Rupr. 1. 果枝；2. 花；3. 果。西南花楸 **S. rehderiana** Koehne 4. 果枝；5. 花纵剖面；6. 果纵剖面；7. 果横剖面。秋子梨 **Pyrus ussuriensis** Maxim. 8. 花枝；9. 花纵剖面；10. 果。（王颖绘）

奇数羽状复叶，连叶柄共长 10～16 cm，叶柄长 1～2 cm；小叶片 8～12 对，间隔 7～
12 mm，长圆形至长圆披针形，长 1.5～3.0 cm，宽 0.5～1.0 cm，先端钝圆或急尖，
基部偏斜圆形，边缘每侧有尖锐锯齿 10～14 枚，全部有锯齿或仅基部全缘，上面无毛，
下面灰绿色，仅在中脉上有稀疏柔毛或近无毛，不具乳头状突起；叶轴两面微具窄翅，
有极稀疏柔毛或近无毛，上面有浅沟；托叶草质，少数近于膜质，披针形，有锯齿，早
落。复伞房花序多生在侧生短枝上，具多数花朵。总花梗和花梗有稀疏白色柔毛；花梗
长 1～2 mm；萼筒钟状，内外两面均无毛；萼片三角形，先端钝圆，外面无毛，内面微
具柔毛；花瓣宽卵形，长 4～6 mm，宽 3～4 mm，先端钝圆，白色，内面微具柔毛或近
无毛；雄蕊 20 枚，长约为花瓣的 1/3；花柱 5 枚，几与雄蕊等长，基部微具柔毛或无
毛。果实球形，直径 6～8 mm，白色，先端具宿存闭合萼片。　花期 6 月，果期 9 月。

产青海：久治（沙柯河龙木达，藏药队 881）、班玛（马柯河林场可培苗圃，王为
义 27009、27037、27070、27084、27091；灯塔乡加不足沟，王为义 27446、27457；马
柯河林场，王为义 27715、吴玉虎 26123；亚尔堂乡王柔，王为义 26761；马柯河林场烧
柴沟，王为义 27535；马柯河林场红军沟，王为义 26761）。生于海拔 3 200～3 800 m 的
沟谷山地林缘、山坡灌丛。

分布于我国的青海、甘肃、陕西、四川、山西、河南、湖北。

6. 榅桲属 Cydonia Mill.

Mill. Gard. Dict. ed. 8. 1768.

落叶灌木或小乔木。枝条无刺；冬芽小，有少数鳞片，外被短柔毛。单叶，互生，
全缘；有叶柄与托叶。花单生于小枝顶端；萼片 5 枚，有腺齿；花瓣 5 枚，倒卵形，白
色或粉红色；雄蕊 20 枚；花柱 5 枚，离生，基部具毛；子房下位，5 室，每室具有多
数胚珠。梨果具宿存、反折萼片。

模式种：榅桲 *Pyrus cydonia* Linn. ＝*Cydonia oblonga* Mill.

只有 1 种，原产中亚细亚。我国有栽培，昆仑地区也有栽培。

1. 榅桲　图版 18：1～3

Cydonia oblonga Mill. Gard. Dict. ed. 8. C. no. 1. 1768；中国树木分类学 427.
图 326. 1937；中国高等植物图鉴 2：242. 图 2213. 1972；中国植物志 36：344. 图版
55：5～7. 1985；新疆植物志 2 (2)：287：1～3. 1995；Fl. China 9：171. 2003.

灌木或小乔木，有时高达 8 m。小枝细弱，无刺，圆柱形，嫩枝密被茸毛，以后脱
落，紫红色，二年生枝条无毛，紫褐色，有稀疏皮孔；冬芽卵形，先端急尖，被茸毛，
紫褐色。叶片卵形至长圆形，长 5～10 cm，宽 3～5 cm，先端急尖、凸尖或微凹，基部

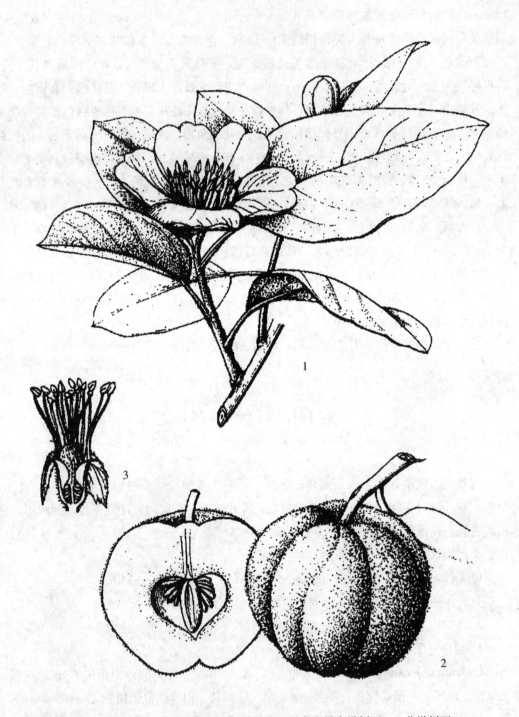

图版 18　榅桲 **Cydonia oblonga** Mill. 1. 花枝；2. 果实和果实纵剖面；3. 花纵剖面。

（引自《新疆植物志》，张荣生绘）

圆形或近心形，上面无毛或幼嫩时有疏生柔毛，深绿色，下面密被长柔毛，浅绿色，叶脉显著；叶柄长 8～15 mm，被茸毛；托叶膜质，卵形，先端急尖，边缘有腺齿，近于无毛，早落。花单生；花梗长约 5 mm 或近于无柄，密被茸毛；苞片膜质，卵形，早落；花直径 4～5 cm；萼筒钟状，外面密被茸毛；萼片卵形至宽披针形，长 5～6 mm，先端急尖，边缘有腺齿，反折，比萼筒长，内外两面均被茸毛；花瓣倒卵形，长约 18 cm，白色；雄蕊 20 枚，长不及花瓣之半；花柱 5 枚，离生，约与雄蕊等长，基部密被长茸毛。果实梨形，直径 3～5 cm，密被短茸毛，黄色，有香味；萼片宿存反折；果梗短粗，长约 5 mm，被茸毛。 花期 4～5 月，果期 10 月。

产新疆：叶城（采集地和采集人不详 813）、阿图什（采集地不详，买买提江 83051、83054）、和田（采集地和采集人不详 23665）有栽培。

我国新疆、陕西、江西、福建等地有栽培。

7. 梨属 Pyrus Linn.

Linn. Sp. Pl. 479. 1753.

落叶乔木或灌木，稀半常绿乔木，有时具刺。单叶，互生，有锯齿或全缘，稀分裂，在芽中呈席卷状，有叶柄与托叶。花先于叶开放或同时开放，伞形总状花序；萼片 5 枚，反折或开展；花瓣 5 枚，具爪，白色稀粉红色；雄蕊 15～30 枚，花药通常深红色或紫色；花柱 2～5 枚，离生，子房 2～5 室，每室有 2 胚珠。梨果，果肉多汁，富石细胞，子房壁软骨质；种子黑色或黑褐色，种皮软骨质，子叶平凸。

模式种：西洋梨 *Pyrus communis* Linn.

约有 25 种，分布于亚洲、欧洲至北非。中国有 14 种，昆仑地区栽培 4 种。

各地普遍栽培，为重要的果树及观赏树，木材坚硬细致，具有多种用途。

分 种 检 索 表

1. 果实萼片宿存；花柱 3～5。
 2. 叶缘具刺芒状尖锐锯齿，花柱 5；果黄色；果梗短，长 1～2 cm ·····················
 ····················· **1. 秋子梨 P. ussuriensis** Maxim.
 2. 叶缘为细尖锯齿或钝圆锯齿。
  3. 叶缘具细尖锯齿；果卵形或倒卵形；果梗先端肥厚，梗长 4～5 cm ············
  ······················· **2. 新疆梨 P. sinkiangensis** Yu
  3. 叶缘具钝或钝圆锯齿；果黄绿色，倒卵形或近球形；叶椭圆形或卵形；叶柄较
   细，长 1.5～5.0 cm ················ **3. 西洋梨 P. communis** Linn.

1. 果实萼片脱落；花柱 2~5；叶缘具尖锐粗锯齿；果实黄褐色；直径大于 2 cm ……
………………………………………………………………………………… **4. 褐梨 P. phaeocarpa** Rehd.

1. 秋子梨 图版 17：8~10

Pyrus ussuriensis Maxim. in Bull. Acad. Sci. St. -Pétersb. 15：132. 1857，et in Mém. Div. Sav. Acad. Sci. St. -Pétersb. 9：102. 1895；中国树木分类学 414. 图 313. 1937；东北木本植物图志 229. 图版 105. 212. 1955；中国高等植物图鉴 2：230. 图 2189. 1972；中国植物志 36：356. 图版 49：1~2. 1974；新疆植物志 2（2）：289. 1995；青海植物志 2：80. 图版 14：9~11. 1999；Fl. China 9：175. 2003；青藏高原维管植物及其生态地理分布 434. 2008.

乔木，高达 15 m，树冠宽广。嫩枝无毛或微具毛，二年生枝条黄灰色至紫褐色，老枝转为黄灰色或黄褐色，具稀疏皮孔；冬芽肥大，卵形，先端钝，鳞片边缘微具毛或近于无毛。叶片卵形至宽卵形，长 5~10 cm，宽 4~6 cm，先端短渐尖，基部圆形或近心形，稀宽楔形，边缘具有带刺芒状尖锐锯齿，上下两面无毛或在幼嫩时被茸毛，不久脱落；叶柄长 2~5 cm，嫩时有茸毛，不久脱落；托叶线状披针形，先端渐尖，边缘具有腺齿，长 8~13 mm，早落。花序密集，有花 5~7 朵，花梗长 2~5 cm，总花梗和花梗在幼嫩时被茸毛，不久脱落；苞片膜质，线状披针形，先端渐尖，全缘，长 12~18 mm；花直径 3.0~3.5 cm；萼筒外面无毛或微具茸毛；萼片三角披针形，先端渐尖，边缘有腺齿，长 5~8 mm，外面无毛，内面密被茸毛；花瓣倒卵形或广卵形，先端钝圆，基部具短爪，长约 18 mm，宽约 12 mm，无毛，白色；雄蕊 20 枚，短于花瓣，花药紫色；花柱 5 枚，离生，近基部有稀疏柔毛。果实近球形，黄色，直径 2~6 cm，萼片宿存，基部微下陷，具短果梗，长 1~2 cm。 花期 5 月，果期 8~10 月。

产新疆：皮山（西山，T. N. Lion 采集号不详、P. C. Tsoon 068、杨昌友 750284），有栽培。

分布于我国的新疆、青海、甘肃、陕西、山西、河北、内蒙古、辽宁、吉林、黑龙江、山东。本种抗寒力很强，适于生长在海拔 1 000~2 000 m 的寒冷而干燥的山区。亚洲东北部、朝鲜等地亦有分布。

我国东北、华北和西北各地均有栽培，品种很多，市场上常见的香水梨、安梨、酸梨、沙果梨、京白梨、鸭梨等均属于本种。

2. 新疆梨

Pyrus sinkiangensis Yu in Acta Phytotax. Sin. 8：233. 1963；中国高等植物图鉴 2：230. 图 2190. 1972；中国植物志 36：359. 1974；新疆植物志 2（2）：289. 1995；青海植物志 2：80. 1999；Fl. China 9：176. 2003；青藏高原维管植物及其生态地理分布 434. 2008.

乔木，高达 6~9 m，树冠半圆形，枝条密集开展。小枝圆柱形，微带棱条，无毛，紫褐色或灰褐色，具白色皮孔；冬芽卵形，先端急尖，鳞片边缘具白色柔毛。叶片卵形、椭圆形至宽卵形，长 6～8 cm，宽 3.5～5.0 cm，先端短渐尖，基部圆形，稀宽楔形，边缘上半部有细锐锯齿，下半部或基部锯齿浅或近于全缘，两面无毛，或在幼嫩时具白色茸毛；叶柄长 3～5 cm，幼时具白色茸毛，不久脱落；托叶膜质，线状披针形，长 8～10 mm，先端渐尖，边缘具有稀疏腺齿，被白色长茸毛，早期脱落。伞形总状花序，有花 4～7 朵，花梗长 1.5～4.0 cm，总花梗和花梗均被茸毛，以后脱落无毛；苞片膜质，线状披针形，长 1.0～1.3 cm，先端渐尖，边缘有疏生腺齿和褐色长茸毛，早落；花直径 1.5～2.5 cm；萼筒外面无毛；萼片三角卵形，先端渐尖，约长于萼筒之半，边缘有腺齿，长 6～7 mm，内面密被褐色茸毛；花瓣倒卵形，长 1.2～1.5 cm，宽 0.8～1.0 cm，先端啮蚀状，基部具爪；雄蕊 20 枚，花丝长不及花瓣之半；花柱 5 枚，比雄蕊短，基部被柔毛。果实卵形至倒卵形，直径 2.5～5.0 cm，黄绿色，5 室，萼片宿存；果心大，石细胞多；果梗先端肥厚，长 4～5 cm。 花期 4 月，果期 9～10 月。

产新疆：阿克陶（苗圃，买买提江 006）。生于海拔 200～1 000 m 的苗圃。

我国的新疆、青海、甘肃、陕西等地均有栽培。

本种果形近似西洋梨 *P. communis* Linn.。果梗特长，而叶片具有细锐锯齿，甚为特殊。形态变异很大，可能为西洋梨与中国白梨的天然杂交种。

我国西北部有不少栽培品种，例如新疆阿木特（酸梨）、克兹二介（红梨）、可克二介（条梨）、阿尔可孜鲁克、阿尔冬梨等，青海、甘肃的长把梨、花长把等均属于本种。

3. 西洋梨

Pyrus communis Linn. Sp. Pl. 459. 1753；Schneid. Illustr. Handb. Laubh. 1：661. f. 362. a～e. 352. g～k. 1906；中国植物志 36：361. 1974；新疆植物志 2 (2)：290. 1995；Fl. China 9：176. 2003.

乔木，高达 15 m，稀至 30 m，树冠广圆锥形。小枝有时具刺，无毛或嫩时微具短柔毛，二年生枝灰褐色或深褐红色；冬芽卵形，先端钝，无毛或近于无毛。叶片卵形、近圆形至椭圆形，长 2～5 (7) cm，宽 1.5～2.5 cm，先端急尖或短渐尖，基部宽楔形至近圆形，边缘有钝圆锯齿，稀全缘，幼嫩时有蛛丝状柔毛，不久脱落或仅下面沿中脉有柔毛；叶柄细，长 1.5～5.0 cm，幼时微具柔毛，以后脱落；托叶膜质，线状披针形，长达 1 cm，微具柔毛，早落。伞形总状花序，具花 6～9 朵，总花梗和花梗具柔毛或无毛，花梗长 2.0～3.5 cm；苞片膜质，线状披针形，长 1.0～1.5 cm，被棕色柔毛，脱落早；花直径 2.5～3.0 cm；萼筒外被柔毛，内面无毛或近无毛；萼片三角披针形，先端渐尖，内外两面均被短柔毛；花瓣倒卵形，长 1.3～1.5 cm，宽 1.0～1.3 cm，先端钝圆，基部具短爪，白色；雄蕊 20 枚，长约花瓣之半；花柱 5 枚，基部有柔毛。果实倒卵形或近球形，长 3～5 cm，宽 1.5～2.0 cm，绿色、黄色，稀带红晕，具斑点，萼片宿存。 花期 4 月，果期 7～9 月。

产新疆：皮山（桑株乡，杨昌友 750430）、于田（新声公社三管区，K1546）有栽培。

原产欧洲及亚洲西部。我国引入栽培者均属其变种或其杂种。

4. 褐梨

Pyrus phaeocarpa Rehd. in Proc. Am. Acad. Arts Sci. 50：235. 1915，et in Journ. Arn. Arb. 5：188. 1924；河北习见树木图说 124. 1934；中国树木分类学 413. 1937；华北的梨 15. 1958；北京植物志 上册 392. 1962；中国植物志 36：367. 1974；新疆植物志 2（2）：291. 1995；Fl. China 9：178. 2003.

乔木，高达 5～8 m。小枝幼时具白色茸毛，二年生枝条紫褐色，无毛；冬芽长卵形，先端钝圆，鳞片边缘具茸毛。叶片椭圆卵形至长卵形，长 6～10 cm，宽 3.5～5.0 cm，先端具长渐尖头，基部宽楔形，边缘有尖锐锯齿，齿尖向外，幼时有稀疏茸毛，不久全部脱落；叶柄长 2～6 cm，微被柔毛或近于无毛；托叶膜质，线状披针形，边缘有稀疏腺齿，内面有稀疏茸毛，早落。伞形总状花序，有花 5～8 朵，总花梗和花梗嫩时具茸毛，逐渐脱落，花梗长 2.0～2.5 cm；苞片膜质、线状披针形，很早脱落。花直径约 3 cm；萼筒外面具白色茸毛；萼片三角披针形，长 2～3 mm。内面密被茸毛；花瓣卵形，长 1.0～1.5 cm，宽 0.8～1.2 cm，基部具有短爪，白色；雄蕊 20 枚，长约花瓣之半；花柱 3～4 枚，稀 2 枚，基部无毛。果实球形或卵形，直径 2.0～2.5 cm，褐色，有斑点，萼片脱落；果梗长 2～4 cm。　花期 4 月，果期 8～9 月。

文献记载新疆昆仑山（叶城）有分布，生于海拔 1 200 m 左右的山坡或黄土丘陵地杂木林中。

分布于我国的新疆、甘肃、陕西、山西、河北、山东。

我们未见标本。

本种与杜梨 *P. betulifolia* Bunge 最为近似，但后者叶型较小，锯齿较粗，果实较小常为 2 室。又在小枝、叶柄及花序上密被白色茸毛，是其特点。

本种果实小型，有少数栽培品种，品质均不佳，常作梨的砧木。

8. 苹果属 Malus Mill.

Mill. Gard. Dict. abridg. ed. 4. 1754 et Gard. Dict. ed. 8. 1768.

落叶稀半常绿乔木或灌木，通常不具刺。冬芽卵形，外被数枚覆瓦状鳞片。单叶互生，叶片有齿或分裂，在芽中呈席卷状或对折状，有叶柄和托叶。伞形总状花序；花瓣近圆形或倒卵形，白色、浅红至艳红色；雄蕊 15～50 枚，具有黄色花药和白色花丝；花柱 3～5 枚，基部合生，无毛或有毛，子房下位，3～5 室，每室有 2 胚珠。梨果，通常不具石细胞或少数种类有石细胞，萼片宿存或脱落；子房壁软骨质，3～5室，每室有1～2粒种子；种皮褐色或近黑色，子叶平凸。

模式种：苹果 *Pyrus malus* Linn. ＝*Malus pumila* Mill.

约有35种，广泛分布于北温带，亚洲、欧洲和北美洲。我国约有20余种，昆仑地区产6种。

多数为重要果树及砧木或观赏用树种。全世界各地均有栽培。

分 种 检 索 表

1. 叶片不分裂，在芽中呈席卷状；果实内无石细胞。
  2. 叶边有钝锯齿；果实扁球形或球形，先端常具隆起；萼洼下陷。
    3. 花紫红色；叶柄与叶脉带紫红色；果实紫红色 ……………………………………………………………………… **1. 红肉苹果 M. niedzwetzkyana** Dieck.
    3. 花白色
      4. 栽培种；果实直径大；果梗短；叶边锯齿稍深；小枝冬芽及叶片上茸毛较多 ……………………………………………………… **2. 苹果 M. pumila** Mill.
      4. 野生种；果实直径小；果梗长；叶边锯齿稍浅；小枝冬芽及叶片上茸毛较少 ……………………………………… **3. 新疆野苹果 M. sieversii** (Ledeb.) M. Roem.
  2. 叶边锯齿常较尖锐；果实卵形，较小，先端渐狭，不隆起或稍隆起；萼洼微突；果梗细长 …………………………………… **4. 海棠果 M. prunifolia** (Willd.) Borkh.
1. 叶片常分裂，稀不裂，在芽中呈对折状；果实内无石细胞。
  5. 嫩枝稍具细毛，不久脱落；叶片有时具深裂，有时不裂；花直径 2.0～2.5 cm …………………………………………………… **5. 变叶海棠 M. toringoides** (Rehd.) Hughes
  5. 嫩枝外被茸毛；叶片深裂，上下面均被茸毛；花直径 1.5～2.0 cm ……………………………………………………… **6. 花叶海棠 M. transitoria** (Batal.) Schneid.

1. 红肉苹果

Malus niedzwetzkyana Dieck. Neuh. Offerte Nat. Arb. Zöschen 16. 1891；Фл. Казах. 4：404. 1961；Опред. Раст. Средн. Азии 5：147. 1976. —— *M. pumila* var. *neidzwetzkyana* (Dieck) Schneid. 3. Handb. Laubholzk. 1：716. 1906；中国果树分类学 98. 1979；新疆植物志 2 (2)：293. 1995.

小乔木，高5～8 m。树冠开阔，树皮红褐色。嫩枝带红棕色，被细茸毛。叶片椭圆形或倒卵形，长6～9 cm，宽3～6 cm，基部圆形或宽楔形，叶缘有锯齿；上面暗绿色，下面有疏柔毛，叶脉带红色；叶柄带红色。伞房花序，花直径3～5 cm；萼筒暗紫色，萼片披针形；花瓣倒卵圆形，鲜紫红色；雄蕊多数。果实球形，直径3～5 cm，果肉粉紫色；种子卵形，鲜粉紫色。 花期4～5月，果期8月。

产新疆：疏勒（塔孜洪乡，杨昌友 750008、750033）、皮山（桑株乡，杨昌友 750432）有栽培。

新疆各县广泛栽培。

2. 苹果

Malus pumila Mill. Gard. Dict. ed. 8. M. no. 3. 1768；中国树木分类学 417. 图 315. 1937；东北木本植物图志 301. 图版 105：213. 1955；植物分类学报 5：90. 1956；中国高等植物图鉴 2：236. 图 2201. 1972；中国植物志 36：381. 1974；西藏植物志 2：601. 1985；新疆植物志 2（2）：293. 1995；青海植物志 2：85. 1999；Fl. China 9：184. 2003；青藏高原维管植物及其生态地理分布 412. 2008.

乔木，高可达 15 m，多具有圆形树冠和短主干。小枝短而粗，圆柱形，幼嫩时密被茸毛，老枝紫褐色，无毛；冬芽卵形，先端钝，密被短柔毛。叶片椭圆形、卵形至宽椭圆形，长 4.5～10.0 cm，宽 3.0～5.5 cm，先端急尖，基部宽楔形或圆形，边缘具有钝圆锯齿，幼嫩时两面具短柔毛，长成后上面无毛；叶柄粗壮，长 1.5～3.0 cm，被短柔毛；托叶草质，披针形，先端渐尖，全缘，密被短柔毛，早落。伞房花序，具花 3～7 朵，集生于小枝顶端，花梗长 1.0～2.5 cm，密被茸毛；苞片膜质，线状披针形，先端渐尖，全缘，被茸毛；花直径 3～4 cm；萼筒外面密被茸毛；萼片三角披针形或三角卵形，长 6～8 mm，先端渐尖，全缘，内外两面均密被茸毛，萼片比萼筒长；花瓣倒卵形，长 15～18 mm，基部具短爪，白色，含苞未放时带粉红色；雄蕊 20 枚，花丝长短不齐，约等于花瓣之半；花柱，下半部密被灰白色茸毛，较雄蕊稍长。果实扁球形，直径在 2 cm 以上，先端常有隆起，萼洼下陷，萼片永存，果梗短粗。 花期 5 月，果期 7～10 月。

产新疆：喀什（农一师前进连总场，采集人和采集号不详）、策勒（县城北郊，采集人不详 K1304）、若羌（瓦石峡，中科院新疆综考队 9313）。生于海拔 1 200～2 500 m 的山坡梯田、平原矿野以及黄土丘陵。

我国的新疆、青海、甘肃、陕西、西藏、四川、云南、山西、河北、辽宁、山东常见栽培。原产欧洲及亚洲中部，全世界温带地区均有种植。

3. 新疆野苹果　图版 19：1～5

Malus sieversii（Ledeb.）M. Roem. Syn. Rosifl. 216. 1830；中国植物志 36：383. 1974；新疆植物志 2（2）：293. 图版 78：1～5. 1995；Fl. China 9：185. 2003；青藏高原维管植物及其生态地理分布 412. 2008.

乔木，高达 2～10 m，稀 14 m。树冠宽阔，常有多数主干；小枝短粗，圆柱形，嫩时具短柔毛，二年生枝微屈曲，无毛，暗灰红色，具疏生长圆形皮孔；冬芽卵形，先端钝，外被长柔毛，鳞片边缘较密，暗红色。叶片卵形、宽椭圆形、稀倒卵形，长 6～

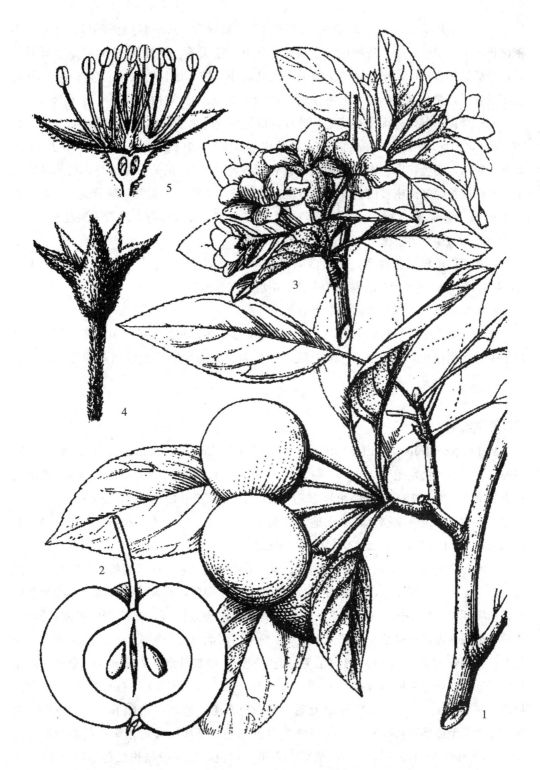

图版 19 新疆野苹果 **Malus sieversii** (Ledeb.) M. Roem. 1. 果枝；2. 果实纵剖面；3. 花枝；4. 萼筒；5. 花的纵剖面。 (引自《新疆植物志》,张荣生绘)

11 cm，宽 3.0～5.5 cm，先端急尖，基部楔形，稀圆形，边缘具钝圆锯齿，幼叶下面密被长柔毛，老叶较少，浅绿色，上面沿叶脉有疏生柔毛，侧脉 4～7 对，下面叶脉显著；叶柄长 1.2～3.5 cm，具疏生柔毛；托叶膜质，披针形，边缘有白色柔毛，早落。花序近伞形，具花 3～6 朵，花梗较粗，长约 1.5 cm，密被白色茸毛；花直径 3.0～3.5 cm；萼筒钟状，外面密被茸毛；萼片宽披针形或三角披针形，先端渐尖，全缘，长约 6 mm，两面均被茸毛，内面较密，萼片比萼筒稍长；花瓣倒卵形，长 1.5～2.0 cm，基部有短爪，粉色，含苞未放时带玫瑰紫色；雄蕊 20 枚，花丝长短不等，长约花瓣之半；花柱 5 枚，基部密被白色茸毛，与雄蕊约等长或稍长。果实大，球形或扁球形，直径 3.0～4.5 cm，稀 7 cm，黄绿色有红晕，萼洼下陷，萼片宿存，反折；果梗长 3.5～4.0 cm，微被柔毛。 花期 5 月，果期 8～10 月。

产新疆：于田（普鲁乡，中科院新疆综考队 085；新声公社三管区，采集人不详 K1544）。生于海拔 1 250 m 左右的山顶、山坡或河谷地带。

新疆西部有大面积野生林；中亚细亚也有。

本种耐寒力中等，耐旱力强，丰产。野生类型很多，有红果子、黄果子、绿果子和白果子等，品质和成熟期很不一致。陕西、甘肃、新疆等地用做栽培苹果砧木，生长良好。

4. 海棠果

Malus prunifolia（Willd.）Borkh. Theor. Prakt. Handb. Forst. 2：1279. 1803；中国高等植物图鉴 2：237. 图 2203. 1972；中国植物志 36：384. 1974；新疆植物志 2（2）：292. 1995；青海植物志 2：87. 图版 15：7～8. 1999；Fl. China 9：185. 2003；青藏高原维管植物及其生态地理分布 412. 2008. —— *Pyrus prunifolia* Willd. Phytogr. 1794 et Sp. Pl. 2（2）：1018. 1800.

乔木，高可达 8 m。小枝粗壮，圆柱形，幼时具短柔毛，逐渐脱落，老时红褐色或紫褐色。无毛；冬芽卵形，先端渐尖，微被柔毛，紫褐色，有数枚外露鳞片。叶片椭圆形至长椭圆形，长 5～8 cm，宽 2～3 cm，先端短渐尖或钝圆，基部宽楔形或近圆形，边缘有细锐锯齿，有时部分近于全缘，幼嫩时上下两面具稀疏短柔毛，以后脱落，老叶无毛；叶柄长 1.5～2.0 cm，具短柔毛；托叶膜质，窄披针形，先端渐尖，全缘，内面具长柔毛。花序近伞形，有花 4～6 朵，花梗长 2～3 cm，具柔毛；苞片膜质，披针形，早落；花直径 4～5 cm；萼筒外面无毛或有白色茸毛；萼片三角卵形，先端急尖，全缘，外面无毛或偶有稀疏茸毛，内面密被白色茸毛。萼片比萼筒稍短；花瓣卵形，长 2.0～2.5 cm，宽 1.5～2.0 cm，基部有短爪，白色，在芽中呈粉红色；雄蕊 20～25 枚，花丝长短不等，长约花瓣之半；花柱 5 枚，稀 4 枚，基部有白色茸毛，比雄蕊稍长。果实近球形，直径 2 cm，黄色，萼片宿存，基部不下陷，萼洼隆起；果梗细长，先端肥厚，长 3～4 cm。 花期 4～5 月，果期 8～9 月。

产新疆：皮山（桑株乡，杨昌友 750433）。生于海拔 50～2 000 m 的平原或山地。

分布于我国的新疆、陕西、云南、河北、山东、江苏、浙江。

本种为我国著名观赏树种，华北、华东各地习见栽培。园艺变种有粉红色重瓣者 var. *riversii* (Kirchn.) Rehd、白色重瓣者 var. *albiplena* Scheile.

5. 变叶海棠

Malus toringoides (Rehd.) Hughes in Kew Bull. 1920：205. f. B：a～e. 1920；植物分类学报 5：98. 图版 13. 1956；中国植物志 36：392. 图版 52：12～14. 1974；西藏植物志 2：601. 图 188：9～10. 1985；Fl. China 9：188. 2003；青藏高原维管植物及其生态地理分布 413. 2008.

灌木至小乔木，高 3～6 m。小枝圆柱形，嫩时具长柔毛，以后脱落，老时紫褐色或暗褐色，有稀疏褐色皮孔；冬芽卵形，先端急尖，外被柔毛，紫褐色。叶片形状变异很大，通常卵形至长椭圆形，长 3～8 cm，宽 1～5 cm，先端急尖，基部宽楔形或近心形，边缘有钝圆锯齿或紧贴锯齿，常具不规则 3～5 深裂，亦有不裂，上面有疏生柔毛，下面沿中脉及侧脉较密；叶柄长 1～3 cm，具短柔毛；托叶披针形，先端渐尖，全缘，具疏生柔毛。花 3～6 朵，近似伞形排列，花梗长 1.8～2.5 cm，稍具长柔毛；苞片膜质，线形，内面具柔毛，早落；花直径约 2.0～2.5 cm；萼筒钟状，外面有茸毛；萼片三角披针形或狭三角形，先端渐尖，全缘，长 3～4 mm，外面有白色茸毛，内面较密；花瓣卵形或长椭圆状倒卵形，长 8～11 mm，宽 6～7 mm，基部有短爪，表面有疏生柔毛或无毛，白色；雄蕊约 20 枚，花丝长短不等，长约为花瓣的 2/3；花柱 3 枚，稀 4～5 枚，基部联合，无毛，较雄蕊稍短。果实倒卵形或长椭圆形，直径 1.0～1.3 cm，黄色有红晕，无石细胞；萼片脱落；果梗长 3～4 cm，无毛。　花期 4～5 月，果期 9 月。

产青海：班玛（亚尔堂乡王柔，王为义 27008）。生于海拔 2 000～3 700 m 的沟谷山坡林下。

分布于我国的青海、甘肃东南部、西藏东南部和四川西部。

6. 花叶海棠

Malus transitoria (Batal.) Schneid.　Illustr. Handb. Laubh. 1：726. 1906 et in Fedde Repert. Sp. Nov. 3：178. 1906；植物分类学报 5：100. 图版 15. 1956；中国高等植物图鉴 2：239. 图 2208. 1972；中国植物志 36：393. 图版 52：9～11. 1974；青海植物志 2：83. 图版 15：1～3. 1999；Fl. China 9：188. 2003；青藏高原维管植物及其生态地理分布 413. 2008.

灌木至小乔木，高可达 1～6 m。小枝细长，圆柱形，嫩时密被茸毛，老枝暗紫色或紫褐色；冬芽小，卵形，先端钝，密被茸毛，暗紫色，有数枚外露鳞片。叶片卵形至广卵形，长 2.5～5.0 cm，宽 2.0～4.5 cm，先端急尖，基部圆形至宽楔形，边缘有不整齐锯齿，通常 3～5 不规则深裂，稀不裂，裂片长卵形至长椭圆形，先端急尖，上面被茸毛或近于无毛，下面密被茸毛；叶柄长 1.5～3.5 cm，有窄叶翼，密被茸毛；托叶卵状披针形，先端急尖，全缘，被茸毛。花序近伞形，具花 3～6 朵，花梗长 1.5～2.0 cm，密被茸毛；苞片膜质，线状披针形，具毛，早落；花直径 1～2 cm；萼筒钟状，密被茸毛；萼片三角卵形，先端钝圆或微尖，全缘，长约 3 mm，内外两面均密被茸毛，比萼筒稍短；花瓣卵形，长 8～10 mm，宽 5～7 mm，基部有短爪，白色；雄蕊 20～25 枚，花丝长短不等，比花瓣稍短；花柱 3～5 枚，基部无毛，比雄蕊稍长或近等长。果实近球形，直径 6～8 mm，萼片脱落，萼洼下陷；果梗长 1.5～2.0 cm，外被茸毛。 花期 5 月，果期 9 月。

产青海：班玛。生于海拔 3 200～3 600 m 的山坡林中或黄土丘陵。

分布于我国的青海、甘肃、陕西、四川、内蒙古。

本种与变叶海棠 M. *toringoides* (Rehd.) Hughes 相近似，但树皮较厚，枝条、叶片下面、花梗和萼筒都密被茸毛；叶片深裂；花和果实形状都比较小，容易区别。

9. 悬钩子属 **Rubus** Linn.

Linn. Sp. Pl. 482. 1753，et Gen. Pl. ed. 5. 217. 1754.

落叶稀常绿灌木、半灌木或多年生匍匐草本；茎直立、攀缘、平铺、拱曲或匍匐，具皮刺、针刺或刺毛及腺毛，稀无刺。叶互生，单叶、掌状复叶或羽状复叶，边缘常具锯齿或裂片，有叶柄；托叶与叶柄合生，常较狭窄，线形、钻形或披针形，不分裂，宿存，或着生于叶柄基部及茎上，离生，较宽大，常分裂，宿存或脱落。花两性，稀单性而雌雄异株，组成聚伞状圆锥花序、总状花序、伞房花序或数朵簇生及单生；花萼 5 裂，稀 3～7 裂；萼片直立或反折，果时宿存；花瓣 5 枚，稀缺，直立或开展，白色或红色；雄蕊多数，直立或开展，着生在花萼上部；心皮多数，有时仅数枚，分离，着生于球形或圆锥形的花托上，花柱近顶生，子房 1 室，每室 2 胚珠。果实为由小核果集生于花托上而成的聚合果，或与花托联合成一体而实心，或与花托分离而空心，多浆或干燥，红色、黄色或黑色，无毛或被毛；种子下垂，种皮膜质，子叶平凸。

现知 700 余种。分布于全世界，主要产地在北半球温带，少数分布到热带和南半球。我国有 194 种，昆仑地区产 3 种。

分种检索表

1. 叶背面密被茸毛；小叶 3。
　　2. 花柱和子房具柔毛或无毛；果无毛；植株密被紫红色腺毛或刺毛 ⋯⋯⋯⋯⋯⋯⋯⋯ ⋯⋯⋯⋯⋯⋯⋯⋯⋯⋯⋯⋯⋯⋯⋯⋯⋯⋯⋯ **1. 多腺悬钩子 R. phoenicolasius** Maxim.

2. 花柱和子房被灰白色茸毛；果被茸毛或柔毛；近草本或矮小灌木；花单生或 2～3
　　朵成伞房花序；花直径 1.5～2.0 cm；花瓣被毛；果直径 1.0～1.5 cm …………
　　……………………………………………………… **2. 紫色悬钩子 R. irritans** Focke
1. 叶背面具柔毛；小叶 7～11；果球形，长约 1 cm；花枝、叶柄、叶轴、花梗、花萼
　　均被柔毛和腺毛；萼片腹面被茸毛 ……………… **3. 毛果悬钩子 R. ptilocarpus** Yü et Lu

1. 多腺悬钩子

Rubus phoenicolasius Maxim. in Bull. Acad. Sci. St.-Pétersb. 17：160. 1872
(Mél. Biol. 8：392. 1872)；中国高等植物图鉴 2：280. 图 2290. 1972；秦岭植物志 1
(2)：538. 1974；中国植物志 37：66. 1985；青海植物志 2：101. 图版 19：1～2.
1999；Fl. China 9：213. 2003；青藏高原维管植物及其生态地理分布 444. 2008.

灌木，高 1～3 m。枝初直立后蔓生，密生红褐色刺毛、腺毛和稀疏皮刺。小叶 3
枚，稀 5 枚，卵形、宽卵形或菱形，稀椭圆形，长 4～8 (10) cm，宽 2～5 (7) cm，顶
端急尖至渐尖，基部圆形至近心形，上面或仅沿叶脉有伏柔毛，下面密被灰白色茸毛，
沿叶脉有刺毛、腺毛和稀疏小针刺，边缘具不整齐粗锯齿，常有缺刻，顶生小叶常浅
裂；叶柄长 3～6 cm，小叶柄长 2～3 cm，侧生小叶近无柄，均被柔毛、红褐色刺毛、
腺毛和稀疏皮刺；托叶线形，具柔毛和腺毛。花较少数，形成短总状花序，顶生或部分
腋生；总花梗和花梗密被柔毛、刺毛和腺毛；花梗长 5～15 mm；苞片披针形，具柔毛
和腺毛；花直径 6～10 mm；花萼外面密被柔毛、刺毛和腺毛；萼片披针形，顶端尾尖，
长 1.0～1.5 cm，在花果期均直立开展；花瓣直立，倒卵状匙形或近圆形，紫红色，基
部具爪并有柔毛；雄蕊稍短于花柱；花柱比雄蕊稍长，子房无毛或微具柔毛。果实半球
形，直径约 1 cm，红色，无毛；核有明显皱纹与洼穴。　花期 5～6 月，果期 7～8 月。

产青海：班玛（马柯河林场，王为义 27746）。生于海拔 3 300 m 左右的沟谷山坡林
下、路旁或山沟谷底。

分布于我国的青海、甘肃、陕西、四川、山西、湖北、河南、山东；日本，朝鲜，
欧洲，北美也有。

2. 紫色悬钩子

Rubus irritans Focke Bibl. Bot. 72 (2)：192. 1911；中国植物志 37：60. 图版
4：6～7. 1985；西藏植物志 2：615. 1985；青海植物志 2：102. 图版 19：3～4.
1999；Fl. China 9：208. 2003；青藏高原维管植物及其生态地理分布 442. 2008.

矮小半灌木或近草本状，高 10～60 cm。枝被紫红色针刺、柔毛和腺毛。小叶 3
枚，稀 5 枚，卵形或椭圆形，长 3～5 cm，宽 2.0～2.5 cm，顶端急尖至短渐尖，基部
宽楔形至近圆形，顶生小叶基部近截形，上面具细柔毛，下面密被灰白色茸毛，边缘有
不规则粗锯齿或重锯齿；叶柄长 3～5 cm，顶生小叶柄长 1～2 cm，侧生小叶几无柄，
具紫红色针刺、柔毛和腺毛；托叶线形或线状披针形，具柔毛和腺毛。花下垂，常单生

或 2~3 朵生于枝顶；花梗长 1.5~3.0 cm，被针刺、柔毛和腺毛；苞片与托叶相似，但稍小；花直径 1.5~2.0 cm；花萼带紫红色，外面被紫红色针刺、柔毛和腺毛；萼筒浅杯状；萼片长卵形或卵状披针形，长 1.0~1.5 cm，顶端渐尖至尾尖，花后直立；花瓣宽椭圆形或匙形，白色，具柔毛，基部有短爪，短于萼片；雄蕊多数，花丝线形，几与花柱等长或稍长；雌蕊多数，子房具灰白色茸毛。果实近球形，直径 1.0~1.5 cm，红色，被茸毛；核较平滑或稍有网纹。　花期 6~7 月，果期 8~9 月。

产青海：兴海（大河坝乡赞毛沟，吴玉虎 47058；赛宗寺后山，吴玉虎 47722；中铁乡前滩，吴玉虎 45464、45475；河卡乡，郭本兆 6236、王作宾 20222、何廷农 411；河卡山北坡，采集人不详 438）、玛沁（采集地不详，马柄奇 2192；军功乡黑土山，H. B. G. 224；军功乡东科河，区划二组 192）、班玛（马柯河林场烧柴沟，王为义 27498）。生于海拔 3 200~3 800 m 的沟谷山坡高寒草甸、山地阴坡林缘、河谷山坡高寒灌丛草甸。

分布于我国的青海、甘肃、西藏东南部、四川；印度西北部，克什米尔地区，巴基斯坦，阿富汗，伊朗也有。

3. 毛果悬钩子

Rubus ptilocarpus Yü et Lu in Acta Phytotax. Sin. 20（3）：301. 1982；中国植物志 37：80. 图版 8：1~2. 1985；青海植物志 2：104. 1999；Fl. China 9：221. 2003；青藏高原维管植物及其生态地理分布 444. 2008.

灌木，高 1~2 m。老枝紫褐色或褐色，无毛，具皮刺；花枝自老枝上长出，具柔毛、腺毛和稀疏小皮刺。小叶 7~11 枚，卵形、卵状披针形或菱状卵形，长 1.5~4.0（6.0）cm，宽 1~3（4）cm，顶端急尖，顶生小叶顶端短渐尖，基部圆形，稀近心形，上下两面均具柔毛，边缘具深裂缺刻状重锯齿，顶生小叶有时羽状分裂；叶柄长 2~3（4）cm，顶生小叶柄长 0.6~2.0 cm，侧生小叶几无柄，与叶轴均被柔毛、腺毛和小皮刺；托叶线形或线状披针形，具柔毛或腺毛。花 1~3 朵，顶生，稀腋生，直径可达 2 cm；花梗长 1.5~3.0 cm，被柔毛和腺毛，具极稀疏小皮刺或无刺；花萼外被柔毛和腺毛；萼筒常无刺；萼片卵形至卵状披针形，顶端长渐尖，在花果时均开展或反折；花瓣长圆形，短于萼片；花丝线形；子房密被灰黄色或灰白色细柔毛。果实近球形，直径 1.0~1.2 cm，黑红色，密被灰黄色或灰白色细柔毛；核肾形，稍有皱纹。　花期 5~6 月，果期 7~8 月。

产青海：班玛（马柯河林场可培苗圃，王为义 27075；亚尔堂乡王柔，王为义 26762，吴玉虎 26217、26225）。生于海拔 3 200~3 800 m 的山坡林内或草丛。

分布于我国的青海、四川西部、云南东北部。

10. 路边青属 Geum Linn.

Linn. Sp. Pl. 500. I753；Benth. et Hook. F. Gen. Pl. 1：619. 1856.

多年生草本。基生叶为奇数羽状复叶，顶生小叶特大，或为假羽状复叶，茎生叶数较少，常三出或单出如苞片状；托叶常与叶柄合生。花两性，单生或成伞房花序；萼筒陀螺形或半球形，萼片 5 枚，镊合状排列，副萼片 5 枚，较小，与萼片互生；花瓣 5 枚，黄色、白色或红色；雄蕊多数，花盘在萼筒上部，平滑或有突起；雌蕊多数，着生在凸出的花托上，彼此分离；花盘围绕萼筒口部；心皮多数，花柱丝状，柱头细小，上部扭曲，成熟后自弯曲处脱落；每心皮含有 1 胚珠，上升。瘦果小型，有柄或无柄，果喙顶端具钩；种子直立，种皮膜质，子叶长圆形。

有 70 余种，广泛分布于南北两半球温带地区。我国有 3 种，分布南北各省区；昆仑地区产 1 种。

1. 路边青　图版 20：1～3

Geum aleppicum Jacq.　Ic. Pl. Rar. 1：t. 95，et Collect. Bot. 1：88. 1786；东北植物检索表 148. 图版 43：2. 1959；中国高等植物图鉴 2：285. 图 2299. 1972；秦岭植物志 1 （2）：541. 图 452. 1974；东北草本植物志 5：42. 图版 19：1～8. 1976；中国植物志 37：221. 1985；西藏植物志 2：627. 1985；新疆植物志 2 （2）：303. 图版 82：5～6. 1995；青海植物志 2：107. 图版 18：10～12. 1999；Fl. China 9：289. 2003；青藏高原维管植物及其生态地理分布 409. 2008.

多年生草本。须根簇生。茎直立，高 30～100 cm，被开展的粗硬毛，稀几无毛。基生叶为大头羽状复叶，通常有小叶 2～6 对，连叶柄长 10～25 cm，叶柄被粗硬毛，小叶大小极不相等，顶生小叶最大，菱状广卵形或宽扁圆形，长 4～8 cm，宽 5～10 cm，顶端急尖或钝圆，基部宽心形至宽楔形，边缘常浅裂，有不规则粗大锯齿，锯齿急尖或钝圆，两面绿色，疏生粗硬毛；茎生叶羽状复叶，有时重复分裂，向上小叶逐渐减少，顶生小叶披针形或倒卵披针形，顶端常渐尖或短渐尖，基部楔形；茎生叶托叶大，绿色，叶状，卵形，边缘有不规则粗大锯齿。花序顶生，疏散排列，花梗被短柔毛或微硬毛；花直径 1.0～1.7 cm；花瓣黄色，几圆形，比萼片长；萼片卵状三角形，顶端渐尖；副萼片狭小，披针形，顶端渐尖稀 2 裂，长不足萼片的 1/2，外面被短柔毛及长柔毛；花柱顶生，在上部 1/4 处扭曲，成熟后自扭曲处脱落，脱落部分下部被疏柔毛。聚合果倒卵球形，瘦果被长硬毛，花柱宿存部分无毛，顶端有小钩，果托被短硬毛，长约 1 mm。　花果期 7～10 月。

产青海：班玛（马柯河林场红军沟，王为义 26822、26823；班前乡照山，王为义

26949；灯塔乡加不足沟，王为义 27469；马柯河林场可培苗圃，王为义 27088、27089；采集地不详，郭本兆 464；马柯河林场，陈实 355；亚尔堂乡王柔，吴玉虎 26211）。生于海拔 3 200～3 800 m 的河谷、草甸或灌丛。

甘肃：玛曲（齐哈玛大桥附近，吴玉虎 31813）。生于海拔 3 500 m 左右的沟谷山地高寒草甸、河谷灌丛。

分布于我国的新疆、青海、甘肃、陕西、西藏、四川、云南、贵州、山西、内蒙古、辽宁、吉林、黑龙江、河南、湖北、山东；广布北半球温带及暖温带。

11. 羽叶花属 Acomastylis Greene

Greene Leaflets 1：174. 1906.

多年生草本，常丛生，具根状茎。基生叶为羽状复叶，茎生叶较少，退化。聚伞花序顶生，具数花；萼筒陀螺形，萼片 5 枚，副萼片较小；花瓣 5 枚，黄色，雄蕊多数，着生在萼筒周围；雌蕊多数，密被硬毛或仅先端被疏毛，花柱基部有疏毛或无毛，果时宿存，胚珠基生。

约 15 种，分布于北美洲和亚洲东部。我国产 2 种，昆仑地区产 1 种。

1. 羽叶花

Acomastylis elata (Royle) F. Bolle in Fedde Repert. Sp. Nov. Beih. 72：83. 1933；中国植物志 37：224. 图版 33：7. 1985；青海植物志 2：107. 1999；Fl. China 9：290. 2003；青藏高原维管植物及其生态地理分布 397. 2008.

多年生草本。根粗壮，圆柱形。茎直立，丛生，呈花葶状，被短柔毛。基生叶为间断的奇数羽状复叶，宽卵形，有小叶 19～33 对，连叶柄长 10～20 cm；小叶近圆形或半圆形，无叶柄，先端钝圆，基部宽楔形，上部较大，排列紧密，愈向下小叶渐小且有间断，边缘有不规则的钝圆锯齿及缘毛，背面疏生柔毛；茎生叶少，呈苞片状，羽裂，裂片狭披针形；托叶草质，绿色，全缘，卵状披针形。聚伞花序顶生，具花 1～6 朵；花直径 1.5～2.0 cm；萼片卵状三角形，顶端急尖，副萼片细小，狭披针形，背面被短柔毛；花瓣黄色，倒宽卵形，顶端微凹；子房一半以上密被淡黄色硬毛，渐狭至花柱，柱头细小。瘦果长卵形，密被毛，花柱宿存。 花果期 6～8 月。

产青海：兴海（河卡山，郭本兆 6356）、久治（果哈尕垭土和都哈尔玛，果洛队 080）。生于海拔 3 400～4 200 m 的河滩及高山灌丛下。

分布于我国的青海、西藏；克什米尔地区，尼泊尔，印度锡金邦也有。

12. 无尾果属 Coluria R. Br.

R. Br. in Parry Voy. Suppl. App. 276. 1824.

多年生草本，有柔毛，具根茎。基生叶为羽状复叶或大头羽状复叶，边缘有锯齿；托叶合生。花茎直立，有少数花；具苞片；副萼片5枚，常小型；花萼宿存，萼筒倒圆锥形，花后延长，有10肋，萼片5枚，镊合状排列；花瓣5枚，黄色或白色，比萼片长；雄蕊多数，成2~3组，花丝离生，在果期宿存；花盘环绕萼筒，无毛；心皮多数，生在短花托上，花柱近顶生，直立，脱落；胚珠1枚，着生在子房基部。瘦果多数，扁平，包在宿存萼筒内，有1粒种子。

模式种：*Coluria geoides*（Pall.）Ledeb.

约4种，分布在亚洲北部及南部。我国有3种，昆仑地区产1种。

1. 无尾果 图版 20：4~6

Coluria longifolia Maxim. in Bull. Acad. Sci. St. -Pétersb. 27：466. 1882；中国高等植物图鉴2：285. 图 2300. 1972；中国植物志37：229. 图版 35：4~6. 1985；西藏植物志2：630. 1985；青海植物志2：106. 图版 18：7~9. 1999；Fl. China 9：291. 2003；青藏高原维管植物及其生态地理分布401. 2008.

多年生草本。基生叶为间断羽状复叶，长5~10 cm；叶轴具沟，有长柔毛，上部小叶紧密排列无间隙，愈向下方各对小叶间隔愈疏远，小叶9~20对，上部者较大，愈向下方裂片愈小，皆无柄；上部小叶宽卵形或近圆形，长5~15 mm，宽3~8 mm，先端钝圆或急尖，基部歪形，无柄，边缘有锐锯齿及黄色长缘毛，两面有柔毛或近无毛，下部小叶卵形或长圆形，长1~3 mm，宽0.5~1.0 mm，歪形，全缘或有钝圆锯齿，具缘毛；叶柄长1~3 cm，疏生长柔毛，基部膜质下延抱茎；托叶卵形，全缘或有1~2锯齿，两面具柔毛及缘毛；茎生叶1~4枚，宽条形，长1.0~1.5 cm，羽裂或3裂。花茎直立，高4~20 cm，上部分枝，有短柔毛；聚伞花序有2~4花，稀具1花；2苞片卵状披针形，长3~4 mm，具长缘毛；花梗长1.0~2.5 cm，密生短柔毛；花直径1.5~2.5 cm；副萼片长圆形，长约2 mm，先端钝圆，有长柔毛及缘毛；萼筒钟形，长约2 mm，外面密生短柔毛并有长柔毛；萼片三角卵形，长3~4 mm，先端锐尖，外面密生短柔毛并有长柔毛；花瓣倒卵形或倒心形，长5~7 mm，黄色，先端微凹，无毛；雄蕊40~60枚，花丝锥形，比花瓣短，无毛，基部扩大，宿存；心皮数个，子房长圆形，无毛，花柱丝状。瘦果长圆形，长约2 mm，黑褐色，光滑无毛。 花期6~7月，果期8~10月。

产青海：兴海（河卡山，郭本兆6162；河卡山北坡，植被地理组430；河卡乡科学

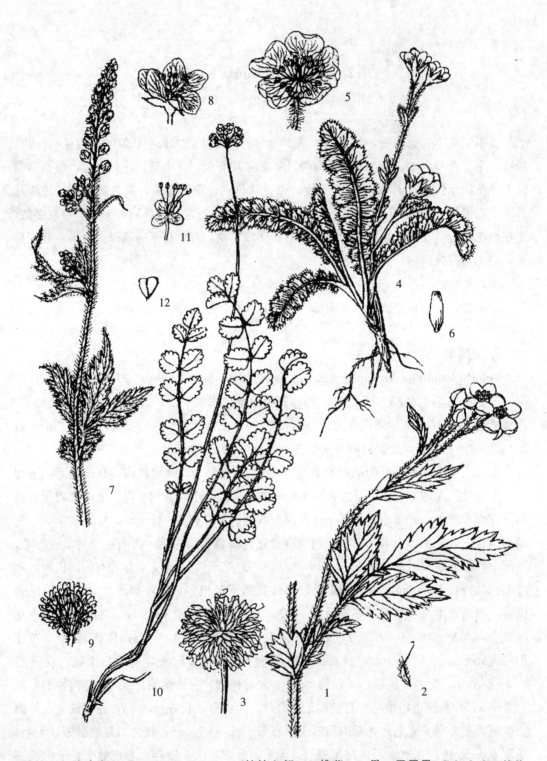

图版 20　路边青 **Geum aleppicum** Jacq. 1.植株上部；2.雄蕊；3.果。无尾果 **Coluria longifolia**
Maxim. 4.植株；5.花；6.果。龙牙草 **Agrimonia pilosa** Ledeb. 7.植株一段；8.花；9.果。矮地榆
Sanguisorba filiformis（Hook. f.）Hand.-Mazz. 10.植株；11.花；12.果。（王颖绘）

滩开特沟，何廷农 233）、玛多（清水乡，吴玉虎 560；兔子山，吴玉虎 18293、18309；巴颜喀拉山口，刘海源 804）、玛沁（尼卓玛山，玛沁队 307；大武乡黑土山，吴玉虎 35694、H. B. G. 697；雪山乡松卡，H. B. G. 467；雪山乡浪日，H. B. G. 422；拉加乡，玛沁队 79、吴玉虎 5790；野马滩，植被地理组 384；阿尼玛卿山，黄荣福 C. G. 81-120；扎木尔北山，玛沁队 61）、久治（索乎日麻乡，藏药队 302；康赛乡，吴玉虎 26505）、曲麻莱（秋智乡，刘尚武和黄荣福 706）、称多（珍秦乡，吴玉虎 29201；巴颜喀拉山口，陈世龙 548；歇武乡，刘有义 83-351）。生于海拔 2 900～4 900 m 的高寒沼泽草甸、河谷高寒灌丛草甸、高山流石坡及沟谷山地高寒草甸。

四川：石渠（菊母乡，吴玉虎 29793、29799、29824、29880、29925）。生于海拔 4 600 m 左右的沟谷山地高寒草甸、河谷山地高寒灌丛草甸、高山流石坡。

分布于我国的青海、甘肃、西藏、四川、云南。

13. 委陵菜属 Potentilla Linn.

Linn. Sp. Pl. 495. 1753.

多年生草本，稀为一年生草本或灌木。茎直立、上升或匍匐。叶为奇数羽状复叶或掌状复叶；托叶与叶柄不同程度合生。花通常两性，单生、聚伞花序或聚伞圆锥花序；萼筒下凹，多呈半球形；萼片 5 枚，镊合状排列，副萼片 5 枚，与萼片互生；花瓣 5 枚，通常黄色，稀白色或紫红色；雄蕊通常 20 枚，稀减少或更多（11～30 枚），花药 2 室；雌蕊多数，着生在微凸起的花托上，彼此分离；花柱顶生、侧生或基生；每心皮有 1 胚珠，上升或下垂，倒生胚珠、横生胚珠或近直生胚珠。瘦果多数，着生在干燥的花托上，萼片宿存；种子 1 粒，种皮膜质。

有 200 余种，大多分布于北半球温带、寒带及高山地区，极少数种类接近赤道。我国有 80 多种，全国各地均产，但主要分布在东北、西北和西南各省区；昆仑地区产 33 种 13 变种。有些高山种类形成垫状，为高山草甸植被的重要成分。

分 种 检 索 表

1. 灌木或小灌木。
  2. 羽状复叶常有小叶 5～7 枚；花黄色。
    3. 小叶常 5 枚，稀 3 枚，明显羽状排列，长圆形或长圆状披针形，长 0.7～2.5 cm，宽 0.4～1.0 cm，边缘平坦或稍反卷；花直径 1.5～3.0 cm ……………………………………………… **2. 金露梅 P. fruticosa** Linn.
    3. 小叶 5～7 枚，稀 3 枚，通常靠拢近似掌状，披针形或倒卵状披针形，长 0.5～1.0 cm，宽 0.4～0.5 cm，边缘向下极为反卷；花直径通常 1.0～1.2 cm，稀达

137

2.5 cm ……………………………… **4. 小叶金露梅 P. parvifolia** Fisch. ex Lehm.

2. 羽状复叶常有小叶 3～5 枚，小叶边缘平坦或略反卷；花黄色或白色。

    4. 花黄色，花直径 1.0～1.5 cm；小叶椭圆形、倒卵形或卵状椭圆形 …………

    …………………………… **1. 帕米尔金露梅 P. dryadanthoides**（Juzep.）Sojak

    4. 花白色，花直径 1.5～2.5 cm；小叶椭圆形 ………… **3. 银露梅 P. glabra** Lodd.

1. 一年生或多年生草本，或为亚灌木时冬季仅有宿存木质地下根茎，地上部分枯死。

    5. 基生叶为羽状复叶。

      6. 小叶片全缘或 2 裂，小叶常对生，上下被短柔毛或几无毛 ……………………

      ……………………………………… **5. 二裂委陵菜 P. bifurca** Linn.

      6. 小叶边缘有锯齿或裂片。

        7. 小叶下面绿色或淡绿色；下面有绢毛或柔毛或脱落几无毛。

          8. 小叶片边缘有深裂片，分裂几达中脉；上下两面被柔毛或颗粒状腺体 …

          …………………………………… **27. 腺粒委陵菜 P. granulosa** Yü et Li

          8. 小叶片边缘有锯齿或浅裂片，羽状复叶最上面 1～3 对小叶基部明显下延

            与叶轴会合，副萼裂片与萼片近等长或稍长，果期膨大 …………………

          …………………… **28. 腺毛委陵菜 P. longifolia** Willd. ex Schlecht.

        7. 小叶下面密被白色或淡黄色茸毛或绢毛。

          9. 茎平卧，有匍匐茎，常在节处生根；单花侧生 …… **8. 蕨麻 P. anserina** Linn.

          9. 茎直立或上升，不具匍匐茎；1 至多花。

            10. 羽状复叶密被白色绢毛，不被茸毛，有小叶 2～5 对，小叶倒卵形，

              每边有 2～4 个带状披针形裂片 … **12. 多头委陵菜 P. multiceps** Yü et Li

            10. 羽状复叶下面密被茸毛，间或有绢毛。

              11. 基生叶有小叶 2～3（～4）对，边缘有锯齿。

                12. 羽状复叶有小叶 2 对，沿脉有白色茸毛，边缘有篦齿状裂片；

                  茎外被白色茸毛 ………… **19. 全白委陵菜 P. hololeuca** Boiss.

                12. 羽状复叶有小叶 2～3 对，脉上伏生绢毛，边缘有长圆形裂

                  片；茎外密被柔毛和绢毛 …… **18. 华西委陵菜 P. potaninii** Wolf

              11. 基生叶有小叶（2～）3～11（～15）对，小叶边缘分裂成小

                裂片。

                13. 花茎和叶柄被相互交织的白色茸毛，小叶 3～5（～8）对，

                  亚革质，卵形至长圆形，两边有长圆形或三角状裂片，下面

                  密被白色茸毛……………………………………………

                  ………… **15. 西山委陵菜 P. sischanensis** Bunge ex Lehm.

                13. 花茎和叶柄被绢毛、长柔毛或短柔毛，不被茸毛。

                  14. 小叶下面茸毛为密生白色绢毛所覆盖，边缘向下反卷；

                    茎生叶托叶全缘或 2 裂 …… **14. 绢毛委陵菜 P. sericea** Linn.

                  14. 小叶下面沿脉被白色绢毛，其茸毛可见。

15. 小叶上面淡绿色，伏生白色长柔毛或绢毛，下面茸毛
上疏被白色长柔毛；小叶片裂片密接。

  16. 基生叶有小叶 3～5 对；茎生叶托叶全缘或 2 裂
         …………… **11. 高原委陵菜 P. pamiroalaica** Juzep.

  16. 基生叶有小叶 6～9 对；茎生叶托叶全缘或 2～3
     裂 ………… **13. 羽毛委陵菜 P. plumosa** Yü et Li

15. 小叶上面绿色，密被紧贴疏柔毛，稀脱落几无毛，下
面仅脉上被绢毛；小叶裂片疏离。

  17. 花大，直径 1.2～1.5 cm；小叶边缘羽状深裂，
    几达中脉或全裂。

    18. 小叶裂片线形至条状披针形，下面被白色毡
      状茸毛，边缘明显向下卷 ………………………
        ………… **9. 多裂委陵菜 P. multifida** Linn.

    18. 小叶裂片长圆形或倒卵形，下面被灰白色茸
      毛，边缘平坦………………………………………
       ………… **16. 准噶尔委陵菜 P. soongarica** Bunge

  17. 花小，直径 0.8～1.2 cm，花后不增大，副萼裂
    片细小，短于萼片。

    19. 小叶分裂较深，裂片带形，边缘平坦或稍反
      卷；茎生叶托叶全缘；花茎被白色长柔毛或
      短柔毛………………………………………………
       …………… **10. 多茎委陵菜 P. multicaulis** Bunge

    19．小叶裂片分裂较浅，裂片三角形，三角披针
      形或长圆卵形，边缘反卷；茎生叶托叶呈齿牙
      状分裂；花茎被稀疏短柔毛和显著白色绢状长
      柔毛 ………………… **17. 委陵菜 P. chinensis** Ser.

5. 基生叶为 3～5 掌状复叶。

 20. 基生叶为 3 小叶。

  21. 小叶全缘或顶端有 3 齿，小叶椭圆形、长椭圆形至倒卵圆形；花直径
    1.5～2.5 cm ………………… **6. 楔叶委陵菜 P. cuneata** Wall. ex Lehm.

  21. 小叶边缘有锯齿或颜色深浅不同的裂片。

   22. 小叶下面绿色，被疏柔毛、短柔毛或疏生绢毛，稀脱落几无毛。

    23. 茎平卧，呈匍匐状，常在节处生根，小叶倒卵形或椭圆形，边缘
      锯齿较深；花单生叶腋，直径 0.7～1.0 cm …………………………
      ……………………………… **32. 等齿委陵菜 P. simulatrix** Wolf

    23. 花茎直立或上升，不呈匍匐状。

     24. 矮小丛生亚灌木。小叶上半部全缘有 3～7 个齿牙状裂片；有

花 1～3 朵 ············ **7. 毛果委陵菜 P. eriocarpa** Wall. ex Lehm.

24. 一年生或多年生草本；小叶边缘有锯齿，不呈齿牙状，3 至多花排列成聚伞花序。

25. 小叶下面和萼片外面被腺体。

26. 基生叶有小叶 3～5 枚，呈鸟足状稀近羽状排列，下面被开展的短柔毛及腺体，叶边反卷；基生叶托叶长圆形，合生部分不及离生部分一半 ·····················

················ **30. 混叶委陵菜 P. subdigitata** Yü et Li

26. 基生叶为掌状三出复叶，下面最初被灰白色茸毛，以后脱落减少，沿中脉有长柔毛及腺体，边缘平坦 ···

················ **23. 脱绒委陵菜 P. evestita** Wolf

25. 小叶下面和萼片外面无腺体或极稀疏；小叶每边有 2～5 个锯齿或浅裂片。

27. 聚伞花序集生于顶端，苞片较大呈叶状；小叶扇状倒卵形或倒卵圆形；副萼与萼片近等长 ·················

················ **29. 西藏委陵菜 P. xizangensis** Yü et Li

27. 花序分枝较多，呈松散的聚伞花序，苞片较小，不呈叶状；小叶椭圆形、倒卵状椭圆形；副萼片短于萼片

················ **31. 耐寒委陵菜 P. gelida** C. A. Mey.

22. 小叶下面密被白色和灰白色茸毛和绢毛。

28. 花茎和叶柄被白色茸毛；小叶下侧脉为茸毛所覆盖，小叶椭圆形、卵圆形或倒卵圆形；茎外被平铺柔毛 ········ **20. 雪白委陵菜 P. nivea** Linn.

28. 花茎和叶柄被长柔毛或混生白茸毛；沿脉被绢毛或柔毛；茎生叶托叶小，全缘；副萼片外被疏柔毛，绿色。

29. 花梗和萼片外有腺毛；小叶上面被疏柔毛和腺毛，下面被白色茸毛，老时脱落减少仅有残迹 ············ **23. 脱绒委陵菜 P. evestita** Wolf

29. 花梗和萼片外无腺毛；小叶上面伏生绢毛或疏柔毛，稀脱落几无毛，下面密被茸毛，永不脱落。

30. 植株被灰色茸毛；基生叶顶生小叶有短柄；花直径 1.5～1.8 cm ······················ **22. 显脉委陵菜 P. nervosa** Juzep.

30. 植株被雪白色茸毛；基生叶小叶全无短柄。

31. 小叶上面伏生数柔毛，下面密被白色茸毛，沿脉被疏柔毛；花直径 1.0～1.4 cm，副萼片分裂或不分裂；花瓣黄色；雄蕊和花柱淡黄色 ······················

················ **21. 钉柱委陵菜 P. saundersiana** Royle

31. 小叶上面伏生银白色绢毛，下面密被银白色茸毛，沿脉伏生银白色绢毛；花直径约为 2 cm，副萼片分裂；花瓣基

部带紫色，雄蕊和花柱均紫色 ………………………………

…………………… **24. 银光委陵菜 P. argyrophylla** Wall.

20. 基生叶为 5 小叶。

   32. 茎平卧，具匍匐茎，常在节处生根；单花腋生；小叶 5 枚，圆披针形；花直径 1.0～1.5 cm，副萼裂片狭窄，顶端渐尖，稀急尖，花后不增大 …

…………………… **33. 匍枝委陵菜 P. flagellaris** Willd. ex Schlecht.

   32. 茎直立或上升，不具匍匐茎。

      33. 小叶下面绿色，被无柄腺毛或柔毛，不被茸毛；基生叶 5 小叶中混有 3 小叶，稀近羽状；花直径 1.5～2.5 cm ……………………

…………………… **30. 混叶委陵菜 P. subdigitata** Yü et Li

      33. 小叶下面密被白色或灰白色茸毛。

         34. 茎生小叶边缘有 5～8 个长圆披针形或三角披针形裂片；花直径 0.8～1.0 cm ………………… **25. 密枝委陵菜 P. virgata** Lehm.

         34. 茎生小叶边缘有锯齿或每边有 1～5 个裂片；花直径 1～2 cm。

            35. 植株高仅 10～20 cm；基生叶直立或上升，小叶边缘有锯齿；花直径 1.0～1.5 cm ……… **21. 钉柱委陵菜 P. saundersiana** Royle

            35. 植株高 20～50 cm；小叶每边有 2～4 个狭带形裂片，边缘微向下反卷…………… **26. 窄裂委陵菜 P. angustiloba** Yü et Li

1. 帕米尔金露梅　图版 21：1～3

Potentilla dryadanthoides （Juzep.）Sojak　Folia Geobot. Phytotax. 4. 2：208. 1969；Опред. Раст. Средн. Азии 5：170. 1976；新疆植物检索表 2：532. 1983；青藏高原维管植物及其生态地理分布 419. 2008. —— *Dasiphora dryadanthoides* Juzep. in Fl. URSS 10：608. 1941. —— *Pentapjylloides dryadanthoides* （Juzep.）Sojak Folia Geobot. Phytotax. 4. 2：208. 1969；新疆植物志 2（2）：306. 图版 83：1～3. 1995.

矮小灌木，高 7～15 cm。枝条铺散，嫩枝棕黄色，稍被疏柔毛。奇数羽状复叶，小叶片 5 或 3 枚，椭圆形，顶端钝圆，基部楔形，边缘平坦或略反卷，两面被白色绢状柔毛，下面沿脉有开展的长柔毛；托叶卵形，膜质，淡棕色。花单生叶腋；梗短，花直径 1.0～1.5 cm；萼片宽卵形，副萼片披针形或卵形，具短尖，短于萼片；花瓣黄色，宽卵形，长于萼片；花柱近基生，棒状，茎部稍细、柱头扩大。瘦果被毛。　花期 6～7 月。

产新疆：阿克陶（奥依塔克，青藏队吴玉虎 4831）、塔什库尔干（采集地不详，西植所新疆队 100；麻扎种羊场萨拉勒克，青藏队吴玉虎 87054；卡拉其古，青藏队吴玉虎 5073；托克满苏，西植所新疆队 1394；克克吐鲁克，西植所新疆队 1387；中塔边界，克里木 T168；马尔洋，帕考队 5257；明铁盖，阎平和陆嘉惠 3851）、叶城（采集地不详，西藏队 3400)、若羌（阿尔金山保护区鸭子泉，青藏队吴玉虎 2298、4754；祁漫塔格山，青藏队吴玉虎 2153；冰河，青藏队吴玉虎 4236)、皮山（康西瓦，帕考队 6182；吉里巴扎，帕考队 6056)、于田（普鲁，青藏队吴玉虎 3669、3715、3775)。生于海拔 2 800～4 500 m 的山坡高寒灌丛、沟谷山地石隙、河滩灌丛、草原及草甸。

青海：玛沁（大武乡江让水电站，吴玉虎 18611、26622)、班玛（亚尔堂乡王柔，王为义 26742)。生于海拔 3 300～3 500 m 的砾石坡及河谷高寒灌丛。

甘肃：玛曲（欧拉乡，吴玉虎 32092)。生于海拔 3 300 m 的宽谷河滩高寒灌丛。

分布于我国的新疆、青海、甘肃。

2. 金露梅 图版 21：4～5

Potentilla fruticosa Linn. Sp. Pl. 495. 1753; Wolff in Bibl. Bot. 71：55. 1908. p. p.；内蒙古植物志 3：81. 图版 41：1～6. 1977；中国植物志 37：244. 图版 36：1～2. 1985；西藏植物志 2：639. 图 197：5～7. 1985；新疆植物志 2 (2)：305. 图版 83：6～7. 1995；青海植物志 2：120. 图版 22：1～2. 1999；Fl. China 9：294. 2003；青藏高原维管植物及其生态地理分布 419. 2008. —— *Pentaphylloides fruticosa* (Linn.) O. Schwarz Mitt. Thuring. Bot. Ges. 1：105. 1949.

2a. 金露梅（原变种）
var. fruticosa

灌木，高 0.5～2.0 m，多分枝，树皮纵向剥落。小枝红褐色，幼时被长柔毛。羽状复叶，有小叶 2 对，稀 3 小叶，上面 1 对小叶基部下延与叶轴会合；叶柄被绢毛或疏柔毛；小叶片长圆形、倒卵长圆形或卵状披针形，长 0.7～2.0 cm，宽 0.4～1.0 cm，全缘，边缘平坦，顶端急尖或钝圆，基部楔形，两面绿色，疏被绢毛或柔毛或脱落近于几毛；托叶薄膜质，宽大，外面被长柔毛或脱落。单花或数朵生于枝顶；花梗密被长柔毛或绢毛；花直径 2.2～3.0 cm；萼片卵圆形，顶端急尖至短渐尖，副萼片披针形至倒卵状披针形，顶端渐尖至急尖，与萼片近等长，外面疏被绢毛；花瓣黄色，宽倒卵形，顶端钝圆，比萼片长；花柱近基生，棒形，基部稍细，顶部缢缩，柱头扩大。瘦果近卵形，褐棕色，长约 1.5 mm，外被长柔毛。 花果期 6～9 月。

产青海：格尔木（采集地不详，青藏队 2874)、兴海（中铁乡至中铁林场途中，吴玉虎 43189、43209；黄青河畔，吴玉虎 42613、42614；大河坝乡赞毛沟，吴玉虎 46417、46438、47223；中铁林场恰登沟，吴玉虎 44932、45239、45339；中铁乡前滩，吴玉虎 45453；大河坝乡，吴玉虎 42481、42585；中铁乡附近，吴玉虎 42901、43003；河卡乡河卡山，吴玉虎 28666；中铁林场中铁沟，吴玉虎 45544、47609)、称多（尕朵乡河边，苟新京 83-311；歇武乡，刘有义 83-8347；珍秦乡，吴玉虎 29204；县城郊区，吴玉虎 27634、29279、29293)、玛多（巴颜喀拉山，吴玉虎 29034)、玛沁（雪山乡东斜沟，H. B. G. 445；县城，玛沁队 0008；军功乡，吴玉虎 26976；黑土山，吴玉虎 18517）、久治（满掌山，陈桂琛、陈世龙、黄志伟 1630；龙卡湖畔，果洛队 559；哇赛乡，吴玉虎 26737）、班玛（采集地不详，陈实 60098；马柯河林场烧柴沟，王为义 27560；马柯河林场，王为义 27634）。生于海拔 3 200～4 400 m 的草甸、砾石地、河滩、山坡林缘灌丛、沟谷山地阴坡高寒灌丛。

甘肃：玛曲（河曲军马场，吴玉虎 31892；欧拉乡，吴玉虎 31984）。生于海拔 3 300～3 400 m 的草甸、山坡岩隙和河谷山地高寒灌丛。

四川：石渠（红旗乡，吴玉虎 29293、29489）。生于海拔 4 200 m 的沟谷山地高寒灌丛、高寒草甸。

分布于我国的新疆、青海、甘肃、陕西、西藏、四川、云南、山西、河北、内蒙古、辽宁、吉林、黑龙江。

本种广泛分布在北温带山区，亚洲、欧洲及美洲均有记录。其枝叶花朵形态变异很大，有人认为它们同属一个种的变种和变型；也有人认为欧美所产为同一个种，北美为其分布中心，而亚洲东部所则为另一个种。其主要区别为叶片质地与被毛。欧美产者叶片薄软，叶脉稀疏，上下两面毛较少，而亚洲产者叶片较硬而厚，叶脉密集，上面密被绢毛，下面无毛或稍有柔毛。我们认为这些叶片特征受生态环境影响较大，仅能作为种以下变异，不能视为独立的种。特别是在我国新疆、黑龙江等省区所采集的标本与欧洲标本不易划分，而在我国西南各省所产者叶片上面伏毛较多，或在叶片下面密被白色绢毛，故改列为变种较为适宜。

2b. 白毛金露梅（变种）

var. **albicans** Rehd. et Wils. in Sarg. Pl. Wils. 2：302. 1916；中国植物志 37：247. 1985；西藏植物志 2：639. 1985；新疆植物志 2 (2)：305. 1995；青海植物志 2：121. 1999；Fl. China 9：295. 2003；青藏高原维管植物及其生态地理分布 419：2008. —— *Pentaphylloides fruticosa* (Linn.) var. *albicans* Rehd. et Wils. in Sarg. Pl. Wils. 2：302. 1916.

本变种小叶下面密被银白色茸毛或绢毛，易与原变种相区别。 花果期 6～9 月。

产青海：兴海（中铁乡附近，吴玉虎 45453；河卡乡阿米瓦阳山，王作宾 20283、何廷农 429）、班玛（亚尔堂乡王柔，吴玉虎 26263；江日堂乡，吴玉虎 26040）。生于海拔 3 200～3 700 m 的山谷、坡地、山地阴坡高寒灌丛。

分布于我国的新疆、青海、西藏、四川、云南。

2c. 垫状金露梅（变种）

var. **pumila** Hook. f. Fl. Brit. Ind. 2：348. 1878；中国植物志 37：247. 1985；西藏植物志 2：639. 1985；青海植物志 2：121. 1999；Fl. China 9：295. 2003；

青藏高原维管植物及其生态地理分布 420. 2008.

本变种为垫状灌木，密集丛生，高 5～10 cm。小叶 5 枚，椭圆形，长 3～5 mm，宽 3～4 mm，上面密被伏毛，下面网脉明显，几无毛或被稀疏柔毛，叶边缘反卷；单花顶生，花直径 1.0～1.5 cm，几无柄或柄极短，易与其他变种相区别。 花期 6 月。

产青海：玛多（野牛沟，刘海源 738；巴颜喀拉山，刘海源 769；清水乡阿尼玛卿山，吴玉虎 18199B；巴颜喀拉山北坡，吴玉虎 29044、29178）、玛沁（采集地不详，植被地理组 525）、久治（索乎日麻乡，藏药队 364）。生于海拔 4 000～4 600 m 的沟谷山地石隙、山坡山寒干旱砾石地、山地高寒灌丛草甸。

四川：石渠（红旗乡，吴玉虎 29442）。生于海拔 3 900～4 400 m 的沟谷山坡地、砂地及高寒草甸。

分布于我国的青海、西藏、四川。

2d. 伏毛金露梅（变种）

var. **arbuscula** (D. Don) Maxim. in Mél. Biol. 9：158. 1873；中国植物志 37：247. 1985；西藏植物志 2：639. 1985；Fl. China 9：295. 2003；青藏高原维管植物及其生态地理分布 420. 2008.

本变种与原变种的主要区别在于：小叶上面密被伏生的白色柔毛，下面网脉较为明显突出，被疏柔毛或无毛，边缘常向下反卷。 花果期 7～8 月。

产青海：玛多（花石峡乡，王为义 26586；清水乡，吴玉虎 18119）、玛沁（黑土山，吴玉虎 18517B；雪山乡，吴玉虎 55-2）。生于海拔 4 000～4 300 m 的岩隙、高寒草甸及灌丛。

四川：石渠（长沙贡玛乡，吴玉虎 29668B）。生于海拔 4 000 m 左右的沟谷山地岩隙、山坡高寒灌丛。

分布于我国的青海、西藏、四川、云南。

3. 银露梅

Potentilla glabra Lodd. Bot. Cab. 10：t. 914. 1824；内蒙古植物志 3：83. 图版 42：4. 1977；东北木本植物图志 310. 图版 107：223. 1955；中国植物志 37：247. 1985；西藏植物志 2：641. 1985；青海植物志 2：120. 1999；Fl. China 9：295. 2003；青藏高原维管植物及其生态地理分布 420. 2008.

3a. 银露梅（原变种）

var. **glabra**

灌木，高 0.3～2.0 m，稀达 3 m，树皮纵向剥落。小枝灰褐色或紫褐色，被稀疏柔毛。叶为羽状复叶，有小叶 2 对，稀 3 小叶，上面 1 对小叶基部下延与轴会合，叶柄被疏柔毛；小叶椭圆形、倒卵椭圆形或卵状椭圆形，长 0.5～1.2 cm，宽 0.4～0.8 cm，顶端钝圆或急尖，基部楔形或几圆形，边缘平坦或微向下反卷，全缘，两面绿色，被疏柔毛或几无毛；托叶薄膜质，外被疏柔毛或脱落几无毛。顶生单花或数朵；花梗细长，被疏柔毛；花直径 1.5～2.5 cm；萼片卵形，急尖或短渐尖，副萼片披针形、倒卵披针形或卵形，比萼片短或近等长，外面被疏柔毛；花瓣白色，倒卵形，顶端钝圆；花柱近基生，棒状，基部较细，在柱头下缢缩，柱头扩大。瘦果表面被毛。 花果期 6～11 月。

产青海：兴海（中铁林场恰登沟，吴玉虎 44911、45227；中铁林场中铁沟，吴玉虎 45544；大河坝乡赞毛沟，吴玉虎 46438、46441、46451；赛宗寺，吴玉虎 46169、46177）、久治（年保山北坡，果洛队 391）、班玛（马柯河林场可培苗圃，王为义 27062；马柯河林场宝藏沟，王为义 27253；马柯河林场红军沟，王为义 26982；班前乡照山，王为义 26982；亚尔堂乡，吴玉虎 26233；亚尔堂乡王柔，许德融 247、王为义 26722）。生于海拔 3 200～4 200 m 的沟谷山坡林缘灌丛、河谷山地阳坡高寒灌丛。

四川：石渠（长沙贡玛乡，吴玉虎 9703、29668、29750）。生于海拔 4 000 m 左右的河谷山坡岩隙、山地和滩地高寒灌丛。

分布于我国的青海、甘肃、陕西、西藏、四川、云南、山西、河北、内蒙古、湖北、安徽；朝鲜，俄罗斯西伯利亚，蒙古也有。

有人将本种列为金露梅 P. *fruticosa* Linn. 的变种，但本种花白色，通常枝叶柔毛较少或几无毛，副萼片顶端多钝圆，常短于萼片，可另立为 1 种。

3b. 白毛银露梅（变种）

var. **mandshurica** (Maxim.) Hand.-Mazz. in Acta Hort. Gothoh. 13：297. 1939；内蒙古植物志 3：85. 图版 42：1～3. 1977；秦岭植物志 1（2）：548. 图 456. 1974；中国植物志 37：249. 1985；西藏植物志 2：641. 1985；青海植物志 2：120. 1999；Fl. China 9：296. 2003；青藏高原维管植物及其生态地理分布 421. 2008.

本变种与原变种的区别主要在于：小叶上面或多或少伏生柔毛，下面密被白色茸毛或绢毛。 花果期 5～9 月。

产青海：兴海（中铁乡附近，吴玉虎 42976；大河坝乡，张盍曾 63522；河卡滩，采集人不详 2058；河卡乡羊曲伪香，何廷农 85；河卡山，吴珍兰 150）、玛沁（尕柯河电站，吴玉虎 5987、6026；拉加乡，吴玉虎 6065；西哈垄河谷，吴玉虎 5601；大武乡，王为义 26615；军功乡，玛沁队 185、吴玉虎 4629、26959；江让，吴玉虎 1468；江让水电站北，植被地理组 468；黑土山，吴玉虎 18638、18777、18782）。生于海拔 3 000～4 000 m 的沟谷山地林下、河谷山坡高寒灌丛、阴坡林缘高寒灌丛、干旱山坡、沟谷岩石坡、山地杂木林中。

分布于我国的青海、甘肃、陕西、西藏、四川、云南、河北、山西、内蒙古、湖北；朝鲜也有。

4. 小叶金露梅 图版 21：6～7

Potentilla parvifolia Fisch. ex Lehm. Nov. Stirp. Pugill. 3：6. 1831；东北木本植物图志 309. 图版 107：221. 1955；中国高等植物图鉴 2：288. 图 2305. 1972；中国植物志 34：249. 图版 36：3～10. 1985；西藏植物志 2：642. 图 197：1～4. 1985；新疆植物志 2（2）：306. 图版 83：4～5. 1995；青海植物志 2：121. 1999；Fl. China 9：296. 2003；青藏高原维管植物及其生态地理分布 425. 2008. —— *Pentaphylloides parvifolia* (Fisch. Ap. Lehm) Sojark Folia Gebot. Phytotax. 4. 2：208. 1969.

4a. 小叶金露梅（原变种）

var. parvifolia

灌木，高 0.3～1.5 m，分枝多，树皮纵向剥落。小枝灰色或灰褐色，幼时被灰白色柔毛或绢毛。叶为羽状复叶，有小叶 2 对，常混生有 3 对，基部 2 对小叶呈掌状或轮状排列；小叶小，披针形、带状披针形或倒卵披针形，长 0.7～1.0 cm，宽 2～4 mm，顶端常渐尖，稀钝圆，基部楔形，边缘全缘，明显向下反卷，两面绿色，被绢毛，或下面粉白色，有时被疏柔毛；托叶膜质，褐色或淡褐色，全缘，外面被疏柔毛。顶生单花或数朵，花梗被灰白色柔毛或绢状柔毛；花直径 1.2～2.2 cm；萼片卵形，顶端急尖，副萼片披针形、卵状披针形或倒卵披针形，顶端渐尖或急尖，短于萼片或近等长，外面被绢状柔毛或疏柔毛；花瓣黄色，宽倒卵形，顶端微凹或钝圆，比萼片长 1～2 倍；花柱近基生，棒状，基部稍细，在柱头下缢缩，柱头扩大。瘦果表面被毛。 花果期 6～8 月。

产新疆：塔什库尔干（克克吐鲁克，青藏队吴玉虎 870518；麻扎种羊场萨拉勒克，青藏队吴玉虎 870354）、皮山（康西瓦，高生所西藏队 3400；麻扎，高生所西藏队 3170）、叶城（依力克其牧场，黄荣福 C. G. 86 - 105；乔戈里峰冰山西侧，黄荣福 C. G. 86 - 178；黄荣福 C. G. 86 - 210；阿格勒达坂，黄荣福 C. G. 86 - 162；阿克拉达坂，青藏队吴玉虎 871439；岔路口，青藏队吴玉虎 1223）、策勒（察尔河上游，采集人不详 79）。生于海拔 3 600～4 200 m 的沟谷山地高寒灌丛、山地阴坡石隙、宽谷河滩高寒灌丛。

西藏：日土（采集地不详，青藏队吴玉虎 1610）、改则（扎吉玉湖，高生所西藏队 4336）。生于海拔 3 700～5 200 m 的山坡、砾石地、草甸、岩隙及灌丛。

青海：都兰（荣茶香卡，杜庆 153；香日德考尔沟，黄荣福 C. G. 81 - 266；诺木洪乡布尔汗布达山北坡，吴玉虎 36496）、兴海（中铁乡天葬台沟，吴玉虎 45932；中铁林场卓琼沟，吴玉虎 45022、45537、45695、45755；中铁乡至中铁林场途中，吴玉虎 43049；中铁乡附近，吴玉虎 42350；中铁林场中铁沟，吴玉虎 45503、45562、45572、

45580、45612；河卡山，王作宾 20227；河卡乡羊曲伪香，何廷农 88；河卡乡，吴珍兰 68、郭本兆 6237)、曲麻莱（秋智乡，刘尚武和黄荣福 759；曲麻河乡，黄荣福 34)、称多（珍秦乡，苟新京 6237；称文乡，刘尚武 2348)、玛多（多曲畔，吴玉虎 479)、玛沁（玛沁江北，吴玉虎 1428；江让水电站，植被地理所 428；昌马河，吴玉虎 1525；军功乡黑土山，H. B. G. 225；雪山乡，玛沁队 401；大武乡，玛沁队 270；拉加乡，吴玉虎 6061)、久治（索乎日麻乡直保河边，果洛队 184)、班玛（亚尔堂乡王柔，王为义 26742；马柯河林场，王为义 27634；马柯河林场可培苗圃，王为义 27148；马柯河林场宝藏沟，王为义 27318；马柯河林场烧柴沟，王为义 27566；马柯河林场红军沟，王为义 26871)。生于海拔 3 500～4 600 m 的沟谷山坡高寒灌丛、草原砾地、高寒草甸石隙、河谷山地林下和林缘灌丛、高原山地的岩隙及灌丛。

分布于我国的新疆、青海、甘肃、西藏、四川、内蒙古、黑龙江；俄罗斯西伯利亚，蒙古也有。

有人将本种列为金露梅 P. fruticosa Linn. 的 1 个变种，但是由于本种有狭窄的小叶且长不超过 10 mm，下面 2 对小叶常呈掌状或轮状排列；花常淡黄色，易与后者相区别。

4b. 铺地小叶金露梅（变种）

var. **armerioides** (Hook. f.) Yü et Li Fl. Xizang. 2：642. 1985；青海植物志 2：122. 1999；Fl. China 9：296. 2003；青藏高原维管植物及其生态地理分布 425. 2008. —— P. fruticosa var. armerioides Hook. f. Fl. Brit. Ind. 2：348. 1878.

本种与原变种的区别在于：矮小垫状灌木，小叶 5～7 枚，两面密被绢毛，叶边缘明显反卷。

产青海：格尔木（长江源头各拉丹冬雪山，黄荣福 K‐032)、兴海（中铁林场卓琼沟，吴玉虎 45632、45695；中铁林场中铁沟，吴玉虎 45670)、称多（清水河乡，苟新京 83‐044)、玛沁（雪山乡至东倾沟乡途中，黄荣福 C. G. 81‐176)、治多（可可西里察日错，黄荣福 K‐046)。生于海拔 3 600～5 300 m 的沟谷山坡石隙、山顶高寒草甸、河谷山坡高寒灌丛。

分布于我国的青海、西藏；印度东北部也有。

4c. 白毛小叶金露梅（变种）

var. **hypoleuca** Hand.‐Mazz. in Acta Hort. Gothob. 13：293. 1939；中国植物志 37：250. 1985；西藏植物志 2：642. 1985；青海植物志 2：122. 1999；Fl. China 9：296. 2003；青藏高原维管植物及其生态地理分布 425. 2008.

本变种与原变种的不同在于：小叶片上面被短绢毛，下面被白色茸毛及绢毛。 花果期 4～9 月。

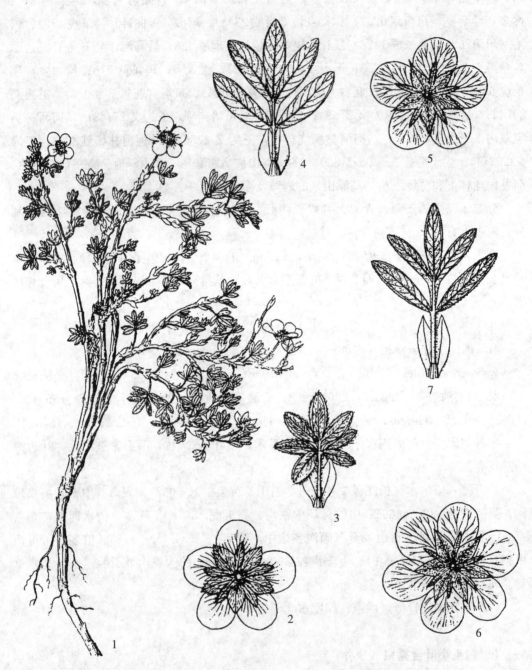

图版 21　帕米尔金露梅 **Potentilla dryadanthoides** （Juzep.） Sojak 1. 植株；2. 花背面；3. 叶片背面。金露梅 **P. fruticosa** Linn. 4. 叶片背面；5. 花背面。小叶金露梅 **P. parvifolia** Fisch. ex Lehm. 6. 花背面；7. 叶背面。（引自《新疆植物志》，李志明绘）

产西藏：日土（班公湖西，高生所西藏队 3617）。生于海拔 4 200 m 左右的湖边。

青海：格尔木（西大滩附近，吴玉虎 36996；三岔河大桥，吴玉虎 36732）、都兰（诺木洪乡布尔汗布达山北坡，吴玉虎 36504、36533、36606；巴隆乡三合村，吴玉虎 36372；巴隆乡，吴玉虎 36374；沟里乡，吴玉虎 36225；旺尕秀山下，吴玉虎 36213，郭本兆和王为义 11946）、班玛（班前乡照山，王为义 26985）、玛沁（大武乡江让水电站，王为义 26622）。生于海拔 3 500～4 000 m 的沟谷山地高寒草甸、山坡岩隙、河滩高寒灌丛、山地阴坡高寒灌丛。

分布于我国的青海、甘肃、西藏、四川、云南。

5. 二裂委陵菜　图版 25：4～5

Potentilla bifurca Linn. Sp. Pl. 497. 1753；Wolf in Bibl. Bot. 71：62. 1908；Juzep. in Fl. URSS 10：81. 1941；东北植物检索表 148. 图版 43：5. 1959；中国高等植物图鉴 2：288. 图 2306. 1972；秦岭植物志 1 (2)：556. 图 464. 1974；中国植物志 37：250. 图版 37：1～2. 1985；西藏植物志 2：642. 图 198：1～2. 1985；新疆植物志 2 (2)：310. 图版 84：4. 1995；青海植物志 2：123. 图版 22：8～9. 1999；Fl. China 9：296. 2003；青藏高原维管植物及其生态地理分布 417. 2008.

5a. 二裂委陵菜（原变种）
var. **bifurca**

多年生草本或亚灌木。根圆柱形，纤细，木质。花茎直立或上升，高 5～20 cm，密被疏柔毛或微硬毛。羽状复叶，有小叶 5～8 对，最上面 2～3 对小叶基部下延与叶轴会合，连叶柄长 3～8 cm；叶柄密被疏柔毛或微硬毛，小叶无柄，对生稀互生，椭圆形或倒卵椭圆形，长 0.5～1.5 cm，宽 0.4～0.8 cm，顶端常 2 裂，稀 3 裂，基部楔形或宽楔形，两面绿色，伏生疏柔毛；下部叶托叶膜质，褐色，外面被微硬毛，稀脱落几无毛，上部茎生叶托叶草质，绿色，卵状椭圆形，常全缘稀有齿。近伞房状聚伞花序，顶生，疏散；花直径 0.7～1.0 cm；萼片卵圆形，顶端急尖，副萼片椭圆形，顶端急尖或钝，比萼片短或近等长，外面被疏柔毛；花瓣黄色，倒卵形，顶端钝圆，比萼片稍长；心皮沿腹部有稀疏柔毛；花柱侧生，棒形，基部较细，顶端缢缩，柱头扩大。瘦果表面光滑。　花果期 5～9 月。

产新疆：乌恰（玉其塔什，西植所新疆队 1753；斯木哈纳，西植所新疆队 2114）、阿克陶（布伦口乡至塔什库尔干，西植所新疆队 791；奥依塔克，阎平和刘青广 4610）、塔什库尔干（麻扎，高生所西藏队 K‑915）、叶城（乔戈里峰冰川西侧，黄荣福 C. G. 86‑175；麻扎达坂，黄荣福 C. G. 86‑039）、皮山（喀尔塔什，青藏队吴玉虎 3630）、且末（解放牧场，青藏队吴玉虎 3052）、策勒（奴尔乡，青藏队吴玉虎 1975；亚门兵团一牧场，采集人不详 43）、若羌（阿尔金山保护区鸭子泉至祁漫塔格山，青藏队吴玉虎 2653、3938；木孜塔格峰雪照壁东，青藏队吴玉虎 2264；祁漫塔格山，青藏队吴玉虎 2657；喀尔墩，采集人不详 84－A－097、84－A－106）。生于海拔 2 900～5 000 m 的山坡、砾石地、草地及河边。

西藏：日土（多玛乡，青藏队吴玉虎 1338；采集地不详，高生所西藏队 3446；班公湖东南，高生所西藏队 3666）。生于海拔 4 200～4 500 m 的湖边、砾石山坡。

青海：都兰（沟里乡，吴玉虎 36239、36266；诺木洪乡布尔汗布达山北坡，吴玉虎 36528、36541；巴隆乡三合村，吴玉虎 36369；香日德乡考尔沟，黄荣福 C. G. 81－263）、兴海（中铁乡天葬台沟，吴玉虎 45887；中铁乡附近，吴玉虎 42804、42956；中铁乡至中铁林场途中，吴玉虎 43072；河卡乡，吴珍兰 087、何廷农 227；卡日红山，郭本兆 6150；河卡山，吴玉虎 17930）、治多（可可西里，可可西里综考队 K－871；太阳湖，可可西里综考队 K－9115）、玛多（采集地和采集人不详 014、1636；黑河乡，陈桂琛 2009；清水乡阿尼玛卿山，吴玉虎 18179；玛积雪山，吴玉虎 18246；县城西北 1834）、玛沁（军功乡尕柯河阴坡，区划二组 145；采集地不详，玛沁队 12、马柄奇 2145；军功乡，吴玉虎 20668）。生于海拔 3 200～4 800 m 的河滩、岩隙、荒漠、沟谷山地阴坡高寒灌丛草甸。

甘肃：玛曲（县城南，陈桂琛 1066）。海拔和生境不详。

分布于我国的新疆、青海、宁夏、陕西、西藏、四川、山西、河北、内蒙古、黑龙江；蒙古，俄罗斯西伯利亚，朝鲜也有。

5b. 矮生二裂委陵菜（变种）

var. **humilior** Rupr. et Osten -Sacken Sert. Tianschan. 45. 1868；中国植物志 37：251. 1985；西藏植物志 2：643. 1985；新疆植物志 2（2）：310. 1995；青海植物志 2：125. 1999；Fl. China 9：297. 2003；青藏高原维管植物及其生态地理分布 417. 2008.

本变种与原变种的区别在于：植株矮小铺散；花茎长在 7 cm 以下；小叶通常 3～5 对，稀达 6 对，大多全缘，偶有顶端 2 裂者；花常单生。 花果期 5～10 月。

产新疆：阿克陶（阿克塔什，青藏队吴玉虎 87019）、塔什库尔干（红其拉甫，阎平、陆嘉惠 3599；麻扎，青藏队吴玉虎 870377、高生所西藏队 3159；县城南，克里木 T－146）、皮山（垴阿巴提乡布琼，青藏队吴玉虎 1884）、和田（喀什塔什，青藏队吴玉虎 2036）、且末（阿羌乡，青藏队吴玉虎 3857）、若羌（月牙河至阿其克库勒湖，青藏队吴玉虎 2273）。生于海拔 2 900～4 400 m 的草甸、河滩及坡地。

西藏：日土（班公湖至鲸鱼湖，青藏队吴玉虎 4102）。生于海拔 4 200 m 的高原宽谷湖边高寒草甸。

青海：治多（可可西里新青峰，黄荣福 K－361；可可西里库赛湖，黄荣福 K－435、K－461；马兰山，黄荣福 K－342；可可西里湖东，黄荣福 K－403；可可西里，可可西里综考队 K-973)、曲麻莱（采集地不详，刘尚武和黄荣福 593）、玛沁（县城，玛沁队 12；雪山乡，黄荣福 C. G. 81-034；大武乡，区划三组 049）、久治（索乎日麻乡，藏药队 368；哇赛乡庄浪沟，果洛队 226）。生于海拔 2 800～4 900 m 的河滩、草地及砾石坡。

分布于我国的新疆、青海、甘肃、陕西、宁夏、西藏、四川、山西、河北、内蒙古；俄罗斯西伯利亚，蒙古也有。

6. 楔叶委陵菜

Potentilla cuneata Wall.（Cat. 28. no 1015. 1829. nom. nud.）ex Lehm. Nov. Stirp. Pugill. 3：34. 1831；中国高等植物图鉴 2：289. 图 2307. 1972；中国植物志 37：254. 图版 37：3～4. 1985；西藏植物志 2：643. 图 198：3～4. 1985；Fl. China 9：298. 2003；青藏高原维管植物及其生态地理分布 418. 2008.

矮小丛生亚灌木或多年生草本。根纤细，木质。花茎木质，直立或上升，高 4～12 cm，被紧贴疏柔毛。基生叶为三出复叶，连叶柄长 2～3 cm，叶柄被紧贴疏柔毛；小叶近革质，倒卵形、椭圆形或长椭圆形，长 0.6～1.5 cm，宽 0.4～0.8 cm，顶端截形或钝圆，有 3 齿，其余全缘，基部楔形，两面疏被平铺柔毛或脱落，侧生小叶无柄，顶生小叶有短柄；基生叶托叶膜质，褐色，外面被平铺疏柔毛或脱落几无毛；茎生叶托叶草质，绿色，卵状披针形，全缘，顶端渐尖。顶生单花或 2 花；花梗长 2.5～3.0 cm，被长柔毛；花直径 1.8～2.5 cm；萼片三角卵形，顶端渐尖，副萼片长椭圆形，顶端急尖，比萼片稍短，外面被平铺柔毛；花瓣黄色，宽倒卵形，顶端略为下凹，比萼片稍长；花柱近基生，线状，柱头微扩大。瘦果被长柔毛，稍长于宿萼。 花果期 6～10 月。

产青海：玛多（县城郊区，吴玉虎 331）。生于海拔 4 300 m 左右的沟谷山坡高寒草甸砾地、宽谷河滩干旱草原、河谷台地高寒灌丛。

分布于我国的青海、西藏、四川、云南；克什米尔地区，不丹也有。

7. 毛果委陵菜

Potentilla eriocarpa Wall. ex Lehm. Nov. Stirp. Pugill. 3：35. 1831；Hand.-Mazz. in Acta Hort. Gothob. 13：303. 1939；中国高等植物图鉴 2：289. 图 2308. 1972；秦岭植物志 1（2）：551. 图 460. 1972；中国植物志 37：254. 1985；西藏植物志 2：643. 1985；Fl. China 9：298. 2003；青藏高原维管植物及其生态地理分布 419. 2008.

亚灌木。根粗壮，圆柱形，根茎粗大延长，密被多年托叶残余，木质。花茎直立或上升，高 4～12 cm，疏被白色长柔毛，有时脱落几无毛。基生叶三出掌状复叶，连叶柄长 3～7 cm，叶柄被稀疏白色长柔毛或脱落几无毛，小叶有短柄或几无柄；小叶倒卵椭圆形、倒卵楔形或棱状椭圆形，上半部有 5～7 齿牙状深锯齿，锯齿卵圆形或椭圆卵形，顶端急尖或微钝，下半部全缘，基部楔形或宽楔形，上面深绿色，被稀疏柔毛或脱落几无毛，下面绿色，沿脉被稀疏白色长柔毛，其余部分以后脱落；茎生叶无或仅有苞叶，或偶有 3 小叶；基生叶托叶膜质，褐色，外面被白色长柔毛；茎生叶托叶草质，卵状椭圆形，全缘或有不明显锯齿，顶端渐尖。花顶生 1～3 朵；花梗长 2.0～2.5 cm，被疏柔毛；花直径 2.0～2.5 cm，萼片三角卵形，顶端渐尖，副萼片长椭圆形或椭圆披针形，顶端急尖稀 2 齿裂，与萼片近等长，外面被稀疏柔毛或几无毛；花瓣黄色，宽倒卵形，顶端下凹，比萼片长约 1 倍；花柱近顶生，线状，柱头扩大，心皮密被扭曲的长柔毛。瘦果外被长柔毛，表面光滑。　花果期 7～10 月。

产新疆：阿克陶（阿克塔什，青藏队吴玉虎 870139）。生于海拔 3 200～3 400 m 的沟谷山地高寒草甸。

青海：玛多（县城郊区，吴玉虎 244）。生于海拔 4 300 m 左右的沟谷山坡石隙、山地高寒草甸。

分布于我国的新疆、青海、陕西、西藏、四川、云南；尼泊尔，印度也有。

8. 蕨麻　鹅绒委陵菜　图版 22：1～3

Potentilla anserina Linn. Sp. Pl. 495. 1753；Wolf in Bibl. Bot. 71：669. 1908；东北植物检索 154. 图版 47：5. 1959；中国高等植物图鉴 2：300. 图 2330. 1972；秦岭植物志 1（2）：549. 图 458. 1974；内蒙古植物志 3：98. 图版 51：1～3. 1977；中国植物志 37：275. 1985；西藏植物志 2：652. 1985；新疆植物志 2（2）：313. 图版 85：5～7. 1995；青海植物志 2：125. 1999；Fl. China 9：307. 2003；青藏高原维管植物及其生态地理分布 416. 2008.

8a. 蕨麻（原变种）

var. anserina

多年生草本。根向下延长，有时在根的下部长成纺锤形或椭圆形块根。茎匍匐，在节处生根，常着地长出新植株，外被伏生或半开展的疏柔毛或脱落几无毛。基生叶为间断羽状复叶，有小叶 6～11 对，连叶柄长 2～20 cm，叶柄被伏生或半开展的疏柔毛，有时脱落几无毛；小叶对生或互生，无柄或顶生小叶有短柄，最上面 1 对小叶基部下延与叶轴会合，基部小叶渐小呈附片状；小叶通常椭圆形、倒卵椭圆形或长椭圆形，长 1.0～2.5 cm，宽 0.5～1.0 cm，顶端钝圆，基部楔形或阔楔形，边缘有多数尖锐锯齿或呈裂片状，上面绿色，被疏柔毛或脱落几无毛，下面密被紧贴的银白色绢毛，叶脉明显或不明显；茎生叶与基生叶相似，惟小叶对数较少；基生叶和下部茎生叶托叶膜质，褐色，和叶柄连成鞘状，外面被疏柔毛或脱落几无毛，上部茎生叶托叶草质，多分裂。单花腋生；花梗长 2.5～8.0 cm，被疏柔毛；花直径 1.5～2.0 cm；萼片三角卵形，顶端急尖或渐尖，副萼片椭圆形或椭圆披针形，常 2～3 裂稀不裂，与副萼片近等长或稍短；花瓣黄色，倒卵形、顶端圆形，比萼片长 1 倍；花柱侧生，小枝状，柱头稍扩大。

产新疆：乌恰（吉根乡，青藏队吴玉虎 870065）、阿克陶（布伦口乡，西植所新疆队 718）、塔什库尔干（慕士塔格，青藏队吴玉虎 870301A；东河滩，西植所新疆队 799；采集地不详，新疆队 K-297；大同乡，帕考队 5111；塔合曼乡，阎平和杨淑萍 4078）。生于海拔 2 800～3 400 m 的砾石坡、河漫滩及河边。

西藏：日土（县城郊区，青藏队吴玉虎 1639；班公湖，高生所西藏队 3611；班公湖西，高生所西藏队 3631）。生于海拔 4 200 m 左右的河漫滩及草甸。

青海：都兰（诺木洪乡，吴玉虎 36663、36669；诺木洪乡昆仑山北坡，吴玉虎 36578）、兴海（中铁林场恰登沟，吴玉虎 44872、44933；黄青河畔，吴玉虎 42624；河卡乡草原站内，吴珍兰 031、郭本兆 6168、杨少东 2005；河卡乡，何廷农 105）、治多（县城附近鹿场，周兴民 414）、曲麻莱（县政府附近，刘尚武和黄荣福 599）、称多（黑河乡，刘海源 776）、玛多（采集地不详，吴玉虎 377；花石峡乡，吴玉虎 288；黑河乡，陈桂琛、陈志龙和黄志伟 1770；县城东，陈桂琛 2023；扎陵湖乡，刘海源 697）、玛沁（大武乡南山，黄荣福 C. G. 81-0005；军功乡黄河边山坡，吴玉虎 4674；大武乡，H. B. G. 705）、久治（门堂乡，藏药队 285；智青松多两河口，果洛队 5）、班玛（马柯河林场，陈实 10）。生于海拔 2 800～3 600 m 的河滩草甸、河谷湿地及山坡、沟谷山地阴坡高寒灌丛草甸、山谷林缘灌丛草甸。

甘肃：玛曲（大水军牧场黑河北岸，陈桂琛 1128；欧拉乡，吴玉虎 3200）。生于海拔 3 500 m 左右的沼泽湿地。

分布于我国的新疆、青海、甘肃、宁夏、陕西、西藏、四川、云南、山西、河北、内蒙古、辽宁、吉林、黑龙江。本种分布较广，横跨欧亚美 3 洲北半球温带，以及南美智利、大洋洲新西兰及塔斯马尼亚岛等地。

在青海、甘肃、西藏高寒地区，本种根部膨大，含丰富淀粉，俗称"人参果"。

8b. 无毛蕨麻（变种）

var. **nuda** Gaud. Fl. Helv. 3：405. 1828；中国植物志 37：276. 1985；青海植物志 2：126. 1999；青藏高原维管植物及其生态地理分布 416. 2008.

本变种与原变种的区别在于：小叶两面均绿色，下面仅被稀疏平铺柔毛，或脱落几无毛。

产新疆：塔什库尔干（慕士塔格，青藏队吴玉虎 87301B；麻扎至卡拉其古，青藏队吴玉虎 4940）。生于海拔 3 600 m 左右的河谷滩地草甸。

青海：玛沁（江让水电站，吴玉虎 18450）。生于海拔 3 400 m 左右的河边湿地。

分布于我国的新疆、青海、西藏。

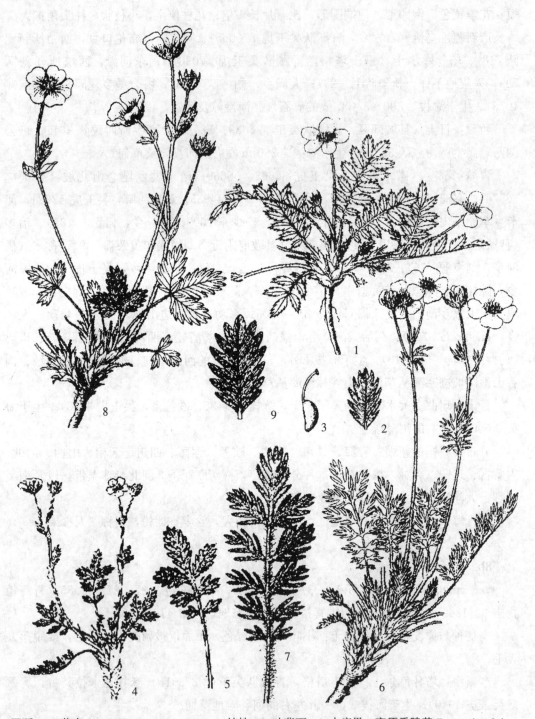

图版 22　蕨麻 Potentilla anserina Linn. 1. 植株；2. 叶背面；3. 小瘦果。高原委陵菜 P. pamiroalaica Juzep. 4. 植株；5. 叶片。绢毛委陵菜 P. sericea Linn. 6. 植株；7. 叶片。雪白委陵菜 P. nivea Linn. 8. 植株；9. 叶背面。（王颖绘）

9. 多裂委陵菜 图版 23：1

Potentilla multifida Linn. Sp. Pl. 496. 1753；Wolf in Bibl. Bot. 71：154. 1908；Juzep. in Fl. URSS 10：114. 1941；东北草本植物志 5：30. 图版 14：1～5. 1976；东北植物检索表 150. 1959；中国植物志 37：281. 图版 43：6. 1985；西藏植物志 2：652. 图 201：5. 1985；新疆植物志 2（2）：313. 图版 85：1～2. 1995；青海植物志 2：134. 图版 24：9. 1999；Fl. China 9：311. 2003；青藏高原维管植物及其生态地理分布 424. 2008.

9a. 多裂委陵菜（原变种）
var. multifida

多年生草本。根圆柱形，稍木质化。花茎上升，稀直立，高 12～40 cm，被紧贴或开展的短柔毛或绢状柔毛。基生叶羽状复叶，有小叶 3～5 对，稀达 6 对，间隔 0.5～2.0 cm，连叶柄长 5～17 cm，叶柄被紧贴或开展的短柔毛；小叶对生稀互生，羽状深裂几达中脉，长椭圆形或宽卵形，长 1～5 cm，宽 0.8～2.0 cm，向基部逐渐减小，裂片带形或带状披针形，顶端舌状或急尖，边缘向下反卷，上面伏生短柔毛，稀脱落几无毛，中脉侧脉下陷，下面被白色茸毛，沿脉伏生绢状长柔毛；茎生叶 2～3 枚，与基生叶形状相似，小叶对数向上逐渐减少；基生叶托叶膜质，褐色，外被疏柔毛，或脱落几无毛；茎生叶托叶草质，绿色，卵形或卵状披针形，顶端急尖或渐尖，2 裂或全缘。花序为伞房状聚伞花序，花后花梗伸长疏散；花梗长 1.5～2.5 cm，被短柔毛；花直径 1.2～1.5 cm；萼片三角状卵形，顶端急尖或渐尖，副萼片披针形或椭圆披针形，先端钝圆或急尖，比萼片略短或近等长，外面被伏生长柔毛；花瓣黄色，倒卵形，顶端微凹，长不超过萼片 1 倍；花柱圆锥形，近顶生，基部具乳头膨大，柱头稍扩大。瘦果平滑或具皱纹。 花期 5～8 月。

产新疆：莎车（喀拉吐孜，青藏队吴玉虎 87665）、阿克陶（奥依塔克，青藏队吴玉虎 4839；布伦口乡，西植所新疆队 702）、塔什库尔干（麻扎种羊场，青藏队 87399；慕士塔格，青藏队 87301B；麻扎至卡拉其古，青藏队吴玉虎 4944；卡拉其古，西植所新疆队 993；克克吐鲁克，西植所新疆队 1349、1388；红其拉甫，阎平和陆嘉惠 3628、帕考队 5023、阎平 92097）、叶城（柯克亚乡，青藏队吴玉虎 87852；苏克皮亚，青藏队吴玉虎 1038；柯克亚乡还格孜，青藏队 87775；阿克拉达坂，青藏队吴玉虎 871440；提热艾力，帕考队 6026）、皮山（垴阿巴提乡布琼，青藏队吴玉虎 1889、2457；喀尔塔什，青藏队吴玉虎 3637B；三十里营房，青甘队吴玉虎 1038）、策勒（奴尔乡，青藏队吴玉虎 979、1915、1972、2492、3036A）、若羌（采集地不详，青藏队吴玉虎 2787；祁漫塔格山，青藏队吴玉虎 2685；阿尔金山保护区鸭子泉，青藏队吴玉虎 4013）、于田（普鲁，青藏队吴玉虎 3766）、乌恰（玉其塔什，西植所新疆队 1752）。生于海拔

2 600～5 000 m 的山坡、草甸、林下、河滩及灌丛。

青海：都兰（香日德，郭本兆、王为义 11965；巴隆乡，吴玉虎 36365）、玛多（黑海乡，杜庆 499、536）、玛沁（阿尼玛卿山，黄荣福 C. G. 81-0086；军功乡，吴玉虎 4638、4668）、称多（毛湆营，刘尚武 2396）。生于海拔 2 900～4 900 m 的草甸、山坡、沙砾地及灌丛。

分布于我国的新疆、青海、甘肃、陕西、西藏、四川、云南、河北、内蒙古、辽宁、吉林、黑龙江；广布于北半球欧亚美 3 洲。

9b. 矮生多裂委陵菜（变种）

var. **nubigena** Wolf in Bibl. Bot. 71：155. 1908；中国植物志 37：281. 1985；西藏植物志 2：653. 1985；新疆植物志 2（2）：315. 1995；青海植物志 2：136. 1999；Fl. China 9：311. 2003；青藏高原维管植物及其生态地理分布 424. 2008.

本变种与原变种的区别在于：植株极为矮小；花茎接近地面铺散，长 3～8 cm，花朵较少；基生叶有小叶（2～）3 对，连叶柄长 2.5～4.0 cm；小叶裂片呈舌状带形，上面密被伏生柔毛，下面密被茸毛及长绢毛。 花果期 5～7 月。

产新疆：塔什库尔干（慕士塔格，青藏队吴玉虎 87301；麻扎种羊场，青藏队吴玉虎 87399、87429）、和田（喀什塔什，青藏队吴玉虎 2573）。生于海拔 3 100～4 000 m 的砾石山坡及河边沙砾地。

青海：都兰（夏日哈，青甘队 1643）、兴海（河卡乡草原站，吴珍兰 032）、治多（可可西里岗扎日雪山，黄荣福 K-225；可可西里，可可西里综考队 K-638、K-888）、曲麻莱（县政府附近，刘尚武和黄荣福 592）。生于海拔 3 200～5 000 m 的沟谷山坡草甸、滩地干旱草原、山前冲积扇。

分布于我国的新疆、青海、甘肃、陕西、西藏、河北、内蒙古；伊朗，俄罗斯西伯利亚，中亚地区各国也有。又见于阿尔泰高山地区。

9c. 掌叶多裂委陵菜（变种）

var. **ornithopoda** (Tausch) Wolf in Bibl. Bot. 71：156. 1908；东北草本植物志 5：32. 1976；内蒙古植物志 3：103. 图版 53：1977；中国植物志 37：281. 1985；西藏植物志 2：653. 1985；新疆植物志 2（2）：315. 1995；青海植物志 2：136. 1999；Fl. China 9：311. 2003；青藏高原维管植物及其生态地理分布 424. 2008.

本变种与原变种的区别在于：花茎上升；茎生叶 2～3 枚；小叶 5 羽状深裂，紧密排列在叶柄顶端，有时近似掌状。

产新疆：阿克陶（阿克塔什，青藏队吴玉虎 87101）、皮山（喀尔塔什，青藏队吴玉虎 3637C）。生于海拔 2 600～3 100 m 的砾石山坡。

西藏：日土（上曲龙，高生所西藏队 3475；班公湖，高生所西藏队 3602）。生于海拔 4 200～4 300 m 的湖边滩地。

　　青海：兴海（中铁林场恰登沟，吴玉虎 45138、45242、45271；大河坝乡赞毛沟，吴玉虎 47087、47096、47104；中铁乡至中铁林场途中，吴玉虎 43062、43104、43129、43151；中铁林场卓琼沟，吴玉虎 45628；唐乃亥乡，吴玉虎 42030、42033、42092、42109、42162；中铁乡附近，吴玉虎 42842、42885、42928；中铁林场中铁沟，吴玉虎 45628；天葬台沟，吴玉虎 45836）、玛多（扎陵湖乡，吴玉虎 446）。生于海拔 2 780～4 300 m 的高原山坡草地、沟谷山地阴坡高寒灌丛草甸、河谷台地疏林田埂、沟谷山地阔叶林缘灌丛。

　　分布于我国的新疆、青海、甘肃、陕西、西藏、山西、河北、内蒙古、黑龙江；蒙古，俄罗斯西伯利亚也有。

10. 多茎委陵菜

Potentilla multicaulis Bunge in Mém. Acad. Sci. St.-Pétersb. 2：99. 1833；东北植物检索表 148. 图版 43：6. 1959；中国高等植物图鉴 2：291. 图 2311. 1972；东北草本植物志 5：27. 图版 6：1～3. 1976；中国植物志 37：282. 1985；西藏植物志 2：653. 1985；青海植物志 2：136. 1999；Fl. China 9：311. 2003；青藏高原维管植物及其生态地理分布 423. 2008.

　　多年生草本。根粗壮，圆柱形。花茎多而密集丛生，上升或铺散，长 7～35 cm，常带暗红色，被白色长柔毛或短柔毛。基生叶为羽状复叶，有小叶 4～6 对，稀达 8 对，间隔 0.3～0.8 cm，连叶柄长 3～10 cm，叶柄暗红色，被白色长柔毛；小叶片对生稀互生，无柄，椭圆形至倒卵形，上部小叶远比下部小叶大，长 0.5～2.0 cm，宽 0.3～0.8 cm，边缘羽状深裂，裂片带形，排列较为整齐，顶端舌状，边缘平坦，或略微反卷，上面绿色，主脉侧脉微下陷，被稀疏伏生柔毛，稀脱落几无毛，下面被白色茸毛，脉上疏生白色长柔毛；茎生叶与基生叶形状相似，惟小叶对数较少；基生叶托叶膜质，棕褐色，外面被白色长柔毛；茎生叶托叶草质，绿色，全缘，卵形，顶端渐尖。聚伞花序多花，初开时密集，花后疏散；花直径 0.8～1.0 cm，稀达 1.3 cm；萼片三角卵形，顶端急尖，副萼片狭披针形，顶端钝圆，比萼片短约一半；花瓣黄色，倒卵形或近圆形，顶端微凹，比萼片稍长或长达 1 倍；花柱近顶生，圆柱形，基部膨大。瘦果卵球形，有皱纹。　花果期 4～9 月。

　　产青海：兴海（河卡乡，吴珍兰 088、郭本兆 6176；河卡乡羊曲台，何廷农 039；河卡乡三塔拉，采集人不详 381；河卡滩，何廷农 004；温泉乡，郭本兆 163；温泉乡姜路岭，吴玉虎 28812、28825）、玛多（县城郊区，吴玉虎 1635；县城西北，陈桂琛 1833）、治多（可可西里新青峰，黄荣福 K‑363；采集地不详，可可西里综考队 K‑664；可可西里苟鲁山错，黄荣福 K‑066）、玛沁（雪山乡，黄荣福 C. G. 81‑059；拉加乡，吴玉虎 6106）、久治（索乎日麻乡，藏药队 378）。生于海拔 3 200～5 000 m 的沟谷河滩草甸、河谷草地、滩地高寒草原、高寒草甸。

四川：石渠（长沙贡玛乡，吴玉虎 29584）。生于海拔 4 000 m 左右的高原河滩草甸、沟谷山地灌丛。

分布于我国的新疆、青海、甘肃、宁夏、陕西、西藏、四川、山西、内蒙古、辽宁、河北、河南。

本种与多裂委陵菜 P. multifida Linn. 形态相似，不同之处在于：本种基生叶小叶对数较多（4～8 对），下面边缘平坦稀略微反卷；花朵较小，直径 0.8～1.0 cm；副萼片狭窄细小，比萼片显著短而狭；茎生叶托叶常全缘。而多裂委陵菜基生叶小叶对数较少（3～5 对），下面边缘多反卷；茎生叶托叶多分裂或有锯齿，极稀全缘；花朵较大，直径 1.2～1.5 cm；副萼片宽阔，与萼片近等长或稍短。二者可以相区别。

11. 高原委陵菜　图版 22：4～5

Potentilla pamiroalaica Juzep. Fl. URSS 10：121. pl. 9. f. 4. 1941；中国植物志 37：282. 1985；新疆植物志 2（2）：315. 图版 86：4～5. 1995；青海植物志 2：133. 1999；Fl. China 9：312. 2003；青藏高原维管植物及其生态地理分布 424. 2008.

多年生草本。根粗壮，圆柱形，根茎常有数个分枝，残存多数褐色枯死托叶。花茎通常上升，稀直立，高 5～22 cm，被白色伏生柔毛，下部被毛近于伸展。基生叶为羽状复叶，有小叶 3～5 对，极稀小叶接近掌状排列，间隔 0.3～0.5 cm，连叶柄长 3～10 cm，叶柄被白色伏生柔毛，小叶对生或互生，无柄，上部小叶大于下部小叶，小叶片卵形或倒卵长圆形，通常长 0.5～1.3 cm，宽 0.3～0.7 cm，边缘羽状深裂，裂片长圆带形，顶端钝圆，边缘平坦，靠近，常微弯曲，上面绿色或灰绿色，密被白色伏生柔毛，下面密被白色茸毛，脉上密被白色绢状长柔毛；茎生叶 1～2 枚；基生叶托叶褐色膜质，外面被白色绢毛，稀以后脱落几无毛；茎生叶托叶草质，绿色，卵形或卵状披针形，全缘。花序疏散。少花，花梗长 1.5～3.0 cm，密被伏生柔毛；花直径 1.2～1.5 cm；萼片三角披针形或卵状披针形，顶端急尖或渐尖，副萼片披针形或椭圆披针形，顶端钝圆，比萼片短稀近等长；花瓣黄色，倒卵形，顶端微凹，比萼片长；花柱近顶生，基部稍膨大。瘦果光滑。　花果期 6～8 月。

产新疆：莎车（艾古湖西，中科院新疆综考队 9891）、塔什库尔干（麻扎，高生所西藏队 3151；麻扎种羊场，青藏队吴玉虎 358、3263；克克吐鲁克，青藏队吴玉虎 87505）、叶城（阿克勒达坂，黄荣福 C. G. 86 - 164；阿克拉达坂，青藏队吴玉虎 4503、871481；柯克亚乡，青藏队吴玉虎 87804；赛力亚克达坂，帕考队 6248）、阿克陶（恰克拉克，青藏队吴玉虎 87624；木吉乡，克里木 008）、和田（喀什塔什，青藏队吴玉虎 2047）、于田（普鲁，青藏队吴玉虎 3697）、若羌（阿尔金山保护区鸭子泉，青藏队吴玉虎 3958、4007；木孜塔格，青藏队吴玉虎 2268；阿其克库勒湖，青藏队吴玉虎 4040、4122；喀尔墩，采集人不详 84 - A - 104）。生于海拔 3 700～4 700 m 的高原水边草地、山麓砾地、沟谷山坡草甸。

西藏：日土（金拉，高生所西藏队 3515）。生于海拔 4 700～4 800 m 的河谷草地。

青海：玛多（牧场，吴玉虎 1647）。生于海拔 4 300 m 左右的河谷山地石隙。

分布于我国的新疆、青海、西藏；俄罗斯西伯利亚，中亚地区各国也有。

本种与绢毛委陵菜 P. sericea Linn. 极为相近，但植株常有数个短缩丛生的根状茎；花茎和叶柄伏生柔毛；小叶裂片较为靠近，边缘平坦，下面白色绢状柔毛较疏，白色茸毛可见；茎生叶托叶常全缘。可以与后者相区别。

12. 多头委陵菜 图版 23：2～4

Potentilla multiceps Yü et Li in Acta Phytotax. Sin. 18（1）：9. t. 5. f. 3. 1980；中国植物志 37：283. 图版 43：3～4. 1985；西藏植物志 2：654. 1985；Fl. China 9：312. 2003；青藏高原维管植物及其生态地理分布 424. 2008.

多年生草本。根粗壮，圆柱形，深入地下，根茎分生多枝密集如垫状。花茎直立，铺散或上升，长 3～7 cm，被白色疏柔毛，有时脱落。基生叶为羽状复叶，有小叶（3）4～5 对，连叶柄长 1.5～3.0 cm，叶柄被白色疏柔毛；小叶对生或互生，椭圆形或倒卵椭圆形，羽状深裂几达中脉，每边有裂片 1～3 枚，小裂片带状，舌形，顶端钝圆，边缘平坦，上面伏生白色疏柔毛或脱落几无毛，下面密被白色绢毛或脱落仅在部分小叶中有被毛痕迹；茎生叶退化成掌状或近羽状，小叶片与基生叶小叶相似；基生叶托叶膜质，褐色，被疏柔毛或几无毛；茎生叶托叶草质，绿色，全缘。花单生或数朵排成聚伞花序；花直径 0.7～1.2 cm；萼片椭圆披针形或三角卵形，顶端急尖或渐尖，副萼片狭带形，通常短于萼片一半，外面被短柔毛及稀疏柔毛；花瓣黄色，倒卵形，顶端微凹，比萼片长半倍；雄蕊 20 枚，长短不整齐；心皮多数，花柱近顶生，比子房长 1 倍半，基部有乳头状膨大，柱头呈头状扩大。 花期 7 月。

产青海：兴海（河卡乡，郭本兆 6176）、治多（可可西里，可可西里综考队 K-803、K-805）、久治（白玉乡，吴玉虎 26351、26355、26369）、班玛（江日堂乡，吴玉虎 26081）。生于海拔 3 300～5 000 m 的宽谷滩地高寒草甸、河谷坡地、山地阴坡灌丛。

分布于我国的青海、西藏。

本种近似高原委陵菜 P. pamiroalaica Juzep. 但叶片下面密被白色绢毛，上面伏生白色疏柔毛或脱落几无毛；花直径较小，仅 0.7～1.2 cm。可以相区别。

13. 羽毛委陵菜 图版 23：5～7

Potentilla plumosa Yü et Li in Acta Phytotax. Sin. 18（1）：10. 1980；中国植物志 37：283. 图版 43：1～2. 1985；西藏植物志 2：654. 图 201：1～2. 1985；青海植物志 2：134. 图版 24：6～8. 1999；Fl. China 9：312. 2003；青藏高原维管植物及其生

态地理分布 426. 2008.

多年生草本。根茎粗壮,圆柱形,木质化。花茎铺散或上升,高 4～30 cm,被开展白色绢状长柔毛。基生叶羽状复叶,有小叶 6～9 对,排列较为整齐呈羽毛状,间隔 0.2～0.4 cm,连叶柄长 2～7 cm,叶柄被白色茸毛及长柔毛;小叶对生或互生,无柄,小叶片椭圆形,长 0.3～1.5 cm,宽约 0.2～0.8 cm,边缘深裂几达中脉,每边各有裂片 3～5 枚,排列较为整齐,上面绿色,伏生白色短柔毛,下面被白色茸毛,有时脱落变稀疏,沿脉密被伏生白色长柔毛,在裂片顶端呈毛笔状,裂片带形,边缘微反卷,顶端钝圆;茎生叶与基生叶相似,惟小叶仅有 3～5 对;基生叶托叶膜质,褐色,外被白色长柔毛,稀脱落;茎生叶托叶草质,绿色,卵形或卵状披针形,顶端渐尖,边缘齿牙状 2～4 裂或有锯齿,外面密被伏生柔毛。伞房状聚伞花序,有花 3～10 朵,集生于顶端,或疏散;花直径 1.0～1.5 cm;萼片卵形或三角状卵形,顶端急尖或渐尖,副萼片卵状披针形,顶端钝圆或急尖,比萼片稍短,外面密被短柔毛或长柔毛;花瓣黄色,倒卵形,顶端微凹,比萼片长约 1 倍;雄蕊 20 枚,长短不相等;雌蕊多数,子房近肾形;花柱近顶生,基部膨大不明显,柱头头状,微扩大。瘦果光滑,腹部膨胀,卵状椭圆形。 花果期 6～8 月。

产青海:兴海(河卡乡,采集人不详 220)、玛沁(大武镇北山坡,植被地理组 423;雪山乡,玛沁队 376)、久治(索乎日麻乡,果洛队 255)、称多(扎多乡,苟新京 83 - 103)。生于海拔 3 400～4 000 m 的沟谷山坡及草地。

分布于我国的青海、甘肃、西藏、四川。

本种与多裂委陵菜 *P. multifida* Linn. 相近,不同之处在于:本种的基生叶有小叶 6～9 对,小叶排列较整齐,如羽毛状,小叶裂片带形,通常在裂片顶端有呈毛笔状柔毛,下面茸毛上疏被白色长柔毛,易于区别。与多茎委陵菜 *P. multicaulis* Bunge 相比较,后者小叶常 3～5 对,稀达 8 对,下面沿脉疏生白色长柔毛,裂片顶端不呈毛笔状;花朵稍小,直径 0.8～1.0 cm,易于识别。

14. 绢毛委陵菜 图版 22:6～7

Potentilla sericea Linn. Sp. Pl. 495. 1753; Juzep. in Fl. URSS 10:121. 1941; 内蒙古植物志 3:103. 图版 54:1～3. 1977; 东北草本植物志 5:30. 图版 13:5～7. 1976; 中国植物志 37:285. 图版 43:7. 1985; 西藏植物志 2:655. 图 201:6. 1985; 新疆植物志 2 (2):317. 图版 85:3～4. 1995; 青海植物志 2:133. 1999. Fl. China 9:312. 2003; 青藏高原维管植物及其生态地理分布 428. 2008.

多年生草本。根粗壮,圆柱形,稍木质化。花茎直立或上升,高 5～20 cm,被开展白色绢毛或长柔毛。基生叶为羽状复叶,有小叶 3～6 对,间隔 0.3～0.5 cm,连叶柄长 3～8 cm,叶柄被开展白色绢毛或长柔毛;小叶对生稀互生,无柄,小叶片长圆形,上部小叶比下部小叶大,通常长 0.5～1.5 cm,宽 0.3～0.8 cm,边缘羽状深裂,裂片带形，呈篦齿状排列，顶端急尖或钝圆，边缘反卷，上面绿色，伏生绢毛；下面密被白色茸毛，茸毛上密盖一层白色绢毛，茎生叶 1～2 枚；基生叶托叶膜质，褐色，外面被绢毛或长柔毛；茎生叶托叶草质，绿色，卵圆形，顶端渐尖，边缘锐裂稀全缘，外被长柔毛。聚伞花序疏散；花梗长 1 ～2 cm，密被短柔毛及长柔毛；花直径 0.8～2.2 cm；萼片三角卵形，顶端急尖，副萼片披针形，顶端钝圆，比萼片稍短，稀近等长；花瓣黄色，倒卵形，顶端微凹，比萼片稍长；花柱近顶生，花柱基部膨大。瘦果长圆卵形，褐色，有皱纹。 花果期 5～9 月。

产新疆：乌恰（吉根乡，中科院新疆综考队 73-36）、阿克陶（阿克塔什，青藏队吴玉虎 870132；慕士塔格，青藏队 5093；恰尔隆乡，青藏队 4633）、塔什库尔干（麻扎种羊场，青藏队吴玉虎 870406；麻扎种羊场萨拉勒克，青藏队吴玉虎 0358；麻扎，高生所西藏队 3263；红其拉甫，帕考队 4983）、皮山（采集地不详，青藏队吴玉虎 4753）、和田（天文点，青藏队吴玉虎 1261；喀什塔什，青藏队吴玉虎 2037）、于田（乌鲁克库勒湖，3736A；普鲁，青藏队吴玉虎 3663）、策勒（奴尔乡，青藏队吴玉虎 2002）、且末（昆其布湖，青藏队吴玉虎 2119；昆其布拉克冻土，青藏队吴玉虎 2622）、若羌（阿尔金山保护区鸭子泉，青藏队吴玉虎 4001、4007B；祁漫塔格山，青藏队吴玉虎 2174、2674、3980；阿其克库勒湖，青藏队吴玉虎 4034；鸭子泉至阿其克库勒湖，青藏队吴玉虎 2290）。生于海拔 2 700～5 100 m 的山坡、砾石地、岩隙、河谷及草甸。

青海：兴海（河卡乡，何廷农 425）、玛多（扎陵湖，吴玉虎 444）。生于海拔 3 200～4 300 m 的沙地、草原、草甸、岩隙、冰川、河漫滩高寒灌丛草甸。

分布于我国的新疆、青海、甘肃、西藏、内蒙古、吉林、黑龙江；俄罗斯西伯利亚，蒙古也有。

本种植株较矮小，叶柄，花茎被白色绢毛；小叶片呈篦齿状深裂，裂片窄小，边缘向下反卷，下面茸毛上为一层白色绢毛所覆盖，可与其近缘种相区别。

15. 西山委陵菜

Potentilla sischanensis Bunge ex Lehm. Nov. Stirp. Pugill. 9：3. 1851；秦岭植物志 1（2）：555. 1974；中国高等植物图鉴 2：292. 图 2313. 1972；内蒙古植物志 3：101. 图版 52. 1977；中国植物志 37：286. 1985；青海植物志 2：132. 1999；Fl. China 9：313. 2003；青藏高原维管植物及其生态地理分布 428. 2008.

多年生草本。根粗壮，圆柱形，木质化。花茎丛生，直立或上升，高 10～30 cm，被白色茸毛及稀疏长柔毛，老时脱落。基生叶为羽状复叶，亚革质，有小叶 3～5 对，稀达 8 对，间隔 0.5～1.8 cm，连叶柄长 3～25 cm，稀达 30 cm；叶柄被白色茸毛及稀疏长柔毛；小叶对生，稀下部小叶互生，卵形，长椭圆形或披针形，长 0.5～3.0 cm，宽 0.4～1.5 cm，边缘羽状深裂几达中脉，基部小叶小，掌状或近掌状，分裂，裂片长椭圆形，披针形或卵状披针形，顶端钝圆或急尖，上面绿色，被稀疏长柔毛，下面密被白色茸毛，边缘平坦或稍微反卷，沿脉伏生白色长柔毛及茸毛；茎生叶无或极不发达，呈苞叶状，掌状或羽状 3～5 全裂；基生叶托叶膜质，褐色，外面被白色长柔毛；茎生叶托叶亚革质，绿色，卵披针形，下面密被白色茸毛。聚伞花序疏生，花梗长 1.0～1.5 cm，有对生的小型苞片，外被稀疏柔毛；花直径 0.8～1.0 cm；萼片卵状披针形或三角状卵形，顶端渐尖，副萼片狭窄，披针形，比萼片短或几等长，外面被白色茸毛和稀疏长柔毛；花瓣黄色，倒卵形，顶端钝圆或微凹，比萼片长 0.5～1.0 倍；花柱近顶生，基部稍微膨大，柱头稍扩大。瘦果卵圆形，成熟后有皱纹。 花果期 4～8 月。

产青海：玛沁（军功乡西哈垄河谷，吴玉虎，采集号不详）。生于海拔 3 600 m 左右的沟谷山坡草甸、河谷山地高寒灌丛。

分布于我国的青海、甘肃、宁夏、陕西、山西、河北、内蒙古。

本种在小叶形状、小叶片分裂宽窄及大小上变化较大，这些变化甚至不少表现在同一株植物上，但本种花茎、花梗、叶柄及叶下面和萼片外面均密被白色茸毛及稀疏长柔毛；叶质地较厚，小叶片深裂，茎生叶极不发达，这些特点可与其近缘种相区别。

16. 准噶尔委陵菜

Potentilla soongarica Bunge in Ldb. Fl. Alt. 2：244. 1830；Фл. СССР，10：118. 1941；Fl. Kazakh. 4：428. t. 55：6. 1961；Опрсд. Раст. Среди. Азии 5：180. 1976；新疆植物检索表 2：537. 1983；新疆植物志 2（2）：315. 1995.

多年生草本，高 5～15 cm。根状茎缩短，密集丛生。茎直立，略带紫红色，被短的伏贴毛和开展的长柔毛。奇数羽状复叶，具小叶 3～4 对，茎生叶 2 对，小叶倒卵形，深裂，边缘具不整齐的缺刻状锯齿，两面或近下面具灰色短茸毛或长柔毛；托叶尖披针形，具耳。聚伞花序，少花，花直径 12～18 mm；萼片密被柔毛，副萼片线形，萼片卵形；花瓣黄色，倒卵形；花梗被柔毛；花柱顶生，基部增粗。瘦果表面稍具皱纹。 花期 4～6 月。

产新疆：叶城（岔路口，青藏队吴玉虎 1216）、若羌（采集地不详，青藏队吴玉虎 4260；阿其克库勒湖，青藏队吴玉虎 4123）。生于海拔 4 200～5 300 m 的河滩及山坡。

分布于我国的新疆。中亚及蒙古也有。

17. 委陵菜

Potentilla chinensis Ser. in DC. Prodr. 2：581. 1825；Wolf in Bibl. Bot. 71：179. 1908；东北植物检索表 150. 图版 44：1. 1959；中国高等植物图鉴 2：292. 图 2314. 1972；秦岭植物志 1（2）：555. 图 463. 1974；东北草本植物志 5：27. 图版 13：1～4. 1976；中国植物志 37：288. 1985；西藏植物志 2：656. 1985；青海植物志 2：136. 1999；Fl. China 9：314. 2003；青藏高原维管植物及其生态地理分布 418. 2008.

多年生草本。根粗壮，圆柱形，稍木质化。花茎直立或上升，高 20～70 cm，被稀疏短柔毛及白色绢状长柔毛。基生叶为羽状复叶，有小叶 5～15 对，间隔 0.5～0.8 cm，连叶柄长 4～25 cm，叶柄被短柔毛及绢状长柔毛；小叶片对生或互生，上部小叶较长，向下逐渐减小，无柄，长圆形、倒卵形或长圆披针形，长 1～5 cm，宽0.5～1.5 cm，边缘羽状中裂，裂片三角卵形，三角状披针形或长圆披针形，顶端急尖或钝圆，边缘向下反卷，上面绿色，被短柔毛或脱落几无毛，中脉下陷，下面被白色茸毛，沿脉被白色绢状长柔毛；茎生叶与基生叶相似，叶片对数较少；基生叶托叶近膜质，褐色，外面被白色绢状长柔毛；茎生叶托叶草质，绿色，边缘锐裂。伞房状聚伞花序，花梗长 0.5～1.5 cm，基部有披针形苞片，外面密被短柔毛；花直径通常 0.8～1.0 cm，稀达 1.3 cm；萼片三角卵形，顶端急尖，副萼片带形或披针形，顶端尖，约为萼片的 1/3 长且狭窄，外面被短柔毛及少数绢状柔毛；花瓣黄色，宽倒卵形，顶端微凹，比萼片稍长；花柱近顶生，基部微扩大，稍有乳头或不明显，柱头扩大。瘦果卵球形，深褐色，有明显皱纹。花果期 4～10 月。

产青海：都兰（香日德乡，郭本兆和王为义 11965）、玛沁（雪山乡，采集人不详62-18；军功乡，吴玉虎 21157）。生于海拔 2 900～3 500 m 的河边、坡地及灌丛。

分布于我国的青海、甘肃、陕西、西藏、四川、云南、贵州、山西、河北、内蒙古、辽宁、吉林、黑龙江、河南、湖北、湖南、山东、江苏、安徽、江西、台湾、广东、广西；俄罗斯西伯利亚及远东地区，日本，朝鲜也有。

18. 华西委陵菜　图版 23：8～9

Potentilla potaninii Wolf in Bibl. Bot. 71：166. 1908, p. p.；秦岭植物志 2：554.1974；中国植物志 37：292. 图版 44：1～4. 1985；西藏植物志 2：657. 1985；青海植物志 2：131. 图版 24：1～2. 1999；Fl. China 9：316. 2003；青藏高原维管植物及其生态地理分布 426. 2008.

18a. 华西委陵菜（原变种）
var. **potaninii**

多年生草本。根常分枝，花茎丛生，直立或上升，高 10～30 cm，被白色茸毛及疏柔毛。基生叶羽状复叶，有小叶 2～3 对，间隔 0.3～0.5 cm，连叶柄长 2～10 cm，叶柄被白色茸毛及疏柔毛；小叶对生，无柄或几无柄，小叶片倒卵形或倒卵状椭圆形，长0.5～2.5 cm，宽 0.3～1.5 cm，顶端钝圆，基部楔形，边缘具长圆形锯齿，顶端钝圆或急尖，上面绿色，被伏生柔毛，下面被白色茸毛，沿脉伏生长柔毛；茎生叶羽状 5 小叶或掌状 3 小叶；基生叶托叶膜质，褐色，外被柔毛；茎生叶托叶绿色，草质，披针形或卵状披针形，顶端渐尖，边缘全缘，下面被白色茸毛及疏柔毛。聚伞花序疏散，有花多朵，花梗长 1.5～2.5 cm，外被白色茸毛；花直径 1.0～1.5 cm；萼片卵状披针形或长卵形，顶端渐尖，副萼片披针形或长椭圆披针形，与萼片近等长稀稍短，外面被疏柔毛；花瓣黄色，倒卵形，顶端微凹，比萼片长 0.5～1.0 倍；花柱近顶生，基部微胀大，柱头扩大。瘦果光滑。　花果期 6～8 月。

产青海：玛沁（拉加乡，吴玉虎 6087；西哈垄河谷，吴玉虎 5695、5724；军功乡，吴玉虎 20676、21157、21174、21208B、26964、26966；军功乡红土山，吴玉虎 18409；江让水电站，采集人不详 18436、18667、18692）、久治（索乎日麻乡背石山，果洛队 251；哇赛乡，吴玉虎 26561、26793；白玉乡，吴玉虎 26440、26657）、班玛（马柯河林场宝藏沟，王为义 27246、27340、27343；灯塔乡加不足沟，王为义 27390、27400；班前乡照山，王为义 26917；江日堂乡，吴玉虎 26047）。生于海拔 3 000～3 900 m 的山坡、灌丛及草甸。

甘肃：玛曲（河曲军马场，吴玉虎 31904、31911）。生于海拔 3 500 m 左右的沟谷山地岩隙、河滩高寒草甸。

分布于我国的青海、甘肃、西藏、四川、云南。

本种基生叶有小叶 2～3 对，其中有 2 对小叶间距较远，与钉柱委陵菜 *P. saundersiana* Royle 相似，其区别主要在于前者为明显的羽状复叶，而后者常为掌状复叶，有时边缘 2 个小叶稍往下生，近于掌状。

18b. 裂叶华西委陵菜（变种）

var. **compsophylla**（Hand.-Mazz）Yü et Li in Fl. Reipubl. Popul. Sin. 37：294. 1985；中国植物志 37：294. 1985；青海植物志 2：131. 1999；Fl. China 9：316. 2003；青藏高原维管植物及其生态地理分布 427. 2008.

本变种与原变种的区别在于：小叶边缘锯齿分裂较深，裂成篦齿状裂片，裂片呈舌状带形。　花果期 6～9 月。

产青海：玛沁（雪山乡，玛沁队 379）。生于海拔 3 600 m 左右的沟谷山地高寒草甸。

分布于我国的青海、西藏（阿里）、四川。

19. 全白委陵菜

Potentilla hololeuca Boiss. Ms. in Kotschy Pl. Pers. Bor. Nr. 345. 1843；中国植物志 37：295. 图版 44：7～8. 1985；新疆植物志 2（2）：318. 1995；Fl. China 9：317. 2003；青藏高原维管植物及其生态地理分布 421. 2008.

多年生草本。根粗壮，圆柱形，分枝深入地下。花茎直立或上升，高 5～25 cm，被灰白色茸毛及长柔毛。基生叶为羽状复叶，有小叶 2 对，连叶柄长 2～6 cm；叶柄被灰白色茸毛及长柔毛；小叶对生，几无柄，常靠近，小叶片长圆形至倒卵长圆形，长 1.0～2.5 cm，宽 0.8～1.5 cm，顶端钝圆，基部楔形或宽楔形，边缘篦齿状分裂，裂片长圆形，顶端钝或急尖，上面绿色，被白色疏柔毛，下面密被灰白色茸毛及长柔毛，

图版 23　多裂委陵菜 **Potentilla multifida** Linn.　1. 叶。多头委陵菜 **P. multiceps** Yü et Li 2. 植株一部分；3. 基生叶；4. 花柱及子房。羽毛委陵菜 **P. Plumosa** Yü et Li 5. 植株；6. 小叶（示被毛状况）；7. 子房及花柱。华西委陵菜 **P. potaninii** Wolf 8. 植株；9. 花。（王颖绘）

脉上被白色茸毛及长柔毛；茎生叶不发达；基生叶托叶膜质，褐色，被疏长柔毛；茎生叶托叶全缘，稀2裂。花3～7朵，顶生成聚伞花序，直径1.5～2.0 cm；萼片三角卵形，顶端渐尖，副萼片窄长圆形，顶端微钝，比萼片短，外被茸毛及绢毛；花瓣倒心形，顶端下凹，常比萼片长1～2倍；花柱顶生，基部微扩大，柱头扩大。 花期8月。

产新疆：乌恰（吉根乡，采集人不详73-198；吉根乡哈拉铁列克，采集人不详73-194）、叶城（柯克亚乡，青藏队吴玉虎87804）。生于海拔3 500～3 700 m的山坡、流石滩及高寒草甸。

青海：玛沁（雪山乡，刘尚武52-158）。生于海拔3 600～4 200 m的沟谷山坡高寒草甸、山地阴坡高寒灌丛草甸。

分布于我国的新疆、青海；伊朗，俄罗斯西伯利亚也有。

20. 雪白委陵菜　图版22：8～9

Potentilla nivea Linn. Sp. Pl. 499. 1753；Juzep. in Fl. URSS 10：137. 1941；东北植物检索表152. 图版46：6. 1959；东北草本植物志5：14. 图版5：7～11. 1976；中国植物志37：296. 1985；新疆植物志2（2）：319. 图版87：3～4. 1995；Fl. China 9：317. 2003.

多年生草本。根圆柱形。花茎直立或上升，高5～25 cm，被白色茸毛。基生叶为掌状三出复叶，连叶柄长1.5～8.0 cm；叶柄被白色茸毛；小叶无柄或有时顶生小叶有短柄，小叶片卵形、倒卵形或椭圆形，长1～2 cm，宽0.8～1.3 cm，顶端钝圆或急尖，基部圆形或宽楔形，边缘有3～6（7）个钝圆锯齿，上面被伏生柔毛，下面被雪白色茸毛，脉不明显；茎生叶1～2枚，小叶较小；基生叶托叶膜质，褐色，外面被疏柔毛或脱落几无毛；茎生叶托叶草质，绿色，卵形，通常全缘，稀有齿，下面密被白色茸毛。聚伞花序顶生，少花，稀单花，花梗长1～2 cm，外被白色茸毛；花直径1.0～1.8 cm；萼片三角卵形，顶端急尖或渐尖，副萼片带状披针形，顶端钝圆，比萼片短，外面被平铺绢状柔毛；花瓣黄色，倒卵形，顶端下凹；花柱近顶生，基部膨大，有乳头，柱头扩大。瘦果光滑。 花果期6～8月。

产青海：玛多（采集地不详，吴玉虎492）。生于海拔4 400 m左右的山坡、灌丛及石隙。

分布于我国的新疆、青海、山西、内蒙古、吉林。本种在国外分布甚广，欧洲至俄罗斯西伯利亚，朝鲜，日本均有。

21. 钉柱委陵菜　图版24：1～3

Potentilla saundersiana Royle Illustr. Bot. Himal. Mount. 2：207. t. 41. 1839；Hand.-Mazz. in Acta Hort. Gothob. 13：312. 1939；中国高等植物图鉴2：293. 图2316. 1972；中国植物志37：298. 1985；西藏植物志2：658. 1985；青海植物志2：

126. 图版 23：1～3. 1999；Fl. China 9：318. 2003；青藏高原维管植物及其生态地理分布 427. 2008.

21a. 钉柱委陵菜（原变种）

var. **saundersiana**

多年生草本。根粗壮，圆柱形。花茎直立或上升，高 10～20 cm，被白色茸毛及疏柔毛。基生叶 3～5 掌状复叶，连叶柄长 2～5 cm，被白色茸毛及疏柔毛；小叶无柄；小叶片长圆倒卵形，长 0.5～2.0 cm，宽 0.4～1.0 cm，顶端钝圆或急尖，基部楔形，边缘有多数缺刻状锯齿，齿顶端急尖或微钝，上面绿色，伏生稀疏柔毛，下面密被白色茸毛，沿脉伏生疏柔毛；茎生叶 1～2 枚，小叶 3～5 枚，与基生叶小叶相似；基生叶托叶膜质，褐色，外面被白色长柔毛或脱落几无毛；茎生叶托叶草质，绿色，卵形或卵状披针形，通常全缘，顶端渐尖或急尖，下面被白色茸毛及疏柔毛。聚伞花序顶生，有花多朵，疏散，花梗长 1～3 cm，外被白色茸毛；花直径 1.0～1.4 cm；萼片三角卵形或三角披针形，副萼片披针形，顶端尖锐，比萼片短或几等长，外被白色茸毛及柔毛；花瓣黄色，倒卵形，顶端下凹，比萼片略长或长 1 倍；花柱近顶生，基部膨大不明显，柱头略扩大。瘦果光滑。　花果期 6～8 月。

产新疆：塔什库尔干（麻扎种羊场，青藏队吴玉虎 87358；克克吐鲁克，青藏队吴玉虎 87517；麻扎，高生所西藏队 3263）、和田（喀什塔什，青藏队吴玉虎 2012、3044）、策勒（奴尔乡，青藏队吴玉虎 1942、2501；奴尔乡亚门兵团一牧场，采集人不详 65）、若羌（喀什克勒河，青藏队吴玉虎 4149A）。生于海拔 3 700～4 400 m 的山坡、砾石地、河边及草甸。

青海：格尔木（西大滩，吴玉虎 36892；青藏公路，青藏队吴玉虎 2826；唐古拉山乡沱沱河上游，吴玉虎 17068；唐古拉山乡岗加曲巴东，吴玉虎 17008、17017）、兴海（赛宗寺后山，吴玉虎 46291、46390；大河坝乡赞毛沟，吴玉虎 46478、46509、47188A；中铁林场恰登沟，吴玉虎 44972、45046、45119、45281、45430；黄青河畔，吴玉虎 42634、42677、42682、42706；大河坝乡，吴玉虎 42501；中铁乡天葬台沟，吴玉虎 45920、45960；河卡乡羊曲东浪山，何廷农 00701；河卡山，何廷农 0015，吴珍兰 46、117；河卡乡墨都山，何廷农 293；河卡乡阿卜朗赛朗西，何廷农 114；中铁林场卓琼沟，吴玉虎 45744、45769；温泉乡姜路岭，吴玉虎 28776）、玛多（采集地不详，吴玉虎 58；巴颜喀拉山北坡，吴玉虎 29137）、玛沁（大武乡，玛沁队 262；大武乡黑土山 H. B. G. 696；大武乡格曲，H. B. G. 607；雪山乡，黄荣福 C. G. 81－0031；雪山乡松卡，H. B. G. 451）、久治（索乎日麻乡背石山，果洛队 182、186）。生于海拔 3 200～5 300 m 的高寒草甸、山坡阔叶林缘、岩隙及流石滩、沟谷山地阴坡高寒灌丛草甸石隙。

甘肃：玛曲（城南黄河岸边，陈桂琛 1074；大水军牧场黑河北，陈桂琛 1149）。生于海拔 3 440～3 600 m 的宽谷滩地高寒草甸、山坡草地。

四川：石渠（红旗乡，吴玉虎 29477）。生于海拔 4 200 m 左右的沟谷山地高寒草甸。

分布于我国的新疆、青海、甘肃、宁夏、陕西、西藏、四川、云南、山西；印度，尼泊尔，不丹也有。

本种广布于我国北部及西南部高山地区，植株高矮、毛茸多少均有变异，掌状复叶以 5 小叶为多，也有 3 小叶，有时最下面 2 小叶稍有间隔而呈亚羽状，叶边锯齿或深或浅，有的呈裂片状，变异较大。

21b. 羽叶钉柱委陵菜（变种）

var. **subpinnata** Hand.-Mazz. Symb. Sin. 7：513. 1933；中国植物志 37：299. 1985；青海植物志 2：127. 1999；Fl. China 9：319. 2003；青藏高原维管植物及其生态地理分布 427. 2008.

本变种的特点：基生叶小叶（3～）5～7（～8）对，近羽状排列，上面密被伏生绢状柔毛；副萼片顶端急尖或有 1～2 裂齿。

产青海：格尔木（唐古拉山乡沱沱河上游，吴玉虎 17072）、都兰（诺木洪乡，吴玉虎 36561）、久治（智青松多北石山，果洛队 51）、玛沁（军功乡，区划一组 2069；军功乡，吴玉虎 20697、20714、20723、20729）。生于海拔 3 500～5 300 m 的草地、山坡、河滩及石隙。

分布于我国的青海、四川、云南。

21c. 丛生钉柱委陵菜（变种）

var. **caespitosa**（Lehm.）Wolf in Bibl. Bot. 71：243. 1806；中国植物志 37：299. 1985；青海植物志 2：126. 1999；Fl. China 9：319. 2003；青藏高原维管植物及其生态地理分布 427. 2008.

本变种与原变种的不同之处在于：植株矮小丛生；根向下生长且较细；叶常三出，小叶宽倒卵形，边缘浅裂至深裂；单花顶生，稀 2 花。

产新疆：叶城（阿克勒达坂，黄荣福 C. G. 86-166）。生于海拔 4 400 m 左右的沟谷山坡沙砾草地。

青海：格尔木（唐古拉山 110 道班南，青藏冻土植物队 146；唐古拉山口，青藏冻土植物队 180；西大滩，黄荣福 K-004、吴玉虎 36820；长江源头各拉丹冬冰川附近，黄荣福 C. G. 89-253、C. G. 89-265）、玛沁（阿尼玛卿山，黄荣福 C. G. 81-68、C. G. 81-118、C. G. 81-126、C. G. 81-143；大武乡三大队，区划三组 73；拉加乡三队，采集人不详 74、88；当项乡，区划一组 10；西哈垄河谷，黄荣福 C. G. 81-164；大武乡黑土山，H. B. G. 696）、都兰（热水乡，陈桂琛和孙世州 693）、治多

（可可西里，可可西里综考队 K－639、K－734、K－961；可可西里库赛湖南，可可西里综考队 K－451；可可西里乌兰乌拉山，可可西里综考队 K－160；可可西里岗齐曲北，可可西里综考队 K－111）、曲麻莱（曲麻河乡，黄荣福 15；秋智乡，刘尚武和黄荣福 699；云盘山，刘海源 849）、称多（清水河乡巴颜喀拉山，苟新京 83－228）、玛多（采集地不详，吴玉虎 58、492）、久治（索乎日麻乡科尔青曲，藏药队 304；索乎日麻乡扎龙尕玛山，果洛队 166；北石山，果洛队 25；门堂乡东石山，果洛队 116）。生于海拔 3 200～5 100 m 的山坡、草甸、流石坡及河滩。

分布于我国的新疆、青海、甘肃、陕西、西藏、四川、云南、山西、内蒙古。

22. 显脉委陵菜

Potentilla nervosa Juzep. in Fl. URSS 10：135. et Addenda 610. 1914；中国植物志 37：301. 1985；西藏植物志 2：660. 1985；新疆植物志 2（2）：319. 1995；Fl. China 9：319. 2003；青藏高原维管植物及其生态地理分布 424. 2008.

多年生草本。根粗壮，圆柱形。花茎直立或基部略弯，高 16～30 cm，被灰白色茸毛及长柔毛。基生叶掌状三出复叶，连叶柄长 3～10 cm；叶柄被灰白色茸毛及长柔毛；小叶无柄或顶生小叶有短柄，小叶片长椭圆形或倒卵椭圆形，长 1.0～3.5 cm，宽 0.7～1.5 cm，顶端钝圆或急尖，基部楔形或宽楔形，边缘有 6～10 锯齿，齿急尖或钝，上面被伏生疏柔毛，有时被稀疏灰白色茸毛，下面被灰白色茸毛，沿脉被伏生白色长柔毛；茎生叶 1～3 枚，小叶与基生叶小叶相似；基生叶托叶膜质，褐色，外被伏生长柔毛；茎生叶托叶草质，卵披针形，全缘，稀顶端 2～3 裂，下面密被白色茸毛及长柔毛。聚伞花序伞房状，顶生疏散，多花，花梗长 1.5～2.5 cm，密被茸毛；花直径 1.5～1.8 cm；萼片三角卵形，顶端渐尖，副萼片带形或披针形，顶端渐尖或微钝，与萼片近等长，外被伏生疏柔毛；花瓣黄色，倒卵形，顶端下凹，比萼片长 0.5～1.0 倍；花柱近顶生，基部扩大不明显，柱头扩大。 花果期 6～7 月。

产新疆：塔什库尔干（明铁盖，青藏队 5047；克克吐鲁克，西植所新疆队 1371、1372）。生于海拔 4 400～4 500 m 的山坡及草原。

青海：称多（县城郊区，吴玉虎 29247、29252）、玛沁（军功乡，吴玉虎 21208A）。生于海拔 2 900～3 900 m 的草原、河边。

四川：石渠（长沙贡玛乡，吴玉虎 29543、29704、29745；新荣乡雅砻江边，吴玉虎 30032）。生于海拔 4 000 m 左右的石隙、河滩及灌丛。

分布于我国的新疆、青海、西藏、四川；中亚地区各国，俄罗斯西伯利亚也有。

本种外形与多齿雪白委陵菜 *P. nivea* Linn. var. *elongata* Wolf 极相近似，后者小叶下面脉上为茸毛所覆盖，侧脉不明显，小叶完全无柄，叶边锯齿较浅而钝，可以相区别。

23. 脱绒委陵菜

Potentilla evestita Wolf in Bibl. Bot. 71：248. 1908；Jazep. in Fl. URSS 10：140. 1941；中国植物志 37：302. 1985；新疆植物志 2（2）：319. 图版 87：5～6. 1995；Fl. China 9：319. 2003.

多年生草本。根圆柱形。花茎直立或上升，高 15～30 cm，被稀疏柔毛或脱落几无毛。基生叶掌状三出复叶，连叶柄长 5～15 cm，叶柄被疏柔毛，有时被有稀疏腺毛；小叶片宽倒卵形或菱状椭圆形，长 1.5～4.5 cm，宽 1～3 cm，顶端钝圆，基部宽楔形或几圆形，边缘有 3～6 个缺刻状圆锯齿，或呈浅裂片状，上面绿色，被疏柔毛及腺体，下面最初有灰白色茸毛，以后脱落减少，沿中脉有长柔毛及腺体；茎生叶 1～2 枚，小叶与基生叶小叶相似；基生叶托叶膜质，褐色，外面被疏柔毛；茎生叶托叶草质，褐色，卵形，全缘或顶端 2 浅裂，下面被疏柔毛及腺体。伞房状聚伞花序疏散，花梗长 1.5～2.5 cm，被疏柔毛及腺毛；花直径约 1.5 cm；萼片卵状长圆形或三角披针形，顶端急尖或钝圆，副萼片带状披针形，顶端钝圆，外面被疏柔毛及腺体；花瓣黄色，倒卵形，顶端微凹；花柱近顶生，基部膨大，柱头略微扩大。瘦果有稀疏脉纹。花果期 6～9 月。

产新疆：塔什库尔干（明铁盖，青藏队 4996）。生于海拔 4 400 m 左右的山坡草原。

分布于我国的新疆；俄罗斯西伯利亚，中亚地区各国也有。

本种与雪白委陵菜 *P. nivea* Linn. 相近，但后者花茎、叶柄及小叶下面密被白色茸毛，不脱落；萼片外面不被腺体。可以相区别。

24. 银光委陵菜

Potentilla argyrophylla Wall. Cat. Pl. Ind. Orient. 1020. 1829. nom. nud.；Lehm. Monogr. Potent. Suppl. l. 19. t. 9. 1835；中国植物志 37：302. 1985；西藏植物志 2：660. 1985；Fl. China 9：320. 2003；青藏高原维管植物及其生态地理分布 416. 2008.

多年生草本。根茎圆柱形，被棕紫色鳞片。花茎直立或基部稍弯曲，高 15～20 cm，密被银白色茸毛及长柔毛。基生叶掌状三出复叶，连叶柄长 5～10 cm，叶柄被银白色茸毛及长柔毛；小叶无柄或顶生小叶具极短柄，小叶片倒卵形、椭圆形或广卵形，长 1.5～2.0 cm，宽 1.0～1.5 cm，顶端钝圆，基部楔形或宽楔形，边缘具缺刻状急尖锯齿，上面伏生银白色绢毛，下面密被银白色茸毛，脉上有伏生银白色绢毛；茎生叶 2～3 枚，叶片较小，叶柄较短；基生叶托叶膜质，褐色，外面伏生白色绢毛，以后脱落；茎生叶托叶绿色，草质，卵形或卵状披针形，全缘，顶端渐尖，下面被茸毛及长柔毛。花顶生 2～3 朵，花梗长 2.0～2.5 cm，外被茸毛及长柔毛，花直径约 2 cm；萼片三角状披针形，顶端渐尖，副萼片椭圆卵形或椭圆披针形，与萼片近等长，外面被伏生白色绢毛；花瓣黄色，倒心形，顶端明显下凹，比萼片长 1 倍；雄蕊黄色；花柱近顶生，比子房长约 2.5 倍，柱头微扩大，头状。　花期 5 月。

产青海：兴海（温泉乡，刘海源 568）、玛多（花石峡乡花石山，吴玉虎 28932、28961）、玛沁（雪山乡，刘尚武 33）。生于海拔 3 900～4 200 m 的草甸及灌丛。

分布于我国的青海、西藏；克什米尔地区，尼泊尔也有。

25. 密枝委陵菜

Potentilla virgata Lehm. Monogr. Potent. 75. 1820；中国植物志 37：304. 图版 46：8. 1985；新疆植物志 2（2）：321. 1995；Fl. China 9：320. 2003；青藏高原维管植物及其生态地理分布 429. 2008.

多年生草本，基部多分枝。根粗壮，圆柱形。花茎直立或上升，高 15～60 cm，密被伏生长柔毛或绢状柔毛。基生叶掌状五出复叶，连叶柄长 5～20 cm，叶柄伏生长柔毛或绢状柔毛；小叶片长圆披针形或倒卵披针形，长 1.5～10.0 cm，宽 1～2 cm，顶端急尖或钝圆，基部楔形，边缘反卷，深裂至中裂，通常边缘有裂片 5～8 枚，裂片三角披针形或长圆披针形，宽 0.1～0.3 cm，顶端急尖或渐尖，上面绿色，密被伏生柔毛，有时脱落，下面密被白色茸毛，沿脉伏生长柔毛；基生叶托叶膜质，深褐色，几无毛；茎生叶托叶草质，绿色，卵状披针形，全缘，稀有齿，下面被白色茸毛。伞房状聚伞花序，多花，疏散；花梗纤细，长 0.8～1.5 cm，外被茸毛；花直径 0.8～1.0 cm；萼片三角卵形或卵状披针形，顶端渐尖，副萼片披针形或带形，顶端急尖或钝圆，比萼片短；花瓣黄色，倒卵形，顶端微凹或钝圆，比萼片稍长或几达 1 倍；花柱近顶生，基部膨大，柱头略微扩大。瘦果表面有皱纹。　花果期 6～9 月。

产新疆：塔什库尔干（采集地不详，高生所西藏队 3132）、叶城（柯克亚乡，青藏队吴玉虎 804）、策勒（奴尔乡，青藏队吴玉虎 3036 B）。生于海拔 3 000～3 700 m 的沟谷山坡草地、高山流石滩、河漫滩及草原。

青海：兴海（中铁乡至中铁林场途中，吴玉虎 43144）。生于海拔 3 460 m 左右的河谷山地阴坡高寒灌丛草甸。

分布于我国的新疆、青海；蒙古，俄罗斯西伯利亚，中亚地区各国也有。

26. 窄裂委陵菜　图版 24：4～5

Potentilla angustiloba Yü et Li in Acta Phytotax. Sin. 18（1）：11. t. 3：2. 1980；中国植物志 37：304. 图版 46：1～4. 1985；新疆植物志 2（2）：321. 1995；青海植物志 2：128. 图版 23：4～5. 1999；Fl. China 9：321. 2003；青藏高原维管植物及其生态地理分布 415. 2008.

多年生草本。根圆柱形，上部较粗壮，向下延伸细长。花茎铺散或上升，长 8～30 cm，伏生疏长柔毛或微硬毛。基生叶为五出掌状复叶，连叶柄长 3～12 cm，伏生疏

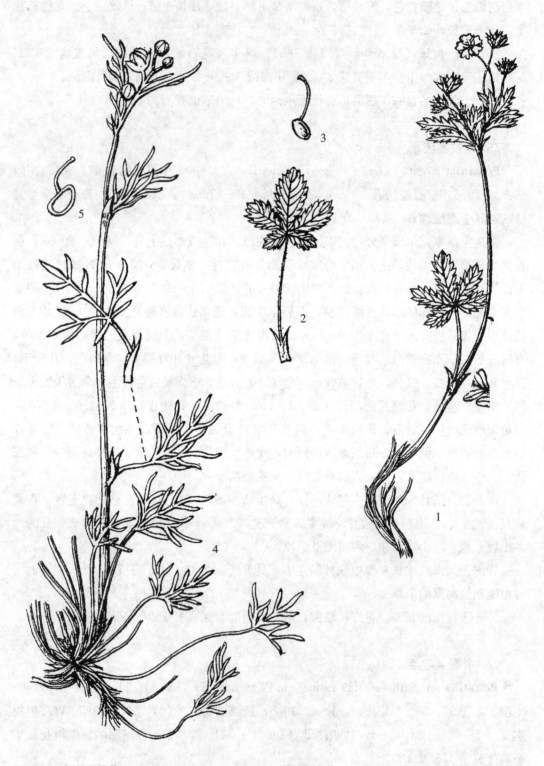

图版 24　钉柱委陵菜 **Potentilla saundersiana** Royle 1. 植株一部分；2. 叶；3. 子房及花柱。窄裂委陵菜
P. angustiloba Yü et Li 4. 植株一部分；5. 子房及花柱。（王颖绘）

长柔毛及微硬毛；小叶片倒卵长椭圆形或长椭圆形，边缘深裂至中脉，每边有 2～4 枚带形裂片，长 0.5～1.5 cm，宽 0.8～1.0 mm，顶部急尖或渐尖，上面伏生疏柔毛或几无毛，下面密被白色茸毛，沿脉伏生白色长柔毛；茎生叶 1～3 枚，小叶 3～5 分裂，与基生叶相似，叶柄向上逐渐缩短；基生叶托叶膜质，深褐色，被疏柔毛或几无毛；茎生叶托叶草质，绿色，卵状披针形，全缘或有 1～2 齿，下面密被伏生柔毛。伞房状聚伞花序顶生，有花 3～12 朵，花梗长 0.5～1.0 cm，外被伏生长柔毛；花直径 0.8～1.0 cm；萼片三角卵形或卵状长圆形，顶端渐尖，副萼片带状披针形，顶端渐尖，与萼片近等长或稍短，外面伏生长柔毛；花瓣黄色，倒卵形，顶端微凹，比萼片长或近等长；雄蕊约 20 枚；心皮多数，花柱近顶生，基部膨大，柱头稍扩大。　花果期 6～9 月。

产新疆：叶城（棋盘乡，青藏队吴玉虎 4705）、于田（乌鲁克库勒湖，青藏队吴玉虎 2736B）、若羌（采集地不详，青藏队吴玉虎 2334）。生于海拔 3 100～4 800 m 的河谷及林下。

青海：都兰（诺木洪乡布尔汗布达山北坡，吴玉虎 36528B、36557、36567）、兴海（河卡乡外滩，何廷农 394）。生于海拔 3 200～3 800 m 的荒漠、沟谷山地岩隙。

分布于我国的新疆、青海、甘肃。

27. 腺粒委陵菜

Potentilla granulosa Yü et Li in Acta Phytotax. Sin. 18 (1)：11. t. 4：1. 1980；中国植物志 37：309. 图版 48：1～2. 1985；西藏植物志 2：662. 1985；青海植物志 2：129. 1999；Fl. China 9：322. 2003；青藏高原维管植物及其生态地理分布 421. 2008.

多年生草本。根粗壮，圆柱形。花茎直立或上升，高 10～20 cm，被疏柔毛、短柔毛及腺毛。基生叶羽状复叶，有小叶 4～8 对，间隔 0.3～0.8 cm，连叶柄长 4～10 cm，叶柄被疏柔毛、短柔毛及腺毛，小叶对生或互生，上面 2～3 对小叶或多或少在基部下延与叶轴会合；小叶片椭圆形、长圆形或长圆披针形，通常长 1～2 cm，宽 0.5～1.0 cm，边缘羽状深裂几达中脉，裂片带形，顶端钝圆，上面被疏柔毛及颗粒状腺体，下面被短柔毛及颗粒状腺体；茎生叶与基生叶相似，向上小叶减少至 2 对；基生叶托叶膜质，深褐色，外被疏柔毛、短柔毛及腺体；茎生叶托叶草质，绿色，全缘或 1～2 裂，顶端渐尖，下面密被疏柔毛及腺体。伞房状聚伞花序疏散，花有长梗，梗长 1.0～3.5 cm，被短柔毛及腺体；花直径约 1.5 cm；萼片三角卵形，顶端急尖，副萼片椭圆披针形，顶端急尖或钝圆，与萼片近等长或稍短，外被疏柔毛及粒状腺体；花瓣黄色，宽倒卵形，顶端下凹，比萼片长 1/2～1 倍；雄蕊 20 枚，长短不相等；心皮多数，花柱基部膨大，柱头扩大。　花期 7～8 月。

产青海：玛沁（大武乡，玛沁队 259；大武乡三大队，区划三组 60）。生于海拔

173

3 600～4 500 m 的沟谷山坡。

分布于我国的青海、西藏、四川。

本种形态特征比较特殊，植株密被短柔毛及颗粒状腺体；基生叶上面 2～3 对小叶基部下延与叶轴会合，小叶边缘深裂几达中脉，裂片呈带形，顶端钝；副萼片与萼片近等长，很易识别。

28. 腺毛委陵菜

Potentilla longifolia Willd. ex Schlecht. in Mag. Ges. Naturf. Fr. Berl. 7：287. 1816；内蒙古植物志 3：95. 图版 48. 1977；东北植物检索表 152. 图版 45：3. 1959；中国高等植物图鉴 2：294. 图 2318. 1972；中国植物志 37：310. 1985；西藏植物志 2：662. 1985；新疆植物志 2（2）：322. 1995；青海植物志 2：129. 1999；Fl. China 9：323. 2003；青藏高原维管植物及其生态地理分布 422. 2008.

多年生草本。根粗壮，圆柱形。花茎直立或微上升，高 30～90 cm，被短柔毛、长柔毛及腺体。基生叶羽状复叶，有小叶 4～5 对，连叶柄长 10～30 cm，叶柄被短柔毛、长柔毛及腺体；小叶对生，稀互生，无柄，最上面 1～3 对小叶基部下延与叶轴会合；小叶片长圆披针形至倒披针形，长 1.5～8.0 cm，宽 0.5～2.5 cm，顶端钝圆或急尖，边缘有缺刻状锯齿，上面被疏柔毛或脱落无毛，下面被短柔毛及腺体，沿脉疏生长柔毛；茎生叶与基生叶相似；基生叶托叶膜质，褐色，外被短柔毛及长柔毛；茎生叶托叶草质，绿色，全缘或分裂，外被短柔毛及长柔毛。伞房花序集生于花茎顶端，少花，花梗短；花直径 1.5～1.8 cm；萼片三角披针形，顶端通常渐尖，副萼片长圆披针形，顶端渐尖或钝圆，与萼片近等长或稍短，外面密被短柔毛及腺体；花瓣宽倒卵形，顶端微凹，与萼片近等长，果时直立增大；花柱近顶生，圆锥形，基部明显具乳头，膨大，柱头不扩大。瘦果近肾形或卵球形，直径约 1 mm，光滑。　花果期 7～9 月。

产青海：兴海（大河坝河，采集人不详 301）。生于海拔 2 800 m 左右的河漫滩。

分布于我国的新疆、青海、甘肃、西藏、四川、山西、河北、内蒙古、吉林、黑龙江、山东；俄罗斯西伯利亚，蒙古，朝鲜也有。

29. 西藏委陵菜

Potentilla xizangensis Yü et Li in Acta Phytotax. Sin. 18（1）：12. t. 4：3. 1980；中国植物志 37：321. 图版 49：1～3. 1985；西藏植物志 2：664. 1985；Fl. China 9：325. 2003；青藏高原维管植物及其生态地理分布 429. 2008.

多年生草本。根细圆柱形，有须根。花茎直立，上升或铺散，高 6～35 cm，被稀疏短柔毛或脱落几无毛。基生叶三出复叶，连叶柄长 4～8 cm，叶柄被稀疏柔毛和腺毛，或脱落几无毛；小叶无柄或有短柄，小叶片倒卵形、宽椭圆形或呈扇形，顶端钝圆，基部阔楔形，边缘具圆齿，两面绿色，被稀疏短柔毛或几无毛；茎生叶 3～4 枚，与基生叶相似；基生叶托叶膜质，褐色，外面被稀疏短柔毛；茎生叶托叶草质，绿色，卵形，全缘，顶端钝圆或急尖，外被短柔毛和腺毛。花3～5朵集生于花茎顶端，开花后成疏散的聚伞花序，花梗长1～2 cm，被短柔毛；花直径1.0～1.2 cm；萼片卵形，顶端急尖，副萼片椭圆形，顶端钝圆，比萼片短或近等长；花瓣倒卵形，顶端微凹；雄蕊20枚，有时12～13枚；花柱近顶生，圆锥形，基部明显有乳头状膨大，柱头稍扩大。 花期6～7月。

产新疆：阿克陶（奥依塔克，青藏队吴玉虎4787）、塔什库尔干（克克吐鲁克，高生所西藏队3288；麻扎，高生所西藏队3236；红其拉甫，青藏队吴玉虎4876）。生于海拔2 800～4 700 m的山坡、冰川边砾地。

分布于我国的新疆、西藏（聂拉木、卡达河）。

本种外形与耐寒委陵菜 P. gelida C. A. Mey. 相似，不同之处在于：茎生叶较多，通常3～4枚；花序集生于花茎顶端，开花后才疏散展开；副萼片宽阔与萼片近等长；花柱圆锥状，基部较粗，向上逐渐变细。二者可以相区别。

30. 混叶委陵菜

Potentilla subdigitata Yü et Li in Acta Phytotax. Sin. 18 (1)：12. t. 5：4. 1980；中国植物志37：323. 图版49：6～7. 1985；Fl. China 9：326. 2003.

多年生草本。根粗大，圆柱形，常木质化。花茎直立或上升，被短柔毛、疏柔毛及稀疏无柄腺体。基生叶有3～5小叶，鸟足状，稀近羽状，常混生有三出复叶，连叶柄长4～12 cm，叶柄被短柔毛、疏柔毛及稀疏腺体，小叶中间3个有短柄，两边小叶无柄；小叶片倒卵状楔形，顶端钝圆或截形，基部渐狭呈楔形，上半部边缘有钝圆锯齿，向下明显反卷，两面密被开展短柔毛及无柄腺体，下面沿脉柔毛较密；茎生叶5出或3出，小叶与基生小叶相似，叶柄逐渐缩短；基生叶托叶膜质，褐色，外面密被无柄腺体、短柔毛及疏柔毛；茎生叶托叶草质，卵状椭圆形，全缘，顶端钝圆，或有2～3齿。伞房状聚伞花序少花，疏散，花梗细，长2.0～2.5 cm，密被短柔毛及无柄腺体；花直径1.2～1.5 cm；萼片三角披针形，顶端渐尖，副萼片披针形或椭圆披针形，顶端急尖，比萼片稍短或近等长；花瓣黄色，倒卵形，顶端钝圆，比萼片长0.5倍；花柱基部明显膨大，柱头扩大。瘦果有少数脉纹。 花果期7～8月。

产青海：玛沁（军功乡龙穆尔沟，吴玉虎25638）。生于海拔3 400 m的沟谷坡地。

分布于我国的新疆、青海。

本种与荒漠委陵菜 P. desertorum Bunge 近缘，但后者叶片上面近无毛，下面柔毛及腺体较稀疏，叶边平坦不反卷；花序密集，花朵较大，直径1.5～2.0 cm；植株下部显著被红色腺体，易于识别。

31. 耐寒委陵菜　图版 25：6～7

Potentilla gelida C. A. Mey. Ind. Plant. in Cauc. et ad mare Casp. Collect. 167. 1831；中国植物志 37：324. 图版 50：1～3. 1985；西藏植物志 2：664. 1985；新疆植物志 2 (2)：326. 图版 88：5～6. 1995；Fl. China 9：327. 2003；青藏高原维管植物及其生态地理分布 420. 2008.

多年生草本。根圆柱形，细长，常侧生须根。花茎常纤细，直立或上升，高 6～30 cm，被稀疏柔毛或无柄腺体，稀脱落几无毛。基生叶掌状三出复叶，连叶柄长 2.5～7.0 cm，叶柄被稀疏柔毛或少数无柄腺体，稀脱落几无毛，小叶有短柄或几无柄；小叶片倒卵形、椭圆形或卵状椭圆形，长 0.8～2.0 cm，宽 0.6～1.5 cm，顶端钝圆，基部楔形或阔楔形，每边有 3～5 急尖或钝圆锯齿，近基部全缘，两面绿色，上面被稀疏柔毛或脱落几无毛，下面被疏柔毛及无柄腺体；茎生叶 1～2 枚，小叶与基生叶小叶相似，叶柄很短；基生叶托叶膜质，褐色，外面被长柔毛或脱落几无毛，茎生叶托叶草质，绿色，卵形，全缘，顶端渐尖或钝，下面被疏柔毛及腺体。聚伞花序疏散，有花 3～5 朵，花梗长 1.0～2.5 cm，外被疏柔毛；花直径 1～2 cm；萼片三角卵形，顶端急尖，副萼片长椭圆形，顶端钝圆，比萼片稍短或近等长；花瓣黄色，倒卵形，顶端微凹，比萼片长 0.5～1.0 倍；花柱近顶生，呈铁钉状，柱头扩大。成熟瘦果有脉纹。花果期 6～8 月。

产新疆：阿克陶（奥依塔克，阎平和孙辉 4575）、塔什库尔干（明铁盖，青藏队吴玉虎 5045）。生于海拔 3 200～4 400 m 的草甸。

分布于我国的新疆、西藏；中亚地区各国，蒙古，伊朗，欧洲，亚洲北部至喜马拉雅山一带也有。

本种与脱绒委陵菜 P. evestita Wolf 外形相似，但后者植株毛较密，且被有茸毛或茸毛残迹，花柱圆锥状，基部显著比柱头大得多，可以相区别。

32. 等齿委陵菜　图版 25：8～9

Potentilla simulatrix Wolf in Bibl. Bot. 71：663. 1908；内蒙古植物志 3：87. 图版 43. 1～6. 1977；中国植物志 37：330. 1985；青海植物志 2：122. 图版 22：6～7. 1999；Fl. China 9：330. 2003；青藏高原维管植物及其生态地理分布 428. 2008.

多年生匍匐草本。根细，多分枝。匍匐枝纤细，常在节上生根，长 15～30 cm，被短柔毛及长柔毛；基生叶为三出掌状复叶，连叶柄长 3～10 cm，叶柄被短柔毛及长柔毛，小叶几无柄。单花自叶腋生，花梗纤细，长 1.5～3.0 cm，被短柔毛及疏柔毛；花直径 0.7～1.0 cm；萼片卵状披针形，顶端急尖，副萼片长椭圆形，顶端急尖，几与萼片等长稀略长，外被疏柔毛；花瓣黄色，倒卵形，顶端微凹或钝圆，比萼片长；花柱近顶生，基部细，柱头扩大。瘦果有不明显的皱纹。　花果期 4～10 月。

图版 25　阿尔泰山楂 **Crataegus altaica**（Loud.）Lange. 1. 果枝；2. 果实；3. 果核。二裂委陵菜 **Potentilla bifurca** Linn. 4. 植株；5. 花柱及子房。耐寒委陵菜 **P. gelida** C. A. Mey. 6. 植株；7. 花柱及子房。等齿委陵菜 **P. simulatrix** Wolf 8. 植株一部分；9. 花柱及子房。（引自《新疆植物志》，张荣生绘）

产青海：班玛（亚尔堂乡王柔，吴玉虎 26277A）。生于海拔 3 400 m 左右的山坡林缘、沟谷山地灌丛。

分布于我国的青海、甘肃、陕西、四川、山西、河北、内蒙古。

33. 匍枝委陵菜

Potentilla flagellaris Willd. ex Schlecht. in Mag. Ges. Naturf. Fr. Berl. 7：291. 1816；东北植物检索表 154. 图版 48：1. 1959；中国高等植物图鉴 2：299. 图 2328. 1972；东北草本植物志 5：11. 图版 4：1～3. 1976；中国植物志 37：331. 1985；新疆植物志 2（2）：327. 1995；青海植物志 2：123. 1999；Fl. China 9：330. 2003；青藏高原维管植物及其生态地理分布 419. 2008.

多年生匍匐草本。根细而簇生。匍匐枝长 8～60 cm，被伏生短柔毛或疏柔毛。基生叶掌状五出复叶，连叶柄长 4～10 cm，叶柄被伏生柔毛或疏柔毛，小叶无柄；小叶片披针形、卵状披针形或长椭圆形，长 1.5～3.0 cm，宽 0.7～1.5 cm，顶端急尖或渐尖，基部楔形，边缘有 3～6 个缺刻状大小不等的急尖锯齿，下部两枚小叶有时 2 裂，两面绿色，伏生稀疏短毛，以后脱落或在下面沿脉伏生疏柔毛；匍匐枝上叶与基生叶相似；基生叶托叶膜质，褐色，外面被稀疏长硬毛，纤匍枝上托叶草质，绿色，卵状披针形，常深裂。单花与叶对生，花梗长 1.5～4.0 cm，被短柔毛；花直径 1.0～1.5 cm；萼片卵状长圆形，顶端急尖，副萼片披针形，与萼片近等长稀稍短，外面被短柔毛及疏柔毛；花瓣黄色，顶端微凹或钝圆，比萼片稍长；花柱近顶生，基部细，柱头稍微扩大。成熟瘦果长圆状卵形表面呈泡状突起。　花果期 5～9 月。

产青海：兴海（河卡山，郭本兆 6388）。生于海拔 3 800 m 的坡地。

分布于我国的青海、甘肃、山西、河北、辽宁、吉林、黑龙江、山东；俄罗斯西伯利亚，蒙古，朝鲜也有。

本种与匍匐委陵菜 P. reptans Linn. 相近，不同之处在于：后者小叶倒卵长圆形，边缘锯齿相等，顶端钝圆；花较大，直径约 2 cm；萼片花后明显增大。可以相区别。

14. 沼委陵菜属 Comarum Linn.

Linn. Sp. Pl. 502. 1753, et Gen. Pl. ed. 5. 220. 1754.

多年生草本或亚灌木；根茎匍匐；茎直立。叶为互生羽状复叶。花两性，中等大，成聚伞花序；副萼和萼片各 5 枚，宿存；花托平坦或微呈碟状，在果期半球形，稍隆起，如海绵质；花瓣 5 枚，红色、紫色或白色；雄蕊 15～25 枚，花丝丝状，宿存，花药扁球形，侧面裂开；心皮多数，花柱侧生，丝状。瘦果无毛或有毛。

约 5 种，产北半球温带。我国产 2 种，昆仑地区产 1 种。

1. 西北沼委陵菜　图版 26：1～2

Comarum salesovianum (Steph.) Asch. et Gr. Syn. 6：663. 1904；中国高等植物图鉴 2：301. 图 2331. 1972；中国植物志 37：334. 图版 51：3～4. 1985；新疆植物志 2 (2)：328. 图版 89：1～2. 1995；青海植物志 2：116. 图版 21：7～8. 1999；Fl. China 9：331. 2003；青藏高原维管植物及其生态地理分布 402. 2008.

亚灌木，高 30～100 cm；茎直立，有分枝，幼时有粉质蜡层，具长柔毛，红褐色，冬季仅残留木质化基部。奇数羽状复叶，连叶柄长 4.5～9.5 cm，叶柄长 1.0～1.5 cm；小叶片 7～11，纸质，互生或近对生，长圆披针形或卵状披针形，稀倒卵状披针形，长 1.5～3.5 cm，宽 4～12 mm，越向下越小，先端急尖，基部楔形，边缘有尖锐锯齿，上面绿色，无毛，下面有粉质蜡层及贴生柔毛，中脉在下面微隆起，侧脉 4～5 对，不明显；叶轴带红褐色，有长柔毛；小叶柄极短或无；托叶膜质，先端长尾尖，大部分与叶柄合生，有粉质蜡层及柔毛，上部叶具 3 小叶或成单叶。聚伞花序顶生或腋生，有数朵疏生花；总梗及花梗有粉质蜡层及密生长柔毛，花梗长 1.5～3.0 cm；苞片及小苞片线状披针形，长 6～20 mm，红褐色，先端渐尖；花直径 2.5～3.0 cm；萼筒倒圆锥形，肥厚，外面被短柔毛及粉质蜡层，萼片三角卵形，长约 1.5 cm，带红紫色，先端渐尖，外面有短柔毛及粉质蜡层，内面贴生短柔毛，副萼片线状披针形，长 7～10 mm，紫色，先端渐尖，外被柔毛；花瓣倒卵形，长 1.0～1.5 cm，约与萼片等长，白色或红色，无毛，先端钝圆，基部有短爪；雄蕊约 20 枚，花丝长 5～6 mm；花托肥厚，半球形，密生长柔毛；子房长圆卵形，有长柔毛。瘦果多数，长圆卵形，长约 2 mm，有长柔毛，埋藏在花托长柔毛内，外有宿存副萼片及萼片包裹。　花期 6～8 月，果期 8～10 月。

产新疆：乌恰（吉根乡斯木哈纳，西植所新疆队 2102、2164）、阿克陶（奥依塔克，买买提江 83023；布伦口乡北，帕考队 5553）、塔什库尔干（中塔边界，克里木 T202，阎平和王绍明 4063）、叶城（阿克拉达坂北坡，青藏队吴玉虎 1448；乔戈里峰，青藏队吴玉虎 1527；麻扎，黄荣福 C. G. 86-065）。生于海拔 2 600～4 300 m 的河滩、砾石地及水沟边。

青海：海西（大柴旦大煤沟至卡喀图，黄荣福 C. G. 81-346；大柴旦北山，郭本兆和王为义 11736）、都兰（诺木洪乡布尔汗布达山北坡，吴玉虎 36492、36503）、兴海（大河坝，张盍曾 65321）。生于海拔 3 000～3 700 m 的河谷、河滩及砾石荒漠。

甘肃：阿克塞（当金山，青藏队吴玉虎 2928）。生于海拔 3 600 m 左右的山坡及石隙。

分布于我国的新疆、青海、宁夏、西藏、内蒙古；俄罗斯西伯利亚，蒙古也有。又见于喜马拉雅山地区。

15. 山莓草属 Sibbaldia Linn.

Linn. Sp. Pl. 284. 1753.

多年生草本。常具木质化根茎。叶为羽状或掌状复叶，小叶边缘或顶端有齿，稀全缘。花通常两性，成聚伞花序或单生；萼筒碟形或半球形，萼片 5 枚，稀 4 枚；副萼片 5 枚，稀 4 枚，与萼片互生；花瓣黄色、紫色或白色；花盘通常明显宽阔，稀不明显；雄蕊（4）～5～（10）枚，花药 2 室，花丝或长或短；雌蕊 4～20 枚，彼此分离；花柱侧生近基生或顶生；每心皮有 1 胚珠，通常上升。瘦果少数，着生于干燥凸起的花托上，萼片宿存，种子 1 粒。

有 20 余种，分布于北半球北极及高山地区。我国约 15 种，分布于华北、西北及西南高山地带；昆仑地区产 3 种 1 变种。

分 种 检 索 表

1. 雄蕊 10；基生叶为羽状复叶，具小叶 5 枚或微三出复叶 …………………………………………………………………………………… **1. 伏毛山莓草 S. adpressa** Bunge
1. 雄蕊（3～4）5（～7）；基生叶为掌状复叶，具小叶 3～5。
  2. 小叶 5 …………………………………… **2. 五叶山莓草 S. pentaphylla** J. Krause
  2. 小叶 3。
    3. 萼片 3～4；花瓣 3～4，长于萼；雄蕊 3～4；植株垫状…………………………………………………………………………………… **3. 四蕊山莓草 S. tetrandra** Bunge
    3. 萼片 5；花瓣 5，短于萼片；雄蕊 5 或 5～7；植株非垫状；小叶先端有 3～5 锯齿，其余部分全缘 ………………………… **4. 山莓草 S. procumbens** Linn.

1. 伏毛山莓草　图版 26：3～5

Sibbaldia adpressa Bunge in Ledeb. Fl. Alt. 1：428. 1829, et Ic. Pl. Fl. Ross. 3：pl. 276. 1831；中国植物志 37：341. 图版 53：11. 1985；西藏植物志 2：669. 图 202：10. 1985；新疆植物志 2（2）：331. 1995；青海植物志 2：114. 图版 21：1～3. 1999；Fl. China 9：334. 2003；青藏高原维管植物及其生态地理分布 446. 2008.

多年生草本。根木质细长，多分枝。花茎矮小，丛生，高 1.5～12.0 cm，被绢状糙伏毛。基生叶为羽状复叶，有小叶 2 对，上面 1 对小叶基部下延与叶轴会合，有时混生有 3 小叶，连叶柄长 1.5～7.0 cm，叶柄被绢状糙伏毛；顶生小叶片，倒披针形或倒卵长圆形，顶端截形，有（2～）3 齿，极稀全缘，基部楔形，稀阔楔形，侧生小叶全缘，披针形或长圆披针形，长 5～20 mm，宽 1.5～6.0 mm，顶端急尖，基部楔形，上面暗绿色，伏生稀疏柔毛或脱落几无毛，下面绿色，被绢状糙伏毛；茎生叶 1~2 枚，与基生叶相似；基生叶托叶膜质，暗褐色，外面几无毛；茎生叶托叶草质，绿色，披针形。聚伞花序数朵，或单花顶生；花 5 数出，直径 0.6~1.0 cm；萼片三角卵形，顶端急尖，副萼片长椭圆形，顶端钝圆或急尖，比萼片略长或稍短，外面被绢状糙伏毛；花瓣黄色或白色，倒卵长圆形；雄蕊 10 枚，与萼片等长或稍短；花柱近基生。瘦果表面有显著皱纹。　花果期 5~8 月。

产新疆：塔什库尔干（卡拉其古，西植所新疆队 981）、策勒（奴尔乡亚门，青藏队吴玉虎 2523）、于田（普鲁，青藏队吴玉虎 3771；乌鲁克库勒湖，青藏队吴玉虎 3724）。生于海拔 3 100~3800 m 的山坡、草地及岩隙。

西藏：改则（大滩，高生所西藏队 4298）。生于海拔 4 400~4 500 的沟谷山坡及滩地高寒草甸。

青海：格尔木（唐古拉山乡岗加曲巴，吴玉虎 17040）、兴海（野马台滩，吴玉虎 41804；河卡乡羊曲，王作宾 20049、何廷农 045、吴玉虎 20503；温泉乡，刘海源 587）、治多（采集地不详，可可西里综考队 K－748）、玛多（花石峡，刘海源 650）、玛沁（军功乡，玛沁队 184）。生于海拔 3 100~5 000 m 的沟谷山坡草地、河滩及草甸、滩地高寒干旱草原。

分布于我国的新疆、青海、甘肃、西藏、河北、内蒙古、黑龙江；俄罗斯西伯利亚，蒙古也有。

2. 五叶山莓草　图版 26：6~8

Sibbaldia pentaphylla J. Krause in Fedde Repert. Sp. Nov. Beih. 7：410. 1922；H. R. Fletcher in Not. Roy. Bot. Gard. Edinb. 20：217. 1950；中国植物志 37：340. 图版 52：3~5. 1985；西藏植物志 2：668. 1985；青海植物志 2：114. 图版 21：4~6. 1999；Fl. China 9：334. 2003；青藏高原维管植物及其生态地理分布 447. 2008.

多年生草本。根茎粗壮，匍匐。花茎丛生、矮小，高 2~5 cm。叶为掌状五出复叶，边缘 2 小叶较中间 3 小叶小，连叶柄长 1.0~1.5 cm，叶柄被绢状长柔毛；小叶倒卵形或倒卵长圆形，长 3~8 mm，宽 2~5 mm，顶端截形或钝圆，有 2~3 齿，基部楔形，两面绿色，密被白色疏柔毛或绢状柔毛；托叶膜质，褐色，外被稀疏柔毛或几无毛。花顶生，1~3 朵，花直径约 4 mm；萼片 4 或 5 枚，三角卵形，顶端急尖，副萼片披针形，顶端急尖，与萼片近等长或稍短，外被疏柔毛；花瓣乳黄色，倒卵长圆形，顶端钝圆；雄蕊 4 或 5 枚，插生于花盘外面，花盘宽大，4 或 5 裂；花柱侧生。瘦果光滑。花果期 6~8 月。

产青海：久治（年保山北坡，果洛队 376）。生于海拔 4 100 m 左右的沟谷山坡草地、山地石隙及冰斗前阶。

分布于我国的青海、西藏、四川、云南。

本种近似于四蕊山莓草 S. *tetrandra* Bunge，惟后者系三出复叶，二者有较密切的亲缘关系。

3. 四蕊山莓草

Sibbaldia tetrandra Bunge Verzeichn. Alt. Geb. Pflanz. Sep. 25. 1856；中国植物志 37：337. 1985；西藏植物志 2：667. 1985；新疆植物志 2（2）：330. 1995；青海植物志 2：114. 1999；Fl. China 9：333. 2003；青藏高原维管植物及其生态地理分布 448. 2008.

丛生或垫状多年生草本。根粗壮，圆柱形。花茎高 2～5 cm。三出复叶，连叶柄长 0.5～1.5 cm，叶柄被白色疏柔毛；小叶倒卵长圆形，长 5～8 mm，宽 3～4 mm，顶端平截，有 3 齿，基部楔形，两面绿色，被白色疏柔毛，幼时较密；托叶膜质，褐色，扩大，外面被稀疏长柔毛。花 1～2 朵顶生，花直径 4～8 mm；萼片 4 枚，三角卵形，顶端急尖或钝圆，副萼片细小，披针形或卵形，顶端渐尖至急尖，与萼片近等长或稍短；花瓣 4 枚，黄色，倒卵长圆形，与萼片近等长或稍长；雄蕊 4 枚，插生在花盘外面，花盘宽阔，4 裂；花柱侧生。瘦果光滑。　花果期 5～8 月。

产新疆：塔什库尔干（红其拉甫，青藏队吴玉虎 4862、高生所西藏队 3198，阎平、王绍明和马淼 3537；克克吐鲁克，高生所西藏队 3298；托克满苏，帕考队 5397、克里木 1397；麻扎种羊场，青藏队吴玉虎 87335、87460）、叶城（柯克亚乡，青藏队吴玉虎 87902；乔戈里峰，青藏队吴玉虎 1525；阿克塔拉达坂，青藏队吴玉虎 871469；胜利达坂，果洛队 3367；赛力亚克达坂，中科院新疆综考队 453、帕考队 6233）、阿克陶（阿克塔什，青藏队吴玉虎 87167；恰克拉克，青藏队吴玉虎 87635）、和田（喀什塔什，青藏队吴玉虎 2018、2024）、策勒（奴尔乡，青藏队吴玉虎 1917、3026；奴尔乡亚门 2462）、若羌（喀尔墩，采集人不详 84 - A - 112）。生于海拔 3 300～4 900 m 的草地、草原、草甸及流石滩。

青海：玛多（黑海乡斗错滩，H. B. G. 515、1430）、兴海（温泉乡姜路岭，吴玉虎 28821）。生于海拔 4 200～4 600 m 的山坡及高寒草甸。

分布于我国的新疆、青海、西藏；俄罗斯西伯利亚，中亚地区各国，印度锡金邦也有。

4. 山莓草

Sibbaldia procumbens Linn. Sp. Pl. 307. 1753；Juzep. in Fl. URSS 10：224. 1941；东北草本植物志 5：39. 图版 3：6～7. 1976；中国植物志 37：336. 1985.

4a. 山莓草（原变种）

var. **procumbens**

本区不产。

4b. 隐瓣山莓草（变种）

var. **aphanopetala**（Hand.-Mazz.）Yü et Li Grad. Nov. Fl. Reipubl. Popul. Sin. 37：337. 1985；秦岭植物志 1（2）：559. 图 466. 1974；中国植物志 37：337. 1985；西藏植物志 2：666. 1985；青海植物志 2：115. 1999；Fl. China 9：332. 2003；青藏高原维管植物及其生态地理分布 447. 2008.

多年生草本。根茎匍匐，粗壮，圆柱形。花茎直立或上升，高 4～30 cm，全身被糙状毛。基生叶为三出复叶，连叶柄长 3～12 cm；小叶有短柄或几无柄，倒卵长圆形，长 1～3 cm，宽 0.6～1.5 cm，顶端平截，有 3～5 三角形稀卵形急尖锐齿，基部楔形；茎生叶 1～2 枚，与基生叶相似，惟叶柄较短；基生叶托叶膜质，褐色；茎生叶托叶披针形或卵形，全缘。顶生伞房花序花密集，有花 8～12 朵，花直径 4～6 mm；萼片卵形至三角卵形，顶端急尖，副萼片狭长，披针形，与萼片近等长或稍短，但不短于一半；花瓣黄色，倒卵长圆形，顶端钝圆，为萼片的 1/5～1/2 长；雄蕊 5 枚；花柱侧生。花果期 7～8 月。

产青海：久治（采集地不详，陈桂琛、陈世龙和黄志伟 1623；康赛乡，吴玉虎 26496、26585）、班玛（亚尔堂乡王柔，王为义 26743）。生于海拔 3 500～4 600 m 的沟谷山坡石隙、河谷滩地、高寒草甸。

四川：石渠（菊母乡，吴玉虎 29936）。生于海拔 4 600 m 左右的河谷山地高寒草甸。

分布于我国的青海、甘肃、陕西、西藏、四川、云南。

16. 地蔷薇属 Chamaerhodos Bunge

Bunge in Ledeb. Fl. Alt. 1：429. 1829.

草本或亚灌木，具腺毛及柔毛。叶互生，3 裂或 2～3 回全裂，裂片条形；托叶膜质，贴生于叶柄。花茎直立，纤细；花小，成聚伞、伞房或圆锥花序，少有单生；花萼宿存，萼筒钟形、筒形或倒圆锥形，萼片 5 枚，直立；花瓣，白色或紫色；雄蕊 5 枚，和花瓣对生；花盘围绕萼筒基部，边缘肥厚，具长刚毛；心皮 4～10 个或更多，花柱基生，脱落，柱头头状，胚珠 1 个，着生在子房基部。瘦果卵形，无毛，包裹在宿存花萼内；种子直立。

约 8 种，分布于亚洲和北美。我国有 5 种，昆仑地区产 2 种。

分 种 检 索 表

1. 二年生或一年生草本；茎单生，少有茎丛生；花瓣比萼片长或稍长；心皮 10～15
   ···························· **1. 地蔷薇 C. erecta**（Linn.）Bunge
1. 多年生草本；茎多分枝，被腺毛或长柔毛；花瓣比萼片短或稍长；心皮 6～8
   ························ **2. 砂生地蔷薇 C. sabulosa** Bunge

1. 地蔷薇

Chamaerhodos erecta（Linn.）Bunge in Ledeb. Fl. Alt. 1：430. 1829 et in Ann. Sci. Nat. Bot. ser. 2. 19：177. 1843；中国高等植物图鉴 2：302. 图 2334. 1972；东北草本植物志 5：40. 图版 18：1～5. 1976；内蒙古植物志 3：112. 图版 58. 1977；中国植物志 37：346. 图版 54：1～4. 1985；新疆植物志 2（2）：332. 图版 89：8. 1995；青海植物志 2：111. 1999；Fl. China 9：336. 2003；青藏高原维管植物及其生态地理分布 401. 2008.

二年生草本或一年生草本，具长柔毛及腺毛。根木质；茎直立或弧曲上升，高 20～50 cm，单一，少有多茎丛生，基部稍木质化，常在上部分枝。基生叶密生，莲座状，长 1.0～2.5 cm，二回羽状 3 深裂，侧裂片 2 深裂，中央裂片常 3 深裂，二回裂片具缺刻或 3 浅裂，小裂片条形，长 1～2 mm，先端钝圆，基部楔形，全缘，果期枯萎；叶柄长 1.0～2.5 cm；托叶形状似叶，3 至多深裂；茎生叶似基生叶，3 深裂，近无柄。聚伞花序顶生，具多花，二歧分枝形成圆锥花序，直径 1.5～3.0 cm；苞片及小苞片 2～3 裂，裂片条形；花梗细，长 3～6 mm；花直径 2～3 mm；萼筒倒圆锥形或钟形，长约 1 mm，萼片卵状披针形，长 1～2 mm，先端渐尖；花瓣倒卵形，长 2～3 mm，白色或粉红色，无毛，先端钝圆，基部有短爪；花丝比花瓣短；心皮 10～15 枚，离生，花柱侧基生，子房卵形或长圆形。瘦果卵形或长圆形，长 1.0～1.5 mm，深褐色，无毛，平滑，先端具尖头。 花果期 6～8 月。

产青海：兴海（大河坝河，采集人不详 298）。生于海拔 3 200 m 左右的河漫滩草甸。

分布于我国的新疆、青海、甘肃、宁夏、陕西、山西、河北、内蒙古、辽宁、吉林、黑龙江、河南；朝鲜，蒙古，俄罗斯西伯利亚也有。

本种为一、二年生草本；茎单一，少有多茎丛生，上部分枝；基生叶二回羽状 3 深裂；花较小，直径 2～3 mm；花瓣和萼片等长或稍长；心皮较多，10～15 个，易与本属其他种相区别。

2. 砂生地蔷薇　图版 26：9～11

Chamaerhodos sabulosa Bunge in Ledeb. Fl. Alt. 1：432. 1829；内蒙古植物志 3：

图版 26　西北沼委陵菜 **Comarum salesovianum**（Steph.）Asch. et Gr. 1. 植株上部；2. 花。伏毛山莓草 **Sibbaldia adpressa** Bunge 3. 植株；4. 叶；5. 花。五叶山莓草 **S. pentaphylla** J. Krause 6. 植株；7. 叶；8. 花。砂生地蔷薇 **Chamaerhodos sabulosa** Bunge 9. 植株；10. 叶片；11. 花。

（1～8. 王颖绘，9～11. 引自《新疆植物志》，李志明绘）

114. 图版 59：9～14. 1977；中国植物志 37：349. 图版 54：11. 1985；西藏植物志 2：671. 1985；新疆植物志 2（2）：332. 图版 89：5～7. 1995；青海植物志 2：111. 图版 20：7～10. 1999；Fl. China 9：336. 2003；青藏高原维管植物及其生态地理分布 401. 2008.

多年生草本。茎多数，丛生，平铺或上升，高 6～10 cm，少有达 18 cm，微坚硬，茎叶及叶柄均有短腺毛及长柔毛。基生叶莲座状，长 1～3 cm，三回 3 深裂，一回裂片 3 全裂，二回裂片 2～3 回浅裂或不裂，小裂片长圆匙形，长 1～2 mm，先端钝圆，在果期不枯萎；叶柄长 1.5～2.5 cm；托叶不裂；茎生叶少数或不存，似基生叶，3 深裂，裂片 2～3 全裂或不裂。圆锥状聚伞花序顶生，多花，在花期初紧密后疏散；苞片及小苞片条形，长 1～2 mm，不裂；花小，直径 3～5 mm；萼筒钟形或倒圆锥形，长 2.0～4.5 mm，有柔毛，萼片三角卵形，直立，先端锐尖，和萼筒等长或稍长；花瓣披针状匙形或楔形，长 2～3 mm，比萼片短或等长，白色或粉红色，先端钝圆；花丝无毛，比花瓣短；心皮常 6～8 个，离生。瘦果卵形，长约 1 mm，褐色，有光泽。　花期 6～7 月，果期 8～9 月。

产新疆：阿克陶（布伦口至塔什库尔干，西植所新疆队 732）、叶城（阿克拉达坂北坡，青藏队吴玉虎 871453；界山达坂南，安峥晢 H0121）、若羌（阿其克库勒，青藏队吴玉虎 4038；阿尔金山保护区鸭子泉，青藏队吴玉虎 2756、3953；鸭子泉至阿其克库勒，青藏队吴玉虎 2649）。生于海拔 3 400～4 500 m 的河谷、河滩、砾石地及冲积扇。

西藏：日土（多玛区，青藏队 1335；采集地不详，高生所西藏队 3451、帕考队 6120）。生于海拔 4 200～4 500 m 的砾石坡地。

青海：格尔木（西大滩，吴玉虎 36994、37606）、兴海（唐乃亥乡，吴玉虎 42010、42018、42025、42071）。生于海拔 2 790～4 000 m 的沙砾河滩、沟谷山坡灌丛。

分布于我国的新疆、青海、西藏、内蒙古；蒙古，俄罗斯西伯利亚也有。

本种和地蔷薇相似，但为多年生草本；茎多数，丛生；基生叶莲座状，在果期仍不枯萎；花瓣比萼片短或等长，心皮 6～8 个；瘦果有光泽。二者可以相区别。

17. 草莓属 Fragaria Linn.

Linn. Sp. Pl. 494. 1753 et Gen. Pl. ed. 5. 218. 1754.

多年生草本。通常具纤匍匐枝，常被开展或紧贴的柔毛。叶为三出或羽状 5 小叶；托叶膜质，褐色，基部与叶柄合生，鞘状。花两性或单性，杂性异株，数朵成聚伞花序，稀单生；萼筒倒卵圆锥形或陀螺形，裂片 5 枚，镊合状排列，宿存，副萼片 5 枚，与萼片互生；花瓣白色，稀淡黄色，倒卵形或近圆形，雄蕊 18～24 枚，花药 2 室；雌蕊多数，着生在凸起的花托上，彼此分离；花柱自心皮腹面侧生，宿存；每心皮有1胚珠。瘦果小型，硬壳质，成熟时着生在球形或椭圆形肥厚肉质花托凹陷内。种子1粒，种皮膜质，子叶平凸。

有20余种，分布于北半球温带至亚热带，欧亚两洲习见，个别种分布向南延伸到拉丁美洲。我国约有8种，1种系引种栽培；昆仑地区产1种。

1. 东方草莓

Fragaria orientalis Lozinsk. in Bull. Jard. Bot. Princ. URSS 25：70. f. 5. 1926；Juzep. in Fl. URSS 10：61. pl. 6. f. 3. 1941；中国高等植物图鉴 2：286. 图 2302. 1972. p. p；秦岭植物志 1（2）：545. 1974；东北草本植物志 5：4. 图版 2：4～8. 1976；中国植物志 37：353. 1985；青海植物志 2：110. 1999；Fl. China 9：338. 2003；青藏高原维管植物及其生态地理分布 408. 2008.

多年生草本，高5～30 cm。茎被开展柔毛，上部较密，下部有时脱落。三出复叶，小叶几无柄，倒卵形或菱状卵形，长1～5 cm，宽0.8～3.5 cm，顶端钝圆或急尖，顶生小叶基部楔形，侧生小叶基部偏斜，边缘有缺刻状锯齿，上面绿色，散生疏柔毛，下面淡绿色，有疏柔毛，沿叶脉较密；叶柄被开展柔毛，有时上部较密。花序聚伞状，有花（1）2～5（6）朵，基部苞片淡绿色或具1有柄的小叶，花梗长0.5～1.5 cm，被开展柔毛；花两性，稀单性，直径1.0～1.5 cm；萼片卵圆披针形，顶端尾尖，副萼片线状披针形，偶有2裂；花瓣白色，几圆形，基部具短爪；雄蕊18～22枚，近等长；雌蕊多数。聚合果半圆形，成熟后紫红色，宿存萼片开展或微反折；瘦果卵形，宽0.5 mm，表面脉纹明显或仅基部具皱纹。　花期5～7月，果期7～9月。

产青海：兴海（大河坝乡赞毛沟，吴玉虎 47061；河卡乡羊曲伪香，何廷农 098）、玛沁（军功乡，区划二组 084；江让水电站，吴玉虎 5984；尕柯河岸，玛沁队 150）、班玛（马柯河林场红军沟，王为义 26822）。生于海拔3 300～3 620 m 的沟谷山坡林下、河滩及山坡草地、山地阴坡灌丛草甸。

分布于我国的青海、甘肃、陕西、山西、河北、内蒙古、辽宁、吉林、黑龙江；朝鲜，蒙古，俄罗斯西伯利亚中东部也有。

本种随着生态环境变化，形态特征上相应也有一定的变异，从我国东部向西随着海拔高度上升，植株通常变矮小，花朵减少至1～2朵，茎、叶柄上毛也变稀疏至脱落。

18. 蔷薇属 Rosa Linn.

Linn. Sp. Pl. 491. 1753.

直立、蔓延或攀缘灌木，多数被有皮刺、针刺或刺毛，稀无刺，有毛、无毛或有腺毛。叶互生，奇数羽状复叶，稀单叶；小叶边缘有锯齿；托叶贴生或着生于叶柄上，稀无托叶。花单生或为伞房状稀复伞房状或圆锥状花序；萼筒（花托）球形、坛形至杯形，颈部缢缩；萼片5枚，稀4枚，开展，覆瓦状排列，有时呈羽状分裂；花瓣5枚，稀4枚，开展，覆瓦状排列，白色、黄色、粉红色至红色；花盘环绕萼筒口部；雄蕊多数分为数轮，着生在花盘周围；心皮多数，稀少数，着生在萼筒内，无柄，极稀有柄，离生；花柱顶生至侧生，外伸，离生或上部合生；胚珠单生，下垂。瘦果木质，多数，稀少数，着生在肉质萼筒内形成蔷薇果；种子下垂。

约有200种，广泛分布亚、欧、北非、北美各洲寒温带至亚热带地区。我国有82种，昆仑地区产10种1变种1变型。

分 种 检 索 表

1. 小叶长在 1.5（2.0）cm 以下。
  2. 小叶边缘有单齿，部分有重锯齿。
    3. 小叶下面光滑无毛，稀在幼时有柔毛，不久全部脱落无毛。
      4. 枝条有皮刺、针刺和刺毛，小叶（5～）7～9（～11），近圆形或长圆形；花粉白色或黄色；果黑色 …………………………… **1. 密刺蔷薇 R. spinosissima** Linn.
      4. 枝条只有皮刺，无针刺和刺毛。
        5. 皮刺基部宽大。
          6. 叶片近全部有锯齿；皮刺弯曲如钩状；小叶5～9，广椭圆形或椭圆倒卵形；花白色或粉色；果红色转黑紫色；成熟时萼片脱落…………………………
            ……………………………… **6. 弯刺蔷薇 R. beggeriana** Schrenk
          6. 叶片近基部全缘。
            7. 小叶5～7，近圆形、倒卵形或长圆形；花黄色；无苞片；果外面光滑…………………………… **2. 宽刺蔷薇 R. platyacantha** Schrenk
            7. 小叶（5）7（～9），近圆形或卵形；花白色稀粉红色；有苞片；果实外密被腺毛 …………………… **11. 腺毛蔷薇 R. fedtschenkoana** Regel
        5. 皮刺直细，叶片基部近全缘，小叶5～9。
          8. 小叶近圆形、倒卵形或宽椭圆形；花梗长 1.0～1.4 cm；花淡红色，直径 3.5～5.0 cm；果近球形，直径 1.5～2.0 cm，淡红色 …………
            ……………………… **10. 藏边蔷薇 R. webbiana** Wall. ex Royle
          8. 小叶圆形或卵圆形；花粉红色或白色，直径 2.0～3.5 cm；果球形或卵球形，直径小于 1.5 cm，红色 …… **12. 矮蔷薇 R. nanthamnus** Bouleng.
    3. 小叶下面或在中脉被柔毛。
      9. 枝条上有皮刺，并有时密被针刺和刺毛；叶边缘全部有锯齿；花瓣4，白色；果亮红色；果梗成熟时肥厚………………… **5. 峨眉蔷薇 R. omeiensis** Rolfe

9. 枝条有直细或宽扁的皮刺，无针刺和刺毛。

  10. 叶在下面或下面中脉有柔毛；小叶先端多钝圆，稀急尖；果实成熟时萼片脱落；小叶 7～9（～11），椭圆形、倒卵形或近圆形……………………

    ……………………………………………… **7. 小叶蔷薇 R. willmottiae** Hemsl.

  10. 果实成熟时萼片宿存；苞片 1～2，膜质，卵状披针形；小叶 7～9。

    11. 小叶边缘全部有锯齿；皮刺较短；花粉红色；花梗短，长不超过 1 cm；果卵球形 ……………………… **9. 陕西蔷薇 R. giraldii** Crép.

    11. 小叶边缘大部分有锯齿，近基部全缘；皮刺较长；花淡红色；花梗长 1.0～1.5 cm；果近球形，淡黄色 ……………………

    ……………………………………… **10. 藏边蔷薇 R. webbiana** Wall. ex Royle

2. 小叶边缘有明显重锯齿。

  12. 叶下面无毛无腺体；枝条有皮刺、针刺或刺毛；小叶（5）7～9（～11），近圆形或长圆形，叶边部分有单锯齿；花单生或 2～3 朵，黄色或白色；果近球形，黑色 …………………………… **1. 密刺蔷薇 R. spinosissima** Linn.

  12. 叶下面有腺体或有毛；枝条只有皮刺，无针刺和刺毛。

    13. 叶片两面有毛，小叶 5～9，宽卵形或倒卵形；花单生，稀数朵；无苞片；花瓣深黄色，重瓣…………………………… **3. 异味蔷薇 R. foetida** Herrm.

    13. 叶片下面无毛或近于无毛，小叶 9～11，卵形或椭圆形；叶边缘锯齿较尖锐；花单生，粉红色；果倒卵形，红色 …………………………………

    ……………………………… **4. 细梗蔷薇 R. graciliflora** Rehd. et Wils.

1. 小叶长在 2 cm 以上。

  14. 叶片下面无毛或近于无毛，小叶 5～9，广椭圆形至椭圆状倒卵形；花数朵或多朵，稀单生，白色稀粉色；果近球形，红色至暗紫色，成熟时萼片脱落 ………

    ……………………………………………… **6. 弯刺蔷薇 R. beggeriana** Schrenk

  14. 小叶下面被毛或至少在中脉侧脉上被毛；小叶 7～9，椭圆形、长圆形或卵形，稀倒卵形，近革质；皮刺宽大；粗壮坚硬；花数朵，白色；果长圆形或卵球形，红色，成熟时萼片宿存 ……………………… **8. 疏花蔷薇 R. laxa** Retz.

1. 密刺蔷薇　图版 27：1～2

Rosa spinosissima Linn. Sp. Pl. 491. 1755, p. p. ；中国高等植物图鉴 2：244. 图 2218. 1972；中国植物志 37：373. 1985；Fl. China 9：352. 2003.

矮小灌木，高约 1 m。枝开展或弯曲，无毛；当年小枝紫褐色或红褐色，有直立皮刺和密被针刺。小叶 5～11 枚，通常 7～9 枚；连叶柄长 4～8 cm；小叶片长圆形、长圆状卵形或近圆形，长 1.0～2.2 cm，宽 6～12 mm，先端钝圆或急尖，基部近圆形或宽楔形，边缘有单锯齿或部分重锯齿，幼时齿尖带腺，上面深绿色，下面淡绿色，两面无毛；叶轴和叶柄有少数针刺和腺毛；托叶大部贴生于叶柄，顶端部分离生，卵形，全缘或有齿，齿尖常有腺。花单生于叶腋或有时 2～3 朵集生，无苞片；花梗长 1.5～3.5 cm，幼时微有柔毛，以后脱落，有腺毛或无腺毛；花直径 2～5 cm；萼片披针形，先端渐尖或尾状渐尖，全缘，外面无毛，内面有白色柔毛，边缘较密；花瓣白色、粉色至淡黄色，宽倒卵形，先端微凹，基部宽楔形；花柱离生，被白色柔毛，比雄蕊短很多。果实近球形，直径 1.0～1.6 cm，黑色或暗褐色，无毛，有光泽；萼片宿存，果梗长可达 4 cm，常有腺。 花期 5～6 月，果期 8～9 月。

产新疆：塔什库尔干（麻扎，高生所西藏队 3220）。生于海拔 4 000 m 左右的高原沟谷山地灌丛。

分布于我国的新疆；俄罗斯西伯利亚，中亚地区各国也有。

本种分布从北欧到亚洲东部，形态变异较大，花梗、萼筒有腺刺或无腺刺，花色乳白、淡粉或淡黄，有很多变种。

2. 宽刺蔷薇

Rosa platyacantha Schrenk in Bull. Acad. Sci. St. -Pétersb. 10：252. 1842；中国植物志 37：376. 1985；新疆植物志 2（2）：337. 1985；Fl. China 9：354. 2003.

小灌木，高 1～2 m。枝条粗壮，开展，无毛，皮刺多，扁圆而基部膨大，黄色。小叶 5～7 枚，连叶柄长 3～5 cm；小叶片革质，近圆形、倒卵形或长圆形，长 8～15 mm，宽 5～10 mm，先端钝圆，基部宽楔形或近圆形，边缘上半部有锯齿 4～6 个，下半部或基部全缘，两面无毛或下面沿脉微有柔毛；叶轴、叶柄幼时有腺，以后脱落；托叶大部贴生于叶柄，仅顶端部分离生，披针形，有腺齿。花单生于叶腋或 2～3 朵集生；无苞片；花梗长 1.0～3.5 cm，通常无毛；花直径 3～5 cm；萼筒、萼片外面无毛，萼片披针形，先端渐尖，全缘，比萼筒长 1 倍，内面被柔毛；花瓣黄色，倒卵形，先端微凹，基部楔形；花柱离生，稍伸出萼筒口外，被黄白色长柔毛，比雄蕊短。果球形至卵球形，直径约 1 cm，暗红色至紫褐色，有光泽；萼片直立，宿存。 花期 5～8 月，果期 8～11 月。

产新疆：阿克陶（阿克塔什，青藏队吴玉虎 87287）。生于海拔 2 400 m 的河谷山麓、沟谷山坡灌丛及林下林缘。

分布于我国的新疆；中亚地区各国也有。

3. 异味蔷薇 Rosa foetida Herrm.

3a. 异味蔷薇（原变型）
f. foetida
本区不产。

3b. 重瓣异味蔷薇（变型）

f. persiana（Lem）Rehd. in Mitt. Deuts. Dendr. Ges. 1915（24）：222. 1916；中国植物志 37：380. 1985；新疆植物志 2（2）：339. 1985.

灌木，高 1.5～3.0 m。小枝细弱，红褐色，无毛；皮刺直立，基部有圆盘。小叶 5～9 枚，连叶柄长 4～6 cm；小叶片宽卵形或倒卵形，先端急尖或截形，基部近圆形或宽楔形，边缘有重锯齿，上面暗绿色，有毛或近无毛，下面有稀疏柔毛和散生腺毛；小叶柄和叶轴有柔毛和腺毛；托叶大部贴生于叶柄，离生部分卵状披针形，先端渐尖，边缘有腺毛。花单生，稀数朵，无苞片；花梗长 4～5 cm，无毛；花直径 4.0～6.5 cm；萼片三角状披针形，先端叶状，全缘，外面有稀疏柔毛和腺毛，内面密被长柔毛，比萼筒长 2 倍；花重瓣，深黄色；雄蕊多数；花柱离生，不伸出，有柔毛。果球形，红色。

产新疆：于田（采集地不详，中科院新疆综考队 K-98）。有栽培。

我国北方大多数地区有栽培。原产西亚。

4. 细梗蔷薇 图版 27：3～5

Rosa graciliflora Rehd. et Wils. in Sarg. Pl. Wils. 2：330. 1915；中国植物志 37：380. 1985；西藏植物志 2：676. 1985；青海植物志 2：90. 图版 17：3～5. 1999；Fl. China 9：355. 2003；青藏高原维管植物及其生态地理分布 435. 2008.

小灌木，高约 4 m。枝圆柱形，有散生皮刺；小枝纤细，无毛或近于无毛，有时有腺毛。小叶 9～11 枚，稀 7 枚，连叶柄长 5～8 cm；小叶片卵形或椭圆形，长 8～20 mm，宽 7～12 mm，先端急尖或钝圆，基部楔形或近圆形，边缘有重锯齿或部分为单锯齿，齿尖有时有腺，上面深绿色，无毛，下面淡绿色，无毛或有稀疏柔毛，常有腺；叶轴和叶柄散生稀疏皮刺和腺毛；托叶大部贴生于叶柄，离生部分呈耳状，边缘有腺齿，无毛。花单生于叶腋，基部无苞片；花梗长 1.5～2.5 cm，无毛，有时有稀疏的腺毛；花直径 2.5～3.5 cm；萼筒、萼片外面无毛，萼片卵状披针形，先端呈叶状，全缘或有时有齿，内面有白色茸毛；花瓣粉红色或深红色，倒卵形，先端微凹，基部楔形；雄蕊多数，着生在坛状萼筒口部周围；花柱离生，稍外伸出，密被柔毛。果倒卵形至长圆倒卵形，长 2～3 cm，红色，有宿存直立萼片。 花期 7～8 月，果期 9～10 月。

产青海：班玛（马柯河林场可培苗圃，王为义 2737、27078；马柯河林场宝藏沟，王为义 27269）。生于海拔 3 200～3 700 m 的山坡、云杉林下或林边灌丛。

分布于我国的青海、西藏、四川、云南。

5. 峨眉蔷薇 图版 27：6～7

Rosa omeiensis Rolfe in Curtis's Bot. Mag. 138：t. 8471. 1912；中国高等植物图鉴 2：246. 图 2221 1972；秦岭植物志 1（2）：566. 图 471. 1974；中国植物志 37：

383. 图版 57：7～10. 1985；西藏植物志 2：673. 1985；青海植物志 2：92. 图版 17：1～2. 1999；Fl. China 9：356. 2003；青藏高原维管植物及其生态地理分布 436. 2008.

直立灌木，高 3～4 m。小枝细弱，无刺或有扁而基部膨大的皮刺，幼嫩时常密被针刺或无针刺。小叶 9～13（～17）枚，连叶柄长 3～6 cm；小叶片长圆形或椭圆状长圆形，长 8～30 mm，宽 4～10 mm，先端急尖或钝圆，基部钝圆或宽楔形，边缘有锐锯齿，上面无毛，中脉下陷，下面无毛或在中脉有疏柔毛，中脉凸起；叶轴和叶柄有散生小皮刺；托叶大部贴生于叶柄，顶端离生部分呈三角状卵形，边缘有齿或全缘，有时有腺。花单生于叶腋，无苞片；花梗长 6～20 mm，无毛；花直径 2.5～3.5 cm；萼片 4 枚，披针形，全缘，先端渐尖或长尾尖，外面近无毛，内面有稀疏柔毛；花瓣 4 枚，白色，倒三角状卵形，先端微凹，基部宽楔形；花柱离生，被长柔毛，比雄蕊短很多。果倒卵球形或梨形，直径 8～15 mm，亮红色，果成熟时果梗肥大，萼片直立宿存。 花期 5～6 月，果期 7～9 月。

产青海：兴海（大河坝乡赞毛沟，吴玉虎 46439；赛宗寺，吴玉虎 46272）、班玛（马柯河林场宝藏沟，王为义 27235、27321；马柯河林场可培苗圃，王为义 26725、27027、27068；马柯河林场烧柴沟，王为义 27568；马柯河林场，王为义 27714；马柯河林场哑巴沟，王为义 27157；亚尔堂乡王柔，王为义 26725，吴玉虎 26229、26240、26247、26256）。生于海拔 3 200～3 900 m 的沟谷山坡高寒灌丛、河谷山地林缘。

分布于我国的青海、甘肃、宁夏、陕西、西藏、四川、云南、湖北。

我们的标本中，采自青海省兴海县的吴玉虎 46439 号标本叶柄和叶轴有短杂毛；萼片线状披针形，背面和边缘有腺毛而与原描述不同。又似小叶蔷薇 R. willmottiae Hemsl.，但无苞片，花梗不具腺毛而与之不同。暂归本种，待后研究。

6. 弯刺蔷薇

Rosa beggeriana Schrenk Enum. Pl. Nov. 73. 1841；中国植物志 37：393. 图版 60：1～3. 1985；新疆植物志 2（2）：340. 图版 90：8～9. 1995；Fl. China 9：357. 2003.

灌木，高 1.5～3.0 m。分枝较多；小枝圆柱形，稍弯曲，紫褐色，无毛，有成对或散生的基部膨大、浅黄色镰刀状皮刺。小叶 5～9 枚，连叶柄长 3～9 cm；小叶片广椭圆形或椭圆状倒卵形，长 8～25 mm，宽 5～12 mm，先端急尖或钝圆，基部近圆形或宽楔形，边缘有单锯齿而近基部全缘，上面深绿色，有时有红晕，无毛，中脉下陷，下面灰绿色，被柔毛或无毛，中脉突起；叶柄和叶轴有稀疏的柔毛和针刺；托叶大部贴生于叶柄，离生部分卵形，先端渐尖，边缘有带腺锯齿。花数朵或多朵排列成伞房状或圆锥状花序，极稀单生；苞片 1～3（～4）枚，卵形，先端渐尖，边缘有带腺锯齿；花梗长 1～2 cm，无毛或偶有稀疏腺毛；花直径 2～3 cm；萼筒近球形，光滑无毛；萼片披针形，先端尾尖，稀扩展成叶状，外面被腺毛，内面密被短柔毛；花瓣白色，稀粉红

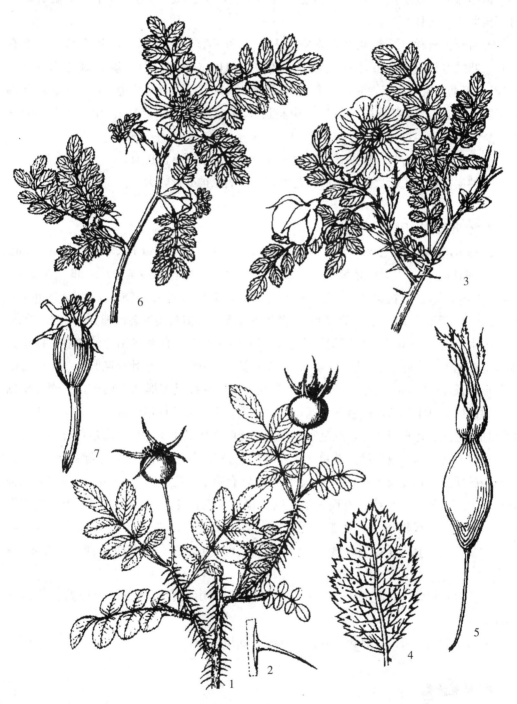

图版 27　密刺蔷薇 **Rosa spinosissima** Linn. 1. 果枝；2. 刺。细梗蔷薇 **R. graciliflora** Rehd. et Wils. 3. 花枝；4. 小叶（示边缘重锯齿及下面有腺）；5. 果。峨眉蔷薇 **R. omeiensis** Rolfe 6. 花枝；7. 果。
（1～2. 引自《新疆植物志》李志民绘；3～7. 王颖绘）

色，宽倒卵形，先端微凹，基部宽楔形；花柱离生，有长柔毛，比雄蕊短很多。果近球形，稀卵球形，直径 6～10 mm，红色转为黑紫色，无毛，熟时萼片脱落。 花期 5～7月，果期 7～10 月。

产新疆：疏勒（牙甫泉乡，采集人和采集号不详）、莎车（恰热克镇，王焕存 054）、叶城（昆仑山，高生所西藏队 3351）、和田（城郊，中科院新疆综考队 K - 1452）、策勒（恰哈乡五管区，采集人和采集号不详）、于田（采集地不详，中科院新疆综考队 K - 150；新声公社三管区，中科院新疆综考队 K - 1548）。生于海拔 900～2 700 m 的河边、河谷及山坡。

分布于我国的新疆、甘肃；中亚地区各国，伊朗，阿富汗也有。

本种皮刺形状，叶片上下两面及花梗萼筒外面毛被变异较大。

7. 小叶蔷薇 图版 28：1～2

Rosa willmottiae Hemsl. in Kew Bull. 1907：317. 1907，et in Curtis's Bot. Mag. 134：t. 8186. 1908；秦岭植物志 1 (2)：568. 1974；中国植物志 37：396. 图版 66：6～7. 1985；西藏植物志 2：676. 图 204：4～5. 1985；青海植物志 2：89. 图版 16：1～2. 1999；Fl. China 9：357. 2003；青藏高原维管植物及其生态地理分布 439. 2008.

灌木，高 1～3 m。小枝细弱，无毛，有成对或散生、直细或稍弯的皮刺，极稀在老枝上有刺毛。小叶 7～9 枚，稀 11 枚，连叶柄长 2～4 cm；小叶片椭圆形、倒卵形或近圆形，长 6～17 mm，宽 4～12 mm，先端钝圆，基部近圆形稀宽楔形，边缘有单锯齿，中部以上具重锯齿，近基部全缘，上面无毛，下面无毛或沿中脉有短柔毛；小叶柄和叶轴无毛或有稀疏短柔毛、腺毛和小皮刺；托叶大部贴生于叶柄，离生部分卵状披针形，边缘有带腺锯齿或全缘。花单生，苞片卵状披针形，先端尾尖，边缘有带腺锯齿，外面中脉明显；花梗长 1.0～1.5 cm，无毛，常有腺毛；花直径约 3 cm；萼片三角状披针形，先端稍伸长，全缘，外面无毛，内面密被柔毛；花瓣粉红色，倒卵形，先端微凹，基部楔形；花柱离生，密被柔毛，比雄蕊短很多。果长圆形或近球形，直径约 1 cm，橘红色，有光泽，果成熟时萼片同萼筒上部一同脱落。 花期 5～6 月，果期 7～9 月。

产青海：玛沁。生于海拔 3 600 m 左右的沟谷山地林缘灌丛、山坡路旁或沟边等处。

分布于我国的青海、甘肃、陕西、西藏、四川。

8. 疏花蔷薇

Rosa laxa Retz. in Hoffm. Phytogr. Bl. 39. 1803；Schneid. Ill. Handb. Laubh. 1：573. f. 325. 1906；Juzep. in Fl. URSS 10：461. 1941；新疆植物志 2 (2)：342. 1995.

8a. 疏花蔷薇（原变种）

var. **laxa**

本区不产。

8b. 喀什疏花蔷薇（变种）

var. **kaschgarica**（Rupr.）Han Fl. Xinjiang. 2（2）：343. 1995，stat. nov. ；青藏高原维管植物及其生态地理分布 436. 2008. —— *R. kaschgarica* Rupr. in Mém. Acad. Sci. St. -Pétersb ser. 7. 14：46. 1868.

灌木，高 1～2 m。小枝圆柱形，直立或稍弯曲，无毛，有成对或散生、镰刀状、浅黄色皮刺。小叶 7～9 枚，连叶柄长 4.5～10.0 cm；小叶片椭圆形、长圆形或卵形，稀倒卵形，长 1.5～4.0 cm，宽 8～20 mm，先端急尖或钝圆，基部近圆形或宽楔形，边缘有单锯齿，稀有重锯齿，两面无毛或下面有柔毛，中脉和侧脉均明显凸起；叶轴上面有散生皮刺、腺毛和短柔毛；托叶大部贴生于叶柄，离生部分耳状，卵形，边缘有腺齿，无毛。花常 3～6 朵，组成伞房状，有时单生；苞片卵形，先端渐尖，有柔毛和腺毛；花梗长 1.0～1.8(～3.0) cm；萼筒无毛或有腺毛；花直径约 3 cm；萼片卵状披针形，先端常延长成叶状，全缘，外面有稀疏柔毛和腺毛，内面密被柔毛；花瓣白色（据记载亦有粉红色者），倒卵形，先端凹凸不平；花柱离生，密被长柔毛，比雄蕊短很多。果长圆形或卵球形，直径 1.0～1.8 cm，顶端有短颈，红色，常有光泽，萼片直立宿存。 花期 6～8 月，果期 8～9 月。

产新疆：乌恰（县城以东 20 km，刘海源 235）、塔什库尔干（大同乡，帕考队 5090；大同乡栏杆村，帕考队 5093）。生于海拔 1 950～2 400 m 的灌丛、沟谷干旱山坡、路边或河谷旁。

分布于我国的新疆；俄罗斯西伯利亚中部也有。

本种具淡黄色弯曲皮刺，极似弯刺蔷薇 *R. beggeriana* Schrenk，但本种花序通常花数较少，稀单生，果长圆形，成熟时萼片直立宿存；而后者常多朵密集成伞房状花序，极稀单生，果近球形，成熟时花盘和萼片一起脱落，易于区别。

9. 陕西蔷薇 图版 28：3～4

Rosa giraldii Crép. in Bull. Soc. Bot. Ital. 1897：232. 1897；秦岭植物志 1（2）：571. 1974；中国植物志 37：417. 图版 65：5～6. 1985；青海植物志 2：90. 图版 16：3～4. 1999；Fl. China 9：368. 2003；青藏高原维管植物及其生态地理分布 435. 2008.

灌木，高达 2 m。小枝细弱，直立而开展，有疏生直立皮刺。小叶 7～9 枚，连叶柄长 4～8 cm；小叶片近圆形、倒卵形、卵形或椭圆形，长 1.0～2.5 cm，宽 6～15 mm，先端钝圆或急尖，基部圆形或宽楔形，边缘有锐单锯齿，基部近全缘，上面无毛，下面有短柔毛或至少在中脉上有短柔毛，小叶柄和叶轴有散生的柔毛、腺毛和小皮刺；托叶大部贴生于叶柄，离生部分卵形，边缘有腺齿。花单生或2～3朵簇生；苞片1～2片，卵形，先端急尖或短尾尖，边缘有腺齿，无毛；花梗短，长不超过1 cm，花梗和萼筒有腺毛；花直径2～3 cm；萼片卵状披针形，先端延长成尾状，全缘或有1～2裂片，外面有腺毛，内面被短柔毛；花瓣粉红色，宽倒卵形，先端微凹，基部楔形；花柱离生，密被黄色柔毛，比雄蕊短。果卵球形，直径约1 cm，先端有短颈，暗红色，有或无腺毛，萼片常直立宿存。　花期5～7月，果期7～10月。

产青海：兴海（大河坝乡赞毛沟，吴玉虎46432）、玛沁（拉加乡，玛沁队218）。生于海拔3 100 m左右的沟谷山坡高寒灌丛、山坡林缘。

分布于我国的青海、甘肃、陕西、四川、山西、河南、湖北。

10. 藏边蔷薇

Rosa webbiana Wall. ex Royle　Illustr. Bot. Himal. 208. t. 42. f. 2. 1835; Hook. f. Fl. Brit. Ind. 2：366. 1878; 中国植物志37：419. 图版66：1～3. 1985; 西藏植物志2：679. 1985; 新疆植物志2（2）：343. 1995; Fl. China 9：369. 2003; 青藏高原维管植物及其生态地理分布 439. 2008.

灌木，高可达2 m。小枝细弱，有散生或成对、直立、圆柱形、长可达1 cm的黄色皮刺。小叶5～9枚，连叶柄长3～4 cm；小叶片近圆形、倒卵形或宽椭圆形，长6～20 mm，宽4～12 mm，先端钝圆，稀急尖，基部近圆形或楔形，边缘上半部有单锯齿，近基部全缘，上面无毛，下面无毛或沿脉微被短柔毛；小叶柄和叶轴无毛，有极稀疏小皮刺；托叶大部贴生于叶柄，离生部分卵形，边缘有腺毛。花单生，稀2～3朵；苞片卵形，边缘有腺齿，外面有明显中脉和侧脉；花梗长1.0～1.5 cm，花梗和萼筒无毛或有腺毛；花直径3.5～5.0 cm；萼片三角状披针形，先端伸长，全缘，外面有腺毛，内面密被短柔毛，边缘更密；花瓣淡红色或玫瑰色，宽倒卵形，先端微凹，基部楔形；花柱离生，被柔毛，比雄蕊短很多。果近球形或卵球形，直径1.5～2.0 cm，亮红色，下垂，萼片宿存开展。　花期6～7月，果期7～9月。

产新疆：阿克陶（托海，高生所西藏队3077）、塔什库尔干（麻扎，高生所西藏队3220；卡拉其古，阎平3873、92157；明铁盖，阎平和唐素英3850，帕考队5488）、莎车（喀拉吐孜矿区，青藏队吴玉虎87694、87706）、叶城（苏克皮亚，青藏队吴玉虎871031；柯克亚乡，青藏队吴玉虎87843）、皮山（喀尔塔什，青藏队吴玉虎3618；垴阿巴提乡布琼，青藏队吴玉虎1837、1879）。生于海拔2 600～4 000 m的山坡、林间、灌丛、林缘、草甸或河谷。

分布于我国的新疆、西藏；中亚地区各国，印度北部，克什米尔地区，阿富汗也有。

11. 腺毛蔷薇　图版 28：5～6

Rosa fedtschenkoana Regel in Acta Hort. Petrop. 5：314. 1878；Hook. f. in Curtis's Bot. Mag. 127：t. 770. 1901；中国植物志 37：419. 1985；新疆植物志 2 (2)：345. 图版 91：7～8. 1995；Fl. China 9：369. 2003；青藏高原维管植物及其生态地理分布 435. 2008.

小灌木，高可达 4 m。分枝较多，小枝圆柱形，有淡黄色、坚硬而直立、大小常不等的皮刺。小叶通常 7 枚，稀 5 或 9 枚，连叶柄长 3.0～4.5 cm；小叶片近圆形或卵形，长 8～15 mm，宽 6～10 mm，先端钝圆，基部近圆形或宽楔形，边缘有单锯齿，近基部全缘，两面无毛，下面叶脉凸起；小叶柄和叶轴无毛或有稀疏腺毛；托叶大部贴生于叶柄，离生部分披针形或卵形，先端急尖，边缘有腺毛。花单生，有时 2～4 朵集生；苞片卵形或卵状披针形，先端尾尖或急尖，边缘有腺毛；花梗长 1～2 cm，有腺毛，花直径 3～4 cm；萼筒卵球形，外被腺毛，稀光滑；萼片披针形，先端渐尖，外面有腺毛，内面密被柔毛；花瓣白色，稀粉红色，宽倒卵形，先端凹凸不平，基部宽楔形，比萼片长；花柱离生，被柔毛。果长圆形或卵球形，直径 1.5～2.0 cm，深红色，密被腺毛。

产新疆：阿克陶（阿克塔什，青藏队吴玉虎 87287；奥依塔克，阎平和孙辉 4625）、塔什库尔干（卡拉其古，阎平和吴耀辉 92159；库克西鲁格，帕考队 5196；明铁盖，阎平和唐素英 3830）。生于海拔 2 400～3 800 m 的沟谷山地灌丛、山坡草甸、河谷水沟边。

分布于我国的新疆；中亚地区各国，阿富汗也有。

本种小叶形状和数目近似于藏边蔷薇 R. webbiana Wall. ex Royle，但本种花常白色，花梗和萼筒以及萼片外面均密被腺毛；小叶质地较厚，两面无毛。而藏边蔷薇花多粉红色，花梗和萼筒外面常无或有少量腺毛，小叶质地较薄，下面常有短柔毛，易于识别。

12. 矮蔷薇

Rosa nanthamnus Bouleng. Bull. Jard. Bot. Etat. Bruxelles XIII. 3：206. 1935；Fl. Kazakh. 4：494. t. 61：4. 1961；新疆植物志 2 (2)：345. 1995. 青藏高原维管植物及其生态地理分布 436. 2008.

灌木，高 1～2 m。枝条开展，有刺，花枝短，刺细直，仅在基部扩展，散生或成对，最大的刺等长于或长于小叶片，萌条枝刺异形。小叶 5～9 枚，圆形或卵圆形，长 5～15 mm，宽 5～9 mm，略带革质，两面无毛或下面带茸毛，稀无毛，有时沿脉有小腺体，边缘有腺齿；叶柄被茸毛或无毛，多少具腺体或小刺；托叶狭窄，具三角形的耳，边缘常具腺。花 1～3 朵，粉红色或白色，直径 2.0～3.5 cm；花梗被茸毛或无；花托圆形或卵圆形，被腺毛；萼片披针形，外面被腺毛，边缘和内面被茸毛，稍短于花

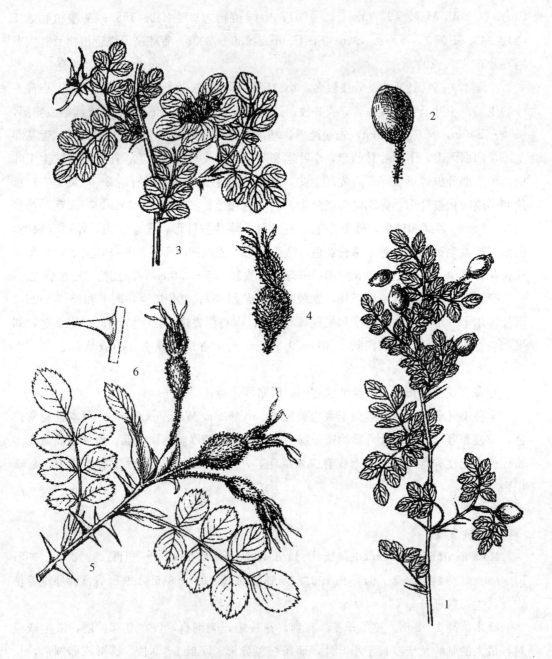

图版 **28**　小叶蔷薇 **Rosa willmottiae** Hemsl. 1. 果枝；2. 果。陕西蔷薇 **R. giraldii** Crép.
3. 花枝；4. 果。腺毛蔷薇 **R. fedtschenkoana** Regel 5. 果枝；6. 刺。
(1～4. 王颖绘；5～6. 引自《新疆植物志》，李志民绘)

瓣。果实球形或卵球形，表面有稀疏腺刺毛，有时脱落，红色，萼片宿存。　花期 6 月，果期 8 月。

产新疆：塔什库尔干（中塔边界，克里木 T194；明铁盖，王绍明和杨淑萍 3878）、叶城（棋盘乡，青藏队吴玉虎 4707）。生于海拔 2 900～3 800 m 的砾石坡地、山沟、草甸。

分布于我国的新疆；中亚地区各国，阿富汗也有。

本种与腺毛蔷薇 R. *fedtschenkoana* Regel 的区别在于：后者刺基部扩展几成三角形；果实较大，长圆状卵圆形，被腺状刺毛，稀无腺状刺毛；与藏边蔷薇 R. *webbiana* Wall. ex Royle 的区别在于：后者刺几圆柱形；花玫瑰红色，直径 3.5～5.0 cm；果实较大，直径达 2 cm。易于识别。

19. 龙牙草属 Agrimonia Linn.

Linn. Sp. Pl. 418. 1753.

多年生草本，根状茎倾斜。奇数羽状复叶，有托叶。花小，两性，穗状总状花序顶生；萼筒陀螺状，顶端有数层钩刺；萼片 5 枚，覆瓦状排列，花瓣 5 枚，黄色；花盘边缘增厚，环绕萼筒口部；雄蕊 5～15 枚，成 1 列着生在花盘外面；雌蕊 2 枚，花柱顶生，丝状，伸出萼筒外，柱头微扩大；胚珠每心皮 1 枚，下垂。瘦果包藏在具钩刺的萼筒内；种子 1 粒。

有 10 余种，分布在北温带和热带高山及拉丁美洲。我国有 4 种，昆仑地区产 1 种。

1. 龙牙草　图版 20：7～9

Agrimonia pilosa Ledeb. in Ind. Sem. Hort. Dorpat. Suppl. linn. 1823；中国高等植物图鉴 2：255. 图 2329. 1972；东北草本植物志 5：49. 图版 22：1～7. 1976；植物分类学报 15：89～93. 1977；中国植物志 37：457. 1985；西藏植物志 2：682. 1985；新疆植物志 2（2）：348. 图版 92：1～4. 1995；青海植物志 2：97. 图版 18：1～3. 1999；Fl. China 9：385. 2003；青藏高原维管植物及其生态地理分布 397. 2008.

多年生草本。根多呈块茎状，根茎短。茎单一或丛生，高 30～100 cm，被疏柔毛及短柔毛，稀下部被长硬毛。叶为间断奇数羽状复叶，具小叶 3～4 对，叶柄被稀疏柔毛及短柔毛；小叶无柄或有短柄，倒卵状椭圆形或倒卵形，长 1～5 cm，先端锐尖，基部楔形，边缘在 1/3 以上具急尖及钝圆锯齿，两面疏生长柔毛，有腺点；托叶草质，绿色，镰形，边缘有尖锐锯齿，茎下部托叶卵状披针形，全缘。花序穗状总状顶生，分枝或不分枝，花序轴被柔毛；花梗长 1～3 mm，被柔毛；苞片通常 3 深裂，小苞片卵形，全缘或边缘分裂；萼片 5 枚，三角状卵形；花瓣黄色，长圆形；雄蕊常 8 枚；花柱 2

枚，丝状，柱头头状。瘦果倒卵状圆锥形，长5～7 mm，最宽处直径3～4 mm，外面具
10条肋，被疏柔毛，顶端有数层钩刺，钩刺幼时直立，老时向内靠合。 花果期6～
9月。

产新疆：策勒（县城北部，采集人不详K1307、K1313）。生于海拔1 400 m左右的
沟谷山坡草地。

青海：班玛（灯塔乡加不足沟，王为义27473；尕柯河林场红军沟，王为义26861；
亚尔堂乡王柔，吴玉虎26270）。生于海拔3 200～3 500 m的沟谷山地灌丛草甸。

分布于我国的各省区；欧洲中部，俄罗斯，蒙古，朝鲜，日本，越南北部也有。

20. 地榆属 Sanguisorba Linn.

Linn. Sp. Pl. 116. 1753.

多年生草本。根粗壮，下部长出若干纺锤形、圆柱形或细长条形根。叶为奇数羽状
复叶。花两性，稀单性，密集成穗状或头状花序；萼筒喉部缢缩，有4（～7）萼片，
覆瓦状排列，紫色、红色或白色，稀带绿色，如花瓣状；花瓣无；雄蕊通常4枚，稀更
多，花丝通常分离，稀下部联合，插生于花盘外面，花盘贴生于萼筒喉部；心皮通常1
枚，稀2枚，包藏在萼筒内，花柱顶生，柱头扩大成画笔状；胚珠1枚，下垂。瘦果
小，包藏在宿存的萼筒内；种子1粒，子叶平凸。

有30余种，分布于欧洲、亚洲及北美。我国有7种，南北各省均有分布，但种类
大多集中在我国东北各省；昆仑地区产1种。

1. 矮地榆 图版20：10～12

Sanguisorba filiformis (Hook. f.) Hand. -Mazz. Symb. Sin. 7：524. 1933；中国
高等植物图鉴2：256. 图2242. 1972；植物分类学报17（1）：12. 1979；中国植物志
37：469. 1985；西藏植物志2：685. 图版207：3～4. 1985；青海植物志2：98. 图版
18：4～6. 1999；Fl. China 9：390. 2003；青藏高原维管植物及其生态地理分布
446. 2008.

多年生草本。根圆柱形，表面棕褐色。茎高8～35 cm，纤细，无毛。基生叶为羽
状复叶，有小叶3～5对，叶柄光滑，小叶片有短柄稀几无柄，宽卵形或近圆形，长
0.4～1.5 cm，宽与长几相等，顶端钝圆，稀近截形，基部圆形至微心形，边缘有钝圆
锯齿，上面暗绿色，下面绿色，两面均无毛；茎生叶1～3枚，与基生叶相似，惟向上
小叶对数逐渐减少；基生叶托叶褐色，膜质，外面无毛；茎生叶托叶草质，绿色，全缘
或有齿。花单性，雌雄同株，花序头状，几球形，直径3～7 mm；周围为雄花，中央为
雌花；苞片细小，卵形，边缘有稀疏睫毛；萼片4枚，白色，长倒卵形，外面无毛；雄

蕊 7～8 枚，花丝丝状，比萼片长约 1 倍；花柱丝状，比萼片长 1/2～1 倍，柱头呈乳头状扩大。果有 4 棱，成熟时萼片脱落。　花果期 6～9 月。

产青海：久治（未见标本）。生于海拔 1 200～4 000 m 的沟谷山坡草地及沼泽。

分布于我国的青海、西藏、四川、云南；印度东北部也有。

21. 桃属 Amygdalus Linn.

Linn. Sp. Pl. 472. 1753.

落叶乔木或灌木；枝无刺或有刺。腋芽常 3 个或 2～3 个并生，两侧为花芽，中间是叶芽。幼叶在芽中呈对折状，后于花开放，稀与花同时开放，叶柄或叶边常具腺体。花单生，稀 2 朵生于 1 芽内，粉红色，罕白色，几无梗或具短梗，稀有较长梗；雄蕊多数；雌蕊 1 枚，子房常具柔毛，1 室具 2 胚珠。果实为核果，外被毛，极稀无毛，成熟时果肉多汁不开裂，或干燥开裂，腹部有明显的缝合线，果洼较大；核扁圆、圆形至椭圆形，与果肉粘连或分离，表面具深浅不同的纵、横沟纹和孔穴，极稀平滑；种皮厚，种仁味苦或甜。

模式种：扁桃 *Amygdalus communis* Linn.

有 40 多种，分布于亚洲中部至地中海地区，栽培品种广泛分布于寒温带、暖温带至亚热带地区。我国有 12 种，主要产于西部和西北部，栽培品种全国各地均有，昆仑地区产 5 种。

分 种 检 索 表

1. 果实成熟时干燥、开裂。
  2. 萼筒圆筒状；叶片长圆状披针形，无毛或幼时有疏毛。
    3. 小乔木或灌木；叶披针形或椭圆状披针形；果实长斜卵形或长圆状卵形，密被短柔毛；核表面平滑，具孔穴，顶端常弯曲；栽培种 ……………………………
………………………………………………………………… **1. 扁桃 A. communis** Linn.
    3. 灌木；叶长圆状披针形或狭长圆形；果球形，密被长柔毛；核表面平滑，无孔穴，具浅沟纹，基部常偏斜；野生种 ……………………… **2. 矮扁桃 A. nana** Linn.
  2. 萼筒钟形；叶倒卵形或椭圆形，先端常 3 浅裂，下面被毛，边缘具重锯齿；核果球形，表面有网状浅沟纹 ……………………… **3. 榆叶梅 A. triloba**（Lindl.）Ricker
1. 果实成熟时肉质多汁，不开裂，稍具干燥的果肉；核表面有深沟纹和孔穴。
  4. 核表面具不规则的沟纹和孔穴；叶片侧脉不直达叶缘，在叶边结合成网状 ……
………………………………………………………………………… **4. 桃 A. persica** Linn.

4. 核表面具纵向平行的沟纹和稀疏的小孔穴；叶脉直达叶缘，在边缘不结合成网状
··· **5. 新疆桃 A. ferganensis**（Kost. et Rjab.）Yü et Lu

1. 扁桃 图版 29：1～4

Amygdalus communis Linn. Sp. Pl. 473. 1753；Spach in Ann. Sci. Nat. Rot. ser. 2. 19：115. 1843；中国树木分类学 471. 图 364. 1937；中国果树分类学 35. 图 9. 1979；中国植物志 38：11. 图版 2：1～3. 1986；新疆植物志 2（2）：355. 图版 93：1～4. 1995；Fl. China 9：395. 2003.

中型乔木或灌木，高（2）3～6（8）m。枝直立或平展，无刺，具多数短枝，幼时无毛，一年生枝浅褐色，多年生枝灰褐色至灰黑色；冬芽卵形，棕褐色。一年生枝上的叶互生，短枝上的叶常靠近而簇生；叶片披针形或椭圆状披针形，长 3～6（9）cm，宽 1.0～2.5 cm，先端急尖至短渐尖，基部宽楔形至圆形，幼嫩时微被疏柔毛，老时无毛，叶边具浅钝锯齿；叶柄长 1～2（3）cm，无毛，叶片基部及叶柄上常具 2～4 腺体。花单生，先于叶开放，着生在短枝或一年生枝上；花梗长 3～4 mm；萼筒圆筒形，长 5～6 mm，宽 3～4 mm，外面无毛；萼片宽长圆形至宽披针形，长约 5 mm，先端钝圆，边缘具柔毛；花瓣长圆形，长 1.5～2.0 cm，先端钝圆或微凹，基部渐狭成爪，白色至粉红色。雄蕊长短不齐；花柱长于雄蕊，子房密被茸毛状毛。果实斜卵形或长圆卵形，扁平，长 3.0～4.3 cm，直径 2～3 cm，顶端尖或稍钝，基部多数近截形，外面密被短柔毛；果梗长 4～10 mm；果肉薄，成熟时开裂；核卵形、宽椭圆形或短长圆形，核壳硬，黄白色至褐色，长 2.5～3.0（4.0）cm，顶端尖，基部斜截形或圆截形，两侧不对称，背缝较直，具浅沟或无，腹缝较弯，具多少尖锐的龙骨状突起，沿腹缝线具不明显的浅沟或无沟，表面多少光滑，具蜂窝状孔穴；种仁味甜或苦。 花期 3～4 月，果期 7～8 月。

产新疆：喀什地区有栽培。

原产于亚洲西部，生于低至中海拔的山区，常见于多石砾的干旱坡地。现今在新、旧大陆的许多地区均有栽培，特别适宜生长于温暖干旱地区。

2. 矮扁桃

Amygdalus nana Linn. Sp. Pl. 473. 1753；中国果树分类学 37. 图 10. 1979；中国植物志 38：14. 图版 2：4～6. 1986；Fl. China 9：395. 2003.

灌木，高 1.0～1.5 m。枝条直立开展，具大量缩短的小枝，一年生枝灰白色或浅红褐色，无毛，多年生枝浅红灰色或灰色。短枝上的叶多簇生，长枝上的叶互生；叶片狭长圆形、长圆披针形或披针形，长 2.5～6.0 cm，宽 0.8～3.0 cm，先端急尖或稍钝，基部狭楔形，两面无毛，叶边具小锯齿，齿端有腺体；叶柄长 4～7 mm，无毛。花单生，与叶同时开放，直径约 2 cm；花梗长约 4～6（8）mm，被浅黄色短柔毛；花萼外面无毛，紫褐色；萼筒圆筒形，长 5～8 mm；萼片卵形或卵状披针形，长 3～4 mm，边

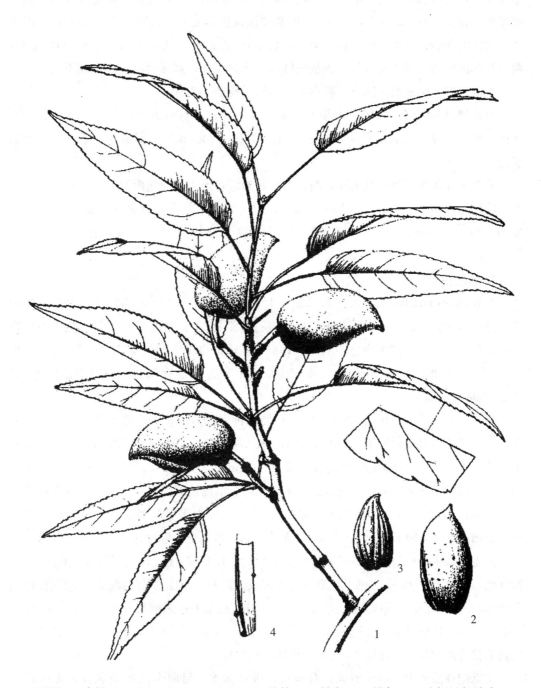

图版 29　扁桃 **Amygdalus communis** Linn. 1. 果枝；2. 果实；3. 果仁；4. 叶柄局部放大。
（引自《新疆植物志》，谭丽霞、张荣生绘）

缘具小锯齿；花瓣为不整齐的倒卵形或长圆形，长 10～17 mm，先端钝圆或有浅凹缺，基部楔形，粉红色；雄蕊多数，短于花瓣；子房密被长柔毛，花柱与雄蕊近等长。果实卵球形，直径 1.0～2.0 (2.5) cm，外面密被浅黄色长柔毛；果梗长 7～9 mm；果肉干燥，成熟时开裂；核卵球形或长卵球形，长 1.0～2.2 cm，宽 1.0～1.7 cm，两侧扁平，腹缝肥厚而较弯，背缝龙骨状，顶端钝圆而有小突尖头，基部稍偏斜，两侧不对称，表面近光滑，有不明显的网纹。　花期 4～5 月，果期 6～7 月。

产新疆：莎车（二林场，采集人和采集号不详；县城附近，采集人不详 K1200）、于田（新声公社，采集人不详 K1543）。生于海拔 1 200 m 的干旱坡地、草原、洼地和谷地。

分布于我国的新疆；东南欧，西亚，中亚地区各国，俄罗斯西伯利亚也有。

此种和扁桃 A. *communis* Linn. 相近，但后者为中型乔木或灌木，高 2～8 m；叶柄10～20 (30) mm；果实斜卵形或长圆卵形，密被短柔毛；核具蜂窝状孔穴。

3. 榆叶梅

Amygdalus triloba (Lindl.) Ricker in Proc. Biol. Soc. Wash. 30：18. 1917；中国树木分类学 472.ˑ 图 356. 1937；中国高等植物图鉴 2：305. 图 2339. 1972；内蒙古植物志 3：127. 1977；中国植物志 38：14. 1986；新疆植物志 2 (2)：357. 1995；青海植物志 2：145. 1999；Fl. China 9：395. 2003；青藏高原维管植物及其生态地理分布 398. 2008.

灌木，稀小乔木，高 2～3 m。枝条开展，具多数短小枝；小枝灰色，一年生枝灰褐色，无毛或幼时微被短柔毛；冬芽短小，长 2～3 mm。短枝上的叶常簇生，一年生枝上的叶互生；叶片宽椭圆形至倒卵形，长 2～6 cm，宽 1.5～3.0 (4.0) cm，先端短渐尖，常 3 裂，基部宽楔形，上面具疏柔毛或无毛，下面被短柔毛，叶边具粗锯齿或重锯齿；叶柄长 5～10 mm，被短柔毛。花 1～2 朵，先于叶开放，直径 2～3 cm；花梗长 4～8 mm；萼筒宽钟形，长 3～5 mm，无毛或幼时微具毛；萼片卵形或卵状披针形，无毛，近先端疏生小锯齿；花瓣近圆形或宽倒卵形，长 6～10 mm，先端钝圆，有时微凹，粉红色；雄蕊 25～30 枚，短于花瓣；子房密被短柔毛，花柱稍长于雄蕊。果实近球形，直径 1.0～1.8 cm，顶端具短小尖头，红色，外被短柔毛；果梗长 5～10 mm；果肉薄，成熟时开裂；核近球形，具厚硬壳，直径 1.0～1.6 cm，两侧几不压扁，顶端钝圆，表面具不整齐的网纹。　花期 4～5 月，果期 5～7 月。

文献记载昆仑山（喀什地区）有栽培，未见标本。目前全国各地多数公园内均有栽植。

分布于我国的新疆、青海、甘肃、陕西、辽宁、吉林、黑龙江、山西、河北、内蒙古、山东、江西、江苏、浙江；俄罗斯西伯利亚，中亚地区各国也有。

本种开花早，主要供观赏，常见栽培类型如下：

（1）重瓣榆叶梅 f. *multiplex* (Bunge) Rehd.（f. *plena* Dipp.） 花重瓣，粉红色；萼片通常 10 枚。

（2）鸾枝（群芳谱），俗称兰枝 var. *petzoldii* (K. Koch) Sailey 花瓣与萼片各 10 枚，花粉红色；叶片下面无毛。

4. 桃

Amygdalus persica Linn. Sp. Pl. 677. 1753；中国高等植物图鉴 2：304. 图 2338. 1972；内蒙古植物志 3：123. 图版 63：5～6. 1977；中国果树分类学 28. 1979；西藏植物志 2：699. 图 210：3. 1985；中国植物志 38：17. 1986；新疆植物志 2（2）：357. 1995；青海植物志 2：146. 1999；Fl. China 9：397. 2003；青藏高原维管植物及其生态地理分布 398. 2008.

乔木，高 3～8 m，树冠宽广而平展；树皮暗红褐色，老时粗糙呈鳞片状；小枝细长，无毛，有光泽，绿色，向阳处转变成红色，具大量小皮孔；冬芽圆锥形，顶端钝，外被短柔毛，常 2～3 个簇生，中间为叶芽，两侧为花芽。叶片长圆披针形、椭圆披针形或倒卵状披针形，长 7～15 cm，宽 2.0～3.5 cm，先端渐尖，基部宽楔形，上面无毛，下面在脉腋间具少数短柔毛或无毛，叶边具细锯齿或粗锯齿，齿端具腺体或无腺体；叶柄粗壮，长 1～2 cm，常具 1 至数枚腺体，有时无腺体。花单生，先于叶开放，直径 2.5～3.5 cm；花梗极短或几无梗；萼筒钟形，被短柔毛，稀几无毛，绿色而具红色斑点；萼片卵形至长圆形，顶端钝圆，外被短柔毛；花瓣长圆状椭圆形至宽倒卵形，粉红色，罕为白色；雄蕊 20～30 枚，花药绯红色；花柱几与雄蕊等长或稍短；子房被短柔毛。果实形状和大小均有变异，卵形、宽椭圆形或扁圆形，直径（3）5～7（12）cm，长几与宽相等，色泽变化由淡绿白色至橙黄色，常在向阳面具红晕，外面密被短柔毛，稀无毛，腹缝明显，果梗短而深入果洼；果肉白色、浅绿白色、黄色、橙黄色或红色，多汁有香味，甜或酸甜；核大，离核或粘核，椭圆形或近圆形，两侧扁平，顶端渐尖，表面具纵、横沟纹和孔穴；种仁味苦，稀味甜。 花期 3～4 月，果实成熟期因品种而异，通常为 8～9 月。

产新疆：策勒（县城北部，采集人不详 K-1313）有栽培。

原产我国，各省区广泛栽培；世界各地均有栽植。

5. 新疆桃

Amygdalus ferganensis（Kost. et Rjab.）Yü et Lu Comb. Nov. 1985. —— *Amygdalus ferganensis*（Kost. et Rjab.）Kov. et Kost. 中国果树分类学 32. 图 8. 1979；中国植物志 38：20. 1986；新疆植物志 2（2）：358. 1995；Fl. China 9：397. 2003.

乔木，高达 8 m。枝条红褐色，有光泽，无毛，具多数皮孔；冬芽 2～3 个簇生于叶腋，被短柔毛。叶片披针形，长 7~15 cm，宽 2~3 cm，先端渐尖，基部宽楔形至圆形，上面无毛，下面在脉腋间具稀疏柔毛，叶边锯齿顶端有小腺体，侧脉 12~14 对，离开主脉后即弧形上升，直达叶缘，在叶边逐渐相互接近，但不彼此结合，网脉不明显；叶柄粗壮，长 5~20 mm，具 2~8 腺体。花单生，直径 3~4 cm，先于叶开放；花梗很短；萼筒钟形，外面绿色而具浅红色斑点；萼片卵形或卵状长圆形，外被短柔毛；花瓣近圆形至长圆形，直径 15~17 mm，粉红色；雄蕊多数，几与雌蕊等长；子房被短柔毛。果实扁圆形或近圆形，长 3.5~6.0 cm，外被短柔毛，极稀无毛，绿白色，稀金黄色，有时具浅红色晕；果肉多汁，酸甜，有香味，离核，成熟时不开裂；核球形、扁球形或宽椭圆形，长 1.7~3.5 cm，两侧扁平，顶端具长渐尖头，基部近截形，表面具纵向平行沟纹和极稀疏的小孔穴；种仁味苦或微甜。　花期 3~4 月，果期 8 月。

产新疆：喀什地区有栽培。

我国北方多有栽培；俄罗斯西伯利亚，以及中亚地区各国也大量栽植。

本种叶片侧脉直出达叶缘，在叶边不结合成网状；核表面具纵向平行的沟纹，易与其他种类相区别。

22. 杏属 Armeniaca Mill.

Mill. Gard. Dict. abridg. ed. 4. 1754, nom. subnud.

落叶乔木，稀灌木。叶芽和花芽并生，2~3 簇生于叶腋。幼叶在芽中席卷状；叶柄常具腺体。花单生，稀 2 花，先于叶开放，具短梗；萼筒筒状或钟形；萼片 5 枚，有时花后反折；花瓣 5 枚，白色至粉红色，着生于花萼口部；雄蕊 15~45 枚；心皮 1 个，花柱顶生，子房被毛，1 室，具 2 胚珠。核果两侧多少扁平，具明显纵沟，果肉有汁液，成熟时不开裂，或干燥而开裂，外被短柔毛；核两侧扁，表面光滑、粗糙或呈网状；种仁味苦或甜；子叶扁平。

约 8 种。分布于东亚、中亚、小亚细亚和高加索。我国有 7 种，昆仑山产 2 种。

分 种 检 索 表

1. 果实黄色或黄红色，少白色，具红晕或无；叶片两面无毛或下面脉腋渐具柔毛；果梗短或近无梗；叶片宽卵形或圆卵形，具短尖或短渐尖；果肉多汁；核基部常对称
　·· **1. 杏 A. vulgaris** Lam.
1. 果实暗紫红色；叶片仅下面沿叶脉或脉腋间具柔毛；果梗长 7~12 mm；············
　·· **2. 紫杏 A. dasycarpa**（Ehrh.）Borkh.

1. 杏 图版 30：1～5

Armeniaca vulgaris Lam. Méth. Bot. 1：2. 1783；中国树木分类学 465. 图 358. 1937；Kost. in Fl. URSS 10：586. pl. 38. f. 1. 1941；中国高等植物图鉴 2：307. 图 2343. 1972；中国果树分类学 45. 图 14. 1979；中国植物志 38：25. 图版 4：1～3. 1986；新疆植物志 2（2）：359. 图版 95：1～5. 1995；青海植物志 2：149. 1999；Fl. China 9：399. 2003；青藏高原维管植物及其生态地理分布 399. 2008.

乔木，高 3～9 m。树皮黑褐色，纵裂；小枝浅褐色或红褐色，无毛。叶片宽卵形或卵圆形，长 4～8 cm，宽 3～7 cm，先端尾尖状渐尖，基部近心形或圆形，边缘有细锯齿，两面无毛或背面脉间具柔毛；叶柄长 1.5～2.5 cm，基部常具 1 至数个腺体；托叶条状披针形，早落。花单生，先于叶开放，直径 2.5～3.0 cm；花梗短，被短柔毛；花萼暗红色；萼筒长圆筒形，被短柔毛；萼片卵形至卵状长圆形，先端急尖或钝圆，花后反折；花瓣白色或粉红色，倒卵形或近圆形；雄蕊多数，稍短于花瓣；花柱较雄蕊稍长或近等长，中部以下具柔毛，子房被短柔毛。果实球形，稀倒卵形，直径约 2.5 cm 以上，白色、黄色至黄红色，常具红晕，微被短柔毛；果肉多汁，成熟时不开裂；核扁球形，顶端钝圆，表面稍粗糙或平滑，腹棱常稍钝；种仁味苦或甜。　花期 4～5 月，果期 7～8 月。

产新疆：且末（库拉木勒克乡，中科院新疆综考队 9459）有栽培。

青海：班玛（班前乡照山，王为义 26905）有栽培。

全国各地都有栽培，在新疆伊犁地区为纯野生林或与新疆野苹果林混生，海拔可达 3 000 m。世界各地均有栽培。

2. 紫杏 图版 30：6～7

Armeniaca dasycarpa（Ehrh.）Borkh. in Archiv für Bat.（Römer）1（2）：37. 1797；中国植物志 38：29. 1986；新疆植物志 2（2）：361. 图版 95：6～7. 1995；Fl. China 9：402. 2003.

小乔木，高 4～7 m。小枝幼时光滑无毛，紫红色。叶片卵形至椭圆状卵形，长 4～7 cm，宽 2.5～5.0 cm，先端短渐尖，基部楔形至近圆形，叶边密生不整齐小钝锯齿，上面无毛，暗绿色，下面沿叶脉或在脉腋间具柔毛；叶柄细瘦，有或无小腺体。花常单生，直径约 2 cm，先于叶开放；花梗长 4～7 mm，被细短柔毛；花萼红褐色，几无毛；萼筒钟形；萼片近圆形或短长圆形，先端钝圆；花瓣宽倒卵形或匙形，长达 10 mm，白色或具粉红色斑点；雄蕊多数，几与花瓣近等长；子房具细短柔毛。果实近球形，直径约 3 cm，暗紫红色，具粉霜并有细短柔毛，味酸，果肉与核粘贴；果梗长 7～12 mm；核卵形或椭圆状卵形，顶端急尖，基部近对称，两侧扁，腹、背两棱均稍钝，具纵沟，表面稍粗糙或微具蜂窝状小孔穴。　花期 4～5 月，果期 6～7 月。

207

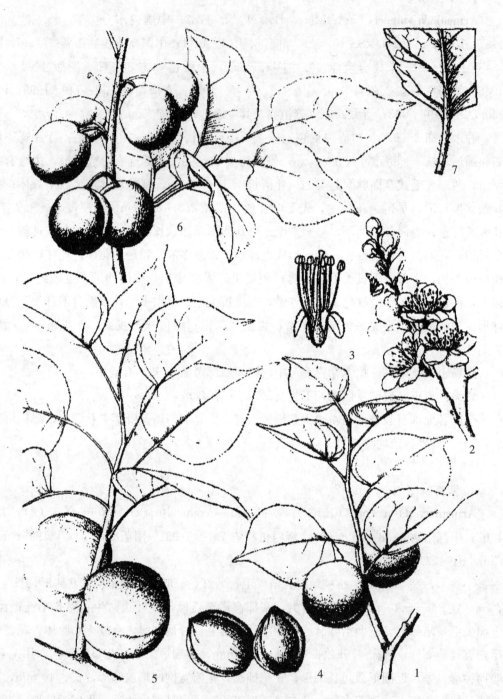

图版 **30** 杏 **Armeniaca vulgaris** Lam. 1. 野生果枝；2. 野生花枝；3. 花纵剖面；4. 果核；5. 栽培果枝。紫杏 **A. dasycarpa** (Ehrh.) Borkh. 6. 果枝；7. 部分叶背放大。（引自《新疆植物志》，张荣生绘）

产新疆：喀什地区有栽培。

本种为栽培种，尚未发现有野生，在我国新疆巩留县及鄯善县等地栽植。在亚洲西南部的一些国家中已久经栽培，在俄罗斯西伯利亚、中亚地区各国、克什米尔地区及伊朗等地有许多不同的栽培品种，在高加索和乌克兰等地也有少量栽培。

23. 李属 Prunus Linn.

Linn. Sp. Pl. 473. 1753, et Gen. Pl. 213. no. 546. 754. p. p.

落叶小乔木或灌木；分枝较多；顶芽常缺，腋芽单生，卵圆形，有数枚覆瓦状排列的鳞片。单叶互生，幼叶在芽中为席卷状或对折状；有叶柄，在叶片基部边缘或叶柄顶端常有 2 小腺体；托叶早落。花单生或 2～3 朵簇生，具短梗，先叶开放或与叶同时开放；有小苞片，早落；萼片和花瓣均为 5 数，覆瓦状排列；雄蕊多数（20～30）；雌蕊 1 枚，周位花，子房上位，心皮无毛，2 室具 2 个胚珠。核果，具有 1 枚成熟种子，外面有沟，无毛，常被蜡粉；核两侧扁平，平滑，稀有沟或皱纹；子叶肥厚。

选模式种：*Pruaus demestica* Linn.

有 30 余种，主要分布于北半球温带，现已广泛栽培。我国原产及习见栽培者有 7 种，栽培品种很多；昆仑地区产 2 种。

分 种 检 索 表

1. 嫩枝被茸毛，少疏毛；叶片椭圆状倒卵形，背面密被茸毛；果实卵形、球形或椭圆形，黄色、红色或蓝紫色，被蜡粉；核表面多皱 …………… **1. 欧洲李 P. domestica** Linn.
1. 嫩枝光滑无毛或仅沿下面脉腋间有短柔毛；花 1～3 朵簇生；叶片无毛，长圆状倒卵形，先端具尾尖；果核常有沟纹。 ……………………………… **2. 李 P. salicina** Lindl.

1. 欧洲李 图版 31：1～4

Prunus domestica Linn. Sp. Pl. 475. 1753. p. p. typ. ；中国果树分类学 57. 1979；中国植物志 38：38. 图版 5：3. 1986；新疆植物志 2（2）：362. 图版 96：1～4. 1995；Fl. China 9：405. 2003.

落叶乔木，高 6～15 m。树冠宽卵形，树干深褐灰色，开裂，枝条无刺或稍有刺；老枝红褐色，无毛，皮起伏不平，当年生小枝淡红色或灰绿色，有纵棱条，幼时微被短柔毛，以后脱落近无毛。冬芽卵圆形，红褐色，有数枚覆瓦状排列鳞片，通常无毛。叶片椭圆形或倒卵形，长 4～10 cm，宽 2.5～5.0 cm，先端急尖或钝圆，稀短渐尖，基部楔形，偶有宽楔形，边缘有稀疏钝圆锯齿，上面暗绿色，无毛或在脉上散生柔毛，下面淡绿色，被柔毛，边有睫毛，侧脉 5～9 对，向顶端呈弧形弯曲，而不达边缘；叶柄长

1～2 cm，密被柔毛，通常在叶片基部边缘两侧各有 1 个腺休；托叶线形，先端渐尖，幼时边缘常有腺体，早落。花 1～3 朵，簇生于短枝顶端；花梗长 1.0～1.2 cm，无毛或具短柔毛；花直径 1.0～1.5 cm；萼筒钟状，萼片卵形，萼筒和萼片内外两面均被短柔毛；花瓣白色，有时带绿晕。核果通常卵球形到长圆形，稀近球形，直径 1.0～2.5 cm，通常有明显侧沟，红色、紫色、绿色、黄色，常被蓝色果粉，果肉离核或粘核；核广椭圆形，顶端有尖头，表面平滑，起伏不平或稍有蜂窝状隆起；果梗长约 1.2 cm，无毛。 花期 5 月，果期 9 月。

产新疆：疏附（园艺场，采集人不详 K－769）、叶城（采集地不详，中科院新疆综考队 K－185）、策勒（固拉哈玛乡，采集人不详 109）、于田（采集地不详，中科院新疆综考队 K－10）有栽培。

我国各地有引种栽培；原产西亚和欧洲，由于长期栽培，品种甚多。有绿李、黄李、红李、紫李及蓝李等品种。

2. 李

Prunus salicina Lindl. in Trans Hort. Soc. Lond. 7：239. 1828；中国高等植物图鉴 2：316. 图 2361. 1972；秦岭植物志 580. 1974；中国果树分类学 55. 图 18. 1979；西藏植物志 2：697. 1985；中国植物志 38：39. 1986；新疆植物志 2（2）：364. 1995；Fl. China 9：406. 2003；青藏高原维管植物及其生态地理分布 432. 2008.

落叶乔木，高 9～12 m。树冠广圆形，树皮灰褐色，起伏不平；老枝紫褐色或红褐色，无毛；小枝黄红色，无毛；冬芽卵圆形，红紫色，有数枚覆瓦状排列鳞片，通常无毛，稀鳞片边缘有极稀疏毛。叶片长圆倒卵形、长椭圆形，稀长圆卵形，长 6～8（～12）cm，宽 3～5 cm，先端渐尖、急尖或短尾尖，基部楔形，边缘有钝圆重锯齿，常混有单锯齿，幼时齿尖带腺体，上面深绿色，有光泽，侧脉 6～10 对，不达到叶片边缘，与主脉成 45°角，两面均无毛，有时下面沿主脉有稀疏柔毛或脉腋有髯毛；托叶膜质，线形，先端渐尖，边缘有腺体，早落；叶柄长 1～2 cm，通常无毛，顶端有 2 个腺体或无，有时在叶片基部边缘有腺体。花通常 3 朵并生；花梗长 1～2 cm，通常无毛；花直径 1.5～2.2 cm；萼筒钟状；萼片长圆卵形，长约 5 mm，先端急尖或钝圆，边有疏齿，与萼筒近等长，萼筒和萼片外面均无毛，内面在萼筒基部被疏柔毛；花瓣白色，长圆倒卵形，先端啮蚀状，基部楔形，有明显带紫色脉纹，具短爪，着生在萼筒边缘，比萼筒长 2～3 倍；雄蕊多数，花丝长短不等，排成不规则 2 轮，比花瓣短；雌蕊 1 枚，柱头盘状，花柱比雄蕊稍长。核果球形、卵球形或近圆锥形，直径 3.5～5.0 cm，栽培品种可达 7 cm，黄色或红色，有时为绿色或紫色，顶端微尖，基部有纵沟，外被蜡粉；核卵圆形或长圆形，有皱纹。 花期 4 月，果期 7～8 月。

产新疆：且末（库拉木勒克乡，中科院新疆综考队 9459）有栽培。

青海：班玛（亚尔堂乡王柔，王为义 26764）有栽培。

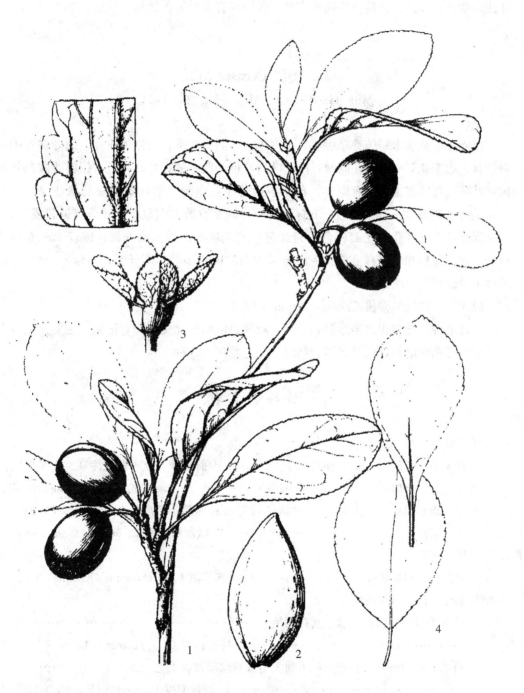

图版 **31** 欧洲李 **Prunus domestica** Linn. 1. 果枝；2. 果核；3. 萼筒；4. 叶片。
（引自《新疆植物志》，张荣生绘）

分布于我国的新疆、青海、甘肃、陕西、四川、云南、贵州、湖北、湖南、江苏、江西、浙江、福建、台湾、广西和广东。我国各省及世界各地均有栽培。

24. 樱属 Cerasus Mill.

Mill. Gard. Dict. Abr. ed 4. 28. 1754.

落叶乔木或灌木；腋芽单生或 3 个并生，中间为叶芽，两侧为花芽。幼叶在芽中为对折状，后于花开放或与花同时开放；叶有叶柄和脱落的托叶，叶边有锯齿或缺刻状锯齿，叶柄、托叶和锯齿常有腺体。花常数朵着生在伞形、伞房状或短总状花序上，或 1～2 花生于叶腋内，常有花梗，花序基部有芽鳞宿存或有明显苞片；萼筒钟状或管状，萼片反折或直立开张；花瓣白色或粉红色，先端钝圆、微缺或深裂；雄蕊 15～50 枚；雌蕊 1 枚，花柱和子房有毛或无毛。核果成熟时肉质多汁，不开裂；核球形或卵球形，核面平滑或稍有皱纹。

模式种：欧洲酸樱桃 *Cerasus vulgaris* Mill.

有百余种，分布于北半球温和地带，亚洲、欧洲至北美洲均有记录，主要种类分布在我国西部和西南部，以及日本和朝鲜。昆仑地区产 5 种。

分 种 检 索 表

1. 萼片反折。
  2. 叶片无毛，长约 7 cm，叶柄长 1.5～5.0 cm；内面芽鳞直立，在花序基部有少数
    叶状苞片；果酸 ………………………………………… **1. 欧洲酸樱桃 C. vulgaris** Mill.
  2. 叶片下面有柔毛，长达 15 cm，叶柄长约 7 cm；内面芽鳞反折；花序基部无叶状
    苞片；果甜 ……………………………… **2. 欧洲甜樱桃 C. avium**（Linn.）Moench
1. 萼片直立或开展。
  3. 核果红色，略有棱纹 ……………………… **5. 川西樱桃 C. trichostoma**（Koehne）Yü et Li
  3. 核果紫红色，具显著棱纹。
    4. 叶卵形或卵圆形；叶脉上具疏柔毛 …………………………………………
    ………………………………… **3. 托叶樱桃 C. stipulacea**（Maxim.）Yü et Li
    4. 叶披针形至卵状披针形；叶下面无毛或脉腋间被疏柔毛 …………………………
    ………………………………… **4. 细齿樱桃 C. serrula**（Franch.）Yü et Li

1. 欧洲酸樱桃

Cerasus vulgaris Mill.　　Gard. Dict. ed. 8. C. no. 1. 1768；中国果树分类学 69. 图 25. 1979；中国植物志 38：57. 1986；新疆植物志 2（2）：367. 1995；Fl. China 9：

412. 2003.

乔木，高达 10 m。树冠圆球形，常具开张和下垂枝条，有时自根蘖生枝条而成灌木状；树皮暗褐色，有横生皮孔，呈片状剥落；嫩枝无毛，起初绿色，后转为红褐色。叶片椭圆倒卵形至卵形，长 5～7（～12）cm，宽 3～5（～8）cm，先端急尖，基部楔形并常有 2～4 腺体，叶边有细密重锯齿，下面无毛或幼时被短柔毛；叶柄长 1～2（～5）cm，无腺体或具 1～2 腺体；托叶线形，长达 8 mm，有腺齿。花序伞形，有花 2～4 朵，花叶同开，基部常有直立叶状鳞片；花直径 2.0～2.5 cm；花梗长 1.5～3.5 cm；萼筒钟状或倒圆锥状，无毛，萼片三角形，边有腺齿，向下反折；花瓣白色，长 10～13 mm。核果扁球形或球形，直径 12～15 mm，鲜红色，果肉浅黄色，味酸，粘核；核球形，褐色，直径 7～8 mm。 花期 4～5 月，果期 6～7 月。

产新疆：喀什地区有栽培。

原产欧洲和西亚，自古栽培，尚未见到野生树种，据测可能为草原樱桃与欧洲甜樱桃的天然杂交种（*C. fruticosa*×*C. avium*），由于长期栽培，有很多变种和变型，如重瓣 f. *rhexii*、半重瓣 f. *plena*、粉色重瓣 f. *persiciflora*、小叶 f. *umbraculifera*、柳叶 f. *salicifolia*、矮生 var. *frutescens* 和晚花 var. *semperflorens* 等，果树品种尤为众多，在北欧各国广泛栽培。

我国的新疆、辽宁、山东、河北、江苏等省区果园有少量引种栽培。

2. 欧洲甜樱桃

Cerasus avium（Linn. ）Moench Meth. Pl. 672. 1794；中国树木分类学 474. 图 367. 1937；Pojark. in Fl. URSS 10：556. 1941；西藏植物志 2：696. 1985；中国植物志 38：57. 1986；新疆植物志 2（2）：367. 1995；Fl. China 9：412. 2003；青藏高原维管植物及其生态地理分布 430. 2008.

乔木，高达 25 m，树皮黑褐色。小枝灰棕色，嫩枝绿色，无毛。冬芽卵状椭圆形，无毛。叶片倒卵状椭圆形或椭圆卵形，长 3～13 cm，宽 2～6 cm，先端骤尖或短渐尖，基部圆形或楔形，叶边有缺刻状钝圆重锯齿，齿端陷入小腺体，上面绿色，无毛，下面淡绿色，被稀疏长柔毛，有侧脉 7～12 对；叶柄长 2～7 cm，无毛；托叶狭带形，长约 1 cm，边有腺齿。花序伞形，有花 3～4 朵，花叶同开，花芽鳞片大型，开花期反折；总梗不明显；花梗长 2～3 cm，无毛；萼筒钟状，长约 5 mm，宽约 4 mm，无毛，萼片长椭圆形，先端钝圆，全缘，与萼筒近等长或略长于萼筒，开花后反折；花瓣白色，倒卵圆形，先端微下凹；雄蕊约 34 枚；花柱与雄蕊近等长，无毛。核果近球形或卵球形，红色至紫黑色，直径 1.5～2.5 cm；核表面光滑。 花期 4～5 月，果期 6～7 月。

产新疆：喀什地区有栽培。

我国新疆、西藏、东北、华北等地有引种栽培。原产欧洲及亚洲西部，现欧亚及北美久经栽培，品种亦多，我国市上常见的那翁、福寿、滨库、黄玉、大紫属于本系统。

3. 托叶樱桃

Cerasus stipulacea（Maxim.）Yü et Li in Fl. Reipubl. Popul. Sin. 38：68. t. 11：3. 1986；秦岭植物志 1（2）：587. 1974；中国植物志 38：68. 图版 11：3. 1986；青海植物志 2：142. 图版 26：5. 1999. Fl. China 9：418. 2003；青藏高原维管植物及其生态地理分布 400. 2008.

灌木或小乔木，高 1～7 m。小枝灰色或灰褐色，嫩枝无毛。冬芽长卵形，顶端渐尖，无毛。叶片卵形，卵状椭圆形或倒卵状椭圆形，长 3.0～6.5 cm，宽 2～4 cm，先端渐尖或骤尾尖，基部圆形，边有缺刻状尖锐重锯齿，重锯齿由 2～3 齿组成，上面深绿色，被稀疏短毛，下面浅绿色，无毛或脉腋有簇毛，侧脉 6～10 对；叶柄长 1.0～1.3 cm，无毛；托叶在营养枝上较大，呈小叶状，卵圆形，长 5～10 mm，宽 4～8 mm，边有羽裂状锯齿，在生殖枝上较小，绿色，卵状披针形，长 4～6 mm，宽 2～3 mm，边有尖锐锯齿。伞形花序，通常有 2 朵花，稀 3 朵，先叶开放或近先叶开放；总苞片椭圆形，褐色，长 5～7 mm，宽 3～4 mm，边缘有腺体，外面无毛，内面伏生长柔毛；总梗无或极短；苞片褐色或绿褐色，长椭圆形，长 5～6 mm，宽 3～4 mm，边有腺齿，开花后脱落；花梗长 7～13 mm，无毛；花直径 1.2～1.3 cm；萼筒管形钟状，长 5～7 mm，宽 3～4 mm，无毛，萼片三角形，长 3～4 mm，先端急尖，全缘，短于萼筒；花瓣淡红色或白色，宽倒卵形，先端钝圆或急尖；雄蕊 35～40 枚，比花瓣稍短；花柱伸出，远长于雄蕊，基部有稀疏柔毛。核果椭球形，红色，纵径 1.0～1.2 cm，横径 0.8～1.0 cm；核表面略有棱纹；果梗长 10～15 mm，先端肥厚、无毛。　花期 5～6 月，果期 7～8 月。

产青海：久治（沙柯河格木达，藏药队 863）。生于海拔 1 800～3 900 m 的山坡、山谷林下或山坡灌木丛中。

分布于我国的青海、甘肃、陕西、四川。

本种叶边通常有由 2～3（～5）锐齿组成的重锯齿，花序常有 2 朵稀 3 朵组成的伞形花序，无总梗或总梗短粗，花柱伸出远比雄蕊长，果期苞片及总苞片均脱落，这些特点使其易于被识别。

4. 细齿樱桃

Cerasus serrula（Franch.）Yü et Li in Fl. Reipubl. Popul. Sin. 38：79. t. 12：4～6. 1986；西藏植物志 2：695. 图 209：1～2. 1985；中国植物志 38：79. 图版 12：4～6；1986；青海植物志 2：140. 1999；Fl. China 9：421. 2003；青藏高原维管植物及其生态地理分布 400. 2008.

乔木，高 2～12 m，树皮灰褐色或紫褐色。小枝紫褐色，无毛，嫩枝伏生疏柔毛；

冬芽尖卵形，鳞片外面无毛或有稀疏伏毛。叶片披针形至卵状披针形，长 3.5～7.0 cm，宽 1～2 cm，先端渐尖，基部圆形，边有尖锐单锯齿或重锯齿，齿端有小腺体，叶片基部有 3～5 大型腺体，上面深绿色，疏被柔毛，下面淡绿色，无毛或中脉下部两侧被疏柔毛，侧脉 11～16 对；叶柄长 5～8 mm，被稀疏柔毛或脱落几无毛；托叶线形，比叶柄短或近等长，花后脱落。花单生或有 2 朵，花叶同开，花直径约 1 cm；总苞片褐色，狭长椭圆形，长约 6 mm，宽约 3 mm，外面无毛，内面被疏柔毛，边有腺齿；总梗短或无；苞片褐色，卵状狭长圆形，长 2.0～2.5 mm，有腺齿；花梗长 6～12 mm，被稀疏柔毛；萼筒管形钟状，长 5～6 mm，宽约 3 mm，基部被稀疏柔毛，萼片卵状三角形，长约 3 mm；花瓣白色，倒卵状椭圆形，先端钝圆；雄蕊 38～44 枚；花柱比雄蕊长，无毛。核果成熟时紫红色，卵圆形，纵径约 1 cm，横径 6～7 mm；核表面有显著棱纹；果梗长 1.5～2.0 cm，顶端稍膨大。　花期 5～6 月，果期 7～9 月。

产青海：班玛（马柯河林场格尔寨沟，王为义 27211）。生于海拔 2 600～3 900 m 的山坡、山谷林中、沟谷山地林缘或山坡草地。

分布于我国的青海、西藏、四川、云南。

5. 川西樱桃

Cerasus trichostoma (Koehne) Yü et Li in Fl. Reipubl. Popul. Sin. 38：69. t. 11：1～2. 1986；西藏植物志 2：694. 1985；中国植物志 38：69. 图版 11：1～2. 1986；青海植物志 2：142. 1999；Fl. China 9：418. 2003；青藏高原维管植物及其生态地理分布 400. 2008.

乔木或小乔木，高 (1.5) 2.0～10.0 m，树皮灰黑色。小枝灰褐色，嫩枝无毛或疏被柔毛；冬芽卵形或长卵形，无毛。叶片卵形、倒卵形或椭圆披针形，长 1.5～3.0 cm，宽 0.5～2.0 cm，先端急尖或渐尖，基部楔形、宽楔形或几圆形，边有重锯齿，齿端急尖，无腺体或有小腺体，重锯齿常由 2～3 齿组成，上面暗绿色，疏被柔毛或无毛，下面浅绿色，沿叶脉上或有时脉间被疏柔毛，侧脉 6～10 对；叶柄长 6～8 mm，无毛或疏被毛；托叶带形，长 3～5 mm，边有羽裂锯齿。花 2 (3) 朵，稀单生，花叶同开，稀稍先开放；总苞片倒卵椭圆形，褐色，外面无毛，内面密生伏毛，边有腺齿；总梗 0～5 mm；苞片卵形褐色，稀绿褐色，长 2～4 mm，通常早落，稀果时宿存，边有腺齿；花梗长 8～20 mm，无毛或被稀疏柔毛；萼筒钟状，长 5～6 mm，宽 3～4 mm，无毛或被稀疏柔毛，萼片三角形至卵形，长 2～3 mm，内面无毛或有稀疏伏毛，先端急尖或钝，边有腺齿；花瓣白色或淡粉红色，倒卵形，先端钝圆；雄蕊 25～36 枚，短于花瓣；花柱与雄蕊近等长或伸出长于雄蕊，下部或基部有疏柔毛。核果紫红色，多肉质，卵球形，直径 1.3～1.5 cm；核表面有显著突出的棱纹；果梗长 1.0～2.5 cm，先端粗厚，无毛。　花期 5～6 月，果期 7～10 月。

产青海：班玛（马柯河林场宝藏沟，王为义 27266；马柯河林场烧柴沟，王为义

27497；马柯河林场红军沟，王为义 26802、27008；亚尔堂乡王柔，王为义 26764）。生于海拔 1 000～4 000 m 的山坡、沟谷林中或草坡。

分布于我国的青海、甘肃、西藏、四川、云南。

本种在我国四川西部生长普遍，果实大而肉汁丰富，此外少量分布于附近省区，与托叶樱桃 *C. stipulacea*（Maxim.）Yü et Li 接近，但本种叶边重锯齿大多由 2～3 齿组成，果梗顶端较粗，果实较大，果实表面有显著突出的棱纹，可以相区别。

三十二　豆科 LEGUMINOSAE

草本、灌木或乔木，常有能固氮的根瘤。叶互生，稀对生或轮生，羽状或掌状复叶，稀单叶；托叶2枚，通常分离；叶轴脱落或宿存，顶端有时有卷须。花排列为腋生、顶生或与叶对生的总状、圆锥状、穗状或头状花序，较少单生；花两性，稀杂性，两侧对称，少有辐射对称；苞片存在，小苞片通常2枚；萼片5枚，分离或合生，常不相等，有时为2唇形；花冠多为蝶形，花瓣5枚，通常分离且不相等；雄蕊通常10枚，稀5枚或多数，花丝单体，二体或分离；花药同型或不同型，2室，纵裂；子房上位或周位，单心皮，边缘胎座，1室，具胚珠1至多数，着生在腹缝线上，花柱1枚，通常下弯，柱头头状，顶生或侧生，不分裂。果为荚果，沿两侧缝线开裂或不开裂，亦有时横断节裂，1室，有时由于缝线伸入纵隔为2室或不完全2室，也有时在种子间缢缩成节荚，或节荚退化而仅具1节1粒种子；种子通常无胚乳，外种皮坚硬或革质，子叶发达。

本科是世界广布的第3大科，约有650属，18 000余种。我国有172属，约1 670种；昆仑地区只有其中的蝶形花亚科 Papilionoideae Giseke 的12族29属271种2亚种22变种和9变型。

Ⅰ. 蝶形花亚科 Papilionoideae Giseke

乔木、灌木、藤本或草本。叶互生，稀对生，通常为羽状或掌状复叶，稀单叶或退化为鳞片；花两性，单生或组成总状和圆锥状花序，偶为头状或穗状花序；花萼钟状或管状，基部多少合生，萼齿5个；花冠蝶形，花瓣5枚，覆瓦状排列，内侧1片（旗瓣）居最外面，侧面2片（翼瓣）对称，下部2片（龙骨瓣）居中；雄蕊10枚，联合成二体（9+1）或单体，稀全部分离；荚果开裂或不开裂。

共约440属，中国连引入栽培约有128属，昆仑地区有29属。

分 族 检 索 表

1. 雄蕊10，分离或仅基部联合。
   2. 羽状复叶 ……………………………………… （一）**槐族** Trib. **Sophoreae** Spreng.
   2. 单叶或掌状三出复叶 ……………… （二）**野决明族** Trib. **Thermopsideae** Yakovl.
1. 雄蕊10，合生成单体或二体。稀分离。

3. 荚果含种子2枚以上, 种子间横裂或紧缩成节, 每节含种子1枚而不开裂, 稀仅
　具1节, 只含种子1枚。

　　4. 叶为羽状三出复叶; 荚果仅1节, 只含1枚种子, 节荚卵形或椭圆形 ………
　　　　…………… **(三) 山蚂蝗族** Trib. **Desmodieae** (Benth.) Hutch. (胡枝子亚族)

　　4. 叶为多数小叶的羽状复叶, 稀为单叶。

　　　　5. 植物为带刺的半灌木, 叶退化为单叶 ……………………………………
　　　　　　………… **(八) 山羊豆族** Trib. **Galegeae** (Br.) Torrey et Gray
　　　　　　　　　　　　　　　　　　　(骆驼刺属 *Alhagi* Tourn. ex Adans.)

　　　　5. 植物通常为无刺的草本, 稀为灌木或半灌木 …………………………
　　　　　　……………………… **(九) 岩黄耆族** Trib. **Hedysareae** DC.

3. 荚果不具节, 成熟时2瓣裂或不裂。

　　　　6. 伞形花序或头状花序, 下面有1到数枚叶状苞片 ………………………
　　　　　　………………………………… **(四) 百脉根族** Trib. **Loteae** DC.

　　6. 各式花序, 下面无叶状苞片。

　　　　7. 羽状复叶具3枚小叶, 稀为5～7枚, 则此时叶缘有锯齿; 小叶无毛或被单
　　　　　毛; 一或多年生草本, 茎明显。

　　　　　　8. 小叶边缘通常有锯齿; 托叶常与叶柄联合; 子房基部无鞘状花盘 ………
　　　　　　　………………………… **(五) 车轴草族** Trib. **Trifolieae** (Bronn.) Benth.

　　　　　　8. 小叶全缘或有裂片; 托叶不与叶柄相联合; 子房基部常有鞘状花盘包围
　　　　　　　………………………… **(十二) 菜豆族** Trib. **Phaseoleae** DC.

　　　　7. 叶为4至多枚小叶构成的复叶, 稀具1～3小叶。

　　　　　　9. 叶通常为偶数羽状复叶, 稀例外; 叶轴顶端常有卷须, 或少数为刺毛状。

　　　　　　　10. 植株无腺毛; 小叶全缘 ………… **(十) 野豌豆族** Trib. **Vicieae** Bronn.

　　　　　　　10. 植株被腺毛; 小叶边缘有锯齿 ………………………………
　　　　　　　　………………………… **(十一) 鹰嘴豆族** Trib. **Cicereae** Alefeld

　　　　　　9. 叶通常为奇数羽状复叶, 稀为无卷须的偶数羽状复叶、单叶或为三至五
　　　　　　　出掌状复叶。

　　　　　　　11. 叶通常具腺点或明油点; 荚果仅含种子1枚而不开裂 ……………
　　　　　　　　………………………… **(六) 紫穗槐族** Trib. **Amorpheae** Boriss.

　　　　　　　11. 叶不具腺点; 荚果通常含种子2至多数; 花序为总状或穗状, 通常均
　　　　　　　　为腋生。

　　　　　　　　12. 荚果扁平; 种子间有横隔 …………………………………
　　　　　　　　　………………… **(七) 刺槐族** Trib. **Robinieae** (Benth.) Hutch.

　　　　　　　　12. 荚果常膨胀, 或为圆筒形; 种子不具横隔 …………………
　　　　　　　　　………… **(八) 山羊豆族** Trib. **Galegeae** (Br.) Torrey et Gray

（一）槐族 Trib. **Sophoreae** Spreng.

Spreng. in Anleit. 2. 2：741. 1818. Hutch. Gen. Fl. Pl. 1：320. 1964；Polhill in Polhill et Raven Adv. Legum. Syst. 1：213. 1981；中国植物志 40：6. 1994.

乔木、直立或攀缘灌木，偶为草本。羽状复叶，小叶 1 至多数，全缘。总状花序或圆锥花序，顶生、腋生或与叶对生；雄蕊 10 枚，有时部分退化，离生或与基部稍联合。荚果各样，不分节；种子肾形、椭圆形或球形，种脐小，稀为长种脐，顶生或侧生，脐沟明显，常被假种皮掩盖，胚根短，直或内弯；子叶不出土，有时具初生不育叶，或出土。

模式属：槐属 *Sophora* Linn.

有 47（∼60）属。我国有 6 属，昆仑地区产 1 属 2 种。

1. 槐属 **Sophora** Linn.

Linn. Sp. Pl. 373. 1753，et Gen. Pl. ed. 5. 175. 1754.

落叶或常绿乔木、灌木、亚灌木或多年生草本，稀攀缘状。奇数羽状复叶；小叶多数，全缘；托叶有或无，少数具小托叶。花序总状或圆锥状，顶生、腋生或与叶对生；花白色、黄色或紫色，苞片小，线形，或阙如，常无小苞片；花萼钟状或杯状，萼齿 5 个，等大，或上方 2 齿近合生而成为近二唇形；旗瓣形状、大小多变，圆形、长圆形、椭圆形、倒卵状长圆形或倒卵状披针形，翼瓣单侧生或双侧生，具皱褶或无，形状与大小多变，龙骨瓣与翼瓣相似，无皱褶；雄蕊 10 枚，分离或基部有不同程度的联合，花药卵形或椭圆形，丁字着生；子房具柄或无，胚珠多数，花柱直或内弯，无毛，柱头棒状或点状，稀被长柔毛，呈画笔状。荚果圆柱形或稍扁，串珠状。果皮肉质、革质或壳质，有时具翅，不裂或有不同的开裂方式；种子 1 至多数，卵形、椭圆形或近球形，种皮黑色、深褐色、赤褐色或鲜红色；子叶肥厚，偶具胶质内胚乳。

有 80 余种，广泛分布于南北两半球的热带至温带地区。我国有 21 种，14 变种，2 变型，主要分布在西南、华南和华东地区，少数种分布到华北、西北和东北地区；昆仑地区产 2 种。

分 种 检 索 表

1. 栽培乔木 ··· **1. 槐 S. japonica** Linn.

1. 野生草本 ……………………………………………… **2. 苦豆子 S. alopecuroides** Linn.

1. 槐

Sophora japonica Linn. Mant. 1：68. 1767；DC. Prodr. 2：95. 1825；中国主要植物图说 豆科 134. 图 125. 1955；中国高等植物图鉴 2：356. 图 2441. 1972；Fl. W. Pakist. 100：29. 1977；新疆植物检索表 3：7. 1983；西藏植物志 2：716. 1985；中国植物志 40：92. 1994；青海植物志 2：155. 1999；青藏高原维管植物及其生态地理分布 518. 2008；Fl. China 10：92. 2010. —— *Styphnolobium japonicum* Schott in Wien Zeit. 3：844. 1831；Not. Bot. Gard. Edinb. 30：252. 1970；Nov. Syst. Pl. Vasc. 12：228. 1975. —— *S. sinensis* Forrest in Rev. Hort. 157. 1899. —— *S. mairei* Lévl. in Bull. Acad. Geog. Bot. 25：48. 1915. non Pamp. 1910. et Cat. Pl. Yunnan 161. 1916.

落叶乔木，高 10～15 m。树皮暗灰色，呈块状深裂；枝棕色，幼时绿色，被短柔毛。叶长 10～20 cm；叶轴有毛，基部膨大；小叶 9～15 枚，近革质，卵状披针形或卵状椭圆形，长 2～7 cm，宽 1～3 cm，先端渐尖或急尖，有小尖头，基部圆形或宽楔形，腹面深绿色，具光泽，疏被短毛，背面灰白色，密被短毛及白粉，沿中脉及小叶柄密被锈色柔毛；托叶镰刀状，长约 8 mm，早落。圆锥花序顶生，密被柔毛；花长约 15 mm；花梗长 2～4 mm，密被柔毛；花萼钟状，长约 4 mm，微被柔毛，5 浅裂，裂齿呈半圆形；花冠乳白色；旗瓣近圆形或宽心形，先端微凹，微有紫脉；翼瓣与龙骨瓣同形；雄蕊 10 枚，不等长，基部合生；子房条形，被长柔毛。荚果绿色，肉质，念珠状，幼时有毛，长 2～5 cm，下垂，不裂，有光泽，含种子 1～6 枚；种子肾形、褐色。 花果期 7～9 月。

产新疆：喀什（县招待所院中，中科院新疆综考队 7535）、策勒（县城西郊，采集人不详 R1283；大麻沟乡，采集人和采集号不详）。栽培于庭院宅旁。

全国南北各地普遍栽培。原产于我国，后经日本而传至欧美。

2. 苦豆子 图版 32：1～5

Sophora alopecuroides Linn. Sp. Pl. 373. 1753；DC. Prodr. 2：96. 1825；Hook. f. Fl. Brit. Ind. 2：250. 1878；Journ. Arn. Arb. 14：30. 1933；Fedde. Repert Sp. Nov. 107：169. 1939；Fl. URSS 11：24. 1945；中国主要植物图说 豆科 136. 图 127. 1955；Fl. W. Pakist. 100：25. 1977；西藏植物志 2：717. 1985；新疆植物检索表 3：8. 1983；中国植物志 40：80. 1994；青海植物志 2：155. 1999；青藏高原维管植物及其生态地理分布 518. 2008；Fl. China 10：90. 2010.

半灌木或小灌木，高 30～80 cm。上部多分枝，呈帚状，全株密被灰白色伏贴绢毛。根直伸，细长，稍木质化，多侧根。奇数羽状复叶互生，长 6～18 cm，具小叶 15～25 枚；小叶灰绿色，矩圆状披针形或椭圆形，先端圆形，基部近圆形或楔形，稍革质，长 8～35 mm，宽 4～13 mm，两面或有时仅背面密生平贴绢毛，托叶小，钻形，宿存。总状花序顶生，长 10～15 cm，密生多花；花梗短于花萼；花萼钟状，长 7～9 mm，密被伏贴绢毛，萼齿三角形；花冠乳黄色或鲜黄色，长为花萼的 2～3 倍；旗瓣倒卵形，基部具长柄，翼瓣与龙骨瓣皆具细柄与钝耳；子房棒状披针形，密被灰白色伏贴绢毛，花柱短，微弯。荚果念珠状，长 3～9 cm，密被细短的伏贴绢毛，弯曲，不裂，含种子 4～12 枚；种子球卵形或近肾形，棕黄色，味极苦。 花果期 5～8 月。

产新疆：皮山（阔什塔克乡克依克其，青藏队吴玉虎 88 - 1823）、莎车（霍什拉普，青藏队吴玉虎 732）、于田（于田河畔，刘名廷、赵机俊 146）、策勒（采集地和采集人不详，039）、且末（县城附近，刘海源 107，中科院新疆综考队 9526）、若羌（县城附近，高生所西藏队 3002，刘海源 065）。生于海拔 1 200～3 200 m 的河边渠岸、疏林田边、河滩疏林下、荒漠绿洲的疏林草甸。

青海：海西。生于海拔 1 700～2 800 m 的河谷草甸、河岸田边等阳光充足和排水良好的石灰性土壤或砂质土。

分布于我国的新疆、青海、甘肃、陕西、河北、河南、内蒙古；蒙古，俄罗斯，巴基斯坦，克什米尔地区，伊朗，土耳其也有。

我们未见到分布于青海昆仑地区的标本。

（二）野决明族 Trib. **Thermopsideae** Yakovl.

Yakovl. in Bot. Zur. 57 (6)：592. 1972；Turner in Polhill et Raven

Adv. Legum. Syst. 1：403. 1981；中国植物志 42 (2)：388. 1998.

灌木或多年生草本。3 小叶；具托叶，无小托叶。花序总状，稀单生；萼齿在花蕾中镊合状排列；瓣片 5 枚；雄蕊 10 枚，离生或在基部联合，花药同型；子房具胚珠 1 至多数，花柱向上，上部无毛。荚果膨胀或扁平，有时呈球形。种子长圆状肾形或椭圆形，顶端具小种脐，脐沟不明显；胚根短，内弯。

共 6 属，分布于北半球温带和高寒或沙漠地区。我国有 3 属，昆仑地区产 2 属 7 种。

分 属 检 索 表

1. 木本植物 ···························· **2. 沙冬青属 Ammopiptanthus** Cheng f.
1. 草本植物 ····························· **3. 黄华属 Thermopsis** R. Br.

2. 沙冬青属 Ammopiptanthus Cheng f.

Cheng f. in Journ. Bot. 44: 1381. 1959.

常绿灌木,小枝叉分。单叶或掌状三出复叶,革质;托叶小,钻形或线形,与叶柄合生,先端分离;小叶全缘,被银白色茸毛。总状花序短,顶生于短枝上;苞片小,脱落,具小苞片;花萼钟形,近无毛,萼齿5枚,短三角形,上方2齿合生;花冠黄色,旗瓣和翼瓣近等长,龙骨瓣背部分离;雄蕊10枚,花丝分离,花药圆形,同型,近基部背着;子房具柄,胚珠少数,花柱细长,柱头小,点状顶生。荚果扁平,瓣裂,长圆形,具果颈;种子圆肾形,无光泽,有种阜。

有2种。产于我国新疆、甘肃、宁夏和内蒙古,昆仑地区产1种。蒙古及中亚地区各国也有。

1. 矮沙冬青

Ammopiptanthus nanus (M. Pop.) Cheng f. in Journ. Bot. 44: 1384. 1959;中国高等植物图鉴 2: 364. 1972;新疆植物检索表 3: 9. 1983;中国植物志 42 (2): 397. 1998;青藏高原维管植物及其生态地理分布 459. 2008. —— *Piptanthus nanus* M. Pop. in Bull. Appl. Bot. Genet. Pl. Breed. 26: 1. 1931; Bot. Mat. Herb. Bot. Inst. Acad. Sci. URSS 18: 320. 1975.

常绿灌木。树冠近圆形,分枝多;树皮黄色,幼时密被灰色茸毛,茎叶稠密。单叶,偶具3小叶;托叶甚细小,锥形;叶柄粗壮,长4~7 mm;小叶全缘,阔椭圆形至卵形,长1.5~4.0 cm,宽1.0~2.4 cm,先端钝,或具短尖头,基部阔楔形或钝圆,两面密被银白色短柔毛,如为三出叶时,则明显较窄,具离基三出脉。总状花序短,顶生枝端,花4~15朵集生;花梗略长于萼,几无毛。苞片早落,小苞片2枚生于花梗中部;萼钟形,萼齿5枚,三角形,几无毛。荚果线形,长3~5 cm,宽1.0~1.5 cm,先端钝,具果颈,种子处隆起,缝线被细柔毛,缢缩而使荚果凹凸不平;有种子2~4粒,种子较大。 花果期6~9月。

产新疆:乌恰(康苏镇,青藏队吴玉虎001、007,中科院新疆综考队9668;西山谷,采集人不详810432;巴音库鲁拉,采集人不详251)、喀什(县城西北100 km,李安仁7554)。生于海拔2 100~3 100 m左右的沟谷河滩沙地、山坡砾石地、干旱石质山坡、荒漠地带的干旱砾石河谷。

分布于我国的新疆:西天山,俄罗斯也有。

3. 黄华属 Thermopsis R. Br.

R. Br. in Ait. Hort. Kew. ed. 2. 3：3. 1811.

多年生草本，具粗壮的木质根状茎，<u>丛生</u>。<u>茎</u>直立或斜升，通常在基部分枝。掌状三出复叶；托叶叶状，分离，通常发达，基部联合，宿存。总状花序顶生或与叶对生；苞片大型，叶状，轮生，基部联合，宿存；花轮生或互生；花萼钟状，萼齿披针形，近相等或上方 2 萼稍合生而呈二唇形；花冠通常黄色，稀紫色，大型；花瓣均具长柄；旗瓣反折，与翼瓣近等长；龙骨瓣与翼瓣等长或较长，背侧联合；雄蕊 10 枚，分离，仅基部合生；子房条形，具短柄或无柄，含胚珠多数，花柱近内弯。荚果扁平或膨胀，条形或长椭圆形，直或稍弯曲；种子多数。

约 26 种，分布于北美洲和亚洲。我国有 13 种，主产于西北、华北和西南的高山地区；昆仑地区产 6 种。

分 种 检 索 表

1. 荚果膨胀 ………………………………………………… **6. 胀果黄华 T. inflata** Camb.
1. 荚果扁平。
   2. 荚果矩圆形；小叶倒披针形。
      3. 小叶两面被开展的长柔毛；旗瓣的瓣片近圆形 …………………………………
      ……………………………………… **4. 高山黄华 T. alpina** (Pall.) Ledeb.
      3. 小叶两面光滑无毛；旗瓣的瓣片扁圆形 ……… **5. 光叶黄华 T. licentiana** Pet.-Stib.
   2. 荚果条形；小叶倒披针形、长椭圆状倒披针形或狭长圆形。
      4. 小叶长可达 7.5 cm；荚果缝线通直 …………… **1. 披针叶黄华 T. lanceolata** R. Br.
      4. 小叶长在 4 cm 以内；荚果缝线在种子间缢缩。
         5. 植物体密被短伏柔毛或茸毛；小叶线状倒卵形，先端钝圆；种子常呈暗绿色
         ……………………………………… **2. 青海黄华 T. przewalskii** Czefr.
         5. 植物体密被淡黄色开展长柔毛；小叶狭长圆形，先端锐尖；种子常呈黑色
         ……………………………………… **3. 玉树黄华 T. yushuensis** S. Q. Wei

1. 披针叶黄华　图版 32：6～12

Thermopsis lanceolata R. Br. in Ait. Hort. Kew. ed. 2. 3：3. 1811；Soc. Bot. 23：150. 1886；Fl. URSS 11：39. 1945，pro parte；中国主要植物图说 豆科 158. 1955，pro parte；Acta lnst. Bot. Acad. Sci. URSS ser. 1. 12：43. 1958，pro parte；中国高等植物图鉴 2：365. 图 2459. 1972；Nov. Syst. Pl. Vasc. 15：170. 1979；新

疆植物检索表 3：15. 1983；西藏植物志 2：722. 1985；中国植物志 42 (2)：402. 1998；青海植物志 2：158. 1999；青藏高原维管植物及其生态地理分布 520. 2008；Fl. China 10：103. 2010.

多年生草本，高 20～40 cm。地下根茎粗壮。茎直立，丛生，有分枝，被伏贴白色柔毛。托叶 2 枚，卵状披针形或披针形，长 1.5～3.5 cm，宽 3～9 mm，先端尖，基部联合；叶柄长 3～7 mm；小叶 3 枚，常对折，倒披针形或长椭圆状倒披针形，长 2～6 cm，宽 5～10 mm，先端钝或尖，基部渐狭，腹面无毛，背面疏被白色伏贴柔毛。总状花序顶生，2～3 花为 1 轮；花序梗和轴均被伏贴柔毛；苞片 3 枚，卵状披针形，先端尖，两面被伏毛；花梗长 2～5 mm；花萼长约 1.5 cm，密被伏贴柔毛，萼齿与萼筒几等长或稍短；花冠黄色，长约 2.8 cm；旗瓣近圆形，先端微凹；翼瓣和龙骨瓣均短于旗瓣，均具耳；子房密被毛。荚果条形，扁平，长 4～9 cm，宽 8～12 mm，密被伏贴短柔毛，顶端尖，含种子 6～14 粒；种子圆肾形，黑褐色，具光泽。 花期 5～7 月，果期 7～8 月。

产新疆：乌恰（巴尔库提，中科院新疆综考队 9699）、喀什（县城西北 71 km，采集人不详 383）、若羌（阿尔金山保护区土房子去小沙湖途中，青藏队吴玉虎 2325、2764）。生于海拔 4 200～4 330 m 的滩地干旱草原、山坡沙砾地。

西藏：班戈。生于海拔 4 200～4 700 m 的山坡草地、河边沙砾地、河漫滩草地。

青海：都兰（旺尕秀山，吴玉虎 36206；巴隆乡三合村，吴玉虎 36356、36366；香日德，杜庆 571）、格尔木（野牛沟，陈世龙 870；三岔桥，采集人不详 152）、兴海（河卡乡，郭本兆 6126，何廷农 082、169、380）、玛沁（黑土山，吴玉虎 5587；拉加乡，吴玉虎 6043、6137，玛沁队 231；军功乡，吴玉虎 4617、5604；尕柯河电站，吴玉虎 5981、5992；西哈垄河谷，H. B. G. 256）、玛多（黑海乡，杜庆 553）、达日、班玛、久治、甘德、称多、曲麻莱（曲麻河乡，陈世龙 849）。生于海拔 2 800～4 600 m 的干旱山坡草地、渠岸田埂、沟谷山地高寒草原、田林路边、高原滩地针茅草原、沙砾质河漫滩地。

四川：石渠（长沙贡玛乡，吴玉虎 29555）。生于海拔 4 000～4 200 m 的河滩沙棘灌丛。

分布于我国的新疆、西藏、四川，以及西北、东北、华北地区；尼泊尔，俄罗斯西伯利亚，蒙古，中亚地区各国也有。

2. 青海黄华

Thermopsis przewalskii Czefr. in Bot. Mat. Herb. Bot. Inst. Acad. Sci. URSS 16：210. 1954；Acta Bot. Inst. Acad. Sci. URSS ser. 1. 12：41. 1958；Yakovl. in Nov. Syst. Pl. Vasc. 15：172. 1979；中国植物志 42 (2)：403. 1998；青藏高原维管植物及其生态地理分布 520. 2008；Fl. China 10：103. 2010. —— *T. tibetica* Czefr. in Nov.

Syst. Pl. Vasc. 13：189. 1976. —— *T. laygyginii* Czefr. in op. cit. 190. 1976. ——
T. kuenlunica Czefr. in op. cit. 191. 1976. —— *T. lanceolata* auct. non R. Br.；中
国主要植物图说 豆科 158. 1955. p. p.

多年生草本，高 10～18（～35）cm。茎直立，多分枝，具纵槽纹，密被淡黄色伏
贴短柔毛或茸毛。复叶长 3～4 cm；叶柄短，长 3～7 mm；托叶线状卵形，上部托叶呈
披针形，长 1.7～2.4（～3.2）cm，宽 8～11（～16）mm，与小叶被同样毛。小叶线状
倒卵形，长 1.7～3.8（～4.2）cm，宽 7～12 mm，长宽比为 2.5～3.0 倍，先端钝圆，
基部楔形，上面无毛，下面被伏贴柔毛；总状花序顶生，疏松，长 5～11（～20）cm，
具花 3～6（～9）轮，下部侧枝上也常具较短的花序；苞片卵形，先端锐尖，长 1.5～
2.2 cm，宽 7～10 mm，被淡黄色柔毛，偶呈白色；萼钟形，长 1.8～2.1 mm，被短茸
毛；花瓣近等长，旗瓣圆形，偶近卵形，长 22～27 mm，宽 17～20 mm。先端阔凹缺，
翼瓣最窄，宽 4～6（～7）mm，龙骨瓣宽 7～9 mm；子房具柄，柄长 4～8 mm，密被
茸毛，胚珠 10～18 枚。荚果直，线形，长 3.5～5.0 cm，宽 0.8～1.5 cm，先端聚尖至
长尖喙，基部略比中部狭，密被短细茸毛，自序轴水平方向伸出，种子处明显降起，种
子间缝线缢缩，有种子 6～12 粒；种子圆形至肾形，长 3.5～4.5 mm，宽 3～4 mm，暗
绿色，种脐灰白色。 花期 5～7 月。

产青海：格尔木（格尔木河畔，郭本兆、王为义 11771；市区南面 130 km 小南川，
采集人不详 159）、兴海（河卡乡卡日红山，何廷农 169）、玛沁（军功乡，玛沁队
156）。生于海拔 2 800～4 600 m 的高原山麓沙砾地、砾石山坡草地、沟谷河岸、沙砾质
荒漠、山前洪积扇草原。

分布于我国的青海、甘肃、陕西、西藏、内蒙古。模式标本采自青海。

3. 玉树黄华

Thermopsis yushuensis S. Q. Wei in Bull. Bot. Res. 4（2）：136. 1984；西北植物学
报 12（2）：162. 1992；中国植物志 42（2）：405. 图版 104：10. 1998；青海植物志 2：
158. 1999；青藏高原维管植物及其生态地理分布 521. 2008；Fl. China 10：103. 2010.

多年生草本，高 5～12 cm。根状茎细长。茎直立，分枝，密被淡黄色伸展长柔毛。
三出复叶，叶柄长 3～4 mm，托叶叶状，狭卵形，先端锐尖，长 7～12 mm，宽 2～
4 mm，腹面无毛；小叶狭长圆形，长 14～20 mm，宽 3～5 mm，先端锐尖，基部楔形，
腹面无毛，背面密被淡黄色伸展长柔毛，中脉和叶缘毛尤密。总状花序顶生，疏松，长
4～5 cm，具花 2～4 轮；苞片卵形，宿存，长 10～12 mm，宽 4～6 mm，先端锐尖，基
部圆形；花萼钟形，长 10～13 mm，上方 2 萼齿合生，三角形，下方 3 萼齿披针形，与
萼筒等长；花黄色；旗瓣长圆形，长 2.0～2.4 cm，宽 1.2～1.4 cm，先端凹；翼瓣长
2.0～2.2 cm，宽 4.0～5.5 mm，龙骨瓣与翼瓣等长，2 倍宽于翼瓣，瓣片均具长柄；
子房具柄。荚果线形，微弯曲，长 5.0～6.2 cm，宽 7～9 mm，顶端锐尖，具长喙，种

子处凸起；种子几圆形，黑色，长 4.0～4.5 mm，宽 3.0～3.5 mm。　花果期 6～8 月。

产青海：称多（采集地不详，刘尚武 2261）、曲麻莱（模式标本产地。刘尚武、黄荣福 609）。生于海拔 4 200 m 左右的高寒草甸、沟谷山坡草地。

分布于我国的青海。模式标本采自青海曲麻莱县。

4. 高山黄华　图版 32：13～18

Thermopsis alpina (Pall.) Ledeb.　Fl. Alt. 2：112. 1830；中国主要植物图说 豆科 158. 1955；Acta Inst. Syst. Acad. Sci. URSS ser. 1. 12：34. 1958；中国高等植物图鉴 2：365. 1972；Nov. Syst. Pl. Vasc. 15：170. 1979；新疆植物检索表 3：13. 1983；西藏植物志 2：722. 1985；中国植物志 42（2）：401. 1998；青海植物志 2：158. 1999；青藏高原维管植物及其生态地理分布 519. 2008；Fl. China 10：102. 2010.　——*Sophora alpina* Pall. Sp. Astr. Descr. 121. t. 90. f. 1. 1800.

多年生草本，高 15～20 cm。根茎长。茎直立，丛生，疏被柔毛。托叶 2 枚，基部联合，长椭圆状卵形或卵状披针形，长 1.5～3.0 cm，宽 5～12 mm，腹面无毛，背面被长柔毛；叶柄长 6～10 mm，疏被毛；小叶 3 枚，长椭圆形或长椭圆状倒卵形，长 2.0～3.8 cm，宽 6～14 mm，先端急尖或钝，基部圆楔形，腹面无毛，背面密被长柔毛，毛后渐稀疏至几无。花少数，2～3 朵轮生，长 2.2～2.4 cm；苞片 3 枚，基部合生，卵形或狭卵形，先端尖，密生长柔毛；花梗长 6～12 mm，密被长柔毛；花萼长 10～15 mm，密被长柔毛，下方萼齿披针形，与萼筒几等长，上方萼齿三角形，短；花冠黄色；旗瓣近圆形，先端凹，长约 21 mm；翼瓣略短于旗瓣，耳钝圆；龙骨瓣稍短于翼瓣；子房密被白色长柔毛。荚果扁，褐色，椭圆形或矩圆形，长 2.5～4.5 cm，宽 1.2～1.5 cm，密被毛，顶端常渐尖，具喙状宿存花柱，含种子 1～5 粒；种子肾形，稍压扁，栗褐色，长 5.5 mm，宽 3.5 mm，有白色种脐。　花期 5～7 月，果期 7～8 月。

产新疆：乌恰（吉根乡铁列克，采集人不详 73-205）、阿克陶（阿克塔什，青藏队吴玉虎 870223）、塔什库尔干（麻扎，高生所西藏队 3249）、叶城（赛力克达坂，采集人不详 509）、策勒（奴尔布尔河上游，采集人不详 039）。生于海拔 3 400～4 000 m 的高山冻原、高山砾石带、沟谷山坡草地、山地阴坡灌丛。

西藏：日土（多玛区，高生所西藏队 3435）、班戈、双湖（无人区，青藏队藏北分队郎楷永 9660）。生于海拔 4 400～5 200 m 的山坡草地、湖边砾石地、沙砾质滩地高寒草原。

青海：久治（龙卡湖口，藏药队 798；县城附近，高生所果洛队 649）、玛多（县牧场，吴玉虎 29102；扎陵湖一岛，采集人不详 027）、治多（可可西里，黄荣福 K-680、K-692B、K-091）、曲麻莱（曲麻河乡通天河畔，吴玉虎 38726；楚玛尔河与通天河交汇处，吴玉虎 38802）。生于海拔 4 200～4 850 m 的山地阴坡灌丛、山坡草地、高寒草原沙砾地、山麓沙砾质草地、沙砾质河漫滩草地、宽谷盆地。

分布于我国的新疆、青海、陕西、西藏、云南、山西、河北、内蒙古；俄罗斯西伯利亚，土库曼斯坦，塔吉克斯坦，乌兹别克斯坦，吉尔吉斯斯坦，哈萨克斯坦，蒙古也有。

5. 光叶黄华

Thermopsis licentiana Pet.-Stib. in Acta Hort. Gothob. 13：411. 1940；秦岭植物志 1（3）：20. 1981；青海植物志 2：159. 1999；青藏高原维管植物及其生态地理分布 520. 2008.

多年生草本，高 30～45 cm。茎直立，多为三棱形，节上有长柔毛。叶柄长达 2.1 cm，无毛；小叶倒卵状或长椭圆状倒卵形，先端钝圆，有短尖，基部楔形或近圆形，长 3～6 cm，宽 1.2～2.2 cm，腹面无毛，背面沿中脉和叶缘疏被柔毛，叶脉明显；托叶卵形，先端尖，长 2.2～3.6 cm，宽 1.0～1.8 cm。花长 2.0～2.5 cm，3 花为 1 轮；苞片卵形，长 1.4～2.0 cm，先端尖，通常 3 枚轮生；花梗长 6～12 mm，疏被毛；花萼长 12～16 mm，被较密的白色长柔毛；花冠黄色；旗瓣圆形，先端微凹，长 2.0～2.3 cm，宽 1.3～1.5 cm；翼瓣长 2.2～2.4 cm，柄长约 8 mm，耳长约 3.5 mm，钝圆，副耳小，齿状；龙骨瓣长 1.9～2.2 cm，耳钝圆；子房密被白色长柔毛。荚果微弯，疏被长柔毛，具网纹，含种子 5～7 粒；种子卵状肾形，扁，长约 5 mm，有光泽。 花期 5～7 月，果期 7～8 月。

产新疆：塔什库尔干（麻扎种羊场萨拉勒克，青藏队吴玉虎 352）、叶城（苏克皮亚，青藏队吴玉虎 1014；昆仑山北坡林场，采集人和采集号不详）、皮山（垴阿巴提乡布琼，青藏队吴玉虎 1869、3018）、策勒（奴尔乡亚门，青藏队吴玉虎 1962、2510）。生于海拔 2 800～3 700 m 的沟谷山坡林缘、山地林下、河谷灌丛、山谷圆柏林下、河溪水边草地、山坡砾石地。

青海：兴海（中铁林场卓琼沟，吴玉虎 45691、45725）、玛沁、班玛（马柯河林场红军沟，陈世龙等 345）、称多。生于海拔 3 000～3 800 m 的沟谷林缘、河岸山坡云杉林下、圆柏林缘高寒草甸、山坡林间空地、河谷阴坡灌丛、山坡草地。

分布于我国的新疆、青海、甘肃、西藏、云南。

6. 胀果黄华

Thermopsis inflata Camb. in Jacq. Voy. Bot. 4：35. 1844；London Journ. Bot. 2：431. 1843，et in Hook. f. Fl. Brit. Ind. 2：53. 1876；Fl. Tibet. 171. 1902；Acta Inst. Bot. Acad. Sci. URSS ser. 1. 12：40. 1958；Nasir et Ali，Fl. W. Pakist. 100：31. 1977；西藏植物志 2：724. t. 221. f. 10～16. 1985；中国植物志 42（2）：406. 1998；青海植物志 2：159. 1999；青藏高原维管植物及其生态地理分布 520. 2008；Fl. China 10：104. 2010. —— *T. smithiana* Pet.-Stib. in Acta Hort. Gothob. 13：

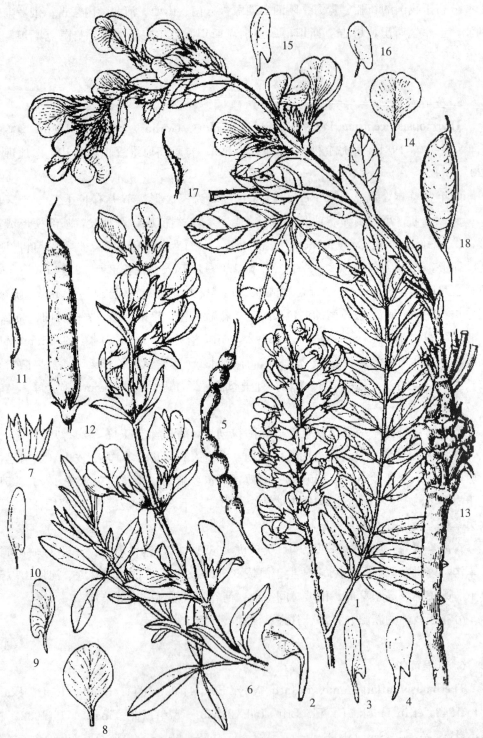

图版 **32**　苦豆子 **Sophora alopecuroides** Linn. 1. 花枝；2. 旗瓣；3. 翼瓣；4. 龙骨瓣；5. 荚果。披针叶黄华 **Thermopsis lanceolata** R. Br. 6. 花枝；7. 花萼展开；8. 旗瓣；9. 翼瓣；10. 龙骨瓣；11. 雌蕊；12. 荚果。高山黄华 **T. alpina**（Pall.）Ledeb. 13. 植株；14. 旗瓣；15. 翼瓣；16. 龙骨瓣；17. 雌蕊；18. 荚果。（阎翠兰绘）

412. 1940.

植株矮小，丛生，高 10~20 cm。茎直立或斜升，自基部分枝，疏被白色长柔毛。托叶狭卵形或长椭圆形，背面密被白色柔毛；小叶柄长约 3 mm，疏被毛；小叶矩圆状倒披针形或倒卵形，长 1.5~2.0 cm，宽 4~8 mm，先端圆，基部渐狭，腹面无毛，背面被长柔毛。花 2~3 朵轮生；苞片狭卵形，密被长柔毛；花萼长 1.2~1.6 cm，密被长柔毛，萼齿披针形；花冠黄色，长约 2.5 cm；旗瓣近圆形，先端微凹，长 23~24 mm，宽约 18 mm，柄长约 6 mm；翼瓣狭矩圆形，与旗瓣等长或稍短，宽约 4.5 mm，先端钝圆，柄长约 7.5 mm，耳钝圆，长约 3.5 mm；龙骨瓣与旗瓣近等长或稍短，宽约 8 mm，先端钝圆，柄长约 9 mm，耳长约 3.5 mm，钝圆；子房有柄，密被污黄色柔毛。荚果矩圆形，黄褐色，长 3.0~4.5 cm，宽 1.4~2.0 cm，疏被长柔毛，顶端具宿存花柱。　花期 5~7 月，果期 7~8 月。

产新疆：和田（空喀山口，高生所西藏队 3703）。生于海拔 4 900 m 左右的高原河滩沙砾草地、湖岸砾质草地、高寒草原。

西藏：日土（多玛区，高生所西藏队 3435）、班戈（班戈湖畔，青藏队那曲分队陶德定 10718）、双湖（来多，青藏队藏北分队郎楷永 9762）。生于海拔 4 500~5 400 m 的高山草地、山坡砾石地、湖边沙砾质草地。

青海：兴海（河卡乡，吴珍兰 050）、玛沁（雪山乡，黄荣福 81-023；当洛乡，区划一组 127）、久治（索乎日麻乡，藏药队 363；哇赛乡，果洛队 221；县城附近，果洛队 644、855；采集地不详，果洛队 016）、玛多（县牧场，吴玉虎 18207；黑河乡，吴玉虎 248、424、32418；扎陵湖乡，黄荣福 81-184；县城郊，周立华 050；星星海，陈世龙等 088）、曲麻莱（曲麻河乡，黄荣福 008；县城郊，刘尚武 609；叶格乡，中药队 87-121）。生于海拔 3 200~4 500 m 的干旱阳坡沙砾质山麓、河漫滩沙砾地、山地高寒草原、高寒草甸沙砾地。

分布于我国的新疆、青海、西藏；印度北部，克什米尔地区，尼泊尔，不丹也有。

（三）山蚂蝗族 Trib. **Desmodieae**（Benth.）Hutch.

Hutch. Gen. Fl. Pl. 1：477. 1964；Ohashi, Polhill et Schubert in Polhill et Raven Adv. Legum. Syst. 1：292. 1981；中国植物志 41：1. 1995. —— Trib. *Hedysareae* subtrib. *Desmodiinae* Benth. in Benth. et Hook. F. Gen. Pl. 1：449. 1865, pro parte ut Desmodieae.

草本、亚灌木或灌木，极少为乔木。叶为羽状复叶或少为掌状 3 小叶；小叶 3（~9）枚或为单小叶。花序顶生或腋生，总状花序或再组成圆锥花序，少为头状花序或伞形花序而藏于一叶状的苞片内，单生或成对生于叶腋；二体雄蕊，少为单体；花药同型。荚果多荚节或为1节；荚节不开裂或开裂，极少全部开裂。幼苗通常子叶出土，少有不出土。

模式属：山蚂蝗属 *Deamodium* Desv.

本族分3亚族30属。我国有2亚族18属139种，昆仑地区产1亚族1属1种。

1. 胡枝子亚族 Subtrib. **Lespedezinae**（Hutch.）Schubert

Schubert in Polhill et Raven Adv. Legum. Syst. 1：300. 1981. ——*Lespedezeae* Hutch. Gen. Fl. Pl. 1：486. 1964；中国植物志 41：89. 1995.

植物体无钩状毛。小托叶缺，小叶（1～）3枚。荚果通常仅1荚节，有1种子。

模式属：胡枝子属　*Lespedeza* Michx.

我国有4属，昆仑地区产1属1种。

4. 胡枝子属 Lespedeza Michx.

Michx. Fl. Bor. Amer. 2：70. t. 39. 1803.

多年生草本或落叶灌木、半灌木。三出复叶，顶端1枚小叶大，小叶全缘；托叶小，钻状或刺芒状，脱落；无小托叶。总状花序或头状花序腋生，具多花；苞片小，宿存，每苞片内具2花；小苞片2枚，着生于花梗顶端；花梗在花萼下不具关节；花萼钟状，通常5裂，萼齿披针形或线形，上方2萼齿通常下部合生，上部分离；花常2型：一种有花冠，结实或不结实，花冠小，通常红色、紫色、黄色或白色；另一种无花冠，结实；花瓣具柄；龙骨瓣先端钝，无耳；雄蕊10枚，二体（9+1）；子房1室，具胚珠1枚。荚果扁平，卵形或椭圆形，果瓣常有明显网脉，不开裂。

有60余种。分布于北美洲、大洋洲、亚洲和欧洲东北部。我国约有25种，分布于除新疆外的全国各地；昆仑地区产1种。

1. 牛枝子

Lespedeza potaninii Vass. in Not. Syst. Herb. Inst. Bot. Acad. Sci. URSS 9：202. 1946；内蒙古植物志 3：255. 1977；中国植物志 41：153. 图版 39：10～11. 1995；Fl. China 10：309. 2010. —— *L. davurica*（Laxm.）Schindl. var. *potaninii*（Vass.）Liou f. in Fl. Des. Reipubl. Popul. Sin. 2：443. 1987；内蒙古植物志 3：352. 1989；青海植物志 2：259. 图版 45：9～10. 1999；青藏高原维管植物及其生态地理分布 501. 2008.

半灌木，高20～50 cm。茎簇生，稍斜升或铺散；枝条灰绿色或绿褐色，具棱并被白色短柔毛。托叶 2 枚，刺芒状，褐色，长 3～5 mm，被毛；羽状复叶具 3 小叶；叶轴长 4～12 mm，上面有沟槽；小叶矩圆形、狭矩圆形或披针状矩圆形，长 8～24 mm，宽 3～10 mm，先端钝圆，稀微凹，有短刺尖，基部圆形，稍偏斜，腹面苍白绿色，无毛，背面被灰白色粗硬毛。总状花序腋生，稍密集，总花梗长，特别是中上部枝上的总状花序明显长于叶，无冠花簇生于下部枝条的叶腋；小苞片披针状条形，长 1～2 mm，被柔毛；花萼钟状，密被白色长柔毛，5 深裂，裂片披针状钻形，长 5～8 mm，先端刺芒状；花冠黄白色，长约 9 mm；旗瓣椭圆形，常稍带紫色；翼瓣短；龙骨瓣长于翼瓣而等长于旗瓣，有时先端具褐斑；子房条形，被毛。荚果倒卵形或长倒卵形，长 3～4 mm，宽 2～3 mm，两面凸起，表面密被粗硬毛，顶端有宿存花柱。　花期 7～8 月，果期 8～9 月。

产青海：兴海（曲什安乡大米滩，吴玉虎 41813；唐乃亥乡，吴玉虎 42067、42074、42098、42103、42143、42155，张盍曾 264、547）。生于海拔 2 750～3 160 m 左右的沟谷石砾干山坡、沟谷河滩砾地、山麓干旱的砾石地、河漫滩、河滩疏林边缘、田埂、山地灌丛石隙、田边草地。

分布于我国的青海、甘肃、宁夏、陕西、西藏、四川、云南、山西、河北、内蒙古、辽宁西部、河南、山东、江苏；朝鲜，日本，俄罗斯也有。

我们的标本中，本种叶的形态、大小、分枝状况、毛被疏密等常随生境不同而有变化。

（四）百脉根族 Trib. **Loteae** DC.

DC. Prodr. 2：214. 1825；Benth. et Hook. f. Gen. Pl. 1：422.

1865；Polhill in Polhill et Raven Adv. Legum. Syst. 1：371. 1981；

中国植物志 42（2）：221. 1998.

草本或小灌木。奇数羽状复叶，小叶 3～5 枚或多数，常无柄，下方 1 对小叶常呈托叶状。头状或伞形花序腋生，有时仅 1～2 朵花。总花梗长，顶端具 1～3 枚叶状苞片；雄蕊花丝短，上方 1 枚分离，花丝顶端膨大，花药同型。果 2 裂或不开裂，种子无种阜。

模式属：百脉根属 *Lotus* Linn.

有 18 属 120 余种，分布于北温带，多数产地中海沿岸，少量延伸到非洲、大洋洲和南美洲。我国有 1 属 8 种，昆仑地区产 1 属 1 种。

5. 百脉根属 Lotus Linn.

Linn. Sp. Pl. 775. 1753.

一年生或多年生草本，羽状复叶通常具5小叶；托叶退化成黑色腺点；小叶全缘，下方2枚常和上方3枚不同形，基部的1对呈托叶状，但绝不贴生于叶柄。花序具花1至多数，多少呈伞形，基部有1~3枚叶状苞片，也有单生于叶腋，无小苞片；萼钟形，萼齿5枚等长或下方1齿稍长，稀呈二唇形；花冠黄色、玫瑰红色或紫色，稀白色，龙骨瓣具喙，多少弧曲；雄蕊二体（9+1），花丝顶端膨大；子房无柄，胚珠多数，花柱渐窄或上部增厚，无毛，内侧有细齿状突起，柱头顶生或侧生。荚果开裂，圆柱形至长圆形，直或略弯曲；种子通常多数，圆球形或凸镜形，种皮光滑或偶粗糙。

约125种，分布于地中海区域、欧亚大陆、南北美洲和大洋洲温带。我国有8种1变种，主要产西北地区；昆仑地区产1种。

1. 新疆百脉根

Lotus frondosus (Freyn) Kupr. in Kom. Fl. URSS 11：295. 1941；Fl. Kazakh. 5：64. 1961；新疆植物检索表 3：22. 1983；内蒙古植物志 3：206. 1989；中国植物志 42 (2)：226. 1998. ——*L. coniculatus* Linn. subsp. *frondosus* Freyn in Bull. Herb. Boiss. ser. 2. 4：44. 1904. —— *L. tenuis* auct. non Waldst. et Willd.：内蒙古植物志 3：156. 1977.

多年生草本，高10~25 cm，无毛或上部茎叶略被柔毛。茎基部多分枝，直立或上升，中空，节间短，叶茂盛。羽状复叶有小叶5枚；叶轴长4~6 mm；顶端3小叶狭倒卵形至狭倒卵状椭圆形，长7~13 mm，宽4~6 mm，先端钝圆，基部楔形，下端2小叶斜卵形，锐尖头，两面近无毛，纸质；小叶柄短，无毛。伞形花序；总花梗纤细，长2~5 cm；花1~2（~3）朵，长8~11 mm；花梗短；苞片3枚，叶状，或为5枚小叶片，生于花梗基部，与萼等长；萼钟形，长5~6 mm，宽4 mm，无毛或被稀疏柔毛，萼齿丝状，长于萼筒；花冠橙黄色，具红色斑纹，旗瓣阔倒卵形，下延至瓣柄，与翼瓣、龙骨瓣近等长，翼瓣长圆形，具细瓣柄，龙骨瓣卵状三角形，先端呈尖喙状，中部以下弯曲；花柱直，子房线形，胚珠30~35枚。荚果圆柱形，长2~3 cm，直径2~3 mm。 花期6~8月，果期7~9月。

产新疆：乌恰（县城以东20 km，刘海源232）。生于海拔1 800~1 950 m的农田边、湿润的盐碱草滩、沼泽边缘、干旱山坡。

分布于我国的新疆；欧洲东南部，中亚地区各国，蒙古西部，伊朗，印度，巴基斯坦也有。

（五）车轴草族 Trib. **Trifolieae**（Bronn.）Benth.

Benth. in Benth. et Hook. f. Gen. Pl. 1：442. 1865；Heyn in Polhill et Raven
Adv. Legum. Syst. 1：383. 1981. —— Trib. *Trifolieae* Bronn. Diss. Legum.
132. 1822. —— Trib. *Ononideae* Hutch. Gen. Flow. Pl. 1：454. 1964；中国
植物志 42（2）：290. 1998.

草本，稀为半灌木。羽状或掌状三出复叶，稀为 5～7 小叶或单叶，小叶片边缘通常有锯齿；托叶常与叶柄联合。头状或总状花序，偶有单生或 2～3 朵腋生；萼钟形，萼齿 5 枚；雄蕊 10 枚，常二体（9+1），稀单体，花药常 1 室，不开裂或少有开裂。

有 7 属，约 500 种。我国有 6 属 44 种 1 亚种 2 变种，昆仑地区产 5 属 19 种。

分属检索表

1. 掌状复叶具 3 小叶（顶生小叶柄较长），稀具 5～7 小叶；花瓣的爪与雄蕊筒相连，花枯后不脱落；荚果小而为花萼所包藏 ·················· **10. 车轴草属 Trifolium** Linn.
1. 羽状复叶具 3 小叶（顶生小叶柄很短）；花瓣的爪不与雄蕊筒相连，花脱落；荚果超出萼外，长于花萼 1 至数倍。
  2. 荚果卷曲成马蹄形、环形或螺旋形，含种子 1 至数枚，不开裂；花序总状或密集呈头状，具多花 ····························· **9. 苜蓿属 Medicago** Linn.
  2. 荚果直，有时稍弯，但非以上情况，含种子 1～2 枚；总状花序细长而花较稀疏，或较密而呈头状，或 1 至数花腋生。
    3. 总状花序细长而花较稀疏 ······················ **6. 草木犀属 Melilotus** Mill.
    3. 总状花序短密呈头状，或 1 至数花腋生。
      4. 一年生植物；果线状圆柱形 ·················· **7. 胡卢巴属 Trigonella** Linn.
      4. 多年生植物；果扁平 ··············· **8. 扁蓿豆属 Melilotoides** Heist. ex Fabr.

6. 草木犀属 Melilotus Mill.

Mill. Gard. Dict. Abr. ed. 4. 2. 1754.

一年生或二年生草本。茎直立，多分枝，含有香子兰气味。羽状三出复叶，互生；托叶小，与叶柄贴生；小叶披针形、长椭圆形或倒卵形，边缘有锯齿；小叶柄短。总状花序细长而纤弱，腋生；花萼钟形，萼齿 5 枚，近等长，披针形；花冠小，黄色或白色，与雄蕊筒分离，旗瓣长圆形或倒卵形，无柄；龙骨瓣直而钝，等长或稍短于翼瓣；

雄蕊 10 枚，二体（9+1），花丝不扩张，宿存，花药同型；子房无柄或有柄，含胚珠少数，花柱细长，无毛，上部向内弯曲，柱头小，顶生。荚果小，直而膨胀，卵形或椭圆形，或近球形，等长于宿存的花萼，不开裂或迟开裂，含种子 1~2 枚；种子肾形，黄色或黄褐色，有香气。

约 20 种，分布于亚洲、欧洲和非洲北部，尤以地中海沿岸和中亚地区最多。我国有 8 种，昆仑地区产 5 种。

分 种 检 索 表

1. 花冠白色 ··· 1. 白花草木犀 **M. albus** Desr.
1. 花冠黄色。
  2. 小叶倒卵形，边缘中部以上具疏锯齿 ········· 2. 印度草木犀 **M. indicus**（Linn.）All.
  2. 小叶椭圆形至倒披针形，边缘基部以上具齿。
    3. 小叶边缘具密尖齿；托叶基部具尖齿或缺裂 ···
    ················· 3. 细齿草木犀 **M. dentatus**（Waldst. et Kitag.）Pers.
    3. 小叶边缘具疏锯齿；仅下部的托叶有时有尖齿。
      4. 花长 5~6 mm，荚果被柔毛 ········· 4. 黄香草木犀 **M. officinalis**（Linn.）Desr.
      4. 花长 3.5~4.5 mm，荚果无毛 ····················· 5. 草木犀 **M. suaveolens** Ledeb.

1. 白花草木犀

Melilotus albus Desr. in Lam. Encycl. Meth. 4：63. 1796；Fl. URSS 11：181. t. 12：8. 1945；中国主要植物图说 豆科 200. 图 189. 1955；Fl. Kazakh. 5：50. t. 4：16. 1961；中国高等植物图鉴 2：376. 图 2484. 1972；Fl. W. Pakist. 100：310. 1977；新疆植物检索表 3：25. 图版 3：5. 1983；中国植物志 42（2）：298. 图版 77：1~4. 1998；青海植物志 2：161. 1999；青藏高原维管植物及其生态地理分布 504. 2008；Fl. China 10：552. 2010.

一年生或二年生草本，高 0.5~1.0 m；多分枝，无毛或植株上部稍被柔毛。主根较粗壮。茎直立，圆柱形，中空。托叶锥状，先端尖；总叶柄长 1~2 cm；小叶 3 枚，椭圆形或披针状椭圆形，长 1.4~3.0 cm，宽 4~12 mm，先端圆或截形，基部楔形，边缘有锯齿，腹面无毛，背面散生短柔毛。总状花序腋生，花小，稍密生；花梗长 1.0~1.5 mm；花萼钟形，长约 2 mm，疏生白色长柔毛。萼齿三角状披针形，等长于萼筒；花冠白色，长 4~5 mm；旗瓣近椭圆形，先端微凹或近圆形；翼瓣短于旗瓣，与龙骨瓣几等长，翼瓣和龙骨瓣均具柄与耳；子房无柄。荚果卵球形，初时棕色，后变黑褐色，长约 3.5 mm，宽约 2.5 mm，表面无毛，具网纹，顶端稍钝，具细长喙，含种子 1~2 粒；种子肾形，黄褐色。　花期 6~8 月，果期 7~9 月。

产新疆：莎车（县城西南 1 km，王存焕 051）、若羌（米兰农场，沈观冕 060）。逸生于海拔 1 200 m 左右的荒漠绿洲疏林草甸。

青海：兴海（唐乃亥乡，吴玉虎，采集号不详）。生于海拔 2 900 m 左右的河滩疏林草甸。

我国的西北、华北、东北、华东、西南地区有栽培，亦有逸生。原产于亚洲西部。印度，克什米尔地区，巴基斯坦，阿富汗，土耳其，中亚地区各国，俄罗斯，蒙古，马来西亚，澳大利亚，欧洲，非洲，美洲也有。

2. 印度草木犀

Melilotus indicus（Linn.）All.   Fl. Pedem. 1：308. 1785；中国主要植物图说 豆科 206. 1955；中国高等植物图鉴 2：378. 1972；Fl. W. Pakist. 100：308. 1977；中国植物志 42（2）：302. 图版 77：9～12. 1998；青海植物志 2：161. 1999；青藏高原维管植物及其生态地理分布 504. 2008；Fl. China 10：553. 2010. —— *Trifolium indica* Linn. Sp. Pl. 765. 1753；Fl. Kazakh. 5：47. t. 7：13. 1961；中国高等植物图鉴 2：378. 图 2485. 1972；新疆植物检索表 3：25. 1983.

二年生草本，高 30～60 cm。茎直立，下部无毛，上部疏被毛，多分枝。托叶狭披针形，先端长渐尖，基部无齿裂；总叶柄长 8～20 mm；小叶 3 枚，倒卵状楔形至倒披针状矩圆形，长 1.0～2.5 cm，宽 6～12 mm，先端截形或微凹，中脉凸出成齿尖，基部楔形或近圆形，腹面无毛，背面稍被毛，边缘中部以上具短而疏的锯齿。总状花序腋生，长 5～10 cm；花梗长约 1.5 mm，弯垂；花萼钟状，长约 2 mm，萼齿三角形，稍短于萼筒；花冠黄色，长约 3 mm，旗瓣稍长于翼瓣和龙骨瓣。荚果卵圆形，稍扁平，长约 3 mm，表面无毛，具网纹，绿褐色，顶端具宿存花柱，含种子 1 粒；种子长约 2 mm，椭圆形，褐色。   花期 6～8 月，果期 7～9 月。

产青海：都兰（香日德农场，杜庆 458）。生于海拔 3 100～3 500 m 的沟谷河岸、山地田边、水渠边、河谷山坡林缘。

分布于我国的青海、陕西、西藏、云南、河北、山东、江苏、湖北、福建、台湾；印度，克什米尔地区，尼泊尔，西亚，中亚地区，非洲，欧洲（地中海地区）也有。

3. 细齿草木犀   图版 33：1～9

Melilotus dentatus（Waldst. et Kitag.）Pers.   Syn. Pl. 2：348. 1807；Fl. URSS 11：178. t. 12：9. 1945；中国主要植物图说 豆科 204. 图 192. 1955；Fl. Kazakh. 5：47. t. 7：13. 1961；中国高等植物图鉴 2：378. 图 2485. 1972；新疆植物检索表 3：25. 1983；中国植物志 42（2）：301. 图版 77：7～8. 1998；青海植物志 2：162. 图版 29：1～9. 1999；Fl. China 10：553. 2010. —— *Trifolium dentatus* Waldst. et Kitag. Pl. Rar. Hung. 1：41. 1802.

二年生草本，高 20～60 cm。茎直立，无毛。托叶条状披针形，先端长渐尖，基部两侧有尖齿或缺裂；总叶柄长 1.0～2.5 cm；小叶 3 枚，长椭圆形或倒卵状矩圆形，长 1.5～2.5 cm，宽 4～10 mm，两端狭，先端钝圆，中脉凸出成短尖头，基部圆形或近楔形，边缘具密尖齿，腹面无毛，背面疏被伏贴柔毛；小叶柄长约 1 mm，被柔毛。总状花序腋生，细长，密具多数花；花梗长约 1 mm，弯垂；花萼钟状，长约 2 mm，被柔毛，萼齿三角形，稍短于萼筒；花冠黄色，长约 4 mm；旗瓣椭圆形，先端圆或微凹，无柄；翼瓣稍短于旗瓣，略长或几等长于龙骨瓣。荚果长圆形，先端具宿存花柱，表面无毛，具网纹，含种子 2 粒；种子近圆形，稍扁，深褐色。 花期 6～8 月，果期 7～9 月。

产新疆：乌恰、阿克陶、喀什、和田。生于海拔 1 400～3 000 m 的荒漠绿洲麦地边、山地草甸、沟谷草地、农区河谷含盐滩地。

分布于我国的西北、华北、东北、华东地区；蒙古，俄罗斯西伯利亚和北高加索地区，欧洲也有。.

4. 黄香草木犀

Melilotus officinalis (Linn.) Desr. in Lam. Encycl. Meth. 4：62. 1796；Fl. URSS 11：181. t. 12：8. 1945；中国主要植物图说 豆科 201. 图 190. 1955；Fl. Kazakh. 5：48. t. 4：15. 1961；中国高等植物图鉴 2：377. 图 2483. 1972；新疆植物检索表 3：26. 1983；中国植物志 42（2）：300. 图版 77：5～6. 1998；青海植物志 2：162. 1999；Fl. China 10：553. 2010. —— *Trifolium officinalis* Linn. Sp. Pl. 762. 1753.

一年生或二年生草本，高 0.5～2.0 m，全草有香气，带甜味，上部被疏毛。主根粗长，茎直立。托叶三角状披针形，基部较宽，先端长渐尖；小叶 3 枚，椭圆形至狭矩圆状倒披针形，长 8～25 mm，宽 3～10 mm，先端钝圆或截形，具短尖头，基部楔形，边缘有锯齿；小叶柄长约 1 mm，淡黄色。总状花序腋生，细长，有时长达 16 cm，具多花；苞片等长于花梗；花梗长约 1.5 mm，弯垂；花萼长约 2 mm，稍被毛，萼齿三角形，稍短于萼筒；花冠黄色，细小，长 5～6 mm；旗瓣椭圆形，长约 5 mm，宽约 3 mm；翼瓣稍短于旗瓣而略长于龙骨瓣，翼瓣和龙骨瓣均具柄与耳；子房披针形。荚果卵圆形，长约 3.5 mm，宽约 2 mm，被极疏的毛，顶端具宿存花柱，网脉明显，含种子 1 粒；种子长圆形，长约 2 mm，淡绿黄色。 花期 6～8 月，果期 7～9 月。

产新疆：阿克陶（布伦口乡，采集人不详 681）、塔什库尔干（县城西面，采集人不详 324）、若羌（县城附近，刘海源 066）。生于海拔 1 200～3 200 m 的山坡草地、荒漠绿洲中的疏林草甸。

青海：都兰、格尔木、兴海（唐乃亥乡，吴玉虎 42147、42164、42181）。栽培或逸生。生于海拔 2 780～3 000 m 的河滩疏林草甸、山沟林下、沟边灌丛、田边荒地、山麓林缘、水边渠岸、河谷滩地疏林、田埂。

我国的西北、华北、东北地区均有栽培或逸生，四川及长江流域以南地区亦有野生。

5. 草木犀

Melilotus suaveolens Ledeb. Ind. Sem. Hort. Dorp. Suppl. 2：5. 1824；中国主要植物图说 豆科203. 图191. 1955；Fl. Kazakh. 5：48. t. 4：14. 1961；中国高等植物图鉴2：377. 图2484. 1972；新疆植物检索表3：26. 图版3：4. 1983；青海植物志2：162. 1999.

一年生或二年生草本，高0.6～1.0 m，茎直立，多分枝，有条纹，无毛。托叶线状披针形，长5～8 mm，先端长渐尖；小叶3枚，长椭圆形至倒卵状楔形或倒披针形，长1～3 cm，宽5～12 mm，先端截形或钝圆，基部楔形或近圆形，腹面无毛，背面被极疏柔毛，边缘有疏锯齿；小叶柄长约1 mm，淡黄色，疏被毛。总状花序腋生，细长，有多花；小苞片线形，几等长于花梗，疏被毛；花梗细，长1.5～2.0 mm，疏被毛；花萼钟状，长约2 mm，微被毛，有5肋，萼齿三角状披针形，等长或稍短于萼筒；花冠黄色，长3.5～4.5 mm；旗瓣椭圆形，长约4 mm；翼瓣短于旗瓣，等长于龙骨瓣，翼瓣和龙骨瓣均具柄与耳。荚果卵球形，长约3 mm，无毛，具网纹，含种子1粒；种子卵圆形，稍扁，褐色。 花期6～8月，果期8～9月。

产新疆：乌恰、喀什、阿克陶、莎车、叶城、且末（县城北面，中科院新疆综考队9530）、若羌（米兰农场，沈观冕077；县城附近，刘海源059）。生于海拔1 200～1 600 m的平原绿洲和山地农区、农田边、山坡草甸、河谷草地。

青海：兴海（唐乃亥乡，采集人不详263）、都兰、格尔木。生于海拔2 600～2 900 m的河滩草甸、沟谷山坡草地、河岸湖盆、山地田边、河谷山坡林缘、河溪水边等低湿或轻度盐化的草甸。

分布于我国的西北、西南、华北、华东地区；朝鲜，日本，蒙古，俄罗斯西伯利亚和远东地区也有。

7. 胡卢巴属 Trigonella Linn.

Linn. Sp. Pl. 776. 1753，et Gen. Pl. ed. 5. 338. 1754.

一年生草本，直立或铺散。茎多分枝。叶为羽状三出复叶；小叶边缘具齿；托叶叶状、钻状或条形，有齿或无齿，与叶柄合生。花较大，单生或为头状花序、短总状花序，亦有时为伞形花序；花冠淡黄色、白色或蓝紫色；旗瓣和翼瓣均较窄；龙骨瓣明显短于旗瓣和翼瓣；雄蕊10枚，二体（9+1）；子房无柄或有柄，花柱无毛，柱头顶生。荚果披针形、线状披针形、宽椭圆形或圆柱状，腹胀或稍扁，但不扁平，通常直或稍弯，但不弯作肾形或卷成螺旋状，也不作镰刀状或马蹄形弯曲，通常顶端渐尖成喙，含种子 1 至数粒；种子表面有小疣状突起。

约 70 种，分布于欧洲、亚洲、非洲和大洋洲。我国约有 10 种，昆仑地区产 1 种。

1. 胡卢巴

Trigonella foenum-graecum Linn.　　Sp. Pl. 777. 1753；Fl. URSS 11：119. 1945；中国主要植物图说 豆科 188. 图 177. 1955；中国高等植物图鉴 2：373；图 2475. 1972；Fl. W. Pakist. 100：293. 1977；新疆植物检索表 3：27. 1983；中国植物志 42（2）：311. 图版 76：11～16. 1998；青海植物志 2：1999；青藏高原维管植物及其生态地理分布 523. 2008；Fl. China 10：559. 2010.

一年生草本，高 30～60 cm，全株有香气。茎直立，有分枝，疏被柔毛。托叶宽三角形，基部与叶柄联合；小叶 3 枚，倒卵形，矩圆状倒披针形或椭圆形，长 12～32 mm，宽 6～14 mm，先端钝圆或微凹，基部宽楔形，上部边缘疏具齿，腹面无毛，背面疏被长柔毛或近无毛，顶生小叶较大。花 1～2 朵腋生，无梗；花萼筒状，长 7～9 mm，被白色丝状长柔毛，萼齿 5 枚，披针形，与萼筒近等长；花冠黄色或淡黄色，基部稍带紫堇色，长 13～18 mm；旗瓣长圆形，先端具深的波状凹缺，基部具短柄；翼瓣短于旗瓣；龙骨瓣最短；子房线状椭圆形，柱头头状。荚果线状圆柱形，直或稍弯曲，除喙之外长 6～10 cm，顶端渐尖成长喙，无毛或疏被毛，具明显纵长网纹，含种子 10～20 粒；种子近椭圆形，稍扁，棕褐色，长约 4 mm。　花期 6～7 月，果期 8～9 月。

产新疆：昆仑山北部山麓农区有栽培。

青海：都兰、格尔木（省中药队 128）有栽培。

我国的新疆、青海、甘肃、陕西、河北、内蒙古及东北地区均有栽培。原产于欧洲南部及地中海东岸、亚洲。

8. 扁蓿豆属 Melilotoides Heist. ex Fabr.

Heist. ex Fabr. Enum. Meth. Pl. ed. 2. 404. 1763.

一年生或多年生草本。茎直立，斜升或平卧，多分枝。羽状三出复叶；托叶全缘，具齿或者分裂；小叶边缘具齿，通常可达基部附近，稀下部全缘；顶生小叶具柄。总状花序较短或有时近头状，具数花至较多花；花萼钟状，萼齿 5 枚，近相等；花冠黄色，常带淡蓝色或紫色晕彩，有时为污紫色；旗瓣最长，龙骨瓣最短，少有翼瓣短于龙骨瓣的，翼瓣与龙骨瓣分离或微贴生；雄蕊 10 枚，二体（9＋1）。荚果扁平，阔椭圆形至矩圆形，少为条状矩圆形，通常直或稍弯曲，顶端具短喙，或喙不明显，边缘有时具翅或刺毛，表面具突出的横脉，含种子 1 至数粒。

约 70 种，主要分布在帕米尔至阿拉斯伊山脉的高山地区，向西可达伊朗北部，只有少数种类分布于地中海东部至亚洲东部。我国约有 4 种，昆仑地区产 4 种。

分 种 检 索 表

1. 翼瓣短于龙骨瓣。
  2. 花冠长 10～12 mm，分枝直立 ····································
  ··············· **1. 克什米尔扁蓿豆 M. cachemiriana**（Camb.）Y. H. Wu
  2. 花冠长 7～10 mm，分枝平卧或上升 ·····························
  ····················· **2. 帕米尔扁蓿豆 M. pamirica**（Boriss.）Sojak
1. 翼瓣长于龙骨瓣。
  3. 茎直立；小叶倒卵形、矩圆状楔形、线状楔形或椭圆形 ·········
  ··························· **3. 扁蓿豆 M. ruthenica**（Linn.）Sojak
  3. 茎铺散；小叶近圆形、阔卵形、阔倒卵形或椭圆形 ···········
  ··········· **4. 青藏扁蓿豆 M. archiducis-nicolai**（Sirj.）Yakovl.

1. 克什米尔扁蓿豆（拟）

Melilotoides cachemiriana（Camb.）Y. H. Wu comb. nov. —— *Trigonella cachemiriana* Camb. in Jacq. Voy. Bot. Ind. 4：36. 1843；Fl. W. Pakist. 100：299. 1977；中国植物志 42（2）：306. 图版 78：13～15. 1998；青藏高原维管植物及其生态地理分布 522. 2008；Fl. China 10：558. 2010.

多年生草本，高 20～50 cm。茎直立或斜升，多分枝，无毛或偶被微柔毛。三出羽状复叶，长 10～22 mm；托叶三角状披针形，边缘具齿或上部者全缘；叶柄长 3～10 mm，中间小叶柄长 1.5～3.0 mm；小叶片倒卵形，长 6～12 mm，宽 3～9 mm，先端钝至平截，具短尖，上面近无毛，下面微被柔毛，中部以上边缘及顶端具疏钝齿，基部楔形。伞形（稀总状）花序腋生，具 5～10 朵花，疏松；花序梗长 3～6 cm，远长于叶，疏被毛；小花梗长 1～4 mm，疏被毛，中间的 1 枚长可达 8 mm，并在中部有披针形苞片 1 枚，长约 2 mm；花萼钟形，常墨绿色，长 3～4 mm，疏被毛，萼齿三角状锥形，短于萼筒；花冠黄色、黄绿色，旗瓣长圆形，长 10～12 mm，宽约 5 mm，翼瓣条状长圆形，长约 8 mm，宽约 1.5 mm，耳长约 1.5 mm，瓣柄长 2～3 mm，龙骨瓣半倒卵形，长约 11 mm，宽 3.0～3.5 mm，细柄长约 3.5 mm，子房条形有短柄，无毛。荚果棕色，长圆形，微弯曲，扁平，无毛，具细网状脉纹，先端有宿存花柱，成熟后褐色，长 10～15 mm，宽 4～5 mm，含 2～4 粒种子；种子褐色，卵状肾形，长 2～3 mm，宽 1.5～2.0 mm。　花果期 6～8 月。

产新疆：塔什库尔干（麻扎种羊场，青藏队吴玉虎 870385；麻扎至卡拉其古途中，青藏队吴玉虎 4949）。生于帕米尔高原山地海拔 3 600～3 800 m 的宽谷河滩砾石质草地、砾石山坡、高山河谷乱石滩。

分布于我国的新疆、西藏西北部；西帕米尔高原，中亚地区各国，克什米尔地区，巴基斯坦，阿富汗，印度也有。模式标本采自帕米尔高原。

我们的标本三出羽状复叶长 10～22 mm；伞形花序腋生；花序梗长 3～6 cm，远长于叶；小花梗长 1～4 mm，疏被毛，中间的 1 枚长可达 8 mm，并在中部有披针形苞片 1 枚，长约 2 mm；花萼钟形，常墨绿色；旗瓣长圆形，与原描述有所不同。

2. 帕米尔扁蓿豆

Melilotoides pamirica (Boriss.) Sojak in Acta Mus. Nat. Pragae 38B 1～2：104. 1982；Pl. Centr. Asia 8 (a)：118. 2003；青藏高原维管植物及其生态地理分布 503. 2008. —— *Trigonella pamirica* Boriss. in Not. Syst. Herb. Inst. Bot. Acas. Sci. URSS 2：225. 1937；Boriss. Bot. Mater. Gerb. Bot. Inst. Kom. Akad. Nauk SSSR 7：255. 1938；Grossh. in Fl. SSSR 11：124. 1945；Fl. China 10：558. 2010. —— *Melissitus pamiricus* (Boriss.) Golosk. in Fl. Kazakhst. 5：28. t. 3：2. 1961；新疆植物检索表 3：32. 1983.

多年生草本，高 15～50 cm。茎直立，或上升，基部木质，多分枝。三出羽状复叶，下部托叶三角状披针形，边缘具齿，上部者披针形，全缘。小叶柄长 4～6 mm；小叶片倒卵形，长 9～18 mm，宽 5～9 mm，上面无毛，下面微被柔毛，基部楔形，边缘具少量钝齿，先端平截至凹入，常具短尖头，伞形花序腋生，具 2～8 花，疏松；花序梗长 15～20 mm，等长或稍长于叶，小花梗长 2～3 mm，开花后弯曲；花萼钟形，长 4～7 mm，萼齿线状披针形，等长于萼筒；花冠黄色，长 7～10 mm；旗瓣长圆形或卵状长圆形，长 7～10 mm，宽 4～5 mm，长于龙骨瓣。子房线形；胚珠 3～5 枚。荚果椭圆状长圆形，长 10～16 mm，宽 3.0～4.5 mm，直或微弯，无毛或被微毛，脉纹突出，基部楔形，先端急尖，宿存，含 3～4 粒种子；种子光滑。 花果期 6～9 月。

产新疆：塔什库尔干。生于东帕米尔高原海拔 3 600～3 800 m 的沟谷山坡砾石质草地、高山河谷乱石滩、干旱的河谷砾地。

分布于我国的新疆；西帕米尔高原，中亚地区各国，伊朗也有。

3. 扁蓿豆

Melilotoides ruthenica (Linn.) Sojak in Acta Mus. Nat. pragae 38B (1～2)：104. 1982；青海植物志 2：166. 1999；青藏高原维管植物及其生态地理分布 503. 2008. ——*Trigonella ruthenica* Linn. Sp. Pl. 776. 1753；Grossh. in Kom. Fl. URSS 11：127. 1945；Vass. in Acta Inst. Bot. Acad. Sci. URSS ser. 1. 10：169. 1953；中国主要植物图说 豆科 189. 1955；中国高等植物图鉴 2：372. 1972. —— *Medicago ruthenica* (Linn.) Trautv. in Bull. Acad. Sci. Pétersb. 8：270. 1841；Franch. Fl.

David. 1：80. 1884；中国植物志 42（2）：318. 图版 1～9. 1998；Fl. China 10：
554. 2010.

多年生草本，高 20～80 cm。主根圆锥形，粗壮。茎四棱形，多分枝，斜升或直
立，疏被白色短柔毛。三出羽状复叶；托叶披针状锥形或披针形，脉纹明显，先端渐
尖，基部宽，具齿牙或裂片，有毛；小叶 3 枚，矩圆状楔形、线状楔形、倒卵形或椭圆
形，长 6～20 mm，宽 3～8 mm，先端截形或微凹，有小尖头，基部楔形，边缘除楔形
的基部外，均有锯齿，腹面近无毛，背面疏生伏毛，叶脉明显。总状花序腋生，具 4～
12（20）花；苞片细小，锥形；花梗长 1～2 mm，有毛；花萼钟状，长 3.0～3.5 mm，
密被柔毛，萼齿等长于萼筒；花冠黄色带紫褐色，长 6～7 mm；旗瓣狭倒卵形，先端微
凹；翼瓣矩圆形，短于旗瓣，基部具爪和耳；龙骨瓣短于翼瓣。荚果扁平而直，或稍弯
曲，常为黑色，矩圆形、倒卵形或椭圆形，长 6～14 mm，宽 3.0～5.5 mm，网纹明显，
顶端具短喙，含种子 2～5 粒；种子长 2 mm，黄褐色。　花期 7～8 月，果期 8～9 月。

产青海：玛沁（大武乡黑土山，H. B. G. 212）、班玛（马柯河林场红军沟，王为
义等 26892、27621；马柯河林场宝藏沟，王为义等 27309；马柯河林场可培苗圃，王为
义等 27187）。生于海拔 3 300～3 700 m 的山地沟谷田边、山坡草地、山地林缘灌丛
草甸。

分布于我国的青海、甘肃、西藏、四川及华北、东北各地。蒙古，俄罗斯西伯利
亚、远东地区，朝鲜也有。

本种因生境不同，其植株大小、叶形、花的多少和荚果形状等都有变化。生于干旱
和高海拔的生境地区，其植株较小而被毛较多；生于较湿润地区，如田边、林缘等处，
则植株较小且被毛较疏。

4. 青藏扁蓿豆　图版 33：10～15

Melilotoides archiducis-nicolai（Sirj.）Yakovl. in Pl. Asiae Centr. 86. 1988；青海
植物志 2：166. 图版 29：14～19. 1999；青藏高原维管植物及其生态地理分布 503.
2008. —— *Medicago archiducis-nicolai* Sirj. in Kew Bull. 7：270. 1928；中国主要植
物图说 豆科 194. 1955；中国植物志 42（2）：318. 图版 81：8～13. 1998；Fl. China
10：554. 2010. —— *Trigonella archiducis-nicolai*（Sirj.）Vass. in Acta Inst. Bot.
Acad. Sci. URSS ser. 1. 10：172. 1935；西藏植物志 2：733. 1985.

多年生草本，高 5～30 cm。茎四棱形，铺散、斜升或直立，基部多分枝，微被毛
或有时无毛。托叶卵状披针形，先端渐尖，基部箭头形，有锯齿，无毛；小叶 3 枚，近
圆形、阔卵形、椭圆形至阔倒卵形，先端截形或微凹，具短尖，基部宽楔形或近圆形，
长 8～16 mm，宽 6～14 mm，顶端小叶较大，分枝上的小叶较小，两面无毛或背面微被
毛至密被毛；小叶柄短。总状花序腋生，具 2～7 花；苞片锥状披针形，长约 1 mm；花
梗纤细，长 3～5 mm，微被毛；花萼宽钟状，长 3～4 mm，疏被柔毛，萼齿三角状披针

形，与萼筒近等长或稍短；花冠黄色或白色带紫色，长 8～9 mm；旗瓣倒卵状楔形，先端微凹，基部楔形；翼瓣稍短或等长于旗瓣，基部具柄，耳稍短于柄；龙骨瓣短于翼瓣，具长柄和短耳；子房线形，顶端弯。荚果矩圆形至近镰形，长 8～20 mm，宽 4～7 mm，顶端具短喙，无毛，有网纹，含种子 2～4 粒；种子长约 2.5 mm。 花期 6～7 月，果期 7～9 月。

产青海：兴海（中铁乡至中铁林场途中，吴玉虎 43027、43038、43067、43082、43430；赛宗寺，吴玉虎 46201；中铁乡附近，吴玉虎 42775、42783、42793、42799、42815；河卡乡，吴珍兰 160、张振万 1962）、玛沁（江让水电站，吴玉虎 1480；拉加乡，吴玉虎 6114）、班玛（马柯河林场，王为义等 27621）、久治（白玉乡，吴玉虎 26661；哇尔依乡，吴玉虎 26755；满掌乡，吴玉虎 26802；门堂乡，果洛队 100、藏药队 265；索乎日麻乡，果洛队 331B）、玛多（黑海乡红土坡煤矿，吴玉虎 18048、18062）、曲麻莱（通天河畔，刘海源 889）。生于海拔 3 300～4 250 m 的沟谷草甸、河滩砾地、林缘灌丛、山坡草地、田埂、山地阴坡高寒灌丛草甸。

甘肃：玛曲（齐哈玛大桥附近，吴玉虎 31756、31762、31769；欧拉乡，吴玉虎 32089；河曲军马场，吴玉虎 31877）。生于海拔 3 200～3 460 m 的沟谷灌丛草甸、山坡高寒草甸、河滩草地、山地草甸岩隙。

分布于我国的青海、甘肃、宁夏、西藏、四川。

本种因生境不同而其花色和叶形等都有较大变化：生于林下阴湿处的花常呈紫色，叶大而为椭圆形或近圆形；生于山坡及田埂的则花多为黄带紫色，叶较小而多为阔倒卵形至卵形，或为近菱形。另外，荚果也有直或弯等变化。

9. 苜蓿属 Medicago Linn.

Linn. Sp. Pl. 778. 1753, et Gen. Pl. ed. 5. 339. 1754.

一年生或多年生草本，稀为半灌木。茎有分枝，直立或平卧。叶为羽状三出复叶，互生；托叶与叶柄基部合生；小叶上部边缘有细锯齿，中下部全缘。短总状花序或密集成头状花序，腋生；苞片小或有时无苞片；花萼钟状，萼齿 5 枚，近等长；花冠小，黄色、紫色或蓝紫色；旗瓣倒卵形或长圆形，基部渐狭；龙骨瓣短于翼瓣；雄蕊 10 枚，二体（9+1），花丝丝状；子房有柄或无柄，含胚珠 1 至数枚，花柱短，钻状，微弯，无毛，柱头头状，略偏斜。荚果螺旋形或肾形，不开裂，表面平滑或具刺，含种子 1 至数粒；种子很小，肾形或长圆形。

约 8 种，分布于欧洲、亚洲和非洲。我国有 15 种，昆仑地区产 4 种。

分 种 检 索 表

1. 一年生草本 ……………………………………………… **1. 天蓝苜蓿 M. luplina** Linn.
1. 多年生草本。
  2. 荚果窄镰状或弧形弯曲半圈左右，少直立；花冠纯黄色 ………………………
  ………………………………………………………… **3. 黄花苜蓿 M. falcata** Linn.
  2. 荚果螺旋状盘曲 1～4（6）圈。
    3. 花冠黄白色或各色。荚果螺旋状盘曲，1.0～3.5 圈，直径 3～4 mm；或花冠长
    8～10 mm，荚果螺旋状盘曲 1～2 圈，直径 5～8 mm ………………………
    ………………………………………………………… **4. 杂交苜蓿 M. varia** Martyn
    3. 花冠纯紫色，长 8～14 mm；荚果螺旋状盘曲 2～4（6）圈，直径 5～9 mm
    …………………………………………………… **2. 紫花苜蓿 M. sativa** Linn.

1. 天蓝苜蓿 图版 33：16～19

Medicago lupulina Linn. Sp. Pl. 779. 1753；Fl. URSS 11：134. 1945；中国主要植物图说 豆科 198. 图 188. 1955；Fl. Kazakh. 5：46. t. 4：12. 1961；中国高等植物图鉴 2：376. 图 2481. 1972；Fl. W. Pakist. 100：306. 1977；K. Lesins et I. Lesins in Genus Medicago 67. f. 10. 1979；新疆植物检索表 3：34. 1983；西藏植物志 2：737. 图 228. 1985；中国植物志 42（2）：314. 图版 80：1～3. 1998. 青海植物志 2：167. 图版 29：10～13. 1999；Fl. China 10：254. 2010.

一年生草本，高 5～35 cm。根很短。茎通常四棱形，平铺或斜升，基部多分枝，被白色长柔毛。托叶斜卵状披针形，长 5～8 mm，先端锐尖，基部边缘常有齿牙，下部与叶柄合生，被柔毛；小叶 3 枚，宽倒卵形、倒卵形或近菱形，长 4～14（24）mm，宽 2～10（22）mm，先端圆形或截形，微凹，具齿尖，基部宽楔形，上部边缘有锯齿，两面被柔毛；小叶柄长 0.5～5.0 mm，被毛。总状花序花密集，具 6～28 花；总花梗长 10～20 mm，被毛；花梗短，有毛；苞片极小，条状锥形；花萼钟状，长约 1.5 mm，被柔毛，萼齿条状披针形，长于萼筒；花冠黄色，稍长于花萼；旗瓣宽倒卵形，先端微凹；翼瓣明显短于旗瓣，基部具柄，内弯，耳短；龙骨瓣近等长于翼瓣或稍长，有柄和耳。荚果弯曲呈肾形，长 2～3 mm，成熟时黑色，具网纹，无刺，被柔毛；种子小，黄褐色。 花期 6～7 月，果期 7～9 月。

产新疆：叶城（柯克亚乡，普沙至莫莫克途中，青藏队吴玉虎 870762）、若羌（米兰农场，沈观冕 074）、策勒（恰哈乡，采集人不详 R1589）。生于海拔 2 000～2 100 m 左右的山前洪积扇沙砾地、绿洲田间。

青海：兴海（唐乃亥乡，吴玉虎 42054、42117、42128，张盍曾 271；河卡乡尕玛羊曲，吴玉虎 20521）、玛沁、甘德、久治、班玛、达日、称多、曲麻莱。生于海拔

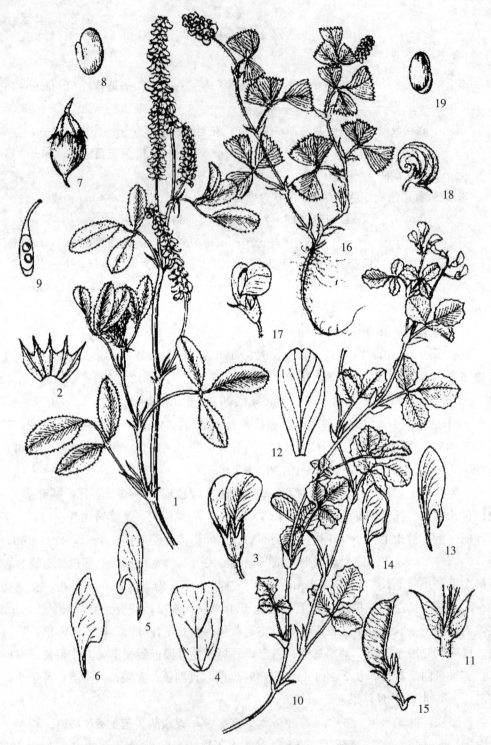

图版 33 细齿草木樨 Melilotus dentatus（Waldst. et Kitag.）Pers. 1. 花枝；2.花萼；3.花；4.旗瓣；5. 翼瓣；6.龙骨瓣；7.荚果；8.种子；9.子房纵剖面（示胚珠）。青藏扁蓿豆 Melilotoides archiducis–nicolai（Sirj.）Yakovl. 10. 花枝；11. 托叶；12.旗瓣；13.翼瓣；14.龙骨瓣；15.荚果。天蓝苜蓿 Medicago lupulina Linn. 16. 植株；17.花；18.荚果；19. 种子。（阎翠兰绘）

2 780～3 500 m 的山坡草甸、沟谷草地、河滩疏林草甸、山地田边、宅旁荒地、河溪水边草地、干山坡草地。

分布于我国的青海、甘肃、陕西、西藏、四川、云南、贵州，以及东北、华北、华中地区；朝鲜，日本，蒙古，俄罗斯，印度，巴基斯坦，尼泊尔，克什米尔地区，阿富汗，伊朗，土耳其，欧洲，南部非洲也有。

2. 紫花苜蓿

Medicago sativa Linn. Sp. Pl. 778. 1753；Fl. URSS 11：148. 1945；Fl. Kazakh. 5：43. t. 4：8. 1961；中国高等植物图鉴 2：373. 图 2476. 1972；Fl. W. Pakist. 100：305. 1977；K. Lesins et I. Lesins in Genus Medicago 95. f. 22. 1979；新疆植物检索表 3：41. 1983；西藏植物志 2：737. 1985；中国植物志 42（2）：323. 图版 83：5～9. 1998；青海植物志 2：167. 1999；青藏高原维管植物及其生态地理分布 503. 2008；Fl. China 10：556. 2010.

多年生草本，高 30～80 cm。主根粗长，可达 2 m。茎直立或斜升，多分枝，疏被毛或有时无毛。小叶 3 枚，倒卵形、倒披针形、线状矩圆形或矩圆状倒卵形，长 10～25 mm，宽 2～9 mm，先端截形或者钝圆，稀微凹，具小突尖，基部楔形，上部边缘或仅先端有锯齿，腹面无毛，背面疏被柔毛；小叶柄长不足 1 mm，被毛；托叶披针形，长 5～10 mm，先端尖，被柔毛。总状花序腋生，密集多数花；苞片细小，锥状；花梗长 2～3 mm，疏被毛；花萼钟状，长 5～6 mm，疏被长柔毛，萼齿狭披针形，稍长或等长于萼筒；花冠紫色，长 7～8 mm；旗瓣狭倒卵形或长椭圆形，长约 8 mm，先端圆形或微凹；翼瓣长圆形，长约 6.5 mm，具纤细的长柄，耳较长；龙骨瓣长圆形，稍短于翼瓣，柄长于瓣片，耳短；子房条形，被毛。荚果螺旋形，疏或密被毛，顶端具喙；种子 1～8 粒，肾形，长约 2 mm，黄褐色。 花期 5～7 月，果期 7～8 月。

产新疆：乌恰（吉根乡斯木哈纳，西植所新疆队 2123）、叶城（柯克亚乡高萨斯，青藏队吴玉虎 870919）、皮山（阔什塔格乡，青藏队吴玉虎 1804）、策勒（哈浪沟，采集人不详 127）、若羌（县城附近，刘海源 064）。生于海拔 1 200～2 900 m 的荒漠戈壁绿洲边缘、沟谷山坡草地、河滩灌丛。昆仑山北麓多数县农田亦有栽培。

青海：都兰（诺木洪，杜庆 378）、格尔木、兴海（唐乃亥乡，吴玉虎 42058、42122、42157、42175）。栽培或逸生，生于海拔 2 780～2 900 m 的河滩疏林、河边田埂。

分布于我国的新疆、青海、甘肃、宁夏、陕西、西藏，以及东北、华北、西北地区；尼泊尔，印度，巴基斯坦，中亚地区各国，西亚，欧洲，北美洲也有，世界温带地区均有栽培。

3. 黄花苜蓿

Medicago falcata Linn. Sp. Pl. 779. 1753；Fl. URSS 11：140. t. 10：4. 1945；

中国主要植物图说 豆科 195. 图 184. 1955；Фл. Казах. 5：39. 1961；中国高等植物图鉴 2：374. 图 2478. 1972；Fl. W. Pakist. 100：307. 1977；K. Lesins et I. Lesins in Genus Medicago 90. f. 19~20. 1979；新疆植物检索表 3：35. 图版 3：3. 1983；西藏植物志 2：739. 图 229. 1985；中国植物志 42 (2)：321. 图版 83：1~2. 1998；青藏高原维管植物及其生态地理分布 502. 2008；Fl. China 10：555. 2010. —— *M. sativa* Linn. var. *falcata* (Linn.) Doll Rhein. Fl. 802. 1843. —— *M. sativa* Linn. subsp. *falcata* (Linn.) Arcangeli in Comp. Fl. Ital. 160. 1882. —— *M. quasifalcata* Sinsk. in Proc. Lenin Acad. Agric. Sci. URSS 18 (4)：300. 1945.

多年生草本，高 40~100 cm。茎多分枝，平卧或斜向上升，少直立，无毛或被疏毛。三出羽状复叶；小叶片倒卵状长圆形，长 7~17 mm，宽 2~5 mm，仅上部边缘有锯齿，上面无毛，下面被柔毛；托叶披针形或条状披针形，基部具齿，很少全缘。总状花序腋生，卵形或头状，稠密，含 10~30 朵花；具梗，等长或稍长于它下部的叶；苞片等长或稍短于花柄；花萼钟形，萼齿线状锥形，长于萼筒；花冠黄色，长 5.5~7.0 (10.0) mm。荚果镰状弯曲至直，长 8~12 mm，宽 2.0~3.5 mm，被柔毛，很少几乎无毛，内含 2~9 粒种子；种子卵状长圆形，黄褐色，长 1.7~2.2 mm，宽 1.0~1.5 mm，千粒重 0.9~1.8 克。　花果期 6~9 月。

产新疆：叶城（柯克亚乡高萨斯，青藏队吴玉虎 87919）。生于海拔 2 600 m 左右的昆仑山北麓河滩灌丛。

分布于我国的新疆、甘肃、陕西、西藏、山西、内蒙古，以及东北、华北地区；俄罗斯西伯利亚，中亚地区各国，阿富汗，印度，尼泊尔，巴基斯坦，伊朗，土耳其，欧洲也有。

4. 杂交苜蓿

Medicago varia Martyn in Fl. Rust. 3：87. 1792；Fl. W. Pakist. 100：307. 1977；中国植物志 42 (2)：324. 图版 83：10~17. 1998；Fl. China 10：556. 2010. —— *M. media* Pers. in Syn. Pl. 2：356. 1807. —— *M. sativa* Linn. subsp. × *varia* (Martyn) Arcangeli in Comp. Fl. Ital. 160. 1882；O. Bolos et Vigo But. Inst. Catalana Hist. Nat. 38 (1)：70. 1974. —— *M. sativa* × *M. falcata* Rouy et Foucaud in Fl. France 5：15. 1899.

多年生草本，高 30~90 (100) cm。茎直立、斜升或平卧，多分枝。三出羽状复叶；小叶片椭圆形、长倒卵形至线状楔形，长 (5) 10~20 (30) mm，宽 (2) 5~10 mm，先端钝圆，仅上部边缘有锯齿，上面无毛，下面被紧贴的柔毛；托叶披针形或条状披针形，先端渐尖。总状花序腋生，卵形至矩圆形，稠密或疏松，含 5~30 朵花；花序梗长于或等长于它下部的叶，长约 2.5 cm；花长 5~10 mm；花梗长 2~5 mm；花萼钟形，被毛，萼齿与萼筒近等长；花冠紫色、深紫色、蓝色、淡黄色或杂色（半紫半黄色、黄色带蓝色、带绿色或白色），并在花期内逐渐变化，长 4.5～10.0 mm，旗瓣卵状长圆形，先端微凹，长于翼瓣和龙骨瓣；翼瓣和龙骨瓣近等长。荚果镰状弯曲至螺旋状盘曲 1～4 圈，镰状弯曲者长 7～10 mm，宽 2～3 mm，螺旋状盘曲者直径 3～6 mm，成熟后黑褐色，疏被毛，内含数粒种子；种子肾形，黄褐色至深褐色。 花果期 6～9 月。

产新疆：民丰（安德尔铁里木，中科院新疆综考队 9573）。生于昆仑山北坡海拔 1230 m 的绿洲田边。

分布于我国的新疆；中亚地区各国，俄罗斯西伯利亚，蒙古西部也有。

本种是黄花苜蓿 *M. falcata* Linn. 和紫花苜蓿 *M. sativa* Linn. 的杂交后代及其杂交后代之间或它们又与亲本回交的后代所形成的杂交复合体。

10. 车轴草属 Trifolium Linn.

Linn. Sp. Pl. 766. 1753，et Gen. Pl. ed. 5. 337. 1754.

一年生、二年生或多年生草本。茎直立，斜升、平卧或匍匐。通常为掌状三出复叶，稀掌状复叶，具小叶 5～7 枚；小叶全缘，偶有细锯齿，近无柄；托叶通常与叶柄合生。花较小，有花梗或无；花多数，密集成头状、穗状或总状花序，腋生；花萼钟状，5 齿裂；花冠有红色、紫色、黄色、白色等；花瓣以其爪与雄蕊筒合生，通常在凋萎后不脱落；旗瓣长圆形或卵形；翼瓣狭窄，龙骨瓣劲直、钝头；雄蕊 10 枚，二体（9＋1），其单一雄蕊有时下部结合；花柱丝状，无毛，柱头多少倾斜。荚果小，几乎完全包藏于花萼内，不开裂，含种子 1～2 枚。

约 250 种，分布于北温带。我国连栽培的共约 13 种，昆仑地区栽培 5 种。

分 种 检 索 表

1. 一年生草本，茎密被柔毛；无总苞；花冠绛红色 …… **1. 绛车轴草 T. incarnatum** Linn.
1. 多年生草本；茎无毛或疏被毛。
  2. 茎匍匐；总花梗长 10～30 cm，共冠白色或稍带粉红色…………………………………
    ……………………………………………………… **2. 白车轴草 T. repens** Linn.
  2. 茎直立或斜升；总花梗短或无，花冠红色。
    3. 茎疏被柔毛；小叶腹面无毛，背面被长柔毛 ……… **3. 红车轴草 T. pratense** Linn.
    3. 茎无毛；小叶两面均无毛。
      4. 荚果含种子 1 枚；花近无梗 ………………… **4. 草莓车轴草 T. fragiferum** Linn.
      4. 荚果含种子 2～3 枚；花梗长 2～6 mm …… **5. 杂种车轴草 T. hybridum** Linn.

1. 绛车轴草

Trifolium incarnatum Linn. Sp. Pl. 769. 1753; Fl. URSS 11: 243. 1945; 中国主要植物图说 豆科 211. 图 198. 1955; 中国高等植物图鉴 2: 380. 图 2490. 1972; Fl. W. Pakist. 100: 290. 1977; 新疆植物检索表 3: 45. 1983; 中国植物志 42 (2): 338. 图版 84: 6~7. 1998; 青海植物志 2: 168. 1999; 青藏高原维管植物及其生态地理分布 522. 2008; Fl. China 10: 551. 2010.

一年生草本，高 0.3~1.0 m。根圆锥形，长 30~50 cm。茎直立，丛生，被黄色柔毛。掌状三出复叶；小叶宽倒卵形或近圆形，长 1.5~3.5 cm，先端圆形或有时微凹，基部宽楔形，边缘具疏锯齿，两面均被柔毛；小叶柄极短或几无小叶柄；托叶椭圆形或卵状椭圆形，长 1~2 cm，宽约 5 mm，先端尖，被疏柔毛。花序圆柱状，密集多花；花近无梗；花萼筒状，长约 5 mm，被柔毛，萼齿披针形，先端长渐尖，约与萼筒近等长；花冠绛红色，长 10~11 mm；旗瓣长于翼瓣和龙骨瓣，各瓣均具爪；雄蕊 10 枚，二体 (9+1)；花柱无毛。荚果小，倒卵形，包藏于宿存的花萼内，果皮近膜质，具纵脉，不开裂，含种子 1 粒；种子肾形，褐色。 花期 7~8 月，果期 9~10 月。

产新疆：昆仑山北麓一些县有栽培。

原产欧洲。我国华北地区多有栽培。

2. 白车轴草

Trifolium repens Linn. Sp. Pl. 767. 1753; Fl. URSS 11: 211. 1945; 中国主要植物图说 豆科 208. 图 194. 1955; Fl. Kazakh. 5: 55. t. 5: 3. 1961; 中国高等植物图鉴 2: 379. 图 2487. 1972; Fl. W. Pakist. 100: 288. 1977; 新疆植物检索表 3: 43. 图版 2: 3. 1983; 中国植物志 42 (2): 334. 图版 85: 8~10. 1998; 青海植物志 2: 169. 1999; 青藏高原维管植物及其生态地理分布 522. 2008; Fl. China 10: 550. 2010.

多年生草本。主根较短，须根发达。茎匍匐地面，随地生根，长 30~60 cm，无毛。掌状三出复叶；小叶倒卵形或为倒心形，长 1~2 cm，宽 10~15 mm，先端圆形或凹缺，基部宽楔形，边缘具细齿，两面均无毛，或背面微被毛；小叶柄极短，疏被毛；托叶膜质，鞘状，卵状披针形，抱茎。头状花序，密集多花；总花梗长于叶柄，达 10~20 cm，几无毛；花梗长 2~3 mm，纤细；花萼钟状，微被毛，萼齿披针形，先端渐尖；小苞片膜质，卵状披针形，无毛，稍长于花梗；花冠白色，稀黄白色或淡红色；旗瓣椭圆形，长 7~9 mm，先端圆形，基部具短爪；翼瓣短于旗瓣，稍长于龙骨瓣；子房条形，花柱长而稍弯。荚果倒卵状矩圆形，长约 3 mm，包藏于宿存的花萼内，不开裂，含种子 2~4 粒。 花期 7~8 月，果期 9~10 月。

产新疆：喀什、塔什库尔干。生于东帕米尔高原海拔 1 000~2 600 m 的沟谷山地草甸、河谷阶地、河漫滩草甸。昆仑山北麓一些县也有栽培。

分布于我国的新疆，以及东北、华北、华东、西南、华南各省区；日本，蒙古，俄罗斯，伊朗，印度，欧洲也有。现我国许多地区都有栽培。

3. 红车轴草

Trifolium pratense Linn. Sp. Pl. 768. 1753；Fl. URSS 11：248. 1945；中国主要植物图说 豆科 212. 图 199. 1955；Fl. Kazakh. 5：60. t. 5：6. 1961；中国高等植物图鉴 2：381. 图 2491. 1972；Fl. W. Pakist. 100：285. 1977；新疆植物检索表 3：44. 1983；中国植物志 42 (2)：339. 图版 84：8~9. 1998；青海植物志 2：169. 1999；青藏高原维管植物及其生态地理分布 522. 2008；Fl. China 10：551. 2010.

多年生草本，高 30~80 cm。主根粗壮。茎直立或外倾，有分枝，被柔毛。掌状三出复叶，下部叶柄较长；小叶椭圆状卵形或椭圆形，长 2~4 cm，宽 1~2 cm，先端钝圆或微凹，基部宽楔形，边缘有细锯齿，腹面无毛，背面疏被长柔毛；小叶无柄或具短柄；托叶卵形，被叶卵形，被长柔毛，先端具长芒尖，基部抱茎。头状花序腋生，密生多花；总花梗密生柔毛；总苞较大，被毛，卵圆形，具纵脉；花近无梗；花萼钟状，被长柔毛，萼齿披针形，长于萼筒，下方 1 萼齿最长；花冠紫红色，长 12~14 mm；旗瓣舌状，先端平截，基部具爪；翼瓣和龙骨瓣均短于旗瓣，具细爪；子房椭圆形，花柱丝状，细长。荚果倒卵形，长约 2 mm，包藏于宿存的花萼内（果皮膜质，具纵肋）不开裂，通常含种子 1 粒；种子肾形，褐色或黄褐色，有光泽。 花期 6~7 月，果期 8~9 月。

产新疆：昆仑山北麓一些县有栽培。

原产欧洲。我国大部分地区都有栽培。

4. 草莓车轴草

Trifolium fragiferum Linn. Sp. Pl. 772. 1753；Fl. URSS 11：226. 1945；中国主要植物图说 豆科 208. 图 195. 1955；Fl. Kazakh. 5：57. t. 5：5. 1961；中国高等植物图鉴 2：379. 图 2488. 1972；Fl. W. Pakist. 100：286. 1977；新疆植物检索表 3：44. 1983；中国植物志 42 (2)：337. 图版 85：13~14. 1998；青海植物志 2：169. 1999；青藏高原维管植物及其生态地理分布 522. 2008；Fl. China 10：551. 2010.

多年生草本，高 20~30 cm。有地下茎，茎节有托叶。掌状三出复叶；托叶近膜质，卵状披针形，先端长渐尖；小叶宽倒卵形或椭圆形，长 10~25 mm，宽 8~15 mm，先端微凹，稀圆形，具不明显的短尖头，基部宽楔形，边缘具细齿，两面均无毛；小叶近无柄。头状花序密集多花；总花梗长 10~20 cm；总苞裂片披针形，具纵脉；花近无梗，有小苞片；花萼钟形，被柔毛，萼齿披针形；花冠淡红色，长约为花萼的 2.5 倍；旗瓣矩形，中下部扩大，先端微凹；翼瓣和龙骨瓣均具爪与耳；花柱丝状，无毛。荚果小，矩形，褐黄色，包藏于膨大的膜质花萼内，含种子 1 粒；种子矩圆形，褐色。 花期7～8月，果期9～10月。

产新疆：昆仑山北麓一些县有栽培。

原产地中海地区。我国西北、华北、东北均有栽培。

5. 杂种车轴草

Trifolium hybridum Linn. Sp. Pl. 766. 1753；Fl. URSS 11：212. 1945；中国主要植物图说 豆科 209. 图 196. 1955；Fl. Kazakh. 5：55. 1961；中国高等植物图鉴 2：380. 图 2489. 1972；新疆植物检索表 3：44. 1983；中国植物志 42（2）：335. 图版 84：11～12. 1998；青海植物志 2：170. 1999；青藏高原维管植物及其生态地理分布 522. 2008；Fl. China 10：550. 2010.

多年生草本，高30～60 cm。茎直立，无毛。掌状三出复叶；小叶卵形或倒卵形，长15～20 mm，宽 10～20 mm，先端钝圆，基部宽楔形，边缘有细锯齿，两面均无毛；近无小叶柄；托叶卵形，长 1～2 cm，宽约 5 mm，先端长渐尖，具纵脉。头状花序密集多花；花梗长 2～6 mm，花开放后通常下垂；花萼钟状，长约1.5 mm，萼齿三角形，具长尖，长于萼筒；花冠红色或紫红色，长为花萼的2倍。荚果小，包藏于花萼内，含种子2～3粒。 花期7～8月，果期9～10月。

产新疆：昆仑山北麓一些县有栽培。

原产欧洲。我国新疆，以及华北、东北地区均有栽培。

（六）紫穗槐族 Trib. **Amorpheae** Boriss.

Boriss. Novit. Syst. Pl. Vasc. 1964：223. 1964；中国植物志 41：346. 1995.

小乔木，灌木或草本。具腺点或疣状突起，奇数羽状复叶，稀羽状至指状3小叶或单小叶；托叶通常存在。总状花序、穗状花序或头状花序，顶生或与叶对生；花萼宿存，上方萼齿常合生；花冠蝶形，花瓣常退化，仅存1枚旗瓣；雄蕊10枚，单体或二体，花药1式，有时先端具腺体；子房有胚珠1～2枚。荚果不开裂，同花托和宿存萼一起脱落；种子具小种脐。

共8属，240～250种，分布于北美洲至墨西哥。我国引种1属，昆仑地区栽培1属1种。

11. 紫穗槐属 Amorpha Linn.

Linn. Sp. Pl. 731. 1753，et Gen. Pl. ed. 5. 319. 1754.

落叶灌木或半灌木，稀为草本，具腺点。奇数羽状复叶互生；小叶多数，全缘；托叶针形，早落。圆锥状或穗状花序密集，顶生；苞片钻状，早落；花小；花萼短钟状，5 齿裂，通常有腺点；花冠蓝紫色至白色，或为暗紫色，退化，仅存旗瓣叠抱雄蕊，翼瓣和龙骨瓣均不存在；雄蕊 10 枚，下部合生成鞘，上部离生；花药同型；子房无柄，含胚珠 2 枚。荚果短，长圆形，镰刀状或为新月形，不开裂，果瓣密被腺状小疣点，含种子 1~2 粒。

约 25 种，产北美洲与墨西哥。我国引种 1 种，昆仑地区亦有栽培。

1. 紫穗槐

Amorpha fruticosa Linn. Sp. Pl. 713. 1753；中国主要植物图说 豆科 263. 图 360. 1955；中国高等植物图鉴 2：391. 图 2511. 1972；Fl. W. Pakist. 100：217. 1977；新疆植物检索表 3：48. 1983；中国植物志 41：346. 图版 83：9~15. 1995；青海植物志 2：170. 1999；青藏高原维管植物及其生态地理分布 458. 2008；Fl. China 10：120. 2010.

灌木，高 1~2 m。老枝灰色，无毛；幼枝密生白色柔毛。奇数羽状复叶，具小叶 11~25 枚；托叶针形，早落；小叶卵形、椭圆形或披针状椭圆形，长 1~4 cm，宽 5~15 mm，先端圆形，具小突尖，基部圆形，两面被短柔毛。穗状花序生于枝条上部，长 7~15 cm；花多数；花萼钟形，长约 3 mm，密生白色柔毛，萼齿三角形，短于萼筒，边缘密生长柔毛；花冠蓝紫色；旗瓣心形，长约 5 mm，基部具短瓣柄；翼瓣和龙骨瓣不存在；雄蕊 10 枚，下部合生成鞘，上部离生，包于旗瓣中，常伸出花冠之外。荚果棕褐色，稍弯曲，不下垂，长 6~9 mm，宽约 3 mm，顶端有小尖，表面有瘤状腺点；种子狭长圆形，长约 5 mm，顶端向上弯曲，棕色，光亮。 花期 6~7 月，果期 8~9 月。

产新疆：策勒（治沙站，采集人和采集号不详）有栽培。

原产于美国东北部和东南部。我国的西北、华北、东北、华东、华中地区及四川有栽培。

（七）刺槐族 Trib. **Robinieae**（Benth. ）Hutch.

Hutch. Gen. Fl. Pl. 1：366. 1964；Polhill & Sousa in Polhill et Raven Adv. Legum. Syst. 1：283. 1981. —— *Galegeae* subtrib. *Robiniinae* Benth. et Hook. f. Gen. Pl. 1：445. 1865；中国植物志 40：225. 1994.

乔木、灌木或草本；有时具腺毛。偶数或奇数羽状复叶；托叶狭窄，有时变刺或阙如，有小托叶；小叶对生或近对生。总状花序腋生；上方 2 萼齿联合较多，有时呈二唇形；旗瓣常有附属体，翼瓣与龙骨瓣分离，中部常有皱褶状脉络；雄蕊二体，对旗瓣的

1 枚离生或在基部贴合；子房具柄，胚珠多数。荚果木质至薄革质，种子间有时具横隔；种子阔卵形或长圆状肾形至长圆形。

模式属：刺槐属 *Robinia* Linn.

共 21 属，集中分布于南美洲。我国有 3 属 8 种 3 变种，昆仑地区栽培 1 属 1 种。

12. 刺槐属 **Robinia** Linn.

Linn. Sp. Pl. 722. 1753, et Gen. Pl. ed. 5. 322. 1754.

落叶乔木或灌木。冬芽小，裸露，落叶前藏于叶柄基部，无顶芽。奇数羽状复叶互生，常具刺毛状或针刺状托叶；小叶对生，全缘，具小叶柄和小托叶。总状花序腋生，下垂；苞片膜质，早落；花萼钟状或杯状，5 齿裂，萼齿短而宽，微呈二唇形，上方 2 萼齿几合生；花冠白色至粉红色；旗瓣几圆形，阔展，外卷；翼瓣弯曲，离生；龙骨瓣向内弯，下面联合；雄蕊 10 枚，二体（9+1），上部离生或部分离生；子房具柄，含胚珠多数，花柱向内弯曲。荚果矩圆形或条状矩圆形，扁平，腹缝线上具窄翅，2 瓣开裂，下垂，含种子数粒，种子间不具隔膜。

约 20 种，分布于北美洲至中美洲。我国引种 2 种，昆仑地区栽培 1 种。

1. 刺 槐

Robinia pseudoacacia Linn. Sp. Pl. 722. 1753；中国主要植物图说 豆科 302. 图 302. 1955；中国高等植物图鉴 2：400. 图 2529. 1972；Fl. W. Pakist. 100：51. 1977；中国植物志 40：228. 1994；青海植物志 2：172. 1999；青藏高原维管植物及其生态地理分布 517. 2008；Fl. China 10：320. 2010.

落叶乔木，高 5～15 m。树皮褐色，有较深裂槽；小枝绿色，幼时微被细毛或无毛。奇数羽状复叶具小叶 7～25 枚；小叶全缘，椭圆形或卵形，长 2～5 cm，宽 1～2 cm，先端微凹或圆形，具小尖头，基部圆形，两面无毛或幼时疏生短柔毛。总状花序腋生，下垂，长 10～15 cm；花序轴及花梗被柔毛；花萼杯状，浅裂，被柔毛，萼齿三角形，长 1～2 mm，边缘密被白色柔毛；花冠乳白色，芳香，长 15～20 mm；旗瓣卵形，先端凹入，基部具瓣柄，有黄色斑点；翼瓣与龙骨瓣等长，具细瓣柄与钝耳；雄蕊 10 枚，二体（9+1）；子房倒披针形，无毛，花柱下弯，柱头头状。荚果扁，长矩圆形，长 3～10 cm，宽 1.0～1.5 cm，深褐色，含种子 1～13 粒；种子肾形，黑色。花期 6～7 月，果期 7～8 月。

产新疆：乌恰（喀什专区招待所内，中科院新疆综考队 7537）有栽培。

原产美国。我国北方广泛栽培，尤以华北及陕西和黄河流域为多。

（八）山羊豆族 Trib. **Galegeae**（Br.）Torrey et Gray

Torrey et Gray Fl. N. Amer. 1838；Polhill in Polhill et Raven Adv.
Legum. Syst. 1：357. 1981；中国植物志 42（1）：1. 1993.

草本或灌木，被单毛或丁字毛。羽状复叶有多数（稀1～3）小叶；叶枕缺或退化（甘草属除外）；托叶分离、贴生，稀合生；小叶全缘。总状花序，稀为单花，小苞片有或无；雄蕊二体，稀为单体；旗瓣基部狭或具瓣柄；翼瓣具耳；龙骨瓣钝至锐尖；花柱有时被柔毛或髯毛，柱头稀被簇毛。荚果扁平或膨大，稀种子间缢缩而呈串珠状，有时缝线内侵而成隔膜，稀具横隔膜。

模式属：山羊豆属 *Galega* Linn.

约24属，2 900～3 000种，主要分布于欧亚和北美洲，但可通过山地或干旱地稀疏地延伸至南非、澳大利亚和南美洲（温带）。我国有15属，分布于西南至东北；昆仑地区产3亚族14属。

分 亚 族 检 索 表

1. 旗瓣较宽而开展，常向后翻；花柱内侧具纵列的髯毛；荚果膨胀 ⋯⋯⋯⋯⋯⋯⋯⋯
⋯⋯⋯⋯⋯⋯⋯⋯ **1. 鱼鳔槐亚族** Subtrib. **Coluteinae** Benth. et Hook. f.
1. 旗瓣较狭窄，直立或开展；花柱无毛，稀柱头具毛；荚果膨胀或不膨胀。
　2. 植株不被黏质腺毛或腺点；叶枕退化或无叶枕；花药药室离生 ⋯⋯⋯⋯⋯⋯⋯⋯
⋯⋯⋯⋯⋯⋯⋯⋯ **2. 黄耆亚族** Subtrib. **Astragalinae**（Adans.）Benth. et Hook. f.
　2. 植株被黏质腺毛或腺点；叶有叶枕，螺旋状排列；花药药室于顶端联合 ⋯⋯⋯⋯
⋯⋯⋯⋯⋯⋯⋯⋯ **3. 甘草亚族** Subtrib. **Glycyrrhizinae** Rydb.

1. 鱼鳔槐亚族 Subtrib. **Coluteinae** Benth. et Hook. f.

Benth. et Hook. f. Gen. Pl. 1：446. 1865；中国植物志 42（1）：1. 1993.
—— Trib. *Coluteae* Hutch. Gen. Fl. Pl. 1：404. 1964.

灌木或草本。奇数羽状复叶，稀1小叶，稀退化为鳞片状；托叶合生；花序总状，有时下垂；萼齿近等大或上边2齿小；龙骨瓣的瓣片结合；雄蕊二体；花柱沿内侧或近上部具髯毛，稀无毛；胚珠数枚至少数。荚果膨大或肿胀，或呈圆柱状，但种子间不具横隔膜，常不开裂，稀开裂。

亚族模式属：鱼鳔槐属 *Colutea* Linn.

本亚族共 9 属。我国产 3 属，昆仑地区产 1 属 1 种。

13. 苦马豆属 Sphaerophysa DC.

DC. Prodr. 2：271. 1825.

草本或半灌木。奇数羽状复叶；小叶 3 至多枚，对生或互生；无小托叶。总状花序腋生；花红色、血红色、蓝紫色，稀为白色或黄色；萼齿 5 枚，近等长，有时上方 2 萼齿较长而合生；旗瓣直立或后翻；翼瓣通常短于龙骨瓣；雄蕊二体，稀单体，花药同型；子房有柄或无柄，胚珠多数，花柱内弯，先端锥形或内卷，内侧有纵列毛，柱头小，头状或斜形。荚果长圆形或卵圆形，膨胀，1 室或有时 2 室，2 瓣裂或微裂；种子肾形。

仅 2 种，主要分布于西亚、中亚、东亚及俄罗斯西伯利亚地区。我国有 1 种，昆仑地区亦产。

1. 苦马豆 图版 34：1~7

Sphaerophysa salsula (Pall.) DC. Prodr. 2：271. 1825；Enum. Pl. China Bor. Coll. 90. 1832；Ledeb. Fl. Ross. 1：574. 1842；Fl. Baical.-Dahur. 1：290. 1845；Fl. Orient. 2：197. 1872；Journ. Bot. n. s. 6：259. 1882；Pl. David. 1：82. 1884；Journ. Linn. Soc. Bot. 23：162. 1886；South. Tibet 2：58. 1922；Fl. URSS 11：312. 1945；中国植物志 42（1）：7. 图版 2：8~14. 1993；青海植物志 2：173. 图版 30：1~7. 1999；青藏高原维管植物及其生态地理分布 519. 2008；Fl. China 10：505. 2010. —— *Phaca salsula* Pall. Itin. 3：216. 245. Append. 747. 1776. —— *Swainsona salsula* (Pall.) Taub. in Engl. et Prantl Nat. Pflanzenfam. 3：281. 1894；中国主要植物图说豆科 310. 图 307. 1955；中国高等植物图鉴 2：402. 图 2533. 1972；新疆植物检索表 3：50. 图版 11：3. 1983；中国沙漠植物志 2：205. 图版 73：9~13. 1987.

多年生草本或矮小半灌木，高 20~70 cm，全株被伏贴的灰白色短柔毛。茎直，灰绿色，具纵条棱，分枝。奇数羽状复叶，长 4~12 cm；托叶披针形，长 2~3 mm；小叶 13~21 枚，对生，倒卵状椭圆形或长圆形，长 5~20 mm，宽 3~10 mm，先端微凹或圆形，基部楔形或近圆形，腹面灰绿色，无毛，背面被伏贴白色柔毛；小叶柄极短。腋生总状花序长于叶，具数至 10 余朵花；花梗基部有 1 苞片，上端有 2 小苞片；花萼钟状，萼齿 5 枚，三角形；花冠蓝紫色或朱红色，长约 12 mm；旗瓣近圆形，先端凹入，基部具柄；翼瓣短于龙骨瓣，矩圆形，先端圆，基部具柄和耳。龙骨瓣短于旗瓣；子房条状矩圆形，有柄，密被柔毛，花柱下弯，内侧具纵列髯毛，柱头头状。荚果膜质，矩圆形，呈膀胱状，长 1.5~3.5 cm，宽 1.0~2.5 cm，有柄，含种子多数；种子

图版 **34** 苦马豆 **Sphaerophysa salsula**（Pall.）DC. 1. 花枝；2. 果序；3. 花；4. 花解剖（示各瓣）；5. 荚果；6. 雄蕊；7. 雌蕊。甘蒙锦鸡儿 **Caragana opulens** Kom. 8. 花枝；9. 叶放大；10. 花解剖（示各瓣）；11. 花萼；12. 基部刺放大。青海锦鸡儿 **C. chinghaiensis** Liou f. 13. 花枝；14. 刺放大；15. 叶放大；16. 花萼；17. 花解剖（示各瓣）。 （阎翠兰绘）

肾状圆形，棕褐色。 花期 6～7 月，果期 7～8 月。

产新疆：南部（昆仑山北麓，采集人和采集号不详）、叶城（县城以东 5 km，刘海源 206）、皮山（阔什塔格乡克依克其，青藏队吴玉虎 1816）、若羌（县城附近，刘海源 058、070，高生所西藏队 2999）。生于海拔 960～2 800 m 的田边低湿地、河岸渠边、绿洲田边、湖岸草甸边、河滩疏林下。

青海：都兰（诺木洪，黄荣福 294、杜庆 364；香日德，郭本兆 8008；诺木洪农场，郭本兆 11777）、格尔木（城郊，郭本兆 11748、吴征镒等采集号不详、乐炎舟采集号不详）。生于海拔 2 800～3 200 m 的河谷滩地砂质土、河滩疏林下、农田水沟边、沙滩草坡。

分布于我国的新疆、青海、甘肃、宁夏、陕西、山西、河北、内蒙古、河南；蒙古，俄罗斯，日本也有。

2. 黄耆亚族 Subtrib. **Astragalinae**（Adans.）Benth. et Hook. f.

Benth. et Hook. f. Gen. Pl. 1：446. 1865；Polhill in Polhill et Raven Adv. Legum. Syst. 1：360. 1981；中国植物志 42（1）：11. 1993. —— Trib. *Astragaleae* Adans. Fam. 2：324. 1763；Hutch. Gen. Fl. Pl. 1：407. 1964.

草本、灌木，稀乔木；偶数或奇数羽状复叶，稀为 3～5 小叶的掌状复叶或单小叶；托叶离生或合生，稀绕茎结合；花组成花序或单一；萼齿上边 2 个常稍不等大；龙骨瓣瓣柄近基部处结合至仅在瓣片近顶部结合；雄蕊二体，稀单体；花柱无毛，稀在柱头下沿内侧被柔毛（柱头簇毛下延）；胚珠数枚至多数。荚果扁平至肿胀，不开裂或开裂，具纵膜或因缝线的侵入而成纵隔膜，稀具横隔膜。

亚族模式属：黄耆属 *Astragalus* Linn.

共 11 属。我国有 10 属，昆仑地区产 6 属。

分 属 检 索 表

1. 叶退化为单叶；总花梗针刺状 ················· **19. 骆驼刺属 Alhagi** Tourn. ex Adans.
1. 叶为羽状复叶；总花梗不为针刺状。
  2. 花淡紫色；荚果膨大，呈倒卵形，托叶成细长的刺状 ·························
  ·················· **14. 铃铛刺属 Halimodendron** Fisch. ex DC.
  2. 花黄色或白色，单生或簇生。
    3. 灌木；叶为偶数羽状复叶；叶轴与托叶常硬化成针刺状 ·····················
    ······················· **15. 锦鸡儿属 Caragana** Fabr.
    3. 草本或小半灌木，叶通常为奇数羽状复叶。

14. 铃铛刺属 Halimodendron Fisch. ex DC.

Filch. ex DC. Prodr. 2：269. 1825

落叶灌木；偶数羽状复叶有小叶 2～4 枚，叶轴在小叶脱落后延伸并硬化成针刺状；托叶宿存并呈针刺状。总状花序生于短枝上，具少数花；总花梗细长；花萼钟状，基部偏斜，萼齿极短；花冠淡紫色至紫红色；雄蕊二体；旗瓣圆形，边缘微卷，翼瓣的瓣柄与耳几等长，龙骨瓣近半圆形，先端钝，稍弯；子房膨大，1 室，有长柄，具多枚胚珠；花柱向内弯，柱头小。荚果膨胀，果瓣较厚；种子多粒。

有 1 种，分布于高加索、西伯利亚西部、中亚至天山等地区。我国主产新疆和内蒙古，西北其他地方也多栽培；昆仑地区产 1 种。

1. 铃铛刺

Halimodendron halodendron（Pall.）Voss in Vilm. Ill. Blumeng. 3. Aufl. 215. 1896；Fl. URSS 11：323. t. 20（2）. 1945；中国主要植物图说 豆科 313. 图 310. 1955；中国高等植物图鉴 2：403. 图 2535. 1972；新疆植物检索表 3：51. 图版 10：1. 1983；中国沙漠植物志 2：199. 图版 69：13～17. 1987；内蒙古植物志 ed. 2. 3：213. 图版 84：6～9. 1989；中国植物志 42（1）：12. 1993；Fl. China 10：545. 2010. —— *Robinia halodendron* Pall. Reise Russ. Reich. 2：Auh. 741. 1770. —— *Halimodendron argenteum* DC. Prodr. 2：269. 1825.

灌木，高 0.5～2.0 m。树皮暗灰褐色；分枝密，具短枝；长枝褐色至灰黄色，有棱，无毛；当年生小枝密被白色短柔毛。叶轴宿存，呈针刺状；小叶倒披针形，长 1.2～3.0 cm，宽 6～10 mm，顶端圆或微凹，有凸尖，基部楔形，初时两面密被银白色绢毛，后渐无毛；小叶柄极短。总状花序生 2～5 花；总花梗长 1.5～3.0 cm，密被绢质长柔毛；花梗细，长 5～7 mm；花长 1.0～1.6 cm；小苞片钻状，长约 1 mm；花萼长 5～6 mm，密被长柔毛，基部偏斜，萼齿三角形；旗瓣边缘稍反折，翼瓣与旗瓣近等长，龙骨瓣较翼瓣稍短；子房无毛，有长柄。荚果长 1.5～2.5 cm，宽 0.5～1.2 cm，背腹稍扁，两侧缝线稍下凹，无纵隔膜，先端有喙，基部偏斜，裂瓣通常扭曲；种子小，微呈肾形。　花期 7 月，果期 8 月。

产新疆：塔什库尔干（卡拉其古东面，青藏队吴玉虎采集号不详）、和田（和田河畔，麻扎山南面，采集人不详 9633）、墨玉（卡拉色依，采集人不详 149）。生于海拔 960~3 600 m 的村边田埂、干旱的河谷砾石地、荒漠盐化砂土地、河流沿岸的盐质土上。

分布于我国的新疆、甘肃（河西走廊）、内蒙古西北部；俄罗斯西伯利亚和北高加索地区，中亚地区各国，蒙古也有。

15. 锦鸡儿属 Caragana Fabr.

Fabr. Enum. Meth. Pl. ed. 2. 421. 1763

落叶灌木。偶数羽状复叶，互生或有时簇生，亦有时小叶密集成假掌状复叶；叶轴顶端针刺状，脱落或宿存并硬化成木质针刺；托叶膜质，锥形或硬化成针刺状，脱落或宿存；小叶 2~10 对，小而全缘，膜质或近革质，先端通常具刺状小尖头；无小托叶。花单生或簇生于短枝上；花梗通常具关节；苞片 1~2 枚，着生于关节处，常退化成刚毛状或不存在；小苞片 1 至数枚着生于花萼下方或有时阙如；花萼筒状或钟状，基部偏斜，萼齿 5 枚，几等长或有时上方 2 齿较小；花冠黄色，稀白色或玫瑰红色，具蜜腺；旗瓣倒卵形或近圆形，直展，两侧通常向外微卷，基部渐狭成长柄；翼瓣斜长圆形；龙骨瓣直立，先端钝或尖；雄蕊 10 枚，二体（9+1），花药同型；子房近于无柄，含胚珠多数，花柱直或稍内弯，细长，柱头小。荚果圆筒形，无柄或有柄，膨胀或扁平，顶端尖或渐尖，2 瓣裂；种子斜椭圆形或近球形，无种阜。

约 100 种，分布于东欧和亚洲。我国有 66 种，主产西北、华北、东北、西南的干旱地区；昆仑地区产 21 种 2 变种。

分 种 检 索 表

1. 小叶 4 枚，全部假掌状着生。
  2. 叶在腋生短枝上者常无叶轴，小叶呈簇生状（**系 7. 矮锦鸡儿系 Ser. Pygmaeae Kom.**）。小叶较阔，倒卵状披针形，宽 1.5~2.0 mm，两面无毛 ················
    ·················· **14. 变色锦鸡儿 C. versicolor** Benth.
  2. 叶在腋生短枝上者亦具明显的叶轴，惟有时叶轴甚短。
    3. 萼筒基部呈囊状凸起（**系 8. 大花系 Ser. Grandiflorae** Pojark.）。荚果无毛；花冠长 20~25 mm，旗瓣倒卵形，黄色 ·············· **15. 甘蒙锦鸡儿 C. opulens** Kom.
    3. 萼筒基部不呈囊状凸起或仅下部有时稍扩大（**系 9. 灌木系 Ser. Frutescentes** Pojark.）。
      4. 子房及荚果至少在幼时被灰白色柔毛。

5. 花较大，长 28～31 mm ………… **16. 北疆锦鸡儿 C. camilli-schneideri** Kom.

5. 花较小，长 20～24 mm。花梗较短，长 2～6 mm ………………

…………………………… **17. 昆仑锦鸡儿 C. polourensis** Franch.

4. 子房及荚果均无毛。

6. 荚果短小，长 10～25 mm，宽 2～3 mm …………………………

……………………………… **18. 短叶锦鸡儿 C. brevifolia** Kom.

6. 荚果较大，长 16～23 mm。

7. 翼瓣耳与瓣柄近等长，旗瓣宽倒卵形，先端凹入…………………

…………………… **19. 青海锦鸡儿 C. chinghaiensis** Liou f.

7. 翼瓣耳长为瓣柄的 1/5～1/3，旗瓣倒卵形或宽卵形，先端不凹。

8. 小叶长 6～15 mm；荚果宽 3～4 mm …………………………

………………………… **20. 密叶锦鸡儿 C. densa** Kom.

8. 小叶长 4～6 mm；荚果宽 4～6 mm …………………………

……………… **21. 吐鲁番锦鸡儿 C. turfanensis**（Krassn.）Kom.

1. 小叶 2～10 对，全为羽状或在长枝上的羽状，而在腋生短枝上的为假掌状。

9. 小叶全部 2 对，长枝上小叶羽状，短枝上小叶无叶轴；翼瓣具短瓣柄，柄长为瓣
片的 1/3，耳与瓣柄近等长（**系 1. 粗毛系 Ser. Dasyphyllae** Pojark.）…………

……………………………………… **1. 粗毛锦鸡儿 C. dasyphylla** Pojark.

9. 小叶 2～10 对。

10. 短枝上的叶具小叶 2 对，假掌状，叶轴脱落；长枝上小叶 2～4 对，羽状，叶
轴硬化宿存（**系 2. 针刺系 Ser. Spinosae** Kom.）。

11. 花梗单生；萼筒长 10～13 mm ……………… **2. 粉刺锦鸡儿 C. pruinosa** Kom.

11. 花梗 1～4 簇生；萼筒长 8～10 mm ………… **3. 川西锦鸡儿 C. erinacea** Kom.

10. 长、短枝上小叶全部羽状，小叶 2～9 对。

12. 叶轴全部硬化成针刺，宿存。

13. 花冠玫瑰色、粉红色；萼筒长 14～17 mm（**系 3. 鬼箭系 Ser. Jubatae**
Kom.）………………………………… **4. 鬼箭锦鸡儿 C. jubata**（Pall.）Poir.

13. 花冠黄色；萼筒较短（**系 4. 多刺系 Ser. Tragacanthoides** Pojark.）。

14. 子房无毛；小叶 3 对，披针形或倒披针形…………………………

……………………………… **5. 沧江锦鸡儿 C. kozlowii** Kom.

14. 子房有毛；小叶 3～7 对。

15. 荚果里面无毛；小叶 3～7 对 …………………………………

………………………… **9. 荒漠锦鸡儿 C. roborovskyi** Kom.

15. 荚果里面有毛。

16. 垫状矮灌木；小叶线形 ……… **6. 康青锦鸡儿 C. tibetica** Kom.

16. 非垫状灌木；小叶非线形。

17. 花冠长 30～36 mm ┈┈┈┈┈┈┈┈┈┈┈┈┈┈┈┈┈
┈┈┈┈┈┈ **7. 多叶锦鸡儿 C. pleiophylla**（Regel）Pojark.
17. 花冠长 23～25 mm；小叶 4～6 对，长圆形、狭长圆
形或倒卵状长圆形，背面被长柔毛 ┈┈┈┈┈┈┈┈
┈┈┈┈┈┈┈┈┈┈ **8. 通天锦鸡儿 C. junatovii** Gorb.
12. 叶轴脱落。
18. 萼筒管状钟形或管状，长显著大于宽，萼齿尖；小叶长通常在 10 mm
以下（系 6. **小叶系** Ser. **Microphyllae** Kom.）。┈┈┈┈┈┈┈
┈┈┈┈┈┈┈┈┈┈┈┈ **13. 小叶锦鸡儿 C. microphylla** Lam.
18. 萼筒钟状，长宽近相等，萼齿短钝；小叶长通常在 10 mm 以上（系
5. **树锦鸡儿系** Ser. **Caragana** Y. X. Liu）。
19. 每梗常具 2 花，小叶 2～4 对，倒卵形，子房被绢毛 ┈┈┈┈┈┈
┈┈┈┈┈┈┈┈┈┈┈┈ **10. 准噶尔锦鸡儿 C. soongorica** Grub.
19. 每梗具 1 花；小叶（3）4～10 对；子房有毛或无毛。
20. 花梗 2～5 簇生 ┈┈┈┈┈┈┈┈┈ **11. 树锦鸡儿 C. sibirica** Fabr.
20. 花梗常单生 ┈┈┈┈┈┈┈┈┈ **12. 新疆锦鸡儿 C. turkestanica** Kom.

系 1. 粗毛系 Ser. Dasyphyllae Pojark.

Pojark. in Kom. Fl. URSS 11：350. 1945；中国植物志 42（1）：17. 1993.

小叶全部 2 对，长枝上小叶明显羽状，叶轴宿存成粗针刺；短枝上小叶无叶柄，假掌状，叶轴脱落。花萼冠状钟形，具短齿；旗瓣宽，翼瓣具短瓣柄，耳长，线形。

系模式种：粗毛锦鸡儿 C. *dasyphylla* Pojark.

我国有 1 种，昆仑地区产 1 种。

1. 粗毛锦鸡儿

Caragana dasyphylla Pojark. in Fl. URSS 11：350. t. 24：2. 1945；中国主要植物图说 豆科 334. 图 325. 1955；中国沙漠植物志 2：216. 图 76：16～20. 1987；新疆植物检索表 3：58. 1983；中国植物志 42（1）：17. 图版 15：8～15. 1993；青藏高原维管植物及其生态地理分布 482. 2008；Fl. China 10：531. 2010.

矮灌木，高 20～30 cm。树皮灰褐色或淡褐色，有不规则条棱，长枝粗壮，具灰白色条棱。托叶在长枝者针刺状宿存，长 2～3 mm；叶轴在长枝者硬化成针刺，长 8～25 mm，短枝上叶无轴，密集，长枝上叶羽状；小叶 2 对，排列紧密或稀疏，倒披针形或倒卵形，长 3～12 mm，宽 2～3 mm，先端圆形或截形，基部楔形，两面被伏贴柔毛，略呈灰白色。花梗单生，长 2～4 mm，密被柔毛，关节在基部；花萼管状钟形，长 6～7 mm，宽 2.5～4.0 mm，萼齿短小，约为萼筒长的 1/4，密被柔毛；花冠黄色，长

16～18 mm；旗瓣近圆形或宽卵形，瓣柄长 2～3 mm；翼瓣上部较宽，瓣柄长为瓣片的1/3，耳与瓣柄近等长；龙骨瓣上部有短喙，瓣柄长为瓣片的1/2，耳短小。子房无毛。荚果圆筒状，长 2.0～3.5 cm，宽2.5～2.8 mm，无毛，先端尖。　花期 4～5 月，果期6～7 月。

产新疆：乌恰（县城至克曲卡拉途中，中科院新疆综考队 K‑580；城西 25 km，中科院新疆综考队 K‑561）、喀什、阿克陶（阿克塔什，青藏队吴玉虎 285）、叶城、皮山。生于海拔 1 200～2 500 m 的沟谷山坡、溪流河边、荒漠山地干旱石坡、河谷灌丛。

分布于我国的新疆；俄罗斯，中亚地区南部，塔吉克斯坦也有。

系 2. 针刺系 Ser. Spinosae Kom.

Kom. in Acta Hort. Petrop. 29（2）：260. 1909；中国植物志 42（1）：19. 1993.

长枝上小叶 2～4 对，羽状，叶轴硬化成针刺；短枝上小叶 2 对，假掌状，叶轴脱落。花萼冠状；旗瓣倒卵形，翼瓣和龙骨瓣的瓣柄等于或稍长于瓣片，耳短钝，龙骨瓣具弯喙。

系模式种：多刺锦鸡儿 C. spinosa（Linn.）DC.

我国有 5 种，昆仑地区产 2 种。

2. 粉刺锦鸡儿

Caragana pruinosa Kom. in Acta Hort. Petrop. 29：265. 1909；Fl. URSS 11：350. 1945；中国主要植物图说 豆科 335. 1955；Fl. Kazakh. 5：80. t. 9：1. 1961；Consp. Fl. Astr. Mediae 6：60. 196. 1981；中国沙漠植物志 2：218. 图 77：7～14. 1987；新疆植物检索表 3：59. 1983；中国植物志 42（1）：22. 图版 5：1～7. 1993；Fl. China 10：532. 2010.

灌木，高 0.4～1.0 m。老枝绿褐色或黄褐色，有条纹；一年生枝褐色，嫩枝密被短柔毛。托叶卵状三角形，褐色，被短柔毛，先端有刺尖，宿存或脱落；叶轴在长枝者长 1～2 cm，硬化成粗壮针刺，宿存，被柔毛，短枝上叶轴长 3～7 mm，脱落；小叶在长枝者 2～3 对，羽状，短枝者 2 对，假掌状，倒披针形或倒卵状披针形，长 5～10 mm，宽 1～3 mm，先端锐尖或钝，有刺尖，两面绿色，幼时被短柔毛。花梗单生，长 2～3 mm，被短柔毛；花萼管状，长 10～13 mm，被短柔毛，萼齿三角形；花冠黄色，旗瓣近圆形，长 22～27 mm，宽 11～15 mm，具狭瓣柄，翼瓣线形，钝头，瓣柄与瓣片近等长，耳长约 1 mm，钝，龙骨瓣先端尖或圆，瓣柄稍长于瓣片，耳不明显，基部截形；子房被疏柔毛或无毛。荚果线形，扁，长约 2 cm，宽约 3 mm，被疏柔毛或无毛。　花期 5 月，果期 7 月。

产新疆：乌恰（苏约克，采集人不详 1858）、喀什（拜古尔特北 50 km，中科院新疆综考队 9731）、策勒、若羌。生于海拔 1 800～3 200 m 的干旱沙砾河谷、山地荒漠带的砾石山麓、干旱阳山坡。

分布于我国的新疆；吉尔吉斯斯坦也有。

3. 川西锦鸡儿 图版 35：1～6

Caragana erinacea Kom. in Acta Hort. Petrop. 29（2）：268. 1909；中国主要植物图说 豆科 336. 图 327. 1955；中国高等植物图鉴 2：409. 图 2 548. 1972；西藏植物志 2：787. 1985；中国沙漠植物志 2：220. 图版 78：1～7. 1987；中国植物志 42（1）：22. 图版 18：15～18. 1993；青海植物志 2：181. 图版 31：17～22. 1999；青藏高原维管植物及其生态地理分布 482. 2008；Fl. China 10：532. 2010.

多分枝灌木，高 0.3～1.0 m。树皮褐色、绿褐色至黑色，有纵条纹；分枝短而密，幼枝红褐色，密被短柔毛。托叶红褐色，披针状三角形或三角形，急尖，密被短柔毛，边缘呈撕裂状，有时硬化成针刺；叶轴宿存并硬化成针刺，长 1～2 cm，细瘦或有时粗壮，密集成簇状，或在短枝者脱落；小叶 2～4 对，常 3 对，倒披针形或狭倒卵状披针形，长 3～12 mm，宽 1.5～2.0 mm，先端具短尖头，两面疏被短柔毛。花梗极短或几列花梗，被毛；花萼筒状，长 8～11 mm，密生短柔毛，萼齿三角形，长 1～3 mm，两面密被短柔毛；花冠黄色，长为花萼的 2 倍以上；旗瓣带橙红色，长椭圆状倒卵形；翼瓣狭矩圆形，柄稍长于瓣片，耳小；龙骨瓣先端尖，内弯，柄长于瓣片；子房条形，密被柔毛。荚果圆筒形，顶端渐尖，长 2～3 cm，密生短柔毛。 花期 5～7 月，果期 7～9 月。

产西藏：贡觉、索县、曲水、江孜、定日、拉孜。生于海拔 3 700～4 400 m 的干旱山坡、沟谷灌丛。

青海：格尔木、玛沁（军功乡，吴玉虎 4654；拉加乡，吴玉虎 5786、玛沁队 219）、班玛（莫巴乡，吴玉虎 26328、26332）、久治（白玉乡，吴玉虎 26371、26659；门堂乡，藏药队 278；黄河南缘，果洛队 109）、达日（采集地和采集人不详 053）。生于海拔 2 550～4 600 m 的砾质干山坡、溪流河岸、沟谷山坡林缘灌丛、山地田埂、山林路边。

甘肃：玛曲（欧拉乡，吴玉虎 32102；河曲军马场，吴玉虎 31868、31874）。生于海拔 3 200～3 440 m 的河谷山地岩石缝隙、河滩灌丛。

四川：石渠（国营牧场，吴玉虎 30082）。生于海拔 3 840～4 000 m 的沟谷山地阴坡灌丛。

分布于我国的青海、甘肃、西藏、四川西部。

系 3. 鬼箭系 Ser. Jubatae Kom.

Kom. in Acta Hort. Pertop. 29：286. 1909；中国植物志 42（1）：26. 1993.

小叶 3～6 对，羽状，全部叶轴宿存。花萼大，钟状管形；花冠玫瑰色，旗瓣倒卵形，翼瓣的瓣柄长为瓣片的 2/5～3/4，线形。荚果短。

系模式种：鬼箭锦鸡儿 *C. jubata*（Pall.）Poir.

我国有 1 种 3 变种 1 变型，昆仑地区产 1 种 1 变种 1 变型。

4. 鬼箭锦鸡儿　图版 35：7～13

Caragana jubata（Pall.）Poir. in Lam. Encycl. Suppl. 2：89. 1811；Acta Hort. Petrop. 29：287.1909；Sarg. Pl. Wils. 2：103. 1914；Fedde Repert. Sp. nov. Beih. 12：416. 1922；Symb. Sin. 7：551.1933；Acta Hort. Gothob. 13：425. 1940；Fl. URSS 11：359. 1945；Man. Cult Trees Shrubs ed. 5. 515. 1951；中国主要植物图说 豆科 342. 图 335. 1955；中国高等植物图鉴 2：408. 图 2546. 1972；新疆植物检索表 3：61. 1983；西藏植物志 2：784. 图 250. 1985；中国植物志 42（1）：26. 1993；青海植物志 2：179. 图版 31：1～7. 1999；青藏高原维管植物及其生态地理分布 483. 2008；Fl. China 10：534. 2010.—— *Astragalus jubata*（Pall.）O. Kuntze Rev. Gen. 1：161. 1891. —— *Robinia jubata* Pall. in Acta Acad. Pétersb. 10：370. 1979.

4a. 鬼箭锦鸡儿（原变种）

var. **jubata**

多刺落叶矮灌木，高 0.2～1.5 m。茎直立或横卧，基部分枝；树皮绿灰色，深灰色或黑色。托叶宿存，但不硬化成针刺状；叶长 2～6 cm，密集于枝条上部；叶轴全部硬化成针刺状，宿存，幼时密被长柔毛；小叶通常 4～6 对，羽状排列，长椭圆形至条状长椭圆形，长 5～18 mm，宽 2～6 mm，先端具针尖，两面疏生柔毛或有时密被柔毛，边缘密生长柔毛，基部常偏斜，萼齿 5 枚，披针形或三角形，长约为萼筒之半；花冠浅红色，长 2.0～3.5 cm；旗瓣倒卵形，先端圆形或微凹，基部渐狭成柄；翼瓣和龙骨瓣均短于旗瓣，皆具长柄与耳；翼瓣耳条形，稍短于柄；龙骨瓣耳短小，齿状；子房长椭圆形，密生短柔毛。荚果长椭圆形，长约 22 mm，宽约 5 mm，密生丝状长柔毛，先端具尖头。　花期 6～7 月，果期 8～9 月。

产新疆：乌恰（吉根乡斯姆哈纳卡莫孜，采集人不详 73-106；苏约克，中科院新疆综考队 1906）、喀什（拜古尔特北 50 km，中科院新疆综考队 9724）、阿克陶、塔什库尔干（麻扎赛赛铁克，高生所西藏队 3216；卡拉其古，中科院新疆综考队 1435）、昆仑山北坡。生于海拔 3 000～4 200 m 的山地石坡、河谷高山草地、沟谷山坡针叶林缘碎

263

石堆、山地阴坡高寒灌丛。

西藏：左贡、昌都、八宿、察隅、波密、索县、嘉黎、洛札、朗县、拉萨、林周、洛隆子、浪卡子、定日、吉隆。生于海拔 3 300～5 000 m 的砾石山坡、沟谷山地阴坡高寒灌丛。

青海：兴海（中铁林场中铁沟，吴玉虎 45629；黄青河畔，吴玉虎 42732；大河坝乡，吴玉虎，采集号不详；中铁林场卓琼沟，吴玉虎 45682、45704；河卡山，何廷农 128、吴珍兰 060、郭本兆 20313）、玛沁（采集地不详，玛沁队 040；军功乡，吴玉虎 26955、26982；黑土山，吴玉虎 5656；西哈垄河谷，吴玉虎 5742、5749；江让水电站，吴玉虎 1430；雪山乡朗日，H. B. G. 434）、甘德、久治（哇尔依乡，吴玉虎 2640；北山，果洛队 023）、班玛（赛来堂西山，陈定 080；马柯河林场，王学高 26810）、达日（采集地和采集人不详 051；莫坝乡，群英会 27094；吉色，吴玉虎 27096）、玛多、称多、曲麻莱。生于海拔 3 150～4 700 m 的沟谷阴坡高寒灌丛、河谷山地林缘、山顶高寒灌丛、沙砾质山地阴坡灌丛、圆柏林缘灌丛。

四川：石渠（新荣乡，吴玉虎 29979、29992）。生于海拔 3 300～4 200 m 的沟谷山地阴坡灌丛。

分布于我国的新疆、青海、甘肃、宁夏、西藏、四川、山西、河北、内蒙古、辽宁；蒙古，哈萨克斯坦，俄罗斯西伯利亚、远东地区，尼泊尔，印度东北部，不丹也有。

4b. 双耳鬼箭（变种）

var. **biaurita** Liou f. in Acta Phytotax. Sin. 22（3）：214. 1984；中国植物志 42（1）：28. 图版 7：1～5. 1993；青海植物志 2：181. 1999；青藏高原维管植物及其生态地理分布 483. 2008；Fl. China 10：534. 2010.

本变种与原变种的区别在于：翼瓣具 2 耳，副耳条形，长 2～6 mm。 花果期同正种。

产青海：曲麻莱（巴干乡政府附近，刘尚武 518）。生于海拔 4 000～4 600 m 的山地高寒草甸、沟谷山坡灌丛。

分布于我国的青海、新疆、宁夏、河北。

4c. 四川鬼箭（变型）

f. **seczhuanica** Kom. in Acta Hort. Petrop. 29：296. 1909；中国植物志 42（2）：29. 1993.

本变型与原变种的区别在于：枝平卧，老枝黑色，侧生枝短缩，被褐色柔毛，叶轴形成的针刺细，通常弯曲；小叶密被白色开展长柔毛。花果期同正种。

产青海：久治（门堂乡附近，高生所藏药队 253）。生于海拔 3 700～4 000 m 的山

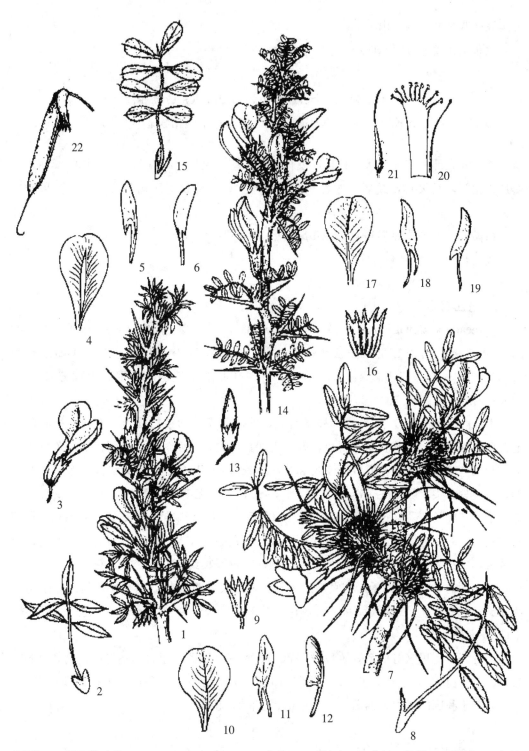

图版 35　川西锦鸡儿 **Caragana erinacea** Kom. 1. 花枝；2. 叶放大；3. 花；4. 旗瓣；5. 翼瓣；6. 龙骨瓣。鬼箭锦鸡儿 **C. jubata**（Pall.）Poir. 7. 花枝；8. 叶放大；9. 花萼；10. 旗瓣；11. 翼瓣；12. 龙骨瓣；13. 荚果。荒漠锦鸡儿 **C. roborovskyi** Kom. 14. 花枝；15. 叶放大；16. 花萼展开；17. 旗瓣；18. 翼瓣；19. 龙骨瓣；20. 雄蕊；21. 雌蕊；22. 荚果。（阎翠兰绘）

地阴坡高寒草甸、沟谷山坡灌丛。

分布于我国的青海、四川。

系 4. 多刺系 Ser. Tragacanthoides Pojark.

Pojark. in Kom. Fl. URSS 11：35. 1945；中国植物志 42 (1)：29. 1993.

长枝和大部短枝叶羽状，具轴，硬化宿存。花萼冠状；旗瓣倒卵形；翼瓣瓣柄长与瓣片近相等，具长耳，线形；龙骨瓣先端具弯尖，瓣柄长等于瓣片，耳短。荚果常短而宽。

系模式种：多叶锦鸡儿 C. pleiophylla (Regel) Pojark.

我国有 13 种，昆仑地区产 5 种。

5. 沧江锦鸡儿

Caragana kozlowii Kom. in Acta Hort. Petrop. 29 (2)：283. 1909；中国主要植物图说 豆科 342. 图 334. 1955；西藏植物志 2：782. 1985；中国植物志 42 (1)：31. 图版6：20. 1993；青海植物志 2：185. 1999；青藏高原维管植物及其生态地理分布 484. 2008；Fl. China 10：534. 2010.

直立灌木，高 0.5～1.0 m。枝条直立，彼此紧靠；幼枝棕褐色，有棱，被白色柔毛；老枝深灰色。托叶膜质，褐色，阔，先端具针尖，背面疏被、腹面密被白色丝质柔毛；叶轴全部宿存并硬化成针刺，长 2.0～4.5 cm；小叶 8 枚，倒卵状披针形或长椭圆形，先端具针尖，长 10～16 mm，宽 4～6 mm，腹面无毛，背面沿中脉及叶缘有疏毛。花单生，花梗长 6～12 mm，基部具关节，被毛；花萼筒状钟形，长 10～12 mm，早期密被毛，毛后变疏，萼齿三角形，腹面密被毛，先端具针尖，长为萼筒的 1/4 左右；花冠黄色，长约 22 mm；旗瓣椭圆形，先端微凹；翼瓣长约 20 mm，柄与瓣片等长，耳条形，短于柄约 2 mm；龙骨瓣与翼瓣近等长，柄与瓣片近等长，耳短小，齿状；子房长约 6 mm，密被毛。荚果圆筒状，带黄色，被疏毛，长 2.0～3.5 cm。 花期 5～6 月，果期 7～8 月。

产青海：班玛 (灯塔乡，陈世龙等 363)、称多 (歇武乡至直门达途中，苟新京 83-429)。生于海拔 3 220～4 000 m 的河谷山地阴坡高寒灌丛、河谷山坡云杉林缘灌丛。

分布于我国的青海、西藏、四川西部、云南西北部。

6. 康青锦鸡儿　图版 36：1～6

Caragana tibetica Kom. in Acta Hort. Petrop. 29 (2)：282. 1909；中国主要植物图说 豆科 341. 图 333. 1955；中国高等植物图鉴 2：210. 图 2547. 1972；西藏植物志 2：788. 1985；中国沙漠植物志 2：221. 图版 78：15～20. 1987；中国植物志 42 (1)：32.

图版 8：21～28. 1993；青海植物志 2：182. 图版 32：1～6. 1999；青藏高原维管植物及其生态地理分布 485. 2008；Fl. China 10：535. 2010.

丛生矮灌木，高 20～60 cm，通常呈垫状。树皮灰褐色或灰黄色，多裂纹；枝条短而密集，密被长柔毛。托叶卵形或近圆形，膜质，无针尖；叶轴细而密，长 1.0～3.5 cm，幼时密被长柔毛，全部宿存并硬化成针刺；小叶 6～10 枚，条形，常对折，长 5～14 mm，宽 1.0～2.5 mm，先端具刺尖，近无叶柄，密被银白色长柔毛。花单生，近无花梗；花萼筒状，长 10～14 mm，宽 4～5 mm，密被长柔毛，萼齿三角形，长约 3 mm，先端具针尖；花冠黄色，长 22～25 mm；旗瓣倒卵形，先端微凹，柄长为瓣片之半；翼瓣的柄长与瓣片相等或稍长，耳短小，钝圆；龙骨瓣的柄长于瓣片，耳短小，齿牙状；子房密生灰白色长柔毛。荚果椭圆形，长 8～12 mm，顶端具尖头，外面密生柔毛，内面密被茸毛。　花期 5～6 月，果期 6～8 月。

产青海：兴海（河卡乡尕玛羊曲，吴玉虎 20478；吴珍兰 016；东浪山，何廷农 462；桑当乡野马台，陈世龙等 033）、格尔木。生于海拔 3 200～3 500 m 的草原和半荒漠地带的干旱阳坡、河滩砾石地、河谷台地、山地阴坡半荒漠草原、沟谷干山坡。

分布于我国的青海、甘肃、宁夏、西藏、四川、内蒙古。

7. 多叶锦鸡儿

Caragana pleiophylla (Regel) Pojark. in Kom. Fl. URSS 11：357. 401. t. 24：5. 1945；中国主要植物图说 豆科 338. 图 330. 1955；新疆植物检索表 3：60. 1983；中国沙漠植物志 2：221. 图版 78：21～27. 1987；中国植物志 42 (1)：32. 图版 9：6～ 12. 1993；Fl. China 10：535. 2010. —— *C. tragacanthoides* Pall. var. *pleiophylla* Regel in Изв. Общ. Любит. Естеств. Антроп. и Этняр. 34 (2)：19. 1882；Kom in Acta Hort. Petrop. 29：272. 1909.

灌木，高 0.8～1.0 m。老枝黄褐色，剥裂；嫩枝被柔毛。羽状复叶有 4～7 对小叶；托叶宽卵形，膜质，红褐色，脱落，被柔毛；叶轴灰白色，硬化成针刺，长 1.5～4 (5.5) cm，宿存；小叶长圆形，倒卵状长圆形，长 6～12 mm，宽 3～4 mm，先端锐尖，基部宽楔形，两面被伏贴柔毛，老时近无毛，灰绿色。花单生，梗长 5～7 mm，被长柔毛，关节在基部；花萼长管状，基部不呈囊状凸起，长 14～16 mm，宽 5～6 mm，密被长柔毛，萼齿三角形或披针状三角形；花冠黄色，长 30～35 mm；旗瓣椭圆状卵形，先端微凹，瓣柄长为瓣片的 1/3～1/2；翼瓣先端圆形，瓣柄长为瓣片的 2/3，耳长约为瓣柄的 1/5～1/3，线形，常有上耳，长 1～2 mm；龙骨瓣稍短于翼瓣，瓣柄较瓣片长；子房密被灰白色柔毛。荚果圆筒状，长 3.0～3.5 cm，先端渐尖，外面有短柔毛，内面密被褐色茸毛。　花期 6～7 月，果期 9 月。

产新疆：乌恰、喀什（拜古尔特北 50 km，中科院新疆综考队 9724、9727）、阿克陶、策勒。生于海拔 1 500～3 600 m 的干旱石质山坡、山地灌丛、山沟河谷阶地、河边林下、山地阴坡砾石地、平原干旱荒漠石质冲积扇。

分布于我国的新疆；吉尔吉斯斯坦伊塞克湖、天山西段也有。

8. 通天锦鸡儿 图版 36：7～13

Caragana junatovii Gorb. in Nov. Syst. Pl. Vascul. 21：89. 1984；青海植物志 2：184. 图版 32. 图 7～13. 1999；青藏高原维管植物及其生态地理分布 483. 2008；Fl. China 10：536. 2010. —— *C. przewalskii* Pojark. in Kom. Fl. URSS 11：353. 358. 1945, in obs.；中国植物志 42（1）：33. 1993.

多刺灌木，高 0.3～1.0 m。老枝灰褐色或黑褐色，有光泽，树皮片状剥落。当年生枝红褐色，疏被毛。托叶宽卵形，褐色或红褐色，密或疏被白色柔毛，无针刺。叶轴被开展的长柔毛，宿存并硬化成针刺状，在长枝者粗壮，在短枝者细瘦，长 2～5 cm，上部无毛；小叶 3～5 对，矩圆形或倒卵状矩圆形，长 5～10 mm，宽 2～4 mm，两面被开展白柔毛；背面毛较密，先端有针尖。花单生短枝叶腋；花梗长 4～6 mm，被毛，中部以下具关节；花萼筒形，长 10～14 mm，棕黄色常带紫色，被毛较密，萼齿窄三角形，长 3～4 mm；花冠黄色；旗瓣倒卵形，长约 24 mm，先端微凹；翼瓣长约 23 mm，柄长约 10 mm，耳长约 4 mm；龙骨瓣长约 21 mm，柄长约 12 mm，耳不明显。子房被白色柔毛。荚果圆筒形，长约 2.0～2.5 cm，外面疏或密被毛，内面密被茸毛。 花期 5～6 月，果期 6～8 月。

产青海：称多（通天河畔，刘尚武 2346）。生于海拔 3 600～4 100 m 的山坡灌丛、沟谷林缘、河边陡壁。

分布于我国的青海。

9. 荒漠锦鸡儿 图版 35：14～22

Caragana roborovskyi Kom. in Acta Hort. Petrop. 29（2）：280. 1909；中国主要植物图说 豆科 340. 图 332. 1955；新疆植物检索表 3：61. 1983；中国沙漠植物志 2：221. 图版 79：1～5. 1987；中国植物志 42（1）：36. 1993；青海植物志 2：181. 图版 31：8～16. 1999；青藏高原维管植物及其生态地理分布 485. 2008；Fl. China 10：536. 2010.

矮灌木，多分枝，高 20～80 cm。茎直立或外倾；树皮黄褐色或灰褐色，具灰色条棱，呈不规则剥裂；嫩枝密被白色柔毛。托叶狭三角形，膜质，被毛，中脉隆起，具刺尖，有时宿存并硬化成针刺状；叶轴密被柔毛，长 1～3 cm，宿存并硬化成针刺；小叶 3～5 对，羽状排列，宽倒卵形或矩圆形，基部楔形，长 3～10 mm，宽 2～5 mm，两面生长柔毛，萼筒长 9～12 mm，宽 5～7 mm，萼齿披针状三角形，长 3～5 mm，两面密被毛；花冠黄色，有时带紫色，长 26～28 mm；旗瓣倒卵圆形，外面有毛，先端微凹，基部有短柄；翼瓣长圆形，柄长约为瓣片之半，耳稍短于柄；龙骨瓣先端尖，背面有

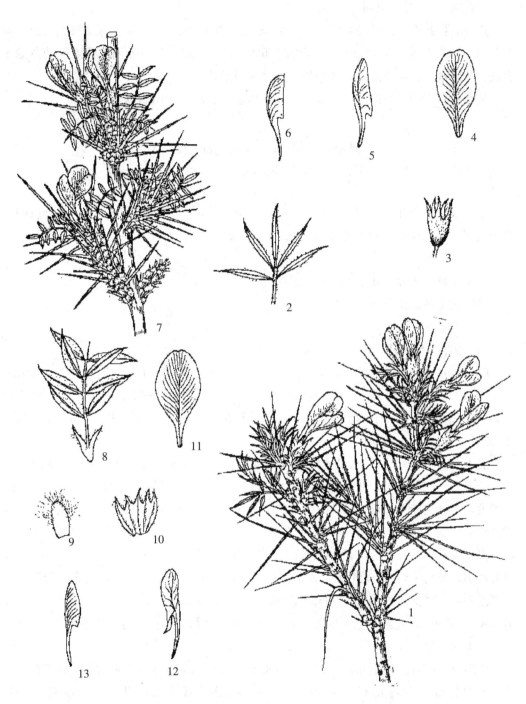

图版 **36**　康青锦鸡儿 **Caragana tibetica** Kom. 1. 花枝；2. 叶放大；3. 花萼；4. 旗瓣；5. 翼瓣；
6. 龙骨瓣。通天锦鸡儿 **C. junatovii** Gorb. 7. 花枝；8. 叶放大；9. 苞片；10. 花萼；11. 旗瓣；
12. 翼瓣；13. 龙骨瓣。　（阎翠兰绘）

毛，柄与瓣片近等长，耳小；子房密被柔毛。荚果圆柱形，长 2.5～3.5 cm，外被长柔毛。　花期 5～6 月，果期 6～7 月。

产青海：兴海（曲什安乡大米滩，吴玉虎 41829；大河坝乡，采集人不详 311；河卡乡尕玛羊曲，何廷农 474）。生于海拔 2 600～3 200 m 的荒漠带和半荒漠带的草原干山坡、沙砾地、田埂荒地、山地路边、黄河一级阶地。

分布于我国的青海东部、甘肃、宁夏、内蒙古西部；天山山脉也有。

<h3>系 5. 树锦鸡儿系 Ser. Caragana Y. X. Liu</h3>

Y. X. Liu Fl. Reipubl. Popul. Sin. 42 (1)：38. 1993.

羽状复叶，小叶（2）4～8（10）对，叶轴脱落。花梗伸长；花萼小型，宽钟状，萼齿短宽；翼瓣较旗瓣和龙骨瓣长，瓣柄长为瓣片的 3/5～5/7，耳钻形；荚果线形，长宽比为（5～8）：1。

系模式种：树锦鸡儿 Caragana sibirica Fabr.

我国有 7 种。昆仑地区产 3 种。

<h3>10. 准噶尔锦鸡儿</h3>

Caragana soongorica Grub. in Not. Syst. Herb. Inst. Bot. Acad. Sci. URSS 19：543. f. 2. 1959；中国沙漠植物志 2：224. 图版 79：11～15. 1987；新疆植物检索表 3：64. 1983；中国植物志 42 (1)：38. 图版 10：1～7. 1993；Fl. China 10：537. 2010.

灌木，高 1.5～2.0 m。老枝深灰色或紫黑色；嫩枝细，绿褐色，有棱，无毛。羽状复叶有 2～4 对小叶，轴长 1.5～4.5 cm，脱落；托叶在长枝者宿存，长 3～6 mm，具刺尖，小叶倒卵形，长 7～15 mm，宽 5～9 mm，先端微凹或平截，具刺尖，无毛或背面疏被伏贴柔毛，网脉明显。花梗单生，长 1.0～3.5 cm，关节在中上部，每梗 2 花，很少 1 花；苞片钻形，长 1～2 mm；花萼钟状杯形，长 7～9 mm，宽与长近相等，萼齿短小，长约 1 mm，无毛或近无毛；花冠黄色，长 30～35 mm；旗瓣宽卵形，瓣片基部近平截，瓣柄长约 1 cm；翼瓣较旗瓣长 2～3 mm，瓣柄长约为瓣片的 1/2，耳线形，长 2～3 mm；龙骨瓣较翼瓣短 3～5 mm，基部平截，瓣柄长为瓣片的 4/5；子房被绢毛。荚果线形，长 4～5 cm，宽 5～6 mm。　花期 5 月，果期 7～8 月。

产新疆：喀什。生于海拔 1 200～1 800 m 的戈壁荒漠、山麓石质山坡、河谷灌丛。

本种与新疆锦鸡儿 C. turkestanica Kom. 及阿富汗锦鸡儿 C. prainii C. K. Schneid. 的区别在于：子房有毛，花较大，萼很宽，龙骨瓣无耳。

<h3>11. 树锦鸡儿</h3>

Caragana sibirica Fabr. in Enum. Meth. Pl. ed. 2. 421. 1763；青海植物志 2：

185. 1999；青藏高原维管植物及其生态地理分布 485. 2008.—— *C. arborescens* Lam. Encycl. 1：615. 1783；Acta Hort. Petrop. 29：321. 1909；Fl. URSS 11：362. 1945；中国主要植物图说 豆科 346. 图 340. 1945；Fl. Kazakh. 5：84. 16. 1961；Consp. Fl. As. Mediae 6：62. 1981；新疆植物检索表 3：62. 1983；中国沙漠植物志 2：226. 图版 80：1～5. 1987；中国植物志 42（1）：40. 1993；Fl. China 10：537. 2010.

灌木或小乔木，高 1～3 m。树皮暗灰绿色，略有光泽；小枝有纵棱，绿灰色或黄褐色，幼枝被柔毛。托叶三角状披针形，脱落，在长枝上有时宿存并硬化成针刺状，长 5～10 mm；叶轴细瘦，有沟槽，通常被毛或后变几无毛，长 2.5～8.0 cm，脱落；小叶 3～6 对，羽状排列，矩圆状卵形、椭圆形至长椭圆形，长 9～25 mm，宽 5～14 mm，先端圆形或平截，有小尖头，基部圆形，幼时两面柔毛，毛后脱落，或仅背面被疏毛。花 2～5 簇生，稀单生；花梗长 2～7 cm，近上部具关节，幼时被柔毛；花萼钟形，长宽均为 6～8 mm，基部偏斜，被毛，萼齿短；花冠黄色，长 16～20 mm；旗瓣宽卵形，长与宽近相等；翼瓣钝圆，具短柄，稍长于旗瓣，柄稍短于瓣片；龙骨瓣的柄与瓣片几等长；子房无毛，无柄。荚果条形，无颈，扁，长 3.5～6.0 cm，无毛。 花期 5～6 月，果期 7～8 月。

产青海：都兰（香日德农场，吴征镒 212）。栽培于 2 900 m 左右的干旱地区。

分布于我国的西北、华北、东北地区；蒙古，俄罗斯，哈萨克斯坦伊犁河下游，天山西段，帕米尔-阿赖山也有。

12. 新疆锦鸡儿

Caragana turkestanica Kom. in Acta Hort. Petrop. 29：314. t. 14（C）. 1909；Kom. Fl. URSS 11：364. 1945；中国主要植物图说 豆科 350. 图 344. 1955；Consp. Fl. Astr. Mediae 6：62. 1981；新疆植物检索表 3：64. 1983；中国沙漠植物志 2：228. 1987；中国植物志 42（1）：42. 图版 11：21. 1993；Fl. China 10：535. 2010.

灌木，高 1～2 m，多分枝。老枝灰色或灰绿色；小枝细长，无毛或嫩时被伏贴柔毛，淡褐色或绿褐色。羽状复叶有 3～5 对小叶；托叶脱落或宿存，硬化，长 2.5～10.0 mm，水平开展；叶轴长 3～6 cm，先端具刺尖，少数叶轴宿存，针刺细瘦或粗壮；小叶羽状，宽倒卵形或椭圆形，长 1～2 cm，宽 5～10 mm，先端圆形或截形，具刺尖，基部楔形，极少圆形，绿色或呈灰白色，无毛或疏被伏贴柔毛。花梗与叶等长或稍长，长 2～5 cm，无毛，关节在中部以上；小苞片极小、线形；花萼钟状，长宽近相等，长 6～8 mm，萼齿三角形，先端钝，外面无毛；花冠黄色；旗瓣长 24～27 mm，宽 22～25 cm，基部渐狭成短瓣柄；翼瓣长 27～30 mm，先端较宽，瓣柄长为瓣片的 2/5，耳狭，长为瓣柄的 1/3；龙骨瓣长 23～27 mm，先端钝，瓣柄长为瓣片的 2/3，耳短钝；子房无毛，无柄；荚果圆筒状，长 3～5 cm，宽 6.0～6.5 mm，无颈。 花期 5 月，果期 7 月。

产新疆：塔什库尔干、叶城。生于海拔 1 400～1 800 m 的干旱山坡灌丛、山地阳坡砾地、山谷山麓。

分布于我国的新疆；中亚地区各国，天山西段也有。

系 6. 小叶系 Ser. Microphyllae Kom.

Kom. in Acta Hort. Petrop. 29：344. 1909；中国植物志 42（1）：43. 1993.

叶轴脱落，羽状复叶有 5～10 对小叶。花萼钟形冠状，具刺状齿；旗瓣宽；翼瓣的瓣柄长为瓣片的 2/3，耳短。荚果线形，长为宽的 7～8 倍。

系模式种：小叶锦鸡儿 C. *microphylla* Lam.

我国有 8 种 1 变种，昆仑地区产 1 种。

13. 小叶锦鸡儿

Caragana microphylla Lam. Encycl. 1：615. 1783；Acta Hort. Petrop. 29：344. 1909；Kom. Fl. URSS 11：367. 1945；中国主要植物图说 豆科 355. 图 351. 1955；中国高等植物图鉴 2：412. 图 2553. 1972；中国沙漠植物志 2：228. 图版 80：6～11. 1987；新疆植物检索表 3：64. 1983；中国植物志 42（1）：46. 1993；青海植物志 2：186. 1999；青藏高原维管植物及其生态地理分布 484. 2008；Fl. China 10：539. 2010.

灌木，高 0.7～1.5 m。老枝灰绿色或黄灰色；小枝黄白色，直立或弯曲，具条棱，被毛。托叶在长枝者硬化成针刺，宿存，长 3～8 mm；叶轴长 15～55 mm，幼时被伏柔毛，后期无毛，脱落；小叶 5～10 对，倒卵形或倒卵状矩圆形，长 3～10 mm，宽 2～5 mm，先端圆形或钝，有时稍凹，具短刺尖，幼时两面被短柔毛。花单生；花梗长 10～20 mm，密被绢状短柔毛，近中部具关节；花萼钟形或筒状钟形，长约 10 mm，宽 5～6 mm，密被短柔毛，萼齿宽三角形，长约 3 mm；花冠黄色，长 20～25 mm；旗瓣近圆形，先端微凹，基部具短瓣柄；翼瓣瓣柄长为瓣片之半或近等长，耳短，齿状；龙骨瓣先端钝，瓣柄与瓣片近等长，耳不明显；子房无毛。荚果圆筒形，长 3～5 cm，宽 4～6 mm，顶端斜长渐尖，果皮较薄，含种子数粒。 花期 7～8 月。

产青海：都兰（香日德，杜庆 569）。栽培于海拔 2 900 m 左右的荒漠干旱沙地。

分布于我国的青海、甘肃东部及华北和东北；蒙古，俄罗斯也有。

系 7. 矮锦鸡儿系 Ser. Pygmaeae Kom.

Kom. in Acra Girt. Petrop. 29：2. 1909；中国植物志 42（1）：51. 1993.

叶为假掌状复叶，短枝上叶轴极短，小叶似簇生，长枝上叶轴长 3～10 mm，硬化成针刺。花萼小型，冠状或冠状钟形，基部通常不扩大或稍宽；旗瓣宽，基部渐狭成短柄。荚果狭，长大于宽 8～10 倍。

系模式种：矮锦鸡儿 C. *pygmaea*（Linn.）DC.

我国有 5 种 1 变种 1 变型，昆仑地区产 1 种。

14. 变色锦鸡儿

Caragana versicolor Benth. in Royle. Illustr. Bot. Himal. 198. t. 34. f. 2. 1839；Kom. in Acta Hort. Petrop 29：255. 1909；中国主要植物图说 豆科 332. 图 324. 1955；中国高等植物图鉴 2：407. 图 2543. 1972；Fl. W. Pakist. 100：100. 1977；西藏植物志 2：780. 图 248：1～7. 1985；中国植物志 42（1）：54. 图版 15：12～16. 1993；青海植物志 2：176. 1999；青藏高原维管植物及其生态地理分布 541. 2008.

直立灌木，高 0.5～1.5 m。枝条密而多针刺。树皮黄褐色，幼时带灰色，条棱明显。托叶在短枝者膜质，脱落，在长枝者宿存并硬化成针刺；叶轴在长枝者宿存并硬化成针刺，斜上或横展，长 5～10 mm，在短枝上的叶无叶轴；小叶 4 枚，假掌状排列，倒卵状披针形，长 5～10 mm，宽 1.5～2.0 mm，两面无毛。花单生，花梗长 6～10 mm，中部以下具关节，无毛；花萼钟状，基部稍偏斜，长 6～8 mm，无毛，萼齿三角形，先端常具针尖；花冠黄色；旗瓣圆形带红晕或浅红色，先端微凹，长 15～18 mm；翼瓣长椭圆形，耳小，齿牙状；龙骨瓣稍宽，钝头，弯曲，耳短而圆；子房条形，无毛。荚果圆柱状，长 2.0～2.5 cm，宽 2～3 mm，顶端具长尖，无毛。 花期 6～7 月，果期 7～8 月。

产西藏：日土、噶尔（狮泉河，高生所西藏队 3769）、改则。生于海拔 4 200～4 900 m 的沟谷山坡灌丛、沙砾山坡、河滩砾石地。

青海：玛沁（雪山乡，黄荣福 C. G. 81 - 015）、甘德、久治、班玛、称多。生于海拔 3 000～3 600 m 的河谷阳坡、山沟灌丛、山麓林缘。

分布于我国的青海、西藏、四川西部；阿富汗，巴基斯坦，克什米尔地区，印度西北部，尼泊尔也有。

系 8. 大花系 Ser. Grandiflorae Pojark.

Pojark. in Kom. Fl. URSS 11：338. 1945；中国植物志 42（1）：56. 1993.

叶全为假掌状，叶柄极短，小叶狭披针形或狭倒披针形。花萼冠状，基部呈囊状凸起；旗瓣倒卵形，渐狭成瓣柄；翼瓣的瓣柄与瓣片等长，耳短小。

系模式种：大花锦鸡儿 C. *grandiflora*（Bieb.）DC.

我国有 5 种，昆仑地区产 1 种。

15. 甘蒙锦鸡儿 图版 34：8～12

Caragana opulens Kom. in Acta Hort. Petrop. 29 (2)：209. 1909；中国主要植物图说 豆科 328. 图 320. 1955；中国高等植物图鉴 2：406. 图 2541. 1972；西藏植物志 2：780. 1985；中国沙漠植物志 2：215. 图版 76：6～10. 1987；中国植物志 42 (1)：59. 图版 17：15～21. 1993；青海植物志 2：176. 1999；青藏高原维管植物及其生态地理分布 484. 2008；Fl. China 10：542. 2010.

直立灌木，高 1～2 m。多细长分枝，老枝灰褐色或棕褐色，有光泽；小枝褐色或带灰白色，有条棱。托叶在长枝者硬化成针刺，宿存，在短枝者脱落；叶轴长 3～6 mm，有毛，在长枝者硬化成针刺；小叶 4 枚，假掌状排列，倒卵形至倒披针形，有刺尖，长 3～12 mm，宽 1～5 mm，灰绿色或暗绿色，两面或有时仅背面被疏毛。花单生；花梗长 6～22 mm，宽 4～6 mm，无毛，萼齿三角形，先端具刺尖，有缘毛，长约 1 mm；花冠黄色，有时带紫色；旗瓣近圆形，长 20～23 mm，先端微凹，基部有柄；翼瓣矩圆形，先端钝，柄稍短于瓣片，具尖耳；龙骨瓣先端钝，柄等长于瓣片，耳齿状；子房线形，疏被柔毛。荚果圆筒形，无毛，长 2.5～4.0 cm，紫褐色或有时黑色。花期 5～7 月，果期 6～8 月。

产青海：兴海（河卡乡尕玛羊曲，吴玉虎 20360、潘锦堂 306；唐乃亥乡，采集人不详 289）、称多。生于海拔 3 000～3 600 m 的草原砾石山坡、河岸灌丛、干旱山坡及林缘陡坡、山麓田埂。

分布于我国的青海、甘肃、陕西、西藏、四川西部、山西、内蒙古。

系 9. 灌木系 Ser. Frutescentes Pojark.

Pojark. in Kom. Fl. URSS 11：332. 1945；中国植物志 42 (1)：60. 1993.

小叶密集叶轴顶部，假掌状，短枝上的叶轴脱落，长枝上的叶轴硬化成针刺，长 4～10 mm。萼筒状或冠状钟形，基部稍扩大。翼瓣和龙骨瓣的瓣柄与瓣片近相等，耳短。

系模式种：黄刺条 C. *frutex* (Linn.) C. Koch

我国有 9 种 2 变种，昆仑地区产 6 种。

16. 北疆锦鸡儿

Caragana camilli-schneideri Kom. in Acta Hort. Petrop. 29：217. t. 6（A）. 1909；Fl. URSS 11：335. 1945；中国主要植物图说 豆科 324. 图 316. 1955；Fl. Kazakh. 5：74. t. 8：2. 1961；中国高等植物图鉴 2：405. 图 2539. 1972；Consp. Fl. Astr. Mediae 6：57. 1981；中国沙漠植物志 2：214. 图 75：7～11. 1987；新疆植

物检索表 3：55. 1983；中国植物志 42（1）：60. 图版 18：8～14. 1993；Fl. China 10：543. 2010.

灌木，高 0.8～2.0 m。老枝粗壮，皮褐色，有凸起的条棱。托叶针刺硬化，长 2～5 mm，宿存；叶柄在长枝者长 2～10 mm，硬化成针刺，宿存，在短枝者细瘦，脱落；叶假掌状，小叶 4 枚，倒卵形至宽披针形，长 1～2 cm，宽 6～7 mm，先端钝圆或锐尖，有短刺尖，基部渐狭成短柄，近无毛。花梗单生或 2 个并生，长 1.0～1.5（2.0）cm，关节在上部；萼筒长 9～10 m，宽 5～6 mm，基部偏斜扩大，萼齿三角形，花冠黄色，长 28～31 mm；旗瓣近圆形或卵圆形，瓣柄长约为瓣片的 1/4；翼瓣宽线形，瓣柄长约为瓣片的 1/3，耳长约 4 mm；龙骨瓣的瓣柄与瓣片近相等，耳不明显；子房密被柔毛。荚果圆筒形，具斜尖头，被柔毛。　花期 5～6 月，果期 7～8 月。

产新疆：阿克陶（阿克塔什，青藏队吴玉虎 288）、莎车（喀拉吐孜煤矿，青藏队吴玉虎 686）。生于海拔 2 400～3 200 m 的干旱石质山坡、山麓沙砾滩地、河岸灌丛、沟谷砾石地、山坡灌丛、沟谷向阳山坡草地、河谷砾石地。

分布于我国的新疆；俄罗斯西伯利亚，中亚地区各国也有。

17. 昆仑锦鸡儿

Caragana polourensis Franch. in Bull. Mus. Hist. Nat. Paris 3：321. 1897；Acta Hort. Petrop. 29：212. 1909；中国主要植物图说 豆科 323. 图 315. 1955；中国沙漠植物志 2：212. 图 76：1～5. 1987；新疆植物检索表 3：56. 1983；中国植物志 42（1）：62. 图版 17：22～28. 1993；青藏高原维管植物及其生态地理分布 484. 2008；Fl. China 10：543. 2010.

小灌木，高 30～50 cm，多分枝。树皮褐色或淡褐色，无光泽，具不规则灰白色或褐色条棱，嫩枝密被短柔毛。假掌状复叶有 4 枚小叶；托叶宿存；长 5～7 mm；叶柄硬化成针刺，长 8～10 mm；小叶倒卵形，长 6～10 mm，宽 2～4 mm，先端锐尖或钝圆，有时凹入，有刺尖，基部楔形，两面被伏贴短柔毛。花梗单生，长 2～6 mm，被柔毛，关节在中上部；花萼管状，长 8～10 mm. 宽 4～5 mm，萼齿三角形，基部不为囊状凸起，密被柔毛；花冠黄色，长约 20 mm；旗瓣近圆形或倒卵形，有时有橙色斑；翼瓣长圆形，瓣柄短于瓣片，耳短，稍钝圆；龙骨瓣的瓣柄较瓣片短，耳短；子房无毛。荚果圆筒状，长 2.5～3.5 cm，直径 3～4 mm，先端短渐尖。　花期 4～5 月，果期 6～7 月。

产新疆：乌恰（苏约克，中科院新疆综考队 1859；托云乡吐尔尕特南，李勃生 10136；康苏，李勃生 10044；古勒格田特南，李勃生 10105）、喀什（小阿图什至国际公路途中，采集人不详 406）、阿克陶、塔什库尔干、叶城（叶城至阿里公路 80 km 处，刘铭庭等 036；卡尔曼沟口北 10 km，采集人不详 527；阿卡子达坂北，李勃生 10710）、于田（种羊场，青藏队吴玉虎 3806；普鲁至火山途中，青藏队吴玉虎 3683；中科院新疆综考队 067、093)、墨玉、皮山（喀尔塔什，青藏队吴玉虎 3616；垴阿巴提乡布琼，青藏队吴玉虎 1882、李勃生 11721；坎羊，青藏队吴玉虎 1815；桑珠河上游康开至阿尤子途中，采集人不详 176)、策勒（奴尔乡，青藏队吴玉虎 2004；阿克奇大队，采集人不详 R1719；奴尔乡布丈河，采集人不详 024)、和田、且末（阿羌乡昆其布拉克牧场，青藏队吴玉虎 3845；中科院新疆综考队 9358；库拉木勒克乡，中科院新疆综考队 9468)。生于海拔 2 050～3 500 m 的山地干河谷、冰川漂砾石坡、干旱河谷阶地、干旱阳山坡灌丛、山前冲积扇、山麓路边石质盐渍化荒漠带、沟谷山坡灌丛边缘。

分布于我国的新疆、甘肃祁连山北坡的山丹、西藏；俄罗斯，中亚地区各国也有。

18. 短叶锦鸡儿

Caragana brevifolia Kom. in Acta Hort. Petrop. 29：211. 1909；Rehd. Man. Cult. Trees Shrubs ed. 5. 517. 1951；中国主要植物图说 豆科 325. 图 317. 1955；中国高等植物图鉴 2：405. 图 2540. 1972；Fl. W. Pakist. 100：99. 1977；中国植物志 42 (1)：62. 图版 16；22～28. 1993；青海植物志 2：178. 1999；青藏高原维管植物及其生态地理分布 481. 2008；Fl. China 10：543. 2010.

丛生矮灌木，高 0.5～1.5 m。老枝灰褐色，树皮龟裂，幼枝具棱，全株无毛。托叶宿存并硬化成针刺状，长 4～8 mm；叶密集；小叶 4 枚，较小，假掌状着生，披针形或倒卵状披针形，长 3～9 mm，宽 1～3 mm，先端通常具针尖，基部楔形，无毛或背面疏生短柔毛；长枝上的叶轴宿存并硬化成针刺状。花单生于叶腋；花梗长 3～10 mm，被毛，近基部具关节；花萼钟形，长约 5～7 mm，基部偏斜，通常白霜，带褐色，或为绿黄色紫晕，萼齿 5 枚，三角形，边缘白色，被毛，有短尖头；花冠黄色，长 14～17 mm；旗瓣倒卵形，长 14～17 mm，宽 9～11 mm，先端微凹，基部楔形；翼瓣长 15～18 mm，宽约 4 mm，柄长约 8 mm，耳长约 1.5 mm；龙骨瓣短于翼瓣；子房线形，长约 10 mm，无毛。荚果圆柱形，无毛，长 2.0～2.5 cm，成熟后黑色或呈棕黄色，含种子数粒。 花期 6～7 月，果期 7～8 月。

产青海：兴海、玛沁（大武乡，玛沁区划队 014、马柄奇 3014)、甘德、久治、班玛。生于海拔 3 100～3 800 m 的山坡草地、沟谷林缘、河岸灌丛。

分布于我国的青海、甘肃、四川。

19. 青海锦鸡儿　图版 34：13～17

Caragana chinghaiensis Liou f. in Acta Phytotax. Sin. 22 (3)：209. 1984；中国植物志 42 (1)：64. 图版 15：1～6. 1993；青海植物志 2：177. 图版 30：13～17. 1999；青藏高原维管植物及其生态地理分布 482. 2008；Fl. China 10：544. 2010.

灌木，高 0.5～1.0 m，多针刺。小枝粗壮，黄褐色，无毛，条棱明显；老枝绿褐色或深褐色，有光泽，皮剥落。托叶披针形，长 2～3 mm，先端硬化成针刺状尖头，脱落或宿存；叶柄长 5～7 mm，开展或反折，硬化成刺，宿存；4 小叶假掌状着生，狭倒披针形，长 6～10 mm，宽 2～3 mm，无毛，先端锐尖或短渐尖，具刺尖，基部楔形。花单生；花梗长 4～5 mm，基部具关节，有微柔毛；苞片膜质，三角形，极小，长约0.5 mm；花冠黄色；旗瓣宽倒卵形，短于翼瓣和龙骨瓣，有红晕，先端凹入，柄很短；翼瓣矩圆形，柄短于瓣片之半，耳条形，与柄近等长；龙骨瓣的柄稍长于瓣片之半，耳不明显；子房无毛。荚果圆筒形，长 3～4 cm，宽 3～4 mm。 花期 5～7 月，果期 7～9 月。

产青海：兴海（中铁林场恰登沟，吴玉虎 45222、45258；大河坝乡赞毛沟，吴玉虎 46498、47112、47125、47134、47144；赛宗寺，吴玉虎 46169、46176；中铁乡天葬台沟，吴玉虎 45387、45883、45964；大河坝沟，吴玉虎 42469、42493、42596；河卡乡羊曲台，吴珍兰 023；莫洛黑沟，何廷农 407；中铁乡附近，吴玉虎 42800、42890、45373、45387；阿米瓦阳山，何廷农 431）、玛沁（黑土山，吴玉虎 18470；江让水电站，吴玉虎 1431、1469；军功乡，吴玉虎 4615、4627，玛沁区划组，013、091；雪山乡，黄荣福 81-015）、班玛（亚尔堂乡王柔，吴玉虎 26250、26255、26268；马柯河林场红军沟，王为义 26813）。生于海拔 3 200～3 720 m 的河谷山地阴坡灌丛、沟谷山地针叶林缘、溪流河岸台地、河滩乱石堆、河谷山麓阔叶林缘灌丛、砾石山麓。

分布于我国的青海。模式标本采自青海兴海县。

20. 密叶锦鸡儿

Caragana densa Kom. in Acta Hort. Petrop. 29（2）：258. 1909；Rehd. Man Cult. Trees Shrubs ed. 5. 519. 1951；中国植物志 42（1）：64. 图版 16：8～14. 1993；青海植物志 2：178. 1999；青藏高原维管植物及其生态地理分布 482. 2008；Fl. China 10：544. 2010.

灌木，高 1.0～1.5 m。树皮暗褐色或黄褐色，有或无光泽，片状剥落；小枝常弯曲，有条棱。托叶在长枝者常硬化成针刺宿存，长 2～5 mm，在短枝者脱落；叶轴在长枝者长 8～12 mm，宿存，在短枝者较细，长 4～10 mm，常脱落；小叶 4 枚，假掌状排列，叶片倒披针形或条形，长 6～15 mm，宽 1.5～3.0 mm，先端具刺状短尖头，基部窄楔形，两面无毛或背面疏被柔毛。花单生；花梗长 3～4 mm，被柔毛，基部具关节；花萼钟形，长 6～10 mm，宽 4～5 mm，萼齿三角状卵形，长 2～3 mm；花冠黄色，长 1.6～2.2 cm；旗瓣宽卵形，柄短于瓣片；翼瓣矩圆形，柄几等长于瓣片，耳条形，长为柄的 1/2；龙骨瓣的柄与瓣片近等长，耳短小，长约 1 mm；子房条形，无毛。荚果圆筒形，稍扁，长 3.0～3.5 cm，宽 3～4 mm，内外均无毛。 花期 5～7 月，果期 7～9 月。

产青海：兴海（黄河峡谷，王作宾采集号不详、周立华 20051）、玛沁（江让水电站，陈世龙等 189）。生于海拔 3 200～3 570 m 的沟谷山地草原、山坡高寒灌丛、砾石山坡、山地荒漠、高寒草原带。

分布于我国的新疆天山东麓、青海东部、甘肃南部、四川西北部。

21. 吐鲁番锦鸡儿

Caragana turfanensis (Krassn.) Kom. in Acta Hort. Petrop. 29：213. t. 14；C. 1909；Fl. URSS 11：337. 1945；中国主要植物图说 豆科 325. 1955；中国沙漠植物志 2：216. 图 76：11～15. 1987；新疆植物检索表 3：55. 1983；中国植物志 42（1）：65. 图版 18：1～7. 1993；Fl. China 10：544. 2010. ——*C. frutescens* Linn. var. *turfanensis* Krassn. in Men. Soc. Russ. Geogr. 19：336. 1888. ——*C. turfanensis* Krassn. op. cit. pro parte 189，256，267，nom. nud.

灌木，高 80～100 mm，多分枝。老枝黄褐色，有光泽，小枝多针刺，淡褐色，无毛。具白色木栓质条棱。叶轴及托叶在长枝者硬化成针刺，宿存；假掌状复叶有 4 枚小叶；托叶的针刺长 4～7 mm，叶轴的针刺长 7～13 mm，有时小枝顶端常无小叶，仅有密生针刺，短枝上叶轴脱落或宿存，小叶革质，倒卵状楔形，长 4～6 mm，宽 2～3 mm，先端圆形或微凹，具刺尖，无毛或疏生柔毛，两面绿色。花梗单生，长 2～5 mm，1 花，关节在下部；花萼管状，无毛或稍被短柔毛，长 6～8 mm，基部非囊状凸起或稍扩大，萼齿短，三角状，具刺尖；花冠黄色；旗瓣倒卵形，长 17～22 mm，宽 12～13 mm，具狭瓣柄，瓣柄长为瓣片的 1/3～1/2；翼瓣线状长圆形，先端圆形或斜截形，瓣柄长超过瓣片的 1/2，耳长为瓣柄的 1/5～1/4；龙骨瓣的瓣柄较瓣片稍短，耳极短；子房无毛。荚果长 3.0～4.5 cm，宽 4～6 mm。 花期 5 月，果期 7 月。

产新疆：乌恰（老乌恰县城东 60 km，中科院新疆综考队 9684；小阿图什至乌恰途中，中科院新疆综考队 409）、喀什（恰良沟，采集人不详 414、419）、叶城（昆仑山北坡，高生所西藏队 3337）。生于海拔 1 200～3 040 m 的荒漠草原、山地砾石冲积扇、沟谷山坡、河谷阶地、河谷山地阴坡灌丛、河漫滩、山崖峭壁、戈壁荒漠、山谷河滩砾地、山地阳坡。

分布于我国的新疆；吉尔吉斯斯坦伊塞克湖附近也有。

本种与昆仑锦鸡儿 *C. polourensis* Franch. 的区别在于：嫩枝和子房无毛。

16. 黄耆属 Astragalus Linn.

Linn. Sp. Pl. 755. 1753，et Gen. Pl. ed. 5. 335. 1754；
中国植物志 42（1）：78. 1987.

多年生或一年生草本，或为半灌木，稀为小灌木。茎发达或短缩，以至无茎；植株通常被丁字毛或非丁字毛。奇数羽状复叶，或仅具叶 1～3 枚；托叶离生或与叶柄贴生。

花序总状或紧缩成头状或穗状，稀为伞形或花单生；花萼筒状或钟状，萼齿 5 枚，近等长或不等长，花后期，部分种类的萼筒膨胀成泡状，包被果或不包被荚果；花冠紫堇色、白色、黄色等，通常明显突出于花萼之外，极少短于花萼；雄蕊 10 枚，二体（9＋1）或花丝联合成单体，花药同型；子房有柄或无柄，胚珠多数，花柱无毛或在内侧上部具髯毛，柱头头状，无毛或具髯毛。荚果椭圆形、矩圆形、卵球形、梭形或条形等，膜质或革质，有时为木质或软骨质，常呈泡状膨胀，有柄或无柄，通常腹缝线或背缝线隔膜伸入而将荚果分隔为 2 室或不完全 2 室，稀 1 室，开裂或不开裂。

约 3 000 种。世界各地均产，但主产于北温带，尤以地中海区域最为集中；欧亚大陆约 2 500 种，新大陆约 500 种。我国有 430 余种（包括 240 多个特有种），主要分布于西北、华北、东北及西南的高山地区；昆仑地区产其中的 6 亚属 34 组，含 108 种 11 变种和 5 变型。

分 亚 属 检 索 表

1. 植物被丁字毛。
　2. 花萼在花期前后，既不膨大，也不包被荚果 ……………………………………………
　　…………………………………… **亚属 5. 裂萼黄耆亚属** Subgen. **Cercidothrix** Bunge
　2. 花萼在花期后即开始膨大，呈膀胱状，并包被于荚果 ………………………………
　　…………………………………… **亚属 6. 胀萼黄耆亚属** Subgen. **Calycocystis** Bunge
1. 植物被单毛。
　3. 柱头被簇毛 ………………… **亚属 1. 簇毛黄耆亚属** Subgen. **Pogonophace** Bunge
　3. 柱头无毛。
　　4. 托叶相互间在中部以下合生而与叶柄分离，稀联合；花无梗或近无梗，稀明显
　　　具梗，组成密集的头状或穗形总状花序，有时仅具数花 …………………………
　　　…………………………………… **亚属 4. 密花黄耆亚属** Subgen. **Hypoglottis** Bunge
　　4. 托叶相互间分离，稀与叶柄基部贴合；花有明显的花梗，组成疏松的总状花
　　　序，稀稍紧密或缩短为伞形花序，或近单花腋生，或近基生。
　　　5. 草本，极稀为小灌木；茎发达，叶为奇数羽状复叶；荚果瓣薄，膜质或纸质
　　　　…………………………………… **亚属 2. 黄耆亚属** Subgen. **Phaca** (Linn.) Bunge
　　　5. 多为草本，稀小灌木，如为小灌木，叶必为偶数羽状复叶；茎明显缩短或
　　　　几无茎；荚果瓣厚，革质 ………………… **亚属 3. 华黄耆亚属** Subgen. **Astragalus**

亚属 1. 簇毛黄耆亚属 Subgen. **Pogonophace** Bunge

Bunge in Mem. Acad. Sci. Pétersb. ser. 7. 11 (16)：2. 1868 et 15 (1)：1. 1869, pro parte；Baker in Hook. f. Fl. Brit. Ind. 2：118. 1876, pro parte；Pet. -Stib. in Acad. Hort. Gothob. 12：57. 1937；K. T. Fu in Bull. Bot. Res. 2 (1)：117. 1982；中国植物志 42 (1)：80. 1993. ——Subgen. *Trichostylus* Baker, l. c. ——Sect. "*Trichostylus*" (Baker) Taub. in Engl. et Prantl Nat. Pflanzenfam. Ill. 3：236. 1894.

多年生草本，茎直立或平铺。托叶分离或基部合生。花组成腋生的总状或呈头状的总状花序；总花梗发达，具苞片；有或无小苞；花萼钟状或管状；旗瓣多少圆形，瓣柄短；子房有柄，柱头具画笔状簇毛，有时簇毛下延至花柱上部内侧。荚果两侧扁至背腹扁。

亚属模式种：背扁黄耆 A. *complanatus* Bunge

昆仑地区产 3 组 5 种 1 变种。

分 组 检 索 表

1. 植株高 40～50 cm；花黄色，花少数组成稀疏的总状花序；荚果两侧压扁；小叶通常多数 ………………………………… **组 1. 扁荚黄耆组** Sect. **Sesbanella** Bunge
1. 植株高（茎长）30 cm 以下；花非黄色，花通常数朵组成头状或伞房状总状花序；荚果多少膨胀，圆柱形或背腹压扁。
 2. 茎直立，低矮；荚果囊状，背腹压扁，稍膨胀 …………………………………
 ………………………………… **组 3. 袋果黄耆组** Sect. **Trichostylus** (Baker) Taub.
 2. 茎平卧；荚果膨胀，近圆柱形，非背腹压扁，形状多样，通常黄白色，先端尖，稀钝圆，基部钝 ………………………… **组 2. 膨果黄耆组** Sect. **Bibracteola** Simps.

组 1. 扁荚黄耆组 Sect. Sesbanella Bunge

Bunge in Mém. Acad. Sci. St. -Pétersb. ser. 7. 11 (16)：4. 1868 et 15 (1)：2. 1869, pro parte. ；K. T. Fu in Bull. Bot. Res. 2 (1)：131. 1982；中国植物志 42 (1)：82. 1993.

茎直立或外倾，不分枝。花组成长总状花序；苞片钻形，小苞片有或无；花萼钟状或管状；旗瓣倒卵形，翼瓣较短；子房有柄。荚果两侧压扁，果颈外露很长。

组模式种：侧扁黄耆 A. *falconeri* Bunge

昆仑地区产 1 种。

1. 边陲黄耆

Astragalus dschimensis Gontsch. in Not. Syst. Inst. Bot. Acad. Sci. URSS 10：

30. 1946; Fl. URSS 12：23. 1946; Fl. Kazakh. 5：95. t. 6：3. 1961; Fl. China 10：347. 2010. ——*A. hoantchy* Franch. subsp. *dshimensis* (Gontsch.) K. T. Fu 中国植物志 42（1）：84. 1993. ——*A. coluteocarpus* Boiss. Diagn. Pl. Orient. 65. 1849; H. Ohba, S. Akiyama et S. K. Wu in Journ. Japan. Bot. 70（1）：18. 1995.

多年生草本。茎直立，高 40～50 cm，直径 5～7 mm，有细棱，无毛或有极稀白色长柔毛，具分枝。羽状复叶有 17～25 小叶，长 15～25 cm，叶柄长（2）5～15 mm，连同叶轴散生白色长柔毛；托叶三角状披针形，长 6～8 mm，先端渐尖，散生长柔毛；小叶宽卵形或近圆形，长 5～20 mm，宽 4～15 mm，先端微凹或截形，有突尖头，基部宽楔形或圆形，上面无毛，下面无毛或主脉上散生白色长柔毛；小叶柄长 1.0～1.5 mm，近无毛。总状花序疏生 12～15 花，长 20～30 cm，花序轴被黑色或混生白色长柔毛；总花梗长 10～20 cm，无毛；苞片线状披针形，长 5～7 mm，被黑色和白色长柔毛；花梗长 7～8 mm，被黑色长柔毛；小苞片线形，长约 3 mm，无毛；花萼钟状，长 11～12 mm，疏被褐色或混生白长柔毛，萼筒长 8～10 mm，萼齿线状披针形，长 6～8 mm，被黑色长毛；花冠黄色，长约 2 cm；旗瓣宽倒卵形，长 22～27 mm，瓣片长圆形，长 16～17 mm，宽 11～12 mm，先端微凹，下部突然渐狭，瓣柄长 7～9 mm；翼瓣长 24～27 mm，瓣片狭长圆形，长 15～17 mm，宽 4～5 mm，先端钝，瓣柄长 10～11 mm；龙骨瓣长 20～22 mm，瓣片弯月形，长 14～15 mm，宽 6～7 mm，瓣柄长 8～9 mm，子房无毛，柄长约 7 mm，柱头被簇毛。荚果长圆形，长 3.5～5.0 cm，宽约 1 cm，先端喙状，基部狭成果颈，无毛，具网脉，近 2 室，有 12～16 粒种子，果颈长 1.0～1.5 cm；种子褐色，近肾形，长约 5 mm，横宽约 2.5 mm，具凹窝。 花期 5～6 月，果期 7～10 月。

产新疆：若羌（红柳沟至青海茫崖途中，青藏队吴玉虎 2132）。生于海拔 2 800 m 左右的沙砾质山坡、溪流河谷岸边草甸、河谷阶地、山地草原。

分布于我国的新疆；蒙古，哈萨克斯坦也有。

组 2. 膨果黄耆组 Sect. Bibracteola Simps.

Simps. in Not. Roy. Bot. Gard. Edinb. 8：252. 1915，mut. Char.；K. T. Fu in Bull. Bot. Res. 2（1）：120. 1982；中国植物志 42（1）：87. 1993. ——Sect. *Phyllolobium*（Fisch.）Bunge in Mém. Acad. Sci. St.-Pétersb. ser. 7. 11（16）：1. 1868 et 15（1）：3. 1869，quoad *Astragalus pycnornizus* Benth. ——*Phyllolobium* Fisch. in Spreng. Nov. Prov. 33. 1818; Fl. China 10：322. 2010.

茎平卧或外倾。总状花序呈头状或伞形花序式；苞片通常线形，有或无小苞，花萼管状钟形；旗瓣近圆形至扁圆形，瓣柄很短；子房有柄。荚果膨胀，近圆柱形，有时背面凹陷，形状多样，果颈常内藏。

组模式种：弯齿黄耆 A. *camptodontus* Franch.

昆仑地区产 3 种 1 变种。

分 种 检 索 表

1. 花萼基部不具小苞片［系 1. 无小苞系 Ser. **Ebracteolati**（Simps.）K. T. Fu］ …
……………………………………… **2. 拟蒺藜黄耆 A. tribulifolius** Benth. ex Bunge
1. 花萼基部具 2 个小苞片（系 2. 双小苞系 Ser. **Bibracteolati** K. T. Fu）。
  2. 茎上散生倒伏的短柔毛至近无毛；子房柄长 2.5～3.0 mm；荚果长 1.5～2.0 cm；
    小叶多达 15 枚 ……………………………… **3. 小苞黄耆 A. prattii** Simps.
  2. 茎上密被白色柔毛；花序生 4～10 花；萼筒长 2.0～2.5 mm …………………
…………………………………………… **4. 唐古特黄耆 A. tanguticus** Batalin

2. 拟蒺藜黄耆

Astragalus tribulifolius Benth. ex Bunge in Mem. Acad. Sci. St.-Pétersb. 7. 11
(16)：4. 1868, et 15 (1)：2. 1869; Baker in Hook. f. Fl. Brit. Ind. 2：120. 1876;
Hemsl. in Journ. Linn. Soc. Bot. 30：111. 1894; Hemsl. et Pears. in
Journ. Linn. Soc. Bot. 35：173. 1902; Ali in Nasir et Ali Fl. W. Pakist. 100：125.
1977, excl. specim. Kansu. et Szechuan; K. T. Fu in Bull. Bot. Res. 2 (1)：120.
1982; 西藏植物志 2：813. 图版 263：1～9. 1985; 中国植物志 42 (1)：88. 1993; H.
Ohba, S. Akiyama et S. K. Wu in Journ. Japan. Bot. 70 (1)：18. 1995; 青藏高原
维管植物及其生态地理分布 477. 2008. —— *Phyllolobium tribulifolium*（Benth. ex
Bunge) M. L. Zhang et Podl. Feddes Repert. 117. 60. 2006, pro parte; Fl. China
10：328. 2010.

根状茎长，木质。茎多数，平铺状上升，长 6～20 cm，被开展的白色短柔毛。羽
状复叶有 17～21 枚小叶，长 2.5～3.5 cm，苍白色；托叶三角形，长 2.5～3.0 mm，
叶状，具缘毛；叶柄长约 3 mm；小叶长圆形，长 5～9 mm，互相接近，先端尖稀至钝
圆，基部圆形，上面无毛，下面被白色开展疏柔毛，小叶柄很短。总状花序密集成头
状，生 4～7 花；总花梗长 2.5～4.0 cm，被短柔毛；苞片钻状，长 4～5 mm，有毛。
花梗长约 1 mm，有毛，无小苞片；花萼钟状，长约 5 mm，被白色开展柔毛，萼筒长
2.5～3.0 mm。萼齿钻状，与萼筒近等长；花冠紫红色；旗瓣长 8～12 mm，瓣片近扁
圆形，长 8.5～9.5 mm，宽 10.0～11.5 mm，先端微缺，基部突然收狭，瓣柄长 2.0～
2.5 mm；翼瓣长 7～9 mm，瓣片长圆形，长 6.5～7.0 mm，宽 2.5～2.8 mm，先端圆
形，瓣柄长 1.5～2.0 mm；龙骨瓣长 8～10 mm，瓣片半圆形，长约 7 mm，宽约
4 mm，瓣柄长 3.0～3.5 mm；子房有柄，被白色绢状毛，柄长约 2 mm，柱头被簇毛。

荚果膨胀，长圆形，长 11～15 mm，宽 5～6 mm，疏被白色短伏毛，假 2 室，含多粒种子，果颈长约 2 mm，不露出宿萼外；种子褐色，圆肾形，长 1.0～1.5 mm，横宽 1.5～2.0 mm，平滑。　花期 6～7 月，果期 7～8 月。

产西藏：日土（多玛区，青藏队吴玉虎 1336；热帮区，高生所西藏队 3520）、噶尔（左左区朗久乡，青藏队 76‐8645；门士区附近，青藏队 76‐7958）班戈、改则（大滩，高生所西藏队 4330，李发重 020）、班戈（湖北约 15 km，王金亭 3658）。生于海拔 3 700～4 800 m 的山坡沙砾地、高山流石坡稀疏植被、沙砾质河漫滩草甸、山麓砾地、山坡草地、宽谷沙砾滩地。

新疆：皮山（垴阿巴提乡布琼，青藏队吴玉虎 2452）、且末（阿羌乡昆其布拉克，青藏队吴玉虎 3877）。生于海拔 2 600～3 100 m 的沟谷山坡草地、河谷草甸。

分布于我国的新疆、甘肃南部、西藏、四川西北部、云南；尼泊尔，印度东北部，克什米尔地区，巴基斯坦也有。模式标本采自我国西藏西部。

3. 小苞黄耆

Astragalus prattii Simps. in Not. Roy. Bot. Gard. Edinb. 8：244. 253. 1915；中国植物志 42（1）：100. 1993；青海植物志 2：217. 1999；青藏高原维管植物及其生态地理分布 473. 2008. —— *Phyllolobium balfourianum*（N. D. Simpson）M. L. Zhang et Pod. Feddes Repert. 117. 44. 2006, pro parte；Fl. China 10：328. 2010.

多年生草本。茎多外倾或平铺，疏被白色和黑色伏毛。奇数羽状复叶，长 2～4 cm，具小叶 7～17 枚；托叶披针形，长 2～3 mm，疏被毛；小叶倒卵形或长圆形，长 3～10 mm，宽 2～6 mm，先端圆或钝，微缺或具短尖，基部多圆形，腹面无毛，背面被白色伏毛，柄短。总状花序长 2.5～5.0 cm，具 2～5 花；苞片线形，长 3～6 mm，被黑色毛；小苞片长约 1 mm；花萼钟状，长约 6～8 mm，密被褐色毛，萼齿线形，与萼筒近等长；花冠紫红色；旗瓣近圆形，长 13～14 mm，宽 10～12 mm，先端微缺，基部突狭，柄长 3～4 mm；翼瓣狭长圆形，长约 11 mm，宽 2.5～3.0 mm，柄长 3.5～4.0 mm；龙骨瓣半倒卵形，长约 12 mm，宽 4～5 mm，柄长约 4 mm；子房有柄，疏被毛，柱头被簇毛。荚果膨胀，披针形，长 1.5～2.0 cm，被黑色或白色短伏毛，假 2 室。　花期 7～8 月，果期 9 月。

产青海：久治（白玉乡，吴玉虎 26419B）。生于海拔 3 600～3 750 m 的山坡林缘高寒草甸、沟谷高寒滩地草甸。

甘肃：玛曲。生于海拔 3 440 m 左右的高原山地高寒草甸。

分布于我国的青海、甘肃南部、四川西部至西北部。

我们的标本，其下部的苞片为三角状披针形，宽约 2 mm，而与原描述不同。

4. 唐古特黄耆

Astragalus tanguticus Batalin in Acta Hort. Petrop. 11：485. 1891；西藏植物志

2：816. 图 263：10～18. 1985；中国植物志 42 (1)：105. 图版 27：9～17. 1993；青海植物志 2：218. 图版 37：16～22. 1999；青藏高原维管植物及其生态地理分布 476. 2008. —— *Phyllolobium tribulifolium* (Bentham ex Bunge) M. L. Zhang et Podl. Feddes Repert. 117. 60. 2006, pro parte；Fl. China 10：328. 2010.

4a. 唐古特黄耆（原变种）

var. tanguticus

多年生草本。主根粗长，木质。茎匍匐，长 10～30 cm，基部多分枝，密被开展的白色长柔毛。托叶披针形，分离，长 3～6 mm，疏被毛；奇数羽状复叶，长 2～5 cm；小叶柄短；小叶 11～23 枚，矩圆形或倒卵状矩圆形，长 4～12 mm，宽 2～6 mm，先端圆形或截形，具小突尖，基部圆或圆楔形，腹面疏被毛或近无毛，背面密被长毛。总状花序腋生，长于叶，具 4～12 花；总花梗密被白色和黑色长毛；苞片线状披针形，长约 3 mm；花萼下的 2 枚小苞片钻状，长约 1.5 mm，被毛；花萼钟状，长 4～5 mm，同花梗均密被黑色白色相间的毛，萼齿披针形，两面均被毛；花冠蓝紫色，长 9～12 mm；旗瓣扁圆形，长 9～11 mm，宽 9～10 mm，先端微凹，柄短；翼瓣和龙骨瓣均稍短于旗瓣；子房密被毛，花柱无毛，柱头具髯毛。荚果倒卵形或圆柱形，长 4～9 mm，被毛，2 室。 花期 5～8 月，果期 7～9 月。

产西藏：日土（热帮区，高生所西藏队 3520）。生于海拔 4 300～4 800 m 的山坡草地、沟谷河边灌丛草甸、山坡岩石上、山沟沟底。

青海：兴海（中铁乡至中铁林场途中，吴玉虎 43065；中铁乡天葬台沟，吴玉虎 45855、47610；赛宗寺，吴玉虎 46200；中铁林场恰登沟，吴玉虎 45152A、45163A、45177、45192、45229、45347、47688；河卡乡，何廷农 049、吴珍兰 124、张振万 2072、王作宾 20202；中铁乡前滩，吴玉虎 45425B；中铁乡附近，吴玉虎 42858；中铁林场中铁沟，吴玉虎 45616）、玛沁（江让水电站，吴玉虎 1479；雪山乡，玛沁队 419；西哈垄河谷，吴玉虎 5719；尕柯河电站，吴玉虎 6019）、班玛（江日堂乡，吴玉虎 26021）、久治（哇尔依乡，吴玉虎 26654、26767、26772；索乎日麻乡，藏药队 374；白玉乡，吴玉虎 26386、26433、26653）、称多（采集地不详，郭本兆 380、刘尚武 2286）、曲麻莱。生于海拔 3 150～4 300 m 的山坡及沟谷阔叶林缘、山坡高寒灌丛下、干旱的砾石山坡、河滩草地、阳坡石隙、田埂路边。

甘肃：玛曲（河曲军马场，吴玉虎 31898）。生于海拔 3 000～3 720 m 的沟谷山地高寒草甸、河沟山坡草甸岩隙。

分布于我国的青海、甘肃、西藏、四川。

4b. 白花唐古特黄耆（变种）

var. albiflorus S. W. Liou ex K. T. Fu in Acta Bot. Bor.-Occ. Sin. 6 (1)：57.

1986；中国植物志 42（1）：107. 1993；青海植物志 2：218. 1999；青藏高原维管植物及其生态地理分布 476. 2008. —— *Phyllolobium tribuli folium*（Bentham ex Bunge）M. L. Zhang et Podl. Feddes Repert. 117. 60. 2006，pro parte；Fl. China 10：328. 2010.

本变种与原变种的区别在于：花为白色而非蓝紫色；奇数羽状复叶通常具小叶13～15 枚。

产青海：称多（称文乡，刘尚武 2291）。生于海拔 3 600 m 左右的干旱山坡草地、沟谷河滩、沙砾质草地。模式标本采自青海称多县。

组 3. 袋果黄耆组 Sect. Trichostylus (Baker) Taub.

Taub. in Engl. et Prantl Nat. Pflanzenfam. ser. 3. 3：286. 1894，mut. char.；K. T. Fu in Bull. Bot. Res. 2 (1)：117. 1982；中国植物志 42 (1)：111. 1993. ——Subgen. *Trichostylus* Baker in Hook. f. Fl. Brit. Ind. 2：118. 1876.

茎直立，低矮。花组成总状花序；苞片线形或与叶同形，无小苞片；旗瓣圆形或横长圆形，瓣柄很短；柱头上的簇毛有时下延至花柱上部。荚果略膨胀，倒卵形或长圆形，先端钝，囊状，背腹压扁。

组模式种：毛柱黄耆 A. *heydei* Baker

昆仑地区产 1 种。

5. 毛柱黄耆

Astragalus heydei Baker in Hook. f. Fl. Brit. Ind. 2：118. 1876；Ali Fl. W. Pakist. 100：126. 1977；植物研究 2 (1)：119. 1982；西藏植物志 2：811. 图 261：1～9. 1985；中国植物志 42 (1)：112. 1993；H. Ohba, S. Akiyama et S. K. Wu in Journ. Japan. Bot. 70 (1)：17. 1995；青海植物志 2：217. 1999；青藏高原维管植物及其生态地理分布 466. 2008. —— A. *hendersonii* Baker in Hook. f. Fl. Brit. Ind. 2：120. 1876；Fl. W. Pakist. 100：126. 1977；植物研究 2 (1)：119. 1982；西藏植物志 2：809. 图 261：10～15. 1985；中国植物志 42 (1)：112. 图版 29：15～21. 1993；青海植物志 2：216. 图版 37：9～15. 1999. —— A. *heydei* Baker var. *hendersonii* (Baker) H. Ohka, S. Akiyama et S. K. Wu in Journ. Japan. Bot. 70：17. 1995；青藏高原维管植物及其生态地理分布 466. 2008. —— *Phyllolobium heydei* (Baker) M. L. Zhang et Podl. Feddes Repert. 117. 53. 2006；Fl. China 10：326. 2010.

多年生矮小草本，高 2～5 mm。主根细长而木质。茎短缩，多从基部分枝，下部常为沙土掩埋，无毛，裸露部分疏被白色长柔毛。奇数羽状复叶，长 1～3 cm；托叶卵形或卵圆形，长约 2 mm，与叶柄分离，彼此联合至中部，密被或疏被短柔毛，有时无毛；叶柄、叶轴密被白色长柔毛；小叶 7～19 枚，椭圆形、矩圆形或倒卵形，长 3～6 mm，宽 2～3 mm，常对折或有时边缘内卷，先端钝或微凹，基部近圆形或圆楔形，两面密被白色长柔毛或腹面疏被、背面密被白色短柔毛。总状花序具 2～4 花；总花梗长 1～3 cm，密或疏被短柔毛；花萼钟状，长 4～6 mm，密被白色和黑色长柔毛，萼齿披针形，稍短于萼筒；花冠紫红色；旗瓣长 9～12 mm，瓣片扁圆形，宽约 8 mm，先端微凹；翼瓣矩圆形；龙骨瓣与翼瓣几同形，瓣片宽约 4 mm，二者长宽近相等，均稍短于旗瓣，柄长均约为瓣片的 1/3～1/2；子房密被或疏被短柔毛，具短柄，花柱上部的内侧和柱头均具髯毛。荚果矩圆形，膜质，膨胀，常紫色，长 1.2～3.0 cm，宽 6～10 mm，密被或疏被白色短柔毛，具短柄和弯曲的花柱，1 室。　花期 6～8 月，果期 7～9 月。

产新疆：和田（阿克赛钦铁隆滩，高生所西藏队 3728；天文点，青藏队吴玉虎 1246；采集地不详，郭柯 12498、帕米尔考察队 6157）、若羌（阿尔金山保护区鲸鱼湖，青藏队吴玉虎 2229、4108；Piaqiriketagor，青藏队吴玉虎 2155；阿其克库勒，青藏队吴玉虎 2191；鲸鱼湖东南面，青藏队吴玉虎 2709；阿尔金山保护区鸭子泉至阿其克库勒途中，青藏队吴玉虎 2651；明布拉克东，青藏队吴玉虎 4191）。生于海拔 4 000～5 300 m 的高原砾石山坡、沟谷山坡沙砾地、半固定沙丘、山坡沙砾地、河谷阶地草甸砾地、高寒荒漠沙砾地、高山流石坡。

西藏：日土（龙木错，青藏队吴玉虎 1310、1311；多玛区，青藏队吴玉虎 1334，青藏队 76‐9051；空喀山口，高生所西藏队 3696；上曲龙，高生所西藏队 3514）、双湖、班戈（色哇区，中科院新疆综考队 7954）。生于海拔 4 300～5 300 m 的干旱山坡沙砾地、滩地高寒草原、河谷阶地草甸、高寒草甸砾地、古冰川湖边、高寒草原砾石地、高山流石滩、山顶岩缝。

青海：格尔木（西大滩附近，吴玉虎 37619；青藏公路 920 km，青藏队吴玉虎 2807）、玛沁（优云乡，玛沁队 549）、治多（可可西里西金乌兰湖畔，黄荣福 K‐205、K‐822）。生于海拔 3 200～5 000 m 的河滩沙砾地、高山岩屑坡、冰缘湿沙地、河谷阶地、山前洪积扇、半固定沙丘。

分布于我国的新疆、青海、西藏；巴基斯坦，尼泊尔，克什米尔地区也有。

在我们的标本中，本种与长柄黄耆 A. hendersonii Baker 在外形上几无区别，并且在小叶的多少、毛被情况以及各花瓣的宽窄和柄的长短等方面多有交叉；有时同一植株其叶及毛被完全符合后者，而花却符合前者。据此，二者很可能为同种之间的生态变异，且这种变异具有连续性，故同意此前一些学者的意见，作合并处理。

亚属 2. 黄耆亚属 Subgen. **Phaca**（Linn.）Bunge

Bunge Astrag. Turk. 213. 1880，id. in Mém. Acad. Sci. St.-Pétersb. ser. 7. 11（16）：18. 1868，pro parte；中国植物志 42（1）：114. 1993. ——Gen. *Phaca* Linn. Corall. Gen. 13. 1737. ——Subgen. *Monadelphia* Cheng f. ex P. C. Li et Z. C. Ni in Acta Phytotax. Sin. 17：104. 1979.

多年生草本，极稀小灌木，植株各部被基部着生的毛，奇数羽状复叶；托叶离生或仅基部彼此联合。花组成疏松或紧密的总状花序；花萼钟状、筒状，稀筒状钟形；柱头无毛。荚果果瓣膜质，稀纸质，1 室或假 2 室。

亚属模式种：膜荚黄耆 A. *membranaceus*（Fisch.）Bunge

昆仑地区产 9 组 48 种 6 变种 1 变型。

分 组 检 索 表

1. 翼瓣先端全缘，稀 2 裂或微凹（短果柄黄耆组部分种）。
  2. 荚果 1 室。
    3. 植株地上茎短缩或不明显；花常下垂，组成一边向的总状花序 ………………
     …………………………………… 组 6. 肾形子黄耆组 Sect. **Skythropos** Simps.
    3. 植株具明显的地上茎。花向上生，组成正常的总状花序。
      4. 龙骨瓣较旗瓣、翼瓣短或近等长；荚果膜质 ………………………………
       ……………………………… 组 4. 膜荚黄耆组 Sect. **Cenantrum** Koch.
      4. 龙骨瓣较旗瓣、翼瓣长；荚果纸质，具细长的果颈 ……………………
        ………………………………… 组 5. 金翼黄耆组 Sect. **Chrysopterus** Y. C. Ho
  2. 荚果假 2 室或近假 2 室。
    5. 花黄色或白色；总花梗较叶短或不明显 …………………………………………
      ………………………………… 组 7. 岩生黄耆组 Sect. **Lithophilus** Bunge
    5. 花青紫色、紫色、紫红色、蓝色或黄色、淡黄色；总花梗常较叶长。
      6. 花较大型，长 8～20 mm，少数花组成疏总状花序；托叶小型，长 3～10 mm
        ………………………………… 组 8. 疏花黄耆组 Sect. **Orobella** Gontsch.
      6. 花较小型，长 8 mm 以下，多数花组成密头状、圆柱状或穗状的总状花序
        ………………………………… 组 9. 短果柄黄耆组 Sect. **Brachycarpus** Boriss.
1. 翼瓣先端不等 2 裂或凹入。
  7. 荚果 1 室 ……………………… 组 10. 囊果黄耆组 Sect. **Hemiphragmium** Koch.
  7. 荚果假 2 室或近假 2 室，极稀 1 室（类变色黄耆、裂翼黄耆）。
    8. 花 10～多朵组成密集或稍稀疏的总状花序 ……………………………………
      ………………………………… 组 11. 裂翼黄耆组 Sect. **Hemiphaca** Bunge

8. 花多数组成稀疏、细长的总状花序 ⋯⋯⋯⋯⋯⋯⋯⋯⋯⋯

⋯⋯⋯⋯⋯⋯⋯⋯⋯ 组 12. 假草木犀黄耆组 Sect. **Melilotopsis** Gontsch.

组 4. 膜荚黄耆组 Sect. Cenantrum Koch.

Koch. Syn. Fl. Gern. 199. 1843；Bunge in Mém. Acsd. Sci. St. -Pétersb. ser. 7. 11. (16)：23. 1868；Pet. -Stib. in Acta Hort. Gothob. 12：42. 1937～1938；中国植物志 42 (1)：118. 1993. —— Sect. *Polyphyllae* Simps. Not. Roy. Bot. Gard. Edinb. 8：257. 1915. —— Sect. *Monadelphia* K. T. Fu in Acta Bot. Bor. -Occ. Sinica 1：14. 1981. —— Sect. *Parvistipula* K. T. Fu op. cit. quoad *A. changmuicus* Ni et P. C. Li.

多年生草本。托叶离生；花黄色或紫红色，排列成疏松的总状花序，具长总花梗；子房具柄。荚果果瓣膜质稀纸质，1 室。

组模式种：广布黄耆 *A. frigidus* (Linn.) A. Gray

昆仑地区产 11 种 2 变种。

分 种 检 索 表

1. 萼筒内面被柔毛；花黄色，稀紫红色、黄绿色 ⋯⋯ **16. 东俄洛黄耆 A. tongolensis** Ulbr.
1. 萼筒内面无毛或仅在萼齿内面被柔毛。
   2. 子房无毛；花长 19～20 mm，花梗长 2～5 mm。
      3. 苞片长圆形，长 12～15 mm，宽 4～7 mm ⋯⋯ **6. 阿克苏黄耆 A. aksuensis** Bunge
      3. 苞片宽披针形或卵状披针形，长 15～22 mm，宽达 11 mm ⋯⋯⋯⋯⋯⋯⋯⋯

      ⋯⋯⋯⋯⋯⋯⋯⋯⋯⋯ **7. 大苞黄耆 A. magnibracteus** Y. H. Wu
   2. 子房被柔毛。
      4. 托叶卵形、长圆状卵形或椭圆状卵形；雄蕊花丝全部合生成单体而呈鞘状；旗瓣长 12～13 mm；萼齿披针形；苞片线形、狭椭圆形至椭圆形 ⋯⋯⋯⋯⋯⋯

      ⋯⋯⋯⋯⋯⋯⋯⋯ **8. 单体蕊黄耆 A. monadelphus** Bunge ex Maxim.
      4. 托叶披针形或线状披针形。
         5. 萼筒外面无毛 ⋯⋯⋯⋯⋯ **9. 祁连山黄耆 A. chilienshanensis** Y. C. Ho
         5. 萼筒外面被柔毛；雄蕊花丝二体；花序有 10～40（至多数）朵花。
            6. 小叶 7～17；小叶长圆形或卵状披针形，长 18～50 mm。
               7. 旗瓣长 18～20 mm ⋯⋯⋯⋯⋯⋯ **10. 天山黄耆 A. lepsensis** Bunge
               7. 旗瓣长 10～13 mm。
                  8. 花黄色⋯⋯⋯⋯⋯⋯ **11. 淡黄花黄耆 A. luteolus** Tsai et Yu

8. 花黑紫色，10 数朵组成稍密集的总状花序 ·····························
······························· **12. 黑紫花黄耆 A. przewalskii** Bunge

6. 小叶 13～41。
9. 萼齿长仅为萼筒长的 1/4～1/5，花黄色或淡紫色（紫花变种）······
·····························**13. 膜荚黄耆 A. membranaceus** (Fisch.) Bunge
9. 萼齿较萼筒略短或近等长；花白色、淡黄色或淡紫色。
10. 花白色或淡黄色············**14. 多花黄耆 A. floridus** Benth. ex Bunge
10. 花淡紫色 ·····························**15. 窄翼黄耆 A. degensis** Ulbr.

6. 阿克苏黄耆

Astragalus aksuensis Bunge in Mém. Acad. Sci. St.-Pétersb. ser. 7. 15 (1)：30. 1869；Gontsch. et Boriss. in Kom. Fl. URSS 12：30. 1946；Golosk. in Pavl. Fl. Kazakh. 5：96. t. 11. f. 5. 1961；东北林学院植物研究室汇刊 8 (8)：48. 1980；新疆植物检索表 3：124. 图版 8：1. 1983；中国植物志 42 (1)：119. 1993；Fl. China 10：340. 2010.

多年生草本，高可达 1 m。茎直立，中空，具条棱，几无毛或微被短柔毛。羽状复叶长 8～12 cm，有 7～9 枚小叶；叶柄长 0.5～3.0 cm；托叶草质，离生，三角状披针形或披针形，长 10～20 mm；小叶长卵形或长卵状披针形，长 3～7 cm，宽 1.0～2.5 cm，先端钝，具短尖头，基部圆形，两面无毛或仅下面疏被柔毛，具短梗。总状花序疏，花下垂，多数；总花梗较叶长；苞片长圆形，叶状，长 12～15 mm，宽 4～7 mm；花梗长 2～5 mm，无毛；花萼钟状，长约 7 mm，外面无毛或疏生黑色短柔毛，萼齿短，钻形，长不及 1 mm；花冠黄色；旗瓣长 19～20 mm，瓣片近圆形，先端微凹，基部渐狭成 4～5 mm 的瓣柄；翼瓣稍短于旗瓣，瓣片长圆形，长约 6 mm，基部具短耳，瓣柄长约 13 mm；龙骨瓣较翼瓣短，瓣片半卵形，具短耳，瓣柄长约 10 mm；子房 1 室，无毛，具细长的子房柄。荚果膜质，梭形，稍膨胀，长 25～35 mm，宽 10～12 mm，无毛，果颈伸出萼筒之外，长达 1 cm；种子 8～12 粒，肾形，长 3～4 mm，暗褐色。 花期 6～7 月，果期 7～8 月。

产新疆：乌恰（采集地和采集人不详 73 - 124）、喀什（南疆军区，采集人和采集号不详）。生于海拔 1 600～3 000 m 的沟谷山地针叶林下、林缘草地、林间空地、山地草甸。

分布于我国的新疆、四川；伊朗，巴基斯坦，乌兹别克斯坦，塔吉克斯坦，哈萨克斯坦也有。

7. 大苞黄耆（新种） 图 A1

Astragalus magnibracteus Y. H. Wu **sp. nov.** in Addinda.

多年生草本，高 50～70 cm。主根粗壮。茎直立，中空，具条棱，无毛，下部常无叶而仅有相对较小的托叶。奇数羽状复叶长 12～20 cm；叶柄长仅 1.5～2.8 cm，与叶轴均无毛；托叶高度联合，基部不与叶柄贴生，卵圆形或卵状三角形，长 30～35 mm，宽 28～34 mm，近无毛，先端渐尖或钝圆，分离部分为 2～3 裂片，裂片三角形，长约 6～14 mm，宽 4～10 mm；小叶 7～9 枚，无柄，长圆形，长 3.0～6.8 cm，宽 1.2～2.8 cm，先端钝圆并有硬的小尖头，基部楔形，中脉明显而在背部突起，腹面无毛，背面疏被白色长柔毛，近无柄。腋生总状花序较密生 10 枚左右俯垂花；总花梗明显短于叶，长 8～13 cm，光滑无毛或偶见毛，花序轴疏被褐色长柔毛；苞片卵状披针形，长 15～22 mm，宽 8～11 mm，疏被白色长柔毛；花梗长 3～5 mm，密被褐色长柔毛；花萼筒状钟形，长 10～12 mm，外面疏被褐色长柔毛，有时杂有白色或黑色毛，萼齿钻形或细条形，长 1.0～2.5 mm，两面均稍密被褐色长柔毛；花冠淡黄色；旗瓣长 22～25 mm，瓣片宽卵状或近圆形，宽 15～18 mm，有明显的放射状纵纹，先端钝圆，基部渐狭成柄，柄长 4～6 mm；翼瓣长 19～21 mm，瓣片长圆形，长 8～9 mm，宽 2.5～3.0 mm，有放射性纵纹，先端斜钝圆而向后弯翘，耳不明显，细柄长 11～12 mm；龙骨瓣长 17～19 mm，瓣片半椭圆形，长约 7 mm，宽 3.5～4.0 mm，先端钝圆，基部平截无耳，柄长 10～12 mm；子房无毛，具柄长 4～5 mm；子房条形，无毛，具长 4～5 mm 的子房柄。未成熟荚果长圆形或卵状长圆形，棕色，下垂或不下垂，1 室，长 26～36 mm，宽 8～16 mm，薄纸质，半透明，稍膨胀，无毛，有不明显横纹，果梗长 6～8 mm；种子 8～12 粒，圆肾形，长约 3 mm，暗褐色。 花期 6～8 月，果期 7～9 月。

产新疆：阿克陶（奥依塔克，青藏队吴玉虎 4846）。生于海拔 3 250 m 左右的沟谷山地针叶林下。

本种与阿克苏黄耆 A. *aksuensis* Bunge 相近，但本种的托叶卵圆形或卵状三角形，长 30～35 mm，宽 28～34 mm，而非三角状披针形或披针形，长 10～20 mm；小叶长椭圆形，而非长卵形或长卵状披针形；花梗密被褐色长柔毛而非花梗无毛；萼齿钻形或细条形，长 1.0～2.5 mm 等，而易与后者相区别。

本种与迪科塔木黄耆 A. *dictamnoides* Gontsch. 相近，但本种的托叶卵圆形或卵状三角形，长 30～35 mm，宽 28～34 mm；花梗密被褐色长柔毛；萼齿钻形或细条形，长 1.0～2.5 mm，花小，翼瓣先端钝圆而向后弯翘等，而易与后者相区别。

8. 单体蕊黄耆

Astragalus monadelphus Bunge ex Maxim. in Bull. Acad. Sci. St.-Pétersb. 24：32. 1878；中国植物志 42 (1)：124. 图版 31：1～8. 1993；青海植物志 2：220. 图版 38：3～11. 1999；青藏高原维管植物及其生态地理分布 470. 2008；Fl. China 10：343. 2010.

多年生草本，高 30～60 cm。主根粗壮，直伸。茎直立，分枝，近无毛或疏被毛。

奇数羽状复叶，长 4～12 cm；托叶长圆状披针形或卵状披针形，离生，长 8～18 mm，宽 3～7 mm，先端尖，边缘有纤毛；小叶 7～17 枚，矩圆形或卵状长圆形，长 6～24 mm，宽 3～11 mm，先端圆或钝，具小突尖，基部圆或宽楔形，腹面无毛，背面疏被毛，具短柄。总状花序腋生，长于叶，密生多花；苞片线形，长 6～12 mm，具缘毛；花下垂；花梗细弱，长 3～5 mm，被较密毛。花萼钟状，常带紫红色，长 8～9 mm，疏被白色或黑色短柔毛，萼齿线形，长 2.5～3.0 mm，两面被黑色毛；花冠黄色；旗瓣倒卵形，长约 11 mm，宽约 6 mm，先端圆形，微凹，基部有柄；翼瓣和龙骨瓣稍短于旗瓣或近等长，均具细长柄与短耳；子房具柄，被毛，花柱和柱头无毛。荚果梭形或披针形，膨胀，长约 2 cm，密被黑、白两色短毛，含种子 4～6 枚；种子肾形。 花期 6～8 月，果期 8～9 月。

产青海：兴海（中铁乡附近，吴玉虎 45378、45395）、玛沁（西哈垄河谷，H. B. G. 257）。生于海拔 3 290～3 650 m 的沟谷干山坡草地、河谷山地林缘草地、山地阴坡高寒灌丛草甸、杂类草草甸。

分布于我国的青海、甘肃、陕西、四川、云南。

9. 祁连山黄耆　图版 37：1～6

Astragalus chilienshanensis Y. C. Ho　Bull. Bot. Lab. North-East. Forest. Inst. 8：51. 1980；中国植物志 42（1）：127. 图版 32：15～21. 1993；青海植物志 2：191. 图版 33：1～6. 1999；青藏高原维管植物及其生态地理分布 461. 2008；Fl. China 10：340. 2010.

多年生草本，高 10～30 cm。根纺锤形。茎较短，无毛，有条棱。托叶分离，叶状，长 8～18 mm，宽 3～8 mm，具缘毛；奇数羽状复叶，长 3～12 cm；叶轴无毛；小叶 7～15 枚，椭圆形、卵形或近圆形，长 5～20 mm，宽 3～12 mm，先端钝圆，稀截形或稍尖，具小突尖，基部圆或宽楔形，两面无毛或幼时沿中脉和边缘有毛；柄极短。总状花序腋生，长 8～24 cm；苞片线形，长 3～6 mm，被长缘毛；花梗长 1～2 mm，密被黑毛；花萼钟状，长约 5 mm，无毛，常带蓝紫色；萼齿长约 2 mm，腹面被黑色柔毛；花冠淡黄色，干后呈黑紫色；旗瓣宽倒卵形，长约 10 mm，宽约 8 mm，先端微凹，基部具柄；翼瓣长约 11 mm，具长柄与短耳；龙骨瓣等长于旗瓣；子房有柄，被黑毛。荚果纺锤形，长 1.5～2.2 cm，顶端渐尖具喙，散生黑色短柔毛，1 室，含种子 4～8 枚；种子肾形，黑褐色。 花期 6～8 月，果期 8～9 月。

产青海：久治（索乎日麻乡，藏药队 477）。生于海拔 4 200 m 左右的山坡林间草地、阴坡和半阴坡灌丛、高山草甸。

分布于我国的青海、西藏。模式标本采自青海祁连县牛心山。

10. 天山黄耆

Astragalus lepsensis Bunge in Mém. Acad. Sci St. - Pétersb. ser. 7. 15（1）：29.

291

1869，et in Astrag. 2：29. 1869；Astrag. Turk. 217. 1880；Gontsch. in Kom. Fl. URSS 12：32. 1946；Golosk. in Pavl. Fl. Kazakh. 5：97. t. 11：4. 1961；东北林学院植物研究室汇刊 8（8）：48. 1980；新疆植物检索表 3：124. 1983；中国植物志 42（1）：129. 图版 33：1～6. 1993；Fl. China 10：342. 2010.

多年生草本，高 20～45 cm。茎直立，具条棱，散生白色柔毛。羽状复叶有 11～15 枚小叶，长 6～15 cm；叶柄长 1.5～2.5 cm；托叶膜质，离生，长卵形或长卵状披针形，长 10～15 mm，先端急尖，无毛或下面和边缘被白色柔毛；小叶长圆形或长圆状卵形，长 15～40 mm，宽 5～14 mm，先端钝，基部宽楔形或近圆形，上面绿色，无毛，下面灰绿色，疏被白色长柔毛。总状花序稍疏，有 10～15 朵花；总花梗通常较叶为短；苞片膜质，线状披针形，长 7～11 mm，具缘毛；花梗细弱，长 3～4 mm，被稍密黑色或混生白色柔毛；花萼管状钟形，长 8～10 mm，外面疏被黑色柔毛或近无毛，萼齿很短，狭三角形，长约 1 mm，毛稍密，腹面 2 小齿间深裂；花冠黄色；旗瓣倒卵形，长 18～20 mm，宽约 8 mm，先端微凹，基部渐狭成瓣柄；翼瓣长约 18 mm，瓣片长圆形，长约 6 mm，具内弯的短耳，瓣柄为瓣片长的 2 倍；龙骨瓣与翼瓣近等长，瓣片半卵形，宽约 3 mm，瓣柄较瓣片长近 2 倍；子房狭卵形，密被白色柔毛，具长柄。荚果椭圆形，长 1.5～2.5 cm，宽 5～7 mm，成熟时膜质，膨胀，散生黑色短毛，先端尖，果颈超出萼筒之外；种子数粒，肾形，长约 1.5 mm。 花期 6～7 月。

产新疆：塔什库尔干（采集地不详，阎平 3813）。生于海拔 3 200～4 400 m 的沟谷山地针叶林林缘草甸、林间空地。

分布于我国的新疆；蒙古，吉尔吉斯斯坦，塔吉克斯坦也有。

11. 淡黄花黄耆

Astragalus luteolus Tsai et Yu in Bull. Fan. Mém. Inst. Biol. Bot. 7（1）：23. 1936；中国植物志 42（1）：130. 图版 33：7～13. 1993；青海植物志 2：193. 1999；青藏高原维管植物及其生态地理分布 468. 2008；Fl. China 10：343. 2010.

多年生草本。茎高可达 1 m，上部被白色和黑色柔毛。托叶披针形，两面疏被毛；奇数羽状复叶；小叶 5～13 枚，长圆状披针形，先端圆形或急尖，有时微缺而有细尖，基部宽楔形，长 20～30 mm，宽 4～8 mm，两面被毛。总状花序腋生，密生约 20 花；总花梗长约 5 cm；苞片线形，急尖，两面均被黑色柔毛；花萼钟状，长约 7 mm，萼筒外面疏被黑色柔毛，里面仅于萼齿下部有很少柔毛，萼齿披针形，长约 1.5 mm，两面均被黑色柔毛；花冠黄色；旗瓣倒卵形，长约 13 mm，宽约 5 mm，先端圆形，微凹，中部以上渐狭成柄；翼瓣和龙骨瓣均稍短于旗瓣，二者的柄均稍长于瓣片；子房密被毛，有子房柄，花柱与柱头无毛。荚果梭状，长达 2.5 cm，宽约 5 mm，无隔膜，被黑毛；果柄稍短于花萼，被黑毛。

产青海：兴海。生于海拔 3 600 m 左右的沟谷山坡高寒草地。

分布于我国的青海、四川。模式标本采自四川松潘。

据《中国植物志》记载；我们未见标本。

12. 黑紫花黄耆 图版 37：7~14

Astragalus przewalskii Bunge in Bull. Acad. Sci. St.-Pétersb. 24：32. 1877；Pet.-Stib. in Acta Hort. Gorhob. 12：50. 1937~1938；中国主要植物图说 豆科 412. 图 407. 1955；中国植物志 42（1）：131. 1993；青海植物志 2：193. 图版 33：7~14. 1999；青藏高原维管植物及其生态地理分布 473. 2008；Fl. China 10：344. 2010.

多年生草本，高 30~80 cm。块根纺锤形。茎常带紫色，中部以下无叶，仅有叶鞘。托叶分离，长 6~12 mm，无毛或疏被毛；奇数羽状复叶，长 5~12 cm；小叶 5~15 枚，线状披针形、线形或卵状披针形，长 8~40 mm，宽 2~12 mm，先端钝圆或稍尖，基部圆形，腹面无毛，背面被伏贴短柔毛。总状花序生上部叶腋，长于叶，密生多数下垂的花；总花梗被毛；苞片线形，长 4~6 mm，疏被黑色毛；花梗密被毛；花萼钟状，长 5~6 mm，被黑和白色短柔毛，萼齿长 1~2 mm，两面被黑色毛；花冠深紫色；旗瓣倒卵形，长约 12 mm，宽约 7 mm，先端微凹，基部柄宽；翼瓣长约 11 mm，柄与瓣片等大，耳短；龙骨瓣长约 10 mm，柄长约 5 mm；子房被毛，有柄，花柱无毛。荚果膨胀，梭状或卵状披针形，长 18~30 mm，宽 5~9 mm，疏被黑毛，无隔膜；种子肾形，褐色，长约 2 mm。 花期 7~8 月，果期 8~9 月。

产青海：兴海（河卡山，郭本兆 6339、何廷农 372）、玛沁（拉加乡，吴玉虎 6141；江让水电站，采集人和采集号不详；雪山乡，区划组 210、吴玉虎 1433、陈世龙等 167）、班玛（马柯河林场，王为义等 26821、26825）、达日（吉迈乡，吴玉虎 27060；哇尔依乡，吴玉虎 26683、26704、26722、26786）、玛多（花石峡乡，吴玉虎 1356）。生于海拔 2 900~4 300 m 的山坡及沟谷林下、河谷林缘草甸、阴坡高寒灌丛。

甘肃：玛曲（欧拉乡，吴玉虎 32011）。生于海拔 3 200~3 400 m 的沟谷山地灌丛草甸、黄河边高寒灌丛。

分布于我国的新疆、青海、甘肃、四川。

13. 膜荚黄耆

Astragalus membranaceus (Fisch.) Bunge in Mém Acad. Sci. St.-Pétersb. ser. 7. 11 (16)：25. 1868；Fl. URSS 12：38. 1946；中国主要植物图说 豆科 414. 图 410. 1955；中国高等植物图鉴 2：424. 图 2577. 1972；东北林学院植物研究室汇刊 8（8）：53. 1980；新疆植物检索表 3：125. 1983；中国植物志 42（1）：131. 图版 34：1~8. 1993；青海植物志 2：195. 1999；青藏高原维管植物及其生态地理分布 470. 2008. —— *Phaca membranacea* Fisch. in DC. Prodr. 2：273. 1825.

多年生草本，高 0.4~1.0 m。主根粗长，木质，圆柱形，直径 1~3 cm，外皮淡棕黄色至深棕色，有侧根。茎直立，半边常呈紫色，疏被白色长柔毛。托叶离生，卵形、披针形至线状披针形，长 5～10 mm，有缘毛；奇数羽状复叶，长 5～10 cm；小叶 13～23 枚，椭圆形、矩圆形或卵状披针形，长 5～20 mm，宽 3～9 mm，先端圆形或微凹，基部圆形，两面被白色伏贴柔毛。总状花序腋生，长于叶，具多花；苞片长 2～4 mm，被毛；花梗被黑色毛；花萼斜钟状，长 4～5 mm，被白色或黑色柔毛，萼齿短，不等长；花冠黄色或淡黄色；旗瓣矩圆状倒卵形，长约 13 mm，先端微凹，柄短；翼瓣和龙骨瓣均长约 12 mm，均具长柄和短耳；子房有柄，被微毛，花柱无毛。荚果半椭圆形，膜质，膨胀，长 20～35 mm，宽 8～12 mm，顶端具喙，被黑色或白色短伏毛，含种子 3～8 枚；种子棕褐色，肾形。 花期 6～8 月，果期 7～9 月。

产青海：班玛（马柯河林场，郭本兆 409）。生于海拔 3 400～3 600 m 的山坡及沟谷的林间草地、山地林缘灌丛、河滩草甸。

分布于我国的新疆、青海、甘肃、西藏、四川、山西、河北、内蒙古、辽宁、吉林、黑龙江；朝鲜半岛，蒙古，俄罗斯，哈萨克斯坦也有。

14. 多花黄耆 图版 37：15～19

Astragalus floridus Benth. ex Bunge Astrag. Sp. Geront 1：24. 1868，et in Mém. Acad. Sci. St.-Pétersb. ser. 7. 15 (1)：28. 1869；Baker in Hook. f. Fl. Brit. Ind. 2：127. 1867；中国主要植物图说 豆科 413. 图 409. 1955；西藏植物志 2：830. 1985；中国植物志 42 (1)：135. 图版 34：9～16. 1993；青海植物志 2：194. 图版 33：15～19. 1999；青藏高原维管植物及其生态地理分布 465. 2008；Fl. China 10：341. 2010.

14a. 多花黄耆（原变种）

var. floridus

直立草本，高 30～80 cm。茎粗壮，中空、坚韧，下部有时无枝叶，疏被白色或黑色短柔毛。托叶披针形，长 8～10（～16）mm，疏被长毛；奇数羽状复叶，长 6～13 cm；小叶 15～41 枚，狭矩圆形、披针状矩圆形或有时下部小叶近圆形或倒卵形，长 6～20 mm，宽 2～6 mm，先端圆形或钝，具小尖头，基部圆楔形，腹面无毛，背面被白色伏贴长柔毛或短柔毛。总状花序生上部叶腋，密生多数下垂而常偏向一侧的花；总花梗长 10～15 cm，被黑色和白色短毛；苞片披针形，常扭转，被黑色毛；花萼钟形，长 5～6 mm，密被黑白色相间短柔毛，萼齿不等长，长约为萼筒之半；花冠黄色或白色；旗瓣矩圆形，长 11～13 mm，柄短；翼瓣狭窄，稍短于旗瓣；龙骨瓣等长于旗瓣；子房密被黑色长柔毛，具长柄，花柱无毛。荚果近梭形，长约 18 mm，宽约 5 mm，密被黑色和白色长柔毛，果柄稍长于萼筒，1 室。 花期 6～7 月，果期 8～9 月。

产青海：兴海（赛宗寺，吴玉虎 46173、46180、46225、46232；河卡乡，采集人不详 412、419a)、玛沁（雪山乡，玛沁队 438)、班玛（马柯河林场，王为义等 26775；红军沟，陈世龙等 350)、久治（哇尔依乡，吴玉虎 26668；康赛乡，吴玉虎 26531、26624；龙卡湖，藏药队 723；希门错，果洛队 446)、达日（吉迈乡，吴玉虎 27035)、称多（歇武乡，刘尚武 2530)。生于海拔 3 200～4 300 m 的河谷山地林缘草地、沟谷林下、高山草甸、沟谷山坡高寒灌丛草甸。

甘肃：玛曲（欧拉乡，吴玉虎 31989、31993、31997)。生于海拔 3 310～3 200 m 的沟谷山坡灌丛、河谷高寒草甸、山地灌丛草甸。

分布于我国的青海、甘肃、西藏、四川西北部；尼泊尔，印度东北部，不丹也有。

14b. 多毛多花黄耆（变种）

var. **multipilis** Y. H. Wu in Bull. Bot. Res. 17 (1)：36. 1997；青海植物志 2：195. 1999；青藏高原维管植物及其生态地理分布 465. 2008.

本变种与原变种的区别在于：小叶长圆形，两面均被白色柔毛；茎上密被白色或黑色开展的柔毛；苞片长 6～8 mm，线形；小花梗长仅 3 mm。

产青海：兴海（中铁林场卓琼沟，吴玉虎 45723)。生于海拔 3 600～4 000 m 的沟谷山地阴坡高寒灌丛草甸、山坡圆柏林缘灌丛草甸、林缘草地。模式标本采自青海玉树。

15. 窄翼黄耆

Astragalus degensis Ulbr. in Fedde Repert. Sp. Nov. Beih. 12：418. 1922；Pet.-Stib. in Acta Hort. Gothob. 12：44. 1937～1938；中国主要植物图说 豆科 382. 1955；西藏植物志 2：826. 1985；中国植物志 42 (1)：135. 1993；青藏高原维管植物及其生态地理分布 463. 2008；Fl. China 10：341. 2010.

多年生草本，高 50～80 cm。根粗壮，直伸。茎直立，具条纹，疏被稍开展的白色柔毛或混生黑毛。奇数羽状复叶，长 6～12 cm，具小叶 21～39 枚；托叶草质，离生，线状披针形，长 6～10 mm，具缘毛；小叶长圆形或长圆状披针形，长 8～18 mm，宽 3～6 mm，先端钝，具突尖头，基部钝圆或宽楔形，两面被白色伏贴柔毛，背面毛较密，柄短。总状花序腋生，多花，总花梗比叶长；苞片线形，长 4～6 mm，小苞片缺；花梗长 3～5 mm，与花序轴均被黑色柔毛或下部多被白色毛；花萼钟状，长 4～5 mm，被黑色毛，萼齿钻形，长 1～2 mm；花冠淡紫色；旗瓣狭倒卵形，反折，长 10～12 mm，先端钝，基部渐狭；翼瓣线状长圆形，长 8～10 mm，宽约 1 mm，耳长约 2 mm，柄长 4～5 mm；龙骨瓣半倒卵形，与旗瓣近等长，宽 3.5～4.0 mm，柄长约 5 mm；子房有长柄，被毛。荚果梭状卵形，长 15～18 mm，宽 4～6 mm，两端尖，密被黑色毛或混生白色柔毛，果柄长 4～6 mm，含种子 2～4 粒。 花期 7～8 月，果期 8～9 月。

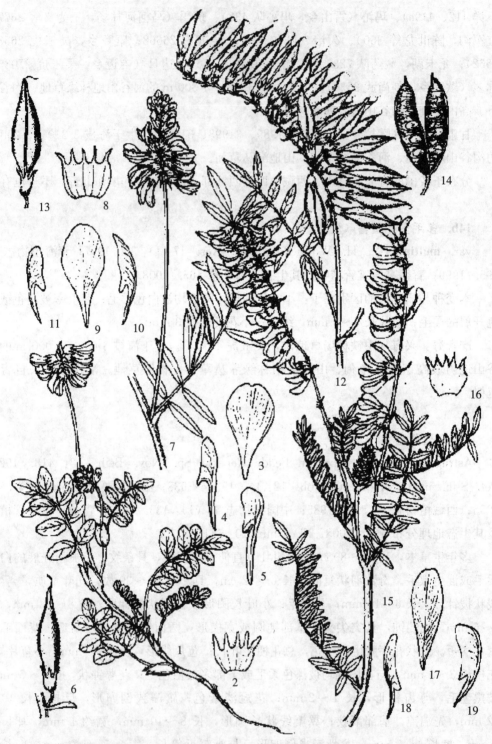

图版 **37** 祁连山黄耆 Astragalus chilienshanensis Y. C. Ho 1. 植株；2. 花萼；3. 旗瓣；4. 翼瓣；
5. 龙骨瓣；6. 荚果。黑紫花黄耆 **A. przewalskii** Bunge 7. 花枝；8. 花萼；9. 旗瓣；10. 翼瓣；11. 龙
骨瓣；12. 果枝；13. 荚果；14. 裂开的荚果。多花黄耆 **A. floridus Benth.** ex Bunge 15. 花枝；
16. 花萼；17. 旗瓣；18. 翼瓣；19. 龙骨瓣。 （阎翠兰绘）

产青海：玛沁（雪山乡，陈世龙等 165）。生于海拔 3 550～3 780 m 的沟谷山坡林缘草地、河边草甸、河谷山地灌丛。

分布于我国的青海、西藏东部、四川西部、云南。

16. 东俄洛黄耆

Astragalus tongolensis Ulbr. in Bot. Jahrb. 1. （Beibl. 110）：12. 1913；Pet. -Stib. in Acta Hort. Gothob. 12：48. 1937～1938；中国主要植物图说 豆科 406. 图 399. 1955；中国植物志 42 （1）：138. 1993；青海植物志 2：196. 1999；青藏高原维管植物及其生态地理分布 477. 2008；Fl. China 10：345. 2010. ——*A. tongolensis* Ulbr. var. *glaber* Pet. -Stib. in Acta Hort. Gothob. 12：49. 1937～1938；中国植物志 42 （1）：139. 1993；青海植物志 2：196. 图版 34：1～6. 1999；青藏高原维管植物及其生态地理分布 477. 2008. —— *A. tongolensis* Ulbr. var. *lanceolata-dentatus* Pet. -Stib. in Acta Hort. Gothob. 12：49. 1937～1938；中国植物志 42 （1）：140. 1993；青海植物志 2：198. 1999；青藏高原维管植物及其生态地理分布 477. 2008.

16a. 东俄洛黄耆（原变种）

var. tongolensis

多年生草本，高 30～60 cm。根粗壮，外皮棕褐色。茎直立，粗壮而中空，有条棱，无毛。托叶大，叶状，矩圆状披针形，长 18～30 mm，宽 5～9 mm，边缘具纤毛；奇数羽状复叶，长 7～12 cm；小叶 3～11 枚，卵状披针形或披针形，长 1.8～5.0 cm，宽 6～20 mm，先端圆形，稍尖或钝，有时具小突尖，基部圆形或阔楔形，两面无毛或被疏毛，叶缘无毛或有纤毛。总状花序生上部叶腋，密生多花；总花梗长于叶，疏被毛；苞片线形，长 6～8 mm，宽约 1 mm，边缘被白色和黑色长纤毛；花梗长 2～3 mm，密被黑色短柔毛；花萼钟状，长 6～8 mm，里面上部密被黑色短柔毛；外面无毛，萼齿三角状披针形或齿状，长 1～3 mm，上方 2 萼齿稍短；花冠黄色；旗瓣倒披针形，长约 18 mm，宽约 6.5 mm，先端圆形，微凹，下部渐狭；翼瓣和龙骨瓣均等长于旗瓣，柄长均为 13 mm，均具短耳；子房密被黑色和褐色长柔毛，有长柄。荚果近梭形或披针形，长 2～3 cm，宽 5～8 mm，密被黑色或褐色长柔毛，1 室。 花期 6～7 月，果期 8～9 月。

产青海：玛沁（雪山乡，玛沁队 461、陈世龙等 163；西哈垄河谷，H. B. G. 268）、甘德、久治（希门错湖，果洛队 441；索乎日麻乡，藏药队 80）、班玛（马柯河林场烧柴沟，王为义等 27570）、达日、玛多、称多（歇武乡，刘尚武 2497）、曲麻莱。生于海拔 2 800～4 300 m 的沟谷山地林间草地、沟谷林缘、阴坡灌丛、河谷林下草甸、山坡灌丛草地。

分布于我国的青海、甘肃、西藏、四川西部和西南部、云南西北部。

16b. 长苞东俄洛黄耆（变种）

var. **longibratis** Y. H. Wu in Bull. Bot. Res. 17（1）：35. 1987；青海植物志 2：198. 1999；青藏高原维管植物及其生态地理分布 477. 2008.

本变种与原变种的区别在于：苞片线形，长达 10～13 mm；花萼长达 12 mm，萼齿长3.0～5.5 mm。

产青海：久治（索乎日麻乡希门错湖，藏药队 580）。生于海拔 3 800～4 100 m 的沟谷林缘、山坡林下、光滑灌丛草地。

分布于我国的青海。模式标本采自青海久治县。

组 5. 金翼黄耆组 Sect. Chrysopterus Y. C. Ho

Y. C. Ho in Bull. Bot. Lab. N.-E. For. Inst. 8（8）：56. 1980；
中国植物志 42（1）：140. 1993.

多年生草本。托叶离生。花黄色，组成疏总状花序；龙骨瓣较旗瓣、翼瓣为长，翼瓣与旗瓣近等长，具与瓣柄近等长的耳；子房具长柄。荚果果瓣纸质，1 室；有种子2～4 粒。

昆仑地区产 1 种。

17. 金翼黄耆

Astragalus chrysopterus Bunge in Mél. Biol. Acad. Sci. St.-Pétersb. 10：51. 1877；Simps. in Not. Roy. Bot. Gard. Edinb. 8：255. 1915；Pet.-Stib. in Acta Hort. Gothob. 12：39. 1937～1938；中国主要植物图说 豆科 399. 图390. 1955；中国植物志 42（1）：140. 1993；青海植物志 2：198. 图版34：7～12. 1999；青藏高原维管植物及其生态地理分布 462. 2008；Fl. China 10：389. 2010.

多年生草本，高 30～60 cm，全株密被白色短柔毛。主根粗壮，黄褐色。茎细弱，分枝或不分枝。托叶分离，披针形，长 3～5 mm；奇数羽状复叶，长 4～10 cm，小叶柄短，疏被毛；小叶 9～19 枚，椭圆形或矩圆形，长 5～18 mm，宽 3～7 mm，先端钝圆或截形，具突尖，有时微凹，基部圆形，腹面无毛，背面疏生白色伏贴短柔毛。总状花序腋生或顶生，疏生多数下垂花；总花梗长于叶；苞片披针形，疏被毛；花梗短；花萼钟形，长 3～4 mm，疏被毛；萼齿披针形，短于萼筒；花冠黄色，长 12～14 mm；旗瓣倒卵形，长 10～12 mm，宽 6～7 mm，先端圆形；翼瓣长圆形，与旗瓣近等长，耳与柄几等长；龙骨瓣最长，具柄和耳；子房有柄，无毛，1 室，花柱弯曲。荚果窄椭圆状倒卵形，扁平，无毛，具网纹，长 6～9 mm，宽 3～4 mm，顶端具下弯长喙，含种子2～4 粒。　花期 6～8 月，果期 8～9 月。

产青海：都兰（希里沟，采集人不详 597、618、795）、兴海（中铁乡附近，吴玉虎 45466、45474、45488；大河坝乡赞毛沟，吴玉虎 45297、46419、47084、47102、47154、47163、47183；中铁林场恰登沟，吴玉虎 44883、44927、44936、44944、44981）、玛沁（尕柯河电站，吴玉虎 5986）。生于海拔 2 800～3 750 m 的山坡草地、沟谷阴坡林下、山地阔叶林缘灌丛中、山沟石隙、山地阴坡高寒灌丛。

分布于我国的青海、甘肃、宁夏、陕西、四川、山西、河北。

组 6. 肾形子黄耆组 Sect. Skythropos Simps.

Simps. in Not. Roy. Gard. Edinb. 8：255. 1915；Pet.-Stib. in Acta
Hort. Gothob. 12：52. 1937～1938；中国植物志 42 (1)：141. 1993.

多年生草本。茎短缩或不明显。托叶离生。花黄色、淡黄色、红色、紫红色或青紫色。常下垂，组成一边向的总状花序。荚果果瓣膜质，具果颈，1 室。

组模式种：肾形子黄耆 A. *skythropos* Bunge

昆仑地区产 6 种 1 变种。

分 种 检 索 表

1. 花冠红色至紫红色。
  2. 小叶两面均密被苍白色长柔毛；龙骨瓣较翼瓣短或近等长 ……………………………………………… **18. 甘肃黄耆 A. licentianus** Hand.-Mazz.
  2. 小叶上面无毛或疏被柔毛；龙骨瓣较翼瓣稍长或近等长 ……………………………………………… **19. 肾形子黄耆 A. skythropos** Bunge
1. 花黄色。
  3. 荚果瓣薄，膜质或纸质。
    4. 龙骨瓣较旗瓣、翼瓣长 ……………… **20. 西北黄耆 A. fenzelianus** Pet.-Stib.
    4. 龙骨瓣较旗瓣、翼瓣短或近等长；小叶上面无毛，下面被白色长柔毛 ……………………………………… **21. 云南黄耆 A. yunnanensis** Franch.
  3. 荚果瓣厚，革质。
    5. 植株铺散而绝不直立，总状花序生中上部叶腋 ……………………………………… **22. 西倾山黄耆 A. xiqingshanicus** Y. H. Wu
    5. 植株直立或上升，总状花序自茎基部起腋生 ……………………………………… **23. 岷山黄耆 A. minshanensis** K. T. Fu

18. 甘肃黄耆

Astragalus licentianus Hand.-Mazz. in Oesterr. Bot. Zeitschr. 82：247. 1933；

299

Pet. -Stib. in Acta Hort. Gothob. 12：654. 1937～1938；中国主要植物图说 豆科 376. 1955；中国植物志 42（1）：142. 图版 36：9～16. 1993；青海植物志 2：199. 1999；青藏高原维管植物及其生态地理分布 468. 2008；Fl. China 10：354. 2010.

多年生草本，高 5～20 cm。主根粗壮。根状茎较细瘦。奇数羽状复叶，长 4～12 cm；托叶大，卵状披针形，分离，叶缘被长纤毛；小叶 11～31 枚，卵形或近圆形，先端圆形或渐尖，基部圆形，长 4～10 mm，宽 3～6 mm，两面密被白色长柔毛，有时毛疏或仅沿中脉和叶缘有毛。密总状花序，花下垂，常排列于一侧；总花花梗长于叶，被黑色和白色长柔毛；苞片披针形，被毛；花梗短，密被黑色毛；花萼筒状钟形，长 7～10 mm，密被黑色或黑白色混生的长柔毛，萼披针形，短于萼筒；花冠蓝紫色、紫红色或蓝白色；旗瓣狭倒卵形，长 14～17 mm，先端微凹，基部渐狭；翼瓣和龙骨瓣均与旗瓣近等长，柄长于瓣片，耳较短；子房密被毛，有长柄，花柱及柱头均无毛。荚果卵形或狭椭圆形，长 13～18 mm，密被黑色和白色长柔毛，顶端具宿存花柱，含种子 4～8 粒。 花期 6～8 月，果期 8～9 月。

产青海：兴海（河卡乡，吴珍兰 122、采集人不详 417）、久治（年保山，果洛队 403）、玛沁。生于海拔 3 500～4 500 m 的阴坡灌丛草甸、高山草甸、河谷阶地、高寒草原砾地。

分布于我国的青海、甘肃、西藏。模式标本采自甘肃马衔山。

19. 肾形子黄耆　图版 38：1～4

Astragalus skythropos Bunge in Bull. Acad. Sci. St.-Pétersb. 24：31. 1887；Pet. -Stib. in Acta Hort. Gothob. 12：56. 1937～1938；中国主要植物图说 豆科 376. 1955；中国植物志 42（1）：141. 图版 36：1～8. 1993；Fl. China 10：354. 2010. —— *A. weigoldianus* Hand.-Mazz. Symb. Sin. 7：556. 1933；Pet.-Stib. in Acta Hort. Gothob. 12：55. 1937～1938；中国主要植物图说 豆科 393. 图 382. 1955；西藏植物志 2：817. 1985；青海植物志 2：199. 图版 34：13～18. 1999；青藏高原维管植物及其生态地理分布 478. 2008.

多年生草本，高 10～35 cm。根纺锤形，棕褐色。根状茎较细。奇数羽状复叶基生，长 4～20 cm；托叶宽披针形，离生，长 8～15 mm；小叶 11～35 枚，卵形或矩圆形，有时近圆形，长 4～14 mm，宽 3～10 mm，先端钝圆或微凹，基部圆形，腹面无毛或疏被毛，背面疏或密被毛。总状花序密生多花，花下垂并常排列于一侧；总花梗长 5～20 cm，被长柔毛；苞片披针形，长 6～10 mm，疏被毛；花梗长 1～3 mm，密被黑毛；花萼筒状钟形，长 7～10 mm，密被黑色和白色或同棕褐色相混生的长柔毛，萼齿披针形，等长或短于萼筒；花冠红色或紫红色；旗瓣倒卵形，长约 15 mm；翼瓣与旗瓣近等长，柄稍长于瓣片；龙骨瓣长约 17 mm，柄近等长于瓣片；子房密被毛，有柄。荚果梭形或卵状披针形，膨胀，长 15～20 mm，密被黑白色相间的长柔毛，含种子 4～8

粒；种子黑色。　花期 6～8 月，果期 8～9 月。

产青海：兴海（中铁林场卓琼沟，吴玉虎 45653、45679、45686A、45780、47593A；河卡山，吴玉虎 28694、郭本兆 6285、吴珍兰 122；温泉乡，吴玉虎 2853B）、格尔木（西大滩昆仑山北坡，吴玉虎 36855）、玛沁（黑土山，吴玉虎 5777；军功乡，区划组 097）、甘德、久治（索乎日麻乡，藏药队 475；康赛乡，果洛队 684；年保山，果洛队 423）、班玛、达日、玛多（扎陵湖乡，吴玉虎 497）、称多（巴颜喀拉山，采集人和采集号不详）、曲麻莱（巴颜察干，黄荣福 055）。生于海拔 3 100～4 700 m 的高山草甸砾地、阴坡灌丛草甸、山坡圆柏林缘草甸、河漫滩草甸。

分布于我国的新疆、青海、甘肃（岷县、洮河流域）、西藏、四川西部、云南西北部。

20. 西北黄耆

Astragalus fenzelianus Pet.-Stib. in Acta Hort. Gothob. 12：54. 1937～1938；中国主要植物图说 豆科 375. 1955；中国植物志 42（1）：142. 图版 37：8～15. 1993；青海植物志 2：200. 图版 35：1～6. 1999；青藏高原维管植物及其生态地理分布 464. 2008；Fl. China 10：355. 2010.

多年生草本。主根粗壮，木质。茎短缩，分枝。奇数羽状复叶，长 8～18 cm，叶柄和叶轴疏被白色柔毛；托叶矩圆形或三角状披针形，长 6～14 mm，宽 2～4 mm，边缘被长柔毛；小叶 17～35 枚，卵形、椭圆形或几圆形，长 3～12 mm，宽 2～10 mm，先端钝圆或截形，基部圆形，腹面无毛，背面疏被毛或仅沿中脉及边缘被毛。总状花序腋生，自基部抽出，顶端密集 10～20 花；总花梗长 6～24 cm，下部疏被、上部密被黑色和白色柔毛；苞片膜质，披针形，长 6～9 mm，被毛；花萼筒状，长 8～12 mm，密被黑色夹有少量白色长柔毛，萼齿长 3～5 mm；花冠橘黄色；旗瓣匙状倒卵形，先端微凹，自中部骤缩后渐狭，长约 19 mm，宽约 9 mm；翼瓣约等长于旗瓣，柄长约 9 mm，耳长约 2 mm；龙骨瓣长约 21 mm，有长柄；子房密被长柔毛，有柄，花柱和柱头无毛。荚果卵状披针形，长 2～3 cm，密被黑色和白色长柔毛，顶端渐尖，有宿存花柱，1 室。花期 6～8 月，果期 7～9 月。

青海：兴海、玛沁、甘德、久治（索乎日麻乡，高生所果洛队 256）、称多、曲麻莱。生于海拔 3 200～4 600 m 的沟谷高山草甸、河谷山坡灌丛草甸、河滩疏林草地。

分布于我国的青海、甘肃、四川。模式标本采自青海共和。

21. 云南黄耆

Astragalus yunnanensis Franch. Pl. Delav. 162. 1889；Simps. in Not. Roy. Bot. Gard. Edinb. 8：256. 1915；Pet.-Stib. in Acta Hort. Gothob. 12：53. 1937～1938；中国主要植物图说 豆科 392. 图 380. 1955；西藏植物志 2：821. 图

267：8～10. 1985，pro parte；中国植物志 42（1）：144. 图版 37：1～7. 1993；青海植物志 2：202. 1999；青藏高原维管植物及其生态地理分布 479. 2008；Fl. China 10：354. 2010. —— *A. tatsienensis* Bur. et Franch. in Morot. Journ. de Bot. 5：23. 1891；中国植物志 42（1）：145. 1993；青海植物志 2：202. 1999；青藏高原维管植物及其生态地理分布 476. 2008.

21a. 云南黄耆（原变种）

var. yunnanensis

多年生草本。主根长而粗壮。几无茎，基部常被沙土掩埋，无毛。奇数羽状复叶，长 2～9 cm；叶柄和叶轴均疏被长柔毛；托叶分离，卵形、卵状披针形或长椭圆形，长 6～14 mm，仅边缘疏被长柔毛；小叶 19～35 枚，无柄，卵形、卵状椭圆形或近圆形，长 3～9 mm，宽 2～6 mm，先端钝圆或截形，基部圆形，两面疏或密被白色长柔毛，边缘毛较密，有时腹面无毛。总状花序腋生，顶端密生多数下垂的花；总花梗长 2～10 cm，有沟槽，疏或密被黑色和白色长柔毛；苞片膜质，披针形，长 5～10 mm，疏被毛；花萼筒状，长 10～16 mm，密被黑色和少量白色长柔毛，萼齿披针形，长 4～8 mm；花冠黄色；旗瓣长 1.6～2.0 cm，瓣片宽卵形，下部渐狭成柄，柄与瓣片近等长或稍短；翼瓣稍短或几等长于旗瓣，明显具耳长约 2.5 mm；龙骨瓣几等长或稍长于旗瓣，耳长约 2 mm；子房密被白色和黑色长柔毛，具柄。荚果卵形，密被白色和黑色长柔毛，1 室。 花果期 6～8 月。

产青海：兴海（中铁林场卓琼沟，吴玉虎 45674、45699、45733、45759、47680、47691；中铁林场中铁沟，吴玉虎 45672）、玛沁（军马场，陈世龙等 138、马柄奇 1108；拉加乡，玛沁队 091）、甘德（东吉乡，吴玉虎 25772）、久治（康赛乡，吴玉虎 26601、26628；索乎日麻乡，藏药队 249）、达日（吉迈乡，吴玉虎 27055；县城东面 25 km，陈世龙等 268）、玛多（花石峡乡，吴玉虎 707、709）、曲麻莱（六盘山，刘海源 850）。生于海拔 3 150～5 000 m 的沟谷山坡草地、山地阴坡灌丛、高山草甸砾地、山顶碎石带、山坡圆柏林缘灌丛草甸。

分布于我国的青海、甘肃（洮河流域）、西藏、四川西部、云南西北部；尼泊尔西部至中部也有。

21b. 光萼黄耆（新变种）

var. glabricalyx Y. H. Wu **var. nov.** in Addenda.

本变种与原变种的区别在于：花萼紫色，光滑无毛；花瓣带橘黄色。可以相区别。

产青海：称多（歇武乡，吴玉虎 29354）。生于海拔 4 300 m 左右的河谷山地阴坡高寒灌丛草甸。模式标本采自青海称多县。

22. 西倾山黄耆

Astragalus xiqingshanicus Y. H. Wu in Acta Bot. Yunnan. 20（1）：36. 1998；青海植物志 2：210. 1999.

多年生草本。主根粗壮。茎自基部分枝，铺散，绝不直立，长 15～30 cm，无毛。奇数羽状复叶，长 3～12 cm，叶柄长 1～2 cm；托叶离生，基部与叶柄稍贴生，长圆状披针形或卵状披针形，长 6～12 mm，宽 2～5 mm，先端渐尖，近无毛；小叶 13～29 枚，长圆形至卵状长圆形，长 3～13 mm，宽 2～7 mm，先端钝圆，具小尖头，基部近圆形，腹面无毛，背面仅沿中脉和边缘稍被毛。总状花序具 3～9 花；总花梗明显短于叶，长 1～4 cm；苞片长圆状披针形或卵状披针形，长 6～12 mm，宽 2～5 mm；花梗长 2～3 mm，稀被黑色毛；花萼筒状钟形，后期变黑色，长 6～10 mm，外面无毛，萼齿三角状披针形，长 2～4 mm，腹面被毛；小苞片缺；花冠黄色；旗瓣倒卵状披针形，长 11～13 mm，瓣片近圆形，宽约 7 mm，先端钝圆或平截，基部渐狭成柄，柄与瓣片近等长；翼瓣长圆形，长 11～12 mm，宽约 2 mm，柄长约 8 mm；龙骨瓣长 11～13 mm，柄长约 8 mm；子房无毛，具长柄。荚果长圆形，棕色，后期带黑色，长 12～22 mm，宽 6～12 mm，厚硬，膨胀，无毛，有横纹，果梗长 6～10 mm；种子圆肾形，长约 2 mm，褐色。 花期 6～7 月，果期 7～9 月。

产青海：玛沁、达日（德昂乡，吴玉虎 25929；建设乡，H. B. G. 1018；吉迈乡，H. B. G. 1098）、久治（索乎日麻乡，果洛队 248）。生于海拔 3 200～3 970 m 的山前高山草甸裸地、河谷阶地高寒草甸。

分布于我国的青海、四川（德格县窝公乡）。模式标本采自青海河南县。

本种与岷山黄耆 A. *minshanensis* K. T. Fu 有相似之处，但本种的茎全部铺散地面而绝不直立，亦非上升；花序生于中上部叶腋而非如后者总状花序通常自茎基部起腋生，因而可以相区别。

本种是我们在 1991 年 3 月发现的新种，当时在标本的鉴定签上初步定名为黄南黄耆 A. *huangnanensis* Y. H. Wu。为慎重起见，我们在发表前将模式标本寄给中国科学院西北植物研究所的傅坤俊（K. T. Fu）教授，请他把关。1994 年 11 月 22 日，当时作为傅教授助手的张继敏先生鉴定为金翼黄耆 A. *chrysopterus* Bunge，而傅教授于同年 11 月 30 日的鉴定签同意并确认了我们先前拟订的黄南黄耆 A. *huangnanensis* sp. nov. 新种成立。而这时，傅教授的岷山黄耆 A. *minshanensis* K. T. Fu 已经发表 3 年，可见傅教授本人也认可本种与后者之间的区别，这一点从后者的原始描述和绘图也可以区分，尽管我们未见后者的模式标本。后来在 1995 年正式投稿发表时，我们将该标本定名为西倾山黄耆 A. *xiqingshanicus* Y. H. Wu。所以，结合本种的特征和我们的比较，我们还是把它作为单独的种列出，等今后采集到足够多的标本时再行进一步的研究。

另外，在我们的标本中，还有一些高度在 5～7 cm 的植株，分枝少或没有分枝，根系也较细弱，似乎应为一年生植物，如此等等，这些均与本种的原始描述有区别，也很值得进一步研究。

23. 岷山黄耆

Astragalus minshanensis K. T. Fu in Acta Bot. Boreal. Occident. Sin. 11（4）：341. 1991；Fl. China 10：352. 2010.

多年生草本。主根粗壮。茎自基部分枝，2～4 条，直立或上升，高 15～30 cm，无毛。奇数羽状复叶，长 3～12 cm，叶柄长仅 1～2 cm；托叶离生，基部与叶柄稍贴生，长圆状披针形或卵状披针形，长 6～12 mm，宽 2～5 mm，先端渐尖，近无毛；小叶 13～29 枚，长圆形至卵状长圆形，长 3～13 mm，宽 2～7 mm，先端钝圆，具小尖头，基部近圆形，腹面无毛，背面仅沿中脉和边缘稍被毛。总状花序具 3～9 花；总花梗明显短于叶，长 1～4 cm；苞片长圆状披针形或卵状披针形，长 6～12 mm，宽 2～5 mm；花梗长 2～3 mm，稀被黑色毛；花萼筒状钟形，后期变黑色，长 6～10 mm，外面无毛，萼齿三角状披针形，长 2～4 mm，腹面被毛；小苞片缺；花冠黄色；旗瓣倒卵状披针形，长 11～13 mm，宽约 7 mm，瓣片近圆形，先端钝圆或平截，基部渐狭成柄，柄与瓣片近等长；翼瓣长圆形，长 11～12 mm，宽约 2 mm，柄长约 8 mm；龙骨瓣长 11～13 mm，柄长约 8 mm；子房无毛，具长柄。荚果长圆形，棕色，后期带黑色，长 12～22 mm，宽 6～12 mm，厚硬，膨胀，无毛，有横纹，果梗长 6～10 mm；种子圆肾形，长约 2 mm，褐色。　花期 6～7 月，果期 7～9 月。

产甘肃：碌曲（岷山郎木寺附近，T. P. Wang 7632）。生于海拔 3 700 m 左右的沟谷山坡路边草地。

分布于我国的青海、甘肃、西藏。

组 7. 岩生黄耆组 Sect. Lithophilus Bunge

Bunge in Mém. Acad. Sci. St.-Pétersb. ser. 7. 11（16）：29. 1869；

中国植物志 42（1）：147. 1993.

多年生草本。茎明显伸长，稀短缩。托叶常上部分离，基部合生。花黄色或白色，少数组成密或疏的总状花序；总花梗腋生，较叶短或近无总花梗；子房有柄，被长柔毛。荚果果瓣膜质，膨胀，多少呈泡状，假 2 室或近假 2 室，具短果颈。

组模式种：岩生黄耆 A. lithophylus Kar. et Kir.

昆仑地区产 1 种。

24. 岩生黄耆　图版 38：5～9

Astragalus lithophilus Kar. et Kir. in Bull. Soc. Nat. Moscou 15：344. 1842；

Mém. Acad. Sci. St.-Pétersb. ser. 7. 15 (1)：35. 1869；Fl. URSS 12：19 1946；
Fl. Kazakh. 5：94. t. 11：1. 1961；东北林学院植物研究室汇刊 8（8）：66. 1980；
新疆植物检索表 3：122. 1983；中国植物志 42（1）：148. 图版 38：1～8. 1993；Fl.
China 10：356. 2010.

多年生草本。根粗壮，直伸。茎直立，高 15～30 cm，被开展的白色长柔毛，基部
具膜质透明的托叶鞘。羽状复叶有 21～37 枚小叶，长 7～18 cm，叶柄与叶轴近等长或
较短，均被开展的白色长柔毛；托叶离生，仅基部相互联合，白色，膜质，卵形至披针
状卵形，长 12～16 mm，具白色长缘毛；小叶长圆形或椭圆形，有时近卵形，长 5～
15 mm，宽 3～6 mm，先端钝或渐尖，基部宽楔形，两面均被开展的白色长柔毛，小叶
柄长约 1 mm。总状花序生 4～7 花，稍稀疏；总花梗稍粗壮，比叶短，长 2～5 cm；苞
片线状披针形，长 8～12 mm，膜质，下面被开展的白色长柔毛混生黑色毛；花梗长 2～
4 mm；连同花序轴被开展的白色长柔毛；花萼钟状，长 15～20 mm，散生开展的白色
长柔毛混生黑色毛，萼齿线状披针形，与萼筒近等长；花冠黄色；旗瓣长 20～25 mm，
瓣片长圆状倒卵形，先端微凹，基部具长约 8 mm 的瓣柄；翼瓣与旗瓣近等长或稍短，
瓣片长圆形，上部较狭，基部具长约 3 mm、宽约 2 mm 的耳，瓣柄与瓣片近等长；龙
骨瓣长 18～20 mm，瓣片半卵形，瓣柄比瓣片长约 1.5 倍；子房密生白色长柔毛，柄长
4～5 mm。荚果膜质，膨胀，近球形，长 25～30 mm，先端有短喙，腹部带紫色，散生
白色长柔毛，果颈长 5～8 mm，2 室；种子多数，肾形，长 4～5 mm，栗褐色。 花果
期 6～7 月。

产新疆：乌恰（吉根乡斯木哈纳，采集人不详 73 - 134；采集地不详，徐朗然
1793；西植所新疆队 1821）。生于海拔 2 400～3 600 m 的沟谷河滩沙砾地、沙砾质山坡
草地。

分布于我国的新疆；吉尔吉斯斯坦，塔吉克斯坦，哈萨克斯坦也有。

组 8. 疏花黄耆组 Sect. Orobella Gontsch.

Gontsch. in Kom. Fl. URSS 12：877. 1946；中国植物志 42（1）：150. 1993.

多年生草本。茎直立或上升。托叶小型，离生或基部合生。花稍大型，青紫色、深
紫色、紫红色、蓝色，稀黄白色，组成稍疏的卵圆形或长圆形的总状花序；龙骨瓣较翼
瓣短；子房具短柄。荚果果瓣膜质，不完全假 2 室或近 1 室。

组模式种：诺尔维黄耆 A. *oroboides* Horn.

昆仑地区产 3 种 1 变种。

分 种 检 索 表

1. 子房无毛 ·························· **27. 格尔木黄耆 A. golmuensis** Y. C. Ho

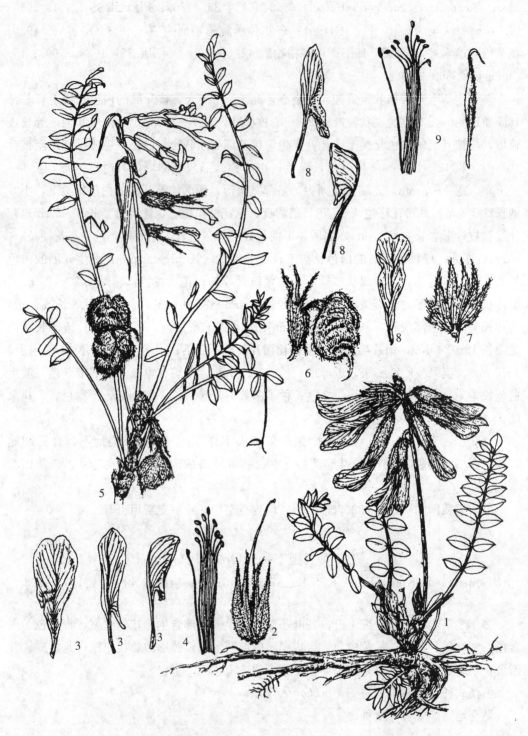

图版 38　肾形子黄耆 Astragalus skythropos Bunge 1. 植株；2. 花萼及雄蕊；3. 花解剖（示各瓣）；4. 雄蕊。岩生黄耆 A. lithophilus Kar. et Kir. 5. 植株；6. 花萼及果实；7. 花萼；8. 花解剖（示各瓣）；9. 雄蕊、雌蕊。（引自《新疆植物志》，朱玉善 绘）

1. 子房有毛。

  2. 植物较细弱。托叶长 4~6 mm；苞片披针形，长 3~4 mm ……………………

    ……………………………………………… **25. 甘德黄耆 A. gandeensis** Y. H. Wu

  2. 植物较粗壮。托叶长 6~10 mm；苞片线形，长 5~8 mm。………………………

    …………………………………………… **26. 线苞黄耆 A. peterae** Tsai et Yu

25. 甘德黄耆（新种）

Astragalus gandeensis Y. H. Wu **sp. nov.** in Addenda.

多年生草本，高 12~20 cm。主根较细。茎较细弱，直立或斜升，基部少分枝，疏被白色或黑白混杂的短柔毛。奇数羽状复叶，长 3~8 cm，叶柄长 0.5~2.0 cm，与叶轴均疏被白毛；托叶离生，仅基部与叶柄稍贴生，三角形或狭三角形，长 4~6 mm，宽 2~3 mm，先端渐尖，疏被白色毛；小叶 9~19 枚，叶片薄，披针形或长圆形，长 4~14 mm，宽 2~5 mm，先端钝圆或渐尖，基部楔形或圆楔形，腹面无毛，背面疏被白色伏贴的短柔毛，短柄，长 0.5 mm 以下。总状花序顶生，密集多花常呈卵形、圆锥状或圆柱状；总花梗明显长于叶，长 9~13 cm，疏被白色并杂有少量黑色短柔毛，近花序处和花序轴黑毛较密；苞片膜质，卵状披针形，长 3~5 mm，疏被黑色和白色长柔毛；花梗长约 1 mm，密被黑色毛；花萼钟状，长 6~8 mm，密被黑色短柔毛，萼齿线形或钻状，长 2~3 mm，两面密被黑色毛；花冠蓝紫色，干后变黄色；旗瓣倒卵形，长 12~13 mm，瓣片卵形、椭圆形或近圆形，宽 5~7 mm，先端微凹，瓣柄较宽，长 3.5~5.0 mm；翼瓣狭倒卵状长圆形，弯曲，长 10~11 mm，宽 2.5~3.0 mm，先端钝圆，具耳长约 1.5 mm，内弯，柄长 4~5 mm；龙骨瓣长约 8 mm，瓣片半倒卵形，宽约 2 mm，基部有短耳，细柄长 3~4 mm；子房卵状长圆形或长圆形，密或疏被白色毛，有柄长约 1 mm 或无柄。荚果未见。　花期 7 月。

产青海：甘德（上贡麻乡，吴玉虎 25801）。生于海拔 3 830~4 000 m 的沟谷山地高寒草甸、山地阴坡高寒灌丛草甸。

四川：石渠（新荣乡雅砻江畔，吴玉虎 30024）。生于海拔 4 000 m 左右的河谷山坡高寒灌丛草甸。

分布于我国的青海、四川西部。模式标本采自青海甘德县。

本种与线苞黄耆 A. *peterae* Tsai et Yu 相近，但本种植物较细弱；苞片长 3~4 mm，且与萼齿均不外展或下翻。可以相区别。

本种与马衔山黄耆 A. *mahoschanicus* Hand.-Mazz. 和皮山黄耆 A. *pishanxianensis* Podl. 相近，但本种植物较细弱，小叶薄；花较大，花萼长 7~8 mm；花冠为蓝紫色；旗瓣倒卵形，长 12~13 mm，瓣片近圆形，先端微凹，柄长 4~5 mm；翼瓣狭倒卵状长圆形，弯曲，长 10~11 mm，宽 2.5~3.0 mm，先端钝圆，具耳长约 1.5 mm；龙骨瓣长约 8 mm，等等。可以相区别。

26. 线苞黄耆

Astragalus peterae Tsai et Yu in Bull. Fan Mem. Inst. Biol. Bot. 7 (1)：21. f. 6. 1936；Pet.-Stib. in Acta Hort. Gothob. 12：32. 1937~1938；中国主要植物图说 豆科 378. 1955；中国植物志 42 (1)：152. 1993；青海植物志 2：202. 图版 35：13~ 18. 1999；青藏高原维管植物及其生态地理分布 472. 2008；Fl. China 10：369. 2010. —— A. *pseudobrachytropis* Gontsch. in Not. Syst. Int. Bot. Acad. Sci. URSS 10：31. 1946；Fl. URSS 12：49. 1946；Fl. Kazakh. 5：102. t. 12：4. 1961；东北林学院植物研究室汇刊 8 (8)：61. 1980；新疆植物检索表 3：126. 1983；中国植物志 42 (1)：152. 1993；青藏高原维管植物及其生态地理分布 474. 2008.

多年生草本，高 15~55 cm。茎直立或斜升，基部分枝，疏被黑色毛。奇数羽状复叶；托叶离生，卵形或卵状披针形，长 6~10 mm，疏被黑色短毛；小叶 9~19 枚，椭圆形、卵状椭圆形或线形，长 5~22 mm，宽 3~7 mm，先端圆、尖或微凹，腹面无毛，背面被白色伏贴的短柔毛，柄短。总状花序腋生，常头状，长 10~24 cm；总花梗疏被黑色毛；苞片线形，常外翻，长 5~8 mm，被黑色毛；花梗长 1~2 mm，与花序轴同密被黑色短柔毛；花萼钟状，长 6~8 mm，密被黑色和白色短柔毛，萼齿线状披针形，常开展或外翻；花冠紫红色或蓝紫色；旗瓣长约 13 mm，宽约 9 mm，瓣片宽卵形，先端深凹，基部短柄较宽；翼瓣长约 11 mm，柄长约 6 mm；龙骨瓣长约 8 mm，具长柄与短耳；子房有毛。荚果矩圆形，长 8~10 mm，顶端具喙，密被黑色短柔毛，含种子2~4 粒；种子淡黄色，肾形，长约 2.5 mm，光滑，表面有紫色斑点。 花期 5~8 月，果期 7~9 月。

产新疆：阿克陶、塔什库尔干（采集地不详，西植所新疆队 1268、1350，帕米尔考察队 4991，阎平 3630、3758）、叶城。生于海拔 3 600~4 600 m 的高山河谷草甸、河溪水沟边、高山流石坡低湿地、宽谷滩地高寒草甸、砾石坡地、河谷沙地沼泽草甸、高寒灌丛草甸。

青海：兴海（中铁林场卓琼沟，吴玉虎 45686B、45753；河卡山，吴玉虎 28692、28718，郭本兆 6272；河卡乡，采集人不详 418、吴珍兰 123、何廷农 214）、都兰（采集地不详，青甘队 888）、玛沁（野马滩，吴玉虎 1385；雪山乡，采集人不详 56-7；军功乡，吴玉虎 5650、区划组 045；黑土山，吴玉虎 5660、5757；拉加乡，玛沁队 096、237）、甘德（上贡麻乡，吴玉虎 25801、25818）、久治（年保山，果洛队 379；智青松多乡，果洛队 050；索乎日麻乡，藏药队 240、483）、班玛、达日、玛多（黑海乡，吴玉虎 989）、称多、曲麻莱（麻多乡，刘尚武 649）。生于海拔 2 800~4 500 m 的山沟圆柏林缘灌丛草甸、河滩疏林下、沟谷阴坡高寒灌丛、山地高寒草甸、高山流石滩、沟谷河岸草丛。

四川：石渠（长沙贡玛乡，吴玉虎 29663；新荣乡雅砻江畔，吴玉虎 30024）。生于海拔 4 000～4 100 m 的沟谷山坡山生柳灌丛、山坡石隙、河谷山地高寒灌丛草甸。

分布于我国的新疆、青海、甘肃、宁夏、西藏、四川西部；蒙古，吉尔吉斯斯坦，塔吉克斯坦，阿富汗也有。

27. 格尔木黄耆

Astragalus golmuensis Y. C. Ho in Bull. Bot. Lab. North-East. Forest. Inst. 8：61. f. 5. 1980；中国植物志 42（1）：153. 图版 39：1～7. 1993；青海植物志 2：203. 1999；青藏高原维管植物及其生态地理分布 465. 2008；Fl. China 10：383. 2010.

27a. 格尔木黄耆（原变种）

var. golmuensis

多年生草本，高 15～30 cm。根粗壮直伸，颈部分叉。茎直立或斜升，被白色短柔毛，上部杂有黑色柔毛。奇数羽状复叶，长 2～5 cm；托叶离生或仅基部联合，宽三角状卵形，长 3～4 mm，疏被白色或杂有黑色柔毛；小叶 9～19 枚，卵形，长椭圆形或条形，长 4～10 mm，宽 1.5～4.0 mm，先端钝圆或微凹，基部圆形，具短柄，两面贴生白色短柔毛。总状花序密集多花，呈头状；总花梗生于上部叶腋，长于叶近 1 倍；苞片白色，膜质，披针形，长 3～4 mm，散生黑色短柔毛；花梗极短，同花序轴均密被黑色短柔毛；花萼钟状，长 3～4 mm，贴生黑色或间有白色短柔毛，萼齿披针形，长 1.0～1.5 mm；花冠紫红色；旗瓣长圆状倒卵形，长 9～10 mm，先端微凹，基部渐狭成柄；翼瓣长 8～9 mm，瓣片倒卵形，宽约 2 mm，具短耳和柄，柄长约 2 mm；龙骨瓣半倒卵形，先端深紫色，长 5～6 mm，柄长约 2 mm；子房卵形，无毛，近无柄。荚果近球形，长 2～3 mm，表面有棱，贴生白色和黑色柔毛；种子深褐色，长约 2 mm。 花果期 6～8 月。

产青海：都兰（旺尕秀山下，吴玉虎 36215、36219、36592）、格尔木（县城南郊，青甘队 450）、玛沁（采集地不详，马柄奇 1087）、玛多（牧场，吴玉虎 023；苦海边，张盉曾 120）、曲麻莱（曲麻河乡，黄荣福 004；曲麻河乡措池村通天河畔，吴玉虎 38742；通天河与楚玛尔河交汇处，吴玉虎 38748、38793、38801、38814C）、治多（可可西里马章错钦，黄荣福 027）。生于海拔 2 900～4 700 m 的沟谷河滩沙砾地、砾石山坡、高寒草甸砾石地、河滩灌丛砾地。

分布于我国的青海。模式标本采自青海格尔木。

27b. 少毛格尔木黄耆（变种）

var. paucipilis Y. H. Wu in Bull. Bot. Res. 17（1）：36. 1997；青海植物志 2：204. 1999；青藏高原维管植物及其生态地理分布 465. 2008.

本变种与原变种的区别在于：小叶长圆形，对折，腹面无毛；托叶仅边缘被毛；苞片被黑毛；花冠较小。

产青海：都兰（诺木洪乡，昆仑山北坡，36598；布尔汗布达山三岔口以南 10 km，吴玉虎 36552、36568；香日德，吴玉虎 36235）、格尔木（西大滩附近，吴玉虎 37604）、玛沁（模式标本产地：优云乡，区划二组 087）。生于海拔 2 800～4 300 m 的山坡砾石滩、高山草甸裸地、沙砾质河漫滩草甸、高山荒漠石隙、河滩沙棘灌丛。

分布于我国的青海。模式标本采自青海玛沁县。

组 9. 短果柄黄耆组 Sect. Brachycarpus Boriss.

Boriss. in Kom. Fl. URSS 12：877. 1942；中国植物志 42（1）：157. 1993.

多年生草本。茎直立，稀上升。托叶离生，稀基部多少合生。花小型，青紫色、淡紫色或黄色，多数密集成顶生的头状圆柱状或穗状总状花序；龙骨瓣较翼瓣短；子房球形，有短柄，被柔毛。荚果卵形或球形，具极短果颈，被白色或混生黑色柔毛。

组模式种：密花黄耆 A. densiflorus Kar. et Kir.

昆仑地区产 20 种 1 变种 1 变型。

分 种 检 索 表

1. 翼瓣先端 2 裂或微凹。
  2. 花序轴被开展毛或部分被开展毛…… **44. 青东黄耆 A. mieheorum** Podl. et L. R. Xu
  2. 花序轴具伏贴毛和部分斜升毛，而非开展毛。
    3. 小叶较窄，长为宽的 6～8 倍，腹面疏散被毛；花萼长 2.5～3.0 mm ………
    ……………………………………………… **45. 橙果黄耆 A. rytidocarpus** Ledeb.
    3. 小叶较宽，长为宽的 3～5 倍，腹面无毛；花萼长 3 mm 以上。
      4. 花黄色 ……………………… **46. 马衔山黄耆 A. mahoschanicus** Hand.-Mazz.
      4. 花淡紫色 ……………………… **47. 紫萼黄耆 A. porphyrocalyx** Y. C. Ho
1. 翼瓣先端钝圆或截形。
  5. 花序轴被开展毛或部分被开展毛；
    6. 旗瓣瓣片倒卵形。
      7. 托叶长 4～7 mm，苞片长 4～6 mm …… **43. 瓦来黄耆 A. valerii** N. Ulziykh.
      7. 托叶长 2～3 mm，苞片长 1～2 mm。
        8. 小叶条形或条状矩圆形 ……………………… **41. 短毛黄耆 A. puberulus** Ledeb.
        8. 小叶长圆形或卵状长圆形 …… **28. 达坂山黄耆 A. dabanshanicus** Y. H. Wu
    6. 旗瓣瓣片椭圆形。
      9. 茎被白色开展毛；花较大，旗瓣长 10～11 mm，宽 6～7 mm；荚果较大，直径 3～5 mm ……………………… **29. 长序黄耆 A. longiracemosus** N. Luzikh.

9. 茎无毛或偶见被毛；花较小，旗瓣长 7～8 mm，宽 4～6 mm；荚果较小，直径 2～3 mm。

    10. 小叶条形或狭长圆形…… **30. 玛积雪山黄耆 A. majixueshanicus** Y. H. Wu

    10. 小叶卵状长圆形 … **31. 阿尼玛卿山黄耆 A. animaqingshanicus** Y. H. Wu

5. 花序轴具伏贴毛和部分斜升毛，而非开展毛。

  11. 小叶背面光滑，偶有仅在中脉和边缘具分散的毛；茎光滑无毛或偶见散生毛

    …………………………… **42. 土力黄耆 A. tulinovii** O. Fedtsch.

  11. 小叶背面疏被至稍密被毛；茎常明显有毛；旗瓣瓣片先端微凹至波状。

    12. 花瓣干后白色至黄色（在 A. *pseudojagnobicus* 为淡紫色）。

      13. 至少下部的托叶高度联合；花冠近白色至稍带淡紫色或蓝紫色，龙骨瓣先端常呈紫色；旗瓣倒卵形 …………………………………

         …………… **37. 喀什黄耆 A. pseudojagnobicus** Podl. et L. R. Xu

      13. 所有托叶分离或下部托叶时有很短联合。

        14. 植株高 30～40 cm；旗瓣瓣片椭圆形 …………………………

               32. 林生黄耆 A. sylvaticus Y. H. Wu

        14. 植株高 25 cm 以下；旗瓣倒卵形或长圆状倒卵形。

          15. 所有托叶卵形，被黑色纤毛；小叶 4～5 对；花萼长 4.5～

          5.0 mm …………… **38. 皮山黄耆 A. pishanxianensis** Podl.

          15. 上部托叶线形，急尖，被疏散的白色和黑色毛；小叶 5～8

          对；花萼长 5～6 mm ………………………………………

             ………… **39. 黑药黄耆 A. athranthus** Podl. et L. R. Xu

    12. 花瓣干后紫色或蓝紫色（在 A. *densiflorus* 有时淡紫色或干时黄色）。

      16. 托叶被伏贴的毛，至少上部的叶如此。

        17. 植株矮小，高 4～5 cm，近无茎至具短茎；花瓣紫红色；旗瓣近圆形，长宽分别约为 5.5 mm 与 3.5 mm ………………

         ………… **40. 合托叶黄耆 A. despectus** Podl. et L. R. Xu

        17. 植株高 10～20 cm，明显有长茎；花冠青紫色；旗瓣长圆形或倒卵形，长 12～13 mm，宽 7～8 mm ………………………

         ………………………… **33. 克拉克黄耆 A. clarkeanus** Ali

      16. 托叶光滑或仅被纤毛。

        18. 植株高 20～50 cm；叶长 4～9 cm；小叶长 7～20 mm；荚果平滑无皱，被伏贴至微斜升的毛……………………………………

         34. 昆仑黄耆 A. kunlunensis H. Ohba, S. Akiyama et S. K. Wu

        18. 植株高 25 cm 以下；如高 7 cm，那么茎仅长 2～5 cm；叶长 2～4 cm；小叶长 3～15 mm；荚果具横皱纹，被开展的毛。

          19. 茎高 2～7 cm；小叶背面疏至稍密集被毛；苞片长 2～4 mm；

萼长 3~4 mm，萼齿长 1.5~2.0 mm；旗瓣瓣片椭圆形……
…………………… **35. 密花黄耆 A. densiflorus** Kar. et Kir.

19. 茎高10~25 cm；小叶背面具稀少的毛；苞片长 1.0~
2.5 mm；萼长 2~3 mm，萼齿长 1.0~1.5 mm；旗瓣瓣片近
圆形 ……………… **36. 异齿黄耆 A. heterodontus** Boriss.

28. 达坂山黄耆

Astragalus dabanshanicus Y. H. Wu in Acta Bot. Yunna. 20 (1)：35. 1998；青海植物志 2：203. 1999；青藏高原维管植物及其生态地理分布 463. 2008；Fl. China 10：367. 2010.

多年生草本，高 30~50 cm。茎直立，散生白色和黑色短柔毛或有时近无毛。奇数羽状复叶，长 5~8 cm，下部的叶柄长 1.0~3.5 cm，连同叶轴被黑色和白色短柔毛，上部的叶柄短或几无柄；托叶离生，三角状披针形，长 2~3 mm，无毛或疏被毛；小叶 9~13 枚，长圆形或卵状长圆形，长 5~18 mm，宽 3~6 mm，先端钝圆或微凹，基部宽楔形或近圆形，具短柄，腹面无毛，背面散生白色伏贴的短柔毛。总状花序生多花；总花梗长 7~9 cm，散生黑色和白色短柔毛，近花序下部毛较多；苞片白色，膜质，钻状，长 1.5~2.0 mm，背面被黑色毛；小苞片无；花萼钟状，长约 2.5~3.0 mm，疏被黑色短柔毛并杂有少量白毛，萼齿长1.0~1.5 mm，较密被黑毛；花冠蓝紫色或青紫色；旗瓣倒卵形，长 6.5~8.0 mm，宽4~6 mm，基部渐狭成柄；翼瓣长圆形，长 5~6 mm，宽 1.5~2.0 mm，柄长约 1.8 mm；龙骨瓣长 4~5 mm，瓣片半倒卵形，柄长约1.8 mm；子房卵形，无毛，具短柄。荚果未见。 花期7~8 月。

产青海：格尔木（西大滩附近，青藏队吴玉虎 2909）。生于海拔 3 280~4 000 m 的山坡林缘草地、沟谷山地高寒灌丛草甸。

分布于我国的青海。模式标本采自青海大通。

29. 长序黄耆

Astragalus longiracemosus N. Luzikh. Novosti Sist. Vyssh. Rast. 30：114. 1996；Pl. Centr. Asia 8 (c)：37. 2004；Fl. China 10：376. 2010.

多年生草本。株高 20~35 cm。茎数枝，被疏散开展的坚硬的白毛，并且在下部节处被长 0.2~0.3 mm 的黑毛。叶长 3~8 cm；托叶长 3~7 mm，与叶柄贴生很短，其余分离，被稀少的白毛和黑毛，或者被黑毛；叶柄长 0.3~2.0 cm，与叶轴一起被白毛或者像茎一样被白色和黑色毛；小叶 6~9 对，狭椭圆形，长 7~27 mm，宽 2~7 mm，在柄的基部密被小的，无柄腺体，背面密被至稍密被伏贴的至近伏贴的或部分斜升的毛，腹面光滑，先端钝至急尖或有时微凹。总状花序长 2~5 cm，有多数密集的花；总花梗长 3~6 cm，在下部疏被开展的白毛和黑毛，在上部多被黑毛；苞片长 2~3 mm，被稀少的黑毛；花萼长 3~4 mm，密被斜升的黑毛，萼齿长 1~2 mm；花冠淡粉红色、紫色

或白色；旗瓣倒卵状椭圆形，长8～10 mm，宽约 5 mm，先端圆形至微波状；翼瓣长7～8 mm，瓣片狭倒卵形，先端圆形；龙骨瓣长约 5 mm。荚果长 4～5 mm，宽 2.5～3.0 mm，2 室；果片具横皱纹，密被白毛，并混有少量的黑毛；种子 2 粒。 花期 6～7 月，果期 7～8 月。

产青海：格尔木（西大滩附近，吴玉虎 36992、37604、37609）。生于海拔 3 200～3 950 m 的干旱沟谷河滩沙棘灌丛沙砾地、高原荒漠沙丘。

分布于我国的青海（青海湖畔）。

30. 玛积雪山黄耆（新种） 图 A2

Astragalus majixueshanicus Y. H. Wu sp. nov. in Addenda.

30a. 玛积雪山黄耆（原变型）

f. majixueshanicus

多年生草本。主根粗壮。茎自基部分枝，茎多上升而较少直立，长 30～50 cm，无毛或近于无毛。奇数羽状复叶，长 4～8 cm，叶柄长 1～16 mm，与叶轴疏被少量黑白混生的短柔毛或无毛；托叶离生，下部的三角形，长 2～3 mm，上部的三角状披针形，长 3～4 mm，先端渐尖，近无毛或偶疏被稀少的白毛和黑毛；小叶 4～7 对，条形或狭长圆形，长 5～25 mm，宽 1～6 mm，腹面光滑无毛，背面疏被短而伏贴的白色毛，先端钝圆或有时有不明显的突尖，基部近圆形或圆楔形，柄长 1 mm 或近无柄。总状花序长而稀疏，具多花；总花梗明显长于叶，长 8～16 cm，极疏被毛至无毛，花序轴长 3～11 cm。苞片小，白色膜质，钻状，长 1.0～1.5 mm，疏被黑毛；花梗长约 1 mm，稀被黑色毛；花萼钟状，长 3～4 mm，稍密被黑毛和少量白毛，萼齿钻状，长 0.8～2.0 mm，密被黑毛；花冠青紫色或紫红色；旗瓣长约 8 mm，瓣片椭圆形，宽 4～6 mm，先端钝圆或不明显微凹，基部渐狭成短柄，柄长约 1.5 mm；翼瓣狭倒卵状长圆形，长 6～7 mm，宽 2.0～2.5 mm，先端圆形，柄长约 2 mm；龙骨瓣长 4.0～4.5 mm，柄长约 2 mm；子房无毛，无柄。荚果近球形，直径约 3 mm，密被白毛，并混有少量黑色短柔毛，有凸起的横纹；种子 2 枚，圆肾形，长 1.0～1.5 mm，黑灰色。 花期 6～7 月，果期 7～8 月。

产青海：兴海（中铁乡附近，吴玉虎 42880、42893；中铁林场恰登沟，吴玉虎 45147、45167、45186、45204、45207、45231、45299；中铁乡至中铁林场途中，吴玉虎 43150）。生于海拔 3 200～3 650 m 的沟谷山地阴坡高寒灌丛、河谷山麓阔叶林缘灌丛草甸。

分布于我国的青海。模式标本采自青海兴海县中铁林场。

本种与达坂山黄耆 A. *dabanshanicus* Y. H. Wu 相似，但小叶条形或狭长圆形，长 5～25 mm，花序稀疏而长，花大等易于区别。

本种与悬垂黄耆 A. dependens Bunge 相似，但托叶小，下部的三角形，长 2～3 mm，上部的三角状披针形，长 3～4 mm；小叶 4～7 对，条形或狭长圆形，长 5～25 mm，宽 1～6 mm，背面疏被短而伏贴的白色毛，腹面光滑无毛，先端钝圆或有时有不明显的秃尖；翼瓣先端圆形；荚果球形，直径约 3 mm。可以相区别。

本种与长序黄耆 A. longiracemosus N. Luzikh. 相近，但茎无毛或近于无毛。小叶 4～7 对，条形或狭长圆形，长 5～25 mm，宽 1～6 mm；总花梗长 8～16 cm，极疏被毛至无毛，花序轴长 3～11 cm。花较小，花冠青紫色或紫红色，有时或呈淡黄色；旗瓣长约 8 mm。荚果球形，直径约 3 mm。另外，本种生于潮湿的河谷山地、林缘灌丛草甸，而后者则生于干旱的沟谷河滩沙砾地和高原荒漠沙丘。可以相区别。

30b. 白花玛积雪山黄耆（新变型）

f. albuflorus Y. H. Wu **f. nov.** in Addenda.

本变型与原变型的区别在于：花冠白色，有时或干后呈淡黄色。

产青海：兴海（中铁乡至中铁林场途中，吴玉虎 43150）。生于海拔 3 200～3 600 m 的沟谷山地阴坡高寒灌丛、河谷山地高寒草甸。

分布于我国的青海。模式标本采自青海兴海县中铁乡。

31. 阿尼玛卿山黄耆（新种）　图 A3

Astragalus animaqingshanicus Y. H. Wu **sp. nov.** in Addenda.

多年生草本。主根粗壮直伸。茎自基部多分枝，直立，高 40～50 cm，无毛或几无毛，或仅在节处有少量黑毛。奇数羽状复叶，长 4～6 cm，叶柄长仅 0.6～1.8 cm，与叶轴一起极疏被毛至无毛；托叶离生，不与叶柄贴生，三角形，长约 3 mm，先端渐尖，疏被稀少的黑毛；小叶 4～6 对，卵状长圆形，长 5～25 mm，宽 3～7 mm，腹面无毛或仅沿中脉和边缘偶见散生少量毛，背面散生白色伏贴短柔毛，先端钝圆，基部圆形，柄长约 1 mm。总状花序细长，具多花；总花梗明显长于叶，长 8～14 cm，几无毛，花序轴长 3～6 cm，散生少量黑毛，向上毛渐密；苞片白色膜质，钻状，常下翻，长约 2 mm，疏被黑毛；花梗长约 1 mm，疏被黑色毛；花萼钟状，长 3～4 mm，密被黑毛并混生少量白毛，萼齿钻状，长 1.0～1.5 mm，两面密被黑毛；花冠紫色或蓝紫色，干后常呈淡黄色；旗瓣长约 8 mm，瓣片卵形或卵状椭圆形，宽 4～6 mm，先端微凹，瓣柄短；翼瓣长约 6 mm，瓣片长圆形或狭倒卵状长圆形，宽约 1.5～2.5 mm，先端钝圆，细柄长约 1.5 mm，下部有短耳；龙骨瓣长约 3.5 mm，瓣柄长约 1.2 mm；子房无毛。荚果近球形，直径约 4 mm，密被黑色和少量白色短柔毛，有横纹。　花期 6～7 月，果期 7～8 月。

产青海：兴海（中铁林场恰登沟，吴玉虎 45177）。生于海拔 3 260 m 左右的沟谷山麓阔叶林缘灌丛。模式标本采自青海兴海县中铁林场。

本种与达坂山黄耆 A. *dabanshanicus* Y. H. Wu 相似，但花序长，花大；毛被不同。可以相区别。

本种与长序黄耆 A. *longiracemosus* N. Luzikh. 相近，但茎直立，无毛或几无毛；托叶三角形，长约 3 mm；小叶 4～6 对，卵状长圆形，长 5～25 mm，宽 3～7 mm，先端钝圆，基部圆形；苞片白色膜质，钻状，常下翻，长约 2 mm；花较小；旗瓣长约 8 mm，瓣片卵形或卵状椭圆形，先端微凹，瓣柄短；翼瓣长约 6 mm，瓣片长圆形或狭倒卵状长圆形，宽约1.5～2.5 mm，先端钝圆；龙骨瓣长约 3.5 mm，瓣柄长约 1.2 mm。另外，本种生于潮湿地河谷山地林缘灌丛，而后者则生于干旱的沟谷河滩沙砾地和高原荒漠沙丘。可以相区别。

本种与玛积雪山黄耆 A. *majixueshanicus* Y. H. Wu 相近，但根颈处多分枝；茎直立；小叶 4～6 对，卵状长圆形，长 5～25 mm，宽 3～7 mm，先端钝圆，基部圆形；旗瓣长约 8 mm，宽 4～6 mm，先端微凹，瓣柄短。可以相区别。

32. 林生黄耆（新种）　图 A4

Astragalus sylvaticus Y. H. Wu　**sp. nov.** in Addenda.

多年生草本，高 30～40 cm。主根粗壮，有根状茎。茎直立，基部多分枝，疏被白色并混生黑色毛。奇数羽状复叶长 4～10 cm，柄长 0.8～2.4 cm，与叶轴同被少量白毛和黑毛；托叶离生，三角形或卵状披针形，长 5～8 mm，宽 2.5～3.5 mm，疏被黑色短毛，边缘和基部被毛较密，或有时背部近无毛；小叶 13～15 枚，卵状长圆形或长圆形，长 5～22 mm，宽 3～9 mm，先端和基部均为圆形，腹面无毛，背面疏被伏贴白色柔毛，柄长约 0.5 mm。总状花序生上部叶腋，常多花密集成头状或短穗状，长 1～2 cm；总花梗长 5～15 cm，疏被黑色毛并杂有少量白毛；苞片白色膜质，线状披针形，长 4～5 mm，稍密被黑色毛；花梗长约 1 mm，与花序轴同被密的黑色短柔毛；花萼钟状，长约 5 mm，密被黑色柔毛，萼齿线状披针形，长约 2 mm；花冠黄色；旗瓣长 8～9 mm，宽 5～6 mm，瓣片椭圆形，先端微凹，柄长约 2 mm；翼瓣狭倒卵形或倒卵状椭圆形，长 6～7 mm，宽 2.0～2.5 mm，有短耳或无耳，先端圆形，细柄长 2.0～2.5 mm；龙骨瓣半椭圆形，长 5～6 mm，宽 1.5～2.0 mm，细柄长约 2 mm；子房卵圆形，长约 1 mm，有毛，无柄。荚果未见。　花期 7～8 月，果期 8～9 月。

产新疆：叶城（苏克皮亚，青藏队吴玉虎 1067）。生于海拔 3 000 m 左右的沟谷山坡云杉林缘。模式标本采自新疆叶城县苏克皮亚。

本种与凡提索夫黄耆 Astragalus *fetissovii* B. Fedtsch. 相近，其区别在于：植物高可达 30～40 cm 而非 15～25 cm；小叶腹面无毛，背面疏被伏贴白色柔毛，而非两面无毛；苞片长 4～5 mm 而非 6～7 mm；花冠黄色而非白色；旗瓣长 8～9 mm，宽 5～6 mm，瓣片椭圆形，而非旗瓣长约 7 mm，瓣片圆形；翼瓣狭倒卵形或倒卵状椭圆形，长 6～7 mm，宽 2.0～2.5 mm，而非瓣片长圆形；子房卵圆形，长约 1 mm，无柄，而

315

非子房圆形、具柄，因而可以相区别。另外，后者的生境为高山带的流石坡，而本种生于海拔约 3 000 m 的沟谷山坡云杉林缘。

33. 克拉克黄耆

Astragalus clarkeanus Ali in Sind Univ. Sci. Res. Journ. 2（2）：2. 1967, et in Fl. West Pakist. 100：162. 1977；H. Ohba, S. Akiyama et S. K. Wu in Journ. Japan. Bot. 70（1）：29. 1995；青藏高原维管植物及其生态地理分布 462. 2008.

多年生草本，高 10～20 cm。主根粗壮，从根颈处多分枝。茎直立或斜升，较粗壮，极疏被黑毛和少量白色伏贴毛或近于无毛。奇数羽状复叶，叶柄长 7～16 mm，叶轴长约 6 cm；托叶的基部联合并与叶柄贴生，三角形或三角状披针形，长 6～10 mm，疏被黑色短毛；小叶 13～15 枚，长椭圆形、卵状长圆形或披针形、条形，长 8～15 mm，宽 2～5 mm，先端圆或渐尖，腹面无毛，背面疏被白色短柔毛，柄长约 1 mm。总状花序腋生，常头状或长圆形；总花梗长 6.0～10.5 cm，疏被黑色毛；苞片线形，长 5～8 mm，被黑色毛；花梗长约 1 mm，与花序轴同密被黑色短柔毛；花萼钟状，长 7～8 mm，连同花梗密被黑色短柔毛，萼齿锥形或披针形，长 2～3 mm；花冠青紫色；旗瓣长圆形或倒卵形，长 12～13 mm，宽 7～8 mm，先端深凹，基部具柄；翼瓣长 10～11 mm，瓣片狭长圆形，先端钝圆，长 6～7 mm，耳长约 1.5 mm，柄长约 5 mm；龙骨瓣长约 8 mm，瓣片半圆形，先端钝，长约 3 mm，具长柄与短耳；子房长圆形，密被毛。荚果矩圆形，长 7～8 mm，宽 3～4 mm，密被黑色短柔毛，无皱纹，顶端具喙，2 室，含种子 5 粒。 花期 6～7 月，果期 7～8 月。

产新疆：阿克陶（恰尔隆乡，青藏队吴玉虎 4648）、塔什库尔干（麻扎种羊场萨拉勒克，青藏队吴玉虎 87328；红其拉甫达坂，青藏队吴玉虎 4870、4871、87450；克克吐鲁克，高生所西藏队 3293）、叶城（柯克亚乡，青藏队吴玉虎 870805）。生于海拔 3 400～4 600 m 的高山流石坡、山顶石隙。

分布于我国的新疆；喀喇昆仑山、西喜马拉雅山地区也有。

我们的标本在茎上有少量黑毛和白毛；托叶的基部联合并与叶柄高度贴生而与原描述有异。

此外，我们的标本还由于苞片线形，长 5～8 mm，龙骨瓣的瓣柄长于瓣片和子房长圆形而可以与短肋黄耆 A. pseudobrachytropis Gontsch. 相区别。

34. 昆仑黄耆

Astragalus kunlunensis H. Ohba, S. Akiyama et S. K. Wu in Journ. Japan. Bot. Vol. 70（1）：27. 1995；青藏高原维管植物及其生态地理分布 467. 2008；Fl. China 10：376. 2010.

多年生草本，高 20～45 cm。茎基部多分枝，被稀疏的伏贴毛。羽状复叶有 13～19

枚小叶，长 4～9 cm，叶柄长 1.0～3.5 cm，被稀疏的毛；托叶基部合生，三角状卵形至三角形，长 3～4（6）mm，绿色，常无毛；小叶长圆形或长圆状倒卵形，常对折，顶端圆或微凹，基部圆形，长 7～20 mm，宽 4～6 mm，上面无毛，下面被疏毛。总状花序头状，多花，果期伸长；总花梗长 10～15 cm，被稀疏的黑色毛；苞片线形，长 1.0～2.5 mm，被稀疏黑色毛；花梗长约 1 mm，密被黑色毛；花萼长约 3 mm，密被黑色毛并杂有少量白毛，萼齿钻形，长约 1 mm；花冠紫红色，有时白色；旗瓣长约 7 mm，宽倒卵形至近圆形，顶端凹，基部成短柄；翼瓣长 5～6 mm，瓣片狭长圆形，顶端圆，长 4～5 mm；龙骨瓣长 4～5 mm，瓣片半圆形，顶端急尖，长约 3 mm。荚果宽倒卵形或球形，2 室，密被开展或半开展的白色毛。　花期 7 月，果期 7～8 月。

产新疆：阿克陶（采集地不详，阎平 4138）、塔什库尔干（采集地不详，帕米尔考察队 5360）、且末（阿羌乡昆其布拉克牧场，青藏队吴玉虎 3844——同号模式标本）、叶城（岔路口，青藏队吴玉虎 1244）、于田（采集地不详，青藏队 3676、3759）、皮山（垴阿巴提布琼，青藏队吴玉虎 2435；喀什塔什，青藏队吴玉虎 3645、帕米尔考察队 6187）。生于海拔 3 260～4 960 m 的山坡草地、高寒草甸、沟谷河岸砾石草地、沟谷山坡高寒草原、河谷山地圆柏灌丛草地。

青海：格尔木（西大滩，青藏队吴玉虎 2909）。生于海拔 4 000～4 200 m 的沟谷河畔草甸。

分布于我国的青海、新疆。模式标本采自新疆且末县阿羌乡。

35. 密花黄耆

Astragalus densiflorus Kar. et Kir. in Bull. Soc. Nat. Moscou 15：329. 1842；Mém. Acad. Sci. St.-Pétersb. ser. 7. 15（1）：22. 1869；Fl. Brit. Ind. 2：125. 1879；Fl. URSS 12：59. 1946；Fl. Kazakh. 5：104. t. 12：5. 1961；Fl. W. Pakist. 100：161. 1977；东北林学院植物研究室汇刊 8（8）：68. 1980；新疆植物检索表 3：126. 1983；西藏植物志 2：825. 图 269：1～9. 1985；中国植物志 42（1）：158. 1993；青海植物志 2：204. 1999；青藏高原维管植物及其生态地理分布 463. 2008；Fl. China 10：375. 2010.

多年生草本，高 8～30 cm。主根粗壮，木质。根茎细弱，黄白色。茎直立，基部分枝，其下部常埋于土中，疏被或密被毛。托叶小，三角形至三角状披针形，仅基部联合，与叶柄分离，长约 3 mm，有缘毛；奇数羽状复叶，长 2～6 cm；小叶 9～15 枚，矩圆形或卵状披针形，长 4～14 mm，宽 2～5 mm，先端钝圆或微尖，基部圆楔形，腹面无毛或疏被毛，背面伏生白色短柔毛，有短柄。总状花序腋生，多花密生成穗状，花序轴长 1～3 cm，花后稍有延伸；总花梗较叶长，疏被黑色短柔毛；苞片线状披针形，长 2～5 mm，疏被黑色毛；花梗较短，连同花序轴密被黑色并混生白色柔毛；花萼钟形，长 3～5 mm，密被黑色短柔毛，萼齿钻状或线状披针形，稍长于萼筒；花冠青紫色或紫堇色；旗瓣宽卵形或椭圆形，长 6～7 mm，宽 4～5 mm，先端微凹，基部渐狭；翼瓣长 5～6 mm，瓣片长圆形，宽约 3 mm，先端钝圆，基部具短耳，瓣柄长约 2 mm；龙骨瓣长约 5 mm，瓣片半卵形，具短耳，瓣柄长约 2 mm；子房卵球形，被白色或有时混生黑色较长的伏贴柔毛，具短柄。荚果近球形，直径 2～4 mm，先端具短而弯曲的喙，密被白色和黑色短柔毛，兼具凸起的横皱纹，1 室，具 1 粒种子；种子肾形，长约 2 mm。　花期 6～8 月，果期 8～9 月。

产新疆：叶城（采集地不详，高生所西藏队 3404、帕米尔考察队 6267）。生于海拔 3 200～4 200 m 的高山河边草甸、山坡沙砾质草原、河谷阶地高寒草甸、沟谷山地草原、高山草甸。

西藏：班戈、双湖。生于海拔 4 000～4 500 m 的山坡草地、山谷砾石坡、河谷阶地草甸。

青海：都兰（诺木洪乡昆仑山北坡，吴玉虎 36513、36546；布尔汗布达山，吴玉虎 36559、36586）、格尔木（昆仑山口，吴玉虎 36919、36944、36949；西大滩附近，吴玉虎 36805；昆仑山北坡，吴玉虎 36958；唐古拉山乡各拉丹冬，蔡桂全 041）、玛沁（西哈垄河谷，吴玉虎 21272、21276）、甘德、久治、班玛、达日、玛多（花石峡乡，吴玉虎 708；黄河乡，吴玉虎 1048；牧场，吴玉虎 477）、称多（清水河乡，吴玉虎 32463）、曲麻莱（栖霞沟，黄荣福 087；麻多乡，刘尚武 641）、治多（可可西里勒斜武担湖畔，黄荣福 K - 247；五雪峰，黄荣福 K - 947；温泉兵站，黄荣福 K - 234；西金乌兰湖，黄荣福 K - 787）。生于海拔 3 200～4 760 m 的高寒草甸间的沙砾裸地、河岸沙滩、荒漠河滩砾石地、高寒荒漠山崖石隙、阳山坡草地、高山流石坡、山地灌丛草甸。

甘肃：玛曲（欧拉乡，吴玉虎 32072）。生于海拔 3 330 m 左右的宽谷河滩草地、山坡高寒草甸。

分布于我国的新疆、青海、甘肃、西藏、四川；俄罗斯，阿富汗，吉尔吉斯斯坦，哈萨克斯坦，巴基斯坦，克什米尔地区，印度也有。

我们的标本中发现有花冠白色的类型。

36. 异齿黄耆

Astragalus heterodontus Boriss. in Acta Tadjik. Base Acad. Sci 2：161. 1936；Fl. URSS 12：61. 1946；东北林学院植物研究室汇刊 8（8）：67. 1980；新疆植物检索表 3：122，1983；西藏植物志 2：824. 1985；中国植物志 42（1）：158. 1993；青藏高原维管植物及其生态地理分布 466. 2008；Fl. China 10：375. 2010.

多年生草本。根粗壮，直伸。茎基部分枝，高 10～25 cm，被白色伏贴短柔毛。羽状复叶长 2～4 cm，有 9～17 枚小叶；叶柄长 0.5～1.5 cm；托叶革质，基部多少合生，三角形，长 2～4 mm，先端尖，下面被白色短伏贴柔毛；小叶椭圆形至长圆形，长 5～12 mm，宽 2～4 mm，先端钝，基部宽楔形，上面无毛，下面被稀疏的白色短伏贴柔毛，具短小叶柄，总状花序生多数花，密集成头状，花序轴长 1～2 cm，果期稍延伸；总花梗远较叶长，可达 10 mm 以上；苞片白色，膜质，披针形，长 1～2 mm；花梗短，连同花序轴密被黑色柔毛；花萼钟状，长约 3 mm，散生黑色柔毛，萼齿形状不一，下边 3 齿线状锥形，上边 2 齿狭三角形，长约为萼筒的 1/2；花冠青紫色；旗瓣倒卵状长圆形，长 7～8 mm，先端微凹，基部渐狭成瓣柄；翼瓣长 5～6 mm，瓣片卵形至长圆状卵形，先端钝圆，基部具短耳，瓣柄比瓣片短 2.0～2.5 倍；龙骨瓣长 4～5 mm，瓣片半圆形，瓣柄长约 1.5 mm；子房被伏贴柔毛，具短柄。荚果近球形，直径约 3 mm，被白色并混有黑色伏贴柔毛，具横纹。　花果期 7～8 月。

产新疆：塔什库尔干、皮山（叶阿公路康西瓦段，高生所西藏队 3404；昆仑山北坡，采集人不详 84-A-134；库地南面 27 km 处，中科院新疆综考队 444）、于田（普鲁至坎羊途中，青藏队吴玉虎 3778；乌鲁克库勒湖东面，李勃生 11806）。生于海拔 3 500～4 960 m 的沟谷山地草甸、河滩沙砾地、高寒沙砾滩地、河边沙石地。

西藏：日土、班戈。生于海拔 4 600～4 900 m 的高原山地沙砾坡、沙砾河滩草地。

青海：玛沁（县城附近，马柄奇 2096）。生于海拔 3 600 m 左右的沟谷山坡草地、河谷沙砾地。

分布于我国的新疆、青海、西藏；俄罗斯，塔吉克斯坦也有。

37. 喀什黄耆

Astragalus pseudojagnobicus Podl. et L. R. Xu in Novon 14：222. 2004；Fl. China 10：378. 2010.

多年生草本。植株高达 25 cm，被伏贴至近伏贴的毛。茎数枝，散生白色毛，在下部节处还具黑色毛。叶长 4～7 cm；托叶被白色和黑色毛，下部托叶高度联合；叶柄长 1.0～2.5 cm，与叶轴同被疏散的毛；小叶 4～6 对，长椭圆形，长 5～12 mm，宽 3～6 mm，腹面光滑无毛，背面被疏散至密集的伏贴白毛，先端圆形至明显凹入。总状花序初时卵球形，后期延长达 4 cm，密生多花；花序梗长 4～10 cm，疏被白色短柔毛，上部混有黑毛；苞片钻状，长 1.5～2.0 mm，被黑毛；花萼长 3～4 mm，密或疏被黑色毛，并杂有少量白毛，萼齿长 1.2～1.5 mm；花冠近白色至稍带淡紫色或蓝紫色，龙骨瓣先端常呈紫色；旗瓣倒卵形，长 8～10 mm，宽 4～5 mm，先端微凹；翼瓣长 6～7 mm，瓣片倒卵形，先端钝圆；龙骨瓣长 4～5 mm；子房卵形。荚果球形，密被白毛。

产新疆：喀什（塔里木河谷，Divanogorskaja 284）、叶城（岔路口，青藏队吴玉虎 1244；麻扎，高生所西藏队 3377；麻扎东北部约 17 km 处，Dickore 269；库地东南部约 20 km，Dickore 231）、皮山（叶阿公路康西瓦段，高生所西藏队 3404）。生于海拔 3 740～4 380 m 的沟谷山坡草地、溪流河谷草地、河边沙砾地。

分布于我国的新疆。模式标本采自新疆喀什塔里木河谷。

38. 皮山黄耆

Astragalus pishanxianensis Podl. Feddes Repert. 116：57. 2005；Fl. China 10：378. 2010.

多年生草本。植株高 20～25 cm。根茎常具伸长的、柔弱的且具分枝的匍匐茎。茎通常高 15～20 cm，疏被或较密被伏贴至斜升的白毛，下部节处常有稍黑毛，基部常无毛。叶长 4～5 cm，最上部的叶近无柄，其余的具长 0.6～2.0 cm 的柄；托叶绿色，卵形，长 4～5 mm，与叶柄分离，且托叶彼此分离，具黑色纤毛；叶柄和叶轴被疏散至稍密集的伏贴而杂乱的白毛，并混生黑毛；小叶 4～6 对，狭椭圆形至椭圆形，长 5～13 mm，宽 1.0～4.5 mm，背面疏或稍密被伏贴白毛，腹面光滑无毛，先端圆形至急尖，基部的叶常较小，基部的小叶亦较小，常近圆形或倒卵形，先端常圆形或微凹。总状花序头状至卵形，长 2～3 cm，具多数密集的花，后期延长；总花梗长 3～7 cm，与叶轴同被稍密集的白色毛，向上并杂有黑毛；苞片白色膜质，线形，约长 5 mm，被黑毛；花萼长 4.5～5.0 mm，被稍密集而伏贴至斜升的黑毛，萼齿长 1.5～2.0 mm；花冠白色至黄色；旗瓣倒卵形，长约 8 mm，宽约 5 mm，先端微凹；翼瓣长约 7 mm，瓣片倒卵形，先端钝圆；龙骨瓣长约 6 mm；子房卵形，无毛，具短柄。荚果未见。

产新疆：于田（普鲁，青藏队吴玉虎 3688）、皮山（堖阿巴提乡布琼，青藏队吴玉虎 1858、2434——后者系同号模式标本）。生于海拔 3 200～3 730 m 的山坡沙砾质草原、河谷阶地高寒草甸。

分布于我国的新疆。模式标本采自新疆皮山县布琼。

39. 黑药黄耆

Astragalus athranthus Podl. et L. R. Xu in Novon 17 (2)：228. 2007；Fl. China 10：374. 2010.

多年生草本。植株高达 15 cm。根茎多伸长，柔软，具分枝匍匐茎。茎通常高 3～10 cm，疏或密被伏贴毛，基部和匍匐茎光滑。叶长 3.5～5.5 cm；托叶下部 1～2 mm 与叶柄结合，下部叶的托叶膜质，三角形，长 3～4 mm，于中部以下彼此联合，光滑或疏被毛，上部叶的托叶绿色，狭三角形，长 5～7 mm，彼此分离，散生黑色毛；叶柄长 1.0～1.5 cm，与叶轴同被伏贴至稍斜升的卷曲（杂乱）毛；小叶 5～8 对，狭椭圆形，长 6～18 mm，宽 2.0～3.5 mm，背面疏至密被伏贴毛，腹面光滑，先端钝至急尖。总状花序卵形，长约 3 cm，具多数密集的花；总花梗长 4～7 cm，被很密的毛；苞片近白色，膜质，长 4～5 mm，被黑毛；花萼筒状，长 5～6 mm，密被稍斜升的黑毛，萼齿长 2～3 mm；花冠干后黄色；旗瓣长圆状倒卵形，长约 9 mm，宽约 4 mm，先端波状；翼瓣长约 7 mm，瓣片倒卵状匙形，先端截形；龙骨瓣长约 6 mm；子房宽卵形，无柄，光滑。荚果未见。

产青海：冷湖（当金山口，青甘队 578）。生于海拔 4 020 m 的沟谷山坡草地。

分布于我国的青海、甘肃。

40. 合托叶黄耆

Astragalus despectus Podl. et L. R. Xu in Novon 17（2）：229. 2007；Fl. China 10：375. 2010.

植株矮小，高 4～5 cm，近无茎至短茎。茎高 1.0～3.5 cm，最下部节间光滑，其次节间密被斜升的毛，上部的疏被白毛。叶长 2.0～2.5 cm；托叶卵形，长约 5 mm，与叶柄贴生很短，下面的托叶和在无叶的匍匐茎上的托叶彼此高度联合，上面的彼此分离，被稀少的白色和黑色毛；叶柄长约 0.5 cm，与叶轴同被疏散至稍密集的伏贴白毛，并混有黑毛；小叶 5～8 对，狭椭圆形，长 3～7 mm，宽 1.5～3.0 mm，背面疏被伏贴的白毛，腹面光滑，先端钝。总状花序球形，直径 1.0～1.5 cm，具 20 朵密集的花；总花梗长 1.5～2.0 cm，被疏散至稍密集近伏贴的白毛，并杂有一些较长的毛和较多的黑毛；苞片白色膜质，长 1.5～3.0 mm，具稀少黑毛；花萼长约 3 mm，密被斜升至开展而缠结的黑毛，萼齿长 1.0～1.5 mm；花瓣紫红色；旗瓣近圆形，长宽分别约为 5.5 mm 与 3.5 mm；翼瓣长约 4 mm，瓣片倒三角形，最宽处在宽的截形先端的下部；龙骨瓣长约 4 mm；子房无柄，球形，光滑。荚果不详。

产西藏：双湖（采集地不详，青藏队郎楷永 9942）。生于海拔 5 100 m 的高山草地。

分布于我国的西藏。

41. 短毛黄耆

Astragalus puberulus Ledeb. in Fl. Alt. 3：299. 1831；中国沙漠植物志 2：252. t. 89. f. 13～18. 1987；青海植物志 2：207. 1999；青藏高原维管植物及其生态地理分布 474. 2008；Fl. China 369. 2010.

多年生草本，高 20～45 cm，全株被白色短柔毛。茎数条或单一，直立，有条棱，被伏贴短柔毛，稀无毛。托叶卵状披针形，长 2～3 mm，膜质，分离，被伏贴短柔毛；奇数羽状复叶，长 3～6 cm，叶柄很短，被伏贴短柔毛；小叶 9～21 枚，条形或条状矩圆形，长 5～12 mm，宽 1.5～3.0 mm，先端钝或微凹，稀锐尖，腹面疏被短柔毛，背面被伏贴柔毛。总花梗长于叶达 2 倍或近相等，被白色伏贴短柔毛；总状花序长 5～15 cm，被白色和黑色毛；花稀疏；苞片宽披针形，长约 1 mm，被白色毛；花萼钟形，萼筒长 2.0～2.5 mm，被伏贴白色和黑色毛，萼齿三角状钻形；花冠淡紫色；旗瓣长 5～6 mm，瓣片宽倒卵形，先端微凹，长于柄 2 倍；翼瓣长 4～6 mm，瓣片宽矩圆形，长于柄近 3 倍；龙骨瓣长 3.5～4.0 mm。荚果近矩圆形，长 6～7 mm，宽 2.5～4.0 mm，膜质，背部有沟槽，腹部龙骨状，被短柔毛。 花期 5～6 月，果期 7～8 月。

产青海：都兰、格尔木。生于海拔 2 800～3 200 m 的沙砾滩地、丘间洼地、沟谷山坡弃耕地。

分布于我国的新疆、青海；蒙古，俄罗斯也有。

42. 土力黄耆

Astragalus tulinovii O. Fedtsch. Fl. Pamir 27. 1903；Pl. Centr. Asia 8（c）：40. 2004；Fl. China 10：379. 2010.

多年生草本。植株高 8～20 cm。茎光滑，或在上部有时散生稀少伏贴白毛和黑毛。叶长 2～4 cm；托叶长 3～6 mm，光滑或在边缘和顶端被稀疏白毛和黑毛，较下部的托叶彼此联合明显；叶柄长 0.5～1.2 cm，像叶轴一样疏被近伏贴的白毛和黑毛；小叶 3～5 对，狭椭圆形，长 5～8 mm，宽 1～3 mm，光滑或背面疏被毛，顶端钝至急尖。总状花序长 1.5～2.5 cm，具多数密集的花；总花梗长 5～8 cm，散生白毛，向上并混有黑色的毛；苞长 4～5 mm，疏被稀少黑毛，花萼长达 5 mm，密或疏被黑柔毛，萼齿长达 2.5 mm；花冠近白色；旗瓣宽倒卵形至近圆形，长 7～8 mm，宽 4～5 mm，先端凹；翼瓣长 6～7 mm；龙骨瓣长 4.5～5.0 mm。荚果卵状球形，长 3～4 mm，宽约 3 mm，先端圆形，无喙，但有时具宿存花柱，2 室，被有开展的白毛和黑色毛；种子 2 粒。

产新疆：喀什、帕米尔高原。生于海拔 3 000～4 500 m 的沟谷山坡草地。

分布于我国的新疆；克什米尔地区，巴基斯坦北部，塔吉克斯坦也有。

43. 瓦来黄耆

Astragalus valerii N. Ulziykh. Novosti Sist. Yssh. Rast. 30：111. 1998；Pl. Centr. Asia 8（c）：38. 2004；Fl. China 10：380. 2010.

多年生草本。植株高 5～10 cm，具伏贴至开展的毛。茎疏或密被白毛，下部节处还具黑毛。叶 1.5～3.0 cm；托叶长 4～7 mm，散生黑毛，或有时混生白毛，下部与叶柄贴，茎下部的托叶与茎贴生至中部；叶柄长 0.5～1.0 cm，与叶轴同被疏散至稍密集的毛；小叶 5～8 对，狭椭圆形，长 4～13 mm，宽 1.5～4.5 mm，腹面光滑，背面具伏贴至斜升的毛，先端钝至急尖。总状花序长 1.0～2.5 cm，具多数密集的花；总花梗长于叶，密被开展的白毛，位于下部的花序还杂有黑毛；苞片长 4～6 mm，被白色和黑色毛；花萼筒状，长 5～6 mm，散生伏贴至稍斜升的黑毛，萼齿长 2～3 mm；花冠近黄色；旗瓣宽椭圆形至倒卵形，长 6.5～9.0 mm，宽 3.5～5.0 mm，先端微凹至波状；翼瓣长 5.0～6.5 mm，先端圆形；龙骨瓣长 4.0～6.5 mm；子房卵形，无柄，光滑。荚果未见。

产新疆：昆仑山、和田（卡拉喀什，采集人和采集号不详）。生境不详。

青海：都兰（查甘尤斯，G. et S. Miehe 9339）。生于海拔 3 600 m 左右的滩地高寒荒漠戈壁。

分布于我国的新疆、青海。

我们未见标本，描述译引自文献。

44. 青东黄耆

Astragalus mieheorum Podl. et L. R. Xu Novon 14：219. 2004；Fl. China 10：377. 2010. —— *A. densiflorus* Kar. et Kir. var. *konlonicus* H. Ohba, A. Akiy. et S. K. Wu in Journ. Japan. Bot. 70 (1)：25. 1995.

多年生草本。植株高 7~12 cm，茎通常高 1~2 cm，密被斜升至开展的白色或黑色毛。叶长 2.0~5.5 cm；托叶长 3~6 mm，下部彼此联合，散生黑毛；叶柄长 0.5~1.0 cm，与叶轴同被斜升至开展的白色或黑色毛；小叶 3~6 对，狭椭圆形，长 5~14 mm，宽 1.5~4.5 mm，背面被较密而杂乱并且斜升的白毛，腹面光滑，先端钝至急尖。总状花序长 1.5~3.0 cm，具多数密集的花；总花梗长 2~4 cm，密被斜升至开展而杂乱的白色毛或黑色毛，有时为混生的黑毛和白毛；苞片长 4~6 mm，线形，先端急尖，具黑毛。花萼筒状，长 5~6 mm，密被斜升至近开展而杂乱的黑毛，萼齿长 1.5~3.5 mm；花冠紫堇色或紫色，有时干后常显淡黄褐色；旗瓣宽卵形，长 8.0~9.5 mm，宽 5.0~6.5 mm，先端凹至微波状；翼瓣长 6.5~8.0 mm，瓣片先端截形至缺刻状；龙骨瓣长 5.5~6.0 mm。荚果球形，直径约 4 mm，先端圆形无喙，但宿存无毛的花柱，2 室，密被斜升至开展的并杂有部分直立和卷曲的白色和黑色毛。 花期 6~7 月，果期 7~8 月。

产新疆：于田（乌鲁克库勒湖畔，青藏队吴玉虎 3718、3719）、和田（岔路口，青藏队吴玉虎 1194）、且末（阿羌乡昆其布拉克牧场，青藏队吴玉虎 2092、2094）、若羌（木孜塔格，青藏队吴玉虎 3087；阿尔金山保护区鸭子泉，青藏队吴玉虎 88-2752；阿其克库勒湖，青藏队吴玉虎 2724；鸭子泉至阿其克库勒湖之间的山口，青藏队吴玉虎 2294；雪照壁东南部，青藏队吴玉虎 2250、2255；祁漫塔格山，青藏队吴玉虎 3974；阿尔金山保护区冰河，青藏队吴玉虎 4217；鲸鱼湖东北部，青藏队吴玉虎 2231、4088）。生于海拔 4 000~5 160 m 的砾石山坡高寒草原、沟谷山地高山草甸、干旱的沙砾坡、沙砾河滩草甸、山坡草甸砾地、青藏台草干旱草原沙砾地。

西藏：日土（空喀山口，高生所西藏队 3711）。生于海拔 4 900 m 左右的高原河滩沙砾地。

青海：格尔木（西大滩，青藏队吴玉虎 2909）。生于海拔 4 000~4 200 m 的沟谷山地河流边草甸。

分布于我国的新疆、青海。

结合标本与描述，在我们以往的处理中，本种原作为一个不同的生态型，一直以来都被放在密花黄耆 *Astragalus densiflorus* Kar. et Kir. 中并有区别描述，后来 H. Ohba，S. Akiyama et S. K. Wu 等在 *Journ. Japan. Bot.* 70 (1)：25. 1995. 中将其作为密花黄耆的一个变种 —— *A. densiflorus* Kar. et Kir. var. *konlonicus* H.

Ohba，S. Akiyama et S. K. Wu 而单列出来。2010 年出版的 *Fl. China* 10：377. 2010. 采用了现在的种名和处理。

45. 橙果黄耆

Astragalus rytidocarpus Ledeb. Fl. Altaica 3：315. 1831；Pl. Centr. Asia 8（c）：54. 2004；Fl. China 10：379. 2010.

多年生草本。植株高 8～18（～30）cm，被毛。茎通常数条，在基部常密被而中部和上部疏被伏贴至伸展的白色毛，在节处杂有黑毛。叶长 4～6 cm；托叶长 2～3 mm，下部彼此联合，被白色毛或有时杂有黑色毛；叶柄长 0.8～2.5 cm，与叶轴疏被白色毛；小叶 4 或 5 对，线形，长 8～20 mm，宽 1.5～2.5 mm，背面密被而腹面疏被伏贴的白毛，先端钝至很狭的凹入。总状花序长 1～2 cm，具多数密集的花；总花梗长 3～7 cm，疏被白色和黑色混生的毛；苞片白色，长 1.0～1.5 mm，被白色和黑色混生的毛；花萼长 2.5～3.0 mm，疏或稍密被伏贴的黑毛，萼齿长 0.1～1.0 mm；花冠淡紫色；旗瓣宽椭圆形至近圆形，长 6.0～6.5 mm，宽 4.0～4.5 mm，先端微凹；翼瓣长 4.5～5.0 mm，瓣片先端 2 裂；龙骨瓣长 4.0～4.5 mm。荚果无柄，直立或外倾，斜卵形至近球形，长 4～5 mm，宽 3.0～4.5 mm，腹面稍具脊，背面具深槽，先端凹，具长 1.5～2.0 mm 的直喙，2 室，明显具横纹，疏被短的黑色和白色毛；种子每室 1 枚。

产甘肃：阿克赛（县城附近阿尔金山脉，徐朗然 96-189）。生于海拔 2 300 m 左右的沟谷山地阴坡草地。

分布于我国的甘肃；蒙古，俄罗斯西伯利亚也有。

46. 马衔山黄耆　图版 39：1～5

Astragalus mahoschanicus Hand.-Mazz. in Oesterr. Bot. Zeitschr. 82：247. 1933；Pet.-Stib. in Acta Hort. Gothob. 12：31. 1937～1938；中国主要植物图说 豆科 394. 图 383. 1955；中国高等植物图鉴 2：420. 图 2570. 1972；东北林学院植物研究室汇刊 8（8）：69. 1980；中国植物志 42（1）：157. 图版 40：1～11. 1993. 青海植物志 2：205. 图版 37：9～15. 1999；青藏高原维管植物及其生态地理分布 469. 2008；Fl. China 10：376. 2010.

46a. 马衔山黄耆（原变种）

var. mahoschanicus

多年生草本，高 15～35 cm，全株被平伏短柔毛。茎较细，斜升，常有分枝。托叶三角形，离生，长 4～6 mm，被毛；奇数羽状复叶，长 4～8 cm，叶轴疏被毛；小叶 11～19 枚，椭圆形、宽椭圆形、倒卵形或矩圆状披针形，长 5～20 mm，宽 2～7 mm，先端圆或稍尖，基部圆或楔形，具短柄，腹面无毛，背面密被或疏被伏贴白色短柔毛。

总状花序腋生，长于叶，密生多花；苞片披针形，长 1.5～3.0 mm，疏被毛；花萼钟状，长 3～5 mm，与花梗和花序梗同被黑色毛，萼齿长约 2 mm；花冠黄色；旗瓣倒卵形，长 8～9 mm，先端微凹，柄短；翼瓣长 7～8 mm，先端不等 2 裂，基部具耳和柄；龙骨瓣长约 5 mm；子房具短柄，密被黑色白色毛；花柱和柱头无毛。荚果圆球形，直径 3～4 mm，密被白色和黑色长柔毛。　花期 6～8 月，果期 8～9 月。

青海：兴海（赛宗寺，吴玉虎 46239；大河坝乡，吴玉虎 42507、42522、42546、42569、42607；黄青河畔，吴玉虎 42711；温泉乡，吴玉虎 17958、28571、29188；河卡乡，郭本兆 6181、吴珍兰 081、王作宾 20201）、都兰（香日德莫不里山，青甘队 1221）、玛沁（优云乡，玛沁队 464；军功乡，吴玉虎 4667）、甘德、达日（吉迈乡胡勒安玛，H. B. G. 1146）、久治、玛多（扎陵湖乡，黄荣福 192）、称多（城郊，刘尚武 2253）、曲麻莱。生于海拔 2 800～4 040 m 的河谷山地林缘灌丛、山地阴坡草甸砾石地、高寒草原、黄河台地、荒漠草原带山地阳坡、沙砾质河滩草地、河谷沙地、山地阴坡高寒灌丛草甸、河谷阶地。

甘肃：玛曲（欧拉乡，吴玉虎 31957）。生于海拔 3 320 m 左右的沟谷山地灌丛草甸、山坡砾地。

四川：石渠（新荣乡，吴玉虎 30004）。生于海拔 4 000 m 左右的沟谷山坡柳树灌丛、高山草甸砾地。

分布于我国的新疆、青海、甘肃、宁夏、四川、内蒙古。

46b. 多毛马衔山黄耆（变种）

var. **multipilis** Y. H. Wu in Acta Bot. Yunnan. 20 (1)：39. 1998；青海植物志 2：207. 1999；青藏高原维管植物及其生态地理分布 469. 2008.

本变种与原变种的区别在于：小叶两面均被白色伏贴柔毛而非腹面无毛；旗瓣长达 9～10 mm，先端钝圆；托叶三角状披针形而非三角形，且较长，可长达 8 mm；苞片长达 5 mm。

产新疆：若羌（阿尔金山保护区鸭子泉，青藏队吴玉虎 3950）。生于海拔 3 650 m 左右的沟谷河滩沙砾质草地。

青海：兴海（温泉乡姜路岭，吴玉虎 28864）、玛多（黑海乡，吴玉虎 28898；巴颜喀拉山北坡，吴玉虎 29114；黑河乡，吴玉虎 29082；花石峡乡长石头山，吴玉虎 28926）、称多（珍秦乡，吴玉虎 29188）。生于海拔 4 100～4 360 m 的高山砾石质草地、宽谷河滩沙砾地、高山草甸砾地。

分布于我国的新疆、青海、甘肃。模式标本采自青海贵德县尕让乡。

47. 紫萼黄耆

Astragalus porphyrocalyx Y. C. Ho in Bull. Bot. Lab. North-East Forest. Inst.

8：67. f. 8. 1980；中国植物志 42（1）：157. 图版 40：12～22. 1993；青海植物志 2：204. 1999；青藏高原维管植物及其生态地理分布 473. 2008；Fl. China 10：378. 2010.

多年生草本，高 15～30 cm。主根粗壮，直伸。茎基部分枝，细硬，贴生白色短柔毛。奇数羽状复叶，长 2～5 cm；叶柄和叶轴疏生白色和黑色短柔毛；托叶离生，宽三角形或三角状披针形，长 1.5～3.0 mm，疏生白色和黑色短柔毛；小叶 7～13 枚，卵状披针形或条状矩圆形，长 4～14 mm，宽 1～3 mm，腹面无毛，背面贴生白色短柔毛。总状花序生于上部叶腋，明显长于叶；总花梗贴生白色短柔毛，向上并混生较密的黑色毛；苞片膜质，披针形，长约 1.5 mm，被毛；花萼钟状，带紫色，长 3～4 mm，被黑色毛，萼齿披针形，长约为萼筒之半；花冠蓝紫色；旗瓣倒卵形，长 6～7 mm，宽 3.5～4.5 mm，先端微凹，基部渐狭；翼瓣矩圆形，长 5～6 mm，先端微凹，耳短，柄长 1.5～2.0 mm；龙骨瓣半倒卵形，长 4.0～4.5 mm，耳短，柄长 1.5～2.0 mm；子房卵球形，有柄，被毛。荚果卵球形，长 3～4 mm，贴生白色和黑色短柔毛，有明显横纹，假 2 室；种子 2 粒，肾形，暗褐色，长约 2 mm。 花果期 7～8 月。

产青海：兴海（温泉乡姜路岭，吴玉虎 28558、28820B、28830、28836、28875；鄂拉山，吴玉虎 39001、39002）、玛多（县牧场，吴玉虎 023；黑海乡苦海边，张盍曾 63-120；醉马滩，陈世龙等 083）、曲麻莱（曲麻河乡，黄荣福 004、027；楚玛尔河与通天河交汇处，吴玉虎 38814A）、治多（可可西里马章错钦，黄荣福 685）。生于海拔 3 800～4 850 m 的阳坡草地、河谷阶地、湖滨沙地、沙滩砾地、高原沙砾山坡草地。

分布于我国的青海、西藏、四川西北部。模式标本采自四川理塘。

组 10. 囊果黄耆组 Sect. Hemiphragmium Koch.

Koch. in Syn. Fl. Germ. 200. 1843；中国植物志 42（1）：160. 1993.

多年生草本。茎多少发达。托叶基部合生。花淡紫色，组成稍密集的总状花序；翼瓣先端 2 裂；龙骨瓣顶端深紫色；子房具柄，无毛。荚果卵形或长圆状卵形，膜质，通常囊状膨大，1 室，无毛。

组模式种：南黄耆 A. australis（Linn.）Lam.

昆仑地区产 1 种。

48. 斑果黄耆

Astragalus beketovii（Krassn.）B. Fedtsch. in Bull. Herb. Boiss. ser. 2. 5：316.1905；Gontsch. in Kom. Fl. URSS 12：72. 1946；Golosk. in Pavl. Fl. Kazakh. 5：108. t. 13：3. 1961；东北林学院植物研究室汇刊 8（8）：56. 1980；新疆植物检索表 3：127. 1983；中国植物志 42（1）：160. 图版 41：1～10. 1993；青藏高

原维管植物及其生态地理分布 460. 2008；Fl. China 10：380. 2010. —— *Oxytropis beketovii* Krassn. Script. Hort. Unib. Petrop. 1：15. 1889.

多年生草本，茎常基部分枝，高 10～25 cm，被白色柔毛。羽状复叶有 11～15 枚小叶，长 2～5 cm；叶柄较叶轴短，稀与叶轴等长，被白色柔毛；托叶膜质，基部合生，下部的广卵形，上部的披针形，长 3～5 mm，下面被白色柔毛或混生黑色毛或仅具缘毛；小叶卵形或披针状长圆形，长 5～8（10）mm，宽 1～3（5）mm，先端钝或尖，基部宽楔形，两面密被灰白色或半开展的伏贴柔毛，或上面近无毛，具短的小叶柄。总状花序生 5～15 花，稍密集，花序轴长 1.5～3.0 cm，花后延伸；总花梗明显较叶长，被白色柔毛，上部混生黑色毛；苞片披针形，长 3～4 mm，下面被黑色毛或混生白色短柔毛；花梗长 1～3 mm；花萼钟状，长 6～8 mm，被黑毛或混生白色短柔毛，萼齿披针形，长为萼筒的 1/3～1/2；花冠淡紫色，龙骨瓣顶端暗紫色；旗瓣长圆状倒卵形，长 14～16 mm，上部微凹，基部具短瓣柄；翼瓣长 12～14 mm，瓣片长圆形，上部变宽，2 深裂，基部具耳及长约 4 mm 的瓣柄；龙骨瓣长 9～11 mm，瓣片宽斧形，瓣柄长约 4 mm；子房线形，具柄，无毛。荚果卵形或长圆状卵形，长 1.5～2.5（3.0）cm，膜质，囊状膨大，无毛，有褐色斑点，果颈细，长约 3 mm，1 室，具多数种子。　花期 6 月。

产新疆：乌恰（采集地不详，阎平 4313）、塔什库尔干（昆仑山，帕米尔考察队 5415、西植所新疆队 1287）。生于海拔 3 300～4 200 m 左右的高山带石坡、山坡低湿地、砾质河漫滩、沟谷山坡草地。

分布于我国的新疆；塔吉克斯坦，哈萨克斯坦，吉尔吉斯斯坦，蒙古也有。

组 11. 裂翼黄耆组 Sect. Hemiphaca Bunge

Bunge in Mém. Acad. Sci. St. Pétersb. ser. 7. 11（16）：20. 1968；Pet. -Stib. in Acta Hort. Gothob. 12：30. 1937～1938, pro parte.；中国植物志 42（1）：162. 1993.

多年生草本。茎较矮小，直立、上升或平卧。托叶基部合生。花紫红色、淡紫色、黄色或白色，组成多少密集或稍稀疏的总状花序；翼瓣较龙骨瓣长，顶部 2 裂，稀微缺或全缘；子房近无柄或有短柄，无毛或有毛。荚果半卵形或球状卵形，无毛或近无毛，大部直立，无果颈或近无果颈，假 2 室或 1 室。

组模式种：扁豆黄耆 A. *hemiphaca* Kar. et Kir.

昆仑地区产 4 种 1 变种。

分 种 检 索 表

1. 荚果先端钝；子房假 2 室；子房无毛；花多数组成疏松的总状花序 ……………………
   …………………………………………………… **52. 悬垂黄耆 A. dependens** Bunge
1. 荚果先端具尖头，子房 1 室或近假 2 室。
   2. 多数花组成紧密头状的总状花序；花黄色 ……… **51. 头序黄耆 A. hendelii** Tsai et Yu
   2. 多数花组成疏总状花序。
      3. 子房 1 室；荚果卵形，长约 3 mm ……………………………………………
         ………………………………… **49. 类变色黄耆 A. pseudoversicolor** Y. C. Ho
      3. 子房假 2 室；荚果半卵形或长圆状卵形，长 7～9 mm ……………………
         ………………………………………… **50. 大翼黄耆 A. macropterus** DC.

49. 类变色黄耆

Astragalus pseudoversicolor Y. C. Ho in Bull. Bot. Lab. North-East. Forest. Inst. 8：71. 1980；中国植物志 42 (1)：162. 1993；青海植物志 2：208. 1999；青藏高原维管植物及其生态地理分布 474. 2008；Fl. China 10：378. 2010.

多年生草本，高 20～40 cm。主根粗壮。茎自基部分枝，直立或斜升，具条棱，疏被白色和黑色短柔毛。奇数羽状复叶，长 3～6 cm，下部叶柄较长，向上渐变短或近于无柄；叶柄和叶轴疏被毛；托叶离生，卵状披针形，长 3～4 mm，先端尖，背面被黑色和白色短柔毛；小叶 9～15 枚，线形至长圆形，长 6～14 mm，宽 1.5～4.0 mm，先端钝圆，基部圆形，腹面无毛，背面疏被白色短柔毛。总状花序生上部叶腋，明显长于叶，密集，具多花；苞片披针形，长 2～3 mm，先端尖，背面被伏贴黑色和白色短柔毛；花萼钟状，长 3～4 mm，被伏贴黑色短柔毛，萼齿钻形，稍短于萼筒；花冠淡紫色或近白色；旗瓣倒卵形，长 6～7 mm，先端微凹，基部渐狭；翼瓣长 4～5 mm，先端不等 2 裂，柄极短，耳稍宽；龙骨瓣长 3～4 mm，瓣片半卵形，柄短于瓣片；子房卵形，无毛，具短柄。 花期 6～7 月。

产青海：称多（县城附近，刘尚武 2247、2249）。生于海拔 3 800～4 000 米的沟谷山坡草地、高山砾石滩地、高寒草甸砾地、沙砾质河漫滩草甸。

分布于我国的青海、西藏、四川。模式标本采自四川德格县。

50. 大翼黄耆

Astragalus macropterus DC. Prod. 2：283. 1825；Bunge in Mém. Acad. Sci. St.-Pétersb. ser. 7. 15 (1)：22. 1869；Fl. Brit. Ind. 2：128. 1879；Fl. URSS 12：82. 1946；Fl. Kazakh. 5：110. 1961；Fl. W. Pakist. 100：158. 1977；东北林学院植物研究室汇刊 8 (8)：73. 1980；新疆植物检索表 3：129. 1983；中国植物志 42

(1)：163. 1993；青藏高原维管植物及其生态地理分布 468. 2008；Fl. China 10：368. 2010.

多年生草本。茎多分枝，高 30～90 cm，被白色短伏贴柔毛，花序轴上混生黑色柔毛。羽状复叶有 9～15 枚小叶，长 4～7 cm，具短柄；托叶膜质，离生或仅基部合生，线状披针形或披针形，长 2～3 mm，先端尖，下面被白色短伏贴柔毛；小叶长圆形或长圆状披针形，长 8～15 mm，宽 2～4 mm，先端钝，基部楔形，上面无毛，下面被白色短伏贴柔毛。总状花序生多数花，稀疏；总花梗较叶长 2～3 倍；苞片膜质，披针形，长 2～3 mm，花梗与苞片近等长，连同花序轴被黑色短伏贴柔毛或混生白色毛；花萼钟状，长 2～3 mm，被白色或混生黑色短伏贴柔毛，萼齿披针形，长不及 1 mm；花冠白色或淡紫色；旗瓣长 8～10 mm，瓣片倒卵形，先端微凹，基部渐狭；翼瓣与旗瓣近等长，瓣片长圆形，先端钝圆，较瓣柄长近 4 倍；龙骨瓣长 5～6 mm；子房无柄，无毛。荚果半卵形或长圆状卵形，长 7～9 mm，宽约 3 mm，先端尖，无毛，近 2 室，有种子 5～6 粒；种子肾形，长 2.0～2.5 mm，褐色。 花果期 7～8 月。

产新疆：乌恰（采集地不详，西植所新疆队 1685）、阿克陶（采集地不详，阎平 4192，帕米尔考察队 5649）。生于海拔 3 400 米左右的中山带草原、山地石坡、沟谷山坡林缘、林中空地。

分布于我国的新疆、甘肃；蒙古，俄罗斯西西伯利亚和东西伯利亚，印度，阿富汗，巴基斯坦，吉尔吉斯斯坦，塔吉克斯坦，哈萨克斯坦也有。又见于喜马拉雅山区。

51. 头序黄耆

Astragalus hendelii Tsai et Yu in Bull. Fan Mem. Inst. Biol. Peiping Bot. 7 (1)：20. 1936；Pet. -Stib. in Acta Hort. Gothob. 12：31. 1937～1938；中国主要植物图说 豆科 378. 1955；中国植物志 42 (1)：163. 1993；青藏高原维管植物及其生态地理分布 466. 2008；青海植物志 2：208. 1999；Fl. China 10：375. 2010.

多年生草本。根细长。茎较短，下部常埋于沙土中，露出地面部分密被白色柔毛。奇数羽状复叶，长 2～6 cm，叶柄和叶轴均密被毛；托叶卵形或狭三角状披针形，分离，长 3～6 mm，被毛；小叶 11～15 枚，卵状披针形或狭长圆形，有短柄，长 4～14 mm，宽1.5～6.0 mm，先端钝圆，基部圆形或圆楔形，腹面疏被毛或无毛，背面密被伏贴白柔毛。总状花序具多花，密集成圆锥状的穗状花序；总花梗长 1.5～5.0 cm，密被白色和黑色柔毛；苞片线状披针形，长 3.5～5.0 mm，疏被黑色长柔毛；花萼钟形，长约 5 mm，被黑色和少量白色长柔毛，萼齿长于或近等长于萼筒；花冠黄色；旗瓣倒卵形，长 8～9 mm，宽 4～5 mm，先端微凹，基部渐狭；翼瓣矩圆形，长 6～7 mm，先端 2 裂，柄短；龙骨瓣长约 5 mm；子房卵形。荚果近圆形，长 3～4 mm，密被黑色和极少量白色长柔毛。 花期 6～7 月，果期 7～8 月。

产青海：都兰（采集地不详，杜庆 243）、玛多（扎陵湖畔，吴玉虎 1556；黑海乡，吴玉虎 965；布青山，吴玉虎 556)、曲麻莱（麻多乡，刘尚武 639)。生于海拔 4 100～4 500 米的河岸沙滩、高山草甸沙砾地、砾石河滩、山前冲积扇细沙地、高山流石坡。

分布于我国的青海、甘肃、四川。模式标本采自四川西部。

52. 悬垂黄耆

Astragalus dependens Bunge in Bull. Acad. Sci. St.-Pétersb. 26：471. 1880；Pet.-Stib. in Acta Hort. Gothob. 12：31. 1937～1938；中国主要植物图说 豆科 376. 1955；中国植物志 42 (1)：165. 图版 42：1～10. 1993；青藏高原维管植物及其生态地理分布 463. 2008；青海植物志 2：207. 1999；Fl. China 10：371. 2010.

52a. 悬垂黄耆（原变种）

var. dependens

多年生草本，高 20～40 cm。主根粗壮。茎基部多分枝，下部常墨绿色，疏被白色短柔毛。奇数羽状复叶，长 3～6 cm；叶柄和叶轴疏被黑色和白色短柔毛；托叶离生，三角形，疏被短柔毛；小叶 11～17 枚，长圆形或线状长圆形，长 4～8 mm，宽达1.5～3.0 mm，先端钝圆或微凹，基部圆形，腹面无毛，背面疏被短柔毛，具短柄。总状花序腋生，具多花，长 12～24 cm，散生白色和黑色短柔毛；苞片三角状披针形，长约 1 mm；花萼钟状，长约 2.5 mm，疏被黑色短柔毛，萼齿三角形，长约 0.8 mm；花冠紫红色；旗瓣倒卵形，长 6～7 mm，宽约 4 mm，先端微凹，基部渐狭，柄不明显；翼瓣狭长圆形，长 5～6 mm，宽约 1.5 mm，先端为不等的 2 裂，基部有耳和斜升的细柄；龙骨瓣半月形，长 4～5 mm，宽约 1.5 mm，有小耳和柄；子房无毛。荚果椭圆形，棕色，无毛，长 3～4 mm，宽 2～3 mm，具长喙，有隆起的横肋，2 室，含种子 4～5 粒；种子圆肾形，长约 1 mm，褐色。 花期6～7 月，果期7～8 月。

产青海：玛沁（大武乡黑土山，吴玉虎 25691、25693)。生于海拔 3 000～3 870 米的沟谷山坡草地、阴坡灌丛草甸。

分布于我国的青海、甘肃。

52b. 黄白花黄耆（变种）　　图版 39：6～10

var. flavescens Y. C. Ho in Bull. Bot. Lab. North-East. Forest. Inst. 8：71. 1980；中国植物志 42 (1)：166. 1993；青海植物志 2：208. 图版 36：6～10. 1999；青藏高原维管植物及其生态地理分布 464. 2008.

本变种与原变种的区别在于：小叶线形或线状长圆形，长 7～15 mm，宽 2～4 mm；花冠淡黄色或近白色；总花梗、苞片及萼筒常被黑色短柔毛。

产青海：兴海（河卡乡，何廷农 095)、都兰（香日德，郭本兆和王为义 11954、采集人不详 101)。生于海拔 2 600～3 800 米的沟谷山坡草地、河沟边沙地、高寒草原沙砾地、积水滩地。

分布于我国的青海、甘肃。模式标本采自青海兴海县。

组 12. 假草木犀黄耆组 Sect. Melilotopsis Gontsch.

Gontsch. in Kom. Fl. URSS 12：878. 1946；中国植物志 42（1）：166. 1993.

多年生草本。茎高大，直立。托叶离生或基部多少合生。花小型，多数组成稀疏、细长的总状花序；翼瓣先端 2 裂；子房具短柄或近无柄，无毛。荚果小，卵球形或倒心形，具隆起的模纹，假 2 室。

组模式种：草木犀状黄耆 A. melilotoides Pall.

昆仑地区产 1 种。

53. 草木犀状黄耆　图版 39：11～15

Astragalus melilotoides Pall. Itin. 3. Append. 748. t. d；1～2. 1776；Simps. in Not. Roy. Bot. Gard. Edinb. 8：256. 1915；Pet.-Stib. in Acta Hort. Gothob. 12：30. 1937～1938；中国主要植物图说 豆科 395. 图 384. 1955；中国高等植物图鉴 2：420. 图 2569. 1972；中国植物志 42（1）：168. 图版 43：1～11. 1993；青海植物志 2：209. 图版 36：11～15. 1999；青藏高原维管植物及其生态地理分布 469. 2008；Fl. China 10：372. 2010.

多年生草本，高 30～80 cm。主根粗且长。茎直立，多分枝，被伏贴短柔毛或近无毛。托叶离生，三角形至披针形，长 1.0～1.5 mm；奇数羽状复叶，长 1～3 cm；小叶柄极短；小叶 3～7 枚，矩圆形、条状矩圆形或矩圆状倒披针形，长 6～22 mm，宽 1.5～3.5 mm，先端截形或微凹，基部楔形，腹面疏被、背面密被白色伏贴短柔毛。总状花序腋生，长 8～24 cm；苞片甚小，短于花梗；花萼钟状，长 1.5～2.0 mm，被伏贴黑色和白色微毛，萼齿三角形，长约 0.5 mm；花冠白色略带粉红色；旗瓣近圆形或宽椭圆形，长约 5 mm，宽约 3.5 mm，先端微凹，基部具短柄；翼瓣略短于旗瓣，先端不等 2 裂或微凹，具短耳；龙骨瓣稍短于旗瓣，先端带紫色；子房无毛，无柄。荚果椭圆形或近圆形，长 2.5～3.5 mm，顶端短喙弯，表面有隆起的横纹，无毛，背部有稍深的沟，2 室。　花期 6～8 月，果期 7～9 月。

产青海：兴海（唐乃亥乡，吴玉虎 42068、42076、42083，采集人不详 267；尕玛羊曲，王作宾，采集号不详）。生于海拔 2 790～3 200 m 的阳坡草地、沟谷砾地、河滩沙地、宅旁荒地、田边土崖、水沟边及人工疏林下的砂质土中。

分布于我国的青海、甘肃、宁夏、陕西、山西、河北、内蒙古、河南、山东；蒙古，俄罗斯也有。

图版 39 马衔山黄耆 **Astragalus mahoschanicus** Hand.-Mazz. 1. 花枝；2. 花萼；3. 旗瓣；4. 翼瓣；5. 龙骨瓣。黄白花黄耆 **A. dependens** Bunge var. **flavescens** Y. C. Ho 6. 花枝；7. 花萼；8. 旗瓣；9. 翼瓣；10. 龙骨瓣。草木犀状黄耆 **A. melilotoides** Pall. 11. 花枝；12. 花萼；13. 旗瓣；14. 翼瓣；15. 龙骨瓣。 (阎翠兰绘)

亚属 3. 华黄耆亚属 Subgen. **Astragalus**

Y. C. Ho in Fu kuntsun Fl. Reipub. Popul. Sin. 42（1）：79. 1993；中国植物志 42（1）：171. 1993. ——Subgen. *Astragalus*——Subgen. *Phaca* Bunge in Mém. Acad. Sci. St.-Pétersb. ser. 7. 11（16）：18. 1968, por parte ——Subgen. *Carpinus* Bunge Astrag. Turk. 218. 1880.

多年生草本，稀为小灌木或亚灌木，被基部着生毛。奇数羽状复叶，稀为偶数羽状复叶（刺叶柄黄耆组）；托叶离生，稀基部或中部以下合生，或基部与叶柄贴生；花萼钟状或管状；雄蕊二体，不与花瓣基部合生。荚果果瓣革质，极稀纸质。

我国有 11 组 56 种 2 变种，主要分布于西北和西南各省区；昆仑地区产 4 组 20 种 3 变种 2 变型。

分 组 检 索 表

1. 小灌木；叶为偶数羽状复叶，叶柄和叶轴宿存，并硬化为针刺 ……………………………
…………………………………… **组 16. 刺叶柄黄耆组** Sect. **Aegacantha** Bunge
1. 多年生稀 2 年生草本；叶为奇数羽状复叶，叶柄、叶轴脱落。
　2. 茎极短缩；花少数组成近基生的总状花序，再多数集聚成簇生状；托叶基部多少
　　与叶柄贴生 …………………… **组 15. 短缩茎黄耆组** Sect. **Myobroma**（Stev.）Bunge
　2. 茎长而明显；花较多数组成腋生的总状花序；托叶离生，稀多少相互合生。
　　3. 翼瓣较龙骨瓣长，稀近等长 ……… **组 13. 多枝黄耆组** Sect. **Polycladi** Y. C. Ho
　　3. 翼瓣较龙骨瓣短或近等长 ……… **组 14. 短翼黄耆组** Sect. **Komaroviella** Gontsch.

组 13. 多枝黄耆组 Sect. Polycladi Y. C. Ho

Y. C. Ho in Bull. Bot. Res. 1（3）：107. 1981；中国植物志 42（1）：181. 1993. —— Sect. *Hemiphragnium* Bunge in Mém. Acad. Sci. St.-Pétersb. ser. 7. 11（16）：21. 1868, pro parte；Pet.-Stib. in Acta Hort. Gothob. 12：32. 1937～1938.

多年生草本。奇数羽状复叶，叶轴和叶柄脱落；托叶离生或仅基部合生。花淡紫色、青紫色、红色或白色，多数组成密集的总状花序或头状总状花序；苞片膜质，无小苞片；花萼钟状管形；花瓣无毛；翼瓣较龙骨瓣长或近等长；子房被毛或无毛，无柄或具短柄。荚果 1 室或近假 2 室。

组模式种：多枝黄耆 A. *polycladus* Bur. et Franch.

我国有 6 种 1 变种 2 变型，昆仑地区也产。

分 种 检 索 表

1. 花冠较小，旗瓣长 6～8 mm；果颈较萼筒稍短。

    2. 植物近于无茎，呈矮小密丛生 ·············· **57. 丛生黄耆 A. confertus** Benth. ex Bunge

    2. 植物有发达的茎，高 10 cm 以上 ········· **58. 多枝黄耆 A. polycladus** Bur. et Franch.

1. 花冠较大，旗瓣长 7～13 mm。

    3. 小叶边缘常内卷，先端缺刻；旗瓣瓣片中下部缢缩，常使之呈倒葫芦形 ·········

    ············· **59. 玛曲黄耆 A. maquensis** Y. H. Wu

    3. 小叶边缘平展，先端钝圆、渐尖或微凹；旗瓣瓣片中下部无缢缩，常呈倒卵形。

        4. 总花梗或花萼外面被黑色或混有白色长柔毛。苞片被白色缘毛；旗瓣长 10～

        11 mm ·············· **54. 松潘黄耆 A. sungpanensis** Pet. -Stib.

        4. 总花梗或花萼外面被黑色短柔毛；萼齿钻状，较萼筒长或近等长。

          5. 旗瓣长 6～7 mm；子房和荚果无柄至近无柄；托叶长 2～3 mm；叶长 3～

          4 cm，具小叶 4～6 对；子房无毛 ·············

          ············· **55. 于田黄耆 A. yutianensis** Podl. et L. R. Xu

          5. 旗瓣长约 9 mm；子房和荚果具长 1.5～3.5 mm 的柄；花萼长 5～7 mm ···

          ············· **56. 异长齿黄耆 A. monbeigii** Simps.

54. 松潘黄耆

Astragalus sungpanensis Pet. -Stib. in Acta Hort. Gothob. 12：34. 1937～1938；中国植物志 42（1）：185. 1993；青海植物志 2：212. 1999；青藏高原维管植物及其生态地理分布 475. 2008；Fl. China 10：387. 2010.

54a. 松潘黄耆（原变型）

f. sungpanensis

多年生草本，高 10～25 cm。主根粗壮，直伸。茎基部分枝，疏被白色和黑色柔毛。奇数羽状复叶，长 4～8 cm；托叶离生，卵形或三角状卵形，长 2～3 mm，被毛；小叶 11～19 枚，椭圆形、卵形或卵状矩圆形，长 3～10 mm，宽 1.5～3.0 mm，先端钝圆或微凹，基部圆形或宽楔形，两面被伏贴白色长柔毛，背面毛较密。总状花序腋生，长于或稀短于叶，密集多花；总花梗有棱，疏被白色和黑色柔毛；花序轴密被毛；苞片膜质，长 2～3 mm，疏被黑色毛；小苞片无；花萼钟状，长 4～6 mm，被较密的黑色和少量白色毛，萼齿钻状披针形，近等长于或稍短于萼筒，两面被黑色毛；花冠蓝紫色；旗瓣倒卵形，长 10～11 mm，宽 5～6 mm，先端微凹，基部渐狭；翼瓣长 9～10 mm，柄长约 3 mm，耳钝圆；龙骨瓣长 7～9 mm，柄长 3.5～4.0 mm；子房有柄，被毛。荚果稍弯，密被白色和黑色伏贴长柔毛。 花期 6～8 月，果期 7～9 月。

产青海：兴海（中铁林场恰登沟，吴玉虎 45112、45133、45231A、45672、47670；天葬台沟，吴玉虎 45828、45926B、47676；中铁乡前滩，吴玉虎 45412；中铁林场卓琼沟，吴玉虎 45740；大河坝沟，吴玉虎 41723；中铁乡附近，吴玉虎 42813、42836、42876、42891；黄青河畔，吴玉虎 42730A；赛宗寺，吴玉虎 46210、46219、46223、46253；中铁乡至中铁林场途中，吴玉虎 43197；大河坝乡赞毛沟，吴玉虎 47136、47191、47225；河卡乡草原站，何廷农 490、郭本兆 6166）、都兰（采集地不详，郭本兆 11692）、格尔木（南郊，采集人不详 452）、玛沁（县郊，马柄奇 2146；当项乡，区划组 014）、班玛（江日堂乡，吴玉虎 26068）、久治（康赛乡，吴玉虎 26547；窝赛乡，果洛队 205；白玉乡，吴玉虎 26389、26408；索乎日麻乡，藏药队 459）、玛多（扎陵湖乡，吴玉虎 1593；县牧场，吴玉虎 18212）。生于海拔 3 200～4 600 m 的沟谷山地高山草甸、河谷高寒灌丛草甸、滩地高寒杂类草草甸、高寒草原、沟谷山坡草地、沙砾阳坡、沟谷阴坡灌丛边、河岸砾地、山谷林缘草甸。

甘肃：玛曲（欧拉乡，吴玉虎 31951）。生于海拔 3 000～3 320 m 的沟谷山地高寒草甸、山坡高寒灌丛草甸。

四川：石渠（长沙贡玛乡，吴玉虎 29759、29763；红旗乡，吴玉虎 29513）。生于海拔 4 000～4 200 m 的沟谷山坡高寒草甸、河谷阶地草甸。

分布于我国的青海、甘肃东南部、四川北部。

54b. 白花松潘黄耆（变型）

f. **albiflorus** Y. H. Wu in Bull. Bot. Res. 17（1）：35. 1997；青海植物志 2：212. 1999.

本变型与原变型的区别在于：花冠白色，小叶上面近边缘处散生少量白色伏贴柔毛。

产青海：兴海（河卡乡，郭本兆 6166A）。生于海拔 3 300 m 左右的干旱山坡草地、沙砾质河谷阶地草甸。模式标本采自青海兴海县。

55. 于田黄耆

Astragalus yutianensis Podl. et L. R. Xu Feddes Repert. 117：229. 2006；Fl. China 10：388. 2010.

植株约高 25 cm。茎数枝至多数，基部分枝，高达 20 cm，被稀少至有些疏散的伏贴至近伏贴的长 0.02～0.2 mm 的白毛，并混有少数黑毛，在节处还具黑毛。叶长 3～4 cm；托叶长 2～3 mm，与叶柄贴合短，下部的托叶在茎后鞘状结合，上部的托叶彼此分离，被稀少的毛或近光滑；叶柄长 0.5～1.0 cm，似茎生毛；小叶 4～6 对，狭椭圆形至椭圆形，长 4～8 mm，宽 1.5～3.0 mm，远轴面稀少至如茎生的疏散毛，近轴面光滑，先端钝。总状花序卵形，含 7～15 朵稍密的花；花序梗长 7～12 cm，茎生毛，但在较上部毛混生黑毛；苞片长 2～3 mm，被稀少明显的黑毛。花萼长 3～4 mm，被疏散的长约 0.1 mm 的黑毛，萼齿长 1.0～1.5 mm；花冠紫色，干后白色；旗瓣宽椭圆形，长约 7 mm，宽约 5 mm，先端波状；翼瓣长约 6 mm，瓣片倒卵状匙形，近宽圆顶处最宽；龙骨瓣长约 5 mm；子房无柄，光滑无毛。荚果未见。

产新疆：于田（昆仑山，采集人和采集号不详）。生于昆仑山的沟谷山坡草地。模式标本采自新疆于田县。

我们未见到标本，描述来自文献。

56. 异长齿黄耆

Astragalus monbeigii Simps. in Not. Bot. Gard. Edinb. 8：243. 1915；Pet. -Stib. in Acta Hort. Gothob. 12：35. 1937～1938；中国主要植物图说 豆科 402. 图 394. 1955；西藏植物志 2：842. 图版 277：1～7. 1985；中国植物志 42 (1)：188. 1993；青海植物志 2：213. 1999；青藏高原维管植物及其生态地理分布 470. 2008；Fl. China 10：385. 2010.

多年生丛生草本，高 15～25 cm。根粗壮。茎上升，基部分枝，疏被白色和黑色短柔毛。奇数羽状复叶，长 4.0～6.5 cm；叶柄和叶轴疏被黑色和白色柔毛；托叶卵状披针形，长 4～6 mm，被毛，与叶柄分离，彼此联合至中部；小叶 15～21 枚，椭圆形或卵状披针形，长 3～10 mm，宽 2～4 mm，先端钝或渐尖，基部圆楔形，两面或仅背面被白色短柔毛。总状花序密集多花；总花梗与叶近等长或稍长于叶，与花序轴均被毛；苞片披针形，长约 3 mm；花萼钟形，长 6～8 mm，密被黑色柔毛，萼齿锥状，长于萼筒；花冠紫红色；旗瓣倒卵形，长约 1.1 cm，先端微缺，具较宽短柄；翼瓣长 8.5～9.0 mm，具圆耳和柄；龙骨瓣长 7～8 mm；子房有柄，被毛。荚果矩圆状圆柱形，长约 1.8 cm，宽 3～5 mm，微弯，密被黑褐色短柔毛，具短柄，1 室。 花果期 6～8 月。

产新疆：塔什库尔干。生于海拔 4 000 m 左右的高山河滩沙砾地、高寒草甸砾地。西藏：班戈。生于海拔 4 600～4 700 m 的沙砾质山坡草地、高寒草原砾地、高寒草甸裸地、高山流石坡。

分布于我国的新疆、青海、西藏、四川、云南；西帕米尔高原、俄罗斯、中亚地区南部也有。

57. 丛生黄耆

Astragalus confertus Benth. ex Bunge in Mém. Acad. Sci. St. -Péterb. ser. 7. 15 (1)：27. 1869；Pet. -Stib. in Acta Hort. Gothob. 12：33. 1937～1938；中国主要植物图说 豆科 379. 1955；Fl. W. Pakist. 100：160. 1977；西藏植物志 2：838. 图 277：8～15. 1985；中国植物志 42 (1)：183. 图版 46：14～20. 1993；H. Ohba, S. Akiyama et S. K. Wu in Journ. Japan. Bot. 70 (1)：22. 1995；青海植物志 2：

210. 1999；青藏高原维管植物及其生态地理分布462. 2008；Fl. China 10：360. 2010.

57a. 丛生黄耆（原变型）

f. confertus

多年生矮小密丛生草本，高 2～5 cm。根粗，木质。较长的分枝常平卧，密被黑色和白色柔毛。托叶卵形，长 1～3 mm，疏被毛，中部以下联合，与叶柄分离；奇数羽状复叶，长 1～3 cm，叶柄密被黑色和白色短柔毛；小叶 9～25 枚，矩圆形、椭圆形或卵状椭圆形，长 1～3 mm，宽 0.5～1.5 mm，先端尖或钝圆，基部圆形，两面密被白色短柔毛。总状花序腋生，近头状；总花梗长于叶，密被短柔毛；苞片披针形，疏被毛；花萼钟状，长 3～4 mm，密被黑色短柔毛，萼齿披针形，短于萼筒；花冠蓝紫色；旗瓣长约 8.5 mm，瓣片近圆形，先端微凹，基部有柄；翼瓣长约 6.5 mm，柄长约 3.5 mm，耳短圆；龙骨瓣长约 5 mm，柄长约 2.5 mm；子房被毛，有柄。荚果半矩圆形，微呈镰形弯，长 4～5 mm，宽 1.5～2.0 mm，密被黑色和白色短柔毛，1 室。　花期 6～8 月，果期 8～9 月。

产新疆：和田（喀什塔什，青藏队吴玉虎 2038、2572）、策勒（奴尔乡亚门，青藏队吴玉虎 1992、2512）、且末（阿羌乡昆其布拉克，青藏队吴玉虎 2061、2590；阿羌乡，青藏队吴玉虎 3842）、于田（普鲁，青藏队吴玉虎 3690、3767、3671）、若羌（阿其克库勒湖畔，青藏队吴玉虎 4019；阿尔金山保护区鸭子泉，青藏队吴玉虎 3911、3948、3957；鸭子泉至阿其克库勒湖山口，青藏队吴玉虎 2289、2654；哈什克勒，青藏队吴玉虎 4152；明布拉克东，青藏队吴玉虎 4187；依夏克帕提，青藏队吴玉虎 4265；鲸鱼湖畔，青藏队吴玉虎 4107）。生于海拔 3 100～4 800 m 的沟谷山地高寒草原沙砾地、宽谷湖盆沙砾滩地、山地高寒荒漠草原、沙砾滩地、滩地高寒草甸、溪流河沟草甸、沟谷山地针茅高寒草原。

西藏：日土（县城郊区，青藏队吴玉虎 1619）。生于海拔 4 200～5 300 m 的高山草地、河边砂地、高山砾石坡、沙砾滩地草甸。

青海：格尔木（西大滩，青藏队吴玉虎 2839、2865；长江源，蔡桂全 011、039；三岔河大桥，吴玉虎 36774、36783A、36789）、都兰（诺木洪乡昆仑山北坡三岔口，吴玉虎 36580）、兴海（黄青河畔，吴玉虎 42730B；河卡山，吴玉虎 28720；温泉乡，郭本兆 167、吴玉虎 28752、28809；温泉乡姜路岭，吴玉虎 28861）、玛沁（江让水电站，吴玉虎 18606；军功乡龙穆尔贡玛，吴玉虎 25660、25662；尕柯河电站，吴玉虎 6006；拉加乡，吴玉虎 25650A）、甘德（林区乡，采集人不详 25732）、班玛（江日堂乡，吴玉虎 26098）、久治（康赛乡，吴玉虎 31697A）、达日（德昂乡，吴玉虎 25927、25937；窝赛乡，吴玉虎 25874）、玛多（扎陵湖畔，吴玉虎 1557；城郊，吴玉虎 22734；花石峡长石头山，吴玉虎 28922）、称多（清水河乡，吴玉虎 32438、32487）、治多（可可西里五道梁，刘尚武 3001）、曲麻莱。生于海拔 3 500～4 700 m 的高山草地、河滩草甸沙地、湖滨滩地高寒草原、山前洪积扇、沟谷山地高寒草甸、荒漠滩地、山坡林缘草甸、沟谷山坡高寒草甸。

甘肃：阿克赛（阿尔金山，黄荣福 3414；当金山口，青藏队吴玉虎 2929）、玛曲（欧拉乡，吴玉虎 32048、32085）。生于海拔 3 200～3 550 m 的沟谷干山坡草地、河滩草甸。

四川：石渠（红旗乡，吴玉虎 29506、29527、29530、29534；长沙贡玛乡，吴玉虎 29641）。生于海拔 4 100 m 左右的沟谷山坡草地、河谷山地高寒草甸。

分布于我国的青海、甘肃、西藏、四川；印度北部，尼泊尔，克什米尔地区也有。

57b. 白花丛生黄耆（变型）

f. **albiflorus** R. F. Huang ex Y. H. Wu in Bull. Bot. Res. 17 (1)：36. 1997；青海植物志 2：211. 1999；青藏高原维管植物及其生态地理分布 462. 2008.

本变型与原变型的区别在于：花冠白色；小叶较小，长不足 2 mm。

产青海：玛沁（拉加乡，吴玉虎 25650B；大武乡，H. B. G. 491）、久治（庄浪沟，高生所果洛队 233）、治多（可可西里五雪峰，黄荣福 K - 953；勒斜武担湖畔，黄荣福 K - 865）。生于海拔 3 800～4 800 m 的沟谷山地高寒草原、山地半阴坡草地。

分布于我国的青海。模式标本采自青海治多县可可西里。

58. 多枝黄耆 图版 40：1～4

Astragalus polycladus Bur. et Franch. in Morot Journ. de Bot. 5：23. 1891；Simps. in Not. Roy. Bot. Gard. Edinb. 8：254. 1915；Pet.-Stib. in Acta Hort. Gothob. 12：33. 1937～1938；中国主要植物图说 豆科 403. 图 396. 1955；中国植物志 42 (1)：185. 图版 47：9～16. 1993；青海植物志 2：211. 1999；青藏高原维管植物及其生态地理分布 473. 2008；Fl. China 10：386. 2010.

58a. 多枝黄耆（原变种）

var. **polycladus**

多年生草本。根状茎粗厚，木质。地上茎密生，细瘦，高 10～35 cm，斜升或铺散，疏被伏贴短柔毛。奇数羽状复叶，长 2～6 cm，几无叶柄；托叶三角形，上部分离，被毛；小叶 13～25 枚，卵状披针形、卵圆形或椭圆形，长 3～8 mm，宽 1.5～3.5 mm，先端微凹或钝，无小突尖，基部圆形，腹面疏被、背面密被白色伏贴柔毛。总状花序生茎上部叶腋，具多花，总花梗长于叶；苞片三角状披针形，稍长于花梗；花梗长约 1 mm，与花序轴和苞片均被黑色短柔毛；花萼钟状，长 3～4 mm，密生黑色和白色短柔毛，萼齿等长于萼筒或稍短；花冠紫红色、堇色或蓝紫色，长 6～10 mm；旗瓣倒卵形，长 6～8 mm，宽 4～6 mm，先端微缺，柄短；翼瓣等长于旗瓣；龙骨瓣长

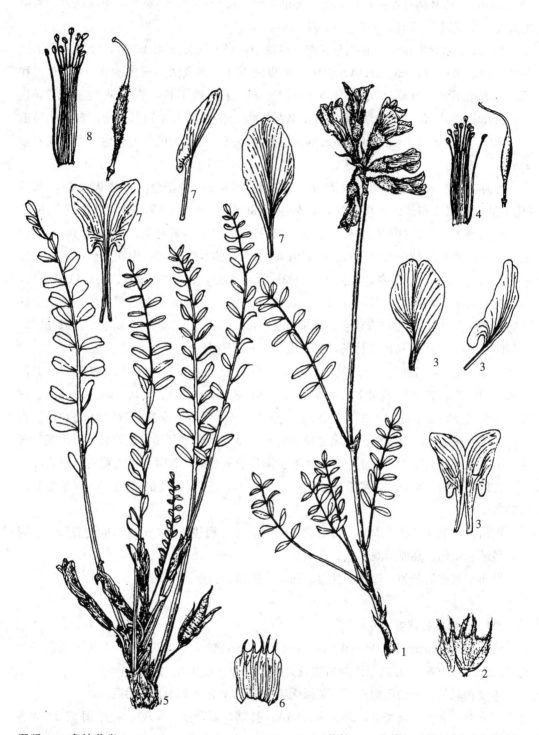

图版 40　多枝黄耆 Astragalus polycladus Bur. et Franch. 1. 花枝；2. 花萼；3. 花解剖（示各瓣）；
4. 雄蕊、雌蕊。刺叶柄黄耆 A. oplites Benth. ex Barker 5. 花枝；6. 花萼；7. 花解剖（示各瓣）；
8. 雄蕊、雌蕊。（引自《新疆植物志》，朱玉善绘）

4~7 mm；子房有柄有毛，花柱无毛。荚果矩形，长 6~8 mm，略弯，顶端急尖，密被短柔毛。 花期 6~8 月，果期 7~9 月。

产新疆：塔什库尔干（麻扎至卡拉其古途中，青藏队吴玉虎 4973）、叶城（采集地不详，黄荣福 C. G. 86-041）、于田（采集地不详，青藏队吴玉虎 3690、3767）、和田（采集地不详，青藏队吴玉虎 2038）、且末（采集地不详，青藏队吴玉虎 2061、2512、2590）、若羌（采集地不详，青藏队吴玉虎 3957；库木库勒湖东南，青藏队吴玉虎 2312）。生于海拔 3 500~4 800 m 的沟谷河滩高寒草甸、山坡草甸砾地、宽谷湖盆沙砾草地。

青海：格尔木（三岔河大桥附近，吴玉虎 36783B；纳赤台，青甘队 403）、都兰（诺木洪乡布尔汗布达山北坡三岔口，吴玉虎 36580、36614；香日德，郭本兆 11968、青甘队 1287）、兴海（野马台滩，吴玉虎 42191；大河坝乡赞毛沟，吴玉虎 46490；中铁乡附近，吴玉虎 42763、45432、45448；河卡乡，郭本兆 6320；中铁乡至中铁林场途中，吴玉虎 43070；温泉乡，吴玉虎 17943；河卡乡滩，何廷农 490）、玛沁（黑土山，吴玉虎 5725；军功乡，吴玉虎 4657、21184；拉加乡，吴玉虎 6054；雪山乡，植被组样方标本 50-14A）、甘德（青珍乡，陈世龙等 215）、久治（窝赛乡，果洛队 233；县郊，藏药队 178）、班玛（马柯河林场，吴玉虎 26176）、达日（德昂乡，吴玉虎 25941A；建设乡，H. B. G. 1097）、玛多（黑河乡大野马岭，吴玉虎 39003、39011、39017、39020、39023、39027；扎陵湖乡，吴玉虎 476；牧场，吴玉虎 024、1646、1648）、称多（清水河乡，吴玉虎 32438）、曲麻莱、治多（可可西里不冻泉，黄荣福 014）、唐古拉。生于海拔 2 900~4 600 m 的高寒草甸、高山草原、河滩草甸、山地林下、山顶沙砾地、河谷林缘、滩地干旱草原、河谷沙滩、沟谷灌丛草甸，有时也进入荒漠草原地带。

甘肃：玛曲（欧拉乡，吴玉虎 32007、32064）。生于海拔 3 330~3 600 m 的宽谷河滩高寒草甸。

四川：石渠（长沙贡玛乡，吴玉虎 29601）。生于海拔 4 000 m 左右的沟谷沙滩、河谷沙棘灌丛草甸、高原河滩草地。

分布于我国的新疆、青海、甘肃、西藏、四川、云南。

58b. 光果多枝黄耆（变种）

var. **glabricarpus** Y. H. Wu in Acta Bot. Yunnan. 20 (1)：39. 1998；青海植物志 2：212. 1999；青藏高原维管植物及其生态地理分布 473. 2008.

本变种同原变种的区别在于：荚果无毛，茎几无毛，小叶上面无毛。

产青海：久治（窝赛乡，果洛队 233A；县郊，藏药队 178A）。生于海拔 3 600~3 800 m 的沟谷山地阴坡草甸、河滩草甸。

分布于我国的青海。

59. 玛曲黄耆（新种）　图 A5：1～8

Astragalus maquensis Y. H. Wu **sp. nov.** in Addenda.

多年生草本。主根粗壮，直伸。茎自基部极密集分枝有 100 条之多，茎细瘦，直立或铺散，无毛或偶见毛，高 15～20 cm。托叶膜质，无毛，与叶柄对生，上部 2/3 以下合生并与茎或花梗合生，分离部分三角状披针形，长 2～3 mm；奇数羽状复叶长 2～6.5 cm，叶柄长 4～25 mm，与叶轴均无毛；小叶 7～23 枚，长圆形、狭长圆形或线形，长 3～8 mm，宽 1～3 mm，边缘常内卷，两面无毛或仅在背面中脉偶见白色疏毛，先端缺刻，基部楔形，柄极短。腋生总状花序含 10 余朵花，密集近头状，花序轴长 0.8～1.6 cm，散生黑毛；花序梗长 3～7 cm，等于或稍长于叶，无毛或在接近花序下部疏被黑色毛；苞片膜质，钻状披针形，长 2～3 mm，疏被黑色毛；花梗长约 1 mm，疏被黑色毛；花冠蓝紫色；花萼筒状，长 4～5 mm，与萼齿同被黑色毛，萼齿钻状或披针形，与萼筒近等长；旗瓣倒卵形或狭倒卵形，长 10～11 mm，宽 5～6 mm，先端微凹，瓣片中下部缢缩常使之呈倒葫芦形，下部渐狭成楔形瓣柄；翼瓣狭长圆形，长约 9 mm，瓣片长约 4 mm，宽 1.5～2.0 mm，先端圆形，下部耳长约 1 mm，瓣柄长约 3 mm；龙骨瓣半倒卵形，长约 7 mm，瓣片长约 3.5 mm，宽约 2 mm，先端钝圆，耳不明显，瓣柄长约 3.5 mm；子房条形，无毛，柄短，花柱和柱头无毛。荚果未见。　花期 7～8 月。

产甘肃：玛曲（欧拉乡，吴玉虎 32005）。生于海拔 3 310 m 左右的河谷山坡高寒灌丛草甸。

本种与多枝黄耆 A. *polycladus* Bur. et Franch. 和坚硬黄耆 A. *rigidulus* Benth. ex Bunge 的区别在于：小叶长圆形、狭长圆形或线形，边缘常内卷，先端缺刻；花冠较大，旗瓣长 10～11 mm，瓣片中下部缢缩，常使之呈倒葫芦形。可以相区别。

组 14. 短翼黄耆组 Sect. Komaroviella Gontsch.

Gontsch. in Kom. Fl. URSS 12：876. 1942；中国植物志 42（1）：189. 1993.

多年生草本。奇数羽状复叶，叶轴和叶柄脱落；托叶离生或多少合生。花带紫色、淡黄色或白色，数朵至 10 余朵稀多数组成稍疏的短总状花序；苞片膜质，无小苞片；花萼钟状，稀管状钟形；花瓣无毛，翼瓣较龙骨瓣短或与其近等长；子房有毛，具柄。荚果 1 室或近假 2 室，果颈与宿萼近等长或较短，或露出。

组模式种：高山黄耆 A. *alpinus* Linn.

昆仑地区产 4 种 2 变种。

分 种 检 索 表

1. 茎枝短缩，多少呈垫状或密丛状，高 2～15 cm。

2. 小叶 9～15 ·· **60. 茵垫黄耆 A. mattam** Tsai et Yu

2. 小叶 13～21；花青紫色；翼瓣瓣柄长约为瓣片的 1/3 ·······················

·················· **61. 库萨克黄耆 A. kuschakewiczii** B. Fedtsch. ex O. Fedtsch.

1. 茎枝伸展，基部分枝，高 15 cm 以上。

　　3. 花长 7～11 mm；子房明显具柄；种子 8～10 ······ **62. 石生黄耆 A. saxorum** Simps.

　　3. 花长 10～13 mm；总花梗较叶长或近等长 ·············· **63. 高山黄耆 A. alpinus** Linn.

60. 茵垫黄耆

Astragalus mattam Tsai et Yu in Bull. Fan Mem. Inst. Biol. Peip. Bot. ser. 7 (1)：24. f. 4. 1936；Pet.-Stib. in Acta Hort. Gothob. 12：39. 1937～1938；中国主要植物图说 豆科 397. 图 387. 1955；中国植物志 42 (1)：189. 1993；青海植物志 2：213. 图版 37：1～8. 1999；青藏高原维管植物及其生态地理分布 469. 2008；Fl. China 10：362. 2010.

60a. 茵垫黄耆（原变种）

var. **mattam**

多年生高山垫状草本，高 2～10 cm。主根粗壮。茎短，铺散，分枝密，被黑色和白色长柔毛。奇数羽状复叶，长 1.5～4.0 cm；托叶膜质，卵形，长 3～5 mm，疏被毛，与叶柄分离，彼此联合至中部；小叶 7～17 枚，椭圆形、卵形或倒卵形，先端钝圆、尖或微凹，基部圆形或圆楔形，长 2～4 mm，宽 1.5～3.0 mm，两面及叶柄、叶轴同被白色长柔毛。总状花序腋生，具 3～6 花；总花梗长 2～5 cm，被白色或黑色毛；苞片披针形，膜质，长约 3 mm，疏被毛；花萼钟状，长 5～6 mm，密被黑色并少量白色长柔毛，萼齿与萼筒等长；花冠紫堇色带白色；旗瓣倒卵形，长 12～13 mm，宽 8～9 mm，先端微凹，宽柄长 3.5～4.0 mm，宽至 3 mm；翼瓣长 10～11 mm，瓣片长圆形，宽约 2 mm，耳钝圆，长约 2 mm，细柄长 2.5～3.0 mm；龙骨瓣半倒卵形，长 11～12 mm，宽约 3.6 mm，柄长 3.0～3.5 mm；子房条形被毛，有长柄，花柱无毛。荚果长圆形，长 1.5～2.5 cm，宽 0.9～1.3 cm，带紫色，疏被黑色开展短柔毛，果梗长约 3 mm。　花期 6～7 月，果期 8～9 月。

产青海：都兰（巴隆乡爱乌多日沟，吴玉虎 36314）、格尔木（昆仑山口，吴玉虎 36949）、兴海（鄂拉山，吴玉虎 39000、39007；温泉乡姜路岭，吴玉虎 28769、28783，陈世龙等 069）、玛沁（知合代垭豁，玛沁队 476）、甘德（上贡麻乡，H. B. G. 900）、玛多（清水乡，吴玉虎 1361；牧场，吴玉虎 1654；黄河乡野牛沟，郭本兆 135；吴玉虎 1070、1295；玛积雪山，采集人不详 029；花石峡乡长石头山，吴玉虎 28938、28960；巴颜喀拉山北坡，吴玉虎 29136、29156、29169）、称多（巴颜喀拉山南坡，吴玉虎 41354）、曲麻莱（麻多乡，中草药队 093；叶格乡，黄荣福 097、刘尚武 656）。生于海拔 4 000～4 800 m 的高山草甸、河谷阶地、林缘灌丛草甸、河滩沙砾地、沟谷山坡高寒灌丛、阴坡草地、高山冰缘雪线附近之湿润砾石地。

分布于我国的青海。模式标本采自青海同德县居布日山。

60b. 大花茵垫黄耆（变种）

var. **macroflorus** Y. H. Wu in Acta Bot. Yunnan. 20（1）：39. 1998；青海植物志 2：213. 1999；青藏高原维管植物及其生态地理分布 469. 2008；Fl. China 10：362. 2010.

本变种与原变种的区别在于：花冠较大。旗瓣长约 16 mm，宽约 11 mm；翼瓣长约 13 mm；苞片长 6～9 mm。 花期 7～8 月，果期 8～9 月。

产青海：格尔木（昆仑山口，吴玉虎 36926、36934）。生于海拔 4 760 m 左右的高原河滩盐碱地、高山草地、宽谷河滩沙砾地。

分布于我国的青海。模式标本采自青海泽库县。

61. 库萨克黄耆

Astragalus kuschakewiczii B. Fedtsch. ex O. Fedtsch. Fl. Pamir. 78. 1903；Fl. URSS 12：46. 1946；Fl. Kazakh. 5：101. t. 12：3. 1961；植物研究 1（3）：112. 1981；新疆植物检索表 3：127. 1983；中国植物志 42（1）：190. 1993；青藏高原维管植物及其生态地理分布 467. 2008；Fl. China 10：361. 2010. —— *A. pulvinalis* P. C. Li et Ni in Acta Phytotax. Sin. 17（2）：110. t. 11：1～7. 1979；西藏植物志 2：838. 1985；青海植物志 2：215. 1999；青藏高原维管植物及其生态地理分布 474. 2008.

多年生草本。根粗壮，直伸。茎基部分枝，匍匐或上升，近垫状密丛状，高 5～15 cm，密被白色伏贴短柔毛，近花序轴处多混有黑色毛。奇数羽状复叶，具 13～19 枚小叶，长 1～3 cm；叶柄与叶轴近等长；托叶离生，三角状卵形，长 1～2 mm，下面密被白色柔毛；小叶椭圆形或长圆形，长 1～3 mm，宽 0.5～2.0 mm，先端全缘或微凹，基部宽楔形，两面被白色伏贴短柔毛，下面毛常较密，具短柄。总状花序生 3～10 花，稍密集；总花梗腋生，与叶近等长或较叶长；苞片线形或狭披针形、三角形或钻状，长 1.0～1.5 mm；花梗与苞片近等长，连同花序轴密被白色或混有黑色柔毛；花萼钟状，长 3～4 mm，被白色或黑色伏贴柔毛，萼齿钻状，长约为萼筒的 1/2 至与萼筒近等长；花冠青紫色；旗瓣近圆形，长 7～10 mm，先端微凹，具短瓣柄；翼瓣长 6～8 mm，瓣片长圆形，基部具短耳，瓣柄长约 2 mm；龙骨瓣与旗瓣近等长；子房长圆形，被白色伏贴短柔毛，有时混有黑色毛，具柄长约 2.5 mm。荚果长圆形或狭卵形，长 5～7 mm，宽 2～3 mm，微弯曲，通体密被白色伏贴毛，1 室，果颈与萼筒近等长；种子 3～4 粒，肾形，长约 2 mm。 花果期 6～7 月。

产新疆：乌恰（采集地不详，西植所新疆队 2213）、阿克陶（恰克拉克至木吉途中，青藏队吴玉虎 87577；布伦口乡，高生所西藏队 3087；采集地不详，帕米尔考察队 5554）、塔什库尔干（苏巴什达坂，青藏队吴玉虎 870311；红其拉甫，青藏队吴玉虎 4901；采集地不详，阎平 3654、帕米尔考察队 4996、西植所新疆队 1518）、叶城（采集地不详，帕米尔考察队 6028）、皮山（Naza，青藏队吴玉虎 4775；采集地不详，帕米尔考察队 6085）。生于海拔 3 000～4 750 m 左右的高山砾石坡地、山坡低湿地、沟谷干旱沙砾山坡草地、河滩冲积沟。

青海：格尔木（唐古拉山乡姜根迪如北冰川，吴玉虎 17098）、玛多（花石峡乡长石头山，刘海源 1178）、曲麻莱。生于海拔 4 000～4 800 m 的高寒草甸、河谷阶地、河滩湿沙地、山坡砾地、高寒草原砾地。

分布于我国的新疆、青海、甘肃、西藏；俄罗斯，阿富汗，塔吉克斯坦，哈萨克斯坦也有。

62. 石生黄耆

Astragalus saxorum Simps. in Not. Bot. Gard. Edinb. 8：245. 1915；Pet.-Stib. in Acta Hort. Gothob. 12：36. 1937～1938；中国主要植物图说 豆科 278. 1955；西藏植物志 2：838. 图 276：8～14. 1985；中国植物志 42（1）：193. 1993；青海植物志 2：215. 1999；青藏高原维管植物及其生态地理分布 475. 2008；Fl. China 10：363. 2010.

62a. 石生黄耆（原变种）

var. **saxorum**

多年生草本，高 4～10 cm。根粗壮而多分枝。茎丛生，铺散，长 10～20 cm，有时可形成垫状，密被白色短柔毛，有条棱。奇数羽状复叶，长 4～6 cm；叶柄与叶轴同密被白色短柔毛；托叶三角状针形，长约 3 mm，腹面无毛，背面密被短柔毛，与叶柄分离，彼此联合至中部；小叶 15～21 枚，椭圆形或卵形，长 3～6 mm，宽 1.5～3.0 mm，先端钝圆或微凹，基部圆楔形，两面被白色长柔毛，背面毛尤密。总状花序腋生，密集 6～16 花；总花梗长于叶，密被白色和黑色短柔毛；苞片披针形，长约 3 mm；花萼长 3～5 mm，密被黑色柔毛，萼齿钻状，与萼筒近等长；花冠紫色；旗瓣卵形，长 9～11 mm，先端微凹，基部渐狭成宽柄；翼瓣长 8～10 mm，耳圆垂，柄细；龙骨瓣长约 9 mm；子房密被黑色短柔毛，有短柄。荚果弯，长 7～8 mm，密被黑色和白色柔毛。

花果期 6～8 月。

产新疆：若羌（阿尔金山保护区 Piaqiriketagor，青藏队吴玉虎 2159）。生于海拔 3 950 m 左右的高寒荒漠草原。

西藏：日土（空喀山口，高生所西藏队 3704；多玛区，高生所西藏队 3449）。生于海拔 4 000～4 500 m 的山坡泥石流沙砾地、河滩沙砾地。

青海：兴海（温泉乡姜路岭，吴玉虎 28873、刘海源 569；苦海滩，吴玉虎 28809；大河坝乡，陈世龙等 041）、都兰（香日德，郭本兆 11968）、格尔木（西大滩，吴玉虎 36955；唐古拉山乡，黄荣福 201；温泉兵站，黄荣福 214、279）、玛多（黑海乡，吴玉虎 28911；花石峡乡，吴玉虎 28929、28962；清水乡，刘海源 729；黑河乡，刘海源 758；巴颜喀拉山，刘海源 775）、称多（清水河乡，吴玉虎 32431）、治多（五道梁，刘尚武 3001；可可西里，采集人和采集号不详）、曲麻莱（曲麻河乡措池村通天河畔，吴玉虎 38725、38733、38753、38758、38761）。生于海拔 3 700～4 800 m 的河谷滩地、沟谷山坡草地、山生柳高寒灌丛草甸、高寒草甸、溪流河边砾地、湖滩高寒草原、砾石河滩、山麓砾石地。

四川：石渠（长沙贡玛乡，吴玉虎 29601）。生于海拔 4 000 m 左右的沟谷河滩沙棘灌丛。

分布于我国的新疆、青海、西藏、四川西部和西北部（汶川）、云南西北部（德钦）。模式标本采自四川汶川。

62b. 大花石生黄耆（新变种）

var. **macroflorus** Y. H. Wu **var. nov.** in Addenda.

本变种与原变种的区别在于：花冠较大。托叶卵状披针形，长 4～6 mm；苞片长 2～3 mm；花萼长 5～7 mm，密被黑色硬毛，齿长 2.5～3.5 mm；旗瓣长约 13 mm，宽约 8 mm；翼瓣长约 9～10 mm，宽 2.0～2.5 mm；龙骨瓣长约 9 mm，宽约 2.5 mm；子房长圆形，密贴白毛。

产青海：甘德（上贡麻乡，吴玉虎 25804）。生于海拔 3 840 m 左右的高原沟谷山地高寒草甸。模式标本采自青海甘德县。

63. 高山黄耆

Astragalus alpinus Linn. Sp. Pl. 760. 1753；Mém. Acad. Sci. St.-Pétersb. ser. 7. 11（16）：29. 1868, et 15（1）：28, 35. 1869；Fl. Brit. Ind. 2：123. 1876；Fl. URSS 12：43. t. 3：1. 1946；Fl. Kazakh. 5：100. t. 12：2. 1961；植物研究 1（3）：116. 1981；新疆植物检索表 3：127. 图版 92：2. 1983；中国植物志 42（1）：195. 图版 49：8～14. 1993；Fl. China 10：359. 2010.

多年生草本。茎直立或上升，基部分枝，高（12）20～50 cm，具条棱，被白色柔毛，上部混有黑色柔毛。奇数羽状复叶，具 15～23 枚小叶，长 5～15 cm；叶柄长 1～3 cm，向上逐渐变短；托叶草质，离生，三角状披针形，长 3～5 mm，先端钝，具短尖头，基部圆形，上面疏被白色柔毛或近无毛，下面毛较密，具短柄。总状花序生 7～15 花，密集；总花梗腋生，较叶长或近等长；苞片膜质，线状披针形，长 2～3 mm，下面被黑色柔毛；花梗长 1.0～1.5 mm，连同花序轴密被黑色柔毛；花萼钟状，长 5～

6 mm，被黑色伏贴柔毛，萼齿线形，较萼筒稍长；花冠白色；旗瓣长 10~13 mm，瓣片长圆状倒卵形，先端微凹，基部具短瓣柄；翼瓣长 7~9 mm，瓣片长圆形，宽 1.5~2.0 mm，基部具短耳，瓣柄长约 2 mm；龙骨瓣与旗瓣近等长，瓣片宽斧形，先端带紫色，基部具短耳，瓣柄长约 3 mm；子房狭卵形，密生黑色柔毛，具柄。荚果狭卵形，微弯曲，长 8~10 mm，宽 3~4 mm，被黑色伏贴柔毛，先端具短喙，近 2 室，果颈较宿萼稍长；种子 8~10 枚，肾形，长约 2 mm。 花期 6~7 月，果期 7~8 月。

产新疆：阿克陶（阿克塔什，青藏队吴玉虎 87215）。生于海拔 3 200 m 左右的沟谷山坡林下、林间空地、河漫滩草甸、山坡草地。

分布于我国的新疆；蒙古，俄罗斯亚洲部分，哈萨克斯坦，阿塞拜疆，乌兹别克斯坦，塔吉克斯坦，亚美尼亚，格鲁吉亚，部分欧洲和北美国家也有。

组 15. 短缩茎黄耆组 Sect. Myobroma（Stev.）Bunge

Bunge in Mém. Acad. Sci. St.-Pétersb. ser. 7. 11 (16)：33. 1868；Pet.-Stib. in Acta Hort. Gothob. 12：56. 1937~1938；中国植物志 42 (1)：208. 1993.

—— Gen. *Myobroma* Stev. in Bull. Soc. Nat. Moscou 4：268. 1832.

多年生草本。极稀为小灌木或半灌木状。地上茎极短缩，不明显。奇数羽状复叶，叶轴和叶柄脱落；托叶与叶柄多少贴生。花黄色，组成近基生的疏总状花序；花萼管状；花瓣无毛，翼瓣较龙骨瓣长或近等长，或短；子房无毛或被毛，具柄。荚果卵形或长圆形，果瓣革质，1 室或不完全假 2 室至假 2 室。

组模式种：A. *lactus* Bunge

昆仑地区产 8 种。

分 种 检 索 表

1. 小叶每节 4~8 枚轮生。
  2. 叶轴被毛长 1~2 mm；花萼下部近无毛；果长 8~15 mm ························
  ···························· **69. 阿拉套黄耆 A. alatavicus** Kar. et Kir.
  2. 叶轴被毛长约 1 mm 以下；花萼通体密被毛；果长 12~18 mm。
    3. 小叶长 5~9 mm，宽 2.0~4.5 mm，上面无毛 ························
    ···························· **70. 帕米尔黄耆 A. pamiriensis** Franch.
    3. 小叶长 3~7 mm，宽 1.5~2.5 mm，上面被毛 ··· **71. 神圣黄耆 A. dignus** Boriss.
1. 小叶每节 2 枚对生或近对生；子房柄较短或近无柄；子房柄被淡褐色或白色柔毛。
  4. 龙骨瓣的瓣片全部或上部边缘有微齿。
    5. 小叶 37~57 ························ **67. 布河黄耆 A. buchtormensis** Pall.

5. 小叶 21～35；小叶卵形或卵圆形，长 4～8 mm ·····················
··························· **68. 假黄耆 A. taldicensis** Franch.

4. 龙骨瓣的瓣片边缘全缘无微齿。

6. 托叶明显有纵向脉纹；花序常被黑色毛 ·····················
····················· **66. 明铁盖黄耆 A. pindreensis** (Benth. ex Baker) Ali

6. 托叶明显无纵向脉纹；植物不被黑色毛。

7. 托叶卵圆形或宽卵圆形，长 3～5 mm；苞片卵状三角形，稀卵圆状披针形，长 1.5～2.0 mm，仅沿边缘有少量纤毛 ·····················
····················· **64. 塔拉斯黄耆 A. talassicus** M. Pop.

7. 托叶广椭圆状长圆形或广椭圆状披针形，长 10～13 mm，苞片线形，长 5～9 mm，被硬毛 ····················· **65. 查尔古斯黄耆 A. charguschanus** Freyn

64. 塔拉斯黄耆

Astragalus talassicus M. Pop. in Sched. Herb. Asiae Med. Fasc. 15：21. 1928；Bor. et al. in Fl. URSS 12：189. 1946；H. Ohba, S. Akiyama et S. K. Wu in Journ. Japan. Bot. 70 (1)：25. 1995；青藏高原维管植物及其生态地理分布 476. 2008.

多年生无茎或近无茎草本，高 6～14 （～20） cm，有缩短的木质茎，直径达 2 cm，多量的短分枝形成草丛；茎不明显或非常缩短（长不过 2 cm），无毛；托叶下部与叶柄合生，卵圆形或宽卵圆形，长 3～5 mm，急尖，白色膜质，具少数缘毛；叶长（2～）5～10(～16) cm，叶柄形成较短的轴，宿存；稀为微刺状，无毛或被短毛，小叶（13～）16～22 对，倒卵形、长圆状倒卵形或宽长圆形，稀倒披针形，长 2～5（～10） mm，宽 1.5～2.5 （～3.0） mm，顶端圆或微凹，基部近圆形或宽楔形，质厚，上面无毛，下面被分散的、紧贴的短毛，易脱落。花序轴短，无毛，长 2～4 mm，具（1～）2～3 朵疏松的花；苞片卵状三角形，稀卵圆状披针形，长 1.5～2.0 mm，白色膜质，渐尖，沿边缘有很少纤毛；花梗细，无毛，长 2～3 mm；花萼长 9～10（～15） mm，被星散的、紧贴的短白毛或近无毛；萼齿线状钻形，长 2.5～4.0 mm；花冠黄色；旗瓣长 14～17 mm，瓣片倒卵形或长圆状倒卵形，微凹，瓣柄楔形，长 5～6 mm；翼瓣长 13～16 mm，瓣片长圆形，顶端圆形，稍短于瓣柄；龙骨瓣长 12～13 mm，瓣片钝，长约 4 mm，背面弧曲并明显凸起，腹面稍凸起或近直立；子房具柄，长约 1 mm，被白毛。荚果无柄，具 3 棱，广椭圆状长圆形，长 9～12 mm（小喙除外），革质，背面具宽槽沟，腹面具龙骨状突起，被紧贴的、柔软的白毛，近 2 室，有 2～6（～8）粒种子，喙长约 3 mm；种子广椭圆形，肾状弯曲，无毛，棕褐色，发光。 花期 7 月，果期 8 月。

产新疆：塔什库尔干（明铁盖，青藏队吴玉虎 4993）。生于海拔 4 300 m 左右的沟谷山坡草地。

分布于我国的新疆；俄罗斯也有。

65. 查尔古斯黄耆

Astragalus charguschanus Freyn in Bull. Herb. Boiss. ser. 2（4）：764. 1904；Fl. URSS 12：200. 1946；Fl. China 10：398. 2010. —— *A. pamiricus* B. Fedtsch. in Fedtsch. in Bull. Herb. Voiss. 315. 1905；Pl. Centr. Asia 8（c）：98. 2004.

多年生草本，无茎，高 3～8 cm。叶长 3～10 cm，有小叶 17～31 枚，叶柄与叶轴近等长，散生开展的毛，极少无毛；托叶与叶柄贴生，广椭圆状长圆形或广椭圆状披针形，长 10～13 mm，有缘毛；小叶广椭圆形或椭圆形，顶端微凹或圆形，长 4～7 mm，两面密被白色柔毛。总状花序无总花梗，具 3～6 花；苞片线形，长 5～9 mm，被硬毛；花梗无毛，短于苞片；花萼管状，长 12～17 mm，萼齿线状披针形，长为萼筒的 1/2；花冠淡黄色，干后红色；旗瓣长约 22 mm，瓣片广椭圆形，顶端微凹，基部两侧具耳，耳下渐狭成柄；翼瓣长约 20 mm，瓣片长圆形短于柄；龙骨瓣长约 18 mm，瓣片长为柄的 1/2；子房无柄。荚果无柄，长 16～20 mm，顶端渐狭成 3～5 mm 长的喙，不完全 2 室，被开展长毛。 花期 6～8 月，果期 7～9 月。

产新疆：塔什库尔干（采集地不详，高生所西藏队 3268，西植所新疆队 1240、1265、1424，新疆生土所西藏队 3268）。生于海拔 4 200～4 600 m 的砾石质山坡、沟谷草地、河谷阶地砾石地。

分布于我国的新疆；印度，阿富汗，巴基斯坦，塔吉克斯坦也有。

66. 明铁盖黄耆

Astragalus pindreensis（Benth. ex Baker）Ali Kew Bull. 13：312. 1958；Ali Fl. W. Pakist. 100. 171. 1977；Fl. China 10：399. 2010. —— *A. candolleanus* Royle ex Benth var. *pindeensis* Benth. ex Baher Fl. Brit. Iand. 2：133. 1876.

多年生草本。植株无茎或近无茎；被白色毛，在花序上还有黑毛。叶长 5～16 cm；托叶具纵脉，长 6～10 mm，与叶柄贴生部分长 2～4 mm，边上具纤毛或有时具稀少的毛；叶柄长 1.5～6.0 cm，与叶轴同被稀少而散生微伏贴或有时为近开展的毛，多数硬化并宿存，先端尖锐；小叶 7～15 对，狭椭圆形，长 4～12 mm，宽 1～4 mm，背面疏被毛，腹面光滑或偶被毛；总状花序近无柄，具 1～4 花；苞片 5～8 mm；花萼长 12～15 mm，具短的伏贴黑毛或混生的黑白毛，有时仅具稀少白毛，萼齿长 3～5 mm；花冠黄色；旗瓣狭倒卵形至倒卵形，长 19～23 mm，宽 6～8 mm，先端微凹；翼瓣长 17～22 mm；龙骨瓣 15～18 mm。荚果无柄，长 10～19 mm，宽 4～7 mm，具长达 4 mm 直立至微弯曲的喙，不完全至近发育完全的 2 室，被近伏贴的毛。

产新疆：塔什库尔干（明铁盖，采集人和采集号不详）。生于海拔 2 600～4 300 m 的沟谷山坡高山和亚高山草甸、砾石质山坡。

分布于我国的新疆、西藏；阿富汗，印度，克什米尔地区，巴基斯坦也有。

67. 布河黄耆　图版 41：1～4

Astragalus buchtormensis Pall. Astrag. 76. 1800；Mém. Acad. Sci. St. -Pétersb. ser. 7. 11 (16)：36. 1868，et 15 (1)：45. 1869；Fl. URSS 12：198. t. 3：1. 1946；Fl. Kazakh. 5：139. t. 18：2. 1961；植物研究 1 (3)：123. 1981；新疆植物检索表 3：135. 1983；中国植物志 42 (1)：210. 图版 53：10～17. 1993；Fl. China 10：402. 2010.

多年生草本。根粗壮，直伸，根颈处分叉。茎短缩，高 15～30 cm，被开展的白色柔毛。奇数羽状复叶，具 37～57 枚小叶，基生，长 10～23 cm；叶柄长 2～7 cm，连同叶轴被开展的白色柔毛；托叶基部与叶柄贴生，白色，膜质，卵形至披针形，长 7～13 mm；小叶椭圆形或长圆形，长 6～13 mm，宽 2～4 mm，先端钝或微凹，基部近圆形，上面无毛，下面散生开展的白色柔毛，具短柄。总状花序生 2～4 花，稀疏；总花梗细，长 1～5 cm；苞片线状披针形，长 8～13 mm，下面被开展的白色柔毛；花梗长 5～10 mm，连同花序轴均散生白色柔毛；花萼管状，长 10～11 mm，被开展的白色柔毛，萼齿线状披针形，长约为萼筒的 1/3～1/2；花冠黄色；旗瓣倒卵形，长 20～25 mm，先端微凹，基部渐狭成瓣柄；翼瓣长 18～23 mm，瓣片长圆形，先端钝圆，基部具短耳，瓣柄与瓣片近等长；龙骨瓣长 16～20 mm，瓣片宽斧形，基部具短耳，瓣柄与瓣片近等长；子房狭卵形，密被淡褐色长柔毛，具短柄。荚果长圆状卵形，长 15～20 mm，近 2 室，具短果颈。　花期 4～5 月，果期 6～7 月。

产新疆：乌恰（吉根乡，采集人不详 73 - 37、73 - 93；吉根乡斯木哈纳，西植所新疆队 2154）、塔什库尔干（明铁盖，青藏队吴玉虎 4979；克克吐鲁克，青藏队吴玉虎 87490、87504）。生于海拔 3 200～4 600 m 的沟谷山坡草地、砾石山坡、山地荒漠草原。

分布于我国的新疆；亚洲西南部，俄罗斯，哈萨克斯坦，乌克兰，欧洲也有。

68. 假黄耆

Astragalus taldicensis Franch. Bull. Mus. Hist. Nat. (Paris) 2：344. 1896；Pl. Centr. Asia 8 (c)：97. 2004；Fl. China 10：402. 2010. —— A. *mendax* Freyn in Bull. Herb. Boiss. ser. 2. 4：770. 1940；Gontsch. in Kom. Fl. URSS 12：200. 1946；—— A. *pamiroalaicus* Lipsky. in Acta Hort. Peterop. 26：147. 1910. ex parte.

多年生草本。茎短缩而呈垫状，高 2～4 cm，散生开展的白色长柔毛。基生奇数羽状复叶，具 17～23 枚小叶，长 2～6 cm；叶柄长 1～2 cm；托叶近膜质，三角状披针形或卵形，长 5～10 mm，先端尖，基部多少与叶柄贴生，下面和边缘被开展的白色长柔毛；小叶卵形或卵圆形，通常对折，长 4～6 mm，宽 2～3 mm，先端钝圆或微凹，基部近圆形，上面近无毛，下面散生白色长柔毛，具柄短。总状花序生 1～2 花，基生于基部；总花梗极短；苞片披针形，白色膜质，长 5～6 mm，先端尖，下面被白色长柔毛；花萼管状钟形，长 13～15 mm，下部较疏而上部较密的散生开展的白色长柔毛，萼齿披针形，长 3～4 mm，密生白色长柔毛；花冠黄色；旗瓣狭倒卵形，长（18～）22～24 mm，先端微凹，基部渐狭成瓣柄；翼瓣长（16～）20～22 mm，瓣片长圆形，具短耳，瓣柄与瓣片近等长；龙骨瓣长（13～）17～18 mm，瓣片半卵形，瓣柄长为瓣片的 1.5 倍；子房狭卵形，被白色长柔毛，具短柄。荚果卵形，长 11～14 mm，先端具短喙，膨胀，具短果茎，被白色长柔毛，1 室。种子肾形，长约 3 mm。 花果期 6～8 月。

产新疆：塔什库尔干（克克吐鲁克，高生所西藏队 3268）。生于海拔 4 200～4 600 m 的沟谷山地阳坡草地、高山草地。

分布于我国的新疆；俄罗斯也有。

69. 阿拉套黄耆

Astragalus alatavicus Kar. et Kir. in Bull. Soc. Nat. Moscou 15：344. 1842；Bunge in Mém. Acad. Sci. St.-Pétersb. ser. 7. 15 (1)：42. 1869；Gontsch. in Kom. Fl. URSS 12：224. 1946；Golosk. in Pavl. Fl. Kazakh. 5：145. t. 19：1. 1961；中国植物志 42 (1)：211. 图版 53：28～36. 1993. H. Ohba, S. Akiyama et S. K. Wu in Journ. Japan. Bot. 70 (1)：23. 1995；Pl. Centr. Asia 8 (c)：98. 2004；Fl. China 10：402. 2010.

多年生草本。根粗壮，直伸。茎短缩或至无茎而呈垫状，散生白色柔毛，高 5～24 cm。奇数羽状复叶基生，具 4～8 枚轮生小叶，共有 10～17 轮，长 5～26 cm；叶柄长 2～10 cm；托叶宽披针形，长 8～12 mm，宽 2～3 mm，膜质，带红色，边缘具丝状缘毛；小叶长圆形或长圆状卵形，长 4～8 mm，宽 1～2 mm，上面无毛或近无毛，下面疏被开展的白色柔毛。总状花序生 3～5 花；总花梗通常基生，长 0.5～6.0 cm，有时缩短至近无，常与花序轴同带紫色；苞片线状披针形，长 3～8 mm，下面散生白色柔毛；花萼管状，有时带紫色，长 10～17 mm，散生白色柔毛或有时无毛，萼齿线状披针形，长约为萼筒的 1/3 或更短；花冠黄色，干后常带红色；花梗长 2～5 mm 或近无柄，有时呈紫色；旗瓣长 22～27 mm，宽 8～10 mm，瓣片倒卵形或长圆状倒卵形，先端钝圆或微凹，基部渐狭，下部 1/3 处稍膨大呈角棱状，瓣柄长 6～9 mm；翼瓣长 19～24 mm，瓣片椭圆形，上部较宽，基部具短耳，瓣柄长为瓣片的 1.5 倍；龙骨瓣长 18～22 mm，瓣片半圆形，基部具短耳，瓣柄长为瓣片的 2～3 倍；子房狭卵形，密被长丝状毛，柄长 2.0～2.5 mm。荚果长圆形、长圆状卵形或倒卵形，长 1.0～1.7 cm，宽 5～7 mm，先端具长约 2 mm 的短喙，果瓣薄革质，密被开展的白色长柔毛，不完全的假 2 室。 花期 5～7 月，果期 7～8 月。

产新疆：塔什库尔干（麻扎种羊场萨拉勒克，青藏队吴玉虎 87333、87378；麻扎，高生所西藏队 3156、3656，陈英生 007）、皮山（墙阿巴提乡，青藏队吴玉虎 2417；墙阿巴提乡布琼，青藏队吴玉虎 3013；喀尔塔什，青藏队吴玉虎 3609）。生于海拔 2 800～4 200 m 的沟谷山坡岩石缝隙、河谷山地草原、山坡林缘草地、沟谷河滩圆柏灌林下砾石地、山坡草地、水边沙砾地、河滩草地。

分布于我国的新疆；哈萨克斯坦，吉尔吉斯斯坦，乌兹别克斯坦也有。又见于阿尔泰地区和天山。模式标本采自准噶尔阿拉套山。

我们的标本分为 3 类，第 1 类完全符合原描述；第 2 类无茎呈垫状，且花序梗和小花梗短缩至近无柄；花萼呈紫色；第 3 类植株特别是小叶两面密被毛，致植株呈灰白色；叶柄和叶轴呈紫色；荚果长圆形。

70. 帕米尔黄耆

Astragalus pamiriensis Franch. in Bull. Mus. Hist. Nat. Par. 2：344. 1896；Journ. Japan. Bot. 70 (1)：23. 1995；Pl. Centr. Asia 8 (c)：98. 2004；Fl. China 10：403. 2010. —— *A. myriophyllus* Bunge in Astr. Turk. 233. 1880；Fl. URSS 12：224. 1946；新疆植物检索表 3：134. 1983；H. Ohba, S. Akiyama et S. K. Wu in Journ. Japan. Bot. 70 (1)：23. 1995；青藏高原维管植物及其生态地理分布 471. 2008.

多年生草本。根粗壮，直伸。茎短缩，散生白色柔毛，高 5～20 cm。奇数羽状复叶基生，具 4～6 枚轮生小叶，共有 12～20 轮，长 5～20 mm；叶柄长 2～5 cm；托叶下部者卵形，上部者长圆状披针形，长 8～12 mm，膜质，带红色，边缘具丝状缘毛；小叶长圆形或长圆状卵形，长 4～9 mm，宽 2.0～4.5 mm，上面无毛，下面密被白色柔毛。总状花序生 3～10 花；总花梗通常基生，长 2～5 cm；苞片狭披针形，长渐尖，长 4～6 mm，下面散生白色柔毛；花萼管状，长 13～14 mm，无毛或散生白色柔毛，萼齿线状披针形，长约为萼筒的 1/3 或更短；花冠黄色，干后带红色；旗瓣长 21～22 mm，瓣片倒卵形或长圆状倒卵形，先端钝圆或微凹，基部渐狭，下部 1/3 处稍扩展而呈角棱状，瓣柄长 4～5 mm；翼瓣长 20～21 mm，瓣片长圆形，上部较宽，基部具短耳，瓣柄长为瓣片的 1.5 倍；龙骨瓣长 17～18 mm，瓣片半圆形，基部具短耳，瓣柄长为瓣片的 2 倍；子房狭卵形，密被长丝状毛，柄长 2.0～2.5 mm。荚果长圆状卵形或倒卵形，长 14～17 mm，先端具长约 2 mm 的短喙，果瓣薄革质，密被开展的白色长柔毛，不完全的 2 室。　花期 5～7 月，果期 7～8 月。

产新疆：乌恰（采集地不详，西植所新疆队 1816）、阿克陶（采集地不详，青藏队吴玉虎 87102、87588，阎平 4197）、塔什库尔干（采集地不详，徐朗然 022，西植所新疆队 973、1099，阎平 3800，帕米尔考察队 4952，青藏队吴玉虎 87333）、莎车（采集地不详，青藏队吴玉虎 87707）、叶城（采集地不详，青藏队吴玉虎 1102、1180）、皮山（采集地不详，青藏队吴玉虎 2417、3013、3609）。生于海拔 2 600～4 500 m 的宽谷河漫滩、砾石山坡、沟谷山坡高山草地。

分布于我国的新疆；吉尔吉斯斯坦，塔吉克斯坦，乌兹别克斯坦，哈萨克斯坦也有。

71. 神圣黄耆　图版 41：5～10

Astragalus dignus Boriss. Not. Syst. Inst. Bot. Acad. Sci. URSS 10：44. 1947；Fl. URSS 12：228. 1946；Pl. Centr. Asia 8 (c)：99. 2004.

多年生草本。无茎或近无茎，高 6～10 cm。叶长 5～11 cm，有小叶 7～11 轮，每轮 6～8 枚，叶轴与叶柄等长或较长，两者被开展的柔毛；托叶下部与叶柄贴生，膜质，外面及边缘被毛，长 7～10 mm，下部者卵状，顶端钝，上部者长圆状披针形，渐尖；小叶披针状长圆形，顶端钝，长 3～6 mm，宽 1.5～2.0 mm，两面被棉毛状柔毛。总花梗长 2～10 mm，3～5 花，被开展的柔毛；苞片披针线，渐尖，长 3～6 mm，与花梗近等长；花萼长 10～11 mm，被柔毛，稀无毛，萼齿线形或狭三角形，长 1.5～2.5 mm；花冠黄色，干后红色；旗瓣长 20～24 mm，瓣片倒卵形至长圆状倒卵形，顶端圆形，微凹，在中部偏下收缩，基部扩展成三角状，柄长约 6 mm；翼瓣长约 20 mm，瓣片长圆形，顶端全缘或近全缘，长为柄的 2/3；龙骨瓣长约 17 mm，瓣片长为柄的 1/2，锐尖；子房具长约 1 mm 的柄。荚果披针状长圆形，长 13～17 mm，宽 4～5 mm，顶端短渐尖，成 2～3 mm 的喙，革质，半 2 室至近 2 室，密被柔毛和短伏贴毛。　花期 6～7 月，果期 7～8 月。

产新疆：塔什库尔干（县城郊区，阎平 3800、帕米尔考察队 5384）。生于海拔 4 200～4 500 m 的沟谷山地草甸、石质山坡。

分布于我国的新疆；阿富汗，巴基斯坦，塔吉克斯坦也有。

组 16. 刺叶柄黄耆组 Sect. Aegacantha Bunge

Bunge in Mém. Acad. Sci. St.-Pétersb. ser. 7. 11 (16)：33. 1868；
中国植物志 42 (1)：215. 1993.

小灌木。多分枝，被宿存的针刺状叶柄和叶轴。偶数羽状复叶；托叶基部与叶柄贴生；花黄色或金黄色，少数组成疏总状花序，具短总花梗；苞片膜质；花萼管状或钟状；花瓣被毛或无毛，翼瓣较龙骨瓣长；子房被毛，具短柄或近无柄。荚果长卵形或长圆形，近假 2 室。

组模式种：毛果黄耆 A. *lasiosemius* Boiss.
昆仑地区产 2 种。

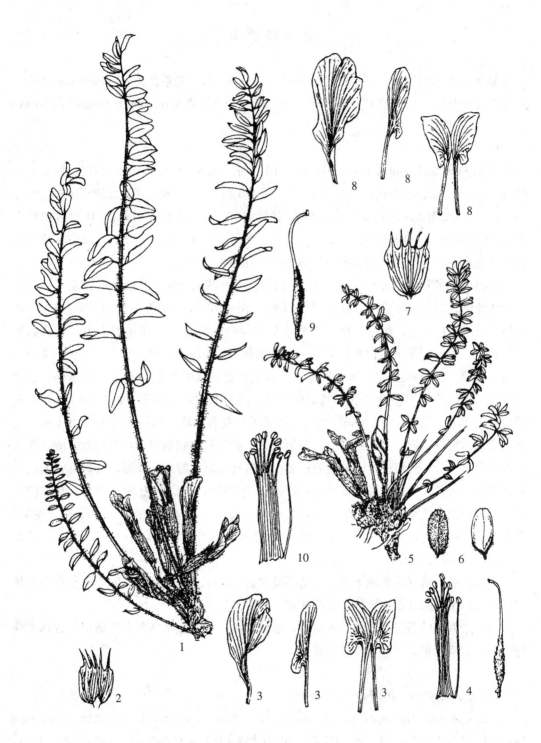

图版 **41** 布河黄耆 *Astragalus buchtormensis* Pall. 1. 花枝；2. 花萼；3. 花解剖（示各瓣）；4. 雄蕊、雌蕊。神圣黄耆 **A. dignus** Boriss. 5. 植株；6. 小叶正、背面；7. 花萼；8. 花解剖（示各瓣）；9. 雌蕊；10. 雄蕊。（引自《新疆植物志》，朱玉善绘）

分 种 检 索 表

1. 花瓣背面被白色长柔毛 ·························· **72. 毛果黄耆 A. lasiosemius** Boiss.
1. 花瓣背面无毛；叶长 6～12 cm ·············· **73. 刺叶柄黄耆 A. oplites** Benth. ex Barker

72. 毛果黄耆

Astragalus lasiosemius Boiss. Diagn. Pl. Or. Nov. 1（9）：96. 1849；Bunge in Mém. Acad. Sci. St.-Pétersb. ser. 7. 15（1）：71. 1869；Fl. URSS 12：240. 1946；Fl. W. Pakist. 100：182. 1977；植物研究 1（3）：123. 1981；新疆植物检索表 3：132. 1983；中国植物志 42（1）：215. 图版 55：1～11. 1993；青藏高原维管植物及其生态地理分布 467. 2008；Fl. China 10：404. 2010.

小灌木。多分枝，高 10～30 cm，被白色柔毛。茎稍短缩，基部宿存长 4～5 cm 的针刺状叶轴。偶数羽状复叶，具 7～8 对小叶，长 4～6 cm；叶柄长 1～2 cm，连同叶轴被稍开展的白色柔毛，宿存；托叶膜质，基部与叶柄贴生，上部互相离生，卵状披针形，长 4～6 mm，下面被白色长柔毛；小叶倒卵形或长圆状卵形，长 3～8 mm，宽 1～3 mm，先端钝，具尖头，基部宽楔形，两面密被稍开展的白色长柔毛，具短柄。总状花序生 1～3 花，生于当年生枝条基部的叶腋；苞片膜质，披针形，长 2～3 mm，下面被白色长柔毛；花梗长约 5 mm，密被白色柔毛；花萼钟状，膜质，长 12～14 mm，密被长柔毛，萼齿钻形，长 2～4 mm；花冠黄色；旗瓣长圆状倒卵形，长约 20 mm，先端微凹，基部渐狭，外面被白色长柔毛；翼瓣较旗瓣略短，瓣片长圆形，具短耳，瓣柄较瓣片稍长，疏被柔毛；龙骨瓣长 16～17 mm，半卵形，瓣柄与瓣片近等长，常被疏柔毛；子房密被白色柔毛，近无柄。荚果长卵形，长 17～20 mm，宽 5～7 mm，先端尖，基部钝圆，密被白色柔毛，近 2 室；种子 6～8 粒，肾形，绿色，长 4～5 mm。 花期 6～7 月，果期 7～9 月。

产新疆：乌恰（采集地不详，西植所新疆队 1787）。生于海拔 3 000 m 左右的干旱草原石砾山坡、沟谷山坡圆柏林下灌丛中、河谷山坡草地。

分布于我国的新疆、西藏；阿富汗，俄罗斯，巴基斯坦，乌兹别克斯坦，吉尔吉斯斯坦，塔吉克斯坦，哈萨克斯坦也有。

73. 刺叶柄黄耆 图版 40：5～8

Astragalus oplites Benth. ex Barker in Fl. Brit. Ind. 2：134. 1879，et in Kew Bull. 21：270. 1921；Fl. W. Pakist. 100：193. 1977；植物研究 1（3）：125. 1981；新疆植物检索表 3：136. 1983；西藏植物志 2：835. 图 274. 1985；中国植物志 42（1）：217. 图版 55：12～19. 1993；青藏高原维管植物及其生态地理分布 472. 2008；Fl. China 10：404. 2010. —— *A. cicerifolius* Royle ex Bunge in Mém. Acad. Sci.

St.-Pétersb. ser. 7. 11（16）：44. 1868，et 15（1）：70. 1869；Fl. Brit. Ind. 2：130. 1879.

小灌木，高 20～30 cm。茎稍短缩，宿存坚硬针刺状叶轴，簇生，呈帚状。偶数羽状复叶，具 8～12 对小叶，长 6～12 cm，基部常带红色；托叶膜质，基部与叶柄贴生，上部互相分离，三角状披针形，长 8～12 mm，先端具长尖头，下面被开展的白色长柔毛，后渐无毛；小叶卵圆形或长圆形，长 5～8 mm，宽 2～4 mm，先端钝，基部圆形，两面初被白色长柔毛，后渐无毛，具短柄。总状花序生 2～5 花，稍稀疏；总花梗较叶短；苞片膜质，三角状披针形，长 2～3 mm，下面被柔毛；花梗与苞片近等长，连同花序轴被白色长柔毛；花萼管状，长 10～16 mm，散生白色长柔毛，萼齿线状披针形，长 2～4 mm；花冠金黄色；旗瓣长圆状倒卵形，长 18～25 mm，先端微凹，基部渐狭成瓣柄；翼瓣长 16～23 mm，瓣片长圆形，基部具短耳，瓣柄与瓣片近等长；龙骨瓣长 13～20 mm，瓣片半卵形，瓣柄长 7～12 mm；子房密被白色长柔毛，近无柄。荚果长圆形，长 15～18 mm，先端渐尖，具直伸的短喙，膨胀，果瓣近革质，疏被白色长柔毛，2 室。种子多数，肾形，长约 3 mm，有黑色花斑。 花果期 6～8 月。

产新疆：塔什库尔干（采集地不详，阎平 3815、3849、92166，帕米尔考察队 5517，西植所新疆队 946、1212）、叶城（采集地不详，黄荣福 C. G. 86-188）。生于海拔 3 500～4 500 m 的山地干旱石坡、沟谷山坡高寒草甸砾地。

分布于我国的新疆、西藏；克什米尔地区，印度西北部，巴基斯坦，尼泊尔也有。

亚属 4. 密花黄耆亚属 Subgen. **Hypoglottis** Bunge

Bunge in Mém. Acad. Sci. St.-Pétersb. ser. 7. 11（16）：2. 46. 1868；Baker in Hook. f. Fl. Brit. Ind. 2：123. 1876, pro parte；Boriss. in Kom. Fl. URSS 12：246. 1946；K. T. Fu in Bull. Bot. Res. 2（4）：65. 1982；中国植物志 42（1）：218. 1993. —— Sect. *Hypoglttis* (Bunge) Taub. in Engl. et Prantl, Nat. Pflanzenfam. ser. 7. 3：291. 1894.

多年生草本，被单毛。茎直立或外倾，或无茎。托叶多少相互合生或多少与叶柄贴生。花无梗或近无梗，极稀具短梗，组成腋生、紧密成头状或穗状的密总状花序，有总花梗，具苞片，无小苞片；花萼管状或管状漏斗形或钟状；花冠青紫色或紫红色，稀淡黄或白色，脱落；翼瓣和龙骨瓣基部与雄蕊鞘分离。

模式种：密花黄耆 A. *hypoglottis* Linn.

约有 120 种，分布于北半球温带和亚热带山区。我国产 17 种和 1 变种，分为 4 组；昆仑地区产 6 种 1 变种 1 变型。

分 组 检 索 表

1. 茎不明显或缺；托叶相互分离，但与叶柄贴生 …………………………………………

………………………………………… 组 20. 矮茎黄耆组 Sect. **Tapinodes** Bunge

1. 茎明显正常发育或缩短；托叶相互联合，但与叶柄分离。

  2. 子房假 2 室，花萼管状或管状钟形 ……… 组 19. 密花黄耆组 Sect. **Hypoglottis** Bunge

  2. 子房 1 室；花萼钟形或短钟形。

    3. 茎直立，发育正常；总花梗较叶短或稍长；苞片长不超过花萼 ……………

    ………………………………………… 组 17. 灰毛黄耆组 Sect. **Poliothrix** Bunge

    3. 茎短缩，但明显；总花梗比叶长很多，花葶状；苞片较花萼长 ……………

    ………………………… 组 18. 长喙黄耆组 Sect. **Rostrati**（A. Boriss.）K. T. Fu

组 17. 灰毛黄耆组 Sect. Poliothrix Bunge

Bunge in Mém. Acad. Sci. St.-Pétersb. ser. 7. 11（16）：48. 1868，et 15
（1）：76. 1869；K. T. Fu in Bull. Bot. Res. 2（4）：65. 1982；中国植物志
42（1）：219. 1993. —— *Poliothrix*（Bunge）Taub. in Engl. et Prantl. Nat.
Pflanzenfam. ser. 3. 3：291. 1894.

    茎通常多数。托叶与叶柄分离，相互间合生。密总状花序；花萼短钟状；花冠凋
落，与雄蕊鞘基部分离，白色或淡黄色；子房无柄。荚果 1 室，2 裂瓣，有少数种子。

    组模式种：白序黄耆 A. *leucocephalus* R. Grah. ex Benth.

    昆仑地区产 2 种 1 变种 1 变型。

分 种 检 索 表

1. 子房有柄 ……………………………………… **75. 南疆黄耆 A. nanjiangianus** K. T. Fu

1. 子房无柄或近无柄；花紫红色（变型为白色），龙骨瓣与翼瓣几等长；小叶则多达 31

  枚；总花梗长 4～7 cm ………………… **74. 劲直黄耆 A. strictus** R. Grah. ex Benth.

74. 劲直黄耆

Astragalus strictus R. Grah. ex Benth. in Royle Illustr. Bot. Himal. 198.
1839；Bunge in Mém. Acad. Sci. Sti.-Pétersb. ser. 7. 11（16）：23. 1868，et 15
（1）：27. 1869；Baker in Hook. f. Fl. Brit. Ind. 2：124. 1876；Ulbr. in Fedde
Repert. Sp. Nov. Beih. 12：418. 1922；Ali in Biologia 7：41. 1961；Fl. W.
Pakist. 100：160. 1977；西藏植物志 2：841. 图版 278：1～8. 1985；中国植物志 42

（1）：220. 1993；青海植物志 2：215. 1999；青藏高原维管植物及其生态地理分布
475. 2008；Fl. China 10：387. 2010.

74a. 劲直黄耆（原变种）

var. strictus

多年生直立丛生草本，常上升，高 15～35 cm。主根粗壮，木质。茎基部分枝，有
条棱，疏被或偶有黑色和白色短柔毛。奇数羽状复叶，长 4～10 cm；叶柄与叶轴疏被
或偶有少量黑色与白色短柔毛；托叶卵状披针形，有时下翻，长 5～8 mm，外面疏被黑
色和白色短柔毛，与叶柄分离，彼此联合至中部；小叶 13～27 枚，对生或互生，椭圆
形、狭椭圆形或卵状披针形，长 4～12（～20）mm，宽 2～6 mm，先端尖、钝或截形，
基部圆楔形，腹面疏被毛或几无毛，背面疏被白色平伏长柔毛。总状花序腋生，密生多
花；总花梗长于叶，疏被白色和黑色伏贴长柔毛；花萼钟状，长 5～6 mm，密被黑色短
柔毛，萼齿钻形，稍短于或等长于萼筒，密被黑色短柔毛；花冠紫红色或蓝紫色；旗瓣
长 9～10 mm，宽 6～7 mm，瓣片宽卵形或近圆形，先端微凹，中部以下渐狭，瓣柄长
3.5～4.0 mm；翼瓣长 8～9 mm，瓣片长 5～7 mm，宽 1.5～2.0 mm，先端钝圆，基部
有钝耳向内弯曲，瓣柄长 2～3 mm；龙骨瓣长 7～9 mm，瓣片半圆形，长约 3.5 mm，
宽约 2 mm，先端钝圆，瓣柄长约 2.5 mm；子房密被白色和黑色长柔毛，有短柄，弯曲
花柱长约 3.5 mm。荚果矩圆形，稍呈弯镰状，长 9～10 mm，宽约 3 mm，密被黑色和
白色短柔毛，半假 2 室，含 4～6 粒种子，果颈不露出宿萼之外；种子褐色，宽肾形，
长约 2 mm，平滑。 花期 6～8 月，果期 8～9 月。

产西藏：西北部地区。生于海拔 2 900～4 600 m 的高山河边湿地、河岸村旁、山地
路旁、河谷田边、河滩砾石地、山坡草地。

青海：格尔木（西大滩附近，吴玉虎 36993、36998）、兴海（中铁乡天葬台沟，吴
玉虎 45861；温泉乡，吴玉虎 28741；五道河，吴玉虎 28727）、玛沁（军功乡，吴玉虎
4657，玛沁队 159；黑土山，吴玉虎 18515、18620；大武乡，H. B. G. 482；江让水
电站，吴玉虎 18465；老草原站，吴玉虎 25702、25726）、久治（白玉乡，吴玉虎
26393）、甘德（上贡麻乡，吴玉虎 25796、25842）、达日（满掌乡，吴玉虎 26820、
26825；莫坝乡，吴玉虎 27088、27098）、玛多（红土坡煤矿，吴玉虎 18043、18050；
县城附近，吴玉虎 18212；黑海乡，杜庆 539）、称多（县郊，吴玉虎 29229、29238、
29292，郭本兆 378）。生于海拔 2 800～4 600 m 的阳坡草地、山地杂类草草甸、河滩灌
丛、田边湿草地、山麓砾石滩、山前冲积扇、山崖石隙、沟谷山地阴坡高寒灌丛草甸。

四川：石渠（长沙贡玛乡，吴玉虎 29772；新荣乡，吴玉虎 30043、30046）。生于
海拔 4 000～4 200 m 的沟谷山坡草地、河谷山崖石隙、山地高寒草甸。

分布于我国的新疆、青海、西藏、四川、云南；喜马拉雅山地区也有。

74b. 缺刻黄耆（新变种）

var. **emarginatus** Y. H. Wu **var. nov.** in Addenda.

本变种与原变种的区别在于：小叶狭倒卵形、倒卵状披针形或椭圆形，先端常缺刻，基部楔形；苞片长约 2 mm；花冠较大；旗瓣椭圆形，长 10～15 mm，宽 6.5～7.0 mm，瓣柄长 3.5～4.0 mm；翼瓣长约 10 mm，瓣片长约 7 mm，宽约 2 mm；龙骨瓣长约 8 mm，瓣片长约 5 mm。可以相区别。

产青海：格尔木（昆仑山三岔河大桥，吴玉虎 36730A、36737、36745）。生于海拔 3 445～4 000 m 的高寒荒漠的河谷沙砾地、河滩沙棘灌丛下砾石地。模式标本采自青海格尔木。

74c. 白花劲直黄耆（新变型）　　图版 A1：6

f. **albiflorus** Y. H. Wu **var. f.** in Addenda.

本变型与原变型的区别在于：花冠白色，小叶时有互生；总花梗和花序轴被黑色毛，近花序处尤密；苞片长 2～3 mm；花萼密被黑毛。

产青海：格尔木（西大滩附近，吴玉虎 36969、36972、36985、36990、36997）、玛沁（大武乡乳品厂牧场，H. B. G. 484）。生于海拔 3 950 m 的沟谷河滩沙棘灌丛下沙砾地。模式标本采自青海格尔木。

75. 南疆黄耆

Astragalus nanjiangianus K. T. Fu in Bull. Bot. Res. 2 (40)：69. f. 8～13. 1982；中国植物志 42 (1)：223. 图版 56：7～13. 1993；Pl. Centr. Asia 8 (c)：70. 2004；Fl. China 10：385. 2010.

多年生草本。根纤细，直径 1.5～2.0 mm，淡黄褐色。茎上升或平卧，纤细，长 8～15 cm，被灰白色短伏毛，分枝。羽状复叶有 13～17 枚小叶，长 2.5～3.0 cm；叶柄长 7～10 mm，连同叶轴被灰白色伏毛；托叶中部以下合生，三角状卵形，长 3～5 mm，先端渐尖，被黑毛，常混有白色半开展毛；小叶对生，椭圆形或狭倒卵状长圆形，长 3～4 mm，宽约 2 mm，先端钝或有缺刻，基部宽楔形或钝形，上面疏被、下面密被灰白色伏毛；小叶柄长约 0.5 mm。总状花序生 8～15 花，密集而短，花序轴长约 1.5 cm；总花梗长 3.5～5.0 cm，较叶长，连同花序轴疏被灰白色和黑色短伏毛，近花序下部被较密集黑毛；苞片线形，长 1～2 mm，先端尖，被疏毛；花梗长不足 1 mm；花萼钟状，长 4～5 mm，萼筒长 2～3 mm，被较密黑色及白色伏毛，萼齿钻形，长约 2 mm，被黑色毛；花冠淡紫色；旗瓣倒卵形，长 8～10 mm，宽 5.0～5.5 mm，先端微缺（近 2 裂），基部渐狭，瓣柄不明显；翼瓣长约 9 mm，瓣片狭长圆形，长 6.0～6.5 mm，宽 1.5～2.0 mm，先端钝圆，基部耳向外展，瓣柄长约 3 mm；龙骨瓣长约

7 mm，瓣片半圆形，长 4.0～4.5 mm，宽 2.5～3.0 mm，瓣柄长约 3 mm；子房有柄，被白色伏毛，柄长约 2 mm。荚果未见。 花期 7～8 月。

产新疆：于田、和田（喀什塔什，青藏队吴玉虎 2038）。生于海拔 2 500～3 650 m 的沟谷河边、干旱山坡草地、草原低洼处。

组 18. 长喙黄耆组 Sect. Rostrati（A. Boriss.）K. T. Fu

K. T. Fu in Bull. Bot. Res. 2（4）：70. 1982；中国植物志 42（1）：224. 1993.——Subgen. *Phaca* Bunge Sect. *Brachycarpus* A. Boriss. ser. *Rostrati* A. Boriss. in Kom. Fl. URSS 12：54. 1946.

茎短缩，多数。托叶与叶柄分离，相互间基部或达中部合生。具密短或稍长的总状花序；总花梗较长，花葶状；苞片草绿色，膜质，常较花萼长；花萼钟状；花冠凋落，与雄蕊鞘分离，紫红色；子房无柄。荚果有长喙，1 室，含 2 粒种子。

组模式种：黑穗黄耆 A. *melanostachys* Benth. ex Bunge

昆仑地区产 1 种。

76. 黑穗黄耆 图版 42：1

Astragalus melanostachys Benth. ex Bunge in Mém. Acad. Sci. St.-Pétersb. ser. 7. 15（1）：22. 1869；Fl. Brit. Ind. 2：125. 1879；Fl. URSS 12：56. 1946；Fl. W. Pakist. 100：159. 1977；植物研究 2（4）：70. 1982；西藏植物志 2：824. 1985；中国植物志 42（1）：224. 图版 56：14～20. 1993；青藏高原维管植物及其生态地理分布 469. 2008；Fl. China 10：377. 2010.

多年生草本。根圆锥形，直径 2.5～3.5 mm，淡黄色，分支或不分支。茎多数丛生，节间短缩，上升，长 1～3 cm，无毛。羽状复叶有 13～17 枚小叶，长 4～8 cm；叶柄长 1.5～2.0 cm，连同叶轴无毛；托叶中部以下合生或仅基部合生，宽卵形或长圆形至圆形，长 3～5 mm，宽约 2.5 mm，先端尖，具黑色缘毛；小叶对生，疏远，宽倒卵形或近心形，长 3～8 mm，宽 2～5 mm，先端圆形或截形，常微凹，基部楔形，上面无毛，下面散生白色伏毛；小叶柄长约 0.8 mm。总状花序腋生；生多数花，密集，直径约 1.2 cm，花序轴长 2.0～4.5 cm；总花梗花葶状，长 12～18 cm，上部连同花序轴被黑褐色开展毛；苞片狭披针形或狭椭圆形，长 4～8 mm，宽达 1.5 mm，先端渐尖，近膜质，被黑褐色长柔毛；花梗长约 1 mm，被黑色开展毛；花萼钟状，长 5.5～6.0 mm，萼筒长 3～4 mm，被黑褐色柔毛，萼齿钻形，被黑褐色柔毛，长约 3 mm；花冠紫红色；旗瓣宽倒卵形，长 6～7 mm，前缘 1/3 处约宽 3 mm，先端圆形，基部渐狭，瓣柄不显；翼瓣长 5.0～5.5 mm，瓣片狭长圆形或近狭倒卵形，长 3.0～3.5 mm，宽 1.0～1.5 mm，先端钝，基部耳长并向外展，瓣柄长约 2.5 mm；龙骨瓣长 4～5 mm，瓣片半圆形，长 2.0～2.5 mm，宽约 1.5 mm，先端钝，瓣柄长约 2 mm；子房无柄，卵形，被黑褐色柔毛，花柱短钩形。荚果圆形或卵形，长 4～5 mm，宽约 2.5 mm，被黑褐色长柔毛，1 室，含 2 粒种子。　花期 7～8 月，果期 8～9 月。

产新疆：塔什库尔干（明铁盖达坂，阎平 3856，西植所新疆队 1122、1127）。生于海拔 4 000～4 580 m 的沟谷山坡草地、河边草甸。

分布于我国的新疆；印度，尼泊尔，阿富汗，克什米尔地区，巴基斯坦，塔吉克斯坦，乌兹别克斯坦也有。

组 19. 密花黄耆组 Sect. Hypoglottis Bunge

Bunge in Mém. Acad. Sci. St.-Pétersb. ser. 7. 11 (16)：50. 1868；K. T. Fu in Bull. Bot. Res. 2 (4)：71. 1982；中国植物志 42 (1)：225. 1993. —— Sect. *Eu-Hypoglottis* Bunge. op. cit. 15 (1)：8. 1869；A. Boriss. in Kom. Fl. URSS 12：246. 1946. —— Sect. *Hypoglottis* (Bunge) Taub. in Engl. et Prantl. Nat. Pflanzenfam. ser. 3. 3：291. 1894.

茎通常直立，稀短而平铺或无茎。托叶多少相互合生。花萼长管状或管状钟形，花后不变化；花冠蓝红色或紫红色、白色和淡黄白色；子房有或无柄，罕具长柄。荚果直立，长圆形，假 2 室或近假 2 室；果瓣硬或膜质，含 2 至多数种子。

组模式种：密花黄耆 A. *hypoglottis* Linn.

昆仑地区产 1 种。

77. 藏新黄耆　图版 42：2～5

Astragalus tibetanus Benth. ex Bunge Astr. Geront. 1：52. 1868，et in Mém. Acad. Sci. St.-Pétersb. ser. 7. 15 (1)：85. 1869；Fl. Brit. Ind. 2：124. 1879；Fl. URSS 12：258. 1946；中国主要植物图说 豆科 411. 图 406. 1955；Fl. W. Pakist. 100：180. 1977；植物研究 2 (4)：73. 1982；新疆植物检索表 3：138. 图版 8：3. 1983；中国沙漠植物志 2：267. 图版 99：1～7. 1987；中国植物志 42 (1)：228. 图版 57：18～25. 1993；H. Ohba, S. Akiyama et S. K. Wu in Journ. Japan. Bot. 70 (1)：15. 1995；青藏高原维管植物及其生态地理分布 476. 2008；Fl. China 10：364. 2010.

多年生草本。茎纤细，柔弱，上升，常弯曲，高 10～35 cm，被白色和黑色毛，伏贴或半开展。羽状复叶有 21～41 枚小叶，长 4～11 cm；叶柄长 7～15 mm，连同叶轴疏被黑白两色伏毛；托叶中部以下合生，长 4～10 mm，上面散生长毛，边缘具长缘毛，分离部分三角状披针形，长 2～5 mm，先端渐尖，膜质；小叶对生或近对生，狭长圆形或长圆状披针形，长 5～18 mm，宽 3～8 mm，先端圆形微缺，基部钝形，两面或仅下

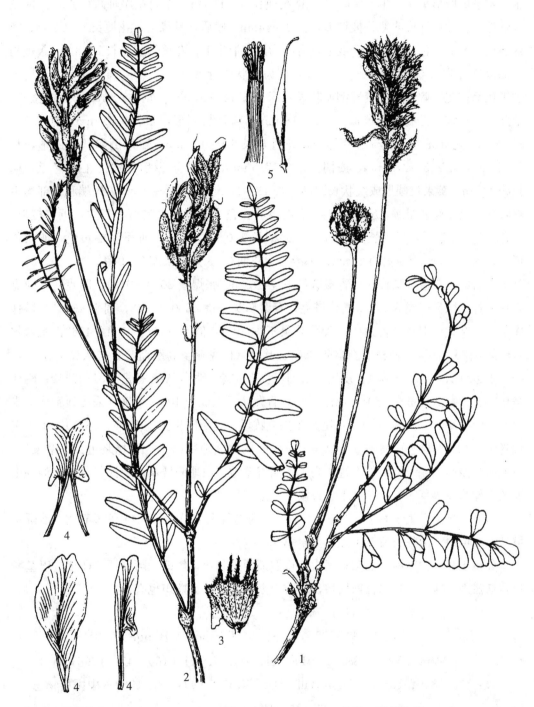

图版 42　黑穗黄耆 **Astragalus melanostachys** Benth. ex Bunge　1. 花枝。藏新黄耆 **A. tibetanus** Benth. ex Bunge 2. 花、果枝；3. 花萼；4. 花解剖（示各瓣）；5. 雄蕊、雌蕊。　（引自《新疆植物志》，朱玉善绘）

面疏或密被白色伏贴至半开展的毛；小叶柄长约 1 mm，有疏毛。短总状花序密集，腋生，常呈倒卵形头状，生 5～15 花；总花梗长 3～15 cm，连同花序轴疏生黑、白两色伏贴毛；苞片披针形或卵状披针形，长 2～4 mm，膜质，具缘毛；花梗长 1～2 mm，密或疏被白色或黑色伏毛和半开展毛，有时为黑白混生毛；花萼管状，长 7～8 mm，被稍密的黑色伏毛，萼筒长 5.0～6.5 mm，萼齿线状披针形，长 2.0～2.5 mm，内外均密被黑色毛；花冠蓝紫色；旗瓣倒卵状披针形，长 14～20 mm，宽 6～8 mm，先端微凹，中部以下渐狭，无瓣柄；翼瓣长 11～18 mm，瓣片长圆形，长 6～10 mm，宽 2.0～2.5 mm，先端圆，瓣柄与瓣片等长；龙骨瓣长 10～15 mm，瓣片倒卵状长圆形，长 4～8 mm，宽 2.5～2.8 mm，瓣柄长 3.0～7.5 mm；子房有短柄，被黑、白两色毛，柄长约 1 mm。荚果长圆形或线状长圆形，长 13～17 mm，宽 3～4 mm，先端和基部均突然收狭，具尖喙和果颈，密被黑毛，有时混有白色半开展毛，稍弯，直立，近三棱形，2 室，含 4 粒种子，果颈长 3～4 mm，果柄长 1.0～1.5 mm；种子淡褐黄色，卵状肾形，长约 0.6 mm，横宽约 2 mm，平滑。　花期 6～8 月，果期 7～9 月。

产新疆：乌恰（乌拉根，青藏队吴玉虎 87026、张煜星 2003－019）、阿克陶（阿克塔什，青藏队吴玉虎 87270；奥依塔克，青藏队吴玉虎 4800、4823，阎平 4608）、塔什库尔干（麻扎至卡拉其古途中，青藏队吴玉虎 4961，阎平 3625、4084、4163，帕米尔考察队 5325、5355，西植所新疆队 850）、叶城（柯克亚乡高萨斯，青藏队吴玉虎 971，帕米尔考察队 5999、6263）、皮山（垴阿巴提乡布琼，青藏队吴玉虎 1881、2452；阔什塔格乡，青藏队吴玉虎 1806；喀尔塔什，青藏队吴玉虎 3610）、策勒（采集地不详，张煜星 2004－093）、且末（阿羌乡昆其布拉克牧场，青藏队吴玉虎 3858、3877）。生于东帕米尔高原和西昆仑山海拔 1 400～3 600 m 的绿洲地带田边、田林路边、戈壁渠边、溪流河边沙砾地、干旱河谷岸边、高山带河谷草地、山地阳坡草地、河谷草甸、沟谷山坡及山麓芨芨草草丛、云杉林下、荒漠化草原。

西藏：日土。生于海拔 3 800～4 200 m 的沟谷山坡草地、河谷高寒草地、沙砾山坡、河滩草地、沟谷山坡及山麓芨芨草草丛。

分布于我国的新疆、西藏；蒙古，俄罗斯西伯利亚，伊朗，阿富汗，印度，巴基斯坦，乌兹别克斯坦，吉尔吉斯斯坦，塔吉克斯坦，哈萨克斯坦也有。

组 20. 矮茎黄耆组 Sect. Tapinodes Bunge

Bunge in Mém. Acad. Sci. St.-Pétersb. ser. 7. 11 (16)：47. 1868，et 15 (1)：76. 1869；K. T. Fu in Bull. Bot. Res. 2 (4)：74. 1982；中国植物志 42 (1)：230. 1993.

无茎或近无茎。托叶上部分离，下部与叶柄不同程度地贴生。花组成短总状花序或头状的总状花序；总花梗花葶状；花萼短钟状，花后无变化；花冠暗白色或紫红色；子房无柄，稀具短柄。荚果多假2室，含数粒至多数种子。

组模式种：平扁黄耆 A. *depressus* Linn.

昆仑地区产2种。

分 种 检 索 表

1. 花序生多数花；花紫色；子房有短柄；无茎……………………………………………
………………………… **78. 短茎黄耆 A. malcolmii** Hemsl. et Pears.
1. 花序生4～8花；子房无柄；茎极短 ……………………………………………………
………………………… **79. 圆叶黄耆 A. orbicularifolius** P. C. Li et Ni

78. 短茎黄耆

Astragalus malcolmii Hemsl. et Pears. in Journ. Linn. Soc. Bot. 35：172. 1902；K. T. Fu in Bull. Bot. Res. 2（4）：74. 1982；西藏植物志 2：844. 1985；中国植物志 42（1）：231. 1993；青藏高原维管植物及其生态地理分布 469. 2008.

多年生矮草本，高3～4 cm，无茎至近无茎，疏被柔毛。根状茎纤细，斜升，节间长4～6 mm。羽状复叶长1～2 cm，近无柄，有9～15枚小叶，叶轴被毛与茎相同；托叶草质，椭圆形，长2.0～3.5 mm，先端有小细尖，基部与叶柄贴生，位于下面的托叶光滑，上面的被稀少至疏散的黑毛；小叶常对生，长圆形或椭圆形，长2～6 mm，宽1.5～2.5 mm，多数对折，先端钝，近肉质，两面密或疏被开展的白色柔毛并杂有少量黑毛，有时在腹面光滑无毛，小叶柄极短。腋生总状花序近顶生，具多数花，密集而短呈球形，直径1.0～2.5 cm，疏或稍密被黑色柔毛；苞片白色膜质，长2～3 mm，疏被黑毛；花梗极短；花萼近钟状，长约4.2 mm，密被斜升至开展的、缠结的黑色柔毛，萼齿狭细，直立，不等长，长1.5～2.0 mm；花冠紫红色；旗瓣近圆形或上部宽圆形，长6.3～8.0 mm，宽5.0～5.5 mm，先端微凹；翼瓣长5.0～5.5 mm，瓣片倒三角形，最宽处位于先端宽的凹陷之下，先端2裂；龙骨瓣长约4.5 mm；子房椭圆形，光滑无毛，有柄长约0.5 mm，假2室，花柱无毛。荚果未见。　花期7月。

产西藏：双湖（采集地不详，青藏队藏北分队郎楷永9833）。生于海拔5 100～5 400 m的高山区流石坡、山坡沙砾地。

青海：治多（可可西里太阳湖西畔，郭柯K-166；新青峰东面，郭柯K-173）、兴海（温泉乡姜路岭，吴玉虎28867）、玛多（巴颜喀拉山北坡，吴玉虎29125、29162）。生于海拔4 130～4 960 m的宽谷河滩沙砾地、高寒草甸砾地、山地阳坡沙砾质杂类草草甸、湖畔滩地干旱荒漠草原。

分布于我国的青海、西藏、云南；中亚地区各国也有。模式标本采自西藏双湖。

79. 圆叶黄耆

Astragalus orbicularifolius P. C. Li et Ni in Acta Phytotax. Sin. 17：112. f. 11：8～16. 1979；K. T. Fu in Bull. Bot. Res. 2 (4)：74. 1982；西藏植物志 2：819. 图 275：8～16. 1985；中国植物志 42 (1)：232. 1993；青藏高原维管植物及其生态地理分布 520. 2008.

多年生垫状草本。根粗壮，圆锥形，直径 6～8 mm，木质，褐色，根颈多歧。茎极短缩，多数，下部为残存叶柄和托叶所包围。羽状复叶有 9～11 枚小叶，长 1.5～4.0 cm，叶柄长 2.0～2.5 cm，连同叶轴疏被白色柔毛；托叶在中部以下与叶柄贴生，披针形，长 4～5 mm，分离部分长 1.0～1.5 mm，初淡黄色，后变灰褐色；小叶对生，椭圆形或近圆形，长 2.5～6.0 mm，宽 2～5 mm，先端钝形，基部近圆形，上面无毛，下面疏被白色短柔毛；小叶柄长仅 0.5 mm。总状花序生 5～8 花，呈伞形花序式，生于基出的叶腋；总花梗长 4～6 cm，连同花序轴疏被白色短伏毛；苞片三角状披针形，长 2～3 mm，先端渐尖，膜质，被白色柔毛；花梗长 1.0～1.5 mm；花萼钟状，长约 3.5 mm，被黑色和白色短柔毛，萼筒长 1.5～2.5 mm，萼齿三角状披针形，长约 1.2 mm；花冠紫红色、蓝紫色或淡红色；旗瓣宽倒卵形，长 6～7 mm，宽 4.0～4.5 mm，先端微缺，基部楔形，瓣柄不明显；翼瓣长约 6 mm，瓣片倒卵状长圆形，与龙骨瓣近等宽，先端圆形，基部耳略向外展，瓣柄长为瓣片的一半；龙骨瓣长约 5.5 mm，瓣片近半圆形，长 3～4 mm，宽 1.5～2.0 mm，瓣柄长 2.0～2.5 mm；子房几无柄，被白色短伏毛。荚果宽卵状或半圆形，长 8～10 mm，宽 2～3 mm，先端渐尖，基部圆形，无果颈，膨胀，微弯，微具皱纹，疏被黑色和白色短伏毛，半假 2 室，果柄长约 1 mm。 花期 7～8 月，果期 8 月。

产西藏：双湖。生于海拔 4 600～5 500 m 的高山砾石山坡、河谷阶地草甸、砾石山坡草地、高山冰缘湿沙地、沙砾质河漫滩草甸。

分布于我国的西藏。模式标本采自西藏仲巴帕格拉。

亚属 5. 裂萼黄耆亚属 Subgen. **Cercidothrix** Bunge

Bunge in Mém. Acad. Sci. St.-Pétersb. ser. 7. 11 (16)：94. 1868. Gontsch. et al. in Kom. Fl. URSS 12：434. 1946；S. B. Ho in Bull. Bot. Res. 3 (1)：39. 1983；中国植物志 42 (1)：252. 1993.

多年生草本，半灌木或灌木，被丁字毛。奇数羽状复叶。花组成头状、伞房状、穗状的总状花序或有时生于叶丛基部；有小苞片或无；花萼在花期后不膨大，稀基部微隆起，果时被胀裂；花冠无毛或有毛，紫色、红色、黄色或白色。荚果长圆形、卵圆形、线形、披针形或线状长圆形，被毛或近于无毛，1 室、半假 2 室或假 2 室，果瓣革质，稀为膜质膀胱状膨大。

亚属模式种：湿地黄耆 *A. uliginosus* Linn.

昆仑地区产 11 组。

分 组 检 索 表

1. 茎极短缩，不明显或稍明显。
  2. 花萼下部具 2 小苞片；总状花序穗状，具长的总花梗；小苞片常不发育，但苞片
    与萼筒近等长 ·················· **组 29. 地中海黄耆组** Sect. **Proselius**（Stev.）Bunge
  2. 花萼下部无小苞片。
    3. 花集生于叶基部或组成总状花序，但总花梗较叶短，稀较长（在有木质化横走
      地下茎的类群）····················· **组 28. 糙叶黄耆组** Sect. **Trachycercis** Bunge
    3. 花组成总状花序，总花梗较叶长或短。
      4. 荚果呈泡状肿胀；总花梗远较叶为长 ·······································
        ····················· **组 27. 泡荚黄耆组** Sect. **Cystium** Bunge
      4. 荚果不呈泡状肿胀，长圆形或线状长圆形。
        5. 托叶离生，近基部多少与叶柄贴生；花通常组成疏松、伸长的总状花序，
          稀密集成宽椭圆形的花序 ········· **组 22. 帚状黄耆组** Sect. **Corethrum** Bunge
        5. 托叶联合；花组成头状或伞房状的总状花序；荚果 1 室或半假 2 室，被
          白色短茸毛·················· **组 25. 乌拉尔黄耆组** Sect. **Helmia** Bunge
1. 茎发达，稀有地上茎短缩，并有横走的地下茎。
  6. 总状花序头状或伞房状，花排列紧密或 1～2 朵着生于叶腋；荚果非线状。
    7. 荚果细圆柱形或狭长圆形，或多或少弯曲 ·································
      ····················· **组 24. 毛角黄耆组** Sect. **Eriocera** Bunge
    7. 荚果长圆形，两侧扁，不弯曲 ···
      ····················· **组 26. 类砂生黄耆组** Sect. **Pseudoammotrophus** Gontsch.
  6. 总状花序花排列疏松，偶见密集成穗状或短缩成头状，但此时荚果为线形。
    8. 花萼管状；荚果线形，无果颈；小叶通常宽线形 ·······························
      ····················· **组 30. 剑叶黄耆组** Sect. **Xiphidium** Bunge
    8. 花萼钟状。
      9. 灌木或半灌木；叶通常具 3～7 枚小叶；幼枝被伏贴的白毛···················
        ····················· **组 31. 沙生黄耆组** Sect. **Ammodendron** Bunge
      9. 多年生草本；叶通常具 9 枚以上的小叶，罕 5～7 枚，但此时荚果无毛。
        10. 荚果卵圆形、椭圆形或长圆形；总状花序上的花排列紧密；花冠紫色、
          绛红色或黄色 ·················· **组 23. 驴豆黄耆组** Sect. **Onobrychium** Bunge
        10. 荚果线状长圆形或线状圆筒形，稀线形；总状花序上的花序排列疏松
          ····················· **组 21. 旱生黄耆组** Sect. **Craccina**（Stev.）Bunge

组 21. 旱生黄耆组 Sect. Craccina (Stev.) Bunge

Bunge in Mém. Acad. Sci. St. -Pétrtsb. ser. 7. 11 (16)：97. 1868；Boriss. in Kom. Fl. URSS 12：444. 1946；S. B. Ho in Bull. Bot. Res. 3 (1)：40. 1983；中国植物志 42 (1)：260. 1993. —— Gen. *Craccina* Stev. in Bull. Soc. Nat. Moscou 4：266. 1832, et 29：266. 1856.

草本。茎发达，稀短缩。托叶离生或基部合生。总状花序具排列疏松或稍紧密的花；总花梗腋生；花无小苞片；花萼钟状或管状钟形；花冠紫色、绛紫色，稀为白色。荚果具露出萼外的果颈或无，线状长圆形、线形或线状圆筒形，假 2 室或近假 2 室。

组模式种：旱生黄耆 A. *arenarius* Linn.

昆仑地区产 1 种。

80. 变异黄耆

Astragalus variabilis Bunge ex Maxim. in Bull. Acad. Sci. St.-Pétersb. 24：33. 1878；中国主要植物图说 豆科 374. 1955；植物研究 3 (1)：41. 1983；中国沙漠植物志 2：283. 图版 99：22～28, 1987；中国植物志 42 (1)：261. 图版 62：17～24. 1993；青海植物志 2：221. 图版 38：12～21. 1999；青藏高原维管植物及其生态地理分布 478. 2008；Fl. China 10：408. 2010.

多年生草本，高 10～30 cm。主根木质化，黄褐色。基部丛生多数茎，直立或稍斜升，具分枝，密被白色丁字毛。奇数羽状复叶，长 3～6 cm，叶柄与叶轴被丁字毛；托叶三角形或卵状三角形，长 1.5～4.0 mm，被毛，与叶柄分离；小叶 9～17 枚，矩圆形、倒卵状矩圆形或条状矩圆形，长 3～10 mm，宽 1～3 mm，先端钝、圆形或微凹，基部楔形或圆形，两面被平伏丁字毛，腹面毛较疏。总状花序腋生，具多花；总花梗短于叶，与花序轴同被伏贴丁字毛；苞片卵形或卵状披针形，长 1～2 mm，被黑色和白色毛；花萼筒状钟形，长 5～6 mm，萼齿条状锥形，长约 2 mm，被黑色和白色丁字毛；花冠蓝紫色；旗瓣倒卵状矩圆形，长 9～10 mm，先端凹，基部渐狭；翼瓣与旗瓣等长；龙骨瓣较短，有较长柄及短耳；子房有毛。荚果矩圆形，稍弯，两侧扁，长 10～14 mm，宽 3～4 mm，有短喙，表面密被白色伏贴丁字毛，2 室；种子肾形，暗褐色，长约 1.2 mm。 花果期 6～8 月。

产新疆：且末（库拉木勒克乡北 4 km，中科院新疆综考队 9391、9480）、若羌。生于海拔 1 400～1 600 m 荒漠地区的干涸河床砂质冲积土上。

青海：都兰（采集地不详，杜庆 186）。生于海拔 2 900 m 左右的河岸沙滩、砾石干山坡、沟谷沙土地。

分布于我国的新疆、青海、甘肃、宁夏、内蒙古；蒙古南部也有。

组 22. 帚状黄耆组 Sect. Corethrum Bunge

Bunge in Mém. Acad. Sci. St.-Pétetsb. ser. 7. 11 (16)：98. 1868；
Boriss. in Kom. Fl. URSS12：459. 1946；S. B. Ho in Bull. Bot. Res.
3 (1)：41. 1983；中国植物志 42 (1)：264. 1993.

草本。茎短缩或极短缩，不明显，被伏贴毛。托叶离生或基部多少与叶柄贴生。总状花序，花序轴伸长，花排列疏松，稀密集呈宽椭圆形；总花梗较叶长 1 至数倍；花无小苞片；花萼钟状或管状钟形；花冠绛红色或紫色；翼瓣先端微凹或微缺。荚果长圆形或线状长圆形，露出萼外，假 2 室或近于假 2 室，常被伏贴毛。

组模式种：帚黄耆 A. *scoparius* Schrenk.

昆仑地区产 3 种。

分 种 检 索 表

1. 旗瓣的瓣片长圆形、狭倒卵形；翼瓣先端不扩展，微缺或 2 裂 ……………………
………………… **83. 柴达木黄耆 A. chaidamuensia** (S. B. Ho) Podl. et L. R. Xu
1. 旗瓣的瓣片近圆形；翼瓣瓣片先端扩展，微凹。
  2. 小叶狭线形，长 1～3 cm；萼齿钻状，与萼筒等长，喙稍短 ……………………
…………………………………… **81. 线叶黄耆 A. nematodes** Bunge ex Boiss.
  2. 小叶长圆形或线状披针形，长 4～6 mm；萼齿线状三角形，长约为萼筒的 1/3 …
…………………………………… **82. 詹加尔特黄耆 A. dschangartensis** Sumn.

81. 线叶黄耆

Astragalus nematodes Bunge ex Boiss. Fl. Orient. 2：425. 1872；Boriss. in Kom. Fl. URSS 12；467. t. 32 (2)：1946；Gamaiun. et Fisjun in Pavl. 5：203. t. 26 (2). 1961；S. B. Ho in Bull. Bot. Res. 3 (1)：42. 1983；中国植物志 42 (1)：264. 图版 64：1～11. 1993.

多年生丛生草本，高 10～20 cm。茎极短缩。羽状复叶有 3～7 枚小叶，罕有 9 枚小叶，长 3～7 cm，被伏贴白毛；托叶三角状披针形，下部与叶柄贴生，被白色伏贴毛；小叶狭线形，长 1～2 cm，宽约 0.5～1.5 mm，密被灰白色伏贴毛。总状花序生 5～11 花；总花梗远较叶长，被白色伏贴毛；苞片披针形，较花梗稍长；花梗长 1.0～1.5 mm；花萼钟状，长 5～7 mm，密被黑白色混生的伏贴毛，萼齿钻状，与萼筒等长或稍短；花冠暗紫色；旗瓣长 8～10 mm，瓣片近圆形，先端微凹，基部有短瓣柄；翼瓣长 7～9 mm，瓣片长圆形，先端扩展，微凹，长为瓣柄的 2 倍；龙骨瓣长约 6 mm，瓣片长为瓣柄的 1.5 倍；子房长圆形，有毛。荚果斜向上直立，线状长圆形，长 11～

367

15 mm，宽约 3 mm，两侧扁平，向上渐尖，疏被茸毛；种子长圆形，长约 3 mm，宽约 2 mm，表面有细小凹点，淡栗褐色。　花期 6～7 月，果期 8～9 月。

产新疆：乌恰、喀什、阿克陶（阿克塔什，青藏队吴玉虎 87260）、莎车（喀拉吐孜煤矿，青藏队吴玉虎 87658）、且末。生于海拔 2 420～3 000 m 的河滩沙地、沟谷山地荒漠化草原、山坡碎石地、山地草原。

分布于我国的新疆；中亚地区各国，哈萨克斯坦也有。

82. 詹加尔特黄耆

Astragalus dschangartensis Sumn. in Animadv. Syst. Herb. Univ. Tomsk. no. 1～2. 5. 1933; Boriss. in Kom. Fl. URSS 12：466. 1946; S. B. Ho in Bull. Bot. Res. 3 (1)：42. 1983; 中国植物志 42 (1)：265. 图版 64：12～22. 1993.

多年生丛生小草本，高 5～9 cm。茎极短缩至不明显，地下部分粗硬，多分枝。羽状复叶有 3～7 小叶，稀可达 11 枚，长 2～3 cm；叶柄纤细，较叶轴长 1.5～2.0 倍或更长，密被粗糙、白色、伏贴毛；托叶下部与叶柄贴生，被半开展的白色毛；小叶狭长圆形或线状披针形，长 2～4 mm，宽 1.0～1.5 mm，先端锐尖，两面密被灰白色伏贴毛。总状花序呈头状，生 5～10 花，花序轴短缩，花后稍延伸；总花梗纤细，长为叶的 2～4 倍，被白色毛，在紧接花序下混生有少量黑色毛；苞片卵形或卵状长圆形，长 1.0～1.5 mm，被黑色或黑白混生的毛，花梗与托叶等长；花萼钟状，长约 4 mm，被黑毛和少量白色伏贴毛，萼齿线状三角形，约为萼筒长的 1/3；花冠蓝紫色；旗瓣长 7～10 mm，倒卵状圆形、先端微凹，基部有短瓣柄；翼瓣长 6～9 mm，瓣片长圆形，先端扩展，微凹，瓣柄短，约为瓣片长的 1/2；龙骨瓣较翼瓣稍短，瓣片半椭圆形，较瓣柄稍长；子房无柄，被白色长毛。荚果斜向上直立，线状长圆形，新月形弯曲，长 7～10 mm，被白色、开展长毛，近假 2 室。　花期 5 月，果期 8 月。

产新疆：阿克陶（阿克塔什，青藏队吴玉虎 87197）、叶城（昆仑山，高生所西藏队 3343）、策勒、于田、且末（依沙干南面 3 km，采集人不详 9455）。生于海拔 1 900～3 200 m 的沟谷山坡草地、山坡干草原。

分布于我国的新疆；天山中部的詹加尔特河流域也有。

83. 柴达木黄耆

Astragalus chaidamuensis (S. B. Ho) Podl. et L. R. Xu Novon 14：222. 2004; Fl. China 10：418. 2010.—— *A. kronenburgii* B. Fedtsch. ex Knenuck var. *chaidamuensis* S. B. Ho in Bull. Bot. Res. 3 (1)：42.1983; 中国植物志 42 (1)：268. 1993; 青海植物志 2：221. 1999; 青藏高原维管植物及其生态地理分布 467. 2008.

多年生草本，全株被白色间有黑色的丁字毛。主根较粗壮。茎丛生，密被白色丁字毛。奇数羽状复叶，长 3～10 cm；托叶三角状披针形，长 2～3 mm；叶轴细硬，疏被白色丁字毛；小叶 7～9 枚，披针形或条状披针形，叶缘内卷，先端具短骨质尖头，长 4～20 mm，宽 1.0～2.5 mm，两面疏被丁字毛。总状花序腋生，密集 10～22 花；总花梗粗壮，长约为叶的 2 倍，疏被毛；苞片膜质，卵状三角形，长 2～3 mm，背面疏被黑色白色相间的毛；花萼筒状，长 9～12 mm，密被白色和黑色毛，萼筒口部偏斜，萼齿钻状，长约 3 mm；花冠蓝紫色；旗瓣倒卵状椭圆形，长约 16 mm，先端微凹，基部渐狭有短柄；翼瓣长约 14 mm，先端 2 裂，耳钝圆，柄稍长于瓣片；龙骨瓣长约 12 mm，柄与瓣片几等长；子房条形，疏被毛，花柱细长。荚果未见。　花期 5～7 月。

产青海：都兰（香日德，杜庆 468）。生于海拔 3 000～3 600 m 的砾质河滩、沟谷沙砾质草地、山前砾石地。

分布于我国的新疆、青海（柴达木盆地）、甘肃。模式标本采自青海德令哈。

组 23. 驴豆黄耆组 Sect. Onobrychium Bunge

Bunge in Mém. Acad. Sci. St.-Pétersb. ser. 7. 11（16）：100. 1868；Boriss. in Kom. Fl. URSS 12：479. 1946；S. B. Ho in Bull. Bot. Res. 3（1）：44. 1983；中国植物志 42（1）：271. 1993.

多年生草本。茎通常发达，稀短缩。总状花序穗状；总花梗较叶长或等长；苞片细，无小苞片；花萼钟状，稀管状；花冠黄色、紫色或绛红色，很少为白色；子房无柄。荚果卵圆形、椭圆形或长圆形，假 2 室或近 1 室，通常被黑毛。

组模式种：驴豆黄耆 A. onobrychis Linn.

昆仑地区产 1 种。

84. 斜茎黄耆

Astragalus adsurgens Pall. Sp. Astrag. 40. t. 31. 1800；Bunge in Mém. Acad. Sci. St.-Pétersb. ser. 7. 15（1）：184. 1869；中国主要植物图说 豆科 387. 图 373. 1955；植物研究 3（1）：44. 1983；中国沙漠植物志 2：282. 图版 99：15～21. 1987；中国植物志 42（1）：271. 图版 67：1～8. 1993；青海植物志 2：222. 1999；青藏高原维管植物及其生态地理分布 459. 2008；

多年生草本，高 20～60 cm。根粗壮，较长，暗褐色。茎多分枝，斜升或直立，被白色丁字毛和黑色毛。奇数羽状复叶，长 5～12 cm；托叶三角形，离生，长 3～6 mm；小叶 7～29 枚，椭圆形、卵状椭圆形或矩圆形，长 4～26 mm，宽 2～10 mm，先端钝圆，有时微凹，全缘，两面或有时仅背面疏被白色丁字毛；小叶柄短。总状花序腋生，圆筒状，密生多花；总花梗长于叶或近等长，疏被毛；苞片小，三角状披针形，宿存；花梗极短；花萼筒状钟形，长 5～7 mm，被黑色或混生白色丁字毛，萼齿 5 枚，几相等，线形，短于萼筒；花冠蓝紫色或紫红色；旗瓣倒卵状匙形，长 12～18 mm，宽 5～8 mm，先端圆形微凹，基部渐狭；翼瓣稍短，具细长柄；龙骨瓣短于翼瓣；子房被毛，具柄，花柱无毛。荚果直立，2 室，三棱柱形，长 8～16 mm，顶端具喙，疏被白色和黑色丁字毛。　花期 6～8 月，果期 8～9 月。

产青海：兴海（中铁林场中铁沟，吴玉虎 45516、45563、45577、45640、47602、47686；大河坝乡赞毛沟，吴玉虎 47063；赛宗寺，吴玉虎 46237；中铁林场卓琼沟，吴玉虎 45615；唐乃亥乡，吴玉虎 42151、42167、42187，采集人不详 265）、都兰（巴隆乡三合村，吴玉虎 36379；香日德，郭本兆 11796、郭本兆和王为义 11964）、格尔木、玛沁（拉加乡，吴玉虎 6071、6105；黑土山，吴玉虎等 19032）、甘德（上贡麻乡，吴玉虎 25818）、久治、班玛（马柯河林场，王为义等 27615）、达日（县城东面 25 km，陈世龙等 283）、玛多、称多、曲麻莱、杂多。生于海拔 2 780～4 300 m 的山坡林缘、沟谷灌丛、轻度盐碱沙地、山地阴坡高寒灌丛草甸、河滩草甸、河岸疏林下、河谷山坡林缘灌丛草甸、荒漠戈壁干旱滩地。

分布于我国的新疆、青海、甘肃、陕西、西藏、四川、云南、河北、山西、内蒙古、河南及东北；朝鲜，日本，蒙古，俄罗斯西伯利亚和远东地区，北美温带地区也有。

组 24.　毛角黄耆组 Sect.　Eriocera Bunge

Bunge in Mém.　Acad.　Sci.　St.-Pétersb.　ser.　7.　11（16）：109.　1868；
Gontsch.　in Kom.　Fl.　URSS 12：529.　1946；S.　B.　Ho in Bull.　Bot.
Res.　3（1）：46.　1983；中国植物志 42（1）：277.　1993.

草本或半灌木。茎低矮，基部木质化，上部细弱，被白毛。托叶分离或基部和叶柄贴生。总状花序有比叶长或较短的总花梗；无小苞片；花萼管状；花冠紫色，稀黄色或绛红色。荚果细圆柱形或线状长圆形，革质，被开展或半开展的柔毛，假 2 室。

组模式种：*A. eriocera* Fisch.　et Mey.

昆仑地区产 3 种。

分 种 检 索 表

1. 小叶倒卵形，先端钝圆或微凹，长 3～6 mm。

　2. 托叶长约 2 mm，苞片长约 2 mm，花较小，萼长 7～8 mm，旗瓣长 9～14 mm
　　·· **85. 西巴黄耆 A. laspurensis** Ali

　2. 托叶长 3～5 mm，苞片长 4～6 mm，花较大，萼长 12～14 mm，旗瓣长约 20 mm
　　····························· **86. 西疆黄耆 A. xijiangensis** L.　R.　Xu et Y.　H.　Wu

1. 小叶狭椭圆形或线状披针形，先端渐尖或锐尖，长 5～13 mm ························
·· **87. 喜石黄耆 A. petraeus** Kar. et Kir.

85. 西巴黄耆

Astragalus laspurensis Ali in Phyton 11：139. 1966；id. in Nasir et Ali Fl. W. Pakist. 100：205. f. 26：A～E. 1977；植物研究 3 (1)：41. 1983；中国植物志 42 (1)：278. 图版 68：9～15. 1993；Pl. Centr. Asia 8 (c)：163. 2004；Fl. China 10：409. 2010.

多年生草本。地下茎短粗，木质化，地上茎斜上，高 10～20 cm。被灰白色茸毛。羽状复叶有 7～15 枚小叶，长 3～5 cm；叶柄较叶轴短；托叶长约 2 mm，基部与叶柄贴生，分离部分三角形，被白色毛；小叶倒卵形，长 3～6 mm，宽 2～4 mm，先端钝圆或微凹，基部宽楔形，两面密被灰白色伏贴毛。总状花序，花序轴短缩，花密集成头状；总花梗腋生，较叶长 1.5 倍；苞片宽披针形，长约 2 mm，有毛；花梗短，长约 1 mm；花萼管状，长 7～8 mm，被白色混生少量黑色毛，萼齿钻状，长约为筒部的 1/4；花冠灰紫红色，后变黄色；旗瓣长 9～14 mm，瓣片倒卵形，中部缢缩，先端微凹，基部宽楔形，瓣柄不明显；翼瓣长 8～13 mm，瓣片狭长圆形，先端全缘，罕微凹，下部有耳，瓣柄比瓣片短；龙骨瓣较翼瓣短，瓣片半圆形，较瓣柄长；子房长约 3 mm，有短柄，被开展的白色绵毛。荚果细圆柱形，向上弯曲，长 1.5～2.0 cm，先端幼有尖喙，被白色开展的长毛。　花期 5～6 月，果期 6～7 月。

产新疆：阿克陶（恰克拉克铜矿，青藏队吴玉虎 87636；帕米尔考察队 5578）、塔什库尔干（采集地不详，高生所西藏队 3115）。生于海拔 3 050～4 300 m 的沟谷石质山坡、河滩沙砾地。

分布于我国的新疆；巴基斯坦也有。

86. 西疆黄耆（新种）　图 A6

Astragalus xijiangensis L. R. Xu et Y. H. Wu **sp. nov.** in Addenda.

多年生草本，高 15～20 cm。有根颈，多分枝。茎细硬，疏被白色丁字毛，节处毛较密。托叶合生，卵形至卵状披针形，长 3～5 mm。叶长 2～4 cm，叶柄长 4～15 mm，有小叶 7～19 枚；小叶近圆形、长圆形或倒卵形，长 2～5 mm，宽 1～3 mm，顶端钝圆，有小突尖，上面被稀疏或有时较密的丁字毛，下面被毛较密。总状花序密集成卵形头状，生 10 数朵花；总花梗生于上部叶腋或茎顶，长 4～6 cm，远较叶长；花梗极短；苞片卵状披针形，长 4～6 mm，密被褐色或黑色开展或半开展的单毛，中上部黑毛较密；花萼管状或管状钟形，连萼齿长 12～14 mm，被白色丝状开展长柔毛，有时混生黑色的半开展短柔毛，萼齿钻形，长约 2 mm；花冠淡黄色；旗瓣倒卵状长圆形，长约 20 mm，先端微缺，裂片长达 1.8 mm，基部渐狭成柄；翼瓣长约 18 mm，瓣片长圆形，长 6～7 mm，宽约 2 mm，顶端深缺，基部耳状钝圆，瓣柄长 11.0～11.5 mm；龙骨瓣长 15.0～15.5 mm，瓣片长 5～6 mm，宽 2.6～2.8 mm，先端钝，瓣柄长约 11 mm；子房被毛，具柄长约 1 mm。荚果未见。 花果期 7～8 月。

产新疆：阿克陶（恰克拉克铜矿，青藏队吴玉虎 87636；阿克塔什，青藏队吴玉虎 87195）。生于海拔 3 200～4 300 m 的沙砾河滩、沟谷山坡砾石地。模式标本采自新疆阿克陶县。

本种与西巴黄耆 A. laspurensis Ali 相近，但花萼连萼齿长 12～14 mm，被白色丝状开展长柔毛，有时混生黑色的半开展短柔毛；花冠淡黄色，较大型；旗瓣倒卵状长圆形，长约 20 mm；翼瓣长约 18 mm，瓣柄长 11.0～11.5 mm；龙骨瓣长 15.0～15.5 mm，瓣柄长约 11 mm。可以相区别。

87. 喜石黄耆

Astragalus petraeus Kar. et Kir. in Bull. Soc. Nat. Moscou 15：333. 1841；Bunge in Mém. Acad. Sci. St.-Pétersb. ser. 7. 15 (1)：221. 1869；Gontsch. in Kom. Fl. URSS 12：532. 1946；Gamaiun. et Fisjun in Pavl. Fl. Kazakh. 5：210. t. 28：2. 1961；植物研究 3 (1)：46. 1983；新疆植物检索表 3：161. 1983；中国植物志 42 (1)：281. 图版 69：11～20. 1993；H. Ohba, S. Akiyama et S. K. Wu in Journ. Japan. Bot. 70 (1)：15. 1995.

多年生草本或半灌木，高 5～30 cm。茎基部具短而粗的木质化茎，褐色；分枝细弱，匍匐或斜上，幼枝密被灰白色伏贴茸毛。羽状复叶有 9～15 枚小叶，长 4～7 cm；叶柄较叶轴短；托叶下部与叶柄贴生，上部三角状长圆形，长 3～4 mm，密被短而开展的白毛和黑毛或白色伏贴毛；小叶狭椭圆形、线状披针形或披针形，长 5～13 mm，宽 1.5～3.0 mm，先端渐尖或锐尖，基部短楔形，上面被稀疏灰色伏贴毛，下面毛较密。总状花序长 3～4 cm，生 8～18 花，排列紧密，常呈头状；总花梗与叶等长或稍短，被白色和黑色较粗的伏贴毛；苞片钻状或披针形或条形，长 2～3 mm，密被白色和黑色混生毛；花萼筒状，长 8～11 mm，密被白色丝状长柔毛，偶见杂有黑色短柔毛，萼齿钻状或细条形，长 1.5～3.0 mm，密被黑毛并混生有白毛；花冠紫红色（干后紫色或黄色）；旗瓣长 18～22 mm，瓣片倒卵状长圆形，先端渐狭而微凹，中下部微缢缩，基部渐狭成短瓣柄；翼瓣长 17～20 mm，瓣片与瓣柄等长；龙骨瓣较翼瓣短约 2 mm，瓣片半圆形，瓣柄较瓣片稍长。荚果细圆柱形，长 22～30 mm，宽 2.0～2.5 mm，下垂，向上呈镰刀状弯曲，革质，密被白色毛，混生少数黑色毛，2 室。 花期 5～6 月，果期 6～7 月。

产新疆：乌恰（吉根乡，青藏队吴玉虎 87057；西植所新疆队 1687、2078，王绍明 4290）、塔什库尔干。生于海拔 2 800～3 200 m 的沟谷砾石山坡、山前砾石洪积扇。

分布于我国的新疆；吉尔吉斯斯坦，塔吉克斯坦，哈萨克斯坦也有。

组 25. 乌拉尔黄耆组 Sect. Helmia Bunge

Bunge in Mém. Acad. Sci. St.-Pétersb. ser. 7. 11 (16)：111. 1868；
Gontsch. in Kom. Fl. URSS 12：545. 1946；S. B. Ho in Bull.
Bot. Res. 3 (1)：47. 1983；中国植物志 42 (1)：281. 1993.

矮小草本。茎短缩不明显，地下部分木质化，平卧。托叶合生。总状花序生较少的花，常短缩成头状；花萼钟状管形或浅杯状；花冠黄色或紫红色。荚果长圆形至线状长圆形，两侧扁平，革质，被绵毛状长柔毛，假 2 室。

组模式种：乌拉尔黄耆 A. *helmii* Fisch.

昆仑地区产 4 种 1 变型。

分 种 检 索 表

1. 多年生密丛草本；花较大，长 15～30 mm，花萼管状 ································
 ······················ **88. 中天山黄耆 A. chomutovii** B. Fedtsch.
1. 多年生垫状草本；花较小，长 7～10 mm，花萼钟状
 2. 总花梗长 1～3 cm，短于叶或稍长于叶；萼齿钻状或三角形，长 0.5～1.0 mm
 ······················ **89. 团垫黄耆 A. arnoldii** Hemsl. et Pears.
 2. 总花梗长 5～13 cm，远较叶长；萼齿丝状或钻状，长 2～4 mm。
 3. 旗瓣长 10～11 mm ····························
 ········· **90. 类线叶黄耆 A. nematodioides** H. Ohba, S. Akiyama et S. K. Wu
 3. 旗瓣明显较长 ············· **91. 何善宝黄耆 A. hoshanbaoensis** Podl. et L. R. Xu

88. 中天山黄耆

Astragalus chomutovii B. Fedtsch. in Bull. Herb. Boiss. 7：826. 1899；Fl. URSS 12：593. t. 35：2. 1946；植物研究 3 (1)：60. 1983；中国植物志 42 (1)：303. 图版 77：1～10. 1993；H. Ohba, S. Akiyama et S. K. Wu in Journ. Japan. Bot. 70 (1)：15. 1995；青海植物志 2：225. 1999；青藏高原维管植物及其生态地理分布 462. 2008；Fl. China 10：423. 2010.

多年生矮小草本，高 2～8 cm。茎短缩，具多数短缩分枝，密丛状。三出或奇数羽状复叶，具小叶 3～5 枚，长 1～4 cm；托叶小，合生，膜质，被白色毛和缘毛；小叶长圆形或倒披针形，长 5～15 mm，两面被白色伏贴毛。总状花序的花序轴短缩，长 1～3 cm，具 5～15 花，排列密集；总花梗纤细，与叶等长或稍短；苞片线状披针形，长 3～4 mm，膜质；花萼筒状，长 6～8 mm，密被黑白色混生的伏贴毛，萼齿线状披针形，长为萼筒的 1/4～1/3；花冠浅蓝紫色；旗瓣长 15～20 mm，瓣片长圆状椭圆形，

先端微凹，基部渐狭；翼瓣长12～18 mm，瓣片长圆形，先端微凹或近于全缘，与柄等长；龙骨瓣长10～14 mm，瓣片较柄稍短或与其等长。荚果长圆形，微弯，长6～10 mm，膨大，被白色短茸毛，近1室。 花期6～8月，果期7～8月。

产新疆：阿克陶（采集地不详，阎平4176、4199，帕米尔考察队5647）、塔什库尔干（采集地不详，高生所西藏队3107、3169）。生于海拔2 400～3 600 m的高山荒漠、山地荒漠草原、砾石山坡、水边砾地。

青海：都兰、格尔木。生于海拔2 800～3 000 m的干旱高寒荒漠中的沙砾地。

分布于我国的新疆西部、青海；吉尔吉斯斯坦，塔吉克斯坦，阿赖山，帕米尔高原，俄罗斯也有。

89. 团垫黄耆

Astragalus arnoldii Hemsl. et Pears. in Journ. Linn. Soc. Bot. London 35：172. 1902；植物研究3（1）：61. 1983；西藏植物志2：805. 图259. 1985；中国植物志42（1）：304. 图版77：11～19. 1993；H. Ohba, S. Akiyama et S. K. Wu in Journ. Japan. Bot. 70（1）：14. 1995；青海植物志2：226. 图版39：14～19. 1999；青藏高原维管植物及其生态地理分布460. 2008；Fl. China 10：362. 2010.

89a. 团垫黄耆（原变型）
f. arnoldii

多年生高山垫状草本，植丛紧密，高2～4 cm。主根粗壮，木质。奇数羽状复叶，长5～14 mm；托叶淡黄色，膜质，卵状披针形，长约5 mm，在叶柄背面的一侧彼此联合，与叶柄贴生至中部，疏被短柔毛；叶柄疏被白色丁字毛；小叶3～7（～11）枚，矩圆形，长3～6 mm，边缘内卷，腹面仅边缘疏被丁字毛，背面密被丁字毛。总状花序与叶近等长或长于叶，具2～6花；花萼钟状，长4～5 mm，密被黑色丁字毛，并间有少量白色丁字毛，萼齿钻状，长为萼筒的1/2；花冠蓝色或淡蓝紫色；旗瓣长7～10 mm，瓣片宽卵形，中部以下渐狭成柄；翼瓣长5～8 mm，先端微凹；龙骨瓣稍短于翼瓣；子房密被毛。荚果镰形，长5～7 mm，宽约3 mm，密被白色和黑色丁字毛，隔膜延至中部，呈半2室。 花果期6～8月。

产新疆：皮山（神仙湾黄羊滩，青藏队吴玉虎4747；采集地不详，帕米尔考察队6055）、于田（乌鲁克库勒湖畔，青藏队吴玉虎3730；普鲁火山区，青藏队吴玉虎3704）、和田（喀什塔什乡，青藏队吴玉虎2597；采集地不详，帕米尔考察队6161）、且末（阿羌乡昆其布拉克牧场，青藏队吴玉虎2072、2073、2597）、民丰（布拉格，郑度、郭柯12219）、若羌（阿尔金山保护区鲸鱼湖畔，青藏队吴玉虎4089、4093，郑度、郭柯12436）。生于海拔4 050～5 100 m的石灰岩碎石坡、沟谷山坡草地、河滩草地、山地阳坡沙砾地、高寒荒漠干山坡、沟谷砾石质滩地、高原湖滨砾石地、高寒荒漠草原。

西藏：班戈、双湖、改则、日土（多玛区松木西错，青藏队 76‒9010）。生于海拔 4 500～5 100 m 的砾石山坡、砾石河滩、山坡草地、高山流石坡。

青海：格尔木（昆仑山口，吴玉虎 36930、36947；唐古拉山乡雀莫错，吴玉虎 17119；长江源，蔡桂全 034；沱沱河，西藏队 4404）、曲麻莱（曲麻河乡措池村，吴玉虎和李小红 38818B）、治多（可可西里马章错钦，黄荣福 K‒682；乌兰乌拉湖畔，黄荣福 K‒153；西金乌兰湖畔，黄荣福 K‒806；马兰山，黄荣福 K‒272；勒斜武担湖畔，黄荣福 K‒244；温泉兵站，黄荣福 173、231；各拉丹冬，黄荣福 238、262）。生于海拔 4 400～5 500 m 的高山草地、砾石河滩、沙质山坡、河滩盐碱地、山前洪积扇、高山流石坡、高山冰缘湿地、湖畔湿沙地、高原冰川附近。

分布于我国的新疆、青海、西藏。

89b. 白花团垫黄耆（变型）

f. **albiflorus** Y. H. Wu in Acta Bot. Yunnan. 20 (1)：39. 1998；青海植物志 2：226. 1999；青藏高原维管植物及其生态地理分布 460. 2008；Fl. China 10：362. 2010.

本变型与原变型的区别在于：花冠白色；苞片卵状披针形，长约 1.5 mm。 花期 7～8 月，果期 8～9 月。

产青海：治多（可可西里岗扎日雪山，黄荣福 K‒224）。生于海拔 5 200 m 左右的高寒草原。模式标本采自青海可可西里。

90. 类线叶黄耆

Astragalus nematodioides H. Ohba，S. Akiyama et S. K. Wu in Journ. Japan. Bot. 70 (1)：16. 1995；青藏高原维管植物及其生态地理分布 471. 2008；Fl. China 10：425. 2010.

多年生草本。主根粗壮，直伸，自根颈处生出的根状茎密集。茎高 0.5～4.0 cm，密被白色丁字毛。叶丛在基部密集，叶长 2～4 cm，叶柄和叶轴纤细，有小叶 9～13 枚，叶柄长 1.5～2.0 cm，密被白色丁字毛；托叶三角状卵形至三角形，彼此合生至 2/3 处，密被白毛，长 2～4 mm；小叶灰绿色，线形或狭披针形，顶端急尖，基部渐狭，长 3～9 mm，宽 0.5～1.5 mm，两面密被白色伏贴毛。总状花序长 2～3 cm，疏生 4～9 花；总花梗纤细，长 6～12 cm，明显长于叶 2 倍以上，密被白毛；苞片披针形，长 1.5～2.0 mm，密被白毛并杂有黑毛；花梗长约 1 mm；花萼钟状，长 3～6 mm，密被黑毛并杂有白毛，萼齿钻形，长 2～4 mm，长于或近等长于萼筒；花冠紫红色；旗瓣宽倒卵形，长 8～10 mm，瓣片近圆形，宽 6～7 mm，先端微凹；翼瓣长 7～9 mm，瓣片狭倒卵形，长约为柄的 2 倍，宽 2.0～2.5 mm，先端微凹，下部有耳，瓣柄长约 3 mm；龙骨瓣长 7.0～8.5 mm，瓣片半圆形，长约 5 mm，宽 2.0～2.5 mm，先端钝，瓣柄长 3.0～3.5 mm；子房无毛。荚果 2 室，线形，弓状弯曲，长 10～15 mm，密被伏贴或半开展的白色毛。　花果期 7～8 月。

产新疆：乌恰（采集地不详，中科院新疆综考队 254）、阿克陶（阿克塔什，青藏队吴玉虎 87260、阎平 3300；采集地不详，帕米尔考察队 5552、西植所新疆队 673）、叶城（柯克亚乡高萨斯，青藏队吴玉虎 87970；昆仑山，高生所西藏队 3343）、皮山（垴阿巴提乡布琼，青藏队吴玉虎 1831、2405、2443、2552，李勃生 11043；喀尔塔什，青藏队吴玉虎 3611）、于田（普鲁至火山途中，郑度 12047）、和田（采集地不详，郑度 12049）、策勒（奴尔乡亚门，青藏队吴玉虎 88-1993、2522——同号模式标本）、且末（阿羌乡昆其布拉克牧场，青藏队吴玉虎 2063、2585、3843，中科院新疆综考队 9443、9467）。生于海拔 2 420～3 700 m 的沟谷山坡沙砾地、高寒荒漠、河谷沙砾地、沙砾质河滩草地、山坡疏林间、山坡草甸、山地阴坡。

分布于我国的新疆。模式标本采自新疆皮山县。

91. 何善宝黄耆

Astragalus hoshanbaoensis Podl. et L. R. Xu in Novon 17（2）：235. 2007；Fl. China 10：424. 2010。

多年生草本。植株高 2～6 cm，无茎或近无茎，密丛生成密垫状，密被白色伏贴毛，在花序上杂有黑毛。有时茎存在，长约 1 cm，密被丁字毛。叶长 0.5～1.5 cm；托叶长 2～3 mm，彼此联合，下部约 1 mm 与叶柄贴生，下部的托叶无毛或仅在边缘具纤毛，上部的托叶疏或密被丁字毛；叶柄长 0.3～0.6 cm，与叶轴密被丁字毛；小叶 3 枚，狭倒卵形或狭倒卵状长圆形，长 3～10 mm，宽 1.0～2.5 mm，常扁平、舟状至对折，两面密被伏贴的白色丁字毛。总状花序具 2～8 花，花序梗长 0.3～2.5 cm，密被白色丁字毛，靠近花序下部杂有黑毛；苞片膜质，卵形或卵状披针形，长 1.5～3.0 mm，被白毛，有时杂有黑毛，边缘亦被毛；花序轴长 6～10 mm，密被伏贴的白色和黑色丁字毛；花萼筒状，长 6～8 mm，密被白色丁字毛，有时杂有黑毛，萼齿长约 1 mm；花冠淡紫色，具较暗色的脊；旗瓣倒卵形，长 13～15 mm，宽约 5 mm，先端微凹；翼瓣长 12～14 mm；龙骨瓣长约 11 mm；子房具长约 1 mm 的柄，被白毛。荚果未见。　花期 6～7 月，果期 7～8 月。

产新疆：塔什库尔干（麻扎种羊场，青藏队吴玉虎 87389）。生于海拔 3 700～3 800 m 的沟谷山地砾石坡。

分布于我国的新疆。

组 26. 类砂生黄耆组 Sect. Pseudoammotrophus Gontsch.

Gontsch. in Not. Syst. Inst. Bot. Acad. Sci. URSS 9：135. 1936；S. B. Ho
in Bull. Bot. Res. 3 (1)：48. 1983；中国植物志 42 (1)：282. 1993.

草本。茎发达，被白色或黑色毛。托叶下部合生。总状花序头状或伞房状；总花梗
较叶长；花萼管状；花冠紫色；翼瓣先端 2 裂。荚果长圆形，两侧扁，革质，假 2 室或
近假 2 室。

组模式种：阿赖山黄耆 A. *saratagius* Bunge

昆仑地区产 1 种。

92. 阿赖山黄耆

Astragalus saratagius Bunge Izv. Imp. Obsc. Ljubit. Estestv. Moskocsk. Univ.
26（2）：269. 1880；Pl. Centr. Asia 8（c）：161. 2004；Fl. China 10：426.
2010. —— A. *saratagius* Bunge var. *minutiflorus* S. B. Ho in Bull. Bot. Res. 3
(1)：48. f. 4. 1983；中国植物志 42 (1)：283. 图版 70：16～24. 1993.

多年生草本。根粗壮，颈部多分枝。茎细弱，高 15～30 cm，被白色伏贴毛。羽状
复叶有 7～13 枚小叶，长 1.5～4.5 cm；叶柄较叶轴短；托叶中部以下联合，长约
3 mm，上部三角形，渐尖，被白色半开展毛；小叶椭圆形或宽椭圆形，长 2～4 mm，
宽 1.2～3.0 mm，先端尖或微钝，基部钝圆；小叶柄长约 0.5 mm，上面有较疏的白色
伏贴毛，下面较密。总状花序，花序轴短缩，呈头状，生 5～15 花；总花梗长为叶长的
2～3 倍；苞片披针形或狭披针形，长 3～5 mm，被开展的黑色毛或黑、白混生的粗硬
毛；花萼管状，果时稍膨大，长 7～10 mm，被开展黑白混生的毛，萼齿钻状，长 1～
2 mm，被较多的黑色毛；花冠紫色或淡紫红色；旗瓣长 15～16 mm，倒卵形，近顶端
稍狭，先端微凹，中部缢缩，下面渐狭，瓣柄不明显，先端 2 浅裂，较瓣片稍短；龙骨
瓣较翼瓣稍短，瓣片近半圆形，较瓣柄短；子房有短柄，被白色长毛。荚果斜长圆形，
长 7～11 mm，宽 2～3 mm，两侧扁平，腹面微呈龙骨状凸起，背面稍凸起，先端具弯
曲的短喙，薄革质，被白色绵毛，2 室，每室含种子 1 粒。 花期 6～7 月，果期 7～
8 月。

产新疆：乌恰（玉寺塔什，模式标本产地）。生于海拔 3 000 m 左右的沟谷山坡
草地。

分布于我国的新疆；乌兹别克斯坦，吉尔吉斯斯坦，塔吉克斯坦也有。

组 27. 泡荚黄耆组 Sect. Cystium Bunge

Bunge in Mém. Acad. Sci. St.-Pétersb. ser. 7. 11 (16): 113. 1868,

pro parte; Boriss. in Kom. Fl. URSS 12: 557. 1946; S. B. Ho in

Bull. Bot. Res. 3 (1): 49. 1983; 中国植物志 42 (1): 286. 1993.

草本。茎极短缩。羽状复叶的叶柄凋存；托叶基部合生。总花梗远较叶长；花无小苞片；花萼管状；花冠带紫色。荚果宽椭圆形或泡状膨大成圆球形，背腹均具沟槽，膜质，无毛或有零星的伏贴毛，假 2 室。

组模式种：A. physodes Linn.

昆仑地区产 1 种。

93. 乌恰黄耆

Astragalus masanderanus Bunge Mém. Acad. Imp. Sci. St.-Pétersb. ser. 7. 11 (16): 114. 1868; Fl. China 10: 428. 2010. —— A. skorniakovii B. Fedtsch. in Acta Hort. Petrop. 24: 227. 1904; Boriss. in Kom. Fl. URSS 12: 561. 1946. —— A. skorniakovii B. Fedtsch. var. wuqiaensis S. B. Ho in Bull. Bot. Res. 3 (1): 49. f. 5. 1983; 中国植物志 42 (1): 286. 1993.

多年生草本，高 5～15 cm。根粗壮，稍木质化，颈部多分枝。茎极短缩，不明显，高约 1 cm，基部为白色膜质托叶所包被，有残留的叶柄。羽状复叶有 11～19 枚小叶，长 4～6 cm，被稀疏白色毛；叶柄较叶轴短；小叶长圆形或椭圆形，长 5～8 mm，先端有短尖，两面被稀疏的伏贴毛。总状花序生 10 余朵排列较密集的花；总花梗粗壮，有条纹，连同花序轴长达 15 cm，近无毛或被稀疏黑色毛和白色毛；苞片披针形，长 5～7 mm，膜质，被白色和黑色缘毛；花萼管状，长 7～10 mm，密被黑色和白色混生毛，萼齿线形，长为萼筒的 1/4～1/3；花冠紫色；旗瓣长 20～25 mm，瓣片倒卵形，先端钝圆，基部渐狭成瓣柄；翼瓣较旗瓣短，瓣片长圆形，瓣柄与瓣片近等长；龙骨瓣较翼瓣稍短，长 14～18 mm；子房有微毛。荚果无柄，长 16～30 mm，膀胱状膨大，卵圆形或圆球形，两端有时微尖，薄膜质，微带淡紫色，散生白色半伏贴毛，2 室，每室具种子多粒；种子肾形，绿褐色，直径约 3 mm，表面微凹。 花期 5～6 月，果期 6～7 月。

产新疆：乌恰（县城至玉寺塔什途中，模式标本产地，西植所新疆队 1765）。生于海拔 3 200 m 左右的沟谷山坡草地。

分布于我国的新疆；哈萨克斯坦，塔吉克斯坦，乌兹别克斯坦，土库曼斯坦也有。

组 28. 糙叶黄耆组 Sect. Trachycercis Bunge

Bunge in Mém. Acad. Sci. St.-Pétersb. ser. 7. 11 (16)：114. 1868；
Boriss. in Kom. Fl. URSS 12：569. 1946；S. B. Ho in Bull. Bot.
Res. 3 (1)：51. 1983；中国植物志 42 (1)：291. 1993.

草本。茎极短缩，不明显，罕具短缩茎或匍匐而长的地上茎。叶羽状或仅具 1 小叶。花簇生于叶腋，罕组成少花、疏松的短总状花序；无小苞片；花萼管状或钟状。荚果球状广椭圆形或长圆形，小，革质，假 2 室或近于假 2 室，稀近于 1 室。

组模式种：糙叶黄耆 A. scaberrimus Bunge

昆仑地区产 4 种。

分 种 检 索 表

1. 花组成具短或长总花梗的总状花序；花萼被伏贴毛，花有时集生于叶茎 ··············
·································· **94. 糙叶黄耆 A. scaberrimus** Bunge
1. 花集生于叶基部，无花梗或具长约 1 cm 的短花梗。
　2. 小叶 3，宽卵形或近圆形；花有长约 1 cm 的花梗 ·····························
　············· **95. 长毛荚黄耆 A. monophyllus** Bunge ex Maxim.
　2. 小叶 3～5，倒卵状长圆形或卵圆形；花无梗或近无梗。
　　3. 花冠淡粉红色；旗瓣瓣片倒卵状长圆形，下部无外延角棱 ··················
　　················· **96. 东天山黄耆 A. borodinii** Krassn.
　　3. 花冠白色或淡黄色；旗瓣下部向外延展成菱状角棱 ··················
　　················· **97. 吉根黄耆 A. jigenensis** Y. H. Wu

94. 糙叶黄耆

Astragalus scaberrimus Bunge in Mém. Acad. Sci. St.-Pétersb. Sav. Etrang. 2：91. 1833；id in Mém. Acad. Sci. Sti.-Pétersb. ser. 7. 15 (1)：197. 1869；Pet.-Stib. in Acta Hort. Gothob. 12：66. 1937～1938；Boriss. in Kom. Fl. URSS 12：586. 1946；中国主要植物图说 豆科 382. 图 368. 1955；中国高等植物图鉴 2：417. 图 2563. 1972；中国植物志 42 (1)：291. 1993；青海植物志 2：223. 1999；青藏高原维管植物及其生态地理分布 475. 2008；Fl. China 10：438. 2010.

多年生草本，具短缩的、分枝的、木质化的根状茎。茎直立、丛生、匍匐或斜升，密被白色丁字毛。奇数羽状复叶，长 3～12 cm；托叶三角状披针形，长 4～7 mm，与叶柄联合达 1/3～1/2；小叶 7～15 枚，近无柄，椭圆形或近矩圆形，稀披针形，长 4～12 mm，宽 2～5 mm，先端圆或尖，具小尖头，基部圆楔形，全缘，两面密被白色伏贴丁字毛。总状花序由基部腋生,具 3～6 花;总花梗短或无;苞片披针形,长于花梗;花萼筒状,长 6～10 mm,密被丁字毛,萼齿长 2～4 mm;花冠白色或淡黄色,长 18～24 mm;旗瓣椭圆形,先端微凹,基部具短柄;翼瓣短于旗瓣而长于龙骨瓣,先端 2 裂;子房被短毛。荚果 2 室,矩圆形,略弯,长 8～14 mm,宽 3～4 mm,背缝线凹陷成浅沟,果皮革质,密被白色丁字毛。 花期 4～7 月,果期 6～8 月。

产青海:兴海(野马台滩,吴玉虎 41807、42196;河卡乡,何廷农 002)。生于海拔 3 000～3 250 m 的黄河台地干草原、滩地干旱草原。

分布于我国的青海、甘肃、宁夏、陕西、四川、山西、河北、内蒙古、辽宁、吉林、黑龙江、山东、河南;蒙古,俄罗斯西伯利亚也有。

95. 长毛荚黄耆

Astragalus monophyllus Bunge ex Maxim. in Bull. Acad. Sci. St.-Pétersb. 26:473. 1880; H. Ohba, S. Akiyama et S. K. Wu in Journ. Japan. Bot. 70 (1):15. 1995;青藏高原维管植物及其生态地理分布 470. 2008; Fl. China 10:436. 2010. —— *A. macrotrichus* Pet.-Stib. in Acta Hort. Gothob. 12:67. 1937～1938;中国主要植物图说 豆科 373. 1955;中国沙漠植物志 2:285. 图版 100:7～12. 1987;中国植物志 42 (1):293. 图版 73:8～15. 1993;内蒙古植物志 3:271. 1989;青海植物志 2:216. 图版 39:1～6. 1999.

多年生矮小草本,高 2～4 cm,被白色伏贴长丁字毛。主根粗,木质化。茎极短或无。叶基生,三出复叶;托叶膜质,与叶柄联合达 1/2,上部狭三角形,密被白色丁字毛;叶柄长 1～4 cm;小叶宽卵形、宽椭圆形或近圆形,长 8～22 mm,宽 8～14 mm,先端锐尖,基部近圆形,深绿色,稍厚硬,两面被毛。总花梗短于叶,密被毛;总状花序具 1～2 花;苞片膜质,卵状披针形,长 5～6 mm,被毛;花萼筒状钟形,长 10～18 mm,萼齿披针形或条形,长 4～8 mm,被白色伏贴丁字毛;花冠淡黄色;旗瓣倒披针形,长 15～18 mm,先端圆形,基部渐狭;翼瓣长 14～16 mm,先端钝或稍尖,具长柄及耳;龙骨瓣长 12～14 mm,具柄及短耳;子房密被毛。荚果矩圆形、矩圆状椭圆形或矩圆状卵形,长 1.8～3.4 cm,宽 6～8 mm,膨胀,喙长 4～6 mm,密被白色长绵毛。花期 5～7 月,果期 7～8 月。

产新疆:塔什库尔干(县城西面 2 km,采集人不详 327;采集地不详,王绍明 4048)、若羌(阿尔金山保护区鸭子泉,青藏队吴玉虎 1642、2646、4240)。生于海拔 3 600～3 800 m 的河谷滩地沙砾质高寒荒漠、河谷阶地沙砾地。

分布于我国的新疆、青海、甘肃、山西、内蒙古;蒙古,俄罗斯西伯利亚也有。

96. 东天山黄耆 图版 43:1～6

Astragalus borodinii Krassn. in Script. Bot. Hort. Univ. Petrop. 2:15. 1889;

Gontsch. et Boriss. in Kom. Fl. URSS 12：581. t. 35：1. 1946；Gamaiun. et Fisjun in Pavl. Fl. Kazakh. ˉ5：235. t. 31：1. 1961；植物研究 3（1）：54. 1983；新疆植物检索表 3：159. 1983；中国植物志 42（1）：295. 1993；H. Ohba, S. Akiyama et S. K. Wu in Journ. Japan. Bot. 70（1）：15. 1995；青藏高原维管植物及其生态地理分布 461. 2008；Fl. China 10：432. 2010.

多年生丛生小草本，高 3～5 cm。茎极短缩，地下部分有短分枝。羽状复叶有 3～5 枚小叶，长 2～5 cm；叶柄纤细，被伏贴毛；托叶基部与叶柄贴生，三角状卵圆形，密被柔弱的长毛；小叶倒卵状长圆形或卵圆形，先端钝或具短尖，长 8～10 mm，两面密被伏贴毛，灰绿色。总状花序生 2～8 花，生于基部叶腋，几无总花梗；苞片线状披针形，较花萼稍短，被白色长毛；花萼管状，长 12～15 mm，密被白色长柔毛，萼齿线状钻形，长为萼筒的1/5～1/4；花冠淡粉红色；旗瓣长 27～30 mm，瓣片倒卵状长圆形，先端微凹，近基部渐狭；翼瓣长 22～27 mm，瓣片线形，先端近圆形，与瓣柄等长；龙骨瓣较翼瓣短，瓣片较瓣柄短；子房被白色茸毛。荚果椭圆形，长 4～5 mm，宽 3～4 mm，近顶端突然收狭成短喙，腹缝线稍具龙骨状突起，背缝线微凹或扁平，革质，密被半开展的白色毛，近 1 室或近 2 室。 花期 5～6 月，果期 6～7 月。

产新疆：乌恰（康苏西南面 15 km，中科院新疆综考队 9675；老乌恰至康苏途中，中科院新疆综考队 9628；吉根乡，采集人不详 73-007）、喀什（县城至阿图什以西 20 km，采集人不详 404）、阿克陶（盖孜至木吉途中，青藏队吴玉虎 87584；布伦口乡南面 5 km，中科院新疆综考队 277，帕米尔考察队 5606、5622，阎平 4174）、塔什库尔干。生于海拔 3 200～4 200 m 的高山石坡、沙砾质河谷阶地、干旱的河滩砾地。

分布于我国的新疆；蒙古，吉尔吉斯斯坦，哈萨克斯坦也有。

97. 吉根黄耆（新种）　图 A7

Astragalus jigenensis Y. H. Wu **sp. nov.** in Addenda.

多年生垫状小草本，高 3～4 cm。主根粗壮，根颈处多分枝。茎极短缩，羽状复叶长 2～3 cm；叶柄长 1.5～2.4 cm，密被白色丁字毛；托叶白色膜质，下部 2/3 彼此联合并与叶柄贴生，全体密被白色长柔毛，分离部分近三角形，长约 3 mm；小叶 3～5 枚，倒卵形、倒卵状长圆形或狭倒卵形，长 4～12 mm，宽 2～6 mm，先端钝圆，两面密被白色丁字毛，呈灰绿色。总状花序密生数花，无总花梗；苞片线形，长 8～10 mm，密被白色长柔毛；花萼管状钟形，长 10～12 mm，密被白色长柔毛，萼齿线状披针形，长 2～3 mm；花冠白色或淡黄色；旗瓣长 25～27 mm，瓣片倒卵状长圆形，先端微凹，自上部向下渐狭，又自中下部向外延展成菱状角棱，宽 5～7 mm，基部再渐狭为近似宽柄状；翼瓣长 21～22 mm，瓣片长圆形，宽 2.5～3.0 mm，先端钝圆，瓣柄长约 11 mm；龙骨瓣长 16～18 mm，瓣片半椭圆形，宽约 3 mm，瓣柄长 10～12 mm；子房疏被白色茸毛。荚果未见。 花果期 6～8 月。

产新疆：乌恰（吉根乡，青藏队吴玉虎 87056；康苏乡，青藏队吴玉虎 87002）。生于海拔 2 200～2 600 m 的山坡砾石地、河谷沙滩。模式标本采自新疆乌恰县。

本种与东天山黄耆 A. *borodinii* Krassn. 相似，但花冠白色或淡黄色，旗瓣长25～27 mm，瓣片倒卵状长圆形，先端微凹，自上部向下渐狭，又自中下部向外延展成菱状角棱，基部再渐狭为近似宽柄状。可以相区别。

组 29. 地中海黄耆组 Sect. Proselius (Stev.) Bunge

Bunge in Mém. Acad. Sci. St.-Pétersb. ser. 7. 11 (16)：116. 1868；S. B. Ho in Bull. Bot. Res. 3 (1)：61. 1983；中国植物志 42 (1)：304. 1993. —— Gen. *Proselias* Stev. in Bull. Soc. Nat. Moscou 4：268. 1852.

草本。茎极短缩，不明显，有时多少具木质化的短茎基，被覆瓦状托叶和叶柄。羽状复叶，稀具 1 枚小叶。总状花序穗状，具密集或疏松排列的花，有长的总花梗；苞片草质，宿存；有小苞片但有时小苞片不发育；花萼管状，基部通常浅囊状；花冠脱落，有时宿存无毛。荚果假 2 室。

组模式种：远志黄耆 A. *polygala* Pall.

昆仑地区产 1 种。

98. 宽叶黄耆　图版 43：7～10

Astragalus platyphyllus Kar. et Kir. in Bull. Soc. Nat. Moscou 15：345. 1842；Bunge in Mém. Acad. Sci. St.-Pétersb. ser. 7. 15 (1)：215. 1869；Boriss. in Kom. Fl. URSS 12：638. 1946；Gamaiun. et Fisjun in Fl. Kazakh. 5：238. t. 29：1. 1961；植物研究 3 (1)：62. 1983；新疆植物检索表 3：149. 1983；中国植物志 42 (1)：305. 图版 77：20～25. 1993；Fl. China 10：440. 2010.

多年生草本，高 10～40 cm。茎短缩，不明显，疏被微毛，绿色。羽状复叶有 9～19 枚小叶，长 10～25 cm；叶柄较叶轴短；托叶与叶柄贴生，长 10～14 mm，上部长线形，渐尖，近膜质；小叶宽椭圆形或近圆形，先端钝圆，稀有芒尖，近无柄，长 5～17 mm，宽 4～11 mm，嫩时两面被毛，近灰绿色，后毛渐变疏，绿色。总状花序具紧密排列的花，花序轴长 2～8 cm；总花梗与叶等长或长为叶的 1.5 倍，有条棱，被白色短毛，接近花序轴处混生黑色毛；苞片与萼筒等长或稍短，披针形或钻形，渐尖，边缘白色，膜质，疏被黑色毛；小苞片通常不发育；花萼钟状管形，长 8～13 mm，散生黑色伏贴毛，萼齿不等长，长 3～5 mm，长约为萼筒的 1/2；花冠淡紫色；旗瓣长 20～27 mm，狭菱形，先端钝圆或微凹；翼瓣长 15～20 mm，瓣片线状长圆形，先端微凹，与瓣柄等长；龙骨瓣长 10～17 mm，瓣片较瓣柄稍短；子房无柄，密被短柔毛。荚果宽卵形，长 9～13 mm，宽约 4 mm，直立，伸展，被伏贴毛，2 室。　花期 5～6 月，果

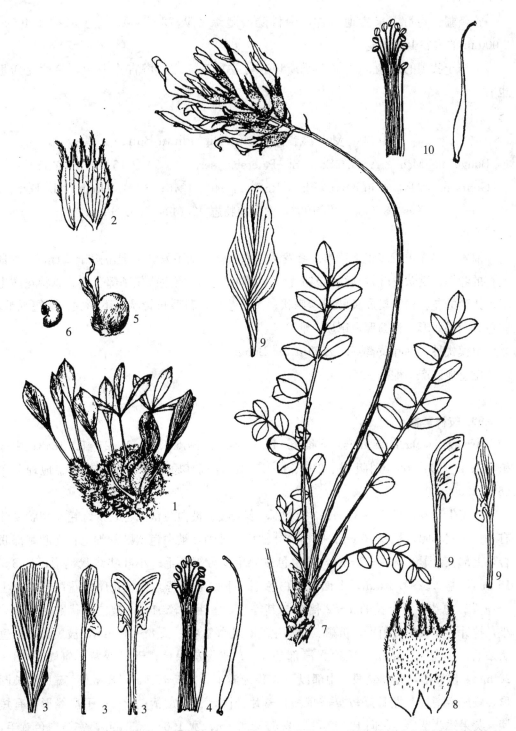

图版 **43** 东天山黄耆 **Astragalus borodinii** Krassn. 1. 植株；2. 花萼；3. 花解剖（示各瓣）；
4. 雄蕊、雌蕊；5. 果实与宿存花萼；6. 种子。宽叶黄耆 **A. platyphyllus** Kar. et Kir. 7. 植株；
8. 花萼；9. 花解剖（示各瓣）；10. 雄蕊、雌蕊。（引自《新疆植物志》，朱玉善绘）

期 7～8 月。

产新疆：乌恰（采集地不详，中科院新疆综考队 73 - 80）。生于海拔 1 400～
2 000 m 的沟谷山坡草地。

分布于我国的新疆；吉尔吉斯斯坦，乌兹别克斯坦，塔吉克斯坦，哈萨克斯坦
也有。

组 30. 剑叶黄耆组 Sect. Xiphidium Bunge

Bunge in Mém. Acad. Sci. St.-Pétersb. ser. 7. 11（16）：123. 1868；
Gontsch. et Popov in Kom. Fl. URSS 12：646. 1946；S. B. Ho in Bull. Bot.
Res. 3（1）：62. 1983；中国植物志 42（1）：305. 1993.

灌木、半灌木或多年生草本。茎发达，木质化，稀不发达（但不短于 2 cm），常具
凋存的叶柄。羽状复叶常具线形或披针形的小叶；托叶离生或仅基部合生。总状花序生
疏松排列的花，稀密集成头状或伞房状；无小苞片；花萼长管状，不膨大；花冠无毛，
多色。荚果线形，长圆形，革质，假 2 室。

组模式种：剑叶黄耆 A. *xiphidium* Bunge

昆仑地区产 1 种。

99. 歧枝黄耆

Astragalus gladiatus Boiss. Diagn. Fl. Orient. Nov. ser. 1. 2：45. 1843；中国
植物志 42（1）：306. 图版 80：24～31. 1993；青藏高原维管植物及其生态地理分布
465. 2008.

多年生草本，高 25～30 cm。茎纤细，多分枝，被白色伏贴毛，灰绿色。羽状复叶
有 5～13 枚小叶，长 3～6 cm；叶柄较叶轴短，纤细，被白色伏贴的细毛；托叶基部联
合，上部三角形，长 1～2 mm，被白色或混生少量黑色毛；小叶狭线状剑形，长 3～
15 mm，宽 0.5～1.5 mm，上面疏被白色毛，下面毛较密。总状花序的花序轴短，生
6～9 花；总花梗为叶长的 1～2 倍或与其等长，腋生，较细弱，被白色伏贴毛；苞片
小，披针形，较花梗稍短，被黑、白混生毛；花萼管状，长 8～10 mm，被黑、白混生
伏贴毛，萼齿短，钻状，长约为筒部的 1/6；花冠灰绿色，干时变黄；旗瓣长 18～
20 mm，倒卵形，先端微凹，中部以下收狭为瓣柄；翼瓣长 14～18 mm，瓣片狭长圆
形，较瓣柄稍短；龙骨瓣较翼瓣稍短，瓣片钝圆，长为瓣柄的 2/3；子房线形，有短
柄。荚果线状钻形，斜向上直立，长 2.5～3.0 cm，宽 1.0～1.5 mm，密被白色茸毛，
成熟时常平展，稍呈弧形弯曲。　花期 6～7 月，果期 7～8 月。

产新疆：南部昆仑山。生于海拔 3 400 m 左右的山坡砾石地。

分布于我国的新疆、西藏（阿里地区札达）；阿富汗，巴基斯坦也有。

我们未见标本。

组 31. 沙生黄耆组 Sect. Ammodendron Bunge

Bunge in Mém. Sci. St.-Pétersb. ser. 7. 11 (16)：128. 1868；
Boriss. in Kom. Fl. URSS 12：752. 1946；S. B. Ho in Bull.
Bot. Res. 3 (1)：67. 1983；中国植物志 42 (1)：319. 1993.

半灌木或灌木，具发达的地上枝干和保持 2～3 年的枝条；一年生枝条圆柱形，密被白色伏贴的白柔毛。羽状复叶有不多于 3～7 枚的小叶；托叶与叶柄多少贴生。总状花序具疏松排列的花，稀偏平，有短而腋生的总花梗，无小苞片；花萼管状钟形；花冠紫色或大红色。荚果卵圆形、宽椭圆形或线状披针形，通常被苍白色毛，稀无毛，假 2 室。

组模式种：沙生树黄耆 A. ammodendron Bunge

昆仑地区产 1 种。

100. 和田黄耆

Astragalus hotianensis S. B. Ho in Bull. Bot. Res. 3 (1)：68. f. 21. 1983；中国沙漠植物志 2：269. 图版 95：1～6. 1987；中国植物志 42 (1)：324. 图版 84：1～7. 1993；Fl. China 10：408. 2010.

多年生草本或半灌木，高 30～50 cm。根粗壮，木质化，颈部具多数枝干。枝直立或外倾，基部和下部叶腋密生白色毡毛状小球形芽。羽状复叶有 3 枚小叶，枝上部有时仅有 1 枚小叶；托叶基部合生，上部宽三角形，长 1～3 mm，被白色茸毛；小叶椭圆形或宽披针形，长 1～2 cm，宽 3～5 mm，两面被较稀疏的伏贴毛，顶生小叶有短柄，下部的 1 对近无柄。总状花序生数花，分散排列；总花梗腋生，较叶长 1.5～3.0 倍，被伏贴的白茸毛；苞片披针形，长 1.5～2.0 mm，与花梗等长或稍短；花萼管状钟形，长 4～6 mm，密被白色伏贴毛，萼齿披针形，长为筒部的 1/5～1/4；花冠粉红色（干后变蓝紫色）；旗瓣长 8～12 mm，倒卵状长圆形，先端 2 裂，中下部处稍缢缩；翼瓣长 7～11 mm，瓣片椭圆状长圆形，先端微缺，较瓣柄稍长；龙骨瓣较翼瓣稍短，瓣片半长圆形，瓣柄与瓣片等长；子房无柄，线形，被银白色伏贴的茸毛。荚果线形，长 5～15 mm（幼果），向下稍呈镰刀状弯曲，被银白色伏贴毛，2 室；种子肾形，褐色。花期 5～6 月，果期 6～7 月。

产新疆：和田（麻扎山南和田河畔，中科院新疆综考队 9636）。生于海拔 1 100 m左右的沟谷河岸沙地上。模式标本采自新疆和田河一带。

亚属 6. 胀萼黄耆亚属 Subgen. **Calycocystis** Bunge

Bunge in Mém. Acad. Sci. St.-Pétersb. ser. 7. 11（16）：133. 1868；
Gontsch. et Popov in Kom. Fl. URSS 12：782. 1946. S. B. Ho in Bull.
Bot. Res. 3（4）：51. 1983；中国植物志 42（1）：326. 1993.

多年生草本或低矮灌木，被丁字毛。具奇数羽状复叶。总状花序具疏松排列的花或密集成头状；花萼初时管状，近结果时显著膨大成膀胱状，稀仅稍膨大果期被胀裂；花冠绛红色、玫瑰色、紫色或黄色。荚果通常包被在膀胱状膨大的花萼内，稍长于花萼或与其等长，宽椭圆形、卵圆形、披针形或长圆形，2 室，稀为不完全的假 2 室或 1 室，果瓣革质。

亚属模式种：囊萼黄耆 A. *cysticalyx* Ledeb.

昆仑地区产 3 组。

分 组 检 索 表

1. 托叶离生或基部与叶柄贴生 ……………………… 组 32. 刚毛黄耆组 Sect. **Chaetodon** Bunge
1. 托叶合生或至少基部合生。
  2. 地上茎发达；托叶合生 ……………… 组 33. 雪地黄耆组 Sect. **Hypsophilus** Bunge
  2. 地上茎短缩，不明显；托叶下部或近基部合生 ………………………
    ………………………………………… 组 34. 兔尾状黄耆组 Sect. **Laguropsis** Bunge

组 32. 刚毛黄耆组 Sect. Chaetodon Bunge

Bunge in Mém. Acad. Sci. St.-Pétersb. ser. 7. 11（16）：136. 1868；
Gontsch. et Popov in Kom. Fl. URSS 12：802. 1946；S. B. Ho in Bull.
Bot. Res. 3（4）：51. 1983；中国植物志 42（1）：333. 1993. —— Sect.
Cyrtobasis Bunge in Boiss. Fl. Orient. 2：222. 1872, et Acta Hort. Petrop.
3：101. 1875. —— Sect. *Stenocystis* Bunge Astrag. Turk. 301. 1880.

草本，被开展和半开展的毛，稀有被伏贴毛。茎地下部分强壮，木质化；地上部分发达，有时短缩但有明显的当年生茎。托叶离生，基部与叶柄贴生。总状花序具密集排列的花，头状或卵圆状；花无小苞片；花萼被开展的长毛；花冠淡紫色、粉红色或污黄色。荚果包被在萼内，薄革质，假 2 室或近假 2 室，被开展的长毛，具种子数粒。

组模式种：刚毛黄耆 A. *chaetodon* Bunge

昆仑地区产 1 种。

101. 袋萼黄耆

Astragalus saccocalyx Schrenk ex Fisch. et Mey. Enum Pl. Nov. 1：83. 1841；Bunge in Mém. Acad. Sci. St.-Pétersb. ser. 7. 15（1）：234. 1869；Gontsch. et Popov. in Kom. Fl. URSS 12：820. 1946；A. N. Vass. in Pavl. Fl. Kazakh. 5：310. 1961；植物研究 3（4）：54. 1983；新疆植物检索表 3：169. 1983；中国植物志 42（1）：335. 图版 88：11～19. 1993；Pl. Centr. Asia 8（c）：216. 2004；Fl. China 10：444. 2010.

多年生草本，高 5～9 cm。根粗壮。茎地下部分木质化，地上部分短缩，被灰白色毛。羽状复叶有 7～13 枚小叶，长 5～8 cm。叶柄较叶轴短，被白色开展的毛；托叶卵状三角形，长 2～3 mm，先端尖，密被白色半伏贴的毛，稀基部混生少量黑色毛；小叶椭圆形，长 5～11 mm，宽 4～6 mm，先端钝圆，有短尖头，上面疏被、下面密被灰白色半开展的粗硬毛。总状花序卵圆形，生 10 余朵花；总花梗长 1～3 cm，被半开展的粗硬毛，紧接花序下边混生少量的黑毛；花梗短，长 1.0～1.5 mm；苞片披针形，长 6～8 mm，渐尖，被黑、白色毛；花萼初期管状，长 19～20 mm，果期膨大，卵圆形，薄膜质，密被白色开展长毛，萼齿线状钻形，长 5～7 mm，上面密生黑毛；花冠粉红色；旗瓣长 20～26 mm，瓣片长圆状倒卵形，先端稍狭而钝或稍微凹，下部渐狭成瓣柄；翼瓣长 18～22 mm，瓣片长圆形，长不到瓣柄的一半；龙骨瓣与翼瓣近等长，瓣片较瓣柄短；子房长圆形，无柄，被白色长毛。荚果狭长圆形，长 12～16 mm，疏被开展的长毛，2 室。 花期 4～5 月，果期 6～7 月。

产新疆：乌恰（采集地不详，中科院新疆综考队 K‑578）、疏附。生于海拔 1 400～1 900 m 的沟谷干旱山坡、山前台地。

分布于我国的新疆；哈萨克斯坦也有。

组 33. 雪地黄耆组 Sect. Hypsophili Bunge

Bunge in Mém. Acad. Sci. St.-Pétersb. ser. 7. 11（16）：136. 1868；Boriss. in Kom. Fl. URSS 12：823. 1946；S. B. Ho in Bull. Bot. Res. 3（4）：54. 1983；中国植物志 42（1）：337. 1993.

草本。当年生茎发达；托叶中部以下合生。总状花序呈扁头状、球状或伞房状，生少数密集的花；总花梗与叶等长或较叶长 1～2 倍；无小苞片；花萼初期管状，稍膨大，近结果时膨大成宽椭圆形或膀胱状卵圆形，不裂；花冠淡蓝紫色或淡红色，翼瓣顶端 2 浅裂。荚果长圆形或宽椭圆形，小，薄革质，被开展的短柔毛，近假 2 室或半假 2 室。

组模式种：雪地黄耆 A. *nivalis* Kar. et Kir.

昆仑地区产 4 种。

分 种 检 索 表

1. 小叶两面密被毛 ……………………………………… **102. 雪地黄耆 A. nivalis** Kar. et Kir.
1. 小叶上面无毛，下面散生疏柔毛。
  2. 花萼在花期长 12～14 mm，在果期长 14～16 mm；旗瓣长 23～27 mm …………
  …………………………………… **103. 布尔卡黄耆 A. burchan-buddaicus** N. Ulziykh.
  2. 花萼在花期长 8～11 mm，在果期长 10～12 mm；旗瓣长 18～21 mm。
    3. 植株高 25～35 cm；总花梗长 5～18 cm，疏或极疏被毛；花萼被长 0.4～
      1.2 mm 的黑毛和长达 1.5 mm 的白毛；子房具柄长 1.5～2.0 mm …………
    ………………………………… **104. 叶城黄耆 A. yechengensis** Podl. et L. R. Xu
    3. 植株高 12～20 cm；总花梗长 1～3 cm，密被毛；花萼被长 0.3～0.5 mm 的黑
      毛和少量白毛；子房近无柄 ………… **105. 青海黄耆 A. kukunoricus** N. Ulziykh.

102. 雪地黄耆

Astragalus nivalis Kar. et Kir. in Bull. Soc. Nat. Moscou 15：341. 1842；Bunge in Mém. Acad. Sci. St.-Pétersb. ser. 7. 15 (1)：234. 1869；Fl. URSS 12：824. 1946；Fl. Kazakh. 5：312. t. 40：3. 1961；植物研究 3 (4)：54. 1983；新疆植物检索表 3：169. 1983；中国植物志 42 (1)：337. 图版 89：7～17. 1993；H. Ohba, S. Akiyama et S. K. Wu in Journ. Japan. Bot. 70 (1)：13. 1995；青海植物志 2：228. 图版 40：7～13. 1999；青藏高原维管植物及其生态地理分布 471. 2008；Fl. China 10：447. 2010.

多年生草本，高 6～20 cm。根粗壮，木质。茎密丛生，纤细，常匍匐生长，被灰白色并间有黑色短柔毛。奇数羽状复叶，长 2.4～5.0 cm，叶柄较叶轴短；托叶小，膜质，下部或有时中部以下彼此联合，但不与叶柄合生，分离部分三角形，长 3～4 mm，先端尖，被白毛并混生少量黑毛；小叶 11～19 枚，圆形或卵圆形，长 3～9 mm，宽 2～6 mm，先端钝圆，两面密被白色毛或黑色毛，或有时为黑白相间的毛。总状花序密集成头状，具 6～10 余朵花；总花梗长 2.4～4.8 cm，被白色和黑色丁字毛，近花序处毛密；苞片白色膜质，宽披针形或卵状披针形，密被长柔毛；花萼筒状，长 1.0～1.4 cm，膜质，密被伏贴和半开展的黑白色相间的长毛，致萼常呈黑色；花后期萼筒十分膨大，萼齿短，披针形，外面密被黑色毛，内面密被黑色白色相间的毛；花冠紫色或蓝紫色；旗瓣长 20～22 mm；翼瓣长 18～20 mm，柄长约 11 mm，耳短小；龙骨瓣长 16～18 mm，柄长约 10 mm。荚果斜矩圆形，两面凸起，包于萼筒内，长 6～9 mm，密被白色毛，腹缝线处密被黑色毛，具长柄，背缝线向内凹陷；种子褐色，长 2.0～2.5 mm。 花果期 6～8 月。

产新疆：乌恰（采集地不详，西植所新疆队 1707、1827、1867、2214）、阿克陶

（采集地不详，阎平 4195、帕米尔考察队 5545）、塔什库尔干（采集地不详，阎平 3609）、叶城（采集地不详，张煜星 2003-138）、于田（普鲁至火山途中，青藏队吴玉虎 3700）、策勒（恰哈乡喀尔塔夏牧场，采集人和采集号不详）、民丰（布拉格，郑度、郭柯 12218）、且末（解放牧场，青藏队吴玉虎 3056A）、若羌（阿尔金山保护区，青藏队吴玉虎 4211、郑度 12608；冰河，青藏队吴玉虎 4211；土房子，青藏队吴玉虎 2771；阿其克库勒湖西南面 10 km，郭柯 12464）。生于海拔 3 000～4 760 m 的高山草原、高寒草甸砾地、高山石坡地、河边沙地、砾石河滩、沟谷山坡干旱沙地、干旱沙砾质河床。

青海：茫崖、冷湖、都兰（夏田，青甘队 1636）、达日（吉迈乡胡勒安玛，H. B. G. 1136）、治多（可可西里西金乌兰湖，黄荣福 K-176、K-764）。生于海拔2 800～4 200 m的砾质山坡、河沟石隙、宽谷河滩沙棘灌丛、沙砾滩地、沙砾质河谷阶地、山前冲积扇、干旱草原、河滩沙地。

甘肃：阿克赛（哈尔腾，采集人不详 1683）。生于海拔 3 950 m 左右的沟谷山坡沙砾草地。

分布于我国的新疆、青海、甘肃、西藏；俄罗斯，克什米尔地区，印度，巴基斯坦，阿富汗，吉尔吉斯斯坦，塔吉克斯坦，哈萨克斯坦也有。

103. 布尔卡黄耆

Astragalus burchan-buddaicus N. Ulziykh. Novosti Sist. Vyssh. Rast. 30：104. 1996；Pl. Centr. Asia 8 (c)：217. 2004；Fl. China 10：447. 2010. —— *A. nivalis* Kar. et Kir. var. *aureocalycatus* S. B. Ho in Bull. Bot. Res. 3 (4)：54. 1983；中国植物志 42 (1)：339. 1993；青海植物志 2：228. 1999；青藏高原维管植物及其生态地理分布 471. 2008.

多年生草本。植株高 20～40 cm，疏丛生，被白色丁字毛。茎多数，在基部分枝，长 6～35 cm，散生白色毛，在下部节处常杂有黑毛。叶长 4～6 cm；托叶长 5～10 mm，彼此高度联合，分离部分披针形，散生少量白毛或有时混生有黑毛；叶柄长 1.0～1.5 cm，与叶轴同被疏散至稍密集的白毛；小叶 6～10 对，椭圆形或长椭圆形，长 5～12 mm，宽 2～6 mm，背面散生白毛，腹面光滑无毛或偶见毛。总状花序球形，长 1.5～3.0 cm，密生 5～8 花；总花梗长 4～7 cm，被毛；苞片披针形，膜质，长 5～8 mm，宽 1.0～1.5 mm，常被黑毛。花萼在花期管状，长 12～14 mm，不久膨胀成球形至卵形，前期被较密黑色毛和稀少白色毛，致花萼呈黑色，后期因膨胀而致被毛稀疏且萼筒呈白色或有时带紫色，长 14～16 mm，疏被或稍密被伏贴至上升的黑毛和叉状黑毛，还有上升至部分开展的白毛，萼齿长 1～2 mm；花冠淡紫色或淡蓝色；旗瓣狭倒卵形，长 23～27 mm，宽 5～8 mm，中部以下收缩，先端呈宽波状；翼瓣长 20～24 mm，瓣片倒三角形，先端具很宽的斜 2 裂；龙骨瓣有时深蓝色，长 16～20 mm。荚果长 7～9 mm，宽 3.0～3.5 mm，侧扁，具强烈弯曲的长 0.6～2.0 mm 的花柱，不完全 2 室，被密集的上升至开展的白毛，且常杂很短的黑毛；果梗长 1～2 mm，包被于宿存花萼中。

产青海：茫崖、冷湖、格尔木（西大滩附近，青藏队吴玉虎 2823，吴玉虎 36979、36982）、都兰（沟里乡，吴玉虎 36233、36246；采集人不详，杜庆 209）、兴海（河卡乡切吉山，何廷农 375）、玛沁（县城后山，吴玉虎 1416；下大武乡，玛沁队 491）、达日（建设乡，H. B. G. 1136）、玛多（县城附近，吴玉虎 1270；花石峡乡，吴玉虎 314；黑河乡，陈桂琛 1788）、称多（县城附近，刘尚武 2269；巴颜喀拉山南坡，采集人和采集号不详）。生于海拔 3 650～4 400 m 的高寒荒漠河滩、山地阴坡、沙砾质河边草甸、河滩沙棘灌丛、河谷沙地、山顶岩隙、高山草甸、湖边沙地。

分布于我国的青海。模式标本采自青海布尔汗布达山。

根据我们标本的基本特征和区别要点，并结合相关原始描述，我们认为，将黄萼雪地黄耆 A. nivalis Kar. et Kir. var. aureocalycatus S. B. Ho 作为布尔卡黄耆 A. burchan-budaicus N. Ulziykh. 的异名似乎更为合适，而 Fl. China 10：447. 2010. 是将其作为青海黄耆 A. kukunoricus N. Ulziykh. 的异名处理的。

104. 叶城黄耆

Astragalus yechengensis Podl. et L. R. Xu in Novon 17（2）：236. 2007；Fl. China 10：448. 2010.

多年生草本。植株高 25～35 cm。茎数枚，密被白色丁字毛，并混有黑色丁字毛，特别在下部节处毛较密。叶长 3～6 cm；托叶长 3～4 mm，与叶柄分离，彼此高度联合，疏被白毛和黑毛，后期有些部分近无毛；叶柄长 0.4～1.5 cm，叶柄和叶轴与茎被毛相似；小叶 5～8 对，长 4～7 mm，宽 1.5～3.0 mm，腹面无毛，背面疏被白色毛。总状花序长约 3 cm，具密集的 8～10 花；总花梗长 5～12 cm，被像茎一样的稀少至很稀少的毛；苞片长 3～4 mm，具明显不对称的基生的白色和黑色两叉毛；花萼在花期狭椭圆形，长 11～13 mm，疏被近伏贴的黑毛和少量白毛，后期膨胀，黑毛减少，萼齿长约 1 mm；花冠白色或淡紫色，有时脊具紫点；旗瓣狭倒卵形，长 19～20 mm，宽约 7 mm，先端凹；翼瓣长 16～17 mm；龙骨瓣长 14～16 mm。子房具长 1.5～2.5 mm 的柄，被白毛和黑毛。荚果未知。

产新疆：喀什、阿克陶（恰克拉克铜矿，青藏队吴玉虎 87636；恰尔隆乡，青藏队吴玉虎 4631、5102、5103B）、叶城（苏克皮亚，青藏队吴玉虎 1085、1126）、和田（喀什塔什，青藏队吴玉虎 2053、2575）、且末（阿羌乡昆其布拉克，青藏队吴玉虎 2088）、若羌（阿尔金山保护区鸭子泉，青藏队吴玉虎 2134、3921）。生于海拔 2 800～4 300 m 的河谷阶地沙砾滩、干旱的沙砾河床、河边湿草地、宽谷湖盆干旱草原沙砾地。

分布于我国的新疆。

我们的标本大多小叶很小，长仅 2～3 mm，宽仅 1～2 mm；残留枯枝密集，当年生茎疏丛生。

105. 青海黄耆

Astragalus kukunoricus N. Ulziykh. Novosti Sist. Vyssh. Rast. 30：107. 1996；Pl. Centr. Asia 8 (c)：218. 2004；Fl. China 10：447. 2010.

多年生草本，植株高 12～20 cm，簇生。茎数枚，基部分枝，密被至极密被白色丁字毛。叶长 1～6 cm；托叶长 4～6 mm，散生白色丁字毛，部分近光滑；叶柄长 0.3～2.0 cm，与叶轴同被白色丁字毛；小叶 5～8 对，椭圆形，长 2～8 mm，宽 1～3 mm，背面散生白色丁字毛，腹面光滑或近光滑。总状花序长 1.0～2.5 cm，具少数花，总花梗长 1～3 cm，被稍密的毛；苞片长 3～5 mm，被白毛和黑毛，边缘被单毛；花萼在花期管状，长 8～11 mm，后期膨胀为卵形至球形，长 10～12 mm，疏至稍密被黑色丁字毛和斜升的、明显不对称的双叉毛，以及较长缠结的白色单毛，萼齿长 0.5～1.5 mm；花冠淡紫红色，或其脊白色而具紫点；旗瓣狭倒卵形，长 18～21 mm，宽约 7 mm，先端凹；翼瓣长 16～19 mm；龙骨瓣长 13～17 mm。荚果长 3.0～3.5 mm，具长 0.7～1.0 mm 的柄，先端具不明显的反转喙。

产青海：冷湖（当金山口，青甘队 577）、兴海（温泉乡姜路岭，吴玉虎 28838、28846）、玛沁（大武镇后山，植被地理组 416）、称多（扎多乡，苟新京 232）、曲麻莱（通天河与楚玛尔河交汇处，吴玉虎 38814A）。生于海拔 3 600～4 230 m 的沟谷砾石山坡、沟谷河滩草甸、河谷阶地、沙砾质干河床、滩地干旱草原。

分布于我国的新疆、青海、甘肃。

组 34. 兔尾状黄耆组 Sect. Laguropsis Bunge

Bunge in Mém. Acad. Sci. St.-Pétersb. ser. 7. 11 (16)：137. 1868 (incl. Sect. *Sphaerocystis* Bunge op. cit. 138)；Basil. in Not. Syst. Herb. Hort. Bot. Petrop. 3 (27～30)：105～120. 1922；Boriss. in Kom. Fl. URSS 12：839. 1946；S. B. Ho in Bull. Bot. Res. 3 (4)：55. 1983；中国植物志 42 (1)：339. 1993.

草本。茎极短缩，不明显。托叶下部或近基部合生。总状花序头状、卵圆状或长圆状；无小苞片；花萼初期管状，后渐膨大成膀胱状，宽椭圆形或近球形；花冠黄色、紫色或粉红色，稀白色。荚果小，包被在不裂的花萼内，被伏贴或开展的短柔毛，革质，假 2 室或 1 室。

组模式种：兔尾黄耆 A. *laguroides* Pall.

昆仑地区产 3 种。

分 种 检 索 表

1. 萼齿较短，约为萼筒长的 1/5～1/4，花冠紫红色；小叶先端钝 ……………………
………………… **108. 钝叶黄耆 A. obtusifoliolatus** (S. B. Ho) Podl. et L. R. Xu
1. 萼齿较长，约为萼筒长的 1/3～1/2；小叶椭圆形，长圆形或倒卵形。
　2. 总花梗较叶短，稀与叶等长；花冠黄色 ……… **106. 胀萼黄耆 A. ellipsoideus** Ledeb.
　2. 总花梗较叶长 1.5～2.0 倍 ………………… **107. 边塞黄耆 A. arkalycensis** Bunge

106. 胀萼黄耆

Astragalus ellipsoideus Ledeb. Fl. Alt. 3：319. 1831；Bunge in Mém. Acad. Sci. St. -Pétersb. ser. 7. 15（1）：237. 1869；Fl. URSS 12：850. 1946；Fl. Kazakh. 5：322. t. 41：2. 1961；植物研究 3（4）：59. 1983；新疆植物检索表 3：170. 1983；中国植物志 42（1）：340. 图版 91：1～7. 1993；青海植物志 2：229. 1999；青藏高原维管植物及其生态地理分布 464. 2008；Fl. China 10：450. 2010.

多年生草本，高 10～30 cm。根粗壮，褐色或黄褐色。茎近无。奇数羽状复叶；小叶9～17 枚；托叶基部与叶柄联合，密被白色丁字毛；小叶椭圆形或倒卵形，长 5～15 mm，宽3～5 mm，两面密被伏贴的白色丁字毛。总花梗与叶等长或稍长；短总状花序，卵形、近球形或圆筒形，花密集；苞片条状披针形，长 2～3 mm；花萼筒形，长约 1 cm，果期膨胀伸长，萼齿条状锥形，长 4～5 mm，被白色和黑色长柔毛；花冠黄色；旗瓣长 2.0～2.6 cm，瓣片矩圆状倒披针形，先端凹或圆，中部渐狭，柄长为瓣片的 1/3～1/2；翼瓣稍短于旗瓣，瓣片条状矩圆形，为柄长的 2/3；龙骨瓣长 15～18 mm，柄长于瓣片。荚果卵状矩圆形，长 12～15 mm，宽约 4 mm，包于萼筒内，草质，2 室，密被开展的白色丁字毛。　花果期 5～8 月。

青海：都兰、格尔木。生于海拔 3 000～3 800 m 左右的荒漠草原、沙砾质河漫滩、山坡沙砾地。

分布于我国的新疆、青海、甘肃、宁夏、内蒙古；蒙古，俄罗斯西伯利亚，哈萨克斯坦也有。

我们未见到青海标本，此前的文献之所以认为本种在青海有分布，或许是将雪地黄耆 A. *nivalis* Kar. et Kir. 误定为本种所致。今亦暂列于此，容后再研究。

107. 边塞黄耆

Astragalus arkalycensis Bunge in Mém. Acad. Sci. St. -Pétersb. ser. 7. 15（1）：238. 1869；Boriss. in Kom. Fl. URSS 12：852. 1946；Fl. Kazakh. 5：323. t. 41：7. 1961；植物研究 3（4）：60. 1983；新疆植物检索表 3：170. 1983；中国植物志 42（1）：343. 图版 91：8～14. 1993；Fl. China 10：449. 2010.

多年生草本，高 6～15 cm。根粗壮。茎极短缩，不明显，丛生。羽状复叶有 11～23 枚小叶，长 5～10 cm；叶柄纤细，与叶轴近等长或稍短；托叶基部合生，上部卵圆形或短渐尖，长 6～8 mm，密被白色毛；小叶长圆形、椭圆形或倒卵形，长 4～8 mm，先端尖，稀钝圆有短尖头，两面密被灰白色伏贴毛。总状花序圆球形或球状宽椭圆形；总花梗为叶长的 1.5～2.0 倍，稀稍长，较叶柄粗壮，密被白色伏贴毛；苞片线状披针形，被白色毛；花梗极短；花萼初期管状，长约 10 mm，果期膨大，长可达 15 mm，卵圆形，被开展的白、黑色毛，萼齿线形，长为筒部的 1/4～1/3；花冠淡黄白色；旗瓣长 18～22 mm，狭长圆状倒卵形，先端微凹，中部微缢缩，下部渐狭成不明显的瓣柄；翼瓣长 17～20 mm，瓣片上部微扩展，先端微凹，较瓣柄短；龙骨瓣较翼瓣短，瓣片较瓣柄短。荚果卵圆形，两端尖，背缝线有龙骨状突起，长 9～10 mm，宽 3～4 mm，密被开展的白色毛，革质，2 室，每室含种子1～2 粒。 花期 5～6 月，果期 6～7 月。

产新疆：乌恰。生于海拔 3 600 m 左右的沟谷山坡草地。

分布于我国的新疆、甘肃、宁夏、内蒙古；蒙古，俄罗斯西伯利亚，哈萨克斯坦也有。

108. 钝叶黄耆

Astragalus obtusifoliolatus（S. B. Ho）Podl. et L. R. Xu Sendtnera 7：200. 2001；Fl. China 10：451. 2010. —— *A. nobilis* Bung ex B. Fedtsch. var. *obtusifoliolatus* S. B. Ho in Bull. Bot. Res. 3（4）：58. f. 8. 1983；中国植物志 42（1）：345. 图版 92：14～23. 1993.

多年生草本，高 5～15 cm。茎极短缩，不明显，地下部分有短分枝，呈疏丛状。羽状复叶有 5～9 枚小叶，长 3～7 cm；叶柄与叶轴近等长，密被白色伏贴毛；托叶下部与叶柄贴生，上部宽卵圆形，先端渐尖，膜质，密被白毛；小叶长圆状倒卵形或椭圆形，先端钝圆，长 5～10 mm，两面密被白色伏贴毛，灰绿色。总状花序卵状球形，生 10 余朵花，花序轴长 2～4 cm；总花梗被白色伏贴毛，紧接花序处混生黑色毛，连同花序轴为叶长的 1.5～2.0 倍；苞片卵圆形或长圆形，长 4～6 mm，疏被白、黑色缘毛；花萼初期管状，后膨大成圆卵形，上部带红色，长 10～12 mm，密被开展的白色毛和少量黑色伏贴毛，果期毛渐稀疏，萼齿钻状，长为萼筒的 1/3～1/2，被较多的黑色毛；花冠紫红色（干后黄色）；旗瓣长 18～21 mm，狭椭圆形，先端微凹，中部缢缩，下部渐狭成瓣柄；翼瓣较旗瓣短，瓣片长圆形，先端具偏斜的微缺，较瓣柄稍短；龙骨瓣长 14～18 mm，瓣片近半圆形，长为瓣柄的 1/2。荚果包于膨大的宿萼内，卵圆形，长 5～6 mm，被白色毛，两侧扁平，腹缝线微呈龙骨状凸起，背缝线有浅沟，近 2 室，每室含种子1～2 粒。 花期 5～6 月，果期 6～7 月。

产新疆：乌恰（采集地不详，西植所新疆队 2128、阎平 4258、中科院新疆综考队 10335）。生于海拔 2 200～3 000 m 的沟谷山地阳坡、山前洪积扇。

分布于我国的新疆。

17. 棘豆属 Oxytropis DC.

DC. Astrag. 53. 1802.

多年生草本、半灌木或矮灌木。具奇数、偶数或轮生羽状复叶，小叶对生、互生或轮生；托叶合生或分离；小托叶无。总状花序、穗状花序或总状花序密集成头状，稀为伞形花序，具1至多花；苞片小，膜质；小苞片小或无；花萼钟状或筒状，萼齿5枚，近等长；花冠紫色、紫堇色、白色或黄色，通常伸出花萼外；旗瓣最长，直立，具柄；翼瓣和龙骨瓣等长或较短于旗瓣，通常具较长柄和短耳；龙骨瓣先端具明显的喙；雄蕊10枚，二体（9+1），花药同型；子房有柄或无柄，具胚珠多数，花柱内弯，无髯毛，柱头头状。荚果通常膨胀，膜质或革质，卵状球形、矩圆形或条状矩圆形，伸出花萼外或藏于花萼内，果瓣2枚，腹缝线通常成较深沟槽，沿腹缝开裂，稀不开裂，腹缝线多少向内延伸成隔膜，1室或不完全2室，稀为2室，含种子多数；种子肾形。

约300种，分布于北美洲、欧洲和亚洲。我国约150种，分布于西北、华北、东北、西南地区；昆仑地区有4亚属15组，75种9变种和3变型。

分亚属与分组检索表

1. 荚果包藏于花萼内；花萼于结果后被撕裂（**亚属 1. 柔毛棘豆亚属** Subgen. **Ptiloxytropis** Bunge） ····················· **组 1. 柔毛棘豆组** Sect. **Ptiloxytropis** Bunge
1. 荚果伸出于花萼外；花萼于结果后被撕裂。
  2. 有刺垫状小灌木（**亚属 2. 猬刺棘豆亚属** Subgen. **Tragacanthoxytropis** Vass.）
    3. 偶数羽状复叶，小叶先端具刺；荚果硬革质，长圆形 ····················· ····················· **组 2. 猫头刺组** Sect. **Leucotriche** Bunge
    3. 奇数羽状复叶，小叶先端不具刺；荚果膜质，泡状 ····················· ····················· **组 3. 猬刺棘豆组** Sect. **Hystrix** Bunge
  2. 多年生草本，无刺。
    4. 荚果无隔膜，1室；植物体被单毛（**亚属 3. 棘豆亚属** Subgen. **Oxytropis** C. W. Chang）。
      5. 托叶与叶柄贴生 ····················· **组 6. 蓝花棘豆组** Sect. **Janthina** Bunge
      5. 托叶与叶柄分离，或仅在基部与叶柄贴生。
        6. 茎发达或稍发达。
          7. 旗瓣中部不凹缩 ····················· **组 4. 长茎棘豆组** Sect. **Mosogaea** Bunge
          7. 旗瓣中部凹缩 ····················· **组 7. 长花棘豆组** Sect. **Dolichanthos** Gontsch.

　　　　6. 茎缩短，或几缩短 ················ **组 5. 棘豆组** Sect. **Oxytropis** C. W. Chang

4. 荚果具隔膜，不完全 2 室或 2 室；植物体被单毛或腺毛、腺点〔**亚属 4. 大花棘豆亚属** Subgen. **Orobia** (Bunge) C. W. Chang〕。

　　8. 小叶轮生。

　　　　9. 植株被腺点 ···················· **组 15. 多腺棘豆组** Sect. **Polyadena** Bunge

　　　　9. 植株不被腺点 ··············· **组 13. 轮叶棘豆组** Sect. **Baicalia** Stell. ex Bunge

　　8. 小叶对生、近对生或互生。

　　　　10. 植株被腺体 ·············· **组 14. 镰形棘豆组** Sect. **Falcicarpa** C. W. Chang

　　　　10. 植株无腺体。

　　　　　　11. 花小，长 6～13 mm；荚果呈星状开展 ···························
　　　　　　················ **组 11. 球花棘豆组** Sect. **Sphaeranthella** Gontsch.

　　　　　　11. 花较大；荚果不呈星状开展。

　　　　　　　　12. 茎缩短，呈垫状；荚果球状卵形，泡状 ··················
　　　　　　　　·················· **组 12. 矮生棘豆组** Sect. **Xerobia** Bunge

　　　　　　　　12. 茎发达或缩短，非垫状；荚果长卵圆形、卵状长圆形。

　　　　　　　　　　13. 矮小植物，茎细而短或缩短；小叶小，长 5～10 mm，如较长，则很窄（宽 1～2 mm）；花冠长 6～16 mm，无黄色 ···
　　　　　　　　　　·················· **组 10. 天山棘豆组** Sect. **Ortholoma** Bunge

　　　　　　　　　　13. 茎发达或缩短；小叶较大；花冠具各种颜色。

　　　　　　　　　　　　14. 茎发达，被开展绵柔毛；总状花序短，头形或卵形；荚果革质，长圆形，直立 ·······················
　　　　　　　　　　　　·················· **组 9. 黄花棘豆组** Sect. **Chrysantha** Vass.

　　　　　　　　　　　　14. 茎缩短，微被单毛或短柔毛；总状花序稍短，长圆形；荚果硬膜质，长圆状卵形 ······················
　　　　　　　　　　　　·················· **组 8. 大花棘豆组** Sect. **Orobia** Bunge

亚属 1. 柔毛棘豆亚属 Subgen. **Ptiloxytropis** Bunge

Bunge in Mém. Acad. Sci. St.-Pétersb. ser. 7. 22 (1)：46. 1874；I. Vass. et B. Fedtsch. in Kom. Fl. URSS 13：225. 1948；中国植物志 42 (2)：3. 1998.

　　多年生草本，茎缩短，密被短柔毛。小叶 5～15 枚。密球形总状花序；萼齿与萼筒等长或较之长 1 倍；花冠紫色，长 8～14 mm。荚果长圆状卵形，小，包于花萼内，1 室。

　　亚属模式种：毛齿棘豆 *Oxytropis trichocalycina* Bunge

　　本亚属有 3 种，分布于我国新疆西部（天山河、塔什库尔干），以及中亚地区各国。

组 1. 柔毛棘豆组 Sect. Ptiloxytropis Bunge

Bunge in Mém. Acad. Sci. St.-Pétersb. ser. 7. 22 (1): 46. 1874.

无茎草本，高 3～12 cm。花萼在开花期不膨胀，萼齿等长或稍长于萼筒；旗瓣长 0.7～1.4 cm。

昆仑地区产 2 种。

分 种 检 索 表

1. 花萼的萼齿比萼筒长 0.5～1.0 倍；旗瓣长 9～14 mm ……………………………………
…………………………………………… **1. 毛序棘豆 O. trichosphaera** Freyn.
1. 花萼的萼齿与萼筒等长；旗瓣长 7～9 mm …………… **2. 美丽棘豆 O. bella** B. Fedtsch.

1. 毛序棘豆 图版 44：1～4

Oxytropis trichosphaera Freyn. in Bull. Herb. Boiss. ser. 2. 6：193. 1906；I. Vass. et B. Fedtsch. in Kom. Fl. URSS 13：226. 1948；新疆植物检索表 3：74. 1983；中国植物志 42 (2)：4. 1998；青藏高原维管植物及其生态地理分布 514. 2008.

多年生草本，高 8～10 cm。根颈木质化，分枝很多，疏被白色柔毛。羽状复叶长 3～4 cm；托叶三角状卵形，长 3～4 mm，于基部与叶柄贴生，彼此合生很高，分离部分披针形，被白色柔毛；叶柄与叶轴密被开展白色柔毛；小叶 9～11 枚，较密集，披针形，长 5～9 mm，宽 1.5～2.0 mm，两面密被伏贴柔毛。多花组成密头形总状花序；总花梗较叶长 1 倍，被短柔毛；苞片线状披针形，长 3～5 mm，被白色长柔毛；花梗长约 1 mm；花萼钟状，长 7～9 mm，疏被开展白色柔毛，萼齿线形，较萼筒长；花冠紫色；旗瓣长 9～10 mm，瓣片倒卵形，全喙，基部渐狭成宽的瓣柄；翼瓣长 8～9 mm；龙骨瓣与翼瓣等长，喙长约 2 mm。荚果长圆卵形，与花萼等长，包于萼内，宽 2.0～2.5 mm，先端具短的弯曲喙，疏被伏贴的白色柔毛，通常具 2 粒种子，无果梗；种子广椭圆状长圆形，长 2.5 mm，宽 1 mm，棕绿色。 花果期 7～8 月。

产新疆：若羌（阿其克库勒湖东岸，采集人不详 88015、88085）。生于海拔 4 100～4 200 m 的沟谷山地荒漠草原、高山带砾石质山坡、沙砾质山地阴坡。模式标本采自东帕米尔高原。

分布于我国的新疆；帕米尔-阿赖山一带，中亚地区各国也有。

2. 美丽棘豆 图版 44：5～9

Oxytropis bella B. Fedtsch. in O. Fedtsch. Fl. Pamir. 21. 1903；I. Vass. et

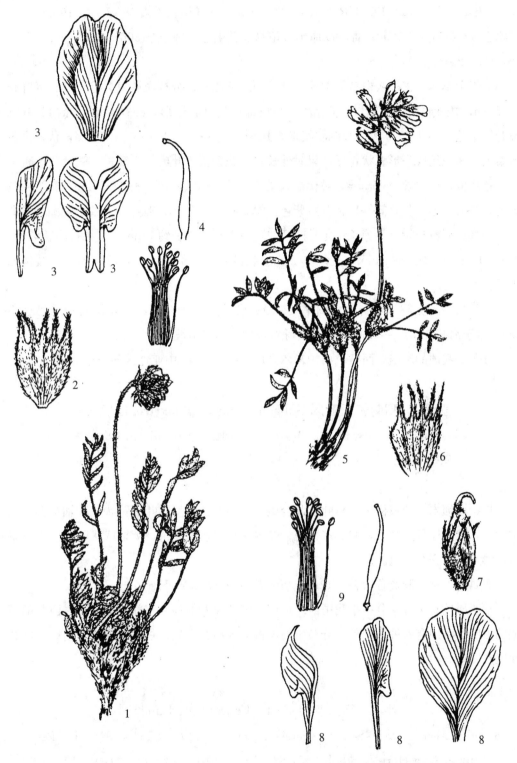

图版 44　毛序棘豆 Oxytropis trichosphaera Freyn. 1. 植株；2. 花萼；3. 花解剖（示各瓣）；4. 雄蕊、雌蕊。美丽棘豆 O. bella B. Fedtsch. 5. 植株；6. 花萼；7. 果实与宿存花萼；8. 花解剖（示各瓣）；9. 雄蕊、雌蕊。（引自《新疆植物志》，朱玉善绘）

B. Fedtsch. in Kom. Fl. URSS 13：227. 1948；新疆植物检索表 3：73. 1983；中国植物志 42（2）：4. 1998；青藏高原维管植物及其生态地理分布 506. 2008；Fl. China 10：461. 2010.

多年生草本，密被灰白色短柔毛。茎缩短或近缩短，分枝密被短柔毛。羽状复叶长 2～5 cm；托叶膜质，基部与叶柄贴生，分离部分披针状锥形，疏被柔毛；叶柄与叶轴被开展柔毛；小叶 7～9 枚，长圆状线形，长 5～10 mm，宽 2～3 mm，两面被伏贴白色疏柔毛。多花组成头形总状花序，果时伸长；总花梗长于叶或与之等长，微被白色疏柔毛；苞片披针形，长 3～5 mm，被伏贴疏柔毛；花萼筒状钟形，长 6～7 mm，密被白色柔毛，萼齿锥形，与萼筒等长；花冠紫色；旗瓣长 7～9 mm，瓣片广椭圆形或圆广椭圆形，全缘；翼瓣与旗瓣几等长；龙骨瓣几与翼瓣等长，喙长约 1 mm。荚果长圆状卵形，长 8～10 mm，宽 2～3 mm，先端具 2 mm 长的喙，腹部具沟，背部圆形，密被伏贴柔毛。

产新疆：阿克陶（木吉乡，阎平 4200）、塔什库尔干（西部，采集人和采集号不详）。生于海拔 3 000～4 200 m 的高山砾石坡地、沟谷山坡草地。

分布于我国的新疆、西藏；西帕米尔高原（喀拉湖），中亚地区各国也有。

亚属 2. 猬刺棘豆亚属 Subgen. **Tragacanthoxytropis** Vass.

Vass. in Novit. Syst. Pl. Vasc. 13：182. 1976；id. in Kom. Fl.
URSS 13：221. 1948. descr. Ross；中国植物志 42（2）：9. 1998.

垫状矮灌木，分枝极多。托叶彼此合生，并与叶柄贴生；叶柄钻状，叶轴宿存，呈刺状。总状花序具少数花，稀具多数花；花冠紫色或玫瑰红色。荚果球状卵形或小坚果状，膨大，不完全 2 室。

亚属模式种：胶黄耆状棘豆 *Oxytropis tragacanthoides* Fisch.

本亚属约有 7 种，分布于我国西北地区、俄罗斯西伯利亚南部，以及蒙古西北部等地的山区。我国有 4 种 1 变种，分布于内蒙古、陕西、宁夏、甘肃、青海、新疆；昆仑地区产 2 种。

组 2. 猫头刺组 Sect. Leucotriche Bunge

Bunge in Mém. Acad. Sci. St.-Pétersb. ser. 7. 22（1）：134. 1874；E. Pet.-
Stib. in Acta Hort. Gothob. 12：82. 1937；中国植物志 42（2）：9. 1998.

小灌木，分枝多，常成垫状形的灌丛，被伏贴绢状疏柔毛。偶数羽状复叶；托叶彼此合生，与叶柄贴生；叶柄于小叶落时硬化成细刺；小叶 4～6 枚，先端具刺。总状花序具少花，总花梗腋生，缩短；花萼于结果前膨大，结果后为荚果所撕裂。荚果硬革质，略呈坚果状，不完全 2 室，开裂。

组模式种：猫头刺 *Oxytropis aciphylla* Ledeb.

昆仑地区产 1 种。

3. 刺叶柄棘豆　图版 45：1～6

Oxytropis aciphylla Ledeb. Fl. Alt. 3：279. 1831；I. Vass. et B. Fedtsch. in Kom. Fl. URSS 13：225. t. 9. f. 1. 1948；中国主要植物图说 豆科 419. 图 413. 1955；Bajt. in Pavl. Fl. Kazakh. 5：410. t. 50：1. 1961；中国高等植物图鉴 2：425. 1972；新疆植物检索表 3：76. 图版 6：3. 1983；中国沙漠植物志 2：240，图版 85：1～4. 1987；中国植物志 42（2）：9. 图版 3：1～11. 1998；青海植物志 2：236. 图版 42：1～6. 1999；青藏高原维管植物及其生态地理分布 506. 2008；Fl. China 10：499. 2010.

丛生矮小半灌木，高 8～15 cm。根粗壮。茎多分枝。叶轴宿存，呈硬刺状，长 2～4 cm。嫩时灰绿色，密被白色伏贴柔毛；托叶膜质，下部与叶柄联合，宿存，两面无毛，边缘有白色长柔毛；偶数羽状复叶。小叶 2～4 对，条形，长 5～16 mm，宽 1～2 mm，先端渐尖，有刺尖，基部楔形，边缘常内卷，两面密被银灰色伏贴柔毛。花单生，或总状花序腋生，具 2 花；总花梗长约 10 mm，密生伏贴柔毛；花梗长 3～5 mm，被毛；苞片膜质，小，钻状披针形；花萼筒状；长 8～10 mm，宽约 3 mm，花后稍膨胀，密生长柔毛，萼齿锥状，长 2～3 mm；花冠蓝紫色或紫红色；旗瓣倒卵形，长 16～22 mm，先端钝，基部渐狭成柄；翼瓣长 14～18 mm，上部宽，先端斜截形，柄与瓣片近等长，齿尖；龙骨瓣长 12～14 mm，喙长约 1.5 mm，柄长于瓣片；子房被毛。荚果矩圆形，硬革质，长 1.0～1.5 cm，宽 4～5 mm，密被白色伏贴柔毛，背缝线深陷，隔膜发达。　花期 6～7 月，果期 7～8 月。

产新疆：若羌（阿尔金山保护区鸭子泉，郭柯 12299）。生于海拔 3 900 m 左右的砾石质沟谷山坡、沙砾滩地、高寒荒漠草原、河谷砾地。

青海：兴海（鄂拉山口，刘尚武 2586）、都兰（香日德农场，郭本兆 11828、吴征镒 216）、格尔木（三岔桥，采集人不详 201；野牛沟，黄荣福 K‑010）。生于海拔 2 900～3 600 m 的荒漠草原带的砾石山坡、湖滨沙丘、沙砾滩地、河谷沙梁、沙砾质河谷阶地、阳坡山麓台地。

分布于我国的新疆、青海、甘肃、宁夏、陕西、河北、内蒙古；蒙古南部，俄罗斯西伯利亚也有。

组 3. 猬刺棘豆组 Sect. Hystrix Bunge

Bunge in Mém. Acad. Sci. St. -Pétersb. ser. 7. 22 (1)：131. 1874；E. Pet. -Stib. in Acta Hort. Gothob. 12：82. 1937；中国植物志 42 (2)：11. 1998.

有刺垫状灌木。奇数羽状复叶；托叶彼此合生并与叶柄贴生；叶柄于小叶落后硬化成刺；小叶 7～21 枚，先端不具刺。荚果膜质，泡状。

组模式种：胶黄耆状棘豆 *Oxytropis tragacanthoides* Fisch.

昆仑地区产1种。

4. 胶黄耆状棘豆　图版 45：7～13

Oxytropis tragacanthoides Fisch. in DC. Prodr. 2：280. 1925；Bunge in Mém. Acad. Sci. St.-Pétersb. ser. 7. 22 (1)：131. 1874；I. Vass. et B. Fedtsch. in Kom. Fl. URSS 13：223. 1948；Bajt. in Pavl. Fl. Kazakh. 5：409. t. 50：2. 1961；中国高等植物图鉴 2：426. 图 2581. 1972；新疆植物检索表 3：76. 1983；中国沙漠植物志 2：242. 1987；中国植物志 42 (2)：12. 图版 3：12～22. 1998；青海植物志 2：236. 图版 42：7～13. 1999；青藏高原维管植物及其生态地理分布 514. 2008；Fl. China 10：500. 2010.

丛生矮小半灌木，高 5～20 cm。根粗壮而长。老枝粗壮，密被红褐色针刺状宿存叶轴，茎短，多分枝。奇数羽状复叶，长 2～8 cm；托叶膜质，疏被毛，下部与叶柄联合；叶轴粗壮，初时密被白色伏贴柔毛，叶落后变成无毛的刺状，宿存；小叶 7～15 枚，矩圆形，长 4～18 mm，宽 2～5 mm，先端钝，两面密被白色绢毛。总状花序具2～5花；总花梗短于叶，密被绢毛；苞片条状披针形，长 3～5 mm，被毛；花萼筒状，长约 12 mm，宽约 4 mm，密生长柔毛，萼齿钻形，长约 3 mm；花冠紫红色；旗瓣倒卵形，长 18～24 mm，先端稍圆，柄稍短于瓣片；翼瓣长 18～20 mm，上部宽，先端斜截形，具尖耳，柄稍长于瓣片；龙骨瓣长 15～17 mm，柄长于瓣片，喙长 1～2 mm。荚果卵球形，长 14～24 mm，宽 8～12 mm，近无柄，膨胀成膀胱状，密被白色和黑色长柔毛。　花期 6～7 月，果期 7～8 月。

产新疆：若羌（阿尔金山保护区 Piaqiriketagor，吴玉虎 2147；祁漫塔格山，青藏队吴玉虎 2176、3999、4000、4284；土房子，青藏队吴玉虎 2768）。生于海拔 3 600～4 400 m 的沟谷山地砾石坡、河谷砾石滩地、山前冲积扇、河沟岩隙。

青海：兴海、都兰（沟里乡，吴玉虎 36226、36230）、格尔木（小南川，青甘队 440）、玛多（黑海乡，吴玉虎 032）。生于海拔 2 800～4 150 m 的高寒荒漠区、高寒荒漠草原区、干山坡草地、砾石山麓、石质和砾石质阳坡草地、沟谷山坡石隙。

分布于我国的新疆、青海、甘肃、内蒙古；蒙古西北部，哈萨克斯坦东北部，俄罗

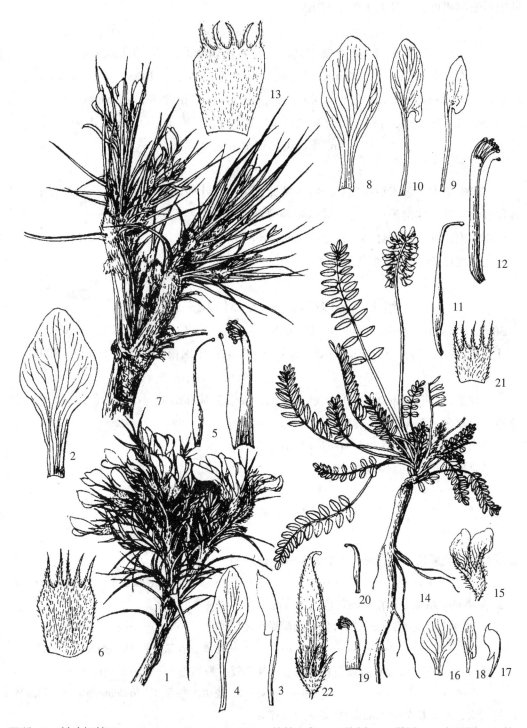

图版 **45**　刺叶柄棘豆 **Oxytropis aciphylla** Ledeb. 1. 植株上部；2. 旗瓣；3. 翼瓣；4. 龙骨瓣；5. 雄蕊和雌蕊；6. 花萼展开。胶黄耆状棘豆 **O. tragacanthoides** Fisch. 7. 植株上部；8. 旗瓣；9. 翼瓣；10. 龙骨瓣；11. 雌蕊；12. 雄蕊；13. 花萼展开。急弯棘豆 **O. deflexa**（Pall.）DC. 14. 植株；15. 花；16. 旗瓣；17. 翼瓣；18. 龙骨瓣；19. 雄蕊；20. 雌蕊；21. 花萼展开；22. 荚果。（王颖绘）

斯中西伯利亚也有。又见于阿尔泰山区。

亚属 3. 棘豆亚属 Subgen. **Oxytropis** C. W. Chang

C. W. Chang in Fl. Reipub. Popul. Sin. 42（2）：14. 1998. —— Subgen. *Phacoxytropis* Bunge Rel. Lehm. 76. excl. sp. pl.；id. in Mém. Acad. Sci. St.-Pétersb. ser. 7. 22（1）：6. 1874；I. Vass. et B. Fedtsch. in Kom. Fl. URSS 13：5. 1948.

多年生草本。茎缩短或发达。托叶彼此合生，与叶柄贴生或离生。花冠常较小，具各种颜色。荚果伸出于花萼外，被伏贴疏柔毛，无隔膜，1 室。

亚属模式种：山棘豆 *Oxytropis montana*（Linn.）DC.

昆仑地区产 56 种 7 变种 2 变型。

组 4. 长茎棘豆组 Sect. Mosogaea Bunge

Bunge in Mém. Acad. Sci. St.-Pétersb. ser. 7. 22（1）：38. 1874；I. Vass. et B. Fedtsch. in Kom. Fl. URSS 13：38. 1948；中国植物志 42（2）：17. 1998.

茎发达，有时微发达，托叶与叶柄分离，或仅在基部贴生。花冠紫色、深红色、淡紫色，稀黄色。荚果下垂，被疏柔色。

组模式种：甘肃棘豆 *Oxytropis kansuensis* Bunge

昆仑地区产 19 种 5 变种。

分 种 检 索 表

1. 花较小；花萼长 3～5 mm，旗瓣长 6～8 mm。
    2. 荚果被开展柔毛 ………………………………………… **5. 微柔毛棘豆 O. puberula** Boriss.
    2. 荚果被伏贴柔毛；花冠淡紫色或蓝紫色。
        3. 托叶彼此分离或于基部合生；旗瓣瓣片宽倒卵形 ……………………………………
        …………………………………………… **6. 小花棘豆 O. glabra**（Lam.）DC.
        3. 托叶下部 2/3 至中部以下彼此联合；旗瓣瓣片扁圆形 ……………………………
        …………………………………………… **7. 柴达木棘豆 O. qaidamensis** Y. H. Wu
1. 花较大；花萼长 7～14 mm，旗瓣长 9～17 mm。
    4. 植株高 20～50 cm，具发达的直立茎；总状花序较长。
        5. 花冠黄色。
            6. 花萼被白色长柔毛，有时杂有黑色短柔毛，果期基部稍膨胀成囊状，花冠
            各瓣片的顶部常呈缩皱状而不伸展 ……… **10. 黄花棘豆 O. ochrocephala** Bunge

6. 花萼密或疏被黑色短柔毛，有时杂有少量白色长柔毛，果期不膨胀；花冠
　各瓣片的顶部伸展而不呈缩皱状。

　　7. 茎铺散或斜升，较细弱，疏丛生；小叶两面疏被白色短柔毛或近无毛；
　　　托叶三角形，长 4~8 mm；旗瓣长 13 mm 以下，瓣片宽卵形，先端微凹
　　　　……………………………………… **8. 甘肃棘豆 O. kansuensis** Bunge

　　7. 茎直立，密丛生，较粗壮，小叶两面较密被白色伏贴的长柔毛；托叶卵
　　　状披针形，长 10~15 mm；旗瓣长至 17 mm，瓣片卵圆形或近圆形，先
　　　端常全缘或有时微凹 ………………… **9. 兴海棘豆 O. xinghaiensis** Y. H. Wu

5. 花冠紫红色或蓝紫色。

　8. 托叶彼此分离。

　　9. 小叶 13~19；苞片长不足 3 mm；萼齿长约 3 mm 以下；龙骨瓣的喙长约
　　　2 mm 以上 …………………………… **11. 洮河棘豆 O. taochensis** Kom.

　　9. 小叶 21~31；苞片长约 7 mm；萼齿长 3~4 mm；龙骨瓣的喙长 1.0~
　　　1.5 mm …………………………… **12. 华西棘豆 O. giraldii** Ulbr.

　8. 托叶于中部彼此联合；总状花序呈头状，密生多花。

　　10. 茎为多棱柱形，具明显沟棱，密被柔毛；小叶两面被半开展柔毛 ……
　　　………………………………… **13. 青海棘豆 O. qinghaiensis** Y. H. Wu

　　10. 茎为圆柱形，不具或稍上部偶具不明显沟棱，疏被柔毛；托叶卵状披针
　　　形或披针形；小叶两面被伏贴毛。

　　　11. 托叶长 5~9 mm；苞片线形或线状披针形，长 4~6 mm …………
　　　　……………………… **14. 布尔汗布达棘豆 O. burhanbudaica** Y. H. Wu

　　　11. 托叶长 9~12 mm；苞片卵状披针形或披针形，长 6~11 mm ………
　　　　………………………… **15. 玛沁棘豆 O. maqinensis** Y. H. Wu

4. 植株高 4~20 cm，具短茎或茎极短缩而几呈无茎状；总状花序短。

12. 花冠黄色。

　13. 旗瓣瓣片有缢缩…………………… **16. 甘德棘豆 O. gandeensis** Y. H. Wu

　13. 旗瓣瓣片无缢缩 …………………… **17. 玛多棘豆 O. maduoensis** Y. H. Wu

12. 花冠为其他颜色。

　14. 旗瓣瓣片中上部有缢缩 … **18. 阿尼玛卿山棘豆 O. anyemaqensis** Y. H. Wu

　14. 旗瓣瓣片中上部无缢缩。

　　15. 茎被开展长柔毛；小叶较多，长而窄，长 10~20 mm，宽 2~3 mm
　　　………………………………… **19. 急弯棘豆 O. deflexa**（Pall.）DC.

　　15. 茎被伏贴柔毛或疏被毛；小叶少而小。

　　　16. 荚果长，被半开展白色柔毛或开展茸毛；小叶 9~17 枚；龙骨瓣
　　　喙长 1.5~2.0 mm ……………… **20. 霍城棘豆 O. chorgossica** Vass.

　　　16. 荚果被伏贴短柔毛；小叶 13~31。

　　　　17. 总花梗与叶等长或短于叶。

18. 茎细弱而分枝多；旗瓣长 6～9 mm，瓣片圆形 ············
·················· **21. 短硬毛棘豆 O. hirsutiuscula** Freyn

18. 茎不甚发达，近缩短；旗瓣长 10.0～12.5 mm，瓣片宽卵
形 ·················· **22. 黑萼棘豆 O. melanocalyx** Bunge

17. 总花梗与叶等长，稍短或长于叶。

19. 总花梗稍短于叶或与叶等长；小叶 13～19；旗瓣瓣片宽
卵形 ·················· **23. 改则棘豆 O. gerzeensis** P. C. Li

19. 总花梗长于叶或与叶等长；小叶 17～31；旗瓣瓣片圆形
·················· **24. 古尔班棘豆 O. gorbunovii** Boriss.

5. 微柔毛棘豆 图版 46：1～4

Oxytropis puberula Boriss. in Acta Tadjik base Acad. Sci. URSS 2：169. 1936；Fl. URSS 13：43. t. 1：1. 1948；Fl. Kazakh. 5：334. t. 43：4. 1961；中国植物志 42（2）：24. 图版 7：10～14. 1998；青藏高原维管植物及其生态地理分布 512. 2008.

多年生草本，高 15～70 cm。茎直立，被开展疏柔毛。羽状复叶长 5（～7）～10 cm；托叶草质，卵形，长 7～12（～14）mm，彼此于基部合生，被开展疏柔毛；叶柄短；小叶 11～15，长圆状卵形或广椭圆状披针形，长 5～25 mm，宽 2～7 mm，先端尖，基部圆形，两面疏被伏贴短柔毛，但上面的毛较稀。多花组成长圆形疏总状花序，长 5～10 cm；总花梗长于叶，或与之等长，被白色疏柔毛，在花序内混生褐色柔毛；苞片线形，长 2.0～2.5 mm，先端尖，疏被长柔毛；花萼钟形，长 3～4 mm，密被短柔毛，萼齿披针形，比萼筒短 1 倍；花冠紫色；旗瓣长 6～8 mm，瓣片圆形，先端微缺；翼瓣略短于旗瓣，瓣片向上扩展，先端微凹；龙骨瓣长约 6 mm，喙长约 1 mm；子房长圆形，密被柔毛，子房柄短，胚珠 5～9 枚。荚果硬膜质，长圆状广椭圆形或长圆形，膨胀，下垂，长 8～15 mm，宽 4～6 mm，喙长约 1 mm，被开展的白色和黑色短柔毛，1 室，果梗长约 1 mm；种子卵状肾形，长约 2 mm，光滑，褐色。 花果期 7～8 月。

产新疆：和田。生于海拔 2 400～3 600 m 的河谷盐碱地、河岸草地、河溪沟渠边。青海：都兰（香日德，青甘队 1328）。生于海拔 3 160 m 左右的田边草地。

分布于我国的新疆、青海。

6. 小花棘豆 图版 46：5～8

Oxytropis glabra（Lam.）DC. Astrag. 35. 1802；Bunge in Mém. Acad. Sci. St.-Pétersb. ser. 7. 22（1）：40. 1874；I. Vass. et B. Fedtsch. in Kom. Fl. URSS 13：41. 1948；中国主要植物图说 豆科 420. 图 415. 1955；Bajt. in Pavl. Fl. Kazakh. 5：333. t. 43：1. 1961；中国高等植物图鉴 2：427. 1972；新疆植物检索表 3：86. 图版 6：2. 1983；Fl. W. Pakist. 100：112. 1977；中国沙漠植物志 2：246.

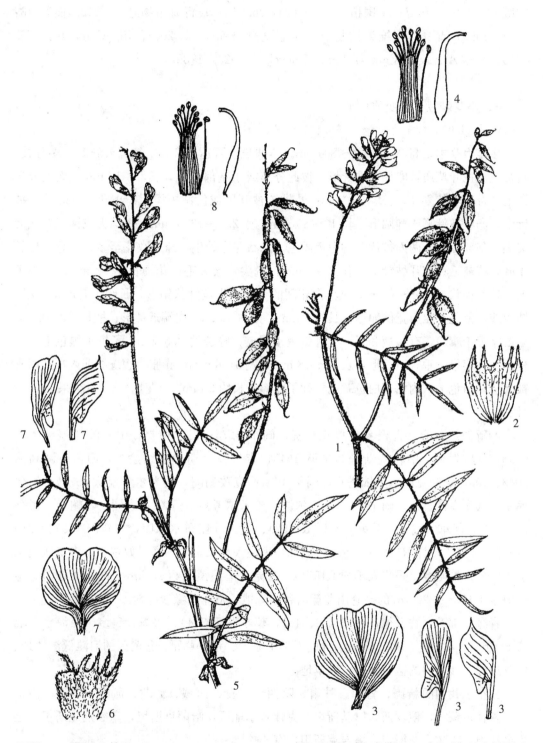

图版 46　微柔毛棘豆 **Oxytropis puberula** Boriss. 1. 花、果枝；2. 花萼；3. 花解剖（示各瓣）；4. 雄蕊和雌蕊。小花棘豆 **O. glabra**（Lam.）DC. 5. 花、果枝；6. 花萼；7. 花解剖（示各瓣）；8. 雄蕊和雌蕊。（引自《新疆植物志》，朱玉善绘）

图版 88：1～7. 1987；中国植物志 42（2）：26. 1998；青海植物志 2：242. 图版 43：1～8. 1999；青藏高原维管植物及其生态地理分布 508. 2008；Fl. China 10：476. 2010. —— *Astragalus glaber* Lam. Encycl. 1：525. 1783.

6a. 小花棘豆（原变种）

var. **glabra**

多年生草本，高 20～30（～80）cm。茎伸长，可达 1.2 m，匍匐或斜升，多分枝、疏被毛。托叶草质，卵形至披针形，彼此分离或于基部合生，长 5～10 mm，无毛或疏被毛；奇数羽状复叶，长 5～10 cm；叶轴疏被开展或伏贴短柔毛；小叶 5～23 枚，披针形、卵状披针形或椭圆形，长 10～30 mm，宽 2.5～13.0 mm，先端尖或钝，有或无突尖，基部圆形，两面被伏贴的白色柔毛。总状花序腋生，疏生数花至多花；总花梗长于叶，疏被毛；苞片披针形，长 2～4 mm，锐尖，被柔毛；花梗长 1～2 mm，被黑色毛；花萼钟状，长 4～5 mm，被黑白相间的毛，萼齿披针状钻形，长约 1.5 mm；花冠紫色或蓝紫色；旗瓣宽倒卵形，长约 8 mm，宽约 6 mm，先端近截形，柄长约 2.5 mm；翼瓣略短于旗瓣，有短柄和耳；龙骨瓣短于翼瓣，喙长约 0.5 mm；子房被黑色毛，花柱无毛。荚果下垂，矩圆形，长 10～18 mm，宽 3～6 mm，膨胀，腹缝线凹入，外面密被黑色和白色毛，内面有白色茸毛；种子肾形，长约 2 mm。 花期 6～8 月，果期 7～9 月。

产新疆：乌恰（吉根乡乌鲁克洽提，阎平 4275；巴尔库提，中科院新疆综考队 9698；县城附近，中科院新疆综考队 1645；吉根乡至斯木哈纳途中，西植所新疆队 2043、2057）、阿克陶（奥依塔克，阎平 4604；克孜勒陶，帕米尔考察队 5971）、塔什库尔干（库克西鲁格，阎平 4146；马尔洋，帕米尔考察队 5341；大同乡，帕米尔考察队 5102）、莎车（城郊，采集人不详 R1152）、皮山（亚布尔水库，刘新阳 285）、和田（城郊，采集人不详 R1435）、策勒（城郊，采集人和采集号不详；奴尔乡，青藏队吴玉虎 1941A；恰哈乡，采集人不详 R1571）、若羌（茫崖镇西约 20 km，刘海源 006）。生于海拔 1 400～2 900 m 的昆仑山北麓河谷沙砾地、沼泽边缘沙砾地。

青海：都兰（香日德，杜庆 450、461，郭本兆 11814）、兴海、玛多（黑海乡，杜庆 545）。生于海拔 2 800～3 900 m 的干旱草原带、荒漠草原、荒漠区的河滩低湿沙地、湖盆边缘、沙丘间的盐湿地、山坡草地。

分布于我国的新疆、青海、甘肃、陕西、宁夏、西藏、河北、河南、山西、内蒙古、吉林；蒙古，俄罗斯，巴基斯坦，克什米尔地区，哈萨克斯坦，乌兹别克斯坦，土库曼斯坦，吉尔吉斯斯坦，塔吉克斯坦也有。

6b. 细叶棘豆（变种）

var. **tenuis** Palib. in Bull. Herb. Boriss. ser. 2. 8：160. 1908；中国主要植物图

说 豆科 422. 图 416. 1955；中国沙漠植物志 2：249. 1987；中国植物志 42（2）：27. 1998；青海植物志 2：244. 1999；青藏高原维管植物及其生态地理分布 508. 2008.

本变种与原变种的区别在于：植株较小，茎细弱，长约 10 cm；小叶多，21～29 枚，长 4～10 mm，宽 2～3 mm；荚果较小，长仅 6～9 mm，宽仅 3～4 mm。

产新疆：乌恰（吉根乡斯木哈纳，西植所新疆队 2052、2085）、阿克陶（恰克拉克，青藏队吴玉虎 870571；琼块勒巴什，青藏队吴玉虎 870650）、塔什库尔干（城郊东面，西植所新疆队 805、815）、莎车（卡琼乡水站，刘新阳 347）、塔什库尔干（县郊，西植所新疆队 815）、叶城（麻扎达拉，青藏队吴玉虎 871416；乔戈里峰，青藏队吴玉虎 1504）、和田（喀什塔什，青藏队吴玉虎 3063）、且末、策勒（奴尔乡，青藏队吴玉虎 88‑1914）。生于海拔 1 400～3 900 m 的河谷沙砾草地、河湖边草地、盐渍化低湿草甸、渠岸田埂、高原湖泊岛屿草甸。

西藏：日土、噶尔（狮泉河，高生所西藏队 3740）、改则、双湖、班戈。生于海拔 4 000～5 000 m 的山坡草地、砾石地、沟谷河滩湿沙砾地、沿河盐渍草甸、高山湖畔低湿沙砾地、田边、河滩高寒草甸沙地。

青海：茫崖（镇政府以西 20 km，刘海源 004）、格尔木（纳赤台，吴玉虎 36692、36701、36716；三岔河大桥，吴玉虎 36730‑B）、都兰（沟里乡，吴玉虎 36263；宗加乡，杜庆 381）。生于海拔 2 900～3 700 m 的河滩盐渍地、水沟边低湿沙地、沼泽边、溪流小河边盐生草甸。

分布于我国的新疆、青海、甘肃、西藏、内蒙古；印度西北部，克什米尔地区，蒙古，俄罗斯东西伯利亚也有。

我们的标本有的花序非稀疏排列而略有不同。

7. 柴达木棘豆（新种） 图 A8

Oxytropis qaidamensis Y. H. Wu **sp. nov.** in Addenda.

多年生草本，高 6～20 cm。茎多分枝，铺散或斜升，全株疏或密被白色伏贴毛，植株在疏被毛时呈绿色，密被毛时呈灰色。托叶草质，下部的卵形至卵状三角形，上部的卵状披针形至披针形，下部 2/3 至中部以下彼此联合而与叶柄分离，长 4～10 mm，外面疏被白色伏贴毛或有时在边缘和顶部混有黑毛；奇数或偶数羽状复叶，长 1～7 cm；叶柄长 0.5～1.6 cm，与叶轴疏被伏贴或开展短柔毛；小叶 1～13 枚，披针形、卵状披针形或长圆形，对生或互生，偶见 3 叶簇生，长 4～24 mm，宽 2～7 mm，顶生小叶均大型，长可达 3.2 cm，宽 1.2 cm，柄长 8.5 mm，先端渐尖，基部圆形，两面疏或密被伏贴白色柔毛。总状花序腋生，疏生数花至 10 数花；总花梗长于叶，与花序轴疏被白色伏贴柔毛，或向上混有黑色伏贴或半开展柔毛；苞片钻形，白色膜质，长 1～2 mm，疏被黑白混生的开展柔毛；花梗长约 1 mm，较密被黑白混生毛；花萼钟状，长 4～5 mm，较密被混生的黑白柔毛，萼齿钻状披针形，长 1.5～2.0 mm；花冠紫色或蓝紫色；旗瓣长 6～7 mm，瓣片扁圆形，宽 5～7 mm，先端钝圆或平截，宽柄长约 2 mm，宽 1.5～2.0 mm；翼瓣狭倒卵形，长 6～7 mm，宽 2～3 mm，先端钝圆，耳短，细柄长约 2 mm；龙骨瓣长约 5 mm，喙长约 0.2 mm；子房疏被白毛或近于无毛。未成熟荚果下垂，矩圆形，密被黑色或混有白色伏贴或半开展的短柔毛。 花期 6～7 月，果期 7～9 月。

产新疆：若羌（阿尔金山保护区鸭子泉，青藏队吴玉虎 2136、3894）。生于海拔 3 600～3 740 m 的高寒荒漠河畔草甸砾地、河边沼泽地。

青海：都兰（诺木洪乡贝壳梁，吴玉虎 36658、36668、36672；诺木洪农场，吴玉虎 36412、36437）。生于海拔 2 600～2 800 m 的荒漠盐碱地、荒漠湖边草甸。

分布于我国的新疆、青海。模式标本采自青海都兰县。

本种与小花棘豆 O. glabra（Lam.）DC. 及其变种小叶棘豆 O. glabra（Lam.）DC. var. tanuis Palib. 相近，但其托叶下部 2/3 至中部以下彼此联合，而非彼此分离或仅于基部合生；小叶 1～13 枚，对生或互生，顶生小叶均大型；旗瓣瓣片扁圆形而非宽倒卵形。可以相区别。

8. 甘肃棘豆

Oxytropis kansuensis Bunge in Mém. Acad. Sci. St.-Pétersb. ser. 7. 22（1）：38. 1874；中国高等植物图鉴 2：427. 图 2583. 1972；西藏植物志 2：858. 1985；中国植物志 42（2）：19. 图版 6：1～9. 1998；青海植物志 2：246. 1999；青藏高原维管植物及其生态地理分布 509. 2008；Fl. China 10：475. 2010. —— O. leucocephala Ulbr. in Notizbl. Bot. Gart. Berl. 3：193. 1902. —— O. thionantha Ulbr. in S. Hedin S. Tibet. 6（3）：64. 1922.

8a. 甘肃棘豆（原变种）

var. kansuensis

多年生草本，高 10～30 cm。茎铺散或斜升，较细弱，基部分枝斜升而扩展，疏被白色和黑色短柔毛。托叶草质，三角形或披针形，长 3～8 mm，疏被毛，下部 1/3～1/2 彼此联合；奇数羽状复叶，长 6～10 cm；小叶 13～27 枚，卵状长圆形或卵状披针形，长 6～16 mm，宽 2～4 mm，先端渐尖，基部圆形，两面疏被白色平伏短柔毛。总状花序腋生，密集多花，呈头状；总花梗长 8～20 cm，直立，具沟纹，疏被白色间黑色短柔毛，花序下部密被黑色卷曲黑色柔毛；苞片膜质，线形或披针形，长 3～6 mm，疏被黑色和白色柔毛；花萼筒状，长 6～8 mm，密被黑色伏贴短柔毛，有时杂有白色长柔毛，萼齿线形，稍短于萼筒；花冠淡黄色，较小，各瓣片顶端伸展而不缩皱；旗瓣长 10～12 mm，瓣片宽卵形，长约 8 mm，宽约 8 mm，先端微凹，基部具柄；翼瓣长 10～11 mm，瓣片长圆形，长约 7 mm，宽 2～3 mm，柄长约 5 mm；龙骨瓣连喙长约

10 mm，柄长约 4 mm，耳短，具短喙；子房被毛。荚果长圆形或卵状长圆形，长 8～10 mm，宽 3～5 mm，膨胀，密被伏贴黑色短柔毛；种子扁圆肾形，褐色，长约 1 mm。花期 6～8 月，果期 8～9 月。

产新疆：且末（阿羌乡昆其布拉克牧场，青藏队吴玉虎 2625）、若羌（阿尔金山保护区冰河，青藏队吴玉虎 4210）。生于海拔 3 200～5 300 m 的沟谷高山草甸、林缘灌丛草地、河谷阶地草甸、河滩湿草甸、山坡高寒灌丛草甸。

青海：都兰（采集地不详，杜庆 269、郭本兆 11661；香日德，青甘队 1271）、格尔木、茫崖、玛沁（采集地不详，区划组 255；石峡煤矿，吴玉虎 27017；黑土山，吴玉虎 18513、18560；军功乡，吴玉虎 4663、5596，区划组 139；江让水电站，吴玉虎 1450；大武乡德罗龙曲，H. B. G. 720；昌马河乡，陈世龙等 124）、甘德（东吉乡，吴玉虎 25758）、久治（康赛乡，吴玉虎 26569；白玉乡，吴玉虎 26096；窝赛乡，吴玉虎 26743；索乎日麻乡，果洛队 310、447，藏药队 361）、班玛（知钦乡，陈世龙等 370）、达日（吉迈乡，吴玉虎 27047、27051）、玛多（县牧场，吴玉虎 021、652；多曲河畔，吴玉虎 474、475）、称多（珍秦乡，吴玉虎 29208；称文乡，刘尚武 2302；清水河乡，周立华 007，吴玉虎 29179；清水河乡扎麻，陈世龙 559；扎多乡，苟新京 244）、曲麻莱（曲麻河乡措池村，吴玉虎和李小红 38842；叶格乡，黄荣福 107；巴干乡，刘尚武 907；麻多乡，刘尚武 063；达钦垅山垭口，陈世龙 841；长江村，陈世龙 803；东风乡岗当村，陈世龙 835）、治多（可可西里）。生于海拔 3 200～4 660 m 的山沟林下、沟谷阴坡高寒灌丛草甸、河滩草地、沙砾滩地、沟谷山地林缘灌丛。

甘肃：玛曲（欧拉乡，吴玉虎 31942、32018、32060；河曲军马场，吴玉虎 31840；尼玛瓦儿马，吴玉虎 32137A）。生于海拔 3 000～3 440 m 的沟谷河滩高寒草甸、山坡草甸、岩石缝隙、山地灌丛草甸。

四川：石渠县（长沙贡玛乡，吴玉虎 29634；红旗乡，吴玉虎 29452）。生于海拔 4 000～4 200 m 的沟谷山地高寒草甸、河滩沙棘灌丛。

分布于我国的新疆、青海、甘肃、西藏、四川西部和西北部、云南西北部；尼泊尔也有。

我们的标本中包括形态差异较大的两种类群：一是采自较低海拔地区（滩地高寒草甸、河谷林缘草甸）的标本，植株细弱，直立或斜升，被毛稀疏甚至光滑无毛；托叶长仅 4～8 mm；小叶长仅 4～9 mm，宽仅 2～3 mm；花长仅 10 mm。二是采自青海兴海县海拔 3 600 m 以上地区（山地高寒草甸）的标本，植株较粗壮，直立丛生，被毛稀疏至较密；托叶长 10～15 mm；小叶长至 26 mm，宽至 8 mm；花型较大，花萼长达 11 mm，密被黑色伏贴长柔毛并杂有少量白色毛；旗瓣长至 17 mm，宽可达 11 mm，瓣片卵圆形或近圆形，等等。后者植体形态介于本种和黄花棘豆 *Oxytropis ochrocephala* Bunge 之间，但花冠各瓣片伸展而不皱缩。我们考虑到这一类群还将涉及其他地区的同类标本，故留待今后研究。

8b. 河曲棘豆（新变种） 图 A9

var. **hequensis** Y. H. Wu **var. nov.** in Addenda.

本变种与原变种的区别在于：花冠乳黄色，干后变黑灰色，瓣片中部有 2 个焦黑色斑点；苞片披针形或有时卵状披针形。

产甘肃：玛曲（尼玛瓦儿马，吴玉虎 32137B、31840）。生于海拔 3 420 m 左右的干旱河谷、阳坡高寒草甸。模式标本采自甘肃玛曲县。

分布于我国的甘肃。

9. 兴海棘豆（新种） 图 A10

Oxytropis xinghaiensis Y. H. Wu **sp. nov.** in Addenda.

多年生草本，高 15～35 cm。茎直立，密丛生，较粗壮，基部分枝，疏被白色和黑色柔毛。托叶卵状披针形，长 10～15 mm，宽至 6 mm，疏被毛，下部 1/3 彼此联合；奇数羽状复叶，长 10～18 cm；叶柄长 3～8 cm；小叶 17～37 枚，卵状披针形，长 10～26 mm，宽 3～8 mm，先端渐尖，基部圆形，两面较密被白色平伏长柔毛。总状花序腋生，密集多花，呈头状；总花梗长 10～28 cm，疏被柔毛；苞片条状披针形，长 4～10 mm，疏被长柔毛；花萼筒状，长 8～11 mm，密被较短的黑色柔毛，或混有少量白毛，萼齿稍短于萼筒；花冠黄色，较大，各瓣片顶端伸展而不缩皱；旗瓣长 15～17 mm，瓣片卵圆形或近圆形，宽 9～11 mm，先端钝圆或微凹，基部具柄长约 6 mm；翼瓣长 13～14 mm，宽 3～5 mm，耳长约 2 mm，宽约 1 mm，柄长 6～7 mm；龙骨瓣连喙长 11～12 mm，柄长 5～6 mm，耳短，喙长约 1 mm；子房条形，被黑毛。荚果长椭圆形或卵状矩圆形，长 10～15 mm，宽 4～5 mm，膨胀，较密被黑色短硬毛；种子肾形，褐色，长约 2 mm。 花期 7～8 月，果期 8 月。

产青海：兴海（赛宗寺后山，吴玉虎 46303、46364；大河坝乡赞毛沟，吴玉虎 42476、46462、46496；中铁林场卓琼沟，吴玉虎 45731、45738、45750、45758、45777；黄青河畔，吴玉虎 42674、42678、42741、42744；中铁林场恰登沟，吴玉虎 45350；河卡山，吴玉虎 28685；大河坝沟，吴玉虎 42563；河卡乡，吴珍兰 127，郭本兆 6186，张振万 2059，王作宾 20241；温泉，吴玉虎 17954，王为义 120；鄂拉山，陈世龙等 050）。生于海拔 3 300～3 700 m 的沟谷阴坡高寒灌丛草甸、山地高寒草甸。模式标本采自青海兴海县黄青河畔。

本种与甘肃棘豆 O. *kansuensis* Bunge 相近，所以，此前一直被放在后者之中，但后者生境相对海拔较低，茎柔弱，铺散或斜升，托叶和小叶等的形态特征与大小都与本种区别明显，且花小色淡。而本种茎直立，密丛生，较粗壮；托叶卵状披针形，长 10～15 mm；叶长 10～18 cm；小叶 17～37 枚，卵状披针形，长 10～26 mm，宽 3～8 mm，两面较密被白色平伏长柔毛。苞片条状披针形，长 4～10 mm；花冠较大；旗瓣长 15～

17 mm，瓣片卵圆形或近圆形，宽 9～11 mm，先端全缘或微凹，柄长约 6 mm；翼瓣长 13～14 mm，宽 3～5 mm，耳长约 2 mm，宽约 1 mm，柄长 6～7 mm；龙骨瓣连喙长 11～12 mm，柄长 5～6 mm，耳短，喙长约 1 mm。二者极易区别，故从中分出。

本种与黄花棘豆 O. ochrocephala Bunge 亦有相近之处，所以有时也被放在后者之中，但后者被毛以白色长柔毛为主，花色更深，且花冠各瓣片顶端缩皱而不伸展。而本种的花萼密被较短的黑色柔毛，仅混有少量白毛；花冠各瓣片顶端伸展而绝不缩皱；旗瓣瓣片卵圆形或近圆形，先端全缘或微凹，亦容易相区别。

10. 黄花棘豆

Oxytropis ochrocephala Bunge in Mém. Acad. Sci. St.-Pétersb. ser. 7. 22（1）：57. 1874；中国主要植物图说 豆科 418. 图 412. 1955；中国高等植物图鉴 2：426. 图 2582. 1972；西藏植物志 2：858. 1985；中国植物志 42（2）：21. 图版 6：10～18. 1998；青海植物志 2：246. 图版 43：9～16，1999；青藏高原维管植物及其生态地理分布 511. 2008；Fl. China 10：474. 2010.

10a. 黄花棘豆（原变种）

var. **ochrocephala**

多年生草本，高 20～40 cm。根粗壮，圆柱状棕褐色。茎粗壮，基部分枝，密被白色或黄色长柔毛。托叶卵形，先端尖，下部联合；奇数羽状复叶，长 10～15 cm，叶轴密被长柔毛；小叶 15～31 枚，卵状披针形，长 10～22 mm，宽 3～7 mm，先端渐尖，基部圆形，两面密被丝状长柔毛，总状花序腋生，圆柱状或卵圆形，密生多花；总花梗长 10～20 cm，密生长柔毛；苞片披针形或线状披针形，长 7～9 mm，先端渐尖，密被毛；花萼筒状，后期略膨胀，长 10～14 mm。密被开展的白色或黄褐色长短交织的柔毛，有时杂有黑色短柔毛，萼齿条状披针形，与萼筒等长或稍长；花冠黄色或深黄色，各花瓣的顶部常呈缩皱状而不伸展；旗瓣长 12～14 mm，宽约 7 mm，瓣片扇形，先端圆形，中部以下渐狭成长柄；翼瓣长约 11 mm，柄长于瓣片；龙骨瓣短于翼瓣，喙长约 1 mm。荚果卵状矩圆形，膨胀，长 12～15 mm，宽 5～6 mm，密被黑色、褐色或白色短柔毛。 花期 6～8 月，果期 7～9 月。

产新疆：和田（采集地不详，艾志林 168；台提南 5 km，郑度 12033）、策勒（奴尔乡亚门，青藏队吴玉虎 1941、1964、2518、3029）、且末（阿羌乡昆其布拉克牧场，青藏队吴玉虎 2109A）。生于海拔 3 000～4 600 m 的沟谷林下、林缘草地、河谷山坡草地、高山草甸、河沟砾石地。

青海：都兰（采集地不详，杜庆 214）、格尔木（西大滩，青藏队吴玉虎 2827；唐古拉山北坡，黄荣福 222）、兴海（中铁林场恰登沟，吴玉虎 45350；中铁乡附近，吴玉虎 42905、45423；赛宗寺，吴玉虎 46226、46242、46248；中铁乡至中铁林场途中，吴玉虎 43115、43120；温泉乡，吴玉虎 28745；中铁林场卓琼沟，吴玉虎 45694；河卡乡，采集人不详 420）、玛沁（江让水电站，吴玉虎等 18350；军功乡红土山，吴玉虎 18791）、久治（门堂乡，果洛队 110）、甘德（青珍乡，吴玉虎 25717）、班玛（多贡麻山，吴玉虎 25973）、达日（采集地和采集人不详 052）、玛多（巴颜喀拉山北坡，吴玉虎 29093、29131、29142；黑海乡，杜庆 496）、称多（县郊，吴玉虎 29241、29294；巴颜喀拉山南坡，吴玉虎 41343、41352；歇武乡，吴玉虎 29315、陈世龙 599；竹节寺，吴玉虎 32531；清水河乡，吴玉虎 32446、32470，苟新京 83－07）、曲麻莱（长江村，陈世龙 812）。生于海拔 3 200～4 300 m 的山坡林缘草地、沟谷山地高寒灌丛草甸、河滩草甸、高山草甸、河谷阶地、山坡杂类草高寒草甸沙砾地、高山砾地稀疏植被。

四川：石渠（红旗乡，吴玉虎 29452、29493；真达乡，陈世龙 632）。生于海拔 4 000～4 200 m 的沟谷山地高寒草甸。

分布于我国的新疆、青海、甘肃南部和西部、宁夏南部、西藏东南部、四川西部、内蒙古。

10b. 长苞黄花棘豆（变种）

var. **longibracteata** P. C. Li Fl. in Xizang. 2：859. 1985；中国植物志 42 (2)：22. 1998；青藏高原维管植物及其生态地理分布 511. 2008.

本变种与原变种的区别在于：苞片比花萼长，可达 20 mm；小叶对生，稀 3～4 枚轮生。

产新疆：策勒（奴尔乡，青藏队吴玉虎 1941B）。生于海拔 3 200～3 850 m 的沟谷河边沙砾地、高山砾石质阳坡、高山草地、河谷砾地。

四川：石渠（红旗乡，吴玉虎 29499）。生于海拔 4 000～4 200 m 的河谷山坡、高寒草甸、高山砾石质阳坡。

分布于我国的新疆、西藏东部、四川。

10c. 宽苞黄花棘豆（新变种）　图 A5：16～17

var. **latibrecteata** Y. H. Wu var. **nov.** in Addenda.

本变种与原变种的区别在于：苞片卵形或卵状披针形而非线状披针形，长 12～15 mm，宽达 6～8 mm。

产青海：达日（满掌乡满掌山，陈世龙等 315）。生于海拔 4 190 m 左右的高原山地高寒草甸。模式标本采自青海达日县满掌乡。

分布于我国的青海。

11. 洮河棘豆

Oxytropis taochensis Kom. in Repert. Sp. Nov. Fedde 13：232. 1914；E. Pet.-

Stib. in Acta Hort. Gothob. 12：73. 1937；中国主要植物图说 豆科 423. 1955；秦岭植物志 1（3）：67. 1981；中国植物志 42（2）：38. 图版 10：1～10. 1998；青藏高原维管植物及其生态地理分布 514. 2008；Fl. China 10：473. 2010.

多年生草本，高 10～30 cm。主根伸长，根径约 4 mm。茎细弱，平卧或直立，丛生，被短柔毛。羽状复叶长 5～8 cm；托叶卵状披针形，长约 3 mm，先端尖，基部合生，被短柔毛；叶柄与轴疏被短柔毛；小叶 13～17 枚，长椭圆形、卵形、宽卵形、近圆形或披针状卵形，长 5～10 mm，宽 2～4 mm，先端急尖或圆形，基部圆形，两面被伏贴硬毛。3～8 花组成较稀疏的短总状花序；总花梗长 3.5～10.0 cm，较叶长，被短柔毛；苞片膜质，披针形，长约 1.5 mm，与花梗几等长；花长 10～14 mm；花萼钟状，长 6～7 mm，外面被黑色柔毛和白色柔毛，萼齿线形，长 2.0～2.5 mm；花冠紫色或蓝紫色；旗瓣倒卵形或卵形，长 10～15 mm，宽 6～8 mm，先端圆形，微缺，中部以下渐狭成瓣柄；翼瓣长椭圆形，长 10～13 mm，宽约 3 mm，先端 2 浅裂，基部有耳和瓣柄，瓣柄长 5～6 mm；龙骨瓣长约 13 mm，喙钻状，长 2.5～3.5 mm；子房长椭圆披针形，被毛或无毛，花柱与柱头无毛，有柄。荚果圆柱形，膨大，直或微弯，长 2～3 cm，宽约 5 mm，两端尖，喙细，钻状，长约 5 mm，被伏贴短毛，腹面具深沟，腹隔膜宽约 0.75 mm，1 室，果梗与花萼几等长；种子约 20 粒。 花期 6～7 月，果期 7～8 月。

产青海：达日（吉迈乡，吴玉虎 27079B）。生于海拔 3 890 m 的沟谷山地阴坡高寒灌丛草甸。模式标本采自甘肃卓尼县。

分布于我国的青海、甘肃、陕西、宁夏、四川。

12. 华西棘豆

Oxytropis giraldii Ulbr. in Bot. Jahrb. 36（Beibl. 82）：66. 1905；秦岭植物志 1（3）：65. 1981；中国植物志 42（2）：34. 图版 10：11～17. 1998；青海植物志 2：244. 1999；青藏高原维管植物及其生态地理分布 508. 2008；Fl. China 10：477. 2010.

多年生草本，高 15～30 cm。茎自基部多分枝，上升，疏被黑色并杂有白色短硬毛。奇数羽状复叶，长达 12 cm；叶柄和叶轴疏被黑色并杂有白色短硬毛；托叶离生，卵状三角形，长约 6 mm，宽 2～4 mm，密被白色和黑色长柔毛；小叶 13～21 枚，长圆形或卵状披针形，长 8～18 mm，宽 3～6 mm，先端尖或钝圆，基部圆形，两面被白色长柔毛。总状花序密生多花；总花梗长可达 20 cm，同花序轴疏被黑色并杂有白色短硬毛；苞片钻状，长 3～4 mm，被毛；花萼筒状钟形，长 7～9 mm，宽约 3 mm，密被黑色短柔毛和白色长柔毛，萼齿长 3～4 mm；花冠蓝紫色；旗瓣长 13～15 mm，瓣片卵圆形，宽 8～10 mm，先端微凹，基部下延；翼瓣阔椭圆形或狭倒卵形，长 11～13 mm，宽约 3 mm，先端斜微凹，耳长约 2 mm，细柄长约 5.5 mm；龙骨瓣长约 10 mm，宽 2.0～2.5 mm，柄长约 6 mm，喙长 1.0～1.5 mm；子房线形，疏被毛，具长柄。荚果近革质，黄褐色，膨胀，长椭圆形，长 20～25 mm，密被短柔毛，果柄长约 5 mm。

花期 6～7 月，果期 7～8 月。

产青海：兴海（大河坝乡赞毛沟，吴玉虎 46476；黄青河畔，吴玉虎 42733；大河坝乡，吴玉虎 42543、42597；中铁林场恰登沟，吴玉虎 44902）、称多（清水河乡巴颜喀拉山南坡，吴玉虎 41353）。生于海拔 3 200～4 600 m 的沟谷山地阴坡高寒灌丛草甸、河谷山地阔叶林缘灌丛、山地高寒草甸、沟谷砾石山坡、滩地高寒杂类草草甸。

分布于我国的青海、甘肃、陕西、四川。

13. 青海棘豆

Oxytropis qinghaiensis Y. H. Wu in Novon 6：187. 1996；青海植物志 2：245. 1999；青藏高原维管植物及其生态地理分布 512. 2008；Fl. China 10：475. 2010.

多年生草本，高 15～40 cm，通体密被白色开展长柔毛，植株呈灰色。茎自基部分枝，直立、铺散或丛生，密被白色开展长柔毛。托叶卵状披针形，被毛，彼此联合至中下部，抱茎；奇数羽状复叶，长 5～12 cm；小叶 13～29 枚，卵形或卵状披针形，长 3～12 mm，宽 2～7 mm，先端渐尖或圆形，基部圆形，两面密被白色长柔毛。总状花序腋生，密集多花，头状；总花梗长 6～16 cm，密被白色开展长柔毛和黑色短柔毛；苞片条状披针形，长 4～7 mm，被毛；花萼筒状钟形，长 6～8 mm，密被白色开展长柔毛和黑色短柔毛，萼齿等长于萼筒或稍短；花冠紫红色或蓝紫色；旗瓣长约 12 mm，瓣片宽卵形，先端微凹，基部具柄；翼瓣长约 10 mm，有折囊，细柄长 4～5 mm；龙骨瓣长约 9 mm，柄长约 4 mm，耳短，具短喙；子房被黑白色相间的柔毛，花柱无毛。荚果长椭圆形，长 12～16 mm，宽 5～7 mm，膨胀，密被白色或黑白色相间的柔毛；种子肾形，棕色，长 1.5～2.0 mm。 花期 6～8 月，果期 8～9 月。

产青海：兴海（中铁乡前滩，吴玉虎 45376、45425A、45489；大河坝乡，吴玉虎 42540、42565；中铁林场恰登沟，吴玉虎 45354；河卡山，吴玉虎 28724；温泉乡姜路岭，吴玉虎 28792；鄂拉山，吴玉虎 39002B、39012、39015，陈世龙等 053、057）、玛沁（黑土山，吴玉虎等 18567、18614、18670；雪山乡，采集人不详 71-01，H. B. G. 393；大武乡格曲，H. B. G. 589；昌马河乡，H. B. G. 1505；大武乡德罗龙曲，H. B. G. 721）、甘德（上贡麻乡，吴玉虎 25839；黄河边，H. B. G. 969）、达日（建设乡，H. B. G. 1088、1137）、久治（哇尔依乡，吴玉虎 26703、26732）、玛多（黑河乡大野马岭，吴玉虎 39006、39071；清水乡玛积雪山，吴玉虎 18170；黑海乡，吴玉虎等 17968）、称多（县郊，吴玉虎 29251、29275、29298；珍秦乡，吴玉虎 29191、29203、29215）。生于海拔 3 000～4 490 m 的河谷滩地高山草甸、沟谷林缘、河谷阶地草甸、山顶沙砾地、山坡灌丛草地、沙砾质滩地高寒草甸。

甘肃：玛曲（欧拉乡，吴玉虎 31986、31995）。生于海拔 3 200～3 400 m 的沟谷山地高寒灌丛草甸。

四川：石渠（长沙贡玛乡，吴玉虎 29618、29655）。生于海拔 4 000～4 200 m 的河滩沙棘和水柏枝灌丛。

分布于我国的青海、甘肃、四川西部。

14. 布尔汗布达棘豆（新种） 图 A11

Oxytropis burhanbudaica Y. H. Wu **sp. nov.** in Addenda.

多年生草本，高 20～30 cm，疏被毛。主根淡褐色，根颈处多分枝。茎直立，无棱，无沟，疏被开展的黑色短柔毛和白色长柔毛。羽状复叶长 5～15 cm；托叶草质，卵状披针形，近基部或中下部彼此合生并与叶柄贴生，全长 5～10 mm，先端渐尖，较密被白色和黑色长柔毛；叶柄与叶轴疏被开展的白色长柔毛并混生黑色短柔毛；小叶 11～19 枚，卵形、长圆形、披针形或卵状披针形，长 4～18 mm，宽 2～6 mm，先端渐尖，基部圆形，两面疏被伏贴的白色柔毛，无柄或近无柄。总状花序具多花，呈头状；总花梗长 8～18 cm，初时弯曲或斜升，后直立，疏被卷曲黑色或白色或黑白混生的柔毛，接近花序下部黑毛渐密并混生黑色开展长柔毛；苞片草质，线形或线状披针形，长 4～6 mm；先端渐尖，被黑色或褐色或有时混有白色开展或伏贴短柔毛；花梗长约 1 mm，被黑毛；花萼筒状钟形，长 9～11 mm，宽 3～4 mm，被伏贴和开展的黑褐色或混有白色短柔毛，萼齿线形，长 5～6 mm，密被开展的黑褐色和白色混生柔毛；花冠紫红色或蓝紫色；旗瓣长约 16 mm，瓣片卵形，宽 8.5～9.0 mm，先端浅 2 裂，瓣柄长 5 mm；翼瓣长约 15 mm，瓣片狭倒卵形，宽约 4 mm，先端斜微凹，耳长约 2 mm，细瓣柄长约 6 mm；龙骨瓣长约 13 mm，柄长约 5.5 mm，喙长约 1.5 mm；子房线形，疏被柔毛，花柱无毛，子房柄长约 2 mm。未成熟荚果近革质，长圆形或长圆状披针形，淡黄色，长约 20 mm，宽约 3 mm，密被开展或伏贴的黑色和黑褐色短柔毛；果梗长约 1 mm。 花期 6～7 月，果期 7～8 月。

产青海：都兰（诺木洪乡布尔汗布达山北坡三岔口，吴玉虎 36589、36600、36604、36607）。生于海拔 3 500～3 900 m 的高原河滩高寒草甸、沟谷干山坡石隙。

分布于我国的青海。模式标本采自青海都兰县。

本种与玛沁棘豆 O. maqinensis Y. H. Wu 的区别在于：苞片线形或线状披针形，仅长 4～6 mm，而非卵状披针形或宽披针形，大，长 8～11 mm。

本种与兴隆山棘豆 O. xinglongshanica C. W. Chang 的区别在于：茎疏被开展的黑色和白色毛；托叶近基部或中下部彼此合生，并与叶柄贴生；总状花序密集多花，呈头状；旗瓣瓣片卵形。

15. 玛沁棘豆

Oxytropis maqinensis Y. H. Wu in Acta Bot. Yunnan. 19 (1)：33～37. 1997；青海植物志 2：246. 1999；青藏高原维管植物及其生态地理分布 510. 2008；Fl. China 10：477. 2010.

15a. 玛沁棘豆（原变种）

var. **maqinensis**

多年生草本，高 20～40 cm。主根褐色。茎直立，无棱，无沟槽，疏被白色和黑色短柔毛。奇数羽状复叶，长 5～14 cm；叶柄长 0.5～4.0 cm，与叶轴疏被毛；下部的托叶于中部合生，上部的托叶离生，卵状披针形或披针形，长 9～12 mm，密被白色长柔毛；小叶 15～23 枚，卵状披针形或长圆形，长 6～17 mm，宽 2～5 mm，先端渐尖，基部圆形，两面疏被白色伏贴柔毛。总状花序密生多花；总花梗长 10～16 cm，疏被白色或有时混生黑色柔毛，近花序处常密被黑色短柔毛；苞片披针形或卵状披针形，长 8～11 mm，密被白色和褐色长柔毛，花萼筒状钟形，长约 11 mm，宽约 3.5 mm，密被白色长柔毛和褐色短柔毛，萼齿线形，长 5～6 mm；花冠淡蓝紫色；旗瓣长 15～16 mm，瓣片卵形，宽约 8 mm，先端微凹，柄长约 6 mm；翼瓣长约 14 mm，瓣片斜长倒卵形，宽约 4 mm，先端钝或偶有不明显微凹，柄长约 6 mm；龙骨瓣长约 12 mm，喙长约 1 mm，柄长约 6 mm；子房线形，无毛或疏被毛。荚果长圆形，长 15～20 mm，宽约 4 mm，喙长约 1 mm，先端极尖，密被半开展白色和黑色柔毛；种子肾形，长 2～3 mm，褐色。　花期 7～8 月，果期 8～9 月。

产青海：兴海（中铁林场卓琼沟，吴玉虎 45417；中铁林场恰登沟，吴玉虎 45189、45325、45333；野马台滩，吴玉虎 42190；大河坝乡赞毛沟，吴玉虎 47224；中铁乡天葬台沟，吴玉虎 45337、45834、45903；黄青河畔，吴玉虎 42653、42667、42704；赛宗寺后山，吴玉虎 46292、46314、46320、46359；中铁乡至中铁林场途中，吴玉虎 43057；中铁乡附近，吴玉虎 42919、43000；温泉乡，吴玉虎 28753；大河坝乡，吴玉虎 42466、42474、42488、42560）、久治（白玉乡，吴玉虎 26419A）、玛沁（军功乡西哈垄河谷，吴玉虎 21218、21236、21269；宁果公路 396 km 处，吴玉虎 20654、20674；大武乡甲朗沟口，玛沁队 267）、玛多、曲麻莱（通天河畔，刘海源 894）。生于海拔 3 300～4 500 m 的沟谷河滩高山草甸、山地阴坡高寒灌丛草甸山坡砾地、山地阳坡石隙、沟谷山地阔叶林缘灌丛岩缝。

四川：石渠（国营牧场，采集人不详 30072）。生于海拔 3 800～4 000 m 的沟谷山坡高寒草甸。

分布于我国的青海、四川。模式标本采自青海玛沁。

本种与兴隆山棘豆 *Oxytropis xinglongshanica* C. W. Chang 相近，但茎无沟棱，总状花序短，密生多花呈头状，而非花序稀疏；下部的托叶彼此于中部合生，上部的托叶离生，而非全部托叶于中部合生；苞片卵状披针形或披针形，长 8～11 mm，而非线形或狭卵形，长 3～5 mm 等。可以相区别。

15b. 畸花棘豆（变种）

var. **deformisifloris** Y. H. Wu in Bull. Bot. Res. 23（4）：391. 2003.

本变种与原变种的区别在于：托叶下部 1/2 合生，不与叶柄贴生；花冠短阔，瓣片肥厚；旗瓣长 12～13 mm，宽 10～11 mm，瓣柄长约 1.5 mm；翼瓣长 10～12.5 mm，宽 5.0～5.5 mm；龙骨瓣有折囊。可以相区别。

产青海：玛沁（军功乡，吴玉虎 5700、5708）。生于海拔 3 550 m 左右的沟谷山地阳坡石隙。模式标本采自青海玛沁。

16. 甘德棘豆（新种）　图 A12

Oxytropis gandeensis Y. H. Wu **sp. nov.** in Addenda.

多年生草本，高 3～18 cm。主根褐色。茎短缩至无茎，密丛生。奇数羽状复叶长 3～9 cm；叶柄草黄色，长 10～20 mm，与叶轴同被开展和半开展的白色和土黄色长柔毛，有时混有少量黑色短柔毛；托叶膜质，卵状披针形或三角状披针形，彼此于下部 1/3 合生，并多少与叶柄贴生，长 5～7 mm，宽 2.5～4.0 mm，先端长渐尖，疏被半开展的土黄色或白色长柔毛；小叶 13～23 枚，卵形或卵状披针形，长 3～11 mm，宽 2～4 mm，先端渐尖，基部圆形，两面疏被伏贴白色或土黄色长柔毛，几无小叶柄。总状花序呈头状，密生多花；总花梗常弧形弯曲，长 4～12 cm，密或疏被白色并混生黑色或黄褐色长柔毛；苞片膜质，披针形，长 6～9 mm，宽 1～2 mm，疏被开展的白色和褐色柔毛，有时还混有少量黑色毛；花萼筒状钟形，长 6～8 mm，宽约 3 mm，密被伏贴褐色短柔毛和少量白色长柔毛，萼齿钻状，长约 4 mm，密被褐色或黑色伏贴柔毛；花冠乳黄色，干后常发黑；旗瓣长约 13 mm，瓣片轮廓宽卵形，宽约 10 mm，中上部两侧边缘常有缢缩，使瓣片边缘呈波状，先端微凹，下部渐狭成柄，柄长 4～5 mm；翼瓣长约 11 mm，瓣片狭倒卵形，先端斜钝圆或不明显微凹，细柄长约 5 mm，耳长约 2 mm，宽约 1 mm；龙骨瓣长约 9 mm，喙长约 0.3 mm，柄长约 4.5 mm；子房线形，被黑毛。荚果未见。　花期 5～7 月。

产青海：甘德（青珍乡，吴玉虎 25710、25723；东吉乡，吴玉虎 25758、25762）。生于海拔 3 900～4 090 m 的沟谷山坡高寒草甸。模式标本采自青海甘德县东吉乡。

新种与玛多棘豆 O. maduoensis Y. H. Wu 相近，但叶柄与叶轴同被开展和半开展的白色和土黄色长柔毛，托叶彼此于下部 1/3 合生，并多少与叶柄贴生，长 5～7 mm，先端长渐尖；小叶 13～23 枚；花冠乳黄色，干后常发黑；旗瓣长约 13 mm，瓣片轮廓宽卵形，中上部两侧边缘常有缢缩，使瓣片边缘呈波状；子房被黑毛。可以相区别。

17. 玛多棘豆

Oxytropis maduoensis Y. H. Wu in Acta Bot. Yunnan. 19（1）：33～37. 1997；青海植物志 2：247. 1999；青藏高原维管植物及其生态地理分布 510. 2008；Fl. China 10：482. 2010.

多年生草本，高 3～8 cm。主根褐色。无茎，呈垫状。奇数羽状复叶，长 1.5～6.0 cm；叶柄紫铜色，长 5～25 mm，同叶轴被开展柔毛；托叶卵状披针形，于中部合生，长 6～9 mm，密被伏贴白色长柔毛；小叶 15～25 枚，卵形或长圆形，长 2～7 mm，宽 1～3 mm，先端急尖，基部圆形，两面密被伏贴白色或土黄色长柔毛。总状花序呈头状，密生多花；总花梗长 1～6 cm，密被白色并混生黑色长柔毛；苞片膜质，卵状披针形，长 5～8 mm，疏被白色和褐色柔毛；花萼筒状钟形，长 8～10 mm，宽 3～4 mm，有时稍膨胀，密被黑色短柔毛和白色长柔毛，萼齿钻状，长约 3 mm；花冠黄色；旗瓣长约 13 mm，瓣片卵形，宽 6～7 mm，先端微凹，柄长 5～6 mm；翼瓣长约 11 mm，瓣片狭倒卵形，先端斜钝圆或偶有微凹，柄长约 6 mm，耳长约 1.5 mm；龙骨瓣长 9～10 mm，喙长 0.5～1.0 mm，柄长 5～6 mm；子房线形，无毛或被毛。荚果未见。 花期 5～7 月。

产青海：兴海（温泉乡姜路岭，吴玉虎 28759、28774、28804；温泉乡鄂拉山，陈世龙等 048）、玛多（花石峡乡长石头山垭口，吴玉虎 28929、28930）、称多、曲麻莱。生于海拔 4 100～4 660 m 的沟谷山地高山草甸、河谷山坡高寒草原、高寒灌丛草甸、山顶高寒草甸砾石地。

分布于我国的青海。模式标本采自青海玛多。

18. 阿尼玛卿山棘豆（新种） 图 A13

Oxytropis anyemaqensis Y. H. Wu **sp. nov.** in Addenda.

多年生草本，高 6～16 cm。茎短缩。羽状复叶，长 3～9 cm；托叶卵形或卵状披针形，几膜质，长 4～8 mm，宽约 3 mm，基部与叶柄贴生，下部彼此合生，疏或密被白色伏贴长柔毛；叶柄与叶轴常紫红色，疏被白色开展或伏贴的短柔毛；小叶 9～19 枚，无柄，卵状披针形或椭圆形，长 3～12 mm，宽 2.0～5.5 mm，表面有时有凹点，两面密或疏被白色平伏的长柔毛。总状花序头状，含 6～9 花；总花梗有时紫色，等长至长于叶近 1 倍，疏被开展的白色或白色和黑色（或紫色）混生的短柔毛，近花序处被毛较密；苞片膜质，卵形、卵状披针形或宽披针形，长 4～7 mm，宽 1～2 mm，疏被白色伏贴或开展长柔毛；小花梗长 1.0～2.5 mm，密被毛；花萼筒状钟形，长 7～9 mm，有时带紫色，密被黑色（或紫色）短柔毛和白色长柔毛，萼齿披针形，长 3～4 mm；花冠紫红色或蓝紫色；旗瓣长 14～16 mm，瓣片轮廓卵形、宽卵形或卵圆形，上部两侧边缘常缢缩，宽 10～12 mm，顶端微凹，宽柄长约 5 mm；翼瓣长 12～13 mm，瓣片狭倒卵形，宽 3～4 mm，先端斜平截或圆形，有时微凹，细柄长约 5 mm，耳短；龙骨瓣长 10～11 mm，顶端的喙长不足 1 mm；子房条形，被毛，具短柄。荚果未见。 花期 7 月。

产青海：甘德（上贡麻乡，吴玉虎 25855；东吉乡，吴玉虎 25766）、玛沁（大武乡黑土山，吴玉虎 5778、25697；雪山乡朗日，H. B. G. 421）、久治（年保山北坡，果洛队 321、377)、玛多（县城后山，吴玉虎 192)。生于海拔 3 500～4 350 m 的河谷林缘草甸、沟谷山地高寒草甸、河滩砾石地、滩地高寒沼泽草甸、山坡高寒灌丛草甸、高山流石坡、河谷阶地。

四川：石渠（长沙贡玛乡，吴玉虎 29688、29749、29780)。生于海拔 3 760～4 200 m 的山地高寒草甸、阳坡圆柏林下、高寒灌丛草甸、山坡石隙。

分布于我国的青海、四川。模式标本采自青海同德县河北乡。

本种与二裂棘豆 O. biloba Saposhn. 相似，特别是近伞形的头形总状花序。但托叶卵形或卵状披针形，长 4～8 mm，无长尾尖，基部与叶柄贴生，下部彼此合生；旗瓣上部两侧边缘常缢缩；翼瓣先端斜平截或圆形；龙骨瓣喙长不足 1 mm。可以相区别。

本种分别与黑萼棘豆 O. melanocalyx Bunge 和宽翼棘豆 O. latialata P. C. Li 相近似，故常被归入后二者中。但本种的叶柄与叶轴和总花梗常紫红色；小叶 9～19 枚；苞片膜质，卵形、卵状披针形或宽披针形，长 4～7 mm，宽 1～2 mm；花萼钟状，长 7～9 mm，有时带紫色，密被黑色（或紫色）短柔毛和白色长柔毛，萼齿披针形，长 3～4 mm；花冠较大，紫红色或蓝紫色；旗瓣长 14～16 mm，瓣片轮廓卵形、宽卵形或卵圆形，宽 10～12 mm，顶端微凹，上部两侧边缘常有缢缩，使瓣片边缘呈波状，宽柄长约 5 mm。可以相区别。

19. 急弯棘豆　图版 45：14～22

Oxytropis deflexa（Pall.）DC. Astrag. 77. 1802；Bunge in Mém. Acad. Sci. St.-Pétersb. ser. 7. 22（1）：39. 1874；I. Vass. et B. Fedtsch. in Kom. Fl. URSS 13：43. 1948；中国主要植物图说 豆科 420. 图 414. 1955；新疆植物检索表 3：86. 1983；Bajt. in Pavl. Fl. Kazakh. 5：338. 1961；内蒙古植物志 3：331. 图版 128：7～12. 1989；中国植物志 42（2）：29. 图版 9：12～17. 1998；青海植物志 2：242. 图版 42：14～22. 1999；青藏高原维管植物及其生态地理分布 507. 2008；Fl. China 10：472. 2010. —— *Astragalus deflexus* Pall. in Acta Acad. Petrop. 2：263. 1779.

多年生草本，高 4～24 cm，全株密被开展的白色或淡黄色长柔毛，呈灰绿色。茎短缩或近无茎。托叶分离，披针形，密被长柔毛；奇数羽状复叶，长 3～15 cm；叶柄被毛；小叶 15～35 枚，密集，卵形、卵状披针形或矩圆形，长 3～18 mm，宽 2～9 mm，先端尖或钝圆，基部圆形或宽楔形，两面被伏贴或半开展的长柔毛。总花梗等长或稍长于叶；总状花序密生多花，后期延伸；苞片膜质，线形，等长于萼筒，超出花梗；花萼钟状，长 4～6 mm，密被黑白色相间的柔毛，萼齿线形，长 2～4 mm；花冠小，淡蓝紫色，完全开放时下垂；旗瓣长约 7 mm，宽约 4 mm，瓣片卵形，先端微凹，基部具柄；翼瓣与旗瓣近等长；龙骨瓣长约 5 mm，喙长约 0.5 mm；子房有毛。荚果矩圆形，长 10～18 mm，宽 4～5 mm，被开展黑色与黑白色相间的短柔毛。　花期 6～8

月，果期 6～9 月。

产新疆：且末（阿羌乡昆其布拉克牧场，青藏队吴玉虎 2109B）、若羌（阿尔金山保护区大九巴，青藏队吴玉虎 1651）。生于海拔 4 100～4 300 m 的沟谷山坡高寒草地、高原滩地高寒草原砾地。

青海：兴海（中铁乡附近，吴玉虎 42787、42794；黄青河畔，吴玉虎 42652；中铁林场卓琼沟，吴玉虎 45661、45678、45774；温泉乡，吴玉虎 28743；温泉乡姜路岭，吴玉虎 28813、28876；河卡山，吴玉虎 28674；鄂拉山口，张盍曾 1037；青根桥，王作宾 20125；河卡乡，吴珍兰 074；大河坝乡，吴玉虎 42466、42599，陈世龙等 043）、都兰（采集地不详，杜庆 212；英德尔羊场，杜庆 412）、格尔木、玛沁（军功乡，吴玉虎 26984；大武乡，吴玉虎 1154、郭本兆 9835；雪山乡，黄荣福 017、056、156；军马场，植被组 514）、甘德、久治、班玛、达日、玛多（扎陵湖乡，吴玉虎 441；花石峡乡，吴玉虎 723；花石峡乡长石头山，吴玉虎 28975；巴颜喀拉山北坡，吴玉虎 29069、29098；黑海乡，吴玉虎 28902；红土坡煤矿，吴玉虎 18028B）、称多、曲麻莱。生于海拔 3 200～4 700 m 的河谷滩地高山草甸、沟谷林缘灌丛、河滩沙地、山坡灌丛草甸、山地阳坡草地、圆柏林缘灌丛草甸。

四川：石渠（长沙贡玛乡，吴玉虎 29618B、29708、29728）。生于海拔 4 000～4 200 m 的沟谷山地灌丛石隙、河滩沙棘和水柏枝灌丛下。

分布于我国的新疆、青海、甘肃、四川、山西、内蒙古；蒙古，俄罗斯西伯利亚也有。

20. 霍城棘豆

Oxytropis chorgossica Vass. in Notu. Syst. Herb. Inst. Bot. Acad. Sci. URSS 20：232. 1960；I. Vass. et B. Fedtsch. in Kom. Fl. URSS 13：47. 1948. descry. Ross.；Bajt. in Pavl. Fl. Kazakh. 5：337. 1961；新疆植物检索表 3：87. 1983；中国植物志 42（2）：31. 1998.

多年生草本。茎平卧，长 8～15 cm。被伏贴白色柔毛，灰绿色。羽状复叶，长 3～5 cm；托叶宽披针形，于基部与叶柄贴生，彼此合生，被白色柔毛；叶柄与叶轴被开展和伏贴白色柔毛；小叶（9）11～17 枚，椭圆形或披针状椭圆形，长 4～8 mm，宽 2～3（～4）mm，两面被开展白色长柔毛。5～12 花组成头形总状花序；总花梗与叶等长或较长，疏被白色和黑色柔毛；苞片膜质，线状披针形，长于花梗，被黑色与白色柔毛；花长约 10 mm；花萼钟状，长 4～5 mm，密被黑色和白色绵毛，萼齿与萼筒等长或稍短；花冠蓝紫色；旗瓣长 8～10 mm，瓣片圆形，先端微缺；翼瓣长约 8 mm；龙骨瓣较翼瓣长，喙长 1.5～2.0 mm。荚果膜质，卵状长圆形，长 8～14 mm，宽 3～5 mm，先端具弯曲喙，密被半开展白色长柔毛，后逐渐稀疏，近无梗。 花期 5～6 月，果期 6～7 月。

产新疆：阿克陶（苏巴什，阎平 4178）、塔什库尔干（卡拉其古，阎平 3790）。生于海拔 3 600 m 左右的河谷阶地、石质山坡、沟谷山坡砾地。

分布于我国的新疆；吉尔吉斯斯坦，塔吉克斯坦，哈萨克斯坦，乌兹别克斯坦，土库曼斯坦也有。

21. 短硬毛棘豆

Oxytropis hirsutiuscula Freyn in Bull. Herb. Boriss. ser. 2. 5（11）：1021. 1905；I. Vass. et B. Fedtsch. in Kom. Fl. URSS 13：48. 1948；新疆植物检索表 3：87. 1983；中国植物志 42（2）：32. 1998；青藏高原维管植物及其生态地理分布 509. 2008；Fl. China 10：472. 2010.

多年生草本。茎长 3～10 cm，或缩短而分枝多，被白色短硬毛。羽状复叶，长 5～8 cm；托叶草质，长 4～6 mm，于基部与叶柄贴生，彼此合生很高，分离部分宽披针形，被疏柔毛；小叶 15～19（～21），卵状长圆形或长圆形，长 3～7（～10）mm，宽 1.5～3.0 mm，两面被伏贴的白色硬毛。多花组成头形总状花序；总花梗短于叶；苞片膜质，线状披针形，长 2～3 mm，先端尖，被黑色疏柔毛，边缘具纤毛；花长约 9 mm；花梗被黑色疏柔毛；花萼钟状，长 4～5 mm；被黑色短硬毛，并混生白色柔毛，萼齿钻形，长为萼筒的 1/3；花冠紫色；旗瓣长 6～9 mm，瓣片圆形，先端微缺；翼瓣几与旗瓣等长；龙骨瓣略短于翼瓣，喙长 0.3 mm。荚果膜质，广椭圆状长圆形，下垂，长 10～15 mm，宽 3～5 mm，喙长 1～2 mm，腹缝具深沟，背部圆形，被伏贴黑色短柔毛。 花期 6～7（8）月，果期 8～9 月。

产新疆：乌恰、阿克陶、塔什库尔干（城郊东面，西植所新疆队 805、815）。生于海拔 3 200～3 900 m 的沿河盐渍草甸、高山湖畔低湿沙砾地、河滩湿沙砾地、河滩高寒草甸沙地。

分布于我国的新疆；中亚地区各国，俄罗斯西西伯利亚也有。模式标本采自东帕米尔高原。

22. 黑萼棘豆

Oxytropis melanocalyx Bunge in Mém. Acad Sci. St.-Pétersb. ser. 7. 22（1）：8. 1874；中国主要植物图说 豆科 424. 图 418. 1955；中国高等植物图鉴 2：428. 图 2 586. 1972；西藏植物志 2：850. 图 279：1～7. 1985；中国植物志 42（2）：55. 1998；青海植物志 2：247. 图版 37：9～15. 1999；青藏高原维管植物及其生态地理分布 510. 2008；Fl. China 10：479. 2010.

多年生密丛生草本，铺散或斜升，高 6～20 cm。茎较短，细弱，基部分枝多。奇数羽状复叶，长 4～10 cm；托叶草质，卵状三角形，彼此联合但与叶柄分离，疏被长柔毛；叶柄和叶轴疏被短柔毛；小叶 13～23 枚，卵状披针形或披针形，长 4～12 mm，宽 2～5 mm，先端渐尖，基部圆形，两面疏被白色伏贴的长柔毛。伞形总状花序稀疏，腋生，具 3～10 花；总花梗等于或短于叶，后期延长可达 18 cm，疏被白色和黑色短柔毛；苞片披针形，长 3～5 mm，被毛；花萼钟状，长约 6 mm，密被黑色短柔毛并杂有白色长柔毛，萼齿条状披针形，稍短于萼筒；花冠蓝紫色；旗瓣长 10.0～12.5 mm，宽 7～9 mm，瓣片宽卵形，先端微凹，柄长 3～5 mm；翼瓣长圆形，长 9～11 mm，先端微凹，细柄长 3～5 mm，耳钝圆；龙骨瓣稍短于翼瓣，喙长不及 1 mm，柄长于瓣片；子房条形，腹缝线及上部被黑色毛。荚果纸质，长椭圆形，长 15～18 mm，宽 6～8 mm，稍膨胀，疏被黑色短柔毛，腹缝线不凹，无隔膜，具短柄。　花期 6～7 月，果期 7～8 月。

产新疆：塔什库尔干（红其拉甫，阎平 3565、3611；麻扎种羊场，西植所新疆队 1541）、叶城（麻扎达坂，黄荣福 C. G. 86‑046）。生于海拔 3 600～4 800 m 的高山草甸、沟谷河滩砾石地、山坡草地、沟谷山地圆柏灌丛边缘。

青海：玛沁（大武煤矿，植被组 386；大武乡，玛沁队 267）、甘德（上贡麻乡，吴玉虎 25855）、久治（索乎日麻乡，果洛队 150；年保山，果洛队 512）、玛多（县牧场，吴玉虎 193；县城郊区，吴玉虎 258、664、1280、1645）、称多（清水河乡，苟新京 025）、治多（可可西里岗齐曲北面，黄荣福 110）。生于海拔 3 500～4 300 m 的高山草甸、阴坡灌丛、林缘草地、河滩石垄缝隙。

四川：石渠（长沙贡玛乡，吴玉虎 29688、29749、29780）。生于海拔 3 600～4 200 m 的沟谷山地灌丛草甸、山地阳坡圆柏林下、岩石缝隙、山坡柳树灌丛、河滩砾石堆。

分布于我国的新疆、青海、甘肃、陕西、西藏、四川、云南西北部、内蒙古。模式标本采自青海大通河南岸山区森林中。

本种的鉴定向来比较混乱，但应确定如下基本特点：多年生密丛生草本，铺散或斜升；茎较短，细弱，基部分枝多；基生叶较密且小；花较瘦小。生境多为林缘灌丛间的砾石地或河滩沙地等。

23. 改则棘豆

Oxytropis gerzeensis P. C. Li in Fl. Xizang. 2：859. 1985；中国植物志 42（2）：32. 1998；青藏高原维管植物及其生态地理分布 508. 2008；Fl. China 10：472. 2010.

多年生草本。茎高 8～10 cm，平卧或斜升，疏被开展长柔毛。托叶草质，彼此于中部以下合生，与叶柄分离，疏被开展长柔毛；小叶 13～19 枚，长圆形或卵状长圆形，长 4～7 mm，宽 2.5～3.0 mm，两面密被开展的绢状长柔毛。6～8 花组成伞形总状花序；总花梗稍短于叶或叶近等长，下部疏被白色与黑色长柔毛，上部密被黑色长柔毛；花萼长约 6 mm，密被黑色短柔毛，萼齿比萼筒短；花冠紫色；旗瓣长 9～10 mm，瓣片宽卵形；翼瓣长 8～9 mm，瓣片长圆形，先端具不等的浅 2 裂；龙骨瓣比翼瓣短，瓣片微弯，具短喙；子房无毛。荚果未完全成熟，卵状椭圆形，长 10～12 mm，宽 5～6 mm，具短梗。　花果期 5～8 月。

产西藏：改则（夏岗加雪山东侧，青藏队植被组 12567）。生于海拔 5 200 m 左右的沟谷山坡高山草甸。模式标本采自西藏改则。

本种与黄花棘豆 O. ochrocephala Bunge 和黑萼棘豆 O. melanocalyx Bunge 相似，但以小叶较少，花冠蓝色而与前者有别；又以小叶较宽，两面密被白色开展的绢状长柔毛而与后者有异。

24. 古尔班棘豆　图版 47：1～4

Oxytropis gorbunovii Boriss. in Acta Tadjik. Acad. Sci. 2：168. 1936；I. Vass. et B. Fedtsch. in Kom. Fl. URSS 13：49. 1948. excl. syn.；Bajt. in Pavl. Fl. Kazakh. 5：336. 1961；中国植物志 42（2）：32. 1998.

多年生草本。主根淡褐色，细，深达 20 cm，侧根少。茎直立，高 8～20 cm，细弱，无毛或疏被伏贴白色柔毛，绿色。羽状复叶，长 3～7 cm；叶柄与叶轴上面有沟，疏被伏贴白色柔毛；托叶披针状卵形，长约 5 mm，彼此于中部合生，分离部分披针状长圆形，先端尖，基部卵形，被伏贴白色柔毛；小叶 17（21）～31 枚，广椭圆形或长圆状卵形，长 5～12 mm，宽 2～3 mm，先端尖，基部圆形，两面疏被伏贴白色短柔毛。多花组成短总状花序；总花梗与叶等长，疏被伏贴柔毛；苞片线状披针形，长约 2 mm；花长 8～11 mm；花萼钟状。长 4～5（～6）mm，被伏贴黑色和白色柔毛，萼齿披针状锥形，长 1～2 mm；花冠紫色或蓝紫色；旗瓣 8～10（～11）mm，瓣片圆形，宽 6～7 mm，先端微缺；翼瓣与旗瓣近等长，先端微缺；龙骨瓣长约 8 mm，喙长约 0.5 mm。荚果硬膜质，长圆状广椭圆形，膨胀，长 10～15 mm，宽 3～4 mm，喙长 1～2 mm，腹缝具深沟，被伏贴黑色和白色短柔毛，几无隔膜，1 室；果梗长 2～3 mm；种子圆肾形，长约 1 mm，褐色。　花果期 7～9 月。

产新疆：阿克陶（苏巴什，阎平 4172、帕米尔考察队 5536；奥依塔克，阎平 4556、4611；盖孜检查站西面，帕米尔考察队 5657）、塔什库尔干（采集地不详，阎平 3779、3781、92023；明铁盖，阎平 3854、帕米尔考察队 5494；库克西鲁格，帕米尔考察队 5126；布伦口乡北，克里木 T181、T285；大同乡，帕米尔考察队 5055、5057、5104；马尔洋，帕米尔考察队 5295）、皮山（柯克阿特达坂，帕米尔考察队 6222）。生于海拔 1 600～4 200 m 的河谷湿地、山坡草地、河谷阶地高山草甸、河滩盐渍草甸。模式标本采自西帕米尔。

分布于我国的新疆；中亚地区（准噶尔阿拉套、天山、帕米尔-阿赖山地）也有。

组 5. 棘豆组 Sect. Oxytropis C. W. Chang

C. W. Chang in Fl. Reipub. Popul. Sin. 42 (2): 40. 1998. —— Sect. *Protoxytropis* Bunge in Mém. Acad. Sci. St. -Petérsb ser. 7. 22 (1): 6. 1874; E. Pet. -Stib. in Acta Hort. Gothob. 12: 70. 1937; I. Vass. et B. Fedtsch. in Kom. Fl. URSS 13: 5. 1948.

茎缩短，或稍发达而具短分枝。托叶彼此合生程度很高，与叶柄离生。短头形或广椭圆形总状花序；花冠小或中等大（通常从 7~9 到 15~17 mm），紫色、蓝色或玫瑰色。荚果薄革质或硬膜质，长圆形、长圆状广椭圆形或长圆状卵形，腹缝开裂似荚果，被伏贴短疏柔毛，以后有时毛脱落，无隔膜，1 室。

组模式种：棘豆 *Oxytropis montana* (Linn.) DC.

昆仑地区产 15 种 1 变型。

分 种 检 索 表

1. 荚果下垂。

  2. 长圆形总状花序；小叶长 15~30 mm ……………………………………………

    …………… **39. 奇台棘豆 O. qitaiensis** X. Y. Zhu, H. Ohashi et Y. B. Deng

  2. 头形或卵形总状花序；小叶长 5~20 mm。

    3. 荚果宽 2.5~3.0 mm；花小，长约 9 mm，旗瓣先端圆…………………………

      ……………………………………… **37. 球花棘豆 O. globiflora** Bunge

    3. 荚果宽 4~5 mm；花大，长约 12 mm，旗瓣先端微凹 ……………………………

      ……………………………… **38. 拉普兰棘豆 O. lapponica** (Wahlenb.) J. Gay

1. 荚果上伸或倾斜。

  4. 小叶的两面密被白色长柔毛，叶面呈灰白色。

    5. 植株高可达 15 cm；小叶被开展毛；荚果卵球形或矩圆状卵球形。

      6. 小叶 7~11，线形或狭长圆形，两面密被伏贴毛；旗瓣瓣片倒卵状长圆形或

        椭圆形 ……………………… **25. 西大滩棘豆 O. xidatanensis** Y. H. Wu

      6. 小叶 9~19 以上，长圆形或长圆状披针形；旗瓣瓣片圆形或几圆形。

        7. 荚果长 5~7 mm，宽 4~6 mm，密被开展白色长柔毛和黑色短柔毛……

          ……………………… **26. 冰川棘豆 O. glacialis** Benth. ex Bunge

        7. 荚果长 10~12 mm，宽 3.0~3.5 mm，密被伏贴白色短柔毛…………………

          ………………………………… **27. 等瓣棘豆 O. lehmanni** Bunge

    5. 植株高不逾 5 cm；小叶被伏贴毛；夹果长圆形或长圆状披针形。

      8. 苞片披针形、宽披针形或卵状披针形；旗瓣瓣片椭圆形或卵圆形 …………

        ……………………… **28. 花石峡棘豆 O. huashixiaensis** Y. H. Wu

8. 苞片长圆形或线形；旗瓣瓣片近圆形或宽圆形。

   9. 小叶 11～23。萼齿短于萼筒；旗瓣长 6～8 mm；龙骨瓣喙长约 1 mm …
    …………………………………… **29. 伊朗棘豆 O. savellanica** Bunge ex Boiss.

   9. 小叶 9～11。萼齿与萼筒近等长；旗瓣长 9～11 mm；龙骨瓣喙长约
    0.3 mm ……………………………… **30. 宽翼棘豆 O. latialata** P. C. Li

4. 小叶的两面疏被白色长柔毛或几无毛，叶面呈绿色。

  10. 苞片常呈紫色，下部变狭成柄状。

    11. 总花梗长于叶；茎、叶柄和叶轴及总花梗均密被白色开展长柔毛；小叶
      两面被白色开展长柔毛，边缘不内折；旗瓣瓣片卵圆形，不缢缩 ………
      …………………………… **31. 杂多棘豆 O. zadoiensis** Y. H. Wu

    11. 总花梗明显短于叶；茎、叶柄和叶轴及总花梗均无毛或偶被毛；小叶背
      面无毛，边缘有时内折；旗瓣瓣片卵形或宽卵形，上部有时有缢缩 ……
      …………………………… **32. 巴隆棘豆 O. barunensis** Y. H. Wu

  10. 苞片不呈紫色，下部不变狭。

    12. 翼瓣先端全缘；托叶彼此联合，与叶柄分离；花序梗近等长于叶或稍短
      于叶 ……………………………… **35. 宽瓣棘豆 O. platysema** Schrenk

    12. 翼瓣先端微凹；托叶除彼此联合外，其基部多少尚与叶柄贴生；花序梗
      长于叶。

      13. 花序具 5～10 花；旗瓣的瓣片宽卵形或宽倒卵形；翼瓣的瓣片矩圆
        形；龙骨瓣先端的喙长约 1 mm …………………………………
        …………………………… **36. 云南棘豆 O. yunnanensis** Franch.

      13. 花序具 3～6 花；旗瓣的瓣片卵圆形或扁圆形；翼瓣的瓣片狭倒卵形
        或倒卵状矩圆形；龙骨瓣先端的喙长不足 1 mm。

        14. 花冠白色 ………………… **33. 二花棘豆 O. biflora** P. C. Li

        14. 花冠蓝紫色 ……………… **34. 少花棘豆 O. pauciflora** Bunge

25. 西大滩棘豆（新种） 图 A14

Oxytropis xidatanensis Y. H. Wu **sp. nov.** in Addenda.

多年生密丛生草本，高 5～7 cm，全株密被白色长柔毛，呈灰白色。茎极短缩。托
叶白色膜质，2/3 彼此联合，与叶柄分离，密被白色伏贴和开展的长柔毛；奇数羽状复
叶，长 2～5 cm，叶柄长 1～3 cm，与叶轴同被白色开展柔毛；小叶对生，7～11 枚，
线形或狭长圆形，长 4～8 mm，宽 0.6～2.0 mm，两面密被白色伏贴的绢状长柔毛。总
状花序密集成头状，具多花；总花梗较细弱，等于或稍长于叶，密被白色开展长柔毛；
苞片膜质或草质，淡黄绿色，条状披针形，长约 3 mm，密被白色或偶有黑色开展长柔
毛；花萼钟状，长 5～6 mm，外面密被白色或有时（特别是在萼齿部分）也杂有黑色长
柔毛，萼齿稍短于萼筒；花冠紫红色或蓝紫色；旗瓣长约 9 mm，瓣片倒卵状长圆形或

椭圆形，宽 4～5 mm，瓣柄长 3～4 mm，先端微凹；翼瓣长 7～8 mm，瓣片倒卵状三角形或倒卵状矩圆形，最宽处约 2 mm，先端微凹，细柄长 3.0～3.5 mm，短耳钝圆；龙骨瓣长约 6 mm，瓣片半倒卵形，宽约 1.5 mm，喙极短近无，长约 0.2 mm；子房线形，有短柄，偶尔被毛。荚果未见。　花期 6～7 月。

产青海：格尔木（西大滩附近，吴玉虎 36983）。生于海拔 3 950 m 左右的高原沙砾河谷滩地沙棘灌丛下。模式标本采自青海格尔木西大滩附近。

本种与冰川棘豆 O. glacialis Bengh. ex Bunge 相近似，但小叶 7～11 枚，线形或狭长圆形，长 4～8 mm，宽 0.6～2.0 mm，两面密被伏贴毛，而非小叶 9～19 枚，矩圆形或矩圆状披针形，长 3～15 mm，宽 1.5～4.0 mm，两面密被较开展的毛；旗瓣瓣片倒卵状长圆形或椭圆形，而非旗瓣瓣片几圆形。可以相区别。

26. 冰川棘豆　图版 43：17～21

Oxytropis glacialis Benth. ex Bunge in Mém. Acad. Sci. St.-Pétersb. ser. 7. 22 (1)：18. 1874；西藏植物志 2：855. 图 281：15～21. 1985；中国植物志 42 (2)：42. 图版 12：8～14. 1998；青海植物志 2：248. 图版 43：17～21. 1999；Pl. Centr. Asia 8 (b)：21. 2003；青藏高原维管植物及其生态地理分布 508. 2008.

多年生密丛生草本，高 4～15 cm，全株密被白色长柔毛，呈灰白色。茎极短缩。托叶白色膜质，彼此联合，与叶柄分离，密被白色长柔毛；奇数羽状复叶，长 2～10 cm；小叶 9～19 枚，长圆形或长圆状披针形，长 3～15 mm，宽 1.5～4.0 mm，两面密被白色较开展的绢状长柔毛。总状花序呈球形或矩圆形，具多花；总花梗密被白色和黑色开展长柔毛，上部毛尤密；苞片膜质，条状披针形，长约 3 mm，被毛；花萼钟状，长 5～6 mm，外面密被白色或有时也杂有黑色长柔毛，萼齿稍短于萼筒；花冠紫红色或蓝紫色；旗瓣长 7～9 mm，瓣片几圆形，先端微凹或有时全缘；翼瓣长 6～8 mm，瓣片矩圆形或倒卵状矩圆形，先端微凹，细柄短于瓣片，耳钝圆；龙骨瓣稍短于翼瓣，喙三角形、钻形或微弯成钩状；子房被毛或无毛。荚果卵状球形或矩圆状球形，革质，膨胀，长 5～7 mm，宽 4～6 mm，外面密被白色开展长柔毛，有时并混生黑色短柔毛，腹缝线微凹，无隔膜，具短柄。　花期 5～7 月，果期 7～9 月。

产新疆：塔什库尔干（克克吐鲁克，青藏队吴玉虎 870499）、皮山（神仙湾黄羊滩，青藏队吴玉虎 4758）、和田（岔路口，青藏队吴玉虎 1195；635 道班附近，帕米尔考察队 6171）、若羌（阿其克库勒北部湖畔，青藏队吴玉虎 2745；阿尔金山保护区，青藏队吴玉虎 2154；阿尔金山保护区鸭子泉，青藏队吴玉虎 2650、3960；阿其克库勒湖畔，青藏队吴玉虎 2193、4018；依夏克帕提，青藏队吴玉虎 4281；明布拉克东，青藏队吴玉虎 4195；鲸鱼湖畔，青藏队吴玉虎 2711、2712、3081、4053；冷水泉东南面，郭柯 12404；祁漫塔格山鸭子达坂，中科院新疆综考队 84 - 078；土房子南面，中科院新疆综考队 84 - 343；大九巴东，中科院新疆综考队 84 - 169；风尘口 10 km 达坂，郭柯 12509）。生于海拔 3 300～5 400 m 的河谷砾石地、沟谷山坡草地、干旱砾石山坡、河滩沙砾地。

西藏：日土（龙木错，青藏队吴玉虎 1318；空喀山口，高生所西藏队 3694；采集地不详，黄荣福 3756）、噶尔（狮泉河，高生所西藏队 3773、3784）、双湖、班戈。生于海拔 4 200～5 300 m 的山坡草地、砾石山坡、河滩砾石地、砂质地、高山流石坡。

青海：格尔木（昆仑山口附近，吴玉虎 36963、37601、37608；西大滩至五道梁途中，青藏队吴玉虎 2897；唐古拉山乡，青藏冻土队 123；市郊，采集人不详 072）、玛多（扎陵湖乡，吴玉虎 441）、治多（可可西里，吴玉虎 15641；西金乌兰湖畔，黄荣福 769；五道梁，黄荣福 018、025；链湖，黄荣福 189；岗齐曲，黄荣福 078；马章错钦，黄荣福 684、694；乌兰乌拉湖畔，黄荣福 719；乌托错琼西，黄荣福 092；勒斜武担湖畔，黄荣福 838）、曲麻莱（曲麻河乡，黄荣福 003、3714）。生于海拔 4 500～5 200 m 的高寒草原、山坡砾地、高寒荒漠草原、河滩沙砾地、宽谷草地。

分布于我国的新疆、青海、甘肃、西藏；印度，克什米尔地区，巴基斯坦，阿富汗，俄罗斯也有。

27. 等瓣棘豆

Oxytropis lehmanni Bunge in Arb. Naturf. Ver. Riga 1 (2)：225. 1847；id. in Mém. Acad. Sci. St.-Pétersb. ser. 7. 22 (1)：10. 1874；I. Vass. et B. Fedtsch. in Kom. Fl. URSS 13：8. 1948；西藏植物志 2：856. 1985；中国植物志 42 (2)：42. 1998；青藏高原维管植物及其生态地理分布 510. 2008. —— *O. aequipetala* Bunge in Mém. Acad. Sci. St.-Pétersb. ser. 7. 22 (1)：11. 1874.

多年生草本，高 6～20 cm，被短柔毛。茎近缩短，丛生，铺散。羽状复叶，长 2～6 cm；托叶近革质，长 5～6 mm，与叶柄分离，彼此合生程度很高，分离部分披针状钻形，密被绢毛，有时混生黑色疏柔毛；叶柄与叶轴密被绢毛；小叶（11）15～21（～31）枚，密生，披针形、长圆形或长圆状披针形，长 3（5）～8（～12）mm，宽 2～3（～4）mm，先端尖，两面被伏贴绢状疏柔毛。10 花组成伞形或长圆状总状花序；总花梗直立或铺散，较叶长 3～4 倍，被伏贴的白色和黑色疏短柔毛；花萼长 4～6 mm，密被伏贴的白色和黑色短柔毛，萼齿锥状，与萼筒近等长；花冠紫红色或粉红色；旗瓣长 6～8（～11）mm，瓣片圆形，先端近全缘；翼瓣与旗瓣等长，瓣片长圆形，先端微凹；龙骨瓣与翼瓣等长，喙长约 1 mm；子房无毛。荚果长圆形或卵形，长 10～12（～15）mm，宽 3.0～3.5 mm，稍扁，喙长约 1 mm，腹缝凹，背部圆，无隔膜，密被伏贴白色短柔毛，有时混生黑色疏柔毛，1 室；果梗长 3 mm。 花期 6～7 月，果期 7～9 月。

产新疆：乌恰（吉根乡斯木哈纳，青藏队吴玉虎 870046）。生于海拔 3 200～3 900 m 的干山坡草地、高山草甸、沟谷山坡砾石质草地。

分布于我国的西藏；中亚（帕米尔-阿赖山脉）也有。

28. 花石峡棘豆（新种）　图 A15

Oxytropis huashixiaensis Y. H. Wu **sp. nov.** in Addenda.

多年生垫状草本，高 2.0～4.5 cm，植物通体密被白色柔毛，呈灰白色，基部有残存叶柄和托叶。主根粗壮，直伸。茎极短缩，基部多分枝。奇数羽状复叶，长 1～3 cm，叶柄与叶轴紫红色，密被白色开展长柔毛，少有疏被毛；托叶膜质，疏或密被白色柔毛，中下部彼此联合并与叶柄贴生，分离部分三角形，长 3～4 mm；小叶 9～19 枚，长圆形或狭卵形，长 3～5 mm，宽 1～3 mm，有时对折，两面密被白色伏贴的长柔毛。3～6 花组成近伞形的短总状花序；花序梗长 0.8～2.0 cm，密被白色开展长柔毛，近花序处混有少量黑毛；苞片膜质，披针形、宽披针形或卵状披针形，有时紫色或至少中脉呈紫色，长 4～6 mm，宽 1.0～1.5 mm，先端渐尖，散生白色和黑色柔毛；花萼钟形，长 6～7 mm，密被黑色短柔毛并混生白色开展长柔毛，萼齿长 2～3 mm；花冠紫红色；旗瓣长 10～12 mm，瓣片椭圆形或卵圆形，宽 6.0～7.5 mm，先端微凹，柄长约 4 mm；翼瓣长 10.0～11.5 mm，瓣片狭倒卵形，宽 3.0～4.5 mm，先端不明显微凹或钝圆，耳长 1.5～2.0 mm，宽约 1 mm，细柄长 4.0～5.5 mm；龙骨瓣长 8～9 mm，喙长不足 1 mm，柄长 4～5 mm；子房条形，无毛或疏被毛，有短柄。荚果长圆形或长圆状披针形，长 15～20 mm，宽 3～4 mm，密被白色柔毛并混有少量黑色柔毛，具短柄。花果期 6～8 月。

产青海：格尔木（唐古拉山乡岗加曲巴冰川东面，吴玉虎 17012；长江源头各拉丹冬冰川附近，黄荣福 C. G. 89 - 247、C. G. 89 - 268）、兴海（鄂拉山口，刘海源等 632）、玛多（花石峡乡长石头山，吴玉虎 28958、28967，黄荣福 3666；巴颜喀拉山北坡，吴玉虎 29087C）、称多（清水河乡附近，周立华 008）。生于海拔 4 170～5 300 m 的沟谷山坡砾石地、高寒灌丛草甸裸地、高山冰缘砾石滩、沙砾质杂类草草甸。模式标本采自青海玛多花石峡。

本种与伊朗棘豆 O. savellanica Bunge ex Boiss. 和克什米尔棘豆 O. cachemiriana Camb. 的外形相似，但本种是垫状植物；苞片披针形、宽披针形或卵状披针形，有时紫色或至少中脉呈紫色，长 4～6 mm，宽 1.0～1.5 mm；旗瓣长 10～12 mm，瓣片椭圆形或卵圆形，宽 6.0～7.5 mm；翼瓣长 10.0～11.5 mm，瓣片狭倒卵形，宽 3.0～4.5 mm，先端不明显微凹或钝圆，耳长 1.5～2.0 mm，宽约 1 mm，细柄长 4.0～5.5 mm；龙骨瓣长 8～9 mm，柄长 4～5 mm，喙长不足 1 mm；子房条形，无毛或疏被毛，有短柄；荚果长圆形或长圆状披针形，长 15～20 mm，密被毛。可以相区别。

本种与云南棘豆 O. yunnanensis Franch. 和少花棘豆 O. pauciflora Bunge 的外形相似，但主根粗壮，直伸；植物通体密被白色柔毛，呈灰白色；苞片披针形、宽披针形或卵状披针形，有时紫色或至少中脉呈紫色，长 4～6 mm，宽 1.0～1.5 mm；旗瓣长 10～12 mm，瓣片椭圆形或卵圆形，宽 6.0～7.5 mm；翼瓣长 10～11.5 mm，瓣片狭倒卵形，宽 3.0～4.5 mm，先端不明显微凹或钝圆，耳长 1.5～2.0 mm，宽约 1 mm，细柄长 4.0～5.5 mm。可以相区别。

29. 伊朗棘豆

Oxytropis savellanica Bunge ex Boiss. in Fl. Orient. 2：503. 1872；Bunge in Mém. Acad. Sci. St.-Pétersb. ser. 7. 22 (1)：15. 1874；I. Vass. et B. Fedtsch. in Kom. Fl. URSS 13：14. 1948；西藏植物志 2：856. 1985；Fl. W. Pakist. 100：116. 1977；中国植物志 42 (2)：45. 1998；青海植物志 2：248. 1999；青藏高原维管植物及其生态地理分布 513. 2008；Fl. China 10：497. 2010.

多年生垫状草本，高不逾 5 cm。茎极短缩，基部多分枝。奇数羽状复叶，长 1.5～3.0 cm，叶柄与叶轴密被白色长柔毛；托叶被毛，近基部彼此联合；小叶 11～15 枚，椭圆形，长 2～5 mm，宽 1～2 mm，两面密被白色伏贴的长柔毛。总状花序密生多花，呈头状；花序梗长于叶，密被毛；苞片长 2.5～4.0 mm，被毛；花萼钟状，长 5～6 mm，密被黑色和白色开展长柔毛，萼齿长不足萼筒之半；花冠紫色；旗瓣长 9.0～10.5 mm，瓣片卵圆形或宽圆形，宽 6～8 mm，先端微凹，柄长约 3.5 mm；翼瓣矩圆形，长约 8 mm，先端微凹，柄长约 4 mm；龙骨瓣长约 7 mm，喙长约 0.8 mm，柄长约 3 mm；子房被毛。荚果长圆形，长 7～8 mm，宽 2～3 mm，密被白色和黑色柔毛，具短柄。 花果期 6～8 月。

产新疆：塔什库尔干（水布浪沟，高生所西藏队 3184）。生于海拔 4 500 m 左右的沟谷山坡沙砾地。

西藏：日土（喀喇昆仑山口，青藏队植被组 13129）、双湖（无人区马阿山附近，青藏队郎楷永 9610；可可西里山-伊尔马扎青山，青藏队植被组 12245、12285、12291）。生于海拔 4 700～5 200 m 的玄武岩山坡、高山岩石坡、沙砾质山坡草地。

青海：兴海（温泉乡姜路岭，吴玉虎 28766）、格尔木（唐古拉山乡岗加曲巴冰川东面，吴玉虎 17012、17015）、玛沁（尼卓玛山，刘海源 1239）、久治（索乎日麻乡，高生所果洛队 321）、玛多（采集地不详，吴玉虎 2273；花石峡长石头山，刘海源 688、吴玉虎 28975）。生于海拔 4 200～5 200 m 的高山草地、山麓多砾石处、河谷阶地草甸、高山流石坡。

产四川：石渠（菊母乡，吴玉虎 30284）。生于海拔 4 400～4 620 m 的沟谷山坡砾石地、高山流石坡稀疏植被带。

分布于我国的新疆、青海、西藏、四川；伊朗，巴基斯坦，克什米尔地区，中亚地区各国，亚洲西南部也有。

采自新疆的标本，其萼齿长不足 1 mm；翼瓣的瓣片狭倒卵形，宽约 3 mm，先端钝圆；子房无毛而不同于原描述。

30. 宽翼棘豆

Oxytropis latialata P. C. Li in Acta Phytotax. Sin. 18 (3)：370. 1980；中国植物志 42 (2)：43. 1998；青藏高原维管植物及其生态地理分布 509. 2008；Fl. China 10：478. 2010.

多年生草本，高 3～4 cm，茎短缩，无明显节间。羽状复叶，长约 2 cm；托叶几膜质，长约 8～10 mm，基部与叶柄贴生，彼此高度合生，分离部分三角形，长仅 2 mm，幼时疏被白色长柔毛，以后仅边缘有毛；叶柄与叶轴疏被白色开展的长柔毛；小叶 9～11 枚，长圆形，长 2.5～6.0 mm，宽 1.5～2.0 mm，上面仅边缘附近有毛，下面密被白色平伏的长柔毛。4～5 花组成伞形的总状花序；总花梗长于叶，下部近无毛，上部疏被开展的短柔毛；花萼钟状，长 5～7 mm，密被黑色和白色的长柔毛，萼齿披针形，与萼管近等长；花冠紫红色；旗瓣长 9～11 mm，瓣片近圆形，顶端微凹；翼瓣长 7～9 mm，瓣片倒心形，顶端 2 裂；龙骨瓣稍短于翼瓣，顶端的喙长约 0.3 mm；子房无毛，具短柄。荚果未见。 花期 6 月。

产西藏：班戈（色哇区拉尔登加拉至达门错日阿日去马耳朵山途中，青藏队藏北分队郎楷永 9485）。生于海拔 5 000～5 200 m 左右的高原山坡草地、高寒草甸。

青海：曲麻莱（曲麻河乡措池村，吴玉虎和李小红 38818A、38840）。生于海拔 4 650～4 960 m 的沟谷山地高寒草甸、高山流石坡稀疏植被带。

分布于我国的西藏。模式标本采自西藏班戈县。

31. 杂多棘豆（新种） 图 A16

Oxytropis zadoiensis Y. H. Wu **sp. nov.** in Addenda.

多年生矮小丛生草本，高 4～10 cm。茎极短缩。奇数羽状复叶，长 2～5 cm；叶柄长 1.2～3.6 cm，与叶轴同为紫红色且密被开展的白色柔毛；托叶卵状披针形，长 6～8 mm，基部与叶柄联合，彼此联合至中下部，疏被开展的白色柔毛；小叶 13～19 枚，卵状披针形或卵形，长 3～8 mm，宽 2～5 mm，先端渐尖，基部圆形，两面疏被开展或上面有时密被伏贴的白色长柔毛。总状花序具 4～6 花；总花梗紫红色，长 1～6 cm，疏被白色开展的长柔毛；苞片草质，卵形、卵状披针形或长圆形，长 4～6 mm，宽 2～3 mm，被毛，先端渐尖；花萼钟形，长约 10 mm，宽 3～5 mm，密被黑色短柔毛，并杂有少量白色开展的长柔毛；萼齿披针形，长 3.5～7.0 mm，内外密被黑色短柔毛并杂有白色长柔毛；花冠蓝紫色；旗瓣长约 12 mm，瓣片卵圆形，宽 7～8 mm，先端微凹，瓣柄长 4～5 mm；翼瓣长约 10 mm，瓣片狭倒卵形，宽 3.5～4.5 mm，先端钝圆，瓣柄长约 5 mm，耳长约 2 mm；龙骨瓣连喙长约 9 mm，喙长不足 1 mm，瓣柄长约 5 mm；子房沿腹缝线微被毛。荚果长圆形，常下垂或侧举，长 14～18 mm，宽 5～

6 mm，外面密被开展黑色短柔毛，内面有少量白色茸毛，顶端弯曲如钩，白色无毛。

花期 6～7 月，果期 7～8 月。

产青海：杂多（阿多乡，模式标本产地，吴玉虎 35898）。生于海拔 4 500～4 680 m 的沟谷山坡高寒草甸、高山沙地、高寒草甸沙砾地。

本种与少花棘豆 O. pauciflora Bunge 相近，生境也与之基本相同，都是在高寒地区的高山流石坡中生长分布，其地理分布范围也与之有所重叠交会。但是前者叶柄、叶轴和总花梗均为紫红色，且均被开展的白色柔毛；苞片常紫色，下部变狭成柄状；翼瓣先端钝圆。荚果较后者宽而短，外面密被开展的黑色短柔毛，里面被有少量白色茸毛。而后者的叶柄、叶轴和总花梗均被伏贴的白色短柔毛；荚果不但长而窄，而且被毛为白色平伏的短柔毛，因而可以相区别。所以，我们认为，本新种虽与后一种具有一定的亲缘关系，但其间的区别仍然非常明显，作为独立的新种应该能够成立。

本种与宽瓣棘豆 O. platysema Schrenk 相近，但前者茎、叶柄和叶轴及总花梗均为紫红色并均被开展柔毛，小叶两面被毛；苞片卵形、卵状披针形或长圆形，常紫色，下部变狭成柄状；荚果较后者宽而短，外面密被开展的黑色短柔毛，里面被有少量白色茸毛。可以相区别。

32. 巴隆棘豆（新种）　图 A17

Oxytropis barunensis Y. H. Wu **sp. nov.** in Addenda.

多年生矮小丛生草本，高 3～4 cm。茎极短缩。奇数羽状复叶，长 2～4 cm；叶柄长 0.6～2.4 cm，与叶轴同为紫红色，纤细，无毛或偶见白色或紫色柔毛；托叶卵形或卵状披针形，有时为紫色，长 3～6 mm，基部与叶柄联合，彼此联合至中下部，无毛或仅在边缘有白色纤毛；小叶 7～17 枚，卵状披针形或长圆形，长 2～7 mm，宽 2.0～2.5 mm，先端渐尖，基部圆形，背面无毛，腹面疏被伏贴的白色长柔毛，无柄。总状花序具 2～6 花；花具小花梗，长约 2 mm；总花梗常弯曲，长 0.8～3.0 cm，疏被白色或黑白混生的开展柔毛，近花序处毛较密；苞片卵形、卵状披针形或长圆形，长 4.0～6.5 mm，宽 2～3 mm，常紫色，无毛或仅在边缘被毛，先端渐尖，下部突然变狭成柄状；花萼钟形，长 6～9 mm，宽 3～4 mm，密被黑色短柔毛，并杂有少量白色开展的长柔毛；萼齿披针形，长 3.0～4.5 mm，内外密被黑色短柔毛并杂有白色长柔毛；花冠蓝紫色；旗瓣长 11～14 mm，瓣片卵形或宽卵形，宽 8～11 mm，上部有时有缢缩，先端微凹，瓣柄长约 4 mm；翼瓣长 10.0～11.5 mm，瓣片狭倒卵形，宽 3.0～4.8 mm，先端钝圆，细柄长约 5 mm，耳长约 2 mm，宽约 1 mm；龙骨瓣连喙长 9～10 mm，喙长约 0.5 mm，瓣柄长约 5 mm；子房沿腹缝线微被毛，有柄，柄长 1.0～1.5 mm。荚果未见。　花期 6～7 月。

产青海：都兰（巴隆乡昆仑山北坡爱乌多日沟，吴玉虎 36273、36293、36327、36340）、玛沁（大武乡黑土山，H. B. G. 678）。生于海拔 4 300～4 500 m 左右的沟谷山坡高寒草甸、高山流石坡草甸。模式标本采自青海都兰县巴隆乡。

本种与少花棘豆 O. *pauciflora* Bunge 相近，但是前者叶柄、叶轴和总花梗均为紫红色；小叶边缘有时内折，背面无毛；苞片卵形、卵状披针形或长圆形，常紫色，下部突然变狭成柄状；翼瓣先端钝圆；子房有柄，长 1.0～1.5 mm，因而可以相区别。

本种与杂多棘豆 O. *zadoiensis* Y. H. Wu 相近，但前者总花梗明显短于叶；茎、叶柄和叶轴及总花梗均无毛或偶见毛，小叶少，背面无毛，边缘有时内折；苞片常紫色；旗瓣瓣片卵形或宽卵形，上部有时有缢缩。而后者的总花梗长于叶；茎、叶柄和叶轴及总花梗均密被白色开展的长柔毛；小叶两面密被白色开展的长柔毛，边缘不内折；旗瓣瓣片卵圆形。可以相区别。

33. 二花棘豆

Oxytropis biflora P. C. Li in Acta Phytotax. Sin. 18（3）：369. 1980；西藏植物志 2：850. 图 280：8～14. 1985；中国植物志 42（2）：45. 1998；青藏高原维管植物及其生态地理分布 506. 2008；Fl. China 10：486. 2010.

多年生草本，高 2.5～3.0 cm。茎缩短，丛生，分枝高 1.0～1.5 cm。羽状复叶，长 1.5～7.0 cm；托叶草质，基部与叶柄贴生，彼生于上部合生，分离部分三角状卵形，被白色和黑色疏柔毛；叶柄与叶轴疏被长柔毛；小叶 7～13 枚，长圆形，长 2.5～4.0 mm，宽约 1.5 mm，先端尖，基部圆形，两面密被开展长柔毛。2～3 花组成总状花序；总花梗稍长于叶，密被长柔毛；苞片狭披针形；花长约 9 mm；花萼筒状钟形，长 6～7 mm，密被黑色和白色长柔毛，萼齿与萼筒近等长；花冠白色，旗瓣长 7～9 mm，瓣片宽卵形，先端微凹；翼瓣稍短于旗瓣，先端微凹，；龙骨瓣稍短于翼瓣，喙长约 0.5 mm；子房密被伏贴的白色长柔毛，具长柄。荚果幼时为长圆状圆柱形，密被伏贴的白色长柔毛；果梗长约 4 mm。 花期 6～7 月，果期 7～8 月。

产西藏：双湖（马益尔雪山下，青藏队植被组 11993）。生于海拔 5 000 m 左右的沟谷山地高寒草甸。模式标本采自西藏双湖。

34. 少花棘豆

Oxytropis pauciflora Bunge in Mém. Sci. Acad. St.-Pétersb. Sav. Etrang. 17. 1851；Fl. URSS 13：15. 1948；Fl. Kazakh. 5：341，1961；西藏植物志 2：852. 图 280：15～21. 1985；中国植物志 42（2）：47. 1998；青藏高原维管植物及其生态地理分布 512. 2008；Fl. China 10：486. 2010.

多年生矮小丛生草本，高 3～6 cm。根细长而多分枝。茎极短缩。奇数羽状复叶，长 2～6 cm；托叶草质，基部与叶柄联合，彼此联合至中部，疏被白色和黑色伏贴的长柔毛；叶柄与叶轴疏被或密被白色长柔毛；小叶 11～19 枚，矩圆形、矩圆状卵形或卵状披针形，长 3～6 mm，宽 1～2 mm，两面疏被白色伏贴的长柔毛，有时在背面仅沿中脉有毛。伞形总状花序具 3～5 花；总花序梗与叶等长或长于叶，疏被白色长柔毛；苞片草质，卵形、披针形或卵状披针形，长 3～5 mm，被毛；花萼钟形，长 6～8 mm，密被伏贴的黑色和白色长柔毛，萼齿短于萼筒；花冠蓝紫色；旗瓣长 10～13 mm，瓣片卵圆形，先端微凹；翼瓣长 9～12 mm，瓣片倒卵状矩圆形，先端微凹；龙骨瓣与翼瓣近等长，喙长不足 1 mm；子房沿腹缝线被毛，几无柄。荚果矩圆形或卵状矩圆形，长 16～20 mm，宽 4～5 mm，密被伏贴的白色短柔毛。 花期 6～7 月，果期 7～8 月。

产新疆：塔什库尔干（克克吐鲁克，高生所西藏队 3295）、若羌（哈什克勒河畔，青藏队吴玉虎 4151）。生于海拔 4 200～5500 m 的沟谷河滩沼泽草甸、高山流石坡、砾石质山坡草地、高山灌丛草甸、高寒草甸、沟谷河漫滩草地、沟边草地、沙砾质河谷阶地。

西藏：双湖（马益尔雪山，青藏队藏北分队郎楷永 9830；采集地和采集人不详，104）。生于海拔 4 500～5 550 m 的高山流石坡湿草地、高山草甸、河漫滩草地、沟边草地、高山灌丛草甸。

青海：格尔木（长江源区各拉丹冬，蔡桂全 021）、兴海（鄂拉山口，刘海源 636）、玛沁（雪山乡，黄荣福 149）、甘德（东吉乡，吴玉虎 25744）、久治（门堂乡，果洛队 115）、玛多（巴颜喀拉山北坡，吴玉虎 29072；县牧场，吴玉虎 1032；花石峡长石头山，吴玉虎 28944；黑河乡，吴玉虎 32423）、达日（德昂乡，吴玉虎 25933）、称多（巴颜喀拉山南坡，郭本兆 120；清水河乡，吴玉虎 29180、32449、32490，苟新京 014）、曲麻莱（麻多乡，刘尚武 661）、治多（可可西里乌兰乌拉湖畔，黄荣福 149、752；马章错钦，黄荣福 698）。生于海拔 3 600～5 000 m 的高山草甸、河滩草地、阴坡灌丛、高寒草原、沙砾湿滩地。

分布于我国的新疆、青海、甘肃、西藏；俄罗斯，阿尔泰山，哈萨克斯坦也有。

35. 宽瓣棘豆　图版 47：5～8

Oxytropis platysema Schrenk in Bull. Phys.-Math. Acad. Sci. St.-Pétersb. 10 (14～16)：254. 1842；Bunge in Mém. Acad. Sci. St.-Pétersb. ser. 7. 22 (1)：18. 1874；I. Vass. et B. Fedtsch. in Kom. Fl. URSS 13：15. 1948；Bajt. in Pavl. Fl. Kazakh. 5：340. t. 48：6. 1961；西藏植物志 2：852. 图 280：1～7. 1985；中国植物志 42 (2)：48. 图版 14：15～21. 1998；青海植物志 2：216. 图版 37：9～15. 1999；青藏高原维管植物及其生态地理分布 512. 2008；Fl. China 10：485. 2010.

多年生矮小疏丛生草本，高 2～6 cm。根较粗壮。茎极短缩，几呈无茎状。奇数羽状复叶，长 2～4 cm；托叶近膜质，被毛极疏或仅具纤毛，与叶柄分离，彼此联合至中部；叶柄和叶轴疏被毛或近无毛；小叶 11～19 枚，卵状披针形、卵状矩圆形或卵形，长 3～6 mm，宽 1.5～2.5 mm，先端尖，基部圆形，两面均无毛或仅腹面疏被白色伏贴毛，有时在背面沿中脉或边缘有疏毛；总状花序头状，具 2～5 花；苞片近膜质，卵状长圆形或卵状披针形，长5~6 mm，疏被毛；花萼钟状，长6~8 mm，密被黑色和白色长柔毛，萼齿条状披针形，与萼筒近等长；花冠紫红色或蓝紫色；旗瓣长9~11 mm，瓣片近卵圆形，先端微凹，柄长约3 mm；翼瓣稍短于旗瓣，瓣片斜倒卵形，先端全缘；细柄长约4 mm，耳钝圆；龙骨瓣短于翼瓣，喙长约1 mm；子房无毛，有短柄。荚果矩圆形，长6~8 mm，宽3~4 mm，密被黑褐色和白色短柔毛。 花期6~7月，果期8~9月。

产新疆：塔什库尔干（红其拉甫，阎平3574、3590，青藏队吴玉虎4912；马尔洋达坂，帕米尔考察队5248；克克吐鲁克，西藏队3295；托克满苏老营房，中科院新疆综考队1420；水布浪沟，中科院新疆综考队1467）、叶城（柯克亚乡，青藏队吴玉虎870898）、若羌（喀尔墩南昆仑山，中科院新疆综考队84-227、84-321）。生于海拔4 200~5 500 m的高原高山石质山坡、高寒灌丛草甸、沟谷山坡高寒草甸、河漫滩草甸、河谷阶地草甸。

西藏：双湖（采集地不详，青藏队植被组11871）、班戈（色哇区，青藏队植被组11694、11806、11825；念不那董，青藏队藏北分队郎楷永6508、9509）。生于海拔4 600~5 200 m的沟谷山地高寒草甸、河边砾石地、山坡金露梅高寒灌丛草甸、水边草甸。

青海：久治（索乎日麻乡扎龙尕玛山，藏药队331；扎龙贡玛山，高生所果洛队351）、玛沁（石峡煤矿，吴玉虎26992）、甘德（青珍乡，吴玉虎25722）、玛多（县郊，吴玉虎1032；清水乡，玛积雪山垭口，陈世龙等118）、称多（巴颜喀拉山南坡，郭本兆120；清水河乡，苟新京014）。生于海拔3 500~5 000 m的高山草甸、滩地沼泽草甸、冰川附近草地、阴坡高寒灌丛下、沙砾湿地、高山流石坡稀疏植被带。

四川：石渠（菊母乡，吴玉虎29889、29903、29912）。生于海拔4 200~4 600 m的沟谷山坡高寒草甸、高山流石坡、高寒灌丛草甸。

模式标本采自准噶尔阿拉套山。

分布于我国的新疆、青海、西藏、四川；土库曼斯坦，乌兹别克斯坦，吉尔吉斯斯坦，塔吉克斯坦，哈萨克斯坦也有。

我们采自新疆的标本有时苞片宽可达3 mm。

36. 云南棘豆

Oxytropis yunnanensis Franch. Pl. Delav. 1：163. 1890；中国高等植物图鉴2：428. 图2585. 1972；西藏植物志2：852. 图279：8~14. 1985；中国植物志42（2）：55. 图版17：9~15. 1998；青海植物志2：250. 图版37：9~15. 1999；青藏高原维管植物及其生态地理分布514. 2008；Fl. China 10：485. 2010.

多年生草本，高7~15 cm。主根粗壮，圆柱形。茎极短缩，基部有分枝，疏丛生。奇数羽状复叶，长3~5 cm；托叶长卵形，膜质，疏被白色和黑色长柔毛，彼此与中部

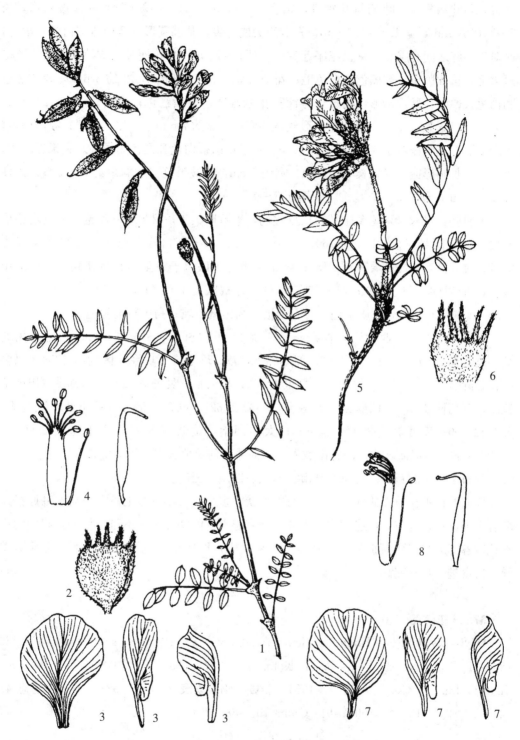

图版 47　古尔班棘豆 **Oxytropis gorbunovii** Boriss. 1. 花、果枝；2. 花萼；3. 花解剖（示各瓣）；4. 雄蕊、雌蕊。宽瓣棘豆 **O. platysema** Schrenk 5. 植株；6. 花萼；7. 花解剖（示各瓣）；8. 雄蕊、雌蕊。
（引自《新疆植物志》，朱玉善绘）

联合，与叶柄分离；叶柄与叶轴细，宿存；小叶 9（13）～19（23）枚，披针形，长 5～7（10）mm，宽 1.5～3.0 mm，先端渐尖或急尖，基部圆形，两面疏被白色短柔毛，两对生小叶之间有腺点。总状花序近头状，具 5～12 花；总花梗等长或稍长于叶，疏被短柔毛；苞片膜质，被黑色和白色毛；花萼钟状，长 6～9 mm，宽约 3 mm，疏被黑色和白色长柔毛；萼齿锥形，稍短于萼筒；花冠蓝紫色或紫红色；旗瓣长 10（12）～13（15）mm，宽 7～9 mm，瓣片宽卵形或宽倒卵形，宽约 7 mm，先端 2 浅裂；翼瓣稍短，先端 2 裂；龙骨瓣短于翼瓣，喙长约 1 mm；子房疏被白色和黑色短柔毛。荚果近革质，椭圆形、长圆形或卵形，长 2～3 cm，宽约 1 cm，密被黑色伏贴的短柔毛，1 室；果梗长 5～7 mm，种子 6～10 粒。　花果期 7～9 月。

产新疆：且末（阿羌乡昆其布拉克牧场，青藏队吴玉虎 2608）、若羌（祁漫塔格山北坡，青藏队吴玉虎 2168、2169、2670、3973；木孜塔格峰雪照壁，青藏队吴玉虎 2257；月牙湾，青藏队吴玉虎 2737；阿尔金山保护区鸭子泉至阿其克库勒湖之间的山垭口，青藏队吴玉虎 2292；哈什克勒河畔，青藏队吴玉虎 4155）。生于海拔 4 300～5 200 m 的沟谷山坡砾石质草地、砾石山坡、高山流石坡、高山草甸裸地。

青海：格尔木（西大滩，青藏队吴玉虎 2811、36951、36954、36957；昆仑山北坡，黄荣福 315）、兴海（河卡乡，郭本兆 6380）、玛沁（军功乡，区划组 098）、玛多（县城郊区，吴玉虎 664；黑海乡，吴玉虎 993；黑河乡，吴玉虎 32421）、称多（巴颜喀拉山，藏药队 1030）、曲麻莱（麻多乡，刘尚武 627、667）、治多（可可西里五雪峰，黄荣福 400；库赛湖南，黄荣福 456；太阳湖南，黄荣福 302）。生于海拔 3 900～5 000 m 的高山草甸砾地、沟谷山坡灌丛、河滩草甸裸地、河谷沙砾湿地。

分布于我国的新疆、青海、甘肃、西藏、四川、云南。

我们的标本在植株的外观、各器官的形状、多少、大小及被毛等方面与本种原描述多有不同，特别是与原描述的"于小叶之间有腺点"的特征多有不符。另外，我们的标本花冠各部分与《西藏植物志》和《中国植物志》图版所示的形状和比例亦有显著差异，值得进一步研究。

37. 球花棘豆

Oxytropis globiflora Bunge in Mém. Acad. Sci. St.-Pétersb. ser. 7. 14（4）：43. 1869；I. Vass. et B. Fedtsch. in Kom. Fl. URSS 13：17. 1948；Bajt. in Pavl. Fl. Kazakh. 5：340. t. 48：3. 1961；新疆植物检索表 3：88. 1983；中国植物志 42（2）：52. 图版 15：4. 1998；Fl. China 10：488. 2010.

37a. 球花棘豆　（原变型）
f. globiflora

多年生草本，被银白色绢状毛。根粗壮。茎缩短，匍匐。羽状复叶，长 5～12 cm；

托叶膜质，线状锥形，于基部与叶柄贴生，彼此分离，被绢状柔毛；叶柄与叶轴被伏贴柔毛；小叶 11～21 枚，披针形、长圆形或长圆状披针形，长 5～17 mm，宽 1.5～4.0 mm，先端尖，两面被伏贴银白色柔毛。多花组成头形或卵形总状花序；总花梗长于叶，被伏贴柔毛；苞片膜质，线形，与萼筒等长，先端尖，密被白色长柔毛和硬毛；花长约 9 mm；花萼钟状，长约 5 mm，被伏贴的黑色和白色混生柔毛，萼齿线状锥形，等长或短于萼筒；花冠紫色或蓝紫色；旗瓣长 8～9 mm，瓣片宽卵形，宽约 7 mm，先端圆形或钝，柄长约 2.5 mm；翼瓣倒卵形或倒卵状长圆形，长 7～8 mm，宽约 3 mm，耳长约 1.5 mm，细柄长约 3 mm；龙骨瓣连喙长约 7.5 mm，喙长 2.0～2.5 mm，先端常呈蛇形弯曲，子房条形，无柄，被少量黑毛。荚果膜质，长圆状广椭圆形，长卵形，下垂，长 10～12 mm，宽 2.5～3.0 mm，先端具喙，密被伏贴的白色短柔毛；果梗长 1.5～2.0 mm；种子圆肾形，具棱角，长 0.75～1.0 mm，暗棕色。 花期 6～7 月，果期 7～8 月。

产新疆：乌恰（吐尔朵特，阎平 4321）、阿克陶（恰尔隆乡，青藏队吴玉虎 4629；阿克塔什，青藏队吴玉虎 870148；奥依塔克，阎平 4554）、塔什库尔干（克克吐鲁克，青藏队吴玉虎 870483；麻扎至卡拉其古途中，青藏队吴玉虎 4947；库克西鲁格，帕米尔考察队 5148；红其拉甫，青藏队吴玉虎 4922；柯克亚乡，青藏队吴玉虎 870853；采集地不详，阎平 3620、92118，帕米尔考察队 4946、4978、4984；麻扎，高生所西藏队 3158；托克满苏老营房，西植所新疆队 1415；托云边防站，西植所新疆队 2247；托克满苏边防站，西植所新疆队 1274、1322；哈拉奇台营房，西植所新疆队 1002、1066；卡拉其古，西植所新疆队 942）、莎车（喀拉吐孜煤矿，青藏队吴玉虎 870666）、叶城（棋盘乡，青藏队吴玉虎 4667A、5116；柯克亚乡高萨斯，青藏队吴玉虎 870821、870951；阿格勒达坂，黄荣福 C. G. 86－146、149）、皮山（采集地不详，青藏队吴玉虎 1830、1845、1870；喀尔塔什，青藏队吴玉虎 3642）、策勒（奴尔乡亚门，青藏队吴玉虎 1978、2483A、2524）、和田（阔什拉什，青藏队吴玉虎 2560）。生于海拔 2 800～4 800 m 的高原高山带的砾石质山坡、山地高寒草甸、冰雪冲积沟草地、沟谷山坡草地、河谷阶地草甸、山地荒漠化草原、山谷云杉林缘草甸。

分布于我国的新疆、西藏；土库曼斯坦，乌兹别克斯坦，吉尔吉斯斯坦，塔吉克斯坦，哈萨克斯坦也有。

我们所引证的标本多数在 6 月份的花序呈长圆形而有所不同。

37b. 白花球花棘豆（变型）

f. **albiflora** M. M. Gao in Acta Bot. Boreal. - Occ. Sin. 28 (6)：1263. 2008.

本变型与原变型的区别在于：花冠白色。

产新疆：塔什库尔干（麻扎至卡拉其古途中，青藏队吴玉虎 4963；明铁盖，王绍明 3881；红其拉甫，阎平 3621）。生于海拔 2 400～3 800 m 的沟谷山地草甸、荒漠草原、滩地草甸。

分布于我国的新疆。模式标本采自新疆塔什库尔干塔吉克自治县。

38. 拉普兰棘豆

Oxytropis lapponica (Wahlenb.) J. Gay in Flora 10 (2)：30. 1827；I. Vass. et B. Fedtsch. in Kom. Fl. URSS 13：17. t. 9：1. 1948；Bajt. in Pavl. Fl. Kazakh. 5：339. t. 48：5. 1961；新疆植物检索表 3：88，图版 6：4. 1983；西藏植物志 2：850. 1985；中国植物志 42 (2)：53. 图版 15：5~8. 1998；青藏高原维管植物及其生态地理分布 509. 2008；Fl. China 10：478. 2010.——*Phaca lapponica* Wahlenb. Veg. Clim. Helvet. 131. in adnot. 1813.

多年生草本，高 8~30 cm。根木质化。茎缩短，被淡黄色和黑色伏贴的短柔毛。羽状复叶，长 3~16 cm；托叶草质，卵状披针形，长 4~10 mm，彼此合生至中部，分离部分卵状披针形，先端尖，疏被柔毛；叶柄与叶轴被伏贴白色柔毛；小叶 17~37 枚，披针形或椭圆状披针形，长 3~12 mm，宽 1~5 mm，先端尖，两面被伏贴疏柔毛。多花组成头形总状花序；总花梗长 2~22 cm，细，上部被伏贴黑色疏毛，下部被伏贴黑色和白色疏柔毛；苞片披针状线形或线形，长 2~6 mm，被伏贴白色和黑色疏柔毛；花长约 15 mm；花梗长约 1 mm；花萼钟状，长 5~7 mm，密被黑色和白色短柔毛，萼齿披针状锥形，长 2~3 mm；花冠淡紫色；旗瓣长 10~15 mm，瓣片宽圆形，先端微凹；翼瓣长 8~12 mm，上部扩张，先端斜截，宽微凹；龙骨瓣长 9~12 mm，喙长约 2 mm；子房长圆形，有柄，具 8~10 枚胚珠。荚果硬膜质，圆筒状、卵状长圆形或线状长圆形，膨胀，下垂，长 8~14 mm，宽 4~5 mm，具短喙，腹缝具宽沟，密被黑色短柔毛，1 室；果梗长 2~3 mm；种子 8~10 粒，圆肾形，长约 2 mm，褐色。 花期 6~8 月，果期 7~9 mm。

产新疆：塔什库尔干（红其拉甫，帕米尔考察队 4978）、叶城（柯克亚乡高萨斯，青藏队吴玉虎 870821、870951；提热艾力，帕米尔考察队 6277）。生于海拔 2 300~4 300 m 的沟谷高山草甸、河岸边草甸、砾石质山坡草地、山地草甸、沟谷山坡高寒草原砾地、山坡岩隙、山地荒漠化草原。

西藏：西北部。生于海拔 3 300~4 200 m 的高山草甸、沟谷河岸、石质山坡草地。

分布于我国的新疆、陕西（太白山）、西藏西部；印度，尼泊尔，巴基斯坦，中亚地区各国，俄罗斯，挪威，瑞典，奥地利，匈牙利，意大利，西班牙等的高山地区也有。

我们所引证的青藏队吴玉虎 870821、870951 等号标本，其根颈处密集残存的托叶和叶柄；花较大；旗瓣长达 15 mm，瓣片宽达 12 mm；翼瓣长达 12.5 mm，宽约 5 mm；龙骨瓣连喙长达 12 mm，喙长仅 1.5 mm 而与原描述不同。暂归本种，有待再研究。

39. 奇台棘豆

Oxytropis qitaiensis X. Y. Zhu，H. Ohashi et Y. B. Deng in Journ. Japan. Bot. 74：66. 1999；Fl. China 10：487. 2010.

多年生草本，高 17～40 cm。茎缩短。羽状复叶，长 9～25 cm；托叶硬革质，窄三角形，长 8～10 mm，宽 2～3 mm，彼此于基部合生，密被伏贴柔毛；叶柄无毛或有时疏被伏贴白色柔毛；小叶 18～34 枚，近卵圆形或圆形，长 18～28 mm，宽 4～10 mm，先端尖，上面几无毛，有时下面密被腺毛。多花组成疏松头形总状花序；总花梗长 17～40 cm，长于叶；苞片窄三角形，长 2.5～4.0 mm，宽约 0.6 mm，被毛；花萼钟状，长 5.0～6.5 mm，被白色或黑色柔毛，有时被腺毛，萼齿线状三角形，长 2.0～3.5 mm，宽 0.2～0.3 mm，与萼筒等长；花冠紫色；旗瓣长 6～8 mm，宽 6～8 mm，瓣片圆形；翼瓣长约 7 mm，宽约 3 mm，瓣片呈窄倒卵形，先端微缺；龙骨瓣长约 4 mm，宽约 2.5 mm，瓣片倒卵形，喙长 1.5～2.0 mm；子房无毛或有时被毛。荚果圆柱状，长约 18 mm，宽约 4.5 mm，被伏贴短柔毛。　花果期 6～9 月。

产新疆：策勒（奴尔乡，青藏队吴玉虎 1978、2483、2524）。生于海拔 2 100～2 600 m 的沟谷山坡草地、林缘灌丛草甸。

分布于我国的新疆。模式标本采自新疆奇台县。

组 6. 蓝花棘豆组 Sect. Janthina Bunge

Bunge in Mém. Acad. Sci. St.-Pétetsb. ser. 7. 22（1）：20. 1874；E. Pet.-Stib. in Acta Hort. Gothob. 12：75. 1937；I. Vass. et B. Fedtsch. in Kom. Fl. URSS 13：18. 1948；中国植物志 42（2）：59. 1998.

茎缩短，或近缩短。托叶与叶柄贴生很高，头形短总状花序，广椭圆形或卵形，有时花后期延长；花中等大小；花冠紫色、浅蓝花，稀白色或黄色。荚果膜质或薄革质，直立或多少开展至下垂，被伏贴的短疏柔毛，稀被开展的短柔毛，1 室。

组模式种：蓝花棘豆 *Oxytropis coerulea*（Pall.）DC.

昆仑地区产 20 种 2 变种 1 变型。

分 种 检 索 表

1. 植株密丛生；小叶（33）41～61；总花梗粗，密被毛；花冠长 15～20 mm。
　2. 花冠黄色，长 15～20 mm ·························· **58. 垂花棘豆 O. nutans** Bunge
　2. 花冠深蓝色，长 14～15 mm ················ **59. 蓝垂花棘豆 O. penduliflora** Gontsch.
1. 植株疏丛生；小叶 7～41；总花梗细，疏被毛，花冠长 5～15 mm。
　3. 荚果偏倾或垂悬。

4. 长圆形总状花序 ……………………………… **52. 米尔克棘豆 O. merkensis** Bunge
4. 头形或短卵形总状花序。

  5. 植株被灰色毛；小叶长 2～4 mm，宽 1～2 mm；花萼长 10～12 mm；旗瓣长
    15～20 mm ……………………… **53. 黑毛棘豆 O. melanotricha** Bunge

  5. 植株被疏柔毛；小叶长 3～10 mm，宽 2～5 mm；花萼长 5～6 mm。

    6. 小叶长 5～10 mm ———————————————————————
      ………… **54. 祁连山棘豆 O. qilianshanica** C. W. Chang et C. L. Zhang

    6. 小叶长 3～8 mm，宽 2～3 mm。

      7. 花长约 7 mm；旗瓣长 5～7 mm，瓣片长圆形，宽 2 mm ………
        ……………………………………… **57. 细小棘豆 O. pusilla** Bunge

      7. 花长约 12 mm；旗瓣长 8～13 mm，瓣片圆心形、近圆形或扁圆形，宽
        5～6 mm。

        8. 小叶披针形或卵状披针形，宽 2～3 mm；花序生 6～8 花…………
          …………………………… **55. 铺地棘豆 O. humifusa** Kar. et Kir.

        8. 小叶披针形或线状披针形，宽 1.0～1.5 mm；花序生 2～4 花……
          ………………………… **56. 扎曲棘豆 O. zaquensis** Y. H. Wu

3. 荚果直立。

  9. 植株被疏柔毛，呈绿色或灰绿色。

    10. 花冠长 6～7 mm ……………… **40. 密丛棘豆 O. densa** Benth. ex Bunge
    10. 花冠长 8～15 mm。

      11. 植株高 10～20 cm；龙骨瓣喙长 2～3 mm；花冠红紫色；荚果长 5～
        6 mm，果喙短 ……………… **45. 密花棘豆 O. imbricata** Kom.

      11. 植株高 1～10 cm；龙骨瓣喙长 0.75～1.0 mm。

        12. 植株稍高，茎缩短；花萼长 6～7 mm；花冠长 12～15 mm ………
          ……………………………… **41. 拉德京棘豆 O. ladyginii** Kryl.

        12. 植株矮小，茎匍匐，丛生；花萼长 3～6 mm；花冠长 6～12 mm。

          13. 花萼长 3～4 mm；花冠长 6～9 mm ………………………
            ………………… **42. 塔什库尔干棘豆 O. tashkurensis**
              S. H. Cheng ex X. Y. Zhu, Y. F. Du et H. Ohashi

          13. 花萼长 4～6 mm，花冠长 9～12 mm。

            14. 小叶 13～15；花长约 10 mm ………………………………
              ………………… **43. 萨氏棘豆 O. saposhnikovii** Kryl.

            14. 小叶 17～29；花长约 12 mm ………………………………
              ………………… **44. 克氏棘豆 O. krylovii** Schipcz.

  9. 植株被毛较密，呈灰色。

    15. 花萼长 8～12 mm；旗瓣长 13～20 mm …… **46. 悬岩棘豆 O. rupifraga** Bunge
    15. 花萼长 4～8 mm；旗瓣长 7～12 mm。

16. 萼齿长为萼筒的 1/2 ⋯⋯⋯⋯⋯⋯⋯⋯⋯⋯⋯⋯⋯⋯⋯⋯

⋯⋯⋯ **51. 和硕棘豆 O. immersa**（Baker ex Aitch.）Bunge ex B. Fedtsch.

16. 萼齿较萼筒长或与之等长。

17. 萼齿较萼筒长 ⋯⋯⋯⋯⋯⋯ **47. 短梗棘豆 O. brevipedunculata** P. C. Li

17. 萼齿与萼筒近等长。

18. 小叶 9~13，两面被伏贴的白色柔毛⋯⋯⋯⋯⋯⋯⋯⋯⋯

⋯⋯⋯⋯⋯⋯⋯⋯⋯ **48. 山雀棘豆 O. avis** Saposhn.

18. 小叶 13~21，两面密被开展的白色长柔毛。

19. 花长 12 mm；旗瓣长 9~11 mm，龙骨瓣喙长 2 mm ⋯⋯

⋯⋯⋯⋯⋯⋯⋯⋯⋯ **49. 长翼棘豆 O. longialata** P. C. Li

19. 花长 9 mm；旗瓣长约 7 mm，龙骨瓣喙长约 0.5 mm ⋯

⋯⋯⋯⋯⋯⋯⋯⋯⋯ **50. 鸟状棘豆 O. avisoides** P. C. Li

40. 密丛棘豆

Oxytropis densa Benth. ex Bunge in Mém. Acad. Sci. St.-Pétersb. ser. 7. 22 (1)：24. 1874；Ali in Nasir et Ali Fl. W. Pakist. 100：117. 1977；西藏植物志 2：866. 1985；中国植物志 42（2）：61. 1998；青海植物志 2：253. 图版 44：9~16. 1999；青藏高原维管植物及其生态地理分布 507. 2008；Fl. China 10：492. 2010.

40a. 密丛棘豆（原变种）

var. densa

多年生高山垫状草本，当年生的植丛高 2~5 cm。主根粗壮，木质。茎短缩，分枝多而密集，基部围以紧密的覆瓦状排列的残存托叶。奇数羽状复叶，长 1~3 cm；托叶近膜质，中部以下与叶柄联合，上部彼此分离，三角状披针形，密被白色开展的长柔毛；叶柄与叶轴亦密被白色开展的长柔毛；小叶 11~17 枚，卵形或卵状长圆形，长 2.0~2.5 mm，宽 1~2 mm，两面密被白色绢状长柔毛。总状花序具 3~6 花；总花梗长于叶，密被白色长柔毛；苞片膜质，条状披针形，长 3~5 mm，被毛；花萼钟形，长 4~5 mm，密被白色和黑色长柔毛，萼齿短于萼筒；花冠紫红色；旗瓣长 6~7 mm，瓣片近圆形；翼瓣长 5~6 mm，先端有时微 2 裂，细柄稍短于瓣片，耳钝圆；龙骨瓣长 4.5~5.5 mm，喙长约 0.3 mm；子房密被白色长柔毛。荚果矩圆状或卵状披针形，长 10~12 mm，宽约 3 mm。 花期 6~7 月，果期 7~8 月。

产新疆：乌恰（玉寺塔什东南沟，西植所新疆队 1811；托云乡，西植所新疆队 2213、2237、2288；苏约克，西植所新疆队 1865、1868）、阿克陶（恰克拉克铜矿，青藏队吴玉虎 870621）、塔什库尔干（卡拉其古，西植所新疆队 1085；水布朗沟，新疆队 1433；克克吐鲁克，青藏队吴玉虎 870487；西植所新疆队 1352；红其拉甫，西植所新疆队 1511、1527；明铁盖达坂，西植所新疆队 1188）、叶城（麻扎东达坂，青藏队吴玉虎 1155；阿格勒达坂，黄荣福 C. G. 86 -129）、皮山（神仙湾黄羊滩，青藏队吴玉虎 4747；柯克阿特达坂，帕米尔考察队 6025）、和田（天文点，青藏队吴玉虎 1265；喀什塔什，青藏队吴玉虎 2051、2577）、于田（普鲁，青藏队吴玉虎 3696；乌鲁克库勒湖畔，青藏队吴玉虎 3720；坎羊，青藏队吴玉虎 3780）、且末（解放牧场，青藏队吴玉虎 3056B、3869）、若羌（阿尔金山保护区鸭子泉，青藏队吴玉虎 2286、3927；阿其克库勒湖，青藏队吴玉虎 2722、3891；祁漫塔格山，青藏队吴玉虎 2163、3981；鲸鱼湖畔，青藏队吴玉虎 4104；冰河，青藏队吴玉虎 4214）。生于海拔 3 300～5 300 m 的沟谷河滩草甸、高山草地、高寒砾石山坡草地、高山砾石质滩地、沟谷山地高寒荒漠草原、溪流河岸草甸、高山流石坡、盐碱滩地。

西藏：日土（龙木错畔，青藏队吴玉虎 1319；尼玛区松米西错，青藏队 76 - 9011；热帮区，高生所西藏队 3519）、班戈（色哇区欠龙古玛，青藏队郎楷永 9590）、双湖、念青唐古拉山。生于海拔 4 800～5 300 m 的高山草原、砾石山坡、高山流石滩、沟谷沙砾河滩。

青海：都兰（采集地不详，西藏队 2977；夏日德，青藏队 1653）、格尔木（西大滩，青藏队吴玉虎 2867；唐古拉山乡雀莫错，吴玉虎 17129；岗加曲巴冰川前，吴玉虎 17044；姜根迪如北冰川前，吴玉虎 17089；姜根迪如南冰川，吴玉虎 17083；昆仑山口，吴玉虎 36936、36949B；各拉丹冬，蔡桂全 032；唐古拉山温泉兵站，黄荣福 K - 235、1766）、兴海（黄青河畔，吴玉虎 42635；温泉乡姜路岭，吴玉虎 28824A、28832）、玛多（县牧场，吴玉虎 1641）、治多（可可西里太阳湖南，黄荣福 K - 317；长江源区，黄荣福 264、322；苟鲁错，黄荣福 659；乌兰乌拉湖畔，黄荣福 136；马兰山，黄荣福 269；库赛湖，黄荣福 440）、曲麻莱（麻多乡，刘尚武 669；曲麻河乡，黄荣福 005）。生于海拔 3 200～5 400 m 的高寒草原、河谷草甸砾地、河岸石隙、沟谷阴坡锦鸡儿灌丛草甸、沙砾山坡、湖滨沙滩、高山砾石滩、高山冰缘湿地。

分布于我国的新疆、青海、甘肃、西藏；蒙古，克什米尔地区，巴基斯坦也有。模式标本采自西藏西部。

40b. 大花密丛棘豆（新变种）

var. **magnifloris** Y. H. Wu **var. nov.** in Addenda.

本变种与原变种的区别在于：花冠较大，长和宽均超过原变种的 1/3 以上；旗瓣长约11 mm，宽约 6.5 mm；翼瓣长约 10 mm，宽约 3 mm；龙骨瓣长约 9.5 mm，喙长约1.5 mm。可以相区别。

产新疆：塔什库尔干（麻扎种羊场萨拉勒克，青藏队吴玉虎 870323）。生于海拔4 200 m 左右的沟谷山坡高寒草甸。模式标本采自新疆塔什库尔干。

41. 拉德京棘豆

Oxytropis ladyginii Kryl. in Acta Hort. Petrop. 21：5. 1903；I. Vass. et B.

Fedtsch. in Kom. Fl. URSS 13：22. 1948；Bajt. in Pavl. Fl. Kazakh. 5：345. 1961；新疆植物检索表 3：84. 1983；中国植物志 42（2）：65. 1998；Pl. Centr. Asia 8（b）：28. 2003；Fl. China 10：489. 2010.

多年生草本。根粗 5～10 mm。茎缩短，分枝极多。羽状复叶，长 4～12 mm；托叶膜质，于高处与叶柄贴生，分离部分披针形，被伏贴白色疏柔毛，边缘被纤毛；叶柄与叶轴被白色绢状柔毛；小叶 11～19 枚，披针形，长 4～8（～10）mm，宽 1.5～3.0（～4.0）mm，先端尖，两面被伏贴白色疏柔毛。多花组成头形总状花序，后期伸长；总花梗比叶长 1 倍，被伏贴白色疏柔毛，上部混生较短的黑色柔毛；苞片线状披针形，比花梗长，被伏贴白色疏柔毛；花萼筒状钟形，长 6～7 mm，被伏贴白色和黑色疏柔毛，萼齿披针形，长 1.5～2.0 mm；花冠淡黄色，有时为淡紫色；旗瓣长 12～15 mm，瓣片宽卵形，具紫色脉纹；翼瓣略短于旗瓣；龙骨瓣长 10～12 mm，瓣片末端具紫色斑点，喙长约 1 mm；子房密被伏贴黑色疏柔毛，腹面混生黑色柔毛，具胚珠 15～20 枚，几无柄。荚果长圆状卵形，长 14～17 mm，宽 4～6 mm，被伏贴白色和黑色柔毛，1 室。花果期 7～8 月。

产新疆：塔什库尔干（红其拉甫，阎平 2100、3546、3604、3626、3632、3777）、叶城（棋盘乡，青藏队吴玉虎 4666、4667B；柯克亚乡，青藏队吴玉虎 870855；库地至胜利达坂途中，高生所西藏队 3361）。生于海拔 3 000～4 800 m 的沟谷山地高寒草甸、山坡云杉林下、河谷山坡草地、高寒干旱石质山坡、林间草地。

分布于我国的新疆；蒙古，俄罗斯阿尔泰山也有。

我们的标本中，有的花冠紫色，但未开放的花苞为淡黄色；萼齿较长，为 3.0～3.5 mm；喙较长，为 2 mm 而不同。另外，还需要补充描述：苞片长 3～5 mm；旗瓣长约 14 mm，宽约 12 mm，先端凹；翼瓣长约 14 mm，上部扩展，宽 4.0～4.5 mm，先端斜微凹。

42. 塔什库尔干棘豆

Oxytropis tashkurensis S. H. Cheng ex X. Y. Zhu, Y. F. Du et H. Ohashi in Journ. Japan. Bot. 75：289. 2000；Fl. China 10：490. 2010.

多年生草本。茎缩短至无茎，根颈处多分枝，匍匐，高 9～24 cm，被白毛。托叶三角形，长 3～4 mm，宽约 2 mm，革质，基部与叶柄贴生，彼此分离，被白色柔毛；羽状复叶长 5～8 cm；小叶 15～23 枚，对生或少有互生，叶片窄卵形至卵形，长 2.5～14.0 mm，宽 1～4 mm，两面被伏贴白色柔毛。总状花序疏松至紧凑，长 10～15 cm，具多花；总花梗长 5～15 cm，远长于叶；苞片三角形，长 1.5～4.0 mm，宽约 0.5 mm，被白色柔毛；花萼钟状，长 3.0～3.5 mm，宽约 2 mm，被黑色和白色混生柔毛，萼筒长 2.0～2.5 mm，萼齿锥形，长约 1 mm，宽约 0.2 mm；花冠紫色或蓝紫色而在干时黄白色；旗瓣长 6.0～9.5 mm，宽 3～7 mm，瓣片宽倒卵形，基部渐狭，先端圆形；翼瓣长 5.0～9.5 mm；龙骨瓣长 6～7 mm，喙长 1.5～2.0 mm。荚果窄椭圆形，长 8～10 mm，宽约 2 mm，被黑色和白色柔毛。　花期 5～8 月，果期 6～9 月。

产新疆：塔什库尔干（县城西面 23 km，中科院新疆综考队 316）、叶城（柯克亚乡还格孜，青藏队吴玉虎 870777）。生于海拔 1 800～3 600 m 的山地阴坡草地、高寒草甸、山谷砾石堆。

分布于我国的新疆。

43. 萨氏棘豆

Oxytropis saposhnikovii Kryl. in Acta Hort. Petrop. 21：4. 1903；I. Vass. et B. Fedtsch. in Kom. Fl. URSS 13：21. 1948；Bajt. in Pavl. Fl. Kazakh. 5：344. t. 48：4. 1961；新疆植物检索表 3：84. 1983；中国植物志 42（2）：66. 图版 20：1. 1998；Fl. China 10：490. 2010.

多年生草本。根直径 3～6 mm。茎匍匐，分枝多，长 1～3 cm。羽状复叶长 3～5 cm，被伏贴短柔毛；托叶膜质，无毛，边缘具纤毛，于高处与叶柄贴生，于基部彼此合生，分离部分三角形，小叶 13～15 枚，卵状披针形或披针形，长 3～6 mm，宽 1.5～2.5 mm，先端尖，边缘卷，上面几无毛，下面被伏贴疏柔毛。少花组成头形总状花序，总花梗细，长于叶，伏贴短柔毛；苞片披针形，长约 2 mm，被伏贴疏柔毛；花长约 10 mm，花梗长 1～2 mm；花萼筒状钟形，长约 4 mm，被伏贴黑色和白色疏柔毛，萼齿钻形，长约 1 mm；花冠紫色；旗瓣长 8～10 mm，瓣片圆卵形，先端微缺；翼瓣长 7～8 mm；龙骨瓣长 6～7 mm，喙长约 0.75 mm。荚果长圆状卵形，长约 13 mm，宽约 5 mm，先端渐尖成镰刀状弯曲的喙，被伏贴黑色短疏柔毛。　花果期 7～8 月。

产新疆：乌恰（苏约克，西植所新疆队 1868）、阿克陶（奥依塔克，青藏队吴玉虎 4840B）、塔什库尔干（克克吐鲁克边防站牧场，西植所新疆队 1377；红其拉甫，克里木 T143、中科院新疆综考队 1533；水布浪沟，西植所新疆队 1436）。生于海拔 3 200～4 600 m 的高寒山坡草地、高山带石质山坡。

分布于我国的新疆；蒙古，俄罗斯也有。

44. 克氏棘豆

Oxytropis krylovii Schipcz. in Not. Syst. Herb. Hort. Bot. Petrop. 1（7）：1. 1920；I. Vass. et B. Fedtsch. in Kom. Fl. URSS 13：21. t. 1：3. 1948；Bajt. in Pavl. Fl. Kazakh. 5：344. t. 48：2. 1961；新疆植物检索表 3：84. 1983；中国植物志 42（2）：66. 图版 20：9. 1998；Fl. China 10：490. 2010.

多年生草本，高 1～4 cm。根粗壮，直径 3～9 mm。茎缩短，匍匐，丛生，被伏贴白色疏柔毛。羽状复叶长 2～5 cm；托叶披针状锥形，于中部与叶柄贴生，彼此合生至中部，被纤毛；叶柄与叶轴上面有小沟，被伏贴疏柔毛；小叶 17～25（～29）枚，线状披针形或长卵形，长 2~3（~5）mm，宽 0.5~1.0（~2.0）mm，边缘内卷或折起，上面被极疏柔毛或几无毛，下面被伏贴疏柔毛。少花组成头形总状花序；总花梗细，略长于叶，被伏贴疏柔毛，上部被伏贴黑色柔毛，并混生白色长柔毛；苞片线状锥形，长 2.5~3.0 mm，被伏贴黑色柔毛，并混生白色柔毛；花长约 12 mm，花梗长 1~2 mm；花萼筒状钟形，长 4~6 mm，被伏贴黑色疏柔毛，并混生白色长柔毛，萼齿锥形，长约 1.5 mm，为萼筒长的 2/5~1/3；花冠紫色；旗瓣长 9~12 mm，瓣片圆倒卵形，先端微缺；翼瓣长 8~11 mm，先端宽凹；龙骨瓣与翼瓣等长，喙长约 1 mm；子房被伏贴柔毛，胚珠 4~6 枚。荚果长圆状卵形，长约 10 mm，宽约 4 mm，先端渐尖，被伏贴黑色疏柔毛，并混生少量白色疏柔毛，1 室；果梗长 2~3 mm。花果期 6~8 月。

产新疆：阿克陶（恰尔隆乡，青藏队吴玉虎 4624、5103）、叶城（赛力亚克达坂，帕米尔考察队 6232）、塔什库尔干（红其拉甫，帕米尔考察队 5005；托克满苏，帕米尔考察队 5408，西植所新疆队 1271、1316、1317、1414）、且末（唐拉木拉克，中科院新疆综考队 9467）。生于海拔 2 800~5 130 m 的河谷阶地草甸、高山带石质山坡、石质山坡草地、山前倾斜平原、沟谷河边潮湿草地。模式标本采自东哈萨克斯坦。

分布于我国的新疆；俄罗斯西西伯利亚，哈萨克斯坦也有。

我们的标本中，青藏队吴玉虎 5103 号标本被毛稀疏，小叶少，旗瓣和翼瓣的瓣片先端钝圆，有所不同。

45. 密花棘豆

Oxytropis imbricata Kom. in Fedde Repert. Sp. Nov. 13：232. 1914；中国高等植物图鉴 2：433. 图 2592. 1972；中国植物志 42（2）：68. 图版 21：1~9. 1998；青海植物志 2：240. 1999；青藏高原维管植物及其生态地理分布 509. 2008；Fl. China 10：490. 2010.

多年生草本。茎短缩，基部多分枝。奇数羽状复叶密生，长约 10 cm；叶轴细弱，与叶柄密被白色长柔毛，宿存；托叶条状披针形，密被白色长柔毛，大部分与叶柄贴生，分离部分仅长约 2 mm，宿存；小叶 13~21 枚，狭椭圆形，长 4~11 mm，宽 2~4 mm，先端急尖或钝，基部圆形，两面密生白色伏贴的长柔毛。总状花序密生多花；总花梗细弱，远长于叶，密生伏贴白色柔毛；苞片钻状，长约 2 mm，被毛；花萼钟状，长 4~5 mm，密被伏贴白色和黑色的柔毛，萼齿条形，与萼筒近等长；花冠蓝紫色；旗瓣长 7~8 mm，瓣片近圆形，宽约 4 mm，先端不明显微凹，柄长约 2 mm；翼瓣长约 6 mm，瓣片斜长矩圆形，宽约 1.5 mm，先端微凹，柄长约 2 mm；龙骨瓣长约 6 mm，喙长约 2 mm，柄长约 2 mm；子房无毛或疏被毛；荚果长 5~6 mm，顶端有短喙。花期 5~7 月，果期 7~9 月。

产新疆：乌恰（玉寺塔什北沟，西植所新疆队 1758）、塔什库尔干（托克满苏，西植所新疆队 1274）。生于海拔 3 000~4 350 m 的沟谷山地砾石坡、河谷山坡草地、高山草甸、山地阳坡石隙。

青海：兴海（中铁乡天葬台沟，吴玉虎 45816、45901；赛宗寺，吴玉虎 46193；中铁乡附近，吴玉虎 42929、42933、42960、42993；中铁林场恰登沟，吴玉虎 45106、45196；河卡乡尕玛羊曲，吴玉虎 20473、20483、20519；卡日红山，郭本兆 6094）、玛沁（采集地不详，马柄奇 2159；军功乡红土山，吴玉虎 9016、18422、18431；黑土山，吴玉虎 18531、18566、18628）、曲麻莱（曲麻河乡措池，吴玉虎和李小红 38869）。生于海拔 3 200～4 960 m 的山坡草地、河滩湿沙地、干山坡石隙、路边荒地、沟谷山地干旱阳坡、田埂、河岸、林间草地、沟谷台地、河谷山麓林缘灌丛、高山流石坡。

分布于我国的新疆、青海、甘肃、宁夏、西藏。

46. 悬岩棘豆

Oxytropis rupifraga Bunge in Bull. Soc. Nat. Moscou 39 (2)：8. 1866；Bunge in Mém. Acad. Sci. St.-Pétersb. ser. 7. 22 (1)：24. 1874；I. Vass. et B. Fedtsch. in Kom. Fl. URSS 13：25. 1948；新疆植物检索表 3：85. 1983；中国植物志 42 (2)：70. 1998；Pl. Centr. Asia 8 (b)：31. 2003；Fl. China 10：498. 2010.

多年生草本。主根直，根粗 3～6 mm。茎缩短，丛生，被白色绢状绵毛。羽状复叶，长 2～5 cm；托叶膜质，卵状长圆形，于高处与叶柄贴生，于基部彼此合生，被绢状长柔毛；叶柄与叶轴密被绢状长柔毛；小叶 15～23 枚，卵形至长圆形，对折，排列紧密，长 2～5 mm，宽 1～2 mm，两面密被白色绢状长柔毛。5～7 花组成头状伞形总状花序；总花梗长于叶或与之等长，被白色短柔毛，上部常混生黑色短柔毛；苞片披针形，长 3～8 mm，密被黑色和白色柔毛；花长 15～20 mm；花萼筒状钟形，长 8～12 mm，密被白色柔毛和黑色短柔毛，萼齿披针形，长约 4 mm；花冠蓝紫色；旗瓣长 13～20 mm，瓣片几圆形，宽 8～12 mm，先端微缺到微 2 浅裂；翼瓣长 11～16 mm，瓣片先端扩展，微凹；龙骨瓣长 10～13 mm，喙长约 1 mm；子房线状长圆形，无毛或被白色柔毛，具子房柄，胚珠多数。荚果长圆形、长圆状广椭圆形、卵形，长 15～20 mm，宽 5～7 mm，先端直伸成喙，密被伏贴白色柔毛，1 室；果梗长约 5 mm；种子肾状卵形，直径约 2.5 mm，暗褐色。 花期 6～7 月，果期 7～8 月。

产新疆：塔什库尔干（马尔洋达坂，帕米尔考察队 5252）、莎车（喀拉吐孜煤矿，青藏队吴玉虎 870705）。生于海拔 2 800～4 300 m 的河谷阶地砾石地、沟谷山坡草地、山地高寒针茅草原、山坡荒漠草原。

分布于我国的新疆；中亚天山也有。

我们的标本中有的小叶数较少且较宽而不对折；花萼短，喙长而不同。

47. 短梗棘豆

Oxytropis brevipedunculata P. C. Li in Acta Phytotax. Sin. 18 (3)：370. 1980；

西藏植物志 2：860. 图 283：15～21. 1985；中国植物志 42（2）：70. 图版 21：10～16. 1998；青海植物志 2：239. 1999；青藏高原维管植物及其生态地理分布 506. 2008；Fl. China 10：485. 2010.

多年生矮小铺散草本，高仅 1～2 cm。主根直伸，有分枝。茎极短缩，木质，茎基具少数分枝。奇数羽状复叶，长 1～3 cm；托叶草质，与叶柄基部贴生，彼此分离，疏被柔毛；叶柄与叶轴疏被白色长柔毛；小叶 11～19 枚，矩圆形或卵状矩圆形，长 3～4 mm，宽 1.5～2.5 mm，腹面两侧附近被白色伏贴长柔毛，中间光滑，背面被毛较密。总状花序具 1～5 花；总花梗短于叶，长不及 1 cm，密被白色长柔毛；花萼钟状，长约 5 mm，密被黑色和白色长柔毛，萼齿锥状，长于萼筒；花冠蓝紫色；旗瓣长约 6 mm，瓣片几圆形，先端微凹下部有宽柄；翼瓣长约 5 mm，宽约 1.5 mm，先端全缘，柄细，耳短；龙骨瓣稍短于翼瓣，喙长约 0.2 mm；子房沿缝线及上部有毛。荚果矩圆形，长 5～6 mm，宽约 2 mm，密被白色和黑色伏贴短柔毛，果柄与萼筒近等长。 花果期 6～8 月。

产新疆：于田（阿克什库勒湖，青藏队吴玉虎 3743）、和田（喀什塔什，青藏队吴玉虎 2023）。生于海拔 3 900～5 400 m 的沟谷水边草地、高山草甸裸地、高原沙砾质草地、河谷砾石地。

西藏：双湖（纳日岗下，青藏队植被组 11869）。生于海拔 5 200～5 400 m 的河溪水边草甸、山地高寒草甸砾地。模式标本采自西藏双湖。

青海：治多（可可西里乌兰乌拉湖畔，黄荣福 K‑127）。生于海拔 4 800～5 400 m 的山坡沙砾质草地、河溪水边草甸。

分布于我国的青海、西藏。

我们采自新疆于田的标本，总花梗长达 4 cm；采自和田的标本，荚果长达 11 mm，宽约 5 mm。均与原描述不同。

48. 山雀棘豆

Oxytropis avis Saposhn. in Not. Syst. Herb. Hort. Bot. Petrop. 4（17～18）：131. 1923；I. Vass. et B. Fedtsch. in Kom. Fl. URSS 13：26. 1948；Bajt. in Pavl. Fl. Kazakh. 5：346. t. 49：3. 1961；新疆植物检索表 3：85. 1983；中国植物志 42（2）：70. 图版 21：17. 1998.

多年生草本。根粗，直径约 1.5 cm。茎缩短，长 1～4 cm，丛生，被伏贴白色柔毛。羽状复叶，长 4～5 cm；托叶披针形，与叶柄贴生，分离部分披针形，先端尖，密被白色柔毛；叶柄与叶轴被伏贴柔毛；小叶 9～13 枚，线状披针形，长 4～6 mm，宽 1.5～2.5 mm，两面被伏贴白色柔毛。少花组成疏总状花序；总花梗细，比叶长数倍，被伏贴疏柔毛；苞片锥形，较花梗长，被毛；花萼钟形，长 4～5 mm，被伏贴白色和黑色柔毛，萼齿线形，与萼筒近等长；花冠紫色；旗瓣长 7～8 mm，宽圆形，先端微凹；

翼瓣长约 6 mm，具极短瓣柄；龙骨瓣与翼瓣近等长，喙长 0.5～0.75 mm。荚果膜质，广椭圆形，偏斜，长约 8 mm，宽约 4 mm，先端具弯曲喙，被伏贴白色柔毛，1 室；果梗长 2～4 mm；种子圆肾形，直径约 2 mm，褐色，光滑。　花期 6～7 月，果期 7～8 月。

产新疆：乌恰（吉根乡卡拉达坂，中科院新疆综考队 73－145）、塔什库尔干（马尔洋达坂，帕米尔考察队 5238）、若羌（阿尔金山）。生于海拔 1 800～4 800 m 的沟谷山地草甸、石质山坡草地。模式标本采自塔尔巴哈台山。

青海：茫崖（城镇北面桎柳沟，中科院新疆综考队 84－032）。生于海拔 3 600 m 左右的砾石质山坡草地。

分布于我国的新疆、青海；中亚地区各国也有。

49. 长翼棘豆

Oxytropis longialata P. C. Li in Acta Phytotax. Sin. 18（3）：371. 1980；西藏植物志 2：862. 图 284：15～21. 1985；中国植物志 42（2）：71. 图版 22：1～7. 1998；青藏高原维管植物及其生态地理分布 510. 2008；Fl. China 10：492. 2010.

多年生草本，高 6～8 cm。茎缩短，密丛生。羽状复叶，长 4～8 cm；托叶草质，线状披针形，长约 10 mm，与叶柄贴生，彼此分离，被伏贴白色长柔毛；叶柄与叶轴密被开展的白色长柔毛；小叶 15～21 枚，卵状披针形，先端尖，两面密被开展的白色长柔毛。多花组成密球形总状花序；总花梗短于叶，疏被开展的白色长柔毛；花长约 12 mm；花萼筒状钟形，长 6～8 mm，疏被伏贴黑色长柔毛，萼齿线状钻形，与萼筒近等长；花冠紫色；旗瓣长 9～11 mm，瓣片宽卵形，先端凹；翼瓣比旗瓣长，长 10～12 mm，瓣片卵状长圆形，先端微凹；龙骨瓣比翼瓣短，长 8～10 mm，喙锥状，长约 2 mm；子房被微柔毛，有长柄。荚果膜质，长圆形或长椭圆状卵形，长 30～50 mm，宽 10～15 mm，先端具弯曲喙，被伏贴白色柔毛，1 室；果梗长约 3 mm。　花期 5～6 月，果期 7～8 月。

产新疆：且末（阿羌乡昆其布拉克牧场，青藏队吴玉虎 2608）、若羌。生于海拔 4 000～4 600 m 的高原高山地带的河谷阶地、沙砾滩地、高山冰缘砾地。

分布于我国的新疆、西藏。模式标本采自西藏嘉黎县。

50. 鸟状棘豆

Oxytropis avisoides P. C. Li in Acta Phytotax. Sin. 18（3）：371. 1980；西藏植物志 2：864. 图 284：1～7. 1985；中国植物志 42（2）：71. 图版 22：8～14. 1998；青藏高原维管植物及其生态地理分布 506. 2008；Fl. China 10：488. 2010.

多年生草本，高 10～20 cm。茎缩短，<u>丛生</u>。羽状复叶，长 3～7 cm；托叶草质，长约 10 mm，基部与叶柄贴生，彼此分离，分离部分线状披针形，密被开展的白色长柔毛；叶柄与叶轴密被开展的白色长柔毛；小叶 13～21 枚，长圆形或长圆状披针形，先端尖，基部圆，两面密被开展的白色长柔毛。6～10 花组成长圆状总状花序；总花梗比叶长 2～3 倍，密被开展的白色长柔毛；花长约 9 mm；花萼钟状，长 5～7 mm，密被黑色和白色长柔毛，萼齿钻形，与萼筒近等长；花冠紫红色；旗瓣长约 7 mm，瓣片近圆形，先端微凹；翼瓣稍短于旗瓣，瓣片倒卵状长圆形，先端圆或微凹；龙骨瓣稍短于翼瓣，喙长约 0.5 mm；子房密被长柔毛，有长柄。荚果未见。 花期 7 月。

产新疆：喀什（拜占的特以北 50 km，中科院新疆综考队 9736）。生于海拔 3 100～4 600 m 的沟谷山坡草地。

分布于我国的新疆、西藏。模式标本采自西藏八宿县。

51. 和硕棘豆

Oxytropis immersa (Baker ex Aitch.) Bunge ex B. Fedtsch. in Beih. Bot. Centralbl. 22（2）：212. 1907. excl. syn. *O. incanescens* Freyn；I. Vass. et B. Fedtsch. in Kom. Fl. URSS 13：25. 1948. excl. syn. *O. incanescens* Freyn et *O. pamirica* Danguy；Bajt. in Pavl. Fl. Kazakh. 5：345. 1961；中国植物志 42（2）：73. 1998；Fl. China 10：498. 2010. ——*Astragalus immersus* Baker ex Aitch. in Journ. Linn. Soc. Bot. 18：45. 1881. ——*Oxytropis humifusa* auct. nom Kar. et Kir.；Bunge in Mém. Acad. Sci. St.-Pétersb. ser. 7. 22（1）：28. 1874，p. p.

多年生草本。根粗壮，木质。茎缩短，茎基分枝多，为宿存的托叶所覆盖。羽状复叶，长 1.5～6.0 cm；托叶纸质，于高处与叶柄贴生，分离部分卵状披针形，长 5～7 mm，无毛或边缘被疏柔毛；叶柄与叶轴微具沟，被伏贴柔毛；小叶 9（13）～19（～21）枚，椭圆形或长圆状卵形，长 2～6 mm，宽 1～2 mm，先端急尖，基部圆，全缘，两面被伏贴疏柔毛。头形短总状花序；总花梗细，较叶长 0.5～1.0 倍，被伏贴白色和黑色疏柔毛；苞片披针形，长 2～3 mm，被疏柔毛；花长约 12 mm；花梗长 1.0～1.5 mm；花萼狭钟形，长 4.5～6.0 mm，被伏贴黑色和白色疏柔毛。萼齿线状钻形。长 1～3 mm；花冠紫色；旗瓣长 9.5～12.0 mm，瓣片圆心形，宽约 6 mm，先端凹；翼瓣长 9～11 mm，先端凹；龙骨瓣长 9～10 mm，喙长 0.3～1.0 mm；子房柄长约 3 mm，胚珠 9～10 枚。荚果卵形，长 12～15 mm，果喙披针状钻形，长 2 mm，被伏贴黑色和白色柔毛，1 室；果梗长约 3 mm；种子卵形，长约 3 mm，暗褐色。 花期 6～8 月，果期 7～9 月。

产新疆：阿克陶（阿克塔什，青藏队吴玉虎 870145；木吉西部，帕米尔考察队 5572）、塔什库尔干（红其拉甫，帕米尔考察队 2998、4920、5001，阎平 3673；中巴公路 43 km，西藏队 3100；明铁盖达坂，西植所新疆队 1162）。生于海拔 2 300～4 600 m 的高原高山石质山坡、沟谷山地高寒草甸。

分布于我国的新疆、西藏；亚洲西南部，伊朗，阿富汗，巴基斯坦，中亚地区各国也有。

我们的标本中有的小叶和花均较大，喙较长而有所不同。

52. 米尔克棘豆　图版 48：1～4

Oxytropis merkensis Bunge in Bull. Soc. Nat. Moscou 39（2）：65. 1866；Bunge in Mém. Acad. Sci. St.-Pétersb. ser. 7. 22（1）：33. 1874；I. Vass. et B. Fedtsch. in Kom. Fl. URSS 13：27. t. 5：1. 1948；Bajt. in Pavl. Fl. Kazakh. 5：347. t. 49：1. 1961；新疆植物检索表 3：82. 1983；内蒙古植物志 3：324. 图版 126：8～12. 1989；中国植物志 42（2）：74. 图版 22：22. 1998；青海植物志 2：240. 1999；青藏高原维管植物及其生态地理分布 510. 2008；Fl. China 10：489. 2010.

52a. 米尔克棘豆（原变型）

f. merkensis

多年生密丛生草本，高 15～30 cm，基部宿存残叶柄及花序梗。主根粗壮。茎短缩，基部多分枝。奇数羽状复叶密生，长 3～14 cm；叶轴细弱，密被白色伏贴柔毛，宿存；托叶披针形，密生伏贴白色长柔毛，下部与叶柄合生，宿存；小叶对生，15～23 枚，长椭圆形、披针形或卵状披针形，长 4～10 mm，宽 2～5 mm，先端尖，基部圆形或宽楔形，两面密生白色伏贴长柔毛，腹面有时毛较疏。总状花序疏生多花；总花梗较纤细，远长于叶，密生伏贴柔毛；苞片卵状披针形或披针形，长 1.0～2.5 mm，被毛；花萼钟状，长 3～5 mm，密生伏贴柔毛，萼齿条形或钻状，几等长于萼筒；花冠蓝紫色或紫红色；旗瓣长 7～9 mm，瓣片宽倒卵形，宽 4～6 mm，先端圆形或微凹，基部柄短宽；翼瓣长 6～7 mm，上部宽，柄细，长约 2 mm，耳长约 1 mm；龙骨瓣长 5.0～6.5 mm，喙长 1～2 mm，柄长约 2 mm；子房有毛或无毛。荚果卵状矩圆形，长 5～6 mm，下垂，密被伏贴短柔毛，顶端具喙。　花期 6～7 月，果期 7～8 月。

产新疆：乌恰（吉根乡卡拉布盖，刘青广 412；巴音库鲁提，中科院新疆综考队 9711）、喀什（去老乌恰途中康苏乡西南面，中科院新疆综考队 9674）、塔什库尔干（县郊，西植所新疆队 813；马尔洋乡，阎平 3962、3964，帕米尔考察队 5292、5293、5297；库克西鲁格，帕米尔考察队 5215；瓦恰乡，阎平 3983；城西，中科院新疆综考队 312）。生于海拔 1 400～4 200 m 的沟谷山地砾石质草地、高寒草甸、山地草原、河谷阶地、山坡砾地。

青海：兴海（中铁乡天葬台沟，吴玉虎 45849、45854、45867；河卡乡，郭本兆 6094；中铁乡附近，吴玉虎 43157；唐乃亥乡沙那，采集人不详 206；河卡山，何廷农 071）、玛沁（军功乡，吴玉虎 4626、4679；尕柯河电站，吴玉虎 6009；区划组 159；雪山乡，黄荣福 060）。生于海拔 3 400～3 900 m 的干旱阳坡草地、荒漠沙地、河滩草地、沟谷灌丛。

分布于我国的新疆、青海、甘肃南部、宁夏、西藏、内蒙古；中亚地区各国也有。

52b. 白花米尔克棘豆（变型）

f. albifora P. Yan et M. M. Gao in Acta Bot. Boreal.-Occident. Sin. 28（7）：1475. 2008.

本变型与原变型的区别在于：花冠白色。

产新疆：塔什库尔干（马尔洋乡，帕米尔考察队 5288）。生于海拔 3 600～3 900 m 的沟谷山坡草地、高山砾石坡地、河谷阶地草甸。

分布于我国的新疆。

53. 黑毛棘豆

Oxytropis melanotricha Bunge in Mém. Acad. Sci. St.-Pétersb. ser. 7. 22（1）：26. 1874；I. Vass. et B. Fedtsch. in Kom. Fl. URSS 13：30. 1948；Fl. W. Pakist. 100：119. 1977；新疆植物检索表 3：83. 1983；中国植物志 42（2）：75. 1998；Pl. Centr. Asia 8（b）：27. 2003. ——*O. humifusa* Kar. et Kir. var. *grandiflora* Bunge in Rupr. et Sack. Sert. Tiansch. 44. 1869；Pl. Centr. Asia 8（b）：29. 2003.

53a. 黑毛棘豆（原变种）

var. melanotricha

多年生草本，灰白色。茎缩短，分枝多。被伏贴短柔毛，丛生。羽状复叶，长 2～3 cm；托叶膜质，披针形，于中部与叶柄贴生，彼此分离，先端尖，密被长纤毛；叶柄与叶轴上具小沟，于小叶之间有腺点；小叶 13～17 枚，卵形、长圆形，长 2～4 mm，宽 1～2 mm，先端尖，两面密被伏贴绢状白色柔毛和黑色长柔毛。3～5 花组成头状伞形总状花序；总花梗长于叶，上部密被黑色并杂生白色长柔毛；苞片线状披针形，长 4～5 mm，被黑色长柔毛；花长约 20 mm；花梗长 1.8～2.0 mm；花萼膜质，筒状钟形，长 10～12 mm，被黑色短柔毛和白色长柔毛，萼齿披针形，与萼筒近等长；花冠紫色；旗瓣长 15～20 mm，瓣片长圆状倒心形，宽 8～9 mm，先端微凹；翼瓣长 14～15 mm，先端微凹 2 裂；龙骨瓣略短于翼瓣，喙长 1.0～2.5 mm；子房线形，被短柔毛，有长柄；胚珠 17～21 枚。荚果膜质，长圆状卵形或长圆状广椭圆形，下垂，长 15～25 mm，宽约 5 mm，密被伏贴白色和黑色柔毛；果梗长 3～4 mm。 花期 6～7 月，果期 7～8 月。

产新疆：阿克陶（恰尔隆乡，青藏队吴玉虎 4624B；奥依塔克，青藏队吴玉虎 4840A）。生于海拔 2 900～4 000 m 的高山石质坡地、河谷山坡高寒草地、冰川附近、沟谷山地圆柏灌丛边缘、水边草地。

分布于我国的新疆；中亚地区各国也有。

我们的标本小叶被毛较疏，花冠稍小而有所不同。

53b. 马尔洋黑毛棘豆（变种）

var. **maryangensis** M. M. Gao et P. Yan in Acta Bot. Bor.-Occ. Sin. 28（7）：1475. 2008.

本变种与原变种的区别在于：花长约 25 mm，萼齿短于萼筒，旗瓣中部凹缩。

产新疆：塔什库尔干（马尔洋达坂，帕米尔考察队 5263）。生于海拔 4 200～4 300 m 的高山石质山坡。模式标本采自塔什库尔干马尔洋达坂。

54. 祁连山棘豆

Oxytropis qilianshanica C. W. Chang et C. L. Zhang in Acta Bot. Bor.-Occ. Sin. 13（3）：246. f. 1. 1993；中国植物志 42（2）：76. 图版 23：1～9. 1998；青海植物志 2：241. 1999；青藏高原维管植物及其生态地理分布 512. 2008；Fl. China 10：494. 2010.

多年生草本，高 8～20 cm。主根褐色。茎极短缩或几无茎。奇数羽状复叶，长 4～10 cm；叶柄与叶轴上面有沟，密被开展长柔毛，有时于小叶之间有棕色腺点；托叶膜质，三角形，长约 10 mm，近基部约 1/3 处与叶柄贴生，彼此分离，先端渐尖，疏被毛；小叶 17～29 枚，卵形、长卵形或长圆形，长 3～9 mm，宽 2～4 mm，先端急尖，基部圆形，两面密被伏贴白色或淡黄色长柔毛。总状花序密生多花，花后期下垂；总花梗长 4～15 cm，直立，花后伸长，被白色开展长柔毛；苞片条状披针形，长 3～4 mm，密被白色长柔毛和黑色短柔毛；萼齿钻形，长 3～4 mm；花冠蓝色；旗瓣长 6～7 mm，瓣片卵圆形，宽约 4 mm，先端微凹，柄长约 2 mm；翼瓣长 6～7 mm，瓣片椭圆形，宽约 1.5 mm，柄长约 2 mm；龙骨瓣长约 5 mm，喙长约 0.5 mm，柄长约 2 mm；子房长椭圆形，疏被毛。荚果圆柱状，下垂，长 12～13 mm，宽约 4 mm，腹缝线具深沟，密被白色和褐色长柔毛，无隔膜，1 室；种子圆肾形，长约 2 mm，宽约 1.5 mm，褐色。　花期 6～7 月，果期 7～8 月。

产青海：玛多。生于海拔 4 000～4 200 m 的高山草甸、山坡草地、河谷阶地草甸。

分布于我国的青海、甘肃。模式标本采自甘肃省祁连山。

55. 铺地棘豆

Oxytropis humifusa Kar. et Kir. in Bull. Soc. Nat. Moscou 15：535. 1842；Bunge in Mém. Acad. Sci. St.-Pétersb. ser. 7. 22（1）：2. 1874；I. Vass. et B. Fedtsch. in Kom. Fl. URSS 13：29. 1948；Bajt. in Pavl. Fl. Kazakh. 5：348.

1961；Ali in Nasir et Ali Fl. W. Pakist. 100：119. 1977；新疆植物检索表 3：83.1983；西藏植物志 2：861. 1985；中国植物志 42（2）：76. 1998；青海植物志 2：239. 1999；青藏高原维管植物及其生态地理分布 509. 2008；Fl. China 10：492. 2010.

多年生密丛生草本，高 4～10 cm。茎短缩，铺散，多分枝，外面为残存的托叶所包裹。奇数羽状复叶，长 2～4 cm；托叶中部以下与叶柄贴生，彼此分离，披针形，草黄色，初时密被白色长柔毛，后变光滑；小叶 17～25 枚，卵状披针形，长 3～6 mm，宽 2～3 mm，两面密被灰白色或土黄色长柔毛。总状花序具多花；花序梗长于叶，直立或铺散，密被白色开展长柔毛；苞片膜质，披针形，长 4～5 mm，被白色长柔毛；花萼钟状，长 5～6 mm，密被黑色短柔毛和白色长柔毛，萼齿长为萼筒之半；花冠紫红色；旗瓣长约 11 mm，瓣片近圆形或卵圆形，宽约 6.5 mm，先端微凹，柄长约 4 mm；翼瓣长约 10 mm，瓣片矩圆形，先端浅 2 裂，柄长约 4 mm；龙骨瓣长约 9 mm，喙长约 0.5 mm，柄长约 4.5 mm；子房线形，被毛。荚果矩圆形，长 12～15 mm，宽约 5 mm，疏被白色或黑色开展的短柔毛；种子肾形，褐色，长宽各约 1.5 mm。　花期 6～7 月，果期 7～8 月。

产新疆：塔什库尔干（麻扎种羊场，青藏队吴玉虎 870391、870408）、于田（昆仑山，艾志林 121）。生于海拔 3 900～4 400 m 左右的沟谷山地阳坡草地、高山河谷阶地、石质坡地、云杉林缘草甸。

青海：称多。生于海拔 3 600～3 800 m 的河滩高寒草地、沟谷山坡高山草甸。

分布于我国的新疆、青海、西藏；尼泊尔，印度，阿富汗，克什米尔地区，巴基斯坦，中亚地区各国也有。模式标本采自准噶尔阿拉套山。

我们的标本中，青藏队吴玉虎 870408 号标本花较小而有所不同。

56. 扎曲棘豆（新种）　图 A18

Oxytropis zaquensis Y. H. Wu **sp. nov.** in Addenda.

多年生矮小密丛生草本，高 1.5～4.0 cm。主根粗壮，直伸。茎极短缩而呈垫状，基部常被淡黄色覆瓦状排列的残存托叶所包裹。奇数羽状复叶长 1.5～4.0 cm；叶柄长 1～7 cm，与叶轴疏被白色开展长柔毛；托叶草质具较宽膜质边缘，中部以下与叶柄贴生，外面疏被白色开展长柔毛，分离部分三角状披针形，长 5～6 mm；小叶 9～17 枚，披针形或条状披针形，有时稍呈弧形弯曲，边缘常内卷，先端渐尖，基部圆形，长 2～8 mm，宽 0.5～1.5 mm，两面密被或疏被先伏贴而后展开的白色长柔毛。总状花序顶生 2～4 花；总花梗明显短于叶或有时与叶近等长，通体密被或有时疏被白色开展或伏贴长柔毛；苞片草质，披针形，长 2～4 mm，外面疏被开展的白色长柔毛，偶尔杂有开展黑柔毛；花梗长约 1 mm，密被开展黑色和白色短柔毛；花萼钟状，长 4～6 mm，密被黑色伏贴短柔毛和白色开展长柔毛，萼齿钻状，长约 2 mm，两面被毛；花冠蓝紫色或紫红色；旗瓣长 10～11 mm，瓣片近圆形或扁圆形，长宽近相等，6～8 mm，先端微凹，瓣柄长约 3 mm；翼瓣长约 9 mm，瓣片斜倒卵形，宽约 3 mm，细瓣柄长约 4 mm，耳钝圆，长约 2 mm；龙骨瓣长约 8 mm，喙长约0.5 mm，瓣柄长约 3.5 mm；子房线形，无毛。荚果未见。 花期 6～7 月。

产青海：兴海（鄂拉山口，刘海源 605）。生于海拔 4 500～4 600 m 的山地嵩草高寒草甸裸地、山顶沙砾地、高山流石坡、沟谷山地阴坡砾石地。

分布于我国的青海（杂多）。模式标本采自青海省杂多县昂赛乡。

本种在外部形态上接近细小棘豆 Oxytropis pusilla Bunge 和八宿棘豆 Oxytropis baxoiensis P. C. Li，生境也与之基本相同，都是在高寒地区的高山草甸和高山流石坡稀疏植被中生长分布，其地理分布范围也与之相互重叠交会。但与前者相比较，本新种的茎极短缩而呈垫状；托叶外面疏被白色开展长柔毛，叶长 1.5～4.0 cm，小叶 9～17 枚；总花梗明显短于叶，通体密被或有时疏被白色长柔毛；旗瓣长约 11 mm，瓣片近圆形，因而可以相区别。而与后者相比较，本新种的小叶为 9～17 枚，披针形或条状披针形；总状花序顶生 2～4 花，总花梗明显短于叶或有时与叶近等长；花较大，因而可以相区别。所以，我们认为，本新种虽与后 2 种具有一定的亲缘关系，但其间的区别仍然非常明显，作为独立的新种应该能够成立。

57. 细小棘豆 图版 48：5～9

Oxytropis pusilla Bunge in Mém. Acad. Sci. St.-Pétersb. ser. 7. 22（1）：27. 1874；西藏植物志 2：860. 图 283：8～14. 1985；中国植物志 42（2）：78. 图版 23：10～16. 1998；青海植物志 2：238. 1999；青藏高原维管植物及其生态地理分布 512. 2008；Fl. China 10：485. 2010.

多年生矮小疏丛生草本，高 4～10 cm。主根较粗。茎极短宿。奇数羽状复叶，长 2～6 cm；托叶草质，中部以下与叶柄贴生，疏被白色和黑色长硬毛，分离部分披针形，长 5～6 mm；叶柄和叶轴疏被白色和黑色长硬毛；小叶 9～13 枚，披针形或条状披针形，先端渐尖，基部圆形，长 4～9 mm，宽 1～2 mm，腹面边缘附近及背面疏被白色长硬毛。总状花序具 2～5 花。总花梗与叶近等长或稍长，下部疏被上部密被黑色并杂有少量白色短柔毛；苞片草质，披针形，长 3～4 mm，被毛；花萼钟状，长 5～6 mm，密被黑色和白色伏贴长柔毛，萼齿钻状，短于萼筒；花冠紫红色或蓝紫色；旗瓣长 6～7 mm，瓣片矩圆形或卵圆形，先端微凹，柄短于瓣片；翼瓣稍短于旗瓣，柄短于瓣片，耳钝圆；龙骨瓣短于翼瓣，喙长仅约 0.3 mm；子房有毛。荚果矩圆状圆柱形，长 9～12 mm，宽约 3 mm，密被黑色伏贴短柔毛，有短柄。 花期 6～7 月，果期 7～8 月。

产新疆：塔什库尔干（麻扎种羊场，青藏队吴玉虎 870423；红其拉甫，青藏队吴玉虎 870454；明铁盖达坂，西植所新疆队 1164、阎平 3828；克克吐鲁克，西植所新疆

图版 **48**　米尔克棘豆 **Oxytropis merkensis** Bunge　1. 植株；2. 花萼；3. 花解剖（示各瓣）；4. 雄蕊、雌蕊。细小棘豆**O. pusilla** Bunge　5. 植株；6. 花萼；7. 花解剖（示各瓣）；8. 雄蕊；9. 雌蕊。
（引自《新疆植物志》,朱玉善绘）

队 1345)。生于海拔 3 800～5 100 m 的高寒草甸、高山砾地、宽谷河滩草甸、河湖溪边草地、高山流石坡。

西藏：日土（麦卡，高生所西藏队 3677）。生于海拔 4 200～4 600 m 的砾石河滩、沟谷山顶细沙地。

青海：都兰（采集地不详，杜庆 264）、兴海（温泉乡，H. B. G. 1392）。生于海拔 2 900～4 000 m 的河谷沙地、河滩草地。

分布于我国的新疆、青海、西藏。模式标本采自西藏西部。

58. 垂花棘豆　图版 49：1～4

Oxytropis nutans Bunge in Bull. Soc. Nat. Moscou 39 (2)：61. 1866; et in Mém. Acad. Sci. St.-Pétersb. ser. 7. 22 (1)：37. 1874; I. Vass. et B. Fedtsch. in Kom. Fl. URSS 13：37. 1948; Bajt. in Pavl. Fl. Kazakh. 5：350. 1961; 新疆植物检索表 3：81. 1983; 中国植物志 42 (2)：79. 1998; Fl. China 10：471. 2010.

多年生草本，高 20～50 cm，灰绿色。茎缩短，密丛生，被绢状长硬毛。羽状复叶，长 8～20 cm；托叶线状披针形，与叶柄贴生很高，彼此分离，密被柔毛；叶柄与叶轴于小叶之间具腺体，被开展长硬毛；小叶 41 (51)～57 (～61) 枚，长圆状披针形或宽卵形，长 5 (7)～15 (～18) mm，宽 2～3 (～8) mm，先端尖，两面疏被黄色绢状长硬毛。多花组成长圆形总状花序，以后延伸；总花梗粗壮，略长于叶，或与之等长，密被开展白色长硬毛，上部还混生短淡黄色和黑色柔毛；苞片线形，长 5～10 mm，被柔毛；花长约 20 mm，下垂；花萼钟状，长 7～8 (～10) mm，被黑色和白色疏柔毛，萼齿线形，长 2.5～3.0 mm；花冠黄色；旗瓣长 15～20 mm，瓣片圆卵形，宽约 8 mm，先端微缺；翼瓣长圆形，长 14～16 mm，宽约 3 mm，先端 2 裂；龙骨瓣长 12～13 mm，喙长 2.5～3.0 mm，喙的下部具紫斑；子房具短柄，胚珠 15～18 枚。荚果硬膜质，长圆状卵形，下垂，长 14～17 mm，先端尖；密被黑色绢状柔毛，1 室；果梗长约 2 mm；种子肾形，长约 2 mm，褐色。　花期 5～7 月，果期 6～7 月。

产新疆：乌恰（吉根乡斯木哈纳，中科院新疆综考队 73-069）。生于海拔 1 800～2 900 m 的沟谷山坡草地、河谷草地、林缘草地、砾石质山坡草地。

分布于我国的新疆；中亚地区各国也有。模式标本采自准噶尔阿拉套山。

59. 蓝垂花棘豆　图版 49：5～8

Oxytropis penduliflora Gontsch. in Kom. Fl. URSS 13：543. (Addenda 13). 1948; Bajt. in Pavl. Fl. Kazakh. 5：350. t. 49：2. 1961; 新疆植物检索表 3：81. 1983; 中国植物志 42 (2)：79. 1998; Fl. China 10：471. 2010.

多年生草本，高 (14)～25 (～33) cm。根粗 3～6 mm。茎缩短，被开展的淡红色

图版 **49** 垂花棘豆 Oxytropis nutans Bunge 1. 植株；2. 花萼；3. 花解剖（示各瓣）；4. 雄蕊、雌蕊。蓝垂花棘豆 **O. penduliflora** Gontsch. 5. 果枝；6. 花萼；7. 花解剖（示各瓣）；8. 雄蕊、雌蕊。

（引自《新疆植物志》，朱玉善 绘）

或白色长柔毛。羽状复叶，长（5）7～14（～16）cm；托叶草质，绿色，长 10～12 mm，于基部 1/3～1/2 处与叶柄贴生，分离部分卵状披针形，先端尖，被长柔毛，边缘密被长纤毛；叶柄与叶轴上面有沟，被开展长柔毛；小叶（33）41～49（～51）枚，披针形或卵状披针形，长（3）6～12（～14）mm，宽 2.5～5.0 mm，先端尖，两面被伏贴长柔毛，边缘具纤毛。多花组成总状花序，广椭圆形或广椭圆状长圆形，以后伸长，长可达（6）10～15（～17）cm；总花梗粗壮，较叶长，被开展长柔毛，在上部常常混生开展暗棕色短柔毛和白色长柔毛；苞片草质，线状披针形，长 3～4（～7）mm，先端尖，外面被长柔毛，边缘密生纤毛；花长约 15 mm，开展，下垂；花梗长 0.5～1.0 mm，被长柔毛；花萼筒状钟形，长 8～10 mm，被红黄色或白色长柔毛和黑色短柔毛，萼齿线状锥形，长约 4 mm；花冠蓝色；旗瓣长 14～15 mm，瓣片圆卵形，先端微缺，基部宽楔形；翼瓣长约 12 mm，瓣片长圆形，上部扩展，先端全缘或微凹；龙骨瓣长约 11 mm，喙长约 1 mm；子房具短柄，被疏柔毛，胚珠 7～8 枚。荚果膜质，长圆形或卵形长圆形，下垂，长 10～12（～15）mm，宽 3～4 mm，先端具长约 4 mm 锥形喙，腹缝具深沟，被开展黑色、白色或红黑色短柔毛，无隔膜，1 室；果梗长 1～2 mm；种子圆卵形，长约 2 mm，锈色。　花期 6～7 月，果期 7～8 月。

产新疆：塔什库尔干（红其拉甫，青藏队吴玉虎 87453）。生于海拔 1 900～4 100 m 的沟谷山坡草地、高山草甸、林缘和林间草甸、河谷草地。

分布于我国的新疆；中亚地区各国也有。模式标本采自天山。

组 7.　长花棘豆组 Sect. Dolichanthos Gontsch.

Gontsch. in Kom. Fl. URSS 13：541 (Addenda 13). 1948；

中国植物志 42（2）：80. 1998.

多年生草本，矮小。茎缩短。托叶与叶柄分离，彼此合生至中部。少花组成短总状花序；花冠紫色；旗瓣长圆形，中部凹缩，基部下延成角状。荚果膜质，卵形或长圆形，1 室。

组模式种：宽柄棘豆 *Oxytropis platonychia* Bunge

昆仑地区产 1 种。

60. 宽柄棘豆

Oxytropis platonychia Bunge in Mém. Acad. Sci. St.-Pétersb. ser. 7. 22（1）：44. 1874；I. Vass. et B. Fedtsch. in Kom. Fl. URSS 13：50. t. 8：3. 1948；Ali in Nasir et Ali Fl. W. Pakist. 100：110. f. 16：E～H. 1977；新疆植物检索表 3：

88. 1983；中国植物志 42（2）：80. 1998；青藏高原维管植物及其生态地理分布 512. 2008.

多年生草本。茎缩短，分枝极多，铺散，被长柔毛，羽状复叶长 2～3 cm；托叶近草质，短卵形，与叶柄离生，彼此合生至中部，长 2～4 mm，先端尖，被开展疏柔毛；叶柄与叶轴于小叶之间具腺点；小叶 17～37 枚，椭圆形，长 3～11 mm，宽 1.5～3.0 mm，先端急尖，两面被灰白色毡状柔毛。4～10 花组成头形总状花序，后期伸长；总花梗长 2～4 cm，疏被开展柔毛，于花序下部混生黑色短柔毛；苞片披针形，长 2～4 mm，被开展白色和黑色长柔毛；花长约 18 mm；花梗长 1～2 mm，密被白色和黑色疏柔毛；花萼筒状钟形，长 9～12 mm，密被白色长柔毛和黑色短柔毛，萼齿线状锥形，与萼筒等长；花冠紫色；旗瓣长 14～18 mm，瓣片长圆形，中部收缩，上半部广椭圆形，下半部宽长圆形，于 1/4 处倒置，先端微缺，具小尖；翼瓣长圆状匙形，略短于旗瓣，先端微缺；龙骨瓣与翼瓣等长，喙长 3.5～4.0 mm；子房密被绢状长柔毛，具长柄，胚珠 17～20 枚。荚果膜质，广椭圆形或广椭圆状长圆形，膨胀，长 20～30 mm，宽 10～15 mm，密被绢状毛，喙短；果梗长 2～3 mm。 花期 6～8 月，果期 8～9 月。

产新疆：塔什库尔干。生于海拔 3 500 m 左右的高山石质山坡。

分布于我国的新疆；巴基斯坦，中亚地区各国也有。模式标本采自阿赖山区。

亚属 4. 大花棘豆亚属 Subgen. **Orobia**（Bunge）C. W. Chang

C. W. Chang stat. nov. in Fl. Reipub. Popul. Sin. 42（2）：81. 1998. ——Sect. *Orobia* Bunge in Mém. Acad. Sci. St.-Pétersb. ser. 7. 22（1）：47. 1874. ——Sect. *Euoxytropis* Bioss. Fl. Or. 2：498. 1872. ——Subgen *Euoxytropis*（Boiss.）Bunge op. cit. 47；I. Vass. et B. Fedtsch. in Kom. Fl. URSS 13：53. 1948.

多年生草本，被单毛和腺毛，或仅被单毛。茎发达或缩短。羽状复叶或轮生羽状复叶，托叶与叶柄离生或贴生。花冠大或中等大，花色多种。荚果伸出萼外，通常开裂，腹隔膜发达，有时具背隔膜，不完全 2 室或 2 室。

亚属模式种：大花棘豆 *Oxytropis grandiflora*（Pall.）DC.

约有 255 种，多数种分布于亚洲（中部偏北地区），少数种分布于北美洲、欧洲（中部）和亚洲极地的东部。我国有 67 种 5 变种 3 变型，分布于东北、华北、西北、华东和西南等地区；昆仑地区产 15 种 2 变种 1 变型。

组 8. 大花棘豆组 Sect. Orobia Bunge

Bunge in Mém. Acad. Sci. St.-Pétersb. ser. 7. 22 (1)：73. 1874；中国植物
志 42 (2)：81. 1998. ——Sect. *Diphragma* Bunge op. cit. 98；Aschers. et
Graebn. in Syn. 6：2. 1906～1910；I. Vass. et B. Fedtsch. in Kom. Fl.
URSS 13：53. 1948.

　　茎缩短或几缩短，多少被单毛。托叶与叶柄与叶部贴生，或全部贴生；小叶两面被
短柔毛，但上面被毛常较少。总花梗长达 30～35 cm；苞片很长；花冠长 11～35 mm，
花色多样。荚果硬膜质，长圆形、椭圆状长圆形或卵状长圆形，直立，很大，伸出萼
外，腹隔膜和背隔膜发达，或只具腹隔膜，不完全 2 室；果梗短或几无梗。

　　组模式种：大花棘豆 *O. grandiflora* (Pall.) DC.

　　昆仑地区产 2 种。

分 种 检 索 表

1. 头形或卵形短总状花序；萼长 2.5～3.5 mm ········ **61. 宽苞棘豆 O. latibracteata** Jurtz.
1. 长总状花序；萼齿长约 2 mm ················· **62. 准噶尔棘豆 O. songorica** (Pall.) DC.

61. 宽苞棘豆

Oxytropis latibracteata Jurtz. in Not. Syst. Herb. Inst. Bot. Acad. Sci. URSS
19：269. 1959；中国高等植物图鉴 2：425. 图 2580. 1972；中国植物志 42 (2)：86.
图版 24：13～23. 1998；青海植物志 2：255. 图版 45：1～8. 1999；青藏高原维管植
物及其生态地理分布 509. 2008；Fl. China 10：493. 2010.

　　多年生草本，高 10～33 cm。主根粗壮。茎极短缩，基部具多数褐色枯叶柄。托叶
膜质，卵形或三角状披针形，与叶柄基部合生，密被长柔毛；奇数羽状复叶，长 4～
20 cm；叶轴密生平伏绢毛；小叶 9～21 枚，卵形至披针形，长 4～16 mm，宽 2～
5 mm，先端渐尖，基部圆形，两面密被白色或黄褐色伏贴绢毛。总状花序近头状，密
生数花至 10 余花；总花梗长 8～32 cm，密被毛；苞片卵状披针形，长 5～12 mm，宽
3～4 mm，密被毛；花萼筒状，长 10～13 mm，宽 4～5 mm，密被长绢毛并混生黑色短
毛，萼齿长 2.5～3.5 mm；花冠紫红色、蓝色或蓝紫色；旗瓣矩圆形，长 20～25 mm，
宽 7～8 mm，先端微凹，中部以下渐狭；翼瓣长 18～21 mm，有长柄；龙骨瓣长约
17 mm，柄长约 11 mm，喙长约 2 mm。荚果膨胀，卵状矩圆形或卵形，长 10～17 mm，
顶端急尖，具喙，密被短柔毛。　　花期 6～8 月，果期 7～9 月。

　　产青海：格尔木（西大滩，青藏队吴玉虎 2798、采集人不详 081）、兴海（黄青河

畔，吴玉虎 42712；河卡山，吴玉虎 28722；河卡乡，王作宾 20212、何廷农 179）、都兰（采集地不详，青甘队 892、杜庆 215）、兴海（大河坝乡赞毛沟，吴玉虎 47050；中铁乡至中铁林场途中，吴玉虎 43174B；大河坝沟，吴玉虎 42549）、玛沁（拉加乡，吴玉虎 6131）、玛多（采集地不详，吴玉虎 664；县牧场，吴玉虎 656；扎陵湖乡，吴玉虎 1600；清水乡玛积雪山，吴玉虎 18228）、称多（县郊，吴玉虎 29225、29266、29271）。生于海拔 2 900～4 500 m 的河谷滩地高寒草甸、高寒草原、荒漠带河滩草地、沟谷林缘灌丛、干旱阳坡草地、山坡石隙、山沟砾地。

甘肃：玛曲（欧拉乡，吴玉虎 31954）。生于海拔 3 200～3 600 m 的沟谷山地高寒草甸、高寒灌丛草甸。

四川：石渠（长沙贡玛乡，吴玉虎 29555B、29622、29649、29651；新荣乡，吴玉虎 29974、30020）。生于海拔 4 000～4 200 m 的沟谷山地柳树灌丛、河滩沙棘和水柏枝灌丛。

分布于我国的新疆、青海、甘肃、宁夏、四川西北部、内蒙古。

62. 准噶尔棘豆

Oxytropis songorica（Pall.）DC. Astrag. 73. 1802；Bunge in Mém. Acad. Sci. St. -Pétersb. ser. 7. 22（1）：78. 1874；I. Vass. et B. Fedtsch. in Kom. Fl. URSS 13：98. t. 3：2. 1948；Bajt. in Pavl. Fl. Kazakh. 5：364. t. 52：1. 1961；新疆植物检索表 3：106. 1983；中国植物志 42（2）：93. 图版 26：1～7. 1998；Pl. Centr. Asia 8（b）：46. 2003；Fl. China 10：494. 2010. ——*Astragalus songoricus* Pall. Sp. Astrag. 63. t. 51. 1800.

多年生草本，高 20～38 cm。茎缩短，粗壮，被绢状绵毛。覆盖着枯萎叶柄和托叶。羽状复叶长 10～20 cm；托叶膜质，宽卵形，于基部与叶柄贴生，于基部彼此合生。被伏贴白色柔毛；叶柄与叶轴上面具沟，被开展柔毛；小叶 21～37 枚，长圆状卵形、披针形，长 10～15 mm，宽 3～7 mm，两面密被伏贴白色绢状柔毛，后渐变稀疏。多花组成长总状花序，后期伸长；总花梗长于叶，粗壮，被白色柔毛，上部混生黑色柔毛；苞片卵状披针形，长 7～12 mm，先端钝，被白色柔毛；花长约 20 mm；花萼筒状钟形，长 9～12 mm，被开展白色柔毛，并混生黑色短柔毛，萼齿披针形，长约 2 mm；花冠红紫色；旗瓣长 17～20 mm，宽 8.0～9.5 mm，瓣片长卵形，先端微凹；翼瓣长 15～18 mm，先端扩展；龙骨瓣长 15～17 mm，喙长约 1.5 mm；子房长圆形，密被白色长柔毛。荚果硬膜质，长卵形，膨胀，长 13～18 mm，宽 6～7 mm，喙长 5～7 mm，腹面具深槽，被开展白色柔毛，并混生黑色短柔毛，隔膜宽约 1 mm，不完全 2 室。花期 5～6 月，果期 6～7 月。

产新疆：乌恰（大坡，中科院新疆综考队 186）。生于海拔 2 300 m 左右的沟谷山地砾石质山坡、河岸山崖草地。

分布于我国的新疆；俄罗斯东西伯利亚、西西伯利亚，中亚地区各国也有。

组 9. 黄花棘豆组 Sect. Chrysantha Vass.

Vass. in Kom. Fl. URSS 13：541 (Addenda 103). 1948；

中国植物志 42 (2)：93. 1998.

多年生草本。茎发达，被开展的长柔毛。小叶 11～31 枚，长圆形，被开展的疏柔毛；多花组成密总状花序，总花梗粗壮，被长柔毛；花冠黄色，长 10～18 cm。荚果近革质，长 15～30 mm，被开展的短柔毛，具发达的隔膜，不完全 2 室。

组模式种：撒拉套棘豆 *Oxytropis meinshausenii* C. A. Meyer

昆仑地区产 1 种。

63. 疏毛棘豆

Oxytropis pilosa (Linn.) DC. Astrag. 21. 1802；Bunge in Mém. Acad. Sci. St.-Pétersb. ser. 7. 22 (1)：58. 1874；I. Vass. et B. Fedtsch. in Kom. Fl. URSS 13：104. 1948；Bajt. in Pavl. Fl. Kazakh. 5：388. t. 43：2. 1961；新疆植物检索表 3：105. 1983；中国植物志 42 (2)：95. 图版 27：1～8. 1998；Fl. China 10：475. 2010. ——*Astragalus pilosus* Linn. Sp. Pl. 756. 1753.

多年生草本，密被开展的长柔毛。根褐色，粗约 4 mm，不甚发达。茎粗，直立，在基部分枝，高 20～30 (～50) cm。羽状复叶长 5～10 cm；托叶草质，长圆状卵形至披针形，与叶柄基部微贴生，长 10～13 mm，先端尖，被长柔毛；叶柄与叶轴上面有沟，被开展的长柔毛；小叶 15～29 枚，椭圆形或披针形，长 10～20 mm，宽 3～6 mm，先端急尖，基部圆形，两面疏被绵毛。多花组成密集总状花序，长圆状广椭圆形或卵形；总花梗粗，斜向上伸，较叶长，被开展的长柔毛，花序下部毛较密；苞片草质，线状披针形，长约 7 mm，先端尖，被长柔毛；花长约 13 mm；花萼筒状钟形，长 7～9 mm，被长柔毛，萼齿锥状线形，与萼筒等长，或较长；花冠淡黄色；旗瓣长 10～14 mm，瓣片宽卵形，宽 6～9 mm，先端微缺，瓣柄长约 4 mm；翼瓣长 8～11 mm；龙骨瓣长约 8 mm，喙长 0.5～1.0 mm。荚果革质，斜向上，披针形或圆柱形，长 15～20 mm，宽约 3 mm，先端渐尖，腹面具沟槽，密被半开展的白色柔毛，腹隔膜发达，不完全 2 室；种子圆肾形，扁，长约 2 mm，褐色。 花期 6～7 月，果期 7～8 月。

产新疆：若羌（喀尔墩西南山地，采集人不详 84A - 201）。生于海拔 1 600 m 左右的沟谷山地草原、河谷草甸、灌丛草地。

分布于我国的新疆；蒙古，俄罗斯西伯利亚，哈萨克斯坦，欧洲也有。

组 10. 天山棘豆组 Sect. Ortholoma Bunge

Bunge in Mém. Acad. Sci. St.-Pétersb. ser. 7. 22 (1): 47. 1874; E. Pet. -Stib. in Acta Hort. Gothob. 12: 76. 1937; I. Vass. et B. Fedtsch. in Kom. Fl. URSS 13: 132. 1948; 中国植物志 42 (2): 99. 1998.

植株矮小。茎细短而发达，长不超过 15～20 cm，或缩短。小叶长 5～10 (～15) mm，如长时，则宽仅 1～2 mm。总花梗细；花萼被半开展或开展的疏柔毛；花冠紫色、深红色、鲜红色、蓝色等，但不为黄色，长 6～16 mm。荚果薄革质或革质，广椭圆形或长圆形，被疏柔毛，腹隔膜窄。

组模式种：小灌木棘豆 *Oxytropis fruticulosa* Bunge

昆仑地区产 3 种 1 变型。

分 种 检 索 表

1. 花冠长 8～10 mm ································ **66. 多花棘豆 O. floribunda**（Pall.）DC.
1. 花冠长 9～15 mm。
  2. 花冠长 9～12 mm；旗瓣先端微缺；龙骨瓣喙长 1.0～1.25 mm；苞片长 3～
    5 mm；花萼长 8～10 mm ················ **64. 天山棘豆 O. tianschanica** Bunge
  2. 花冠长 15 mm；旗瓣先端 2 浅裂；龙骨瓣喙长 2～3 mm；苞片长 5～8 mm；花萼
    长 7～8 mm ················ **65. 二裂棘豆 O. biloba** Saposhn.

64. 天山棘豆

Oxytropis tianschanica Bunge in Ost.-Sack. et Rupr. Sert. Tiansch. 43. 1869, et in Mém. Acad. Sci. St.-Pétersb. ser. 7. 22 (1): 49. 1874; I. Vass. et B. Fedtsch. in Kom. Fl. URSS 13: 134. t. 5: 4. 1948; 新疆植物检索表 3: 104. 1983; 中国植物志 42 (2): 102. 图版 28: 8～12. 1998; 青藏高原维管植物及其生态地理分布 514. 2008; Fl. China 10: 471. 2010.

多年生草本，几垫状，灰白色。直根，淡黄褐色。茎分枝短，木质化，嫩枝匍匐地面，一年生枝长 3～5 (～30) cm，密被开展的白色短柔毛。羽状复叶长 1～3 cm；托叶草质，卵状披针形，长 3～5 mm，于高处与叶柄贴生，于基部彼此合生，密被白色柔毛；叶柄与叶轴被开展白色柔毛；小叶 (7) 9～15 枚，广椭圆形、披针形，密集，对折，或边缘上卷，长 2～4 (～5) mm，宽 1～3 mm，两面密被白色柔毛。5～10 花组成头形总状花序；总花梗长于叶，或与之等长，被白色柔毛；苞片披针形，长 3～5 mm，较花梗长，被白色柔毛；花萼筒状钟形，长 (6) 8～10 mm，密被开展白色长绵毛和黑色短柔毛；萼齿锥状，与萼筒等长，或有时较长；花冠紫色；旗瓣长 (8) 9～12 mm，瓣片圆形，宽约 6 mm，先端微缺；翼瓣长 8～9 mm，长圆形，宽约 2 mm；龙骨瓣长约 6 mm，喙长 1.0～1.25 mm。荚果硬膜质，广椭圆状长圆形，长 10～15 mm，宽 3～5 mm，腹面具深沟，被白色短柔毛和稀疏的黑色短毛，隔膜宽 10～13 mm，不完全 2 室；果梗长 1～2 mm。　花果期 7～8 月。

产新疆：乌恰（吉根乡斯木哈纳老营房，中科院新疆综考队 73-071）、塔什库尔干（托克满苏，帕米尔考察队 5405；克克吐鲁克，西植所新疆队 1352；苏约克，西植所新疆队 1865、1868；城北温泉附近，西植所新疆队 852；明铁盖，西植所新疆队 1112）。生于海拔 3 600～4 200 m 的高山河谷草甸、石质山坡草地。模式标本采自天山。

分布于我国的新疆；中亚地区的吉尔吉斯斯坦，塔吉克斯坦也有。

65. 二裂棘豆

Oxytropis biloba Saposhn. in Not. Syst. Herb. Hort. Petrop. 4 (17～18)：135. 1923；I. Vass. et B. Fedtsch. in Kom Fl. URSS 13：141. 1948；Bajt. in Pavl. Fl. Kazakh. 5：381. 1961；新疆植物检索表 3：104. 1983；中国植物志 42 (2)：103. 1998.

65a. 二裂棘豆（原变型）

f. biloba

多年生草本，高 8～12 cm。主根粗壮，直伸，于根颈处密集分枝，有密集的残叶柄。茎缩短，疏丛生，被灰白色柔毛或茸毛。羽状复叶长 3～8 cm；托叶披针形或线状披针形，长 10～26 mm，有细长尾尖，下部 1/3 与叶柄贴生，于基部彼此合生；叶柄与叶轴被开展长柔毛；小叶 17～27 枚，长圆形或卵状长圆形，长 4～12 mm，宽 2～4 mm，两面被伏贴银白色绢状柔毛。多花组成头形总状花序，后期伸长；总花梗较叶长，或与之等长，被伏贴短柔毛和少量开展长柔毛，上部被伏贴黑色和白色柔毛；苞片线状披针形，长 5～8 mm，先端尖，被白色绵毛；花长约 16 mm；花萼筒状钟形，长 7～8 mm，被开展白色绵毛和黑色短柔毛，萼齿线状锥形，短于或等长于萼筒；花冠紫红色或蓝紫色；旗瓣长 13～15 mm，瓣片宽卵形，宽约 12 mm，先端 2 浅裂；翼瓣长约 15 mm，宽约 5 mm，先端微凹；龙骨瓣连喙长约 12 mm，喙长约 2 mm。荚果革质，长圆形，斜向上，长 14～20 mm，宽 3～4 mm，腹面具深凹，被伏贴或半开展白色短柔毛，不完全 2 室。　花期 6～7 月，果期 7～8 月。

产新疆：于田（普鲁，青藏队吴玉虎 3685）、皮山（垴阿巴提乡布琼，青藏队吴玉虎 1843、1847、1868、1873、2459、3006）、策勒（奴尔乡，青藏队吴玉虎 1954、3041；奴尔乡亚门，青藏队吴玉虎 1973、2483B、2517）、且末（阿羌乡，青藏队吴玉虎 3872）。生于海拔 1 900～3 800 m 的沟谷山地高寒草甸、石质山坡、河谷林缘草地、山坡草地。

分布于我国的新疆；吉尔吉斯斯坦，塔吉克斯坦，哈萨克斯坦，土库曼斯坦，乌兹别克斯坦也有。

65b. 白花二裂棘豆（新变型）

f. **albiflora** Y. H. Wu **f. nov.** in addenda.

本变型与原变型的区别在于：花冠白色。

产新疆：皮山（青藏队吴玉虎 2458、2459）、策勒（奴尔乡亚门，青藏队吴玉虎 2520）。生于海拔 3 000～3 400 m 的沟谷山坡草地，河谷阶地草滩。

66. 多花棘豆

Oxytropis floribunda（Pall.）DC. Astrag. 94. 1802；Bunge in Mém. Acad. Sci. St.-Pétersb. ser. 7. 22（1）：56. 1874；I. Vass. et B. Fedtsch. in Kom. Fl. URSS 13：142. 1948；Bajt. in Pavl. Fl. Kazakh. 5：381. t. 46：5. 1961；新疆植物检索表 3：103. 1983；中国植物志 42（2）：105. 图版 28：13～16. 1998. —— *Astragalus floribundus* Pall. Astrg. 47. 1800.

多年生草本，高 7～35 cm。根径 2～5 mm。茎细，平卧或匍匐，长 2～25 cm，被白色柔毛。羽状复叶长 4～10 cm；托叶膜质，卵形，于基部与叶柄贴生，于中部彼此合生，被白色柔毛；叶柄与叶轴被伏贴白色柔毛；小叶 17～27 枚，披针形、卵形，有时对折，长 5～15 mm，宽 1～3 mm，先端尖。多花组成长总状花序；总花梗长于叶，或与之等长，被白色开展柔毛，上部混生黑色柔毛；苞片线状披针形，长 2～4 mm，被白色和黑色柔毛；花长约 10 mm；花萼钟形，长 4～6 mm，被开展的白色和黑色绵毛。萼齿线形，长 2.5～3.0 mm；花冠鲜红色；旗瓣长 8～10 mm，宽 6～8 mm，瓣片宽卵形，先端微缺；翼瓣长 7～8 mm；龙骨瓣与旗瓣等长，喙长约 2 mm。荚果长圆状卵形，向上，长 15～20 mm，宽 2.5～3.0 mm，腹面具深沟，被白色短柔毛，隔膜宽约 0.75 mm，不完全 2 室；种子棱肾形，长约 2 mm，褐色。 花期 5～6 月，果期 6～7 月。

产新疆：乌恰（玉寺塔什，西植所新疆队 1701）。生于海拔 3 000 m 左右的沟谷山坡草地、石质山坡。

分布于我国的新疆；俄罗斯，中亚地区各国也有。

组 11. 球花棘豆组 Sect. Sphaeranthella Gontsch.

Gontsch. in Kom. Fl. URSS 13：(Addenda) 154. 1948；

中国植物志 42（2）：108. 1998.

高山植物，矮化，密被短柔毛。茎缩短或近缩短，密丛生。托叶与叶柄贴生，彼此分离。密集头形总状花序，长 1.0～1.5 cm；总花梗长于叶。荚果薄革质，呈星状开展，卵形或不对称的广椭圆形，长 8～15 mm，被开展的长绵柔毛，腹隔膜窄。

本组与其他组的区别在于：荚果呈星状开展。

组模式种：赛氏棘豆 *Oxytropis severzovii* Bunge

昆仑地区产 1 种。

67. 小球棘豆

Oxytropis microsphaera Bunge in Mém. Acad. Sci. St.-Pétersb. ser. 7. 22（1）：64. 1874；I. Vass. et B. Fedtsch. in Kom. Fl. URSS 13：158. t. 7：2. 1948；Bajt. in Pavl. Fl. Kazakh. 5：389. t. 45：1. 1961；新疆植物检索表 3：100. 1983；中国植物志 42（2）：108. 图版 29：5～8. 1998；青藏高原维管植物及其生态地理分布 511. 2008.

多年生草本，高 7～15 cm。茎缩短，丛生，被枯萎叶柄。羽状复叶长 2～6 cm；托叶长圆状披针形，长 5～8 mm，于基部与叶柄贴生，彼此分离，先端尖，被绢状柔毛；叶柄与叶轴密被开展短绵毛；小叶 15～25 枚。密集，卵形，披针形，长 3～8 mm，宽 1.5～3.0 mm，两面密被开展的柔毛。多花组成头形总状花序；总花梗长于叶，或与之等长，疏被白色柔毛，上部混生黑色柔毛；苞片线形，长 2～3 mm，被黑色柔毛和白色长柔毛；花长约 8 mm；花萼钟形，长约 5 mm，密被黑色和白色柔毛，萼齿线形，与萼筒等长；花冠紫色；旗瓣长 6～8 mm，瓣片几圆形，先端微缺；翼瓣长 5～6 mm；龙骨瓣略短于翼瓣，喙极短。荚果硬膜质，长圆状卵形，长 8～12 mm，宽 3～4 mm，喙长 2～5 mm，密被开展的白色柔毛，不完全 2 室；果梗长 1～2 mm。　花期 6～7 月，果期 7～8 月。

产新疆：塔什库尔干（克克吐鲁克，阎平 3796）、和田（界山西北面 635 道班，帕米尔考察队 6165）。生于海拔 4 200～4 900 m 的高原高山地带石质山坡、沟谷山坡高寒草甸、高山流石坡。

分布于我国的新疆；吉尔吉斯斯坦，塔吉克斯坦，土库曼斯坦也有。

组 12. 矮生棘豆组 Sect. Xerobia Bunge

Bunge in Mém. Acad. Sci. St.-Pétersb. ser. 7. 22（1）：119. 1874；E. Pet.-Stid. in Acta Hort. Gothob. 12：78. 1937；I. Vass. et B. Fedtsch. in Kom. Fl. URSS 13：176. 1948；中国植物志 42（2）：111. 1998.

多年生草本。茎缩短，丛生，叶柄硬化，宿存。小叶 5～17 枚。少花组成短伞形总状花序，稀多花头形；花萼长 12～18 mm；花冠长 20～30 mm，花色多样；龙骨瓣喙长（1）2～4 mm。荚果膜质，或薄革质（坚果状），球状卵形，腹隔膜窄，不完全 2 室。

组模式种：山泡泡 *Oxytropis leptophylla*（Pall.）DC.

昆仑地区产2种。

分 种 检 索 表

1. 荚果硬革质，被短柔毛；小叶两面被伏贴柔毛 …… **69. 胀果棘豆 O. stracheyana** Bunge
1. 荚果薄膜质，无毛或微被柔毛。总花梗几与叶等长；花长约 25 mm；旗瓣瓣片圆形；
   龙骨瓣喙长 1.5~2.0 mm ……………………………… **68. 帕米尔棘豆 O. poncinsii** Franch.

68. 帕米尔棘豆

Oxytropis poncinsii Franch. in Bull. Mus. Hist. Nat. Pars. 2 (7)：343. 1896；
I. Vass. et B. Fedtsch. in Kom. Fl. URSS 13：178. 1948；新疆植物检索表 3：
101. 1983；中国植物志 42 (2)：113. 1998；青藏高原维管植物及其生态地理分布
512. 2008；Fl. China 10：483. 2010.

多年生草本，高 2~5 cm。茎缩短，密丛生，密被银白色绢状柔毛。羽状复叶长
2~5 cm；托叶膜质，于高处与叶柄贴生，长 8~15 mm，分离部分长卵形，边缘被白色
纤毛；叶柄与叶轴被伏贴白色柔毛；小叶 7~11 枚，广椭圆状长圆形或长圆状线形，长
3~7 mm，宽 1.5~3.0 mm，两面密被伏贴白色柔毛。2~3 花组成总状花序；总花梗
几与叶等长，被伏贴柔毛；苞片披针形，长 3~6 mm，被柔毛；花长 25 mm；花萼筒
状，长 13~15 mm，被开展的白色和黑色绵毛，萼齿披针形，比萼筒短；花冠紫色；旗
瓣长 20~25 mm，瓣片圆形，先端微缺；翼瓣长 18~21 mm；龙骨瓣略短于翼瓣，喙长
1.5~2.0 mm。荚果膜质，球状卵形，膨胀呈泡状，长 20~25 mm，宽 10~15 mm，被
白色开展的短绵毛，隔膜窄。 花期 6~7 月，果期 8 月。

产新疆：乌恰（苏约克，西植所新疆队 1869、1875；托云乡，西植所新疆队
2224）、阿克陶（阿克塔什，青藏队吴玉虎 870198；木吉乡东部，帕米尔考察队 5634；
布伦口乡，高生所西藏队 3074，西植所新疆队 675）、塔什库尔干（卡拉其古，青藏队
吴玉虎 5055、西植所新疆队 884；麻扎，高生所西藏队 3148；红其拉甫，阎平 3615，
帕米尔考察队 4922、5003；吐拉，帕米尔考察队 5523；采集地不详，西植所新疆队
1530，克里木 T067、087、144；城北 65 km，克里木 T272、277、278）、皮山（塔阿
巴提乡，青藏队吴玉虎 2421）、和田（喀什塔什乡，青藏队吴玉虎 2013、2041、2565）。
生于海拔 3 200~4 600 m 的高山石质荒漠、沟谷山地高寒荒漠草原、山顶砾石质草地。

分布于我国的新疆、甘肃、西藏；中亚地区各国也有。

在我们的标本中，有一部分虽植株外形与本种一致，但有些形态特征却与原描述不
符。它们的植株被开展毛；托叶仅长约 4 mm 而非 8~15 mm；小叶 7~15 枚，总花梗
较叶长 1 倍而非几与叶等长；苞片卵状披针形或披针形；花较小；旗瓣瓣片为卵形而非
圆形；翼瓣狭倒卵形，耳长约 4 mm；龙骨瓣喙长 1.0~1.5 mm。区别明显，应再研究。
它们采自：皮山（塔阿巴提乡，青藏队吴玉虎 2421）、和田（喀什塔什乡，青藏队吴玉

虎 2013、2041、2565）。生于海拔 3 000～3 850 m 的沟谷山地嵩草高寒草甸、河沟边圆柏林缘灌丛草地、山坡高寒草原。

69. 胀果棘豆

Oxytropis stracheyana Bunge in Mém. Acad. Sci. St.-Pétersb. ser. 7. 22（1）：62. 1874；Baker in Hook. f. Fl. Brit. Ind. 2：138. 1879；id. in Nasir et Ali Fl. W. Pakist. 100：116. 1977；西藏植物志 2：870. 图 287：1～8. 1985；中国植物志 42（2）：118. 图版 31：1～8. 1998；青海植物志 2：253. 图版 44：17～24. 1999；青藏高原维管植物及其生态地理分布 513. 2008；Fl. China 10：491. 2010.

多年生高山垫状草本，植株高 2～6 cm，基部密被宿存的叶柄和托叶。主根粗壮，木质，直伸。奇数羽状复叶，长 2～4 cm；托叶白色透明膜质，于叶柄背面的一侧彼此联合，基部与叶柄贴生，分离部分三角形，无毛；小叶 5～13 枚，矩圆形，长 3～8 mm，宽 1～2 mm，两面密被银灰色伏贴柔毛。总状花序具 1～4 花；总花梗长于叶或短于叶，密被毛；苞片卵状披针形，长 3～4 mm，密被毛；花萼筒状钟形，长 8～12 mm，密被白色或有时杂有黑色长柔毛，萼齿狭三角形或钻形，长 2～3 mm；花冠紫红色或蓝紫色；旗瓣长 19～22 mm，瓣片椭圆形、宽卵状矩圆形或扁圆形，宽 9.0～11.5 mm，先端微凹或钝，宽柄短于瓣片；翼瓣长 16～18 mm，瓣片倒卵状矩圆形或狭倒卵形，宽 4.5～5.5 mm，先端圆形，细柄长 8～9，耳长约 2 mm；龙骨瓣连喙长 15～17 mm，柄长约 8 mm，喙长 2～3 mm；子房密被白色长柔毛，具短柄。荚果卵圆形，长约 1.6 cm，膨胀，密被白色长柔毛，腹缝线具狭窄的隔膜。　花期 6～7 月，果期 7～8 月。

产新疆：乌恰（托云乡，西植所新疆队 2287）、喀什（拜克尔特北 50 km，中科院新疆综考队 9725）、阿克陶（布伦口乡，高生所西藏队 3083；阿克塔什，青藏队吴玉虎 870283）、塔什库尔干（苏巴什达坂，青藏队吴玉虎 870312；麻扎种羊场，青藏队吴玉虎 870366；明铁盖，中科院新疆综考队 1097；麻扎，高生所西藏队 3148；红其拉甫，青藏队吴玉虎 4924，西植所新疆队 1532；托克满苏，西植所新疆队 1250）、叶城（克克拉达坂，青藏队吴玉虎 4502、871429；柯尔克孜牧场，黄荣福 C. G. 86 - 092；阿格勒达坂，黄荣福 C. G. 86 -128、C. G. 86 - 132；依力克其牧场，黄荣福 C. G. 86 - 096）、若羌（土房子至小沙湖途中，青藏队吴玉虎 2762）。生于海拔 2 200～5 200 m 的沟谷山坡草地、高寒草原、山坡高寒草甸、山顶石隙、河谷岸边石缝、河边沙砾地。

西藏：日土（多玛，青藏队吴玉虎 4514A）、改则（采集地不详，黄荣福 3721）、双湖、班戈。生于海拔 3 900～5 200 m 的山坡草地、石灰岩山坡、山地岩缝、河滩砾石草地、山坡灌丛、阴坡高寒草甸。

青海：都兰（诺木洪，采集人不详 208、294）、格尔木（西大滩至五道梁途中，青藏队吴玉虎 2896）、玛沁（优云乡，玛沁队 545）、玛多（黑河乡，吴玉虎 757、刘海源

757；县牧场，吴玉虎 679、1643B；花石峡，吴玉虎 814）、曲麻莱（曲麻河乡，黄荣福021、030；秋智乡各化鄂色，刘尚武 679）、治多（可可西里西金乌兰湖畔，黄荣福131、731；库赛湖，黄荣福 1029；乌兰乌拉湖畔，黄荣福 711；楚玛尔河上游，黄荣福483）。生于海拔 2 900～5 000 m 的山坡草地、沟谷山地高寒草甸、河滩砾地、山顶石隙、砾石阳坡草地、河谷沙丘、山地高寒草原。

分布于我国的新疆、青海、甘肃、西藏；巴基斯坦，印度，中亚地区各国也有。

组 13. 轮叶棘豆组 Sect. Baicalia Stell. ex Bunge

Bunge in Mém. Acad. Sci. St.-Pétersb. ser. 7. 22（1）：135. 1874；E. Pet.-Stib. in Acta Hort. Gothob. 12：79. 1937；B. Schischk. in Kom. Fl. URSS 13：192. 1948；中国植物志 42（2）：122. 1998.

茎缩短，无腺毛（不包括小叶之间及有时托叶和苞片边缘的透明腺点）。小叶通常密集成轮生或假轮生，每轮 3 小叶或更多，或 2 小叶或更多小叶排成半轮生、有时对生或互生。花长 15～25（～30）mm；花萼筒状或筒状钟形；子房无柄或具极短的柄，胚珠 15～35 枚。荚果膨胀，不完全 2 室或 2 室。

组模式种：二色棘豆 *Oxytropis bicolor* Bunge

昆仑地区产 2 种 1 变种。

分 种 检 索 表

1. 花冠蓝紫色或紫色；荚果长圆形或卵形，宽 4～7 mm ···················· **70. 雪地棘豆 O. chionobia** Bunge
1. 花冠淡黄色或白色；荚果卵形，膨胀，宽约 10 mm ···················· **71. 黄毛棘豆 O. ochrantha** Turcz.

70. 雪地棘豆

Oxytropis chionobia Bunge in Mém. Acad. Sci. St.-Pétersb. ser. 7. 22（1）：148. 1874；I. Vass. et B. Fedtsch. in Kom. Fl. URSS 13：204. t. 11：3. 1948；Bajt. in Pavl. Fl. Kazakh. 5：405. t. 53：3. 1961；新疆植物检索表 3：99. 1983；中国植物志 42（2）：136. 图版 35：15～19. 1998；Fl. China 10：468. 2010.

多年生草本，高 2～6 cm。根粗壮，根径 3～8 mm。茎缩短，丛生，被银白色柔毛，密被枯萎叶柄。轮生羽状复叶，长 1～3 cm；托叶膜质，宽卵形，于中部与叶柄贴生，于中部彼此合生，分离部分三角形，先端尖，被伏贴白色长柔毛；叶柄与叶轴密被白色柔毛；小叶8～12轮，每轮 4～6 枚，狭卵形、披针形或长圆形，长 1～3 mm，宽0.5～1.5 mm。两面密被绢状柔毛。总状花序 2 花或 1 花、稀 3 花；总花梗略短于叶，或与之等长，密被开展的银白色柔毛，上部混生黑色柔毛；苞片披针形，长 4～7 mm，被白色或黑色柔毛；花长约 22 mm；花萼筒状，长 10～14 mm，密被白色长绵毛，并混生黑色短柔毛，萼齿线状披针形，长约 4 mm，先端钝；花冠紫蓝色；旗瓣长 16～22 mm，瓣片卵形，宽约 8 mm，先端 2 浅裂；翼瓣长 14～16 mm，宽约 4 mm，瓣片先端扩展，截形；龙骨瓣长（11～）14～16 mm，喙长 0.3～1.0 mm；子房被毛，胚珠 18～22 枚。荚果薄革质，长圆状椭圆形，微膨胀，长 13～20（～25）mm，宽 5～7（～10）mm，喙长约 2 mm，腹面具沟，背面龙骨状突起，密被开展的白色丝状长柔毛，并有少量黑色短柔毛，隔膜宽 2～3 mm，不完全 2 室；种子圆肾形，长约 2 mm，棕色。

花期 6～7 月，果期 7～8 月。

产新疆：塔什库尔干（麻扎种羊场萨拉勒克，青藏队吴玉虎 870321；马尔洋达坂，帕米尔考察队 5245；托克满苏，帕米尔考察队 5406；红其拉甫，青藏队吴玉虎 4875；采集地不详，帕米尔考察队 4913，克里木 T70、T88、T93；红其拉甫界碑处，阎平 3543、3549）、叶城（赛力亚克达坂，帕米尔考察队 6234）。生于海拔 2 900～4 700 m 的高寒草原、河谷阶地沙砾地、沟谷山坡砾石质草地。

分布于我国的新疆；中亚地区各国也有。

71. 黄毛棘豆

Oxytropis ochrantha Turcz. in Pull. Soc. Nat. Moscou 5：188. 1832；Bunge in Mém. Acad. Sci. Sti.-Pétersb. ser. 7. 22（1）：149. 1874；Pet.-Stib. in Acta Hort. Gothob. 12：79. 1937～1938；中国主要植物图说 豆科 425. 图 429. 1955；中国高等植物图鉴 2：429. 图 2587. 1972；西藏植物志 2：870. 1985；中国植物志 42（2）：124. 图版 33：14～22. 1998；青海植物志 2：251. 1999；青藏高原维管植物及其生态地理分布 511. 2008；Fl. China 10：466. 2010.

71a. 黄毛棘豆（原变种）

var. ochrantha

多年生草本，高 10～30 cm，全株密被土黄色丝质长柔毛。主根木质化。茎极短缩，多分枝。托叶膜质，宽卵形，中下部联合，基部与叶柄贴生，密被毛；轮生羽状复叶，长 6～20 cm；叶轴密被毛；小叶 6～10 对，对生或 4 枚轮生，卵形、披针形、线形或矩圆形，长 6～20 mm，宽 2～6 mm，先端尖，基部圆形，两面密被土黄色绢状长柔毛；总状花序圆筒状，密生多花；总花梗坚挺，直立或斜升，与叶等长或稍长，密生长毛；苞片卵状披针形，长 8～18 mm，先端尖，有密长毛；花萼筒状，长 9～13 mm，密生土黄色长柔毛，萼齿长 4～6 mm；花冠黄色或白色；旗瓣倒卵状长椭圆形，长 16～21 mm，宽约 6 mm，先端圆形，基部渐狭；翼瓣短于旗瓣而长于龙骨瓣，细柄短于瓣片；龙骨瓣喙长约 2 mm，柄长于瓣片；子房密被毛，花柱无毛。荚果卵形，长 14～

18 mm，宽约 10 mm，密被毛。 花期 6～7 月，果期 8～9 月。

产青海：兴海（河卡乡卡日红滩，郭本兆 6120；河卡乡子科滩，采集人不详 232；河卡乡尕玛羊曲，何廷农 072）。生于海拔 3 000～4 200 m 的草原带干旱山坡草地、沟谷渠岸、河滩草甸、湖滨砾地。

分布于我国的新疆、青海、甘肃、宁夏、陕西、西藏、四川、山西、河北、内蒙古；蒙古也有。

71b. 白毛棘豆（变种）

var. **albopilosa** P. C. Li in C. Y. Wu Fl. Xizang. 2：870. f. 287：9～16. 1985；中国植物志 42（2）：124. 1998；青海植物志 2：251. 1999；青藏高原维管植物及其生态地理分布 511. 2008.

本变种的花、果、叶等各部形态仍保持与原变种一致，但显著的区别在于：植物体的毛被不是土黄色，而是白色绢状长柔毛，花萼被白色与黑色相间的柔毛。

产西藏：改则。生于海拔 3 100～4 800 m 的山坡砾石地、干旱山坡、河滩沙地。

青海：兴海（中铁乡附近，吴玉虎 42785、42788、42790、42792）。生于海拔 3 400～3 600 m 的沟谷山坡草地、宽谷滩地草原、河谷阶地、山地阴坡高寒灌丛草甸。

四川：石渠（真达乡，陈世龙 633）。生于海拔 3 500 m 左右的沟谷山地草甸。

分布于我国的青海、西藏、四川。模式标本采自西藏八宿。

组 14. 镰形棘豆组 Sect. Falcicarpa C. W. Chang

C. W. Chang in Acta Bot. Bor.-Occ. Sin. 9（1）：41. 1989；

中国植物志 42（2）：140. 1998.

多年生草本，具腺体和黏性。小叶对生或互生，稀轮生。荚果革质，呈镰刀状弯曲，不完全 2 室。

本组与轮叶棘豆组 Sect. *Baicalia* Stell. ex Bunge 和多腺棘豆组 Sect. *Polyadena* Bunge 相似，其与前者的区别在于植株被腺体；与后者的区别在于小叶对生或互生，很少轮生。

组模式种：镰形棘豆 *Oxytropis falcata* Bunge

昆仑地区产 1 种 1 变种。

72. 镰形棘豆

Oxytropis falcata Bunge in Mém. Acad. Sci. St.-Pétersb. ser. 7. 22（1）：156. 1874；中国高等植物图鉴 2：429. 图 2588. 1972；新疆植物检索表 3：97. 1983；西藏植物志 2：869. 1985；中国沙漠植物志 2：245. 图版 87：1～8. 1987；中国植物志

42（2）：140．图版 37：1～9．1998；青海植物志 2：250．1999；青藏高原维管植物及其生态地理分布 507．2008；Fl. China 10：469．2010．

72a. 镰形棘豆（原变种）

var. **falcata**

多年生草本，高 10～25 cm，具腺体，有黏性，被伏生柔毛。茎短缩，丛生，基部密被宿存的残叶柄。奇数羽状复叶，长 4～15 cm；托叶宽卵形，下半部与叶柄联合，先端渐尖或锐尖，被长柔毛和腺体；小叶 20～45 枚，对生或互生，少有 4 枚轮生，条状披针形或条形，长 3～12 mm，宽 1～2 mm，先端锐尖或钝，边缘内卷，被毛。总状花序近头状，密集 6～10 花；总花梗与叶近等长或长于叶；苞片卵形或卵状披针形，长 6～12 mm，宽 3～5 mm；花萼筒状，长 10～12 mm，被黑色、褐色和白色长柔毛，萼齿长约 2 mm；花冠蓝紫色；旗瓣倒卵形，长约 25 mm，宽约 12 mm，先端微凹，柄稍短于瓣片；翼瓣长约 22 mm，上部分宽，柄与瓣片近等长；龙骨瓣长约 18 mm，喙长约 2 mm，柄稍长于瓣片；子房棒状，密被毛。荚果呈镰刀形弯曲，长 2.0～3.5 cm，宽 4～8 mm，近 2 室，开裂，有腺毛和柔毛；种子多数。　花期 5～7 月，果期 7～9 月。

产新疆：塔什库尔干（麻扎种羊场，青藏队吴玉虎 87365；马尔洋乡，帕米尔考察队 5229、阎平 3958；红其拉甫，阎平 3681、帕米尔考察队 4942）、叶城（岔路口，青藏队吴玉虎 1224；乔戈里冰川东侧，黄荣福 C. G. 86 - 205；乔戈里冰川西侧，黄荣福 C. G. 86 - 177；麻扎东达坂，青藏队吴玉虎 1154）、皮山（神仙湾黄羊滩，青藏队吴玉虎 4751）、和田（天文点，青藏队吴玉虎 1262、界山达坂 635 道班、帕米尔考察队 6080；九区，杨春华 024）、于田（普鲁火山区卢克湖畔，青藏队吴玉虎 3705）、且末（阿羌乡昆其布拉克牧场，青藏队吴玉虎 2086、2606；库拉木勒克乡北面，中科院新疆综考队 9478）、若羌（采集地不详，郑度 12453、12609；阿尔金山保护区鸭子泉，青藏队吴玉虎 2282、3906；阿其克库勒湖，青藏队吴玉虎 2723、4041；鲸鱼湖畔，青藏队吴玉虎 4090；喀尔墩，中科院新疆综考队 84A - 118、187）。生于海拔 2 400～5 200 m 的沟谷山地高寒草甸、高原砾石河滩、山前砾石质滩地、河漫滩草地、山谷沙丘、河谷阶地、宽谷湖盆草甸沙砾滩。

西藏：班戈、双湖、日土（县城郊区，黄荣福 3754；热帮区，高生所西藏队 3537）。生于海拔 4 500～5 200 m 的山坡草地、砾石河滩、山坡沙砾地、冰川阶地、河岸阶地。

青海：兴海（野马台滩，吴玉虎 41810；温泉乡苦海滩，吴玉虎 28829；河卡乡，郭本兆 6251、何廷农 156；鄂拉山，陈世龙等 054）、都兰（旺尕秀山，吴玉虎 36203、36218，郭本兆 11621、11685、青甘队 038）、格尔木（长江源各拉丹冬，蔡桂全 019）、玛沁（雪山乡，黄荣福 075；大武乡，玛沁队 002）、甘德、久治（窝赛乡，果洛队 207）、班玛、达日（建设乡，吴玉虎 27181）、玛多（花石峡，吴玉虎 312；扎陵湖乡，吴玉虎 1574；黑海乡醉马滩，陈世龙等 080）、称多（巴颜喀拉山南坡，吴玉虎 41320；采集地不详，刘尚武 2404、郭本兆 374）、曲麻莱（曲麻河乡，黄荣福 002；县郊，刘尚武 591）、治多（可可西里库赛湖，黄荣福 1003；太阳湖南，黄荣福 314；西金乌兰湖畔，黄荣福 179；乌兰乌拉湖畔，黄荣福 718；苟鲁山克错，黄荣福 060；岗齐曲，黄荣福 070；马章错钦，黄荣福 683）。生于海拔 2 700～4 900 m 的宽谷湖滨沙滩、河谷砾石地、山坡草地、河滩灌丛、高山宽谷河滩、滩地干旱草原。

分布于我国的新疆、青海、甘肃、西藏、四川；蒙古也有。

72b. 玛曲棘豆（变种）

var. **maquensis** C. W. Chang in Acta Bot. Bor.-Occ. Sin. 13 (4)：323. 1993；中国植物志 42 (2)：141. 1998；青藏高原维管植物及其生态地理分布 507. 2008.

本变种与原变种的区别在于：叶为二回羽状复叶。

产甘肃：玛曲（模式标本产地）。生于海拔 3 400 m 左右的沟谷河岸沙砾地。模式标本采自甘肃玛曲。

组 15. 多腺棘豆组 Sect. Polyadena Bunge

Bunge in Mém. Acad. Sci. St.-Pétersb. ser. 7. 22 (1)：152. 1874；E. Pet.-Stib. in Acta Hort. Gothob. 12：81. 1937；B. Schischk. in Kom. Fl. URSS 13：213. 1948；中国植物志 42 (2)：141. 1998.

植株被小腺点。轮生羽状复叶。

组模式种：糙荚棘豆 *Oxytropis muricata* (Pall.) DC.

昆仑地区产 3 种。

分 种 检 索 表

1. 荚果薄膜质，囊状膨胀，大，近球形 ·················· **73. 毛泡棘豆 O. trichophysa** Bunge
1. 荚果革质，长圆形或披针形。
  2. 托叶密被白色绵毛；小叶短小，仅长 2～4 mm，宽 1～2 mm；叶柄和叶轴密被白色开展的柔毛；荚果无毛，被腺点 ········ **74. 小叶棘豆 O. microphylla** (Pall.) DC.
  2. 托叶疏被淡黄色长柔毛和腺点；小叶较大，长 3～10 mm，宽 2～3 mm；叶柄与叶轴疏被开展白色长柔毛；荚果密被长柔毛和腺点 ·····································
    ····················· **75. 轮叶棘豆 O. chiliophylla** Royle ex Benth.

73. 毛泡棘豆

Oxytropis trichophysa Bunge in Mém. Acad. Sci. St.-Pétersb. sér. 7. 22 (1)：

158. 1874；I. Vass. et B. Fedtsch. in Kom. Fl. URSS 13：214. 1948；Fl. Kazakh. 5：407. 1961；中国植物志 42（2）：143. 1998；Fl. China 10：463. 2010.

多年生草本，高 12～20 cm。根粗壮，根径 7～15 mm。茎缩短，丛生，被枯萎叶柄和托叶。轮生羽状复叶，长 5～12 cm；托叶膜质，与叶柄贴生，于中部彼此合生成鞘，分离部分披针形，长 12～15 mm，先端渐尖，外面疏被腺点，内面被硬毛，边缘密被白色纤毛；叶柄与叶轴坚硬，疏被卷曲绵毛和腺点；小叶稍厚，12～28 轮，每轮 4～6 枚，长圆状卵形、卵形，长 2～5 mm，宽 1.0～1.5 mm，先端钝圆，近无毛，被腺点。多花组成疏长圆形总状花序，后期伸长；总花梗略短于叶，或与之等长，粗壮，直立，被开展白色柔毛，具腺点；苞片草质，卵状披针形，长 6～8 mm，先端尖，被开展白色和黑色柔毛，并具腺点；花长约 22 mm；花萼薄膜质，筒状钟形，微膨胀，长 10～13 mm，被黑色和白色绵毛，并有腺点，萼齿披针形，长 2～4 mm；花冠紫色；旗瓣长 19～22 mm，瓣片圆形，先端微缺；翼瓣长 18～19 mm，瓣片三角状匙形、斜匙形，先端微缺；龙骨瓣长 17～18 mm，喙长 2.0～2.5 mm；子房无柄，被柔毛，胚珠 20～23 枚。荚果膜质，近球形，长 16～20 mm，喙长 2～3 mm，腹面具深沟，疏被黑色和白色柔毛，并具腺点，隔膜宽约 1.5 mm，不完全 2 室。 花果期 6～7 月。

产新疆：喀什（采集地和采集人不详，096）。生于海拔 3 000 m 左右的沟谷砾石质山坡、河谷阶地沙砾地。

分布于我国的新疆；俄罗斯西西伯利亚，蒙古也有。

74. 小叶棘豆

Oxytropis microphylla（Pall.）DC. Astrag. 67. 1802；Bunge in Mém. Acad. Sci. St.-Pétersb. ser. 7. 22（1）：154. 1874；Baker in Hook. f. Fl. Brit. Ind. 2：139. 1879；I. Vass. et B. Fedtsch. in Kom. Fl. URSS 13：216. 1948；新疆植物检索表 3：96. 1983；西藏植物志 2：868. 1985；中国植物志 42（2）：144. 图版 37：10～20. 1998；Fl. China 10：463. 2010. —— *Astragalus microphylla* Pall. Sp. Astrg. 92. t. 76. 1800.

多年生草本，灰绿色，高 5～30 cm，有异味。根径 4～12 mm，直伸，暗褐色。茎缩短，丛生，基部残存密被白色绵毛的托叶。轮生羽状复叶，长 3～10 cm；托叶膜质，长 6～12 mm，彼此于基部合生，分离部分三角形，先端尖，密被白色绵毛；叶柄与叶轴密被开展白色柔毛；小叶 15～25 轮，每轮 4～6 枚，稀对生，椭圆形、宽椭圆形、长圆形或近圆形，长 2～4 mm，宽 1～2 mm，先端钝圆，基部圆形，边缘内卷，两面较密被开展的白色长柔毛，或上面毛较少，有时被腺点。多花组成头形总状花序，花后伸长；花梗较叶长或与之等长，偶见较叶短，直立，密被开展的白色长柔毛，花序轴及其下部并杂有较多的褐色开展的长柔毛；苞片膜质，卵状、三角状或线状披针形，长 3～4 mm，先端尖，疏被白色开展的长柔毛和腺点；花长约 22 mm；花萼灰白色或淡棕色，薄膜质，筒状，长约9～12 mm，疏被白色绵毛和黑色短柔毛或有时近无毛，密生具柄的腺体，萼齿钻状或披针形，长1～2 mm；花冠蓝色或紫红色；旗瓣长18～20 mm，宽6～8 mm，瓣片椭圆形，先端微凹或圆形；翼瓣长约17 mm，瓣片两侧不等的三角状匙形，宽约4 mm，先端斜截形而钝圆，基部具长圆形的短耳，耳长2.0～2.5 mm，细柄长9～10 mm；龙骨瓣连喙长约15 mm，瓣片宽约3 mm，喙长约1.5 mm；子房线形，无毛，有瘤状突起物，含胚珠多数，花柱上部弯曲，近无柄。荚果硬革质，线状长圆形，略呈镰状弯曲，稍侧扁，长15～22 mm，宽约4 mm，喙长约2.5 mm，腹缝具深沟，无毛，被瘤状腺点，隔膜宽约3 mm，几达背缝，不完全2室；果梗短。 花期5～8月，果期7～9月。

产新疆：喀什、阿克陶（布伦口乡，克里木022、中科院新疆综考队350；木吉乡西面，帕米尔考察队5607；木吉乡琼壤，克里木009）、塔什库尔干（慕士塔格，青藏队吴玉虎87295；卡拉苏，帕米尔考察队5532）、叶城（麻扎，高生所西藏队3381；麻扎达拉，黄荣福 C. G. 86 - 069）、和田（大红柳滩，帕米尔考察队6073）、若羌（阿其克库勒湖畔，青藏队吴玉虎2196、4029）。生于海拔1 600～4 300 m的河谷沟边沙砾地、沟谷山坡草地、山前砾石滩地、河滩沙砾地。

西藏：日土（过巴乡，青藏队吴玉虎1399；多玛，青藏队吴玉虎4514B）、革吉（狮泉河畔，黄荣福3731）、双湖、班戈。生于海拔4 000～5 000 m的山坡草地、山坡砾石地、河滩草地、疏林田边砾地、宽谷缓丘。

分布于我国的新疆、青海、甘肃、西藏、内蒙古；印度西北部和锡金邦，克什米尔地区，尼泊尔，蒙古，俄罗斯东西伯利亚，吉尔吉斯斯坦，塔吉克斯坦，巴基斯坦也有。

本种与轮叶棘豆 *Oxytropis chiliophylla* Royle ex Benth. 的区别在于：叶短，小叶短小，仅长2～4 mm，宽1～2 mm；叶柄和叶轴密被白色开展的柔毛。

75. 轮叶棘豆

Oxytropis chiliophylla Royle ex Benth. in Royle Illustr. Bot. Himal. 198. 1833; Bunge in Mém. Acad. Sci. St. -Pétersb. ser. 7. 22 (1)：155. 1874; I. Vass. et B. Fedtsch. in Kom. Fl. URSS 13：218. 1948; Ali in Nasir et Ali Fl. W. Pakist. 100：110. 1977; 新疆植物检索表 3：96. 1983; 西藏植物志 2：869. 1985; 中国植物志 42 (2)：145. 图版 34：8～15. 1998.

多年生草本，高6～20 cm，具黏性和特异气味。根粗壮，木质化，直径6～10 mm，直伸。茎缩短，丛生，基部覆盖枯萎的褐色叶柄和托叶。轮生羽状复叶，长4～15 cm；托叶膜质，长圆状三角形，彼此分离，分离部分长圆状三角形，密被白色长柔毛和腺点，先端中脉成硬尖；叶柄与叶轴疏被开展的白色长柔毛和稀疏腺点；小叶10～24轮，通常每轮4枚，有时3或6枚，稀对生，线形、长圆形、椭圆形和卵形，长

3～10 mm，宽 2～3 mm，先端钝，基部圆，边缘内卷，两面疏被短柔毛和腺点或有时上面近无毛。花 5～15 朵组成疏总状花序；花葶直立，较叶长或有时较叶短，疏被卷曲柔毛和稀疏腺点；苞片绿色草质，卵形、卵状披针形或椭圆状披针形，长 4～8 mm，先端尖或稍钝，边缘被白色和少量褐色长柔毛和黄色腺点；花萼筒状，长 10～14 mm，被白色和黑褐色长柔毛和腺点，萼齿线形或披针形，长 3～5 mm，先端尖，密被褐色并混有白色柔毛；花冠紫色或蓝紫色，稀白色；旗瓣长 22～27 mm，瓣片椭圆形，宽 10.0～11.5 mm，先端圆或不明显微凹，基部渐狭成较宽瓣柄，瓣柄与瓣片近等长；翼瓣倒三角形或半倒卵形，长 19～23 mm，顶部斜宽，下部有短耳，细柄长 8～11 mm；龙骨瓣长 17～19 mm，喙长约 2 mm；子房有少量柔毛和瘤状突起，含胚珠多数。荚果革质，线状长圆形，略呈镰状，长 16～25 mm，宽 3～6 mm，喙长 2～3 mm，腹面多少具沟，较密被白色短柔毛和瘤状腺点，不完全 2 室；果梗短。　花期 5～7 月，果期 6～9 月。

产新疆：喀什（县城南面，克里木 T023）、阿克陶（布伦口乡，高生所西藏队 3084、西植所新疆队 674；苏巴什达坂，阎平 4064、克里木 T193、中科院新疆综考队 K - 344）、塔什库尔干（慕士塔格山下，青藏队吴玉虎 870295；库克西鲁格，阎平 4018）、叶城（乔戈里峰大本营，青藏队吴玉虎 1496；阿克拉达坂，青藏队吴玉虎 87 - 1447；依力克其牧场，黄荣福 C. G. 86 - 100；乔戈里冰川西侧山坡，黄荣福 C. G. 86 - 191；乔戈里地区莫红滩，黄荣福 C. G. 86 - 197、C. G. 86 - 219；麻扎，高生所西藏队 3381）、皮山（柯克阿特达坂，帕米尔考察队 6034）、于田（普鲁至火山途中，青藏队吴玉虎 3680；昆仑乡乌鲁克库勒湖畔，热合曼 192）、且末（阿羌乡昆其布拉克牧场，青藏队吴玉虎 3883）、策勒（奴尔乡亚门，青藏队吴玉虎 2521；兵团至牧场，采集人不详 051）。生于海拔 3 000～5 100 m 的高原高山砾石质山坡、河谷阶地砾石地、高山冰缘砾地、沟谷山坡草地、宽谷河漫滩草地、河湖盆地沙砾地、山麓冲积扇、河漫滩沙砾地。

西藏：日土（上曲龙，高生所西藏队 3500）、噶尔（狮泉河，高生所西藏队 3774）、班戈、双湖。生于海拔 4 300～5 200 m 的山坡碎石地、山顶草地、河谷山坡草地、沙砾质河滩、河岸湖滨盆地、高寒荒漠沙砾地。

分布于我国的新疆、西藏；印度，阿富汗，克什米尔地区，巴基斯坦，吉尔吉斯斯坦，塔吉克斯坦也有。

18. 高山豆属 Tibetia (Ali) H. P. Tsui

H. P. Tsui in Bull. Bot. Lab. North-East. Forest. Inst. 5：48. 1979.

——*Gueldenstaedtia* Subgen. *Tibetia* Ali in Candollea 18：140. 1962.

多年生草本。根上部增粗或呈纺锤形。分茎伸长，通常纤细，具分枝。奇数羽状复叶，具小叶 3～19 枚；托叶膜质，阔卵形，抱茎，与叶对生。总花梗自叶腋生出；花单生或伞房花序具 3 花；花萼狭钟状，上方 2 萼齿多少合生；花冠紫色，稀黄色；旗瓣阔倒卵形、扁圆形或倒心形，基部骤狭成柄；雄蕊 10 枚，二体（9+1）；子房圆柱状，花柱内弯成直角。荚果线形，肿胀；种子肾形，平滑，具大理石样斑纹。

有 4 种。分布于我国的甘肃、西藏、四川、云南；昆仑地区产 1 种。

1. 高山豆

Tibetia himalaica (Baker) H. P. Tsui in Bull. Bot. Lab. North-East. Forest. Inst. 5：51. 1979；黄土高原植物志 2：379. 1992；中国植物志 42 (2)：160. 图版 41：1～6. 1998；青海植物志 2：233. 图版 41：7～15. 1999；青藏高原维管植物及其生态地理分布 521. 2008. —— *Gueldenstaedtia himalaica* Baker in Hook. f. Fl. Brit. Ind. 2：117. 1879.

植株高 5～15 cm。根圆锥状，粗厚，主根直下，有侧根。茎明显伸长且多分枝，节间明显。托叶卵形，长 5～7 mm，2 枚合生，与叶对生，密被伏贴长柔毛；叶柄被长柔毛；小叶 7～15 枚，圆形、倒卵形或宽椭圆形，先端微凹，基部圆形，长 4～12 mm，宽 3～10 mm，两面密被伏贴的长柔毛，边缘有睫毛。伞形花序具（1～）2～3（～4）花；总花梗长 4～14 cm；花梗长 2～3 mm，被毛；苞片长三角形，长 1.5～2.0 mm，被长柔毛；花萼长 4～5 mm，密被毛，上方 2 萼齿长约 2 mm，合生部分长约 1 mm；花冠深蓝紫色，长约 9 mm；旗瓣扁圆形，长宽各约 8 mm，先端凹入；翼瓣等长于旗瓣，具柄；龙骨瓣长约 4 mm，有柄；子房密被长柔毛。荚果圆柱状，有时稍压扁，1 室，长 1.2～2.2 cm，顶端具短尖，疏被短柔毛；种子肾形，有时不规则，长约 2 mm，有斑纹。 花期 6～7 月，果期 8～9 月。

产青海：兴海（河卡乡，何廷农 163）、都兰（昆仑山北坡，采集人和采集号不详）、格尔木（唐古拉山，采集人和采集号不详）、玛沁（尕柯河畔，玛沁队 128）、甘德（上贡麻乡，吴玉虎 25838）、久治（哇尔依乡，吴玉虎 26787；白玉乡，吴玉虎 26350、26359、26377、26656；门堂乡，藏药队 264）、班玛（江日堂乡，吴玉虎 26090）、达日（采集地不详，何廷农 054、1055）、玛多、称多、曲麻莱、治多（可可西里）。生于海拔 3 200～4 300 m 的高山草甸、河谷阶地草甸、沟谷山坡林缘灌丛、沙砾质滩地草甸、山地阳坡草甸、河漫滩沙砾地。

四川：石渠（国营牧场，吴玉虎 30086）。生于海拔 3 840～4 200 m 的山地阳坡草地。

分布于我国的青海、甘肃东部、西藏、四川南部；尼泊尔，不丹，印度，巴基斯坦也有。

19. 骆驼刺属 **Alhagi** Tourn. ex Adans.

Tourn. ex Adans. Fam. Pl. 2：328. 1763.

多年生草本或半灌木。茎具针刺，宿存。单叶互生，全缘；托叶小，脱落。总状花序腋生，具数花，顶端针刺状；花萼钟状，具5齿；花冠红色，伸出花萼外；旗瓣倒卵形，向外反卷，先端微凹入；翼瓣矩圆形；龙骨瓣先端稍钝；雄蕊10枚，二体（9＋1），花药同型；子房线形，无柄，有胚珠6～8枚，花柱丝状，内弯，柱头小，头状。荚果念珠状，挺直或稍弯。

共5种，主要分布于地中海地区、中亚地区各国、喜马拉雅山地区。我国有1种，昆仑地区亦产。

1. 骆驼刺

Alhagi sparsifolia Shap. ex Kell. et Shap. in Sovetsk. Bot. 3～4：167. 1933, pro. var.；Fl. URSS 13：370. t. 19：5. 1948；新疆植物检索表3：174. 1983；中国沙漠植物志2：182. 1987；中国植物志42（2）：163. 1998；青海植物志2：259. 1999；青藏高原维管植物及其生态地理分布458. 2008；Fl. China 10：527. 2010. —— *A. pseudalhagi* auct. non Desv.：中国主要植物图说 豆科462. 图452. 1955.

半灌木，高30～60 cm。茎直立，多分枝，无毛，灰绿色，外倾；针刺密生，长1.2～3.5 cm，硬直，与枝几成直角，果期木质化。单叶稀疏；叶柄长1～3 mm，有贴生微柔毛；叶片宽卵形、矩圆形或宽倒卵形，长5～27 mm，宽4～14 mm，先端钝，基部楔形或近圆形，脉不明显，两面无毛，果期不脱落。总状花序腋生；总花梗针刺状，长15～35 mm，具3～6花；苞片钻状，小或缺；花萼钟状，无毛，萼齿短，三角形，锐尖；花冠红色，长约9 mm；旗瓣宽倒卵形，长约8 mm，宽约5 mm，有短柄；翼瓣矩圆形，短于旗瓣，稍弯；龙骨瓣最长，柄长约3 mm；子房无柄，无毛。荚果念珠状，直或稍弯，长1.0～2.4 cm，宽2～3 mm，表面无毛，含种子1～6粒；种子肾形，长约3 mm。 花期6～7月，果期7～8月。

产新疆：乌恰（县城附近，中科院新疆综考队1643）、喀什（莫尔佛塔附近，郎楷永488；县城至伽师途中，李安仁7545）、莎车（县城至喀什路上，中科院新疆综考队557）、英吉沙（色提力乡，中科院新疆综考队075）、民丰（安迪尔乡铁里木，中科院新疆综考队9566；草湖，朱格麟7361；安迪尔牧场西2 km，刘媖心170）、皮山（县城附近，李勃生11613）、且末（阿克巴依，中科院新疆综考队9543；县城以北5 km，中科院新疆综考队9528；修堂，中科院新疆综考队9554）、若羌（县城郊区，高生所西藏队2990；县城招待所院内，沈观冕056）。生于海拔960～2 300 m的荒漠地区沙砾滩地、河岸沙地、农田边及低湿地、盐土荒漠、水渠边、山前冲积扇、荒漠戈壁滩。

甘肃：阿克赛（县城北面，黄荣福 444）。生于海拔 2 600～3 000 m 的戈壁滩、荒漠谷地、盐渍化沙滩。

分布于我国的新疆、甘肃、内蒙古；蒙古，中亚地区各国，乌克兰也有。

3. 甘草亚族 Subtrib. **Glycyrrhizinae** Rydb.

Rydb. in Britt. Nor. Amer. Fl. 24 (3)：156. 1923；Polhill in Polhill et Raven Adv. Legum Syst. 1：363. 1981；中国植物志 42 (2)：169. 1998.

植株被盾状腺毛或头状腺毛；叶具叶枕，螺旋状排列；萼管状，上裂通常联合较高；雄蕊二体（9＋1），花药稍二型。药室先端会合；果实直或弯曲，膨胀或压扁，具刚毛或平滑，开裂或不开裂。

本亚族只有 1 属。昆仑地区亦产。

20. 甘草属 Glycyrrhiza Linn.

Linn. Sp. Pl. 741. 1753，et Gen. Pl. ed. 5. 330. 1754.

多年生草本或半灌木，具粗长的根，根茎带甜味，常有刺毛状或鳞片状腺体。奇数羽状复叶；小叶多数，稀 3～5 枚，全缘或有小齿；无小托叶。总状花序腋生或穗状花序；苞片狭，早落；小苞片无；花萼钟状，萼齿 5 枚，通常上方 2 萼齿较短，且基部合生；花冠淡蓝紫色、白色或黄色；旗瓣狭卵形或矩圆形，长于翼瓣，直立，基部短缩；翼瓣斜矩形，微尖；龙骨瓣不弯曲，先端钝或微尖，短于翼瓣；雄蕊 10 枚，二体（9＋1），其中 9 枚基部合生，长短不一，药室于顶端联合，花药不等大，其中 5 枚较小；子房无柄，有胚珠 2 至多数，花柱丝状或较粗，顶端内弯，柱头顶生。荚果卵形、椭圆形或条状矩圆形，劲直或弯曲成镰刀形或环形，肿胀或扁平，具刺状、瘤状腺体或有时光滑，不开裂或成熟后 2 瓣裂，含种子 1 至数枚；种子肾形或近球形，无种阜。

约 20 种，分布于北半球的温带和亚热带、非洲北部和大洋洲。我国约有 10 种，昆仑地区产 3 种。

分 种 检 索 表

1. 叶缘明显波皱状；荚果直，明显膨胀或稍胀 ·················· **3. 胀果甘草 G. inflata** Batal.
1. 叶缘波皱或平坦；荚果折叠或直，绝不膨胀。

2. 花序长 4～6 cm；小叶明显波皱状；荚果之字或 S 形折叠 ……………………………
……………………………………………………………… 1. 甘草 G. uralensis Fisch.
2. 花序长 10～19 cm；小叶缘平坦，不呈波皱状；荚果直或稍弯曲，光滑 …………
…………………………………………………………… 2. 光果甘草 G. glabra Linn.

1. 甘 草

Glycyrrhiza uralensis Fisch. in DC. Prodr. 2：248. 1825；Fl. URSS 13：236. 1948；中国主要植物图说 豆科 437. 图 429. 1955；中国高等植物图鉴 2：434. 图 2598. 1972；新疆植物检索表 3：67. 1981；中国植物志 42 (2)：169. 图版 44：1～4. 1998；青海植物志 2：229. 图版 40：14～19. 1999；青藏高原维管植物及其生态地理分布 493. 2008；Fl. China 10：509. 2010.

多年生草本，高 0.4～1.0 m。根及根状茎圆柱形，长 1～2 m 以上，外部褐色至红棕色，内部淡黄，有不规则的纵皱、突起及沟纹。茎直立，稍木质化，密被白色短毛和鳞片状或小刺状腺体。托叶小，披针形，早落；小叶柄长 1～3 mm，密被白色毛；小叶 7～11 枚，长1.5～4.0 cm，宽 1.2～2.5 cm，先端急尖或较钝，稀微凹，基部圆形或宽楔形，全缘，两面被短毛及腺体，背面尤密；下部小叶有时不规则。花序梗、花序轴及花梗和花萼均具腺状鳞片和短毛；花萼筒状，基部偏斜，长 7～8 mm，萼齿披针形，稍长于萼筒；花冠蓝紫色，长 1.4～1.6 cm；旗瓣长椭圆形，先端钝圆，基部渐狭成短柄；翼瓣显著短于旗瓣，稍长于龙骨瓣；翼瓣和龙骨瓣均具长柄；子房密被腺状鳞片。荚果条状矩圆形，弯曲成镰刀状或环形，长 2～6 cm，宽约 7 mm。 花期 6～8 月，果期 8～9 月。

产新疆：乌恰（乌拉根，青藏队吴玉虎 870028、870029）、阿克陶（恰尔隆乡，青藏队吴玉虎 5034）。生于海拔 1 400～2 600 m 的山坡灌丛、山谷溪边沙砾地、河滩草地、轻度盐渍化草甸、农田荒地、渠道边、沟谷山坡沙地。

青海：都兰。生于海拔 2 800～3 000 m 的碱化沙地、砂质土草原、山坡田埂、路边荒地、河岸土崖、山麓沙滩。

分布于我国的新疆、青海、甘肃、宁夏、陕西和华北、东北；蒙古，俄罗斯，中亚地区各国，巴基斯坦，阿富汗也有。

2. 光果甘草

Glycyrrhiza glabra Linn. Sp. Pl. 742. 1753；Фл. Тадж. 5：550. 1937；Fl. URSS 13：233. 1948；中国主要植物图说 豆科. 438. 图 430. 1955；Fl. Kazakh. 5：412. t. 54：11. 1961；新疆植物检索表 3：69. 1983；Yakovlev Pl. Asiae Centr. 8a：48. 1988；X. Y. Li in Bull. Bot. Res. 13 (1)：31. 1993；中国植物志 42 (2)：171. 图版 44：7～8. 1998；Fl. China 10：510. 2010.

多年生草本。根、根状茎粗壮，外皮灰褐色，切面黄色，味甜，含甘草甜素。茎直立，上部多分枝，高 60～200 cm，基部木质化，密被鳞片状腺体、三角皮刺及短柄腺体，幼时为粘胶状，夏秋为粗糙短刺，表皮常为红色。托叶钻形或线状披针形，早落；奇数羽状复叶，长 8～20 cm，11～23 枚；小叶披针形、长圆形至长椭圆形或长卵圆形，长 1.5～5.0 cm，宽 1.0～2.5 cm，被短茸毛及具柄腺体，背面沿脉尤甚；先端钝圆，微凹具芒尖，基部近圆形。总状花序腋生，短于或长于叶。花多排列较稠密，长 7～21 cm，花序轴密被短茸毛和腺毛；小苞片卵圆形，外被腺毛；花长 0.8～1.4 cm，花冠紫色或白紫色；萼钟状，长 5～7 mm，5 裂齿，上 2 齿短于其他齿，裂齿狭披针形，与萼筒等长，被短茸毛及短腺毛；旗瓣长 8～12 mm，卵圆形或椭圆形，先端尖或短尖，具柄，短柄状；翼瓣长 7～10 mm，先端钝尖，耳短，柄丝状；龙骨瓣先端短尖，短于翼瓣，柄丝状；子房光滑或被无柄腺体，胚珠 4～9 枚。荚果长圆形，长 2.0～3.7 cm，宽 4～7 mm，直或微弯，光滑或被腺体，密或疏；种子（1）3～8 粒，肾形或圆形，长 2～3 mm，绿色或暗绿色。 花果期 6～9 月。

产新疆：喀什（采集地和采集人不详 072）、疏勒、莎车（坎羊，采集人不详 555；卡拉克阿瓦提，王焕存 035）。生于海拔 1 000～1 200 m 的河谷阶地、河岸林缘、沙砾质芦苇滩、绿洲农田地头、田林路边荒地。

分布于我国的新疆、甘肃（金塔）；中亚地区各国，巴基斯坦，阿富汗，俄罗斯，地中海地区，欧洲也有。

3. 胀果甘草

Glycyrrhiza inflata Batal. in Acta Hort. Petrop. 11：489. 1891；E. A. Krug. in Trudy Bot. Inst. Kom. ser. 1. 11：175. 1955；新疆植物检索表 3：70. 1983；Glubov. Pl. Asiae Centr. 8a：48～49. 1988；X. Y. Li in Bull. Bot. Res. 13（1）：26. 1993；中国植物志 42（2）：172. 图版 44：5～6. 1998；Fl. China 10：509. 2010.

多年生草本。根、根状茎与根颈粗壮，外皮灰褐色，截面橙黄色，味甜，含甘草甜素。茎直立，多分枝，高 60～180 cm，被无柄腺体和三角形皮刺。托叶 2 枚，披针形或三角形，早脱落；奇数羽状复叶，小叶（3）5～7（9）枚，长圆形至卵圆形，先端钝或锐尖，基部圆形，长 3～4 cm，宽 1～3 cm，全缘，明显波状皱褶，两面密被黏性鳞片腺体或短柄腺体，背面尤甚。总状花序腋生，花排列疏散，长于或等长于叶；小苞片披针形，被腺毛，幼时红色；萼长 5～8 mm，5 裂齿，上 2 齿基部联合，短于其他齿，被腺毛；花冠紫色基部白色；旗瓣长圆形或卵圆形，长 6～13 mm，先端圆，基部具短柄；翼瓣短于或近等长于旗瓣，柄丝状；龙骨瓣联合，短于翼瓣，柄与耳短；子房被腺体，胚珠 4～9 枚。荚果成熟后膨胀为椭圆形，直或微弯，长 1.5～3.0 cm，长宽比为 2.5：1，宽厚比 1：1；种子（1）2～9 粒，肾形，长 2～3 mm，绿色或浅褐色。

产新疆：喀什、阿克陶、英吉沙（采集地和采集人不详 042）、莎车（阿瓦提附近，王焕存 065）、于田、策勒（恰哈乡，采集人不详 117；县城郊区，采集人和采集号不详）、和田、墨玉、民丰（安迪尔乡铁里木，中科院新疆综考队 9567）、且末（格里克西南 10 km，中科院新疆综考队 9552；县城西北 20 km，中科院新疆综考队 9512）、若羌（县城附近，高生所西藏队 3004、3012；米兰农场，沈观冕 062，中科院新疆综考队 9285；罗布泊，沈观冕，采集号不详；县城南 8 km，中科院新疆综考队 9262）。生于海拔 1 200～2 100 m 的荒漠沙丘底部、干涸河滩疏林下、河岸林缘沙地、盐渍化河滩湿地、绿洲盐碱弃耕地、田林路边、农田渠边。

分布于我国的新疆、甘肃（瓜洲、金塔、双城、敦煌）；哈萨克斯坦也有。

（九）岩黄耆族 Trib. **Hedysareae** DC.

DC. Prodr. 2：307. 1825；Polhill in Polhill et Raven Adv. Legum. Syst. 1：367. 1981；中国植物志 42 (2)：176. 1998.

草本、灌木或小灌木。奇数羽状复叶，托叶常干膜质。总状花序腋生；苞片和小苞片小；萼具弯缺，在同一水平或上边一个较高或较低；花瓣凋落；旗瓣通常狭，具短瓣柄；翼瓣短小，有时退化或无；龙骨瓣先端多少截形，瓣柄极少长于瓣片之半。旗瓣雄蕊分离或中部附着面成单体，其余的上部至少 3/4 联合；花药同型。果实数节或 1 节，不开裂，种子区为网状脉，向边缘为放射脉，常具刚毛或刺。

族模式属：岩黄耆属 *Hedysarunm* Linn.

共 7 属，分布于欧亚、非洲和北美。我国有 3 属，主要分布于干旱和高寒地区；昆仑地区产 2 属 11 种 1 变种。

分 属 检 索 表

1. 花梗短，仅具 1 至数花；荚果具 4 列扁的、三角形或宽三角形的刺状突起，种子间不紧缩成荚节 ·· **21.** 藏豆属 Stracheya Benth.
1. 花梗长而具多数花；荚果具 2 至数荚节，稀具 1 节，各节荚近圆形或方形 ···········
   ··· **22.** 岩黄耆属 Hedysarum Linn.

21. 藏豆属 Stracheya Benth.

Benth. in Journ. Bot. Kew Misc. 5：306. 1853.

多年生草本，茎缩短。奇数羽状复叶，簇生；托叶鳞片状，抱茎。总状花序腋生，苞片披针形，小苞片 2 枚；萼钟状，5 裂，萼齿稍不等长；花冠深红色；旗瓣与龙骨瓣约等长；翼瓣较短；雄蕊二体（9＋1），花药同型；子房线形，具不多的胚珠，花柱丝状，上部曲折，柱头头状。果实具不明显的缢缩，边缘和侧面具皮刺；种子半圆形或近肾形。

单种属，为克什米尔、喜马拉雅和我国青藏高原的特有种。昆仑地区亦产。

1. 藏　豆

Stracheya tibetica Benth. in Journ. Bot. Kew Misc. 5：307. 1853；Baker in Hook. f. Fl. Frit. Ind. 2：147. 1879；Ali in Nasir et Ali. Fl. W. Pakist. 100：333. 1977；西藏植物志 2：888. 1985；中国植物志 42（2）：217. 图版 58：10～17. 1998；青海植物志 2：260. 图版 45：11～18. 1999；青藏高原维管植物及其生态地理分布 519. 2008.

多年生矮小丛生草本。茎极短。叶为奇数羽状复叶；小叶 7～23 枚，有时两面具黑色凹陷点，长椭圆形至椭圆形，边缘有时内卷，长 5～15 mm，宽 2～5 mm，腹面无毛或有时疏被毛，背面密被白色柔毛；托叶膜质，长 4～6 mm，密被长柔毛。总状花序腋生，短，具 2～5 花；苞片膜质，棕褐色，长 4～5 mm，被柔毛；花梗长 3～4 mm；花萼钟形，长约 8 mm，被柔毛，萼齿 5 枚，披针形，长约 4 mm；花冠紫红色；旗瓣长 17～19 mm，基部具淡黄色小斑点；翼瓣长约 15 mm，柄长不足瓣片之半，耳钝圆，长约 1.5 mm；龙骨瓣稍短于旗瓣，柄长为瓣片之半；雄蕊 10 枚，二体（9＋1）；子房条形，胚珠少数。荚果长 1.5～3.0 cm，被短的伏贴毛，缢缩不明显，直，扁平，具 4 列三角形或宽三角形的扁刺状突起（长 1～3 mm），两侧均具明显隆起的网纹状横脉，含种子 2～5 粒；种子肾形，长约 2.5 mm。　花果期 6～8 月。

产西藏：日土（采集地不详，青藏队吴玉虎 1637；班公湖畔，高生所西藏队 3670；上曲龙，高生所西藏队 3472）、班戈（县城至朋错湖途中，青藏队那曲分队陶德定 10563）、噶尔（门土，高生所西藏队 3959；县城附近，青藏队 76‐8618）。生于海拔 4 000～4 800 m 的砾石洪积扇边、沼泽草地、高寒草原、河漫滩沙砾地、高寒草甸砾地、高原湖泊旁的针茅草地。

青海：曲麻莱（东风乡通天河沿玉树兽医站，采集人和采集号不详）。生于海拔 3 900～4 600 m 的沟谷山地高寒草甸、河谷高山草地、沙砾滩地、湖滨滩地草甸、河漫滩山前冲积扇。

四川：石渠（红旗乡，吴玉虎 29536）。生于海拔 4 100 m 左右的沟谷山地草甸路边。

分布于我国的青海、西藏、四川；尼泊尔，印度东北部，克什米尔地区也有。

22. 岩黄耆属 Hedysarum Linn.

Linn. Sp. Pl. 745. 1753，et Gen. Pl. ed. 5. 332. 1754.

多年生草本，稀为半灌木或灌木。茎直立或斜升，多分枝；有时无茎。奇数羽状复叶；小叶全缘；托叶大，干膜质，披针形，合生或分离。总状花序腋生或顶生；花梗基部有 1 苞片；花冠通常红色、紫红色或白色，稀淡黄色，伸出花萼外甚多；花萼钟状或筒状，基部具 2 披针形小苞片；萼齿 5 枚，不等长；旗瓣倒卵形或倒心形；翼瓣短于旗瓣和龙骨瓣，具耳；龙骨瓣钝，具耳；雄蕊 10 枚，二体（9＋1），花药同型；子房具柄或无柄，有胚珠 4～8 枚，花柱丝状，常屈曲。荚果 1～6 节，不开裂，两侧扁平或稍凸起，具网状脉，有毛或无毛，有时具棱或刺，边缘具齿或无。

约 150 种，主要分布于北温带。我国约有 40 种，主要分布于东北、华北、西北、西南地区；昆仑地区产 10 种和 1 变种。

分 种 检 索 表

1. 半灌木或灌木；龙骨瓣前下角呈弓形弯曲（**组 1. 木本岩黄耆组 Sect. Fruticosum B. Fedtsch.**）。
  2. 茎上部叶通常无小叶或仅具 1 枚顶生小叶；翼瓣长为旗瓣的 2/3；荚果具毡状毛 ………………………………………………… **1. 细枝岩黄耆 H. scoparium Fisch. et Mey.**
  2. 叶具正常发育的小叶；翼瓣长不超过旗瓣的 1/3；荚果无毛或具疏柔毛 ………… ………………………………………………… **2. 红花岩黄耆 H. multijugum Maxim.**
1. 多年生草本；龙骨瓣前下角呈钝角弯曲。
  3. 萼齿等于或短于萼筒，稀稍长于萼筒；翼瓣的瓣柄与耳约等长；荚果扁平无刚毛、刺或瘤状突起；植株通常为鲜绿色（**组 2. 扁荚岩黄耆组 Sect. Obscura B. Fedtsch.**）。
    4. 花黄色 …………… **3. 乌恰岩黄耆 H. flavescens Regel et Schmalh. ex B. Fedtsch.**
    4. 花紫红色。
      5. 植物地下有球状块茎 ………………………… **4. 块茎岩黄耆 H. algidum L. Z. Shue**
      5. 植物地下无球状块茎。
        6. 花长 21～25 mm，玫瑰紫色；龙骨瓣前端呈棒状 ………………………… ………………………………………… **5. 唐古特岩黄耆 H. tanguticum B. Fedtsch.**
        6. 花长不超过 20 mm，紫红色；龙骨瓣前端不呈棒状 ……………………… ………………………………………… **6. 锡金岩黄耆 H. sikkimense Benth. ex Baker**
  3. 萼齿披针状钻形，长为萼筒的 1.5～3.0 倍；翼瓣的瓣柄明显长于耳；荚果两侧膨大，通常具有刚毛、刺或瘤状突起；植株通常呈灰绿色。

7. 植株具正常发育的茎；无丛生的基生叶（**组 3. 多茎岩黄耆组** Sect. **Multicaulia** Boiss.）……………… **7. 通天河岩黄耆 H. tongtianhense**（Y. H. Wu）Y. H. Wu

7. 茎缩短不明显或缩短至高 2～3 cm；叶丛生；总花梗常仰卧地面（**组 4. 短茎 岩黄耆组** Sect. **Subacaulia** Boiss.）。

    8. 苞片卵状披针形，宽 2.0～2.5 mm；花萼长 12～15 mm ……………………
……………………………………………… **9. 密花岩黄耆 H. cephalotes** Franch.

    8. 苞片披针形，宽 0.5～1.8 mm；花萼长 5.5～10.0 mm。

      9. 旗瓣长 17～18 mm；龙骨瓣前端呈明显的暗紫红色…………………………
……………………………………………… **10. 刚毛岩黄耆 H. setosum** Ved.

      9. 花长 12～15 mm；龙骨瓣前端不呈明显的暗紫红色……………………………
……………………………………………… **8. 河滩岩黄耆 H. poncinsii** Franch.

组 1. 木本岩黄耆组 Sect. Fruticosum B. Fedtsch.

B. Fedtsch. in Acta Hort. Petrop. 9：208. 1902，et in Kom. Fl. URSS 13：266. 1948；中国植物志 42（2）：180. 1998.

灌木或半灌木状；龙骨瓣前下角呈弧形弯曲。

昆仑地区产 2 种。

1. 细枝岩黄耆

Hedysarum scoparium Fisch. et Mey. Enum. Fl. Nov. 1：87. in Nota. 1841；Maxim. in Bull. Acad. Imp. Sci. St.-Pétersb. 27：465. 1881；B. Fedtsch. in Acta Hort. Petrop. 19：214. 1902，et in Kom. Fl. URSS 13：267. 1948；中国高等植物图鉴 2：437. 图 2603. 1972；新疆植物检索表 3：178. 图版 10：2. 1983；中国沙漠植物志 2：237. 1987；中国植物志 42（2）：180. 图版 46：1～6. 1998；青海植物志 2：263. 1999；青藏高原维管植物及其生态地理分布 496. 2008.

灌木或半灌木，高 0.8～2.0 m。茎和下部枝条紫红色或黄褐色，皮剥落，多分枝；幼枝黄绿色，有纵条棱，被伏贴短柔毛。托叶卵状披针形，联合，背面被平伏柔毛，早落；叶轴长 10～17 cm；小叶 9～19 枚，矩圆状椭圆形或条形，长 12～20 mm，宽 2～5 mm，先端尖，基部楔形，两面被伏贴柔毛，上部叶具小叶较少，最上部叶轴完全无小叶。总状花序腋生；总花梗长于叶，疏被短毛；苞片小，三角状卵形，密被柔毛；花少数，疏生；花梗长 3～4 mm，密被短柔毛；花萼钟状，长约 7 mm，密被短毛，萼齿三角形，长 2～3 mm；花冠紫红色，长约 20 mm；旗瓣宽倒卵形，长约 18 mm，先端微凹，基部有短柄；翼瓣长约 10 mm，宽约 1.5 mm，柄长约 4 mm，耳长超过柄之半；龙骨瓣与旗瓣等长或稍长，柄稍短于瓣片，耳钝圆，长约 2 mm；子房条形，有密毛。

485

荚果 1～4 节，节荚近球形，膨胀，具明显网脉，密被白色柔毛。　花期 7～8 月，果期 8～9 月。

产新疆：于田（七区以东，买买提艾提，采集号不详）、策勒（治沙站，买买提艾提，采集号不详；十七大队四小队苗圃，买买提艾提，采集号不详）。生于海拔 3 100～3 700 m 的沟谷山坡砾石地、河谷山地裸露岩石地。

青海：兴海、都兰（香日德农场，郭本兆 11823）。生于海拔 2 800～3 200 m 的荒漠和半荒漠地区的固定及流动沙丘、沙漠边缘冲沟中的沙地。

分布于我国的新疆、青海、甘肃、宁夏、内蒙古；蒙古南部，哈萨克斯坦也有。

2. 红花岩黄耆　图版 50：1～7

Hedysarum multijugum Maxim. in Bull. Acad. Sci. St.-Pétersb. 27：464. 1881；B. Fedtsch. in Acta Hort. Petrop. 19：212. 1902；中国主要植物图说 豆科 445. 图 435. 1955；中国高等植物图鉴 2：436. 1972；新疆植物检索表 3：178. 1983；西藏植物志 2：879. 1985；中国植物志 42（2）：182. 1998；青海植物志 2：261. 图版 46：1～7. 1999；青藏高原维管植物及其生态地理分布 496. 2008. —— *H. multijugum* Maxim. var. *inermis* Liu 中国主要植物图说 豆科 446. 1955, nom. nud.；西藏植物志 2：879. 1985. ——*H. krassnovii* B. Fedtsch. in Bull. Herb. Boiss. ser. 2. 4：916. 1904.

灌木、半灌木或仅基部木质化而呈草本状，高 0.3～2.0 m。根木质。茎粗 0.3～6.0 cm，全部或仅下部木质化，被白色柔毛，有纵沟。托叶膜质，卵状披针形，长 2～5 mm，下部联合，先端分离，背面有柔毛；叶长 6～14 cm；叶轴有沟槽，密被白色柔毛；小叶 15～35 枚，椭圆形、卵形或倒卵形，长 5～12 mm，宽 3～6 mm，先端钝或微凹，基部近圆形，腹面无毛，背面密被伏贴短柔毛；小叶柄极短，被毛。总状花序生于上部叶腋，长 20～35 cm，疏生 9～25 花；苞片早落；花梗长 2～3 mm，被柔毛；花萼斜钟状，长 5～6 mm，外面被伏贴短柔毛，萼齿短；花冠长 15～19 mm，紫红色，有黄色斑点；旗瓣倒卵形，先端微凹，长 14～18 mm，柄短；翼瓣狭，长 6～8 mm，宽约 1 mm，柄长为瓣片之半，耳与柄近等长；龙骨瓣稍短于旗瓣。荚果扁平，常 1～3 节，节荚长约 5 mm，宽约 4 mm，两侧有网纹和小刺。　花期 6～8 月，果期 7～9 月。

产新疆：乌恰、喀什、塔什库尔干、民丰、且末（阿羌乡昆其布拉克牧场，青藏队吴玉虎 2595、3847）、若羌（阿尔金山北坡，青藏队吴玉虎 4300、刘海源 014；距青海茫崖 150 km，青藏队吴玉虎 2344）。生于海拔 1 200～3 600 m 的昆仑山高山干河谷、砾石质山坡、荒漠地区的砾石质洪积扇、河谷阶地草丛、干旱山坡、山坡岩隙。

青海：格尔木（采集地和采集人不详，008；纳赤台，青藏冻土队 219、陈世龙 868）、都兰（巴隆乡三合村，吴玉虎 36353；沟里乡，吴玉虎 36230、36254、36257；香日德，黄荣福 252；香日德农场，郭本兆 11822；查查香卡，杜庆 137；诺木洪，杜庆

349、青甘队 132；脱土山，郭本兆 11806）、兴海（中铁林场恰登沟，吴玉虎 44937、45155、45201、45283、45294、45344；赛宗寺，吴玉虎 46167；中铁乡至中铁林场途中，吴玉虎 43085、43102、43117、43408；唐乃亥乡，吴玉虎 42126、42161；中铁林场中铁沟，吴玉虎 45514、45526、45538、45605、45610；河卡乡，吴玉虎 20504、何廷农 096；大河坝乡，张盍曾 63 - 519；河卡山，吴珍兰 104；中铁乡附近，吴玉虎 42381、42881）、玛沁（拉加乡，吴玉虎 6067、6123；军功乡，吴玉虎等 4634）、甘德、久治、班玛、称多。生于海拔 2 800～3 820 m 的山地阳坡崖壁、荒漠地带山前沙砾滩地、沟谷河滩草甸、河沟堤岸、沙砾滩地、山地田埂地边、河谷阳坡山麓灌丛。

分布于我国的新疆、青海、甘肃、宁夏、陕西、西藏、四川、山西、河南、湖北、内蒙古；蒙古也有。模式标本采自甘肃河西走廊西部。

本种在柴达木盆地都兰县的荒漠戈壁中可长成高达 2 m 以上的灌木，树径可达 6 cm 以上，且在局部地区可成灌木疏林。

组 2. 扁荚岩黄耆组 Sect. Obscura B. Fedtsch.

B. Fedtsch. in Bull. Herb. Boiss. 7：255. 1899，et in Acta Hort. Petrop. 19：208. 1902；中国植物志 42（2）：184. 1998.

多年生草本；龙骨瓣前下角呈钝角弯曲。

昆仑地区产 4 种 1 变种。

3. 乌恰岩黄耆

Hedysarum flavescens Regel et Schmalh. ex B. Fedtsch. in Исвеш. Обш. Нюбит. Естесв. 39（2）：21. 1881；B. Fedtsch. in Acta Hort. Petrop. 19：250. 1902；Fl. URSS 13：278. 1948；中国植物志 42（2）：185. 图版 47：1～7. 1998；青藏高原维管植物及其生态地理分布 495. 2008.

多年生草本，高 30～40 cm。直根粗 10～15 mm，强烈木质化；根颈向上分枝形成多数地上茎。茎直立，具细条纹和向上伏贴的柔毛，通常有 1～2 个分枝。叶长 10～15 cm；托叶披针形，棕褐色干膜质，长 10～12 mm，下部合生，半抱茎，被伏贴柔毛或有时几无毛；小叶 9～13 枚；小叶片卵状椭圆形或卵圆形，长 10～18 mm，宽 8～13 mm，先端圆，具长约 1 mm 的硬尖头，基部钝圆，上面无毛，下面被伏贴的柔毛。总状花序腋生，长 10～20 cm，明显超出叶，花序轴被短柔毛；花多数，外展，疏散排列；花长 16～18 mm，具 3～5 mm 长的花梗；苞片披针形，长 3～4 mm，稍短于花梗，宽 0.7～1.0 mm，易脱落，几无毛；花萼短钟状，长 3.5～5.0 mm，萼筒长 2.0～2.5 mm，外被短柔毛，萼齿钻形，长 1～2 mm，基部宽三角状，稍短于萼筒；花冠淡黄色；旗瓣长椭圆形，长 14～15 mm，先端圆形；翼瓣线形，与旗瓣近等长；龙骨瓣长于旗瓣约 2 mm；子房线形；被伏贴短柔毛。　花期 6～7 月，果期 7～8 月。

产新疆：乌恰。生于海拔 3 600 m 左右的沟谷沙砾质河滩。

分布于我国的新疆；吉尔吉斯斯坦和塔吉克斯坦的帕米尔和阿赖山脉也有。

4. 块茎岩黄耆　图版 50：8～14

Hedysarum algidum L. Z. Shue in W. T. Wang Vasc. Pl. Hengd. Mount. 1：974. 1993. —— *H. tuberosum* B. Fedtsch. in Bot. Centraibl. 84：274. 1900（non Roxb. ex Willd. 1825）；B. Festsch. in Acta Hort. Pétersb. 18：26. 1902；Hand.-Mazz. Symb. Sin. 3：567. 1933；中国主要植物图说 豆科 454. 图 446. 1955；中国植物志 42（2）：198. 图版 51：16～22. 1998；青海植物志 2：264. 图版 46：16～22. 1999；青藏高原维管植物及其生态地理分布 494. 2008；Fl. China 10：520. 2010.

4a. 块茎岩黄耆（原变种）

var. algidum

多年生草本，高 8～26 cm。地下有球状块茎。茎纤细，被柔毛。托叶膜质，棕色，长 6～10 mm，联合；叶长 2.5～5.0 cm；小叶 5～13 枚，椭圆形，腹面无毛，背面疏被毛或仅沿中脉被毛。总状花序腋生，长 4～10 cm，具 4～12 花；苞片棕褐色，膜质；花梗长 2～3 mm，密被毛；小苞片阔披针形，长 2～5 mm，被毛；花萼钟状，长 4～6 mm，被毛，萼齿披针形，等长或稍长于萼筒，两面密被毛；花冠紫红色，长 14～16 mm；旗瓣长 11～14 mm，柄长 3～5 mm，耳长约 1 mm；子房扁，沿缝线有疏毛。荚果 2～3 节，疏被毛或后变无毛，有极狭的齿状边缘。　花期 7～8 月，果期 8～9 月。

产青海：兴海、玛沁（西哈垄河谷，H. B. G. 350）。生于海拔 3 000～3 500 m 的高山草甸、阴坡灌丛、河滩草地、河谷阶地。

分布于我国的青海、甘肃南部、西藏、四川西北部、云南。模式标本采自青海东部。

4b. 美丽岩黄耆（变种）

var. speciosum（Hand.-Mazz.）Y. H. Wu in Fl. Qinghai 2：264. 1999；青藏高原维管植物及其生态地理分布 494. 2008. —— *H. trberosum* Fedtsch var. *speciosum* Hand.-Mazz. Symb. Sin. 7：567. 1993.

本变种与原变种的区别在于：小叶卵圆形；花较大，长约 20 mm；花萼长 10～11 mm，萼齿长为萼筒的 2 倍；苞片与小苞片也较大而宽；荚果亦较宽。

产青海：玛沁（军功乡秀穷沟，玛沁县区划队 101；当洛乡，玛沁队 279）。生于海拔 3 900～4 000 m 左右的高山草甸、山地流石滩、河谷阶地草甸。

分布于我国的青海、四川、云南。

5. 唐古特岩黄耆

Hedysarum tanguticum B. Fedtsch. in Bot. Centraibl. 84（9）：274. 1900，et in Acta Hort. Petrop. 19：244. 1902；Hand.-Mazz. Symb. Sin. 3：566. 1933；中国植物志 42（2）：199. 图版 51：1～7. 1998；青藏高原维管植物及其生态地理分布 497. 2008；Fl. China 10：521. 2010. —— *H. tongolense* Ulbr. in Notizbl. Bot. Gart. Berlin. 7：89. 1921. —— *H. sikkimense* Benth. ex Baker var. *megalanthum* Ohashi et Tateishi in Univ. Mus. Univ. Tokyo Bull. 8：391. 1955.

多年生草本，高 15～20 cm。根圆锥状，肥厚，淡甜；根颈向上生出多数短根茎，形成多数或丛生的地上茎。茎直立，2～3 节，不分枝或有个别分枝，被疏柔毛。托叶披针形，棕褐色干膜质，长 8～12 mm，合生至上部，外被长柔毛；小叶 15～25 枚，具长约 1 mm 短柄；小叶片卵状长圆形、椭圆形或狭椭圆形，长 8～15 mm，宽 4～6 mm，上面无毛，下面被长柔毛。总状花序腋生，高度超出叶约 1 倍，花序轴被长柔毛；花多数，长 21～25 mm，外展，出花时紧密排列成头塔状，后期花序轴延伸，花的排列较疏散；苞片宽披针形，长为花梗的 2 倍，先端骤尖，外被伏贴的灰白色柔毛；花梗长 2～3 mm；萼钟状，长 6～8 mm，被长约 1 mm 柔毛，萼齿披针形，近等长，萼齿等于或稍长于萼筒，果期萼齿常有延伸的现象；花冠深玫瑰色；旗瓣倒心状卵形，长约 15 mm，宽约 10 mm，先端圆形、微凹，长为龙骨瓣的 3/4 或更短些；翼瓣流苏状，长于旗瓣约 2 mm；龙骨瓣呈棒状，明显长于旗瓣和翼瓣；子房线形，密被长柔毛。荚果 2～4 节，下垂，被长柔毛，节荚近圆形或椭圆形，长 4～5 mm，宽 3～4 mm，膨胀，具细网纹和不明显的狭边；种子肾形，淡土黄色，长约 2 mm，宽约 1 mm，光亮。 花期 7～9 月，果期 8～9 月。

产青海：玛沁（野马滩煤矿，吴玉虎 1380；拉加乡，吴玉虎 5789；黑土山，吴玉虎 5775、18590，H. B. G. 679；大武乡，吴玉虎 1414、25692；优云乡，玛沁县区划组 090；东倾沟乡，吴玉虎 1516；西哈垄河谷，H. B. G. 276、346；雪山乡，黄荣福 174）、甘德（上贡麻乡，吴玉虎 25860、H. B. G. 893；东吉乡，吴玉虎 25756、25763）、达日（建设乡，吴玉虎 27111、27123；德昂乡，吴玉虎 25916）、班玛（采集地不详，郭本兆 469；马柯河林场，王为义等 26780）、久治（康赛乡，吴玉虎 26539、26607、31706；哇尔依乡，吴玉虎 26693、26791；哈尕垭口，果洛队 072；索乎日麻乡，采集人不详 26466、26479、26482，果洛队 135）、称多（歇武乡，吴玉虎 29376、29391、29394、29399；珍秦乡，吴玉虎 29189、29192、29206；竹节寺，吴玉虎 32511）。生于海拔 3 400～4 270 m 的沟谷山地高寒草甸、山地阴坡高寒灌丛草甸、河谷滩地沼泽草甸。

甘肃：玛曲（齐哈玛大桥，吴玉虎 31783）。生于海拔 3 460～3 600 m 的沟谷山地阴坡灌丛草甸。

四川：石渠（长沙贡玛乡，吴玉虎 29751；菊母乡，吴玉虎 29849、29887、29918、29926；红旗乡，吴玉虎 29461、29483、29539）。生于海拔 4 000～4 620 m 的山地高寒草甸、高山流石坡。

分布于我国的青海、甘肃南部、西藏东部、四川西部和西北部、云南西北部；尼泊尔北部也有。模式标本采自青海大通河流域。

6. 锡金岩黄耆　图版 50：15～22

Hedysarum sikkimense Benth. ex Baker in Hook. f. Fl. Brit. Ind. 2：145. 1876；中国主要植物图说 豆科 456. 图 449. 1955；西藏植物志 2：880. 1985；中国植物志 42（2）：201. 1998；青海植物志 2：263. 图版 46：8～15. 1999；青藏高原维管植物及其生态地理分布 497. 2008；Fl. China 10：521. 2010.

多年生草本，高 10～25 cm。根肥厚。茎基部多分枝。叶长 4～16 cm，叶轴微有柔毛；小叶 9～33 枚，对生或互生，矩圆形、椭圆形或卵状椭圆形，先端圆形或微凹，长 0.6～1.6 cm，宽 3～6 mm，腹面无毛，背面初时被毛，后期仅中脉被长柔毛；托叶棕褐色，膜质，与叶对生，联合，先端 2 裂，被白色长柔毛。总状花序腋生，长 10～22 cm，密生 12～20 花；总花梗疏被长毛；苞片膜质，长 6～12 mm，外被白色长柔毛；花梗长 2～3 mm，密被白色或黑色长柔毛；花萼钟状，密被黑褐色或白色柔毛，萼齿披针形，长 3～5 mm，长于萼筒，两面被毛，常呈黑褐色；花冠紫红色，长 20～21 mm；旗瓣短于翼瓣；翼瓣的柄与耳等长，瓣片中下部小部分镶入龙骨瓣折囊内；龙骨瓣最长，柄长约为瓣片的 1/2；子房密被毛。荚果 2～5 节，下垂，节荚具网纹，被毛。花期 6～8 月，果期 8～9 月。

产青海：玛沁（大武乡，吴玉虎 1414，玛沁县区划队 093；东倾沟乡，吴玉虎 1576；雪山乡，黄荣福 174；军马场，陈世龙等 132）、甘德、久治（索乎日麻乡，藏药队 135、323；白玉乡隆格山垭口，陈世龙等 399）、班玛、达日、玛多、称多、曲麻莱、治多（可可西里）、唐古拉山。生于海拔 3 500～4 900 m 的河谷滩地高寒草甸、沟谷山地高寒灌丛、山谷林缘灌丛草地。

四川：石渠（红旗乡，吴玉虎 29483；菊母乡，吴玉虎 29849、29918）。生于海拔 4 200～4 600 m 的沟谷山地高寒草甸、河谷阶地草甸。

分布于我国的青海、西藏、四川西部、云南西北部；不丹，印度东北部，尼泊尔东部也有。

在我们的标本中，本种与唐古特岩黄耆 *Hesysarum tanguticum* B. Fedtsch. 仍然不易区分。

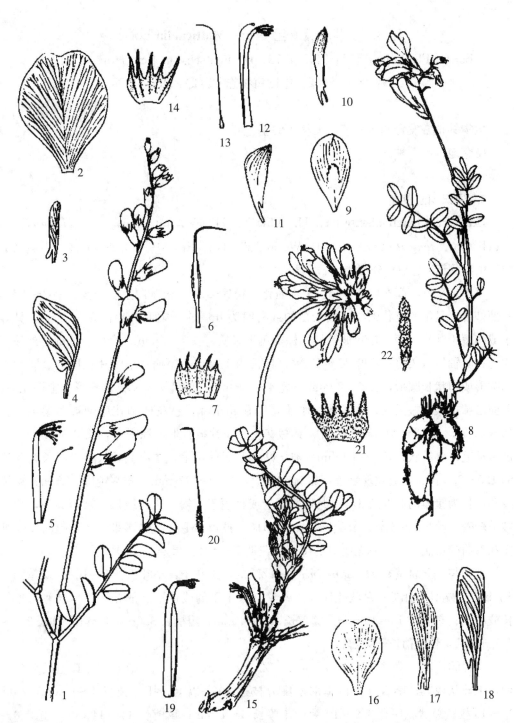

图版 **50** 红花岩黄耆 **Hedysarum multijugum** Maxim. 1. 花枝；2. 旗瓣；3. 翼瓣；4. 龙骨瓣；5. 雄蕊；6. 雌蕊；7. 花萼展开。块茎岩黄耆 **H. algidum** L. Z. Shue 8. 植株；9. 旗瓣；10. 翼瓣；11. 龙骨瓣；12. 雄蕊；13. 雌蕊；14. 花萼展开。锡金岩黄耆 **H. sikkimense** Benth. ex Baker 15. 植株；16. 旗瓣；17. 翼瓣；18. 龙骨瓣；19. 雄蕊；20. 雌蕊；21. 花萼展开；22. 荚果。（刘进军绘）

组 3. 多茎岩黄耆组 Sect. **Multicaulia** Boiss.

Boiss. Fl. Orient. 11：516. 1872；B. Fedtsch. in Acta Hort. Petrop.
19：260. 1902；中国植物志 42 (2)：205. 1998.

植物具正常发育的地上茎，无丛生的基生叶。

昆仑地区产 1 种。

7. 通天河岩黄耆

Hedysarum tongtianhense (Y. H. Wu) Y. H. Wu stat. nov. —— *H. gmelinii*
Ledeb. var. *tongtianhense* Y. H. Wu in Bull. Bot. Res. 19 (1)：8. 1999；青藏高原
维管植物及其生态地理分布 495. 2008.

多年生草本，高 20～30 cm。根木质化，粗达 1 cm；根茎向上多分枝。茎 2～3 节，
基部仰卧，具细的棱状条纹，被伏贴的或有时为开展的短柔毛。叶长 6～10 cm，具等
于或稍短于叶片的柄；托叶披针形，棕褐色干膜质，长 7～9 mm，合生至上部，外被短
柔毛；叶轴被短柔毛；小叶 11～13 枚，具长约 1 mm 的短柄；小叶片长卵形、卵状长
椭圆形或卵状长圆形，长 8～20 mm，宽 4～6 mm，先端钝圆，基部圆楔形，上面无毛，
下面沿脉被伏贴短柔毛。总状花序腋生，明显超出叶，总花梗和花序轴被短柔毛；花
10～25 朵，长 18～20 mm，上升，具短花梗；苞片披针形，棕褐色，长 2～3 mm，外
被短柔毛；萼钟状，长 7～10 mm，被伏贴和开展的柔毛，萼齿钻状披针形，长为萼筒
的 1.5～2.5 倍；花冠玫瑰紫色；旗瓣倒卵形，长 15～17 mm，先端钝圆、微凹；翼瓣
线形，长为旗瓣的 2/3 或 3/4；龙骨瓣等于或稍短于旗瓣；子房线形，被短柔毛，缝线
被毛较密。荚果 2～3 节，节荚圆形或阔卵形，被短柔毛，两侧膨胀，具隆起的脉纹乳
突和弯曲的皮刺，有时亦无明显的刺。　花期 7～8 月，果期 8～9 月。

本种与华北岩黄耆 *H. gmelinii* Ledeb. 的区别在于：小叶仅长 5～10 mm，宽 3～
6 mm，先端具小针尖；总状花序疏生 6～10 朵下垂的或近平展的花；萼齿与萼筒近等
长或稍长；旗瓣长 13～15 mm，翼瓣长 11～14 mm，瓣柄长 3.0～3.5 mm，耳长 2.0～
2.5 mm，龙骨瓣稍长于翼瓣。

本种同块茎岩黄耆 *H. algidum* L. Z. Shue ex p. c. Li 相似，但其主根粗壮下
伸，无球状块茎；茎直立，自基部密集分枝达 20 条以上；托叶长仅 4～6 mm，小叶
11～19 枚；总状花序有花 6～10 朵；花萼长 6～7 mm；翼瓣长 11～14 mm，宽 2.0～
2.5 mm，瓣柄长 3.0～3.5 mm，耳长 2.0～2.5 mm。可以相区别。

产青海：称多（称文乡通天河畔，刘尚武 2328）。生于海拔 3 700 m 左右的河岸山
坡草地。模式标本采自青海称多县称文乡。

关于本种，徐朗然在 *Fl. China* 10：523. 2010. 中认为：本种以变种存在时，不

像其原变种华北岩黄耆 *H. gmelinii* Ledeb.，甚至不属于岩黄耆属。但我们根据原模式标本的形态特征，将其仍留在岩黄耆属并提升为独立的种，待今后有更多的标本时，再行研究。

组 4. 短茎岩黄耆组 Sect. **Subacaulia** Boiss.

Boiss. Fl. Orient. 11：512. 1872；B. Fedtsch. in Acta Hort. Petrop. 19：295. 1902；中国植物志 42（2）：210. 1998.

植物无明显发育的地上茎，或其茎短缩至高仅 2～3 cm；基部具丛生叶。

昆仑地区产 3 种。

8. 河滩岩黄耆

Hedysarum poncinsii Franch. in Bull. Mus. Hist. Nat. Paris 6：344. 1896；B. Fedtsch. in Acta Hort. Petrop. 19：303. 1902；Fl. URSS 13：314. 1948；新疆植物检索表 3：184. 1983；Pl. Centr. Asia 8（a）：81. 2003；青藏高原维管植物及其生态地理分布 496. 2008. —— *H. ferganense* Korsh. var. *poncinsii* (Franch.) L. Z. Shue 中国植物志 42（2）：215. 图版 57：1～7. 1998；Fl. China 10：525. 2010.

多年生草本，高 6～12 cm。主根粗壮，根茎粗，直径 5～8 mm，顶端多分枝；老茎密丛状，基部通常围以褐色残存叶柄与托叶；当年生茎缩短不明显。叶簇生，长 3～7 cm；托叶白色硬膜质，卵状披针形，稍带淡棕色，长至 12 mm，合生至中上部，被白色伏贴柔毛。叶片与叶柄近等长，叶轴被伏贴柔毛；小叶 7～13 枚；叶片长圆状狭倒卵形或长椭圆形，常对折，长 4～10 mm，宽 2.5～4.5 mm，先端钝圆、急尖或有小尖头，基部圆楔形，上面疏被柔毛，下面密被白色伏贴柔毛。总状花序腋生，花序卵形或长卵形，具 8～18 朵花；总花梗长于叶，花后伸长，被白色伏贴短柔毛，近花序轴处被开展或半开展白色柔毛；花密集，花长 12～15 mm，斜上升；苞片宽披针形或卵状披针形，淡棕色，长 4～9 mm，宽 1.0～2.5 mm，顶端长渐尖，被柔毛，2 小苞片丝状，长 6～7 mm，被长毛；花萼短钟状，长约 10 mm，萼筒长 2.0～2.5 mm，萼齿丝状线形，长 7～8 mm，被开展长柔毛和缘毛；花冠玫瑰紫色；旗瓣倒卵形，长 12～14 mm，宽 8～9 mm，先端微凹，基部渐狭成宽柄；翼瓣近长圆形，长 8～9 mm，瓣片长约 7 mm，先端钝圆，柄长约 2 mm，耳长约 1 mm；龙骨瓣半倒卵形，长 12～13 mm，宽 4～5 mm，先端钝圆，柄长约 3 mm；子房线形，无柄，被伏贴柔毛。荚果被短柔毛。 花期 6～7 月，果期 8～9 月。

产新疆：乌恰、阿克陶（阿克塔什，青藏队吴玉虎 870256）、塔什库尔干（克克吐鲁克，青藏队吴玉虎 870491、高生所西藏队 3267）。生于海拔 3 600～4 600 m 的高山石质坡地、山地荒漠和草原带的砂质河滩、砾石质阳坡山地草原冲沟、砾石河滩。

分布于我国的新疆；中亚山地的帕米尔-阿赖山也有。

9. 密花岩黄耆

Hedysarum cephalotes Franch. Ann. Soc. Nat. ser. 6. 10：264. 1883；Fl. URSS 13：313. 1948；新疆植物检索表 3：184. 1983. ——*H. ferganense* Korsh. var. *minjanense*（Rech. f.）L. Z. Shue 中国植物志 42（2）：217. 图版 57：8~14. 1998；青藏高原维管植物及其生态地理分布 495. 2008；Fl. China 10：525. 2010. —— *H. minjanense* Rech. f. in Dan Boil. Skr. Dan. Selsk.（Symb. Afgh. 3.）19：185. 1958；Fl. W. Pakist. 100：337. 1977.

多年生草本，高 8~20 cm，密被伏贴的丝状毛。根茎粗壮木质化，直径 8~10 mm，顶端多分枝；老茎密丛状，基部通常围以残存叶柄与托叶；当年生茎缩短不明显或长 1~3 cm。叶簇生，长 3~6（10）cm；托叶淡棕褐色，膜质，合生至上部，有纵脉纹，疏被伏贴柔毛；叶片长于或近等长于叶柄，叶轴被伏贴柔毛；小叶 11~13（15）枚；小叶片长圆状披针形或长椭圆形，长 4~11 mm，宽 2.5~5.0 mm，先端尖或钝，常具 1 小尖头，基部圆楔形，上面被茸毛，下面密被银色伏贴柔毛，侧脉突起明显。总花梗直伸或稍斜伸，密被伏贴柔毛；总状花序密集，花后稍伸长，超出叶近 1~2 倍，花序长倒卵形或有时近头状，具15~30 朵花；花长 14~16（18）mm，斜上升；苞片卵状披针形，淡灰褐色，长 4~6 mm，宽 2.0~2.5 mm，被伏贴柔毛，2 小苞片线形，长 6~10 mm；花萼长 12~15 mm，萼筒长约 3 mm，萼齿丝状线形，长 10~12 mm，被近开展长柔毛和缘毛；花冠淡紫色；旗瓣椭圆状宽倒卵形，长 14~16 mm，宽 10~12 mm，先端圆形、微凹；翼瓣长圆状倒披针形，长约 10 mm，柄长约 2 mm，耳长约 1 mm，短于龙骨瓣；龙骨瓣稍短于旗瓣，下面具钝圆的角，柄长约 3.5 mm；子房线形，密被伏贴毛。荚果近圆柱形，被毛密，有棱纹。　花期 6~7 月，果期 8~9 月。

产新疆：塔什库尔干。生于海拔 3 800~4 500 m 的沟谷山地高寒草原、山坡砾石地、干河滩沙地。

分布于我国的新疆东帕米尔高原；塔吉克斯坦，阿富汗东北部，克什米尔地区也有。

10. 刚毛岩黄耆

Hedysarum setosum Ved. in Not. Syst. Herb. Inst. Bot. Acad. Uzbekistan. CCP 13：24. 1950；Popov. Fl. Kirghiz CCP 7：412. 1957；中国植物志 42（2）：217. 1998；Fl. China 10：525. 2010.

多年生草本，高 18~24 cm。根粗壮，强烈木质化；根颈向上分枝，形成多数地上茎。茎缩短，不明显，叶簇生状，仰卧或上升，长 3~10 cm，叶柄长 0.6~4.0 cm，被灰白色柔毛；托叶三角状，棕褐色，厚膜质，长 8~10 mm，合生至中部以上，被伏贴柔毛；小叶3～11枚，具短的或不明显小叶柄；小叶片卵形、椭圆形或卵状椭圆形，有时对折，长 3～11 mm，宽 2～5 mm，先端急尖或稍钝，基部圆形或圆楔形，上面被疏柔毛，下面被灰白色伏贴密柔毛。总状花序腋生，超出叶近 2 倍，总花梗长为花序的 2～4 倍，被灰白色向上伏贴的柔毛，花序轴被近开展柔毛，花序阔卵形，长 3～4 cm，具多数花，花后期花序明显延伸，花的排列较疏散；花长 16～19 mm，上部花序的花斜上升，下部的花平展，具长约 1 mm 的花梗；苞片棕褐色，披针形，长 3～6 mm，稍短于花萼，宽 1.0～1.5 mm，外被半开展长柔毛；花萼钟状，长 8～10 mm，外被开展绢状毛；萼筒长约 2.5 mm，萼齿狭披针状钻形，长为萼筒的 2.0～2.5 倍；花冠玫瑰紫色；旗瓣倒阔卵形，长 15～17 mm，先端圆形、微凹，中脉延伸成不明显的短尖头，基部渐狭成楔形的宽短柄；翼瓣线形，长为旗瓣的 3/4；龙骨瓣长 13～15 mm，前端暗紫红色；子房线形，初花无毛或被毛不明显，后期逐渐被柔毛，具 3～4 枚胚珠。　花期 6～8 月，果期 7～9 月。

产新疆：乌恰、阿克陶（阿克塔什，青藏队吴玉虎 870256）。生于海拔 2 400～3 500 m 的沟谷山地高寒草原、高山地带的向阳山坡草地、高寒草甸、砾石河滩。

分布于我国新疆的天山南部地区；中亚西天山也有。

我们的标本花序排列较紧密，萼齿为丝状线形而不同。

（十）野豌豆族 Trib. **Vicieae** Bronn.

Bronn Pl. Legum. 133. 1822; Adans Fam. 2：329. 1763, pro sect.; DC. Prodr. 2：353. 1825; Benth. in Benth. et Hook. f. Gen. Pl. 1：450. 1865, excl. Abrus; Hutch. Gen. Fl. Pl. 1：452. 1964; Polhill in Polhill et Raven Adv. Legum. Syst. 1：452. 1981; 中国植物志 42 (2)：231. 1987.

多年生和一年生草本，直立或通常为攀缘或蔓生。偶数羽状复叶，叶轴先端成卷须、针刺或裸出，极稀为奇数羽状复叶；小叶全缘，稀具锯齿，多对到 1 对；稀叶为叶状柄或退化成卷须和托叶；托叶与叶柄分离，通常叶状，常呈半箭形或戟形。花组成腋生总状花序或单生，极稀为圆锥花序。雄蕊二体，但旗瓣雄蕊具有扁的花丝轻轻地黏附于邻者；花药内向，丁字着生，同等大小。花柱与子房成直角常背腹或两侧压扁，有时匙形或扭转，毛被分布多样。荚果具（1）2 至多数种子，常开裂，偶具翅；种子扁球形，具长到短的脐。

共 6 属，分布于欧亚、非洲及美洲。我国有 4 属，昆仑地区产 2 属。

分 属 检 索 表

1. 托叶叶状，大于叶片 ·· **23. 豌豆属 Pisum** Linn.

1. 托叶不为叶状，通常小于叶片 ·························· **24. 野豌豆属 Vicia** Linn.

23. 豌豆属 Pisum Linn.

Linn. Sp. Pl. 717. 1753；et Gen. Pl. ed. 5. 324. 1754.

一年生或多年生草本。茎方形，中空，无毛。偶数羽状复叶；托叶大，与叶同形；叶轴顶端具羽状分枝的卷须；小叶全缘或多少有锯齿。花单生，或总状花序腋生，具数花；花萼钟形，偏斜或基部肿胀，萼齿多少呈叶状；花冠蝶形；旗瓣扁倒卵形；翼瓣稍与龙骨瓣连生；雄蕊 10 枚，二体（9+1），雄蕊筒口截形；子房近无柄，胚珠多数，花柱内弯，压扁而纵折，内侧面有纵列髯毛。荚果膨胀，长椭圆形，顶端斜急尖，含种子数粒；种子球形。

约 6 种。我国栽培 1 种，昆仑地区也有栽培。

1. 豌 豆

Pisum sativum Linn. Sp. Pl. 727. 1753；中国主要植物图说 豆科 638. 图 618. 1955；中国高等植物图鉴 2：487. 图 2703. 1977；新疆植物检索表 3：188. 1983；西藏植物志 2：767. 1985；中国植物志 42（2）：287. 1987；青海植物志 2：267. 1999；青藏高原维管植物及其生态地理分布 516. 2008.

一年生攀缘草本，高 0.2～2.0 m，全株绿色，光滑无毛，被粉霜。托叶比小叶大，心形，边缘下部具细齿牙；小叶 4～6 枚，卵圆形，长 2～5 cm，宽 1.0～2.5 cm。花单生，或总状花序腋生，具数花；花萼钟形，深 5 裂，萼齿披针形；花冠多为白色或紫色，因品种而各异；子房无毛，花柱扁，里面有髯毛。荚果膨胀，长椭圆形，长 2.5～10.0 cm，宽 7～14 mm，背部近于伸直，内侧有坚硬纸质的内果皮，含种子 2～10 粒；种子圆球形，青绿色或黄棕色，有皱纹或无。　花果期 6～9 月。

产新疆：昆仑山北麓各县。栽培于海拔 1 200～2 400 m 的绿洲农田。

青海：班玛（县城附近，吴玉虎 26281；马柯河林场，郭本兆 459、520）。栽培于海拔 3 200～3 370 m 的田间或逸生于沟谷林缘灌丛。

我国多数省区有栽培；欧洲和亚洲其他地区也广泛栽培。

24. 野豌豆属 Vicia Linn.

Linn. Sp. Pl. 734. 1753，et Gen. Pl. ed 5. 327. 1754.

一年生至多年生草本，通常有卷须。偶数羽状复叶，叶轴顶端有分枝或下分枝的卷须或外弯的刚毛；小叶多数，稀仅 1～3 对，无小托叶；托叶半箭头形。花单生，或总状花序腋生，具多花；花萼钟状，基部常偏斜，萼齿短而宽；花冠通常蓝色、紫色或黄色；旗瓣基部渐狭为 1 短柄；翼瓣与龙骨瓣黏合；雄蕊 10 枚，二体（9＋1），雄蕊筒口部极偏斜；子房无柄或有柄，有胚珠数枚至多数，花柱纤细，上部有髯毛或周围有 1 圈柔毛。荚果扁平，偶膨，有种子数粒至多数。

约 200 种。我国有 43 种，昆仑地区产 11 种。除新种阿克陶歪头菜外，我们没有在西藏和新疆的昆仑地区内采集到本属植物的标本。

分 种 检 索 表

1. 总花梗极短于近无。

  2. 花甚大，长 2.0～3.5 cm；叶轴顶端卷须退化成短尖头；荚果肥厚，具海绵状横隔膜［**组 6. 蚕豆组** Sect. **Faba**（Mill.）Ledeb.］ ………… **11. 蚕豆 V. faba** Linn.

  2. 花长 1～2 cm；叶轴顶端具卷须，不退化为短尖头；荚果扁（**组 5. 野豌豆组** Sect. **Vicia** Z. D. Xia）。

    3. 小叶长椭圆形或心形；花紫红色或红色，长 18～20 mm，荚果成熟后呈黄色，种子间略溢缩……………………………………… **9. 救荒野豌豆 V. sativa** Linn.

    3. 小叶线形或线状长圆形；花红色或紫红色，长 10～18 mm，荚果成熟后黑色，种子间不溢缩 ……………… **10. 窄叶野豌豆 V. angustifolia** Linn. ex Reich.

1. 总花梗长。

  4. 花序具花少，仅 2～4（～5）朵；花冠红紫色或蓝紫色［**组 4. 四籽野豌豆组** Sect. **Ervum**（Linn.）S. F. Gray］ ……………… **8. 大花野豌豆 V. bungei** Ohwi

  4. 花序通常具 5 至多花。

    5. 叶轴顶端通常无卷须，呈细刺状，若有卷须则小叶仅 1 对。（**组 3. 歪头菜组** Sect. **Oroboidea** Stankev.）

      6. 叶轴顶端有卷须；小叶仅 1 对；小叶宽达 5 cm ………………………………… **6. 歪头菜 V. unijuga** A. Br.

      6. 叶轴顶端无卷须；小叶 5～6 对，小叶宽约 1.5 cm ………………………………… **7. 阿克陶歪头菜 V. aktaoensis** Y. H. Wu

    5. 叶轴顶端卷须发达，单一或分枝；小叶宽达 1.8 cm。

      7. 花序具 10～40 花；小叶长为宽的 5～10 倍，通常较狭长，叶脉无网纹，不甚清晰（**组 1. 细叶野豌豆组** Sect. **Cracca** S. F. Gray） ………………………………… **1. 大龙骨野豌豆 V. megalotropis** Ledeb.

      7. 花序通常具 5～15 花；小叶长为宽的 2.5～5.0 倍，通常较宽短，叶脉网纹通常清晰（**组 2. 大叶野豌豆组** Sect. **Cassubicae** Radzhi）。

        8. 花黄色 ……………… **2. 西南野豌豆 V. nummularia** Hand.-Mazz.

        8. 花紫色、蓝紫色或红色。

9. 小叶脉纹致密而清晰，侧脉横展；托叶三角形，具 3～5 齿 …………
……………………………… **3. 西藏野豌豆 V. tibetica** Prain ex Fisch.

9. 小叶脉纹稀疏，侧脉向上斜展；托叶半戟形线形。

  10. 小叶线状长圆形，宽仅 1.5～3.0 mm；花序长于叶；花冠长 1.3～
1.7 cm ……………………… **4. 多茎野豌豆 V. multicaulis** Ledeb.

  10. 小叶椭圆形或长卵形，宽 6～14 mm；花序与叶等长；花冠长 10～
14 mm ……………………… **5. 东方野豌豆 V. japonica** A. Gray

组 1. 细叶野豌豆组 Sect. Cracca S. F. Gray

S. F. Gray Nat. Arr. Brit. Pl. 2：614. 1821；Dunmort Fl. Belg.
103. 1827；Tzvel. in Fedorov Fl. Part. Europ. URSS 6：133. 1987；
中国植物志 42（2）：235. 1998.

小叶 5～15 对，叶轴先端具分枝的卷须，小叶线形至狭披针形，长为宽的 5～10
倍；托叶小，戟形，无腺点。花序有花 15～40 朵，花长 10～15 mm；旗瓣长于龙骨瓣，
花柱侧偏，上部具疏散髯毛。

组模式种：广布野豌豆 *Vicia cracca* Linn.

昆仑地区产 1 种。

1. 大龙骨野豌豆

Vicia megalotropis Ledeb. Fl. Alt. 3：334. 1831；Fl. URSS 13：442. t. 4：2.
1948；Fl. Kazakh. 5：460. t. 62：1. 1961；新疆植物检索表 3：195. 1983；中国植
物志 42（2）：238. 1998；青海植物志 2：272. 1999；青藏高原维管植物及其生态地理
分布 525. 2008；Fl. China 10：563. 2010.

一年生或二年生直立或斜升草本，高 50～80 cm。根茎纤细，疏被柔毛。茎单生或
从基部分枝。偶数羽状复叶；卷须分枝，长 1～3 cm；托叶长 5～8 mm，半箭头形或披
针形，下部有 1～2 裂齿，先端锐尖或钝，被伏贴柔毛，脉不清晰，侧脉致密但无网纹。
总状花序与叶近等长，具 10～20 花，花密集并偏向一侧；花冠长 1.2～1.5 cm，紫红
色；花萼钟形，萼齿三角形，下方 1 萼齿较长，几等长于萼筒；旗瓣长于翼瓣和龙骨
瓣。荚果菱形或长圆形，长 2.0～2.5 cm，宽 6～7 mm，含种子 3～6 粒。 花期 5～7
月，果期 7～9 月。

产青海：兴海、久治（县城附近，果洛队 665）。生于海拔 3 200～4 200 m 的沟谷
阴坡灌丛、阳坡疏林下、阳坡草甸、河谷阶地、沟谷田边。

分布于我国的新疆、青海、甘肃、宁夏、陕西、四川、山西、河北、内蒙古；蒙
古，俄罗斯西伯利亚，中亚地区各国也有。

我们的标本为多年生草本。花冠多比较大；旗瓣长可达 23 mm，宽达 9.5 mm，是

为不同。

组 2.　大叶野豌豆组 Sect.　Cassubicae Radzhi

Radzhi in Novit.　Syst.　Pl.　Vasc.　(Leningrad) 7：230.　1971；

Nikiforova in Bot.　Zur.　70：605.　1985；中国植物志 42 (2)：242.　1998.

小叶 5～15 对，叶轴先端具单一或分枝的卷须，小叶椭圆形、卵形或披针形，长为宽的 2.5～5.0 倍；托叶大或小，戟形，有时具齿裂，无腺点；花序有花 5～15 朵，花长 11～20 mm；旗瓣稍长于或等长于龙骨瓣，花柱先端四周被髯毛。

组模式种：大叶野豌豆 *Vicia cassubica* Linn.

昆仑地区产 4 种。

2. 西南野豌豆

Vicia nummularia Hand.-Mazz.　Symb.　Sin.　7 (3)：577.　t.　9：4.　1933；中国主要植物图说 豆科 615.　图 592.　1955；云南种子植物名录 上册 636.　1984；中国植物志 42 (2)：254.　图版 65：9～10.　1998；青海植物志 2：273.　1999；青藏高原维管植物及其生态地理分布 525.　2008；Fl.　China 10：567.　2010.

多年生矮小草本，高 15～80 cm，全株疏被柔毛。茎有棱，多分枝。偶数羽状复叶；卷须细长或有分枝；托叶半箭头形，有 2～4 齿，长 1～4 mm，宽 2～4 mm；小叶 2～7 对，椭圆形，长 4～20 mm，宽 2～6 mm，先端钝圆或平截，具短尖头，基部近圆形或宽楔形，腹面无毛，疏生乳头状小突起，背面沿脉密被柔毛，沿中脉具 7～12 对侧脉，侧脉斜升延展至边缘呈波状联结，叶脉两面凸出。总状花序具 6～12 花；总花梗长 2～4 cm；苞片钻形，长不及 1 mm；花萼钟状，萼齿三角状披针形，长约 2 mm；花冠黄色；旗瓣长约 3 mm，先端微凹；翼瓣、龙骨瓣均与旗瓣近等长；子房具短柄，无毛，花柱上部被毛。荚果长圆状菱形，长 2.0～2.5 cm，宽 4～7 mm，草黄色，两端锐尖，含种子 2～4 粒；种子扁圆球形，直径约 3 mm，种皮棕黑色，种脐长相当于种子圆周长的 1/3。　花果期 6～10 月。

产青海：称多（歇武乡，刘尚武 2546）。生于海拔 3 600 m 左右的沟谷山地田边、山坡公路旁草丛中、河谷阳坡草地。

分布于我国的青海、甘肃、西藏、四川西部、云南西北部。

3. 西藏野豌豆

Vicia tibetica Prain ex Fisch.　in Kew.　Bull.　285.　1938；Pet.-Stib.　in Acta Hort. Gotoburg.　13：441.　1941；西藏植物志 2：760.　1985；中国植物志 42 (2)：245. 1998；青海植物志 2：274.　1999；青藏高原维管植物及其生态地理分布 526.　2008；

Fl. China 10：565. 2010.

多年生草本，高 0.1～2.5 m。茎有分枝，具棱，被微柔毛或近无毛。偶数羽状复叶，长 4～7 cm；顶端卷须有 2～3 分枝；托叶三角形，具 3～5 齿；小叶 3～6 对，互生，厚纸质，长圆形，长 1.2～1.8 cm，宽 4～6 mm，先端圆形，具短尖头，基部圆形，叶脉致密，两面凸出。总状花序长 6.0～7.5 cm，具 4～18 花；花生于一侧；花梗短；花萼斜钟形，长约 6 mm，宽约 0.4 mm，下方萼齿较长；花冠红色、紫红色或淡蓝色；旗瓣长约 1.1 cm，宽约 4 mm，瓣片提琴形，与柄等长，先端圆形微凹，中部缢缩，瓣片略短于瓣柄，与瓣柄等宽；翼瓣等长于旗瓣，瓣片卵圆形，与瓣柄等长，瓣柄和耳均较细；龙骨瓣明显短于翼瓣；子房纺锤形，长约 3 mm，胚珠 2～6 枚，花柱短，先端有毛。荚果扁，长圆形，长约 2.1 cm，宽 5～6 mm，果皮光滑，棕黄色或草黄色，具褐色斑点，含种子 1～4 粒；种子长圆形，长约 4 mm，宽约 3 mm，种皮黑色，种脐灰色，长相当于种子周长的 1/3。 花果期 5～8 月。

产青海：兴海、玛沁（西哈垄河谷，H. B. G. 253）、久治。生于海拔 3 200～3 850 m 的山坡林缘、沟谷灌丛、河谷阶地、河滩草甸。

分布于我国的青海、西藏、四川。

4. 多茎野豌豆

Vicia multicaulis Ledeb. Fl. Alt. 3：345. 1831；Kom. Fl. Mansh. 2：617. 1904；Fl. URSS 13：443. 1948；中国主要植物图说 豆科 622. 图 599. 1955；新疆植物检索表 3：195. 1983；西藏植物志 2：763. 1985；内蒙古植物志第 2 版. 3：366. 图版 142：1～5. 1989；中国植物志 42（2）：247. 图版 68：11～18. 1998；青海植物志 2：274. 图版 47：1～3. 1999；青藏高原维管植物及其生态地理分布 525. 2008；Fl. China 10：565. 2010.

多年生草本，高 10～50 cm。根茎粗壮。茎多分枝，具棱，被微柔毛或近无毛。偶数羽状复叶；卷须分枝或单一；托叶半戟形，长 3～6 mm，脉纹明显；小叶 4～8 对，线形至线状长圆形，长 1～2 cm，宽 1.5～3.0 mm，先端具短尖头，基部圆形，背面疏被柔毛；叶脉羽状，侧脉向上斜展，甚明显。总状花序长于叶，具 14～15 花；花萼钟形，萼齿狭三角形，下方萼齿较长；花冠紫色或蓝紫色，长 1.3～1.7 cm；旗瓣长圆状倒卵形，中部缢缩；翼瓣及龙骨瓣均短于旗瓣，瓣片短于柄；子房线形，有细柄，花柱上部被毛。荚果扁，长 3.0～3.5 cm，棕黄色，顶端具喙；种子扁圆球形，直径约 3 mm，深褐色，种脐长相当于种子圆周长的 1/4。 花果期 6～9 月。

产青海：玛沁（拉加乡，吴玉虎 5795）、称多（歇武乡，吴玉虎 32556）。生于海拔 3 300～3 850 m 的沟谷山坡林缘灌丛、阳坡高山草甸、圆柏林下、山坡草地。

分布于我国的新疆、青海、陕西、内蒙古、辽宁、吉林、黑龙江；俄罗斯欧洲部分以及东西伯利亚，蒙古，日本也有。

5. 东方野豌豆

Vicia japonica A. Gray in Mem. Amer. Acad. Arts, n. s. 6：385. 1858；内蒙古植物志 3：372. 1989；中国植物志 42 (2)：248. 1998；青海植物志 2：275. 1999；青藏高原维管植物及其生态地理分布 525. 2008；Fl. China 10：566. 2010.

多年生草本，高 0.6～1.2 m。茎有棱，匍匐，蔓生或攀缘，被淡白黄色柔毛，毛后渐脱落。偶数羽状复叶；卷须具 2～3 分枝；托叶线形或线状披针形，长 5～7 mm，宽约 1 mm，具齿；小叶 5～8 对，椭圆形、阔椭圆形至长卵圆形，长 1～3 cm，宽 6～14 mm，先端钝圆，微凹，有短尖头，腹面无毛，背面微被柔毛，叶脉稀疏，侧脉 7～9 对，呈锐角伸展。总状花序与叶近等长或略长，具 7～15 花；花生于一侧；花梗长约 3 mm；花萼钟形，外面被长柔毛，萼齿三角状锥形，长 1～2 mm，短于萼筒；花冠蓝色或紫色，长 1.0～1.4 cm；旗瓣长圆形，先端微凹，基部圆形，长 1.0～1.4 cm；翼瓣与旗瓣近等长；龙骨瓣略短；子房具长约 4 mm 的柄，花柱急弯，上部被毛。荚果近长圆状菱形，长 1.5～2.5 cm，顶端有喙，含种子 1～3 粒；种子扁圆球形，直径约 3 mm，黑褐色，种脐线形。 花果期 6～9 月。

产青海：兴海（中铁林场中铁沟，吴玉虎 45557、45601、45606；中铁乡附近，吴玉虎 42817、42843、45336、45430；大河坝乡，吴玉虎采集号不详、张盍曾 318；中铁林场恰登沟，吴玉虎 44934、45173、45206、45302、45330）、玛沁（西哈垄河谷，吴玉虎 5668、5728；拉加乡，玛沁队 211；军功乡孕柯河，吴玉虎 6013、6025，区划一组 160，马柄奇 2160）、久治（白玉乡，吴玉虎 26644、26649，藏药队 610）。生于海拔 3 100～3 840 m 的沟谷山地阔叶林缘草地、河滩灌丛、阳坡高寒草甸、河谷阶地、山坡石隙、山地阴坡灌丛草甸。

四川：石渠（新荣乡雅砻江畔，吴玉虎 30037、30045）。生于海拔 3 600～4 000 m 的沟谷山地岩石缝隙，高寒草甸、高寒灌丛草甸。

分布于我国的青海、四川，以及华北、东北和西北的其他地方；朝鲜，日本，俄罗斯也有。

兴海县中铁林场的标本中，除了小叶较窄外，其旗瓣中部似有不明显的缢缩。其相似于广布野豌豆 V. *cracca* Linn.，但它们的花较少而有所不同。

组 3. 歪头菜组 Sect. Oroboidea Stankev.

Stankev. Tr. Prtsup. Bot. Sep. 43. 2：123. 1970；Tzvel. in Fedorov Fl.
　　Part. Europ. URSS 6：133. 1987；中国植物志 42 (2)：255. 1998.

小叶 1～7 对，叶轴先端无卷须或呈刺状，小叶卵形或卵状长圆形，先端长渐尖，长 40～90 mm；托叶大于 1 cm，半月形或卵形，通常具齿裂，无腺点。花序有花 5～15

朵，花长 12～14 mm；旗瓣与龙骨瓣等长，花柱前后向扁，先端四周被短柔毛。

组模式种：*Vicia pisiformis* Linn.

昆仑地区产 2 种。

6. 歪头菜

Vicia unijuga A. Br. in Ind. Sem. Hort. Berol. (App.) 12. 1853；Kom. in Fl. Mansh. 2：618. 1904；H. W. Kung in Contr. Inst. Bot. Nat. Acad. Peip. 3 (8)：385. 1935；B. Fedtsch in Kom. Fl. URSS 13. 424. 24. 1949；中国主要植物图说 豆科 605. 图 851. 1955；中国植物志 42 (2)：259. 图版 67：1～11. 1998；青海植物志 2：270. 图版 47：4～6. 1999；青藏高原维管植物及其生态地理分布 526. 2008；Fl. China 10：569. 2010.

多年生草本，高 0.15～1.0 m。根茎粗壮。通常数茎丛生，具棱，疏被柔毛（老时渐脱落），基部红褐色或紫褐色。偶数羽状复叶；叶轴顶端为细刺尖头，稀为卷须；托叶戟形或近披针形，长 0.8～2.0 cm，宽 3～5 mm，边缘不规则啮蚀状；小叶 1 对，卵状披针形或近菱形，长 2～7 cm，宽 0.7～3.0 cm，先端渐尖，边缘小齿状，两面疏被微柔毛。总状花序，稀圆锥花序，明显长于叶，密生 8～20 花；花萼紫色，斜钟状或钟状，长约 4 mm，无毛或近无毛，萼齿明显短于萼筒；花冠蓝紫色、紫红色或淡蓝色，长 1.0～1.6 cm；旗瓣倒提琴形，中部缢缩，先端钝圆，微凹；翼瓣略短于旗瓣，长于龙骨瓣；子房线形，无毛，具柄；花柱上部四周被毛。荚果扁，长圆形，长 2.0～3.5 cm，宽 5～7 mm，无毛，果皮棕黄色，近革质，具喙，含种子 3～7 粒；种子扁圆球形，直径 2～3 mm，种皮黑褐色，种脐长相当于种子圆周长的 1/4。 花果期 6～9 月。

产青海：兴海（中铁林场恰登沟，吴玉虎 45224）、班玛（亚尔堂乡王柔，吴玉虎 26191；马柯河林场，吴玉虎 26155、26166，郭本兆 496，陈世龙等 334，王为义 27694）。生于海拔 2 600～3 460 m 的山地沟谷阔叶林缘草甸、沟谷灌丛草甸、河岸水边草甸、河谷山坡湿草地、林缘灌丛。

分布于我国的青海、甘肃、陕西、西藏、四川、云南、贵州、河北、内蒙古、山西及东北；朝鲜，日本，蒙古，俄罗斯也有。

7. 阿克陶歪头菜（新种）　图 A22

Vicia aktaoensis Y. H. Wu **sp. nov.** in Addenda.

多年生草本。茎直立，高 30～90 cm，具棱，光滑无毛或偶见疏毛。奇数羽状复叶；叶轴顶端生 1 小叶；托叶膜质，离生，无毛，褐色，宽披针形，长达 2.8 cm，宽达 7 mm，半抱茎，先端细条形撕裂，裂片 2～4 枚，长 8～14 mm；小叶柄长约 1.5 mm；小叶 7～15 枚，卵状披针形或近菱形，长 2～4 cm，宽 0.6～1.8 cm，全缘，先端渐尖，有小尖头，上面光滑无毛，下面仅沿中脉疏被白色柔毛。总状花序顶生，明显长于叶，疏生 20 余花，总花梗长约 16 cm，与花序轴均无毛或疏被短柔毛；苞片膜质，褐色，丝状，或条状披针形，长 6~12 mm，疏被短柔毛；花梗长 3~4 mm，疏被短毛；小苞片 2 枚，与苞片同质、同色，丝状条形，长 2.5~6.0 mm；花萼紫色，斜钟状或钟状，长 6~8 mm，疏被短柔毛，萼齿钻状披针形，最下面的萼齿长约 4 mm，其余萼齿依次较短且短于萼筒；花冠紫色、紫红色或淡蓝色，长 1.8~2.2 cm；旗瓣倒卵状长圆形，长 17~19 mm，宽 7~8 mm，先端钝圆，微凹，向下渐狭成宽柄；翼瓣长 16~18 mm，宽 2.5~3.0 mm，瓣片狭长圆形，基部细耳长约 4 mm，细柄长约 5 mm；龙骨瓣长 20~21 mm，瓣片半倒卵形，宽约 5.5~6.5 mm，细柄长约 6 mm；单一雄蕊明显短于 9 联合雄蕊；子房线形，有时下部扁平而上部非扁平，无毛，具柄，长约 2 mm；花柱丝状细长，无毛，长约为子房的 2.5 倍。荚果未见。　花期 7~8 月。

产新疆：阿克陶（奥依塔克，青藏队吴玉虎 4829）。生于海拔 2 800 m 左右的山地沟谷林缘灌丛。

分布于我国的新疆。

我们的标本与 *Vicia* Linn. 和 *Lathyrus* Linn. 尚有不符之处：托叶宽披针形，褐色，半抱茎，先端 2~4 细条形撕裂；叶轴先端生 1 小叶而为奇数羽状复叶，无卷须，也无刺状延伸；花有小苞片；翼瓣和龙骨瓣的耳不嵌合；花柱丝状细长，顶端无毛。权且暂放在野豌豆属 *Vicia* Linn. 中，容后再行研究。

组 4. 四籽野豌豆组 Sect. Ervum (Linn.) S. F. Gray

S. F. Gray Nat. Brit. Pl. 2：614. 1821；Taub. In Engl. u. Prantl Nat. Pflanzenf. 3. 3：350. 1894；中国植物志 42 (2)：262. 1998.

小叶 2~5 (~18) 对，叶轴先端具单一或分支卷须，小叶线形或狭披针形；托叶小，下面无腺点。花序少花，仅 1~4 (~7) 朵，花柱圆柱形，微被柔毛。

组模式种：四籽野豌豆 *Vicia tetrasperma* (Linn.) Schreber

昆仑地区产 1 种。

8. 大花野豌豆

Vicia bungei Ohwi in Journ. Jap. Bot. 12：330. 1936；中国主要植物图说 豆科 613. 图 589. 1955；中国高等植物图鉴 2：480. 图 2689. 1972；中国植物志 42 (2)：263. 图版 68：1~10. 1998；青海植物志 2：270. 1999；青藏高原维管植物及其生态地理分布 524. 2008；Fl. China 10：570. 2010.

一年生或二年生缠绕或匍匐状草本，高 15~40 (50) cm。茎有棱，多分枝，近无毛。偶数羽状复叶；卷须有分枝；托叶半箭头形，长 3～7 mm，有锯齿；小叶 3～6 对，长圆形或狭倒卵状长圆形，长 1.0～2.5 cm，宽 2～8 mm，先端平截、微缺，稀齿状，腹面叶脉不明显，背面叶脉明显被疏柔毛。总状花序长于或等长于叶，具 2～4（5）花；花萼钟形，疏被柔毛，萼齿披针形；花冠红紫色或蓝紫色，旗瓣倒卵状披针形，先端微缺；翼瓣短于旗瓣，长于龙骨瓣；子房柄细长，沿腹缝线被金色绢毛，花柱上部被长柔毛。荚果扁长圆形，长 2.5～3.5 cm，宽约 7 mm，含种子 2～8 粒；种子球形，直径约 3 mm。 花果期 6～8 月。

产青海：班玛（马柯河林场，吴玉虎 26131、26134；江日堂乡，吴玉虎 26088；郭本兆 488、579，陈世龙 329）。生于海拔 2 200～3 460 m 的河谷山坡林缘草地、沟谷草甸、河滩草甸、田边湿沙地。

分布于我国的新疆、青海、甘肃、宁夏、陕西、西藏、四川、云南、贵州、山西、河北、内蒙古、辽宁、吉林、黑龙江、山东、江苏、安徽。

组 5. 野豌豆组 Sect. Vicia Z. D. Xia

Z. D. Xia in Fl. Reipub. Popul. Sin. 42 (2)：266. 1998.

小叶 2～9 对，叶轴先端具分支卷须，小叶狭卵形或倒卵形；托叶小，戟形，具齿裂，下面有腺点。花序有花 2～6 朵或单花生于叶腋，近无总花梗，长不及 8 mm，花长 11～16 mm；花柱前后向扁，先端四周有髯毛或前侧具长柔毛。

组模式种：救荒野豌豆 *Vicia sativa* Linn.

昆仑地区产 2 种。

9. 救荒野豌豆

Vicia sativa Linn. Sp. Pl. 736. 1753；中国主要植物图说 豆科 609. 图 586. 1955；中国高等植物图鉴 2：478. 图 2686. 1972；新疆植物检索表 3：192. 1983；中国植物志 42 (2)：268. 图版 69：10～17. 1998；青海植物志 2：269. 1999；青藏高原维管植物及其生态地理分布 525. 2008；Fl. China 10：571. 2010.

一年生或二年生草本，高 15～90 cm。茎斜升或攀缘，单一或多分枝，具棱，被微柔毛。偶数羽状复叶长 2～10 cm；叶轴顶端卷须具 2～3 分枝；托叶戟形，通常有 2～4 裂齿，长 3～4 mm，宽 1.5～3.5 mm；小叶 2～7 对，长椭圆形或近心形，长 0.9～2.5 cm，宽 0.3～1.0 cm，先端圆形或平截而凹缺，具短尖头，基部楔形，侧脉不明显，两面被伏贴黄色柔毛。花单生，或总状花序具 2（4）花，腋生，近无总花梗；花萼钟形，外面被柔毛，萼齿披针形或锥形，背面被柔毛；花冠紫红色或红色，长约 1.8 cm；旗瓣长倒卵圆形，先端钝圆，微凹，中部缢缩；翼瓣短于旗瓣，长于龙骨瓣；

子房线形，微被柔毛，具短柄，胚珠 4～8 枚，花柱上部被淡黄白色髯毛。荚果线状长圆形，长 4～6 cm，宽 5～8 mm，成熟后果皮土黄色，种子间缢缩，有毛，含种子 4～8粒，成熟后背腹开裂，果瓣扭曲；种子圆球形，棕色或黑褐色，种脐长相当于种子圆周长的1/5。 花期5～7月，果期7～9月。

产新疆：昆仑山北麓一些县的绿洲有栽培或逸生。

青海：都兰（采集地不详，郭本兆 7433；香日德农场，郭本兆 8001）、格尔木（园艺场，采集人不详 031）、兴海（唐乃亥乡，吴玉虎 42004、42015、42026）、班玛（马柯河林场，郭本兆 517B、519）、久治。生于海拔 2 800～2 900 m 的沟谷林下、河岸田埂、山坡路边、林缘荒地、河滩疏林、林缘灌丛草甸、沙砾河滩、麦田。

我国的南北各省区均有分布或栽培；欧洲，亚洲的暖温带也有。

10. 窄叶野豌豆

Vicia angustifolia Linn. ex Reich. Fl. Moeno-Franc of. 2：44. 1778；Fl. URSS 13：464. 1948；中国主要植物图说 豆科 611. 图 587. 1955；中国高等植物图鉴 2：479. 图 2687. 1972；新疆植物检索表 3：193. 1983；西藏植物志 2：759. 图 237：1. 1985；中国植物志 42（2）：269. 1998；青海植物志 2：269. 1999；青藏高原维管植物及其生态地理分布 524. 2008.

一年生或二年生草本，高 20～50 cm。茎斜升、蔓生或攀缘，多分枝，被疏柔毛。偶数羽状复叶；卷须发达；托叶半箭头形或披针形，长约 1.5 mm，具 2～5 齿，被微柔毛；小叶 4～6 对，线形或线状长圆形，长 1.0～2.5 cm，宽 2～5 mm，先端微平截或微缺，具短尖头，叶脉不明显，两面被浅黄色疏柔毛。花单生，或总状花序具 2～4 花，腋生，有小苞片；花萼钟形，萼齿 5 枚，三角形，背面被黄色疏柔毛；花冠红色或紫红色，长 1.0～1.5 cm；旗瓣倒卵形、先端钝圆，微凹，有柄；翼瓣与旗瓣近等长；龙骨瓣短于翼瓣；子房纺锤形，被毛，具短柄，花柱先端具 1 束髯毛。荚果长线形，微弯，成熟后果皮黑色，无毛，长 2.5～5.0 cm，宽约 5 mm，含种子 5～8 粒；种皮黑褐色，革质，种脐长相当于种子圆周长的1/6。 花果期6～9月。

产新疆：昆仑山北麓多数县绿洲。

青海：兴海（唐乃亥乡，吴玉虎采集号不详，张盇曾 266、488A）、都兰、格尔木（河东农场，采集人不详 193）、班玛（马柯河林场，吴玉虎 26162，郭本兆 488A、517A，陈世龙等 328）。生于海拔 1 800～3 380 m 的沟谷田边、河滩灌丛草甸、河谷山坡林缘草地、山地林缘灌丛。

分布于我国的西北、华东、华中、华南及西南各地；欧洲、北非、亚洲其他地区也有，澳大利亚有逸生。

组 6. 蚕豆组 Sect. Faba（Mill.）Ledeb.

Ledeb. Fl. Rodd. 1：664. 1843；Tzvel. in Fedorov Fl. Part.
Europ. URSS 6：146. 1987；中国植物志 42（2）：269. 1998.

小叶 1～3 对，叶轴先端无卷须或具短尖头，小叶较大，椭圆形至长圆形；托叶大，戟形，长 10～20 mm，下面有腺点。花序有花 2～6 朵或单花生于叶腋，总花梗甚短；花大，长 25～33 mm；花柱前后向扁，先端前侧具 1 簇髯毛。荚果肥厚，有种隔膜。

组模式种：蚕豆 Vicia faba Linn.

昆仑地区产 1 种。

11. 蚕 豆

Vicia faba Linn. Sp. Pl. 737. 1753；东北草本植物志 3：377. 1989；中国植物志 42（2）：269. 1998；青海植物志 2：268. 1999；青藏高原维管植物及其生态地理分布 524. 2008；Fl. China 10：571. 2010.

一年生草本，高 0.3～1.0 m。茎粗壮，具 4 棱，中空，无毛。偶数羽状复叶；托叶戟形或近三角状卵形，具深紫色蜜腺点；卷须缩短为短尖头；小叶 1～3（～4～5）对，互生，椭圆形、长圆形或倒卵形，稀圆形，长 4～6 cm，宽达 4 cm，先端钝圆，具短尖头，两面均无毛。总状花序腋生，具 4～6 花；花萼钟形，萼齿披针形，下方萼齿较长；花冠白色，具紫色脉纹及黑色斑晕，长 2.0～3.5 cm；旗瓣中部缢缩，基部渐狭；翼瓣短于旗瓣，长于龙骨瓣；雄蕊 10 枚，二体（9+1）；子房线形，花柱密被白色柔毛，柱头远轴面有 1 束髯毛。荚果肥厚，长 5～10 cm，果皮绿色，被柔毛，同有白色海绵状横隔膜；种子 2～4（6）粒，种脐线形，黑色。 花期 6～7 月，果期 7～9 月。

产新疆：昆仑山北麓一些县的绿洲有栽培。

青海：兴海（唐乃亥乡，吴玉虎 42141）有栽培。生于海拔 2 800 m 左右的黄河滩地。

全国多数省区均有栽培。

（十一）鹰嘴豆族 Trib. **Cicereae** Alefeld

Alefeld in Oesterr. Bot. 2. 9：352～366. 1859；中国植物志 42（2）：288. 1998.

多年生和一年生草本，常具刺，刺由托叶、叶轴、小叶、总梗和小苞片等发育而成；明显被长柄腺毛。奇数羽状复叶和叶轴末端成卷须或针刺；小叶 3 至多数，有锯齿，具直行脉序，脉达叶缘锯齿。花单生或 2～5 朵在叶腋成总状花序；雄蕊二体（9+

1)，旗瓣花丝棒状，花丝全部或大部先端膨大，花药同型同大小；花柱棒状，无毛。荚果膨大，具1～10粒种子，被腺毛；种子喙具2裂片至近圆球形。

本族只1属，分布于中亚和西亚。

25. 鹰嘴豆属 Cicer Linn.

Linn. Sp. Pl. 738. 1753；Hutch. Flow. Gen. Pl. 452. 1964；

中国植物志 42 (2)：290. 1998.

一年生或多年生草本，通常有刺；被明显具长柄腺毛，也有单细胞毛和具单细胞柄的腺毛；叶无叶枕，无托叶，互生，2列，奇数羽状复叶，有时叶轴末端成卷须或刺；小叶3至多数，具锯齿，直行脉；花单生或成具2～5朵花的腋生总状花序；翼瓣与龙骨瓣分离；雄蕊二体，旗瓣花丝圆柱状；全部或大部花丝先端膨大；花药等大，全部丁字着生或交互丁字着生底着生。花柱圆柱形，无毛，弯曲；柱头顶生，荚果膨胀，被腺毛，含种子1～10粒；种子具喙，2裂至近球形；种皮平滑到具疣状突起或具刺；维管束延伸过合点，有分枝；无胚乳；胚根短，子叶留土；胚根和下胚轴四原型；根和茎之间的转变区是在下胚轴。第1片鳞叶生自胚芽一侧。

约40种，主要分布于中亚。我国有2种，昆仑地区产1种。

1. 小叶鹰嘴豆

Cicer microphyllum Benth in Royle Illustr. Bot. Himal. 200. 1835；Fl. W. Pakist. 100：262. 1977；中国植物志 42 (2)：290. 图版 75：5～9. 1998；青藏高原维管植物及其生态地理分布 487. 2008. —— *C. jacquemontii* Jaub. et Spach in Ann. Sci. Nat. ser. 2. 18：231. 1842；新疆植物检索表 3：187. 1983；青藏高原维管植物及其生态地理分布 487. 2008. —— *C. songaricum* auct. non Steph. ex DC.：Baker in Hook. f. Fl. Brit. Ind. 2：176. 1876；R. R. Stewart Ann. Cat. Vasc. Pl. W. Pak. Kashm. 400. 1972；西藏植物志 2：767. 图 242. 1985.

一年生草本。茎直立，高15～40 cm，多分枝，被白色腺毛。托叶5～7裂，被白色腺毛；叶轴顶端具螺旋状卷须，叶具小叶6～15对，对生或互生，革质，倒卵形，顶端圆形或截形，裂片上半部边缘具深锯齿，先端具细尖，长4～12 mm，宽3～7 mm，小叶两面被白色腺毛；花单生于叶腋，花梗长2.5～5.0 cm，被腺毛；萼绿色，深5裂，裂片披针形，长约1.2 cm，密被白色腺毛；花冠大，长约2.4 cm，蓝紫色或淡蓝色。荚果椭圆形，长2.5～3.5 cm，宽约1.3 cm，密被白色短柔毛，成熟后金黄色或灰绿色。种子椭圆形，成熟后呈黑色，表面具小突起，一端具细尖，长约2.5 mm，宽约1 mm。

产新疆：塔什库尔干（县城南70 km西去20 km，采集人不详 T257；卡拉其古，西植所新疆队 951)。生于海拔 3 600～3 730 m 的沟谷阳坡草地、山地沙砾质草原、河谷砾地。

分布于我国的新疆、西藏西部；俄罗斯西伯利亚，蒙古，中亚地区各国，伊朗，土耳其，克什米尔地区，巴基斯坦，阿富汗，印度也有。

（十二）菜豆族 Trib. **Phaseoleae** DC.

Dc. Pordr. 2：381. 1825；Lackey in Polhill et Raben Adv. Legum. Syst. 1：307. 1981；中国植物志 41：161. 1995.

右旋缠绕、平卧或直立草本植物，有时为亚灌木或罕为乔木；叶通常具羽状 3 小叶，少为具 1～9 小叶或掌状复叶；小叶有时分裂；具托叶和小托叶；花序由沿花序中轴散生的花束组成，有时退化为单花或扩展成圆锥花序；花萼具 4～5 齿；花冠蝶形；雄蕊为 9＋1 的 2 组，对旗瓣的雄蕊离生，或部分或完全和另一组雄蕊合生；荚果 2 瓣裂。幼苗最先出的叶对生。

有 84 属，广布于全球，主要分布于热带和亚热带地区。昆仑地区产 4 属 4 种 2 亚种。

分 属 检 索 表

1. 花为短的总状花序，有时单生或簇生；花柱光滑无毛 ……… **26. 大豆属 Glycine** Willd.
1. 花常为总状花序，花柱有毛。
   2. 龙骨瓣先端卷曲 …………………………………… **27. 菜豆属 Phaseolus** Linn.
   2. 龙骨瓣先端不卷曲。
      3. 花柱侧生，荚果线状圆柱形，细长 ………………… **28. 豇豆属 Vigna** Savi
      3. 花柱顶生，荚果扁，镰刀形或半圆形 …………… **29. 扁豆属 Lablab** Adans.

26. 大豆属 Glycine Willd.

Willd. Sp. Pl. ed. 4. 3：1053. 1802.

一年生草本。茎缠绕，平卧或半直立。通常为三出复叶，有时为羽状复叶具 5～7 小叶；托叶小，与叶柄离生；具小托叶；总状花序短，腋生；苞片小，具刚毛；小苞片极小；花萼钟状，有毛，5 齿裂，上方 2 萼齿多少合生；花冠白色或淡红紫色；旗瓣近圆形，开展，基部两侧略有耳，边缘不弯曲；翼瓣狭，微贴生于龙骨瓣上；龙骨瓣钝而短于翼瓣；雄蕊 10 枚，合生或单体，或二体（9＋1）；子房近无柄，内含多数胚株，花柱通常短，微内弯，无毛，柱头小，头状。荚果线形或镰刀状，两侧扁平或略凸起，2瓣裂，内部有纤维状隔膜，种子间通常缢缩，顶端突尖；种子无种阜。

约 10 种，分布于东半球热带、亚热带至温带地区。我国有 6 种，昆仑地区栽培 1 种。

1. 大 豆

Glycine max（Linn.）Merr. Interpr. Rumph. Herb. Amb. 274. 1917；中国高等植物图鉴 2：493. 图 2715. 1972；新疆植物检索表 3：203. 1983；中国植物志 41：234. 1995；青海植物志 2：277. 1999；青藏高原维管植物及其生态地理分布 493. 2008；Fl. China 10：251. 2010. —— *Phaseolus max* Linn. Sp. Pl. 725. 1753.

一年生直立草本，高 30～60 cm。茎粗壮，具条棱，密生黄褐色长硬毛。三出复叶；托叶披针形，渐尖；小托叶条状披针形，托叶与小托叶均密被黄色柔毛；叶轴及小叶柄均密被黄色长硬毛；小叶卵形或菱状卵形，长 5～8 cm，宽 2～5 cm，先端渐尖或近圆形，基部圆形或楔形，两面均被白色长柔毛，侧生小叶较顶生小叶小，斜卵形。总状花序腋生，具数至多花；苞片及小苞片披针形，有毛；花萼钟状，长 4～6 mm，密被白色长柔毛，萼齿披针形，下方 1 萼齿最长；花冠小，白色或淡紫色，长 6～8 mm；旗瓣先端微凹，基部具短瓣柄；翼瓣矩圆形，具瓣柄和耳；龙骨瓣斜倒卵形，具短瓣柄；子房有毛，基部有不发达的腺体。荚果矩圆形，略弯，密被黄色长硬毛，含种子 2～5 粒；种子椭圆形、近球形或卵圆形，黑色、黄白色、淡绿色等。 花期 6～7 月，果期 8～9 月。

产新疆：昆仑山北麓多数县有栽培。

原产我国，各地均栽培；国外也广泛栽培。

27. 菜豆属 Phaseolus Linn.

Linn. Sp. Pl. 723. 1753. et Gen. Pl. 323. 1754.

缠绕或直立草本，稀呈半灌木状。三出复叶；有宿存的托叶和小托叶，托叶具条纹，基部、基部以上或近中部着生；总状花序腋生或有时顶生，具数至多花，有时花单生或数朵簇生；苞片托叶状或细小，早落；小苞片 2 枚，较宽，宿存；花萼钟状，上方 2 萼齿稍合生或分离；花冠白色、黄色、红色或紫色等；旗瓣圆形，开展或略扭曲，基部具附属物；翼瓣与旗瓣等长或稍长，在柄的上部与龙骨瓣贴生；龙骨瓣线形，先端具长而钝的喙，上端螺旋形扭曲半圈至数圈；雄蕊 10 枚，二体（9＋1）；子房无柄，基部具腺体，胚珠多数，花柱随龙骨瓣扭转，柱头斜生。荚果条形或稀为长椭圆形，稍扁平，2 瓣裂，种子间多少有隔膜，含种子数粒至多数；种子无种阜，种脐小。

约 50 种，广布于热带和温带地区。我国有 3 种，南北均栽培；昆仑地区栽培 1 种。

1. 菜 豆

Phaseolus vulgaris Linn. Sp. Pl. 723. 1753；中国植物志 41：296. 1995；青海植物志 2：278. 1999；青藏高原维管植物及其生态地理分布 515. 2008；Fl. China 10：260. 2010.

一年生缠绕草本。茎长 2～3 m，被短毛。托叶小，卵状披针形或三角状披针形，基部着生；小托叶长圆状披针形或线形；叶柄长 4～14 cm；小叶柄长 3～4 mm，密被黄褐色毛；小叶宽卵形至菱状卵形，长 5～9 cm，宽 3～7 cm，先端短渐尖或急尖，基部圆形或宽楔形，侧生小叶基部偏斜，全缘，两面沿脉被毛。总状花序腋生，短或长于叶，具数花；花梗长 8～15 mm，疏被毛；小苞片卵形或狭卵形；花萼钟状，上方 2 萼齿合生，较短；花冠白色、朱红色或淡紫色，长 14～18 mm；旗瓣扁圆形或肾形，基部具短柄；翼瓣匙形，有短柄；龙骨瓣上端卷曲 1 圈至近 2 圈；子房条形，无柄，有毛，花柱及花丝随龙骨瓣卷旋，上部较肥厚而为圆柱形，内侧被白毛。荚果条形，稍弯，长 10～15 cm，宽 0.8～2.0 cm，顶端具喙，幼时密被毛，含种子数粒；种子长圆形或肾形，光亮。 花期 6～7 月，果期 8～9 月。

产新疆：昆仑山北麓部分县绿洲有栽培。

青海：都兰（宗加乡）、格尔木、兴海（唐乃亥乡）、玛沁（军功乡，吴玉虎 20353）有栽培。

我国的多数省区普遍栽培。原产于美洲热带地区，现世界温带和热带地区广泛栽培。

28. 豇豆属 **Vigna** Savi

Savi in Pisa Nuov. Giorn. Lett. 8：113. 1824.

缠绕草本或小藤本。三出复叶；托叶在基部以上着生；有小托叶。总状花序腋生；花大，数朵着生于总花梗顶端，花间通常有垫状蜜腺；苞片早落；花萼钟状，萼齿 5 枚，长或短，上方 2 萼齿合生或部分合生；花冠白色、淡黄色、淡蓝紫色或红紫色，远长于花萼；旗瓣大而阔，长于翼瓣，基部有耳；翼瓣通常镰刀状倒卵形；龙骨瓣拱形，非螺旋状，先端近截或具稍弯曲的喙；雄蕊 10 枚，二体（9＋1）；子房无柄，含胚珠多数，花柱长，线形，先端里面有髯毛，柱头侧生而倾斜。荚果细长，线状圆柱形，有时膨胀，通常含种子多数。

约 150 种，分布于热带地区。我国有 16 种，产东南部、南部至西南部；昆仑地区栽培 1 种 2 亚种。

1. 豇豆

Vigna unguiculata（Linn.）Walp. Rep. 1：779. 1842；Piper in U. S. Dept. Agr. Bur. Pl. Ind. Bull. no. 229. 1912, et in U. S. Dept. Agr. Bur. Pl. Ind. Circ. 124：29. 1913；Verdc in Kew Bull. 24：543. 1970；中国植物志41：289. 1995；青藏高原维管植物及其生态地理分布 526. 2008；Fl. China 10：258. 2010. —— *Vigna sinensis*（Linn.）Hassk. Cat. Pl. Hort. Bogor 279. 1844；中国主要植物图说 豆科 720. 图699. 1955；中国高等植物图鉴2：515. 图2759. 1972；新疆植物检索表3：205. 1983；青海植物志2：279. 1999. —— *Dolichos sinensis* Linn. Herb. Amb. 23. 1754.

1a. 豇豆（原亚种）

subsp. **unguiculata**

一年生缠绕草本，无毛或近无毛。托叶椭圆形或卵状披针形，先端尾尖，长约 10 mm，着生处下延成 1 短矩；具小托叶；顶生小叶菱状卵形，长 5～13 cm，宽 4～7 cm，先端急尖，基部圆形或宽楔形，两面均无毛，侧生小叶为斜卵形；小叶柄极短。总状花序腋生，通常具 2～6 花，花萼长约 10 mm，萼齿披针形，先端渐尖；花冠淡蓝紫色，长约 2 cm；旗瓣扁圆形，先端微凹，基部缢缩成极短的瓣柄；翼瓣略呈三角形，基部具短瓣柄和 1 钝耳；龙骨瓣通常稍弯曲，基部亦具瓣柄；子房线形，被短柔毛。荚果线状圆柱形，下垂，长 30～40 cm，肉质而柔软，含种子多数，成熟时于种子之间缢缩；种子肾形。 花期 6～8 月，果期 8～9 月。

产新疆：昆仑山北麓多数县的绿洲有栽培。

原产亚洲。我国各地普遍栽培，全球热带、亚热带地区广泛栽培。

1b. 长豇豆（亚种）

subsp. **sesquipedalis**（Linn.）Verdc. in Davies Fl. Turkey 3：266. 1970, et in Kew Bull. 24：544. 1970；中国植物志41：290. 1995；青藏高原维管植物及其生态地理分布 527. 2008；Fl. China 10：259. 2010. —— *Dolichos sesquipedalis* Linn. Sp. Pl. ed. 2. 1019. 1763.

一年生攀缘植物，长 2～4 m。荚果长 30～70（90）cm，宽 4～8 mm，下垂，嫩时多少膨胀；种子肾形，长 8～12 mm。花、果期为夏季。

产新疆：昆仑山北麓多数县的绿洲有栽培。

非洲、亚洲的热带及温带地区均有栽培。

1c. 饭豇豆（亚种）

subsp. **cylindrica**（Linn.）Verdc. in Kew Bull. 24：544. 1970；中国植物志 41：

292. 1995；Fl. China 10：259. 2010. —— *Vigna cylindrica* (Linn.) Skeels in U. S. Dept. Agr. Bur. Pl. Ind. Bull. 282：32. 1913；中国高等植物图鉴 2：515. 图 2760. 1972；新疆植物检索表 3：206. 1983；青海植物志 2：279. 1999；青藏高原维管 植物及其生态地理分布 526. 2008. —— *Phaseolus cylindricus* Linn. Herb. Amb. 23. 1754.

一年生近直立草本，有时茎的顶端缠绕，高 20～40 cm。托叶长椭圆状披针形，基部下延成 1 短矩；小叶菱状卵形，长 5～8 cm，全缘。总状花序腋生，顶端聚生 2～3 花；总花梗与花序轴间常有肉质蜜腺；花萼筒状，长 6～8 mm，有皱纹；花冠黄白色带紫色，长约 2 cm；旗瓣宽约 2 cm，基部具瓣柄；翼瓣短于旗瓣；龙骨瓣非螺旋形；子房无柄，内含胚珠多数。荚果细长圆柱形，长 8～16 cm，宽 6～7 mm，含种子多数；种子长圆形或近肾形，长 7～9 mm，通常为暗红色或黄白色。 花期 7～8 月，果期 9 月。

产新疆：昆仑山北麓多数县的绿洲有栽培。

原产亚洲。我国各地普遍栽培，朝鲜、日本、美国也有栽培。

29. 扁豆属 **Lablab** Adans.

Adans. Fam. Pl. 2：325. 1763.

多年生缠绕藤本或近直立。羽状复叶具 3 小叶；托叶反折，宿存；小托叶披针形。总状花序腋生，花序轴上有肿胀的节；花萼钟状，裂片 2 唇形，上唇全缘或微凹，下唇 3 裂；花冠紫色或白色；旗瓣圆形，常反折，具附属体及耳；龙骨瓣弯成直角；对旗瓣的 1 枚雄蕊离生或贴生，花药一式；子房具多胚珠；花柱弯曲不逾 90°，一侧扁平，基部无变细部分，近顶部内缘被毛，柱头顶生。荚果长圆形或长圆状镰形，顶冠以宿存花柱，有时上部边缘具疣状体，具海绵质隔膜；种子卵形，扁，种脐线形，具线形或半圆形假种皮。

约 1 种 3 亚种，原产非洲，今全世界热带地区均有栽培。昆仑山北麓一些县亦有栽培。

1. 扁 豆

Lablab purpureus (Linn.) Sweet Hort. Brit. 481. 1827；中国植物志 41：271. 图版 66：1～6. 1995；Fl. China 10：253. 2010. —— *Dolichos lablab* Linn. Sp. Pl. 725. 1753；中国主要植物图说 豆科 724. 图 702. 1955；新疆植物检索表 3：206. 1983.

多年生缠绕藤本。全株几无毛，茎长可达 6 m，常呈淡紫色。羽状复叶具 3 小叶；托叶基着，披针形；小托叶线形，长 3～4 mm；小叶宽三角状卵形，长 6～10 cm，宽约与长相等，侧生小叶两边不等大，偏斜，先端急尖或渐尖，基部近平截。总状花序直立，长 15～25 cm，花序轴粗壮，总花梗长 8～14 cm；小苞片 2 枚，近圆形，长约 3 mm，脱落；花 2 至多朵簇生于每一节上；花萼钟状，长约 6 mm，上方 2 裂齿几完全合生，下方的 3 枚近相等；花冠白色或紫色；旗瓣圆形，基部两侧具 2 枚长而直立的小附属体，附属体下有 2 耳；翼瓣宽倒卵形，具平截的耳；龙骨瓣呈直角弯曲，基部渐狭成瓣柄；子房线形，无毛，花柱比子房长，弯曲不逾 90°，一侧扁平，近顶部内缘被毛。荚果长圆状镰形，长 5～7 cm，近顶端最阔，宽 1.4～1.8 cm，扁平，直或稍向背弯曲，顶端有弯曲的尖喙，基部渐狭；种子 3～5 粒，扁平，长椭圆形，在白花品种中为白色，在紫花品种中为紫黑色，种脐线形，长约占种子周长的 2/5。 花期 5～9 月。

产新疆：昆仑山北麓多数县的绿洲有栽培。

我国多数省区广泛栽培。可能原产印度，今世界各热带地区均有栽培。

三十三　牻牛儿苗科 GERANIACEAE

　　草本，稀为亚灌木或灌木。叶互生或对生，掌状分裂或羽状分裂；托叶常对生。聚伞花序腋生或顶生，稀花单生；花两性，辐射或稍两侧对称；萼片 4～5 枚，分离或稍合生，宿存；花瓣 4～5 枚，覆瓦状排列；雄蕊 10～15 枚，2 轮，有时部分无花药；心皮 5 个，通常 3～5 室，每室有胚珠 1～2 枚，花柱 5 枚，分离。果实为蒴果，通常由中轴延伸成喙，稀无喙，室间开裂，稀不裂；每果瓣具 1 种子，成熟时果瓣通常爆裂或稀不开裂，开裂的果瓣常由基部向上反卷或呈螺旋状卷曲，顶部通常附着于中轴顶端。种子细小，种皮平滑或有网状花纹。

　　11 属，约 750 种，广泛分布于世界温带、亚热带和热带山地。我国有 4 属，约 67 种；昆仑地区产 3 属 7 种。

分 属 检 索 表

1. 花黄色，小型；蒴果近圆球形，顶端无喙，成熟时不开裂 …………………………
　………………………………………… **1. 熏倒牛属 Biebersteinia** Steph. ex Fisch.
1. 花紫红色、蓝紫色、粉红色或白色；蒴果长圆柱形，顶端有喙，成熟时开裂。
　2. 雄蕊全部有花药；蒴果成熟时开裂，自基部向上反卷，但不作螺旋状卷曲，喙里面无毛 …………………………………………… **2. 老鹳草属 Geranium** Linn.
　2. 雄蕊有 5 枚无花药；蒴果成熟时开裂，螺旋状卷曲，喙里面被毛 ………………
　………………………………………………… **3. 牻牛儿苗属 Erodium** L' Hér.

1. 熏倒牛属 **Biebersteinia** Steph. ex Fisch.

Steph. ex Fisch. in Mém. Soc. Nat. Moscou ser. 2. 1：89. 1806；
R. Knuth in Engl. Pflanzenr. Heft 53. 4 (129)：546. 1912.

　　直立草本，具腺毛。叶互生，羽状分裂，具托叶。聚伞状圆锥花序；萼片及花瓣均为 5 枚，覆瓦状排列，有与花瓣互生的腺体 5 枚；雄蕊 10 枚，全部具花药；子房 5 裂，5 室，每室有胚珠 1 枚，花柱几与子房等长。蒴果无喙，成熟时由宿存的中轴上分离，不开裂；种子胚乳肉质，偏于一侧，子叶稍肥厚。

　　约 5 种，主要分布于地中海地区、西亚、中亚、我国西北部和西喜马拉雅。我国有 3 种，分布于我国的西北地区和西藏西部；昆仑地区产 1 种。

1. 熏倒牛 图版 51：1～6

Biebersteinia heterostemon Maxim. in Mém. Biol. Acad. Sci. St.-Pétersb. 11：176. 1880, et in Bull. Acad. Sci. St.-Pétersb. 27：439. 1881；中国高等植物图鉴 2：533. 图 2795. 1972；秦岭植物志 1（3）：118. 1981；四川植物志 9：71. 1989；中国植物志 43（1）：87. 1998；青海植物志 2：280～281. 1999；青藏高原维管植物及其生态地理分布 528. 2008.

一年生草本，茎直立，高 30～90 cm，全株被深棕色腺毛和白色短柔毛，鲜时搓碎有臭味。根直立，细圆柱形，红褐色。茎单一，直立。叶互生，长圆状披针形，长 7～24 cm，宽 4～16 cm，三回羽状全裂，小裂片条状披针形，边有粗齿，两面被疏微毛；叶柄长达 10 cm。聚伞状圆锥花序顶生，长达 35 cm；花梗长 3～7 mm；苞片卵圆形，有短尖；萼片宽卵圆形，长约 6 mm，内面 2 枚稍狭，先端尖；花瓣黄色，倒卵形，略短于萼片，边缘波状。蒴果不开裂，顶端无喙，成熟时果瓣不向上反卷；种子肾形，具皱纹。 花期 6～8 月，果期 8～9 月。

产青海：兴海（中铁林场恰登沟，吴玉虎 45007；中铁乡天葬台沟，吴玉虎 45909、45953）、玛沁（拉加乡，吴玉虎，采集号不详）。生于海拔 3 200～3 700 m 的山地阴坡高寒灌丛草甸、草地、田边、路旁或河滩、沟谷山地阔叶林缘。

分布于我国的新疆、青海、甘肃、宁夏、西藏。

2. 老鹳草属 Geranium Linn.

Linn. Sp. Pl. 676. 1753；R. Knuth in Engl.

Pflanzenr. Heft 53. 4（129）：43. 1912.

多年生草本，通常被倒向毛。叶对生或互生，掌状浅裂或深裂；托叶 2 或 4 枚，对生。花序聚伞状或单生，每总花梗通常具 2 花，稀为单花；花辐射对称；萼片和花瓣 5 枚，均覆瓦状排列；蜜腺 5 枚，与花瓣互生；雄蕊 10 枚，通常全部具花药，花丝基部扩大，离生或基部稍合生；子房 5 室，花柱上部具 5 分枝。蒴果，顶端有喙，每果瓣具 1 种子，成熟时由基部向上反卷开裂，但不作螺旋状卷曲，果瓣宿存于花柱上，内无毛。

约 400 种，主要分布于世界温带及亚热带高山草地。我国有 55 种和 5 变种，主产于西南、西北和东北地区；昆仑地区产 5 种。

分 种 检 索 表

1. 花细小，花瓣淡红色或白色，长 5～7 mm，常单生，稀顶生花 2 朵；植株被倒向紧

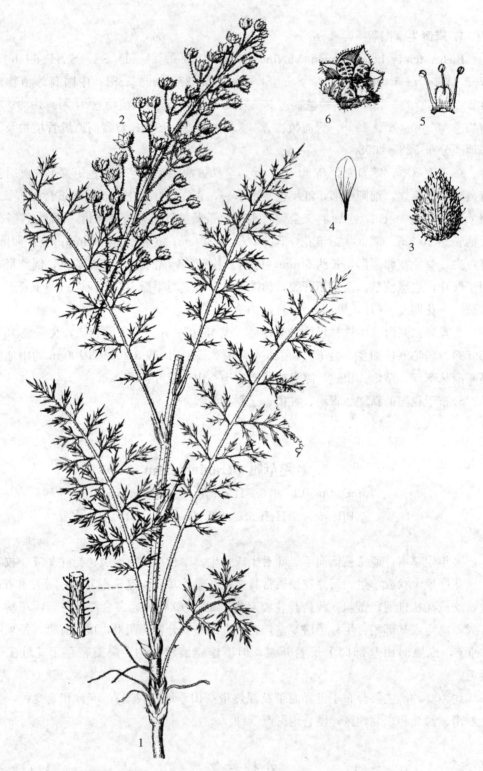

图版 51 熏倒牛 Biebersteinia heterostemon Maxim. 1. 植株下部；2. 花序；3. 萼片；4. 花瓣；5. 雄蕊；6. 果实。（引自《中国植物志》，李志民绘）

贴的短毛，无腺毛…………………………………… **1. 鼠掌老鹳草 G. sibiricum** Linn.
1. 花较大，花瓣紫红色，稀白色或粉红色，长 8～20 mm；聚伞花序具 2～4 花，顶生；
　植株被腺毛或被倒向毛。
　2. 茎和花梗均被腺毛。
　　3. 花梗果期直立；叶片通常 7 裂 ……… **2. 蓝花老鹳草 G. pseudosibiricum** J. Mayer
　　3. 花梗果期向下弯曲；叶较小，对生，叶片 7 深裂几达基部 …………………
　　　………………………………………………… **3. 草地老鹳草 G. pratense** Linn.
　2. 茎和花梗被倒向毛，无腺毛。
　　4. 根状茎细长，节部膨大，呈串珠状；茎高 8～35 cm；叶片宽达 4 cm；花瓣长
　　　14～20 mm ……………………………… **4. 甘青老鹳草 G. pylzowianum** Maxim.
　　4. 根状茎短，具 1 簇萝卜状块根；茎高 8～15 cm；叶片宽 1.5～2.4 cm；花瓣长
　　　约 10 mm ……………………………… **5. 萝卜根老鹳草 G. napuligerum** Franch.

1. 鼠掌老鹳草 图版 52：1

Geranium sibiricum Linn. Sp. Pl. 683. 1753；Edgew. et Hook. f. in Hook. f. Fl. Brit. Ind. 1：431. 1875；R. Knuth. in Engl. Pflanzenr. Heft 53. 4（129）：195. 1912；Kitag. Lineam. Fl. Mansh. 197. 1939；Bobr. in Schischk. et Bobr. Fl. URSS 14：57. 1949；中国高等植物图鉴 2：530. 图 2784. 1972；东北草本植物志 6：16. 1977；内蒙古植物志 4：3. 1979；西藏植物志 3：5. 1986；横断山区维管植物 1：1026. 1993；中国植物志 43（1）：33. 图版 8：1. 1998；青海植物志 2：281～282. 1999；Fl. China 11：15. 2008；青藏高原维管植物及其生态地理分布 531. 2008.

多年生草本，高 15～80 cm。直根，分枝或不分枝。茎多分枝，斜上或略直，具棱槽，被倒向紧贴的短毛。叶对生；叶宽肾状五角形，长 2.5～5.0 cm，宽 3～7 cm，基部截形或心形，两面被短毛；基生叶通常 5 深裂，上部叶 3～5 深裂；裂片菱状卵形，有羽状深裂及齿状深缺刻；叶柄长 1～8 cm，被倒向柔毛或伏毛；托叶披针形，先端渐尖。花通常单生叶腋或顶生（稀聚伞花序具 2 花），直径约 8 mm；花梗被倒向柔毛；苞片 2 枚，条状披针形；萼片长卵形，长 4～6 mm，具 3 脉，沿脉被疏柔毛，先端具芒尖；花瓣较萼片稍长，白色或淡红色，倒卵形，基部具长爪，微被毛；花丝基部扩大，具缘毛；花柱合生部分短，子房被毛。蒴果长 1.5～2.0 cm，被短毛；种子肾状椭圆形，黑色，具细网状隆起。　花期 6～7 月，果期 7～9 月。

产青海：兴海（中铁乡附近，吴玉虎 42808、42818、42920、42944、42999；唐乃亥乡，吴玉虎 42158、42405；中铁乡至中铁林场途中，吴玉虎 43069、43106、43131、43172）、称多、玛沁。生于海拔 2 800～3 900 m 的山坡草地、林间或林缘、沟谷山地阴坡高寒灌丛下及河滩、路旁。

分布于我国的西北、西南、华北、东北、湖北；欧洲，中亚地区各国，俄罗斯西伯利亚和北高加索地区，蒙古，朝鲜，日本北部也有。

2. 蓝花老鹳草

Geranium pseudosibiricum J. Mayer Boehm. Abh. 238. 1786；R. Knuth in Engl. Pflanzenr. Heft 53. 4 (129)：124. 1912；Bobr. in Schisehk. et Bobr. Fl. URSS 14：29. 1949；中国植物志 43 (1)：59～60. 图版 11：6～11. 1998；新疆高等植物检索表 307. 图 7. 2000；Fl. China 11：21～22. 2008.

多年生草本，高 25～40 cm。根茎短粗，木质化，具多数粗纤维状或肥厚的根，上部围以残存的基生托叶。茎多数，下部仰卧，具明显棱槽，假二叉状分枝，被倒向短柔毛，上部混生腺毛。叶基生和茎上对生；托叶三角形，长 4～5 mm，宽 1.5～2.0 mm，先端长渐尖，外被短柔毛；基生叶和茎下部叶具长柄，柄长为叶片的 2～3 倍，被短柔毛和腺毛，向上叶柄渐短；叶片肾圆形，掌状 5～7 裂近基部，裂片菱形或倒卵状楔形，下部全缘，上部羽状浅裂至深裂，下部小裂片条状卵形，常具 1～2 齿，先端急尖，具短尖头，表面被疏伏毛，背面主要沿脉和边缘被柔毛和腺毛。总状花序腋生，总花梗具 1～2 花；苞片钻状披针形，长 2～3 mm；花梗与总花梗相似，长为花的 1.5～2.0 倍，直生或果期花梗基部下折，花梗上部向上弯曲；萼片长卵形或椭圆状长卵形，长 5～7 mm，宽 3～4 mm，先端具长 1.0～1.5 mm 的尖头，外被短柔毛和长腺毛；花瓣宽倒卵形，紫红色，长为萼片的 2 倍，先端钝圆，基部楔形，被长柔毛；雄蕊稍长于萼片，花药棕色，花丝下部扩展成长卵状，仅边缘被长缘毛；雌蕊密被微柔毛，花柱暗紫红色，无毛。蒴果长 2.0～2.5 cm，被短柔毛和开展腺毛。　花期 7～8 月，果期 8～9 月。

产新疆：阿克陶（县城郊区，青藏队吴玉虎 4605、5031）、塔什库尔干（县城郊区，青藏队吴玉虎 5050；明铁盖，青藏队吴玉虎 5048）。生于海拔 2 500～4 500 m 的沟谷山坡草地、山谷湿地。

分布于我国的新疆、青海；东欧，中亚山地，哈萨克斯坦，蒙古也有。

3. 草地老鹳草　图版 53：1～2

Geranium pratense Linn. Sp. Pl. 681. 1753；R. Knuth in Engl. Pflanzenr. Heft 53. 4 (129)：127. 1912；Kitag. Lineam. Fl. Mansh. 297. 1939；Bobr. in Schischk. et Bobr. Fl. URSS 14：31. 1949；中国高等植物图鉴 2：522. 图 2773. 1972；东北草本植物志 6：11. 1977；西藏植物志 3：7. 1981；四川植物志 9：29. 1989；横断山区维管植物 1：1027. 1993；H. Koba, S. Akiyama, Y. Endo and H. Ohba Name List Fl. Pl. Gymnosp. Nepal 227. 1994；中国植物志 43 (1)：58. 1998；青海植物志 2：282～283. 图版 48：1～2. 1999；Fl. China 11：22. 2008；青藏高原维管植物及其生态地理分布 530. 2008. —— *G. transbaicalicum* Serg. in Anim. Syst. Herb. Univ. Tomsk. 1：4. 1934, syn. nov.

多年生草本，高 25～70 cm。根状茎短，被棕色鳞片状残存基生托叶，下部具多数肉质粗根。茎直立，向上分枝，下部被倒向伏毛及柔毛，上部混生腺毛。叶对生，肾状圆形，常 7 深裂几达基部，宽 3～8 cm，裂片菱状卵形，羽状分裂，小裂片具缺刻或大的齿牙，顶部叶常 3～5 深裂，两面均被稀疏伏毛，下面沿脉毛较密；基生叶具长柄，长达 15 cm，茎生叶柄较短；托叶披针形，渐尖，长约 1 cm，宽约 4 mm，淡棕色。聚伞花序生于小枝顶端，通常具 2 花；总花梗长 2～5 cm，与花梗均被短柔毛和蜜腺毛；花梗长 1～3 cm，果期向下弯；萼片卵形，具 3 脉，先端具短芒，密被短毛及开展腺毛，长约 8 mm；花瓣蓝紫色，倒卵形，长为萼片的 1.0～1.5 倍，基部有毛；花丝基部扩展，具缘毛；花柱合生部分长 5～7 mm，分枝部分长 2～3 mm。蒴果具短柔毛及腺毛，长 2～3 cm。 花期 6～7 月，果期 7～9 月。

产新疆：塔什库尔干（县城郊区，青藏队吴玉虎 4948）、于田（三岔河，吴玉虎 3802）、策勒（奴尔乡亚门，青藏队吴玉虎 2486、88 - 1974）。生于海拔 3 200～3 800 m 的沟谷草甸、山坡高山草甸、山地草原。

青海：兴海（中铁乡天葬台沟，吴玉虎 45869、45882、45912；赛宗寺，吴玉虎 45959、46204、46222；中铁乡至中铁林场途中，吴玉虎 43125、43145、43148、43155、43204；中铁乡附近，吴玉虎 42916、42987、45368；中铁林场恰登沟，吴玉虎 44887、44898、44926、44935、44965、47597）、称多、玛沁（大武乡江让水电站，吴玉虎等 18684、18694、18698、18749；县城郊区，马柄奇 2152）、班玛（马柯河林场，吴玉虎 26146、26153、26160；亚尔堂乡王柔，吴玉虎 26208；马柯河农场红军沟，王为义等 26869；城郊，王为义等 26705）。生于海拔 3 200～3 600 m 的高山砾石坡、河谷山麓林缘灌丛草甸、沟谷山地阴坡高寒灌丛草甸。

分布于我国的新疆、青海、西藏、四川，以及华北、东北和西北其他地方；欧洲，亚洲西部，中亚地区各国，喜马拉雅山地区，蒙古，朝鲜，日本也有。

4. 甘青老鹳草　图版 52：2

Geranium pylzowianum Maxim. in Bull. Acad. Sci. St.-Pétersb. 26：452. 1880；R. Knuth in Engl. Pflanzem. Heft 53. 49（129）：144. 1912；Hand. Mazz. Symb. Sin. 7：620. 1933；中国高等植物图鉴 2：526. 图 2781. 1972；秦岭植物志 1（3）：121. 1981；西藏植物志 3：10. 1986；四川植物志 9：41. 1989；云南植物志 5：83. 1991；H. Ohba, S. Akiyama, Y. Endo and H. Ohba Name List Fl. Pl. Gymnosp. Nepal 1026. 1994；Yeo in Edinb. Journ. Bot. 49（2）：135. 1992；中国植物志 43（1）：62. 1998；青海植物志 2：283，1999；Fl. China 11：18～19. 2008；青藏高原维管植物及其生态地理分布 530. 2008. —— *G. canopurpureum* Yeo in Edinb. Journ. Bot. 49：138. 1992, syn. nov.

多年生草本，高 8～35 cm。根状茎细长，节部膨大，呈串珠状。茎细弱，斜升，被倒向伏毛。叶互生，肾状圆形，长 1.0～3.5 cm，宽 1～4 cm，掌状 5 深裂达基部，

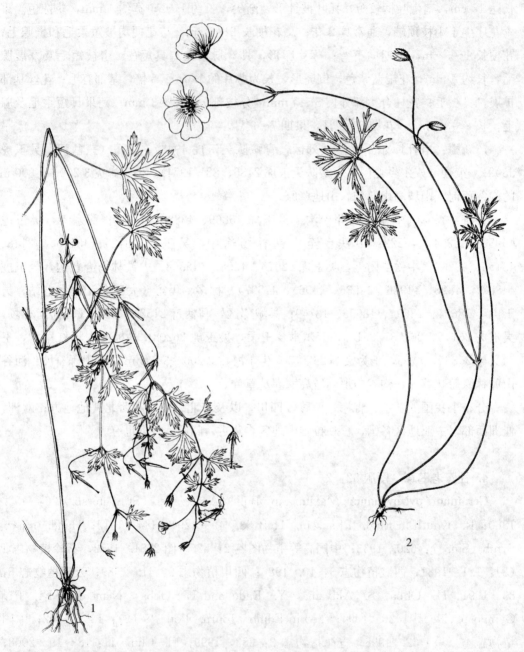

图版 **52** 鼠掌老鹳草 Geranium sibiricum Linn. 1. 植株。甘青老鹳草 **G. pylzowianum** Maxim.
2. 植株。 (引自《中国植物志》,李志民绘)

裂片1~2次深裂，小裂片宽条形，全缘，宽2~3 mm，先端尖，被伏毛；基生叶具长柄，柄长达12 cm，被伏毛，茎生叶的叶柄向上渐变短。聚伞花序腋生和顶生，具2或4花；总花梗纤细，被倒向短柔毛，长可达12 cm；花梗长4~5 cm，在果期向下垂；萼片长圆状披针形，具3~5脉，长8~10 mm，先端有短芒尖，边缘膜质，与外面脉上均被疏毛；花瓣常紫红色，稀白色或粉红色，倒卵圆形，长14~20 mm，先端平截，基部爪状，腹面中部以下被毛；雄蕊近等长于花柱，花丝基部扩展，被疏毛；子房密被毛。蒴果长约2 cm，被微毛。　花期7~8月，果期8~9月。

产青海：玛沁（大武乡江让水电站，吴玉虎18608、18610）。生于海拔3 400~4 600 m的高山石砾山坡、沟谷山地灌丛草甸。

分布于我国的青海、甘肃、陕西、西藏、四川西部和西北部、云南西北部；尼泊尔也有。

5. 萝卜根老鹳草　图版53：3~4

Geranium napuligerum Franch. Pl. Delav. 115. 1889；R. Knuth in Engl. Pflanzenr. Heft 53. 4（129）；143. 1912；云南植物志5：81. 1991；H. Koba, S. Akiyama, Y. Endo and H. Ohba Name List Fl. Pl. Gymnosp. Nepal 1026. 1994；中国高等植物图鉴2：527. 图2783. 1972；四川植物志9：28. 1989；Yeo in Edinb. Journ. Bot. 49（2）：158. 1992；中国植物志43（1）：68. 1998；青海植物志2：283~284. 图版48：5~6. 1999；Fl. China 11：19~20. 2008；青藏高原维管植物及其生态地理分布530. 2008.

多年生草本，高8~15 cm。根状茎短，具1簇萝卜状块根。茎纤细，仰卧，从基部分枝，上部二叉分枝，被倒向贴生短毛。基生叶具长柄，长达7 cm，密被倒向贴生短毛，叶肾状圆形，宽1.5~2.4 cm，5深裂几达基部，裂片扇状楔形，顶部深裂达中部，小裂片宽条形，两面被伏生疏毛；叶柄纤细；茎生叶与基生叶同形，具较短叶柄。聚伞花序顶生，被短柔毛和腺毛，果期下折；总花梗具2花，长达6 cm；花梗纤细，长达3 cm，被短伏毛，在果期下垂；萼片卵状披针形，长6~8 mm，先端具短尖头，具3脉，被长柔毛；花瓣紫红色，倒卵形，长约10 mm，先端平截，基部渐狭成窄楔形，被柔毛；雄蕊较花柱长，花丝被长毛达中部以上；花柱紫红色，长约4.5 mm，分枝部分长约1.5 mm，子房被密毛。蒴果长约2 cm，被微毛；种子细小，具皱纹。　花期7~8月，果期8~9月。

产青海：玛多（黑海乡红土坡煤矿，吴玉虎等18077）。生于海拔4 150 m左右的沟谷山地高寒草甸。

分布于我国的青海、甘肃南部、陕西秦岭、四川西南部和西部、云南西北部。

3. 牻牛儿苗属 Erodium L'Hér.

L'Hér. in Aiton, Hort. Kew. 2：414. 1789.

——Geranium Linn. Sp. Pl. 676. 1753, p. p.

草本。茎平铺或稍斜升，常具膨大的节。叶对生，羽状深裂；具托叶。伞形花序，具总花梗，花整齐对称；萼片 5 枚，覆瓦状排列；花瓣 5 枚，与腺体互生；雄蕊 10 枚，2 轮，有药雄蕊与萼片对生，外轮无药雄蕊常退化为鳞片状，与花瓣对生；子房 5 室，每室具 2 胚珠，花柱 5 枚。蒴果具 5 果瓣，每果瓣含 1 粒种子，有长喙，成熟时果瓣自果轴的基部分离，自下而上螺旋状卷曲，果瓣腹面具长毛；种子无胚乳。

约 90 种，主要分布于欧亚温带、地中海地区、非洲、澳大利亚和南美。我国有 4 种，分布于东北、华北、西北、西南等地；昆仑地区产 1 种。

1. 牻牛儿苗　图版 53：5～6

Erodium stephanianum Willd. Sp. Pl. 3：625. 1800；DC. Prodr. 1：645. n. 11. 1824；Ledeb. Fl. Ross. 1：475. 1842；Maxim. in Bull. Acad. St.-Pétersb. 26：467. 1880；R. Knuth in Engl. Pflanzenr. Heft 53. 4 (129)：272. 1912；Vved. in Schischk. et Bobr. Fl. URSS 14：65. 1949；中国高等植物图鉴 2：530. 1972；西藏植物志 3：12. 1986；四川植物志 9：64. 1989；横断山区维管植物 1：1029. 1993；H. Koba, S. Akiyama, Y. Endo and H. Ohba Name List Fl. Pl. Gymnosp. Nepal 201. 1994；中国植物志 43 (1)：22. 1998；青海植物志 2：284. 图版 48：5～6. 1999；Fl. China 11：30. 2008；青藏高原维管植物及其生态地理分布 528. 2008. —— *Geranium stephanianum* Poir. Encycl. Supppl. 2：741. 1881. —— *G. multifidium* Patrin ex DC. Prodr. 1：645. n. 11. 1824.

多年生草本，高 15～45 cm。根圆柱状，细长。茎多分枝，被柔毛。叶对生，卵形、长卵形或椭圆状三角形，长 3～7 cm，宽 3～6 cm，二回羽状深裂，一回裂片 3～7 对，条形，基部下延至中脉；叶柄长 3～7 cm，被长柔毛或近无毛；托叶条状披针形，被柔毛，边缘膜质，具缘毛。伞形花序腋生，总花梗长 3～16 cm，被柔毛和倒向短柔毛，每梗具 2～5 花；花梗与总花梗相似，等于或稍长于花，花期直立，果期开展；萼片矩圆形，长约 6 mm，宽约 3 mm，先端钝，具长芒，背面被长毛，边缘膜质；花瓣淡紫色，倒卵形，较萼片稍短，先端钝圆；子房被灰色长硬毛。蒴果长约 3 cm，顶端具长喙，成熟时 5 果瓣与中轴分离，喙呈螺旋状卷曲。　花期 6～7 月，果期 7～8 月。

产青海：兴海（中铁乡天葬台沟，吴玉虎 45805、45818、45848、45929、47615、47673；大河坝乡赞毛沟，吴玉虎 47053、47107、47117、47124、47131；中铁林场恰

登沟，吴玉虎 44976、45061、45069、45075）、玛沁（军功乡龙穆子沟，吴玉虎 25678）。生于海拔 3 150～3 385 m 的河沟山坡草地、沟谷砾石山坡草地、山谷阔叶林缘草甸、山地阴坡高寒灌丛草甸。

分布于我国的黄河以北各省区；中亚地区各国，阿富汗，克什米尔地区，尼泊尔，俄罗斯，蒙古也有。

三十四　亚麻科 LINACEAE

　　草本，稀灌木。单叶，全缘，互生或对生；无托叶或具不明显托叶。花序为聚伞花序、二歧聚伞花序或蝎尾状聚伞花序（此时花序外形似总状花序）；花整齐，两性，4～5数；萼片覆瓦状排列，宿存，分离；花瓣辐射对称或螺旋状，常早落，分离或基部合生，雄蕊与花被同数或为其2～4倍，排成1轮或有时具1轮退化雄蕊，花丝基部扩展，合生成筒或环；子房上位2～3（5）室，心皮常由中脉处延伸成假隔膜，但隔膜不与中柱胎座联合，每室具1～2胚珠；花柱与心皮同数，分离或合生，柱头各式。果实为室背开裂的蒴果或为含1粒种子的核果。种子具微弱发育的胚乳，胚直立。

　　科模式属：亚麻属 *Linum* Linn.

　　约12属，300余种。全世界广布，但主要分布于温带。我国有4属14种，全国广布，其中木本类群主要分布于我国的亚热带，草本类群主要分布于我国的温带，特别是干旱和高寒地区；昆仑地区产1属3种。

1. 亚麻属 Linum Linn.

Linn. Sp. Pl. 277. 1753; Hutch. Fam. Flow. Pl. 1：260. 1959.

　　草本或茎基部木质化。茎不规则叉状分枝。单叶、全缘，无柄，对生、互生或散生，1脉或3～5脉，上部叶缘有时具腺睫毛。聚伞花序或蝎尾状聚伞花序；花5数；萼片全缘或边缘具腺睫毛；花瓣长于萼片，红色、白色、蓝色或黄色，基部具爪，早落；雄蕊5枚与花瓣互生，花丝下部具睫毛，基部合生，退化雄蕊5枚，呈齿状；子房5室（或为假隔膜分为10室），每室具2胚珠；花柱5枚。蒴果卵球形或球形，开裂，果瓣10枚，通常具喙。种子扁平，具光泽。

　　约200种，主要分布于全球的温带和亚热带山地，地中海地区分布较为集中。我国约9种，主要分布于西北、东北、华北和西南等地；昆仑地区产3种。

分 种 检 索 表

1. 一年生栽培植物，果实假隔膜边缘具缘毛 ·················· **1. 亚麻 L. usitatissimum** Linn.
1. 多年生野生植物，果实假隔膜不具缘毛。
　　2. 花柱异长 ··· **2. 宿根亚麻 L. perenne** Linn.
　　2. 花柱与雄蕊近等长 ···························· **3. 短柱亚麻 L. pallescens** Ledeb.

1. 亚 麻

Linum usitatissimum Linn. Sp. Pl. 277. 1753；秦岭植物志 1（3）：128. 1981；西藏植物志 3：17. 1986；中国植物志 43（1）：102. 1998；青海植物志 2：287. 1999；青藏高原维管植物及其生态地理分布 532. 2008. —— *L. humile* Mill. Gard. Dict. ed. 8. No. 2. 1768；Fl. URSS 14：102. 1949.

一年生草本。茎直立，高 30～120 cm，多在上部分枝，有时自茎基部亦有分枝，但密植则不分枝，基部木质化，无毛，韧皮部纤维强韧具弹性，构造如棉。叶互生，叶片线形，线状披针形或披针形，长 2～4 cm，宽 1～5 mm，先端锐尖，基部渐狭，无柄，内卷，有 3（5）出脉。花单生于枝顶或枝的上部叶腋，组成疏散的聚伞花序；花直径 15～20 mm；花梗长 1～3 cm，直立；萼片 5 枚，卵形或卵状披针形，长 5～8 mm，先端凸尖或长尖，有 3（5）脉，中央 1 脉明显凸起，边缘膜质，无腺点，全缘，有时上部有锯齿，宿存；花瓣 5 枚，倒卵形，长 8～12 mm，蓝色或紫蓝色，稀白色或红色，先端啮蚀状；雄蕊 5 枚，花丝基部合生；退化雄蕊 5 枚，钻状；子房 5 室，花柱 5 枚，分离，柱头比花柱微粗，细线状或棒状，长于或几等于雄蕊。蒴果球形，干后棕黄色，直径 6～9 mm，顶端微尖，室间开裂成 5 瓣；种子 10 粒，长圆形，扁平，长 3.5～4.0 mm，棕褐色。 花期 6～8 月，果期 7～10 月。

产新疆：莎车（恰热克镇阿瓦提附近，王焕存 081）。生于海拔 1 600 m 左右的农田潮湿地。

青海：都兰（香日德，青甘队 1324）。栽培于海拔 3 160 m 左右。

全国大部分省区皆有栽培，但以北方和西南地区较为普遍；有时逸为野生。原产地中海地区，现欧、亚温带多有栽培。

2. 宿根亚麻

Linum perenne Linn. Sp. Pl. 277. 1753；Hook. F. Fl. Brit. Ind. 1：411. 1874；Forb. et Hemsl. in Journ. Linn. Soc. Bot. 23：95. 1886；Franch. Pl. Delav. 109. 1889；Hu in Bull. Fan Mem. Inst. Biol. 1：18. 1929；Juz. Fl. URSS 14：116. 1949；西藏植物志 3：17. 1986；中国植物志 43（1）：103. 1998；青海植物志 2：288. 1999；青藏高原维管植物及其生态地理分布 532. 2008. —— *L. sibiricum* DC. Prodr. 1：427. 1824，p. p.

多年生草本，高 20～90 cm。根为直根，粗壮，根颈头木质化。茎多数，直立或仰卧，中部以上多分枝，基部木质化，具密集狭条形叶的不育枝。叶互生；叶片狭条形或条状披针形，长 8～25 mm，宽 8～3（4）mm，全缘内卷，先端锐尖，基部渐狭，1～3 脉（实际上由于侧脉不明显而为 1 脉）。花多数，组成聚伞花序，蓝色、蓝紫色、淡蓝色，直径约 2 cm；花梗细长，长 1.0～2.5 cm，直立或稍向一侧弯曲；萼片 5 枚，卵形，长 3.5～5.0 mm，外面 3 枚先端急尖，内面 2 枚先端钝，全缘，5～7 脉，稍凸起；花瓣 5 枚，倒卵形，长 1.0～1.8 cm，顶端圆形，基部楔形；雄蕊 5 枚，长于或短于雌蕊，或与雌蕊近等长，花丝中部以下稍宽，基部合生，退化雄蕊 5 枚，与雄蕊互生；子房 5 室，花柱 5 枚，分离，柱头头状。蒴果近球形，直径 3.5～7.0（8.0）mm，草黄色，开裂。种子椭圆形，褐色，长约 4 mm，宽约 2 mm。　花期 6～7 月，果期 8～9 月。

产新疆：塔什库尔干（卡拉其古，青藏队吴玉虎 537）。生于海拔 3 600 m 左右的沟谷山地砾石山坡、河谷阶地砾石地。

青海：都兰（采集地不详，杜庆 404）、班玛（亚尔堂乡，郭本兆 512）。生于海拔 3 550 m 左右的干草原或山坡砾石地。

分布于我国的河北、山西、内蒙古、西北和西南等地；俄罗斯西伯利亚，欧洲，西亚也有。

3. 短柱亚麻　图版 53：7～8

Linum pallescens Ledeb. Fl. Alt. 1：438. 1829. Juz. Fl. URSS 14：106. 1949；西藏植物志 3：17. 1986；中国植物志 43（1）：104. 图版 31：3～6. 1998；青海植物志 2：287. 图版 48：7～8. 1999；青藏高原维管植物及其生态地理分布 532. 2008.

多年生草本，高 10～30 cm。直根系，粗壮，根茎木质化。茎多数丛生，直立或基部仰卧，不分枝或上部分枝，基部木质化，具卵形鳞片状叶；不育枝通常发育，具狭的密集的叶。茎生叶散生，线状条形，长 7～15 mm，宽 0.5～1.5 mm，先端渐尖，基部渐狭，叶缘内卷，1 脉或 3 脉。单花腋生或组成聚伞花序，花直径约 7 mm；萼片 5 枚，卵形，长约 3.5 mm，宽约 2 mm，先端钝，具短尖头，外面 3 片具 1～3 脉或间为 5 脉，侧脉纤细而短，果期中脉明显隆起；花瓣倒卵形，白色或淡蓝色，长为萼片的 2 倍，先端圆形、微凹，基部楔形；雄蕊和雌蕊近等长，长约 4 mm。蒴果近球形，草黄色，直径约 4 mm；种子扁平，椭圆形，褐色，长约 4 mm，宽约 2 mm。　花果期 6～9 月。

产新疆：塔什库尔干（卡拉其古营房西南坡，西植所新疆队 983）。生于海拔 4 100 m 左右的河沟山坡砾石草地。

青海：都兰（香日德农场至都兰途中，植被地理组 272）、玛沁（拉加乡，玛沁队 202）。生于海拔 3 100 m 左右的河谷干山坡砾石草地。

分布于我国的新疆、青海、甘肃、宁夏、陕西、西藏、内蒙古；俄罗斯西西伯利亚、中亚地区各国也有。

图版 53 草地老鹳草 Geranium pratense Linn. 1. 植株上部；2. 果。萝卜根老鹳草 **G. napuligerum** Franch. 3. 植株一部分；4. 花。牻牛儿苗 **Erodium stephanianum** Willd. 5. 植株一部分；6. 果。短柱亚麻 **Linum pallescens** Ledeb. 7. 植株；8. 果。（王颖绘）

三十五　蒺藜科 ZYGOPHYLLACEAE

多年生草本、半灌木或灌木，稀为一年生草本。托叶分离或不分离，常宿存；单叶或羽状复叶，多肉质。花单生或2朵并生于叶腋，有时为总状花序，或为聚伞花序；花两性，辐射对称或两侧对称；花萼、花瓣5枚，有时4枚，覆瓦状或镊合状排列；雄蕊与花瓣同数，或为花瓣的2～4倍，通常长短相间，外轮与花瓣对生，花丝下部常具鳞片，花药丁字形着生，纵裂；子房上位3～5室，稀2～12室，极少各室有横隔膜。果革质或脆壳质，或为具2～10个分离或联合果瓣的分果，或为室间开裂的蒴果，或为浆果状核果；种子有胚乳或无胚乳。

约27属350种，分布于全球的热带、亚热带和温带，主要在亚洲、非洲、欧洲、美洲和澳大利亚。我国有6属31种2亚种4变种，主要分布于西北荒漠区；昆仑地区产4属13种1变种。

分 属 检 索 表

1. 聚伞花序，花瓣镊合状排列，雄蕊无附属物；浆果状核果 … **1. 白刺属 Nitraria** Linn.
1. 花1～2朵生于叶腋，花瓣覆瓦状排列，雄蕊有附属物或基部增宽；蒴果或分果。
  2. 分果，果瓣背部具刺；复叶，小叶4～7对，非肉质，被长硬毛 …………………
  ………………………………………………………… **4. 蒺藜属 Tribulus** Linn.
  2. 蒴果，果实具翅或无翅；单叶或复叶，如为复叶，则小叶1～3对且肉质无毛。
    3. 单叶，分裂；花丝基部增宽 ……………… **2. 骆驼蓬属 Peganum** Linn.
    3. 复叶，小叶1或多对，不分裂；花丝基部具鳞片 … **3. 霸王属 Zygophyllum** Linn.

1. 白刺属 **Nitraria** Linn.

Linn. Sp. Pl. 1022. 1753.

灌木，高0.5～2.0 m。枝先端常成硬针刺。单叶质厚，肉质，全缘或顶端齿裂；托叶小。顶生或腋生聚伞花序，蝎尾状；萼片5枚，基部联合，宿存；花瓣5枚，白色或黄绿色，镊合状排列；雄蕊10～15枚；子房上位，3室，柱头卵形。浆果状核果，外果皮薄，中果皮肉质多浆，内果皮骨质。

约11种，分布于亚洲、欧洲、非洲和澳大利亚。我国有6种1变种，主要分布于西北各省区；昆仑地区产4种。

分 种 检 索 表

1. 果实成熟时为干膜质，膨胀成球形，果核窄圆锥形；叶条形或倒披针状条形，宽 2～
5 mm ·· **1. 泡泡刺 N. sphaerocarpa** Maxim.
1. 浆果状核果，成熟时肉质，果核卵状圆锥形，叶匙形、倒卵形或长圆状倒卵形。
  2. 嫩枝被伏贴的短毛；果较大，长 12～18 mm，果核长（7）8～10 mm ···············
  ··· **2. 大白刺 N. roborowskii** Kom.
  2. 嫩枝被开展的短毛；果、果核较小。
    3. 嫩枝上叶（2）3～5 枚簇生；果近球形或椭圆形，果径 6～8 mm，果核长 4～
5 mm ··· **3. 小果白刺 N. sibirica** Pall.
    3. 嫩枝上叶 2～3 枚簇生；果卵形，少椭圆形，果茎（8）10～13 mm，果核长
5～6 mm ·· **4. 白刺 N. tangutorum** Bobr.

1. 泡泡刺

Nitraria sphaerocarpa Maxim. in Mél. Biol. Acad. Sci. Pétersb. 11：657. 1883；新疆植物检索表 3：232. 1983；中国沙漠植物志 2：304. 图版 10：1～3. 1987；中国植物志 43 (1)：118. 图版 35：1～2, 9A. 1998；Fl. China 11：41. 2008.

灌木。枝平卧，长 25～50 cm，不育枝先端针刺状，嫩枝白色，密被伏贴或半开展的毛。叶近无柄，2～3（6）枚簇生，条形或倒披针状条形，全缘，长（5）9～30（34）mm，宽 1～5 mm，先端稍锐尖或钝。花序长 2～4 cm，花序轴被伏贴或稍开展的柔毛，黄灰色；花梗长 1～5 mm；萼片 5 枚，绿色，被柔毛；花瓣白色，无毛，长约 2 mm，花丝与花瓣近等长。果未熟时披针形，先端渐尖，密被黄褐色柔毛，成熟时外果皮干膜质，膨胀成球形，果径约 1 cm；果核狭纺锤形，长 6～8 mm，先端渐尖，表面具蜂窝状小孔。 花期 6 月，果期 6～7 月。

产新疆：喀什（喀什至叶城途中，黄荣福 C. G. 86－009）、英吉沙（英吉沙至莎车途中，青藏队 3307）、叶城（县城附近，青藏队吴玉虎 1809）。生于海拔 1 100～1 400 m 的荒漠戈壁滩。

分布于我国的新疆、甘肃、内蒙古；蒙古也有。

2. 大白刺 图版 54：1～5

Nitraria roborowskii Kom. in Acta Hort. Pétrop. 29 (1)：168. 1908；新疆植物检索表 3：232. 1983；中国沙漠植物志 2：305. 图版 106：7～9. 1987；中国植物志 43 (1)：120. 图版 35：7～8, 9D. 1998；青海植物志 2：290. 1999；Fl. China 11：41. 2008；青藏高原维管植物及其生态地理分布：532. 2008. —— *Nitraria praevisa* Bobr. in Bot. Rur. 50 (8)：1058. 1965.

灌木，高（0.2）0.5～2.0 m。枝平卧，有时直立；小枝白色，枝端针刺状，密被伏贴的毛或近无毛。托叶卵形、卵状披针形至钻状披针形，黄褐色，长 1～3（5）mm，早落；叶2～3 枚簇生，倒卵形或长圆状匙形，长（10）12～35（40）mm，宽（3.0）4.0～7.5（11.0）mm，先端钝圆或急尖，有时有小尖头，全缘、微凹或不规则 2～3 齿裂，基部渐狭，幼时两面密被伏贴的灰白色柔毛，后期毛稀疏。聚伞花序蝎尾状，生于当年生枝顶端；花序轴密被伏贴或稍开展的柔毛；萼片 5 枚，三角形，密被柔毛，基部联合，果期宿存；花瓣 5 枚，黄白色，长圆形，长 2～3 mm，边缘内折，顶端反卷呈兜状，被柔毛，有时无毛；雄蕊10～15 枚，花丝长 1.5～2.5（3.0）mm；子房密被柔毛，柱头 3 裂，头状。浆果卵球形，长 10～13 mm，熟时深红色，果汁紫黑色，表面被稀疏的柔毛；果核长卵形，长（7）8～10 mm，宽 3～4 mm。 花期 6～8 月，果期 7～9 月。

产新疆：塔什库尔干（县城北，阎平 92138；温泉，阎平 92027；班迪尔乡，阎平 4013）、叶城（昆仑山 53 km，生物所西藏队 3327）、若羌（县城郊区，生物所西藏队 3014）。生于海拔 1 200～3 000 m 的沟谷水边、河谷山坡及山麓。

青海：茫崖（阿拉尔以西，植被地理组 124；油沙山，植被地理组 106；尕斯库勒湖附近，植被地理组 108）、格尔木（格尔木农场，朱文江 64 - 021，黄守兴 008、018；格尔木东，杜庆 018；雨水河，陈世龙等 860）、都兰（诺木洪乡，朱文江 64 - 016、黄守兴 004、吴玉虎 36539；香日德乡，吴征镒等 75 - 215、杜庆 642、植被地理组 257；巴隆乡，杜庆 494）。生于海拔 2 700～3 350 m 的戈壁荒漠沙地、宽谷河滩阶地、盐渍化草甸。

分布于我国的新疆、青海、甘肃、宁夏、内蒙古；蒙古也有。

3. 小果白刺 图版 54：6～8

Nitraria sibirica Pall. Fl. Ross. 1：80. 1784；Bobr. in Schischk. et Bobr. Fl. URSS 14：197. 1949；新疆植物检索表 3：233. 1983；中国沙漠植物志 2：304. 图版 106：4～6. 1987；中国植物志 43（1）：121. 图版 35：3～4, 9B, 1998；青海植物志 2：289. 1999；Fl. China 11：42. 2008；青藏高原维管植物及其生态地理分布：533. 2008. —— *N. schoberi* Linn. var. *sibirica* DC. Prodr. 3：456. 1826. —— *N. sinesis* Kitag. in Jap. Bot. 54 (1)：321. 1979.

灌木，高 0.5～1.5 m。茎铺散，少直立，弯，多分枝；小枝灰白色，被开展的短毛，不育枝先端针刺状。托叶小，膜质，白色或褐色，卵状披针形，长不足 1 mm；叶 2～4（5）枚簇生，近无柄，倒披针形或倒卵状匙形，长 6.5～15.0（21.0）mm，宽 2.0～3.5（4.0）mm，全缘，先端钝或急尖，基部窄楔形，无毛。聚伞花序蝎尾状，生于当年生枝顶端，花序连同其着生的幼枝长 2～4 cm，果期稍伸长，密被开展的短毛；萼片 5 枚，三角形，无毛或被柔毛，基部联合，果期宿存；花瓣 5 枚，白色或背面带浅

图版 **54** 大白刺 **Nitraria roborowskii** Kom. 1. 果枝；2～4. 叶；5. 果实。小果白刺 **N. sibirica** Pall. 6. 果枝；7. 叶；8. 果实。（引自《新疆植物志》，谭丽霞绘）

绿色，长圆形，长 3.0～3.5 mm，边缘内折，顶端反卷呈兜状；雄蕊 10～15 枚，花丝长 2.3～3.5 mm，子房卵形，无毛，3 室，柱头头状，3 裂。果近球形，长 4～7 mm，熟时暗红色，果汁暗蓝紫色，果核卵形，顶端尖，长 4～5 mm。 花期 6～7 月，果期7～9 月。

产新疆：塔什库尔干（大同乡，帕考队 5077）。生于海拔 2 400～3 650 m 的河谷沙地、沟谷山麓砾石地。

青海：格尔木（城郊，杜庆 031、青甘队 501）、都兰（诺木洪乡，青甘队 164；香日德乡，杜庆 573；夏日哈乡，植被地理组 327）、兴海（河卡乡，何廷农 397）。生于海拔 2 700～3 700 m 的沟谷沙地、河滩阶地、宽谷滩地芨芨草草地。

分布于我国的各沙漠地区，以及华北、东北沿海沙区；蒙古，中亚地区各国，俄罗斯西伯利亚也有。

4. 白 刺

Nitraria tangutorum Bobr. in Sov. Bot. 14（1）：19. 1946；新疆植物检索表 3：233. 1983；中国沙漠植物志 2：306. 图版 106：10～12. 1987；中国植物志 43（1）：122. 图版 35：5～6，9E. 1998；青海植物志 2：290. 图版 49：1～3. 1999；Fl. China 11：42. 2008；青藏高原维管植物及其生态地理分布 533. 2008.

灌木，高 (0.3) 0.5～2.0 (2.5) m。茎斜上升，少直立或平卧，不育枝先端针刺状，幼枝白色，被开展的短毛。托叶白色或褐色，卵形或披针形，长不足 1 mm，早落；叶 2～3 枚簇生，倒披针形或宽倒披针形，长 12～25 (31) mm，宽 (2.0) 3.5～6.0 (7.5) mm，先端钝圆，稀锐尖，基部渐狭，无毛或嫩时被毛。聚伞花序蝎尾状，生于当年生枝顶端，具多数花；花序轴连同其着生的幼枝长 (3) 4～6 (9) cm，果期长 (3.0) 4.5～9.0 (13.0) cm，密被开展的短毛，有时花序轴仅内侧被毛；萼片 5 枚，三角形，或狭卵状三角形，无毛或被毛，基部联合，果期宿存；花瓣 5 枚，黄白色，长圆形，长 3.5～5.0 (6.0) mm，边缘内折，顶端反卷呈兜状；雄蕊 10～15 枚，花丝长 2.5～3.5 (4.5) mm；子房卵形或狭卵形，无毛或下部与柱头被毛。核果卵形，长 8～12 mm，表面被稀疏的短毛，熟时深红色；果核狭卵形或卵形，顶端尖，长 5～6 mm。花期 7～8 月，果期 7～9 月。

产新疆：阿克陶（木吉乡，帕考队 5626）、塔什库尔干（马尔洋乡，阎平 3978）、叶城（阿喀孜，帕考队 6292；库地，黄荣福 C. G. 86 - 026；昆仑山，高生所西藏队 3341）、于田（种羊场，青藏队吴玉虎 3814）、若羌（阿尔金山北坡，青藏队吴玉虎 2793；阿尔金山，刘海源 049）。生于海拔 2 100～3 400 m 的沟谷河滩砾地、山坡及山麓沙砾地、盐碱湖畔沙滩地。

青海：茫崖（冷湖西 10 km，青甘队 551）、格尔木（城郊，植被地理组 172、杜庆 023；格尔木农场，黄守兴 028、043、046；格尔木河西，郭本兆 11760；钾肥厂南侧，植被地理组 210)、都兰（诺木洪乡，刘尚武 041，黄荣福 C. G. 81 - 287；察汗乌苏，青甘队 1160；英德尔羊场，杜庆 437)、兴海（河卡乡，何廷农 066)。生于海拔 2 700～3 000 m 的宽谷河滩沙砾地、砾石河谷、沟谷山坡及山麓沙砾地。

分布于我国的新疆、青海、甘肃、宁夏、陕西、西藏、内蒙古。

2. 骆驼蓬属 Peganum Linn.

Linn. Sp. Pl. 444. 1753.

多年生草本。叶裂为条状裂片。萼片 5 枚，由基部分裂成不规则条形裂片，果期宿存；花瓣 5 枚；雄蕊 15 枚，花丝下部扩大；花柱上部三棱状。蒴果 3 室，种子多数。

6 种。分布于地中海沿岸、中亚、蒙古、北美；我国有 3 种，分布于西北干旱区，昆仑地区产 2 种。

分 种 检 索 表

1. 茎直立或开展，无毛；叶全裂为 3～5 条形或披针状条形裂片，裂片宽 1.5～3.0 mm
   ·· **1. 骆驼蓬 P. harmala** Linn.
1. 茎平卧，幼时被毛；叶二至三回深裂，裂片宽 1.0～1.5 mm ······························
   ·································· **2. 多裂骆驼蓬 P. multisectum**（Maxim.）Bobr.

1. 骆驼蓬 图版 55：1～2

Peganum harmala Linn. Sp. Pl. 444. 1753；Bobr. in Schischk. et Bobr. Fl. URSS 14：148. 1949；西藏植物志 3：20. 1986；中国沙漠植物志 2：308. 图版 107：7～10. 1987；中国植物志 43（1）：123. 图版 36：6～9. 1998；Fl. China 11：43. 2008；青藏高原维管植物及其生态地理分布 533. 2008.

多年生草本，高 20～65 cm，无毛。根木质粗壮，颈部生 1 至多数茎。茎直立或开展，多分枝。叶互生，一回全裂，茎下部者有时二回全裂，裂片条形、披针状条形或匙状条形，顶端急尖或短渐尖，长 10～40（50）mm，宽 1.5～3.0（5.0）mm。萼片 5 枚，条形，似叶裂片，长 11～20 mm，果期伸长，有时可达 40 mm，通常有 1 对侧裂片；花冠黄白色，倒卵状矩圆形，长 12～16 mm，宽 6～8 mm；雄蕊 15 枚，花药长 4～6 mm，花丝长 6～9 mm，下部扩展成卵形、倒卵形或长圆形；子房球形，柱头三棱状，稍扭曲。蒴果近球形，高 7～12 mm；种子多数，三棱形，黑褐色，表面被小瘤状突起。花期 7～8 月，果期 7～9 月。

产新疆：阿克陶（克孜勒陶，帕考队 5962)、塔什库尔干（县城南，阎平 3932)、叶城（库地，黄荣福 C. G. 86 - 017；普沙附近，青藏队 87986；麻扎，青藏队

图版 55　骆驼蓬 **Peganum harmala** Linn. 1. 花枝；2. 果实。蒺藜 **Tribulus terrester** Linn. 3. 植株；
4. 花；5. 果实。（引自《新疆植物志》，谭丽霞绘）

871406)、皮山（喀尔塔什，青藏队吴玉虎 1803）、且末（县城，刘海源 138）、若羌（县城，高生所西藏队 2986；县城附近，刘海源 094）。生于海拔 1 200～3 600 m 的绿洲、沙地、戈壁、河滩、山坡、河谷阶地、沙砾质河岸。

分布于我国的新疆、甘肃、宁夏、西藏、内蒙古；蒙古，中亚地区各国，西亚，伊朗，印度，地中海地区，非洲北部也有。

2. 多裂骆驼蓬

Peganum multisectum (Maxim.) Bobr. in Schischk. et Bobr. Fl. URSS 14：149. 1949；中国沙漠植物志 2：308. 图版 107：3～6. 1987；中国植物志 43（1）：125. 图版 36：10～13. 1998；青海植物志 2：291. 图版 49：4～7.1999；Fl. China 11：43. 2008；青藏高原维管植物及其生态地理分布 532. 2008. —— *Peganum harmala* Linn. var. *multisectum* Maxim. Fl. Tangut. 1：103. 1889.

多年生草本，早期被毛。根粗壮，直伸。茎平卧或斜升，长约 20 cm。叶互生，卵圆形，二至三回深裂，裂片条形或条状披针形，长 4～11（15）mm，宽 0.7～1.5 mm，花与叶对生；萼片 5 数，3～5 深裂；花瓣黄色或黄白色，倒卵状长圆形，长 10～17 mm，宽 5～6 mm；雄蕊 15 枚，长 8～9 mm，花丝近基部扩展。蒴果（未成熟）近球形，顶部压扁，直径约 5 mm；种子多数，稍呈三角形，长 2～3 mm，黑褐色，被小瘤状突起。 花期 5～7 月，果期 6～9 月。

产青海：兴海（唐乃亥乡，吴玉虎 42145、42177；曲什安乡大米滩，吴玉虎 41426、41828、41841；河卡乡，吴玉虎 20505）。生于海拔 2 780～3 500 m 的河谷阶地干山坡、山坡沙砾地、河谷台地的阳坡沙砾地、沙砾干河滩。

分布于我国的青海、甘肃、宁夏、陕西、内蒙古。

3. 霸王属 Zygophyllum Linn.

Linn. Sp. Pl. 385. 1753.

灌木，多年生草本，稀为一年生草本。叶对生，偶数羽状复叶，稀单叶，肉质；托叶 2 枚，草质或膜质，小叶扁平或棒状。花 1～2 朵，腋生；萼片 4 或 5 枚，有时不相等，有时早落；花瓣与萼片同数，橘红色、白色、黄色，有时爪为橘红色或边缘色淡；雄蕊 8～10 枚，花丝基部具鳞片状附属物；子房 3～5 室，柱头全缘。蒴果有翅或有棱，开裂或不开裂，每室有 1～数粒种子；种子有胚乳。

100 余种，主要分布于亚洲中部、中亚、地中海沿岸、非洲及澳大利亚。我国有 17 种 2 亚种 3 变种，主要分布于西北各省区；昆仑地区产 6 种 1 变种。

分 种 检 索 表

1. 灌木；花萼和花瓣 5 数 ·················· **1. 霸王 Z. xanthoxylon**（Bunge）Maxim.
1. 多年生或一年生草本；花萼和花瓣 4 数。
　　2. 小叶 1 对。
　　　　3. 雄蕊短于花瓣 ·················· **2. 长梗霸王 Z. obliquum** Popov
　　　　3. 雄蕊长于花瓣。
　　　　　　4. 较高草本，高 20～60（100）cm；蒴果先端不渐尖；小叶矩圆形或倒披针
　　　　　　　　形，长 18～35 mm，宽 7～10 mm ··············
　　　　　　　　·················· **3. 细茎霸王 Z. brachypterum** Kar. et Kir.
　　　　　　4. 低矮草本，高 10～15 cm；蒴果条状披针形，先端渐尖；小叶宽卵形或椭圆
　　　　　　　　形，长 7～25 mm，宽 3～14 mm ·············· **4. 石生霸王 Z. rosovii** Bunge
　　2. 小叶 1～3 对
　　　　5. 一或二年生草本，植株直立或开展；小叶矩圆形或斜倒卵形，宽 4～15 mm
　　　　　　·················· **5. 粗茎霸王 Z. loczyi** Kanitz
　　　　5. 多年生草本，植株平铺或仰卧；小叶条形、条状矩圆形，宽 1～3 mm ········
　　　　　　·················· **6. 蝎虎霸王 Z. mucronatum** Maxim.

1. 霸王 图版 56：1～5

Zygophyllum xanthoxylon（Bunge）Maxim. Enum. Pl. Mongol. 124. 1889；新疆植物检索表 3：234. 1983；青海植物志 2：292. 图版 49：8～9. 1999；Fl. China 11：46. 2008. —— *Sarcozygium xanthoxylon* Bunge in Linaea 17：7. 1843；中国植物志 43（1）：140. 图版 41：3～7. 1998. —— *Zygophyllum xanthoxylum* Bail. Hist. d. Pl. 4：417. 1873. —— *Z. ferganense*（Drob.）Boriss. in Fl. URSS 14：184. 1949.

灌木，高 50～80 cm。枝弯曲开展，木质部黄色，顶端无叶，顶端 2 节渐狭成刺状。叶在当年生枝上对生，在老枝上簇生，每节具对生的 2 簇，每簇有叶 2～4 枚；叶有 1 对小叶，叶柄长 4～15 mm；小叶肉质，细圆柱状条形，长 8～24 mm，宽 1～2 mm，顶端钝。花生于叶腋，每簇叶中有花 1～2 朵；萼片 4 枚，倒卵形、宽倒卵形或近圆形，绿色，具窄的膜质边缘，长 4.5～6.0 mm，宽 3.5～4.5 mm；花瓣 4 枚，倒卵形或近扇形，淡黄色，长 8～11 mm；雄蕊 8 枚，不等长；鳞片狭卵状长圆形，顶端有裂齿，长约 5 mm；子房具长约 1 mm 的柄，花柱长 9～10 mm，宿存。蒴果下垂，近球形或椭球形，长 20～32 mm，宽 15～31 mm，翅宽 4～10 mm；种子舟形，长 6～8 mm，宽约 2.5 mm。　　果期 8 月。

产新疆：阿克陶（奥依塔克，阎平 4622）、疏附（木什乡，阎平 4246）、若羌（阿尔金山北坡，青藏队吴玉虎 2350、4336）。生于海拔 1 900～3 700 m 的戈壁荒漠、河谷

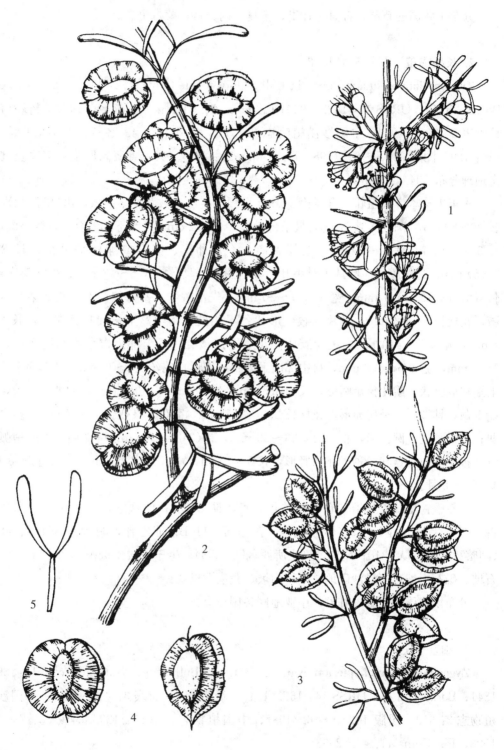

图版 56　霸王 **Zygophyllum xanthoxylon**（Bunge）Maxim. 1. 花枝；2～3. 果枝；4. 果实；5.叶。
（引自《新疆植物志》，谭丽霞绘）

滩地沙砾地、沙砾质山坡。

分布于我国的新疆、青海、甘肃、宁夏、内蒙古；蒙古也有。

2. 长梗霸王 图版 57：1～3

Zygophyllum obliquum Popov in Bull. Univ. Asie Centr. 12：113. 1925，p. p.；Boriss. in Fl. URSS 14：162. 1949；Семиот. Фл. Казанст. 6：40. 1963；新疆植物检索表 3：236. 1983；中国沙漠植物志 2：312. 图版 109：4. 1987；中国植物志 43 (1)：129. 图版 38：1～6. 1998；Fl. China 11：46. 2008；青藏高原维管植物及其生态地理分布 534. 2008.

多年生草本。根粗壮，直径达 3 cm，自颈部生出多数茎。茎铺散，由基部多分枝，长 20～80 cm，节间长 3～8 cm，最下部较短，长约 2 cm。托叶下部者合生，横矩圆形，长 3～5 mm，宽 4～7 mm；上部者离生，宽卵形、卵形或卵状披针形，长 2～3 (5) mm，边缘膜质。叶具 1 对小叶，叶柄扁平，具翼，长 5～13 mm；小叶斜卵形，长 (8) 12～33 (43) mm，宽 (5) 7～20 mm，先端锐尖，基部偏楔形。花 2 朵并生叶腋，花梗长 6～12 mm；萼片 5 枚，形状各不相同，倒卵形至长圆状倒卵形，长 6～7 mm，宽 2.5～4.0 mm，边缘膜质；花瓣下部橘红色，上部近白色，宽倒卵形，长 7～9 mm，宽 4.5～5.0 mm，自中部向下渐狭成楔形；花丝长 5～6 mm，基部扁平，向上渐狭成丝状；鳞片狭矩圆形，长约 3.5 mm，宽约 1 mm，边缘有稀疏的细小牙齿，顶端平截，具裂齿；子房卵形，花柱长 2.0～2.5 mm，宿存。果梗长 7～17 mm，多少弯曲；蒴果竖立，圆柱形，长 (21) 33～50 mm，粗 (3) 4～7 mm，两端钝，直或稍弧状弯，极少弯曲成镰状；种子卵状肾形，长 3～4 mm，宽 2.0～2.5 mm。 花期 7～8 月，果期 7～8 月。

产新疆：塔什库尔干（麻扎种羊场，青藏队 87362；明铁盖，阎平 3882；卡拉其古，阎平 3905）、阿克陶（恰尔隆乡，吴玉虎 5110B；苏巴什，帕考队 5544）、叶城（阿喀孜，帕考队 6310；库地，高生所西藏队 3353）。生于海拔 1 950～4 200 m 的山谷石坡、砾石山坡或河滩沙砾地、干旱山坡、荒漠戈壁滩。

分布于我国的新疆、甘肃；中亚地区各国也有。

3. 细茎霸王

Zygophyllum brachypterum Kar. et Kir. in Bull. Soc. Nat. Moscou 14：397. 1841；Boriss. in Fl. URSS 14：165. 1949；新疆植物检索表 3：236. 1983；中国沙漠植物志 2：312. 图版 109：5～6. 1987；中国植物志 43 (1)：129. 图版 38：7～11. 1998；Fl. China 11：47. 2008.

多年生草本。根木质，粗壮。茎高 15～40 cm，多分枝，直立或开展，明显具棱。托叶下部者合生，矩圆形，长 3.5～6.0 mm，宽 4～6 mm；托叶上部者分离，卵形或披针形，长1.5～3.0（5.0）mm。叶具1对小叶，叶柄长11～18 mm，具窄翼；小叶狭长圆形、长圆形或倒披针形，长18～35（40）mm，宽5～10（13）mm，顶端钝或微凹。花1～2朵生于叶腋，花梗长6～7 mm，萼片5枚，形状各不相同，椭圆形至长圆状倒卵形，长5～6 mm，宽3～4 mm，边缘膜质；花瓣下部橘红色，上部白色，倒卵形，长6～9 mm，宽3.5～4.0 mm，由中部偏上的位置向下渐狭，下部楔形；雄蕊长于花瓣，长9～12 mm，花丝下部扁平，向上渐狭成丝状，鳞片狭长圆形，长5～6 mm；宽1.0～1.2 mm，边缘有2～3对钻状细裂齿，顶端细深裂；子房长圆形，花柱长6～7 mm，果期宿存。蒴果圆柱形或矩圆形，长10～16 mm，宽约5 mm，具5棱，先端钝；种子近肾形，长约3 mm，宽1.5～2.0 mm。　花期7月，果期7～8月。

产新疆：莎车（霍什拉甫乡，青藏队吴玉虎87764）、阿克陶（恰尔隆乡，青藏队吴玉虎5032）、塔什库尔干（大同乡，帕考队5080）、若羌（县城，高生所西藏队2988）。生于海拔1 600～2 600 m的山谷砾地、河滩沙地、砾石荒漠戈壁滩。

分布于我国的新疆；中亚地区各国，蒙古也有。

4. 石生霸王　图版57：4～6

Zygophyllum rosovii Bunge in Linaea 17：5. 1843；Maxim. Enum. Pl. Mongol. 125. 1889；Popov in Bull. Univ. Asie Centr. 12：117. 1925；Boriss. in Fl. URSS 14：167. 1949；新疆植物检索表3：236. 图版15：1. 1983；中国沙漠植物志2：310. 图版108：4～5. 1987；中国植物志43（1）：132. 图版37：3～4. 1998；Fl. China 11：47. 2008.

4a. 石生霸王（原变种）

var. rosovii

多年生草本，高（5）8～15 cm。根木质，粗壮，颈部多分枝。茎通常开展，具明显的棱，节间长10～40 mm，最下面一节短，长3～10 mm。托叶白色膜质或仅基部草质，离生，卵形，长2～3 mm。叶具1对小叶，叶柄具翼，长3～7（10）mm；小叶卵形、宽卵形或椭圆形，长7～16（20）mm，宽3～14（16）mm，先端锐尖或钝圆。花1～2朵腋生，花梗长6～9 mm；萼片5枚，形状各不相同，倒卵形、长圆状倒卵形至长圆形，长6.0～7.5 mm，宽3.0～4.5 mm；花瓣长约7 mm，宽3.0～3.5 mm，倒卵形或宽倒卵形，自上1/3处向下渐狭，下部楔形，顶端钝或微凹；鳞片狭长圆形，长3～5 mm，宽1.0～1.3 mm，边缘具稀疏的小齿，顶端平截，具不等的齿；雄蕊长于花瓣，长7.5～10.5 mm；子房披针形，花柱长5～7 mm。果实条状披针形，先端渐狭，长20～40 mm，宽3～5 mm，具5条棱，稍弯曲或镰状弯曲，种子白色或灰褐色，长圆状卵形，长3.5～4.5 mm，宽1.5～2.0 mm。　花期7～8月，果期7～8月。

产新疆：乌恰（乌拉根，青藏队吴玉虎87004）、喀什（奥依塔克，高生所西藏队

3070）、阿克陶（克孜勒陶乡，帕考队 5945；恰尔隆至木吉途中，青藏队吴玉虎 5032、5110A、87599）、塔什库尔干（麻扎种畜场，青藏队吴玉虎 87388；中巴公路 43 km，高生所西藏队 3101；县城西，阎平 4049；温泉，阎平 92021；卡拉其古，阎平 3899；瓦恰乡，帕考队 5375）、若羌（采集地不详，高生所西藏队 2988）。生于海拔 1 200～3 800 m 的沟谷山地砾石坡、山谷砾石地、河滩沙砾地、山前倾斜平原、干山坡、戈壁滩。

分布于我国的新疆、甘肃；中亚地区各国，蒙古也有。

4b. 宽叶霸王（变种）

var. **latifolium** (Schrenk) Popov in Bull. Univ. Asie Centr. 12：118. 1925；中国沙漠植物志 2：310. 1987；中国植物志 43（1）：133. 1998；Fl. China 11：47. 2008. —— *Z. latifolium* Schrenk in Bull. Phys.-Math. Acad. Pétersb. 2：198. 1844.

本变种与原变种的区别在于：植株较高，高 15～20 cm；小叶近圆形或矩圆形，长 15～25 mm，先端钝；蒴果较大，长 30～50 mm，宽 5～7 mm。

产新疆：阿克陶（布隆口乡，帕考队 5559）。生于海拔 3 800 m 左右的荒漠戈壁砾石地。

分布于我国的新疆、甘肃、内蒙古；中亚地区各国也有。

5. 粗茎霸王　图版 57：7～12

Zygophyllum loczyi Kanitz in Pl. Szechenyi (Kolozsvar). 13. t. 1：7. 1891；新疆植物检索表 3：238. 1983；中国沙漠植物志 2：314. 图版 108：1. 1987；中国植物志 43（1）：133. 图版 39：2～6. 1998；Fl. China 11：48. 2008；青藏高原维管植物及其生态地理分布 534. 2008.

一年生草本，高约 25 cm。茎开展或直立。托叶长圆形、卵状披针形或披针形，长 2～4 mm，边缘膜质；叶长 1.5～4.5 cm，上部者有小叶 1 对，中下部者有小叶 2～3 对；叶柄具翼，长 3～9 mm；小叶椭圆形或斜的倒卵形，长（6）12～19 mm，宽（3）5～12 mm，先端钝圆。花 1～2 朵腋生，花梗短，果期伸长；萼片 5 枚，具白的膜质边缘，椭圆形或长圆状倒卵形，长 4.0～6.5 mm，宽 1.5～3.5 mm；花瓣橘红色，倒卵形或匙状倒卵形，长 3～6 mm，宽 1.0～2.5 mm，短于萼片；鳞片狭长圆形，长 1.5～2.2 mm，宽不足 0.5 mm；雄蕊 10 枚，长 3～4 mm，短于花瓣或近等长；子房柱形，花柱长约 1.5 mm。果梗长（3）5～10 mm，蒴果圆柱形，具 5 条棱，长 30～40 mm，宽 5～6 mm，基部明显收狭，先端钝，下垂；种子灰蓝色，卵形，长约 4 mm，宽约 1.3 mm，先端尖。　花期 7～8 月，果期 7～8 月。

产新疆：叶城（阿喀孜，帕考队 6295）。生于海拔 2 550 m 左右的山谷砾石坡地。

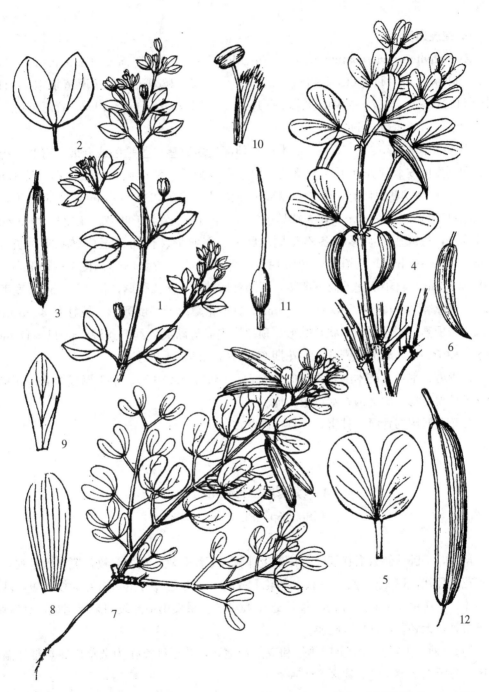

图版 57　长梗霸王 **Zygophyllum obliquum** Popov 1. 花枝；2. 叶；3. 果实。石生霸王 **Z. rosovii** Bunge 4. 果枝；5. 叶；6. 果实。粗茎霸王 **Z. loczyi** Kanitz 7. 植株；8. 萼片；9. 花瓣；10. 雄蕊；11. 雌蕊；12. 果实。（引自《新疆植物志》，谭丽霞绘）

青海：格尔木（三岔河大桥附近，吴玉虎 36780）。生于海拔 3 800 m 左右的高原干旱河谷荒漠砾石地。

分布于我国的新疆、青海、甘肃、内蒙古。

6. 蝎虎霸王

Zygophyllum mucronatum Maxim. in Mél. Biol. Acad. Sci. Pétersb. 11：175. 1881. idem.；Fl. Tangut. 1：184. t. 17：11～23. 1889；中国沙漠植物志 2：314. 图版 110：2～3. 1987；中国植物志 43 (1)：135. 图版 40：1～2. 1998；青海植物志 2：293. 1999；Fl. China 11：48. 2008.

多年生草本，高 4～11 cm。根木质，颈部生多数茎。茎平卧或开展，有时有疣状突起和倒生的皮刺。托叶下部者草质，向上渐成膜质，卵形或卵状披针形，长 1.5～2.0 mm；偶数羽状复叶有小叶 2～3 对；叶柄扁平，具翼，长 4～9 mm；小叶条形，长 (3) 5～11 mm，宽 1～2 mm，先端具小尖头。花 1～2 朵生于叶腋；花梗长 2～8 mm；萼片 5 枚，边缘膜质，形状各不相同，卵形、倒卵形、长圆形至广椭圆形，长 5～8 mm，宽 3～5 mm；花瓣粉红色或白色，匙状倒卵形或倒卵形，长 7～10 mm，宽 3.0～4.5 mm，自中部偏上向下渐狭，下部楔形；鳞片狭长圆形，长 2～4 mm，宽不足 1 mm，顶端浅裂；花丝长 4.5～7.0 mm，短于花瓣；子房倒卵形，花柱长 4～5 mm。蒴果（未成熟）圆柱形或卵状长圆形，顶端锐尖或短渐尖，具 5 条棱，长 11～17 mm，下垂；种子卵形，表面有密孔。 花期 6～8 月，果期 7～9 月。

产青海：都兰（诺木洪，吴玉虎 36625、36631、36639A）。生于海拔 3 400 m 左右的戈壁荒漠砾地、山地沟谷水坑边沙地。

分布于我国的青海、甘肃、宁夏、内蒙古。

4. 蒺藜属 Tribulus Linn.

Linn. Sp. Pl. 386. 1753.

草本，平卧。偶数羽状复叶。花单生叶腋；萼片 5 枚；花瓣 5 枚，覆瓦状排列，开展；花盘环状，10 裂；雄蕊 10 枚，外轮 5 枚较长，与花冠对生，内轮 5 枚较短，基部有腺体；子房由 5 个心皮组成，每室 3～5 粒种子。果实由不开裂的果瓣组成，具锐刺。种子斜悬，无胚乳，种皮薄膜质。

约 20 种，主要分布于全球热带和亚热带地区，若干种类作为杂草广布热带和温带地区。我国有 2 种。昆仑地区产 1 种。

1. 蒺藜　图版 55：3～5

Tribulus terrester Linn. Sp. Pl. 386. 1753；Bobr. in Fl. URSS 14：195. 1949；

新疆植物检索表 3：234．1983；中国沙漠植物志 2：320．图版 113：1～3．1987；中国植物志 43（1）：142．图版 42：1～2．1998；青海植物志 2：291．1999；Fl. China 11：49．2008；青藏高原维管植物及其生态地理分布 533．2008.

一年生草本。茎平卧，枝长 20～105 cm，被贴生或稍开展的卷曲柔毛，并混生开展的长硬毛。托叶卵状披针形或披针形，长 2.0～3.5 mm，边缘被长硬毛，外面被毛稀疏；偶数羽状复叶，长 1.5～4.0（5.0）cm，有小叶 4～7 对；叶柄长 3～8 mm，被毛如茎；小叶长 4～7 mm，矩圆形或斜的长圆状卵形，顶端锐尖，基部稍偏斜，长 5～9（11）mm，宽 2.0～3.5（4.0）mm，上面无毛或沿中脉被毛，下面密被毛。花单生叶腋，黄色；花梗长 3～9 mm，被毛如茎；萼片 5 枚，披针形，长 4.0～4.5 mm，被长硬毛，混生较短的丝状毛，脱落或宿存；花瓣 5 枚，倒卵形，长约 5.5 mm，宽约 4 mm；雄蕊 10 枚，基部有鳞片状腺体；子房球形，被白色长硬毛，柱头 5 裂。果实背部被短茸毛，中间边缘有 2 枚锐刺，基部有小瘤体，每个瘤体顶端生 1 白色长硬毛。 花期 6～9 月，果期 7～9 月。

产新疆：塔什库尔干（库科西鲁格乡，阁平 4145；大同乡，帕考队 5120）、叶城（普沙附近，青藏队 87975；洛河，采集人不详 3323）、墨玉（县城西 50 km，刘海源 175）。生于海拔 1 400～2 400 m 的农田边、公路旁沙砾地。

青海：兴海（河卡乡，采集人不详 286）。生于海拔 3 250 m 左右的宽谷滩地干草原、干旱的沙砾河滩地。

分布于我国的大部分省区。世界温带地区都有分布。

三十六 远志科 POLYGALACEAE

一年生或多年生草本，或灌木或乔木。单叶互生，少对生或轮生，通常无托叶。花两性，不整齐，两侧对称，蓝紫色、黄色或白色；花序顶生或腋生，多花排成总状花序、穗状花序或圆锥花序；具苞片，有的早落；萼片5枚，不等大，排成2轮，外轮3枚小，内轮2枚大，常呈花瓣状，稀5枚相等，通常分离，稀基部联合，宿存或脱落；花瓣5枚，稀全部发育，通常3枚，通常基部合生，中间1枚呈龙骨瓣状，先端具流苏状附属物，稀无；雄蕊8枚，花丝通常合生成鞘状，一侧开裂，花药基着，顶孔开裂；子房上位，2室，每室具1倒生而下垂的胚珠，花柱1枚，直立或弯曲，柱头1或2个。果为蒴果，2室，稀为翅果或坚果，开裂或不裂。种子卵形、球形或椭圆形，黄褐色至黑色，无毛或被毛，种阜有或无，胚乳有或无。

有13属，近1000种，全球广布，多产于热带或亚热带。我国有4属51种9变种，昆仑地区产1属2种。

1. 远志属 Polygala Linn.

Linn. Gen. Pl. ed. 5：315. 1754，et Sp. Pl. 701. 1753.

一年生或多年生草本，有时灌木。单叶互生，稀对生，叶片纸质或近纸质，全缘。总状花序顶生或腋生；花两性，两侧对称；苞片1~3枚，宿存或脱落；萼片5枚，不等大，排成2轮，外轮3枚小，内轮2枚大，常花瓣状；花瓣3枚，蓝紫色、黄色或白色，侧瓣与龙骨瓣常在中部以下合生，龙骨瓣舟状、兜状或盔状，背部中上部具鸡冠状附属物；雄蕊8枚，花丝联合成一侧开裂的鞘，并与花瓣下部贴生，花药基部着生，1或2室，具或不具游离花丝，顶孔开裂；子房2室，扁平，每室具1下垂倒生胚珠，花柱直立或弯曲，柱头1或2个。果为蒴果，具翅或无，有种子2粒；种子卵形、圆形，通常黑色，被短毛或无毛，种脐端具1帽状、盔状全缘或成各式分裂的种阜，另端具附属物或无。

约500种，全世界广布。我国有42种8变种，昆仑地区产2种。

分 种 检 索 表

1. 植株无毛；雄蕊全部合生成鞘，鞘内基部被毛，先端稍分成2组，几无花丝；子房
扁长圆形 ························· **1. 新疆远志 P. hybrida** DC.

1. 植株被短毛；叶光滑具软骨质小尖头；雄蕊结合成长鞘，有明显花丝，花丝最长达1 mm，通常下部较长，上部较短，内部无毛；子房扁球形 ……………………
…………………………………………………… **2. 西伯利亚远志 P. sibirica** Linn.

1. 新疆远志　图版 58：1～2

Polygala hybrida DC. Prodr. 1：325. 1824；Nevsk. et Tamamschjam in Schischk. et Bolr. Fl. URSS 14：260. 1949；中国植物志 43（3）：176. 图版 41：1～9. 1997.

多年生草本，高约 30 cm。根木质，栗褐色，茎通常多数丛生，细弱，弧形上升，无毛。单叶互生，质薄，基部的叶小，近菱形，基部渐窄成短柄，上部的叶大，条形，长约 2 cm，宽 2～3 mm，先端急尖或钝，全缘，背部中脉明显，无毛，基部无叶柄。总状花序顶生，花少数，稀疏排列，多偏向一侧，花单生，水平开展或微下垂，淡蓝色，花梗长 2～3 mm，细弱，无毛；苞片长圆形，长约 2 mm，膜质，白色，早落；萼片 5 枚，外侧 3 枚小，钻状条形，长 3～4 mm，不等长，内侧 2 枚大，花瓣状，淡蓝色，狭椭圆形，长 6～8 mm，先端急尖，基部具短爪；花瓣 3 枚，2 侧瓣长圆形，蓝紫色，略带红晕，长约 7 mm，与龙骨瓣有长约 4 mm 的结合，紧环抱龙骨瓣；龙骨瓣短于侧瓣，长约 5 mm，先端兜状，背部上方具鸡冠状附属物条状细裂；雄蕊 8 枚，长 4.0～4.5 mm，全部合生成鞘，内面下部被柔毛，花药卵形，顶端稍开裂而成 2 组，几无花丝；子房长圆形或狭椭圆形，长约 2 mm，宽约 1 mm，边具狭翅，无毛。　花果期 6～9 月。

产新疆：塔什库尔干（奥依塔格，青藏队 4852）。生于 2 800 m 左右的沟谷山地云杉林下。

分布于我国的新疆；蒙古及俄罗斯也有。

我们所看到标本具有不同之点：植株、苞片和花萼无毛；雄蕊分 2 组。

2. 西伯利亚远志

Polygala sibirica Linn. Sp. Pl. 702. 1753；西藏植物志 3：54. 图 17：1～7. 1986；中国植物志 43（3）：193. 1997；青海植物志 2：300. 图版 50：7～17. 1999；青藏高原维管植物及其生态地理分布 541. 2008.

多年生草本，高 12～30 cm。根直立或斜升，木质或木质状的肉质，褐色或棕褐色，须根少数。茎丛生，直立或斜上升，被短柔毛。叶互生，厚纸质或亚草质，下部叶小，向上渐增大，条状披针形或近披针形，长 1.0～2.5 cm，宽 1.5～4.0 mm，先端渐尖，具软骨质小尖头，全缘，边缘稍外卷，基部楔形，两面被短毛，背面中脉明显，无柄或具短柄。总状花序腋生，或顶生，顶生的发育很迟，仅靠顶端的第 1 侧生花序发育较好，花序长 3～8 cm，含少数花，排列稀疏，被短柔毛；花长 5～8 mm，斜上升，具 3～5 mm 的花梗；萼片 5 枚，外层 3 枚狭披针形，长约 3 mm，里面 2 枚花瓣状，长圆

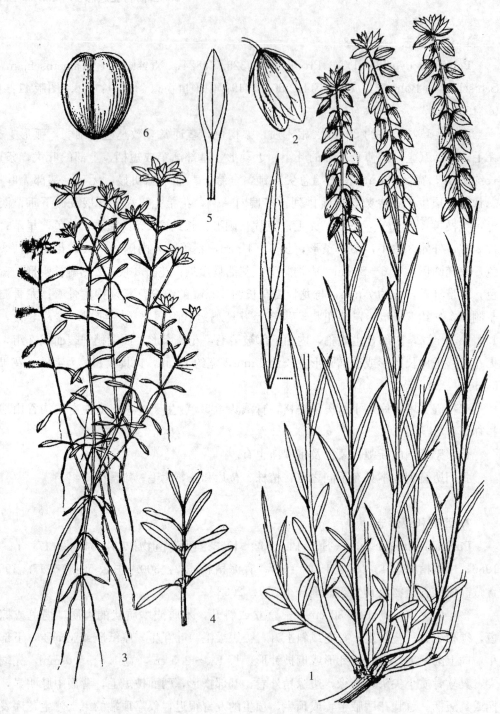

图版 **58** 新疆远志 **Polygala hybrida** DC. 1. 植株；2. 花。沼生水马齿 **Callitriche palustris** Linn. 3. 植株；4. 小枝；5. 叶；6. 果实。(引自《新疆植物志》,谭丽霞绘)

形或狭椭圆形，长 6～8 mm，先端急尖，基部渐狭，似爪状，外被短毛；花瓣 3 枚，蓝紫色，基部合生，侧瓣近卵形，长约 3 mm，先端近圆形，外侧部分内折，结合部分长约 2 mm，边和内面被短柔毛；龙骨瓣略长于侧瓣，外面被柔毛，尤以肋处明显，中上部具流苏状鸡冠状附属物；雄蕊 8 枚，结合成一侧开裂的长鞘，游离花丝长达 1 mm，花药球形，小；子房扁球形，长约 5 mm，先端微缺，花柱不加粗。　花果期 5～8 月。

产青海：兴海（大河坝河，弃耕地调查队 304）。生于海拔 2 600～3 300 m 的河谷山坡高寒草地。

分布于我国的新疆、青海、甘肃、西藏、四川等省区；欧洲，俄罗斯，朝鲜，蒙古，尼泊尔，印度，克什米尔地区也有。

三十七　大戟科 EUPHORBIACEAE

草本、灌木或乔木，稀木质藤本，通常含乳状汁液。单叶，稀复叶，互生，稀对生，常具托叶，基部有时具腺体。花序多样，常为近总状、圆锥状、聚伞状，或杯状花序组成聚伞花序；花单性，雌雄同株或异株；萼片（1～）2～5枚，或缺；花瓣合生或无；花盘存在或退化为腺体；雄蕊多数或1枚，花丝分离或合生，花药2（3～4）室，纵裂或横裂，稀顶孔开裂；雄花通常具花盘，雄蕊1至多数；雌花具花盘和1雌蕊，子房上位。（2）3（4）室，每室具胚珠1～2枚，中轴胎座，花柱3～6枚，分离或部分合生。蒴果，稀浆果或核果；种子通常具种阜，胚乳丰富，肉质，胚直生。

约300属，5 000余种。除北极外，广布全球。我国连同引入栽培的共70多属，460余种，主要分布于长江以南各省区；昆仑地区产1属8种。

1. 大戟属 Euphorbia Linn.

Linn. Sp. Pl. 450. 1753, et Gen. Pl. ed. 5. 208. 1754.

一年生或二年生草本，稀灌木。茎直立或匍匐，草质、木质或肉质，通常具乳状汁液。单叶互生或对生，全缘或具齿。杯状花序组成聚伞花序，顶生或腋生，构成杯状花序的总苞外形似萼，4～5（～6～8）裂，裂片间具腺体（与裂片同数或较少，有时具花瓣状附属物）；总苞内，雄花数枚至多枚，每花仅由1雄蕊构成，花丝与花梗间具关节，下具细小苞片；总苞中央，具雌花1枚，仅由1雌蕊构成，花梗下有时具数枚花瓣状苞片，子房常伸出总苞之外，3室，每室具胚珠1枚，花柱3枚，分离或多少合生，先端2裂或不裂。蒴果成熟时裂为3个2裂的果瓣；种子光滑或具各种突起和花纹，有时具种阜。

约2 000种，主要分布于亚热带和温带地区。我国有80种，广布全国；昆仑地区产8种。

分 种 检 索 表

1. 叶对生，基部偏斜；托叶钻形，通常2裂；总苞的腺体具花瓣状附属物 ……………
………………………………………… **1. 地锦草 E. humifusa** Willd. ex Schlecht.
1. 叶互生，杂有对生；无托叶；总苞的腺体无附属物。
　　2. 一年生草本；种子具网纹；腺体盘状，4枚，盾状着生于总苞边缘；苞叶和分枝常5枚 ··· **2. 泽漆 E. helioscopia** Linn.

2. 多年生草本；种子光滑无毛；腺体片状，常4枚，偶5枚，侧生于总苞边缘。

　3. 蒴果和子房被稀疏的瘤状突起 ············· **8. 甘青大戟 E. micraetina** Boiss.

　3. 蒴果平滑无瘤。

　　4. 根线形。

　　　5. 叶椭圆形至近披针形，边缘微波状并具细齿；种阜尖头状，花柱顶端不2

　　　裂 ··· **3. 青藏大戟 E. altotibetica** O. Pauls.

　　　5. 叶长圆形或线形，下部全缘，上部边缘具细锯齿；种阜三角状，花柱顶

　　　端2裂 ··· **4. 西藏大戟 E. tibetiea** Boiss

　　4. 根圆柱状。

　　　6. 茎无毛，略带紫色 ···················· **5. 天山大戟 E. thomsoniana** Boiss.

　　　6. 茎被卷曲短柔毛或伸展柔毛

　　　　7. 叶边缘和背面被柔毛；雄花伸出总苞之外；花柱先端2浅裂 ········

　　　　·································· **6. 甘肃大戟 E. kansuensis** Prokh.

　　　　7. 叶无毛；雄花常不伸出总苞之外；花柱不裂 ······················

　　　　·································· **7. 高山大戟 E. stracheyi** Boiss.

1. 地锦草

Euphorbia humifusa Willd. ex Schlecht. Enum. Pl. Hort. Berol. suppl. 27. 1814；Prokh. in Kom. Fl. URSS 14：487. 1949；中国高等植物图鉴2：621. 图 2971. 1972；西藏植物志3：81. 图32. 1986；中国沙漠植物志2：333. 图版118：1～4. 1987；横断山区维管植物1：1065. 1993；中国植物志44（3）：49. 1997；青海植物志2：303. 1999；Fl. China 11：295. 2008；青藏高原维管植物及其生态地理分布 544. 2008.

一年生草本。根纤细。茎基部常带红色，纤细，平卧，多假二叉分枝，无毛或疏生柔毛。叶对生，倒卵形、狭倒卵形至近长椭圆形，长3～9 mm，宽2.0～4.5 mm，先端钝圆并具细齿，基部偏斜，边缘常于中部以上具细锯齿，具短柄，无毛或背面疏生柔毛；托叶钻形，通常2裂。杯状花序组成聚伞花序，顶生和腋生，有时单生于叶腋；苞叶2枚，与叶同形；总苞杯状，5裂，裂片三角形，通常先端2裂，无毛，腺体4枚，横椭圆形，长约0.3 mm，边缘具花瓣状附属物；雄花7朵；雌花1朵，子房卵形，光滑无毛；花柱3枚，分离，先端2裂；花梗下具苞片5枚，膜质，线形，无毛。蒴果三棱状球形，长约1.5 mm，无毛，成熟时分裂为3个分果爿，花柱宿存；种子三棱状卵球形，微具3棱，长约1 mm，灰色，光滑无毛，无种阜。　花果期6～8月。

产新疆：于田（采集地不详，八一农学院R176）。生于海拔2 000～3 250 m的河滩、田边。

青海：玛沁（拉加乡，吴玉虎6133）。生于海拔3 000～3 050 m的沟谷山坡草地、

山坡山麓草地。

分布于我国的各省区；俄罗斯西伯利亚地区，朝鲜，日本也有。

2. 泽 漆

Euphorbia helioscopia Linn. Sp. Pl. 459. 1753; Boiss. in DC. Prodr. 15 (2)：136. 1862; Prokh. in Kom. Fl. URSS 14：383. 1949; 中国高等植物图鉴 2：625. 图 2980. 1977; A. Radclliffe-Smith in Nasir et Ali Fl. Pakist. 172：142. f. 29：A～D. 1986; 横断山区维管植物 1：1064. 1993; 中国植物志 44 (1～3)：71. 1997; 青海植物志 2：304. 图版. 51：1～3. 1999; Fl. China 11：301. 2008; 青藏高原维管植物及其生态地理分布 544. 2008.

一年生草本，高 10～50 cm。茎自基部多分枝，分枝斜展向上，疏生柔毛至无毛。叶互生，倒卵形，长 1.5～2.2 cm，宽 0.7～1.5 cm，先端微凹并具细齿，边缘中下部全缘，两面疏生长柔毛，基部渐狭。杯状花序组成聚伞花序，顶生和腋生，有柄或近无柄；顶生者下部具总苞叶 5 枚，倒卵状长圆形，长 1.5～3.0 cm，宽 1.0～1.5 cm，疏生柔毛，先端具牙齿，基部略渐狭，无柄；总伞辐 5 条，长 2～4 cm，苞叶 2 枚，卵圆形，先端具牙齿，基部呈圆形；总苞杯状，5 裂，裂片半圆形，长约 0.5 mm，边缘和内侧被柔毛；腺体 4 枚，盘状，中部内凹，基部具短柄，淡褐色，长约 0.6 mm；雄花 10 朵，明显伸出总苞外；雌花 1 朵，子房具微突，花柱 3 枚，合生，先端 2 裂；无苞片。蒴果卵球形，光滑无毛，具明显的 3 纵沟，成熟时分裂为 3 个分果爿，长约 2.4 mm，表面被微突；种子卵形，长约 2 mm，表面具网纹，暗褐色，无种阜。 花果期 5～8 月。

产青海：兴海（中铁乡附近，吴玉虎 42923；中铁林场中铁沟，吴玉虎 45512、45521、45539、45558、47606；唐乃亥乡，吴玉虎 42014、42055、42089；中铁乡至中铁林场途中，吴玉虎 43153；中铁乡天葬台沟，吴玉虎 45907、45913、45928、45950、45962）、玛沁（军功乡，H. B. G. 233）、班玛（马柯河林场，吴玉虎 26071；灯塔乡，王为义 27384）。生于海拔 2 800～3 600 m 的河谷山坡林地、山坡林缘灌丛、河滩潮湿沙砾地、沟谷山地阴坡高寒灌丛草甸。

分布于我国的大部分省区（除黑龙江、吉林、内蒙古、广东、海南、台湾、新疆、西藏外）；欧洲，日本，印度也有。

3. 青藏大戟 图版 59：1～5

Euphorbia altotibetica O. Pauls. in Hedin, S. Tibet 6. 3：56. 1922; 西藏植物志 3：81. 图 33：1～3. 1986; J. S. Ma et C. Y. Wu in Acta Bot. Yunnan. 14 (4)：363. 1992, et in Collect. Bot. 21：110. 1992; 中国植物志 44 (3)：73. 1997; 青海植物志 2：304～306. 图版 51：4～8. 1999; Fl. China 11：302. 2008; 青藏高原

维管植物及其生态地理分布 543. 2008.

多年生草本，全株光滑无毛，高 7～26 cm。根状茎匍匐生根，通常发出数茎。茎具条纹，分枝，无毛。茎生叶互生，于茎下部较小，向上渐大，下部者膜质，鳞片状，以上则为三角状心形、椭圆形至近披针形，长 0.7～2.2 cm，宽 0.4～1.8 cm，先端平截或浅凹，边缘浅波状和细齿，基部心形抱茎，近无柄，无毛。杯状花序组成聚伞花序，顶生和腋生；顶生者其下部具苞叶 3 枚，苞叶轮生，三角状心形至狭卵形，长 2.0～2.5 cm；1 级伞梗通常 3 条，2 级以上伞梗均为 2 条，各具苞叶 2 枚；总苞 5 裂，裂片长约 1 mm，先端通常 2 裂，里面和边缘具柔毛，腺体 4～5 枚，肾形，暗褐色，长 2.3～2.8 mm；雄花约 30 朵；雌花 1 朵，子房光滑无毛；子房柄较长，明显伸出总苞外；花柱 3 枚，分离，柱头不分裂；花梗下具苞片 5 枚，花瓣状，长约 3 mm，先端具齿，背面具 1 枚片状附属物，被柔毛。蒴果阔卵球形，长 4～5 mm，成熟时分裂为 3 个分果爿；宿存花柱浅 2 裂，无毛；种子卵球形，长 2.8 mm，具尖头状种阜，无毛。花果期 5～8 月。

产西藏：班戈（班戈湖，青藏队 10675；班戈至申扎沿途，青藏队 10625；色哇区至溢永途中，青藏队藏北分队 9405）。生于海拔 4 650～4 700 m 的沙砾草地、沟谷山坡、干旱草原山麓沙砾地潮湿处。

青海：兴海（大河坝乡，吴玉虎 42576；黄青河畔，吴玉虎 42642、42714；温泉乡，吴玉虎等 18005、28734）、玛多（县城附近，吴玉虎等 18202；县城郊区，吴玉虎等 18211；鄂陵湖西北面，高生所植被地理组 576；黑海乡苦海滩，陈世龙等 509）、玛沁（雪山乡东斜沟，H. B. G. 446）、曲麻莱（县城郊区，刘尚武、黄荣福 605；县城郊区，黄荣福 020）、格尔木（野牛沟口，吴玉虎 37625）。生于海拔 3 300～4 400 m 的沟谷山坡高寒草原、戈壁荒漠沙砾地、河漫滩草地、河谷阶地草原、山坡石隙、沟谷山地阴坡锦鸡儿高寒灌丛。

分布于我国的青海、甘肃、西藏、宁夏。

4. 西藏大戟

Euphorbia tibetiea Boiss. in DC. Prodr. 15（2）：114. 1862；Hook. f. Fl. Brit. Ind. 5：260. 1887；Prokh. in Kom. Fl. URSS 14：385. 1949；A. Radcliffe-Smith in Nasir et Ali Fl. Pakist. 172：132. f. 27：A～C. 1986；西藏植物志 3：82. 图 33：4～5. 1986；J. S. Ma et C. Y. Wu in Collect. Bot. 21：107. 1992；Fl. China 11：302. 2008；青藏高原维管植物及其生态地理分布 545. 2008.

多年生草本。根线状。茎基部多分枝，形成团丛状，分枝多直立或斜倚向上，纤细，高 10～15（30）cm，直径 2～5 mm。叶互生，狭卵圆形或椭圆形，长 8～15 mm，宽 3～6 mm，先端宽基部狭或近等宽；叶脉羽状，极不明显；边缘全缘或具波状齿或具尖锐细齿；无叶柄或近无叶柄；总苞叶 2 枚，卵状三角形，上部边缘常具不规则齿，下部不明显。花序单生；总苞陀螺状，高 3.5～4.5 mm，直径约 35 mm，边缘 5 裂，裂片全缘，内弯；腺体 5 枚，横长圆形，边缘全缘，暗褐色，外展；雄花多数，略伸出于总苞外；雌花 1 朵，子房柄较长，明显伸出总苞外；子房光滑无毛；花柱极短，3 枚，分离，外卷；柱头不明显 2 裂。蒴果短柱状，长与直径均约 5 mm，先端具宿存的花柱，成熟时分裂为 3 个分果爿；种子卵球状，褐色至黑褐色，长 3～4 mm，宽 2～3 mm，光滑无纹饰；种阜三角状，大而黄色，明显。　花果期 6～9 月。

产新疆：乌恰（吉根乡斯木哈纳，青藏队吴玉虎 870043）、莎车（喀拉吐孜矿区，青藏队吴玉虎 870698）、叶城（柯克亚乡，青藏队吴玉虎 870867；苏克皮亚，青藏队吴玉虎 1021、1123）、皮山（垴阿巴提乡布琼，青藏队 2439）、于田（县城郊区，青藏队 3662）、和田（县境内，杨昌友 750574）、叶城（昆仑山林场，杨昌友 750336）、且末（吾衣拉克，草原研究所 231）。生于海拔 2 800～33 00 m 的阳坡砾石地、阳坡山麓芨芨草草原、河滩草原、沟谷山坡云杉林下、山坡石隙。

西藏：日土（多玛乡，青藏队吴玉虎 1337）、改则（大滩，高生所西藏队 4296）。生于海拔 4 400～4 500 m 的沟谷山地阳坡砾石草地、宽谷湖盆高寒草原砾地、高原沙砾滩地。

青海：曲麻莱（县城郊区，黄荣福 3713）。生于海拔 2 800 m 左右的沟谷山坡高寒草甸间岩石丛中。

分布于我国的新疆、青海、西藏；印度西北部，巴基斯坦北部，中亚地区各国也有。

5. 天山大戟　图版 59：6～9

Euphorbia thomsoniana Boiss. in DC. Prodr. 15（2）：113. 1862；Hook. f. Fl. Brit. Ind. 5：260. 1887；A. Radcliffe-Smith in Nasir et Ali Fl. Pakist. 172：138. f. 26：H～J. 1986, excl. syn.；J. S. Ma et C. Y. Wu in Acta Bot. Yunnan. 14（4）：370. 1992, et in Collect. Bot. 21：111. 1992；Fl. China 11：305. 2008. —— *E. tianshanica* Prokh. in Lzv. Glavn. Bot. Sada SSSR 29：553. 1930, et in Kom. Fl. URSS 14：339. 1949；新疆植物检索表 3：255. 1983.

多年生草本，全株无毛。根圆柱状，分枝或否，长 30～50 cm，直径 6～10 mm。茎基部多分枝，高 20～30 cm，略带紫色。叶互生，于基部鳞片状，紫色或淡红色，长约 5 mm，宽约 3 mm，密集着生；茎生叶椭圆形，长 2～3 cm，宽 1.0～1.6 cm，先端圆，基部近圆；无柄或具极短的柄；叶脉羽状，不明显；总苞叶 5～8 枚，宽卵形，长约 2.5 cm，宽 1～2 cm，先端略窄，基部近圆；伞辐 5～8 条，长 1～4 cm；苞叶 2 枚，三角状卵形，长约 1.5 cm，宽约 1.4 cm，先端渐尖，基部近平截。花序单生于二歧分枝顶端，基部无柄；总苞钟状，长与直径均 4～5 mm，边缘 4 裂，裂片三角形，略内弯，边缘及内侧密生白色柔毛，外侧被白色疏柔毛；腺体 4 枚，肾形，基部具短柄，暗

图版 59　青藏大戟 **Euphorbia altotibeica** O. Pauls. 1. 植株；2. 花序；3. 子房；4. 种子；5. 叶。天山大戟 **E. thomsoniana** Boiss. 6. 植株；7. 花序；8 蒴果；9. 种子。　（引自《中国植物志》,何冬泉绘）

褐色，近直立，被稀疏柔毛。雄花多数，略伸出总苞外；雌花 1 朵，子房柄不伸出总苞外，子房被稀疏短柔毛；花柱 3 枚，中部以下合生；柱头 2 裂。蒴果近球状，长 6～7 mm，直径约 7 mm，略被稀疏短柔毛，先端具宿存的花柱，成熟时分裂为 3 个分果爿；种子卵球状，淡灰色具褐色纹饰，长约 6.5 mm，直径约 5 mm，光滑，具种阜。花果期 6～9 月。

产新疆：乌恰（苏约克附近，西植所新疆队 1893；玉其塔什北侧，西植所新疆队 1773）。生于海拔 3 200 m 左右的石质山坡、河滩。

分布于我国的新疆；印度西北部，巴基斯坦，中亚地区各国也有。

6. 甘肃大戟　图版 60：1～3

Euphorbia kansuensis Prokh. in Bull. Acad. Sci. URSS ser. 6. 20：1371 in obs et 1383 in clavi，1926 et 203. 1927 descr.；Hand.-Mazz. Symb. Sin. 7（2）：229. 1931；T. N. Liou in Contrib. Lab. Bot. Nat. Acad. Peiping 1（1）：7. 1931，p. p.；J. S. Ma et C. Y. Wu in Acta Bot. Yunnan. 14（4）：366. 1992；et in Collect. Bot. 21：111. 1992；横断山区维管植物 1：1065. 1993；中国植物志 44（3）：89. 1997，p. p.；青海植物志 2：309. 1999；Fl. China 11：305～306. 2008；青藏高原维管植物及其生态地理分布 544. 2008.

多年生草本，高 11～45 cm。根圆柱状，肉质肥大。茎疏生柔毛，具不育枝。叶互生，下部者鳞片状，向上则变大，长椭圆形至线形，长 1.5～4.6 cm，宽 2～12 mm，先端钝，基部具短柄，边缘和背面被柔毛。杯状伞形花序顶生者具伞梗 5～6 条，伞梗不分枝，疏生柔毛，下具苞叶 5 枚，苞叶披针形至线形，长 1.8～2.2 cm，伞梗顶端各具苞叶 2 枚（阔卵形，先端渐尖）和 1 单生杯状花序；腋生者具 1 伞梗，亦不分枝；总苞杯状，外面无毛，稀具柔毛，里面腺体下被柔毛，5 浅裂，裂片横椭圆形，长约 1 mm，边缘具齿，通常无毛；腺体 4（～5）枚，肾形至新月形，长 1.6～2.0 mm；雄花 18～21 朵，伸出总苞之外，苞片 9～11 枚，线形，全缘或 2 裂，长约 1.5 mm，无毛；雌花 1 朵，子房无毛，花柱 3 枚，下部合生，先端 2 浅裂。蒴果球形，直径约 4 mm，无毛；种子卵形，长约 4 mm，无毛，具种阜。　花果期 5～8 月。

产青海：兴海（中铁林场恰登沟，吴玉虎 45134；中铁乡，吴玉虎 42761、42782；大河坝乡，吴玉虎 42537；中铁林场卓琼沟，吴玉虎 45690、45710、45722；温泉乡，郭本兆 160；河卡乡，吴珍兰 011、吴玉虎等 17434）、玛多（县城郊区，吴玉虎 1612；黑海乡，吴玉虎等 17969；牧场，吴玉虎 19023；醉马滩，陈世龙等 517）、班玛、久治（白玉乡，高生所藏药队 660）、玛沁（城背后，高生所玛沁队 028；尕柯河岸，玛沁队 127；雪山乡，黄荣福 C. G. 81-063；大武乡，H. B. G. 486）、达日（德昂乡，吴玉虎 25904；建设乡胡勒安玛，H. B. G. 1104）、称多（称文乡，刘尚武 2296）。生于海拔 3 200～4 400 m 的高山流石坡、沟谷山坡高山草甸、河谷阶地沙砾滩、滩地干旱

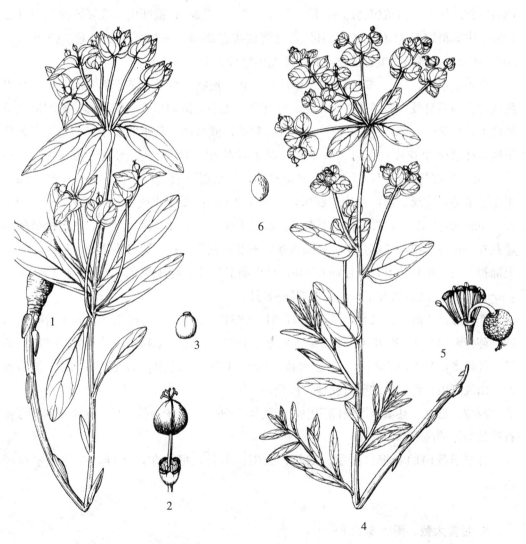

图版 **60** 甘肃大戟 **Euphorbia kansuensis** Prokh. 1. 植株；2. 花序；3. 种子。甘青大戟 **E. micraetina** Boiss. 4. 植株；5. 花序；6. 种子。（引自《中国植物志》,何东泉绘）

草原、沟谷山地阔叶林缘草甸。

分布于我国的青海、甘肃、宁夏、陕西、西藏、四川西北部、内蒙古（九峰山）、山西、河北（内丘、藁城）、河南、湖北（随县）、江苏。

7. 高山大戟　图版 61：1～8

Euphorbia stracheyi Boiss. in DC. Prodr. 15（2）：114. 1862；Hook. f. Fl. Brit. Ind. 5：259. 1887；Forb. et Hemsl. in Journ. Linn. Soc. Bot. 26：417. 1894；Lévl. in Bull. Herb. Boiss. 2. 6：764. 1906；Hand.-Mazz. Symb. Sin. 7（2）：228. 1931；西藏植物志3：87. 图35：3～4. 1986；横断山区维管植物1：1063. 1993. 中国植物志44（3）：81. 1997；青海植物志2：308～309. 1999；Fl. China 11：304. 2008；青藏高原维管植物及其生态地理分布 545. 2008.

多年生草本，高 2～6 cm。根圆锥形，粗壮。根状茎细长。茎下部节间缩短，具平卧或斜上的不育枝，被卷曲的短柔毛。叶互生，无毛，倒卵形、狭倒卵形、椭圆形至长椭圆形，长 7～14 mm，宽 2.5～8.5 mm，先端钝或微凹，具不明显细齿，基部渐狭成短柄。杯状聚伞花序；苞叶 2～4 枚，对生或轮生，倒卵形至倒披针形，长 5.5～9.0 mm，先端钝或微凹，具细齿，基部楔形，仅基部具短毛；总苞杯状，长约 5 mm，里面被柔毛，边缘5裂，裂片近圆形，长约 1.2 mm；腺体 4 或 5 枚，肾形，长 2.0～2.5 mm；雄花 19 朵，常不伸出总苞外；雌花 1 朵，子房具 3 棱，无毛，子房柄微伸出总苞外；花柱 3 枚，基部合生，柱头头状，不裂；苞片 9 枚，线形或 2 裂，长约 3 mm，上部被柔毛。蒴果球形，直径约 6 mm，具不明显网纹；种子棕色，有斑，卵形，长约 4 mm，无毛，具盾状种阜。　花果期 6～8 月。

产青海：兴海（温泉乡，吴玉虎 17961、28843）、久治（县城郊区，高生所果洛队 79、陈桂琛 1594）、玛多（牧场，吴玉虎等 18102）、玛沁（军功乡，吴玉虎 20686）、达日（德昂乡，吴玉虎 25942）。生于海拔 3 600～4 280 m 的沟谷山地高寒草原、河滩沙滩、山坡高山草甸、山坡砾石裸地、沙丘。

西藏：班戈（县城至朋错湖途中，青藏队 10569）。生于海拔 4 600 m 左右的高原宽谷地带的针茅高寒草原。

分布于我国的青海、西藏、四川、云南；不丹，尼泊尔，印度，克什米尔地区也有。

8. 甘青大戟　图版 60：4～6

Euphorbia micraetina Boiss. in DC. Prodr. 15（2）：127. 1862；Hook. f. Fl. Brit. Ind. 5：261. 1887；西藏植物志3：84. 图35：1～2. 1986；A. Radcliffe-Smith in Nasir et All Fl. Pakist. 172：138. f. 28：E～G. 1986；横断山区维管植物1：1063. 1993；中国植物志44（3）：102. 1997；青海植物志2：306. 图版 52：1～5.

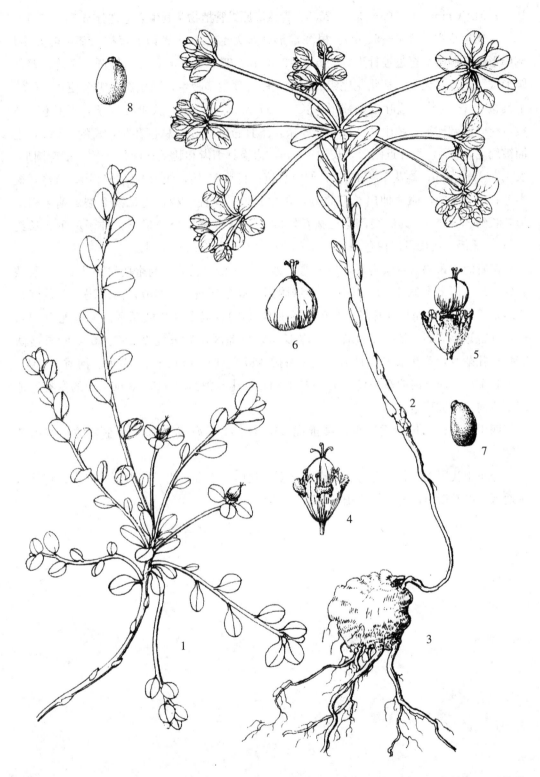

图版 **61**　高山大戟 **Euphorbia stracheyi** Boiss.　1～2. 植株；3. 块根；4～5. 花序；6. 蒴果；7～8. 种子。

（引自《中国植物志》，何冬泉绘）

1999；Fl. China 11：308～309. 2008；青藏高原维管植物及其生态地理分布 545. 2010.

多年生草本，高 6～50 cm。根圆锥形。茎无毛，中下部具不育枝。茎生叶互生，倒卵形、长椭圆形至近披针形，长 0.7～3.3 cm，宽 3～9 mm，先端钝圆，全缘，基部圆形或稍抱茎，无毛。杯状花序组成聚伞花序，顶生和腋生；顶生者 1 级伞梗 4～9 条，下具苞叶 4～9 枚，苞叶近倒卵形，长 7～17 mm，无毛，2 级伞梗 3 条，下具苞叶 3 枚，苞叶倒阔卵形；腋生者 2 级伞梗 3 条，下具苞叶 3 枚；总苞杯状，长约 4 mm，里面被绵毛，5 裂，裂片近圆形，长约 1 mm，边缘具细齿和睫毛；腺体 4 枚，横椭圆形，长 1.5～2.0 mm；雄花 16～19 朵，伸出总苞；苞片 10 枚，线形至倒披针形，全缘，被柔毛；雌花 1 朵，明显伸出总苞之外，子房具瘤，花柱 3 枚，先端浅 2 裂。蒴果扁圆形，长约 3.8 mm，具瘤突，花柱宿存，成熟时分裂为 3 个分果爿；种子卵形，长约 2 mm，无毛，腹面具淡白色条纹，具盾状种阜。　花果期 6～8 月。

产青海：班玛（县城附近，吴玉虎 26279）、久治（县北，高生所果洛队 012；县城郊区，高生所藏药队 181）、玛沁（县城附近，高生所玛沁队 007；阿尼玛乡，黄荣福 C. G. 81-074；尕柯河林场，高生所区划组 147）、玛多（县城郊区，吴玉虎 1014）、达日（吉迈乡，H. B. G. 1327）、称多（县城郊区，吴玉虎 29280、高生所果洛队 2049；扎朵乡，苟新京 83-123）。生于海拔 3 370～4 600 m 的高山草甸、河滩、林缘。

甘肃：玛曲（河曲军马场，吴玉虎 31842）。生于海拔 3 440～3 600 m 的宽谷滩地高山草甸、山坡草地。

四川：石渠（长沙贡玛乡，吴玉虎 29746）。生于海拔 4 000 m 左右的沟谷山坡石隙。

分布于我国的新疆、青海、甘肃、宁夏、陕西、西藏、四川、山西、河南；克什米尔地区，巴基斯坦，喜马拉雅山区也有。

三十八 水马齿科 CALLITRICHACEAE

一年生草本,细弱,水生、湿生或沼生。叶对生,卵形、倒卵形、匙形,生于水中者线形,全缘,无托叶。花小,单生于叶腋,单性同株,极少雌雄花同生于一个叶腋内;花无柄;苞片2枚,膜质,白色;无花被片;雄花仅1个雄蕊,花丝细,花药小,2室,纵裂;雌花具1雌蕊,子房上位,4室,先端4浅裂,花柱2枚,丝状,先端微加粗,胚珠单生,倒生胚珠。果4浅裂,边有狭膜翅。种子具膜质种皮,胚直立,圆柱状,胚乳肉质。

1属25种,广布。我国有1属4种,昆仑地区产1属1种。

1. 水马齿属 Callitriche Linn.

Linn. Sp. Pl. 969. 1753.

本属的形态特征与科描述相同。

1. 沼生水马齿　图版58：3～6

Callitriche palustris Linn. Sp. Pl. 969. 1753;中国植物志45(1):12. 图版4:1～5. 1980;西藏植物志3:90. 图37:1986;青海植物志2:310. 图版50:12～14. 1999;青藏高原维管植物及其生态地理分布549. 2008.

一年生水生草本植物,长10～20 cm。茎丝状,多分枝,节明显。叶对生,下部叶排列稀疏,上部或顶端密集,浮于水面的叶卵形、倒卵形或匙形,长5～8 mm,先端圆形或钝,全缘,基部渐狭成柄状,具3脉,背面显淡褐色细小斑点;水中匙形叶的柄较长或为线形,长达1 cm,线形叶具1脉。花单性,同株,对生,单生于叶腋,为2个小苞片所托;小苞片白色,膜质,近披针形,长约1 mm,易脱落或毁坏;雄花未见,雌花:子房倒卵状长圆形,先端圆形或微凹,花柱2枚,纤细。果长圆形,长约1.5 mm,表面光滑,无脊无翅,先端微4裂,基部无柄。　果期8月。

产青海:达日(吉迈乡赛那纽达山,H. B. G. 1238);久治(错那合马湖,藏药队684)。生于海拔4 000～4 600 m的高原河谷溪流水中。

分布于我国的新疆、青海、西藏,以及东北、华东、西南各省区;欧洲,北美洲,亚洲温带地区也有。

《中国植物志》对该种描述"果实先端具翅,基部具短柄",本地区的标本未见此特征。

三十九　卫矛科 CELASTRACEAE

常绿或落叶乔木、灌木，或藤本灌木、匍匐小灌木。单叶对生或互生，少为3叶轮生并类似互生；托叶细小，早落或无，稀明显而与叶俱存。聚伞花序1至多次分枝，具有较小的苞片和小苞片；花两性或退化为功能性不育的单性花，杂性同株，较少异株；花4～5数，花部同数或心皮减数，花萼花冠分化明显，极少萼冠相似或花冠退化，花萼基部通常与花盘合生，花萼分为4～5萼片；花冠具4～5分离花瓣，少为基部贴合，常具明显肥厚花盘，极少花盘不明显或近无；雄蕊与花瓣同数，着生花盘之上、边缘或花盘之下，花药2室或1室；心皮2～5个，合生；子房下部常陷入花盘而与之合生或与之融合而无明显界线，或仅基部与花盘相连，大部游离，子房室与心皮同数或退化成不完全室或1室，倒生胚珠，通常每室2～6枚，少为1枚，轴生、室顶垂生，较少基生。多为蒴果，亦有核果、翅果或浆果；种子多少被肉质具色假种皮包围，稀无假种皮，胚乳肉质丰富。

科模式属：南蛇藤属 *Celastrus* Linn.

约有60属850种，主要分布于世界热带、亚热带及温暖地区，少数进入寒温带。我国有12属，约201种，全国均产，其中引进栽培有1属1种；昆仑地区产1属3种。

1. 卫矛属 Euonymus Linn.

Linn. Gen. Pl. ed 5. 91. 1754.

常绿、半常绿或落叶灌木或小乔木，或倾斜、披散以至藤本。叶对生，极少为互生或3叶轮生；托叶披针形，早落。花为3出至多次分枝的聚伞圆锥花序，腋生；花两性，较小，直径通常5～12 mm；花4～5数，花萼绿色，多为宽短半圆形；花瓣较花萼长大，多为白绿色或黄绿色，偶为紫红色；花盘发达，通常肥厚扁平，圆或方，有时4～5浅裂；雄蕊着生花盘上面，多在靠近边缘处，少在靠近子房处，花药"个"字着生或基着，2室或1室，药隔发达，托于半药之下，常使花粉囊呈皿状，花丝细长或短或仅呈突起状；子房半沉于花盘内，4～5室，胚珠每室2～12枚，轴生或室顶角垂生，花柱单一，明显或极短，柱头细小或小圆头状。蒴果近球状、倒锥状，不分裂或上部4～5浅凹，或4～5深裂至近基部，果皮平滑或被刺突或瘤突，心皮背部有时延长外伸而呈扁翅状，成熟时室间开裂，果皮完全裂开或内层果皮不裂，而与外层分离在果内突起呈假轴状；种子每室多为1～2枚成熟，稀多至6枚以上，种子外被红色或黄色肉质假种皮；假种皮包围种子的全部，或仅包围一部分而呈杯状、舟状或盔状。

属模式种：欧卫矛 *Euonymus europaeus* Linn.

约有 220 种，分布东西两半球的亚热带和温暖地区，仅少数种类北伸至寒温带。我国有 111 种 10 变种 4 变型，昆仑地区产 3 种。

分 种 检 索 表

1. 蒴果心皮背部向外延伸成翅状 ······················ **3. 紫花卫矛 E. porphyreus** Loes.
1. 蒴果无翅状延展物。
　2. 蒴果上端呈浅裂至半裂状 ······················ **1. 八宝茶 E. przewalskii** Maxim.
　2. 蒴果全体呈深裂状，仅基部联合 ············ **2. 疣点卫矛 E. verrucosoides** Loes.

1. 八宝茶

Euonymus przewalskii Maxim. Bull. Acad. Sci. St.-Pétersb. 27：451. 1881；西藏植物志 3：124. 图 48：1～2. 1986；中国高等植物 7：789. 1998；青海植物志 2：315. 1999；青藏高原维管植物及其生态地理分布 558. 2008.

小灌木，高 1～5 m。茎枝常具 4 棱栓翅，小枝具 4 窄棱。叶对生，窄卵形、窄倒卵形或长圆状披针形，长 1～4 cm，宽 5～15 mm，先端急尖，基部楔形或近圆形，边缘有细密浅锯齿，侧脉 3～5 对；叶柄短，长 1～3 mm。聚伞花序多为一次分枝，3 花或达 7 花；花序梗细长丝状，长 1.5～2.5 cm；小花梗长 5～6 mm，中央花小花梗与两侧小花梗等长；苞片与小苞片披针形，多脱落；花深紫色，偶带绿色，直径 5～8 mm；萼片近圆形，花瓣卵圆形；花盘微 4 裂；雄蕊着生于花盘四角的突起上，无花丝；子房无花柱，柱头稍圆，胚珠通常每室 2～6 枚。蒴果紫色，扁圆倒锥状或近球状，顶端 4 浅裂，长 5～7 mm，最宽直径 5～7 mm；果序梗及小果梗均细长；种子黑紫色，橙色假种皮包围种子基部，可达中部。　花期 6～7 月，果期 8～9 月。

产新疆：喀什（喀什人民公园，西植所新疆队 1562）有栽培。

青海：班玛（马柯河林场，王为义等 27745）。生于海拔 3 300 m 左右的沟谷山地林缘灌丛。

分布于我国的新疆、青海、甘肃、陕西、西藏、四川、云南、河北、山西。

2. 疣点卫矛

Euonymus verrucosoides Loes. Engl. Bot. Jabrb. 30：262. 1902；中国高等植物 7：795. 1998；青海植物志 2：314. 1999；青藏高原维管植物及其生态地理分布 559. 2008.

落叶灌木，高 2～3 m；冬芽较大，卵状或长卵状，长 4～5 mm，直径约 3 mm。叶倒卵形、长卵形或椭圆形，枝端叶往往呈阔披针形，长 3～7 cm，宽 2～3 cm，稀更宽，先端渐尖或急尖，基部钝圆或渐窄；叶柄长 2～5 mm。聚伞花序，2～5 花；花序梗细线状，长 1～3 cm；小花梗长 5～6 mm；花紫色，4 数，直径约 1 cm；萼片近半圆形，花瓣椭圆形；花盘近方形；雄蕊插生花盘内方，紧贴雌蕊，花药扁宽卵形，花丝长 2.0～2.5 mm；子房 4 棱锥状，花柱长约 2 mm，柱头小。蒴果 1～4 全裂，裂瓣平展，窄长，长 8～12 mm，紫褐色，每室 1～2 粒种子；种子长椭圆状，近黑色，种脐一端紫红色，假种皮长约为种子的一半或稍长，一侧开裂。 花期 6～7 月，果期 8～9 月。

产青海：班玛（马柯河林场，王为义等 27712、27739）。生于海拔 3 300 ～ 3 700 m 的沟谷山地林下。

分布于我国的青海、甘肃、陕西、四川、河南及湖北。

3. 紫花卫矛 图版 62：1～3

Euonymus porphyreus Loes. Notes Roy. Bot. Edinb. 8：2. 1913；秦岭植物志 1 (3)：208. 图 182. 1981；中国高等植物 7：799. 1998；青海植物志 2：313. 图 53：1～3. 1999；青藏高原维管植物及其生态地理分布 558. 2008.

灌木，高 1～5 m。叶纸质，卵形、长卵形或阔椭圆形，长 3～7 cm，宽 1.5～3.5 cm，先端渐尖至长渐尖，基部阔楔形或近圆形，边缘具细密小锯齿，齿尖常稍内曲；叶柄长 3～7 mm。聚伞花序具细长花序梗，梗端有 3～5 分枝，每枝有 3 出小聚伞；花 4 数，深紫色，直径 6～8 mm，花瓣长方椭圆形或窄卵形，花盘扁方，微 4 裂，子房扁，花柱极短，柱头小。蒴果近球状，直径约 1 cm，4 翅窄长，长 5～10 mm，先端常稍窄并稍向上内曲。

产青海：班玛（马柯河林场，王为义等 27065）。生于海拔 3 700 m 左右的河谷山坡林缘灌丛。

分布于我国的青海、甘肃、陕西、西藏、四川、云南、贵州、湖北。

四十　凤仙花科 BALSAMINACEAE

一年生或多年生草本。茎直立，通常肉质，通常下部节处常生根。单叶，互生、对生或轮生，具柄或无柄，无托叶，脉羽状，边缘具圆齿或锯齿。花两性，两侧对称，腋生、对生或簇生，或近顶端组成卷状或假伞形花序，苞片有或无；萼片 3 枚，离生，侧生萼片 2 枚，全缘或具齿，下面 1 枚倒置的萼片（亦称唇瓣）大，花瓣状，通常呈舟状、漏斗状或囊状，基部收缩成带蜜腺的距；距直、内弯或全卷，稀无距；花瓣 5 枚，上面的 1 枚称旗瓣，离生，覆盖下部的花瓣，旗瓣对折，扁平，背部具鸡冠状突起或翅，侧生花瓣称翼瓣，成对合生，2 裂，基部裂片小；雄蕊 5 枚，似合生，环绕子房和柱头，花药 2 室，缝裂或孔裂；雌蕊由 4 或 5 心皮组成，子房上位，4 或 5 室，每室含 2 至多数侧生胚珠，花柱 1 枚，极短，柱头 1～5 枚。果为蒴果，稀为假浆果，成熟后开裂成 4～5 裂片；种子从成熟的果片中弹出，无胚乳，种皮光滑或具小瘤状突起。

约有 2 属 900 种，主要分布于亚洲热带、亚热带。我国有 2 属，约 220 余种；昆仑地区仅产 1 属 2 种。

1. 凤仙花属 Impatiens Linn.

Linn. Sp. Pl. 937. 1753.

本属的形态特征与科描述相同。

分 种 检 索 表

1. 蒴果宽纺锤形，中部肿大，两端尖，密被柔毛；花大，红色；唇瓣被毛 ……………
……………………………………………… **1. 凤仙花 I. balsamina** Linn.
1. 蒴果线形，表面无毛；花小，白色或淡黄色；唇瓣无毛 ……………………………
……………………………………………… **2. 川西凤仙花 I. apsotis** Hook. f.

1. 凤仙花

Impatiens balsamina Linn. Sp. Pl. 938. 1753；西藏植物志 3：169. 图 67. 1986；青海植物志 2：323. 1999；中国植物志 47（2）：29. 图版 1：1～9. 2001；青藏高原维管植物及其生态地理分布 568. 2008.

一年生草本，高 30～40（100）cm。无主根或主根短，须根多数。茎直立，较粗壮，不分枝或略有分枝，无毛，下部常有膨大的节，紫褐色。叶互生，叶片披针形，狭

563

椭圆形或倒披针形，长 2.5～7.0 cm，两面无毛，先端急尖或渐尖，边缘有锐锯齿，基部楔形，近基部常具数对黑紫色腺体，质薄，侧脉 4～6 对；叶柄长达 1 cm 或略过之，有或无数对具柄腺体。花腋生，单生或 2～3 朵簇生，无总花梗；花紫红色；花梗明显，长 1～2 cm，密生褐色柔毛；苞片狭披针形，小，位于花梗基部；侧生萼片 2 枚，卵状披针形，长 2～3 mm，先端长渐尖，表面或边缘被稀疏腺体；唇瓣深舟形，长约 17 mm，宽约 8 mm，基部突缩成长约 12 mm 的距，口缘肋处具明显尖头，表面被柔毛；旗瓣近钝三角形，对折，背面中脉前半部分具不明显的龙骨状突起，中脉沿伸出小尖头；翼瓣 2 枚，不等大，一枚近椭圆形，长约 1.5 cm，基部裂片近圆形，长约 5 mm，一枚近三角形，长约 1.2 cm，基部裂片近圆形，直径约 4 mm，先端微裂；雄蕊合生，花药卵球形，先端钝。蒴果纺锤形，长约 1 cm（幼果），两端尖，密被柔毛。 花果期 7～8 月。

产新疆：于田（种羊场，青藏队吴玉虎 3821）。栽培于海拔 2 600 m 的地带。

全国各地庭院广泛栽培。

本标本有变异，翼瓣不同（是否畸形？）。

2. 川西凤仙花　图版 62：4～6

Impatiens apsotis Hook. f. in Hook. Icon. Pl. 30. t. 2972. 1911；青海植物志 2：324. 图版 55：1～3. 1999；中国植物志 47（2）：182. 图版 53：1～8. 2001；青藏高原维管植物及其生态地理分布 568. 2008.

一年生草本，高 20～40 cm。茎直立，细弱，下部裸露，上部具短的分枝，具乳头状腺毛，中下部疏少，越向上越明显。叶互生，中部以下无叶，卵形、近椭圆形或卵状长圆形，长 1.5～4.0 cm，宽 1.5～2.5 cm，膜质或薄纸质，表面绿色，背面淡绿色，先端急尖或钝，边缘具圆齿，齿端微凹，通常具小尖头，基部楔形或广楔形，两面无毛，在上部的叶有的表面被短毛，背面无毛，有的仅在两面脉上有毛，主脉明显，叶脉 4～6 对；叶柄细，长 1～2 cm，被极稀疏的乳头状腺毛。总花梗腋生，花下部的多单生，顶端的含 2～4 朵，长于叶柄，表面有乳头状腺毛，顶端尤密；花梗丝状，长约 1 cm，果时长可达 2 cm 并加粗；花白色或淡黄色，长 5～7 mm；苞片 1 枚，位于花梗的中上部，卵状披针形，长约 3 mm，先端渐尖，表面微被短毛；侧生萼片 2 枚，黄绿色，卵状披针形，长约 4 mm，先端渐尖；唇瓣檐部近舟状或漏斗状，狭窄部分长约 4 mm，内弯，先端钝圆；旗瓣背部绿色，宽椭圆形，对折，长约 6 mm，前端兜状，顶部具尖头，全部中脉具宽的翅；翼瓣椭圆状长圆形，长约 5 mm，基部裂片长圆形，长约为翼瓣的 1/2，先端急尖；雄蕊联合，长约 4 mm，花药小，先端钝。蒴果线形，长达 3 cm，先端尖；种子未见。 花果期 7～8 月。

产青海：班玛（亚尔堂乡王柔，吴玉虎 26300、26313；马柯河林场，王为义等 27073；哑巴沟，王为义等 27508）。生于海拔 3 100～3 750 m 的沟谷山坡林缘灌丛。

图版 **62** 紫花卫矛 Euonymus porphyreus Loes. 1. 果枝；2. 花；3. 果。川西凤仙花 **Impatiens apsotis** Hook. f. 4. 植株；5. 萼片；6. 果。甘青鼠李 **Rhamnus tangutica** J. Vass. 7. 果枝；8. 叶背面（示脉腋的小窝孔）；9. 果。（王颖绘）

分布于我国的青海、西藏东南部、四川西北部。

我们的标本稍有不同：全株被乳头状腺毛；唇瓣漏斗状；翼瓣椭长圆形，近无柄，基部裂片长圆形，长为翼瓣的 1/2；果期花梗增大增粗。

四十一 鼠李科 RHAMNACEAE

灌木、藤状灌木或乔木，稀草本，通常具刺或无刺。单叶互生或近对生，通常具齿稀全缘；托叶小，早落或宿存。花小，整齐，两性或单性，稀杂性，雌雄异株，花簇生、单生，或排列成聚伞花序、聚伞总状花序、聚伞圆锥花序、穗状圆锥花序，4基数稀5；花黄绿色；萼钟状或筒状，常坚硬；花瓣较小，与萼互生，基部常具爪，稀无花瓣，着生于花盘边缘下的萼筒上；雄蕊与花瓣对生，花药2室，纵裂；花盘明显发育，贴生于萼筒上，杯状、壳斗状或盘状；子房上位、半下位至下位，通常3~2室稀4室，每室具1基生的倒生胚珠，花柱不裂或3裂。核果或蒴果，开裂或不开裂，基部常为宿存的萼筒所包围，每分核具1种子；种子背部具沟或无沟，胚大而直，有少量胚乳或无胚乳。

约有58属900种以上，广布于温带至热带地区。我国有14属133种32变种和1变型，昆仑地区仅产1属3种。

1. 鼠李属 Rhamnus Linn.

Linn. Gen. Pl. 58. 1737, et. Sp. Pl. 193. 1753.

灌木或乔木，分枝顶端无刺或有针刺；冬芽裸露或被鳞片。叶互生或近对生，稀对生，具羽状脉，通常边缘有齿，稀全缘；托叶小，早落。花小，单性或两性，雌雄异株，稀杂性，单生或数朵簇生，有的排成聚伞或圆锥式花序；未见苞片；花黄绿色，有柄或无柄；花萼钟状或漏斗状钟形，有4~5浅裂；花瓣4~5枚，兜状，基部有爪，通常有2浅裂，稀无花瓣；雄蕊4~5枚，背着花药，近等长于花瓣；花盘薄，杯状；子房上位，球形，着生于花盘上，2~4室，每室有1胚珠，花柱2~4裂。果实为浆果状核果，基部为宿存的萼筒所包围，具2~4分核，核骨质或软骨质；种子倒卵形或长圆状倒卵形，背面有纵沟。

约200种，分布于世界温带至亚热带地区。我国有57种14变种，昆仑地区产3种。

分 种 检 索 表

1. 叶大，长4~6 cm，宽2.0~2.5 cm；花3~6（更多），与叶簇生于短枝上；纵沟长
　　为种子长度的3/4~4/5 ···································· **1. 甘青鼠李 R. tangutica** J. Vass.

1. 叶小，长 2.8 cm 以下，宽 8 mm 以下；花单生或 1～3 朵与叶簇生于短枝上；纵沟近
   等长于种子。
   2. 分枝直，灌木；新枝和叶面被毛；叶柄长 3～4 mm ……………………………………
   ……………………… **2. 淡黄鼠李 R. flavescens** Y. L. Chen et P. K. Chou
   2. 分枝不规则弯曲，平卧或垫状小灌木；小枝叶面无毛；叶柄和果梗长约 1 mm …
   ……………………………………… **3. 矮小鼠李 R. minuta** Gruh.

1. 甘青鼠李　图版 62：7～9

Rhamnus tangutica J. Vass. in Not. Syot. Inst. Bot. Acad. Sci. URSS 8：127.
f. 15：a～c. 1940；中国植物志 48 (1)：62. 图版 11：5～7. 1982；西藏植物志 3：
212. 图 88：5～7. 1986；青海植物志 2：327. 图版 55：9～11. 1999；青藏高原维管
植物及其生态地理分布 574. 2008.

灌木，高 2～3 m。小枝黑褐色，平滑，微有光泽，对生或近对生，短枝长 7～
12 mm，无毛。叶纸质或厚纸质，在短枝上簇生，椭圆形、倒卵状长圆形或倒卵状披针
形，长 4～6 cm，宽 2.0～2.5 cm，先端短渐尖或急尖，基部楔形，边缘具细圆齿，表
面绿色或深绿色，无毛或沿脉具疏短毛，背面淡绿色或黄绿色，无毛，叶腋处常具腋
窝，在窝孔处具短柔毛，侧脉 4～5 对；叶柄长 8～12 mm，腹面凹处及棱上被短毛。花
2～6 朵与叶簇生短枝顶端，单性，雌雄异株。果为核果，球形，长宽各 5 mm，栗褐
色，无毛，基部有宿存的扁圆形萼筒；果梗长 4～6 mm，无毛；种子褐色，具 4/5～
3/4 的纵沟。　果期 8 月。

产青海：班玛（马柯河林场格尔赛沟，王为义等 27213）。生于海拔 3 200 m 左右的
林缘山谷灌丛。

分布于我国的青海、甘肃、陕西、西藏、四川、河南。模式标本采自甘肃、青海交
界处的青沙山。

在上述地区所采集的本种标本中，叶尚有狭倒披针形、宽条形或狭倒披针状长圆形
类型，以及小枝栗紫色无毛，叶片无毛，背面窝孔不普遍的类型，需待今后研究。

2. 淡黄鼠李

Rhamnus flavescens Y. L. Chen et P. K. Chou in Acta Phytotax. Sin. 18 (2)：
249. 1980；中国植物志 48 (1)：55. 图版 16：3～4. 1982；西藏植物志 3：211.
1986；青海植物志 2：327. 1999；青藏高原维管植物及其生态地理分布 573. 2008.

灌木，高 1～2 cm。幼枝互生或近对生，深褐色或褐色，具短柔毛，二至三年生枝
条，栗色或栗棕色，无毛，微有光泽，常在枝端具针刺。叶纸质，倒卵形、倒披针形、
狭椭圆形或宽条形，长 1.5～2.8 cm，宽 5～8 mm，先端钝、急尖或钝圆，基部楔形，
边缘具细圆齿，齿端具黑栗色小尖头，表面深绿色，被短毛，背面淡绿色，窝孔不普遍
存在，被微毛或无毛，侧脉 3～4 对；叶柄 1～4 mm，被短毛。花单性，雌雄异株，雌

花生于短枝顶端，与叶簇生，花少数，1～2朵，稀3朵。核果近球形，直径3～4 mm，栗褐色，基部有浅盆状的宿存萼筒；果梗短，长2～3 mm，果实与梗光滑；种子2～3枚，形状不规则，背部有几乎等于种子全长的细沟。 果期8月。

产青海：班玛（马柯河林场可培苗圃，王为义等27005）。生于3 200～3 700 m的河谷山坡林缘灌丛中。

分布于我国的青海、西藏、四川。

青海省班玛县可能是本种分布区的边缘，因而形状有些不同：如分枝互生或近对生，叶背面淡绿色，花1～3朵生于短枝叶腋处。

3. 矮小鼠李

Rhamnus minuta Gruh. in Not. Syot. Bot. Acad. Sci. URSS 12：131. 1950，cum tab. et. Fl. URSS 14. 673. 1949；中国植物志48（1）：73. 图版19：4～6. 1982；青藏高原维管植物及其生态地理分布574. 2008.

平卧小灌木，高10～25 cm，多分枝，密生。老枝不规则弯曲，小枝劲直，互生，棕褐灰色，平滑，枝端具针刺。叶小，纸质或薄纸质，在长枝上互生，短枝上簇生，卵状长圆形、狭椭圆形或倒卵形，长5～7 mm，宽3～5 mm，先端钝或圆形，基部楔形或宽楔形，边缘有疏齿，下部全缘，有不明显的脉2～3对，表面无毛或有稀疏短毛，两面同色；叶柄极短。花在短枝上与叶簇生，含花1～3（4）朵，单性，雌雄异株。果实黑褐色，核果倒心形，直径约3 mm，具2～3分核，基部有杯状宿存的萼筒；果梗短，长1～3 mm，无毛；种子近卵圆形，褐色，表面无瘤状突起，背面有与种子等长的种沟，先端有叉状附属物。 果期7月。

产新疆：塔什库尔干（卡拉其古，青藏队吴玉虎87546；麻扎赛赛铁克，采集人和采集号不详；采集地不详，高生所西藏队3214）。生于海拔3 500～4 000 m的河谷山地砾石山坡及岩隙。

分布于我国的新疆；俄罗斯，中亚地区各国也有。模式标本采自帕米尔高原。

四十二　锦葵科 MALVACEAE

草本、灌木或乔木。单叶互生，有托叶。花腋生或顶生，单生或簇生，聚伞花序至圆锥花序；花两性，辐射对称；萼片 3～5 枚，镊合状排列，离生或联合；其下有副萼 3 至多数；花瓣 5 枚，离生，基部与雄蕊管联合；雄蕊多数，花丝联合形成 1 管状雄蕊柱；子房上位，2 至多室，通常 5 室，每室有胚珠 1 至多枚。蒴果或分果，很少为浆果；种子肾形或卵形，被毛至光滑无毛，有胚乳或无胚乳，子叶扁平，折叠状或回旋状。

约有 50 属 1 000 种，分布于世界热带至温带地区。我国有 16 属，约 81 种；昆仑地区产 2 属 2 种 1 变种。

分 属 检 索 表

1. 副花萼 3 枚，分离；花冠直径 0.6～5.0 cm ···················· **1. 锦葵属 Malva** Linn.
1. 副花萼 6～7 枚，基部联合；花冠直径 5～10 cm ··················· **2. 蜀葵属 Alcea** Linn.

1. 锦葵属 Malva Linn.

Linn. Sp. Pl. 687. 1753.

一年生或多年生草本。叶互生，有角或掌状分裂。花单生于叶腋或簇生，有花梗或无花梗；有副萼 3 枚，线性，常离生；萼杯状，5 裂；花瓣 5 枚，顶端常凹入，白色或玫红色至紫红色；雄蕊柱的顶端有花药；子房有心皮 9～15 个，每心皮有胚珠 1 枚，柱头与心皮同数。分果，有数个分果瓣。

约 30 种，分布于亚洲、欧洲和北非洲。我国有 4 种，产各地；昆仑地区产 1 种 1 变种。

1. 野 葵

Malva verticillata Linn. Sp. Pl. 689. 1753；Masters in Hook. f. Fl. Brit. Ind. 1：320. 1874；ljin in Fl. URSS 15：68. t. 3：2. 1949；新疆植物检索表 3：292. 1983；中国植物志 49（2）：7. 图版 1：5～6. 1984；青海植物志 2：335. 图版 56：3～5. 1999；Fl. China 12：266. 2007；青藏高原维管植物及其生态地理分布 583. 2008.

1a. 野葵（原变种）

var. verticillata

二年生草本，高（3）10～70 cm。茎直立，被星状长柔毛，有时混生单毛。茎下部托叶长圆形，向上渐成披针形，长 4～8 mm；叶柄长（3）4～10（13）cm，上面沟槽内被密或疏的绵毛，下面被星状毛和长硬毛或无毛；叶片肾形至圆形，基部心形，掌状 5 裂，裂片圆形、卵圆形或卵状三角形，长（1）2～6 cm，下面被单毛，混生星状毛，上面被毛较疏或无毛。花多数簇生于叶腋，无梗或近无柄，有时果期伸长达 2 cm；小苞片 3 枚，线状披针形，长 4～6 mm，边缘被长柔毛；花萼杯状，长 5～7 cm，5 裂至1/2，裂片广三角形至卵状披针形，密被星状长硬毛，有时混生叉状毛和单毛；花冠淡紫红色或近白色，花瓣片 5 枚，倒卵形至宽倒卵形，先端凹，长 5～7 mm，爪边缘具纤毛或无毛，基部与雄蕊柱贴生；雄蕊柱长约 4 mm，被毛，花柱分枝 9～11 枚，丝状，伸出雄蕊柱。分果直径 5～7 mm，分果瓣（9）10（11）个，近圆形，直径 1.5～2.0 mm，背面光滑，侧面具纵纹。种子形如分果瓣，直径 1.2～1.5 mm，黄褐色至黑褐色，光滑。

产新疆：阿克陶（塔尔，帕考队 5134）、塔什库尔干（库科西鲁格，阎平等 4138）。生于海拔约 2 400 m 左右的山谷或山地草甸。

青海：兴海（中铁林场中铁沟，吴玉虎 45551；中铁乡附近，吴玉虎 42772、42944；唐乃亥乡，吴玉虎 42029、42104；大河坝河，采集人不详 309；河卡乡羊曲，何建农 438；温泉乡，黄荣福 3662）、玛沁（军功乡，吴玉虎 25660）、班玛（马柯河林场，王为义等 26915）。生于海拔 2600～4300 m 的山坡草甸或河漫滩、河谷滩地疏林田埂、沟谷山地阴坡高寒灌丛草甸、滩地干旱草原。

分布于我国的各省区；印度，缅甸，朝鲜，埃及，埃塞俄比亚，欧洲等地均有分布。

1b. 中华野葵（变种）

var. chinensis（Mill.）S. Y. Hu Fl. China Family 153：6. t. 15：5. 1955；中国植物志 49（2）：7. 1984；青海植物志 2：335. 1999；青藏高原维管植物及其生态地理分布 583. 2008. —— *M. chinensis* Mill. Gard. Dict. ed. 8. 670. 1768.

本变种与原变种的区别在于：叶浅裂，裂片钝圆；花簇生，花梗不等长，其中有 1 花梗特长。

产青海：班玛。生于海拔 3 400～3 800 m 的沟谷山坡草地、农田及河边。

分布于我国的各省区；朝鲜也有。

2. 蜀葵属 Alcea Linn.

Linn. Sp. Pl. 687. 1753.

一年生、二年生或多年生草本。叶互生，浅裂或深裂。花单生或簇生，常成总状花序；副花萼 6～7 枚，裂片三角形，基部联合；花萼钟形，5 裂；花瓣 5 枚，通常宽于 3 cm，白色、粉红色、紫色或黄色，顶端锯齿状；雄蕊柱光滑，顶端着生花药；子房有 15 室或更多心皮，每心皮 1 胚珠；柱头与心皮同数。分果，果瓣与心皮等数或较少。

约 60 种，主要分布于中亚地区各国、西南亚、欧洲南部和东部。我国有 2 种，昆仑地区栽培 1 种。

1. 蜀 葵

Alcea rosea Linn. Sp. Pl. 687. 1753；Fl. China 12：268. 2007. —— *Althaea rosea* (Linn.) Cavan. Diss. 2：91. 1790；中国植物志 49 (2)：11. 1984；青藏高原维管植物及其生态地理分布 582. 2008.

二年生草本。茎直立，高达 2 m，密被刺毛。叶近圆心形，直径 6～16 cm，掌状 5～7 浅裂或具波状棱角，上面疏被星状毛，下面被长硬毛或茸毛；叶柄长 5～15 cm，被星状长硬毛；托叶卵形，长约 8 mm。花腋生，单生或近簇生，排列成总状花序。副花萼杯状，常 6～7 裂，裂片卵状披针形，长 8～10 mm，基部合生。花萼钟状，5 裂，裂片卵状三角形，长 1.2～1.5 cm；花红色、紫色、白色、粉红色或黄色，直径 6～10 cm，花瓣长约 4 cm，先端凹缺，爪被长毛；雄蕊柱无毛，长约 2 cm，花丝纤细，花药黄色；花柱分枝多数，微被细毛。果盘状，直径约 2 cm，被短柔毛；分果瓣多数，近圆形，具纵槽。 花期 2～8 月。

产青海：都兰（诺木洪乡，吴玉虎，采集号不详）。引种栽培。

原产我国西南地区，全国各地均有栽培。

四十三 藤黄科 GUTTIFERAE

乔木、灌木或草本。单叶对生，全缘，具斑点或透明膜点，无托叶。花两性，整齐，顶生或腋生，单生或组成聚伞花序或圆锥花序；萼片5枚，稀4枚，覆瓦状排列；花瓣5枚稀4枚，分生，覆瓦状或旋卷状排列；雄蕊多数，分生或稍合生，常组成3～5束，稀4束；子房上位，3～5室，3～5个心皮组成；花柱多数，丝状，分离或结合，胚珠少数或多数，着生于侧腹或中轴胎座上，倒生。果为蒴果或浆果。种子多数，无胚乳，胚直立或弯曲。

约40属，1 000种，多数分布于世界热带地区。我国有8属，约87种；昆仑地区仅1属1种。

1. 金丝桃属 Hypericum Linn.

Linn. Sp. Pl. 783. 1753，et Gen. Pl. ed. 5. 341. 1754.

草本、灌木或小乔木。叶对生，全缘，通常无柄，无托叶，具细小斑点或透明膜点。聚伞花序顶生或腋生，稀单花；花两性，黄色，稀粉红色或紫色；萼片5枚，覆瓦状排列；花瓣5枚，通常偏斜，常旋卷；雄蕊多数，彼此分离或合生成3～5束，并和花瓣对生；子房1室，有3～5个侧膜胎座，或3～5室成为中轴胎座；花柱分离或合生；胚珠多数，稀少数。果为蒴果，开裂；种子极小。

约400种，主要分布于北半球温带和亚热带地区。我国约有55种，昆仑地区产1种。

1. 突脉金丝桃

Hypericum przewalskii Maxim. Bull. Acid. Sci. St. -Pétersb. 27：431. 1881；中国植物志50（2）：45. 1990；青海植物志2：340. 图版56：8～10. 1999；青藏高原维管植物及其生态地理分布 590. 2008.

多年生草本，高30～60 cm，无毛。茎直立，圆柱形，常带紫色，上部多分枝，通常节间疏离。叶对生，通常下部叶较小，中上部叶大，卵状长圆形，长3～6 cm，宽2.0～2.5 cm，表面绿色，背面淡绿色，先端钝至圆形，全缘，基部心形，抱茎，背部脉明显，两面具小的斑点。聚伞花序顶生，无苞片，花梗不等长，上部花梗短，下部花梗长，无毛；花黄色，直径1.5～2.0 cm；萼片长圆形，卵状长圆形或狭椭圆形，长

1.0～1.3 cm，先端钝或圆形，具多数细脉；花瓣条形，长约 1.5 cm，宽约 3 mm，先端钝，含多数细脉，一侧脉多，一侧脉少，故成熟干燥后旋转几成宽线形；雄蕊多数，花丝细长，花药小，近长圆形，背着；花柱 5 枚，下部合生，长 5～6 mm，先端开展。蒴果圆锥形，长约 1.5 cm，棕栗色，顶端有宿存花柱；种子多数，长圆形，黑棕色，长约 1 mm，两端尖。　花期 6～7 月，果期 8～9 月。

产青海：班玛（亚尔堂乡王柔，吴玉虎 26249；马柯河林场烧柴沟，王为义等 27110、27545；灯塔乡，采集人和采集号不详）、玛沁。生于海拔 3 200～4 000 m 的河谷山地林缘灌丛。

分布于我国的青海、甘肃、陕西、四川、河南、湖北。

四十四　柽柳科 TAMARICACEAE

灌木、亚灌木或乔木。单叶，互生，常呈鳞片状，草质或肉质，多具泌盐腺体；常无叶柄，无托叶。花常集成总状或圆锥花序，稀单生；花常两性，整齐；花萼 4～5 深裂，宿存；花瓣 4～5 枚，分离，花后脱落或宿存；下位花盘常肥厚，蜜腺状；雄蕊 4～5 枚或多数，着生于花盘上，花丝分离，稀基部结合成束，或联合至中部成筒，花药呈"丁"字着生，2 室，纵裂；雌蕊由 2～5 心皮构成，子房上位，1 室，侧膜胎座，稀基底胎座，倒生胚珠多数，稀少数，花柱短，常 3～5 枚，分离，有时结合。蒴果圆锥形，室背开裂。种子多数，全被毛或顶端具芒柱，芒柱从基部或 1/2 处开始被柔毛；有或无内胚乳，胚直生。

　　4 属，约 100 种，分布于欧亚大陆、非洲，特别以地中海、中亚为分布中心，多数种类生于草原、荒漠、半荒漠地区。我国有 4 属 32 种，昆仑地区产 4 属 24 种 1 亚种。

分属检索表

1. 矮小灌木或亚灌木；花单生或稀疏总状、穗状花序；花瓣内侧具 2 附属物；种子全被毛，无芒柱，有内胚乳 …………………………………… …1. 红砂属 Reaumuria Linn.
1. 较大型灌木或乔木；花集成总状、穗状或圆锥形花序；花瓣无附属物；种子顶端被毛具芒柱，无内胚乳。
  2. 雄蕊 4～5，等长，花丝分离；雌蕊具短花柱；种子顶端芒柱较短，全被柔毛；叶鳞片状，长 1～7 mm …………………………………… 2. 柽柳属 Tamarix Linn.
  2. 雄蕊 10，不等长，花丝下部联合成筒状，或花丝分离，仅最基部联合；雌蕊无花柱；种子顶端芒柱较长，仅上半部被柔毛或全被柔毛；叶扁平，通常为长圆形或披针形，长可达 1.5 cm。
    3. 花丝下部联合成筒状，呈单体雄蕊 ……………… 3. 水柏枝属 Myricaria Desv.
    3. 花丝分离，不联合成单体雄蕊 ……………… 4. 水柏柽属 Myrtama Ovcz. et Kinz.

1. 红砂属 Reaumuria Linn.

Linn. Syst. Nat. ed. 10. 2: 1081. 1759.

　　亚灌木或灌木，有多数曲拐的小枝。叶鳞片状，短圆柱形或条形，全缘，常肉质或革质，几无柄，有泌盐腺体。花单生或成稀疏总状。花两性，5 数；苞片覆瓦状排列，较花冠略长或略短；花萼肉质或草质，近钟形，宿存；花瓣脱落或宿存，内侧具2鳞片状附属物；雄蕊5至多数，分离或花丝基部合生成5束，与花瓣对生；雌蕊1枚，花柱3～5枚。蒴果，3～5瓣裂；种子全被褐色长毛，无芒柱，有胚乳。

约20种，主要分布于亚洲大陆、南欧和北非。多生于荒漠、半荒漠和干旱草原地区。我国有4种，昆仑地区产2种。

喜光、耐盐、耐旱，喜生于含硫酸盐土壤，体内富含硫化物，常为荒漠地区建群种，形成大面积群落。

分 种 检 索 表

1. 叶短圆柱形，鳞片状；花瓣长 3.0～4.5 mm，雄蕊 6～8（～12），分离，花柱 3；蒴果 3 瓣裂 ·················· **1. 红砂 R. soongarica**（Pall.）Maxim.
1. 叶扁平，近条形；花瓣长 5～8 mm，雄蕊通常 15，基部联合，花柱 5；蒴果 5 瓣裂 ·················· **2. 五柱红砂 R. kaschgarica** Rupr.

1. 红砂　图版 63：1～8

Reaumuria soongarica（Pall.）Maxim. Fl. Tangut. 1：97. 1889；Gorschk. in Fl. URSS 15：279. 1949；中国高等植物图鉴 2：889. 1972；内蒙古植物志 3：520. 图版 206：1～6. 1989；中国沙漠植物志 2：368. 图版 131：1～8. 1987；中国植物志 50（2）：143. 图版 39：12～17. 1990；青海植物志 2：341. 图版 57：1～8. 1999；青藏高原维管植物及其生态地理分布 593. 2008. —— *R. minfengensis* D. F. Cui et M. J. Zhong in Acta Bot. Bor.-Occ. Sin. 19（3）：552～554. f. 1. 1999. —— *Hololachne songarica*（Pall.）Ehrenb. in Linnaea 2：273. 1827. —— *Tamarix soongarica* Pall. in Nov. Acta Petrop. 10：374. t. 10：4. 1797.

小灌木，高达 30（～70）cm，树皮不规则薄片剥裂，多分枝，老枝灰褐色。叶肉质，短圆柱形，鳞片状，上部稍粗，长 1～5 mm，宽 0.5～1.0 mm，微弯，先端钝，灰蓝绿色，具点状泌盐腺体，常 4～6 枚簇生短枝上。花单生叶腋，无梗，直径约 4 mm；苞片 3 枚，披针形；花萼钟形，下部合生，上部 5 裂，裂片三角形，被腺点；花瓣 5 枚，白色略带淡红，长 3.0～4.5 mm，宽约 2.5 mm，内侧具 2 倒披针形附属物，薄片状；雄蕊 6～8（～12）枚，分离，花丝基部宽，几与花瓣等长；子房椭圆形，花柱 3 枚，柱头窄长。蒴果纺锤形或长椭圆形，长 4～6 mm，直径约 2 mm，具 3 棱，3 瓣裂，常具 3～4 粒种子；种子长圆形，长 3～4 mm，全被淡褐色长毛。　花期 7～8 月。

产新疆：莎车（卡琼水站，刘瑛心等 273）、若羌（采集地不详，青藏队 4299；阿尔金山北坡，刘海源 036、048）。生于海拔 3 100～3 600 m 的沙砾山坡、戈壁荒漠、干旱山坡。

青海：茫崖（阿拉子，植被地理组 126）、都兰（采集地不详，郭本兆等，11948）、格尔木（三岔河大桥，吴玉虎 36773）、都兰（诺木洪至香日德途中，植被地理组 233）。生于海拔 2 800～3 845 m 的荒漠沙砾质山坡、盐碱地和河滩。

分布于我国的新疆、青海、甘肃、宁夏、陕西、内蒙古以及东北西部；蒙古，俄罗斯，中亚地区各国也有。

红砂（又名枇杷柴）是荒漠地带的重要建群种植物，红砂植物群落可形成荒漠地区的优良牧场，供放牧羊群和骆驼之用。

崔大方和仲铭锦在《西北植物学报》[Acta Bor.-Occ. Sin. 19（3）：552～554.1999] 上发表了新疆枇杷柴 1 新种 —— 民丰枇杷柴 *Reaumuria minfengensis* D. F. Cui et M. J. Zhong。认为新种和红砂 *Reaumuria soongarica*（Pall.）Maxim. 相似。但民丰枇杷柴是灌木，叶长仅 1.2 mm，花瓣内侧的附属物椭圆形耳状，长达花瓣的 2/3；蒴果瘦小，种子有特殊香味。我们认为，这些区别是在红砂的变异范围内，故予以合并。

2. 五柱红砂　图版 63：9～13

Reaumuria kaschgarica Rupr. in Mém. Acad. Imp. Sci. St.-Pétersb. ser. 7. 14（4）：42. 1869；Maxim. Fl. Tangut. 1：98. 1889；Gorschk. in Fl. URSS 15：287. 1949；中国沙漠植物志 2：370. 图版 131：12～16. 1987；中国植物志 50（2）：144. 图版 39：7～11. 1990；青海植物志 2：341. 1999；青藏高原维管植物及其生态地理分布 593. 2008.

矮小亚灌木，高达 20 cm，具多数曲拐的细枝，呈垫状。老枝灰棕色，一年生枝淡红色或绿色。叶窄条形或略近圆柱形，稍扁，肉质，长 0.4～1.0 cm，宽 0.6～1.0 mm。花单生枝顶或上部叶腋，近无花梗；苞片少，与叶同形，长 3～4 mm。萼片 5 枚，基部略联合，卵状披针形，长 3～4 mm；花瓣 5 枚，粉红色，椭圆形，长约 7 mm，内侧有 2 长圆形附属物，长为花瓣的 1/3 或略短，上部边缘缱状或锯齿状；雄蕊 15（～18）枚，花丝基部联合；子房卵圆形，长约 3 mm，花柱 5 枚，柱头窄尖。蒴果长圆状卵形，长约 7 mm，直径 3～4 mm，5 瓣裂；种子长圆状椭圆形，长 3～4 mm，除顶部外，全被褐色毛。　花期 5～8 月，果期 9 月。

产新疆：乌恰（玉其塔什至老乌恰途中，中科院新疆综考队 1851；苏约克至喀什途中，中科院新疆综考队 1935；县城西北，采集人不详 1851；吉根乡斯木哈纳，西植所新疆队 2187；巴音库音北 5 km，采集人不详 9717）、喀什（拜古尔特东南 10 km，采集人不详 9768、9774）、阿克陶（奥依塔克公格尔山下，采集人不详 3471）、塔什库尔干（采集地和采集人不详，T295）、莎车（县城附近，采集人不详 009）、叶城（县城南121 km，采集人不详 423；阿卡子达坂，采集人不详 533）、于田（采集地不详，刘铭庭160；甫鲁北 20 km，采集人不详 097）、民丰（县城至于田间，刘铭庭 084）、且末（库拉木勒克站 45 km，采集人不详 9482）、策勒（恰哈乡至巴地广途中，采集人不详

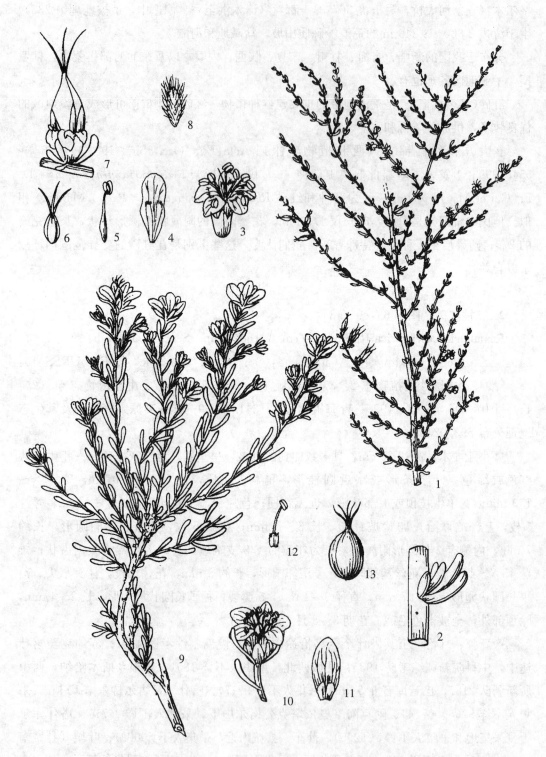

图版 63 红砂**Reaumuria soongarica**（Pall.） Maxim. 1. 花枝；2. 嫩枝叶；3. 花；4. 花瓣；5. 雄蕊；6. 雌蕊；7. 果实；8. 种子。五柱红砂 **R. kaschgarica** Rupr. 9. 花枝；10. 花；11. 花瓣；12. 雄蕊；13. 果实。（刘铭庭、陶明琴绘）

A1617)、若羌（县城附近，采集人不详 9354；阿尔金山，刘海源 020、021；县城东南 97 km，阿尔金山队 A009；红柳沟至茫崖途中，青藏队 2130；阿尔金山北坡，青藏队 2283、4324，采集人不详 84A–012；米兰河右岸，阿尔金山队 A008、A037；县东 30 km，采集人不详 9281）。生于海拔 1 200～3 650 m 的沙砾质和石质山坡、砾石戈壁荒漠、河谷滩地、山前洪积扇、干旱阳山坡。

青海：茫崖（北红柳沟，采集人不详 84A–037）、格尔木（西大滩，吴玉虎 37614；纳赤台，陈世龙 865）、都兰（采集地不详，郭本兆和王为义 11441；香日德，植被地理组 275）。生于海拔 2 600～3 280 m 的荒漠化草原、盐土荒漠、沙砾质山坡及河滩。

分布于我国的新疆南部、青海、甘肃祁连山中段、西藏北部；中亚地区各国也有。

2. 柽柳属 Tamarix Linn.

Linn. Sp. Pl. 270. 1753，et Gen. Pl. ed. 5. 131. 1754.

落叶灌木或小乔木、乔木或亚乔木。多分枝，小枝多数细长而柔软，除木质化长枝外，尚有多数纤细的绿色营养枝，营养枝与叶均于秋后脱落。叶鳞片状，互生，无托叶及叶柄，基部抱茎或呈鞘状，叶多具泌盐腺体。花序总状，春季侧生于去年生老枝上，或夏、秋季生于当年生枝顶组成顶生圆锥花序，或兼有两种花序。花小，两性，稀单性，4～5 数，常具花梗；苞片 1 枚；花萼 4～5 深裂，宿存；花瓣与花萼裂片同数，花后脱落或宿存，花盘多型，通常 4～5 裂，裂片先端全缘或凹缺至深裂；雄蕊 4～5 枚，与花萼裂片对生，少数种类雄蕊多数（我国不产），花丝线状，分离，着生在花盘裂片间，或基部宽，着生花盘裂片顶端，或与花盘裂片融合；花药心形，"丁"字着药，2 室，纵裂。雌蕊 1 枚由 3～4 个心皮组成，子房上位，多呈圆锥状，1 室，胚珠多数，基底或侧膜胎座，花柱 3～4 枚，柱头短，呈头状。蒴果 3 瓣裂；种子多数，细小，顶端芒柱较短，全被白色长柔毛。

约 90 种，主要分布于亚洲、非洲和欧洲的荒漠、半荒漠和部分草原地区，以地中海为分布中心。我国有 18 种 1 变种，主要分布于我国的西北、华北等地；昆仑地区产 15 种 1 亚种。

分 种 检 索 表

1. 叶不抱茎，不为鞘状。

  2. 总状花序春季侧生于去年生老枝上；花 4 或 5 数。

    3. 花 4 数。

      4. 总状花序粗壮，长 6～15（～25）cm ············ **1. 长穗柽柳 T. elongata** Ledeb.

4. 总状花序长不及 6 cm。

    5. 苞片长不及花梗的 1/2 ································· **2. 短穗柽柳 T. laxa** Willd.

    5. 苞片与花梗近等长。

        6. 总状花序与绿色营养细枝同时从去年生的生长枝上发出；花冠直径不

           及 3 mm，白色 ··············· **3. 紫秆柽柳 T. androssowii** Litw.

        6. 总状花序不与绿色营养枝同生；花冠直径达 5 mm，花粉红色 ·········

            ················· **4. 翠枝柽柳 T. gracilis** Willd.

3. 花 5 数。

    7. 花 5 数，但同一总状花序上兼有 4 数花，春季开花 ·······················

           ················ **5. 甘肃柽柳 T. gansuensis** H. Z. Zhang

    7. 花全为 5 数，春季开花后夏、秋季又开花 2～3 次。

        8. 花瓣开展，花后脱落 ············· **6. 密花柽柳 T. arceuthoides** Bunge

        8. 花瓣不开展，宿存，包于蒴果基部 ········ **7. 多花柽柳 T. hohenackeri** Bunge

2. 总状花序生于当年生枝上，组成圆锥花序，夏秋开花，花全为 5 数。

  9. 春季开花后，夏秋又开花 2～3 次。

    10. 花瓣充分开展，花后脱落。

      11. 春季花 4 数，夏秋花 5 数，花开展，直径达 5 mm；蒴果长 4～7 mm

           ················ **4. 翠枝柽柳 T. gracilis** Willd.

      11. 花均为 5 数，花径不及 3 mm ··········· **6. 密花柽柳 T. arceuthoides** Bunge

    10. 花瓣不充分开展，花后宿存，包于蒴果基部。

      12. 花瓣不开展，先端常内弯，彼此靠合，使花冠呈鼓形或圆球形 ········

           ················ **7. 多花柽柳 T. hohenackeri** Bunge

      12. 花瓣几直伸或略开展，先端常外弯，花冠不呈鼓形或球形 ··············

           ················ **8. 甘蒙柽柳 T. austromongolica** Nakai

  9. 春季不开花，夏季或秋季开花。

    13. 植株无毛。

      14. 叶不贴茎生；总状花序密集，1 cm 着花 18 朵以上。

        15. 花序长 2～5 cm；花瓣直伸，使花瓣彼此靠合呈酒杯状，果时花瓣

           宿存 ··············· **9. 多枝柽柳 T. ramosissima** Ledeb.

        15. 花序长 4～12 cm；花瓣下部直而上部外弯，果时花瓣全部脱落 ···

           ················ **10. 细穗柽柳 T. leptostachys** Bunge

      14. 叶贴茎生；总状花序稀疏，1 cm 着花 5 朵·······························

           ·········· **11. 塔里木柽柳 T. taremensis** P. Y. Zhang et M. T. Liu

    13. 植株被毛。

      16. 一二年生枝、叶和花序轴密被单细胞短直毛和腺体；花瓣开张，向外

        折，花后早落 ··············· **12. 刚毛柽柳 T. hispida** Willd.

      16. 一二年生枝、叶和花序轴微具乳头状短腺毛，花瓣直出或靠合，花后

1. 长穗柽柳 图版 64：1～6

Tamarix elongata Ledeb. Fl. Alt. 1：421. 1829；Gorschk. in Fl. URSS 15：300. 1949；中国沙漠植物志 2：372. 图版 132：1～4. 1987；内蒙古植物志 第 2 版. 3：525. 图版 209：4～6. 1989；中国植物志 50（2）：149. 图版 40：1～5. 1990；青海植物志 2：344. 图版 57：18～25. 1999.

大灌木，高达 4 m，枝粗短，挺直。老枝灰色，营养小枝淡黄绿色而有灰蓝色的色调。生长枝上的叶披针形、条状披针形或条形，长 4～9（～10）mm，宽 1～3 mm，先端尖，基部宽心形，半抱茎，具耳；营养小枝上的叶心状披针形或披针形，半抱茎。总状花序春季侧生于去年生枝上，单生，粗壮，长 6～15（～25）cm，总花梗长 1～2 cm；苞片条状披针形或宽条形，长 3～6 mm，膜质，明显长于花萼（连花梗）；花 4 数，密生，较大；花萼深钟形，萼片卵形，长约 2 mm；花瓣卵状椭圆形或长圆状倒卵形，长 2.0～2.5 mm，粉红或紫红色，张开，花后即落；假顶生花盘薄，4 裂；雄蕊 4 枚，花丝基部宽；逐渐过渡成花盘裂片；花药钝或具小尖，粉红色；子房卵状圆锥形，长 1.3～2.0 mm，几无花柱，柱头 3 枚。蒴果卵状圆锥形，长 4～6 mm。 花期 4～5 月，果期 5～6 月。

产新疆：喀什、莎车（恰热克镇阿瓦提，刘铭庭 008）、叶城、和田、民丰、且末（安迪尔牧场，刘瑛心等 147；群克西 20 km，采集人不详 9492）、策勒（克拉哈玛红旗水库，刘铭庭 026）、若羌（县城南 8 km，采集人不详 9263；阿拉干至罗布庄之间，刘铭庭 012）。生于荒漠地区的河流冲积平原沙地，土壤有不同程度的盐渍化。

青海：都兰（诺木洪乡，朱文江 007）、格尔木（托拉海，科沙队 1002）。生于海拔 2 700 m 左右的荒漠地区。

分布于我国的新疆、青海、甘肃（河西）、宁夏（北部）、内蒙古（西部）；中亚地区各国，俄罗斯，蒙古也有。

2. 短穗柽柳 图版 64：7～12

Tamarix laxa Willd. in Abh. Phys. Kl. Acad. Wiss. Berlin 1812～1813：82. 1816；Gorschk. in Fl. URSS 15：302. t. 15：4. 1949；内蒙古植物志 第 2 版. 3：527. 图版 209：1～3. 1989；中国沙漠植物志 2：372. 图版 132：5～7. 1987；中国植物志 50（2）：149. 图版 40：5～10. 1990；青海植物志 2：344. 图版 57：9～

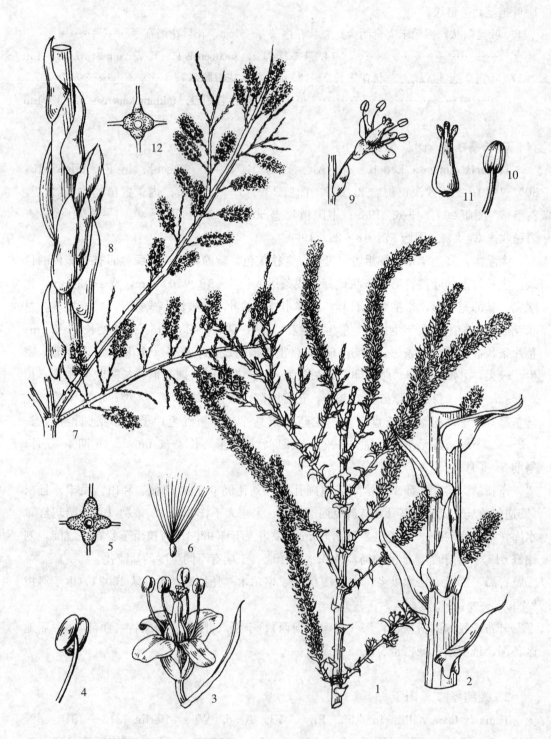

图版 64　长穗柽柳 **Tamarix elongata** Ledeb. 1. 花枝一部分；2. 嫩枝中段叶形；3. 花；4. 花药；
5. 花盘；6. 种子。短穗柽柳 **T. laxa** Willd. 7. 花枝一部分；8. 嫩枝上叶；9. 花；10. 花药；
11. 雌蕊；12. 花盘。（刘铭庭、陶明琴绘）

17. 1999.

灌木，高 1～3（～5 m）。老枝灰色，小枝短而直伸，脆而易折断。叶绿色或黄绿色，披针形、卵状长圆形或菱形，长 1～2 mm，宽约 0.5 mm，先端尖。春季总状花序侧生于去年生老枝上，短而粗，着花稀疏，长达 4 cm，基部被有多枚长圆形的棕色鳞片；苞片卵形或长椭圆形，长不及花梗 1/2，花梗长 2～3 mm；花 4 数；花萼长约 1 mm，萼片 4 枚，卵形，边缘宽膜质，果时外弯；花瓣 4 枚，粉红或淡紫色，略呈长圆状椭圆形或长圆状倒卵形，长约 2 mm，充分开展，并向外折，花后脱落；花盘 4 裂，肉质，暗红色；雄蕊 4 枚，与花瓣等长或略长，花丝基部宽，生于花盘裂片先端（假顶生），花药红紫色；花柱 3 枚，柱头头状。蒴果窄圆锥形，长 3～4（～5）mm。偶见秋季 2 次在当年生枝开少量花，秋季花为 5 数。　花期 4～5 月，果期 5～6 月。

产新疆：喀什、莎车（林场，采集人不详 002；恰热克镇治沙站，刘铭庭 002）、英吉沙（县城公路边，采集人不详 311）、叶城、和田（县城去奎屯途中乌尔河附近，沈观冕 83057、83059、83061、83062）、民丰（县城附近，刘铭庭 010；县城东北 30 km，采集人不详 043）、策勒（治沙站，刘铭庭，采集号不详）、且末（县城以西 70 km，刘铭庭 014）、若羌（新东，采集人不详 026；木兰，采集人不详 9287、9300；县城北 25 km，采集人不详 9277）。生于海拔 1 200～1 400 m 的荒漠戈壁盐渍化沙地、冲积扇、河谷湖岸。

青海：都兰县（诺木洪乡，吴玉虎 36407）。生于海拔 2 780 m 左右的荒漠戈壁盐碱地。

分布于我国的新疆、青海、甘肃（河西）、宁夏北部、陕西北部、内蒙古西部；俄罗斯，欧洲东南部，哈萨克斯坦等中亚地区，伊朗，阿富汗，蒙古也有。

3. 紫秆柽柳　图版 65：1～9

Tamarix androssowii Litw. in Sched. Herb. Fl. Ross. 5：41. 1905；Gorschk. in Fl. URSS 15：297. 1949；中国沙漠植物志 2：372. 图版 132：8～14. 1987；内蒙古植物志 第 2 版. 3：527. 1989；中国植物志 50（2）：151. 图版 41：1～8. 1990.

灌木或小乔木状，高达 2～4（～5）m。茎和老枝暗棕红或紫红色；当年生木质化生长枝直伸，淡红绿色；营养小枝几从生长枝上直角伸出。生长枝上的叶淡绿色，几抱茎，绿色营养枝之叶卵形，长 1～2 mm，先端尖，基部抱茎，下延，全叶 2/3 贴茎生。总状花序侧生于去年生枝上，单生或 2～3 个簇生，长 2～3（～5）cm，绿色营养小枝和总状花序同时成簇生出，基部有总梗，长 0.5～1.0 cm；苞片长圆状卵形，长 0.7～1.0 mm，比花梗短或等长；花梗长 1.0～1.5 mm；花 4 数；萼片卵形，长 0.7～1.0 mm，花后开展；花瓣粉白或淡绿粉白色，倒卵形，长 1.0～1.5 mm，互相靠合，花后略开张，果时大多宿存；花盘肥厚，紫红色，4 裂片向上渐收缩为花丝基部；雄蕊 4 枚，花丝基部宽，生于花盘裂片顶端（假顶生），花药暗紫红或黄色；花柱 3 枚，短棒状。蒴果狭圆锥形，长 4~5 mm；种子黄褐色。　花期 4~5 月，果期 5 月。

产新疆：莎车、和田、且末、若羌（采集地不详，刘铭庭 006）。生于海拔 800~1 200 m 的沙漠内部河流两岸沙地和流沙上。

分布于我国的新疆（塔里木盆地）、甘肃（河西）、宁夏（中卫）、内蒙古西部；中亚地区各国，蒙古也有。

4. 翠枝柽柳　图版 65：10~13

Tamarix gracilis Willd. in Abh. Phys. Kl. Akad. Wiss. Berlin. 1812~1813：81. pl. 25. 1816；Gorscchk. in Fl. URSS 15：307. 1949；中国沙漠植物志 2：373. 图版 133：1~4. 1987；中国植物志 50（2）：152. 图版 41：9~12. 1990；青海植物志 2：345. 图版 58：7~13. 1999.

灌木，高 1.5~3.0（~4.0）m，树皮灰绿或棕栗色。老枝被淡黄色木栓质皮孔。叶披针形或卵状披针形，淡黄绿色，大小不一，长约 4 mm，基部常下延抱茎，具耳。春季总状花序侧生于去年生枝上，长 2~4（~5）cm，花 4 数；夏季总状花序长 2~5（~7）cm，生于当年生枝顶，组成稀疏圆锥花序，花 5 数；花冠直径 4（~5）mm；春季花苞片为匙形或狭铲形，长 1.5~2.0 mm，约与花梗等长或略长，花梗长 0.5~1.5（~2.0）mm；萼片三角状卵形，长约 1 mm，基部联合，外面 2 片较大，绿色，边缘膜质；花瓣倒卵圆形或椭圆形，长 2.5~3.0 mm，花盛开时充分张开外弯，鲜粉红或淡紫红色，花后脱落；花盘肥厚，紫红色，4 或 5 裂；雄蕊 4 或 5 枚，花丝宽线形，基部渐变宽，生于花盘裂片顶端，花药紫色或粉红色；花柱 3 枚。蒴果圆锥形，较大，长 4~7 mm，果皮薄纸质，常发亮。　花期 5~8 月，果期 6~9 月。

产青海：格尔木、都兰（诺木洪乡，朱文江 014）。生于海拔 2 700 m 左右的荒漠草甸土上。

分布于我国的新疆、青海（柴达木盆地）、甘肃（河西）、内蒙古西部；俄罗斯欧洲部分，中亚地区各国，蒙古也有。

5. 甘肃柽柳　图版 66：1~7

Tamarix gansuensis H. Z. Zhang in Acta Bot. Bor.-Occ. Sin. 8（4）：259. f. 1. 1988；中国沙漠植物志 2：373. 图版 133：5~8. 1987；中国植物志 52（2）：154. 图版 41：13~15：1990；青海植物志 2：345. 1999.

灌木，高 2~3（~4）m。茎和老枝紫褐或棕褐色。叶披针形，长 2~6 mm，宽 0.5~1.0 mm，基部半抱茎，具耳。总状花序侧生于去年生枝条上，单生，长 6~8 cm；苞片卵状披针形或宽披针形，长 1.5~2.5 mm，薄膜质，易脱落。花梗长 1.2~2.0 mm；花以 5 数为主，兼有 4 数花；萼片三角状卵圆形，长约 1 mm，宽约 0.5 mm；花瓣淡紫或粉红色，卵状长圆形，长约 2 mm，宽 1.0~1.5 mm，花后花瓣部分脱落；

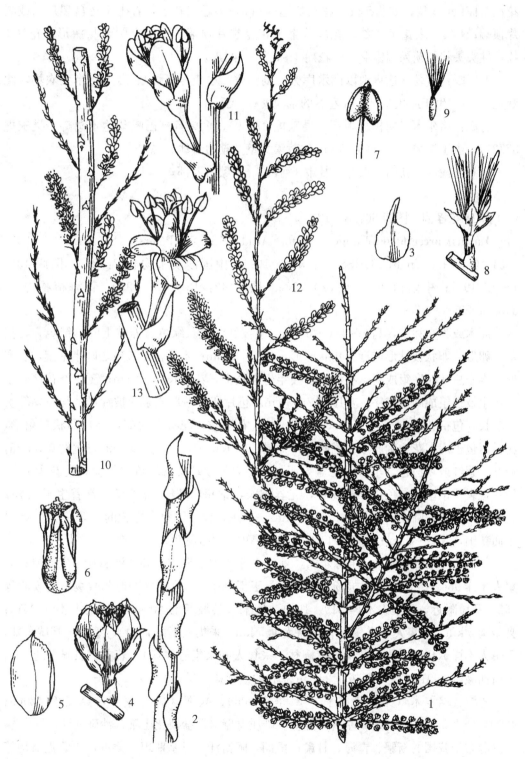

图版 **65** 紫秆柽柳 **Tamarix androssowii** Litw. 1. 花枝；2. 嫩枝叶；3. 苞片；4. 花；5. 花瓣；6. 雄蕊与雌蕊；7. 花药；8. 开裂蒴果；9. 种子。翠枝柽柳 **T. gracilis** Willd. 10. 春季 4 数花序；11. 春花；12. 夏季 5 数花序；13. 夏花。（刘铭庭、陶明琴绘）

花盘紫棕色，5 裂；雄蕊 5 枚，花丝长达 3 mm，多超出花冠，着生于花盘裂片间或裂片顶端；4 数花之花盘 4 裂，花丝着生于花盘裂片顶端；子房窄圆锥状瓶形，花柱 3 枚，柱头头状。蒴果圆锥形。　　花期 4～5 月，果期 6～7 月。

产新疆：策勒（达玛沟以南水库旁，刘铭庭，采集号不详）、若羌（米兰农场，沈观冕 082）。生于海拔 1 350 m 左右的荒漠戈壁沙丘。

青海：格尔木（胡杨林附近，吴玉虎 37639）、大柴旦（巴嘎柴达木湖畔，吴玉虎 37737）。生于海拔 2 806～3 200 m 的荒漠戈壁及湖边滩地。

分布于我国的新疆、青海、甘肃（河西）、内蒙古西部。

6. 密花柽柳　图版 66：8～12

Tamarix arceuthoides Bunge in Mém. Acad. Sci. St.-Pétersb. Sav. Etr. 7：295. 1851；Gorschk. in Fl. URSS 15：312. 1949；中国沙漠植物志 2：377. 图版 134：1～4. 1987；中国植物志 50（2）：154. 图版 42：13～16. 1990；青海植物志 2：348. 1999.

灌木或为小乔木，高 2～4（～6）m。小枝红紫色。绿色营养枝上叶鲜绿色，几抱茎，卵形、卵状披针形或近三角状卵形，长 1～2 mm；木质化生长枝之叶半抱茎，长卵形。春季总状花序组成复总状侧生于去年生老枝上，花序长 4～5 cm；夏秋季花序生于当年生枝顶组成圆锥花序，花序长 2～3 cm。苞片卵状钻形或条状披针形，与花萼等长或较长（包括花梗）；花梗长 0.5～0.7 mm；花 5 数；花萼 5 深裂，萼片卵状三角形，花后紧包子房；花瓣倒卵形或椭圆形，开展，长 1.0～1.7（～2.0）mm，宽约 0.5 mm，粉红、紫红或粉白色，早落；花盘 5 深裂，每裂片顶端常凹缺或再深裂，使花盘成 10 裂片，裂片常呈紫红色；雄蕊 5 枚，花丝细长，常超出花瓣 1～2 倍，常着生于花盘 2 裂片间；子房长圆锥形，长 0.7～1.3 mm，花柱 3 枚，约为子房长的 1/3～1/2。蒴果小而狭细，长 3～4 mm，直径约 0.7 mm，果皮多呈红棕色。　　花期 5～9 月。

产新疆：喀什、莎车（卡琼水站，刘瑛心等 302）、和田（和田河麻扎山南河岸；采集人不详 9642）、于田（种羊场，青藏队吴玉虎 3807）、民丰（安迪尔牧场，刘瑛心等 162；县城附近，采集人不详 019、194）、且末（县城西北 20 km，采集人不详 9515；县城南 8 km，采集人不详 9486；塔特南面 5 km，采集人不详 7494）、策勒（县城东郊，采集人不详 R1461；热瓦可人工红柳林，采集人和采集号不详）、若羌（县城附近，高生所西藏队 2991）。生于海拔 1 264 m 左右的河漫滩、砾石戈壁滩、沙丘。

青海：格尔木（采集地不详，黄守信 006）、兴海（唐乃亥乡，吴玉虎 42069、42094）。生于海拔 2 800 m 左右的荒漠沙砾质戈壁滩及盐渍化土壤、沙砾河滩。

分布于我国的新疆、青海、甘肃；伊朗，阿富汗，巴基斯坦，蒙古，哈萨克斯坦等中亚地区也有。

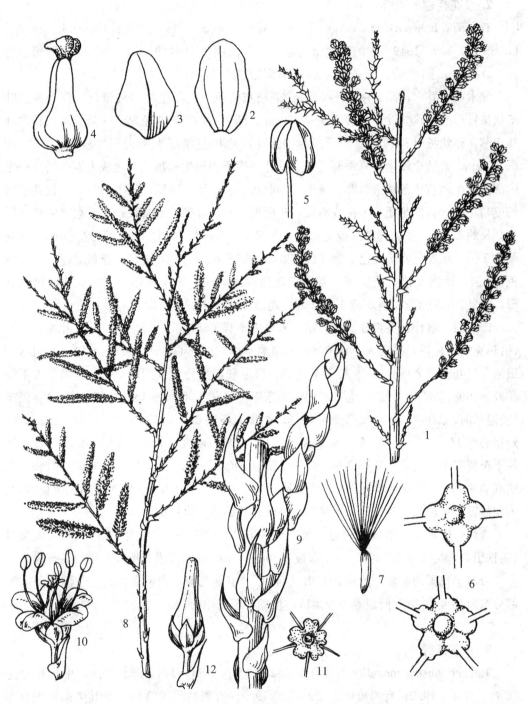

图版 66　甘肃柽柳　**Tamarix gansuensis** H. Z. Zhang 1. 花序；2. 萼片；3. 花瓣；4. 子房与柱头；5. 花药；6. 花盘；7. 种子。密花柽柳 **T. arceuthoides** Bunge 8. 夏季花枝；9. 嫩枝叶；10. 花；11. 花盘；12. 果实。（刘铭庭、陶明琴绘）

7. 多花柽柳 图版 67：1～9

Tamarix hohenackeri Bunge Tent. Gen. Tamar. 44. 1852；Gorschk. in Fl. URSS 15：309. 1949；中国沙漠植物志 2：377. 图版 134：9～13. 1987；中国植物志 50 (2)：155. 图版 42：6～12. 1990；青海植物志 2：349. 1999.

灌木或小乔木，高 1～3 (～6) m。老枝灰褐色，二年生枝暗红紫色。营养枝之叶条状披针形或卵状披针形，长 2.0～3.5 mm，渐尖，内弯，半抱茎；木质化生长枝之叶几抱茎，卵状披针形，基部下延。春季开花，总状花序侧生于去年生枝上，长 3～5 (～7) cm，常数个簇生；夏季开花，总状花序生于当年生枝顶，集生成大而疏松或稠密的圆锥花序；苞片条状长圆形、条形或倒卵状窄长圆形，膜质，长 1～2 mm，比花梗略长或与花萼（包括花梗）等长或略长，花梗短，与花萼等长或略长；花 5 数，萼片卵圆形，长约 1 mm；花瓣卵圆形或近圆形，长 1.5～2.0 (～2.5) mm，宽约 1 mm，比花萼长 1 倍，玫瑰色或粉红色，常靠合成鼓形或球形花冠，果时宿存；花盘肥厚，暗红紫色，5 裂；雄蕊 5 枚，花丝细，着生于花盘裂片间；子房长卵形，花柱 3 枚，棒状匙形，长为子房的 1/2。蒴果长 4～5 mm，超出花萼 4 倍。 花期 5～8 月。

产新疆：喀什、英吉沙（治沙站，采集人不详 068、071、072、075）、叶城、莎车（恰热克镇阿瓦提，采集人不详 008；采集地不详，刘瑛心 051、052、055）、和田（和田河谷口处西岸 2 km，采集人不详 9613；新老和田河分岔处南约 60 km，采集人不详 4627、9602、9624、9626；老和田河南端东岸，采集人不详 9615、9655、9658）、民丰（安迪尔河，刘瑛心等 187；安迪尔牧场，采集人不详 029、031、042、044；安迪尔乡，刘瑛心等 145）、若羌（新东，采集人不详 024；瓦石峡北 5 km，采集人不详 9325；阿拉干至罗布庄之间，刘铭庭 009、013；县城东南 5 公里，采集人不详 9268、9269，刘铭庭 009、025、037；米兰农场，沈观冕 082）。生于海拔 960～1 400 m 的盐渍化沙地、固定沙丘、河流两岸沙砾地、干旱河床沙滩、公路边、水渠旁。

青海：格尔木（胡杨林附近，吴玉虎 37643；托拉海，植被地理组 181）、大柴旦（锡铁山口，吴玉虎 37700）。生于海拔 2 800～3 000 m 的荒漠戈壁及河岸胡杨林缘。

分布于我国的新疆、青海、甘肃（河西）、宁夏北部、内蒙古西部；俄罗斯（欧洲部分东南部），哈萨克斯坦等中亚地区，伊朗，蒙古也有。

8. 甘蒙柽柳

Tamarix austromongolica Nakai in Journ. Jap. Bot. 14：289. 1938；中国植物志 50 (2)：159. 1990；青海植物志 2：351. 1999；青藏高原维管植物及其生态地理分布 593. 2008.

8a. 甘蒙柽柳（原亚种）

subsp. **austromongolica** Nakai

灌木或小乔木，单株或丛生，高 1～6 m；树干光滑，地径 1～10 cm，树皮不开裂。枝条直伸，暗红色或淡黄绿色。叶灰蓝绿色，木质化枝叶宽卵形或卵状披针形，幼枝上叶矩圆形或矩圆状披针形；叶长 1.6～3.0 mm，宽 1.0～1.8 mm，先端尖刺状或渐尖。春季总状花序侧生于去年生枝上，长 2～5 cm，单生或 2 花簇生，直伸；夏秋季总状花序较春季狭细，长 2～3 cm，组成大型圆锥花序，顶生于当年生枝条上，挺直向上；苞片条状披针形，长 1.3～1.6 mm，花梗极短；萼片 5 枚，卵形，长约 1 mm，宽约 0.5 mm，边缘膜质；花瓣 5 枚，倒卵状长圆形，长约 1.5 mm，宽约 1 mm，淡紫红色或粉白色，花后宿存；花盘 5 裂，裂片先端微缺；雄蕊 10 枚，伸出花瓣之外，花丝着生在花盘裂片之间；子房三棱状卵形，花柱 3 枚，棒状，下弯。蒴果长圆锥形，长约 5 mm。 花期 5～9 月，果期 7～10 月。

产青海：兴海（曲什安乡黄河边，吴玉虎 47355、47359、47362、47365、47366；唐乃亥乡加乌村，吴玉虎，采集号不详；上鹿圈村，吴玉虎，采集号不详）。生于海拔 2 600～2 760 m 的黄河岸边洪积淤泥地、黄河河滩地、洪水流经的河床、河滩潮湿沙地，附近村庄居民亦有栽培于房舍周围。

分布于我国的青海、甘肃、宁夏、陕西、山西、河北、内蒙古、河南、山东。

本种为我国黄河流域的特有种。

8b. 青海柽柳（新亚种）　彩色图版 XVI

subsp. **qinghaiensis** Y. H. Wu **subsp. nov.** in Addenda.

本亚种与原亚种的区别在于：乔木，树高可达 16.8 m，胸高茎围可达 376 cm，直径可达 121 cm。单株或单株合生（2～17 个单株合生成 1 个树干）、丛生及异枝连理；具有淡棕红色坚硬的木材，具有黑褐色开裂的树皮，有时有瘤状突起，并具单髓心、双髓心甚至多髓心；通常可自树干基部起萌发新枝。

产青海：兴海（唐乃亥乡上鹿圈，吴玉虎 48312、48314、48316、48319、48367、48373、48379、48386、48392；唐乃亥乡加乌村，吴玉虎，采集号不详）。生于海拔 2 000～2 760 m 的黄河岸边洪积淤泥地、黄河河滩地，附近村庄居民亦有栽培于房舍周围的。

分布于我国的青海省黄河上游地区。

本亚种为我国青海省黄河上游地区特有的地理亚种。

2010 年 7 月，我们在青海省同德县和兴海县发现了 3 处罕见的甘蒙柽柳 *Tamarix austromongolica* Nakai 野生古树林，面积 20 余 hm²，树高平均 10～12 m，最高 16.8 m。其树干虽非通直高挺，但却粗壮，竟有 660 余株胸径在 30～100 cm 以上，其中直径 100 cm 以上的植株有 10 余棵，最粗的一棵树的胸高茎围竟有 376 cm。这是迄今为止我们所见过的最大、最古老的野生柽柳树。经与我国西部地区的数位植物学家（其中包括《中国植物志》柽柳科作者张耀甲和刘名廷教授等）交流讨论，认为通常可见到的野生柽柳多为灌木而较少为小乔木，且小乔木的直径最大达到 20 cm 左右。所以，我们所发现的直径在 100 cm 以上的乔木植株堪称柽柳树中的"树王"。这样粗壮的单株已是罕见，况且成林，更不曾听说，此前也从未见有报道。因此，这种情况不仅在青海绝无仅有，在全国乃至世界范围内亦属罕见。这些树不仅历经百余年环境变迁而不死，而且这期间还几经战乱而未被毁，十分顽强地存活至今天，成为留给我们的宝贵财富。这些显然应归于"乔木"之列的古树，应是近年来柽柳属植物研究中的重大发现，它从根本上颠覆了我们已往对"柽柳属植物的野生植株多为灌木或小乔木"的认识。作为植物长寿基因的载体，以及它们所记录的当地、当时的气候状况和环境变迁等方面的信息，这片青海野生古柽柳林对于我们深入研究柽柳属植物和了解大自然等都是最好的科研材料和最直接的证据，非常值得进一步进行全方位的系统研究，并且应该列入国家珍稀濒危植物保护名录。

根据这些古柽柳树的独特形态和树干解剖特征，在一些专家的提议下，我们在与刘铭庭和张耀甲两位柽柳科专家以及北京大学汪劲武教授等植物学家沟通后，将这类单株或单株合生、丛生及异枝连理，树干粗糙或有瘤状突起并具单髓心、双髓心甚至多髓心，通常可自树干基部起萌发新枝的乔木类群作为甘蒙柽柳 *Tamarix austromongolica* Nakai 的地理亚种，定名为青海柽柳 *Tamarix austromongolica* Nakai subsp. *qinghaiensis* Y. H. Wu。

中国科学院青藏高原生物标本馆收藏有这些野生古柽柳林中最大胸高茎围的 1～69 号古树的花序和果实标本，可供研究。

9. 多枝柽柳　图版 67：10～15

Tamarix ramosissima Ledeb. Fl. Alt. 1：424. 1829；Gorschk. in Fl. URSS 15：311. 1949；中国沙漠植物志 2：379. 图版 135：4～6. 1987；内蒙古植物志 第 2 版. 3：522. 图版 207：1～6. 1989；中国植物志 50 (2)：159. 图版 42：1～5. 1990；青海植物志 2：348. 1999；青藏高原维管植物及其生态地理分布 595. 2008.

灌木或小乔木状，高 1～3 （～6） m。老枝暗灰色，当年生木质化生长枝红棕色，或枣红色，有分枝。木质化生长枝上叶披针形，半抱茎；营养枝上叶卵圆形或三角状心形，长 2～5 mm，先端稍内倾，几抱茎。总状花序春季组成复总状生于去年生枝上，花序长 3～4 cm，夏秋季总状花序组成大型圆锥花序；有总花梗，长 0.2～1.0 cm，生于当年生枝顶，长 2～5 cm；苞片披针形或卵状披针形，与花萼等长或超过花萼（包括花梗）；花 5 数；萼片卵形；花瓣倒卵形或椭圆形，粉红或紫色，靠合成闭合的酒杯状花冠，果时宿存；花盘 5 裂，裂片顶端有凹缺；雄蕊 5 枚，花丝细，基部着生于花盘裂片

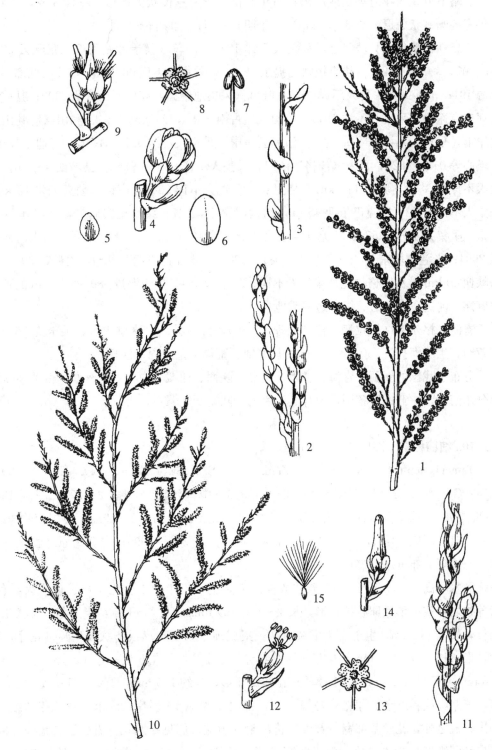

图版 **67** 多花柽柳 **Tamarix hohenackeri** Bunge 1. 花枝；2. 嫩枝顶端叶；3. 嫩枝中部叶；4. 花；5. 萼片；6. 花瓣；7. 花药；8. 花盘；9. 开裂之果实。多枝柽柳 **T. ramosissima** Ledeb. 10. 花枝；11. 嫩枝叶；12. 花；13. 花盘；14. 果实；15. 种子。（刘铭庭、陶明琴绘）

间边缘略下方，与花冠等长或超出花冠 1.5 倍；子房三棱状圆锥形，花柱 3 枚，棒状。蒴果三棱圆锥状瓶形，长 3~5 mm。　花期 5~9 月。果期 6~9 月。

产新疆：喀什（县城附近，采集人不详 125）、莎车（县治沙站附近，张鹏云 071、073、074、075、092；恰热克镇阿瓦提东 15 km，采集人不详 060）、英吉沙（城郊，刘海源 191；治沙站，采集人不详 205）、叶城（采集地不详，高生所西藏队 3309；县城至下河来克途中，采集人不详 191）、皮山（庄古南 2 km，刘铭庭 159）、和田（麻扎山南河岸上，采集人不详 9649；县城至洛浦县途中，采集人不详 036）、民丰（安迪尔牧场，刘瑛心等 019、162）；且末（江格沙依河，采集人不详 9339、9352；县城西 45 km，采集人不详 9538；县城西 140 km 其格里克，采集人不详 9548；库拉木勒克乡北 12 km，采集人不详 9483；阿克巴依西 45 km，采集人不详 9547；县城至安迪尔，刘铭庭 148；修堂，采集人不详 9557）、若羌（县城北 3 km，刘铭庭 104；采集地不详，高生所西藏队 2994；米兰农场东 30 km，沈观冕 081、088；库木库都克西 90 km，沈观冕 091；瓦石峡西 40 km 雅克图格拉克，采集人不详 9279、9335）。生于海拔 980~2 160 m 的荒漠戈壁滩、河边、水渠边、绿洲边河滩地。

青海：格尔木（托拉海，植被地理组 180）、都兰县（诺木洪工区，吴玉虎 36454、36473）。生于海拔 2 700~2 900 m 的盐碱地、荒漠戈壁及固定沙丘。

分布于我国的新疆、青海、甘肃、宁夏、陕西、西藏、内蒙古；东欧，俄罗斯欧洲部分东南部，中亚地区各国，土耳其，伊朗，阿富汗，蒙古也有。

10. 细穗柽柳　图版 68：1~5

Tamarix leptostachys Bunge in Mém. Aci. Sci. St.-Pétersb. Sav. Etr. 7：293. 1854；Gorschk. in Fl. URSS 15：310. 1949；中国沙漠植物志 2；277. 图版 134：5~8. 1987；内蒙古植物志 第 2 版. 3；525. 图版 208：4~6. 1989；中国植物志 50 (2)：161. 图版 42：17~20. 1990；青海植物志 2；348. 1999；青藏高原维管植物及其生态地理分布 594. 2008.

灌木，高 2~4（~6）m。老枝淡棕或灰紫色，当年生木质化枝灰紫色或火红色。营养枝之叶狭卵形或卵状披针形，长 1~4（~6）mm，急尖，下延，半抱茎。总状花序细长，长 4~12 cm，生于当年生枝顶端，集成顶生紧密球形或卵状大型圆锥花序；苞片钻形，长 1.0~1.5 mm，与花梗等长或与花萼几等长；花 5 数；萼片卵形，长 0.5~0.6 mm，宽约 0.4 mm，边缘膜质；花瓣倒卵形，长约 1.5 mm，宽约 0.5 mm，上部外弯，淡紫红或粉红色，早落；花盘 5 裂，稀再 2 裂成 10 裂片；雄蕊 5 枚，花丝细长，伸出花冠之外，花丝基部宽，着生于花盘裂片顶端，偶见雄蕊花丝着生于花盘裂片间；子房细圆锥形，花柱 3 枚。蒴果窄圆锥形，长 4~5 mm。　花期 6~7 月。果期 7~9 月。

产新疆：喀什、莎车（采集地和采集人不详，050）、英吉沙（芒申乡新东，采集人不详 045）：叶城、皮山（阿依库姆治沙站 4 km 处，采集人不详 061）、和田、且末（安迪尔附近，刘铭庭 144；县城至安迪尔途中，刘铭庭 145、146）、民丰（安迪尔栏杆牧场，刘瑛心等 194）、若羌（县城至瓦石峡中间北 10 km，刘铭庭 113）。生于海拔 1 400 m 左右的盐渍化沙地。

青海：格尔木（胡杨林附近，吴玉虎 37648）。生于海拔 2 800 m 左右的荒漠盐碱地。

分布于我国的新疆、青海（柴达木盆地）、甘肃（河西）、宁夏北部、内蒙古西部；哈萨克斯坦等中亚地区，蒙古也有。

11. 塔里木柽柳　图版 68：6～14

Tamarix taremensis P. Y. Zhang et M. T. Liu in Acta Bot. Bon. -Occ. Sin. 8 (4)：263. f. 4. 1988；中国沙漠植物志 2：380. 图版 135：7～9. 1987；中国植物志 50 (2)：163. 图版 45：16～20. 1990.

灌木，高 2～4（～5）m，老枝灰褐色。绿色营养枝上的叶排列稀疏，贴茎生，但不呈鞘状，枝上部叶三角状卵形或卵状披针形，骤凸或渐尖，下部叶卵形，长约 1 mm，急尖，基部向外肿胀下延。总状花序长 3～5 cm，生于当年生枝顶，集成稀疏的圆锥花序，着花稀疏，1 cm 内有花约 5 朵；苞片卵状披针形，渐尖呈钻形，基部下延，比花梗长而短于花萼；花 5 数；花萼深 5 裂，萼片卵形，具龙骨状隆起，淡黄绿色，边缘膜质；花瓣淡紫红色或粉红色，倒卵状长圆形，长 1.5～2.0 mm，半张开或不充分张开，略向内曲，花后大部宿存；花盘 5 裂；雄蕊 5 枚，花药红色，花丝基部着生在花盘裂片顶端。蒴果长约 4 mm，3 瓣裂；种子小，长 0.4～0.5 mm，紫红色或黑紫色。　花期 6～9 月。

产新疆：民丰（安迪尔河，刘瑛心等 179）。生于海拔 1 200 m 左右的流动沙丘边缘、河旁滩地。

12. 刚毛柽柳　图版 69：1～7

Tamarix hispida Willd. in Abh. Phys. Kl. Akad. Wiss. Berlin. 1812～1813：77. 1816；Gorshk. in Fl. URSS 15：308. t. 16. 1949；中国沙漠植物志 2：376. 图版 133：9～11. 1989；内蒙古植物志 第 2 版. 3：525. 1989；中国植物志 50 (2)：160. 图版 44：1～8. 1990；青海植物志 2：347. 1999；青藏高原维管植物及其生态地理分布 594. 2008.

灌木或小乔木状，高 1.5～4.0（～6.0）m。老枝红棕色或浅红黄灰色，幼枝淡红或赭灰色，全株密被单细胞直毛和腺体。木质化生长枝之叶卵状披针形或窄披针形，耳发达，半抱茎；绿色营养枝之叶宽心状卵形或宽卵状披针形，长 0.8～2.2 mm，先端内弯，背面隆起，密被细柔毛。总状花序长 5～7（～15）cm，夏秋季生长于当年枝顶，

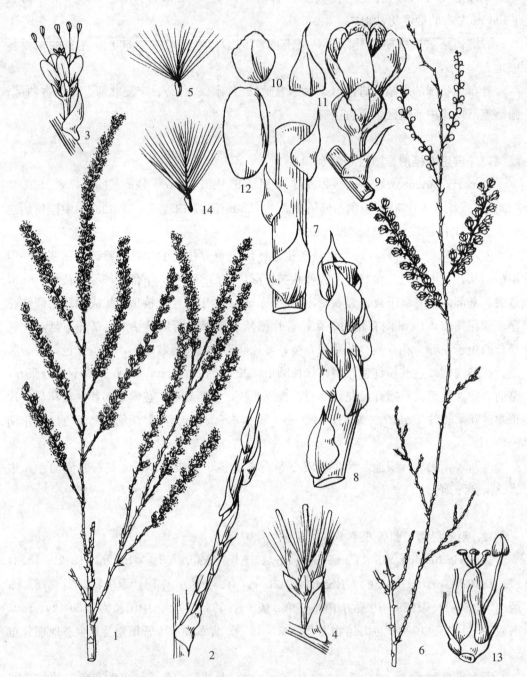

图版 **68**　细穗柽柳 **Tamarix leptostachys** Bunge 1. 花枝；2. 嫩枝叶；3. 花；4. 开裂蒴果；5. 种子。塔
里木柽柳 **T. taremensis** P．Y．Zhang et M．T．Liu 6. 花枝；7. 嫩枝中部叶；8. 嫩枝上部叶；9. 花；
10. 萼片；11. 花苞片；12. 花瓣；13. 雄蕊、雌蕊与花盘；14. 种子。（刘铭庭、陶明琴绘）

集成顶生紧缩圆锥花序；苞片窄三角状披针形，长约 1.5 mm，等于或略长于花萼；花 5 数；萼片卵圆形，长 0.7～1.0 mm，宽约 0.5 mm；花瓣倒卵形或长圆状椭圆形，长 1.5～2.0 mm，宽 0.6～1.0 mm，紫红或鲜红色，开张，上部向外反折，早落；花盘 5 裂，裂片向上渐变为扩展的花丝基部；雄蕊 5 枚，伸出花冠外，花丝基部变宽，有蜜腺；花药心形，顶端有小尖；子房长瓶状，花柱 3 枚，柱头极短。蒴果窄锥形瓶状，长 4～7 mm。 花期 7～8 月，果期 9 月。

产新疆：莎车（治沙站阿巩托村，刘铭庭 087；治沙站阿瓦提，刘铭庭 087；林场附近，刘铭庭 090）、墨玉（扎瓦巴托，塔西 038；县城至古拉哈玛途中，刘铭庭，采集号不详；六区恰热克乡阿瓦提大队，刘铭庭 087）、和田（县城郊，采集人不详 1416）、策勒（恰哈乡，采集人不详 116；县城至古拉哈玛途中，刘铭庭，采集号不详）、且末（县城附近，刘海源 130；县城西北 20 km，采集人不详 9517）、若羌（县城，刘海源 073；县城南 3 km，采集人不详 9266；库木库都克西 90 km，沈观冕 093）。生于海拔 1 200～2 100 m 的荒漠河滩及绿洲边缘的盐渍化土壤、河谷沙地、山前冲积扇。

青海：格尔木（托拉海，植被地理组 170；胡杨林附近，吴玉虎 37652）。生于海拔 2 765～2 870 m 的盐碱地、草甸盐土泛浆地。

分布于我国的新疆、青海、甘肃、宁夏、内蒙古西部；中亚地区各国，伊朗，阿富汗，蒙古也有。

13. 盐地柽柳 图版 69：8～15

Tamarix karelinii Bunge Tent. Gen. Tamar. 68. 1852；Gorschk. in Fl. URSS 15：315. 1949；中国沙漠植物志 2：375. 图版 133：12～15. 1987；中国植物志 50 (2)：163. 图版 44：9～14. 1990；青海植物志 2：347. 图版 58：14～20. 1999；青藏高原维管植物及其生态地理分布 594. 2008.

大灌木或小乔木状，高达 2～4（～7）m。老枝粗壮，紫褐色；幼枝上具不明显乳头状毛和腺体。叶卵形，长 1.0～1.5 mm，先端尖，内弯，基部下延，半抱茎。总状花序长 5～8（～15）cm，生于当年生枝顶，集成开展的大型圆锥花序；苞片披针形，长 1.7～2.0 mm，与花萼（包括花梗）等长或较长；花 5 数；萼片近圆形，边缘膜质，半透明；花瓣倒卵状椭圆形，长约 1.5 mm，直伸或靠合，上部边缘向内弯，背部隆起，深红或紫红色，花后部分脱落；花盘薄膜质，5 裂，裂片逐渐变成宽的花丝基部；雄蕊 5 枚，花丝基部具退化蜜腺，雄蕊伸出花冠外；花柱 3 枚。蒴果长圆状锥形，长 5～6 mm。 花期 6～9 月。

产新疆：疏勒（牙甫泉乡，采集人不详 R974）、莎车（卡拉瓦提西北团结乡，刘铭庭 263；林场附近治沙站，刘铭庭 090）、策勒（治沙站，刘铭庭，采集号不详；县城至古拉哈玛途中，刘铭庭，采集号不详）、且末（安迪尔，采集人不详 034）。生于海拔 1 270～1 330 m 的荒漠沙地、河谷岸边、戈壁水渠边。

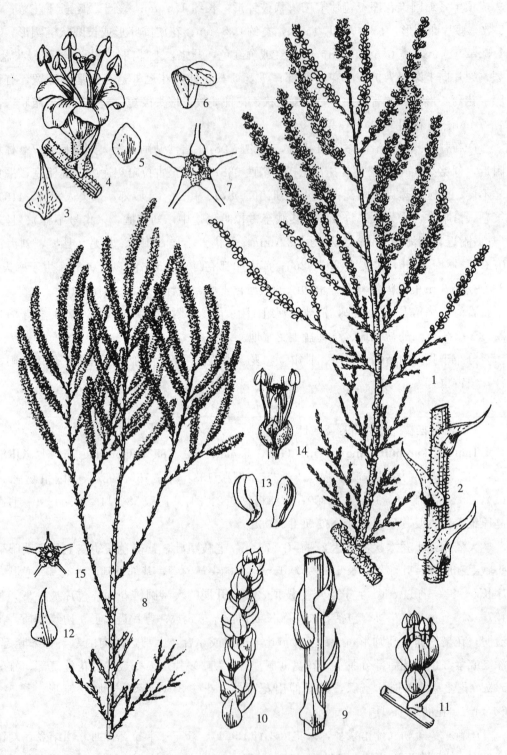

图版 **69**　刚毛柽柳 **Tamarix hispida** Willd. 1. 花枝；2. 小枝下部示刚毛；3. 苞片；4. 花；5. 萼片；6. 花瓣；7. 花盘。盐地柽柳 **T. karelinii** Bunge 8. 花枝；9. 嫩枝中部叶；10. 嫩枝顶端叶；11. 花；12. 苞片；13. 花瓣；14. 萼片、雄蕊和雌蕊；15. 花盘。（刘铭庭、陶明琴绘）

青海：格尔木（胡杨林附近，吴玉虎 37635、37650；雨水河，陈世龙 861）、都兰（诺木洪乡，郭本兆和王为义 11781）。生于海拔 2 700～2 810 m 的荒漠地区盐渍化土壤中。

分布于我国的新疆、青海（柴达木）、甘肃（河西）、内蒙古西部；哈萨克斯坦等中亚地区各国，伊朗，阿富汗，蒙古也有。

14. 莎车柽柳

Tamarix sachuensis P. Y. Zhang et M. T. Liu in Acta Bot. Bor. -Occ. Sin. 8 (4)：262. f. 3. 1988；中国沙漠植物志 2：373. 1987；中国植物志 50 (2)：165. 图版 45：10～15. 1990.

灌木，高 2～3（～5）m。老枝直伸，灰褐色或灰色；当年生木质化小枝褐色或深褐色。绿色营养小枝上的叶退化，完全贴生在枝上，抱茎呈鞘状，但边缘不全抱合，先端急尖，略向外伸，灰绿色。总状花序生于当年生枝顶，集成顶生小型疏散的圆锥花序，长 4～5（～8）cm，宽 4～6 mm，花稀疏；苞片卵状披针形，渐尖，基部抱茎，下延，略具耳，长 1.5 mm，与萼片几相等或比萼片长；花梗极短，长不过 1 mm；萼片卵圆形，急尖，淡绿色，边缘膜质半透明，较花梗长；花瓣倒卵形或长椭圆形，略偏斜，长 1.7～2.0 mm，宽 1.3～1.5 mm，高出花萼 1 倍，淡紫或紫红色，半张开至张开，花后花瓣宿存；花盘 5 裂，雄蕊 5 枚，稍伸出于花冠，花丝着生于花盘裂片顶端，花药心形，顶端有明显的小突起；花柱 3 枚，长为子房的 1/4～1/3。蒴果 3 裂，长约 5 mm；种子长 0.5～0.6 mm，黑紫色。 花期 6～9 月。

产新疆：莎车（布古里沙漠边缘，刘铭庭 083B；恰热克乡阿瓦提，采集人不详 177）、民丰（安迪尔河下游，采集人和采集号不详）、墨玉（卡拉巴，采集人和采集号不详）、策勒（治沙站，刘铭庭 080、081）。生于海拔 1 200 m 左右的沙质盐碱地、丘间低地。模式标本采自新疆莎车县恰热克乡阿瓦提大队布古里沙漠边缘盐碱沙地。

15. 沙生柽柳　图版 70：1～10

Tamarix taklamakanensis M. T. Liu in Acta Phytotax Sin. 17 (3)：120. f. 1. 1979；中国沙漠植物志 2：375. 图版 132：15～17. 1987；中国植物志 50 (2)：164. 图版 45：1～9. 1990.

大灌木或小乔木，高 2～3（～7）m。树皮多呈黑紫色，有光泽；细枝多呈赭石色；一二年生枝细软下垂。营养枝之叶宽三角形，长约 1 mm，几抱茎呈鞘状，使小枝似分节状，春季呈灰绿色，夏季黄绿色；生长枝之叶卵状披针形，基部宽，半抱茎。总状花序于秋初生于当年生枝顶端，长 5～7（～12）cm，集成顶生疏松的圆锥花序；着花稀疏；苞片宽三角状卵形，半抱茎，不超过花梗之半；花梗长约 2 mm；花 5 数；萼片卵形，淡黄绿色；花瓣倒卵形或长倒卵形，长 3～4 mm，宽 2.0～2.5 mm，粉红色，半开

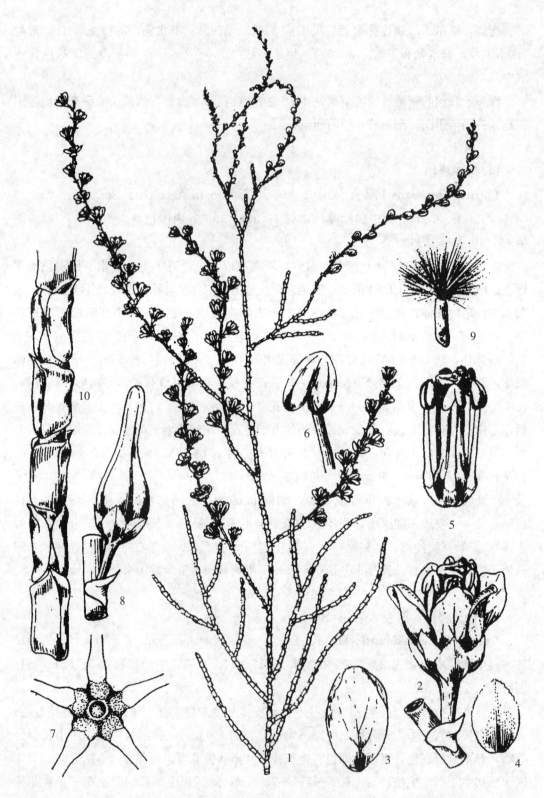

图版 **70** 沙生柽柳 **Tamarix taklamakanensis** M. T. Liu 1.花枝；2.花；3.花瓣；4.萼片；5.雄蕊与雌蕊；6.花药；7.花盘；8.果；9.种子；10.鞘状抱茎叶。（刘铭庭绘）

展，花后大部脱落；花盘 5 裂；雄蕊 5 枚，花丝粗壮，略短于雌蕊，着生在花盘裂片顶端；花柱 3 枚，基部联合，上部靠合，柱头头状。蒴果圆锥状瓶形，长 5～7 mm，3 瓣裂。种子短棒状，长 2.0～2.5（～3.0）mm，黑紫色，顶端丛生白色毛。　花期 8～9 月，果期 9～11 月。

产新疆：莎车（阿瓦提附近，刘铭庭 083A）、和田（和田河下游麻扎塔格山，和田河考察队，采集号不详）、且末（县城东 70 km，刘铭庭和买买提 021；阿克巴依西 45 km，采集人不详 9545；安迪尔，采集人不详 145）、民丰（牙通古孜乡克拉克，刘铭庭 126；安迪尔牧场，刘铭庭 038、167；牙通古孜栏杆，刘铭庭 079、082）、策勒（策勒乡，刘铭庭 044）、若羌（瓦石峡附近，刘铭庭和潘伯荣 010）。生于海拔 1 200～1 500 m 的公路边流动沙丘及河谷流沙上。

分布于我国的新疆。

3. 水柏枝属 Myricaria Desv.

Desv. in Ann. Sc. Nat. Set. 1. 4：344. 1825.

落叶灌木，稀为半灌木，直立或匍匐。单叶，互生，常密集于当年生绿色幼枝上，全缘，无柄，无托叶。花两性，5 数，集成顶生或侧生的总圆锥花序；苞片具膜质边；花梗短；花萼 5 深裂，萼片常具膜质边；花瓣 5 枚，常内曲，先端钝圆或具微缺刻，粉红、淡紫红或粉白色，果时常宿存；雄蕊 10 枚，常 5 长 5 短相间排列，花丝下部联合成筒，花药 2 室，纵裂，黄色；无花盘；雌蕊由 3 心皮构成，子房具 3 棱，基底胎座，胚珠多数；无花柱，柱头头状，3 浅裂。蒴果圆锥形，1 室，3 瓣裂。种子多数，顶端具芒柱，芒柱全部或 1/2 以上被白色长柔毛，无胚乳。

13 种，分布于亚洲及欧洲。我国有 10 种，昆仑地区产 6 种。

分 种 检 索 表

1. 匍匐灌木；总状花序具 1～4 花 ……………………………………………………
……………… **1. 匍匐水柏枝 M. prostrata** Hook. f. et Thoms. ex Benth. et Hook. f.
1. 直立灌木，花序具多花。
　　2. 叶大型，通常长 5～10 mm，宽 5～7 mm，基部心形，在枝上疏生 ……………
　　………………………………………… **2. 心叶水柏枝 M. pulcherrima** Batal.
　　2. 叶小型，通常长 1.5～5.0 mm，宽约 2 mm 以下，在枝上密生。
　　　　3. 枝条常具白色皮膜；总状花序春季单个或数个侧生于老枝上，花序基部宿存多
　　　　　数覆瓦状排列的鳞片 ………………………… **3. 具鳞水柏枝 M. squamosa** Desv.
　　　　3. 枝条无皮膜；花序顶生于当年生枝上，基部无宿存鳞片。

4. 花较小，长 4～5 mm；苞片披针形，长 3～4 mm ·······················

··························· **4. 小花水柏枝 M. wardii** Marquand

4. 花较大，通常长 5 mm 以上，苞片宽卵形、椭圆形或卵状披针形。

5. 一年开 2 次花，春季总状花序侧生于老枝上，夏秋季顶生于当年生枝上，
组成较疏散的圆锥花序；苞片椭圆形 ·······························

··············· **5. 三春水柏枝 M. paniculata** P. Y. Zhang et Y. J. Zhang

5. 一年开 1 次花，总状花序密集，近穗状，生于当年生枝顶；苞片宽卵形

·························· **6. 宽苞水柏枝 M. bracteata** Royle

1. 匍匐水柏枝 图版 71：1～6

Myricaria prostrata Hook. f. et Thoms. ex Benth. et Hook. f. Gen. Pl. 1：161. 1862；Maxim. Fl. Tang. 95. t. 31：41～52. 1889；西藏植物志 3：283. 图 116. 1986；中国植物志 50 (2)：168. 图版 46：1～5. 1990；青海植物志 2：352. 1999；青藏高原维管植物及其生态地理分布 592. 2008. —— *M. hedinii* Paulsen in S. Hedin S. Tibet (6) 3：54. pl. 1. f. 3～4. 1922.

匍匐矮灌木，高达 14 cm。老枝灰褐色或暗紫色，小枝纤细，红棕色，匍匐枝具不定根固着地面。叶在当年生枝上密集，长圆形或窄椭圆形，长 2～5 mm，宽 1.0～1.5 mm，全缘，无柄。总状花序圆球形，具 1～3 (4) 花，侧生于去年生枝上，密集；花梗极短，长 1～2 mm，基部被覆瓦状排列的卵形或长圆形鳞片；苞片椭圆形或卵形，有窄膜质边，长 3～5 mm，宽 1.5～3.0 mm，长于花梗；萼片 5 枚，卵状披针形或长圆形，长 3～4 mm，边膜质；花瓣 5 枚，倒卵形或倒卵状长圆形，长 4～6 mm，淡紫或粉红色；雄蕊 10 枚，花丝 2/3 部分合生；子房卵形，无花柱，柱头头状，无柄。蒴果圆锥形，长 0.8～1.0 cm；种子长圆形，长约 1.5 mm，顶端具芒柱，全被白色长柔毛。

花期 6～7 月，果期 7～8 月。

产新疆：于田、若羌（明布拉克东，青藏队吴玉虎 3702、4186）。生于海拔 4 140～4 760 m 的高原湖边沙砾滩地。

西藏：日土（多玛区，青藏队 76－9084）、改则（扎古布湖，高生所西藏队 4333）、班戈（县城至申扎，青藏队 10624）。生于海拔 4 470～5 200 m 的河滩沙砾地、高山河谷沙砾地、河漫滩、高原湖边沙地。

青海：格尔木（昆仑山垭口，谢自楚，采集号不详）、都兰（香日德，郭本兆和王为义 11969）、玛多（野牛沟，杨永昌 002）、达日（建设乡，吴玉虎 27168）、曲麻莱（曲麻河乡，黄荣福 010）。生于海拔 2 900～5 200 m 的高山河谷沙砾地、高原宽谷河漫滩、湖边沙砾滩地。

甘肃：阿克塞（哈尔腾，张国梁和胡进秩 1681；舒能果勒至月牙湖，郭本兆 3464）。生于海拔 4 000～4 500 m 的高原荒漠水沟边、河岸阴湿处、山间谷地盐渍化土壤中。

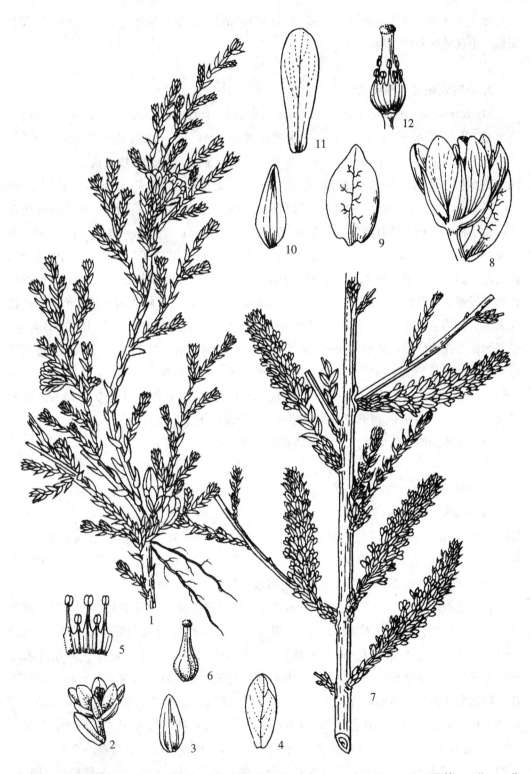

图版 71 匍匐水柏枝 **Myricaria prostrata** Hook. f. et Thoms. ex Benth. et Hook. f. 1.花枝；2.花；3.苞片；4.花瓣；5.雄蕊一部分；6.雌蕊。具鳞水柏枝 **M. squamosa** Desv. 7.花枝；8.花；9.苞片；10.萼片；11.花瓣；12.雄蕊与雌蕊。（刘铭庭、陶明琴绘）

分布于我国的新疆、青海、甘肃（祁连山西部）、西藏；印度，巴基斯坦，塔吉克斯坦等中亚地区各国也有。

2. 心叶水柏枝　图版 72：1～7

Myricaria pulcherrima Batal. in Acta Hort. Petrop. 11：483. 1891；中国沙漠植物志 2：382. 图版 136：5. 1987；中国植物志 50（2）：170. 图版 64：4. 1990.

灌木或半灌木，高 1.0～1.5 m。茎通常单一，稀多分枝；老枝红褐色，当年生枝淡红色或灰绿色，光滑，有细条纹。叶大，疏生，心形或宽卵形，长 5～10（～18）mm，宽 6～7 mm，中部向上急狭缩成渐尖，基部扩展成深心形，抱茎；叶腋常生绿色小枝，小枝上的叶较小，长圆状卵形，长 4～5 mm，宽 2.0～2.5 mm，密集。总状花序顶生，长 2～12 cm；苞片宽卵形，长 5～6 mm，先端突尖或渐尖，中间粗厚，黄白色，具宽膜质透明边，等于或稍短于花萼（加花梗）；花梗长 2～3 mm；萼片卵状长圆形或卵状披针形，长约 4 mm，宽约 2 mm，先端钝，具狭膜质边；花瓣倒卵形或长椭圆形，长约 7 mm，宽约 3 mm，先端钝圆，紫红色或淡粉红色；花丝 1/2 部分合生；子房圆锥形或狭卵形，长约 6 mm，柱头 3 裂。蒴果圆锥形，长 15～16 mm，超过花萼近 4 倍；种子具芒柱，芒柱一半以上被白色长柔毛。　花果期 6～9 月。

产新疆：和田（南部，苏陕民 A291）、于田（采集地不详，刘瑛心等 749）。生于海拔 3 600～4 200 m 的和田河流域和叶尔羌河河滩砾地、山地荒漠沙砾滩地。

分布于我国的新疆南部。为我国新疆南部特有种。

3. 具鳞水柏枝　图版 71：7～12

Myricaria squamosa Desv. in Ann. Sci. Nat. 4：350. 1825；Gorschk. in Fl. URSS 15：325. 1949；西藏植物志 3：288. 图 120. 1986；中国沙漠植物志 2：382. 图版 136：6～9. 1987；中国植物志 50（2）：172. 图版 47：5～9. 1990；青海植物志 2：353. 1999；青藏高原维管植物及其生态地理分布 592. 2008.

直立灌木，高 0.4～3.0（～5.0）m。老枝紫褐或灰褐色，常有灰白色皮膜，薄片状剥落；二年生枝黄褐色或红褐色。叶披针形、卵状披针形或长圆形，长 1.5～5.0（～10.0）mm，宽 0.5～2.0 mm。总状花序侧生于去年生老枝上，花序在开花前穗轴短，花密集，常呈球形，开花后穗轴伸长，花较疏松，花序基部被多数覆瓦状排列的鳞片，鳞片宽卵形或椭圆形，近膜质，中脉粗厚呈绿色；苞片椭圆形或卵状长圆形，长 4～6 mm，宽 2～4 mm；花梗长 2～3 mm；萼片 5 枚，卵状披针形或长圆形，长 2～4 mm，宽 1.0～1.5 mm；花瓣 5 枚，倒卵形、倒卵状披针形或长椭圆形，长 4～5 mm，宽约 2.0～2.5 mm，常内曲，紫红或粉红色，果时宿存；雄蕊 10 枚，花丝约 2/3 联合；子房圆锥形，长 3～5 mm，无花柱，柱头头状。蒴果窄圆锥形，长约 1 cm。种子长约 1 mm，顶端芒柱上半部具白色长柔毛。　花期 5～7 月，果期 7～8 月。

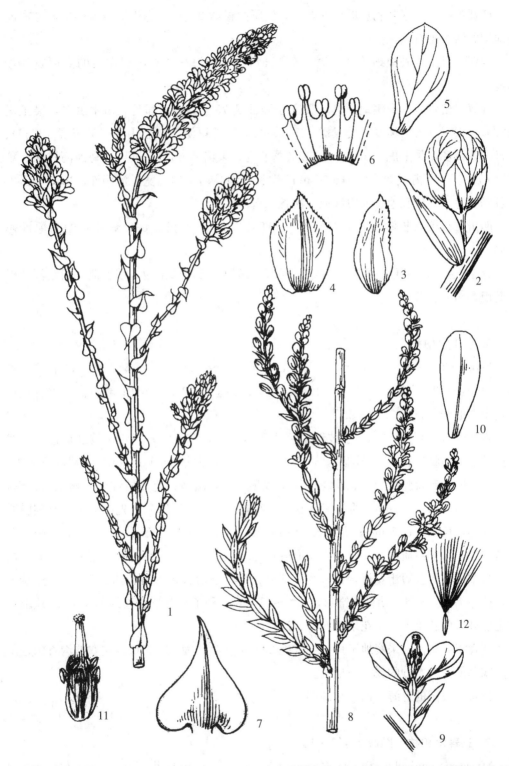

图版 72 心叶水柏枝 **Myricaria pulcherrima** Batal. 1.花枝；2.未开花；3.萼片；4.苞片；5.花瓣；6.雄蕊一部分；7.叶形。秀丽水柏栒 **Myrtama elegans**（Royle）Ovcz. et Kinz. 8.部分植株；9.花；10.花瓣；11.雄蕊、雌蕊；12.种子。（刘铭庭、陶明琴绘）

产新疆：叶城（胜利达坂至麻扎，高生所西藏队 3371）。生于海拔 4 000 m 左右的山地沟谷河滩砾石地。

西藏：日土（采集地不详，黄荣福 3757）。生于海拔 4 400 m 左右的高原宽谷沙砾地。

青海：格尔木（采集地不详，吴征镒和杜庆 75 - 231）、都兰（诺木洪乡，吴玉虎 22209）、兴海（大河坝乡，吴玉虎 42544、42559）、玛沁（红土山前，吴玉虎 18769）、达日（建设乡，吴玉虎 27179）、久治（龙卡沟，果洛队 632）、班玛（马柯河林区，魏振铎 477）。生于海拔 2 900～4 000 m 的沟谷山地高山草甸、宽谷河漫滩、山间、山地沟谷砾石地、河床砾地、湖边沙地、河谷砾石山坡。

四川：石渠（长沙贡玛乡，吴玉虎 29548）。生于海拔 4 000 m 左右的高原沙砾河滩。

分布于我国的新疆、青海、甘肃、西藏、四川、云南、山西；俄罗斯，阿富汗，巴基斯坦，印度也有。

4. 小花水柏枝

Myricaria wardii Marquand in Joum. Linn. Soc. 10. 48：166. 1929；中国植物志 50 (2)：172. 图版 47：1～4. 1990；西藏植物志 3：285. 1986；青藏高原维管植物及其生态地理分布 593. 2008.

直立灌木，高 1～2 m。老枝红褐色或暗紫褐色，有条纹；当年生枝红褐色。叶线状披针形、卵状披针形或长圆形，长 1.5～3.0 mm，宽 0.5～1.0 mm，先端钝或急尖，基部略扩展，有狭膜质边。总状花序侧生或顶生，较疏散；苞片披针形或卵状披针形，长 3～4 mm，宽约 1 mm，通常紫色或仅下部紫色，上部淡绿色，先端渐尖，具狭膜质边；花小，长不超过 5 mm；花梗长 1～2 mm；萼片披针形，长 1.5～2.0 mm，长不及花瓣之半，有狭膜质边；花瓣狭倒卵形或狭椭圆形，长 3.0～4.5 mm，宽 1～2 mm，内曲，淡紫色；雄蕊短于花瓣，花丝 2/3 部分合生；子房圆锥形，长约 2.5 mm，先端渐狭，柱头头状，3 裂。蒴果圆锥形，长 9～11 mm；种子长圆形，长约 1.5 mm，顶端芒柱全部被白色长柔毛。 花果期 5～8 月。

产青海：久治（采集地不详，吴玉虎 26675）。生于海拔 3 670 m 左右的沟谷山地阴坡高寒草甸。为本种的新分布地区。

分布于我国的青海、西藏东南部。

5. 三春水柏枝　图版 73：1～10

Myricaria paniculata P. Y. Zhang et Y. J. Zhang in Bull. Bot. Res. （Harbin）4 (2)：75. 1984, et in Acta Phyotax. Sin. 22 (3)：224. f. 1. 1984；中国植物志 50 (2)：173. 1990；青海植物志 2：352. 图版 59：6～10. 1999；青藏高原维管植物及其

生态地理分布 592. 2008. —— *Myricaria germanica* auct. non (Linn.) Desv.；auct. fl. chin. plur.；中国高等植物图鉴 2：895. 图 3520. 1972.

灌木，高 1～3 m。老枝暗棕色或红褐色，当年生枝灰绿或紫红色。叶披针形、卵状披针形或长圆形，长 2～4（～6）mm，宽 0.5～1.0 mm，具狭膜质边，密集。一年开 2 次花，春季总状花序侧生于去年生枝上，基部被有多数覆瓦状排列的膜质鳞片；苞片椭圆形或倒卵形；夏秋季开花，大型圆锥花序生于当年生枝顶端，基部无膜质鳞片；苞片卵状披针形或窄卵形，长 4～6 mm，先端凸尖或渐尖，具膜质边缘，中脉粗厚；花梗长 1～2 mm，短于花萼；萼片卵状披针形或卵状长圆形，长 3～4 mm，内曲，有膜质边；花瓣倒卵形或倒卵状披针形，长 4～6 mm，宽 2.0～2.5 mm，先端常内曲，粉红或淡紫红色，花后宿存；雄蕊 10 枚，花丝 1/2 或 2/3 联合；子房圆锥形，长 3～4 mm。蒴果窄圆锥形，长 0.8～1.0 cm，3 瓣裂；种子长 1.0～1.5 mm，芒柱一半以上被白色长柔毛。 花期 3～9 月，果期 5～10 月。

产青海：兴海（大河坝乡，高生所地植物组 116）。生于海拔 2 800 m 左右的山地沟谷河滩。

分布于我国的青海、甘肃中部和东南部、宁夏东南部、陕西、西藏、四川、云南、山西、河南。

6. 宽苞水柏枝　图版 73：11～19

Myricaria bracteata Royle　IIIustr. Bot. Himal. 214. t. 44：2. 1839；中国沙漠植物志 2：383. 图版 136：11～14. 1987；中国植物志 50（2）：174. 图版 47：10～13.1990；青海植物志 2：352. 图版 59：11～13. 1999；青藏高原维管植物及其生态地理分布 591. 2008. —— *Myricaria alopecuroides* Schrenk in Fisch. et Mey. Enum. Pl. 1：65. 1841；Gorschk. in Fl. URSS 15：324. t. 16：3. 1949；内蒙古植物志 3：529. 图版 210：1～5. 1989. ——*Myricaria germanica*（Linn.）Desv. var. *bracteata*（Royle）Franch. in Ann. Sci. Nat. 6（16）：293. 1883；西藏植物志 3：288. 图 119. 1986.

灌木，高 0.5～3.0 m，基部多分枝。老枝紫褐色，当年生枝红棕或黄绿色。叶密生，卵形、卵状披针形或窄长圆形，长 2～4（～7）mm，宽 0.5～2.0 mm，先端钝或锐尖，基部略扩展，常具狭膜质边。总状花序顶生于当年生枝上，密集成穗状；苞片宽卵形或椭圆形，长 7～8 mm，宽 4～5 mm，具宽膜质啮齿状边，先端尖或尾尖，中脉粗厚；花梗长约 1 mm；萼片披针形或长圆形，长约 4 mm，宽 1～2 mm；花瓣倒卵形或倒卵状长圆形，长 5～6 mm，宽 2.0～2.5 mm，常内曲，粉红或淡紫色，花后宿存；雄蕊略短于花瓣，花丝联合至中部或中部以上；子房圆锥形，长 4～6 mm，柱头头状。蒴果窄圆锥形，长 0.8～1.0 cm；种子长 1.0～1.5 mm，顶端芒柱上半部被白色长柔毛。花期 6～7 月，果期 8～9 月。

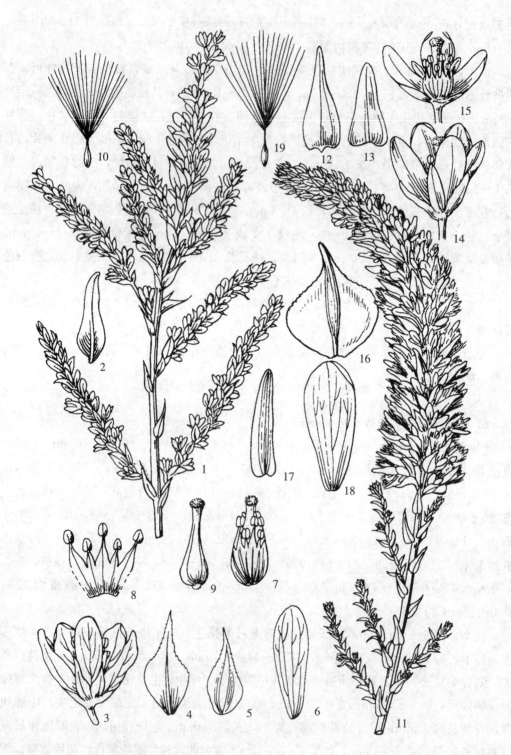

图版 73 三春水柏枝 **Myricaria paniculata** P. Y. Zhang et Y. J. Zhang 1. 花枝；2. 叶；3. 花；4. 苞片；5. 萼片；6. 花瓣；7. 雄蕊和雌蕊；8. 雄蕊纵剖面；9. 雌蕊；10. 种子。宽苞水柏枝 **M. bracteata** Royle 11. 花枝部分；12. 茎上部叶；13. 茎下部叶；14. 花；15. 花的纵剖面；16. 苞片；17. 萼片；18. 花瓣；19. 种子。（刘铭庭、陶明琴绘）

产新疆：于田（种羊场，青藏队吴玉虎 3820）、且末（龙口，刘瑛心等 127）、塔什库尔干（采集地不详，西藏队 3116）。生于海拔 2 600～3 000 m 的高寒荒漠沙砾质河滩。

青海：格尔木（西大滩，青藏队吴玉虎 2912）、都兰（诺木洪至香日德途中，植被地理组 228；诺木洪乡，吴玉虎 36474）、兴海（曲什安乡黄河岸边，吴玉虎 47361）。生于海拔2 700～3 600 m 的高寒荒漠沙砾质河滩地、河岸疏林边。

分布于我国的新疆、青海、甘肃、宁夏、陕西、西藏、四川、云南、内蒙古、河北、河南、山西、湖北；印度，巴基斯坦，阿富汗，蒙古，中亚地区各国也有。

4. 水柏枝属 Myrtama Ovcz. et Kinz.

Ovcz. et Kinz. Dokl Akad. Nauk Tadzhik. SSR 20 (7)：54～58. 1977.

本属的形态特征与种相同。

仅 1 种，昆仑地区亦产。

1. 秀丽水柏枝　图版 72：8～12

Myrtama elegans（Royle）Ovcz. et Kinz. Dokl. Akad. Nauk Tadzhik. SSR 20 (7)：54～58. 1977. —— *Myricaria elegans* Royle Illustr. Bot. Himal. 1：214. 1839；Gorschk. in Fl. URSS 15：322. 1949；西藏植物志 3：283. 图 117. 1986；中国植物志 50 (2)：169. 1990；青藏高原维管植物及其生态地理分布 591. 2008. —— *Tamarix ladachensis* Baum Monogr. Rev. Genus Tam. 141. f. 59. 1966. —— *Tamaricaria elegans*（Royle）Qaiser et Ali in Blumea 24 (1)：151. t. 1：1. 1978.

小乔木或灌木状，高达 5 m。老枝红褐或暗紫色，当年生枝绿色或红褐色。叶较大，扁平，叶长 0.5～1.5 cm，宽 2～3 mm，长椭圆形、长圆状披针形或卵状披针形，具窄膜质边。总状花序常侧生，于老枝上或在小枝顶端集合成大型圆锥花序；苞片卵形或卵状披针形，长 4～5 mm，宽 2～3 mm，先端渐尖或锐尖，具宽膜质边；花梗长 2～3 mm；萼片 5 枚，卵状披针形或三角状卵形，长约 2 mm；花瓣 5 枚，倒卵形、倒卵状长圆形或椭圆形，长 5～6 mm，宽 2～3 mm，白色、粉红或紫红色；雄蕊略短于花瓣，雄蕊花丝仅基部联合，几分离，花药长圆形；子房圆锥形，长约 5 mm，柱头头状，3 裂。蒴果窄圆锥形，长约 8 mm；种子长约 1 mm，芒柱全被白色长柔毛。　花期 6～7 月，果期 8～9 月。

产新疆：叶城（麻扎，高生所西藏队 3382）、皮山（黑峡达坂，黄荣福 3759）。生于海拔 3 700～4 200 m 的冲积扇河滩。

西藏：日土（班公湖西段，高生所西藏队 3661）。生于海拔 4 200 m 左右的高原河滩及湖边沙砾地。

分布于我国的新疆西南部、西藏（阿里地区及东南部的泽当、错那）；印度，巴基斯坦，塔吉克斯坦等中亚地区各国也有。

秀丽水柏桱（枝）*Myrtama elegans*（Royle）Ovcz. et Kinz. 或 *Myricaria elegans* Royle 的分类地位问题长期以来一直存在着争议。1839 年 J. F. Royle 将采自克什米尔的标本定为 *Myricaria elegans*，以后许多植物学家都将秀丽水柏枝作为水柏枝属内的一个大叶型的类群。随着植物分类学的发展和研究的不断深入，一些学者根据秀丽水柏枝的形态特征是属于桱柳属 *Tamarix* 和水柏枝属 *Myricaria* 之间，对本种重新进行了分类和归属。如 1966 年 B. Baum 在桱柳属专著 *Monographic revision of the genus Tamarix*（141. f. 59）中将秀丽水柏枝当做桱柳属的一个新种 *Tamarix ladachensis* Baum。1978 年 M. Qaiser et S. L. Ali 又根据其花丝分离、基部不联合成单体、种子顶端具芒柱、芒柱全部被毛、花粉外壁具粗网状纹饰等特征将本种作为模式种从水柏枝属分出而另立 1 新属 *Tamaricaria* Qaiser et Ali。而在稍早的 1977 年塔吉克斯坦的学者 Ovczinnikov P. N. 和 Kinzikaeva T. K. 根据秀丽水柏枝属独特的形态特征建立了 1 个新属水柏桱属 *Myrtama*，详见 *Myrtama new genus of the Tamarisk family* [Tamaricaceae Link（in Russian）]。

近年来，国内学者对秀丽水柏枝从形态、花粉、生化以及分子生物学方面进行了深入研究，取得了不少成果，现多数人主张将秀丽水柏枝独立成属。根据现有研究成果，我们赞成吴征镒教授的意见（《中国被子植物科属综论》498～499. 2003）；认为秀丽水柏枝 *Myricaria elegans* 是由桱柳、水柏枝二属杂交形成的，应独立成属，称为水柏桱属 *Myrtama*，因此秀丽水柏枝应称做秀丽水柏桱 *Myrtama elegans*（Royle）Ovcz. et Kinz. 。

四十五　堇菜科 VIOLACEAE

多年生草本、灌木，稀为一年生草本、攀缘灌木或小乔木。叶为单叶，通常互生，稀对生、全缘、有锯齿或分裂，具叶柄；托叶小或为叶状。花两性、单性，稀杂性，辐射对称或两侧对称，单生或组成腋生或顶生的穗状、总状或圆锥状花序；小苞片 2 枚；下位花，萼片 5 枚，同形或异形，在芽中覆瓦状排列，宿存；花瓣 5 枚，覆瓦状或旋转状排列，异形，下面一枚通常较大，基部有距；雄蕊 5 枚，花药直立，分离或合生，围绕子房呈环状靠合，药隔延伸于药室顶端成膜质附属物，花丝很短或无，下方两枚雄蕊基部有距状蜜腺；子房上位，1 室，由 3～5 个心皮联合构成，侧膜胎座，花柱 1 枚稀分裂，柱头形状变化很多，胚珠 1 至多数，倒生。果实为沿室背开裂的蒴果或为浆果状；种子无柄或具极短的柄，种皮坚硬，有光泽，有时具翅，胚乳丰富，肉质，胚直立。

约 22 属，900 余种，广布世界各洲，温带、亚温带及热带均产。我国有 4 属，130 余种；昆仑地区有 1 属 6 种。

1. 堇菜属 Viola Linn.

Linn. Sp. Pl. 933. 1755, et Gen Pl. ed. 5. 402. 1754.

多年生草本，稀一或二年生草本或半灌木。多为根状茎，稀根颈或为主根。地上茎有或无。单叶互生或基生，全缘，具齿或分裂；托叶离生或多少与叶柄合生。花两性，两侧对称，单生，稀有 2 朵生于花梗上；花梗腋生，具 2 枚小苞片；花有 2 种，一种花瓣小或无花瓣，能正常结实，称闭花受精，一种花正常发育，但结实少或不结实（目前学者都依它的形状作为分类性状）；花萼 5 枚，基部延伸成耳垂状附属物；花瓣 5 枚，黄色、白色、蓝紫色等，下面花瓣有囊距状；雄蕊 5 枚，无花丝或花丝极短，花药贴生成环状，环绕雌蕊，药隔在顶端延伸成膜质附属物，附属物红色，下面 2 枚花药背部生成距，伸入下瓣的囊状距中；子房 1 室，胚珠多数，花柱棍棒状，通常基部稍膝曲，基部较细，通常向上渐加粗，顶端钝圆、平坦、微凹或 2 裂成柱头，前方具喙或无喙。蒴果椭圆形、卵形或长椭圆形，成熟时 3 瓣裂，果瓣舟状，具厚硬龙骨；种子倒卵形，乳白色，种皮坚硬，内胚乳丰富。

约 500 种，广布于全球，主产北温带地区。我国约有 111 种，分布于南北各地；昆仑地区产 6 种。

分 种 检 索 表

1. 具地上茎；有基生叶和茎生叶；花柱顶部 2 裂成片状；花常黄色。

  2. 下面花瓣之距长 1.5～2.0 mm；下面雄蕊的附属物长约 1 mm；花柱顶部 2 裂片下
    垂 ·· **1. 双花堇菜 V. biflora** Linn.

  2. 下面花瓣之距长约 1 mm；下方雄蕊的附属物长约 0.5 mm；柱头 2 裂片斜上升
    ·· **2. 圆叶小堇菜 V. rockiana** W. Beck.

1. 无地上茎；仅具基生叶；花柱顶部不成裂片状，前方具短喙；花白色或蓝紫色。

  3. 植株具鳞茎并具鞭匍枝；花瓣白色；花柱顶端微凹，两侧有直立边缘。

    4. 侧方花瓣腹面无毛；叶片通常为卵形，基部沿叶柄下延；托叶几乎全部与叶柄
      合生 ·· **3. 鳞茎堇菜 V. bulbosa** Maxim.

    4. 侧方花瓣腹面下方被鬓毛；叶圆形或肾形，基部不明显下延；托叶 1/3 与叶柄
      合生 ·· **4. 块茎堇菜 V. tuberifera** Franch.

  3. 植株无鳞茎并不具鞭匍枝；花瓣蓝紫色；花柱先端鸟头状。

    5. 叶片全缘；下面花瓣的距短，长 1.0～1.5 mm；侧面花瓣腹面无毛 ············
      ·· **5. 西藏堇菜 V. kunawarensis** Royle

    5. 叶片 3 全裂；下面花瓣的距长，长约 6 mm；侧面花瓣的腹面下方被鬓毛 ···
      ·· **6. 裂叶堇菜 V. dissecta** Ledeb.

1. 双花堇菜　图版 74：1～8

Viola biflora Linn. Sp. Pl. 936. 1753；西藏植物志 3：299. 1986；中国植物志 51：117. 1991；青海植物志 2：355. 图版 60：1～8. 1999；青藏高原维管植物及其生态地理分布 595. 2008.

多年生草本，高 4～10 cm。根状茎斜伸向下或横走，有的短粗，有的细瘦，有不明显的结节，节处生不定根；不定根毛发状，似丛生，束状，栗褐色。茎细瘦，无毛，具少数节，等于或略高于叶丛。叶有基生叶和茎生叶 2 种；基生叶数枚；托叶长圆状披针形，近膜质，长 2.0～3.5 mm，先端稍钝与叶柄离生；叶片肾形，近圆形或边缘有浅圆齿，基部微心形至深心形，通常无毛，有的表面边缘处有毛和具睫毛；叶柄细弱，长 1.5～8.0 cm，无毛；茎生叶与基生叶同形，但叶柄短；托叶草质。花腋生，花梗细弱；小苞片 2 枚，互生或近对生，披针形或线形；萼片长圆状披针形或宽线形，长 4.5～5.5 mm，宽 0.8～1.0 mm，先端渐尖，无毛，基部具耳垂状附属物；花瓣黄色，倒卵形或倒卵状长圆形，长 0.7～1.0 cm，先端钝圆，基部狭窄，几呈爪状，下面花瓣的距囊状，长约 2 mm；雄蕊全长约 4 mm，下面的雄蕊附属物为长圆形，长 0.5～1.0 mm；子房长圆形，花柱基部稍弯曲，上部不明显加粗，柱头 2 裂，裂片平展或向下。　花期 6 月，果期 7～8 月。

产新疆：叶城（棋盘乡，青藏队 4665；苏克皮亚，青藏队吴玉虎，采集号不详；柯克亚乡，青藏队吴玉虎，采集号不详）。生于海拔 2 800～3 200 m 的沟谷山地阴坡草甸、林缘灌丛草甸。

青海：兴海（中铁林场卓琼沟，吴玉虎 45742；中铁乡附近，吴玉虎 42914;）、玛沁（军功乡塔浪沟，区划二组 018；尕柯河电站，吴玉虎 5998；大武冷季草场，区划二组，采集号不详）。生于海拔 3 000～4 000 m 的山坡、河谷山地阴坡高寒灌丛草甸、河漫滩的林下、灌丛草甸及岩石上。

分布于我国的新疆、青海、甘肃、陕西、西藏、四川、云南和东北、华北地区；中亚地区各国，克什米尔地区，印度，喜马拉雅山区，朝鲜，日本，俄罗斯西伯利亚，北美洲也有。

2. 圆叶小堇菜

Viola rockiana W. Beck. in Fedde Repert. Sp. Nov. 21：236. 1925；西藏植物志 3：299. 1986；中国植物志 51：117. 图版 2：7～13. 1991；青海植物志 2：355. 1999；青藏高原维管植物及其生态地理分布 597. 2008.

多年生草本，高 3～10 cm。根状茎倾斜向下或横走，短缩，加粗，似节节状；不定根粗细似线，栗褐色。茎细弱，稍超过叶丛，常 2 节，无毛，无匍匐茎。叶有基生叶和茎生叶 2 种：基生叶圆肾形或近圆形，长 1.0～1.5 cm，宽 1.5～2.0 cm，先端圆形或扁圆形，边缘具浅圆齿或小齿，基部心形或深心形，无毛或微被毛或仅边缘的毛明显；叶柄长，通常长于叶片；托叶离生，膜质，狭卵形或近长圆形，长 2～3 mm，全缘；茎生叶与基生叶同形，柄短；托叶长圆形或狭披针形，草质。花在茎上腋生；花梗纤细，无毛；小苞片 2 枚，互生，位于花梗的中上部，线形，全缘；萼片披针形或狭披针形，长约 5 mm，先端渐尖或急尖，基部具耳垂状附属物，通常无毛，有时萼片边缘处稀生缘毛；花瓣黄色，狭倒卵状长圆形或近匙形，长 7～10 mm，先端浑圆，下面花瓣先端有的微凹，距囊状，长约 1 mm；雄蕊全长约 2 mm，下方雄蕊附属物近长圆形，由基部斜向上，长约 1 mm；子房卵形，长约 0.7 mm，花柱弯曲，向上增粗，柱头 2 裂，斜向上，无喙。

产新疆：阿克陶（阿克塔什，青藏队 87099）、塔什库尔干（麻扎，高生所西藏队 3233）。生于海拔 3 200～3 800 m 的河谷山地林缘草甸、沟谷山坡高寒灌丛草甸。

青海：玛沁（尕柯河岸，玛沁队 148；大武乡德勒龙，采集人和采集号不详；大武乡冷季草场，采集人和采集号不详；江让水电站，采集人和采集号不详）、达日（吉迈乡赛纳纽达山，采集人和采集号不详）、久治（索乎日麻乡扎龙尼玛山，藏药队 467；科尔青曲，藏药队 306；智青松多山，果洛队 29）。生于海拔 3 000～4 000 m 的阴坡、峡谷、河漫滩灌丛草甸或草地岩石上，有的也生于水沟边。

分布于我国的新疆、青海、甘肃、西藏、四川、云南。

3. 鳞茎堇菜 图版 74：9～17

Viola bulbosa Maxim. in Bull. Acad. Sci. St.-Pétersb. 23：334. 1877；西藏植物志 3：294. 1986；中国植物志 51：73. 图版 15：1～8. 1991；青海植物志 2：357. 1999；青藏高原维管植物及其生态地理分布 596. 2008.

多年生草本，高 2.5～5.0 cm，稀达 8 cm，具丝状鞭匐枝。根状茎下部具鳞茎，鳞片近球形，直径约 5 mm。叶基生，叶片卵形或狭卵形，长 1～3 cm，宽 0.5～2.0 cm，先端钝，基部宽楔形至浅心形，基部沿柄下延，边缘具圆齿；叶柄长于叶片，幼时叶片短于或等长于叶柄，全部被短柔毛；托叶膜质，全部与叶柄结合，离生部分狭三角形，先端渐尖，边缘疏生短毛。花梗腋生，细软，疏生短毛；小苞片 2 枚，线形，对生或近互生。花顶生，花瓣白色，下方花瓣带紫色脉纹；萼片披针形或狭披针形，长 3～4 mm，先端钝尖，边缘具白色膜质，基部具半圆形的附属物；上方花瓣近圆形或匙形，两侧花瓣为宽的长圆形或倒披针形，先端钝圆，基部收缩成柄状，下方花瓣近舌形，基部有短距，距圆筒状，长约 2 mm；雄蕊长约 3 mm，下方 2 枚有距，距斜长圆形，长约 1 mm；子房宽卵形或近圆形，长约 2 mm，花柱略直立或弯曲，向上渐粗，柱头顶部微凹，两侧有直立的缘边，似 2 浅齿，前方具短喙。 花期 6 月。

产青海：兴海（中铁林场恰登沟，吴玉虎 45175；中铁乡附近，吴玉虎 42957；河卡滩，何廷农 32）、玛沁（拉加乡，玛沁队 216）、久治（门堂乡，藏药队 273）。生于海拔 3 000～3 600 m 的宽谷滩地、沟谷山地灌丛、河谷山坡草地。

分布于我国的青海、甘肃、西藏、四川、云南；尼泊尔，不丹也有。

4. 块茎堇菜

Viola tuberifera Franch. in Bull. Soc. Bot. France 33：410. 1886；中国植物志 51：75. 图版 15：17～24. 1991；青海植物志 2：357. 1999；青藏高原维管植物及其生态地理分布 598. 2008.

多年生草本，高约 2.5 cm，稀到 9 cm，具鞭匐枝。根细长，垂直向下，多数突生鳞茎，其下生须根，稀无鳞茎而密生须根；鳞茎卵形，直径约 6 mm，由肥厚的棕栗色少数鳞片组成。叶基生，宽卵形、圆形或近肾形，直径约 1.5 cm，稀达 3 cm，先端圆形，边缘具圆齿，基部心形，两面被毛，基部叶缘不明显或不下延成柄；叶柄通常长于叶片或略等于叶片，被毛；托叶 1/3～1/2 与叶柄联合，分离部分线状针形。花梗纤细，腋生，疏生柔毛；小苞片位于花梗上部，线形，近对生；花顶生，白色，下方花瓣有紫色脉纹；萼片披针形或狭披针形，长约 5 mm，先端急尖，疏生毛或无毛，基部具耳垂状距；花瓣长约 6～7 mm，上面花瓣匙形，两侧花瓣狭倒卵形至倒披针形，腹面下部被髯毛，下面花瓣舌形，基部距呈囊状，长约 1 mm，末端浑圆；雄蕊长约 3 mm，下方 2 或 1 枚有短距，短距横长约 0.3 mm，纵长约 1 mm；子房卵形，花柱基部膝曲，柱头顶端微凹，两侧具直立的缘边，似 2 浅裂，先端前方有短喙。　花期 6 月，果期 7～8 月。

产青海：久治（县城附近，果洛队 014；门堂乡，藏药队 267；黄河沿，采集人和采集号不详）、班玛（灯塔乡，王为义 27369；马柯河林场，采集人和采集号不详）。生于海拔 3 300～3 800 m 的沟谷山坡草甸、河谷滩地高寒草甸、河谷阶地、山谷林缘灌丛草甸。

分布于我国的青海、甘肃、西藏、四川、云南；喜马拉雅地区西北部也有。

5. 西藏堇菜

Viola kunawarensis Royle Illustr. Bot. Himal. 75. t. 18：3. 1839；西藏植物志 3：296. 1986；中国植物志 51：29. 图版 5：11～20. 1991；青海植物志 2：358. 1999；青藏高原维管植物及其生态地理分布 597. 2008.

多年生草本，高 3～5 cm。根细圆柱形，垂直向下，其上具根颈；根颈具分枝，密集丛生（或小丛），有的倾斜生长，呈根状茎状，有的单生不分枝，周围全残留枯叶痕或叶柄迹。叶基生，叶片卵形、近椭圆形至长圆形，长 8～25 mm，宽 3～10 mm，先端圆形，基部楔形，并下延成柄，全缘；叶柄细，长 0.6～3.0 cm；托叶膜质，离生部分披针形，长约 2 cm，边缘具带腺的疏齿，无毛。无茎。花腋生，花梗细弱，短于或近等长于叶丛，无毛，在中上部具苞片 2 枚；苞片线形、膜质，长约 5 mm；花单生于顶端；花萼卵状披针形，长 3～4 mm，宽约 1.5 mm，先端钝圆，基部有附属物；花瓣蓝紫色或具紫色条纹，肾形，6～8 mm，先端钝圆，中部以下收缩变狭，下部花瓣稍短，基部的距囊状，长 1.0～1.5 mm；雄蕊高约 3 mm，下方雄蕊背部的距近方形，长约 1 mm；子房椭圆状长圆形，长约 2 mm，花柱稍膝曲至明显膝曲，柱头乌头状，前方稍下部有短喙。蒴果卵形，长 4～5 mm；种子少数，卵状长圆形，长 3～4 mm。　花期 6 月，果期 8 月。

产新疆：阿克陶（阿克塔什，青藏队吴玉虎 87172）、塔什库尔干（县城西，采集人和采集号不详；麻扎种羊场萨拉勒克，青藏队吴玉虎 87350；明铁盖，青藏队吴玉虎 5041）、叶城（柯克亚乡，青藏队吴玉虎 892）；皮山（垴阿巴提乡布琼，青藏队吴玉虎 2441）、策勒（大龙河，采集人和采集号不详）。生于海拔 1 200～4 400 m 的山坡、河漫滩、山谷的草甸、林下。

青海：兴海（河卡山爱格拉沟，吴珍兰 048）、玛沁（城背后山坡，玛沁队 031）。生于海拔 3 200～4 500 m 的沟谷山地阴坡高寒灌丛草甸、河湖岸边草甸、河谷林缘草甸。

西藏：日土（上曲龙，高生所西藏队 3450）。生于海拔 4 200 m 左右的高原沟谷山地高寒草甸、山坡草地。

分布于我国的新疆、青海、甘肃、西藏、四川；中亚地区各国，喜马拉雅山地区，帕米尔高原也有。

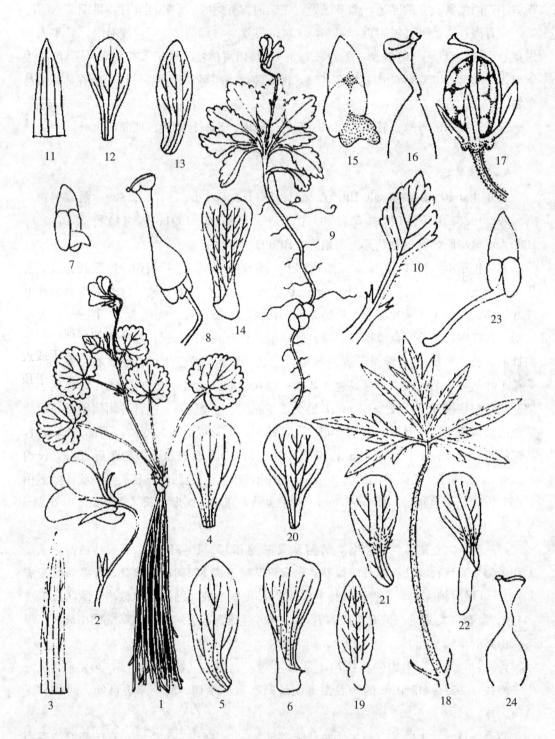

图版 **74**　双花堇菜 Viola biflora Linn. 1. 植株；2. 花；3. 萼片；4. 上瓣；5. 侧瓣；6. 下瓣；7. 下方雄蕊；8. 雌蕊。鳞茎堇菜 **V. bulbosa** Maxim. 9. 植株；10. 叶；11. 萼片；12. 上瓣；13. 侧瓣；14. 下瓣；15. 下方雄蕊；16. 雌蕊；17. 果。裂叶堇菜 **V. dissecta** Ledeb. 18. 叶；19. 萼片；20. 上瓣；21. 侧瓣；22. 下瓣；23. 下方雄蕊；24. 雌蕊。（潘锦堂绘）

6. 裂叶菫菜　图版 74：18～24

Viola dissecta Ledeb. Fl. Acta 1：255. 1827；中国植物志 51：80. 图版 17：11～16. 1991；青海植物志 2：358. 图版 60：18～28. 1999；青藏高原维管植物及其生态地理分布 596. 2008.

多年生草本，高约 3 cm。主根细瘦，淡褐色。无茎。叶基生，均被短柔毛，叶柄和叶背面尤密；托叶披针形，离生，先端渐尖，边缘被短柔毛；叶柄短于或等长于叶片；叶片肾形或阔卵形（近圆形），长约 1.5 cm，宽 1.5～2.0 cm，掌状分裂，通常 3 全裂，中裂片 3～5 深裂，侧裂片 1～2 深裂，末回裂片长圆形，长 3～6 mm，边全缘或具少数齿。花腋生，花梗长于叶丛，长约 5 cm，下部具 2 线形小苞片；萼片狭椭圆形，长约 5 mm，先端钝圆，基部附属物长约 1 mm，末端钝圆；花瓣紫色或蓝紫色，近匙形或倒卵状长圆形，长 8～10 mm，侧瓣腹面具鬃毛，下面花瓣较短，长约 8 mm，基部的距近筒状，长约 6 mm；雄蕊全长 4～5 mm，下方雄蕊有角状距；子房椭圆形，花柱弯曲，向上增粗，柱头似乌头状，前方具向下的喙。　花期 6 月。

产新疆：塔什库尔干（麻扎，高生所西藏队 3252）。生于海拔 3 800 m 的高原山谷水沟边草甸。

分布于我国的新疆、青海、甘肃、山西、河北、内蒙古、辽宁、吉林等省区；朝鲜，蒙古，俄罗斯也有。

四十六　瑞香科 THYMELAEACEAE

落叶或常绿灌木或小乔木，稀草本。单叶互生或对生，全缘，具短柄；无托叶。花两性或单性，雌雄异株或同株，常多花组成头状、穗状、总状、圆锥状或伞形花序，稀单花；花辐射对称，花萼白色、黄色、淡绿色，稀红色或紫色，常为管状、筒状、钟状或漏斗状，裂片4～5枚；花瓣无，有时成鳞片状；雄蕊常为萼裂片2倍或同数，多与裂片对生，2轮或1轮；花盘环状、杯状、鳞片状，稀不存在；子房上位，心皮2～5个合生，通常1室，花柱1枚，柱头常头状。果为浆果、核果、坚果，稀为蒴果；种子通常含丰富的胚乳。

约48属650余种。我国有10属，约100种；昆仑地区产4属5种1变型。

分 属 检 索 表

1. 茎有分枝或少数分枝；有苞片。
  2. 常绿灌木；花序常顶生；花中有环状或有杯状花盘 ………… **1. 瑞香属 Daphne** Linn.
  2. 一年生草本；花序腋生或顶生；花中无花盘或退化 …… **2. 欧瑞香属 Thymelaea** Mill.
1. 茎不分枝，呈花茎状；无苞片；多年生草本，具肥大的根状茎。
  3. 花盘呈盘状或杯状；花萼筒果熟时上部脱落 ………… **3. 假狼毒属 Stelleropsis** Pobed.
  3. 花盘呈裂片状，偏向一侧；花萼筒果熟时全部宿存 ………… **4. 狼毒属 Stellera** Linn.

1. 瑞香属 Daphne Linn.

Linn. Sp. Pl. 256. 1753.

落叶或常绿灌木或亚灌木；小枝有毛或无毛；冬芽小，具数枚鳞片。叶互生，稀近对生，多肉质，具短柄，无托叶。花通常两性，稀单性，常组成顶生头状花序，稀为穗状、总状或圆锥状花序，有时腋生；具苞片；有花梗或无梗；花紫红色、黄色、淡绿色或白色；花萼筒短或伸长，呈筒状、钟状或漏斗形管状，被毛或无毛，先端4裂或5裂；裂片覆瓦状排列，开展；无花瓣；雄蕊8或10枚，2轮，通常不外露，着生于萼筒的顶部或中部，常具短的花丝；花盘常为环状、杯状；子房1室，含1枚下垂的胚珠，花柱短，柱头头状。果为浆果肉质或干燥而为革质，常为近干燥的花萼筒所包围，有的脱落。种子1粒，种皮薄；胚肉质，无胚乳。

约95种。我国有44种，昆仑地区产2种。

616

分 种 检 索 表

1. 新枝无毛或近无毛；苞片椭圆形，常 6～8 mm，先端尖，边缘具白色丝状纤毛；花
被片漏斗形，裂片为花全长的 1/2，水平开展，先端急尖；雄蕊花丝无或极短 ……
……………………………………………… **1. 唐古特瑞香 D. tangutica** Maxim.
1. 新枝具糙伏毛；苞片卵状长圆形，长约 5 mm，先端具短的 1 束毛，边仅基部有少数
短毛；花被圆筒状，裂片直立或斜开展，裂片深裂，先端圆；雄蕊有短的花丝……
……………………………………………… **2. 凹叶瑞香 D. retusa** Hemsl.

1. 唐古特瑞香

Daphne tangutica Maxim. in Bull. Acad. Sci. St. -Pétersb. 27：531. 1881；西藏
植物志 3：323. 图 132：6～7. 1986；青海植物志 2：361. 图版 61.6～8. 1999；中国
植物志 52 (1)：372. 图版 68. 1～4. 1999；青藏高原维管植物及其生态地理分布
602. 2008.

常绿灌木，高 1～2 m，近肉质。老枝灰褐色或暗灰色，枝条黄褐色；当年生枝深
黄褐色，老枝上的萌生枝条灰褐色带绿色，表面无毛，稀被疏毛；芽鳞椭圆形或狭椭圆
形，质薄。叶多生于枝上部，互生，狭椭圆形、长圆形或倒披针长圆形，长 2～4 cm，
宽 0.7～1.3 cm，先端钝圆、急尖，稀微凹，全缘，基部狭楔形，边缘反卷，上面深绿
色，下面淡绿色，表面具皱纹，主脉背面突起，侧脉不显；叶柄无或有短柄。花数朵似
簇生于枝顶，有极短的花序梗，被柔毛；苞片早落，椭圆形，长 6～8 mm，先端钝尖，
边缘具白色丝状纤毛；单被花，近漏斗状，紫色，长 1.0～1.4 cm，花被管宽 2 mm，
花被裂片 4 枚，长 6～7 mm，长约花的 1/2，先端急尖或钝尖；雄蕊 8 枚，2 轮，着生
于花萼筒的中上部，花丝无或极短，花药长圆形，长约 1 mm；花盘小，边有齿；子房
上位，长圆形，无毛。果实近球形，黑色，直径为 6～7 mm，无毛。　花果期 5～7 月。

产青海：班玛（马柯河林场宝藏沟，王为义等 27338）。生于海拔 3 000～3 700 m
的沟谷山地林缘灌丛。

分布于我国的青海、甘肃、陕西、西藏、四川、云南、贵州、河北。

2. 凹叶瑞香

Daphne retusa Hemsl. in Journ. Linn. Soc. Bot. 29：318. 1893；Rehd. in
Sarg. Pl. Wils. 2：541. 1916；中国植物志 52 (1)：371. 1999；青藏高原维管植物
及其生态地理分布 602. 2008.

常绿灌木，高 1.0～1.5 m，近肉质。分枝密，老枝灰黑色，无毛，嫩枝黄褐色，
被糙伏毛，尤在上部明显；芽小，芽鳞早落。叶革质，互生，集中生于分枝顶部，长圆
形或狭椭圆形，长 1.4～3.5 cm，宽 4～9 mm，先端钝圆或微凹，边全缘，有明显皱

纹，背面淡绿色，表面中脉凹下，背面隆起，侧脉不明显；叶柄无或微有不明显的柄。少数花簇生，生于分枝顶部；花梗极短或无，花序梗粗，长约 2 mm，密被糙毛；苞片早落，卵状长圆形、卵状披针形或长圆形，长约 5 mm，先端尖，顶具短的 1 束毛，边缘仅在基部有少数短毛；花被圆筒形，4 裂，裂片直立或斜开展，紫红色，花长约 1.2 cm，深裂，裂片长 7～8 mm，先端浑圆或突圆；雄蕊 8 枚，2 轮，着生花萼筒的中上部，花丝短，花药条形，长约 1.5 mm；花盘环状，无毛；子房狭椭圆形，长约 1.5 mm，坐落于花盘上，无毛，花柱极短，柱头头状。果实浆果状，近球形，直径约 7 mm，干时近黑色。　果期 8 月。

　　产青海：久治（龙卡湖畔，果洛队 614、藏药队 782）、班玛（马柯河林场可培苗圃，王为义 27100）。生于海拔 3 000～4 000 m 的河谷山地半阴坡灌丛。

　　分布于我国的青海、甘肃、陕西、西藏、四川、云南、湖北。

2. 欧瑞香属 Thymelaea Mill.

Mill. Gard. Dict. Abr. ed. 1. 381. 1754.

　　一年生草本。茎纤细，直立，分枝或不分枝。单叶互生，全缘，无柄或有柄；无托叶。花两性，常组成穗状花序或簇生，腋生或顶生，有或无苞片；花萼筒状、漏斗状或壶状，宿存，裂片 4 枚；无花瓣；雄蕊 8 枚，2 轮，着生于花萼筒的中上部；花盘无或细小；子房 1 室，花柱短，柱头头状或扁圆形。果实卵形，不开裂。

　　约 20～30 种。我国仅 1 种，昆仑地区产 1 种。

1. 欧瑞香　图版 75：1

Thymelaea passerine（Linn.）Cosson et Germ. Syn. Fl. Env. Paris ed 2. 360. 1859；新疆植物检索表 3：325. 图版 23：4. 1985；中国植物志 52（1）：393. 1999. —— *Stellera passerina* Linn. Sp. Pl. 559. 1753.

　　一年生草本，直立，高 20～40 cm。茎纤细，不分枝或具少数分枝，无毛或被稀疏的柔毛。叶互生或散生，线状披针形，长 8～15 mm，宽 1～2 mm，先端渐尖，全缘，无叶柄。花两性，小，常簇生于叶腋或形成有叶的穗状花序；苞片 2 枚，披针形；花萼筒状，长 2～3 mm，先端 4 裂，裂片长卵形，顶钝，外被伏贴的柔毛；雄蕊 8 枚，2 轮，着生于花萼筒的中上部，花丝极短；花盘无或退化；子房卵形，先端被粗毛，花柱极短，常偏于一侧，柱头头状。果实卵形，暗绿色，长约 3 mm，外果皮膜质，外被宿存花萼筒所包围。　花果期 5～9 月。

　　产新疆：阿克陶、疏勒、英吉沙、和田、墨玉。生于海拔 1 000～2 300 m 的农田附近、盐碱地山坡、干涸河床、沙地边或河谷处。

分布于我国的新疆；伊朗，印度，哈萨克斯坦，俄罗斯西伯利亚和北高加索地区，欧洲也有。

3. 假狼毒属 Stelleropsis Pobed.

Pobed. in Not. Syst. Herb. Inst. Bot. Acad. Sci. URSS 12：148. 1950.

亚灌木或多年生草本。叶互生。花两性，无柄，排列成头状花序；通常无叶状苞片；花萼筒圆筒状，有关节，裂片 4 枚；雄蕊 8 枚，2 轮，生于花萼筒关节之上；下位花盘环状；子房上位，1 室，先端有柔毛。果实干燥，包被于花萼筒内。

约 10 种。我国有 2 种，昆仑地区产 1 种。

1. 天山假狼毒　图版 75：2～3

Stelleropsis tianschanica Pobed. in Not. Syst. Herb. Inst. Bot. Acad. Sci. URSS 12：153. 1950；新疆植物检索表 3：244. 图版 23：1. 1985；中国植物志 52 (1)：400. 图版 72：3～4. 1999.

多年生草本，高达 30 cm。根茎粗大，木质，黄褐色或棕色。地上茎丛生，直立，不分枝，有时基部稍木质，无毛。叶散生，多数密集在茎上，狭椭圆形或椭圆状披针形，长 1～2 cm，宽 3～5 mm，先端渐尖或急尖，基部楔形，全缘，两面无毛；叶柄短，基部具关节。花顶生，多数，密集成头形或短穗状花序；花梗短；无苞片；花萼筒细瘦，长 9～12 mm，宽约 1 mm，裂片 4 枚，开展，卵状披针形，长约 5 mm，成熟时下部溢缩，上部脱落，下部宿存；雄蕊 8 枚，2 轮，着生于花萼筒的上部，花丝短；花盘环状，偏斜，边微具齿；子房近椭圆形，长约 1.3 mm，先端具褐色柔毛，花柱短，柱头头状。小坚果近椭圆形，长约 5 mm，包藏于宿存花萼筒基部。　花果期 6～8 月。

产新疆：乌恰、喀什。生于海拔 2 500～3 500 m 的沟谷山地高山冻原、高山草甸。

分布于我国的新疆；哈萨克斯坦也有。

4. 狼毒属 Stellera Linn.

Linn. Sp. Pl. 559. 1753

多年生草本或灌木。通常有木质的根茎，近地面处密集分枝，分枝顶端产生花茎；花茎近簇生，多数，再无分枝。叶散生，稀对生，单叶，边全缘。花紫红色、黄色或白色，无梗，常组成头状或穗状花序，顶生，有时腋生；花萼管状、筒状或漏斗状，裂片 4 枚，稀 5～6 枚，开展，宿存果的基部为花萼所包藏；无花瓣；雄蕊 8 枚，稀 10～12

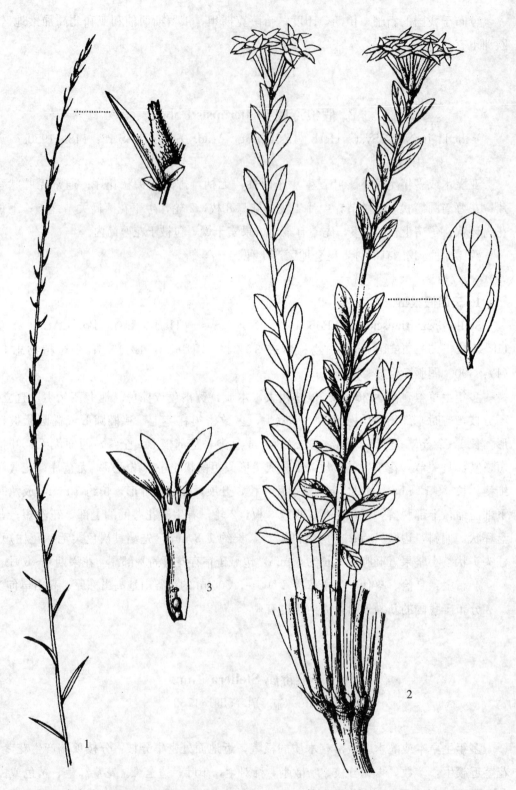

图版 75　欧瑞香 **Thymelaea passerine** (Linn.) Cosson et Germ. 1. 花枝。天山假狼毒 **Stelleropsis tianschanica** Pobed. 2. 花枝；3. 展开的花。（引自《新疆植物志》，谭丽霞绘）

枚，2 轮，内藏于花萼筒内，稀部分伸出；花盘生于一侧，呈狭的鳞片状，膜质，全缘或近 2 裂；子房近无柄，花柱短，柱头头状或卵形，具粗硬毛状突起。果实为干燥的小坚果，其基部有宿存花萼；种皮膜质。

约 10～12 种。我国有 2 种，昆仑地区产 1 种 1 变型。

1. 狼 毒

Stellera chamaejasme Linn. Sp. Pl. 559. 1753；西藏植物志 3：328. 图 135. 1～4. 1986；青海植物志 2：360. 1999；中国植物志 52 (1)：397. 图版 72：5～7. 1999；青藏高原维管植物及其生态地理分布 603. 2008.

1a. 狼 毒（原变型）

f. **chamaejasme**

多年生草本，高 20～40 cm。根茎直立向下，肥厚，呈萝卜形，少分枝，顶端近地面处密集分枝，稍木质，分枝上部生花茎；花茎细瘦，直立，不分枝，多数，似簇生，基部具明显的叶痕，上部生叶。叶密，散生，草质，狭披针形至卵状披针形，或椭圆形，长 1.0～2.5 cm，宽 3～7 mm，先端急尖，基部楔形，全缘，深绿色，表面色淡，无毛；叶柄无或极短。花紫红色、白色或黄色，又或外面紫红色内面黄色，无花梗；多花聚成头状花序，顶生，圆球形；花萼筒细瘦，管状，长 7～9 (11) mm，无毛，先端 5 裂，裂片卵状长圆形，裂片长 3～4 mm，先端圆形，开展；雄蕊 10 枚，2 轮，着生于萼筒的中上部，花丝极短，花药内藏或微伸出；花盘一侧发达，线形，长约 1.5 mm，先端微 2 裂；子房短，长圆形或椭圆形，微具极短的柄或无柄，长约 2 mm，先端被短柔毛。果实圆锥形，长约 3 mm，直径约 2 mm，栗褐色，成熟时通常全果序脱落。 花期 4～6 月，果期 6～8 月。

产青海：格尔木（治沙综合试验站，采集人和采集号不详）、兴海（中铁林场恰登沟，吴玉虎 44905、44954、45095、45114、45125、45198；赛宗寺，吴玉虎 46244；中铁乡至中铁林场途中，吴玉虎 43025、43194；河卡乡羊曲台，吴珍兰 018；中铁林场卓琼沟，吴玉虎 45149、45649、45657；赛宗寺后山，吴玉虎 46334）、曲麻莱（秋智乡长江边，刘尚武、黄荣福 786；通天河畔，刘海源 891）、称多（县城郊区，吴玉虎 29221；称文乡，吴玉虎 29287）、玛沁（县城郊区，吴玉虎 1366、18682；西哈垄河谷，吴玉虎等 5697；江让水电站，王为义 26621；军功乡，玛沁队 168、吴玉虎等 4606；大武乡，植被地理组 366；雪山乡，黄荣福 C. G. 81 - 0064）；达日（建设乡达日河，H. B. G. 1090）、久治（索乎日麻乡，果洛队 198；白玉乡，吴玉虎 26370、26410；门堂乡，藏药队 282）、班玛（多贡麻乡，吴玉虎 25980；江日堂乡，吴玉虎 26065、26083）。生于海拔 3 150～3 720 m 的沟谷山地阴坡高寒灌丛草甸、山坡高寒草甸、山坡石隙滩地荒漠草原、河谷山地林缘草甸、沟谷山地阴坡高寒灌丛草甸。

甘肃：玛曲（大水军牧场，王学莲 163；黄河南岸，陈桂琛 1076；欧拉乡，吴玉虎 31958、32068；河曲军马场，吴玉虎 31897；齐哈玛大桥，吴玉虎 31809）。生于海拔 2 650～4 300 m 的山坡、石质山坡、台地杂草草甸、草原、高寒草甸、灌丛草甸、河滩草地，以及岩石缝隙、荒地。

四川：石渠（长沙贡玛乡，吴玉虎 29675、29775）。生于海拔 4 200 m 左右的沟谷山坡高寒杂类草草甸、山地高寒灌丛草甸。

分布于我国的北方及西南诸省区；俄罗斯西伯利亚也有。

1b. 黄甘遂（变型）

f. **chrysantha** S. C. Huang in Acta Bot. Yunnan. 7 (3)：291. 1985；西藏植物志 3：328. 1986；青海植物志 2：360. 1999；青藏高原维管植物及其生态地理分布 603. 2008.

本变型与原变型的区别在于：花萼筒及其裂片全部黄色。

产青海：班玛（马柯河林场苗圃，王为义等 26758、王为义和时英 27182）。生于海拔 3 200～3 700 m 的沟谷山地阴坡林缘草甸。

分布于我国的青海、西藏、四川。

四十七　胡颓子科 ELAEAGNACEAE

　　灌木、小乔木或乔木，枝有刺，全株被银白色或褐色至锈色盾形鳞片或星状鳞毛。单叶，互生，稀对生或轮生，全缘，羽状叶脉，具柄，无托叶。花两性或单性，稀杂性，单生、簇生或排列成总状花序，辐射对称，白色或褐黄色，具香气。雄花的花萼片2～4枚，几全裂；两性花和雌花的花萼片联合成筒，先端4裂或2裂，在子房上面通常明显收缩，裂片在花蕾时镊合状排列；无花瓣；雄蕊着生于萼筒喉部或上部，与萼裂片互生或部分对生，或着生于基部，与萼裂片同数或为其倍数，花丝分离，短或极短，花药内向，2室纵裂，背部着生，通常为丁字药，花粉粒钝三角形或近圆形（Shepherdia 则为椭圆形）；子房上位，包被于花萼管内，1心皮，1室，1胚珠，花柱单一，直立或弯曲，柱头棒状或偏向一边膨大；花盘通常不明显，稀成锥状。果实为增厚的萼管所包围，核果状，红色或黄色，味酸甜或无味；果皮骨质或膜质，无或几无胚乳，胚直立，较大，具2枚肉质子叶。

　　约3属90种，主要分布于北半球的亚热带和温带地区。我国有2属74种，其中有59种为我国特有种；昆仑地区产2属4种3亚种1变种。

分 属 检 索 表

1. 花两性或杂性，花萼4裂；雄蕊4，雄蕊与花萼裂片互生 ……………………………
………………………………………………………… **1. 胡颓子属 Elaeagnus Linn.**
1. 花单性，雌雄异株，花萼2裂；雄蕊4，2枚雄蕊与花萼裂片互生，另外2枚与花萼
　裂片对生……………………………………………… **2. 沙棘属 Hippophae Linn.**

1. 胡颓子属 Elaeagnus Linn.

Linn. Sp. Pl. 1：121. 1753.

　　灌木、小乔木或乔木，全株被银白色或褐色至锈色盾形鳞片或星状鳞毛。单叶，互生，革质、纸质或膜质，披针形至椭圆形或卵形，全缘，稀波状，上面幼时散生鳞片或星状鳞毛，后常脱落，下面密被鳞片或星状鳞毛，常具叶柄。花两性，稀杂性，通常具花梗，单生或1～7花簇生于叶腋或叶腋的短小枝上，组成伞形总状花序；花萼筒状，上部4裂，下部包围子房，在子房上面通常明显收缩；雄蕊4枚，着生于萼筒喉部，与花萼裂片互生，花丝极短，花药矩圆形或椭圆形，2室，纵裂；花柱单一，细弱伸长，

无毛或具星状柔毛，稀具鳞片，柱头偏向一边膨大或棒状；花盘通常不甚发达。果实为膨大肉质化的萼管所包围，呈核果状，矩圆形或椭圆形，稀近球形，红色或黄红色；果核椭圆形，具8肋，通常具白色丝状毛。

约90种，分布于亚洲、欧洲南部和北美洲。我国有67种，其中有55种为我国特有种；昆仑山地区产1种1变种。

1. 沙 枣 图版 76：1～5

Elaeagnus angustifolia Linn. Sp. Pl. 121. 1753；Rehd. et Wils. in Journ. Arn. Arb. 9：98. 1928；中国树木分类学 874. 1937；中国高等植物图鉴 2：969. 图 3668. 1972；中国植物志 52（2）：40. 1983；青海植物志 2：364. 图版 62：1～4. 1999；青藏高原维管植物及其生态地理分布 604. 2008.

1a. 沙枣（原变种）

var. angustifolia

落叶小乔木或乔木，高4～6 m，常具刺。幼枝密被银白色鳞片，老枝鳞片脱落，红棕色或栗褐色，光亮。叶片薄纸质，矩圆状披针形至条状披针形，长3～7 cm，宽7～15 mm，先端钝尖或钝形，基部宽楔形至楔形，全缘，上面暗绿色，幼时被银白色盾形鳞片，成熟后部分脱落，下面灰白色，有光泽，密被白色鳞片，侧脉不甚明显；叶柄细，长7～20 mm。花直立或近直立，芳香，常1～3花簇生于新枝基部2～6片叶的叶腋。花梗长3～4 mm；花萼筒状钟形或宽钟形，筒长4～5 mm，宽2～3 mm，外面密被银白色鳞片和淡黄色的小腺体，在裂片下面不收缩或微收缩，而在子房上面明显收缩，裂片4枚，宽卵形、卵状矩圆形或三角状披针形，长3～4 mm，稍短于花萼筒，顶端钝尖，里面黄褐色，有稀疏浅褐色的小腺体并散生星状柔毛；雄蕊4枚，花丝极短，花药淡黄色，矩圆形，与花萼裂片互生；花柱纤细，无毛或生数根柔毛，基部被圆锥形、无毛的花盘所包围，柱头细棒状，褐黄色，花时稍伸出喉部，常在中部折曲或弯曲。果实椭圆形，纵径9～20 mm，横径6～10 mm，浅红色，幼时密被银白色鳞片；果肉乳白色，粉质；果核矩圆形、卵状矩圆形；果梗短，粗壮，长3～6 mm。 花期5～6月，果期8～10月。

产新疆：喀什（城镇郊区，高生所西藏队 3060）、疏勒（县城附近，刘海源 193）、皮山（喀尔塔什，青藏队吴玉虎 1802）、和田（县城南 10 km，刘海源 174）、若羌（县城附近，刘海源 068、069）。生于海拔 940～2 000 的戈壁荒漠地带的绿洲水渠边或田边、河岸。

青海：格尔木、都兰（诺木洪北，杜庆 373；诺木洪农场，吴玉虎 36441）。生于海拔 2 780～2 900 m 的田边。

分布于我国的新疆、青海、甘肃、宁夏、陕西、山西、河北、河南、内蒙古、辽宁

（通常为栽培植物，亦有野生）；阿富汗，印度西北部，哈萨克斯坦，巴基斯坦，塔吉克斯坦，俄罗斯，乌兹别克斯坦，亚洲西南部，欧洲东部，北美也有。

1b. 东方沙枣（变种）

var. **orientalis**（Linn.）Kuntze in Acta Hort. Pétrop. 10：235. 1887；青藏高原维管植物及其生态地理分布 604. 2008. —— *E. orsentalis* Linn. Mant. Pl. 41. 1767；中国植物志 52（2）：41. 1983；青海植物志 2：365. 1999.

本变种与原变种的主要区别在于：花枝下部的叶片阔椭圆形，宽 1.8～3.2 cm，两端钝形或顶端圆形，上部的叶片披针形或椭圆形；花盘无毛或有时被微柔毛；果实大，阔椭圆形，长 15～25 mm，栗红色或黄色。

产新疆：喀什（县城，高生所西藏队 3067）、若羌（县城附近，刘海源 055）。生于海拔 1 200～1 400 m 的戈壁荒漠地带的绿洲水渠边、干河滩或田边。

分布于我国的新疆、甘肃、宁夏、内蒙古；阿富汗，巴基斯坦，土库曼斯坦，俄罗斯，伊朗，土耳其也有。

2. 沙棘属 Hippophae Linn.

Linn. Sp. Pl. 1023. 1753.

落叶灌木、小乔木或乔木，常有枝刺；全株被银白色或褐色至锈色盾形鳞片或星状鳞毛。单叶，互生、对生或 3 叶轮生；叶柄短，长 1～3 mm。雌雄异株，花单性，先叶开放。花芽形状在种内明显而稳定：雄花芽四棱状塔形、螺旋状塔形、十字形或卵状 2 裂；雌花芽十字形、螺旋状矮塔形、卵形或卵形 2 裂。雄花生于早落的苞腋内，无花梗，花萼片几 2 全裂，雄蕊 4 枚，2 枚与萼裂片互生，另 2 枚与之对生，花丝短，花药矩圆形，花粉粒为 3 或 4（5）沟孔型，表面平滑或有颗粒状、疣状纹饰；雌花单生叶腋或集成花序状，花梗短，花萼囊状，顶端 2 齿裂，子房上位，1 心皮，1 室，1 胚珠，花柱微伸出。果实为肉质化的萼管所包围，核果状；果皮膜质或薄革质，与种皮分离或贴合；种子 1 枚，种皮骨质。

约 6 种 15 亚种。广泛分布于欧亚大陆温带地区，南起喜马拉雅山脉南坡的尼泊尔和印度锡金邦，北至斯堪的纳维亚半岛大西洋沿岸的挪威，东抵我国内蒙古自治区通辽市库伦旗以东地区，西到地中海沿岸的西班牙，跨东经 2°～123°，北纬 27°～69°之间。其垂直分布从北欧及西欧海滨到海拔 3 000 m 的高加索山脉，直到海拔 5 200 m 的喜马拉雅及青藏高原地区。横断山及其毗邻的东喜马拉雅地区是沙棘属植物的类群分布中心、类群分化中心和原始类群中心。我国有 6 种 11 亚种，其中 1 种 6 亚种为我国特有；昆仑山地区产 3 种 3 亚种。

本属植物地上部分具有旱生结构，对大气干旱忍耐力强，可以生长在年降水量 350 mm 以上或少于 350 mm 但地下水或地表径流较多的地域。地下根系发达，萌蘖力强，且生有根瘤，有利于改良土壤、提高土壤的氮素营养，是当前水土保持战线大力种植推广的优良树种。果实、种子和叶子富含多类生物活性组分及营养物质，是医药工业、食品工业和饲料加工业等很好的原料作物。

分 种 检 索 表

1. 果皮与种皮离生，果实成熟后其果皮易脱离种子，种子表面有光泽；叶片披针形、宽披针形或狭披针形，叶柄长 1.5～3.0 mm（组 1. 无皮组 Sect. Hippophae Linn.）
·· **1. 沙棘 H. rhamnoides** Linn.
1. 果皮与种皮贴合，果实成熟后果皮紧包种子，表面无光泽；叶片条形或近条形，叶柄长≤1（2）mm（组 2. 有皮组 Sect. Gyantsenses Lian）。
  2. 植株高 1.0～3.5 m；成年树冠顶部通常呈平台状；果实乌棕色或微橘黄色，呈弯曲的棱柱状，汁液少或很少；种子棱柱状，一头较细，具5～7条纵棱 ············
··· **2. 肋果沙棘 H. neurocarpa** S. W. Liu et T. N. He
  2. 植株矮小，高7～60（80）cm；枝条上指，树冠常呈扫帚状；果实暗橘红色，顶端有（5）6（9）条棕黑色、星芒状纹饰，汁液丰富；果实和种子无纵棱 ············
··· **3. 西藏沙棘 H. thibetana** Schlecht.

1. 沙 棘

Hippophae rhamnoides Linn. Sp. Pl. 1023. 1753；中国植物志 52（2）：64. 1983；中国沙漠植物志 2：395. 1987.

本区不产。

1a. 沙棘（原亚种）

subsp. **rhamnoides**

本种下包括原亚种在内共有 10 个亚种，原亚种分布于北欧海滨地区。我国有 5 个亚种；昆仑山地区有 3 个亚种，其中 2 个为我国特有。

1b. 中国沙棘（亚种）

subsp. **sinensis** Rousi in Ann. Bot. Fen. 8：212. f. 22. 1971；中国植物志 52（2）：64. 1983；青海植物志 2：369. 1999；青藏高原维管植物及其生态地理分布 605. 2008.

落叶灌木、小乔木或乔木，高 1.5～6.0 m；枝条坚挺，枝刺较多且粗壮；嫩枝褐绿色，在干燥的河滩砾石地上有时呈灰褐色，老枝灰黑色或深褐色。叶通常对生或近对生，亦同时兼有互生或 3 叶轮生的，叶片披针形至狭披针形，长 30～80 mm，宽 4～10 (12) mm，叶上面中脉凹陷较浅而窄，下面密被银白色鳞片状鳞毛，有时杂生有锈色鳞片状鳞毛或毛部发达的鳞片状鳞毛；叶柄长 1.5～3.0 mm。花芽大，雄花芽呈四棱状塔形，雌花芽十字形。果实近球形，或横径稍大于纵径或横径稍小于纵径，长 (3) 4～8 (10) mm，黄色、橘红色或深橘红色；果柄长 1.0～1.5 mm。种子椭圆形至倒长卵形，有时稍扁，长 2.0～4.5 mm，深褐色、褐红色、紫黑色或黑色，具光泽。 花期 4～5 月，果熟期 9～10 月。

产青海：兴海（中铁林场恰登沟，吴玉虎 45019、45047；唐乃亥乡，吴玉虎 42102；中铁林场中铁沟，吴玉虎 45547、45556、45594、45599、45607）、达日（满掌乡，刘建全 1805）、久治、班玛。生于海拔 2 800～4 020 m 的沙砾质河滩、河谷高寒灌丛、沟谷山坡砾地、河谷滩地、沟谷林缘灌丛、山地阳坡山麓。

分布于我国的青海、甘肃、宁夏、陕西、西藏东南部、四川西部、山西、河北、内蒙古等省区，辽宁和吉林有大面积引种栽培，在黄土高原区极为常见。

本亚种是中国沙棘事业的主要物质基础，由于其分布区范围广、环境复杂多变，并兼有营养繁殖特性，其种下类型相当丰富，从形态特征到其内含活性物质的组成，其变异幅度都很大，给选种育种、开发利用提供了广阔的前景。

1c. 云南沙棘（亚种）

subsp. **yunnanensis** Rousi in Ann. Bot. Fen. 8：213. f. 23. 1971；青藏高原维管植物及其生态地理分布 606. 2008.

植物体高大，高者可达 15 m 以上。枝条柔软或具软刺，幼枝密被锈色鳞片状鳞毛。叶多互生，披针形，长 4.3～5.3 cm，宽 0.6～1.4 cm，近基部最宽，上面中脉凹陷直达顶端，沟较宽而深，下面被较多且较大的锈色鳞片状鳞毛；叶柄长 1.0～1.5 (2.0) mm。雄花芽不明显呈四棱状塔形，雌花芽近十字形或卵形 2 裂。果实黄色或橘黄色，近圆球形，直径 5～7 mm；果梗长 1～2 mm；果皮与种皮有时脱离困难；种子倒阔椭圆形至倒卵形，有光泽，稍扁，长 3～4 mm。 花期 4 月，果熟期 9～10 月。

产青海：都兰（诺木洪农场，吴玉虎 36432；诺木洪乡，吴玉虎 36644、36647）。生于海拔 2 780～2 860 m 的戈壁荒漠水边或渠岸边、山谷沟底、干涸河谷沙地、石砾地或山脚林中。

分布于我国的西藏拉萨以东、云南西北部和四川宝兴、康定以南地区。

1d. 中亚沙棘（亚种）

subsp. **turkestanica** Rousi in Ann. Bot. Fen. 8：208. f. 19. 1971；青藏高原维管植物及其生态地理分布 605. 2008.

植物体高 2～5 m。嫩枝密被银白色鳞片状鳞毛，一年以上枝条鳞片状鳞毛脱落，表面呈灰白色，光亮；老枝树皮剥裂；枝刺较多且常有分枝。叶片互生，少有对生者，狭披针形，长 15～45（80）mm，宽 2～4（5）mm，两面银白色（稀上面绿色），密被鳞片状鳞毛；叶柄长 1.5～3.0 mm。花芽较小，花螺旋状着生，呈塔形。果实阔椭圆形或倒卵形至球形，通常纵径大于横径，纵径 5～9（11）mm，横径 3～4（8）mm，橘红色或橘黄色，极少黄色者；果柄 3～6 mm；种子形状变异大，红棕色或褐色，常稍扁，具光泽，长 2.8～4.2 mm。 花期 5 月，果熟期 9～10 月。

产新疆：乌恰（县城以东 20 km，刘海源 236）、喀什、莎车、阿克陶（阿克塔什，青藏队吴玉虎 87279）、塔什库尔干、叶城（麻扎至麻扎达拉，黄荣福 C. G. 86 - 071）、皮山、墨玉、和田、策勒、于田、民丰。生于海拔 1 200～4 000 m 的戈壁荒漠的山沟、干旱山坡。

分布于我国的新疆、甘肃（肃北县党河河谷）、西藏；印度北部（Lahaul-Spiti），克什米尔地区，兴都库什山，塔吉克斯坦，吉尔吉斯斯坦，哈萨克斯坦，乌兹别克斯坦，阿富汗西部，蒙古西部也有。

2. 肋果沙棘

Hippophae neurocarpa S. W. Liu et T. N. He in Acta Phytotax. Sin. 16（2）：107. 1978；中国植物志 52（2）：61. 1983；青海植物志 2：368. 1999；青藏高原维管植物及其生态地理分布 605. 2008.

落叶灌木，高 1.0～3.5m。当年生枝灰白色，幼枝被鳞片状鳞毛并混生有稀疏的柔毛；枝条坚挺密集，成年树冠顶端呈平台状；枝刺粗硬。叶互生，叶片条形或近条形，长 2～6（8）cm，宽 1.5～5.0 mm，上面绿色，幼时被鳞片状鳞毛和少量的星状鳞毛，后逐渐脱落，下面密被白色鳞片状鳞毛，有时沿叶缘和中脉杂生有少量的柔毛，叶缘通常平展，绝不明显反卷，中脉在叶上面凹陷成纵沟，但向顶端变浅或几近平坦；叶柄长约 1 mm。雌雄花芽呈卵形或卵形 2 裂，簇生于当年生枝基部。果实柱状，弯曲，具（5）6（7）条纵肋，果实表面密被银白色鳞片状鳞毛，鳞毛脱落后呈亮黑色或暗褐色，纵径 7.8～8.4 mm，横径 2.8～3.3 mm，纵横比约为 2∶5；果皮与种皮相互贴生，不易脱离；种子圆柱形，黄褐色。 花期 5～6 月，果熟期 9～10 月。

产青海：格尔木（西大滩附近，吴玉虎 36988）、玛沁（下大武乡，玛沁队 492；雪山乡，刘建全 1745）、久治（哇尔依乡附近，藏药队 671）、兴海、治多、玛沁。生于海拔 3 550～3 980 m 的河谷阶地灌丛、沙砾河漫滩灌丛。

甘肃：玛曲（欧拉乡，吴玉虎 31982；尼玛瓦儿马，吴玉虎 32149）。生于海拔 3 310～3 390 m 的河谷滩地草甸灌丛、山坡灌丛。

四川：石渠（长沙贡玛乡，吴玉虎 29551、29611）。生于海拔 3 800～4 200 m 的高原沟谷沙砾质河漫滩灌丛。

分布于我国的青海、甘肃、西藏、四川。

图版 **76** 沙枣 **Elaeagnus angustifolia** Linn. 1. 花枝；2. 果枝；3. 花；4. 花剖开（示雄蕊和雌蕊）；5. 果。西藏沙棘 **Hippophae thibetana** Schlecht. 6. 果枝；7. 果。（王颖绘）

3. 西藏沙棘 图版 76：6~7

Hippophae thibetana Schlecht. in Linnaea 32：296. 1863；中国植物志 52 (2)：63.
1983；青海植物志 2：368. 1999；青藏高原维管植物及其生态地理分布 606. 2008.

矮小灌木，高 8~60 (~100) cm；枝条上指，整体呈扫帚状。叶 3 枚轮生，稀对
生，叶片条形，长 10~25 mm，宽 2.0~3.5 mm，下面密被银白色鳞片状鳞毛，或杂生
少数锈色鳞片状鳞毛。雌雄花芽呈卵形或卵形 2 裂。果实圆球形或长圆球形，橘红色或
暗橘红色，纵径 8~13 mm，横径 6~10 mm，顶端有 (5) 6 (9) 条棕黑色星芒状纹饰；
果柄长约 1 mm。果皮与种皮结合，表面无光泽，长卵形，稍压扁。 果熟期 8~9 月。
种子含油达 18%。

产西藏：日土、班戈、改则 (改则至措勤县途中，青藏队藏北分队郎楷永 10264；
东措区，高生所西藏队 4359)。生于海拔 4 500~5 100 m 的高山草地及河漫滩灌丛。

青海：格尔木 (野牛沟，陈世龙等 871)、都兰 (诺木洪乡八宝山，杜庆 335)、兴
海 (中铁林场卓琼沟，吴玉虎 45715、45769)、称多 (扎朵乡日阿吾查罕，苟新京 83 -
281)、玛多 (多曲峡口，吴玉虎 487)、玛沁 (江让水电站，刘建全 1747；县城附近，
刘建全 A051)、达日 (上红科乡，采集人和采集号不详)、甘德 (上贡麻乡，吴玉虎
25840、25862；上贡麻乡黄河边，H. B. G. 978)、久治 (智青松多，果洛队 679；索
乎日麻乡，吴玉虎 26463；康赛乡，吴玉虎 31688；县城附近，藏药队 193)。生于海拔
3 100~4 600 m 的高山草地、沙砾质河漫滩灌丛、沟谷山地圆柏林缘高寒灌丛草甸。

甘肃：玛曲。生于海拔 4 150 m 左右的河漫滩灌丛。

四川：石渠。生于海拔 4 200 m 左右的沙砾质河漫滩灌丛。

分布于我国的青海、甘肃 (夏河、碌曲、玛曲、卓尼、临潭、天祝、肃南、山丹、
酒泉)、西藏、四川；尼泊尔，印度北部也有。模式标本采自西藏。

四十八　柳叶菜科 ONAGRACEAE

　　多年生草本。单叶互生或对生，全缘或具齿；托叶早落或无。总状花序、穗状花序或近伞房花序；托杯与子房合生，常延伸于子房之上；萼片 2 或 4 枚，镊合状排列；花瓣 2 或 4 枚；雄蕊与萼片同数，或为萼片的 2 倍，1 轮或 2 轮，花药 2 室，纵裂；子房下位或半下位，（1～2～）4 室，通常为中轴胎座，花柱通常细长，柱头头状、棒状或 4 裂。蒴果或坚果；种子顶端有时具簇毛，无内胚乳。

　　21 属，640 余种，分布于世界温带和热带地区。我国有 7 属 68 种 8 亚种，广布于全国各地；昆仑地区产 3 属 5 种。

分 属 检 索 表

1. 萼片 2 裂，果实外具钩状毛 ………………………………… **1. 露珠草属 Circaea** Linn.
1. 萼片 4～6 裂，果实外无钩状毛。
　2. 花大，不整齐；雄蕊 1 轮；果实外面为紫色 ……… **2. 柳兰属 Chamaenerion** Seguier.
　2. 花小，整齐，雄蕊 2 轮；果实外面不为紫色 …………… **3. 柳叶菜属 Epilobium** Linn.

1. 露珠草属 Circaea Linn.

Linn. Sp. Pl. 8. 1753, et Gen. Pl. ed. 5. 10. 1754.

　　多年生草本，被短柔毛或无毛。根状茎顶端具块茎。叶对生，纸质，卵形、阔卵形至卵状心形，边缘有齿，基部具柄。总状花序；苞片小，常脱落；托杯与子房合生，且延伸于子房之上而呈浅杯状；萼片 2 枚；花瓣 2 枚，着生于花盘边缘，倒阔卵形至阔卵形，先端 2 裂；雄蕊 2 枚，与花瓣互生；子房下位，1 室，有胚珠 1 枚，稀 2 枚而并列，花柱丝状，柱头头状。果坚果状，棒状倒卵形或球形，不裂，被钩状毛，含种子 1 粒。

　　约 12 种，分布于北半球温带和寒带地区。我国有 7 种，昆仑地区产 1 种。

　　1. 高山露珠草　图版 77：1～2

　　Circaea alpina Linn. Sp. Pl. 9. 1753；Fl. URSS 15：633. t. 31：2. 1949；Fl. Kazakh. 6：247. t. 31：12. 1963；中国高等植物图鉴 2：1015. 图 3759. 1972；新疆植物检索表 3：348. 图版 24：2. 1985；青海植物志 2：370. 图版 63：1～4. 1999；中国植物志 53（2）：54. 图版 15：1～3. 2000；Fl. China 11：408. 2008；青藏高原维管

植物及其生态地理分布 611. 2008.

植株高 3～50 cm，无毛或茎上被短镰状毛及花序上被腺毛；根状茎顶端有块茎状加厚。叶形变异极大，自狭卵状菱形或椭圆形至近圆形，长 1～11 cm，宽 0.7～5.5 cm，基部狭楔形至心形，先端急尖至短渐尖，边缘近全缘至尖锯齿。顶生总状花序长 12（～17）cm；花梗与花序轴垂直或花梗呈上升或直立，基部有时有 1 刚毛状小苞片；花芽无毛，稀近无毛；花萼无或短，最长达 0.6 mm；萼片白色或粉红色，稀紫红色，或只先端淡紫色，矩圆状椭圆形、卵形、阔卵形或三角状卵形，长 0.8～2.0 mm，宽 0.6～1.3 mm，无毛，先端钝圆或微呈乳突状，伸展或微反曲；花瓣白色，狭倒三角形、倒三角形、倒卵形至阔倒卵形，长 0.5～2.0 mm，宽 0.6～1.9 mm，先端无凹缺至凹缺达花瓣的中部，花瓣裂片圆形至截形，稀呈细圆齿状雄蕊直立或上升，稀伸展，与花柱等长或略长于花柱；蜜腺不明显，藏于花管内。果实棒状至倒卵形，长 1.6～2.7 mm，直径 0.5～1.2 mm，基部平滑地渐狭向果梗，1 室，具 1 种子，表面无纵沟，但果梗延伸部分有浅槽；成熟果实连果梗长 3.5～7.8 mm。

产青海：兴海（中铁林场恰登沟，吴玉虎 45176、45183）、久治（龙卡湖，高生所藏药队 692、高生所果洛队 522）、班玛（灯塔乡，王为义等 27479；亚尔堂乡王柔，吴玉虎 26203、26219）。生于海拔 3 200～4 000 m 的沟谷山地岩隙、山坡灌丛下、河谷山地林下草甸、田边。

分布于我国的青海、甘肃、陕西、西藏、四川、云南、贵州、山西、河南、湖北、安徽、浙江、福建、台湾；越南西北部，缅甸东北部和西北部，印度的阿萨姆、喜马拉雅山南坡至阿富汗东北部，印度南部也有。

2. 柳兰属 Chamaenerion Seguier.

Seguier. Pl. Veron. 3：168. 1754.

多年生草本。叶互生，披针形；花左右对称，为顶生的总状花序；花瓣 4 枚；雄蕊 8 枚，不等长；子房长线形，4 室，下位；蒴果圆柱形；种子多数，有束毛。

有 20 种，分布于世界温带和亚热带地区。昆仑地区产 1 种。

1. 柳兰 图版 77：3～5

Chamaenerion angustifolium（Linn.）Scop. Fl. Carn. ed. 2. 271. 1772；中国高等植物图鉴 2：1021. 图 3771. 1972；西藏植物志 3：364. 1986；青海植物志 2：372. 1999；Fl. China 11：411. 2008；青藏高原维管植物及其生态地理分布 610. 2008. —— *Epilobium angustifolium* Linn. Sp. Pl. 1：347. 1753.

多年生草本，高 20～100 cm。茎直立，稀分枝，被短柔毛或无毛，自基部生出强

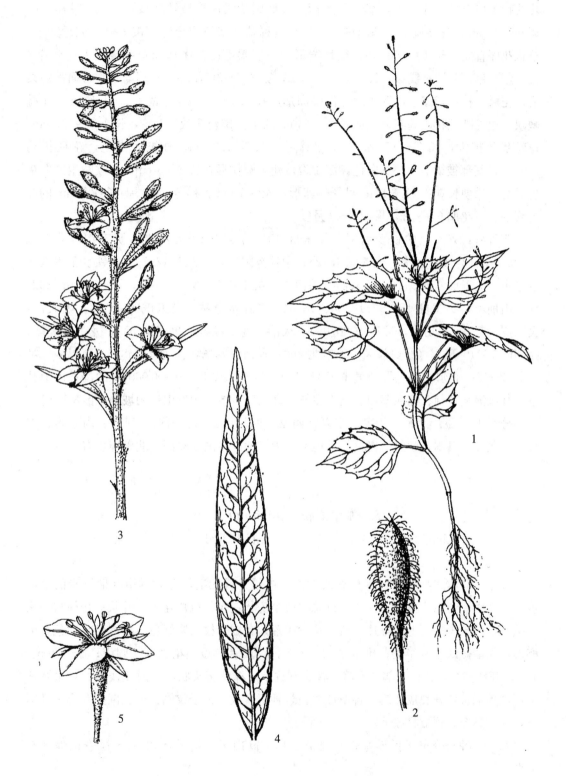

图版 77　高山露珠草 Circaea alpina Linn. 1. 植株；2. 果实。柳兰 Chamaenerion angustifolium (Linn.) Scop. 3. 花枝；4. 叶；5. 花。（引自《新疆植物志》，谭丽霞绘）

壮的越冬根出条；叶互生，基部具短柄，长椭圆状线形至披针状线形，长 6～16 cm，宽 6～25 mm，先端锐尖，基部钝圆，边缘具稀疏波状齿或全缘，被短柔毛或近无毛；总状花序直立，长 10～40 cm；苞片线形，被短柔毛；花序轴和花梗被短毛；萼片 4 枚，紫红色，开展，线形，长 1.5～1.9 cm，宽 2.5～3.7 mm，先端渐尖，背面被短柔毛；花瓣 4 枚，紫红色，倒卵形至倒阔卵形，长 1.9～2.0 cm，宽 1.2～1.5 cm，先端微缺，边缘啮蚀状，基部渐狭成长 2～3 mm 的爪；雄蕊 8 枚，1 轮，长 1.0～1.9 cm，花丝基部扩大，长 7～15 mm；子房棒状，长约 1.3 cm，外被短柔毛，花柱长约 1.6 cm，基部被柔毛，柱头白色，深 4 裂。蒴果圆柱形，长 2～3 cm，密被贴生的白灰色柔毛，果梗长 0.3～1.3 cm；种子倒卵形，长约 1 mm，褐色，先端具长约 2 mm 的白色簇毛。　花期 6～8 月，果期 8～9 月。

产青海：兴海（中铁乡前滩，吴玉虎 45447、45462；大河坝乡赞毛沟，吴玉虎 46425；中铁林场恰登沟，吴玉虎 45126；中铁乡附近，吴玉虎 42979；中铁乡至中铁林场途中，吴玉虎 43019）、玛沁（西哈垄河谷，吴玉虎等 5624、5655，H. B. G. 262；红土山前滩，吴玉虎 18679、18738、18764；江让水电站，吴玉虎等 18754；黑大山，吴玉虎 18784；军功乡，吴玉虎 20705）、久治（龙卡湖畔，果洛队 553；龙卡湖北岸，藏药队 720）、班玛（县城郊区，郭本兆 468；马柯河林场，王为义 26836；莫巴乡，吴玉虎 26322；亚尔堂乡王柔，吴玉虎 26318）。生于海拔 2 400～4 000 m 的沟谷山地林下、林缘灌丛草甸、高寒草甸、高山灌丛、高山砾石坡、沟谷山地阴坡高寒灌丛草甸。

分布于新疆、青海、甘肃、宁夏、西藏、四川、云南、山西、河北、内蒙古、吉林、黑龙江。日本，朝鲜，喜马拉雅地区，中亚地区各国，欧洲，北美洲也有。

3. 柳叶菜属 Epilobium Linn.

Linn. Sp. Pl. 347. 1753，et Gen. Pl. ed. 5. 164. 1754.

多年生草本或半灌木。茎直立或匍匐，被柔毛或无毛，有时具由叶柄下延的毛棱线。叶对生，全缘或具齿。穗状、近总状或伞房状花序；苞片互生，叶状；托杯与子房合生，延伸于子房之上；萼片 4 枚，花后脱落；花瓣 4 枚，紫红色、粉红色至白色，倒卵形，先端微缺至两半裂；雄蕊 8 枚，2 轮，对瓣者较短；花盘具 4 圆齿；子房下位，4 室，胚珠多数，花柱基部具蜜腺，柱头圆柱状、棒状至头状，有时 4 浅裂。蒴果圆柱形，从顶端室背开裂成 4 瓣，各瓣反曲，含种子多数；种子狭倒卵形、倒披针形至椭圆形，被微乳突，顶端具簇毛。

约 215 种，分布于世界寒带、温带及热带高山区。我国有 33 种，昆仑山地区有 3 种。

分 种 检 索 表

1. 植物高通常不超过 25 cm；茎基部生根出条；茎近无毛，花序下有 2 或 4 条毛棱线；
叶边缘具锯齿或牙齿，果梗长 0.4～1.0 cm ⋯⋯⋯⋯ **3. 埋鳞柳叶菜 E. williamsii** Raven
1. 植物高 25～120 cm；自茎基部生出丝形匍匐枝；茎周围被毛，无棱线或具不明显的
毛棱线。
  2. 植物入秋生出基生的根出条，常成丛生，茎在基部无、稀有宿存的鳞片；果梗
    短，不超过 1 cm；柱头棒状⋯⋯⋯⋯⋯⋯⋯⋯ **1. 短梗柳叶菜 E. royleanum** Hausskn
  2. 植物入秋后自茎基部生出匍匐枝，茎基部常有宿存鳞片；果梗长 1～5 cm；柱头
    头状 ⋯⋯⋯⋯⋯⋯⋯⋯⋯⋯⋯⋯⋯⋯⋯⋯ **2. 沼生柳叶菜 E. palustre** Linn.

1. 短梗柳叶菜

Epilobium royleanum Hausskn in Oesterr. Bot. Zeitschr. 29：55. 1879，et Monogr. Epil. 205. 1884；H. Lév. Icon. Gen. Epil. t. 66. 1910；Hand.-Mazz. Symb. Sin. 7：601. 1933；西藏植物志 3：361. 图 143：1～4. 1986；C. J. Chen, Hoch et Raven Syst. Bot. Monogr. 34：98. f. 37. 1992；横断山区维管植物 上册 1258. 1993；青海植物志 2：374. 图版 63：5～11. 1999；中国植物志 53 (2)：102. 图版 21：1～4. 2000；Fl. China 11：417. 2008；青藏高原维管植物及其生态地理分布 614. 2008.

多年生草本，高约 40 cm。具根状茎。茎分枝，周围被曲柔毛，上部常混生腺毛。叶对生，基部稍抱茎，长椭圆形至披针形，长 1.2～3.5 cm，宽 4～10 mm，先端急尖，边缘具疣状齿突，基部楔形，具长 1～3 mm 之柄，两面（沿脉）和边缘具曲柔毛。近伞房花序；苞片互生，叶状；花序轴和花梗被曲柔毛；延伸托杯长约 1 mm；萼片 4 枚，直立，狭卵形至披针形，长 3.5～4.0 mm，宽 1.0～1.5 mm，先端渐尖，背面和边缘具腺毛；花瓣 4 枚，紫红色，倒卵形，长 6.5～7.0 mm，宽约 3.6 mm，先端微缺，基部具短爪；雄蕊 8 枚，2 轮，长 2.6～4.0 mm；子房圆柱状，长 1.6～1.8 cm，外被腺毛，花柱长约 3 mm，无毛，柱头头状。蒴果圆柱形，长 5～6 cm，被曲柔毛与腺毛；种子倒狭卵形，长约 1 mm，表面被微乳突，簇毛灰白色，长约 6 mm。　花期 7～8 月，果期 8～9 月。

产青海：玛沁、班玛。生于海拔 1500～4200 m 的沟谷山地林下、林缘灌丛、山坡草地、河滩草甸。

分布于我国的新疆、青海、甘肃、陕西、西藏、四川、云南、贵州、河南、湖北；阿富汗，克什米尔地区，印度也有。

2. 沼生柳叶菜

Epilobium palustre Linn. Sp. Pl. 1：348. 1753；Maxim. Prim Fl. Amur. 105.

1859；Steinb. in Shishkin et Bobrov. Fl. URSS 15：613. 1949；R. Stewart Annot. Cat. Vasc. Pl. W. Pakist. et Kashmir 507. 1972；中国高等植物图鉴 2：1019. 图 3768. 1972；西藏植物志 3：357. 图 143：10～11. 1986；C. J. Chen, Hoch. et Raven Syst. Bot. Monogr. 34：154. f. 56. 1992；横断山区维管植物 上册 1261. 1993；青海植物志 2：373～374. 1999；中国植物志 53 (2)：123～126. 图版 25：1～5. 2000；Fl. China 11：421. 2008；青藏高原维管植物及其生态地理分布 613. 2008.

多年生草本，高 15～60 cm，自茎基部底下或地上生出纤细的越冬匍匐枝。根状茎基部具鳞片，覆瓦状排列，半圆形，肉质；茎单一或分枝，周围被曲柔毛，有时下部近无毛，无毛棱线；叶对生，花序上的互生，线形至狭披针形，长 2～5 cm，宽 4～10 mm，先端通常渐尖，边缘具疏齿或全缘，下面脉上与边缘疏生曲柔毛或近无毛，基部近圆形或楔形，具短柄；近伞房花序，花期直立或稍下垂；苞片互生，叶状；花序轴和花梗被曲柔毛，有时混生腺毛；花管长约 1.5 mm，喉部近无毛或有 1 环稀疏的毛；萼片 4 枚，狭卵形，长约 3 mm，宽约 1.3 mm，先端短渐尖，背面和边缘被短柔毛与腺毛；花瓣 5 枚，紫红色，倒卵形，长约 5 mm，宽约 3 mm，先端凹缺，基部具短爪；雄蕊 8 枚，2 轮，长 1.5～2.0 mm；子房圆柱形，长约 2 cm，外被白色曲柔毛与稀疏的腺毛，花柱长约 3.5 mm，直立，无毛柱头棒状，开花时稍伸出外轮花药。蒴果圆柱形，长 4.4～6.8 cm，被曲柔毛；种子倒披针形，长约 2 mm，顶端具喙，被微乳突，簇毛灰白色或褐黄色，长约 7 mm。 花期 6～7 月，果期 7～8 月。

产西藏：日土（过巴乡，吴玉虎 1383；上曲龙，高生所西藏队 3489）。生于海拔 4 000～4 350 m 的沼泽草甸、谷底。

青海：兴海（中铁乡前滩，吴玉虎 45400；黄青河畔，吴玉虎 42694、42751、42759；大河坝乡，吴玉虎 42500、42600；河卡乡，郭本兆 395、6219）、玛多（黄河乡唐格玛，吴玉虎 1140）、玛沁（县城郊区，吴玉虎 1492；军功乡龙穆尔沟，吴玉虎 25652、25672；军功乡，吴玉虎 26954；西哈垄河谷，H. B. G. 260、347；军功乡宁果公路，吴玉虎 20661、20696、20715）、甘德（上贡麻乡，H. B. G. 926）、达日（吉迈乡，H. B. G. 1299；河纳日，H. B. G. 1054、1066）、久治（龙卡湖，果洛队 574、藏药队 758；年保山希门错湖，藏药队 553；康赛乡，吴玉虎 26548；哇尔依乡，吴玉虎 26735）、班玛（马柯河林场，王为义等 27458；多贡麻乡，吴玉虎 25988）、曲麻莱（东风乡江荣寺，刘尚武和黄荣福 869）。生于海拔 3 200～4 500 m 的高山草甸、河滩、沟谷砾石山坡、山坡林下、沟谷山地阴坡高寒灌丛草甸。

分布于我国的新疆、青海、甘肃、宁夏、陕西、西藏、四川、云南、山西、河北、内蒙古、辽宁、吉林、黑龙江；亚洲近北极到俄罗斯远东和西伯利亚，朝鲜，蒙古，不丹，尼泊尔，印度与巴基斯坦北部，克什米尔，西达高加索与黑海地区，欧洲，北美（美国与加拿大）也有。

3. 埋鳞柳叶菜

Epilobium williamsii Raven in Bull. Brit. Mus. (Nat. Hist.) Bot. 2：378. 1962；Hara in Hara et Williams Enum. Fl. Pl. Nepal 2：175. 1979；云南植物志 4：173. 1986；西藏植物志 3：362. 1986；C. J. Chen，Hoch. et Rayen Syst. Bot. Monogr. 34：144. f. 52. 1992；横断山区维管植物 上册 1260. 1993. 中国植物志 53（2）：120～121. 图版 24：6. 2000；Fl. China 11：420. 2008；青藏高原维管植物及其生态地理分布 615. 2008. —— *Epilobium sikkimense* auct. non Hausskn.：Hand.-Mazz. Symb. Sin. 7（3）：601. 1933，p. p. quoad pl. Sichuan.

多年生矮小草本，丛生，直立或上升。自茎基部生出伸长的肉质根出条，次年鳞叶宿存茎基部，褐色，革质，倒卵形，长 3～7 mm，宽 2.0～3.5 mm，先端钝圆，边缘全缘。茎高 4～17（～25）cm，直径 1～3 mm，通常在基部多分枝，上部周围被曲柔毛，花序上还混生有腺毛，下部只棱线上有曲柔毛。叶对生，花序上的互生，通常近无柄，在茎上排列较密，长过节间，卵形或椭圆状卵形，长 0.7～2.2 cm，宽 0.3～1.0 cm，先端锐尖至近渐尖，基部近圆形至宽楔形或近心形，边缘每边有 6～18（～26）个较密的细锯齿，侧脉每侧 3～4（～5）条，干时常淡绿色，脉上有曲柔毛。花序开花前常下垂，密被曲柔毛与腺毛；苞片叶状，长不过子房的一半。花初期稍下垂或直立；花蕾卵状或长圆状卵形，长 3～4 mm，直径 2.0～2.5 mm，常带紫色，疏被曲柔毛与腺毛；子房长 1～2 cm，密被腺毛与曲柔毛；花梗长 0.3～0.6 cm；花管长 1.0～1.2 mm，直径 1.5～2.0 mm，喉部有 1 环伸展的毛；萼片披针状长圆形，龙骨状，长 3.0～4.5 mm，宽 1.0～1.2 mm，被曲柔毛与腺毛；花瓣玫瑰红色，倒心形，长 5.0～6.5 mm，宽 3.0～3.5 mm，先端的凹缺深 0.8～1.0 mm；花药宽长圆形，长 0.5～0.7 mm，直径 0.35～0.45 mm；花丝紫色，外轮的长 2～4 mm，内轮的长 1.5～1.8 mm；花柱紫色，长 2～4 mm，直立，无毛；柱头头状，长 0.7～1.3 mm，直径 0.7～1.2 mm，花时围以外轮花药。蒴果长 3.5～5.0（～6.0）cm，疏被曲柔毛；果梗长 0.4～1.0 cm；种子狭倒卵状，长 0.9～1.0（～1.2）mm，直径 0.35～0.40 mm，顶端具很短的喙，灰褐色，表面具细小乳突；种缨污白色，长 5～6 mm，易脱落。 花期 7～8 月，果期 8～9 月。

产西藏：日土（热帮乡扎普，青藏队 76-9120）。生于海拔 3 380～4 900 m 的沟谷山地林缘草甸、温泉边草地、河流溪谷底部。

青海：班玛（马柯河林场，吴玉虎 26102、29114）。生于海拔 3 380～4 200 m 的沟谷山地林缘灌丛草甸、溪谷草甸。

分布于我国的西藏、四川西部、云南；尼泊尔，印度北部和锡金邦也有。

四十九　小二仙草科 HALORAGIDACEAE

草本或半灌木，水生或陆生。叶互生、对生或轮生，沉水的通常为羽状全裂；托叶退化成鳞片状或鞘状，或消失。花两性、单性或杂性，雌雄同株或杂性同株，单生，或组成穗状花序、圆锥花序、伞房花序或聚伞花序；小苞片通常2枚；萼齿2～4枚，或无；花瓣2～4枚，或无，离生，覆瓦状排列或镊合状排列；雄蕊2～8枚，如为2轮，则外轮与花瓣对生，花药底着，2室，纵裂；子房下位，1～4室，每室具悬垂胚珠1枚，侧膜胎座或中轴胎座，花柱1～4枚。果为坚果或核果，具棱或翅；种子1～4粒，胚乳丰富，胚直生。

约6属，120种。广布于全世界，主产大洋洲。我国有2属8种，南北均产；昆仑地区有1属2种。

1. 狐尾藻属 Myriophyllum Linn.

Linn. Sp. Pl. 992. 1753, et Gen. Pl. ed. 5. 429. 1754.

水生多年生草本。叶互生、对生或轮生，线形至卵形，全缘或有锯齿，或羽状分裂。花单性、两性或杂性，雌雄同株，雄花生于花序上部，雌花居下部，稀雌雄异株，单生叶腋或组成穗状花序；苞片通常2枚。雄花：萼筒短，萼齿（2～）4枚或无；花瓣2～4枚，凹陷；雄蕊2～8枚，花丝丝状，花药底着，纵裂；雌蕊退化或消失。雌花：萼筒具4沟，萼齿4枚，细小，线形，或无；花瓣细小或无；雄蕊退化或消失；子房（2～）4室，每室具悬垂胚珠1枚；花柱4枚，反曲。核果成熟后裂成（2～）4果瓣，果皮革质或稍肉质，有时背部具疣状突起；种子近长椭圆形，胚乳丰富。

约45种，分布于全球。我国约5种，南北均有分布；昆仑山地区产2种。

分 种 检 索 表

1. 花常生于茎顶端或叶腋中，呈穗状花序；雌花不具花瓣；苞片全缘或有齿；雄蕊8
   ······························· **2. 穗状狐尾藻 M. spicatum** Linn.
1. 花生于叶腋中；雌花有小的花瓣；苞片全缘或分裂；雄蕊8或4 ·····················
   ······························· **1. 狐尾藻 M. verticillatum** Linn.

638

1. 狐尾藻　图版 78：1～3

Myriophyllum verticillatum Linn. Sp. Pl. 992. 1753；Schindl. in Engl. Pflanzenr. 23（4）：225. 87. 1905；Kom. Fl. Mansh. 3（1）：112. 1905；Hegi. Ill. Fl. Mitt. -Europ. v. 2：899. 1926；Ohwi Fl. Jap. 826. 1953；中国高等植物图鉴 2：1023. 图 3775. 1972；中国植物志 53（2）：137～138. 图版 27：4～6. 2000；青藏高原维管植物及其生态地理分布 615. 2008.

多年生粗壮沉水草本。根状茎发达，在水底泥中蔓延，节部生根。茎圆柱形，长 20～40 cm，多分枝。叶通常 4 片轮生，或 3～5 片轮生，水中叶较长，长 4～5 cm，丝状全裂，无叶柄；裂片 8～13 对，互生，长 0.7～1.5 cm；水上叶互生，披针形，较强壮，鲜绿色，长约 1.5 cm，裂片较宽。秋季于叶腋中生出棍棒状冬芽而越冬。苞片羽状篦齿状分裂。花单性，雌雄同株，或杂性、单生于水上叶腋内，每轮具 4 朵花，花无柄，比叶片短。雌花：生于水上茎下部叶腋中，萼片与子房合生，顶端 4 裂，裂片较小，长不到 1 mm，卵状三角形；花瓣 4 枚，舟状，早落。雄花：雄蕊 8 枚，花药椭圆形，长约 2 mm，淡黄色，花丝丝状，开花后伸出花冠外。果实广卵形，长约 3 mm，具 4 条浅槽，顶端具残存的萼片及花柱。

产新疆：阿克陶（琼块勒巴什湖，青藏队吴玉虎 87653B）。生于 3 200 m 左右的高山池塘、河沟溪流、沼泽中。

分布于我国的大部分省区；世界各地均有。

2. 穗状狐尾藻

Myriophyllum spicatum Linn. Sp. Pl. 992. 1753；中国高等植物图鉴 2：1022. 1972. 中国植物志 53（2）：136. 图版 27：1～3. 2000；青藏高原维管植物及其生态地理分布 615. 2008.

多年生沉水草本。根状茎生于泥中，茎节上生须根。茎圆柱形，伸长，多分枝。叶无柄，4 枚轮生，长 1.5～3.0 cm，羽状全裂，裂片 10～20 余对，丝状，长 1.0～2.7 cm，全缘。穗状花序伸出水面，长 3～10 cm；苞片卵形至长椭圆形，全缘，小苞片近圆形，边缘具细齿；花两性或单性，4 朵轮生于花序轴上，如为单性，则雄花生于花序上部，雌花在下。雄花：萼筒钟状，萼齿 4 枚，卵状三角形，长约 0.8 mm；花瓣 4 枚，近匙形，长约 3 mm，宽约 1.2 mm，先端钝，早落，雄蕊 8 枚，长约 2 mm。雌花：萼筒近钟形，长约 1 mm，具 4 沟，萼齿细小；子房下位，4 室，柱头 4 裂。果球形，长约 3 mm，具 4 条纵裂隙，分离为 4 果瓣。　花果期 7～8 月。

产新疆：阿克陶（琼块勒巴什湖，青藏队吴玉虎 87653A）。生于海拔 3 200 m 左右的高山湖泊及河谷沼泽草甸。

西藏：日土（过巴乡，青藏队吴玉虎 871602；班公湖，青藏队吴玉虎 871375）。生于海拔 4 200 m 左右的高原湖泊、高寒沼泽中。

　　青海：达日（德昂乡，陈桂琛 981633）。生于海拔 4 600 m 的高原山地水池、湖泊中。

　　分布于我国的各省区；世界各地均有。

五十　杉叶藻科 HIPPURIDACEAE

多年生水生草本，具粗壮匍匐的水下根状茎。茎直立，节部增粗，上部露出水面。叶6~12枚轮生，线形，全缘。花小，单生于叶腋，绿色，多两性，稀单性；萼筒浅杯状，无萼齿；无花瓣；雄蕊1枚，上位，花丝稍短，花药底着，向内纵裂；子房下位，1室，具1倒生胚珠，珠被单层，珠孔闭合，花柱纤细，被毛或微乳突。核果的外果皮薄，内果皮厚而硬，含种子1枚；种子短圆柱形，种皮膜质，胚圆柱形，胚乳少量。

仅1属，3种。分布几乎遍及全球。我国有1属1种，南北均产；昆仑地区也产。

1. 杉叶藻属 Hippuris Linn.

Linn. Sp. Pl. 4. 1753, et Gen. Pl. ed. 5. 4. 1754.

属的形态特征和地理分布与科相同。

1. 杉叶藻　图版 78：4~6

Hippuris vulgaris Linn. Sp. Pl. 4. 1753；中国高等植物图鉴 2：1024. 1972；青海植物志 2：376. 1999；青藏高原维管植物及其生态地理分布 616. 2008.

水生草本，高 16~60 cm。根状茎直径 3~9 mm，节上生不定根。茎直立，圆柱形，直径 4~9 mm，不分枝，具纵沟纹，有节，无毛。叶轮生，每轮通常 10~12 叶，线形，长 1.3~3.0 cm，宽 1.0~1.6 mm，先端钝，全缘，无毛，具单脉，无柄。花小，两性，稀单性，单生于叶腋；花梗极短，无毛；萼筒浅杯状，长约 0.3 mm，无毛，包围着雄蕊和花柱下部，无萼齿；无花瓣；雄蕊 1 枚，长约 1.7 mm，花丝线形，花药椭圆形，底着；子房近下位，椭圆形，长约 1 mm，1 室，花柱丝状，长约 2 mm，被柔毛。核果淡紫色，椭圆形，长约 1.8 mm。　花果期 6~9 月。

产新疆：若羌（阿尔金山保护区依夏克帕提，青藏队吴玉虎 4270）。生于海拔 4 100 m 左右的高原湖畔沼泽地。

西藏：日土（玛嘎滩，高生所西藏队 3729；班公湖西段，高生所西藏队 3625）。生于海拔 4 200 m 左右的河流及湖畔沼泽地。

青海：玛多（黄河乡，吴玉虎，采集号不详）、玛沁（昌马河，吴玉虎等 18317）、达日（吉迈乡赛纳纽达山，H. B. G. 1207）、久治、班玛。生于海拔 4 200~4 600 m

的高寒沼泽草甸、高原湖边、溪流河畔及水池中。

分布于我国的西南、西北、华北、东北地区；欧洲，亚洲中部至日本，北美洲也有。

五十一 锁阳科 CYNOMORIACEAE

　　根寄生多年生肉质草本，无叶绿素。根茎不规则柱状，具吸收根，常寄生在白刺植物的根部。茎圆柱状，仅上部露出地面，肉质。叶鳞片状，螺旋状排列，稀疏。花小，很多花密集组成圆柱状或棒状的简单穗状花序，花序轴肉质肥厚，不分枝；小苞片肉质，线形；花杂性同株；雄花有花被片 1～5 枚，雄蕊 1 枚，退化雌蕊 1 枚；雌花有花被片 1～5 枚，雌蕊 1 枚，子房下位，1 室 1 胚珠；两性花有花被片 1～5 枚，雄蕊 1 枚，雌蕊 1 枚。果为坚果状，果皮较坚硬，种子与果肉粘贴，有较丰富的胚乳，成熟后有宿存的花被包围，常有宿存的花柱。

　　有 1 属 2 种。我国有 1 属 1 种，昆仑地区亦产。

1. 锁阳属 Cynomorium Linn.

Linn. Sp. Pl. 970. 1753，et Gen. Pl. ed. 5：179. 1754.

　　属的形态特征和地理分布与科相同。

1. 锁阳　图版 78：7～9

Cynomorium songaricum Rupr. in Mém. Acad. Sci. Pétersb. ser. 7. 14（4）：73. 1869；青海植物志 2：377. 1999；青藏高原维管植物及其生态地理分布 616. 2008.

　　多年生肉质寄生草本，株高 10～28 cm。地下茎短粗，具吸收根。茎棕红色，圆柱形，干时深皱缩，直径 1.4～2.7 cm，大部埋于沙中，少部露出地面。叶近螺旋状排列，鳞片状，卵状三角形，长 5～8 mm，暗栗色，先端钝，早落。肉穗花序椭圆状至长圆状，长 7～15 cm，粗 3～4 cm，花序轴肉质，表面密生极多数小花；花杂性同株；小苞片线形，肉质，长约 4 mm，被乳头状突起。雄花：无花梗，花被片 2～5 枚，线形，基部不结合，长约 3.5 mm，外被乳头状突起；雄蕊 1 枚，生于花被片基部，略长于花被片；退化雌蕊 1 枚，白色。雌花：分有花梗和无梗 2 种，有梗者花梗长约 1 mm，两者被片相同，线形，长约 1.5 mm，较短于雄花花被片，外被乳头状突起；子房下位或半下位，狭椭圆形，长约 1 mm；花柱短，棒状，成熟后易脱落。两性花：无柄，数量较少，其花被片与花柱间具雄蕊 1 枚，雄蕊短，生于花瓣管的上部。果实坚果状，球形，栗色，直径约 1 mm，外被膜质花被管。　花果期 6～7 月。

　　产新疆：乌恰（老乌恰附近，青藏队 87081）；叶城（库地，高生所西藏队 3354）。生于海拔 1 800～2 200 m 的荒漠戈壁滩、山麓荒漠草原。

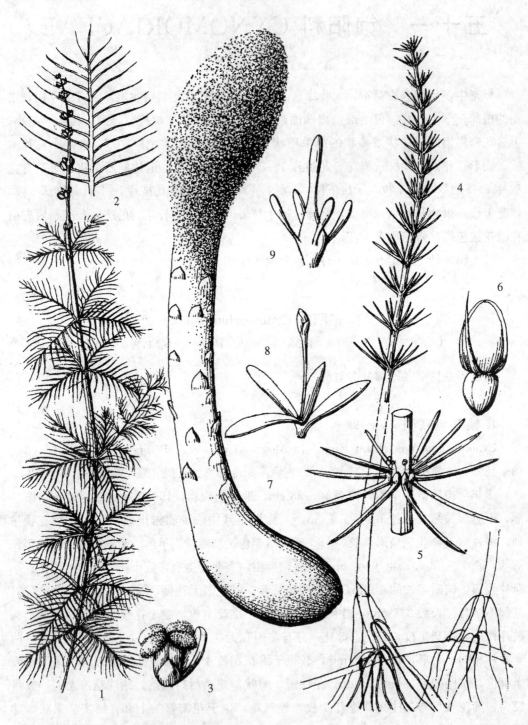

图版 **78** 狐尾藻 Myriophyllum verticillatum Linn. 1. 花枝；2. 叶；3. 雌蕊。杉叶藻 **Hippuris vulgaris** Linn. 4. 植株；5. 叶；6. 花。锁阳 Cynomorium songaricum Rupr. 7. 植株；8. 雄花；9. 雌花。
（引自《新疆植物志》，谭丽霞绘）

青海：格尔木（城郊，陈有武 56）、都兰（布尔汗布达山前山，采集人和采集号不详）。生于海拔 2 700～3 000 m 的河滩沙地，寄生于白刺根上。

分布于我国的新疆、青海、甘肃、宁夏、内蒙古；蒙古，伊朗，中亚地区各国也有。

五十二 五加科 ARALIACEAE

乔木、灌木或木质藤本，稀为多年生草本，有刺或无刺。叶互生，稀轮生，单叶，掌状复叶或羽状复叶，有托叶或无。花整齐，两性或杂性，稀单性异株，多花组成伞形花序、头状花序、总状花序或穗状花序，常常再组成圆锥状的复花序；苞片宿存或早落；萼筒与子房合生，边缘波状或有萼齿；花瓣5～10枚，镊合状或覆瓦状排列，常离生，稀合生或帽状体；雄蕊与花瓣同数而互生，稀为花瓣的2倍或无定数，着生在花盘边缘；花盘肉质；子房下位，常为2～15室，每室有1枚悬垂的倒生胚珠；花柱与子房室同数，离生，下部合生或全部合生成柱状，稀无花柱。果实为浆果或核果。种子侧扁，有丰富的胚乳。

约80属900多种，分布于南北两半球热带至亚热带地区。我国有23属，约170种；昆仑地区产1属2种1变种。

1. 五加属 Acanthopanax Miq.

Miq. in Ann. Mus. Lugd. -Bat. 1：10. 1893.

属的形态特征和地理分布与科相同。

分 种 检 索 表

1. 老枝和嫩枝上无刺；小叶边缘的1/2～2/3部分有锯齿，下部其余全缘；5个花柱在基部合成 ································ **1. 狭叶五加 A. wilsonii** Harms
1. 老枝和嫩枝上密生直刺；小叶的边缘有不整齐的重锯齿；5个花柱在中部或中部以下合成 ································ **2. 红毛五加 A. giraldii** Harms

1. 狭叶五加

Acanthopanax wilsonii Harms in Sarg. Pl. Wil. 2：560. 1916；中国植物志 54：93. 1978；青海植物志 2：381. 图版 64：911. 1999；青藏高原维管植物及其生态地理分布 618. 2008.

灌木，高（0.5）1.0～2.0 m。幼枝细瘦，直径3～4 mm，节间较长，灰棕色，无毛，节处无硬刺。叶互生或与花序疏簇生，为掌状复叶，小叶3～5枚，狭倒披针形或长圆状倒披针形，长4～6 cm，宽6～8 mm，先端渐尖，基部狭楔形，边缘具细锯齿，下部无齿，基部具短柄，表面被极短刺毛，锈褐色，主脉上无毛，背部仅脉上被短刺毛，叶脉在表面微下陷，背面微凸起；叶柄长 3～8 cm，暗紫色，无毛。伞形花序在小枝顶部单一顶生；花序梗长 1.5～2.3 cm，无毛，无苞片；花期有小花 10～17 朵，花小，花梗细，果期有小花 4～10 朵，果梗短粗，长约 1 cm，光滑；萼筒无毛；萼片全缘或极小，近三角形；花瓣 5 枚，土黄色，卵状三角形，长 2.0～2.5 mm，反折，上面被毛；雄蕊 5 枚，长约 1.5 mm；花柱 5 枚，仅基部合生。果实近球形，直径 6～9 mm，黑色，干后有棱，花柱宿存。　花期 6～7 月，果期 8～9 月。

产青海：班玛（马柯河林场，王为义等 27728）。生于海拔 3 300 m 左右的沟谷山坡林下、山地林缘灌丛。

分布于我国的青海、西藏、四川、云南。

2. 红毛五加

Acanthopanax giraldii Harms in Bot. Jahrb. 36（Beibl. 82）：80. 1905；中国植物志 54：91. 图版 12：4～5. 1978；青海植物志 2：381. 1999；青藏高原维管植物及其生态地理分布 617. 2008.

2a. 红毛五加（原变种）

var. **giraldii**

灌木，高 1～2 m。小枝暗灰色，密生直刺，刺水平伸展或微向下，节间较短，节处尤密。叶多与花序簇生，掌状复叶具 5 小叶，小叶倒卵状披针形或倒卵状长圆形，稀倒卵形，长 3～7 cm，宽 1.5～3.0 cm，先端短渐尖，基部楔形，边缘具重锯齿，1/3 以下全缘，无毛，中央小叶主脉有少许短直刺；叶柄长 3～6 cm，无毛，仅顶端与小叶接触处常有短小直刺；几无小叶柄。伞形花序单一顶生，径幅 1.5～2.0 cm，含多数小花，10～30 余朵；总花梗粗短，长约 2 cm，无毛，小花梗细瘦，长约 1 cm，无毛；萼筒倒圆锥形，高约 2 mm，近全缘，无毛；花瓣白色，卵状三角形，长约 2.3 mm，上面略被毛，反折；雄蕊 5 枚，略短于花瓣；子房 5 室；花柱 5 枚，中部或中部以下合生。果实近球形，直径约 8 mm，黑色，具 5 棱。　花期 7～8 月，果期 8～9 月。

产青海：班玛（马柯河林场苗圃，王为义等 27025）。生于海拔 3 200～3 700 m 的河谷山坡林缘灌丛。

分布于我国的青海、甘肃、宁夏、陕西、四川、河南、湖北。

2b. 毛梗红毛五加（变种）

var. **hispidus** Hoo in Acta Phytotax. Sin. Suppl. 1：157. 1965；中国植物志 54：92. 1978；青海植物志 2：381. 1999；青藏高原维管植物及其生态地理分布 617. 2008.

本变种与原变种的区别在于：嫩枝上除硬刺外还伏贴有浅锈褐色短毛；总花梗密被锈褐色粗毛和曲转柔毛，小花梗上被锈褐色曲转柔毛。

产青海：班玛（马柯河林场苗圃，王为义等 27043）。生于海拔 3 200～3 700 m 的沟谷山地林下、林缘灌丛。

分布于我国的青海、甘肃、宁夏、陕西、四川、湖北。

五十三 伞形科 UMBELLIFERAE

一年生至多年生草本，很少是矮小的灌木（在热带与亚热带地区）。根通常直生，肉质而粗，有时为圆锥形或有分枝自根颈斜出，很少根成束、圆柱形或棒形。茎直立或匍匐上升，通常圆形，稍有棱和槽，或有钝棱，空心或有髓。叶互生，叶片通常分裂或多裂，为一回掌状分裂或一至四回羽状分裂的复叶，或一至二回三出式羽状分裂的复叶，很少为单叶；叶柄的基部有叶鞘，通常无托叶，稀为膜质。花小，两性或杂性，成顶生或腋生的复伞形花序或单伞形花序，很少为头状花序；伞形花序有伞辐数条至数十条，基部有总苞片，全缘或齿裂，很少羽状分裂；小伞形花序的基部有小总苞片，全缘或很少羽状分裂；花萼与子房贴生，萼齿5枚或无；花瓣5枚，在花蕾时呈覆瓦状或镊合状排列，基部狭窄，有时成爪或内卷成小囊，顶端钝圆或有内折的小舌片或顶端延长如细线；雄蕊5枚，与花瓣互生；子房下位，2室，每室有1枚倒悬的胚珠，顶部有盘状或短圆锥状的花柱基；花柱2枚，直立或外曲，柱头头状。果实在大多数情况下是干果，通常裂成2个分生果，很少不裂，呈卵形、圆心形、长圆形至椭圆形；果实由2个背面或侧面压扁的心皮合成，成熟时2心皮从合生面分离，每个心皮有1纤细的心皮柄和果柄相连而倒悬其上，因此2个分生果又称双悬果，心皮柄顶端分裂或裂至基部，心皮的外面有5条主棱（1条背棱、2条中棱、2条侧棱）；外果皮表面平滑，或有毛、皮刺、瘤状突起，棱和棱之间有沟槽，有时棱处发展为次棱，而主棱不发育，很少全部主棱和次棱（共9条）都同样发育；中果皮层内的棱槽内和合生面通常有纵走的油管1至多数。胚乳软骨质，胚乳的腹面平直、凸出或凹入，胚小。

全世界约有200余属2 500种，广布于全球温热带地区。我国有90余属，昆仑地区产27属48种1变种。

分 属 检 索 表

1. 花在单伞形花序或因简化而成的头状花序中；单叶全缘或沿缘有刺状锯齿 …………
……………………………………………………… **1. 刺芹属 Eryngium** Linn.
1. 伞形花序不为头状，有明显的伞辐和花柄。
  2. 叶为掌状分裂，裂片的边缘有锯齿，花绿白色 …………… **2. 变豆菜属 Sanicula** Linn.
  2. 叶通常为羽状复叶。
    3. 胚乳腹面有深凹或深沟。
      4. 伞形花序外缘花的花瓣通常增大；果实长圆柱形至卵形。
        5. 植株具直根，无块茎；果实顶端无喙；果实长圆状椭圆形，果棱稍呈波

　　　状弯曲 ……………………… **3. 迷果芹属 Sphallerocarpus** Bess. ex DC.

　　5. 植株有直根或增粗；果实顶端有短喙或长喙；果实基部有环状白色刚毛

　　　………………………………………… **4. 峨参属 Anthriscus**（Pers）Hoffm.

　4. 伞形花序外缘花的花瓣增大或不增大；果实卵形或近球形。

　　6. 小总苞多数。

　　　7. 总苞片全缘或呈叶状分裂，通常有白色膜质边缘，小总苞片顶端羽状

　　　　分裂或全缘；果实背腹稍压扁，果棱有翅……………………………

　　　　……………………………………… **5. 棱子芹属 Pleurospermum** Hoffm.

　　　7. 总苞片少数或无，小总苞数片，线形；果实卵状长圆形，果棱5，丝

　　　　状 ………………………………… **6. 凹乳芹属 Vicatia** DC.

　　6. 小总苞片少数或无。

　　　8. 总苞片和小总苞片少数或无；果棱和棱槽的界限不明显………………

　　　　………………………………………… **7. 矮泽芹属 Chamaesium** Wolff

　　　8. 总苞片和小总苞片少数或无；果棱和棱槽的界限明显………………

　　　　………………………………………… **8. 东俄芹属 Tongoloa** Wolff

3. 胚乳腹面平直或稍凹。

　9. 果实稍两侧压扁。

　　10. 叶通常线形，全缘不分裂，叶脉近平行排列成弧形；花瓣黄色，有时蓝

　　　　绿色、黄绿色、灰蓝色或灰黑色 ………… **9. 柴胡属 Bupleurum** Linn.

　　10. 叶一至多回羽状全裂，叶脉不平行；花瓣通常白色或带粉红色，稀

　　　　黄色。

　　　11. 果实长圆形。

　　　　12. 小伞形花序多数，花基不内弯 ………… **10. 葛缕子属 Carum** Linn.

　　　　12. 小伞形花序有花2～3，花基内弯呈囊状…………………………

　　　　　…………………………………… **11. 囊瓣芹属 Pternopetalum** Franch.

　　　11. 果实卵形。

　　　　13. 果光滑。

　　　　　14. 叶片二至三回羽状全裂，末回裂片披针状线形或线形；总苞

　　　　　　片和小总苞片羽状全裂 ………… **14. 苞裂芹属 Schultzia** Spreng.

　　　　　14. 叶三出式羽状分裂。

　　　　　　15. 植株无走茎，茎实心，花柱向两侧弯曲，每棱槽内油管

　　　　　　　1～4 ……………………… **12. 茴芹属 Pimpinella** Linn.

　　　　　　15. 植株有走茎，茎空心，花柱细长，顶端叉开呈羊角状。

　　　　　　　油管无 ……………………… **13. 羊角芹属 Aegopodium** Linn.

　　　　13. 果实密被白色柔毛。

　　　　　16. 花瓣黄色；顶端内折；每棱槽内有油管1，合生面有油管2

　　　　　　………………………………… **15. 绒果芹属 Eriocycla** Lindl.

16. 花瓣白或紫红色，花瓣顶端丝状或尾尖状；每棱槽内有油管
　　1～3，合生面有油管 2～4 ······ **16. 丝瓣芹属 Acronema** Edgew.

9. 果实背腹稍压扁或不压扁。

17. 分生果的横剖面半圆形；果棱线形，背棱与侧棱近等宽；小总苞片基部
　　常联合 ··· **17. 西风芹属 Seseli** Linn.

17. 分生果的横剖面五角状半圆形；果棱有窄翅，侧棱较宽。

18. 果实的背棱和侧棱都发育成翅或背棱突起。

19. 多年生草本，茎中空；胚乳内凹。

20. 背棱丝状，侧棱有翅状边缘；花瓣舟形 ····················
　　···················· **18. 舟瓣芹属 Sinolimprichtia** Wolff

20. 背棱、中棱及侧棱均扩展成翅，但发展不均匀；花瓣卵圆形
　　···················· **19. 羌活属 Notopterygium** H. Boiss.

19. 多年生草本，茎不中空；胚乳平直或微凹。

21. 花的花瓣等大，无辐射瓣；主棱凸起以至翅状 ··············
　　···················· **20. 藁本属 Ligusticum** Linn.

21. 花的花瓣不等大，外缘有1较大的辐射瓣；主棱发育成厚翅
　　···················· **21. 厚棱芹属 Pachypleurum** Ledeb.

18. 果实的背棱无翅或有翅，较侧棱的翅窄，侧棱有明显或不明显的翅。

22. 分生果的侧翅彼此分离，外缘有裂缝。

23. 叶具长筒膨大的叶鞘；果实背棱有窄翅，侧棱有宽翅 ······
　　···················· **22. 山芎属 Conioselinum** Fisch. ex Hoffm.

23. 叶具长圆形或阔囊状的叶鞘；果实背棱无翅或有小于侧棱宽
　　翅许多的窄翅。

24. 果实的油管多数，沿胚乳表面排列成环状 ··············
　　···················· **23. 古当归属 Archangelica** Hoffm.

24. 果实每个棱槽内有油管1，合生面有油管2 ··············
　　···················· **24. 当归属 Angelica** Linn.

22. 分生果的侧翅彼此紧密联合。

25. 果实的背棱稍凸起，侧棱宽于背棱1倍以上；每个棱槽内油
　　管少数或多数 ···················· **25. 阿魏属 Ferula** Linn.

25. 果实的背棱不凸起或稍凸起，侧棱的翅增厚和硬化，在外缘
　　彼此紧密联合。

26. 果实每个棱槽内的油管长达果体的1/2～2/3，向下棒状
　　增粗 ···················· **26. 独活属 Heracleum** Linn.

26. 果实每个棱槽内的油管长达果体基部 ····················
　　···················· **27. 大瓣芹属 Semenovia** Regel et Herd.

1. 刺芹属 Eryngium Linn.

Linn. Sp. Pl. 232. 1753.

一年生或多年生草本。茎直立，无毛，有数条槽纹。单叶全缘或稍有分裂，有时呈羽状或掌状分裂，边缘有刺状锯齿，叶革质，叶脉平行或网状；叶柄有鞘，无托叶。花小，白色或淡绿色，无柄或近无柄，排列成头状花序，头状花序单生或成聚伞状或总状花序；总苞片 1~5 枚，全缘或分裂；萼齿 5 枚，直立，硬而尖，有脉 1 条；花瓣 5 枚，狭窄，中部以上内折成舌片；雄蕊与花瓣同数而互生，花丝长于花瓣，花药卵圆形；花柱短于花丝，直立或稍倾斜；花盘较厚。果实卵圆形或球形，侧面略扁，表面有鳞片状或瘤状突起，果棱不明显，通常有油管 5 条；果实横剖面近圆形，胚乳腹面平直或略凸出；心皮柄缺乏。

220 余种，广布于热带和温带地区。我国有 3 种，1 种产广东等省区，另 2 种产新疆；昆仑地区产 1 种。

1. 大萼刺芹

Eryngium macrocalyx Schrenk in Fisch. et Mey. Enum. Pl. Nov. 1：60. 1841；Ledeb. Fl. Ross. 2：238. 1844；Wolff in Engl. Pflanzenr. 61（Ⅳ. 228)：106. 1913；Schischk. in Fl. URSS 16：80. t. 4：3. 1950；Fl. Uzbek. 4：263. 1959；Pavlov in Fl. Kazakh. 6：265. 1963；新疆植物检索表 3：368. 1985.

多年生草本，高约 1 m。根粗，圆柱形。茎单一，近白色有光泽，直立，有棱槽，从中部往上二至三回分枝。叶硬，革质，具凸起的网状脉；基生叶和茎下部叶有长柄；叶片卵形，长 14~20 cm，宽 6~8 cm，先端渐尖或稍钝，基部稍心形，沿缘具大的锯齿，齿端有刺；茎中部和上部叶近无柄或无柄，叶片从卵形至披针形，沿缘具较大的锐齿，叶基部抱茎。头状花序生于茎枝顶端，广卵形，长 2.0~2.5 cm；总苞片 6~7 枚，线状钻形，长 2.0~2.5 cm，宽 2~4 mm，基部两侧有数个刺状锯齿；小总苞片钻形，长约 8 mm，先端具刺；花多数；萼齿卵形，长 4~5 mm，具粗的中脉，并延伸成锐刺，刺长约 2 mm；花瓣宽线形或长圆形，长约 3 mm，顶端渐窄，向内弯曲成舌片。果实近陀螺状，长约 5 mm，密被白色窄长的鳞片，果顶端具刺，果棱角状，棱间油管单一且大，合生面油管小，明显 2 列。 花期 6~7 月，果期 7~8 月。

产新疆：喀什。生于海拔 1 200~2 800 m 的砾石质山坡、沙砾坡地、山前含石灰质少的黄土地、干河床、河岸阶地。

分布于我国的新疆；哈萨克斯坦，吉尔吉斯斯坦，乌兹别克斯坦，塔吉克斯坦也有。

本种在《俄罗斯植物志》、《哈萨克斯坦植物志》和《塔吉克斯坦植物志》上都指明新疆上述地区有分布，因未见标本，故志之待查。

2. 变豆菜属 Sanicula Linn.

Linn. Sp. Pl. 235. 1753.

二年生或多年生草本。有根状茎、块根或成簇的纤维根。茎直立或倾卧而向上伸长，细弱或较粗壮，分枝或呈花葶状，光滑或被柔毛。叶有柄或近无柄，叶柄基部有宽的膜质叶鞘；叶片近圆形或圆心形至心状五角形，膜质、纸质或近革质，掌状或三出式3裂，裂片边缘有锯齿或刺毛状的复锯齿。单伞形花序或为不规则伸长的复伞形花序，很少近总状花序；总苞片叶状，有锯齿或缺刻；小总苞片细小，分裂或不分裂；伞梗不等长，向外开展至分叉式伸长；小伞形花序中有两性花和雄花；花白色、绿白色、淡黄色、紫色或淡蓝色，雄花有柄，两性花无柄或有短柄；萼齿卵形、线状披针形或呈刺芒状，外露或为皮刺所掩盖；花瓣匙形或倒卵形，顶端内凹而有狭窄内折的小舌片；花柱基无或扁平如碟，花柱短于萼片或伸长向外反曲。果实长椭圆状卵形或近球形，有柄或无柄，表面密生皮刺或瘤状突起，刺的基部膨大或呈薄片状相连，顶端尖直或呈钩状；果棱不显著或稍隆起；果实横剖面近圆形或背面扁平，合生面平直或内凹；油管大或小以至不明显，成规则或不规则的排列，通常在合生面有2个较大的油管。种子表面扁平，胚乳腹面内凹或有沟槽。

约37种，主要分布于热带和亚热带地区。我国有15种1变种，昆仑地区产2种。

分 种 检 索 表

1. 茎有分枝；叶肾圆形，裂片边缘有不规则的重锯齿；总苞片4，叶状，对生；小总苞片4，细小、卵状披针形；小伞形花序有花6～7，萼齿先端具短尖 ·················· **1. 首阳变豆菜 S. giraldii** Wolff
1. 茎不分枝；叶片圆形，两面无毛，掌状3深裂，裂片的边缘有细锯齿；总苞片2～3，叶状，对生，倒披针形；小总苞片约10；小伞形花序有花10～15，萼齿先端钝 ··············· **2. 鳞果变豆菜 S. hacquetioides** Franch.

1. 首阳变豆菜

Sanicula giraldii Wolff in Engl. Pflanzenr. 67（Ⅳ. 228）：60. 1913；中国植物志55（1）：61. 图版 27：1～4. 1979；青海植物志2：386. 图版 65：1～6. 1999；Fl. China 14：23. 2005；青藏高原维管植物及其生态地理分布 649. 2008.

多年生草本，高30～60 cm。根茎短，直立或斜升，侧根细长。茎1～4条，直立，无毛，有纵条纹，上部有分枝。基生叶多数，肾圆形或圆心形，长 2～6 cm，宽 3～10 cm，掌状 3～5 裂，中间裂片倒卵形或倒卵状披针形，无柄或有长 1～2 mm 的短柄，基部楔形，顶端边缘通常 3 浅裂，裂口深 0.5～1.0 cm，侧面裂片深 2 裂，内裂片的形状、大小同中间裂片，外裂片略小，所有的裂片表面绿色，背面淡绿色，边缘有不规则的重锯齿；叶柄长 5～25 cm，柔弱，基部有宽膜质鞘；茎生叶有短柄，着生在分枝基部的叶片无柄，掌状分裂，裂片倒卵形或卵状披针形，边缘有重锯齿或大小不等的缺刻。花序二至四回分叉，主枝伸长，长 10～20 cm，分叉间的伞梗长 0.5～4.0 cm；总苞片叶状，对生，不分裂或 2～3 浅裂；伞形花序 2～4 出，伞辐长 0.5～2.0 cm；小总苞片 4 枚，细小，卵状披针形，长 1.0～1.2 mm，宽 0.5～0.7 mm，有 1 脉，小伞形花序有花 6～7 朵，雄花 3～5 朵，花柄长约 1 mm，通常略短于两性花；萼齿卵形，长约 0.5 mm，宽约 0.3 mm，顶端有短尖头；花瓣白色或绿白色，宽倒卵形，长约 1 mm，宽 0.4～0.8 mm，顶端内曲；花丝与花瓣等长或稍长；两性花通常 3 朵，萼齿和花瓣的形状同雄花；花柱长于萼齿 2～3 倍，向外开展。果实卵形至宽卵形，长 2.0～2.5 mm，宽 2.5～3.0 mm，无柄或有 1 mm 长的短柄，表面有钩状皮刺，皮刺金黄色或紫红色；油管不明显。　花果期 5～9 月。

产青海：班玛。生于海拔 2 300～3 550 m 的山坡林缘、河谷、灌丛草地。

分布于我国的青海、甘肃、陕西、西藏、四川、河北、河南、山西；朝鲜也有。

2. 鳞果变豆菜（拟）

Sanicula hacquetioides Franch. in Bull. Soc. Philom Paris 3. 6：110. 1894；Wolff in Engl. Pflanzenr. 67（Ⅳ. 228）：59. 1913；Hand.-Mazz. Symb. Sin. 8：708. 1933；Shan in Sinensia 7（4）：487. 1936；中国植物志 55（1）：40. 图版 16：1～3. 1979；青海植物志 2：386. 1999；Fl. China 14：20. 2005；青藏高原维管植物及其生态地理分布 649. 2008.

草本，高 5～30 cm。根状茎短，侧根纤细。茎直立，光滑，软弱，不分枝。基生叶柄长 3～22 cm，基部有透明的膜质鞘；叶片圆形或心状圆形，长（1.0）1.5～3.0（3.5）cm，宽 2～4（7）cm，两面无毛，掌状 3 深裂，中间裂片宽倒卵形，基部楔形，顶端平截或略带圆形，3 浅裂，侧面裂片菱状倒卵形，2 浅裂至深裂，所有裂片的边缘有细锯齿。伞形花序顶生，不分枝；总苞片 2～3 枚，叶状，对生，无柄，长 1.0～1.5 cm，宽 0.5～1.0 cm，3 深裂，裂片倒卵形或倒披针形，边缘有少数锯齿；伞辐 3～4 条，近等长，长 0.5～2.5 cm；小总苞片约 10 枚，披针形或卵状披针形；小伞形花序有花 10～15 朵。雄花：9～14 朵；花柄长约 2 mm；萼齿宽卵形或倒卵形，顶端突尖；花瓣白色、灰白色或淡粉红色，倒卵形，长约 1.5 mm，宽约 1 mm，基部狭窄如柄，顶端向内深凹，呈耳郭状。两性花：通常 1～3 朵，无柄，萼齿和花瓣的形状同雄花；花柱向外反曲。果实宽卵形或圆球形，长 2.0～2.5 mm，宽 2.5～3.0 mm，表面为鳞片状和瘤状突起，下部有时全缘或呈瘤状突起，上部很少延伸成短尾状，但绝不成皮刺；分生果横剖面长椭圆状披针形，胚乳腹面平直；油管不明显。　花果期 5~9 月。

产青海：久治（智青松多背面山上，果洛队 030）。生于海拔 3 750 m 左右的沟谷山地阴坡高寒草地。

分布于我国的青海、西藏、四川、云南、贵州。

3. 迷果芹属 Sphallerocarpus Bess. ex DC.

Bess. ex DC. Mem. Umbell. 60. 1829.

多年生草本。茎圆柱形，多分枝，有柔毛。叶片二至三回羽状分裂，裂片渐尖。复伞形花序顶生和侧生，伞辐多数；通常无总苞片；小总苞片 5 枚，卵状披针形，边缘膜质；花白色，在顶生的伞形花序中几乎全是两性，侧生的伞形花序有时为雄性，花序外缘有时有辐射瓣；萼齿微小，不明显，卵状三角形或钻形；花瓣倒卵形；花柱短而直立或外折，花柱基圆锥形或平压状，全缘或呈波状皱褶。果实椭圆状长圆形，两侧微扁，合生面收缩，心皮有 5 条凸出的波状棱，棱槽内有油管 2~3 条，合生面有 4~6 条；心皮柄 2 裂。种子近圆锥形，胚乳腹面有槽。

仅 1 种，分布于俄罗斯西伯利亚东部、蒙古和我国东北及西北部。昆仑地区也产。

1. 迷果芹　图版 79：1~7

Sphallerocarpus gracilis（Bess. ex Trevir.）K.-Pol. in Bull. Soc. Nat. Moscou N. S. 29：202. 1915；Schischk. in Fl. URSS 16：119. 1950；中国高等植物图鉴 2：1054. 图 3838. 1972；中国植物志 55 (1)：72. 图版 32. 1997；青海植物志 2：415. 图版 69：10~16. 1999；内蒙古植物志 4：146. 图版 67：1~7. 1979；秦岭植物志 1 (3)：378. 1981；新疆植物检索表 3：371. 1985；中国沙漠植物志 2：422. 图版 157：1~5. 1987；Fl. China 14：25. 2005；青藏高原维管植物及其生态地理分布 651. 2008. —— *Chaerophyllum gracile* Bess. ex Trevir. in Acta Acad. Carol. Nat. Curios 13 (1)：172. 1826.

多年生草本，高 50~120 cm。根块状或圆锥形。茎圆形，多分枝，有细条纹，下部密被或疏生白毛，上部无毛或近无毛。基生叶早落或凋存；茎生叶二至三回羽状分裂，二回羽片卵形或卵状披针形，长 1.5~2.5 cm，宽 0.5~1.0 cm，顶端长尖，基部有短柄或近无柄，末回裂片边缘羽状缺刻或齿裂，通常表面绿色，背面淡绿色，无毛或疏生柔毛；叶柄长 1~7 cm，基部有阔叶鞘，鞘棕褐色，边缘膜质，被白色柔毛，脉 7~11 条；托叶的柄呈鞘状，裂片细小。复伞形花序顶生和侧生；伞辐 6~13 条，不等长，有毛或无；小总苞片通常 5 枚，长卵形以至广披针形，长 1.5~2.5 mm，宽 1~

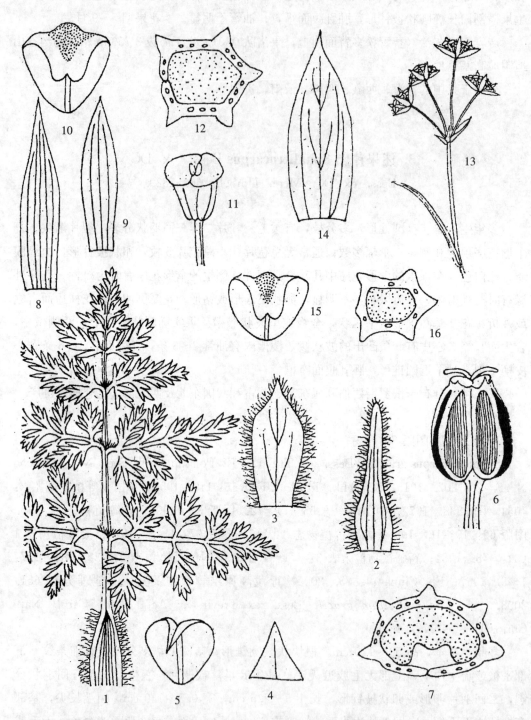

图版 **79** 迷果芹 Sphallerocarpus gracilis（Bess. ex Trevir.）K. -Pol. 1. 基生叶；2. 总苞片；3. 小总苞片；4. 萼片；5. 花瓣；6. 果；7. 果瓣横剖面。马尔康柴胡 Bupleurum malconense Shan et Y. Li 8. 总苞片；9. 小总苞片；10. 花瓣；11. 雌蕊；12. 果瓣横剖面。簇生柴胡 **B. condensatum** Shan et Y. Li 13. 花枝；14. 小总苞片；15. 花瓣；16. 果瓣横剖面。（潘锦堂绘）

2 mm，常向下反曲，边缘膜质，有毛；小伞形花序有花 15～25 朵；花柄不等长；萼齿细小；花瓣倒卵形，长约 1.2 mm，宽约 1.0 mm，顶端有内折的小舌片；花丝与花瓣同长或稍超出，花药卵圆形，长约 0.5 mm。果实椭圆状长圆形，长 4～7 mm，宽 1.5～2.0 mm，两侧微扁，背部有 5 条凸起的棱，棱略呈波状，棱槽内有油管 2～3 条，合生面有 4～6 条；胚乳腹面内凹。　花果期 7～10 月。

产青海：兴海（中铁林场恰登沟，吴玉虎 44948；唐乃亥乡，吴玉虎 42043、42057、42060；县城郊区，郭本兆 6139）、玛沁（拉加乡，采集人不详 6127）、玛多（县城郊区，吴玉虎 022）、称多（县城郊区，吴玉虎 29277）、达日（建设乡，陈桂琛 1691）。生于海拔 2 780～4 350 m 的干旱山坡、林下及河沟边草丛、沙砾河滩、沟谷山地阔叶林缘灌丛草甸。

甘肃：玛曲（城南黄河南岸，陈桂琛等 1054）。生于海拔 3 440 m 左右的干旱沙丘和山坡草甸。

四川：石渠（长沙贡玛乡，吴玉虎 29590）。生于海拔 4 160 m 左右的沟谷山坡、山地灌丛草甸。

分布于我国的新疆、青海、甘肃、四川、河北、山西、内蒙古、辽宁、吉林、黑龙江；蒙古，俄罗斯西伯利亚东部和远东地区也有。

4. 峨参属 Anthriscus（Pers）Hoffm.

Hoffm. Gen. Umbell. 38. 1814.

二年生或多年生草本，有细长的圆锥根。茎直立，圆柱形，中空，有分枝，有刺毛或光滑。叶膜质，三出式羽状分裂或羽状多裂；叶柄有鞘。复伞形花序疏散，顶生和腋生；无总苞片；伞辐开展；小总苞片数枚，通常反折；花杂性，萼齿不明显；花瓣白色或黄绿色，长圆形或楔形，顶端内折，外缘花常有辐射瓣；花柱基圆锥形，花柱短；心皮柄通常不裂。双悬果狭卵形至线形，顶端狭窄成喙状，两侧压扁，光滑或有刺毛，合生面通常收缩，果核不明显或仅上部明显；果柄顶端有白色小刚毛；分生果的横剖面近圆形，胚乳腹面有深槽，油管不明显。

20 余种，分布于欧、亚、非、美洲。我国有 2 种，昆仑地区产 1 种。

1. 峨参　图版 80：1～5

Anthriscus sylvestris（Linn.）Hoffm. Gen. Umbell. 1：40. 1814；Fl. Ross. 2：346. 1844；Schischk. in Fl. URSS 16：128. 1950；Fl. Europ. 2：326. 1963；中国高等植物图鉴 2：1055. 图 3839. 1972；中国植物志 55（1）：74. 图版 33：1～4. 1979；青海植物志 2：388. 1999；内蒙古植物志 4：148. 图版 68：1～6. 1979；新疆植物检

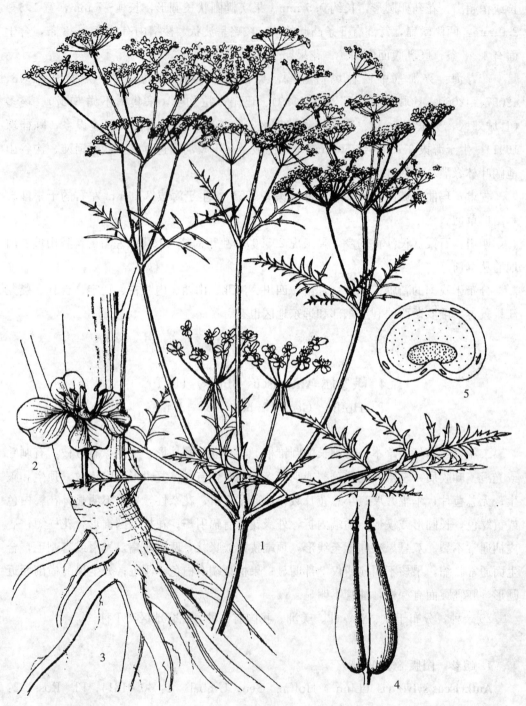

图版 **80** 峨参 Anthriscus sylvestris（Linn.） Hoffm. 1. 花枝；2. 花；3. 根；4. 果实；5. 分生果横剖面。
（引自《新疆植物志》,谭丽霞绘）

索表3：371．图版27：4．1985；Fl. China 14：26. 2005；青藏高原维管植物及其生态地理分布 627. 2008. —— *Chaerophyllum sylvestre* Linn. Sp. Pl. 258. 1753.

　　二年生或多年生草本，高 50～150 cm。根较粗，纺锤状。茎直立，粗壮，多分枝，下部粗糙被短硬毛，向上近光滑无毛。叶广卵圆形，三回羽状分裂或三出式二回羽状分裂，背面疏生短硬毛，一回裂片卵形或广卵形，有长柄，二回裂片卵状披针形，有短柄，三回裂片披针形，先端尖，基部下延，沿缘羽状缺刻状或齿裂，长 1～3 cm，宽 5～15 mm，无柄；基生叶和茎下部叶有长柄，粗糙或被短硬毛；茎上部叶较小，简化，有短柄或无柄；所有叶柄基部均扩大成鞘，长圆状卵形或披针形，长 1～4 cm，被白色长柔毛。复伞形花序生于茎枝顶端，直径 2.5～8.0 cm，伞辐 4～15 条不等长，无毛，无总苞片；小伞形花序有花 4～15 朵，花梗不等长；小总苞片 5～8 枚，卵状披针形，顶端尖锐，有缘毛，反折；花白色，有时带绿色或黄色，萼齿不明显；花瓣倒卵形，外缘的 1 枚花瓣增大，长约 2.5 mm。果实长卵形至线状长圆形，长 5～10 mm，宽 1.0～1.5 mm，顶端渐狭成喙状，光滑无毛，稀生小瘤点，有光泽，基部被 1 圈稍明显的刚毛所环绕；分生果横切面近圆形，果棱和油管不明显；胚乳腹面有深槽。　花期 6～7 月，果期 7～8 月。

　　产青海：班玛。生于海拔 3 300～3 700 m 的沟谷山坡林下草甸、林缘灌丛草甸、宽谷滩地高寒草甸。

　　分布于我国的新疆、青海、甘肃、陕西、四川、云南、山西、河北、内蒙古、辽宁、河南、湖北、江苏、安徽、浙江、江西；欧洲，俄罗斯，日本，朝鲜，中亚地区各国，北美也有。

5. 棱子芹属 Pleurospermum Hoffm.

Hoffm. Gen. Umbell. 8. 1814.

　　多年生稀二年生草本。根茎粗壮，直伸或分叉，颈部常有残存的叶鞘。茎直立或有短缩茎，无毛或有毛。叶为一至四回羽状或三出式羽状分裂，末回裂片有缺刻状锯齿或条裂，叶柄基部常扩大成膜质鞘状而抱茎。复伞形花序顶生或生自叶腋；伞辐多数或少数；总苞片全缘或呈叶状分裂，通常有白色膜质边缘；小总苞片多少有白色膜质边缘，顶端羽状分裂或全缘；萼齿，明显或不明显；花瓣白色或带紫红色，长圆形至宽卵形，顶端常有内曲的小舌片，基部有爪；花柱基圆锥形或压扁。分生果卵形或长圆形，外果皮常疏松，果棱显著，锐尖，有时呈波状、鸡冠状或半翅状，棱槽内有油管 1 条，有时 2～3 条，合生面有油管 2 条，有时 4～6 条；心皮柄 2 裂至基部；种子背向压扁，胚乳腹面内凹。

　　约 50 种，主要分布于亚洲北部和欧洲东部，尤以喜马拉雅地区为多。我国有 39

种，其中 22 种为特有种，产西南、西北至东北各省区；昆仑山地区产 9 种 1 变种。

分 种 检 索 表

1. 茎直立，单一或数茎丛生，高 10~40 cm。

  2. 总苞片、小总苞片均为披针形。

    3. 小总苞片 7 以上。

      4. 总苞片 5~7，披针形或线状披针形，顶端尾状分裂；伞辐 6~12；小总苞片 7~9，与总苞片同形 …………………………… **1. 棱子芹 P. hookeri** C. B. Clarke

      4. 总苞片 5~8，圆形或披针形，顶端钝尖或呈羽状分裂；伞辐 5~10；小总苞片 10~15，卵圆形或披针形 …………… **2. 青藏棱子芹 P. pulszkyi** Kanitz

    3. 小总苞片 3~5，总苞片 4~7，披针形，边缘白色膜质较狭；伞辐 5~11；花柱绿色 …………… **3. 单茎棱子芹 P. simplex** (Rupr.) Benth. et Hook. f. ex Drude

  2. 总苞片常叶状分裂。

    5. 果棱具明显的鸡冠状翅。

      6. 总苞片 7~9，线状披针形，先端叶状分裂；伞辐 10~20，不等长；小总苞片与总苞片同形；果棱具鸡冠状翅，沿沟槽散生小瘤状突起 …………………………………………………… **7. 瘤果棱子芹 P. wrightianum** H. Boiss.

      6. 总苞片 7~10，二回羽状分裂；伞辐 10~20；小总苞片 7~10，倒披针形，顶端羽状分裂；果棱具鸡冠状翅 …………… **8. 康定棱子芹 P. prattii** Wolff

    5. 果棱具波状翅。

      7. 小总苞片 8~10，狭披针形，总苞片 3~5，顶端叶状分裂或尾尖；伞辐 7~10 …………………… **4. 泽库棱子芹 P. tsekuense** Shan

      7. 小总苞片叶状分裂。

        8. 总苞片 5~8；叶状；伞辐 7~15；小总苞片 5~8，宽卵形，顶端常羽状分裂 …………………… **5. 粗茎棱子芹 P. crassicaule** Wolff

        8. 总苞片 7~11，倒披针形，顶端叶状分裂；伞辐 15~25，不等长；小总苞片 9~13，倒披针形，顶端叶状分裂 ……………………………………………… **6. 青海棱子芹 P. szechenyii** Kanitz

1. 茎缩短，或从基部分枝，高 5~10 cm。

  9. 莲座状草本，高 4~5 cm；叶近肉质；总苞片多数，叶状；小总苞片 8~12，倒卵形或倒披针形 …………………… **9. 垫状棱子芹 P. hedinii** Diels

  9. 高 5~10 cm；茎在花期常不明显，至果期伸长；总苞片 2~4，长圆状卵形，基部呈紫红色膜质鞘状，顶端叶状分裂；小总苞片 8~12，卵形或披针形卵形 ……………………………… **10. 天山棱子芹 P. lindleyanum** (Lipsky) B. Fedtsch.

1. 棱子芹

Pleurospermum hookeri C. B. Clarke in Hook. f. Fl. Brit. Ind. 2：705. 1879.

1a. 棱子芹（原变种）

var. **hookeri**

本区不产。

1b. 西藏棱子芹（变种）

var. **thomsonii** C. B. Clarke in Hook. f. Fl. Brit. Ind. 2：705. 1879；中国植物志 55（1）：140. 图版 68：1～6. 1979；青海植物志 2：395. 1999；Fl. China 14：49. 2005；青藏高原维管植物及其生态地理分布 646. 2008.

多年生草本，高 20～40 cm，全体无毛。根较粗壮，暗褐色，直径 4～6 mm。茎直立，单一或数茎丛生，圆柱形，有条棱。基生叶多数，连柄长 10～20 cm，叶柄基部扩展成鞘状抱茎；叶片轮廓三角形，二至三回羽状分裂，羽片 7～9 对，一回羽片披针形或卵状披针形，最下面一对羽片有明显的柄，向上逐渐变短，羽片长达 3～5 cm，宽 1.5～2.5 cm，末回裂片宽楔形，长宽各 5 mm 左右，羽状深裂成线形小裂片；茎上部的叶少数，简化，叶柄常常只有膜质的鞘状部分。复伞形花序顶生，直径 5～7 cm；总苞片 5～7 枚，披针形或线状披针形，长 1.5～2.5 cm，顶端尾状分裂，边缘淡褐色透明膜质；伞辐 6～12 条，长 2～4 cm，有条棱；小总苞片 7～9 枚，与总苞片同形，略比花长；花多数，花柄长约 5 mm，扁平；花白色，花瓣近圆形，直径 1.0～1.2 mm，顶端有内折的小舌片，基部有短爪；萼齿明显，狭三角形，长约 1 mm；花药暗紫色。果实卵圆形，长 3～4 mm，果棱有狭翅，每棱槽内有油管 3 条，合生面有 6 条。 花期 8 月，果期 9～10 月。

产西藏：日土（采集地不详，高生所西藏队 3490）。生于海拔 4 200 m 左右的高原山坡草地。

青海：久治（康赛乡，吴玉虎 31702）、称多（采集地不详，郭本兆 4124）、玛多（黄河乡，吴玉虎 1060）。生于海拔 3 500～4 500 m 的沟谷山坡草地、河沟边草丛。

四川：石渠（长沙贡玛乡，吴玉虎 29648）。生于海拔 4 200 m 左右的沟谷山坡草地。

分布于我国的青海南部、甘肃、西藏、四川西北部、云南西北部。

2. 青藏棱子芹

Pleurospermum pulszkyi Kanitz in Szechenyi Wiss. Ergeb. Beis. Graf. Bela-Szechenyi Ostas. 2：701. 1898；中国植物志 55（1）：146. 1979；青海植物志 2：395.

1999；Fl. China 14：42. 2005；青藏高原维管植物及其生态地理分布 647. 2008.

多年生草本，高 8～40 cm，常带紫红色。根粗壮，暗褐色，直伸，下部有分叉，颈部有多数褐色带状残存叶鞘。茎直立，粗壮，基部少分枝，常短缩。叶明显有柄，叶柄下部扩展成卵圆形的叶鞘，叶片轮廓长圆形或卵形，长 3～10 cm，宽 1～3 cm，一至二回羽状分裂，最下面一对羽片卵形或长圆形，长 1～2 cm，宽 0.5～1.5 cm，有短柄，向上逐渐简化，末回裂片长圆形或线形，长 3～10 mm，宽 1～3 mm。顶生复伞形花序直径 15～20 cm；总苞片 5～8 枚，圆形或披针形，长 2～5 cm，宽 3～10 mm，顶端钝尖或呈羽状分裂，边缘宽白色膜质，常带淡紫红色；伞辐通常 5～10 条，长 5～12 cm；小总苞片 10～15 枚，卵圆形或披针形，长 1～2 cm，比花或果为长，顶端渐尖，边缘宽白色膜质；小伞形花序有花多数，花柄长 5～8 mm；侧生伞形花序较小，多不育，总苞常不分裂，伞辐长 3～5 cm；花白色，花瓣倒卵形，顶端钝，基部明显有爪；萼齿明显，三角形；花药暗紫色。果实长圆形，长 5～6 mm，宽 2.0～3.5 mm，果棱有狭翅，每棱槽内有油管 3 条，合生面有 6 条。 花期 7 月，果期8～9 月。

产青海：甘德（上贡麻乡，吴玉虎 25833）、玛沁（雪山乡松卡，H. B. G. 476、849）。生于海拔 3 600～4 600 m 的河谷山坡草地、沟谷山地石隙。

甘肃：玛曲（欧拉乡，吴玉虎 32044）。生于海拔 3 440 m 左右的河谷山坡草丛、山地石隙。

分布于我国的青海、甘肃、西藏。

3. 单茎棱子芹

Pleurospermum simplex（Rupr.）Benth. et Hook. f. ex Drude in Engl. u. Prantl. Nat. Pflanzenfam. 3（8）：172. 1898；中国植物志 55（1）：163. 图版 83. 1979；Fl. China 14：48. 2005；新疆植物检索表 3：407. 1985. —— *Aulacospermum simplex* Rupr. Sert. Tiansh. 49. 1869；Schischk. in Fl. URSS 16：243. t. 15：12. 1950；Korov. Fl. Uzbek. 4：311. t. 34：1. 1959；Pavlov Fl. Kazakh. 6：363. 1963.

多年生草本，高 20～40 cm，全体无毛。根粗壮，直伸，有时分枝，颈部被褐色膜质的残存叶鞘。茎直立，有条纹，中部以上有分枝。基生叶有长达 8～15 cm 的柄，约相当于叶片长度的 2 倍，扁平，基部逐渐扩张成鞘，长约 3～5 cm，叶片轮廓卵形至三角状卵形，二至三回羽状分裂，一回羽片 4～6 对，无柄或近于无柄，末回裂片狭披针形，顶端尖锐；下部茎生叶与基生叶相似，向上逐渐简化；上部茎生叶叶柄完全成鞘，边缘为白色膜质，叶片一回羽状分裂。顶生复伞形花序直径 5～7 cm；总苞片 4～7 枚，披针形，长 1.0～1.5 cm，中部略带红褐色，边缘白色膜质较狭；伞辐 5～11 条，细弱，极不等长，长 1～5 cm，有条纹；小伞形花序头状，有花 7～16 朵；小总苞片 5 枚，与总苞片同形，长 0.5～0.8 cm；花柄短，纤细，长 2～5 mm；萼齿较显著，宽三角形；花瓣宽卵形，中部淡紫色，边缘白色，顶端具 1 内曲的小舌片，基部明显具爪；花丝白色，长 1.0～1.5 mm，花药黄绿色；花柱绿色，短，叉开；花柱基绿色，压扁。果实宽卵形，长 3～4 mm，宽 2.5～3.5 mm，表面有密集的细水泡状突起，果棱有微波状的宽翅，每棱槽内有油管 1 条，合生面有 2 条。 花期 7 月，果期 8 月。

产新疆：乌恰（苏约克，沈观冕 73‑121）。生于海拔 1 700～3 600 m 的高山和亚高山草甸砾石质山坡、沼泽草甸、林间空地、河岸草甸及山地阴坡。

分布于我国的新疆；哈萨克斯坦，吉尔吉斯斯坦，乌兹别克斯坦也有。

4. 泽库棱子芹

Pleurospermum tsekuense Shan in Fl. Reipubl. Popular. Sin. 55（1）：143. in Addenda 299. 1979；青海植物志 2：395. 1999；Fl. China 14：50. 2005；青藏高原维管植物及其生态地理分布 647. 2008.

多年生直立草本，高 35～50 cm，植株较细弱，全体无毛，上部有分枝。根粗壮，有时分枝，颈部有少量暗褐色的膜质残存叶鞘。基生叶有长柄，叶柄基部有突然增宽的鞘状抱茎；叶片轮廓宽三角形，三回羽状分裂，与叶柄近等长，长达 6～10 cm，基部宽约 8 cm，最下面一对一回羽片有 1.5～2.0 cm 长的叶柄，其余有短柄至无柄，末回裂片线形至线状披针形，长 3～5 mm，宽约 1 mm；下部茎生叶与基生叶相似，稍简化，中部以上茎生叶叶柄边缘完全为膜质的鞘状，叶片显著小，简化。顶生复伞形花序直径 4～6 cm；总苞片 3～5（7）枚，长 1.5～2.5 cm，白色膜质边缘极宽，顶端叶状分裂或尾尖；伞辐 7～10 条，近等长；小总苞片 8～10 枚，狭披针形，长 0.6～1.0 cm，中部绿色，边缘宽，白色半透明膜质；小伞形花序直径 0.8～1.0 cm；花柄扁平，边缘狭膜质，长约 5 mm；萼齿显著，深紫色，稍肥厚，卵形，长约 0.3 mm；花瓣淡紫色至白色，宽卵形或近圆形，基部明显有爪，长约 1 mm；花丝白色，长 1.0～1.5 mm，花药黑紫色；花柱基黑紫色，压扁，子房卵形。果棱狭翅状（成熟果实未见）。 花期 8 月。

产青海：玛沁（西哈垄河谷，吴玉虎 5732）。生于海拔 3 400～3 500 m 的沟谷山地、河滩草甸。

分布于我国的青海。为青海特有种。

5. 粗茎棱子芹

Pleurospermum crassicaule Wolff in Fedde Repert. Sp. Nov. 21：241. 1925；中国植物志 55（1）：158. 1979；青海植物志 2：397. 1999；Fl. China 14：249. 2005；青藏高原维管植物及其生态地理分布 644. 2008.

多年生草本，高 10～40 cm。根粗壮，下部有分枝，颈部发育，围以残留的叶鞘。茎直立，不分枝或上部有分枝，圆柱状，淡紫色，有细条棱，近无毛。基生叶长 5～15 cm，叶柄下部变宽呈鞘状，叶片轮廓长圆形或长圆状披针形，通常近二回羽状分裂，一回羽片5～7对，下部羽片有短柄，上部羽片近无柄，宽卵圆形，羽状3～5裂，二回羽片狭卵形或披针形，长4～5 mm，宽1.5～2.0 mm，顶端尖，不分裂或2～3裂，最上部的3～5裂；茎生叶有较短的柄。顶生复伞形花序直径4～6 cm；伞辐7～15条，长2～5 cm；总苞片5～8枚，叶状，长1.5～4.0 cm，下部有宽的白色膜质边缘，上部有数对二回羽状裂片；小总苞片5～8枚，宽卵形，长7～11 mm，有宽的白色膜质边缘，顶端常羽状分裂；花多数；花柄长2～4 mm；花瓣白色或淡黄绿色，有时带紫红色，宽卵圆形，长约1.5 mm，顶端钝圆，基部有爪；花药紫红色。果实长圆形，长约3 mm，暗绿色，果棱呈较宽的波状皱褶，表面密生水泡状微突起，每棱槽内有油管1～2条，合生面有2条。 花期9～10月。

产青海：兴海（大河坝乡赞毛沟，吴玉虎46424）、久治（县城郊区，吴玉虎26690）、玛沁（军功乡，采集人不详25674）、称多（县城郊区，吴玉虎29240）、达日县（建设乡，吴玉虎27128）。生于海拔3 600～4 500 m的高原河谷草甸、沟谷山坡草地、山地阴坡高寒灌丛草甸。

甘肃：玛曲（齐哈玛大桥附近，吴玉虎31801）。生于海拔3 440 m左右的河谷滩地草甸、山坡湿草地。

四川：石渠（长沙贡玛乡，吴玉虎29671）。生于海拔4 160 m左右的沟谷山坡灌丛草甸、山顶石隙。

分布于我国的青海东南部、甘肃南部、四川西部、云南西北部。

6. 青海棱子芹　图版81：1～7

Pleurospermum szechenyii Kanitz in Szechenyi Wiss. Ergeb. Reis. Graf. Bela-Szechenyi Ostas. 701. 1898；中国植物志 55（1）：166. 1979；青海植物志 2：400. 1999；Fl. China 14：49. 2005；青藏高原维管植物及其生态地理分布 647. 2008. —— *P. dielsianum* Fedde ex Wolff in Fedde Repert. Sp. Nov. 27：121. 1929, syn. nov. pro parte（J. F. Rock no. 14466, syntype）.

多年生草本，高15～40 cm。根直伸，圆锥状，暗褐色，直径约1 cm。茎粗壮，不分枝或上部有分枝，基部被褐色膜质的残存叶鞘，下部常匍生，上部分枝多纤细。基生叶和茎下部叶有长柄；叶片轮廓卵形或卵状披针形，长5～8 cm，宽2～4 cm，二至三回羽状分裂；一回羽片6～9对，无柄或近于无柄，下面数对一至二回羽状分裂，向上逐渐简化，变小；末回裂片披针形，有突尖，长2～3 mm，宽约1 mm，叶柄扁平，向下逐渐扩大成鞘；茎上部叶逐渐简化、变小。顶生复伞形花序直径10～15 cm；总苞片7～11枚，倒披针形，长3～4 cm，顶端叶状分裂，基部渐狭，有白色膜质边缘；伞辐15～25条，不等长，中间的伞辐较短，长5～8 cm或更长；小总苞片9～13枚，倒卵形或倒披针形，长6～8 mm，顶端叶状分裂，基部宽楔形，有宽的白色膜质边缘；花柄压扁，有膜质翅，长6～8 mm；花淡红色，花瓣倒卵形，长约2.5 mm，顶端钝，基部紧缩；花药暗紫色，圆锥状；花柱直立。果实长圆形，长5～6 mm，表皮密生细水泡状突起，果棱有微波状翅，每棱槽内有油管1条，合生面有2条。　花期7月，果期8月。

产青海：兴海（赛宗寺，吴玉虎46227、46233、46240、46246；大河坝乡，吴玉虎42512；中铁乡附近，吴玉虎42798；采集地不详，郭本兆6258）、班玛（县城郊区，王为义26710）、久治（康赛乡，吴玉虎26575）、玛沁（军功乡，吴玉虎25665）、称多（歇武乡，陈世龙593）。生于海拔3 200～3 720 m的沟谷山地阴坡高寒灌丛草甸石隙、山坡岩缝、河谷山麓沙砾地。

甘肃：玛曲（尼玛瓦儿马，吴玉虎32140）。生于海拔3 700～4 200 m的沟谷山坡草地、河谷山地石隙、山地高寒草甸。

分布于我国的青海东部、甘肃南部。

7. 瘤果棱子芹

Pleurospermum wrightianum H. Boiss. in Bull. Herb. Boiss. ser. 2. 3（10）. 847. 1903；中国植物志55（1）：181. 1979；青海植物志2：398. 1999；Fl. China 14：51. 2005；青藏高原维管植物及其生态地理分布647. 2008.

多年生草本，高30～50 cm。根粗壮，直伸，根颈部粗可达2 cm，残存多数褐色叶鞘。茎直立，有条纹，带紫红色，上部有分枝，常有细疣状突起。基生叶有较长的柄，叶片轮廓狭长圆形至狭卵形，长约10 cm，二至三回羽状分裂，一回羽片5～7对，稍远离，下部的裂片有短柄，末回裂片线状披针形，顶端尖锐；叶柄边缘有狭翅，基部扩展但不呈鞘状；茎生叶简化。顶生复伞形花序大，直径15～20 cm；总苞片7～9枚，线状披针形，长2～3 cm，先端叶状分裂，基部变狭，有狭的膜质边缘；伞辐10～20条，不等长，中间的较周围的短，长5～10 cm，常有细疣状突起；小总苞片与总苞片同形，长7～10 mm，简化；小伞形花序有花10～15朵，花柄长6～12 mm，侧生的复伞形花序比较小。果实卵形，长5～6 mm，表面密生细水泡状微突起，果棱有明显的鸡冠状翅，沿沟槽散生小瘤状突起，每棱槽内有油管1条，合生面有2条。　果期9～10月。

产青海：兴海（中铁乡附近，吴玉虎42798、42801、42981）、久治（哇尔依乡，采集人不详26690）、玛沁（西哈垄河谷，吴玉虎等5610）、称多（歇武乡，陈世龙593）。生于海拔3 600～4 600 m的沟谷山地阴坡高寒灌丛草甸、山坡石隙、河谷山坡草地、山地高寒草甸。

分布于我国的青海、四川西部。

我们的标本有时偶有细水泡状突起而与原描述不同。

8. 康定棱子芹

Pleurospermum prattii Wolff in Fedde Repert. Sp. Nov. 27：118. 1929；中国植

物志 55（1）：181. 1979；青海植物志 2：398. 1999；Fl. China 14：51. 2005；青藏高原维管植物及其生态地理分布 646. 2008.

多年生草本，全体无毛，高 30～50 cm。茎直立，有条纹，基部有残存的枯叶柄，有分枝，分枝纤细。基生叶有长柄，叶柄扁平，柄基逐渐扩张成边缘为膜质鞘状；叶片轮廓三角状披针形，长约 10 cm，三回羽状全裂，一回羽片 4～6 对，最下面一对有长约 1 cm 的柄，向上逐渐减短，末回裂片线状披针形，长 2～4 mm，宽 0.5～0.8 mm；茎生叶与基生叶同形，简化；分枝上的叶小，末回裂片十分狭窄。顶生伞形花序较大，直径 15～20 cm；总苞片 7～10 枚，长约 2 cm，与上部的叶相似，简化，二回羽状分裂，裂片狭窄；伞辐 10～20 条，不等长，长 5～10 cm，上部稍粗糙；小总苞片 7～10 枚，倒披针形，长约 0.8 cm，白色边缘较宽，顶端条裂或羽状分裂；花多数，花柄纤细，长 0.8～1.2 cm；花瓣白色，倒卵形，基部明显有爪，长 2.0～2.5 mm。果实球形至卵球形，长 3～5 mm，果棱呈明显的鸡冠状翅，每棱槽内有油管 1 条，合生面有 2 条。花期 7 月，果期 8～9 月。

产青海：班玛（城郊，王为义等 26710）、久治（索乎日麻乡背面山上，果洛队 253）。生于高山和亚高山草甸石质山坡。

四川：石渠（长沙贡玛乡，吴玉虎 29590）。生于海拔 4 000 m 左右的高原沟谷山坡路旁草甸、山坡石缝。

分布于我国的青海、四川等地。

9. 垫状棱子芹 图版 81：8～12

Pleurospermum hedinii Diels in Hedin. South. Tibet. 6（3）：52. t. 6：5～6. 1922；中国植物志 55（1）：154. 1979；青海植物志 2：397. 1999；Fl. China 14：43. 2005；青藏高原维管植物及其生态地理分布 645. 2008.

多年生莲座状草本，高 4～5 cm，直径 10～15 cm。根粗壮，圆锥状，直伸。茎粗短，肉质，直径 1.0～1.5 cm，基部被栗褐色残鞘。叶近肉质，基生叶连柄长 7～12 cm，叶片轮廓狭长椭圆形，二回羽状分裂，长 3～5 cm，宽 1.0～1.5 cm，一回羽片 5～7 对，近于无柄，轮廓卵形或长圆形，长 3～7 mm，羽状分裂，末回裂片倒卵形或匙形，长 1.5～2.5 mm，宽 0.5～1.5 mm，叶柄扁平，基部变宽达 4 mm；茎生叶与基生叶同形，较小。复伞形花序顶生，直径 5～10 cm；总苞片多数，叶状；伞辐多数，肉质，中间的较短，外面的长可达 2～3 cm；小总苞片 8～12 枚，倒卵形或倒披针形，长 4～8 mm，顶端常叶状分裂，基部宽楔形，有宽的白色膜质边缘；花多数，花柄肉质，长 1～2 mm；萼齿近三角形，长约 0.5 mm；花瓣淡红色至白色，近圆形，顶端有内折的小舌片；花丝与花瓣近等长，花药黑紫色；花柱基压扁，花柱直伸，长约 0.8 mm；子房椭圆形，明显有呈微波状皱褶的翅。果实卵形至宽卵形，长 4～5 mm，宽 3.0～3.5 mm，淡紫色或白色，表面有密集的细水泡状突起；果棱宽翅状，微呈波状

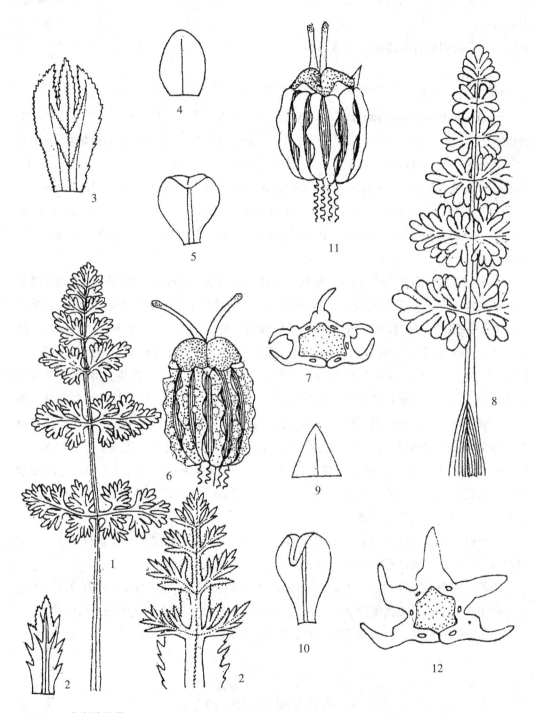

图版 **81** 青海棱子芹 **Pleurospermum szechenyii** Kanitz 1.基生叶；2.总苞片；3.小总苞片；4.萼片；5.花瓣；6.果；7.果瓣横剖面。垫状棱子芹 **P. hedinii** Diels 8.叶；9.萼片；10.花瓣；11.果；12.果瓣横剖面。（潘锦堂绘）

皱褶；每棱槽内有油管 1 条，合生面有 2 条。　花期 7~8 月，果期 9 月。

产青海：玛多（黑海乡，吴玉虎 18027）。生于海拔 5 000 m 左右的沟谷山坡草地、山地岩缝。

分布于我国的青海西部、西藏东部。

10. 天山棱子芹

Pleurospermum lindleyanum (Lipsky) B. Fedtsch. Rast. Turkest. 604. 1915；中国植物志 55 (1)：158. 图版 80. 1979；Fl. China 14：42. 2005；新疆植物检索表 3：406. 1985. ——*Hymenolaena nana* Rupr. Sert. Tianschan. 49. 1869. —— *P. nanum* (Rupr.) Benth. et Hook. ex Drude in Engl. u. Prantl. Nat. Pflanzenfam. 3 (8)：172. 1898；non Franch. 1894；Schischk. in Fl. URSS 16：234. t. 18：2. 1950. —— *Hymenidium nanum* (Rupr.) Pimenov et Kljuykov. Bot. Zhurn. 67 (7)：887. 1982.

多年生草本，高 5~10 cm。根粗壮，直伸，直径 3~5 mm，颈部被褐色膜质残鞘。茎在花期常不明显，至果期伸长，通常单一，不分枝，有条棱，带紫红色。茎下部叶 1~3 枚，二回羽状全裂，叶片轮廓卵状长椭圆形，长 1~8 cm，宽 0.8~3.0 cm，一回羽片 3~5 对，最下面一对明显有柄，向上逐渐变短，末回裂片长圆形至线形，长 2~10 mm，宽 1.0~2.5 mm；叶柄与叶片近等长，基部扩大成鞘。顶生复伞形花序直径 3~5 cm；伞辐 4~7 条，不等长，长 1~4 cm；总苞片 2~4 枚，长圆状卵形，较伞辐为短，基部明显呈紫红色膜质鞘状，顶端叶状分裂；小总苞片 8~12 枚，卵形或披针状卵形，与花等长或略超出花，中脉带红紫色，有宽的白色膜质边缘；花多数；花柄长 4~5 mm，有翅状棱；萼齿不明显；花瓣淡紫红色，宽倒卵形，长约 1.2 mm；花药暗紫色。果实长圆形，红紫色，长 4~5 mm；果棱有明显的膜质翅；每棱槽内有油管 2 条，合生面有 4 条。　花果期 8 月。

产新疆：叶城（胜利达坂，采集人不详 3362）、策勒（奴尔乡，艾志林 14），生于海拔 3 600 m 左右的砾石质山地阴坡。

青海：兴海（鄂拉山口，采集人不详 606）、玛沁（雪山乡，采集人不详 31）、久治县（索乎日麻乡，采集人不详 341）。生于海拔 3 500~4 000 m 的高山砾石质山坡。

分布于我国的新疆；吉尔吉斯斯坦，塔吉克斯坦也有。

6. 凹乳芹属 Vicatia DC.

DC. Prodr. 4：243. 1830.

多年生草本。茎直立，光滑。二至三回羽状复叶，末回裂片多狭而尖；叶具柄，柄下部扩大成膜质叶鞘。复伞形花序，伞辐多数，不等长，总苞片少数或无；小总苞数片，线形；萼齿无或细小；花瓣白色、粉红色或紫红色，宽卵形，顶端有短尖；花柱基圆盘状，边缘波状，花柱短，叉开。分生果卵状长圆形，略侧扁，顶端狭，基部明显向内弯曲，主棱 5 条，丝状，凸出；分生果横剖面近五角形，胚乳腹面呈深槽状；棱槽内有油管 2～5 条，合生面有 4～5 条；心皮柄不裂或浅 2 裂。

约 4 种，产印度、巴基斯坦、尼泊尔和我国西部。我国有 3 种，昆仑地区产 1 种。

1. 西藏凹乳芹

Vicatia thibetica H. Boiss. in Bull. Soc. Bot. France 53：423. 1906；中国植物志 55（1）：185. 图版 97：1～6. 1979；青海植物志 2：429. 图版 72：1～7. 1999；Fl. China 14：52. 2005；青藏高原维管植物及其生态地理分布 653. 2008.

多年生草本，高 29～98 cm。根圆锥形，表面棕黄色，长 5～10（15）cm，直径 0.5～1.5 cm，顶端有细密环纹。茎直立，高 30～60（72）cm，中空，有细条纹，除伞辐基部有短糙毛外，全株光滑无毛。基生叶及茎生叶均为二至三回三出式羽状复叶，叶柄下部扩大成宽管状的鞘，边缘膜质，透明；叶片近三角形，长 10～15 cm，宽 7～15 cm，光滑或两面沿脉上有短糙毛，末回裂片长圆形至阔卵形，长 1.0～2.5 cm，宽 0.5～1.5 cm，顶端钝圆，有短尖头，无柄或基部下延成短柄，边缘羽状深裂或缺刻状；顶部的茎生叶简化成鞘状，叶片细羽裂或 3 裂。复伞形花序，直径 5～9 cm；伞辐 8～16 条，长 2～5 cm；总苞片 1 枚或早落；小伞形花序有花 8～13 朵；小总苞片 4～7 枚，钻形，短于花柄；无萼齿；花瓣白色或略带红色，倒卵形，基部有短爪，中脉明显，顶端稍内折；花柱基圆盘状，花柱短，叉开。分生果长圆形或卵形，成熟后棕色，长 2～3 cm，宽约 2 cm；主棱 5 条，细线形；每棱槽内有油管 3～5 条，合生面有 6 条，胚乳腹面内凹成深沟状或近"T"字形。 花期 6～8 月，果期 8～9 月。

产青海：称多县（称文乡，刘尚武 2325）。生于海拔 2 700～4 000 m 的沟谷山坡高寒草地、河谷山地林下、河滩及高寒灌丛内。

分布于我国的青海、西藏、四川、云南。模式标本采自四川雅江。

7. 矮泽芹属 Chamaesium Wolff

Wolff in Notizbl. Bot. Gart. Berlin-Dahlem. 9：275. 1925.

矮小草本。茎直立，叶羽状全裂，小叶全缘或有齿；花组成复伞形花序；伞辐不等长；总苞片和小总苞片少数或无；萼齿存在；花瓣白色、淡黄色或草绿色，倒卵形或近圆形，顶端钝，基部窄；花柱基平压状，扩展。果卵形至长圆形，基部微心形；有棱 9～11 条；每棱槽内有油管 1 条，合生面有 2 条。

约 5 种 1 变种。分布于我国的西北和西南部，昆仑地区产 2 种。

分 种 检 索 表

1. 总苞片 3～4，线形，全缘或分裂；小总苞片 1～6，线形，通常短于小伞形花序 …… …………………………………………………………… **1. 矮泽芹 C. paradoxum** Wolff
1. 总苞片 2～4，通常羽状分裂；小总苞片 2～5，线形，全缘或分裂，通常长于小伞形 花序 ………………………………………… **2. 松潘矮泽芹 C. thalictrifolium** Wolff

1. 矮泽芹

Chamaesium paradoxum Wolff in Notizbl. Bot. Gart. Berlin-Dahlem. 9：275. 1925；Shan in Sinensia 8：87. 1937；中国高等植物图鉴 2：1059. 图 3847. 1972；中国植物志 55（1）：127. 图版 62：1～7. 1979；青海植物志 2：406. 1999；Fl. China 14：39. 2005；青藏高原维管植物及其生态地理分布 632. 2008.

二年生草本，高 8～35 cm。主根圆锥形，长 3～9 cm。茎单生，直立，有分枝，中空，基部常残留紫黑色的叶鞘。基生叶或茎下部的叶具柄，柄长 4～6 cm，叶鞘有脉数条；叶片长圆形，长 3.0～4.5 cm，宽 1.5～3.0 cm，一回羽状分裂，羽片 4～6 对，每对相隔 0.5～1.0 cm，羽片卵形或卵状长圆形以至卵状披针形，长 7～15 mm，宽 5～8 mm，通常全缘，很少在顶端具 2～3 齿，基部近圆截形或为不明显的心形；茎上部的叶有羽片 3～4 对，呈卵状披针形以至阔线形，长 5～15 mm，宽 1～4 mm，全缘。复伞形花序顶生和腋生，顶生的花序梗粗壮，侧生的花序梗细弱；总苞片 3～4 枚，线形，全缘或分裂，短于伞辐；顶生的伞形花序有伞辐 8～17 条，开展，不等长，最长可达 10 cm；小总苞片 1～6 枚，线形，长 3～4 mm。小伞形花序有多数小花，排列紧密，花柄长 2～5 mm，花白色或淡黄色；萼齿细小，常被扩展的花柱基所掩盖；花瓣倒卵形，长约 1.2 mm，宽约 1 mm，顶端浑圆，基部稍窄，脉 1 条；花丝长约 1 mm，花药近卵圆形。果实长圆形，长 1.5～2.2 mm，宽 1.0～1.5 mm，基部略呈心形；主棱及次棱均隆起，合生面略收缩；心皮柄 2 裂；胚乳腹面内凹；每棱槽内有油管 1 条，合生面有 2 条。 花果期 7～9 月。

产青海：称多县（清水河乡，苟新京 83 - 65）、玛沁县（大武乡，H. B. G. 703）、久治县（索乎日麻乡，果洛队 294）、达日县（建设乡胡勒安玛，H. B. G. 1130）。生于海拔 3 400～4 800 m 的高原沟谷山坡湿草地、河谷滩地高寒草甸。

四川：石渠（菊母乡，吴玉虎 29943）。生于海拔 4 200～4 500 m 的沟谷山地高山草甸、山坡高寒灌丛草甸。

分布于我国的青海、四川。

2. 松潘矮泽芹　图版 82：1～6

Chamaesium thalictrifolium Wolff in Acta Hort. Gothob. 2：302. 1926；中国植物志 55（1）：127. 图版 61：1～4. 1979；青海植物志 2：406. 1999；Fl. China 14：39. 2005；青藏高原维管植物及其生态地理分布 633. 2008.

草本，高 15～40 cm。主根细长，纺锤形，褐色。茎单生，直立，圆柱形，上部有分枝，基部常残留紫黑色的叶鞘。基生叶或较下部的叶具柄，柄长 4～15 cm，中部以下的边缘有阔膜质的叶鞘，叶鞘抱茎，有脉数条；叶片的轮廓呈长圆形，长 2.5～8.0 cm，宽 1.5～3.5 cm，一回羽状分裂，羽片膜质或坚纸质，2～6 对，每对彼此疏离，侧生的羽片卵形或阔卵形，长 0.8～2.0 cm，宽 0.7～1.7 cm，基部通常呈截形以至圆形，顶端 3～6 裂或为不等的锯齿，无柄，顶生的羽片阔倒卵形或近圆形，基部楔形，顶端常 3 裂，最上部的茎生叶柄呈鞘状，羽片卵形或长圆形，全缘或先端有 1～3 齿，所有的羽片表面绿色，背面淡绿色，叶脉两面隆起。复伞形花序顶生和腋生，顶生的花序梗粗壮，侧生的细弱；总苞片 2～4 枚，通常羽状分裂，裂片线形以至线状披针形；伞辐 6～13 条，直立，开展，不等长，有沟纹，有时近四棱形；小总苞片 2～5 枚，线形，全缘或分裂，通常长于幼时的小伞形花序；小伞形花序有多数小花，花柄长 2.5～3.0 mm；萼齿细小；花瓣白色或淡绿色，倒卵形或近圆形，长 1.5～2.0 mm，宽 1.0～1.2 mm，基部狭窄，顶端略向内弯，中脉 1 条；花丝与花瓣同长或略短，花药卵圆形；花柱基压扁，花柱在果熟时向外反曲。果实长圆形，长约 2.5 mm，宽约 2 mm，基部略呈心形；主棱及次棱均隆起；胚乳腹面内凹；每棱槽内有油管 1 条。　花果期 7～8 月。

产青海：兴海（中铁林场卓琼沟，吴玉虎 45688；大河坝乡，吴玉虎 42557、42579；温泉乡曲隆，H. B. G. 1415）、玛多（扎陵湖乡多曲河畔，吴玉虎 472）、曲麻莱（东风乡，刘尚武等 088）、达日（吉迈乡，H. B. G. 1212）。生于海拔 3 500～4 240 m 的沟谷山坡路旁草丛、河谷山地阴坡高寒灌丛草甸、河谷山麓砾石地、山坡林缘高寒草甸。

甘肃：玛曲（大水军牧场，陈桂琛等 1145）。生于海拔 3 400 m 左右的河岸草甸、山地阴坡高寒灌丛草甸。

四川：石渠（菊母乡，吴玉虎 29883）。生于海拔 4 200～4 400 m 的沟谷山坡湿草地、山地阴坡高寒灌丛草甸。

分布于我国的青海、甘肃、四川、云南。

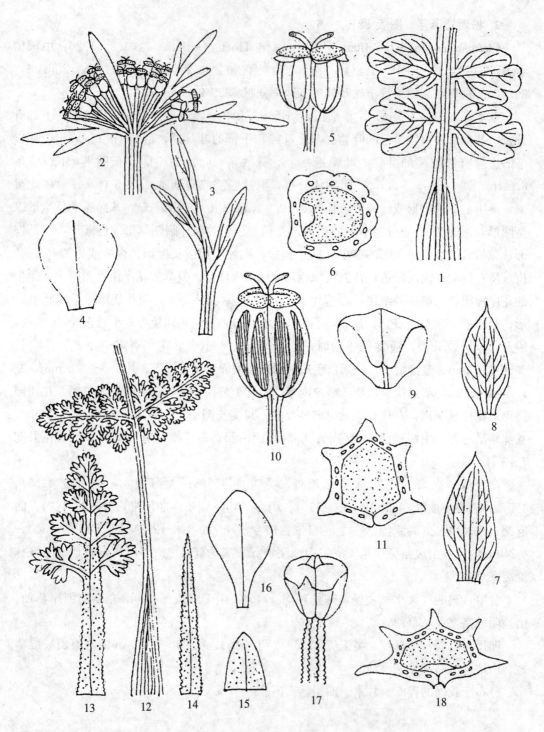

图版 **82** 松潘矮泽芹 **Chamaesium thalictrifolium** Wolff 1. 基生叶一部分；2. 小伞形花序；3. 小总苞片；4. 花瓣；5. 果；6. 果瓣横剖面。短茎柴胡 **Bupleurum pusillum** Krylov 7. 总苞片；8. 小总苞片；9. 花瓣；10. 果；11. 果瓣横剖面。舟瓣芹 **Sinolimprichtia alpina** Wolff 12. 基生叶；13. 总苞片；14. 小总苞片；15. 萼片；16. 花瓣；17. 雌蕊；18. 果瓣横剖面。（潘锦堂绘）

8. 东俄芹属 Tongoloa Wolff

Wolff in Notizbl. Bot. Gart. Berlin 9：279. 1925.

多年生草本，光滑。根圆锥形。茎直立，有分枝。叶柄下部扩大成膜质的叶鞘；叶片轮廓呈三角形至阔卵状披针形。三出式三回状分裂或二至三回羽状分裂至多裂，末回羽裂片狭窄。复伞形花序；总苞片和小总苞片少数或无；花白色、红色或暗紫色；萼有齿；花瓣倒卵形，长倒卵形或长椭圆状卵形，基部狭窄或爪状，顶端钝或向内微凹或有内折的小舌片；花柱短，向外反曲。双悬果卵形或阔卵性，基部心形，合生面有油管 2～4 条。　花期 6～8 月，果期 8～10 月。

根状茎入药，主治跌打损伤、外伤出血、崩漏、风湿、风湿性疼痛等症。

约 8 种。为我国特有，主产西南和西北；昆仑地区产 2 种。

分 种 检 索 表

1. 植株较高，高 30～60 cm；小叶末回裂片线形；花瓣先端尾状，内折成小舌片 ……
…………………………………………………… **1. 纤细东俄芹 T. gracilis** Wolff
1. 植株较矮，高 5～21 cm；小叶末回裂片狭卵形、披针形至线形；花瓣先端钝，稍内
弯 ……………………………………… **2. 条叶东俄芹 T. taeniophylla**（H. Boiss.）Wolff

1. 纤细东俄芹

Tongoloa gracilis Wolff in Notizbl. Bot. Gart. Berlin 9：279. 1925；中国植物志 55（1）：118. 图版 56：1～6. 1979；青海植物志 2：428. 1999；Fl. China 14：37. 2005；青藏高原维管植物及其生态地理分布 651. 2008.

多年生草本，高 30～60 cm。根圆锥形。茎分枝，无毛。一至二回羽状复叶；总叶柄基部具鞘；小叶狭卵形，长 1.3～2.1 cm，宽 0.35～1.20 cm，羽状全裂，末回裂片线形，长 2～16 mm，宽 0.3～1.2 mm，两面无毛；茎生叶向上渐变小，上部者其叶鞘被微毛。复伞形花序顶生和腋生；总苞片无，或 1 枚，卵形，长 3～9 mm，先端尾状或钝，边缘膜质，背面被微乳突；伞辐 6～9 条，仅基部被短毛；小总苞片无；小伞形花序具花 13～28 朵；花梗基部具微乳突；萼齿卵状三角形；花瓣白色或浅紫红色，狭卵形，长 2.0～2.3 mm，先端尾状，内折成小舌片，基部爪；花柱基黑紫色，垫状。幼果长约 1 mm；果瓣具 5 棱，每棱槽内有油管 3 条，合生面有 5 条。　花果期 8～9 月。

产青海：久治（希门错湖畔，王为义 25524；采集地不详，果洛队 449；采集地不详，吴征镒 4457）。生于海拔 2 300～3 900 m 的高原沟谷山坡路旁草甸、河谷山地林缘草地、山地阴坡高寒灌丛草甸。

分布于我国的青海、甘肃、四川、云南。

2. 条叶东俄芹

Tongoloa taeniophylla (H. Boiss.) Wolff in Notizbl. Bot. Gart. Berlin 9: 280. 1925; 中国植物志 55 (1): 115. 图版 54: 1～3. 1979; 青海植物志 2: 429. 图版 71: 11～15. 1999; Fl. China 14: 36. 2005; 青藏高原维管植物及其生态地理分布 652. 2008. —— *Pimpinella taeniophylla* H. Boiss. in Bull. Soc. Bot. France 53: 429. 1906.

多年生草本，高5～21 cm。根圆锥形，短。茎分枝，表面略呈暗紫色，无毛。基生叶一至二回羽状复叶，总叶柄基部具宽鞘，小叶近卵形，长4～10 mm，宽0.4～1.0 mm，一至二回羽裂，裂片狭卵形、披针形至线形，长1～4 mm，宽0.4～1.0 mm；茎生叶向上逐渐简化变小，总叶柄扩大成鞘。复伞形花序顶生和腋生；伞辐6～10条，基部具乳突；总苞片无，稀1～2枚，叶状；小总苞片无；小伞形花序具花24～32朵；萼齿近卵形，长0.2～0.3 mm，先端钝或稍内弯，基部具爪；花柱基黑紫色，垫状。幼果近圆形，长约1.8 mm；果瓣具5棱，每棱槽内有油管3条，合生面有4～5条。　花果期7～9月。

产青海：久治（索乎日麻乡，藏药队 508）、甘德（上贡麻乡黄河边，H. B. G. 1004）、达日县（赛纳纽达山，H. B. G. 1210）、玛沁（雪山乡浪日，H. B. G. 433）。生于海拔3 600～4 600 m 的沟谷山坡高寒草地。

分布于我国的青海、四川、云南等省。

9. 柴胡属 Bupleurum Linn.

Linn. Sp. Pl. 236. 1753.

多年生草本。有木质化的主根和须状支根。茎直立或倾斜，高大或矮小，枝互生或上部呈叉状分枝，光滑，绿色或粉绿色，有时带紫色。单叶全缘，基生叶多有柄，叶柄有鞘，叶片膜质、草质或革质；茎生叶通常无柄，基部较狭，抱茎，心形或被茎贯穿，叶脉多条近平行排列成弧形。花序通常为疏松的复伞形花序，顶生和腋生；总苞片1～5枚，叶状，不等大；小总苞片2～10枚，线状披针形、倒卵形、广卵形至圆形，短于或长过于小伞形花序，绿色、黄色或带紫色；复伞形花序有少数至多数伞辐；花两性；萼齿不显；花瓣5枚，黄色，有时蓝绿色或带紫色，长圆形至圆形，顶端有内折小舌片；雄蕊5枚，花药黄色，很少紫色；花柱分离，很短；花柱基扁盘形，直径超过子房或相等。分生果椭圆形或卵状长圆形，两侧略扁平；果棱线形，稍有狭翅或不明显，横剖面圆形或近五边形，每棱槽内有油管1～3条，多为3条，合生面有2～6条，多为4

条，有时油管不明显；心皮柄 2 裂至基部，胚乳腹面平直或稍弯曲。

柴胡为常用中药，我国自古以来一直广泛应用，为解热要药，有解热、镇痛、利胆等作用。

有 100 余种，主要分布在北半球的亚热带地区。我国有 36 种 17 变种 7 变型，多产于西北与西南高原地区；昆仑地区产 6 种。

分 种 检 索 表

1. 总苞片 3 以下。
  2. 小总苞片带紫色，茎高 7~20 cm；小总苞片 5~8，质薄；伞辐 2~3 ⋯⋯⋯⋯⋯
   ⋯⋯⋯⋯⋯⋯⋯⋯⋯⋯⋯⋯⋯⋯⋯⋯ **1. 三辐柴胡 B. triradiatum** Adams ex Hoffm.
  2. 小总苞片绿色或黄绿色。
    3. 小总苞片 6 以下。
      4. 茎高 15~40 cm；伞辐 2~3，有花 10~20 ⋯⋯⋯⋯⋯⋯⋯⋯⋯⋯⋯⋯⋯⋯
       ⋯⋯⋯⋯⋯⋯⋯⋯⋯⋯⋯⋯⋯⋯ **2. 密花柴胡 B. densiflorum** Rupr.
      4. 茎高 30~65 cm；伞辐 3~5，有花 7~11 ⋯⋯⋯⋯⋯⋯⋯⋯⋯⋯⋯⋯⋯⋯
       ⋯⋯⋯⋯⋯⋯⋯⋯⋯⋯⋯⋯ **5. 马尔康柴胡 B. malconense** Shan et Y. Li
    3. 小总苞片 6 以上。
      5. 高丛生草本，茎高 25~60 cm，叶多，质较厚；伞辐 4~9，有花 10~20 朵
       ⋯⋯⋯⋯⋯⋯⋯⋯⋯⋯⋯⋯⋯⋯⋯⋯⋯⋯ **3. 黑柴胡 B. smithii** Wolff
1. 总苞片 4 以上，大部分披针形，绿色。
  5. 矮小丛生草本，茎高 8~25 cm。
    6. 全体常呈蓝灰绿色，基生叶簇生，并有枯萎残余叶柄，边缘干燥时常内卷；伞
     辐 3~6 ⋯⋯⋯⋯⋯⋯⋯⋯⋯⋯⋯⋯⋯⋯⋯⋯ **4. 短茎柴胡 B. pusillum** Krylov
    6. 全体常带红色，基生叶多而密集，鞘部无柄，重叠抱茎生长；伞辐 4~7 ⋯⋯⋯
     ⋯⋯⋯⋯⋯⋯⋯⋯⋯⋯⋯⋯⋯ **6. 簇生柴胡 B. condensatum** Shan et Y. Li

1. 三辐柴胡

Bupleurum triradiatum Adams ex Hoffm. Gen. Umbell. ed. 1：115. 1814；Fl. Ross. 2：264. 1844，p. p.；Schischk. in Fl. URSS 16：301. t. 20：5. 1950；Pavlov Fl. Kazakh. 6：297. 1963；植物分类学报 12 (3)：270. 1974；中国植物志 55 (1)：225. 1979；青海植物志 2：409. 1999；新疆植物检索表 3：380. 1985；Fl. China 14：63. 2005；青藏高原维管植物及其生态地理分布 631. 2008. —— *Bupleurum ranunculoides* var. *triradiatum* Regel in Fl. Ajan. 96. 1858；Wolff in Engl. Pflanzenr. 43 (Ⅳ. 228)：117. 1910.

多年生矮小草本。茎单生或 2~3 条，直立，高 7~20 cm，很少 30 cm。基生叶较

少，线形、披针形至椭圆状或卵状披针形，长 2.5～10.0 cm，宽 3～10 mm，顶端钝尖或急尖，下部渐狭，3～5 平行脉；茎生叶 1～4 枚，无柄，狭卵形或披针形，顶端渐尖或钝尖，基部圆形略狭或耳状抱茎，长 1.5～6.0 cm，下部最宽处宽 3～7 mm，5～15 脉。复伞形花序 1～3 个，直径 2～5 cm；伞辐 2～3 条，直立，较粗，略等长，长 1.0～2.5 cm；总苞片 1～3 枚，卵形或广卵形，顶端急尖或钝尖，长 6～20 mm，宽 2.5～10.0 mm，较伞辐短，7～19 脉；小总苞片 5～8 枚，质薄，黄色或黄绿色，有时带红或蓝紫色，长 4～8 mm，宽 4～7 mm，顶端钝圆或急尖，有小突尖头，基部圆形微相连，5～7 脉，长于小伞形花序；小伞形花序直径 8～15 mm，有花 18～26 朵，花柄长 1～2 mm；花瓣黄色或外面带紫色，有时紫褐色，边缘及内面黄色，反折处平，中脉不凸起，小舌片较大，方形；花柱基深黄色，比子房宽。果长椭圆形，长 2.5～3.0 mm，宽 1.5～2.0 mm，果柄长 1.0～1.5 mm，红棕色；果棱线状，明显，每棱槽内有油管 1～3 条，合生面有 2～4 条。 花期 7～8 月，果期 8～9 月。

产青海：玛沁（拉加乡得科沟，区划二组 207）、称多（歇武乡，苟新京等 83 - 426）。生于海拔 3 050～4 900 m 的河谷山地高寒草甸、山坡阳处草地、沟谷山坡石缝。

分布于我国的新疆、青海、西藏、四川西北部；俄罗斯，蒙古，哈萨克斯坦，吉尔吉斯斯坦，塔吉克斯坦也有。

2. 密花柴胡 图版 83：1～7

Bupleurum densiflorum Rupr. in Mém. Acad. Sci. St.-Pétersb. ser. 7. 14 (4)：47. 1869；Schischk. in Fl. URSS 16：295. t. 20：6. 1950；Pavlov Fl. Kazakh. 6：298. t. 39：3. 1963；植物分类学报 12 (3)：272. 1974；中国植物志 55 (1)：227. 图版 118. 1979；青海植物志 2：411. 1999；新疆植物检索表 3：379. 图版 27：3. 1985；Fl. China 14：63. 2005；青藏高原维管植物及其生态地理分布 628. 2008.

多年生草本。根颈粗壮。数茎稀疏丛生，少单生，高 10～30 cm，纤细，有 1～2 短分枝。基生叶较多，狭披针形或线形，质薄，长 6～13 cm，宽 3～7 mm，顶端钝尖，中部以下变窄，成细长叶柄，基部抱茎，叶柄与叶片等长或超过，3～5 脉，表面绿色，背面粉绿色；茎生叶 1～3 枚，披针形，无柄，顶端渐尖，基部抱茎，有时有不明显耳状叶基，5～7 脉。伞形花序顶生，伞辐 2～3 条，很少 4 条，纤细，不等长，长 1.5～5.0 cm；总苞片 1～3 枚，不等大，披针形或卵形，长 5～15 mm，宽 3～5 mm，顶端渐尖或略钝，基部常扩大成耳状抱茎，5～9 脉；小总苞片 5～6 枚，卵形至阔卵形或圆状倒卵形，革质，其长超过小伞形花序，长 5～7 mm，宽 3～7 mm，顶端圆或钝，有小突尖头，7～9 脉，背面略带浅蓝色白霜；小伞形花序有花 10～20 朵；花柄长 1.5～2.0 mm；花瓣外面棕黄色，中脉隆起呈紫色，小舌片顶端 2 裂，黄色；花柱基暗紫色，直径超过子房。果长圆形，暗棕色，长 3～4 mm，直径 2.0～2.5 mm；有略锐的狭翼状棱；油管较粗大，每棱槽内有 2 条，合生面有 2 条。 花期 7～8 月，果期 8～9 月。

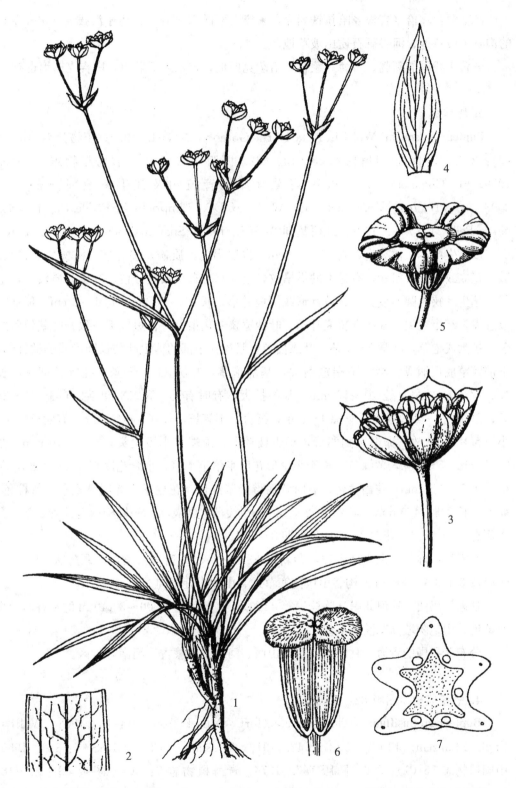

图版 83　密花柴胡**Bupleurum densiflorum** Rupr. 1.植株；2.叶片部分；3.小伞形花序；4.小总苞片；5.花；6.幼果；7.幼果横剖面。（引自《新疆植物志》，谭丽霞绘）

产新疆：乌恰（吉根乡哈拉铁列克，采集人不详 73 - 189）。生于海拔 3 600 m 左右的沟谷山坡草地、河谷砾石质山坡草地。

分布于我国的新疆、青海；蒙古，哈萨克斯坦，吉尔吉斯斯坦，塔吉克斯坦也有。

3. 黑柴胡

Bupleurum smithii Wolff in Acta Hort. Gothob. 2：304. 1926；植物分类学报 12（3）：273. 1974；中国植物志 55（1）：232. 图版 121. 1979；青海植物志 2：410. 1999；Fl. China 14：64. 2005；青藏高原维管植物及其生态地理分布 630. 2008. —— *B. longicaule* auct. non Wall. ex DC. Limpricht in Fedde Repert. Sp. Nov. Beih. 12：449. 1922；北研丛刊 2：352. 1934；Shan in Sinensia 2：141. 1940.

多年生草本，常丛生，高 25～60 cm。根黑褐色，质松，多分枝。植株变异较大。数茎直立或斜升，粗壮，有显著的纵槽纹，上部有时有少数短分枝。叶多，质较厚，基部叶丛生，狭长圆形或长圆状披针形或倒披针形，长 10～20 cm，宽 1～2 cm，顶端钝或急尖，有小突尖，基部渐狭成叶柄，叶柄宽狭变化很大，长短也不一致，叶基带紫红色，扩大成抱茎，叶脉 7～9 条，叶缘白色，膜质；中部的茎生叶狭长圆形或倒披针形，下部较窄成短柄或无柄，顶端短渐尖，基部抱茎，叶脉 11～15 条；托叶长卵形，长 1.5～7.5 cm，最宽处 10～17 mm，基部扩大，有时有耳，顶端长渐尖，叶脉 21～31 条；总苞片 1～2 枚或无；伞辐 4～9 条，挺直，不等长，长 0.5～4.0 cm，有明显的棱；小总苞片 6～9 枚，卵形至阔卵形，很少披针形，顶端有小短尖头，长 6～10 mm，宽 3～5 mm，5～7 脉，黄绿色，长于小伞形花序半倍至 1 倍；小伞花序直径 1～2 cm，花柄长 1.5～2.5 mm；花瓣黄色，有时背面带淡紫红色；花柱基干燥时紫褐色。果棕色，卵形，长 3.5～4.0 mm，宽 2.0～2.5 mm；果棱薄，狭翼状，每棱槽内有油管 3 条，合生面有 3～4 条。 花期 7～8 月，果期 8～9 月。

产青海：称多（采集地不详，苟新京 83 - 144）、久治（白玉乡，藏药队 629）。生于海拔 3 400～3 600 m 的沟谷山坡高寒草地、山顶阴处草甸。

甘肃：玛曲（黑河北岸，陈桂琛等 1146）。生于海拔 3 000～3 440 m 的宽谷河岸高寒草甸、山地阴坡高寒灌丛草甸。

分布于我国的青海、甘肃、陕西、山西、河北、内蒙古、河南等省区。

4. 短茎柴胡　图版 82：7～11

Bupleurum pusillum Krylov in Acta Hort. Bot. Petrop. 21：18. 1903；Wolff in Engl. Pflanzenr. 43（Ⅳ. 228）：142. 1910；Schischk. in Fl. URSS 16：323. 1950；中国植物志 55（1）：256. 图版 137. 1979；青海植物志 2：409. 图版 68：14～18. 1999；新疆植物检索表 3：380；1985；Fl. China 14：69. 2005；青藏高原维管植物及其生态地理分布 630. 2008.

多年生矮小草本，丛生，呈蓝灰绿色。根粗短，木质化。茎高 2～10 cm，下部微触地，再斜上，分枝曲折，基部节间很短。基生叶簇生，并有枯萎残余叶柄，叶基有时带紫红色，基生叶线形或狭倒披针形，长 2～5 cm，宽 1～4 mm，质较厚，3～5 平行脉，顶端尖锐，基部略狭，边缘干燥时常内卷；茎生叶较短而阔，披针形或狭卵形，长 1～2 cm，宽 3～5 mm，7～9 脉，顶端尖锐，基部无柄，抱茎，边缘有细白边。复伞形花序顶生及侧生，直径 1.0～2.5 cm；花序梗长 1～3 cm；总苞片 1～4 枚，不等大，卵状披针形，长 4～9 mm，宽 1.0～2.5 mm；伞辐 3～6 条，不等长，长 1.5～4.0 mm；小总苞片 5 枚，很少六七枚，绿色，背有白粉，质厚，卵形，长 4.5～5.0 mm，宽 1.2～2.0 mm，与小伞形花序等长或略长，顶端尖锐，有硬尖头，3 脉向背部凸出；小伞形花序直径 4～6 mm，有花 10～15 朵；花柄长约 1 mm；花瓣黄色，舌片顶端 2 裂；花柱基深黄色，子房棱显著，棱间有白粉。果实卵圆状椭圆形，棕色，长 3.5～4.0 mm，宽 1.8～2.5 mm；棱槽内有油管 3 条，偶为 4 条，合生面有 4 条。 花期 6～7 月，果期 8～9 月。

产青海：称多（县城郊区，刘尚武 2412）。生于海拔 2 300～3 500 m 的向阳干旱的山坡草地、河谷山地石砾堆、山地阴坡高寒灌丛草甸。

分布于我国的新疆、青海、宁夏、内蒙古等省区；俄罗斯，蒙古也有。

5. 马尔康柴胡　图版 79：8～12

Bupleurum malconense Shan et Y. Li in Acta Phytotax. Sin. 12（3）：284. 1974；中国植物志 55（1）：276. 图版 149. 1979；青海植物志 2：413. 图版 69：5～9. 1999；Fl. China 14：71. 2005；青藏高原维管植物及其生态地理分布 629. 2008.

多年生草本，高 30～65 cm。根增粗成锥形，紫褐色。茎 3～5 条，直立，较细而硬挺，直径 2～3 mm，节间很短，基部紫色，表面有细纵条纹。基生叶多，狭线形，深绿色，质稍硬挺而厚，叶背绿色，长 10～15 cm，宽 2.5～5.0 mm，顶端渐尖，基部微狭或不变狭窄成鞘，抱茎，5～7 脉；茎中部、上部叶与基生叶同形而小，顶端渐尖，基部略窄半抱茎，3～5 脉。复伞形花序多而小，花序直径 1～2 cm；花序梗常带紫色；总苞片很小，2～3 枚，线形或鳞片状，不等大，长 1～5 mm，宽 0.5～1.0 mm，顶端渐尖，1～5 脉；伞辐 3～5 条，很少更多，长 1～2 cm，直挺；小伞形花序很小，直径 4～6 mm，有花 7～11 朵；小总苞片 5 枚，披针形，长 2.0～2.5 mm，宽 0.6～0.8 mm，略短于或等于小伞形花序的长度，顶端渐尖，基部不收缩；3 脉，向背部突出；花黄色，直径约 1 mm；花柄长约 1 mm 或更短；花瓣的小舌片小，近方形，长度为花瓣全长的 1/4，顶端 2 裂；花柱基厚，盘形，直径阔于子房很多。果实卵状椭圆形，褐色，长 2.5～3.0 mm，宽 1.5～1.8 mm，果柄长 1.0～1.5 mm；每棱槽内有油管 3 条，合生面有 4 条。 花期 7～9 月，果期 9～10 月。

产青海：兴海（中铁乡附近，吴玉虎 42852、42922；大河坝乡，吴玉虎 42589；黄青河畔，吴玉虎 42691；中铁乡至中铁林场途中，吴玉虎 42458、43054、43103）、玛沁（大武乡江让水电站，H. B. G. 640）。生于海拔 3 240～3 700 m 的砾石山坡草地、沟谷山地阴坡高寒灌丛边缘，有时也生长在河边及耕地旁。

分布于我国的青海、甘肃南部、四川西北部。

6. 簇生柴胡　图版 79：13～16

Bupleurum condensatum Shan et Y. Li in Acta Phytotax. Sin. 12（3）：279. 1974；中国植物志 55（1）：259. 图版 139. 1979；青海植物志 2：413. 图版 69：1～4. 1999；Fl. China 14：69. 2005；青藏高原维管植物及其生态地理分布 628. 2008.

多年生矮小丛生草本，全体常带红色，植株高 8～20 cm。主根发达，纺锤形，长 4～9 cm，直径 4～100 mm，淡棕色，顶端有少数短支根。基生叶多而密集，鞘部无柄，重叠抱茎生长；叶片披针形或线形，长 2.0～5.5 cm，基部最宽处宽 2～5 mm，向上渐狭窄，顶端长渐尖，5～11 脉；茎生叶形状与基生叶相似，但较短小，披针形、线形或钻形，无柄，长 1～3 cm，基部宽 2～3 mm，5～7 脉，顶端长渐尖。顶生复伞形花序直径 4～6 cm，伞辐 4～7 条，不等长，长 3～6 cm；总苞片 5～6 枚，线形，长 1.2～3.0 mm，宽 0.5～2.0 mm；小总苞片 6～8 枚，少有 5 枚，披针形或卵状披针形，稀狭披针形或线形，顶端急尖或渐尖，有小突尖头，基部楔形，长 3～5 mm，宽 1.0～1.7 mm。小伞形花序有花 14～20 朵；花柄长 1.2～1.8 mm；花瓣黄色，卵状披针形，长 0.5 mm，顶端反折成小尖帽状，小舌片小，为花瓣全长的 1/4～1/3，顶端 2 裂，花瓣基部楔形；花柱基黄色；花柱特长，基部粗壮，顶端细，2 花柱叉开。果柄很短，长 0.5～1.0 mm；果实很小，红棕色，卵圆形，长 1.8～2.6 mm，宽 1.8～2.0 mm；果棱极细，与果同色，故不明显；棱槽内有油管 1 条，合生面有 2 条。　花期 7～8 月，果期 8～9 月。

产青海：兴海（大河坝乡，吴玉虎 42453、42810；温泉乡，采集人不详 599）、玛沁（江让水电站，吴玉虎 18356）。生于海拔 3 300～3 700 m 的高山向阳山坡草甸、河谷荒地或河滩草甸、沟谷砾石山坡高寒杂类草草甸。

分布于我国的青海。

青海特有种。模式标本采自青海兴海县大河坝。

10. 葛缕子属 Carum Linn.

Linn. Sp. Pl. 263. 1753.

二年生或多年生草本，高 30～90 cm。直根肉质。茎直立，具纵条纹，枝互生或上部呈叉状分枝，乳绿色，或微带紫色。叶具鞘，基生叶及下部的茎生叶有柄，茎中、上部叶有短柄或无柄，叶片二至四回羽状分裂，末回裂片线形或披针形。复伞形花序顶生和腋生，无总苞片或有 1～6 枚，线形或披针形，全缘或有细齿；伞辐光滑或粗糙；无小总苞片或有 1～10 枚，线形、披针形或卵状披针形；小伞形花序具花 4～30 朵，两性花或杂性花，通常无萼齿，或细小；花瓣阔倒卵形，基部楔形，顶端凹陷，有内折的小舌片，白色或红色；花柱基圆锥形，花柱长于花柱基。果实长卵形或卵形，两侧压扁，果棱明显；棱槽内油管通常单生，稀为 3 条，合生面有油管 2～4 条；分生果横剖面五角形；胚乳腹面平直或略凸起；心皮柄 2 裂至基部。

约 30 种，分布于欧洲、亚洲、北非及北美。我国有 4 种 2 变型，广布于东北、华北及西北，向南至西藏东南部、四川西部和云南西北部；昆仑地区产 2 种。通常生长在荫蔽湿润的草丛中，在干燥瘠薄的石砾土上也能生长。

分 种 检 索 表

1. 总苞片 2～4；小总苞片 5～10，披针形；伞辐 10～15；小伞形花序有花 10～30，花瓣白色 ························· **1. 田葛缕子 C. buriaticum** Turcz.
1. 无总苞片，稀 1～3；无小总苞或偶有 1～3，线形；伞辐 5～10；小伞形花序有花 5～15，花瓣白色，或带淡红色 ················· **2. 葛缕子 C. carvi** Linn.

1. 田葛缕子 图版 84：1～6

Carum buriaticum Turcz. in Bull. Soc. Nat. Moscou 17：713. 1844；Wolff in Engl. Pflanzenr. 90（Ⅳ. 228）：145. 1927；Shan in Sinensia 11：165. 1940；中国高等植物图鉴 2：1070. 图 3869. 1972；东北草本植物志 6：205. 1977；内蒙古植物志 4：163. 1979；秦岭植物志 1（3）：402. 1981；中国植物志 55（2）：26. 图版 8. 1～6. 1979；青海植物志 2：427. 图版 71：6～10. 1999；Fl. China 14：82. 2005；青藏高原维管植物及其生态地理分布 631. 2008. —— *Bunium buriaticum* Drude in Engl. u. Prantl Nat. Pflanzenfam. 3（8）：194. 1898.

多年生草本，高 25～90 cm。根圆柱形，长达 18 cm，直径 0.5～2.0 cm。茎通常单生，稀 2～5 条，基部有叶鞘纤维残留物，自茎中部、下部以上分枝。基生叶及茎下部叶有柄，长 6～10 cm，叶片轮廓长圆状卵形或披针形，长 8～15 cm，宽 5～10 cm，三至四回羽状分裂，末回裂片线形，长 2～5 mm，宽 0.5～1.0 mm；茎上部叶通常二回羽状分裂，末回裂片细线形，长 5～10 mm，宽约 0.5 mm。总苞片 2～4 枚，线形或线状披针形；伞辐 10～15 条，长 2～5 cm；小总苞片 5～10 枚，披针形；小伞形花序有花 10～30 朵，无萼齿，花瓣白色。果实长卵形，长 3～4 mm，宽 1.5～2.0 mm；每棱槽内有油管 1 条，合生面有 2 条。 花果期 5～10 月。

产西藏：日土（甲吾沟，高生所西藏队 3569）。生于海拔 4 260 m 左右的山地高寒草甸、宽谷河滩草甸。

青海：兴海（中铁林场中铁沟，吴玉虎 45592、45611、45619、45625、47594；大河坝乡赞毛沟，吴玉虎 47101、47116；中铁乡天葬台沟，吴玉虎 45879；中铁林场卓琼沟，吴玉虎 45202、45692；赛宗寺，吴玉虎 46197、46220）、玛沁（尕柯河电站，吴玉虎等 6016）、称多（长江边，刘尚武 2305）。生于海拔 3 100～3 900 m 的河谷田边、阴坡高寒灌丛、山地路旁、河岸草地、沟谷山坡林下、山地阳坡山麓草丛、山地阔叶林缘草甸。

分布于我国的东北、华北、西北及西藏、四川西部；蒙古，俄罗斯也有。

2. 葛缕子 图版 84：7～8

Carum carvi Linn. Sp. Pl. 263. 1753；Fl. Ross. 2：248. 1844；Fl. Or. 2：879. 1872；Wolff in Engl. Pflanzenr. 90（Ⅳ. 228）：145. 1927；Schischk. in Fl. URSS 16：386. 1950；Hiroe Umbell. of Asia 1：71. 1958；Фл. Кирг. 8：54. 1959；Korov. Fl. Uzbek. 4：339. t. 32：1. 1959；Fl. Afghan. 284. 1960；Pavlov Fl. Kazakh. 6：314. t. 43：2. 1963；中国高等植物图鉴 2：1070. 图 3870. 1972；Fl. W. Pakist. 20：87. f. 24：D～F. 1972；中国植物志 55（2）：25. 1985；青海植物志 2：427. 1999；东北草本植物志 6：207. 1977；Cannonin Hara and Williams. Enum. Fl. Pl. Nepal 2：185. 1979；内蒙古植物志 4：163. 图版 75：1～3. 1979；新疆植物检索表 3：387. 图版 28：2. 1985；中国沙漠植物志 2：439. 图版 159：7～9. 1987；秦岭植物志 1（3）：402. 1981；Fl. China 14：81. 2005；青藏高原维管植物及其生态地理分布 631. 2008.

多年生草本，高 30～70 cm。根圆柱形，长 4～25 cm，直径 5～10 mm，表皮棕褐色。茎通常单生，稀 2～8 条。基生叶及茎下部叶的叶柄与叶片近等长，或略短于叶片，叶片轮廓长圆状披针形，长 5～10 cm，宽 2～3 cm，二至三回羽状分裂，末回裂片线形或线状披针形，长 3～5 mm，宽约 1 mm，茎中部、上部叶与基生叶同形，较小，无柄或有短柄。无总苞片，稀有 1～3 枚，线形；伞辐 5～10 条，极不等长，长 1～4 cm，无小总苞或偶有 1～3 枚，线形；小伞形花序有花 5～15 朵，花杂性，无萼齿；花瓣白色，或带淡红色，花柄不等长，花柱长约为花柱基的 2 倍。果实长卵形，长 4～5 mm，宽约 2 mm，成熟后黄褐色；果棱明显，每棱槽内有油管 1 条，合生面有 2 条。 花果期 5～8 月。

产新疆：乌恰（吉根乡斯木哈纳，采集人不详 73－79）、塔什库尔干（卡拉其古，西植所新疆队 906）。生于海拔 3 200～3 600 m 的高山砾石质山坡、沟谷山地阳坡高寒草甸、河滩沙砾地。

青海：兴海（中铁林场恰登沟，吴玉虎 44946A、45356；赛宗寺后山，吴玉虎 46413；中铁乡至中铁林场途中，吴玉虎 43024；大河坝乡赞毛沟，吴玉虎 46486、46492；中铁乡天葬台沟，吴玉虎 45478、45925、45972；唐乃亥乡，吴玉虎 42005、

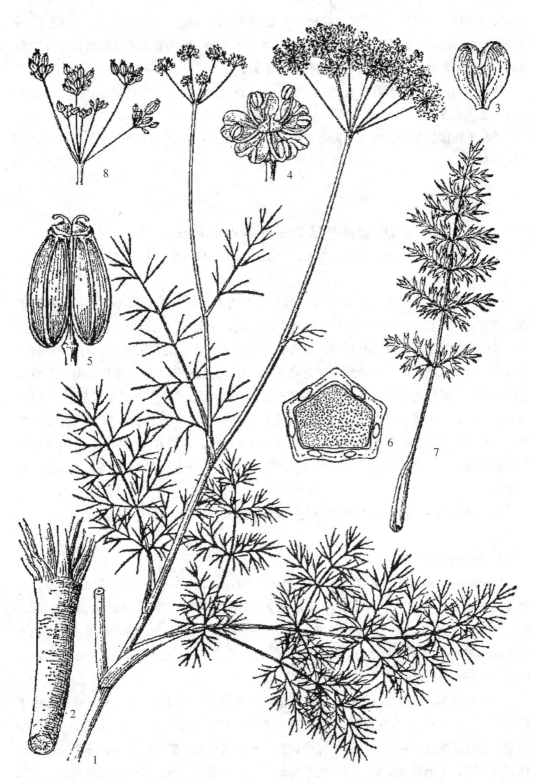

图版 **84** 田葛缕子 **Carum buriaticum** Turcz. 1. 植株；2. 根；3. 花瓣；4. 花；5. 果实；6. 分生果剖面。
葛缕子 **C. carvi** Linn. 7. 基生叶；8. 果序。 （引自《中国植物志》,史渭清绘）

42007、42017、42019、42034、42114；中铁乡附近，吴玉虎 42831、42931)、班玛（县城附近，吴玉虎等 26100)。生于海拔 2 800～3 720 m 的沟谷山坡湿草地、沙砾河滩草甸、河谷山地林缘灌丛草甸、滩地杂类草草甸。

甘肃：玛曲（欧拉乡，吴玉虎 32052)。生于海拔 3 400 m 左右的河滩草丛、沟谷山地高寒灌丛草甸。

分布于我国的东北、华北、西北及西藏、四川西部；欧洲，北美，北非，亚洲其他地区也有。

11. 囊瓣芹属 Pternopetalum Franch.

Franch. in Nouv. Arch. Mus. Hist. Nat. Paris 2 (8)：246. 1886.

一年生或多年生草本，无毛或有小刺毛状的粗毛。根纺锤形或圆锥形，通常有根茎。茎直立，细长，分枝或不分枝。叶片通常膜质，一至三回三出分裂或三出式羽状分裂；基生叶和茎生叶同形或异形。复伞形花序顶生和腋生，通常无总苞；有 1～4 枚小总苞片，呈线状披针形；小伞形花序有花 2～4 朵，花柄极不等长；萼齿钻形、三角形或极细小；花瓣白色或带浅紫色，长倒卵形或阔卵形，基部狭长，下端通常呈小袋状，顶端凹陷，有 1 内折的小舌片，或全缘；花柱基圆锥形，花柱伸长，直立或较短而弯曲。果实圆卵形至长卵形，侧面扁平，果棱光滑或粗糙，有的有丝状细齿；分生果的横剖面近圆形，胚乳腹面平直；每棱槽内有油管 1～3 条，合生面有 2～6 条；心皮柄 2 裂至基部。

约 20 种。集中分布于我国的西南地区，以四川、云南最多；昆仑地区产 1 种。

1. 羊齿囊瓣芹

Pternopetalum filicinum (Franch.) Hand.-Mazz. Symb. Sin. 7：717. 1933；植物分类学报 16 (3)：74. 1978；中国植物志 55 (2)：57. 1979；秦岭植物志 1 (3)：401. 1981；青海植物志 2：423. 1999；Fl. China 14：90. 2005；青藏高原维管植物及其生态地理分布 648. 2008. —— *Carum filicinum* Franch. in Bull. Soc. Philom. Paris. 8 (6)：121. 1894.

多年生草本，高 25～40 cm。根茎纺锤形，棕褐色。茎 1～2 条，不分枝或茎中上部有 1～2 个分枝。基生叶有柄，叶柄长 3～7 cm，叶片三出分裂，裂片扇形，中下部 3 深裂，边缘有缺刻状锯齿，或近于三出式的二回羽状分裂，裂片披针形；茎生叶一至二回三出分裂，无柄或有短柄，裂片线形伸长。复伞形花序顶生和腋生；无总苞片；伞辐 7～24 条，开展，长 2～4 cm；小总苞片 2～3 枚；小伞形花序有花 2～3 朵；萼齿细小；花柱和花柱基短缩。果实长卵形，长约 3 mm，宽约 1 mm；每棱槽内有油管 1～2 条。

产青海：班玛。生于海拔 3 400～3 660 m 的宽谷河滩草丛、沟谷山地林下草地、林缘灌丛草甸、河谷草甸。

分布于我国的青海、甘肃、陕西、四川、湖北。

12. 茴芹属 Pimpinella Linn.

Linn. Sp. Pl. 263. 1753.

一年生、二年生或多年生草本。须根或有长圆锥形的主根。茎通常直立，稀匍匐，通常有分枝。叶柄长于或短于叶片，或与叶片近等长，基部有叶鞘；叶片不分裂、三出分裂、三出式羽状分裂或羽状分裂，裂片卵形、心形、披针形或线形；茎生叶与基生叶异形或同形，茎生叶向上逐渐简化变小，茎上部叶通常无柄，只有叶鞘。复伞形花序顶生和腋生；伞辐近等长、不等长或极不等长；小伞形花序通常有多数花，罕为 2～4 朵；小总苞片数枚，线形；萼齿通常不明显，或呈三角形、披针形；花瓣卵形、阔卵形或倒卵形，白色，稀为淡红色或紫色，基部通常为楔形，罕有爪，顶端凹陷，有内折小舌片，或全缘，并不内折，背面有毛或光滑；花柱基圆锥形、短圆锥形，稀为垫状；花柱通常长于花柱基，向两侧弯曲，或与花柱基近等长。果实卵形、长卵形或卵球形，基部心形，两侧压扁，有毛或无毛；果棱线形或不明显；分生果横剖面五角形或近圆形；每棱槽内有油管 1～4 条，合生面有 2～6 条；胚乳腹面平直或微凹；心皮柄 2 裂至中部或基部。

约 150 种，分布于欧、亚、非 3 洲，少数种分布至美洲。我国有 39 种 2 变种，昆仑地区产 1 种。

1. 直立茴芹

Pimpinella smithii Wolff in Acta Hort. Gothob. 2：307. 1926，et in Engl. Pflanzenr. 90（IV. 228）：278. 1927；秦岭植物志 1（3）：405. 1981；中国植物志 55（2）：84. 图版 29：6～13. 1985；青海植物志 2：391. 1999；Fl. China 14：98. 2005；青藏高原维管植物及其生态地理分布 643. 2008.

多年生草本，高 0.30～1.15 m。根圆锥形。茎直立，有细条纹，微被柔毛，中部、上部分枝。基生叶和茎下部叶有柄，包括叶鞘长 5～20 cm；叶片二回羽状分裂或二回三出式分裂，末回裂片卵形，卵状披针形，长 1～10 cm，宽 0.5～4.0 cm，基部楔形，顶端长尖，叶脉上有毛；茎中部、上部叶有短柄或无柄，叶片二回三出分裂或一回羽状分裂，或仅 2～3 裂，裂片卵状披针形或披针形。复伞形花序；无总苞片，或偶有 1 枚；伞辐 5～25 条，粗壮，极不等长；小总苞片 2～8 枚，线形；小伞形花序有花 10～25 朵；无萼齿；花瓣卵形、阔卵形，白色，基部楔形，顶端微凹，有内折小舌片；花柱基短圆锥形，较小；花柱较短，通常与花柱基近等长或短于花柱基，稀为花柱基长的 2 倍。果柄极不等长，长达 1 cm 或近于无；果实卵球形，直径约 2 mm；果棱线形，有稀疏的短柔毛；每棱槽内有油管 2～4 条，合生面有 4～6 条；胚乳腹面平直。　花果期 7～9 月。

产青海：班玛（亚尔堂乡王柔，吴玉虎等 26303）。生于海拔 3 400～3 600 m 的沟谷沟边草地、山坡林下草地、河谷山地高寒灌丛草甸。

分布于我国的青海、甘肃、陕西、四川、云南、河南、山西、湖北、广西。

13. 羊角芹属 Aegopodium Linn.

Linn. Sp. Pl. 265. 1753.

多年生草本。有匍匐状根茎。茎直立，上部有分枝或不分枝。叶有柄，叶鞘小而膜质；基生叶及较下部茎生叶轮廓呈阔三角形或三角形，三出或三出式二至三回羽状分裂，末回裂片卵形或卵状披针形，边缘有锯齿、缺刻状分裂或浅裂；最上部的茎生叶通常为三出式羽状复叶，小叶片先端渐尖或呈尾状。复伞形花序顶生和腋生，花序梗长于叶片；伞辐略开展，无总苞片和小总苞片；萼齿细小或无；花瓣白色或淡红色，倒卵形，先端微凹，有内折的小舌片；花柱基圆锥形，花柱细长，顶端叉开成羊角状。果实长圆形，长圆状卵形或卵形，侧扁，光滑，主棱丝状；油管无；分生果横剖面近圆形，胚乳腹面平直；心皮柄顶端 2 浅裂。

约 7 种，分布于欧洲和亚洲。我国有 5 种 1 变种，昆仑地区产 1 种。

1. 东北羊角芹

Aegopodium alpestre Ledeb. in Fl. Alt. 1：354. 1829；Yabe in Journ. Coll. Sci. Imp. Univ. Tokyo 16（4）：45. 1902；Komarov, Fl. Mansh. 3：147. 1905；Nakaiin Journ. Coll. Sci. Imp. Univ. Tokyo 26（1）：259. 1909；Wolff in Engl. Pflanzenr. 90（Ⅳ. 228）：330. 1927；Kitagawa. Lineam. Fl. Mansh. 332. 1939；Hiroe et Constance Umbell. Japan 50～51. 1958；Hiroe. Umbell. Asia 1：73～74. 1958；中国高等植物图鉴 2：1075. 图 3879. 1972；Nasir et Ali. Fl. West Pakist. 20：68. 1972；秦岭植物志 1（3）：407. 1981；中国植物志 55（2）：138. 图版 86：1～3. 1985；Fl. China 14：111. 2005. —— *Carum alpestre* K. Pol. Bull. Soc. Nat. Moscou 2：（29）：199. 1916.

多年生草本，高 30～100 cm。有细长的根状茎。茎直立，圆柱形，具细条纹，中空，下部不分枝，上部稍有分枝。基生叶有柄，柄长 5～13 cm，叶鞘膜质，叶片轮廓呈阔三角形，长 3～9 cm，宽 3.5～12.0 cm，通常三出式二回羽状分裂；羽片卵形或长卵状披针形，长 1.5～3.5 cm，宽 0.7～2.0 cm，先端渐尖，基部楔形，边缘有不规则的锯齿或缺刻状分裂，齿端尖，无柄或具极短的柄；最上部的茎生叶小，三出式羽状分裂，羽片卵状披针形，先端渐尖至尾状，边缘有缺刻状的锯齿或不规则的浅裂。复伞形花序顶生和腋生，花序梗长 7～15 cm；无总苞片和小总苞片；伞辐 9～17 条，长 2.0～4.5 cm；小伞形花序有多数小花，花柄不等长，长 3～10 mm；萼齿退化；花瓣白色，倒卵形，长 1.2～2.0 mm，宽 1～2 mm，顶端微凹，有内折的小舌片；花柱基圆锥形，花柱长约 1.2 mm，向外反折。果实长圆形或长圆状卵形，长 3.0～3.5 mm，宽 2.0～2.5 mm；主棱明显，棱槽较阔，无油管；分生果横剖面近圆形，胚乳腹面平直；心皮柄顶端 2 浅裂。 花果期 6～8 月。

产新疆：乌恰（波斯坦铁列克，王兵，采集号不详）、叶城（昆仑山林场，杨昌友采集号不详）、阿克陶（天山林场托格拉克沟，杨昌友，采集号不详），生于海拔 2 300～3 300 m 的高山林间空地、山坡草地。

分布于我国的新疆、辽宁、吉林、黑龙江；俄罗斯西伯利亚，蒙古，朝鲜，日本也有。美洲有栽培供观赏。

14. 苞裂芹属 Schultzia Spreng.

Spreng. Umbell. Prodr. 30. 1813.

多年生草本，有茎或无茎。基生叶多数，有长柄，基部扩大成宽鞘，边缘膜质，白色。叶片二至三回羽状全裂，末回裂片披针状线形或线形；茎生叶有柄或近无柄，至上部仅有膜质宽阔叶鞘。复伞形花序顶生；伞辐粗壮，不等长或近等长；总苞片和小总苞片羽状全裂，膜质或近膜质；萼齿不显著或无；花瓣白色，卵形，顶端向内弯曲；花柱基扁平圆锥形，花柱外弯或直立。分生果长圆形或卵形，两侧压扁；果棱稍凸起，每棱槽内有油管 3～4 条，合生面有 4～8 条。

约 2 种，主要分布于中亚地区和俄罗斯西伯利亚。我国新疆产 2 种，昆仑地区产 1 种。

1. 白花苞裂芹 图版 85：1～5

Schultzia albiflora (Kar. et Kir.) M. Pop. Fl. Almaat. Gos. Zapovedn. 35. 1940; Schischk. in Komarov, Fl. URSS 16：541. 1950; Korov. in Pavlov Fl. Kazakh. 6：329. 1963. —— *Chamaesciadium albiflorum* Kar. et Kir. Bull. Soc. Nat. Moscou 15 (2)：360. 1842. 中国植物志 55 (2)：211. 图版 85. 1985；新疆植物检索表 3：391. 1985；Fl. China 14：133. 2005.

多年生草本，高约 20 cm。根颈有暗褐色残存叶鞘，根圆锥形。茎通常不发育，由基部发出多数斜升的枝或同时有短缩的茎。基生叶有柄，柄的基部扩展成鞘，边缘膜质；叶片轮廓长圆形，三回羽状全裂，末回裂片披针状线形或线形，长 2～4 mm，宽 0.5～1.0 mm，无毛。复伞形花序多数；伞辐 10～20 条，不等长；总苞片多数，二回羽状分裂，末回裂片线形或毛发状；小伞形花序有多数花；小总苞片与总苞片相似，但较小，约与花柄等长；无萼齿；花瓣白色，广椭圆形，顶端微凹，有内折的小舌片，长约 1 mm；花柱基圆锥状；花柱在果期外弯，长约 1 mm，柱头头状。分生果长圆状卵形，长约 3 mm；每棱槽内有油管 3 条，合生面有 8 条。 花期 7 月，果期 8 月。

产新疆：乌恰（托云乡，西植所新疆队 2235）、塔什库尔干（红其拉甫达坂，高生所西藏队 3199）。生于海拔 3 100～4 700 m 的高山草甸、沟谷山坡草地。

分布于我国的新疆；哈萨克斯坦，吉尔吉斯斯坦，塔吉克斯坦，阿富汗，巴基斯坦，印度也有。

15. 绒果芹属 Eriocycla Lindl.

Lindl. in Royl. Illustr. Bot. Himal. Mount. 232. 1835.

多年生草本，全株被柔毛或光滑。茎基部多木质化，常有分枝。叶基生和茎生，一至二回羽状分裂，裂片线形至卵形。复伞形花序顶生和腋生；总苞片有或无；伞辐 2～10 条，不等长；小伞形花序有线形的小苞片；萼齿小或不明显；花瓣白色或黄色，稀紫色，卵形或阔倒卵形，顶端内折；子房密被柔毛，花柱基压扁或为短圆锥状，花盘边缘波状，花柱长，近直立或反卷。分生果卵状长圆形至椭圆形，密被柔毛，果棱细或不明显，每棱槽内有油管 1 条，合生面油管 2 条；胚乳腹面平直或稍凹入。

约 8 种。分布于伊朗北部至中国西部的温带和高山区。我国有 3 种 2 变种，昆仑地区产 1 种。

1. 新疆绒果芹

Eriocycla pelliotii（H. Boiss.）Wolff in Engl. Pflanzenr. 90（Ⅳ. 228）：106. 1927. —— *Pituranthus pelliotii* H. Boiss. in Bull. Mus. Hist. Nat. Paris 16：163. 1910；中国植物志 55（2）：18. 图版 5：6～7. 1985；Fl. China 14：79. 2005.

多年生草本，高 20～40 cm。根圆锥形，褐色。茎单一或分枝，有细条纹，被稀疏短毛。基生叶丛生，基部的卵形叶鞘互相环抱；叶片一至二回羽状分裂，有羽片 4～5 对，末回裂片卵形，厚膜质，近无光泽，顶端尖，无柄（下部的叶有时有短柄），边缘有浅细锯齿，两面都有短毛；茎上部几乎无叶，顶部的叶简化成仅顶端 3 裂的苞片状。复伞形花序的花序梗长 7～12 cm；总苞片 2～5 枚，长钻形，顶端尖，草质，边缘膜质；伞辐 3～5（10）条，不等长，有细条纹，直立，被粗糙毛；小伞形花序有花 10～

20 朵，小总苞片 4～7 枚；萼齿短，线状披针形，有长柔毛；花瓣卵形，黄白色，顶端稍反折，背面密生长柔毛；花柱基短圆锥状，花盘边缘波状，花柱长而叉开。分生果长卵形，长 2.5～4.0（5.0）mm，宽 1.5～2.0 mm，密生长柔毛；分生果横剖面近五角形，每棱槽内有油管 1 条，合生面有 2 条。　花期 7～9 月，果期 9～10 月。

产新疆：乌恰（巴尔库拉，采集人不详 9690）、塔什库尔干（采集地和采集人不详，017）、且末（采集地不详，青藏队吴玉虎 3849）、喀什（哈拉贡，采集人不详 130、413）、阿克陶（布伦口北、采集人不详 672）。生于海拔 2 800～3 600 m 的河谷草地、石灰质山坡草地、河谷阶地。

分布于我国的新疆。

16. 丝瓣芹属 Acronema Edgew.

Edgew. in Transect. Linn. Sec. London 20：51. 1851.

二年生或多年生草本。根块状，极少呈胡萝卜状和串珠状。茎直立，有条纹，无毛。叶片轮廓通常呈阔三角形或阔卵形，三出式羽状分裂或一至三（四）回羽状分裂；托叶的末回裂片通常呈线形。复伞形花序；总苞片和小总苞片通常缺乏，很少存在；伞辐通常不等长；花两性或杂性；萼齿缺乏或存在；花瓣白色或紫红色，扁平，卵形以至卵状披针形，顶端丝状或尾尖状，少有短尖或钝；花丝短，花药卵圆形或近圆形；花柱基压扁或稍隆起，花柱短，直立或向外反折。果实卵形、阔卵形或卵状长圆形，两侧稍压扁，合生面缢缩，无毛；主棱 5 条，丝状，果皮薄；心皮柄顶端 2 裂或裂至基部；分生果横剖面近半圆形，胚乳腹面近平直，每棱槽内有油管 1～3 条，合生面有 2～4 条。

约 23 种，主要分布于喜马拉雅山区。我国有 18 种 2 变种，主产西南地区；昆仑地区产 1 种。

1. 尖瓣芹

Acronema chinense Wolff in Acta Hort. Gothob. 2：309. 1926，et in Engl. Pflanzenr. 90（Ⅳ. 228）：321. 1927；Hand.-Mazz. Symb. Sin. 7：715. 1933；植物分类学报 18（2）：200. 1980；中国植物志 55（2）：124. 图版 49：5～10. 1985；青海植物志 2：403. 1999；Fl. China 14：108. 2005；青藏高原维管植物及其生态地理分布 624. 2008.

直立草本，高 30～75 cm。根卵圆形，直径 3～4 mm。茎细弱，有细条纹，无毛。基生叶有柄，柄长 2～5 cm，叶鞘短而膜质；叶片轮廓呈阔三角形，通常二回羽状分裂，一回羽片约有 1 cm 长的柄，二回羽片或裂片近无柄，裂片倒卵状楔形，长约 4 mm，宽约 3 mm，顶端 3 裂；茎生叶具长柄，叶片二回羽状分裂，末回裂片先端具少数钝锯齿或缺刻状锯齿，两面无毛。顶生伞形花序开展，有长而直立的花序梗；伞辐3～6条，不等长，长2～5 cm；小伞形花序有花3～6朵，花柄不等长，长2～10 mm，有时着生于中间的小花近无柄；无萼齿；花瓣白色，卵形，长约1 mm，宽约0.5 mm，脉1条，顶端短尖；花柱基压扁，花柱紧贴于花柱基。果实卵状长圆形，顶端略向外分离，长约2 mm，宽约1.2 mm，主棱丝状；每棱槽内有油管1条，合生面有2条；分生果横剖面近半圆形；胚乳腹面平直。 花期7月，果期8～9月。

产青海：兴海（大河坝乡赞毛沟，吴玉虎 47203；赛宗寺后山，吴玉虎 46413）、玛沁（西哈垄河谷，吴玉虎等 5694）、治多（当江乡查不扎山，周立华 428）。生于海拔3 600～4 400 m的沟谷山地林缘高寒草甸、山地阴坡灌丛。

分布于我国的青海、甘肃、四川。

17. 西风芹属 Seseli Linn.

Linn. Sp. Pl. 259. 1753.

多年生草本。根颈单一或呈指状分叉，多木质化；根圆锥形。茎单一或数茎，多数为圆柱形，有纵长细条纹和浅纵沟，极少数为圆筒形空管状，无毛或有毛。叶通常具叶柄；叶片为一至数回羽状分裂或全裂，稀为三出式一回全裂或单一不分裂。复伞形花序多分枝；总苞片少数或无；伞辐通常3～12条，很少12条以上；小总苞片少数至多数，披针形或线形，基部常联合，多为薄膜质或仅边缘为膜质，光滑无毛或有毛；花少数至多数，有花柄，花柄长或短，少数近无柄，以至小伞形花序呈头状；花瓣近圆形或长圆形，顶端微凹陷，小舌片稍宽阔内曲，背部多有柔毛或硬毛，少数光滑无毛，白色或黄色；中脉棕黄色而显著；萼齿无或短小而稍厚，宿存；花柱比花柱基长或短，通常向下弯曲，花柱基圆锥形或垫状，很少呈金字塔状圆锥形。分生果卵形，长圆形或长圆状圆筒形，稍两侧压扁，横剖面近五边形，无毛，粗糙或被密毛，果棱线形凸起，钝，通常背棱与侧棱近等宽，很少有侧棱较宽的；每棱槽内有油管1条，也有的2～4条，合生面有油管2条，也有的多至4～8条；胚乳腹面平直；心皮柄2裂达基部。

约80种，分布于欧洲和亚洲。我国约16种1变种，昆仑地区产1种。

1. 叉枝西风芹 图版 85：6～10

Seseli valentinae M. Pop. in Bot. Mat. Herb. Bot. Inst. Acad. Sci. URSS 8（4）：73. 1940；Schischk. in Komarov, Fl. URSS 16：512. 1950；Korov. in Pavlov Fl. Kazakh. 6：356. 1963；中国植物志 55（2）：187. 图版 77：9～13. 1985；Fl. China 14：124. 2005.

多年生或二年生草本，高40～70 cm。根颈粗短，存留有叶柄枯鞘纤维；根圆柱

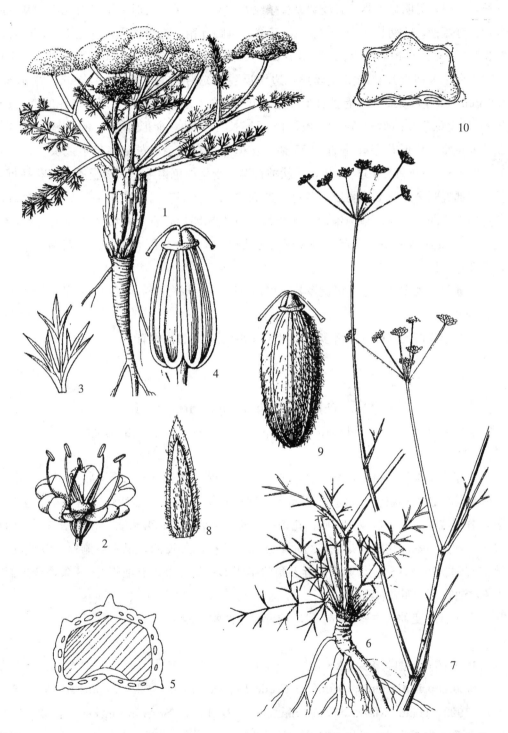

图版 85　白花苞裂芹 **Schultzia albiflora**（Kar. et Kir.）M. Pop. 1. 植株；2. 花；3. 总苞片；4. 果实；5. 分生果横剖面。叉枝西风芹 **Seseli valentinae** M. Pop. 6. 植株下部；7. 花序；8. 总苞片；9. 果实；10. 分生果横剖面。（引自《新疆植物志》,张荣生绘）

形，表皮黄棕色。茎单一，圆柱形，基部直径 3~4 mm，从下部开始二歧式分枝，枝条延长，倾斜，无明显主茎，有浅细纵长条纹，并有短柔毛，有时近于光滑无毛。基生叶数片，有短柄，叶柄长 1.5~2.0 cm，基部有宽阔叶鞘，边缘膜质，有短柔毛；叶片轮廓长圆形，长 5~10 cm，宽 2.5~3.0 cm，二至三回羽状全裂，第 1 回羽片 4 对，每对之间疏离，末回裂片狭线形或丝形，边缘反卷，光滑无毛，长 5~12 mm，宽 0.5~1.0 mm；茎生叶无柄，仅有披针形叶鞘，叶裂片较少且更加细长。复伞形花序直径 3~10 cm；无总苞片；伞辐 6~13 条，极不等长，在同一伞形花序上的伞辐长 0.1~7.0 cm；每小伞形花序有花 20~25 朵；花柄短，有柔毛，花密集着生成头状，直径 5~10 mm；小总苞片 10~15 枚，线状披针形，密生白色柔毛，边缘膜质，与花柄近等长，基部近联合；花瓣近圆形，黄色，外面中脉和基部有白色短柔毛，长约 0.5 mm；花柱向下反曲，花柱基扁圆锥形，无萼齿。分生果卵形，密生短柔毛，长约 2.5 mm，宽约 1.5 mm；果棱钝，凸起；每棱槽内有油管 1 条，合生面有 2 条。 花期 7~8 月，果期 8~9 月。

产新疆：阿图什（吐古买提乡，克里木 059）。生于海拔 2 000 m 左右的向阳山坡草地。

分布于我国的新疆（博格多山、昭苏）；中亚地区各国也有。

18. 舟瓣芹属 Sinolimprichtia Wolff

Wolff in Fedde Repert. Sp. Nov. Beih. 12. 448. 1922.

多年生草本。茎粗壮，有沟纹，中空。叶片近二回三出式以至羽状多裂，裂片窄。复伞形花序顶生和腋生，无总苞片或有少数；伞辐近等长，排列较紧密；小总苞片多数，分裂或不分裂，边缘薄膜质；花密集，淡黄色或白色；萼齿明显；花瓣舟形、卵形以至倒卵形，基部狭窄；花柱基幼时略压扁，花柱向外反曲。果实略侧扁，背棱丝状，侧棱有翅状边缘。分生果横剖面近五角状半圆形；每棱槽内有油管 2~3 条，合生面有 2 条，油管大；胚乳腹面有沟。

有 1 种 1 变种。主要分布于我国的青海、西藏、四川、云南，昆仑地区产 1 种。

1. 舟瓣芹　图版 82：12~18

Sinolimprichtia alpina Wolff in Fedde Repert. Beih. XII. Limpricht Bot. Reis. 449. 1922; Hand.-Mazz. Symb. Sin. 7；712. 1933; Shan in Sinensia 8：92. 1937; 中国高等植物图鉴 2：3853. 1972; 中国植物志 55（1）：192. 图版 101：1~8. 1985; 青海植物志 2：404. 1999; Fl. China 14：55. 2005; 青藏高原维管植物及其生态地理分布 651. 2008.

植株高 15～30 cm（包括伞辐）。根圆锥形，粗壮，有分枝。茎直立，光滑，直径 2.5～3.0 cm，表面有沟纹，中空。基部或茎下部的叶多数，叶柄细弱，长约 10 cm，下部有叶鞘；叶鞘膜质，抱茎，长 3～6 cm，宽 1.0～1.5 cm；叶片轮廓呈阔卵状长圆形以至长圆形，长 4～6 cm，宽 2.5～4.0 cm，三出式二回羽状分裂或羽状多裂；基部的一对羽片长 2.5～4.0 cm，有短柄。复伞形花序顶生和腋生；总苞片缺乏，主枝上的伞辐 15～27 条，粗，近等长，通常长 3.5～8.0 cm，表面有沟纹，中空，无毛；侧枝上的伞辐长 1.5～2.0 cm；小总苞片多数，线形以至线状披针形，与小伞形花序近等长，边缘膜质，稍皱缩；小伞形花序有多数花，密集；花柄长 2～7 mm，边缘有膜质的翅，幼时甚为显著；萼齿明显，卵形、卵圆形以至卵状三角形；花瓣长约 2 mm，宽约 1.2 mm；花丝长于花瓣，花药卵圆形，成熟时紫黑色；花柱基幼时压扁，花柱长约 3 mm，向外反曲。果幼时近陀螺状圆柱形或长圆形，顶端平截，基部渐窄；分生果主棱 5 条，凸起，侧棱有边缘；每棱槽内有油管 2～3 条，合生面有 2 条。 花期 5～7 月。

产青海：称多（清水河乡，苟新京 83 - 079）、玛多（鄂陵湖畔，吴玉虎 383）。生于海拔 4 000～4 600 m 的沙地、山坡石缝、沟谷山地石隙。

分布于我国的青海、西藏、四川、云南。

19. 羌活属 Notopterygium H. Boiss.

H. Boiss. in Bull. Herb. Boiss. 2 (3)：838. 1903.

多年生草本。主根粗壮，有许多褐色的细根；根茎发达，有浓郁香气。茎直立，圆柱形，有细纵纹。三出式羽状复叶，基生叶有柄，叶柄基部有膜质的叶鞘，抱茎，末回裂片长圆状卵形至披针形，边缘有锯齿至羽状深裂。复伞形花序顶生和腋生；总苞片少数，线形，早落；小总苞片少数至多数，线形；萼齿小，卵状三角形；花瓣淡黄色至白色，卵形或卵圆形，花柱基隆起或平压，花柱短，向外反折。分生果近圆形，背腹稍压扁，背棱、中棱及侧棱均扩展成翅，但发展不均匀；合生面窄缩，心皮柄 2 裂；油管明显，每棱槽内有 3～4 条，合生面有 4～6 条；胚乳内凹。

特产于我国，有 2 种 1 变种；昆仑地区产 2 种。

分 种 检 索 表

1. 二至三回羽状复叶，末回裂片大型，边缘有粗锯齿；伞辐 10～17 (23)；总苞片 1～3，小总苞片 4～5；每棱槽内有油管 3～4 ………… **1. 宽叶羌活 N. forbesii** H. Boiss.

1. 三回羽状复叶，末回裂片小型，全缘；伞辐 7～18 (39)；总苞片 3～6，小总苞片 6～10，明显，每棱槽内有油管 3 ………… **2. 羌活 N. incisum** Ting ex H. T. Chang

1. 宽叶羌活

Notopterygium forbesii H. Boiss. in Bull. Herb. Boiss. ser. 2. 3：840. 1903；中药志 1：282. 图 184. 1959；中国高等植物图鉴 2：1099. 图 3928. 1972；植物分类学报 13（3）：85. 1975；中国植物志 55（1）：188. 图版 99：1～5. 1985；青海植物志 2：418. 1999；Fl. China 14：54. 2005；青藏高原维管植物及其生态地理分布 640. 2008. —— *Notopterygium franchetii* H. Boiss. in Bull. Herb. Boiss. ser. 2. 3：839. 1903.

多年生草本，高 80～180 cm。有发达的根茎，基部多残留叶鞘。茎直立，少分枝，圆柱形，中空，有纵直细条纹，带紫色。基生叶及茎下部叶有柄，柄长 1～22 cm，下部有抱茎的叶鞘；叶大，三出式二至三回羽状复叶，一回羽片 2～3 对，有短柄或近无柄，末回裂片无柄或有短柄，长圆状卵形至卵状披针形，长 3～8 cm，宽 1～3 cm，顶端钝或渐尖，基部略带楔形，边缘有粗锯齿，脉上及叶缘有微毛；茎上部叶少数，叶片简化，仅有 3 小叶；叶鞘发达，膜质。复伞形花序顶生和腋生，直径 5～14 cm，花序梗长 5～25 cm；总苞片 1～3 枚，线状披针形，长约 5 mm，早落；伞辐 10～17（23）条，长 3～12 cm；小伞形花序直径 1～3 cm，有多数花；小总苞片 4～5 枚，线形，长 3～4 mm；花柄长 0.5～1.0 cm；萼齿卵状三角形；花瓣淡黄色，倒卵形，长 1.0～1.5 mm，顶端渐尖或钝，内折；雄蕊的花丝内弯，花药椭圆形，黄色，长约 1 mm；花柱 2 枚，短，花柱基隆起，略呈平压状。分生果近圆形，长约 5 mm，宽约 4 mm，背腹稍压扁；背棱、中棱及侧棱均扩展成翅，但发展不均匀，翅宽约 1 mm；油管明显，每棱槽内有 3～4 条，合生面有 4 条；胚乳内凹。 花期 7 月，果期 8～9 月。

产青海：兴海（中铁乡前滩，吴玉虎 45365、45382、45457；赛宗寺，吴玉虎 46195；中铁林场恰登沟，吴玉虎 44892、45272、45340；中铁乡至中铁林场途中，吴玉虎 43031、43084、43107；大河坝乡赞毛沟，吴玉虎 47221；赛宗寺后山，吴玉虎 46325；中铁乡附近，吴玉虎 42942；唐乃亥乡，采集人不详 268）、玛沁（拉加乡，吴玉虎等 6082）。生于海拔 2 800～4 500 m 的河谷山坡林缘草甸、沟谷山地阴坡高寒灌丛草甸、宽谷滩地高寒杂类草草甸。

分布于我国的青海、甘肃、陕西、四川、山西、内蒙古、湖北等省区。

2. 羌活　图版 86：1～6

Notopterygium incisum Ting ex H. T. Chang in Acta Phytotax. Sin. 13（3）：85. 1975；中药志 1：282. 图 183. 1959, nom. nud.；中国植物志 55（1）：190. 图版 100：1～5. 1985；青海植物志 2：418. 1999；Fl. China 14：54. 2005；青藏高原维管植物及其生态地理分布 640. 2008.

多年生草本，高 60～120 cm。根茎粗壮，伸长成竹节状；根颈部有枯萎叶鞘。茎

图版 86 羌活 **Notopterygium incisum** Ting ex H. T. Chang 1. 基生叶；2. 总苞片；3. 小总苞片；4. 花瓣；5. 果；6. 果瓣横剖面。青海当归 **Angelica nitida** Wolff 7. 基生叶；8. 花瓣；9. 果；10. 果瓣横剖面。（潘锦堂绘）

直立，圆柱形，中空，有纵直细条纹，带紫色。基生叶及茎下部叶有柄，柄长 1～22 cm，下部有长 2～7 cm 的膜质叶鞘；叶为三出式三回羽状复叶，末回裂片长圆状卵形至披针形，长 2～5 cm，宽 0.5～2.0 cm，边缘缺刻状浅裂至羽状深裂；茎上部叶常简化，无柄，叶鞘膜质，长而抱茎。复伞形花序，直径 3～13 cm，侧生者常不育；总苞片 3～6 枚，线形，长 4～7 mm，早落；伞辐 7～18（39）条，长 2～10 cm；小伞形花序直径 1～2 cm；小总苞片 6～10 枚，线形，长 3～5 mm；花多数，花柄长 0.5～1.0 cm；萼齿卵状三角形，长约 0.5 mm；花瓣白色，卵形至长圆状卵形，长 1.0～2.5 mm，顶端钝，内折；雄蕊的花丝内弯，花药黄色，椭圆形，长约 1 mm；花柱 2 枚，很短，花柱基平压稍隆起。分生果长圆状，长约 5 mm，宽约 3 mm，背腹稍压扁；主棱扩展成宽约 1 mm 的翅，但发展不均匀；油管明显，每棱槽内有 3 条，合生面有 6 条；胚乳腹面内凹成沟槽。　花期 7 月，果期 8～9 月。

产青海：兴海（中铁乡前滩，吴玉虎 45386、45397；赛宗寺后山，吴玉虎 46340、46362、46372、46396；河卡山，郭本兆 6344）、玛沁（军功乡，H. B. G. 258）、久治（索乎日麻乡，藏药队 453、577）。生于海拔 3 200～4 000 m 的沟谷山地林缘草甸、河谷山坡高寒灌丛草甸、宽谷滩地高寒杂类草草甸。

分布于我国的青海、甘肃、陕西、西藏、四川。

20. 藁本属 Ligusticum Linn.

Linn. Sp. Pl. 250. 1753.

多年生草本，根茎发达或否。茎基部常有纤维状残留叶鞘。基生叶及茎下部叶具柄，叶片一至四回羽状全裂，末回裂片卵形、长圆形以至线形；茎上部叶简化。复伞形花序顶生和腋生，总苞片少数，早落或无；伞辐后期常呈弧形弯曲；小总苞片多数，线形至披针形，或为羽状分裂；萼齿线形、钻形、卵状三角形，或极不明显；花瓣白色或紫色，倒卵形至长卵形，先端具内折小舌片；花柱基隆起，常为圆锥状；花柱 2 枚，后期常向下反曲。分生果椭圆形至长圆形，横剖面近五角形至背腹压扁，主棱凸起以至翅状；每棱槽内有油管 1～4 条，合生面有 6～8 条；胚乳腹面平直或微凹。

约 60 种以上，分布于北半球。我国约有 30 种，昆仑地区产 2 种。

分 种 检 索 表

1. 叶羽状全裂，羽片卵形至长圆形，边缘具不规则锯齿至深裂；总苞片 5～6，线形；伞辐 12～20；小总苞片 10～15，线状披针形，具白色膜质边缘 …………………………
　…………………………………… **1. 长茎藁本 L. thomsonii** C. B. Clarke
1. 茎生叶羽状全裂，羽片线形伸长；总苞片 1～2，线形；根茎串珠状；伞辐 9～25；

小总苞片 9～12 或更多，与总苞片同形、同色 ……………………………………
…………………… **2. 串珠藁本 L. moniliforme** Z. X. Peng et B. Y. Zhang

1. 长茎藁本

Ligusticum thomsonii C. B. Clarke in Hook. f. Fl. Brit Ind. 2：698. 1879；Leute in Ann. Naturhistor. Mus. Wien 74：490. Abb. 12. fig. h. 1970；Nasir Fl. West Pakist. 20：121. 1972；P. K. Mukherjee in Acta 2nd. Symp. Intern. Umbell. 59. 1977；中国植物志 55 (2)：235. 图版 96：1～5. 1985；青海植物志 2：401. 1999；Fl. China 14：142. 2005；青藏高原维管植物及其生态地理分布 639. 2008. —— *Pleurospermum longicaule* Wolff in Fedde Repert. Sp. Nov. 27：117. 1929.

多年生草本，高 20～90 cm。根多分叉，长可达 15 cm，直径约 2 cm；根颈密被纤维状枯萎叶鞘。茎多条，自基部丛生，具条棱及纵沟纹。基生叶具柄，柄长 2～10 cm，基部扩大为具白色膜质边缘的叶鞘；叶片轮廓狭长圆形，长 2～12 cm，宽 1～3 cm，羽状全裂；羽片 5～9 对，卵形至长圆形，长 0.5～2.0 cm，宽 0.5～1.0 cm，边缘具不规则锯齿至深裂，背面网状脉纹明显，脉上具毛；茎生叶较少，仅 1～3 枚，无柄，向上渐简化。复伞形花序顶生和腋生，顶生者直径 4～6 cm，腋生者常小而不发育；总苞片 5～6 枚，线形，长约 0.5 cm，具白色膜质边缘；伞辐 12～20 条，长 1.0～2.5 cm；小总苞片 10～15 枚，线形至线状披针形，具白色膜质边缘，长 0.5～0.7 cm；萼齿微小；花瓣白色，卵形，长约 1 mm，具内折小舌片；花柱基隆起，花柱 2 枚，向下反曲。分生果长圆状卵形，长约 4 mm，宽约 2.5 mm；主棱明显凸起，侧棱较宽；每棱槽内有油管 3～4 条，合生面有 8 条；胚乳腹面平直。 花期 7～8 月，果期 9 月。

产新疆：叶城（柯克亚乡，青藏队吴玉虎 87937）。生于海拔 3 000 m 左右的高山草甸、林间空地、河岸草甸、山地阴坡。

青海：兴海（大河坝乡赞毛沟，吴玉虎 46459、46466、47200、47730；中铁林场恰登沟，吴玉虎 45168；赛宗寺，吴玉虎 46263、46270；黄青河畔，吴玉虎 42626；大河坝乡，吴玉虎 42509、42572、42584、42588、42609；温泉乡，刘海源 561）、玛沁（当洛尼亚嘎玛沟，区划一组 124）、称多（县城郊区，吴玉虎 29224）、久治（索乎日麻乡附近，果洛队 330）。生于海拔 3 260～3 920 m 的沟谷山地阴坡高寒灌丛草甸、河谷砾石山坡草甸、河滩草丛、山坡草地、河谷山地阔叶林缘、山麓沙砾草地。

甘肃：玛曲（欧拉乡，吴玉虎 32063）。生于海拔 3 400～4 200 m 的沟谷山地高寒灌丛草甸、宽谷滩地草甸。

四川：石渠（雅砻江边，吴玉虎 29972；真达乡，陈世龙 638）。生于海拔 3 300～3 500 m 左右的沟谷山坡草地、河滩草丛、干热河谷。

分布于我国的新疆、青海、甘肃、西藏、四川；印度，巴基斯坦也有。

2. 串珠藁本

Ligusticum moniliforme Z. X. Peng et B. Y. Zhang in Acta Phytotax. Sin. 33 (3)：302. 1995；青海植物志 2：401. 1999；青藏高原维管植物及其生态地理分布 639. 2008.

多年生草本，高 40～105 cm。根茎串珠状，节间纤细、大多伸长，节常 2～10 个，膨大，块茎状，近球形或椭圆形，直径 0.5～3.0 cm，皱而不平，有稀疏纤细须根，具不规则洼与一些突起，突起有顶生芽，幼苗 1～7 枚自一块茎状节上生出，但通常仅其中 1 罕 2 枚充分发育长大。茎无毛，有略膨大的节，不分枝或于中部以上具 1～3 个分枝。叶异形，基生者为羽状复叶，1～2 枚先于茎由块茎状节上生出，早枯；叶柄纤细，长 2～4 cm，无叶鞘；叶片轮廓卵状长圆形，长 4～6 cm，宽 2.5～3.5 cm，小叶 2～3 对，卵形，无柄或下部有短柄；顶生小叶 3 深裂，侧生小叶不规则羽状浅裂或深裂，全部裂片再裂，末回裂片先端钝；茎生叶具膨大的叶鞘，叶鞘长约 3 cm，下部叶通常早落，柄长 9～2 cm，向上渐短，最上部者无柄；叶片轮廓三角形，二或三回羽状全裂，裂片线形或披针形；下部叶片大，长约与宽相等，下部宽 8～11 cm，具一至二回条裂的羽片 3～6 对，末回裂片长 8～10 mm，宽 1.5～2.0 mm，先端渐尖；上部叶较小，末回裂片长达 10～16 mm，宽 1.0～1.5 mm。复伞形花序生于茎和分枝的顶端，基部密被白色短硬毛；总花梗通常长 9～19 cm，偶尔无梗；有总苞片，或大多不存在；总苞片 1～2 枚，线形，长 1.5～2.5 cm，宽 0.3～0.5 mm，向先端渐狭细，绿色或褐紫色，有时披针形，长 3 cm 或更长，宽 1.0～1.2 mm；伞辐 9～25 条，长 1.3～2.5 cm，具成列的白色短硬毛；小总苞片 9～12 枚或更多，与总苞片同形、同色，长 1.0～1.5 cm，宽约 0.2 mm，往往另有 1 枚披针形，长 2.0～2.5 cm，宽约 0.4 mm；小伞形花序有花 20～37 朵，具长 4～6 mm、被白色微柔毛的花梗；萼齿甚小，长不足 0.1 mm；花瓣白色或外面带紫色，倒卵形，基部楔形，先端骤成舌片，且从该处内折，弯折处背部凹缺状；雄蕊有白色花丝和黑紫色花药；花柱基圆锥状，花柱通常多少外弯。果实大多很难成熟；成熟分生果果瓣倒卵状长圆形，长约 4 mm，宽约 2 mm，背腹稍压扁，主棱明显具翅，侧翅 2 倍宽于背翅，宽约 0.6 mm；未成熟的果瓣两侧稍压扁，有 5 个近等宽的狭翅；每棱槽内有油管 1 条，合生面有 4 条；胚乳腹面平直。　花期 7～8 月，果期 9 月。

产青海：久治（康赛乡，吴玉虎 26513）、玛沁（江让水电站，吴玉虎 18731）。生于海拔 3 600～3 900 m 的河谷山坡高寒草甸、山麓草地。

甘肃：玛曲（齐哈玛大桥附近，吴玉虎 31822）。生于海拔 3 400～3 600 m 的河谷山地高寒灌丛草地。

分布于我国的青海、甘肃。

21. 厚棱芹属 Pachypleurum Ledeb.

Ledeb. Fl. Alt. 1: 296. 1829.

多年生草本。茎直立、斜上或无茎。基生叶具柄；叶片二至三回羽状全裂，末回裂片线形，稀为长圆状卵形。复伞形花序顶生和腋生；总苞片少数或多数，线形至线状披针形，有时顶端扩大；小总苞片多数，线形、披针形或为羽状分裂；萼齿发育，线形至三角状卵形，稀不明显；花瓣白色，长卵形至倒卵形，先端具内折小舌片；花柱基圆锥状至球形。分生果长圆状卵形至椭圆形，背腹压扁，主棱发育成厚翅；每棱槽内有油管1条，合生面有2（0）条；胚乳腹面平直或微凹。

模式种：高山厚棱芹 *Pachypleurum alpinum* Ledeb.

约7种。分布于北半球温带、寒温带。我国约有6种，产西北及西南地区；昆仑地区产1种。

1. 高山厚棱芹

Pachypleurum alpinum Ledeb. Fl. Alt. 1: 297. 1829; Schisehk. in Komarov, Fl. URSS 16: 579. 1950; Korov. in Pavlov Fl. Kazakh. 6: 309. 1963; 中国植物志 55 (2): 260. 图版 108: 8～10. 1985; Fl. China 14: 152. 2005.

多年生草本，高 12～20 cm。根垂直向下，略有分叉；根颈密被残留枯萎叶鞘。茎多条簇生，直立，具细条纹。基生叶具柄，柄长 3～5 cm，基部略扩大成鞘；叶片轮廓卵形至长圆状卵形，长 3～5 cm，宽 1～2 cm，二回羽状分裂，末回裂片线形至线状披针形，长 0.5～1.0 cm，宽 1.0～1.5 mm。复伞形花序顶生，直径 2～3 cm；总苞片6～8 枚，线形至线状披针形，有时顶端扩大以至浅裂；伞辐 10～15 条，长 1.0～1.5 cm；小总苞片 8～10 枚，披针形，长 3～5 mm，边缘宽膜质，顶端常浅裂；萼齿三角形；花瓣白色，心状倒卵形，长约 1 mm，基部具短爪，先端具内折小舌片；花柱基略呈球形，花柱 2 枚，果期向下反曲。分生果背腹压扁，长圆形至卵状长圆形，长 4～5 mm，宽约 3 mm，主棱扩大成厚翅；每棱槽内有油管1条，合生面有2条；胚乳腹面平直。　花期7～8月，果期8～9月。

产新疆：塔什库尔干（卡拉其古，采集人不详 4942）、于田（三岔河，采集人不详 3803）。生于海拔 3 600～3 900 m 的沟谷山地高寒草甸。

分布于我国的新疆北部；俄罗斯也有。

22. 山芎属 Conioselinum Fisch. ex Hoffm.

Fisch. ex Hoffm. Gen. Umbell. ed. 2. 185. 1816.

多年生草本。茎直立，圆柱形，中空，具纵条纹。叶具柄，基部扩大成鞘；叶片二至三回羽状全裂。复伞形花序顶生和腋生；总苞片少数或无；小总苞片多数，线形；花白色；萼齿不发育；花瓣卵形至倒卵形，具内折小舌片；花柱基隆起至圆锥状。分生果背腹压扁，长圆状卵形至卵形，背棱狭翅状，侧棱成宽翅；每棱槽内有油管 1～3 条，合生面有 2～6 条；胚乳腹面平直或微凹。

约 4 种，分布于北半球。我国约 3 种，昆仑地区产 1 种。

1. 少伞山芎（拟）

Conioselinum schugnanicum B. Fedtsch in Trav. Mus. Bot. Acad. Pétersb. 1：135. 1902；Schischk. in Fl. URSS 17：4. 1951；Опред. Раст. Памира 189. 1963；Сосуд. Раст. СССР 18. 1981；Опред. Раст. Средн. Азии 7：269. 1983；Фл. Тадж ССР 7：146. табл. 25：4～5. 1984. —— *C. latifolium* auct. p. p. non Rupr. Korov. Fl. Uzbek. 4：393. 1959.

多年生草本，高 20～50 cm。根长，粗 4～8 mm；根颈上有残存的枯叶鞘。茎直立，单一，中空，有棱槽，上部分枝，无毛。叶两面无毛，背面淡绿色；基生叶少数，有长柄，柄基部扩展成窄鞘；叶片长卵形至三角状卵形，长 8～15 cm，宽 5～15 cm，二至三回羽状全裂；一回裂片 3～5 对，有柄；二回裂片 1～3 对，有柄至无柄，卵形，边缘具齿状浅裂，长 5～10 mm，宽 3～8 mm；茎生叶少，2～3 枚，简化、渐小，叶鞘长圆状披针形，边缘膜质，基部抱茎。复伞形花序顶生和腋生，直径 1.5～4.0 cm；伞辐 5～11 条，近等长；总苞片常缺，有时 1 枚，钻形、膜质；小伞形花序有花 12～15 朵；小总苞片 1～7 枚，钻形；萼齿不发育；花瓣淡绿色至白色，卵形，具内折小舌片；花柱基扁平圆锥状，花柱延长，果期外弯。果实广椭圆形，分生果略背腹压扁具脊，长 3～4 mm；果棱狭翅状，侧棱成宽翅；每棱槽内有油管 1～2 条，合生面有 4～6 条。花期 6～7 月，果期 7～8 月。

产新疆：乌恰（吉根乡斯木哈纳，西植所新疆队 2157）、塔什库尔干。生于海拔 2 800～4 100 m 的高山河谷灌丛或草地。

分布于我国的新疆；乌兹别克斯坦，土库曼斯坦，欧洲中部也有。

中国新分布。

23. 古当归属 Archangelica Hoffm.

Hoffm. Gen. Umbell. 1：162. 1814.

多年生高大草本。茎中空。叶大型，二至三回羽状全裂。复伞形花序，伞辐多数；萼片无齿或有短齿；花瓣白色或淡绿色，椭圆形，顶端渐尖，稍内折；花柱基扁平，边缘浅波状。果实卵形、椭圆形或近正方形，稍压扁；果棱均翅状增厚，背棱比棱槽宽；油管多数，几连接成环状，并同种子层联合。

约10种，分布于北温带北部。我国有2种，昆仑地区产1种。

1. 短茎古当归

Archangelica brevicaulis (Rupr.) Rchb. in Journ. Bot. 14：45. 1876；中国植物志 55 (3)：5. 图版 2：6～8. 1985；Fl. China 14：156. 2005；青藏高原维管植物及其生态地理分布 627. 2008. —— *Angelicarpa brevicaulis* Rupr. Sert. Tianschan 48. 1869. —— *Angelica brevicaulis* (Rupr.) B. Fedtsch. Enum. Pl. Turkest. 3：99. 1909；Schischk. in Komarov, Fl. URSS 17：25. 1951. —— *Coelopleururm brevicaule* Drude in Engl. u. Prantl. Nat. Pflanzenfam. 3 (8)：212. 1898.

多年生草本。根圆柱形，粗壮，棕褐色，有密集的环形细皱纹，并有特异的气味。茎高 40～100 cm，粗 2～3 cm，有时短缩，有细的纵深沟纹，中空。叶柄长 9～20 cm，下部膨大成长圆形或阔囊状叶鞘，宽 3～6 cm，背面沿叶脉密生短毛；叶片轮廓阔卵形，长 13～17 cm，宽 10～17 cm，二至三回羽状分裂；末回裂片卵圆形至长圆形，基部渐狭，无柄或有短柄，顶端尖，边缘有钝齿或不规则的锐齿，齿端有短尖头，表面疏生柔毛，背面有较密的短毛；茎顶部叶简化成囊状的鞘。复伞形花序，直径 6～15 cm，花序梗、伞辐、花柄均有短毛；伞辐 20～40 条，长 4～7 cm；总苞片 1～2 枚，狭披针形，有缘毛，常早落；小伞形花序有花 24～25 朵；小总苞片多数，狭披针形，比花柄长，有短毛；花萼无齿；花瓣白色，长圆形，顶端渐尖，略向内折；花柱基扁平，边缘略呈波状；花柱叉开。果实椭圆形，长 6～8 mm，宽 3～5 mm；背棱显著隆起，厚翅状，侧棱翅状，比果体狭；棱槽内有油管 3～4 条，合生面有 6～7 条。 花期 7～8 月，果期 8～9 月。

产新疆：乌恰（托云乡，克里木 134）、阿图什（吐古买提乡，克里木 062）。生于海拔 1 500 m 以上的河谷草地、潮湿的阴坡亚高山草甸。

分布于我国的新疆、西藏；俄罗斯也有。

24. 当归属 Angelica Linn.

Linn. Sp. Pl. 250. 1753.

二年生或多年生草本，通常有粗大的圆锥状直根。茎直立，圆筒形，常中空，无毛或有毛。叶三出式羽状分裂或羽状多裂，裂片宽或狭，有锯齿、牙齿或浅齿，少为全缘；叶柄膨大成管状或囊状的叶鞘。复伞形花序，顶生和腋生；总苞片和小总苞片多数至少数，全缘，稀缺少；伞辐多数至少数；花白色带绿色，稀为淡红色或深紫色；萼齿通常不明显；花瓣卵形至倒卵形，顶端渐狭，内凹成小舌片，背面无毛，少有毛；花柱基扁圆锥状至垫状，花柱短至细长，开展或弯曲。果实卵形至长圆形，光滑或有柔毛，背棱及中棱线形、肋状，稍隆起，侧棱宽阔或狭翅状，成熟时两个分生果互相分开；分生果横剖面半月形，每棱槽内有油管1至数条，合生面有油管2至数条；胚乳腹面平直或稍凹入；心皮柄2裂至基部。

约80种，大部分产于北温带和新西兰。我国有26种5变种1变型，分布于南北各地，主产东北、西北和西南地区；昆仑地区产2种。

分 种 检 索 表

1. 基生叶为三出式二至三回羽状复叶；小伞形花序有花15~25；小总苞片6~8，披针形，反卷，与花柄近等长 ················ **1. 三小叶当归 A. ternata** Regel et Schmalh.
1. 基生叶为一至二回羽状全裂；小伞形花序密集成近球形，有花18~40；小总苞片6~10，披针形，尾状渐尖 ················ **2. 青海当归 A. nitida** Wolff

1. 三小叶当归 图版 87：1~5

Angelica ternata Regel et Schmalh. in Regel Acta Hort. Petrop. 5 (2)：590. 1878 (descr. sect.)；Ejusd. Proc. Soc. Amat. Nat. Anthrop. et Ethnogr. 34：2. 32. 1882；Schischk. Fl. URSS 17：25. 1951；Yuan et Shan in Bull. Nanjing Bot. Gard. Mem. Sun Yat-Sen 11. 1983；中国植物志 55 (3)：45. 图版 19：1~5. 1985；Fl. China 14：164. 2005；青藏高原维管植物及其生态地理分布 626. 2008. —— *Angelica stratoniana* Aitch. et Hemsl. in Journ. Linn. Soc. 19：164. 1882. —— *Callisace ternata* K. Pol. in Bull. Soc. Nat. Moscou n. s. 29：179. 1905.

多年生草本，高40~80 cm。全株光滑无毛。根单一，圆柱形，粗大，长达50 cm，直径约2.5 cm，土棕色，具细密横纹，有香气。茎通常单一，有细沟纹。基生叶及茎生叶为三出式二至三回羽状复叶，叶柄基部具长卵状叶鞘；叶片轮廓为阔三角形，长15~30 cm，宽15~20 cm；小叶3~5枚，宽卵形，长3~6 cm，宽1.5~4.0 cm，顶端

图版 87　三小叶当归 **Angelica ternata** Regel et Schmalh. 1. 根；2. 茎生叶；3. 果序；4. 果实；
5. 分生果横剖面。 （引自《新疆植物志》，谭丽霞绘）

钝圆或渐尖，基部心形至楔形，边缘有不规则的浅齿，齿端有短尖。复伞形花序；主伞直径 6～12 cm，伞辐 12～23 条；侧伞直径 2.5～4.0 cm，伞辐 7～13 枚；无总苞片；小伞形花序有花 15～25 朵；小总苞片 6～8 枚，披针形，反卷，与花柄近等长；无萼齿；花瓣白色或黄绿色，卵形，顶端内折；花柱基圆盘状，边缘波状，花柱叉开。果实长卵形，长 0.7～1.1 cm，中部宽 4～6 mm；侧棱翅状，边缘微波状，与果体等宽或略宽；背棱线形，隆起；分生果棱槽内有油管 1 条，合生面有 2 条。　花期 6～7 月，果期 7～8 月。

产新疆：乌恰（吉根乡斯木哈纳老营房西，采集人不详 73‐068）、阿克陶（布伦口盖孜，克里木 001）。生于海拔 2 800 m 以上的高山草地、沟谷山坡阴湿岩缝、河谷山地灌丛、山溪附近。

分布于我国的新疆；天山及帕米尔‐阿赖山地也有。

2. 青海当归　图版 86：7～10

Angelica nitida Wolff in Acta Hort. Gothob. 2：317. 1926；中国植物志 55（3）：21. 图版 7：1～5. 1985；青海植物志 2：420. 图版 70：7～10. 1999；Fl. China 14：161. 2005；青藏高原维管植物及其生态地理分布 626. 2008. —— *Angelica chinghaiensis* Shan ex K. T. Fu in Fl. Tsinling. 1：3, 421 et 462. 1981；Yuan et Shan in Bull. Nanjing Bot. Gard. Mem. Sun Yat-Sen 5. 1983, syn. nov.

多年生草本，高 30～90 cm。根圆锥形，多不分枝，黄棕色，长 5～10 cm。茎绿色或带紫色，有细槽纹，光滑无毛，仅上部有粗短硬毛。基生叶为一至二回羽状全裂，裂片 2～4 对；叶柄长 3～5 cm，基部膨大成宽管状的叶鞘，叶鞘长 4.0～6.5 cm，宽至 2 cm，两面无毛；茎上部叶一至二回羽状全裂，叶片轮廓阔卵形，长 5～8 cm，宽 5～7 cm；顶生叶简化成囊状的叶鞘，外面有短毛，顶端有 3 深裂的叶片；末回裂片长圆形至椭圆形，厚膜质，长 1.5～4.0 cm，宽 1～2 cm，上表面深绿色，下表面淡绿色，顶端钝，有白色膜质的短尖头，基部近截形，边缘锯齿钝圆，有缘毛。复伞形花序，直径 6～10 cm；伞辐 9～19 条，长 1.5～4.0 cm；无总苞片；小伞形花序密集成近球形，有花 18～40 朵；小总苞片 6～10 枚，披针形，尾状渐尖；花无萼齿；花瓣白色或黄白色，少为紫红色，长卵形，顶端渐尖，稍反曲；花柱基扁平，紫黑色，花柱短而叉开。果实长圆形至卵圆形，长 5.0～6.5 cm，宽 3.5～5.0 cm；侧棱翅状，比果体狭；背棱线状，隆起，顶端有宿存的紫褐色扁平花柱基；背棱槽内有油管 1 条，极少为 2 条；侧棱槽内有油管 2 条，长短不等，合生面有油管 2 条。　花期 7～8 月，果期 8～9 月。

产西藏：日土（麦卡，高生所西藏队 3675）。生于海拔 4 300 m 左右的高原沟谷山坡湿草地。

青海：班玛（县城郊区，郭本兆 485）、久治（索乎日麻乡，藏药队 451）。生于海拔 3 600～4 000 m 的高山灌丛草甸、山谷及山坡草地。

分布于我国的青海东南部、甘肃南部（岷县西部洮河流域）、西藏、四川北部。

25. 阿魏属 Ferula Linn.

Linn. Sp. Pl. 246. 1753.

多年生一次结果或多次结果的草本，矮小或高大，被毛或光滑。根通常粗壮，纺锤形、圆锥形或圆柱形；根颈上存留有褐色或棕色的枯萎叶鞘纤维。茎直立，细或粗壮，通常向上分枝成圆锥状，下部枝互生，上部枝多轮生。基生叶多呈莲座状，有柄，柄的基部扩大成鞘，叶片三出全裂或羽状全裂；茎生叶向上简化，变小；叶鞘大而明显，草质或革质。复伞形花序着生于茎枝顶端的为中央花序，通常为两性花；除中央花序外，多有侧生花序，位于中央花序的基部或下部，为复伞形花序或单伞形花序，花为雄性花或杂性花；通常无总苞片；小总苞片有或无；花萼无齿或有短齿；花瓣黄色或淡黄色，稀为暗黄绿色，卵圆形或披针状长圆形，平展或沿中脉增厚而具浅沟，先端渐尖，常向内卷曲，外面有毛或无毛；花柱基圆锥状，边缘增宽，稍呈浅裂波状；花柱钻形或头状，短或延长。果实椭圆形或卵圆形，背腹压扁；果棱线形，稀为龙骨状，侧棱翅状，狭窄或稍宽，侧棱与中棱的距离大于中棱与背棱的距离；每棱槽内有油管1或多数，合生面有油管2至多数；心皮柄2裂至基部；胚乳腹面平直或微凹。

有150余种。主要分布在欧洲南部地中海地区和非洲北部，还有伊朗、阿富汗、俄罗斯的中亚部分和西伯利亚地区，以及印度、巴基斯坦等地。我国有25种，主产新疆，少数种类在甘肃、宁夏、陕西、山西、内蒙古、辽宁、黑龙江、河北、河南、山东、江苏、安徽、云南、西藏等省区也有分布；昆仑地区产2种。

分 种 检 索 表

1. 高达 2 m，全株有强烈的葱蒜样臭味；叶片轮廓为三角形，三出羽状分裂；无总苞片；伞辐 12～50；小总苞片披针形，小，脱落 …… **1. 圆锥茎阿魏 F. conocaula** Korov.
1. 高 1.0～1.5 m，无葱蒜样臭味；叶片轮廓为广卵形，三出四回羽状全裂；无总苞片；伞辐通常 4；小总苞片鳞片状，脱落 …………………………………………………………………………………………… **2. 多伞阿魏 F. ferulaeoides**（Steud.）Korov.

1. 圆锥茎阿魏 图版 88：1～6

Ferula conocaula Korov. Monogr. Ferula 33. t. 8：1. 1947, et in Komarov Fl. URSS 17：83. 1951, et Fl. Uzbek. 4：412. 1959；植物分类学报 13（3）：91. 1975；新疆药用植物志 1：110. 1977；中国植物志 55（3）：90. 图版 37：1～5. 1985；Fl. China 14：175. 2005；青藏高原维管植物及其生态地理分布 635. 2008.

图版 **88**　圆锥茎阿魏 Ferula conocaula Korov. 1. 花枝；2. 果枝；3. 茎生叶；4. 花；5. 幼果；6. 分生果横剖面。（引自《新疆植物志》，谭丽霞绘）

多年生一次结果的草本，高达 2 m，全株有强烈的葱蒜样臭味。根圆柱形或纺锤状，粗壮，根颈上残存有枯鞘纤维。茎单一，粗壮，有的基部直径达 15 cm，往上渐细成圆锥状，具细棱槽，粗糙有毛，从中下部向上分枝成圆锥状，枝粗，下部枝互生，上部枝轮生，植株成熟时带紫红色或淡紫红色。基生叶有短柄，柄的基部扩展成鞘；叶片轮廓三角形，三出羽状分裂，裂片披针形或披针状椭圆形，羽片长达 30 cm，宽达 7 cm，有时呈羽状深裂，裂片上部边缘有圆锯齿；叶淡绿色，上表面光滑，下表面被密集的短柔毛；茎生叶逐渐简化，变小，叶鞘三角形卵形，平展。复伞形花序生于茎枝顶端，直径 8～14 cm；无总苞片；伞辐 12～50 条，稍不等长；中央花序无梗或有梗；侧生花序 2～4 个，花序梗长，超出中央花序；小伞形花序有花 15 朵；小总苞片披针形，小，脱落；萼齿小；花瓣黄色，长椭圆形，长约 1 mm，顶端向内弯曲；花柱基扁圆锥形，边缘增宽，后期向上直立形如盘状；花柱延长，柱头头状。分生果椭圆形，背腹压扁，长约 10 mm，宽约 5 mm；背棱凸起，侧棱延展成狭翅；每棱槽内有油管 1～2 条，合生面在幼果时有油管 8 条，成熟果为 14 条。　花期 5～6 月，果期 6 月。

产新疆：乌恰（卡拉达坂南坡，采集人不详 73 - 153；斯木哈纳，青藏队吴玉虎 87066）。生于海拔 2 800 m 左右的山坡洪积扇草地或冲沟边。

分布于我国的新疆；俄罗斯，中亚地区各国也有。

2. 多伞阿魏　图版 89：1～6

Ferula ferulaeoides (Steud.) Korov. Monogr. Ferula 77. t. 43：1. 1947, et in Komarov Fl. URSS 17：139. 1951, et in Pavlov Fl. Kazakh. 6：413. 1963；植物分类学报 13 (3)：92. 1975；新疆药用植物志 1：116. 图 58. 1977；Safina et Pimenov Ferula Kazakh. 52. 1984；中国植物志 55 (3)：115. 图版 49：1～7. 1985；Fl. China 14：180. 2005. —— *Peucedanum feruloides* Steud. Nomencl. 2 ed. 2：311. 1841.

多年生一次结果的草本，高 1.0～1.5 m。根纺锤形，粗大；根颈通常不分叉，存留有枯萎叶鞘纤维。茎粗壮，通常单一，稀 2～4 条，被疏柔毛，从近基部向上分枝成圆锥状，枝多为轮生，少有互生。基生叶有柄，叶柄基部扩展成鞘；叶片轮廓为广卵形，三出四回羽状全裂，末回裂片卵形，长约 10 mm，再深裂为全缘或具齿的小裂片；叶淡绿色，密被短柔毛，早枯萎；茎生叶向上简化，变小，至上部仅有叶鞘，叶鞘卵状披针形，草质。复伞形花序生于茎枝顶端，直径约 2 cm；无总苞片；伞辐通常 4 条，近等长；侧生枝上的花序为单伞形花序，3～8 朵轮生，因多处轮生，形如串珠状；小伞形花序有花 10 朵；小总苞片鳞片状，脱落；萼齿小；花瓣黄色，卵形，顶端向内弯曲；花柱基扁圆锥形，边缘增宽，花后期向上直立；花柱延长，柱头增粗为头状。分生果椭圆形，背腹压扁，长 3～7 mm，宽 1.5～3.0 mm；背棱丝状，侧棱为狭翅状；每棱槽内有油管 1 条，合生面有 2 条。　花期 5 月，果期 6 月。

产新疆：乌恰（吉根乡奥沟克，克里木 122）。生于海拔 2 600 m 左右的沙丘、沙地

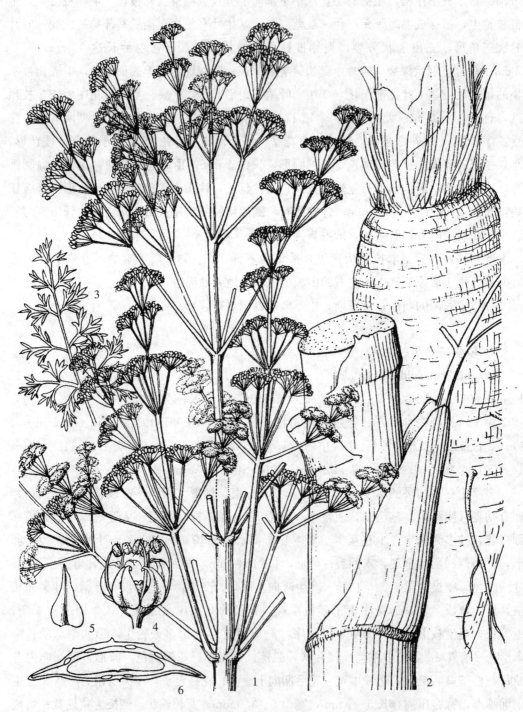

图版 **89** 多伞阿魏 **Ferula ferulaeoides** (Steud.) Korov. 1. 花序；2. 茎；3. 叶序；4. 花；5. 花瓣；6. 分生果横剖面。（引自《新疆植物志》,谭丽霞绘）

和砾石质的蒿属植物荒漠。

分布于我国的新疆（沿准噶尔盆地边缘）；俄罗斯，哈萨克斯坦，蒙古也有。

26. 独活属 Heracleum Linn.

Linn. Sp. Pl. 249. 1753.

二年生或多年生草本，主根纺锤形或圆锥形。茎直立，细长至粗大，分枝。叶有柄，叶柄有宽展的叶鞘；叶片三出式或羽状多裂，裂片宽阔或狭窄，边缘有锯齿以至不同程度的半裂和分裂，薄膜质。花序为疏松的复伞形花序，花序梗顶生与腋生；总苞片少数或无；小总苞片数枚，全缘，稀分裂；伞辐多数，开展伸长；花白色、黄色或染有红色；花柄细长；萼齿细小或不显；花瓣倒卵形至倒心形，先端凹陷有狭窄的内折小舌片，外缘花瓣为辐射瓣；花柱基短圆锥形，花柱短，直立或弯曲。果实圆形、倒卵形或椭圆形，背部扁平；背棱和中棱丝线状，侧棱通常有翅；每棱槽内有油管1条，少数种类在侧棱槽内有油管2条，合生面有2～4条，大而明显，其长度通常为果实长度的一半或超过。分生果的背部极压扁，胚乳的腹面平直，心皮柄2裂几达基部。

约60种，多数分布于欧洲与亚洲。我国有23种3变种，各省区均有分布，主要分布在西南地区；昆仑地区产1种。

1. 裂叶独活

Heracleum millefolium Diels in Fedde Repert. Sp. Nov. 2 (18)：65. 1906；Wolff in Acta Hort. Gothob. 2：328. 1926；Hiroe Umbell. Asia l：191. 1958；西藏植物志3：519. 1986；中国植物志55（3）：209. 图版93：1～5. 1985；青海植物志2：390. 1999；Fl. China 14：201. 2005；青藏高原维管植物及其生态地理分布 636. 2008. —— *Heracleum smithii* Fedde ex Wolff in Fedde Repert. Sp. Nov. 33：79. 1933. —— *Peucedanum malcolmii* Hemsl. et Pears. in Journ. Linn. Soc. Bot. 35：179. 1902, syn. nov.

多年生草本，高5～30 cm，有柔毛。根长约20 cm，棕褐色；根颈部被有褐色枯萎叶鞘纤维。茎直立，分枝，下部叶有柄，叶柄长1.5～9.0 cm；叶片轮廓为披针形，长2.5～16.0 cm，宽达2.5 cm，三至四回羽状分裂，末回裂片线形或披针形，长0.5～1.0 cm，先锐尖；茎生叶逐渐短缩。复伞形花序顶生和腋生，花序梗长20～25 cm；总苞片4～5枚，披针形，长5～7 mm；伞辐7～8条，不等长；小总苞片线形，有毛；花白色；萼齿细小。果实椭圆形，背部极扁，长5～6 mm，宽约4 mm，有柔毛，背棱较细；每棱槽内有油管1条，合生面有2条，其长度为分生果长度的一半或略超过。花期6～8月，果期9～10月。

产西藏：日土（尼西格，青藏队 76 - 9163）。生于海拔 4 300 m 左右的高原沟谷山坡湿草地、高寒草甸。

青海：兴海（赛宗寺后山，吴玉虎 46398；大河坝乡赞毛沟，吴玉虎 47190、47194；中铁乡附近，吴玉虎 42863；黄青河畔，吴玉虎 42713；大河坝乡，吴玉虎 42482、42524）、玛多（黑河乡，陈桂琛等 1796；黑海乡苦海滩，陈世龙 506）、久治（庄浪沟，果洛队 224）、玛沁（大武乡，H. B. G. 489）、称多（采集地不详，刘尚武 2248）。生于海拔 3 600～5 000 m 的山坡草地、山顶或河滩沙砾地、沟谷高寒草甸、河谷山麓砾石地、山地阴坡高寒灌丛草甸。

四川：石渠（长沙贡玛乡，吴玉虎 29565）。生于海拔 4 000～4 200 m 左右的沟谷山地高寒草甸、宽谷河岸草甸、山地阴坡灌丛草甸、宽谷湖盆沙砾质高寒草原。

分布于我国的青海、甘肃、西藏、四川、云南（中甸）。

27. 大瓣芹属 Semenovia Regel et Herd.

Regel et Herd. in Bull. Soc. Nat. Moscou 39 (3)：79. 1866.

多年生草本。根纺锤形，增粗。茎通常单一。叶羽状全裂或二回羽状分裂，裂片全缘或具齿。复伞形花序生于茎枝顶端；小伞形花序有花 10～30 朵；萼齿不显著或不等大，边缘花外面的萼齿为线状披针形；花瓣白色或淡黄色，边缘花外面的 1 瓣明显地大于其他花瓣，顶端 2 深裂或全缘，外面被短柔毛；花柱基扁圆锥形，花柱延长，外弯。分生果椭圆形或长卵形，背腹压扁，果棱丝状；每棱槽内有油管 1 条，合生面有 2 条；心皮柄 2 深裂；胚乳腹面平直或中间稍向外突出。

约 10 种。主要分布于中亚、俄罗斯，以及伊朗、阿富汗、巴基斯坦。我国有 4 种，全部产于新疆；昆仑地区产 1 种。

1. 密毛大瓣芹（拟）

Semenovia pimpinelloides (Nevski) Manden. in Trudy Bot. Inst. Tiblis. 20：22. 1959. ——*Platytacnia pimpinelloides* Neveski in Trudylnst. Bot. Acad. Sci. URSS ser. 14：271. 1937；Schischk. in Komarov, Fl. URSS 17：269. 1951；Korov. Fl. Uzbek. 4：461. 1959；中国植物志 55 (3)：216. 1985；Fl. China 14：203. 2005.

多年生草本，高 25～40 cm。根粗；根颈分叉，残存有枯萎叶鞘纤维。茎 1～2 条，直立，有细棱槽，被柔毛，从近基部向上分枝。基生叶多呈莲座状，有短柄，叶柄基部扩展成鞘；叶片轮廓为长圆形，羽状全裂，羽片近圆形或卵形，基部心形或圆形，长约 10 mm，2～3 裂，边缘具齿，齿卵形，顶端锐尖，两面密被柔毛，呈灰蓝色；茎生叶向上简化，叶鞘近三角形，外面密被柔毛。复伞形花序生于茎枝顶端，直径 2～5 cm；伞辐 5～10 条，不等长，被柔毛；总苞片 4～6 枚，披针状钻形，边缘膜质，被密集的长柔毛；小伞形花序有花 10～20 朵，花柄被柔毛；小总苞片与总苞片相似，但数目较多；萼齿不显著；花瓣淡黄色，外面被疏毛，边缘的 1 瓣增大，长约 3 mm，顶端 2 裂或全缘。分生果椭圆形，背腹压扁，长约 7 mm，被毛，果棱丝状凸起。　花期 7 月，果期 8 月。

产新疆：乌恰。生于海拔 2 400 m 左右的高山带干旱的砾石质山坡。

分布于我国的新疆；俄罗斯，中亚地区各国也有。

附录 A 新分类群特征集要
DIAGNOSES TAXORUM NOVARUM

1. 大苞黄耆（新种） 图 A1

Astragalus magnibracteus Y. H. Wu **sp. nov.** (Fig. A1)

Species nova affinis *A. aksuensi* Bunge et *A. dictamnoidi* Gontsch. , sed stipulis ovati-rotundatis vel ovati-triangularis, 30～35 mm longis, 28～34 mm latis; foliolis oblongis vel ovati-oblongis; pedicellis villosus fuscus; dentibus subulatis vel linearis, 1. 0～2. 5 mm longis differt.

Herba perennis, 50～70 cm alta. Radix crassa. Cauliis erectis, evacuatis, glabris, diam. c. 7 mm. Folia 12～20 cm longa; petiolis vix 1. 5～2. 8 cm longis, cum rachis glabris, infra non foliis vix stipulis; stipulis ovati-orbvularis vel ovati-triangularis, connatis alte et petiolis non adnatis, 30～35 mm longis, 28～34 mm latis, apice acuminatis vel obtusis, partibus liberis 2～3 limbis triangulis 6～14 mm longis, 4～10 mm latis; foliolis 7～9, oblongis, 3. 0～6. 8 mm longis, 1. 2～2. 8 mm latis, apice obtusis, cuspidatis, basi cuneatis, supra glabris, subtus vix marginibus et nervis medianis paulo pilosis, subtus nervis medianis projectis menifeste. Inflorescentiae 10-florarum cernuarum racemiferarum; pedunculo foliis manifeste breviore, 8～13 cm longo, glabro vel piliferis fortuito, rachibus parce fuscis villosis; bracteis ovati-lanceolatis, 15～22 mm longis, 8～11 mm latis, sparse albo-villosis; pedicellis 3～5 mm longis fuscis villosis; calycibus tubi-campanulatis, cum dentibus 10～12 mm longis, extus parce fuscis villosis, dentibus subulatis vel linearis, 1. 0～2. 5 mm longis, utrinque dense fuscus villosis; corolla flava, vexillio 22～25 mm longo, limbo obovati-lanceolato, 15～18 mm lato, striis menifeste longitudinalibus et radiatibus, apice obtusis, basi sensim angustatis, unguibus 4～6 mm longis; alis 19～21 mm longis, limbis oblongis, 8～9 mm longis, 2. 5～3. 0 mm latis, striis longitudinalibus et radiatibus menifeste, apice oblique, obtusis et inclinatis recsessun, auriculis non obversis, angusti-unguibus 11～12 mm longis; carinis 17～19 mm longis, limbis semi-ellipticis c. 7 mm longis, 3. 5～4. 0 mm latis, apice obtusis, basi truncatis sine auriculis, unguibus 10～12 mm longis; ovario glabro, longi-stipitato 4～5 mm longo. Legumen nondum maturum oblongum vel ovati-oblongum, pendulum vel non-pendulum, brunneum, 26～36 mm longum，8～16 mm latum，inflatum，glabrum；pedicellis 6～8 mm longis. Seminibus 8 ～12，rotundati-reniformibus c. 3 mm longis，brunneis.

Xinjiang，China（中国新疆）：Akto County（阿克陶县），Wuyitak（奥依塔克），in forest，alt. 3 250 m. 1989 - 08 - 07，Exped. Qinghai-Tibet Wu Yuhu（青藏队吴玉虎）4846（Holotype，QTPMB：Qinghai-Tibetan Plateau Museum of Biology，the Chinese Academy of Sciences，模式标本存中国科学院青藏高原生物标本馆）.

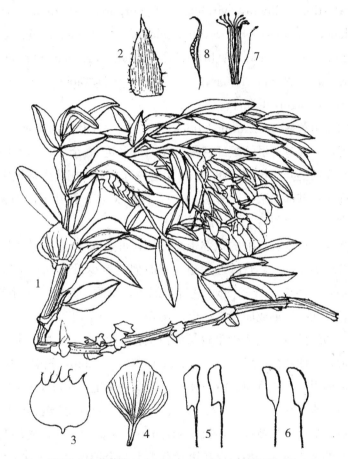

图 A1　大苞黄耆 **Astragalus magnibracteus** Y. H. Wu

1. 植株 plant；2. 苞片 bract；3. 花萼 calyx；4. 旗瓣 standeard；5. 翼瓣 wings；

6. 龙骨瓣 keels；7. 雄蕊 stamen；8. 子房 ovary。（吴海垣、吴玉虎 绘）

2. 光萼黄耆（新变种）

Astragalus yunnanensis Franch. var. **glabricalyx** Y. H. Wu **var. nov.**

A typo varietatis recedit calycibus purpureis，glabris；petalis aurantiacis differt.

Qinghai，Chian（中国青海）：Chindu County（称多县），Xiewu（歇武乡），in alpine shrub meadow，alt. 4 300 m. 2004 - 07 - 22，Wu Yuhu（吴玉虎）29354（Holotype，QTPMB，模式标本存中国科学院青藏高原生物标本馆）.

3. 门源黄耆（新变种）

Astragalus xiqingshanicus Y. H. Wu var. **menyuanensis** Y. H. Wu **var. nov.**
(Only in addenda)

A tyop varietatis affinis *A. xiqingshanico* Y. H. Wu et *A. minshanensi* K. T. Fu, sed radice crassa; caulibus basi ramosis ad 60, diffusis, 20～36 cm longis, glabris vel subglabris; stipula libera, viridula vel purpurea interdum, rotunda, ovati-orbiculata, oblongi-lanceolata vel ovati-lanceolata, 8～18 mm longa, 4～8 mm lata, apice acuta, acuminata vel caudata; bracteis herbaceis, viridulis, oblongi-lanceolatis vel ovati-lanceolatis, 6～12 mm longis, 2～6 mm latis, apice acuminatis, basi lati-unguibus, inferiora magnis differt.

本变种与西倾山黄耆 *A. xiqingshanicus* Y. H. Wu 和岷山黄耆 *A. minshanensis* K. T. Fu 相近，但其茎自根的颈部密集分枝，可多达 60 余条，具条棱，有时呈紫红色，铺散而非直立或上升，长 20～36 cm，无毛或近无毛；托叶先端尾尖；总状花序生于中上部叶腋而非自基部起腋生，密集（6～）10～20 花；苞片下部渐狭成宽柄，最下部的 2 枚苞片大型，可以与后二者相区别。

本变种系多年生草本。自根的颈部密集分枝，可达 60 余条，具条棱，有时呈紫红色，铺散，长 20～36 cm，无毛或近无毛，有时偶见有少量黑毛。奇数羽状复叶，长 6～12 cm，无毛，叶柄长仅 1～2 cm；托叶淡绿色，草质，离生，有时带紫红色，近圆形、卵圆形、长圆状披针形或卵状披针形，长 8～18 mm，宽 4～8 mm，先端圆、渐尖至尾尖，无毛，边缘散生黑毛或少量较长的白毛；小叶 19～39 枚，常呈非对生，长圆形至卵状长圆形，或卵状披针形，长 5～18 mm，宽 2～8 mm，先端钝圆，常具小尖头，基部近圆形，两面无毛，或背面仅沿中脉和边缘偶被刺毛，小叶柄长约 1 mm。总状花序明显短于叶，密集（6～）10～20 花；总花梗长 2～3 cm，疏被黑柔毛；苞片淡绿色，草质，长圆状披针形或卵状披针形，长 6～12 mm，宽 2～6 mm，先端渐尖，下部常呈宽柄状，最下部的 2 枚苞片大型，仅在边缘有黑毛和个别白毛；花梗长约 2 mm，稀被黑色毛；花萼筒状钟形，后期常变为黑色，长 6～10 mm，外面无毛，萼齿三角状披针形，长 2～4 mm，腹面被毛，齿缘毛较密；花冠乳黄色；旗瓣倒卵状披针形，长 11～12 mm，宽约 7 mm，瓣片近圆形，先端钝圆或微凹，基部渐狭成柄，柄与瓣片近等长；翼瓣长圆形，稍短于旗瓣和龙骨瓣，长约 10 mm，宽约 2 mm，柄长约 6 mm；龙骨瓣长 11 mm，柄长约 6 mm；子房无毛，具柄长约 5 mm。荚果长圆形，幼时淡绿色，镰形弯曲，成熟时棕色，革质，厚硬，膨胀，无毛，长 12～28 mm，宽 6～12 mm，果梗长 6～10 mm；种子圆肾形，长约 2 mm，褐色。 花期 6～7 月，果期 7～9 月。

Qinghai, **China** (中国青海)：Menyuan Hui Autonomous County (门源回族自治县)，Fengxiakou (风匣口)，in alpine meadow，alt. 3 200 m. 2008 - 07 - 31，Wu

Yuhu（吴玉虎）40578（Holotype，QTPMB，模式标本存中国科学院青藏高原生物标本馆）. Datong County（大通县），near Heiquan Reservoir（黑泉水库附近），Wu Yuhu（吴玉虎）39749.

模式标本采自青海门源风匣口。

4. 甘德黄耆（新种）

Astragalus gandeensis Y. H. Wu **sp. nov.**

Species nova affinis *A. mahoschanico* Hand.-Mazz. et *A. peterae* Tsai et Yu，sed caulibus gracilibus，limbis foliolis tenuibus；bracteis 3～5 mm longis，cum dentibus non replicatis；calycibus 6～8 mm longis；floribus majoribus，corollis violaceis（exsiccatis flavi）；vexillis obovatis，12～13 mm longis，limbis ovatis vel ovalibus vel subrotundis，5～7 mm latis，apice emarginatis，basi lati-unguibus 3.5～5.0 mm longis；alis ovati-oblongis，curvis，10～11 mm longis，2.5～3.0 mm latis，apice obtuso，auricula c. 1.5 mm longa，curvo penitus，unguibus 4～5 mm longis；carinis c. 8 mm longis differt.

Qinghai，China（中国青海）：Gandê County（甘德县），Shanggongma（上贡麻乡），in alpine meadow，alt. 4 000 m. 2003 - 07 - 23，Wu Yuhu（吴玉虎）25801（Holotype，QTPMB，模式标本存中国科学院青藏高原生物标本馆）.

5. 玛积雪山黄耆（新种）　图 A2

Astragalus majixueshanicus Y. H. Wu **sp. nov.** （Fig. A2）

Species nova affinis *A. dabanshanico* Y. H. Wu，sed foliolis 4～7-jugis，linearis vel angusti-oblongis，5～25 mm longis；inflorescentiis longioribus sparsis muliti-florefris racemorum；floribus majoribus differt.

Species nova affinis *A. dependenti* Bunge，sed stipuleis parvis，subtus triangulis，2～3 mm longis，super triangulo-lanceolatis，3～4 mm longis；foliolis 4～7-jugis，linearibus vel angusti-oblongis，5～25 mm longis，1～6 mm latis，supra glabris，subtus parce adpressis albi-pubescentibus，apice obtusibus vel tenuis mucronatis；alis apice obtusis；legumine subglobo，c. 3 mm longo differt.

Species nova affinis *A. longiracemoso* N. Luzikh.，sed caulibus glabris vel sub glabris；foliolis 4～7-jugis，linearis vel angusti-oblongis，5～25 mm longis，1～6 mm lais；pedunculo 8～16 cm longo，sparse pilifero vel glabro，axe 3～11 mm longo；floribus parvis，corollis violaces vel purpureis，vexillis c. 8 mm longis；legumine subglobo，c. 3 mm longo differt.

Qinghai，Chian（中国青海）：Xinghai County（兴海县），Zhongtie Forestry Centre（中铁林场），in valley forest，alt. 3 260 m. 2010 - 07 - 25，Wu Yuhu（吴玉虎）45207

（Holotype，QTPMB，模式标本存中国科学院青藏高原生物标本馆）.

图 A2　玛积雪山黄耆 Astragalus majixueshanicus Y. H. Wu

1. 植株上部 up part of the plant；2. 花萼 calyx；3. 旗瓣 standeard；4. 翼瓣 wings；

5. 龙骨瓣 keels；6. 雄蕊 stamen；7. 子房 ovary。（吴海垣、吴玉虎 绘）

6. 白花玛积雪山黄耆（新变型）

Astragalus majixueshanicus Y. H. Wu f. **albiflorus** Y. H. Wu **f. nov.**

A typo formis recedit corollis albis vel flavis.

Qinghai，China（中国青海）：Xinghai County（兴海县），Zhongtie Township（中铁乡），in pratis et margine sylva，alt. 3 200～3 600 m. 2010 - 07 - 23，Wu Yuhu（吴玉虎）43150（Holotype，QTPMB，模式标本存中国科学院青藏高原生物标本馆）. Zêkog County（泽库县），Ningxiu Township（宁秀乡），Wu Yuhu（吴玉虎）41958，42264.

7. 阿尼玛卿山黄耆（新种）　　图 A3

Astragalus animaqingshanicus Y. H. Wu **sp. nov.** (Fig. A3)

Species nova affinis A. *dabanshanico* Y. H. Wu，sed inflorescentia longiore sparse muliti-floribus racemosis；floribus magnis，pilis differens differt.

图 A3　阿尼玛卿山黄耆 Astragalus animaqingshanicus Y. H. Wu

1. 植株 plant；2. 花萼 calyx；3. 旗瓣 standeard；4. 翼瓣 wings；5. 龙骨瓣 keels；

6. 雄蕊 stamen；7. 子房 ovary。（吴海垣、吴玉虎 绘）

Species nova affinis *A. longiracemoso* N. Luzikh.，sed caulibus basi multi-ramosis, erectis, glabris vel subglabris；stipulis triangularibus, c. 3 mm longis；foliolis 4～6-jugis, ovati-oblongis, 5～25 mm longis, 3～7 mm latis, apice obtusis, basi rotundatis；bracteis subulatis albi-membranaceis, saepe inflexis, c. 2 mm longis；floribus parvis, vexillis c. 8 mm longis, limbis ovatis vel ovati-ellipticis, 4～6 mm latis, apice emarginatis, unguibus brevibus；alis c. 6 mm longis, limbis oblongis vel anguste obovati-oblongis, 1.5～2.5 mm latis, apice obtusis；carinis c. 3.5 mm longis, unguibus c. 1.2 mm longis differt.

　　Species nova affinis *A. majixueshanico* Y. H. Wu，sed basi multi-ramosis；cauliis erectis；foliolis 4～6-jugis, ovati-oblongis, 5～25 mm longis, 3～7 mm latis, apice obtusis, basi rotundatis；vexillis c. 8 mm longis, 4～6 mm latis, apice emarginatis, unguibus brevibus differt.

　　Qinghai，Chian（中国青海）：Xinghai County（兴海县），Zhongtie Forestry Centre

（中铁林场），in valley forest，alt. 3 260 m. 2010 - 07 - 25，Wu Yuhu（吴玉虎）45177（Holotype，QTPMB，模式标本存中国科学院青藏高原生物标本馆）.

8. 林生黄耆（新种）　图 A4

Astragalus sylvaticus Y. H. Wu **sp. nov.**（Fig. A4）

Species nova affinis A. *fetissovi* B. Fedtsch.，sed planta 30～40 cm alta；foliolis apicibus et basibus rotundatis，supra glabris，subtus pilo albo adpreso vestitis non utrinque glabris；bracteis 4～5 mm non 6～7 mm longis；corolla flava non alba，vexillis 8～9 mm non 7 mm longis，5～6 mm latis，limbis oblongis non oribicularis；alis angusti-obovatis vel obovati-ellipticis non oblongis，6～7 mm longis，2.0～2.5 mm latis；ovario ovoideo c. 1 mm longo，sessili non stipitato differt.

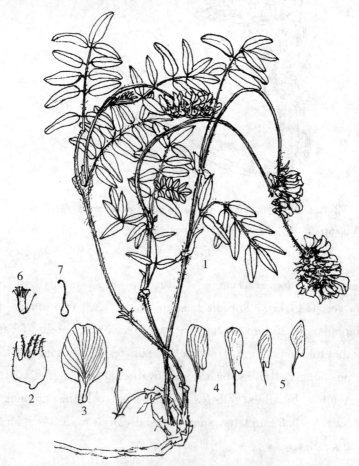

图 **A4**　林生黄耆 Astragalus sylvaticus Y. H. Wu

1. 植株 plant；2. 花萼 calyx；3. 旗瓣 standeard；4. 翼瓣 wings；5. 龙骨瓣 keels；
6. 雄蕊 stamen；7. 子房 ovary。（吴海垣、吴玉虎 绘）

Xinjiang，China（中国新疆）：Yecheng County（叶城县），Sukepiya（苏克皮亚），

in border forest，alt. 3 000 m. 1987 – 08 – 15，Exped. Qinghai-Tibet Wu Yuhu（青藏队吴玉虎）1067（Holotype，QTPMB，模式标本存中国科学院青藏高原生物标本馆）.

9. 玛曲黄耆（新种）　图 A5：1～8

Astragalus maquensis Y. H. Wu　**sp. nov.**（Fig. A5：1～8）

Species nova affinis A. *polyclado* Bur. et Franch. et A. *rigidulo* Benth. ex Bunge, sed foliolis angusti-oblongis vel linearibus, marginibus plerumque involventibus, apicibus emarginatis；corolla magna；vexillis obovatis vel angusti-obovatis，10～11 mm longis，5～6 mm latis，limbis medi-inferis contractis praebentibus obpanduratis differt.

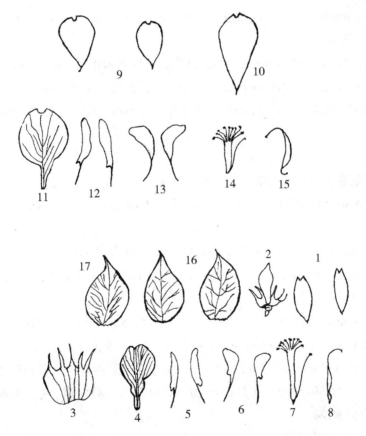

图 **A5**　玛曲黄耆、缺刻黄耆和宽苞黄花棘豆

玛曲黄耆 Astragalus maquensis Y. H. Wu 1. 小叶 leaflets；2. 花 flower；3. 花萼 calyx；
4. 旗瓣 standeard；5. 翼瓣 wings；6. 龙骨瓣 keels；7. 雄蕊 stamen；8. 子房 ovary。

缺刻黄耆 Astragalus strictus R. Grah. ex Benth. var. **emarginatus** Y. H. Wu 9～10. 小叶 leaflets；
11. 旗瓣 standeard；12. 翼瓣 wings；13. 龙骨瓣 keels；14. 雄蕊 stamen；15. 子房 ovary。

宽苞黄花棘豆 Oxytropis ochrocephala Bunge var. **latibrecteata** Y. H. Wu

16～17. 苞片 bracts。（吴海垣、吴玉虎 绘）

Gansu，Chian（中国甘肃）：Maqu County（玛曲县），Oula（欧拉乡），in valley shrub measow, alt. 3 310 m. 2004－08－05，Wu Yuhu（吴玉虎）32005（Holotype, QTPMB，模式标本存中国科学院青藏高原生物标本馆）.

10. 缺刻黄耆（新变种）　图 A5：9～15

Astragalus strictus R. Grah. ex Benth. var. **emarginatus** Y. H. Wu **var. nov.** (Fig. A5：9～15)

A typo varietatis recedit, foliolis angusti-obovatis, obovati-lanceolatis vel ovalibus, apice emarginatis, basi cuneatis; bracteis c. 2 mm longis; corollis magnis; vexillis ellipticis, 10～15 mm longis, 6.5～7.0 mm latis, unguibus 3.5～4.0 mm longis; alis c. 10 mm longis, limbis c. 7 mm longis, c. 2 mm latis; carinis c. 8 mm longis, limbis c. 5 mm longis differt.

Qinghai，Chian（中国青海）：Golmud City（格尔木市），near Xidatan（西大滩附近），in flood land among *Hippophae* thicket, alt. 3 955 m. 2006－07－12，Wu Yuhu（吴玉虎）36737（Holotype，QTPMB，模式标本存中国科学院青藏高原生物标本馆），36730A，36745.

11. 白花劲直黄耆（新变型）　彩色图版 Ⅷ

Astragalus strictus R. Grah. ex Benth. f. **albiflorus** Y. H. Wu **f. nov.** (Color plate Ⅷ)

A typo formis recedit corollis albis; folia interdum altetrnativus, pedunculus cum rachis dense nigris pilosus, prope inflorescentis dense; bracteae 2～3 mm longi; calyx dense nigris pilosus differt.

Qinghai，China（中国青海）：Golmud City（格尔木市），near Xidatan（西大滩附近），in flood land among *Hippophae* shrub, alt. 3 950 m. 2006－07－14，Wu Yuhu（吴玉虎）36972（Holotype，QTPMB，模式标本存中国科学院青藏高原生物标本馆）；36969，36985，36990，36997（Topotypus，QTPMB，同产地模式标本存中国科学院青藏高原生物标本馆）.

12. 西疆黄耆（新种）　图 A6

Astragalus xijiangensis L. R. Xu et Y. H. Wu **sp. nov.** (Fig. A6)

Species nova affinis *A. laspurensi* Ali，sed calycibus c. 12～14 mm longis, patenter albo-arachnoideis vel semi-patenter nigris brevi-pubescentibus; corollis flava, magnis; vexillis obovati-oblongis, c. 20 mm longis; alis c. 18 mm longis, unguibus 11.0～11.5 mm longis; carinis 15.0～15.5 mm longis, unguibus c. 11 mm longis differt.

Xinjiang，Chian（中国新疆）：Akto County（阿克陶县），Qiaklak，Bulunkou Township（布伦口乡恰克拉克），in slope gravel，alt. 4 300 m. 1987 - 07 - 13，Exped. Qinghai-Tibet Wu Yuhu（青藏队吴玉虎）870636（Holotype，QTPMB，模式标本存中国科学院青藏高原生物标本馆）. Aktashi（阿克塔什），Exped. Qinghai-Tibet Wu Yuhu（青藏队吴玉虎）870195.

图 A6　西疆黄耆 Astragalus xijiangensis L. R. Xu et Y. H. Wu

1. 植株 plant；2. 小叶 leaflet；3. 花萼 calyx；4. 旗瓣 standeard；5. 翼瓣 wings；

6. 龙骨瓣 keels；7. 雄蕊 stamen；8. 子房 ovary。（吴海垣、吴玉虎 绘）

13. 吉根黄耆（新种）　图 A7

Astragalus jigenensis Y. H. Wu　**sp. nov.**（Fig. A7）

Species nova affinis *A. borodini* Krassn. , sed corollis albis vel flavis, exsiccatis flavis; vexillis 25 ~ 27 mm longis, limbi obovati-oblongis, c. 6.5 mm latis, mediis gradatim angustatis, subtus paulo latis rhombeus angulatis praebentibus 5 ~ 7 mm longis, basi sensim angustatis praebentibus unguibus, apice emarginatis differt.

Xinjiang，Chian（中国新疆）：Wuqia County（乌恰县），Jigen Township（吉根

乡），in slope gravel，alt. 2 200 m. 1987 - 06 - 19，Exped. Qinghai-Tibet Wu Yuhu（青藏队吴玉虎）87056（Holotype，QTPMB，模式标本存中国科学院青藏高原生物标本馆）. Kangsu Town（康苏镇），Exped. Qinghai-Tibet Wu Yuhu（青藏队吴玉虎）87002.

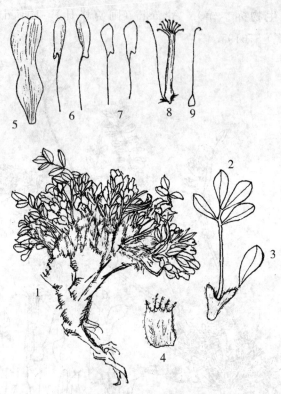

图 **A7** 吉根黄耆 *Astragalus jigenensis* Y. H. Wu

1. 植株 plant；2. 叶和托叶 leaf and stipule；3. 小叶 leaflet；4. 花萼 calyx；5. 旗瓣 standeard；
6. 翼瓣 wings；7. 龙骨瓣 keels；8. 雄蕊 stamen；9. 子房 ovary。（吴海垣、吴玉虎 绘）

14. 大花石生黄耆（新变种）

Astragalus saxorum Simps. var. **magniflorus** Y. H. Wu **var. nov.**

A typo varietatis recedit, stipulatis ovati-lanceolatis, 4～6 mm longis; bracteis 2～3 mm longis; calycibus 5～7 mm longis, dense nigri-hispidis, dentibus 2.5～3.5 mm longis; corollis magnis; vexillis c. 13 mm longis, c. 8 mm latis; alis 9～10 mm longis, 2.0～2.5 mm latis; carinis c. 9 mm longis, c. 2.5 mm latis; ovario oblongis, dense adpressis albi-pilis differt.

Qinghai，Chian（中国青海）：Gadê County（甘德县），Shanggongma Township（上贡麻乡），in alpine meadow，alt. 3 840 m. 2003 - 07 - 27，Wu Yuhu（吴玉虎）25804（Holotype，QTPMB，模式标本存中国科学院青藏高原生物标本馆）.

15. 小果多枝黄耆（新变种）

Astragalus polycladus Bur. et Franch. var. **parvicarpus** Y. H. Wu **var. nov.** (Only in addenda)

A typo varietatis recedit，legumine parvo non oblongo，3～4 mm longo；foliolis sparsis；inflorescentia longiore et denso，20～40-floriferis differt.

本变种与原变种的区别在于：荚果小，长仅3～4 mm，非长圆形；小叶稀疏；花序长而密集，有花20～40朵。

Qinghai，Chian（中国青海）：Gangca County（刚察县），Quanji Township（泉吉乡），in alpine swamp meadow，alt. 3 185 m. 2006 - 07 - 23，Wu Yuhu（吴玉虎）38155（Holotype，QTPMB，模式标本存中国科学院青藏高原生物标本馆）.

16. 白花多枝黄耆（新变型）

Astragalus polycladus Bur. et Franch. f. **albiflorus** Y. H. Wu **f. nov.** (Only in addenda)

A typo formis recedit corollis albis；foliola parvus.

本变型与原变型的区别在于：植物花冠白色；小叶小。

Qinghai，China（中国青海）：Tianjun County（天竣县），near Xinyuan Town（新源镇附近），on plain alpine meadow，alt. 3 460 m. 2006 - 07 - 21，Wu Yuhu（吴玉虎）37938（Holotype，QTPMB，模式标本存中国科学院青藏高原生物标本馆）；37938（Isotype，QTPMB，等模式标本存中国科学院青藏高原生物标本馆）；37920，37936（Topotypus，QTPMB，同产地模式标本存中国科学院青藏高原生物标本馆）.

17. 白花贵南黄耆（新变型）

Astragalus guinanicus Y. H. Wu f. **albiflorus** Y. H. Wu **f. nov.** (Only in addenda)

A typo formis recedit corollis albis.

本变型与原变型的区别在于：植物花冠白色。

Qinghai，Chian（中国青海）：Guinan County（贵南县），Senduo Township（森多乡），on sunny slope，on plain measow，alt. 3 390 m. 2003 - 08 - 05，Wu Yuhu（吴玉虎）26872（Holotype，QTPMB，模式标本存中国科学院青藏高原生物标本馆）；26887，26907（Topotypus，QTPMB，同产地模式标本存中国科学院青藏高原生物标本馆）.

18. 柴达木棘豆（新种）　图 A8

Oxytropis qaidamensis Y. H. Wu **sp. nov.** (Fig. A8)

Species nova affinis O. *glabrae*（Lam.）DC.，sed stipulis 2/3 infera connatis et petiolo liberato；foliolis oppositis vel alternativis，utrinque pilis albis adpressis vestitis，foliolis apicalis magnis ad 3.2 cm longis，1.2 cm latis；limbo vexilli elliptico differt.

Qinghai，China（中国青海）：Dulan County（都兰县），Nomhon（诺木洪），in salt desert，alt. 2 750 m. 2006－07－09，Wu Yuhu（吴玉虎）36658（Holotype，QTPMB，模式标本存中国科学院青藏高原生物标本馆），36668，36672. Nomhon farm（诺木洪农场），Wu Yuhu（吴玉虎）36412，36437.

图 A8　柴达木棘豆 Oxytropis qaidamensis Y. H. Wu

1. 植株 plant；2. 花萼 calyx；3. 旗瓣 standeard；4. 翼瓣 wings；5. 龙骨瓣 keels；

6. 雄蕊 stamen；7. 雌蕊 ovary。（吴海垣、吴玉虎 绘）

19. 河曲棘豆（新变种）　图 A9

Oxytropis kansuensis Bunge var. **hequensis** Y. H. Wu **var. nov.**（Fig. A9）

A typo varietatis recedit，corolla lacti-flava，exsiccata nigrescenti，bi-macula atrato in limbo medio vexilli differt.

Gansu，China（中国甘肃）：Maqu County（玛曲县），Nima Warma（尼玛瓦儿马），in slope alpine meadow，alt. 3 420 m. 2004-08-07，Wu Yuhu（吴玉虎）32137（Holotype，QTPMB，模式标本存中国科学院青藏高原生物标本馆）.

图 A9　河曲棘豆 **Oxytropis kansuensis** Bunge var. **hequensis** Y. H. Wu

1. 植株 plant；2. 花萼 calyx；3. 旗瓣 standeard；4. 翼瓣 wings；5. 龙骨瓣 keels；

6. 雄蕊 stamen；7. 子房 ovary。（吴海垣、吴玉虎 绘）

20. 兴海棘豆（新种）　图 A10、彩色图版 X

Oxytropis xinghaiensis Y. H. Wu **sp. nov.**（Fig. A10, color plate X）

Species nova affinis *O. kansuensi* Bunge et *O. ochrocephalae* Bunge, sed caulibus erectis, dense cespitosis, validis；stipulis majoribus majoribus, ovati-lanceolatis, 10～

15 mm longis; foliolis 17～37, ovati-lanceolatis, 10～26 mm longis, 3～8 mm latis, utrinque dense vel sparsim adpressis albi-villosis; bracteis lineari-lanceolatis, 4～10 mm longis; calyx 8～11 mm longo, dense nigro-piliferis et raro albo- piliferis; corollis majoribus, apice omni limbi patulo, non corrugato; vexillis 15～17 mm longis, limbis ovati-rotundatis vel rotundis, 9～11 mm latis, apicibus obtusibus vel emarginatis, unguibus c. 6 mm longis; alis 13～14 mm longis, 3～5mm latis, auriculis c. 2 mm longis, c. 1 mm latis, unguibus 6～7 mm longis; carinis cum mucronibus 11～12 mm longis, mucronibus 1 mm longis, unguibus 5～6 mm longis differt.

Qinghai，Chian（中国青海）：Xinghai County（兴海县），nearyby Huangqing River（黄青河畔），in slope shrub meadow, alt. 3 700 m. 2009 - 07 - 22, Wu Yuhu（吴玉虎）42674（Holotype, QTPMB, 模式标本存中国科学院青藏高原生物标本馆），45750，45758，46364.

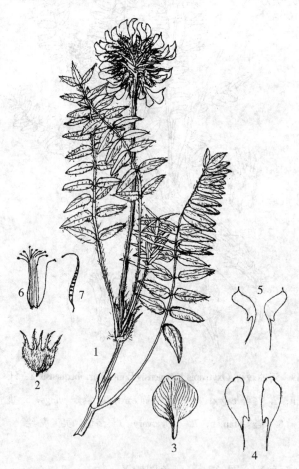

图 **A10** 兴海棘豆 Oxytropis xinghaiensis Y. H. Wu

1. 植株上部 up part of the plant；2. 花萼 calyx；3. 旗瓣 standeard；4. 翼瓣 wings；
5. 龙骨瓣 keels；6. 雄蕊 stamen；7. 子房 ovary。（吴海垣、吴玉虎 绘）

21. 宽苞黄花棘豆（新变种）　图 A5：16～17

Oxytropis ochrocephala Bunge var. **latibrecteata** Y. H. Wu **var. nov.** （Fig. A5：16～17）

A typo varietatis recedit，bracteis ovatis vel ovato-lanceolatis non linearis，12～15 mm longis，c. 8 mm latis differt.

Qinghai，China（中国青海）：Darlag County（达日县），Manzhang Mt.（满掌山），in slope alpine meadow，alt. 4 190 m. 2008 - 0 - 04，Chen Shilong（陈世龙）315（Holotype，QTPMB，模式标本存中国科学院青藏高原生物标本馆）.

22. 布尔汗布达棘豆（新种）　图 A11

Oxytropis burhanbudaica Y. H. Wu **sp. nov.** （Fig. A11）

Species nova affinis *O. maqinensi* Y. H. Wu，sed bracteis linearibus vel lineari-lanceolatis，4～6 mm longis，non ovati-lanceolatis vel lati-lanceolatis，majoribus，8～11 mm longis differt.

图 **A11**　布尔汗布达棘豆 **Oxytropis burhanbudaica** Y. H. Wu

1. 植株 plant；2. 花萼 calyx；3. 旗瓣 standeard；4. 翼瓣 wings；5. 龙骨瓣 keels；

6. 雄蕊 stamen；7. 子房 ovary。（吴海垣、吴玉虎 绘）

Species nova affinis *O. xinglongshanicae* C. W. Chang, sed caulibus parce patulo-albo-pilosis et nigro-pubescentibus; basibus stipularum vel stipulis infra centralibus se connatis et petiolis adnatis; inflorescentiis dense multiflorosis racemosus; limbo vexillim ovato differt.

Qinghai，China（中国青海）：Dulan County（都兰县），Nomhon（诺木洪），north slope of Burhan Budai Mt.（布尔汗布达山北坡），in alpine meadow of flood land，alt. 3 680 m. 2006－07－07，Wu Yuhu（吴玉虎）36600（Holotype，QTPMB，模式标本存中国科学院青藏高原生物标本馆），36589，36604，36607.

23. 甘德棘豆（新种） 图 A12

Oxytropis gandeensis Y. H. Wu **sp. nov.** (Fig. A12)

Species nova affinis *O. maduoensi* Y. H. Wu, sed petiolis cum rhachibus patulis vel semi-patulis albis vel ochraceis villosis, stipulis 1/3 infra se connatis et petiolis adnatis，5～7 mm longis, apice longo-acuminatis; foliolis 13～23; corollis flavis; vexillis c. 13 mm longis, limbis lato-ovatis, super mediis marginum contractis sinuatis praebentibus; ovario pilis nigris vestitis differt.

图 A12 甘德棘豆 **Oxytropis gandeensis** Y. H. Wu

1. 植株 plant；2～3. 苞片 bracts；4. 花萼 calyx；5. 旗瓣 standeard；6. 翼瓣 wings；
7. 龙骨瓣 keels；8. 雄蕊 stamen；9. 子房 ovary。（吴海垣、吴玉虎 绘）

Qinghai，Chian（中国青海）：Gadê County（甘德县），Dongji Township（东吉乡），in alpine meadow，alt. 4 090 m. 2003 - 07 - 27，Wu Yuhu（吴玉虎）25762（Holotype，QTPMB，模式标本存中国科学院青藏高原生物标本馆），25710.

24. 阿尼玛卿山棘豆（新种）　图 A13

Oxytropis anyemaqensis Y. H. Wu **sp. nov.** (Fig. A13)

Species nova affinis *O. bilobae* Saposhn.，sed stipulis ovatis vel ovato-lanceolatis，4～8 mm longis，basi petiolis adnatis，infra se connatis；vexillis insuper marginibus mediorun contractis；alis apice oblique truncatis vel obtusis；mucronibus carinarum prope 1 mm longis differt.

图 A13　阿尼玛卿山棘豆 **Oxytropis anyemaqensis** Y. H. Wu

1. 植株 plant；2. 花萼 calyx；3. 旗瓣 standeard；4. 翼瓣 wings；5. 龙骨瓣 keels；
6. 雄蕊 stamen；7. 子房 ovary。（吴海垣、吴玉虎 绘）

Species nova affinis *O. melanocalyci* Bunge et *O. latialatae* P. C. Li，sed petiolis cum rhachis et pedunculis seape atropupuris；foliolis 9～19；bracteis membranaceis， ovatis, ovato-lanceolatis vel lato-lanceolatis, 4~7 mm longis, 1~2 mm latis; calycibus tubuloso-campanulatis, 7 ~ 9 mm longis, interdum atropupuris, dense nigris vel atropupuris pubibus et albo-villis immixtis, dentibus lanceolatis, 3 ~ 4 mm longis; corollis majoribus, violaceis vel purpureis; vexillis 14~16 mm longis, limbis ovatis vel lato-ovatis vel ovato-rotundatis, 10~12 mm latis, apice emarginatis, insuper mediorum marginibus contractis, lati-ungibus c. 5 mm longis differt.

Qinghai, China（中国青海）：Tongde County（同德县），Naxiuma, Hebei Township（河北乡那休玛），in meadow border forest, alt. 3 500 m. 1990 - 07 - 21, Wu Yuhu（吴玉虎）4964（Holotype, QTPMB, 模式标本存中国科学院青藏高原生物标本馆）。

25. 西大滩棘豆（新种） 图 A14

Oxytropis xidatanensis Y. H. Wu **sp. nov.**（Fig. A14）

Species nova affinis *O. glaciali* Benth. ex Bunge, sed foliolis 7~11, linearibus vel angustio-oblongis, 4~8 mm longis, 0. 6~2. 0 mm latis, utrinque dense albis adpressis sericeis vestitis, non foliolis 9~19, oblongis vel oblongo-lanceolatis, 3~15 mm longis, 1. 5~4. 0 mm latis, utrinque densibus albis patuluo-pilosis; limbis vexillorum obovato-oblongis vel ellipticis, non limbis vexillis semi-orbicularis differt.

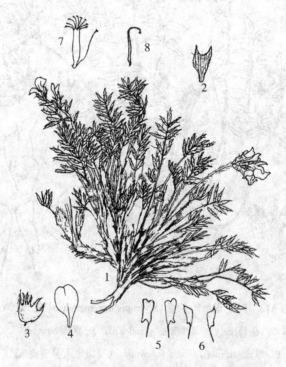

图 A14 西大滩棘豆 Oxytropis xidatanensis Y. H. Wu
1. 植株 plant；2. 托叶 stipule；3. 花萼 calyx；4. 旗瓣 standeard；5. 翼瓣 wings；
6. 龙骨瓣 keels；7. 雄蕊 stamen；8. 子房 ovary。（吴海垣、吴玉虎 绘）

Qinghai，China（中国青海）：Golmud City（格尔木市），near Xidatan（西大滩附近），on gravel land under shrub in flood land，alt. 3 950 m. 2006 - 07 - 14，Wu Yuhu（吴玉虎）36983（Holotype，QTPMB，模式标本存中国科学院青藏高原生物标本馆）.

26. 花石峡棘豆（新种）　图 A15

Oxytropis huashixiaensis Y. H. Wu **sp. nov.**（Fig. A15）

Species nova affinis *O. savellanicae* Bunge ex Boiss. et *O. pauciflorae* Bunge，sed radice columnari crassa，dense albi-pilosa incana；bracteis lanceolatis，lati-lanceolatis vel ovato-lanceolatis，interdum atropurpuris vel tantum midi-nervis atropurpuris，4~6 mm longis，1.0~1.5 mm latis；vexillis 10~12 mm longis，limbis ellipticis vel ovato-rotundatis，6.0~7.5 mm latis；alis 10.0~11.5 mm longis，limbis angusto-obovatis，3.0~4.5 mm latis，apicibus obscure retusis vel obtusis，auriculis 1.5~2.0 mm longis，c. 1 mm latis，angusto-unguibus 4.0~5.5 mm longis；carinis 8~9 mm longis，unguibus 4~5 mm longis；ovario lineari，parce pilosis vel glabris，brevi-stipitatis；legumine oblongo vel oblongo-lanceolato，15~20 mm longo differt.

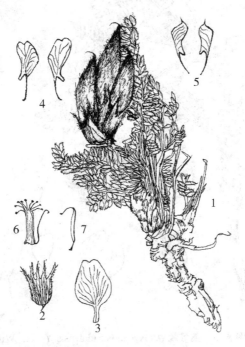

图 A15　花石峡棘豆 Oxytropis huashixiaensis Y. H. Wu

1. 植株 plant；2. 花萼 calyx；3. 旗瓣 standeard；4. 翼瓣 wings；5. 龙骨瓣 keels；
6. 雄蕊 stamen；7. 子房 ovary。（吴海垣、吴玉虎 绘）

Qinghai，China（中国青海）：Madoi County（玛多县），Huashixia Township（花石峡乡），Changshitou Mt.（长石头山），on gravel land in valley，alt. 4 200 m. 2004 -

07－20，Wu Yuhu（吴玉虎）28967（Holotype，QTPMB，模式标本存中国科学院青藏高原生物标本馆），28958. North slope of Bayan Har Mt.（巴颜喀拉山北坡），in alpine meadow near shrub，Wu Yuhu（吴玉虎）29087C.

27. 杂多棘豆（新种）　图 A16

Oxytropis zadoiensis Y. H. Wu **sp. nov.** (Fig. A16)

Species nova affinis *O. pauciflorae* Bunge et *O. platysemae* Schrenk, sed petiolis cum rhachis atropurpuris necnon sparse patulis albo-pilosis; foliolis utrinque villosis; bracteis ovatis vel ovato-lanceolatis; legumine lato et brevi, 14～18 mm longo, 5～6 mm lato, dense patulo nigro-pubescentibus, inter albis puberulis differt.

图 A16　杂多棘豆 Oxytropis zadoiensis Y. H. Wu

1. 植株 plant；2. 小叶 leaflets；3. 苞片 bract；4. 花萼 calyx；5. 旗瓣 standeard；
6. 翼瓣 wings；7. 龙骨瓣 keels。（吴海垣、吴玉虎 绘）

Qinghai，China（中国青海）：Zadoi County（杂多县），Adoi（阿多乡），around stone in alpine scree, alt. 4 680 m. 2005－08－07，Wu Yuhu（吴玉虎）35898［Holotype（legumen），QTPMB，模式标本存中国科学院青藏高原生物标本馆］，

35558B，35831，35850，35854，35857，35868，35881，35894，35990.

28. 巴隆棘豆（新种）　图 A17

Oxytropis barunensis Y. H. Wu **sp. nov.** (Fig. A17)

Species nova affinis *O. pauciflorae* Bunge, sed pedunculis foliorum brevioribus manifeste, cum rhachibus et petiolis atropurpuris, glabris vel albis vel atropurpuris pilis interdum; foliolis subtus glabris, margenibus interne plicatis interdum; bracteis ovatis, ovato-lanceolatis vel oblongis, atropurpuris, basi angustatis subter in lati-petiolis praebentibus; apice alae retuso; ovario stipitato 1.0~1.5 mm longo differt.

Species nova affinis *O. platysemae* Schrenk et *O. zadoiensi* Y. H. Wu, sed pedunculis foliorum brevioribus manifeste, cum caulis et petiolis et rhachis glabris vel pilis interdum; rarifoliatis, foliolis subtus glabris, margenibus interne plicatis interdum; limbis vexilliorum ovatis vel lato-ovatis, insuper medianorum marginibus saepissime contractis.

图 A17　巴隆棘豆 Oxytropis barunensis Y. H. Wu

1. 植株 plant；2. 苞片 bract；3. 花萼 calyx；4. 旗瓣 standeard；5. 翼瓣 wings；
6. 龙骨瓣 keels；7. 雄蕊 stamen；8. 子房 ovary。（吴海垣、吴玉虎 绘）

Qinghai，China（中国青海）：Dulan County（都兰），Balong Township（巴隆乡），north slope of Kunlun Mt.（昆仑山北坡），in alpine meadow on slope，alt. 4 500 m. 2006 - 07 - 03，Wu Yuhu（吴玉虎）36273（Holotype，QTPMB，模式标本存中国科学院青藏高原生物标本馆），36293，36327，36340.

29. 白花二裂棘豆（新变型）

Oxytropis biloba Saposhn. f. **albiflora** Y. H. Wu **f. nov.**

A typo formis recedit corollis albis.

Xinjiang，China（中国新疆）：Pishan County（皮山县），Buqiong, Norbat Tajik Township（墌阿巴提塔吉克族乡布琼），in edge of Sabina shrubbery on slope，alt. 3 400 m. 1988 - 06 - 21，Exped. Qinghai-Tibet Wu Yuhu（青藏队吴玉虎）2459（Holotype，QTPMB，模式标本存中国科学院青藏高原生物标本馆），2458. Qira County（策勒县），Yamen, Nor Township（奴尔乡亚门），Exped. Qinghai-Tibet Wu Yuhu（青藏队吴玉虎）2520.

30. 大花密丛棘豆（新变种）

Oxytropis densa Benth. ex Bunge var. **magnifloris** Y. H. Wu **var. nov.**

A typo varietatis recedit vexillum c. 11 mm longum，6.5 mm latum，lamina c. 10 mm longum，c. 3 mm latum，alae c. 9.5 mm longum，unguibus c. 1.5 mm longum.

Xinjiang，Chian（中国新疆）：Taxkorgan Tajik Autonomous County（塔什库尔干塔吉克自治县），Maza（麻扎），in alpine meadow，alt. 4 200 m. 1987 - 07 - 02，Wu Yuhu（吴玉虎）870323（Holotype，QTPMB，模式标本存中国科学院青藏高原生物标本馆）.

31. 白花密花棘豆（新变型）

Oxytropis imbricata Kom. f. **albiflorus** Y. H. Wu **f. nov.**（Only in addenda）

A typo formis recedit corollis albis.

本变型与原变型的区别在于：花冠白色。

Qinghai，China（中国青海）：Menyuan Hui Autonomous County（门源回族自治县），Fengxiakou（风匣口），in sunny slope，alt. 3 220 m. 2008 - 08 - 08，Wu Yuhu（吴玉虎）40438（Holotype，QTPMB，模式标本存中国科学院青藏高原生物标本馆），40440，40442B.

32. 扎曲棘豆（新种）　图 A18

Oxytropis zaquensis Y. H. Wu **sp. nov.**（Fig. A18）

Species nova affinis *O. pusillae* Bunge, sed planta pulvinata acaulescenti; stipulis parce patulis albo-pilosis, foliis 1.5～4.0 cm longis, foliolis 9～17; pedunculis foliorum brevior, dense vel parce patulis vel adpressis albo-pilosis; vexillis 10～11 mm longis, limbis subrotundatis differt.

Species nova affinis *O. baxoiensi* P. C. Li, sed foliolis 9～17, lanceolatis vel lineri-lanceolatis; racemis 2～4-floris, pedunculis foliorum brevior; vexillis 10～11 mm longis differt.

本种在外部形态上接近细小棘豆 *O. pusilla* Bunge 和八宿棘豆 *O. baxoiensis* P. C. Li，生境也与之基本相同，都是在高寒地区的高山草甸和高山流石坡稀疏植被中生长分布，其地理分布范围也与之相互重叠交会。但与细小棘豆相比较，本种的茎极短缩呈垫状；托叶外面疏被白色开展长柔毛，叶长 1.5～4.0 cm，小叶 9～17 枚；总花梗明显短于叶，通体密被或有时疏被白色长柔毛；旗瓣长 11 mm，瓣片近圆形，可以与之相区别。而与八宿棘豆相比较，本种的小叶为 9～17 枚，披针形或条状披针形；总状花序顶生 2～4 花；总花梗明显短于叶或有时与叶近等长；花较大而可以相区别。所以，我们认为，本种虽与后二者具有一定的亲缘关系，但其间的区别仍然非常明显，作为独立的新种应该能够成立。

本种系多年生矮小密丛生草本，高 1.5～4.0 cm。主根较粗。茎极短缩呈垫状，基部常被淡黄色覆瓦状排列的残存托叶所包裹。奇数羽状复叶长 1.5～4.0 cm；叶柄长 1～7 cm，与叶轴疏被白色开展长柔毛；托叶草质具较宽膜质边缘，中部以下与叶柄贴生，外面疏被白色开展长柔毛，分离部分三角状披针形，长 5～6 mm；小叶 9～17 枚，披针形或条状披针形，有时稍呈弧形弯曲，边缘常内卷，先端渐尖，基部圆形，长 2～8 mm，宽 0.5～1.5 mm，两面密被或疏被先伏贴而后展开的白色长柔毛。总状花序顶生 2～4 花；总花梗明显短于叶或有时与叶近等长，通体密被或有时疏被白色开展或伏贴长柔毛；苞片草质，披针形，长 2～4 mm，外面疏被开展的白色长柔毛，偶尔杂有开展黑柔毛；花梗长约 1 mm，密被开展黑色和白色短柔毛；花萼钟状，长 4～6 mm，密被黑色伏贴短柔毛和白色开展长柔毛，萼齿钻状，长约 2 mm，两面被毛；花冠蓝紫色或紫红色；旗瓣长 10～11 mm，瓣片近圆形，长宽近相等，约 6 mm，先端微凹，爪长约 3 mm；翼瓣长约 9 mm，瓣片斜倒卵形，宽约 3 mm，细爪长约 4 mm，耳钝圆长约 2 mm；龙骨瓣长约 8 mm，喙长约 0.5 mm，爪长约 3.5 mm；子房线形无毛。荚果未见。 花期 6～7 月。

Qinghai，China（中国青海）：Zadoi County（杂多县），Namsai Township（昂赛乡），Longdeng Mt.（龙登山），around stone in alpine scree，alt. 4 580 m. 2005 - 07 - 15，Wu Yuhu（吴玉虎）34227（Holotype，QTPMB，模式标本存中国科学院青藏高原生物标本馆），32857，32890.

模式标本采自青海杂多昂赛。

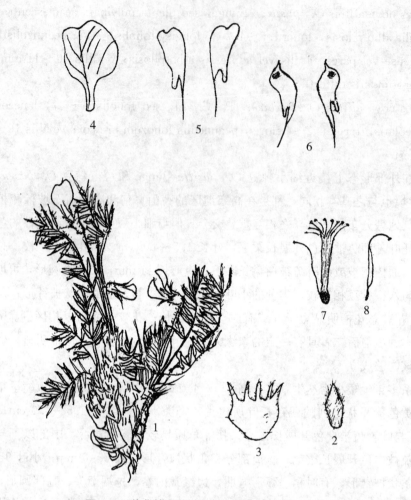

图 A18　扎曲棘豆 **Oxytropis zhaquensis** Y．H．Wu

1. 植株 plant；2. 苞片 bract；3. 花萼 calyx；4. 旗瓣 standeard；5. 翼瓣 wings；
6. 龙骨瓣 keels；7. 雄蕊 stamen；8. 子房 ovary。（吴海垣、吴玉虎 绘）

33. 大通棘豆（新种）　　图 A19

Oxytropis datongensis Y．H．Wu **sp. nov.** （Only in addenda. Fig. A19）

Species nova affinis *O. yunnanensi* Franch. , sed planta dense patulis vel adpressis albo-pilosis；petiolis cum rhachis atropurpuris, foliolis lanceolatis vel ovato-lanceolatis, subter nervo medii atropurpuro manifesto；sine gladibis interjectis oppositi-foliis；pedunculis atropurpuris, sub inflorescentiis dense nigro-pubescentiibus；bracteis membranaceis vel herbaceis, interdum atropurpuris, lanceolatis vel ovato-lanceolatis, 6～12 mm longis, 2.0～3.5 mm latis, subter nervo medii manifesto；calycibus dense nigro-pubescetibus et albo-villosis immixtis, dentibus lanceolatis, tubere subaequantibus；legumine purpurato brunnescenti, extrio dense nigris et albis pubescentibus immixtis differt.

本种与云南棘豆 O. *yunnanensis* Franch. 的区别在于：植物通体密被开展或伏贴的白柔毛。叶柄与叶轴紫色；小叶披针形或卵状披针形，背部中脉紫色，明显，两对生小叶之间没有小腺点。总花梗紫色，靠近花序下部密被黑色毛；苞片膜质或草质，有时紫色，中脉明显，披针形或卵状披针形，长 6～12 mm，宽 2.0～3.5 mm；花萼密被黑色短柔毛并混有白色长柔毛，萼齿披针形，与萼筒近等长。荚果表面棕带紫色，密被黑色和白色短柔毛。二者可以相区别。

图 A19 大通棘豆 **Oxytropis datongensis** Y. H. Wu

1. 植株 plant；2. 苞片 bract；3. 花萼 calyx；4. 旗瓣 standeard；5. 翼瓣 wings；

6. 龙骨瓣 keels；7. 雄蕊 stamen；8. 子房 ovary。（吴海垣、吴玉虎 绘）

本种系多年生密丛生草本，高 10～15 cm，通体密被开展或伏贴的白柔毛。主根粗壮。茎短缩，基部有分枝。奇数羽状复叶，长 3～6 cm，叶柄与叶轴紫色，宿存，疏被白色长柔毛；托叶膜质，卵状披针形，疏被白色长柔毛，中下部彼此联合，与叶柄分离，长 6～10 mm，分离部分宽约 3 mm；小叶 13～23 枚，披针形或卵状披针形，长 4～9 mm，宽 1～3 mm，先端渐尖，基部圆形，背面密被、腹面疏被开展的白色长柔毛，背部中脉紫色，明显。总状花序近头状，密生多花；总花梗紫色，通常长于叶，密被白色长柔毛，靠近花序下部密被黑色毛；苞片膜质或草质，有时紫色，中脉明显，披针形或卵状披针形，长 6～12 mm，宽 2.0～3.5 mm，疏被开展的黑色和白色长柔毛；花梗长 1～2 mm，被黑毛；花萼筒状钟形，长 6～9 mm，密被黑色短柔毛并混有白色长柔毛，萼齿披针形，与萼筒近等长；花冠蓝紫色或紫红色；旗瓣长 10～12 mm，宽 7～8 mm，瓣片卵形，先端微凹，柄长约 4 mm；翼瓣长 10～11 mm，瓣片狭倒卵形，宽 3.0～3.8 mm，先端微凹，细柄长 4～5 mm，耳短；龙骨瓣连喙长 9～10 mm，喙长约 1.5 mm，柄长约 4 mm，有短耳；子房被毛，具柄。荚果长圆形，长 1.5～3.0 cm，宽 6～9 mm，表面棕带紫色，密被黑色和白色短柔毛，假 2 室，内面密被白色茸毛；种子 8～12 粒，棕绿褐色，圆肾形，光滑，直径约 2 mm。 花期 6～7 月，果期 7～9 月。

Qinghai，China（中国青海）：Datong County（大通县），Baoku（宝库乡），on gravel land in valley，alt. 2 800 m. 2008 - 08 - 21，Wu Yuhu（吴玉虎）39339（Holotype，QTPMB，模式标本存中国科学院青藏高原生物标本馆）.

模式标本采自青海大通宝库。

34. 玉树岩黄耆（新种） 图 A20

Hedysarum yushuensis Y. H. Wu **sp. nov.** (Only in addenda. Fig. A20)

Species nova affinis *H. tangutico* B. Fedtsch. et *H. sikkimensei* Benth. ex Baker，sed planta ampliatus crasa；foliolis lati-lanceolatis vel ovati-lanceolatis，apicibus obtusis ossei mucronatis；bracteis obovati-oblongis，apicibus mucronatis 1.5～2.0 mm longis；tubis calycum dentibis brevioribus；limbis carinarum anguste semi-obvatis；alis carinis brevioribus vexillis longioribus，limbis oblique oblongis，subter plicatis differt.

本种在外部形态上接近唐古特岩黄耆 *H. tanguticum* B. Fedtsch. 和锡金岩黄耆 *H. sikkimense* Benth. ex Baker，其生境虽与唐古特岩黄耆的高寒草甸和高寒灌丛不尽相同，但却与锡金岩黄耆基本相同，都是生长在高寒地区的山地阳坡林缘草地或是石隙中，其地理分布也与之重叠。但是，本种的植株各部较后二者均大而粗壮；小叶宽披针形或卵状披针形，先端具骨质尖；苞片倒卵状长圆形，具 1.5～2.0 mm 长的小尖头；萼齿长于萼筒；龙骨瓣非棒状；翼瓣长于旗瓣而稍短于龙骨瓣，瓣片斜长圆形，故可以与它们相区别（吴玉虎，1999；徐朗然，1998；刘瑛，1955）。所以，我们认为，本种虽与锡金岩黄耆具有一定的亲缘关系，并且很有可能是从其分化出来的，但其间的区别仍然非常明显。

本种系多年生草本。主根肥厚，直径达 2.5 cm，外皮暗褐色。茎在基部分枝，并具数条根状茎；当年的众多分枝上升，长 24～26 cm，疏被白色柔毛。羽状复叶长 3～12 cm，叶柄长仅 1～2 cm；托叶离生，宽披针形红褐色干膜质，长 10～21 mm，宽 7～11 mm，先端渐尖，外面疏被白色长柔毛；小叶 19～27 枚，具长约 1 mm 的柄，上部的较大，宽披针形至卵状披针形或矩圆状披针形，长 8～18 mm，宽 3～5 mm，先端钝圆，具骨质小尖头，基部近圆形，上面无毛，下面仅沿中脉和边缘密被白色柔毛或有时被面稍被毛。总状花序明显长于叶，生 19～23 花；总花梗长 1～4 cm，疏被毛；花序轴密被白柔毛；苞片红褐色干膜质，倒卵状长圆形，长 9～12 mm，宽 2～4 mm，先端长渐尖，具长 1.5～2.0 mm 的小尖头，外面被白色柔毛；花长 22～24 mm，外展，常偏于一侧；具 1～2 mm 长的花梗，密被白色和灰色相间的柔毛；苞片红褐色干膜质，长 4～8 mm，宽 1～2 mm，倒卵状长圆形，先端长渐尖，外面被白色柔毛；小苞片披针形，长 3～5 mm，内外密被黑白相间的柔毛；花萼钟状连同萼齿长 7～9 mm，外面密被黑白相间的柔毛，萼齿披针形，长 4～5 mm，内外密被黑白相间的柔毛；花冠紫红色；旗瓣倒卵形，长 17～19 mm，宽 9～11 mm，瓣片近圆形，先端微凹，基部渐狭成宽瓣柄，柄长 6～7 mm；翼瓣长约 22 mm，瓣片斜长圆形，下部有折叠，宽约 4 mm，瓣柄与耳均长 4～5 mm；龙骨瓣长约 24 mm，瓣片狭的半倒卵形，宽 3～4 mm，瓣柄长约 7 mm；子房线形，扁平，密被伏贴的白色短柔毛。荚果未见。　　花期 6～7 月。

图 A20　玉树岩黄耆 Hesysarum yushuensis Y. H. Wu

1. 植株上部 plant；2. 托叶 stipule；3. 苞片 bract；4. 花萼 calyx and bracteolis；5. 旗瓣 standeard；
6. 翼瓣 wings；7. 龙骨瓣 keels；8. 雄蕊 stamen；9. 子房 ovary。（吴海垣、吴玉虎 绘）

Qinghai，China（中国青海）：Yushu County（玉树县），Jiangxigou（江西沟），Jiangda（江达），on steep slope and forest fringe，alt. 3 500 m. 1980 - 06 - 19，Wei

Zhenduo（魏振铎）21426（Holotype, QTPMB, 模式标本存中国科学院青藏高原生物标本馆).

模式标本采自青海玉树县江达.

35. 西川岩黄耆（新种）　图 A21

Hedysarum xichuanicum Y. H. Wu **sp. nov.** (Only in addenda. Fig. A21)

Species nova affinis *H. sikkimensi* Benth. ex Baker et *H. limprichti* Ulbr., sed foliolis lanceolatis vel ovati-lanceolatis, bracteis obovatis oblongis, apicibus obtusis vel longe acuminatis; calycibus campanulatis c. 6~8 mm longis; vexillis et alis et carinis aequalis 15~17 mm longis, basi sensim angustatis praebentibus lati-unguibus 6~7 mm longis; alis linearibus 1.5~2.5 mm latis, unguibus et auriculis 4~5 mm longis; legumine generatim trilomentaceis differt.

本种在外部形态上接近锡金岩黄耆 *H. sikkimense* Benth. ex Baker 和康定岩黄耆 *H. limprichtii* Ulbr.，其生境也与后二者相同，都是生于高寒地区的山地阳坡林缘草地或是石隙中，其地理分布也与之重叠。但是，本种的叶形为披针形，或卵状披针形，而非后二者的长圆形、线状矩形或矩卵形；苞片为倒卵状长圆形且先端长渐尖，花萼长达 6~8 mm。经对花冠解剖而知，本种的旗瓣、翼瓣、龙骨瓣 3 瓣相等长且较后二者为大，可达 17 mm，并明显可见旗瓣中部以下狭缩成宽瓣柄状，而后二者无柄；翼瓣的瓣柄和耳均长 4~5 mm；龙骨瓣明显无耳；荚果大多数为 3 节荚而非仅 1~2 节荚（吴玉虎，1999；徐朗然，1998；刘瑛，1955）。所以，我们认为，本种虽与后二者具有一定的亲缘关系，但其间的区别还是非常明显的。

本种系多年生草本，高 10~24 cm。直根粗壮而下伸。茎直立或有时上升，密或疏被白色柔毛。羽状复叶长 4~10 cm，叶柄长 1.0~3.5 cm，连同叶轴疏被白色短柔毛；托叶宽披针形，红褐色干膜质，长 6~14 mm，合生至上部，外面密被白色长柔毛；小叶通常 17~23 枚，具短柄；小叶片披针形或卵状披针形，少有长圆形，长 8~14 mm，宽 2~5 mm，先端钝圆，有极短小尖头，基部圆形，上面无毛，下面沿主脉疏被柔毛。总状花序明显长于茎生叶 1~2 倍，腋生，具多花；总花梗长 6~12 cm，与花序轴同被白色柔毛；花通常 7~19 枚密生，长 15~17 mm，外展，常偏于一侧；具 1~2 mm 长的花梗，密被白色和灰色相间的柔毛；苞片红褐色干膜质，长 4~8 mm，宽 1~2 mm，倒卵状长圆形，先端长渐尖，外面被柔毛；小苞片钻形，长 2~3 mm，被毛；花萼钟状，长 6~8 mm，被灰白色柔毛；萼齿披针形，近等长或有时下萼齿稍长，约等长于萼筒，长 3~4 mm，内外均密被灰白色柔毛；花冠紫红色；旗瓣长倒卵形，与翼瓣和龙骨瓣等长，长 15~17 mm，宽 5~6 mm，先端微凹，基部渐狭成宽瓣柄，柄长 6~7 mm；翼瓣线形，宽 1.5~2.5 mm，瓣柄与耳均长 4~5 mm；龙骨瓣宽 3~4 mm，瓣片半倒卵形，明显无耳，瓣柄长 5~6 mm；子房线形，扁平，密被伏贴的白色短柔毛。荚果通常3节，少有1～节的，未成熟荚果长约10～19 mm，宽约 4 mm，密被伏贴的白色短柔毛。 花期7～8月，果期8～9月。

Sichuan，China（中国四川）：Sêrtar County（色达县），Nianlong Township（年龙乡），on slope by forest fringe，alt. 3 760 m. 2004-07-30，Wu Yuhu（吴玉虎）30566（Holotype，QTPMB，模式标本存中国科学院青藏高原生物标本馆）.

模式标本采自四川色达年龙。

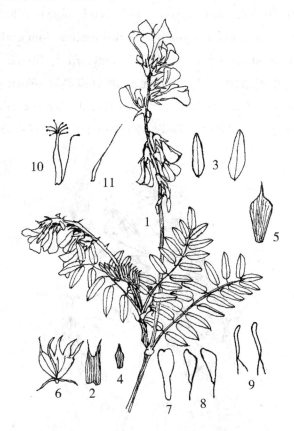

图 A21　西川岩黄耆 **Hedysarum xichuanicum** Y. H. Wu

1. 植株上部 up part of the plant；2. 托叶 stipule；3. 小叶 leaflet；4～5. 苞片 bracts；

6. 花萼 calyx and bracteolis；7. 旗瓣 standeard；8. 翼瓣 wings；9. 龙骨瓣 keels；

10. 雄蕊 stamen；11. 子房 ovary。（吴海垣、吴玉虎 绘）

36. 阿克陶歪头菜（新种）　图 A22

Vicia aktoensis Y. H. Wu **sp. nov.**（Fig. A22）

Species nova affinis *Vicia unijugae* A. Br.，sed foliis imparipinnata，3～10 cm longis；unifoliolis supremisrachis；stipulis liberis membranacis，brunnescentibus，latilanceolatis，usque ad 2.8 cm longis，7 mm latis，apicibus lineari-findentibus，lobis 2～4，8～14 mm longis；foliolis 7～15；racemis terminalibus；bracteis membranacis， brunnescentibus, filamentosis vel lineari-lanceolatis, 6～12 mm longis, parce pubescentibus; bracteolatis 2, membranaceis, brunnescentibus, fili-linearibus, 2.5～6.0 mm longis; corollis violaceis vel purpureis vel caesiis, 1.8～2.2cm longis; vexillis obovati-oblongis, 17～19 mm longis, 7～8 mm latis, apicibus obtusis, emarginatis, basi sensim angustatis praebentibus lati-unguibus; alis 16～18 mm longis, 2.5～3.0 mm latis, limbis angusti-oblongis, angusti-auriculatis c. 4 mm longis, angusti-unguibus c. 5 mm longis; carinis 20～21 mm longis, limbis semi-obovatis, 5.5～6.5 mm latis, angusti-unguibus c. 6 mm longis; stylis gracili-filiformibus longioribus, complanis vel non his formis, glabris; stylis ovariis c. 2.5-plo longioribus differt.

Xinjiang, China（中国新疆）: Akto County（阿克陶县）, Wuyitag（奥依塔克）, in shrub by forest fringe, alt. 2 800 m. 1989 - 08 - 06, Exped. Qinghai-Tibet Wu Yuhu（青藏队吴玉虎）4829（Holotype, QTPMB, 模式标本存中国科学院青藏高原生物标本馆）.

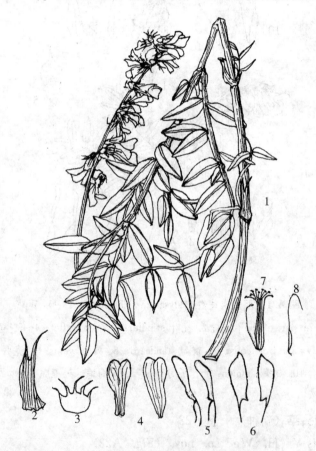

图 A22　阿克陶歪头菜 **Vicia aktoensis** Y. H. Wu
1. 植株上部 up part of the plant；2. 托叶 stipule；3. 花萼 calyx；4. 旗瓣 standeards；5. 翼瓣 wings；
6. 龙骨瓣 keels；7. 雄蕊 stamen；8. 子房 ovary。（吴海垣、吴玉虎 绘）

37. 青海柽柳（新亚种） 彩色图版 XVI

Tamarix austromongolica Nakai subsp. **qinghaiensis** Y. H. Wu **subsp. nov.** (Color plate XVI)

A typo subsp. recedit affinis arbor, 8.0~16.8 m alta. Trunco usque ad 121 cm diam., 376 cm peripheria, interdum tuberculatis, singulari vel forma conferta vel connata 2~17 conficta arbor; lingo terrugine duro, cortice atrobunneo fissli, ramis patentibus, saepe repullulans e basi trunco. (surculis saepe habens)

Qinghai, China（中国青海）：Tongde County（同德县），Ranguo, Bagou Township（巴沟乡然果），in flood land of Huanghe River, alt. 2 640 m. 2010 - 07 - 30，Wu Yuhu（吴玉虎）28010-T40（Holotype, QTPMB，模式标本存中国科学院青藏高原生物标本馆），45996-T10，46003-T13，46019-T21，46027-T25，46029-T29，46031-T26，46043-T35，46075-T55.

38. 细叶江孜沙棘（新亚种）

Hippophae gyantsensis（Rousi）Y. S. Lian subsp. **linearifolia** Y. S. Lian et Y. H. Wu **subsp. nov.** (Only in addenda)

Subspecies haec ramulis juniores rufi-brunneis, atque tantum cum squamis rubiginosis peltiformibus sed sine stellato-pilosis; laminis foliorum anguste linearibus, 1.5~3.0 mm late, abaxialibus cum squamis maximam partem rubiginosis; fructibus et seminibus conspicue minoribus; fructibus sine obviis alaribus; seminibus tantum cum squamis peltiformibus sed sine stellato-pilosis differt.

Xizang, China（中国西藏）：Nyingchi County（林芝县），to west 10 km., in the Sea Buckthorn shrub community on dried river beds (fruit). 1988 - 08 - 12，S. W. Liu（刘尚武）3419［Holotype (pistillate)，QTPMB，模式标本存中国科学院青藏高原生物标本馆］. Nyingchi County（林芝县），3 640 m. 2004 - 08，Liu jianquan（刘建全）2598 (pistillate, QTPMB). Sangri County（桑日县），3 640~4 150 m. 2002 - 09 - 10，Liu jianquan（刘建全）1130 (pistillate, QTPMB，模式标本存中国科学院青藏高原生物标本馆).

Shrubs or small tress, deciduous, 3~5 m high, usually much branched. Bark nearly black, longitudinally fissured; old branches dark brown; younger branchlet red-brown, and covered with densely rusty-red peltate subentire scales. Leaves alternate; petioles ca. 1 mm long with densely rusty-red peltate scales; leaf blade narrowly linear, (30.0~35.0) mm × (1.5~3.0) mm, abaxially covered with mostly rusty-red peltate scales, adaxially dull green or slightly silvery, glabrous or with dispersedly grayish peltate scales, apex acute to abtuse, base cuneate, margin slightly revolute, abaxially costae impressed in a conspicuous groove. Peduncle 1～2 mm long. Fruit oblongo-ellipsoid, 5 mm × 3 mm. Endocarp difficult to separate from seed. Seed flattened ellipsoid, ca. 3.5 mm long, surface mat, slightly furrowed. Fl. not seen. Fr. Aug.～Sep.

Key To Two Subspecies of Hippophae gyantsensis

1a. Younger branchlets covered with peltate scales and mixed with stellate hairs; leaves linear-oblong or linear-lanceolate, 3～5 mm wide, abaxially uniformly dull white, with silvery peltate scales and stellate hairs; fruits (5～7) mm × (4～5) mm, with obvious wing; seeds ca. 4.5 mm long, covered with silvery peltate scales and mixed with stellate hairs on the outside ·············· subsp. **gyantsensis** (Rousi) Y. S. Lian

1b. Younger branchlets densely covered only with rusty-red peltate scales; leaves angustely linear, 1.5～3 mm wide, abaxially covered with mostly rusty-red peltate scales; fruits (4～5) mm × (3～4) mm, with no obvious wing; seeds ca. 3.5 mm long, covered only with peltate scales on the outside ··· subsp. **linearifolia** Y. S. Lian et Y. H. Wu

A new subspecies *of Hippophae* (Elaeagnaceae), *H. gyantsensis* subsp. *linearifolia* Y. S. Lian et Y. H. Wu, from Xizang (Tibet), China is described and illustrated. According to analysis of main characters and the distribution, it is bilong to *H. gyantsensis* (Rousi) Y. S. Lian, but is distinct in having branchletes covered only with rusty-red peltate scales; leaves angustely linear, abaxially with mostly rusty-colored peltate scales; lesser fruits and seeds. *H. gyantsensis* subsp. *linearifolia* occurs in Nyingchi County and Sangri County of Xizang.

Hippophae Linn. is a small genus of Elaeagnaceae in which 6 species and 15 subspecies have been recognized (Lian, 2000, 2003). These species and subspecies are distributed widely but sparsely in Asia and Europe. Most of them, however, are restricted to the Qinghai-Tibetan plateau and adjacent areas, and the species *H. gyantsensis* (Rousi) Y. S. Lian occurs only in Xizang.

The authors, investigating all specimems of *H. gyantsensis* in 2009, found several unusual specimems from Nyingchi County and Sangri County of Xizang. After critical study, the specimens were found to represent a new subspecies of *H. gyantsensis*. Following are the description and discussion of the new subspecies. A key including two subspecies of *Hippophae gyantsensis* is also provided.

本亚种与原亚种的区别在于：老枝暗黑褐色，当年生枝暗红褐色，被鳞片而无星状毛；叶窄条形，长 3.0～4.5 cm，宽 1.5～2.0 mm，上面光滑或被稀疏的灰白色鳞片，下面密被灰白色和锈色两种鳞片；中脉在叶上面明显凹陷，直达叶片先端；果实小，（4～5）mm×（3～4）mm；种子为果皮包被而表面无光泽，近两面体形，一面平，一面凸，仅背面具 1 条明显的棱脊，长 3.5～4.0 mm，宽约 3.5 mm。

产西藏：林芝（县城以西 10 km，刘尚武 3419）、桑日（采集地不详，刘建全 2598）。生于海拔 3640 ～4150 m 的河滩沙砾地。

模式标本采自西藏林芝。

中名索引

(按笔画顺序排列)

拉丁名索引

（按字母顺序排列）

759

S

重庆出版集团（社）科学学术著作
出版基金资助书目

第一批书目

蜱螨学	李隆术　李云瑞　编著
变形体非协调理论	郭仲衡　梁浩云　编著
胶东金矿成因矿物学与找矿	陈光远　邵　伟　孙岱生　著
中国天牛幼虫	蒋书楠　著
中国近代工业史	祝慈寿　著
自动化系统设计的系统学	王永初　任秀珍　著
宏观控制论	牟以石　著
法学变革论	文正邦　程燎原　王人博　鲁天文　著

第二批书目

中国自然科学的现状与未来	全国基础性研究状况调研组 中国科学院科技政策局　编著
中国水生杂草	刁正俗　著
中国细颚姬蜂属志	汤玉清　著
同伦方法引论	王则柯　高堂安　著
宇宙线环境研究	虞震东　著
难产（《头位难产》修订版）	凌萝达　顾美礼　主编
中国现代工业史	祝慈寿　著
中国古代经济史	余也非　著
劳动价值的动态定量研究	吴鸿城　著
社会主义经济增长理论	吴光辉　陈高桐　马庆泉　著
中国明代新闻传播史	尹韵公　著
现代语言学研究——理论、方法与事实	陈平　著
艺术教育学	魏传义　主编
儿童文艺心理学	姚全兴　著
从方法论看教育学的发展	毛祖桓　著

第三批书目

奇异摄动问题数值方法引论	苏煜城　吴启光　著
结构振动分析的矩阵摄动理论	陈塑寰　著
中国古代气象史稿	谢世俊　著
临床水、电解质及酸碱平衡	江正辉　主编
历代蜀词全辑	李　谊　辑校
中国企业运行的法律机制	顾培东　著
法西斯新论	朱庭光　主编
《易》与人类思维	张祥平　著

第四批书目

计算流体力学	陈材侃　著
中国北方晚更新世环境	郑洪汉等　著
质点几何学	莫绍揆　著
城市昆虫学	蒋书楠　主编
马克思主义哲学与现时代	李景源　主编
马克思主义的经济理论与中国社会主义	项启源　主编
科学社会主义在中国	李凤鸣　张海山　主编
马克思主义历史观与中华文明	王戎笙　主编
莎士比亚绪论——兼及中国莎学	王佐良　著
中国现代诗学	吕　进　著
汉语语源学	任继昉　著
中国神话的思维结构	邓启耀　著

第五批书目

重磁异常波谱分析原理及应用	刘祥重　著
烧伤病理学	陈意生　史景泉　主编
寄生虫病临床免疫学	刘约翰　赵慰先　主编
国民革命史	黄修荣　著
现代国防论	王普丰　王增铨　主编
中国农村经济法制研究	种明钊　主编
走向 21 世纪的中国法学	文正邦　主编
复杂巨系统研究方法论	顾凯平　高孟宁　李彦周　著
辽金元教育史	程方平　著

中国原始艺术精神　　　　　　　　　　张晓凌　著
中国悬棺葬　　　　　　　　　　　　　陈明芳　著
乙型肝炎的发病机理及临床　　　　　　张定凤　主编

第六批书目

非线性量子力学理论　　　　　　　　　庞小峰　著
胆道流变学　　　　　　　　　　　　　吴云鹏　主编
中国蚜小蜂科分类　　　　　　　　　　黄　建　著
中国历史时期植物与动物变迁研究　　　文焕然等　著
中国新闻传播学说史　　　　　　　徐培汀　裘正义　著
列宁哲学思想的历史命运　　　　　　　张翼星　编著
唐高僧义净生平及其著作论考　　　　　王邦维　著
中国远征军史　　　　　　　　　时广东　冀伯祥　著
历代蜀词全辑续编　　　　　　　　　　李　谊　辑校

第七批书目

亚夸克理论　　　　　　　　　　焦善庆　蓝其开　著
肝癌　　　　　　　　　　　　　江正辉　黄志强　主编
计算机系统安全　　　　卢开澄　郭宝安　戴一奇　黄连生　编著
声韵语源字典　　　　　　　　　　　　齐冲天　著
幼儿文学概论　　　　　　　　　张美妮　巢　扬　著
黄河上游地区历史与文物　　　　　　　芈一之　主编
论公私财产的功能互补　　　　　　　　忠　东　著

第八批书目

长江三峡库区昆虫（上、下册）　　　　杨星科　主编
小波分析与信号处理——理论、应用及软件实现　李建平　主编
世界首例独立碲矿床的成矿机理及成矿模式　　银剑钊　著
临床内分泌外科学　　　　　　　　　　朱　预　主编
当代社会主义的若干问题
　　——国际社会主义的历史经验和中国特色社会主义　江　流　徐崇温　主编
科技生产力：理论与运作　　　　　　　刘大椿　主编
世界语言词典　　　　　　　　　　　　黄长著　著

第九批书目

法医昆虫学　　　　　　　　　　　　　胡　萃　主编

储藏物昆虫学	李隆术　朱文炳　编著
15世纪以来世界主要发达国家发展历程	陈晓律等　著
重庆移民实践对中国特色移民理论的新贡献	罗晓梅　刘福银　主编
中华人民共和国科技传播史	司有和　主编
高原军事医学	高钰琪　主编
现代大肠癌诊断与治疗	孙世良　温海燕　张连阳　主编
城市灾害应急与管理	王绍玉　冯百侠　著

第十批书目

当代资本主义新变化	徐崇温　著
全球背景下的中国民主建设	刘德喜　钱　镇　林　喆　主著
费孝通九十新语	费孝通　著
中国政治体制改革的心声	高　放　著
中国铜镜史	管维良　著
中国民间色彩民俗	杨健吾　著
发髻上的中国	张春新　苟世祥　著
科幻文学论纲	吴　岩　著
人类体外受精和胚胎移植技术	黄国宁　池　玲　宋永魁　编著

第十一批书目

邓小平实践真理观研究	王强华等　著
汉唐都城规划的考古学研究	朱岩石　著
三峡远古时代考古文化	杨　华　著
外国散文流变史	傅德岷　著
变分不等式及其相关问题	张石生　著
子宫颈病变	郎景和　主编
北京第四纪地质导论	郭旭东　著
农作物重大生物灾害监测与预警技术	程登发等　著

第十二批书目

马克思主义国际政治理论发展史研究	张中云　林德山　赵绪生　著
现代交通医学	王正国　主编
昆仑植物志	吴玉虎　主编
河流生态学	袁兴中　著
"三农"续论：当代中国农业、农村、农民问题研究	陆学艺　著

中国古代教学活动简史　　　　　　　　　　　熊明安　熊　焰　著

第十三批书目

中国古代史学批评纵横　　　　　　　　　　　瞿林东　著
大视频浪潮　　　　　　　　　　　　　　　　何宗就　著
城市幸福指数研究　　　　　　　　　　　　　黄希庭　著
赋税制度的人本主义审视与建构　　　　　　　傅　樵　著
矿山爆破理论与实践　　　　　　　　　　　　张志呈　著

喀喇昆仑山-昆仑山地区范围图

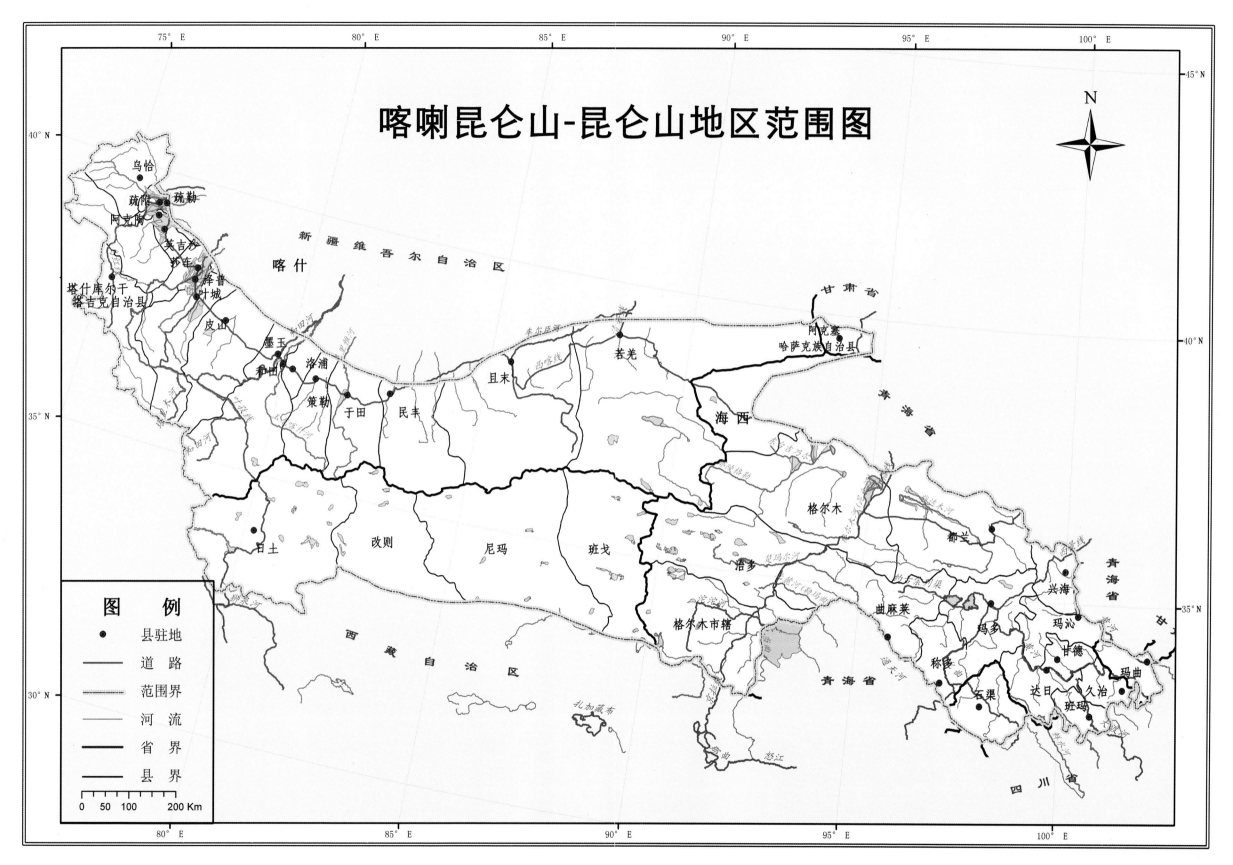

本图由徐文婷绘制。

国家测绘地理信息局审图号：GS（2012）817 号